Hebe- und Förderanlagen

Ein Lehrbuch für Studierende und Ingenieure

von

Dr.-Ing. e. h. H. Aumund

Ordentl. Professor an der Technischen Hochschule Berlin

Zweite, vermehrte Auflage

Erster Band

Allgemeine Anordnung und Verwendung

Mit 414 Abbildungen im Text

Springer-Verlag Berlin Heidelberg GmbH
1926

ISBN 978-3-642-50388-7 ISBN 978-3-642-50697-0 (eBook)
DOI 10.1007/978-3-642-50697-0

Ursprünglich erschienen bei Julius Springer in Berlin 1926
Softcover reprint of the hardcover 2nd edition 1926

Vorwort zur ersten Auflage.

Band I (jetzt I und II).

Als ich mich entschloß, die Praxis mit einer Professur zu vertauschen, war der Wunsch mit ausschlaggebend, das in starker Entwicklung befindliche umfangreiche Sondergebiet der Hebe- und Förderanlagen unabhängiger von den Anforderungen des Tages und dem Arbeitsbedarf der Fabrik bearbeiten zu können. Nachdem das vortreffliche Werk von Ernst, dem verstorbenen Altmeister des Hebezeugbaues, nach der IV. Auflage aus dem Jahre 1903 nicht mehr neu erschienen ist, hielt ich es für geboten, die bisherige Gesamtentwicklung für Besteller und Erbauer übersichtlich und im Zusammenhang festzulegen und den bekannten Regeln neue Untersuchungen hinzuzufügen, wo es mir möglich war.

Zwar ist unsere Literatur nicht arm an guten Arbeiten auf diesem Gebiet. Sie behandeln aber meistens nur einzelne Teile desselben. Das erklärt sich aus dem ungeheuren Umfang und der Vielgestaltigkeit, die die Hebe- und Förderanlagen besonders in den letzten beiden Jahrzehnten angenommen haben.

Demgegenüber schien es mir nicht nur für den Studierenden, sondern auch für den ausführenden Ingenieur erwünscht, eine Übersicht und geschlossene Bearbeitung des Ganzen zu haben. Der Studierende braucht eine umfassende Übersicht als Grundlage für eine spätere möglichst unbeschränkte Betätigung in den verschiedenen Zweigen der Industrie. Der ausführende Ingenieur wird bei dem Studium des Ganzen viele Einzelheiten finden, die, in einem anderen Zweige der Fördertechnik bewährt, für seine eigenen Konstruktionen nützlich sein können und die ihm neue Anregung zu erfolgreichen Lösungen geben.

Neben der eingehenden Bearbeitung der Konstruktionsgrundsätze schien mir auch eine möglichst durchgreifende wirtschaftliche Behandlung des Stoffes notwendig. Jeder Ingenieur weiß, wieviel die Erzeugung einer Pferdekraftstunde bei Verwendung verschiedener Kraftmaschinenarten kostet. Das vorliegende Buch soll ihm die Möglichkeit geben, sich auch eine ungefähre Übersicht darüber zu verschaffen, wieviel der Transport einer Tonne Fördergut bei Anwendung der verschiedenen Fördermöglichkeiten auf 100 oder 1000 m kostet, und welche wirtschaftlichen Gesichtspunkte für die Beurteilung der Förderanlagen in den Hauptindustriezweigen maßgebend sind. Eine genügende Kenntnis der wirtschaftlichen Grundlagen fehlt bisher meistens nicht nur dem Ingenieur, der eine Förderanlage für sein Werk braucht, sondern sie fehlt häufig sogar auch dem auf dem Bureau der Hebezeugfirmen beschäftigten Konstrukteur, da hier Projektierung und Bau oft vollständig voneinander getrennt werden. — Die Preisangaben und die darauf aufgebauten Erörterungen beziehen sich auf die normalen Verhältnisse vor Beginn des Krieges, zu welcher Zeit der Inhalt des Buches vollständig vorlag. Sollte nach dem Kriege eine gewisse Änderung der Preise bestehen bleiben, so würde das den Wert der vergleichenden Betrachtungen nur wenig beeinträchtigen. Außerdem wird in jedem Einzelfall leicht eine Berichtigung der angegebenen Wirtschaftlichkeitsberechnungen vorgenommen werden können.

Ich glaubte, die umfangreiche Aufgabe am besten in der Weise lösen zu können, daß ich das Werk in zwei Hauptteile bzw. Bände trennte, von denen der erste Band die „Anordnung und Verwendung der Hebe- und Förderanlagen", der zweite Band von etwa gleicher Stärke die besonderen Gesichtspunkte für „Berechnung und Ausführung der Hebe- und Förderanlagen" behandelt.

Der erste Band enthält die Darstellung der verschiedenen Fördermöglichkeiten und die Behandlung der wirtschaftlichen Fragen. Die technischen Einzelheiten sind nur so weit behandelt, wie es für die Beurteilung der Verwendbarkeit der verschiedenen Bauarten erforderlich ist. Ich hoffe damit dem Ingenieur, der die Hebe- und Förderanlagen lediglich anwenden muß, das gegeben zu haben, was er zur Beurteilung der vorkommenden Fragen braucht, ohne daß ihm das Lesen des Buches durch allzu viele Ausführungen über Konstruktionseinzelheiten und ihre Berechnung erschwert wird. Für ihn soll der erste Band ein für sich abgeschlossenes Buch sein.

Im Interesse einer gedrängten Übersicht habe ich versucht, die zahlreichen Ausführungsformen möglichst an einfachen Beispielen vorzuführen. Von der Darstellung der bei größeren Anlagen vorkommenden mannigfaltigen Zusammenstellungen habe ich abgesehen, da sie wenig übersichtlich sind und wegen der verschiedenartigen örtlichen Verhältnisse doch selten ohne weiteres als Muster für den Einzelfall dienen können. Den Hauptwert habe ich auf eine systematische Behandlung der verschiedenen Ausführungsformen gelegt. Hinsichtlich weiterer Anwendungsbeispiele muß ich auf die ziemlich umfangreiche Literatur verweisen, über die am Schluß eines jeden Bandes ein ausführliches, bis 1894 zurückreichendes Verzeichnis gegeben ist. In dem Verzeichnis ist neben den hauptsächlichsten deutschen Zeitschriften auch je eine der größten amerikanischen, englischen und französischen Fachzeitschriften berücksichtigt.

Bei der Darstellung ausgeführter Anlagen habe ich die zeichnerische Wiedergabe bevorzugt, weil sie das Wesen der Dinge deutlicher erkennen läßt und bei der Aufstellung von Entwürfen eine bessere Unterstützung bietet als die Photographie. Darstellungen nach Photographien sind hauptsächlich nur gewählt, wenn hierdurch die Vorstellung erleichtert wurde. Aus diesem Grunde ist an einigen wenigen Stellen auch die photographische Wiedergabe neben der zeichnerischen für dieselbe Maschine benutzt worden.

Um den Text für den mit den Konstruktionen im großen und ganzen vertrauten Leser nicht zu umständlich zu gestalten, habe ich den Zeichnungen überall da, wo es angängig und erforderlich war, Legenden beigefügt, die als Hinweis auf die Hauptteile und zur Erläuterung dienen. Das gab in vielen Fällen die Möglichkeit, die Beschreibung sehr kurz zu halten und auf die kritische oder systematische Betrachtung zu beschränken.

Dem mit der Berechnung und Ausführung der Hebe- und Förderanlagen beschäftigten Ingenieur soll der erste Band nur als Grundlage dienen, die durch den zweiten Band vervollständigt wird. Der zweite Band enthält die Gesichtspunkte, Regeln und Berechnungen für den eigentlichen Bau der Hebe- und Förderanlagen. Die vorgesehene Teilung schien mir auch für den Förderingenieur zweckmäßig; denn eine gleichzeitige Behandlung der verschiedenartigen ausgeführten Anlagen im Zusammenhang mit den Grundlagen für ihre Konstruktion wird um so mehr erschwert, je zahlreicher die Formen und Anwendungsgebiete werden. Naturgemäß gelten die Konstruktionsgrundsätze mehr oder weniger für alle Formen und Anwendungsgebiete gemeinsam, und daher ist es erwünscht, sie im zweiten Band zusammenhängend ganz für sich zu erörtern und den Zusammenhang nicht durch Besprechung von Ausführungsbeispielen und der wirtschaftlichen Gesichtspunkte zu stören.

Wenn hiernach auch der zweite Band den Inhalt des ersten als Grundlage voraussetzt, so kann er doch in manchen Fällen auch als selbständiger Teil für sich benutzt werden. Die Studierenden und die Konstrukteure auf dem Zeichensaal werden, sobald der Aufbau der zu entwerfenden Maschine festgelegt ist, alles Nötige im zweiten Bande finden. Er behandelt, in vier Abschnitte gegliedert, zunächst die Grundregeln für die verschiedenen Antriebsarten. Dann folgt im zweiten und dritten Abschnitt die Erörterung der besonderen Regeln für die Berechnung und Ausführung der mechanischen Teile sowie der vorkommenden Gerüst- und Behälterkonstruktionen. Der vierte Abschnitt enthält als Schluß die für die Ausführung der verschiedenen Gruppen von Hebe- und Förderanlagen in Betracht kommenden Gesichtspunkte, welche in den mehr allgemein gehaltenen ersten drei Abschnitten nicht untergebracht werden konnten.

Über die Gliederung des vorliegenden ersten Bandes ist das Folgende zu bemerken: Der erste Abschnitt enthält, in verschiedene Unterabteilungen geteilt, die allgemeine Behandlung der Hebe- und Förderanlagen auf kurze Entfernungen. Diese Ausführungen sind als Grundlage für die anderen Abschnitte benutzt. Im zweiten Abschnitt sind die besonderen Hebe- und Förderanlagen im Schiffahrtsbetriebe und in den damit zusammenhängenden Betrieben behandelt. Im dritten Abschnitt sind die besonderen Hebe- und Förderanlagen für den Eisenbahnbetrieb besprochen.

Während die drei ersten Abschnitte Interesse für jeden Industriezweig haben können, sind im vierten Abschnitt die besonderen Hebe- und Förderanlagen für die Kohlen- und Eisenindustrie behandelt. Auch hier ermöglicht eine weitere Unterteilung den Ingenieuren der verschiedenen Einzelgebiete, das sie Angehende zu entnehmen, ohne das Übrige durchzuarbeiten. Der Bergingenieur wird in dem Kapitel über die Förderanlagen im Bergwesen, der Gaswerks- und Kokereiingenieur in dem Kapitel über Verladeeinrichtungen für die Verarbeitung der Brennstoffe, der Hütteningenieur zum Teil in dem eben genannten Kapitel, besonders aber in den Kapiteln über die Hebe- und Fördereinrichtungen für den Hochofenbetrieb und die Hebe- und Förderanlagen für den Stahl- und Walzwerksbetrieb das finden, was für seine Arbeiten notwendig ist.

Das Schwierige war, den Stoff auf einen brauchbaren Umfang des Buches zu beschränken. Ich habe mich bemüht, nach Möglichkeit nur solche Ausführungen zu bringen, die einigermaßen kennzeichnend sind. Der Vollständigkeit halber mußte ich allerdings auch manche Konstruktionen darstellen, die mehr im Hinblick auf die Entwicklung als auf ihre gegenwärtige praktische Bedeutung von Interesse sind, wenngleich das Buch nicht als ein geschichtliches Werk angesehen sein soll.

Die Ausgestaltung nach dieser Richtung wurde auch, abgesehen von dem Umfang des Buches, schon dadurch sehr erschwert, daß bei den vorliegenden Verhältnissen von vielen Konstruktionen kaum einwandfrei festgestellt werden kann, wer der geistige Urheber ist. Einige Firmen belegen fast alles, was sie in ihre Druckschriften aufnehmen, mit ihrem Namen, auch wenn sie z. B. nur das Ausführungsrecht gegen Lizenzzahlung erworben oder wenn sie die Konstruktion ohne jede Änderung von anderen Firmen übernommen haben. Leider findet dieses Verfahren mit Hilfe kritikloser oder beauftragter Publizisten auch vielfach Eingang in die Literatur.

Natürlich muß man das Bestreben, den Namen einer Firma in Verbindung mit ihren Fabrikaten bei der Kundschaft bekannt zu machen, in gewissem Grade als berechtigt anerkennen. Es ist aber erwünscht, einen Weg zu finden, der Verwechslungen zwischen dem Hersteller und dem geistigen Urheber ausschließt. Zu dem Zwecke habe ich den Namen des letzteren allgemein vor der Bezeichnung der Maschine angeführt und den Namen des Herstellers hinter derselben, z. B. „X-Maschine von Y“ oder „Nsche Anlage von Z“. Ich habe diese Frage aber nur nebenher da behandelt, wo es ohne größere Nachforschungen und ohne Erweiterung des Buchumfanges möglich war. Auf Vollständigkeit nach dieser Richtung kann das Buch in keiner Weise Anspruch machen. Es ist aber sowohl vom Standpunkte der Geschichte als auch im Interesse des Ingenieurstandes zu hoffen, daß in Zukunft eine weitergehende Klärung in der Frage der geistigen Urheberschaft der bedeutsamsten Neuerungen möglich wird.

Um durch die Behandlung von bekannten Ausführungen den Preis des Buches nicht zu sehr zu erhöhen, habe ich unter Angabe der Quellen vorhandene Abbildungen aus Zeitschriften benutzt, wo ich nicht durch neue Abbildungen irgend etwas Neues oder für meine Darstellungsweise Geeigneteres zeigen konnte. Trotzdem sind mehr als 85 vH aller Abbildungen nach besonderen, mir zur Verfügung gestellten Unterlagen neu angefertigt worden oder als Schaulinien aus besonders angestellten Wirtschaftlichkeitsberechnungen entstanden. Ich weise aber besonders darauf hin, daß in der Auswahl der Beispiele keinerlei Maßstab für die Leistung der einzelnen Firmen enthalten sein soll. Bei der Wahl der Beispiele habe ich ausschließlich nach dem Gesichtspunkte gehandelt, das mir Gebotene so zu verwerten, wie es für die systematische Behandlung des Stoffes in einfachster und vollkommenster Weise nutzbar gemacht werden konnte. Ferner habe ich die Beispiele, von ganz verschwindenden Ausnahmen abgesehen, so gewählt, daß nur ausgeführte Anlagen dargestellt sind.

Ich danke den zahlreichen Firmen, die mich durch Zeichnungen ihrer Ausführungen und andere Angaben in freundlicher Weise unterstützt haben. Zur Kennzeichnung der Herkunft der Unterlagen habe ich die Namen der betreffenden Firmen oder Einzelpersonen bei den Abbildungen und Zahlentafeln angegeben.

Ich danke ferner der Verlagsbuchhandlung für die sorgfältige und sachkundige Bearbeitung und meinen früheren und gegenwärtigen Assistenten, den Herren Dr.-Ing. Helling, Dr.-Ing. Bülz und Dipl.-Ing. Esser, für die mir geleistete Hilfe.

Zum Schluß bemerke ich, daß ich mir wohl bewußt bin, daß besonders die wirtschaftliche Durcharbeitung noch lange nicht vollkommen ist. Ich hoffe aber, daß durch das Buch eine geeignete Grundlage geschaffen ist, auf der mit Erfolg weitergearbeitet werden kann. Ich wäre den Fachgenossen für Beiträge irgendwelcher Art und auch für Berichtigung etwaiger Fehler besonders dankbar.

Danzig-Langfuhr, 1916.

H. Aumund.

Vorwort zur zweiten Auflage.

Band I und II (bisher Band I).

Die günstige Aufnahme, welche die erste Auflage von Band I dieses Buches gefunden hat, und die trotz des Krieges und seiner Nachwirkungen dazu führte, daß sie schon seit mehreren Jahren vollständig vergriffen ist, veranlaßt mich, die Grundzüge des Buches auch bei der 2. Auflage beizubehalten. Wenn die Herausgabe dieser Auflage trotzdem verzögert wurde, so lag das daran, daß ich zunächst beabsichtigte, vorher den weiteren Band über die Berechnung und Ausführung der Hebe- und Förderanlagen zu vollenden. Aber auch nachdem ich diese Absicht infolge zeitweiliger, durch die Übernahme der Verwaltung der preußischen Technischen Hochschulen entstandener starker Inanspruchnahme aufgegeben hatte, fand ich zunächst nicht die Zeit, die Änderungen und Vervollständigungen vorzunehmen, die durch die Entwicklung seit Erscheinen der ersten Auflage bedingt wurden.

Zwar erscheint es heute nicht mehr, wie noch in den letzten Jahren, notwendig, die Richtlinien zu ändern, die das Buch hinsichtlich der Kosten der Hebe- und Förderanlagen bieten soll; denn durch die Öffnung des freien Marktes für alle Rohstoffe und die Wiedereinführung einer festen Währung ist nicht nur das durch den Krieg zeitweilig verschobene Verhältnis der Beschaffungskosten verschiedener Anlagen wiederhergestellt, sondern auch die Höhe der Anlagekosten im allgemeinen und ihr Verhältnis zu den täglichen Lohnkosten ist wieder in dem Maße das alte geworden, daß die Vergleichsrechnungen der ersten Auflage weiter verwendet werden können. Ich habe mich bemüht, die Wirtschaftlichkeitsrechnungen noch weiter auszubauen und sie für den Gebrauch bequemer zu gestalten.

Es mußte aber auch abgesehen von den Wirtschaftlichkeitsberechnungen manches am Inhalt der ersten Auflage geändert werden, um die Fortschritte der letzten Zeit zu berücksichtigen. Diese notwendige Neubearbeitung ist nun gleichzeitig dazu benutzt worden, den bisherigen ersten Band, dessen Umfang das ursprünglich beabsichtigte Maß schon etwas überschritten hatte, in zwei Bände zu teilen, von denen der erste die allgemeine Anordnung und Verwendung der Hebe- und Förderanlagen behandelt, während der zweite, als Ergänzungsband des ersten gedacht, die Anordnung und Verwendung der Hebe- und Förderanlagen für Sonderzwecke behandelt. Diese Trennung ist außer aus Rücksicht auf den Umfang des Buches erfolgt, um den Studierenden, die nach den bisherigen Erfahrungen das Buch in erheblichem Maße benutzen, mit dem ersten Bande ein der Zeit entsprechendes billigeres Buch zu bieten, das aber doch alle allgemeinen und grundlegenden Ausführungen enthält. Es ist daher auch, abgesehen von der Einführung einzelner neuer Betrachtungen, wie z. B. über „Die allgemeinen Grundlagen für die Beurteilung des Wirkungsgrades und der Eignung der verschiedenen Antriebsvorrichtungen", ferner über „Die allgemeinen Grundlagen für die Anordnung des elektrischen Antriebs der Hebe- und Förderanlagen", weiter über „Die Wägevorrichtungen" und schließlich über „Die Förderung im Wasser- und Luftstrom" gegen die frühere Fassung so weit vervollständigt worden, daß wenigstens die Grundlagen aller wichtigen Fördervorrichtungen erörtert sind.

Der zweite Band ist in Verbindung mit Band I mehr für die Interessenten aus dem Kreise der Industrie vorgesehen. Auch er ist in einzelnen Teilen erweitert worden, da nun nach der Teilung des Buches keine Bedenken mehr bezüglich eines zu großen Umfanges bestanden. Neu aufgenommen ist insbesondere ein Abschnitt „Rundblick und Ausblick auf die Entwicklung der Hebe- und Förderanlagen", in welchem ich auf Grund einer Studienreise versucht habe, die Entwicklung der Hebe- und Verladeanlagen in den Vereinigten Staaten von Nordamerika mit der Entwicklung dieser Anlagen in Deutschland zu vergleichen und aus diesem Vergleich und eigenen Erwägungen Ausblicke für die weitere Entwicklung zu gewinnen.

Sachlich besteht zwischen den nunmehr getrennten Bänden I und II insofern ein grundlegender, die Trennung rechtfertigender Unterschied, als im ersten Band die Hebe- und Förderanlagen einzeln und an sich betrachtet und mit einander verglichen werden, während im zweiten Band die Anlagen so zusammenfassend betrachtet werden, wie es dem in Frage stehenden besonderen Zweck entspricht. Die Zweckmäßigkeit der Förderanlagen ist dabei vorwiegend danach zu beurteilen, wie sie zur Erzielung einer möglichst guten Gesamtwirkung auf dem betreffenden Sondergebiet geeignet sind. Die Beurteilung der Wirtschaftlichkeit der Einzelanlage tritt demgegenüber mehr in den Hintergrund.

Das Literaturverzeichnis, das nun auf die beiden Bände entsprechend ihrem Inhalt verteilt ist, ist bis zum Ende des Jahres 1923 fortgeführt worden. Demgegenüber sind in der Zeitschriftenschau alle Aufsätze bis zum Beginn des Jahres 1904 fortgelassen, so daß ebenso wie seinerzeit bei der ersten Auflage nur die letzten 20 Jahre berücksichtigt sind.

Die Ausführungen über die Berechnung und Ausführung der Hebe- und Förderanlagen werden nunmehr in Band III erscheinen. Ich hoffe, sie dieser Neuauflage bald folgen lassen zu können.

Den Firmen, welche mich durch Materiallieferung für die zweite Auflage unterstützt haben und der Verlagsbuchhandlung, die stets bemüht war, den Schwierigkeiten Rechnung zu tragen, die durch meine starke anderweitige Inanspruchnahme entstanden, habe ich auch an dieser Stelle wieder aufrichtig zu danken, insbesondere auch Herrn Dr.-Ing. Paul Nickel, der mich bei der Bearbeitung des Buches wirksam unterstützt hat.

Ich hoffe, die neue Auflage den gegenwärtigen Verhältnissen in dem erforderlichen Maße angepaßt zu haben, und würde mich freuen, wenn sie dieselbe freundliche Aufnahme finden würde, welche der ersten Auflage zuteil geworden ist.

Berlin, im Dezember 1925.

H. Aumund.

Inhaltsverzeichnis zu Band I.

Die allgemeine Anordnung und Verwendung der Hebe- und Fördervorrichtungen.

I. Vorbemerkungen.

III. Die Dauerförderer.

Seite

V. Rückblick auf die Fördervorrichtungen für kleine und mittlere Entfernungen.

Inhaltsübersicht zu Band II.

Anordnung und Verwendung der Hebe- und Förderanlagen für Sonderzwecke.

I. Die Verladeanlagen im Schiffahrtsbetriebe.

II. Die Verladevorrichtungen im Eisenbahnwesen.

III. Besondere Hebe- und Förderanlagen im Berg- und Hüttenwesen.

Berichtigung.

Seite 17, 18. Zeile von unten muß es heißen 30000 M. statt 20000 M.

„ 17, 15. „ „ „ „ „ „ $\frac{100000}{50} = 2000$ statt 200.

Abkürzungen.

1. Zeitschriften.

Coal Trade	= Iron and Coal Trades Review, London.
D. p. J.	= Dinglers Polytechnisches Journal, Berlin.
E. T. Z.	= Elektrotechnische Zeitschrift, Berlin.
El. K. u. B.	= Zeitschrift für elektrische Kraftbetriebe und Bahnen, Charlottenburg.
Engineering	= Engineering, London.
Engineering News	= Engineering News, New York.
Fördertechnik	= Die Fördertechnik, Zeitschrift für den Bau und Betrieb der Hebezeuge- und Transport-Anlagen, Pumpen und Gebläse, Wittenberg.
Gasjournal	= Journal für Gasbeleuchtung und verwandte Beleuchtungsarten sowie für Wasserversorgung, München.
Génie civil	= Le Génie civil, Paris.
Glückauf	= Zeitschrift Glückauf, Essen.
Maschinenbau	= Zeitschrift Der Maschinenbau.
Organ	= Organ für die Fortschritte des Eisenbahnwesens, Wiesbaden.
St. u. E.	= Stahl und Eisen, Zeitschrift für das deutsche Eisenhüttenwesen, Düsseldorf.
Werft und Reederei	
Z. Ver. deutsch. Ing.	= Zeitschrift des Vereins Deutscher Ingenieure, Berlin.
Z. österr. Ing.- u. Arch.-Vereins	= Zeitschrift des Österr. Ingenieur- und Architektenvereins.

2. Firmen.

AEG	= Allgemeine Elektrizitäts-Gesellschaft, Berlin.
Amme-Giesecke	= Amme, Giesecke & Konegen, A.-G., Braunschweig.
Ardelt	= Ardeltwerke.
ATG	= Allgemeine Transportanlagen-Gesellschaft, Leipzig.
Ago	= Arn. Georg A.-G., Neuwied a. Rhein.
N. A. G.	= Nationale Automobil-Gesellschaft m. b. H., Berlin-Oberschöneweide.
M. A. N.	= Maschinenfabrik Augsburg-Nürnberg, A.-G., Nürnberg.
Bamag	= Berlin-Anhaltische Maschinenbau-A.-G., Berlin NW 87.
Baumag	= Maschinenfabrik Baum A.-G., Herne i. W.
Becker	= E. Becker, Maschinenfabrik, Berlin-Reinickendorf.
Beck & Henckel	= Maschinenbau-A.-G. vorm. Beck & Henckel, Cassel.
Bleichert	= Adolf Bleichert & Co., Leipzig-Gohlis.
Bolzani	= Gebrüder Bolzani, Hebezeugfabrikation, Berlin N 20.
Burgdorf	= Gebrüder Burgdorf, Maschinenfabrik, Altona.
Carlshütte	= Carlshütte, A.-G. für Eisengießerei und Maschinenbau, Altwasser.
Demag	= Deutsche Maschinenfabrik, A.-G., Duisburg.
Deutz	= Gasmotorenfabrik Deutz, Cöln-Deutz.
Didier	= Stettiner Chamottefabrik, vorm. Didier, Stettin.
Dingler	= Dinglersche Maschinenfabrik A.-G., Zweibrücken (Pfalz).
Dinglinger	= Rudolf Dinglinger, Maschinenfabrik und Eisengießerei, Köthen i. Anh.

Eickhoff = Gebrüder Eickhoff, Maschinenfabrik und Gießerei, Bochum.
Eisenwerk Keerdt = Eisenwerk und Maschinenbau A.-G., Düsseldorf-Keerdt 8.
Essmann = Ottenser Waagenfabrik Albert Essmann, Altona-Ottensen.
Flohr = Carl Flohr, Maschinenfabrik, Berlin.
Flottmann = H. Flottmann & Co., Herne i. W.
Fredenhagen = Wilhelm Fredenhagen, Maschinenfabrik und Eisengießerei, Offenbach a. M.
Gutehoffnungshütte = Gutehoffnungshütte, Aktienverein für Bergbau und Hüttenbetrieb, Oberhausen (Rheinland).
Grusonwerk = Fried. Krupp, A.-G. Grusonwerk, Magdeburg-Buckau.
Hasenclever = Maschinenfabrik Hasenclever, A.-G., Düsseldorf.
Heckel = Aktien-Gesellschaft für Förderanlagen m. b. H., Ernst Heckel, Saarbrücken 3.
Heinzelmann & Sparmberg = Heinzelmann & Sparmberg, Hannover.
Heinzmann & Dreier = Bochumer Eisenhütte Heinzmann & Dreier, Maschinenfabrik, Eisen-, Stahl- und Metallgießerei, Bochum.
Hinselmann = Gebrüder Hinselmann, Essen-Ruhr.
Humboldt = Maschinenbauanstalt Humboldt, Cöln-Kalk.
Jaeger = Maschinenfabrik Jaeger, G. m. b. H., Duisburg.
Jünkerath = Jünkerather Gewerkschaft, Eisengießerei, Maschinenfabrik, Jünkerath (Rheinland).
Kaiser = Kaiser & Co., Maschinenfabrik A.-G., Kassel.
Kehrhahn = Friedrich Kehrhahn, vorm. Wimmel & Landgraf, Hamburg 21.
Klönne = August Klönne, Maschinenfabrik und Brückenbauanstalt, Dortmund.
Kühnscherf = August Kühnscherf & Söhne, Spezialfabrik für Aufzüge, Dresden-A.
Losenhausen = Losenhausen-Werk, Düsseldorfer Maschinenbau-A.-G. vorm. Losenhausen, Düsseldorf.
Lauchhammer-Rheinmetall = Lauchhammer-Rheinmetall Aktiengesellschaft, Berlin NW 6.
Laudi = Carl Laudi, Maschinenfabrik, Einbeck (Hannover).
Luther = Maschinenfabrik und Mühlenbauanstalt G. Luther, Aktiengesellschaft, Braunschweig.
Mackensen = A. W. Mackensen, Maschinenfabrik und Eisengießerei, G. m. b. H., Magdeburg.
Magnetwerk = Magnetwerk, G. m. b. H., Spezialfabrik für Elektromagnetapparate, Eisenach.
Marcus = Hermann Marcus, Ingenieurbureau, Cöln.
Maschinen und Kranbau = Maschinen und Kranbau A.-G., Düsseldorf.
Menck = Menck & Hambrok, G. m. b. H., Altona-Hamburg.
Mohr = Mohr & Federhaff, A.-G., Mannheim.
Nagel & Kaemp = Eisenwerk (vorm. Nagel & Kaemp), A.-G., Hamburg 39.
Norddeutsche Maschinenfabrik = Norddeutsche Maschinenfabrik A.-G., Hannover-Kleefeld.
Koppel = Orenstein & Koppel — Arthur Koppel, A.-G., Berlin SW 61.
Otis = Otis-Elevator Gesellschaft m. b. H., Berlin.
Piechatzek = F. Piechatzek, Hebezeugfabrik, Berlin N 65.
Pohlig = J. Pohlig, A.-G., Cöln-Zollstock.
Pützer-Defries = Deutsche Hebezeugfabrik, Pützer-Defries, G. m. b. H., Düsseldorf.
Schenck = Carl Schenck, G. m. b. H., Eisengießerei und Maschinenfabrik, Darmstadt.
Schenck & Liebe-Harkort = Schenck & Liebe-Harkort, G. m. b. H., Düsseldorf-Oberkassel.
Schlösser & Feibusch = Schlösser & Feibusch, G. m. b. H., Maschinenfabrik, Düsseldorf Hafen.
Schmidt = H. Aug. Schmidt, Wurzen i. Sa.
Schuler = Transportgerätefabrik Troisdorf bei Cöln, Ingenieur Otto Schuler.
Scholten = Gebr. Scholten, Duisburg.

Seck	= Mühlenbauanstalt und Maschinenfabrik vorm. Gebr. Seck, Dresden.
C. Senssenbrenner	= C. Senssenbrenner, G. m. b. H., Düsseldorf-Oberkassel B 18.
Siegener Eisenbahnbedarf	= Siegener Eisenbahnbedarf A.-G., Siegen.
Siemens	= Siemens-Schuckert-Werke, G. m. b. H., Berlin.
Stotz	= A. Stotz, Eisengießerei und Maschinenfabrik, Stuttgart.
Suess	= A. Suess, Witkowitz (Mähren).
Thiele	= Maschinenfabrik und Eisengießerei Thiele & Maiwald, Glatz i. Schl.
Tigler	= Maschinenbau-A.-G. Tigler, Duisburg-Meiderich.
Unruh	= Unruh & Liebig, Abt. der Peniger Maschinenfabrik und Eisengießerei, A.-G., Leipzig-Plagwitz.
Vögele	= Joseph Vögele, A.-G., Mannheim.
Voß & Wolter	= Voß & Wolter, Kranbau-G. m. b. H., Berlin N 20.
Welter	= Welter, Elektricitäts- & Hebezeug-Werke A.-G., Cöln-Zollstock.
Wilke	= Dampfkessel- und Gasometerfabrik A.-G. vorm. A. Wilke & Co., Braunschweig.
Windhoff	= Rheiner Maschinenfabrik Windhoff & Co., G. m. b. H., Rheine i. W.
Zobel-Neubert	= Zobel, Neubert & Co., Maschinenfabrik und Eisengießerei, Inh. H. P. Dinglinger, Schmalkalden i. Thür.
Züblin	= Ed. Züblin & Co., Ingenieurbureau, Straßburg.

Sack = Holbeinstechnik und Maschinenbau [illegible], Dresden.
v. Sonnenthal = [illegible] [illegible] [illegible] [illegible]
Steirische Eisenindustrie = [illegible]
Siemens = Siemens [illegible], [illegible] m. b. H., Berlin.
Stolz = A. Stolz, [illegible] [illegible] Stuttgart.
Spess = A. [illegible] (Magdeburg).
Thiele = [illegible] und [illegible] & [illegible]
Tigler = [illegible] [illegible] [illegible]
Unruh = Unruh & [illegible] [illegible] und [illegible]
[illegible]
Vogel = Joseph Vogel, A.-G., [illegible]
Voss & Wolter = [illegible] [illegible] G. m. b. H., Berlin.
Walter = [illegible] [illegible] [illegible]
Wilke = [illegible] und [illegible] [illegible]
[illegible]
Wilhelm = [illegible] [illegible] [illegible] G. m. b. H., Berlin.
Zobel-Neubert = [illegible] [illegible] [illegible]
[illegible]
[illegible]

I. Vorbemerkungen.

1. Kurze Übersicht über die geschichtliche Entwicklung der Förderer und ihrer Antriebsvorrichtungen.

Die Benutzung maschineller Fördervorrichtungen ist schon sehr alt, weil das Bedürfnis zur Ortsveränderung von Gütern naturgemäß vorhanden war, solange die Menschheit überhaupt besteht. Ebenso war von jeher das Bestreben vorhanden, Mittel zur Erleichterung dieser Arbeit zu schaffen. Für die nicht besonders schwierige Förderung in wagerechter Richtung behalf man sich lange mit den einfachsten Mitteln, im wesentlichen mit Schlitten, Karren und Wagen, die wir gegenwärtig kaum als Maschinen bezeichnen. Hinsichtlich der wagerechten Förderung fallen alle wesentlichen Fortschritte in das vorige und gegenwärtige Jahrhundert. Schwieriger war die Förderung in senkrechter Richtung. Sie erforderte von Anfang an die Benutzung ausgeprägter Maschinenanlagen. Die maschinellen Einrichtungen für diese Förderung gehören daher auch allgemein zu den ältesten Maschinen. Aber auch sie kamen bis zum Anfang des vorigen Jahrhunderts nur in solchen Fällen in Frage, in denen die Durchführung der Arbeit bei unmittelbarer Verwendung der Menschen- und Tierkraft unmöglich war. Bis dahin war für die Anwendung der Förderanlagen weniger der Gesichtspunkt der Wirtschaftlichkeit ausschlaggebend, als vielmehr nur das Bestreben, eine beabsichtigte Arbeit überhaupt ausführbar zu machen. Das ergab sich im allgemeinen schon von selbst daraus, daß für den Antrieb der Hebemaschinen nur Menschen- und Tierkraft zur Verfügung stand, die durch Vermittlung von Treträdern oder Göpeln ausgenutzt wurde. Da aber, wenn man doch auf die Muskelkraft angewiesen war, kleinere Gegenstände in einfachster Weise getragen oder durch Karren fortgeschafft werden konnten, so beschränkte sich die Verwendung der Hebemaschinen im allgemeinen auf das Verladen und Fortbewegen sehr schwerer Gegenstände oder auf Fälle, wo das Fördergut auf große Höhe gehoben werden mußte, wie z. B. bei der Förderung im Bergwerksbetrieb, bei dem schon von altersher maschinelle Hebeeinrichtungen benutzt wurden.

In diesen Betrieben, bei denen die Förderung dauernd und regelmäßig erfolgt, wurde schon in früher Zeit die Wasserkraft und hier und da auch die Windkraft nutzbar gemacht. Die Ausnutzung dieser Kräfte war aber so sehr durch Ort und Zeit beschränkt, daß ihre Verwendung nur in besonderen Fällen möglich erschien. Für den Betrieb der Hebezeuge im allgemeinen hat diese Antriebsart keine wesentliche Bedeutung erlangt.

In Abb. 1 und 2 sind die beiden bedeutendsten, noch bis in die Gegenwart erhalten gebliebenen Krane mit Treträderbetrieb dargestellt. Der Danziger Kran nach Abb. 1 wurde im Jahre 1442 fertiggestellt und wird noch jetzt für besondere Arbeiten, so zum Anheben der Schiffe zwecks Nachsehen der Schrauben benutzt. Der mit drehbarem Ausleger versehene Kran nach Abb. 2 wurde 1554 in Andernach erbaut. Die Arbeitsübertragung ist bei beiden Kranen die denkbar einfachste, indem die Achse der Treträder gleichzeitig als Windentrommel benutzt wird.

Bei Einführung des Dampfbetriebes lehnte man sich zunächst an die inzwischen schon mit Räderwinden und Kurbeln ausgeführten Handdrehkrane an, in-

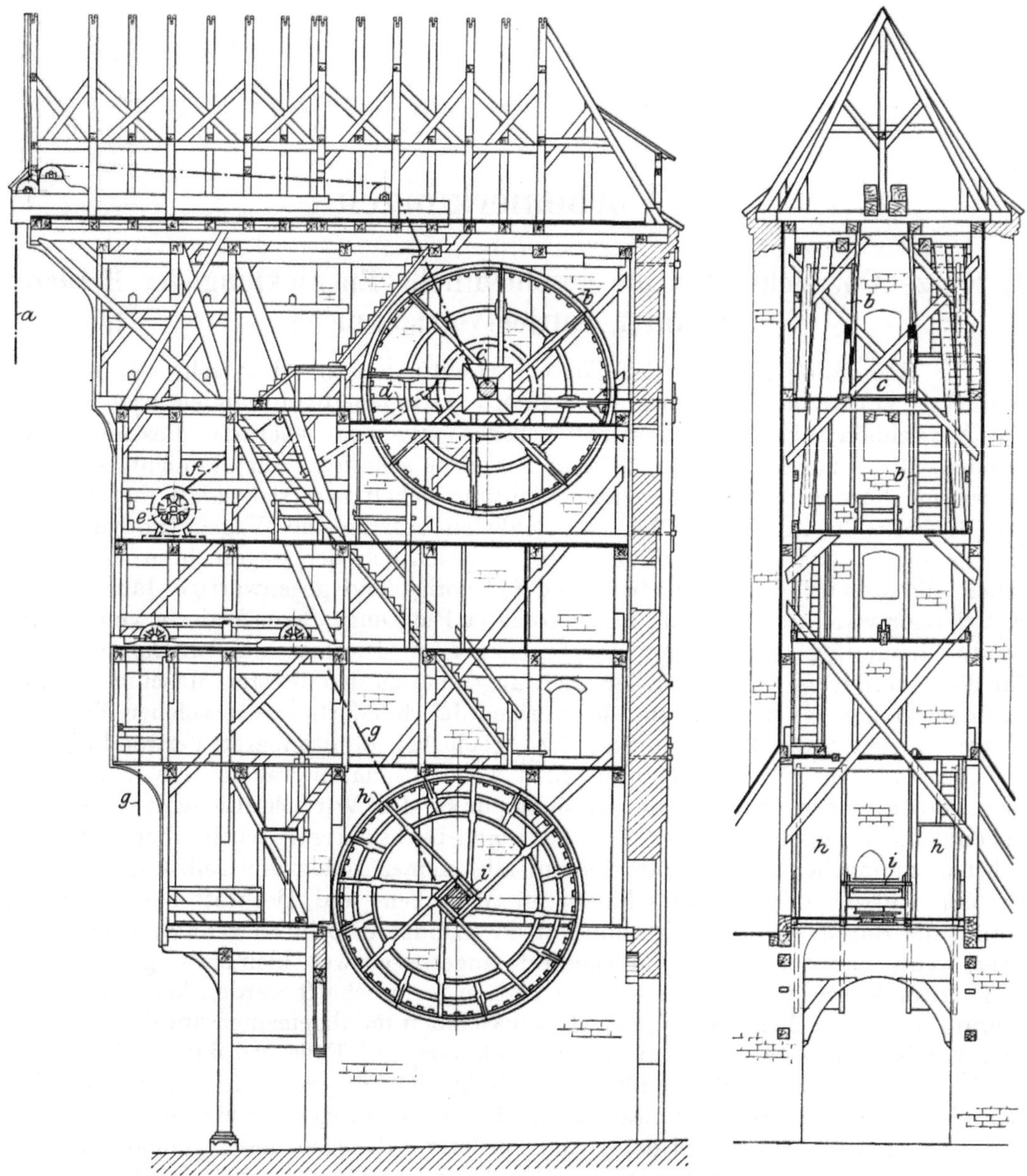

Abb. 1. Auslegerkran Danzig aus dem Jahre 1442 (Maßstab 1 : 200).

a Lastkette des noch gegenwärtig benutzten oberen Treträderpaares *b*, aufgewickelt auf die als Windentrommel benutzte Holzwelle *c*, für eine Tragkraft von 6 t an loser Rolle.
d Nachträglich angebrachte Senkbremse, betätigt von Handrad *e* mit Seil *f*.
g Lastkette des jetzt nicht mehr benutzten unteren Treträderpaares *h*, aufgewickelt auf die als Windentrommel benutzte Holzwelle *i*, für eine Tragkraft von 6 t mit jedem der beiden Treträder.

dem man an die Stelle der Kurbel eine einfache einzylindrige Dampfmaschine setzte. Ein derartiger mit Einzylindermaschine ausgerüsteter Löffelbagger ist weiter hinten auf S. 289 in Abb. 327 dargestellt, nach einer amerikanischen Ausführung, beschrieben in D. p. J. vom Jahre 1843. Wenn die Maschine auf dem toten Punkt steht, muß sie bei Inbetriebsetzung der Krane von Hand gedreht werden. Das Umsteuern erfolgt durch entsprechende Kupplungen und Wendegetriebe.

Die erste Beschreibung einer mit umsteuerbarer Zwillingsdampfmaschine betriebenen Winde mit um 90° versetzten Kurbeln findet sich in „Publication industrielle de machines outils et appareils“ vom Jahre 1847. Die in Abb. 3 dargestellte Winde wurde von Faivre für einen Aufzug der Zuckerraffinerie in Possy entworfen.

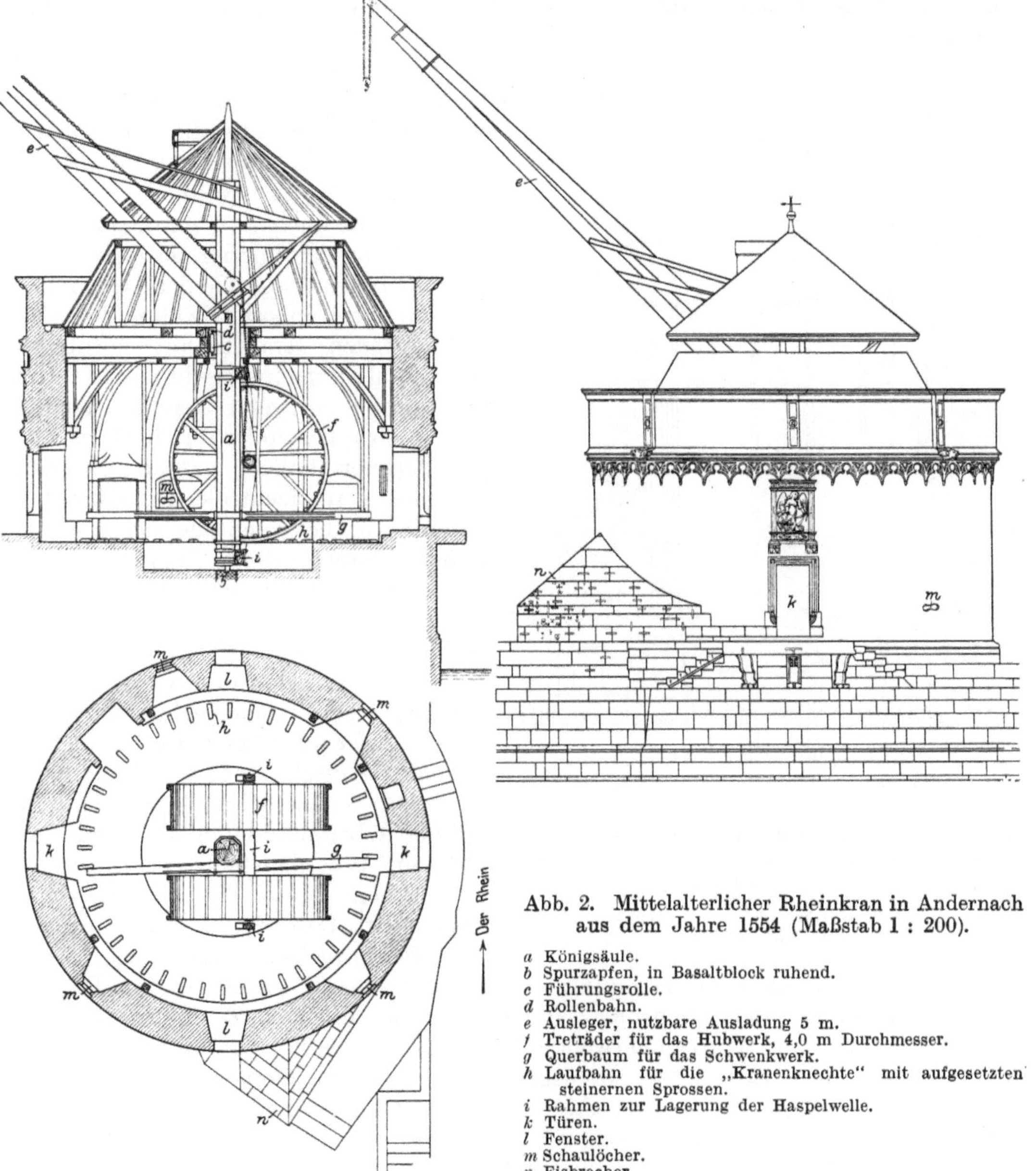

Abb. 2. Mittelalterlicher Rheinkran in Andernach aus dem Jahre 1554 (Maßstab 1 : 200).

a Königsäule.
b Spurzapfen, in Basaltblock ruhend.
c Führungsrolle.
d Rollenbahn.
e Ausleger, nutzbare Ausladung 5 m.
f Treträder für das Hubwerk, 4,0 m Durchmesser.
g Querbaum für das Schwenkwerk.
h Laufbahn für die „Kranenknechte“ mit aufgesetzten steinernen Sprossen.
i Rahmen zur Lagerung der Haspelwelle.
k Türen.
l Fenster.
m Schaulöcher.
n Eisbrecher.

In der Folgezeit führte man aber die Aufzüge und Krane bei Dampfbetrieb zunächst vorwiegend mit Treibkolben aus, da diese Antriebsart große Verbreitung gefunden hatte bei Druckwasserbetrieb, der seit 1845 von Armstrong zu großer Vollkommenheit ausgebildet war.

Da bei Dampfbetrieb aber die ruhende Last infolge der Elastizität des Dampfes und der eintretenden Kondensation nicht mit genügender Sicherheit in jeder Lage gehalten werden konnte, so versah man die Dampfkrane nebenbei mit hydraulischen Bremszylindern, die nur für das Halten und Senken der Last dienten. Diese Bremszylinder saugten Wasser aus einem Behälter an und ließen es beim Senken der Last wieder in diesen Behälter abfließen. Der Bremszylinder wurde meistens zwischen 2 Dampfzylindern angeordnet. Krane dieser Bauart sind, besonders nach der Konstruktion von Brown, in großer Zahl bis Ende des vorigen Jahrhunderts ausgeführt worden. So wurden noch nach 1890 etwa 80 derartige Krane für den Hafen von Hamburg geliefert. Abb. 4 stellt einen solchen Kran nach einer Zeichnung vom Jahre 1896 dar.

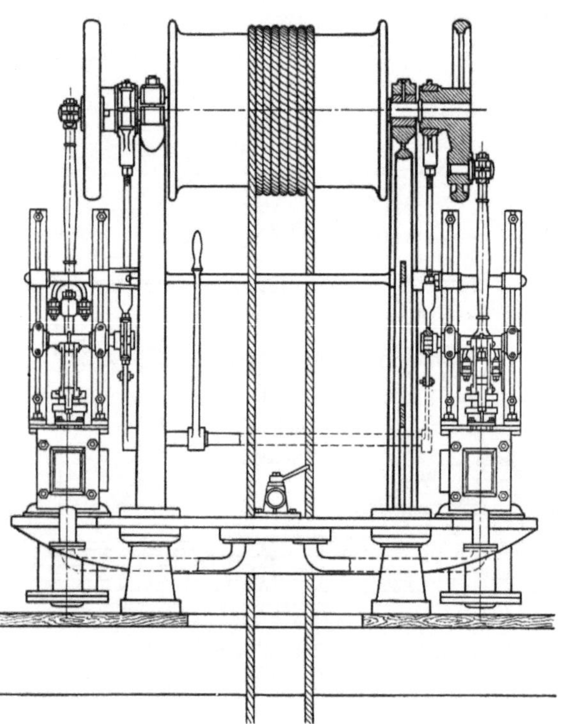

Abb. 3. Dampfaufzug mit umsteuerbarer Zwillingsmaschine aus dem Jahre 1847 (Maßstab 1 : 20).
Zylinderdurchmesser 135 mm, Kolbenhub 300 mm, Umlaufzahl 78 Umdr./min, Dampfspannung 3 Atm., Tragkraft 300 kg, Hubgeschwindigkeit 1,5 m/sk, Hubhöhe 12 m, Förderleistung 900 Zuckerhüte/st.

Diese Krane hatten vor dem hydraulischen Kran den Vorzug, daß der Kraftverbrauch sich der Größe der Last immer ohne weiteres anpaßte, während das bei hydraulischen Kranen nur notdürftig und unvollkommen erreicht wurde durch Verwendung mehrerer Zylinder, einzeln oder in Gruppen, oder durch abgestufte Zylinderquerschnitte. Beim Betriebe von einer Dampfzentrale aus zeigte der Dampfkran die Nachteile der hydraulischen Krane, die in dem Einfrieren und Undichtwerden der Zuleitungsrohre bestanden, in erhöhtem Maße, indem zu den erwähnten Übelständen noch die starke Kondensation und der damit verbundene große Arbeitsverbrauch hinzutraten. Aber auch bei Verwendung von fahrbaren Kesseln machte sich die Kondensation unangenehm bemerkbar, so daß der Arbeitsverbrauch allgemein sehr groß war. Außerdem fehlte diesen Kranen mit eigenem Kessel die stete Betriebsbereitschaft. Besonders wegen des großen Dampfverbrauches gewann gegen Ende des vorigen Jahrhunderts der Dampfkran mit Rädervorgelege wieder vor dem Dampfkran mit Triebkolben den Vorsprung. Nun wurden aber allgemein Zwillingsmaschinen mit um 90° versetzten Kurbeln verwendet. Diese Kranform hat sich bis in die Gegenwart erhalten und wird meistens so ausgeführt, daß Heben, Drehen und Fahren des Kranes von derselben Antriebsmaschine bewirkt und durch entsprechende Wendegetriebe Vorwärts- und Rückwärtsgang herbeigeführt wird. Nur ausnahmsweise wird für jede Bewegung ein besonderer Dampfantrieb vorgesehen. Abb. 5 zeigt einen Dampfverschiebedrehkran, seit dem Kriege in so großer Zahl ausgeführt, wie es nach den früheren Auffassungen kaum zu erwarten war. Das ist wohl hauptsächlich durch die häufigen Umstellungen in den einzelnen Betrieben zu erklären, denen ein auf Eisenbahngleisen fahrbarer Dampfkran sich verhältnismäßig gut anpassen konnte. Trotzdem muß gesagt werden, daß dem Kran mit eigenem Kessel auch in dieser vervollkommneten Form für die meisten Verwendungszwecke doch wesentliche Mängel anhaften, so besonders die geringe Betriebsbereitschaft, indem der Kessel vorher anzuheizen ist, und ferner die größeren Betriebskosten, indem

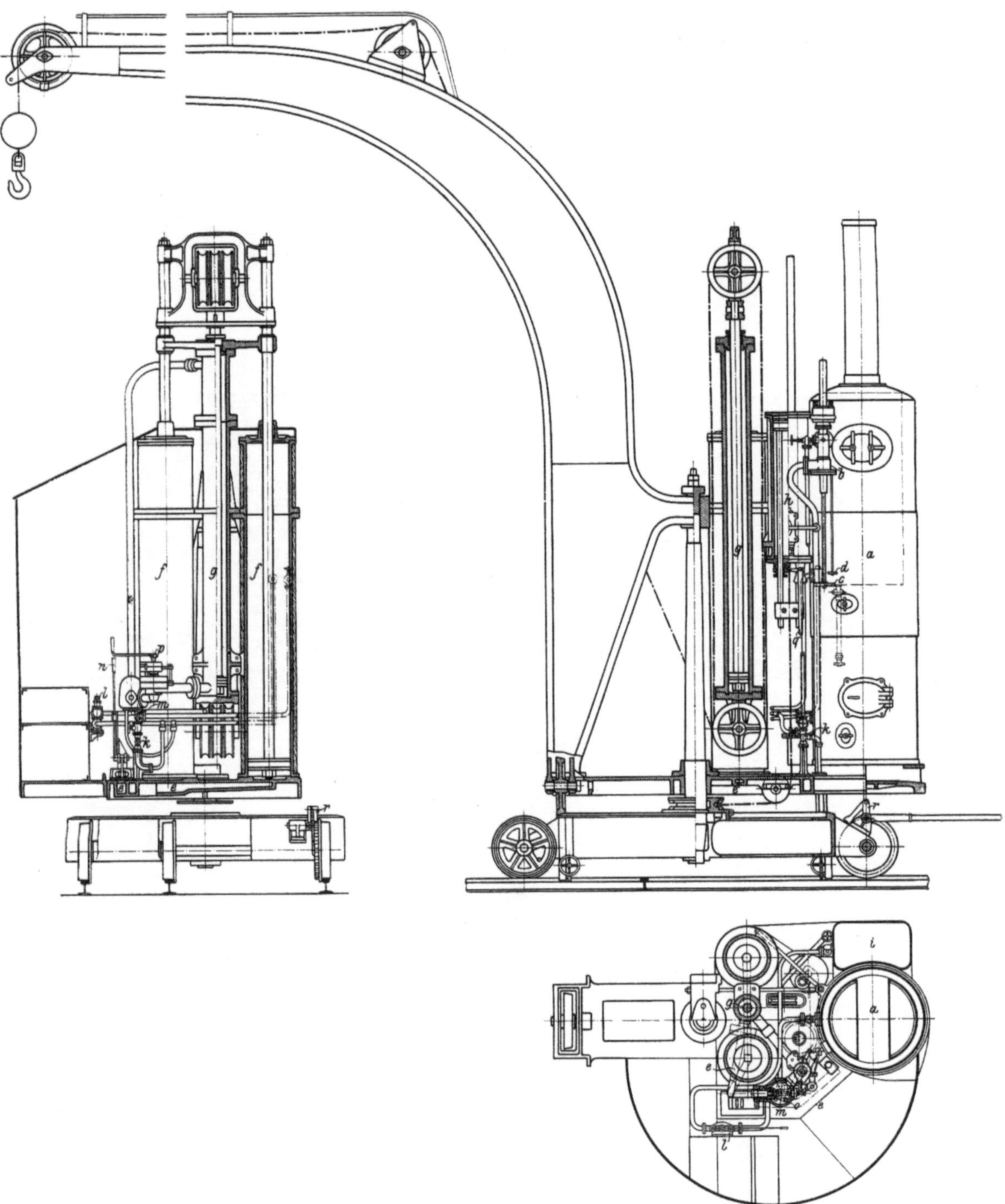

Abb. 4. Brownscher Dampfkran, gebaut 1896 (Nagel und Kaemp) (Maßstab 1 : 65).

Tragkraft 1500 kg, Ausladung 12 m, Rollenhöhe 8 m, Hubhöhe 18 m.

a Dampfkessel.
b Kesselventil.
c Handrad zum Kesselventil.
d Handrad zum Lüften des Kesselventiles.
e Dampfeinlaßkanäle.
f Dampfzylinder für Heben.
g Wasserzylinder zum Halten und Senken der Last.
h Drehzylinder.
i Wasserbehälter.
k Injektor zur Kesselspeisung.
l Handpumpe zur Kesselspeisung.
m Ventil zur Kesselspeisung aus dem Wasserzylinder beim Lastsenken.
n Steuerhebel für Heben.
o Einstellbares Ventil zur Regelung der Hubgeschwindigkeit.
p Bremsventil zum Senken der Last.
q Steuerhebel für Drehen.
r Klinkvorrichtung zum Fahren des Kranes.

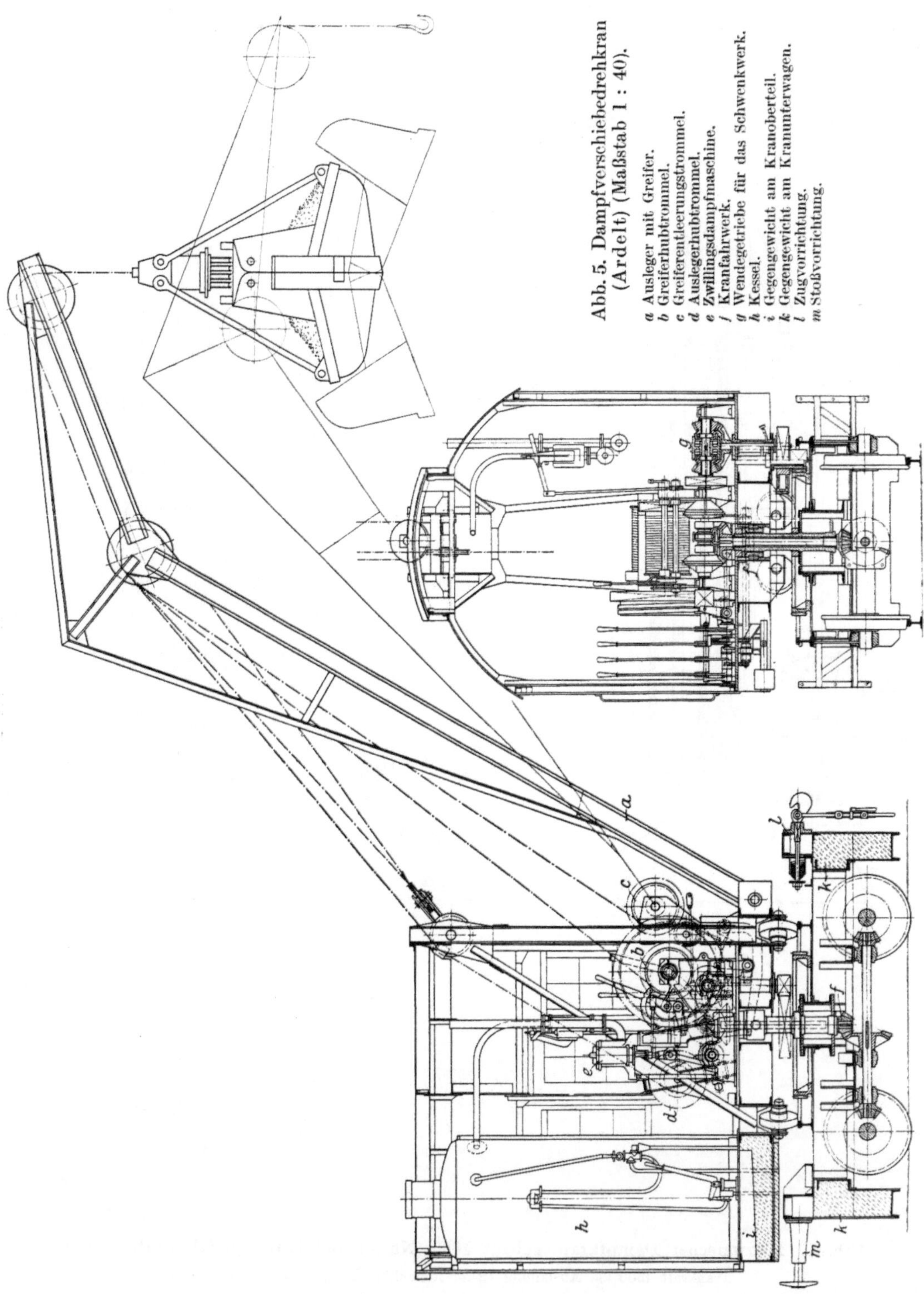

Abb. 5. Dampfverschiebedrehkran (Ardelt) (Maßstab 1 : 40).

a Ausleger mit Greifer.
b Greiferhubtrommel.
c Greiferentleerungstrommel.
d Auslegerhubtrommel.
e Zwillingsdampfmaschine.
f Kranfahrwerk.
g Wendegetriebe für das Schwenkwerk.
h Kessel.
i Gegengewicht am Kranoberteil.
k Gegengewicht am Kranunterwagen.
l Zugvorrichtung.
m Stoßvorrichtung.

bei einigermaßen angestrengt arbeitenden Hebevorrichtungen ein besonderer Heizer für die Bedienung des Kessels erforderlich ist. Dabei ist der Arbeitsverbrauch beim unmittelbaren Dampfantrieb unter Verwendung verhältnismäßig kleiner und nicht sehr günstig arbeitender Kessel nicht kleiner, sondern im allgemeinen sogar größer, als wenn die Arbeit der Dampfmaschinen zunächst in größeren Zentralen in eine andere Arbeitsform, Druckwasser oder elektrische Energie, und dann im Kran in mechanische Arbeit umgesetzt wird. Das wird unter Ziffer 3 noch weiter ausgeführt. Es soll aber schon hier erwähnt werden, daß der Arbeitsverbrauch nicht von erheblicher Bedeutung ist, und daß die größeren Bedienungskosten und die geringere Betriebsbereitschaft als die wesentlicheren Nachteile anzusehen sind.

Der Dampfbetrieb wird natürlich um so günstiger, je größer die Einzelanlage und je regelmäßiger der Betrieb ist. Er hat aus diesem Grunde und auch, weil bei sehr großen Elektromotoren die Regelung verhältnismäßig hohe Kosten verursacht, bei den Schachtfördermaschinen sehr lange das Feld allein behauptet und wird erst in den letzten Jahrzehnten teilweise durch den elektrischen Antrieb verdrängt.

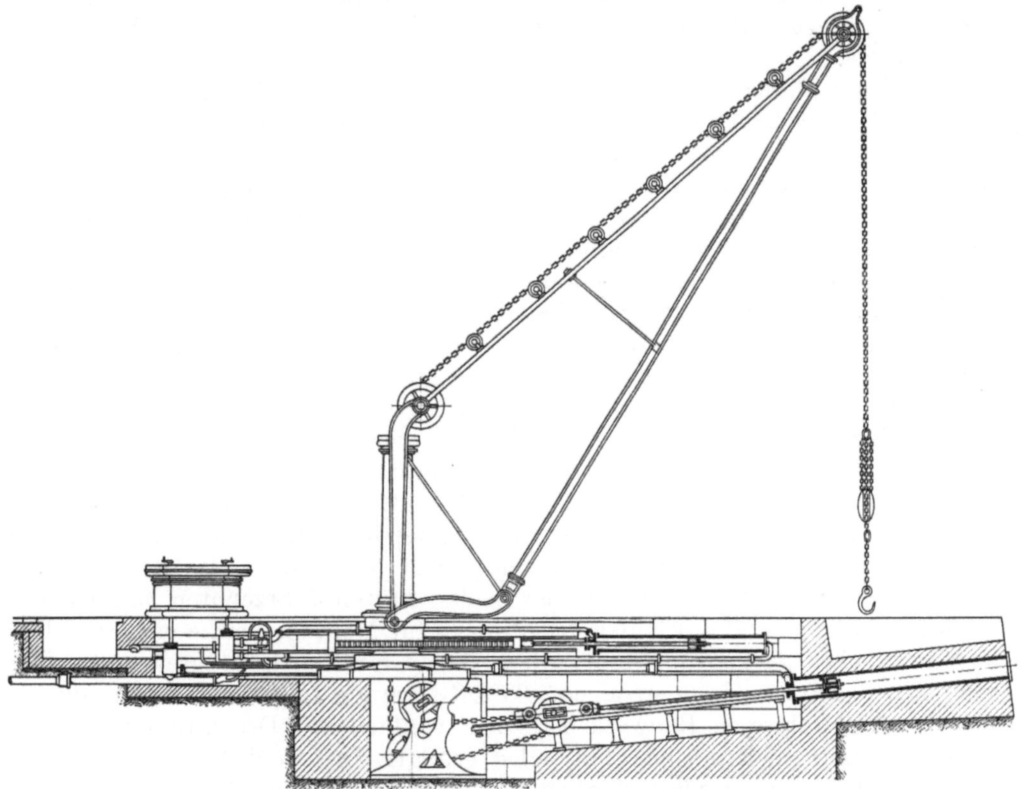

Abb. 6. Hydraulischer Drehkran von Armstrong aus dem Jahre 1847 (D. p. J.).

In allen anderen Fällen hat aber die Entwicklung der neueren Zeit dahin geführt, daß man den Dampfantrieb bei unterbrochen arbeitenden Förderanlagen nur dort anwendet, wo der Betrieb einzelner oder weniger Apparate in Frage kommt und wo elektrische Kraft nicht zur Verfügung steht. Das ist z. B. durchweg der Fall bei den meisten für Bauarbeiten verwendeten Kranen, Rammen usw., da Zentralen noch nicht vorhanden sind. Für derartige Verhältnisse hat der Drehkran mit Dampfantrieb und eigenem Kessel noch große Bedeutung behalten und wird auch wohl voraussichtlich so schnell nicht beseitigt werden. Die Kraftübertragung durch Dampfrohrleitungen von einer Zentrale aus kommt gegenwärtig kaum noch in Frage.

Wie schon angedeutet, wurde der hydraulische Betrieb im Jahre 1845 von Armstrong eingeführt. Von ihm wurde er auch schon fast in die Form gebracht, die er bis in die neueste Zeit beibehalten hat. So verwendete er, wie aus Abb. 6 ersichtlich, schon damals besondere Zylinder zum Heben der Last und zum Drehen des Kranes, und ebenso führte er den Gewichtsakkumulator ein, um den Arbeitsverbrauch möglichst unabhängig von der Arbeitserzeugung zu machen.

Der Hauptvorteil des hydraulischen Betriebes lag in der Möglichkeit, das Druckwasser ohne große Verluste von der Zentrale den einzelnen Kranen zuzuführen. Weitere Vorzüge waren die durch die Zentrale ermöglichte große Arbeitsgeschwindigkeit sowie die gute Regulierfähigkeit und die unbedingte Sicherheit, mit der die Last in jeder Höhenlage gehalten werden kann.

Die Nachteile des hydraulischen Betriebes, insbesondere das Einfrieren der Rohrleitungen und der auch bei kleinen Lasten immer gleichbleibende größte Arbeitsverbrauch, bedingt durch Wasserdruck und Zylinderquerschnitt, konnten wenigstens teilweise durch geeignete Ausführung beseitigt werden.

Aus diesen Gründen hat der hydraulische Kran neben dem Dampfkran große Verbreitung erlangt und besonders in Häfen und Stahlwerken ziemlich lange das Feld behauptet.

So wurden z. B. noch die Krananlagen des im Jahre 1898 fertiggestellten Hafens der Stadt Köln mit Druckwasser betrieben, und auch die umfangreiche Krananlage im Stettiner Freihafen wurde noch im Jahre 1908 für Druckwasser eingerichtet. Abb. 7 zeigt die für den Stettiner Hafen zuletzt gelieferte Ausführungsform des hydraulischen Kranes aus dem Jahre 1908, die sich besonders dadurch vor den meisten älteren Formen auszeichnet, daß alle mechanischen Teile möglichst an einem Punkt zusammen gebaut sind, um einfachere Montage und bessere Übersichtlichkeit der ganzen mechanischen Anlage zu erhalten. Auch in den Hüttenwerken hat man den hydraulischen Betrieb erst zu Anfang dieses Jahrhunderts ziemlich allgemein verlassen und ihn durch den elektrischen Betrieb ersetzt. Hier war die große Betriebssicherheit der Hauptgrund für die Beibehaltung des Druckwasserbetriebes. In anderen Ländern, so besonders in England, wurden noch in neuerer Zeit häufig Druckwasserhebezeuge neu gebaut, zum Teil wohl mit Rücksicht auf die vorhandenen Anlagen, in besonderen Fällen aber auch bei selbständigen Anlagen, wie z. B. bei den Immingham Docks mit ihren großen Eisenbahnwagenkippern (s. Engineering 1912, Bd. 93, S. 808). In Deutschland findet er bei Neuanlagen nur noch sehr selten Anwendung. Die hydraulischen Hebezeuge beschränkten sich hier in den letzten Jahrzehnten hauptsächlich auf einfache Aufzüge und auf Hilfsvorrichtungen für Montagezwecke usw., bei denen es im wesentlichen darauf ankommt, mit geringen Kräften und durch große Übersetzung sehr hohen Druck zu erzeugen. So z. B. werden Daumenwinden u. dgl., die zum Heben von schweren Bauwerken dienen, vielfach mit Druckwasser betrieben, dessen Erzeugung in den Apparaten selbst erfolgt. Die Möglichkeit großer Übersetzung und ebenso die große Sicherheit des Betriebes machen das Druckwasser für solche Zwecke besonders geeignet. Vielleicht wird aber der hydraulische Betrieb als Kraftübertragungsmittel vom Verbrennungsmotor zum Hebezeug in der weiteren Zukunft wieder erhöhte Bedeutung gewinnen, wie weiter hinten noch näher ausgeführt werden wird.

Zu Anfang der neunziger Jahre vorigen Jahrhunderts tauchte der Gedanke auf, Druckluft an Stelle des Druckwassers für die Kraftverteilung zu verwenden. Für die Stadt Paris wurde eine größere derartige Anlage ausgeführt. Die Verwendung von Druckluft versprach gewisse Vorteile. So wurde das beim Druckwasser zu fürchtende Einfrieren in den langen Leitungen vermieden, Kondensation wie beim Dampfbetrieb kommt nicht in Frage, und der Arbeitsverbrauch paßt sich der Last selbsttätig an. Die anfänglich sich zeigenden Mißstände, wie Eisbildung an den Regulierventilen usw. infolge der plötzlichen Ausdehnung und der damit verbundenen Abkühlung der Luft, ließen sich beseitigen. Die Anwendung dieses Kraftverteilungssystems erfuhr aber keine weitere Ausbildung, weil inzwischen durch den elektrischen Betrieb ein noch wesentlich günstigeres Mittel für die Fortleitung und

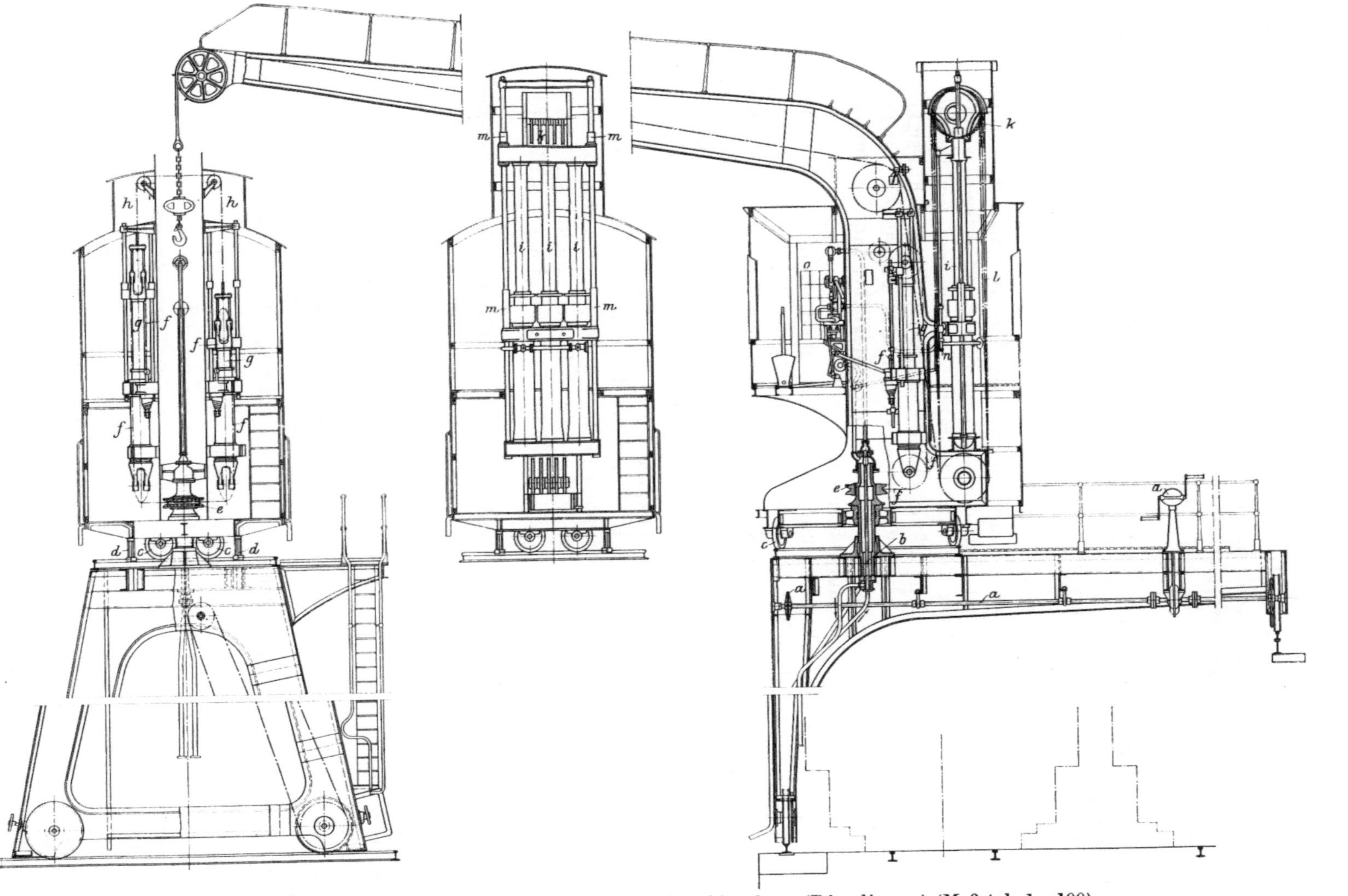

Abb. 7. Neuer hydraulischer Kran mit drehbarem Maschinenhaus (Dinglinger) (Maßstab 1 : 100).

Tragkraft 2500 kg, Ausladung 10,1 m, Lasthub 18 m, Preis etwa 25 000 M.

a Handfahrwerk für das Halbportalgerüst.
b Krandrehsäule mit Zuleitung und Ableitung des Druckwassers.
c Laufräder für den drehbaren Kranoberteil.
d Radbruchstützen für den drehbaren Kranoberteil.
e Feststehende Kettenumführungsscheibe zum Drehen des Kranoberteils mittels der Ketten *f*.
f Ketten zum Drehen des Kranoberteils.
g Zwei Kolben mit loser Rolle zum Drehen des Kranoberteils.
h Kette zum Verbinden der beiden zusammenarbeitenden Kolben *g*.
i Drei Hubkolben für drei Laststufen durch wahlweise Benutzung des mittleren, der beiden äußeren oder aller drei Kolben.
k Fünffache lose Triebrolle, mit den Kolben *i* verbunden.
l Hubseil.
m Puffer für die Hubbegrenzung der Kolben *i*.
n Zwangläufige Abstellung des Wasserstromes am Ende der Hubbewegung.
o Steuerhäuschen.

Verteilung der Kraft gefunden war. Die Verwendung der Druckluft für Hebe- und Förderanlagen ist daher auf besondere Fälle beschränkt geblieben, wo ohnehin Druckluft im Betriebe gebraucht wird. So wird in Werkstätten, wo Druckluft zum Nieten usw. erforderlich ist, mitunter auch Druckluft für den Betrieb kleiner Hebewerkzeuge verwendet, und zwar meistens in Form einfacher Hebezylinder. Vor allen Dingen wird sie in Bergwerken, wo elektrische Kraft nicht vorhanden ist, vielfach für den Betrieb von Förderhaspeln usw. benutzt. Dampfantrieb würde die Luft verschlechtern, Druckluft ist für den Betrieb der Bohrmaschinen ohnehin vorhanden und hat gleichzeitig den Vorteil, daß die frische Luft für die Bewetterung dient. Diese Druckluftförderhaspel werden als Zwillingsmaschinen in derselben Anordnung gebaut wie die Dampfförderhaspel, eine Bauart, die in den Hauptzügen als bekannt angesehen werden kann.

Gegenwärtig findet die Druckluft steigende Anwendung für Förderung von körnigen und schlammartigen Stoffen, indem entweder die Geschwindigkeit der Luft in Rohrleitungen so gesteigert wird, daß die körnigen Stoffe mitgerissen werden, wie es z. B. bei den Getreidehebern seit etwa 25 Jahren in größerem Umfange geschieht, oder indem die Luft in den aufsteigenden Schenkel eines mit Flüssigkeit gefüllten Heberohres eingeblasen wird, wobei sie sich in der Flüssigkeit verteilt, das spezifische Gewicht auf dieser Seite verkleinert und ermöglicht, daß das Gemisch von Flüssigkeit und Luft in dem aufsteigenden Heberohr etwa doppelt so große Höhe erreicht, als in dem abfallenden, mit reiner Flüssigkeit gefüllten Heberohre vorhanden ist. Diese unter dem Namen Mammutpumpe bekannte Hebevorrichtung wird in neuerer Zeit außer für das Heben von Wasser auch häufig zum Heben von Schlamm benutzt, z. B. bei den Klärteichen der Hüttenwerke, und sogar zum Heben von Zuckerrüben, die mit Schwemmrinnen vom Lagerplatz in die Fabrik gefördert werden und hier gehoben werden müssen. Eine allgemeinere Verbreitung hat aber der Druckluftbetrieb, wie schon erwähnt, nicht erfahren.

Der indirekte Antrieb durch Riemen und Seiltransmission, der früher für Laufkrane u. dgl. Hebevorrichtungen vielfach angewendet wurde, kommt nur noch in besonderen Ausnahmefällen in Frage, wie z. B. bei Laufkranen in den Reinigerhäusern der Gaswerke, wo die Explosionsgefahr die Anwendung von Elektromotoren unmöglich macht.

Die Verwendung der schon seit dem Jahre 1880 für Kraftbetrieb benutzten Elektrizität erfolgte im Hebezeugbau — wie schon angedeutet — verhältnismäßig spät. Das ist besonders in den ungünstigen Betriebsverhältnissen der Hebezeuge begründet, bei denen an die Anlaß- und Reguliervorrichtungen der Motoren, die ständig an- und abgestellt und in ihrer Geschwindigkeit reguliert werden müssen, sehr große Anforderungen gestellt werden. Der erste elektrische Laufkran wurde zwar schon im Jahre 1885 von der Firma Helios in Köln gebaut, aber erst im Jahre 1890 wurden die ersten elektrischen Drehkrane von Nagel & Kaemp für den Hamburger Hafen gebaut. Zunächst ging die Einführung des elektrischen Antriebes auch weiterhin nur langsam vorwärts. Als dann aber die Schwierigkeiten der Regulierung überwunden waren, wurden alle anderen Antriebe fast überall durch den elektrischen Strom verdrängt. Heute beherrscht der elektrische Antrieb das Gebiet der Hebezeuge fast vollständig bis auf geringfügige Ausnahmen. Die Regulier- und Bremsvorrichtungen sind zu einer solchen Vollkommenheit ausgebildet, daß sie an Sicherheit und Genauigkeit dem hydraulischen Betrieb gegenüber nicht zurückstehen. Die Kraftverteilung durch die einfachen Schleifleitungen bietet gegenüber dem hydraulischen und dem Dampfbetrieb solche Vorteile, daß erst nach Einführung des elektrischen Betriebes eine so ausgedehnte Verwendung der Hebezeuge in allen Industrien möglich wurde, wie sie vorher ganz undenkbar erschien. Die hierdurch bewirkte Erleichterung des Transports hat dann ihrerseits auf allen

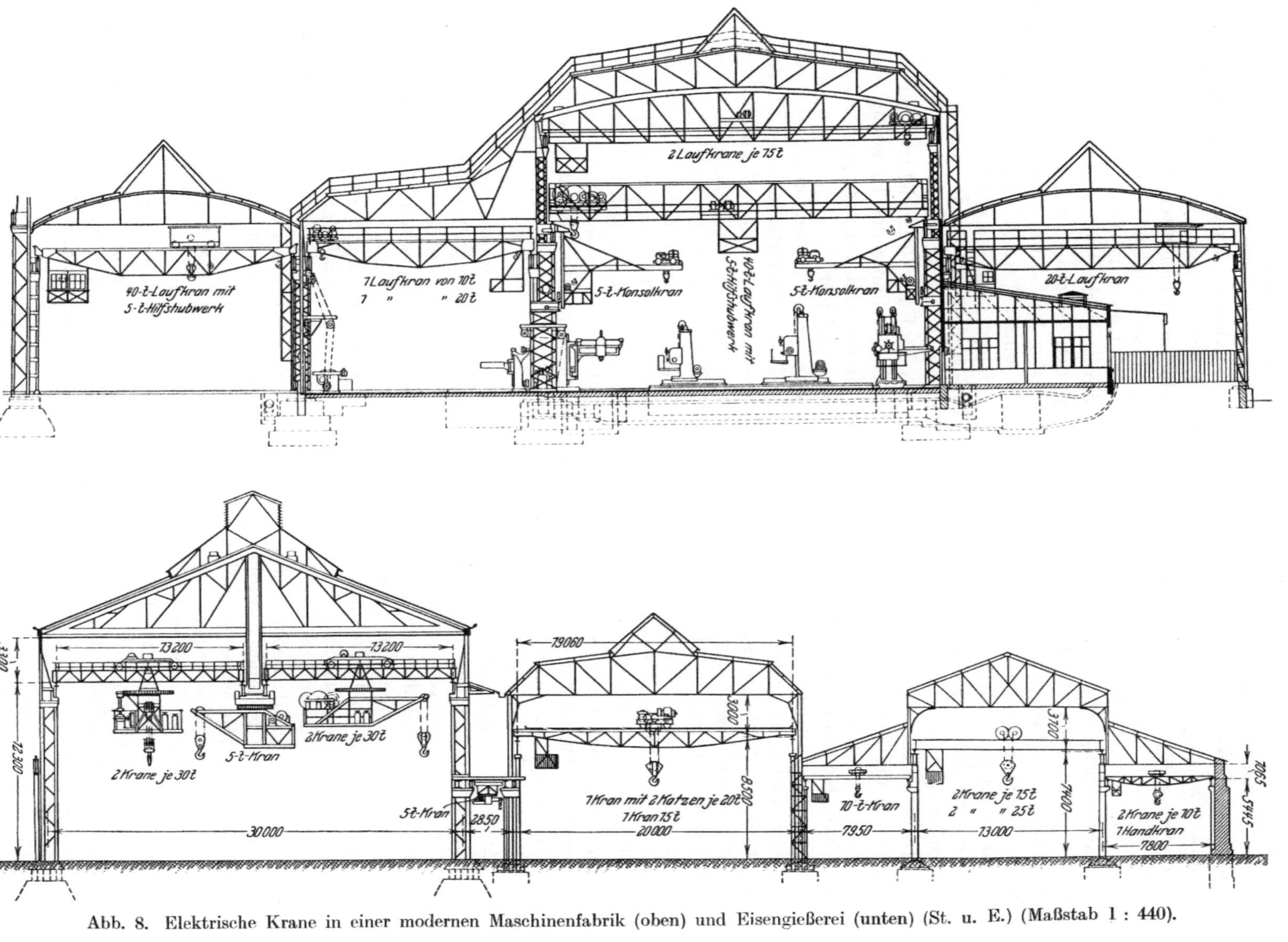

Abb. 8. Elektrische Krane in einer modernen Maschinenfabrik (oben) und Eisengießerei (unten) (St. u. E.) (Maßstab 1 : 440).

Fabrikationsgebieten außerordentlich fördernd gewirkt. Als Beispiel der vielseitigen Beweglichkeit und der aufs höchste gesteigerten Anwendung der modernen elektrischen Krane in ihren verschiedensten Formen ist in Abb. 8 ein Schnitt durch eine mechanische Werkstätte und eine Gießerei einer modernen Maschinenfabrik dargestellt. Die durch diese vielgestaltigen und leicht beweglichen Krane erzielte Erleichterung der Lastenbewegung würde mit den bisher behandelten Antriebsarten ganz unerreichbar sein. Die Abbildung gibt zugleich einen kleinen Einblick in die Bedeutung des elektrischen Betriebes für den ganzen Hebezeugbau.

Gegenwärtig wird die überwiegende Mehrzahl aller Verladevorrichtungen durch Elektromotoren angetrieben, und zwar ist es für den Betrieb der Verladeanlagen im allgemeinen fast gleichgültig, ob Gleichstrom oder Drehstrom verwendet wird. Auch Einphasenwechselstrom hat in neuerer Zeit guten Betrieb ermöglicht. Ob die eine oder die andere Stromart vorzuziehen ist, hängt meistens weniger vom Betrieb der Förderanlagen selbst, als von anderen Umständen, der Ausdehnung des betreffenden Werkes usw. ab. Näheres darüber wird im III. Band ausgeführt werden.

Hinsichtlich einer eingehenden Schilderung des Einflusses des elektrischen Betriebes auf die Hebezeuge im einzelnen sowie der Entwicklung des Hebezeugbaues seit den ältesten Zeiten, die hier nicht behandelt werden soll, sei verwiesen auf das Buch von Kammerer: „Die Lastenförderung einst und jetzt".

Die Verwendung von Verbrennungsmotoren ist bisher nur in ganz vereinzelten Fällen in Frage gekommen, obgleich die Betriebsbereitschaft der Förderapparate mit Verbrennungsmotoren größer ist als z. B. beim Dampfantrieb. Die unmittelbare Verwendung der Verbrennungsmotoren erweist sich bei den intermittierend arbeitenden Hebezeugen nicht als praktisch, weil die Verbrennungsmotoren sich dem wechselnden Drehmoment, besonders beim Anfahren, nicht gut anpassen und im allgemeinen für das Anlaufen und die Umsteuerung Leerlaufeinrichtungen und Wendegetriebe erfordern, die den Betrieb kompliziert gestalten und die Möglichkeit von Störungen vergrößern. Infolge der großen Abmessung der Antriebsmotoren, die für das größte nur selten vorkommende Drehmoment bemessen werden müssen, wird der Betrieb bei unmittelbarer Verwendung der Verbrennungsmotoren im allgemeinen teuer und schwerfällig.

Auch die in neuerer Zeit, z. B. beim Antrieb von Triebwagen der Eisenbahn, verwendete Anordnung, mit einem Verbrennungsmotor eine Dynamomaschine zu betreiben, die Strom von wechselnder Spannung für den Antriebselektromotor liefert, hat sich wegen der hohen Anlagekosten im allgemeinen Hebezeugbau keinen wesentlichen Eingang zu schaffen vermocht.

Trotzdem ist wohl zu erwarten, daß der Verbrennungsmotor, dessen Preiswürdigkeit und Beliebtheit durch die allgemeine Verbreitung der Kraftwagen und Motorräder eine erhebliche Steigerung erfahren haben, auch im Betrieb der Hebe- und Förderanlagen eine steigende Bedeutung gewinnen wird, sei es mit unmittelbarem Antrieb unter Benutzung geeigneter Wechsel- und Wendegetriebe, wie sie bei Kraftwagen sich bewährt haben, sei es mit einfacher rotierender hydraulischer Kraftübertragung, wie sie nach den Konstruktionen von Lenz und anderen für Lokomotiven und Werkzeugmaschinen verschiedentlich angewendet worden ist, sei es endlich mit hydraulischem Antrieb durch Druckkolben unter Zwischenschaltung geeigneter Luft- oder Gaskraftspeicher, um den dauernd umlaufenden Motor dem unterbrochenen Betrieb und wechselnden Arbeitsbedarf anzupassen, wie es u. a. vom Verfasser bisher bei einigen besonders geeigneten Konstruktionen durchgeführt und für andere Konstruktionen vorbereitet ist.

Ein einfaches Beispiel einer derartigen Anordnung zeigt Abb. 9 in der Gestalt eines fahrbaren Eisenbahnwagenkippers, bei dem der Verbrennungsmotor mit entsprechendem Wechsel- und Wendegetriebe zum direkten Antrieb der Kette zum

Heraufziehen des Wagens auf den Kipper und zum Antrieb des Fahrwerkes zur Benutzung des Kippers als Verschiebelokomotive auf beliebige Entfernung benutzt wird, während das Heben und Kippen des Eisenbahnwagens durch einen hydraulisch bewegten Zugkolben bewirkt wird, unter Zwischenschaltung eines Luftkraftspeichers von solcher Größe, daß der beim Kippen wechselnde Luftdruck dem wechselnden Drehmoment entspricht, das der Eisenbahnwagen bei seinen verschiedenen Neigungen ausübt. Die Druckerzeugung im Kraftspeicher erfolgt durch Einpressen der Druck-

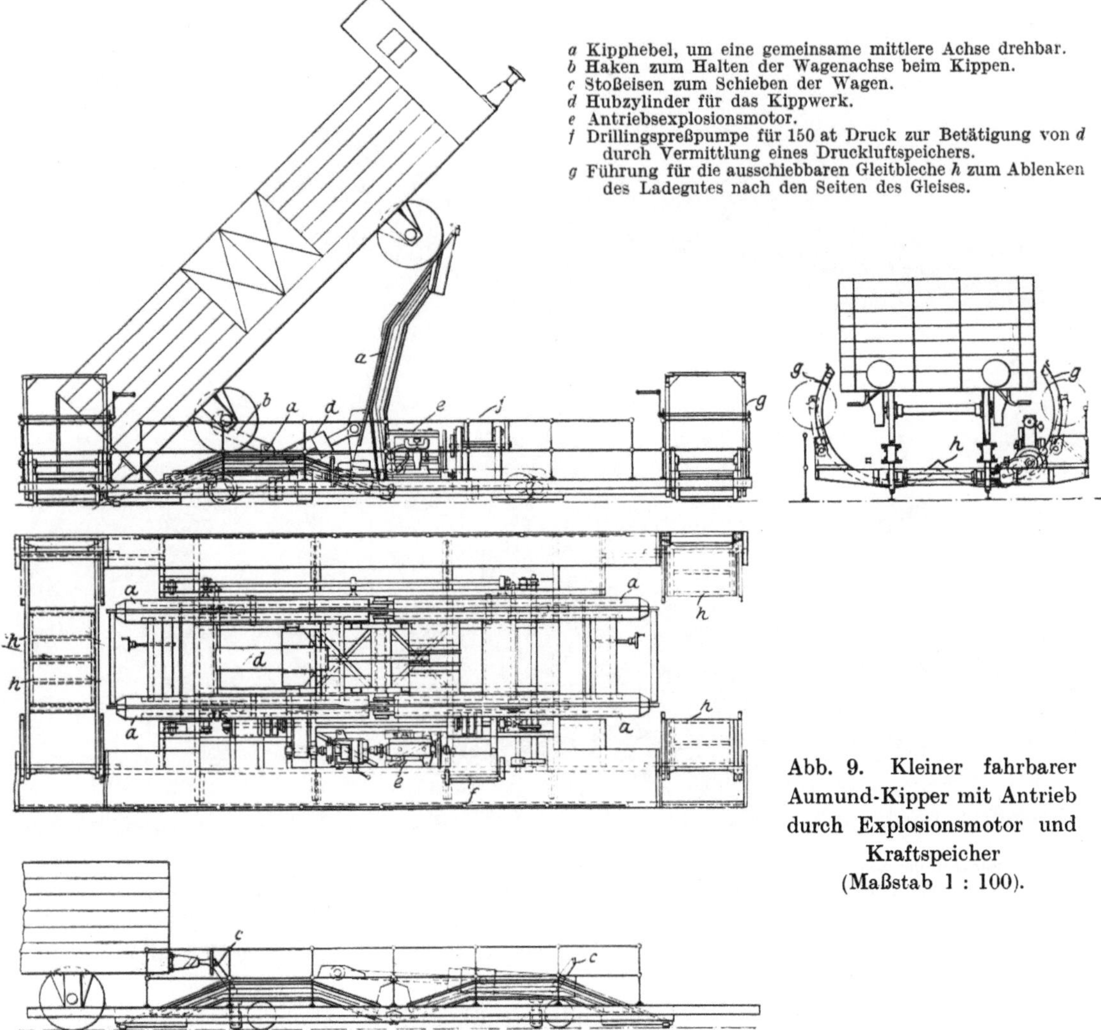

Abb. 9. Kleiner fahrbarer Aumund-Kipper mit Antrieb durch Explosionsmotor und Kraftspeicher (Maßstab 1 : 100).

flüssigkeit mit einer dauernd angetriebenen Preßpumpe, deren Saugventile angelüftet werden, wenn der vorgesehene Höchstdruck erreicht ist.

Wenn das gleichbleibende Verhältnis zwischen dem während des Hebens abfallenden Druck im Windkessel und dem Moment der zu hebenden Last nicht wie im Fall der Abb. 9 durch die Eigenart des Hebezeuges ohne weiteres gesichert werden kann, läßt es sich in vielen Fällen ohne große Schwierigkeit durch Anwendung konischer Trommeln erreichen, ähnlich wie sie u. a. im Bergwerksbetrieb zur Herbeiführung eines guten Seilgewichtsausgleichs vielfach angewendet werden, oder schließlich auch bei gleichbleibendem Drehmoment, indem an Stelle eines Luftkraftspeichers mit wechselndem Druck ein Dampfspeicher, zweckmäßig Kaltdampfspeicher, eingeschaltet wird, der mit gesättigtem Dampf und dementsprechend gleichbleibendem Druck arbeitet (vgl. „Maschinenbau", Heft 18 v. 16. VI. 23, S. 205ff.).

Auf dem einen oder anderen Wege wird man bei vielen Anlagen die Antriebsverhältnisse für die Verwendung des Verbrennungsmotores geeignet gestalten können, und bei den übrigen Vorteilen des Verbrennungsmotors, die in seiner steten Betriebsbereitschaft, seinem geringen Gewicht und seinen verhältnismäßig geringen, den Preis eines Elektromotors kaum übersteigenden Anschaffungskosten zu sehen sind,

Riesenkran der Schichau-Werft in Danzig aus dem Jahre 1914. Tragkraft 250 t, größte Hubhöhe rd. 65 m, größte Ausladung 68 m an drehbarem Ausleger.

Danziger Krantor aus dem Jahre 1442. Tragkraft 2 × 6 t, Größte Hubhöhe rd. 25 m, Größte Ausladung 6 m an festem Ausleger.

Abb. 10. Die größten Krane aus alter und neuer Zeit. (In gleichem Maßstab.)

wird man dieser Antriebsart für die Zukunft überall da erhebliche Bedeutung zuerkennen müssen, wo die Zuführung des elektrischen Stromes durch Schleifleitungen Schwierigkeiten bietet. Immerhin bleibt der elektrische Antrieb überall da der gegebene, wo elektrische Kraft ohne Schwierigkeit zugeführt werden kann.

Mit diesen verschiedenen Antriebsarten kann man nach der Entwicklung der letzten Jahrzehnte die Hebe- und Förderanlagen den verschiedensten Betriebsanforderungen anpassen, und der Bau dieser Anlagen ist nicht nur an sich ein bedeutender Industriezweig geworden, sondern er hat auch auf fast alle anderen Industriezweige in weitgehendem Maße fördernd eingewirkt.

Um die Entwicklungsweise nach einer anderen Richtung kurz zu kennzeichnen, soll zum Schluß in Abb. 10 noch eine Gegenüberstellung zweier der größten Krane ihrer Zeit gegeben werden, welche nicht nur die durch den elektrischen Betrieb ermöglichte vielgestaltige Beweglichkeit zeigt, sondern die vor allen Dingen auch eine Vorstellung gibt von der ungeheueren Steigerung der Kranabmessungen. Schon das alte Danziger Krantor ist im Vergleich zu den hohen Nachbarhäusern ein wuchtiger Bau, dem seinerzeit große Bedeutung beigemessen wurde. Das geht u. a. daraus hervor, daß im Jahre 1411 zwischen dem Deutschen Orden und der Stadt Danzig ein heftiger Streit um die Berechtigung zum Bau des Krans entbrannte, der bewirkte, daß der Kran erst 1442 fertiggestellt werden konnte. Trotzdem verschwindet dieses bisherige Wahrzeichen der alten Handelsstadt vollständig gegenüber dem Kran aus dem Jahre 1914, einer Bauart der neuesten Schwerlastkrane, wie sie im II. Band auf S. 87 eingehender beschrieben sind.

Wenn schon für Hebeapparate die Vorteile des elektrischen Betriebes gegenüber den anderen Betriebsarten, besonders auch gegenüber dem Dampfbetrieb, aus den vorhergehenden Betrachtungen klar hervorgehen, so sind diese Vorteile im allgemeinen noch leichter erkennbar beim Antrieb der Dauerförderer, wo der einfache Elektromotor viel leichter eingebaut werden kann und viel weniger Wartung braucht als eine ständig laufende Dampfmaschine oder ein Verbrennungsmotor und auch in den Anlagekosten sich durchweg etwas billiger stellt. Da die Dauerförderer außerdem in der Regel in industriellen Werken gebraucht werden, in denen elektrische Kraft fast immer vorhanden ist, so kommt ein anderer Antrieb hierfür nur selten in Betracht und wird nur hin und wieder bei Anlagen ausgeführt, die an abgelegenen Stellen für sich arbeiten, wie z. B. größere Drahtseilbahnen usw. Abgesehen von dem hydraulischen Betrieb geschieht die Kraftübertragung im allgemeinen sowohl beim Dampfantrieb als auch beim elektrischen Antrieb durch Rädervorgelege, bei Dauerförderern meistens unter gleichzeitiger Anwendung eines Riemenvorgeleges, um ein Gleiten zu ermöglichen, wenn Fremdkörper den Umlauf hemmen. Die Antriebsart übt daher auf die Förderer selbst nur einen sehr geringen Einfluß aus und kann bei der Betrachtung der einzelnen Fördervorrichtungen außer acht gelassen werden.

2. Allgemeines über die Beurteilung der Wirtschaftlichkeit der Förderanlagen.

In dem vorliegenden Buch ist die Betrachtung der Hebe- und Förderanlagen nicht nur von konstruktiven, sondern auch von wirtschaftlichen Gesichtspunkten aus durchgeführt. Die wirtschaftliche Betrachtungsweise setzt gewisse Annahmen voraus, die nicht so eindeutig und selbstverständlich festliegen wie die Festigkeitsgrundlagen der Konstruktion. Sie erfahren auch z. T. im Verlauf der Zeit eine Änderung, wie z. B. der Zinssatz, und sie müssen teilweise zweckmäßig von der Benutzungsdauer abhängig gemacht werden, wie z. B. die Abschreibung. Auch muß festgelegt werden, wie die in die Rechnung eingeführten Anlagekosten ermittelt sind und was sie enthalten. Es sollen daher vor Eintritt in die eigentliche Behandlung der Hebe- und Förderanlagen die der Behandlung zugrunde gelegten Voraussetzungen kurz erläutert werden.

Besonders dringlich ist die Schaffung einer geeigneten Grundlage für die Höhe der Abschreibung. Die hierfür verwendeten Regeln sind in verschiedenen Firmen ganz verschieden. Während bei vielen Betrieben mit einer Abschreibung in 10 Jahren gerechnet wird, rechnen andere Betriebe wieder mit einer solchen in 20 Jahren. Es erscheint zweckmäßig, für einen allgemeinen Vergleich die Abschreibung von der jährlichen Betriebszeit abhängig zu machen, da im allgemeinen je nach deren Dauer eine größere oder kürzere Lebensdauer der Anlagen vorausgesetzt werden kann. Das kann nach einer für alle Förderer gemeinsamen Regel geschehen, von der nur die Teile auszunehmen sind, die schneller verschleißen und deren Verschleiß unmittelbar von der Leistung abhängig ist, wie z. B. die Gurte der Gurtförderer, für die besondere Zuschläge zu machen sind. Allgemein soll für die Abschreibung angenommen werden, daß sie bei täglich 10stündigem Betriebe und 300 jährlichen Arbeitstagen in 10 Jahren erfolgt, daß also in diesem Falle mit einer Abschreibung von 10 v.H. zu rechnen ist. Der Vermehrung oder Verminderung der jährlichen Betriebsstunden gegenüber diesem normalen Wert von 3000 soll eine entsprechende Änderung der Abschreibungsziffer a Rechnung tragen, die nach der Formel $a = 10\left(1 - \frac{3000 - x}{2 \cdot 3000}\right)$ angenommen ist, wenn x die Zahl der wirklichen jährlichen Betriebsstunden ist. Danach ergibt sich z. B. bei einer jährlichen Betriebszeit von 3000 Stunden eine Abschreibung in 10 Jahren, wie oben vorausgesetzt, dagegen bei 6000 Stunden, also Tag- und Nachtbetrieb, eine Abschreibung von 15 v. H., d. h. in $6^1/_3$ Jahren und schließlich bei vollkommen ruhender Anlage eine Abschreibung in 20 Jahren, d. h. eine Abschreibungsziffer = 5 v. H. In dieser Weise ist dem Einfluß des Verwitterns und Verrostens bei ruhender Anlage und auch dem Veralten derselben wohl in vernünftigem Maße Rechnung getragen.

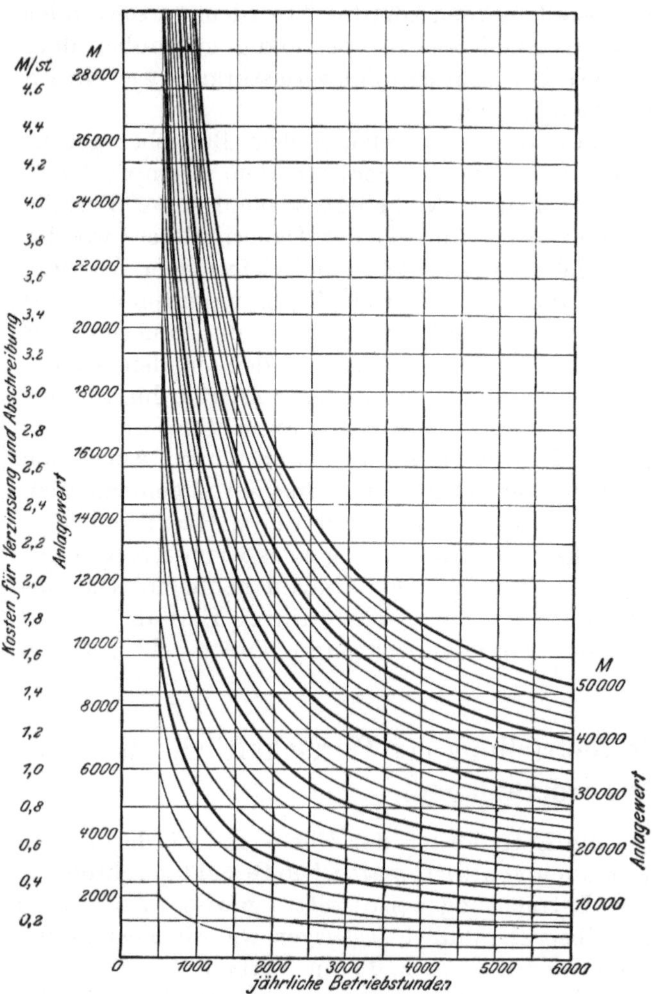

Abb. 11. Schaulinien für Verzinsung und Abschreibung bei veränderlicher Betriebsdauer.

Bei Anlagen, die Tag und Nacht betrieben werden sollen, wird man zwar in vielen Fällen der größeren Abnutzung durch reichlichere Bemessung der Einzelteile vorzubeugen suchen, so daß in diesem Falle eine verstärkte Abschreibung nicht erforderlich erscheint. Trotzdem wird man aber die weiter hinten für die Förderkosten gegebenen Schaulinien als Anhalt benutzen können, wenn man die normalen Anlagewerte für die einzelnen Förderer zugrunde legt; denn die Werte aus den höheren Anlagekosten der stärkeren Bauart bei normaler Abschreibung werden in gewissem Grade den Werten aus den normalen Anlagekosten bei erhöhter Abschreibung das Gleichgewicht halten.

Bezeichnet man den Zinsfuß mit p, so kann man mit genügender Genauigkeit für einen Anlagewert M den auf die Stunde entfallenden Betrag an Verzinsung und Abschreibung durch die Formel ausdrücken: $s = \frac{M}{100}\left(\frac{p}{2} + a\right)\frac{1}{x}$. Der Wert $\frac{p}{2}$ ergibt sich als Näherungswert aus der Erwägung, daß das für die einzelne Anlage zu bestimmende Anlagekapital, der Buchwert, sich mit fortschreitender Abschreibung allmählich bis zu 0 vermindert, so daß also das ursprüngliche Anlagekapital durchschnittlich mit ungefähr der Hälfte des tatsächlichen Zinssatzes zu verzinsen ist. Wenn man für a den obigen Wert einsetzt und p z. B. mit 5 v. H. annimmt, so ist

$$s = \frac{M}{x}\left(\frac{4500 + x}{60\,000}\right).$$

Nach diesen Regeln sind die in Abb. 11 angegebenen Schaulinien für Anlagewerte von 0—50 000 M. aufgestellt, wobei für die in der Abszisse angegebene Anzahl der Betriebsstunden die Ordinate jeweils die Kosten für Verzinsung und Abschreibung für die verschiedenen Anlagewerte und für die Arbeitsstunde in Mark angibt. Diese Regel kann bei den meisten Anlagen ohne weiteres angewendet werden. Wenn in einzelnen Fällen vollständige Abnutzung bei täglich 10stündigem Betrieb in geringerer Zeit, z. B. in 2 Jahren, zu erwarten ist, so ist an den betreffenden Stellen bei Aufstellung der Wirtschaftlichkeitsberechnung der normale Anschaffungswert mit 5 multipliziert. Das ist dann jedesmal besonders vermerkt, um in dieser Weise die eben angegebene Regel für Verzinsung und Abschreibung allgemeiner anwenden zu können und einen Vergleich zu erleichtern.

Diese schon in der ersten Auflage entwickelte Regel für die Abschreibung hat seither in vielen Fällen Eingang gefunden, hier und da vervollständigt durch Berücksichtigung der Zinseszinsen, die im Vorstehenden unberücksichtigt geblieben sind, weil die Bedeutung dieses Faktors nicht erheblich ist gegenüber den übrigen mehr oder weniger frei gewählten Annahmen. Wenn auch in der gegenwärtigen Auflage der 10stündige Arbeitstag und eine 5prozentige Verzinsung als Norm beibehalten und als Anlagekosten durchweg die Vorkriegssätze eingesetzt sind, so mag das damit begründet werden, daß die gegenwärtigen Verhältnisse in dieser Beziehung noch wenig stabil sind und daß es verhältnismäßig leicht ist, veränderten Verhältnissen Rechnung zu tragen. Das sei im Nachfolgenden an einem willkürlichen Beispiel erläutert:

Angenommen, eine Anlage A erfordert für eine Jahresleistung von 100 000 t bei 100 t Stundenleistung 40 000 M. Anlagekosten, eine andere Anlage B für denselben Zweck und dieselbe Jahresleistung erfordert dagegen bei 50 t Stundenleistung 20 000 M. Anlagekosten, dann ergibt sich, abgesehen von den weiter hinten behandelten Unkosten durch Arbeitsverbrauch, Bedienungspersonal usw., folgender Vergleich:

Jährliche Betriebsstundenzahl im Falle A $= \frac{100\,000}{100} = 1000$, im Falle B $= \frac{100\,000}{50} = 200$. Verzinsung und Abschreibung nach den allgemeinen Regeln aus den Schaulinien abgegriffen im Falle A = 3,7 M./St., im Falle B = 1,6 M./St., oder auf die Tonne bezogen im Falle A $= \frac{370}{100} = 3{,}7$ Pf., und im Falle B $= \frac{160}{50} = 3{,}2$ Pf. Die Anlage B ergibt sich also hinsichtlich der reinen Kapitalkosten als etwas günstiger als die Anlage A, und dieses Verhältnis wird auch nicht geändert, wenn bei beiden Anlagen der Ausnutzungsgrad durch Veränderung der täglichen Betriebsstundenzahl oder die Höhe der Verzinsung sich etwas verschiebt, wenn auch die absoluten Betriebskosten eine merkliche Änderung erfahren; denn das Verhältnis der Anlagekosten und der Verzinsung ändert sich bei beiden Anlagen in derselben Weise. Zwar wird der Einfluß der Anlagekosten auf die Gesamtunkosten eine gewisse Änderung erfahren, aber auch diese Änderung ist im allgemeinen verschwindend gering, da die Unterhaltungskosten von den Anlagekosten abhängig sind, der Arbeitsbedarf und die Lohnkosten in vielen Fällen nur einen verhältnismäßig geringen Anteil an den Gesamtunkosten haben und im übrigen auch in gewissem Maße die Schwankungen der Anlagekosten begleiten.

Die Verzinsung mit 5 v. H. ist heute nicht zutreffend. Die Lage wechselt aber in dieser Beziehung sehr, und eine feste Norm läßt sich zur Zeit nicht angeben. Es muß daher vorausgesetzt werden, daß die angegebenen Zahlen und Kosten im Einzelfall noch ev. entsprechend verändert werden. Auch das hat aber vorwiegend Bedeutung für die Beurteilung der absoluten Unkosten, weniger für den Vergleich verschiedener Fördermöglichkeiten, der hier vorwiegend angestrebt werden soll.

Es soll dabei ausdrücklich hervorgehoben werden, daß in vielen Fällen nicht die Förderkosten für die Beurteilung der Zweckmäßigkeit der Förderanlagen maßgebend sind, sondern die Gesichtspunkte bezüglich Betriebssicherheit und Unabhängigkeit von den Arbeitern und in manchen Fällen die schnelle Bewältigung des Betriebes überhaupt, besonders wenn andere Maschinenanlagen hiervon mit abhängig sind. Bei einem großen Teil der Förderanlagen, bei denen das im besonderen Maße zutrifft, ist daher auch von vornherein davon Abstand genommen worden, eine vergleichende Wirtschaftlichkeitsberechnung aufzustellen. Bei dem größten Teil der Förderanlagen muß aber immerhin die Wirtschaftlichkeit des Betriebes der Förderanlage an sich in erster Linie ins Auge gefaßt werden. Das kann nur durch einen Vergleich der verschiedenen Förderungsmöglichkeiten geschehen, für den dieses Buch einen Anhalt bieten soll.

Um einen möglichst guten Überblick über die Gesamtförderkosten bei Benutzung irgendeiner Fördereinrichtung zu geben, sind für die verschiedenen Fördermittel Schaulinien aufgestellt, welche für verschiedene Fördermengen und Förderlängen erstens die reinen Betriebskosten erkennen lassen, zweitens die Anlagekosten und die von den Anlagekosten abhängigen Kosten für die Unterhaltung, welche unmittelbar abhängig gemacht sind von der Förderleistung. Aus den Anlagekosten sind endlich als dritter Bestandteil der Gesamtunkosten die Kosten für Verzinsung und Abschreibung zu bestimmen, wenn man aus der obigen Abb. 11 die für die jeweils in Frage kommende jährliche Betriebszeit entfallende Summe für Verzinsung und Abschreibung des entsprechenden Anlagekapitals aufsucht. Um den Vergleich zu erleichtern, sind in jedem Fall durch weitere Schaulinien die nach den vorstehenden Angaben sich ergebenden Gesamtunkosten für verschiedene Fördermengen und Förderlängen unmittelbar dargestellt, und zwar durch eine ausgezogene Linie, während die Betriebskosten durch eine punktierte Linie angegeben sind, um einen guten Überblick über das Verhältnis der Betriebsunkosten zu den Kapitalunkosten zu erhalten. Der unmittelbare Vergleich verschiedener Fördersysteme ist dann endlich auf S. 396ff. durch eine Zahlentafel erleichtert.

Die Benutzung der Schaulinien möge an einem Beispiel erläutert werden. Dabei muß allerdings das weiter hinten im einzelnen Ausgeführte vorläufig kurz vorweggenommen werden. Angenommen, es soll untersucht werden, wie sich das Kostenverhältnis verschiedener Transportmöglichkeiten stellt für die Förderung von täglich 200 t Steinkohle in Nußform auf 50 m wagerechte Entfernung. Für Nußkohle kann jede Fördervorrichtung in Frage kommen. Insbesondere seien Schnecke, Gurtförderband, Plattenbandförderer, Handhängebahn und Tourenförderer verglichen. Für alle Förderarten sind weiter hinten die Gesamtförderkosten bei dieser Förderlänge in Schaulinien angegeben, aber nur für 3000 jährliche Betriebsstunden. Bei solcher Betriebsstundenzahl, d. h. täglich 10 Stunden, ergibt sich die stündliche Förderleistung zu 20 t. Die fraglichen Daten sind in nachstehender Aufstellung gegenübergestellt.

Man kann für diesen Fall also aus den angegebenen Schaulinien ohne weiteres die Gesamtunkosten ablesen und miteinander vergleichen.

Es ist aber noch zu erwägen, ob es nicht zweckmäßiger ist, die Fördervorrichtung etwas leistungsfähiger zu bauen, z. B. für 50 t Stundenleistung, und sie täglich nur 4 Stunden oder 1200 Stunden im Jahre laufen zu lassen. Dann muß man aus den

Förderart	Schaulinien Abb.	Gesamtförderkosten Pf./st	Gesamtförderkosten Pf /t	Bemerkung
Schnecke (Vgl. S. 189)	213	96	4,8	
Gurtförderband (Vgl. S. 201) . .	234	48	2,4	
Kratzerförderer (Vgl. S. 179) . .	202	58	2,9	
Plattenbandförderer (Vgl. S. 194)	223	76	3,8	Die kleinste Leistung beträgt 50 t. Diese für 20 t angen. bei entsprechend langsamemGang
Handhängebahnen (Vgl. S. 104)	112	44	2,2	
Umlaufförderer (Vgl. S. 119) . .	128	16	0,8	

Schaulinien zunächst die entsprechenden Anlagekosten ermitteln und danach aus Abb. 11 die Kosten für Abschreibung und Verzinsung abgreifen. Zu diesen Unkosten sind nach den betr. Schaulinien die Unterhaltungskosten und die Kosten für den Arbeitsverbrauch zu addieren. Für das oben behandelte Beispiel ergibt sich die folgende Aufstellung:

Förderart	Anlagekosten Abb.	Anlagekosten M.	Abschreibung und Verzinsung für 1200 Std./Jahr	Unterhaltungskosten Pf./st	Arbeitsverbrauch Pf./st	Gesamtunkosten M./st	Gesamtunkosten Pf./t	Bemerkung
Schnecke	211	7 500	70	10,0	175	2,55	5,1	
Gurtförderband	232	6 400	50	4,2	23	0,77	1,6	
Kratzerförderer	201	6 500	50	9,0	60	1,19	2,4	
Plattenbandförderer . .	222	13 500	110	9,0	8	1,27	2,6	
Handhängebahnen . . .	111	1 300	15	1,0	100	1,16	2,4	
Umlaufförderer	127	3 500	30	2,3	6	0,38	1,0	

Man erkennt, daß in beiden Fällen die Gesamtunkosten bei den verschiedenen betrachteten Fördermitteln erheblich voneinander abweichen, daß die zweite Annahme mit kürzerer Betriebsdauer und größerer Leistung bei einigen Förderarten günstigere, bei anderen ungünstigere Werte ergibt. Wenn man auch nicht auf Grund der beiden ziemlich willkürlich gewählten Leistungen den überhaupt möglichen günstigsten Zustand erkennen kann, so sieht man doch ohne weiteres, wie die Unkosten durch die Veränderung der Arbeitsdauer beeinflußt werden, und kann, nachdem man die Förderart gewählt hat, leicht noch ein paar weitere Stichproben für andere Leistungen nehmen.

An Stelle des eben geschilderten Verfahrens, die Kurven der Abb. 11 in jedem Einzelfalle mit zu Hilfe zu nehmen, kann man aber auch eine einfache Umrechnung vornehmen, die es ermöglicht, aus den weiter hinten bei jeder Förderart aufgestellten Kurven für die bei 3000 Jahresförderstunden entstehenden Gesamtunkosten auch die Gesamtunkosten für eine beliebige andere jährliche Nutzungsdauer zu errechnen.

Man kann für beliebige jährliche Betriebsstundenzahlen ein für allemal das Verhältnis der Kapitalunkosten zu den Kapitalunkosten ermitteln, die für 3000 jährliche Betriebsstunden gelten und die in den Schaulinien aufgetragen sind. Diese Ermittlung, die ohne weiteres aus Abb. 11 entnommen werden kann, ergibt die folgende Tabelle:

Jährliche Betriebsstunden	300	500	1000	1500	2000	2500	3000	4000	5000	6000
Verhältnis der Kapitalunkosten zu den Kapitalunkosten bei 3000 Jahresarbeitsstunden	6,5	4	2,2	1,6	1,3	1,1	1,0	0,86	0,75	0,69

Dieses Verhältnis gilt zunächst nur für die reinen Kapitalunkosten, d. h. für Verzinsung und Abschreibung. In den Schaulinien über die Gesamtunkosten, von denen hier in Abb. 12 die weiter hinten auf S. 149 näher erläuterte Abb. 159 als Beispiel vorweggenommen sein möge, enthalten die unteren gestrichelten Liniaturen außerdem noch die Unterhaltungskosten. Diese sind aber einerseits sehr geringfügig und können andererseits in derselben Weise mit der jährlichen Betriebsdauer als veränderlich angenommen werden; denn eine wenig benutzte Anlage erfordert ohne Zweifel verhältnismäßig mehr Unterhaltungskosten. Man wird dabei allerdings untersuchen müssen, ob der Betrieb im ganzen eine derartige verkürzte Nutzungsdauer gestattet, ob dadurch nicht wieder Vorratsbehälter bedingt werden usw. Über die Förderung an sich hat man aber durch diesen Vergleich eine gute Übersicht erhalten.

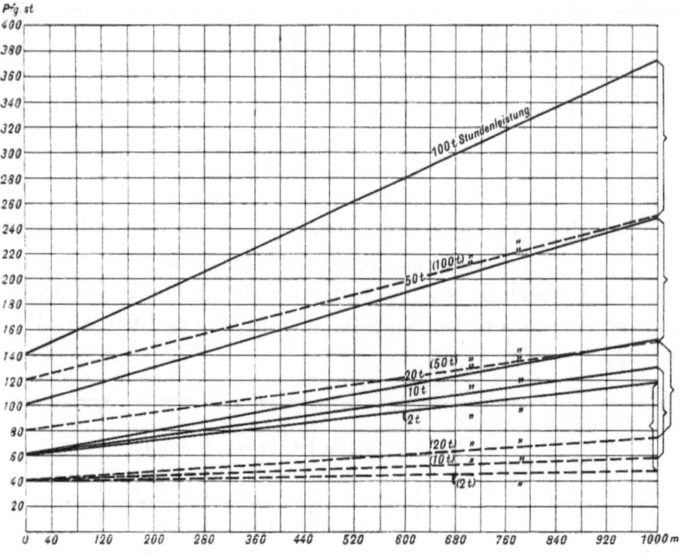

Abb. 12.

—— Gesamtförderkosten ⎫ der Förderung auf einer Standbahn
------ Anteil des Arbeitsverbrauchs ⎭ mit Seilbetrieb bei 3000 jährlichen Betriebsstunden.

Muß man mit anderen Zinszahlen als 5 vH rechnen, wie hier angenommen, z. B. 10 vH, so ist zu berücksichtigen, daß die Kurven aufgestellt sind unter der Annahme von 10 vH Abschreibung, $\frac{5}{2} = 2{,}5$ vH Verzinsung und 2 vH Unterhaltungskosten, zusammen also 14,5 vH. Bei 10 vH Jahreszinsen würde statt $\frac{5}{2}$ nur $\frac{10}{2}$ zu setzen sein, und man würde insgesamt 17 vH an Gesamtunkosten erhalten. Die Kapitalunkosten wären also einfach mit $\frac{17}{14{,}5}$ zu multiplizieren.

Wendet man das Verfahren an, um aus Abb. 12 für eine Standbahn mit Seilbetrieb die Kosten für verschiedene Förderleistungen zu ermitteln, so ergibt sich, daß z. B. die Förderung von 50 t auf 1000 m Förderlänge bei 3000 Jahresnutzungsstunden 250 Pf./st kostet oder für die Tonne $\frac{250}{50} = 5$ Pf. Da die durch die gestrichelte Linie abgegrenzten Kapitalunkosten (einschließlich Unterhaltung) 100 Pf. betragen und der Arbeitsverbrauch mit 150 Pf. von der Nutzungsdauer unabhängig ist, so ergibt sich an Gesamtunkosten für verschiedene Nutzungszeiten

bei 300 Jahresstunden $6{,}5 \cdot 100 + 150 = 600 + 150 = 750$ Pf./st oder 15 Pf./t,
bei 500 Jahresstunden $4 \cdot 100 + 150 = 400 + 150 = 550$ Pf./st oder 11 Pf./t,
bei 1000 Jahresstunden $2{,}2 \cdot 100 + 150 = 220 + 150 = 370$ Pf./st oder 7,4 Pf./t,
bei 1500 Jahresstunden $1{,}6 \cdot 100 + 150 = 160 + 150 = 310$ Pf./st oder 6,2 Pf./t,
bei 2000 Jahresstunden $1{,}3 \cdot 100 + 150 = 130 + 150 = 280$ Pf./st oder 5,6 Pf./t,
bei 2500 Jahresstunden $1{,}1 \cdot 100 + 150 = 160 + 150 = 260$ Pf./st oder 5,2 Pf./t,
bei 3000 Jahresstunden $1{,}0 \cdot 100 + 150 = 100 + 150 = 250$ Pf./st oder 5,0 Pf./t,
bei 4000 Jahresstunden $0{,}86 \cdot 100 + 150 = 86 + 150 = 236$ Pf./st oder 4,7 Pf./t,
bei 5000 Jahresstunden $0{,}75 \cdot 100 + 150 = 75 + 150 = 225$ Pf./st oder 4,5 Pf./t,
bei 6000 Jahresstunden $0{,}69 \cdot 100 + 150 = 69 + 150 = 29$ Pf./st oder 4,4 Pf./t.

Will man ermitteln, zu welchem Preise dieselbe Jahresleistung befördert werden kann, wenn statt 50 t eine stündliche Leistung von 100 t vorgesehen wird, so entnimmt man zunächst aus den für die betreffende Förderart aufgestellten Schaulinien die Angaben für 100 t. Sie betragen z. B. nach Fig. 12 für eine Standbahn mit Seilbetrieb 120 Pf./st an Kapitalunkosten. Diese rechnet man für eine Jahresnutzungsdauer von 1500 Stunden um, indem man mit dem für 1500 Jahresstunden gültigen Faktor 1,6 multipliziert. Die Kapitalunkosten (einschließlich Unterhaltung) betragen demnach 172 Pf./st. Dazu kommen die für 100 t ein für allemal geltenden Arbeitsunkosten mit 260 Pf./st. Die Gesamtunkosten betragen also 172 + 260 = 432 Pf./st oder 4,32 Pf./t gegenüber 5 Pf./t bei 50 t Leistung und 3000 Jahresstunden. Man sieht also auch hier wieder, daß es zweckmäßig ist, die Leistung zu verdoppeln und die Nutzungsdauer auf die Hälfte zu bringen. Man wird dabei allerdings untersuchen müssen, ob der Betrieb im übrigen eine derartige verkürzte Betriebsdauer gestattet. Über die Förderung an sich hat man aber eine gute Übersicht erhalten.

Im übrigen sei noch darauf hingewiesen, daß bei Aufstellung der weiter hinten angegebenen Wirtschaftlichkeitsdiagramme allgemein ektrischer Antrieb angenommen ist, da diese Antriebsart zur Zeit fast ausschließlich das Feld beherrscht. Die Stromkosten sind durchweg gleich hoch mit 10 Pf./KW-st angesetzt worden, um einen besseren Vergleich zu ermöglichen, wenn auch in dieser Beziehung naturgemäß je nach den vorliegenden örtlichen Verhältnissen sehr große Verschiedenheiten bestehen, die bei Benutzung der Wirtschaftlichkeitsberechnungen in Einzelfällen entsprechend berücksichtigt werden müssen.

Bei Aufstellung der Anlagekosten in den späteren Kapiteln sind die erforderlichen Elektromotoren durchweg eingeschlossen. Um aber über die Kosten des elektrischen und des mechanischen Teiles getrennt eine Übersicht zu geben, sind unter Ziffer 4 bei Behandlung der elektrischen Ausnutzung die Preise für einige wesentlich in Betracht kommenden Größen der Elektromotoren mit den erforderlichen Anlassern, Verbindungsleitungen und Zubehörteilen für Gleichstrom von 220 Volt und Drehstrom von 500 Volt Spannung angegeben. Bei der Aufstellung der Gesamtksoten sind die Preise des elektrischen Teiles nach diesen Angaben eingesetzt. Die Preise wechseln natürlich sehr stark und sind nur unter Vorbehalt zu benutzen, wie alle allgemein gehaltenen Preisangaben. Nach den erheblichen Schwankungen der Preise in der Nachkriegszeit können gegenwärtig die Vorkriegspreise wohl wieder als Norm angenommen werden. Das ist daher in der vorliegenden Auflage durchweg geschehen. Ob dieser Zustand von Dauer ist, läßt sich allerdings nicht übersehen. Die an sich beträchtlichen Schwankungen in der Marktlage sind aber nicht von so sehr großer Bedeutung, als es zunächst den Anschein hat, da es sich in der Regel nur um einen Vergleich verschiedener Vorrichtungen handelt, die vielleicht verschieden großen Arbeitsverbrauch haben, so daß also im wesentlichen nur die Preisschwankungen für den Unterschied der Anlagekosten in die Erscheinung treten. Zudem ist es, da die Anlage- und die Unterhaltungskosten sowie die Kosten für den Arbeitsverbrauch gesondert angegeben sind, verhältnismäßig leicht, in besonderen Fällen Abweichungen zu berücksichtigen und den allgemein gehaltenen Vergleich für den Einzelfall umzuändern.

3. Allgemeine Grundlagen für die Beurteilung des Wirkungsgrades und der Eignung der verschiedenen Antriebsvorrichtungen.

a) Bedeutung des Wirkungsgrades verschiedener Antriebsarten für die Gesamtförderkosten.

Der Wirkungsgrad der Hebe- und Förderanlagen, d. h. das Verhältnis der zum Heben oder Fortbewegen einer Last theoretisch erforderlichen Arbeit zu der wirklich aufgewendeten Arbeit ist naturgemäß immer kleiner als 1, da Verluste sich nicht ganz vermeiden lassen. Er ist aber, insbesondere bei den Hebeanlagen, allgemein sehr viel niedriger als 1 und bleibt sogar sehr oft unter $^1/_2$. Das besagt, daß mehr als die Hälfte der Arbeit verlorengeht. Das liegt, wie weiter hinten näher ausgeführt, in der Eigenart des Hebebetriebes begründet und läßt sich in der Regel nur geringfügig und dazu nur mit solchem Aufwand an Anlagekapital und mit einer derartigen Komplizierung der Maschinenanlage verbessern, daß man lieber die Verluste an Arbeit in den Kauf nimmt, zumal der Arbeitsverbrauch in der Regel keinen ausschlaggebenden Einfluß auf die Gesamtförderkosten hat. Es sei hier gleich vorweg erwähnt, daß z. B. von den Kosten zum Aufnehmen und Heben der Massengüter auf 10 m Höhe mit Kübel, Greifer oder Magnet nach den auf S. 297 gegebenen Unterlagen der Stromverbrauch zwar verhältnismäßig stark schwankt, aber doch durchschnittlich nur 5—25 vH der Gesamtbetriebskosten ausmacht, wobei die Kapitalunkosten sowie die Verzinsung und die Abschreibung der Anlagekosten noch gar nicht berücksichtigt sind. Da die Kapitalunkosten in der Regel den größten Anteil der Gesamtförderkosten liefern, so ergibt sich für die Stromkosten im Verhältnis zu den Gesamtförderkosten meistens kaum die Hälfte des oben mit 5—25 vH angegebenen Anteils.

Etwas größer ist der Anteil des Stromverbrauches bei manchen Dauerförderanlagen. Hier schwankt er, wenn man die Angaben der Zahlentafel auf S. 396ff. für 3000 jährliche Förderstunden betrachtet, im Vergleich zu den Gesamtförderkosten von etwa 10 vH und weniger beim Stahlförderband bis zu etwa 50 vH und mehr bei der Förderschnecke. Aber hier ist dann nicht mehr die Antriebsvorrichtung für den Arbeitsverbrauch ausschlaggebend, sondern die ganze Art der Förderung, das Fortschleifen des Fördergutes auf der Unterlage, die Reibung an den Schneckengängen usw., während der dauernd gleichmäßig bewegte Antrieb an sich bei diesen Anlagen einen verhältnismäßig hohen Wirkungsgrad hat. Der Antrieb einer solchen Dauerförderanlage verbraucht von diesem Arbeitsverbrauch, mag er nun groß oder klein sein, nur etwa ein Drittel, wenn man überschläglich annimmt, daß jedes der in der Regel vorhandenen beiden Stirnrädervorgelege und ebenso der meistens noch vorhandene Riemenantrieb 7 vH Arbeitsverlust bedingt. Der Wirkungsgrad des mechanischen Getriebes ist dann $\eta_1 = 0{,}93^3 = 0{,}80$. Nimmt man für den Motor einen Wirkungsgrad von $\eta_2 = 0{,}85$ an, so ergibt sich für den Gesamtwirkungsgrad ein Wert $\eta = \eta_1 \cdot \eta_2 = 0{,}80 \cdot 0{,}85 = 0{,}68$. Das heißt, daß ein Drittel des Arbeitsverbrauches im Antrieb verlorengeht. Wenn man, wie es mitunter zur Erzielung einer gedrängten Bauart und eines geräuschlosen Ganges geschieht, anstatt des doppelten Stirnrädervorgeleges einen Antrieb mit doppelgängiger Schnecke benutzt, deren Wirkungsgrad mit $0{,}6 \rightarrow 0{,}7$ angenommen werden möge, so beträgt der Gesamtwirkungsgrad des Antriebes einschließlich Motorverluste etwa $0{,}85 \cdot 0{,}7 =$ rd. 0,6. Ob nun bei solchen Dauerförderanlagen der Gesamtwirkungsgrad des Antriebes 0,6 oder 0,7 beträgt, ist auf die Gesamtförderkosten von geringer Bedeutung. Betragen die Stromkosten z. B. 10 vH der Gesamtförderkosten, so erhöhen sie sich, wenn der Wirkungsgrad des Antriebes von 0,7 auf 0,6 sinkt, von 10 vH auf $\frac{10 \cdot 0{,}7}{0{,}6} = 11{,}7$ vH, d. h. die Gesamtförderkosten erhöhen sich von 100 Pf. auf 102 Pf. Das sind Unterschiede, die gegenüber dem Einfluß der zweckmäßigen Auswahl und Anordnung der Gesamtförderanlage nahezu verschwinden.

Ähnlich liegen die Verhältnisse bei den Hubförderanlagen. Wenn auch, wie später ausführlicher erörtert werden wird, dort die Verluste im Antrieb durchweg höher sind, so ist auf der anderen Seite, wie schon oben ausgeführt wurde, der Anteil des Arbeitsverbrauches an den Gesamtförderkosten im ganzen geringer als bei vielen Dauerförderern, weil die Maschine in der Regel nur mit größeren Hubpausen arbeitet.

Von besonderen Fällen abgesehen, wie z. B. der Schachtförderung, bei der die Maschine mit nur kleinen Unterbrechungen fast dauernd mit großem Arbeitsaufwand arbeiten muß, ist also dem Wirkungsgrad des Antriebes keine sehr große Bedeutung beizumessen. Immerhin wird man auch kleine Vorteile wahrzunehmen haben, wenn es ohne Schaden für die Anlagekosten und die Gesamtdisposition geschehen kann, und ein Vergleich der verschiedenen Antriebsarten erscheint auch nach dieser Richtung erwünscht.

Bedeutsamer ist die Untersuchung der Eignung der verschiedenen Antriebsmethoden hinsichtlich Betriebsbereitschaft, Beweglichkeit und Leistungsfähigkeit der Förderanlagen. Wenn eine Hebeanlage bei gleichen Anlagekosten 10 vH mehr leistet, so wird nicht nur das Anlagekapital besser ausgenutzt, sondern in der Regel auch das Bedienungspersonal. Die Gesamtförderkosten werden also, da der Stromverbrauch, wie oben bemerkt, keine große Rolle spielt, von 100 auf etwa 90 Pf. herabgedrückt. Ein solcher Unterschied fällt schon an sich erheblich mehr ins Gewicht als die oben erörterten geringen Unterschiede im Verbrauch mechanischer oder elektrischer Energie. Er erhält aber oft eine noch weit größere Bedeutung durch die Beschleunigung eines ganzen großen Arbeitsvorganges, in dem die Hebe- und Förderanlage nur ein Glied darstellt. Diese Vorteile, wie z. B. schnellere Abfertigung der Schiffe, schnellerer Materialdurchgang im Walzwerk usw., können hier nur angedeutet und in allgemeinen Umrissen behandelt werden. Eine eingehendere Würdigung dieser Einflüsse muß auf die Ausführungen in den betreffenden Abschnitten zurückgestellt werden.

Immerhin muß man natürlich auch den Gewinn durch Erhöhung der Leistungsfähigkeit von Fall zu Fall beurteilen, und man wird nicht behaupten können, daß der hinsichtlich des Energieverbrauchs teure und hinsichtlich der Leistungsfähigkeit ungünstige Handbetrieb in jedem Falle durch motorischen Antrieb ersetzt werden sollte. Im nachstehenden soll versucht werden, wenigstens die hauptsächlichsten allgemeinen Gesichtspunkte für die wesentlich in Betracht kommenden Antriebsarten zu beleuchten. Dabei kann die Betrachtung auf die Hubförderanlagen beschränkt werden, da für die Dauerförderanlagen, wie schon unter 1) erwähnt, der elektrische Antrieb so einfach und im allgemeinen als gegeben anzusehen ist, daß die wenigen Ausnahmefälle nur durch besondere Umstände gerechtfertigt werden können und sich dann aus diesen Umständen heraus zwangsweise ergeben.

Hinsichtlich des Wirkungsgrades der Winden kann auf die oben schon für die Dauerförderer gegebenen Anhaltspunkte Bezug genommen werden. Für jedes Stirnradvorgelege kann ein Wirkungsgrad von 0,91 → 0,95, im Mittel etwa 0,92, für ein doppelgängiges Schneckengetriebe ein solcher von etwa 0,6 → 0,7 angenommen werden. Der Wirkungsgrad einer eingängigen Schnecke ist mit etwa 0,45 anzusetzen. Wenn der Wirkungsgrad der Schneckengetriebe bei Versuchen häufig als höher festgestellt worden ist, so wird man doch für den normalen Betrieb zweckmäßig mit den eben angegebenen Zahlen rechnen. Die Verluste durch Seilbiegung und Lagerreibung an der Trommel wird man wieder mit etwa 7 vH einsetzen können, den Wirkungsgrad einer Seiltrommel also mit etwa 0,93. Der Gesamtwirkungsgrad einer Winde ergibt sich demnach ohne Berücksichtigung des Antriebsmotores

bei einfachem Vorgelege mit Trommel etwa $\eta = 0{,}93^2 = 0{,}86$,
bei doppeltem Vorgelege mit Trommel etwa $\eta = 0{,}93^3 = 0{,}80$,
bei dreifachem Vorgelege mit Trommel etwa $\eta = 0{,}93^4 = 0{,}74$,
bei doppelgängiger Schnecke mit Trommel etwa $\eta = 0{,}7 \cdot 0{,}93 = 0{,}65$,
bei doppelgängiger Schnecke, einem Stirnradvorgelege und Trommel etwa $\eta = 0{,}7 \cdot 0{,}93^2 = 0{,}60$,
bei eingängiger Schnecke mit Trommel etwa $\eta = 0{,}45 \cdot 0{,}93 = 0{,}42$.

Diese Zahlen, die nur einen ungefähren Anhalt bieten sollen, kann man allgemein annehmen, einerlei, wie der Antrieb im übrigen erfolgt. In besonderen Einzelfällen muß eine genauere Berechnung vorbehalten bleiben.

b) Wirkungsgrad und Eignung der verschiedenen Antriebsarten.

α) Der Handbetrieb.

Abgesehen von den eben erwähnten Verlusten in den Vorgelegen und an der Trommel des Windwerks kommen besondere Verluste nicht vor. Dagegen ist der Handbetrieb an sich naturgemäß viel teuerer und in der Leistung eng begrenzt. Auch bei vorübergehendem Betrieb kann man die Leistung eines Arbeiters nur mit etwa 12—20 kg Druck bei einer Kurbelgeschwindigkeit von etwa 1 m/sk einsetzen. Die Leistung von 2 Arbeitern, die u. U. an einer Winde verwendet werden können, übersteigt daher $^1/_2$ PS = 37,5 mkg/sk nicht. Damit ist die Grenze der Leistung gekennzeichnet.

Wenn man die Kosten für 10 mt Hubleistung ermitteln will, so darf man als Durchschnittsleistung für die Stunde nur mit etwa der halben Leistung eines Arbeiters rechnen, also mit etwa 6 mkg/sk. Der Wirkungsgrad der Winde soll mit 0,8, der Stundenlohn des Arbeiters mit 40 Pf. angenommen werden. Dann ergibt sich für 10 mt ein Arbeitsverbrauch von $\frac{40 \cdot 10\,000}{6 \cdot 3600}$ = rd. 20 Pf.

Das ist etwa das 20fache von dem, was beim elektrischen Antrieb an Energiekosten entsteht, der in dem ungünstigen Fall, daß 1 kW-st mit 10 Pf. bezahlt werden muß, nur 1,1 Pf. für 10 mt erfordert. Wenn die kW-st mit 4 Pf. berechnet wird, wie es für Tagesstrom bei Großabnehmern wohl auch geschieht, so betragen die Kosten für 10 mt sogar nur 0,44 Pf.

β) Der Dampfbetrieb.

Beim Dampfbetrieb muß man unterscheiden zwischen dem Antrieb großer Fördermaschinen mit 1000 und mehr PS, wie sie bei den Schachtfördermaschinen verwendet werden, und dem Betrieb kleiner Krane und Förderhaspel, die die Last nur auf geringe Höhe zu heben haben. Die Schachtfördermaschinen bilden einen Sonderfall, der in Band II bei Besprechung der Förderanlagen im Bergwerksbetriebe behandelt wird. Bei diesen großen und an sich teueren Anlagen kann die Dampfmaschine verhältnismäßig vollkommen gebaut werden, so daß sie z. B. mit Mehrfachexpansion und Kondensation und mit kleiner Füllung arbeitet. Ganz anders liegen die Verhältnisse bei den weit verbreiteten Normaldampfkranen und den kleinen Förderhaspeln, die unregelmäßig und mit großen Hubpausen arbeiten und die leicht und billig sein müssen.

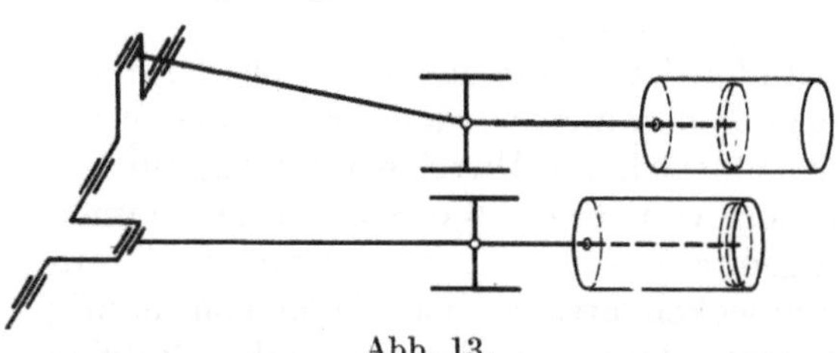

Abb. 13.

Bei diesen kleinen mit Dampf betriebenen Winden und Kranen verwendet man wegen ihrer einfachen Bauart allgemein Zwillingsmaschinen mit um 90° versetzten Kurbeln, und zwar einfache Auspuffmaschinen mit etwa 7—8 at Kesseldruck. Da die Maschine bei jeder Kurbelstellung anlaufen muß und eine Kurbel sich in der Totlage befindet, wenn die andere den halben Hub ausgeführt hat (Abb. 13), und da man bei jeder Kurbellage ein möglichst großes Anzugmoment haben muß, so verwendet man mindestens 0,5 Füllung. Häufig hat man sogar 0,7 Füllung vorgesehen. Schon bei 0,5 Füllungsgrad kann der mit 7 at in den Zylinder eingeführte Dampf nur auf etwa 3,5 at expandieren (bei 0,7 Füllung sogar nur auf wenig unter 5 at).

Die im Dampf aufgespeicherte Arbeit wird also während der Anlaufzeit nur mit etwa $^1/_3$—$^2/_3$ der engen Grenzen ausgenutzt, die der Ausnutzung des Dampfes bei gewöhnlichen Auspuffmaschinen ohnehin gezogen sind. Während der gleichmäßigen Hubbewegung drosselt man den Dampf etwas ab. Er tritt aber auch dann noch infolge der großen Füllung mit erheblichem Druck aus der Maschine aus. Die Verluste sind bei der Drosselung nicht ganz so groß, aber immerhin doch auch noch in erheblichem Maße vorhanden. Zu diesem ungünstigen Wirkungsgrad der Maschine kommt noch ein ungünstiger Wirkungsgrad des kleinen Kessels, dessen verbreitetste Bauarten aus Abb. 14 ersichtlich sind, hinzu. Man kann bei diesen Kesseln in der Regel nur mit einer 5fachen Verdampfung des Kohlengewichtes rechnen anstatt mit einer 8fachen, die bei großen stationären Kesseln vorhanden ist. Berücksichtigt man schließlich noch, daß auch durch Abkühlung während der Pausen und durch das Arbeiten und Aufhören der Arbeit noch weitere Verluste entstehen, so rechnet man mit $^1/_2 \rightarrow {^1/_3}$ des Wirkungsgrades einer gewöhnlichen, dauernd laufenden Einzylinder-Auspuffmaschine nicht zu ungünstig. Nimmt man den Kohlenverbrauch einer solchen Maschine für die PS-st, entsprechend einer Leistung von $3600 \cdot 75 = 270\,000$ mkg, mit 1 kg Kohle an, so kann man bei der Dampfwinde für eine solche Leistung etwa 2,5 kg einsetzen. Man braucht also für 10 mt $\frac{2500}{27}$ = rd. 90 g Kohle. Berücksichtigt man noch den mechanischen Wirkungsgrad des Windwerkes, der wieder mit etwa 0,8 eingesetzt werden möge, so kommt man auf einen Kohlenverbrauch für je 10 gehobene mt von nahezu 110 g Kohle. Rechnet man für 1 kg Kohle einen Preis von 3 Pf., so ergibt sich für das Heben von 10 mt ein Kohlenverbrauch von etwa 0,33 Pf. Hinzu kommen noch die Ausgaben für Wasser und für Schmier- und Putzmaterial.

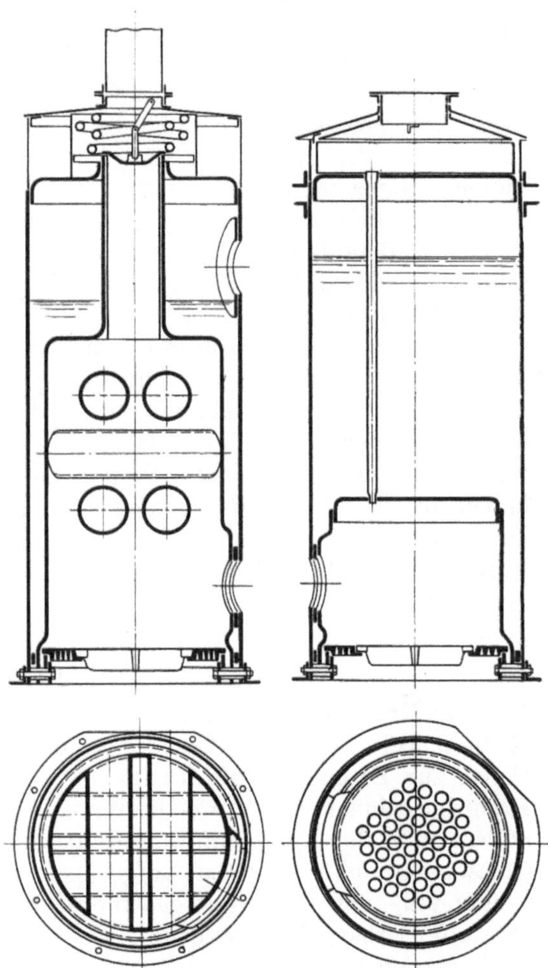

Abb. 14 (a und b). Stehende Dampfkessel für fahrbare Hebeanlagen (Koppel) (Maßstab 1 : 50).
a mit Quersiederohren und Dampftrockenschlangen.
b mit senkrechten Heizrohren.

Die Betriebskosten einer derartigen kleinen Dampfmaschine sind also hoch, höher als die Kohlenverbrauchskosten einer elektrisch angetriebenen Maschine, die unter bedeutend günstigeren Verhältnissen arbeitet. Sie sind aber trotz alledem doch niedriger als die Stromverbrauchskosten bei Lieferung von einer Zentrale für 10 Pf./kW-st.

Da die Anlagekosten eines Dampfkranes von denen eines elektrischen Kranes nicht erheblich abweichen, so kann man die beiden Krane vergleichen, indem man den Arbeitsverbrauch vergleicht. Man sieht also aus diesen, wenn auch nur ganz überschläglichen Zahlen, daß derartige Dampfwinden für kleine Lasten und Hubhöhen, wie sie bei Dampfkranen und Förderhaspeln vorkommen, trotz des sehr hohen

Dampfverbrauches nicht teurer arbeiten als elektrische Krane, und zwar besonders aus dem Grunde, weil keine Zentrale zu verzinsen ist und der Kran in sich alles für den Betrieb Notwendige enthält. Anders liegen die Verhältnisse allerdings hinsichtlich der sonstigen Geeignetheit dieser Krane. Sie sind erst nach längerer Anheizzeit betriebsbereit und sind auch dann noch nicht so leistungsfähig wie die elektrischen Krane, bei denen für jede Bewegung ein besonderer Motor vorhanden ist, so daß alle Bewegungen gleichzeitig und möglichst schnell ausgeführt werden können. Dadurch wird die Leistungsfähigkeit sehr gestärkt, und was das bedeutet, wurde schon weiter oben kurz angedeutet.

Hinsichtlich der genaueren Untersuchung der Druckausnutzung sei auf die in Band III, Mechanik der Dämpfe, angestellten Berechnungen verwiesen. Über die Anordnung der Einzelteile sind im Band IV bei Besprechung der Dampfwinden einige allgemeine Regeln gegeben, auf die hier verwiesen werden kann.

Ganz anders liegen, wie schon angedeutet, die Verhältnisse bei den großen Schachtförderanlagen. Hier sind sowohl die Kessel als auch die Maschinen den besten stationären Dampfmaschinenanlagen nahezu gleichwertig, nur etwas beeinträchtigt durch die Hubpausen, die aber, da kurz und regelmäßig, bei weitem nicht die Rolle spielen wie bei den Dampfkranen, und weiter etwas beeinträchtigt durch die Anlauf- und Auslaufperiode. Aber auch diese spielen in Anbetracht der großen Hubhöhe bis zu 1000 m und darüber bei weitem nicht die unangenehme Rolle wie bei den Dampfkranen, bei denen oft nahezu der ganze Hub für die Beschleunigung verwendet wird, besonders wenn, was häufig vorkommt, der Hub aus besonderen Gründen, wie Herausheben aus dem Schiff usw., noch auf halbem Wege wieder verzögert werden muß. Die Dampfschachtförderung hat sich daher auch noch immer neben der elektrischen Förderung in erheblichem Maße behauptet. Näheres über diese Sonderförderung ist in Band II in dem Abschnitt über die Förderanlagen in Bergwerksbetrieben ausgeführt.

γ) Der Druckluftbetrieb.

Die Druckluftförderhaspel sind grundsätzlich genau so gebaut wie die Dampfförderhaspel. Ihre Arbeitsweise ist daher auch mit denselben Mängeln behaftet. Wenn zur Erzeugung der Druckluft auch oft größere und regelmäßiger laufende Dampfmaschinen mit etwas besserer Wärmeausnutzung verwendet werden, so ist andererseits die Energieumwandlung und das Abdrosseln der meistens bei hohen Pressungen von etwa 200 at aufgespeicherten Druckluft mit so viel Arbeitsverlusten verbunden, daß die Wirtschaftlichkeit der Drucklufthaspel gegenüber der der Dampfförderhaspel zurückbleibt. Sie werden daher in der Regel auch nur im Bergwerksbetrieb und auch hier nur da verwendet, wo elektrischer Betrieb wegen der Entzündungsgefahr und wo Dampfbetrieb wegen der Schwierigkeit der Zuführung und wegen der Verschlechterung der Luft durch den Abdampf nicht anwendbar ist.

Auf die Förderung im Luftstrom soll hier nicht eingegangen werden, da diese Förderung sich nur auf bestimmte Fälle erstreckt, die weiter hinten auf S. 249 ff. auch hinsichtlich der Wirtschaftlichkeit erörtert sind.

δ) Der Druckwasserbetrieb.

Wie schon unter 1) bei Darstellung der geschichtlichen Entwicklung erwähnt, kommt der Druckwasserbetrieb bei Neuanlagen kaum noch in Frage. Das ist in der Hauptsache in der Abhängigkeit von der Zuführung des Druckwassers begründet, denn an sich ist der Druckwasserbetrieb wirtschaftlich nicht ungünstig, trotz einiger sehr in die Augen fallender Nachteile. Ein solcher Nachteil ist z. B., wie schon unter 1) kurz angedeutet, der, daß bei gegebenem gleichmäßigen Druck, mit dem man immer rechnen muß, wenn das Druckwasser in einer Zentrale erzeugt wird, der

Arbeitsverbrauch unabhängig von der Last, nur abhängig von dem gegebenen Zentralendruck und dem ebenfalls gegebenen Zylinderdurchmesser ist. Es ist also bei einer bestimmten Hubhöhe der Arbeitsverbrauch derselben Hebemaschine derselbe, wenn eine Last von 100 kg und wenn eine Last von 1000 kg gehoben wird.

Nun kann man diesen stark in die Augen springenden Übelstand erheblich mildern durch eine solche Ausbildung der Hubzylinder, daß wahlweise mit mehreren verschieden großen Querschnittstufen gearbeitet werden kann, z. B. mit 3 Stufen, wie bei mehreren Hafenkrananlagen ausgeführt und wie auch in Abb. 7 an einem Beispiel gezeigt. Wenn man so eine einigermaßen große Anpassungsfähigkeit an die verschiedenen Lasten geschaffen hat, bleibt der erwähnte Übelstand in verhältnismäßig engen und erträglichen Grenzen. Wenn z. B., wie in Abb. 7 angenommen, die Möglichkeit gegeben ist, einen für 2,5 t gebauten Kran für 750, 1750 oder 2500 kg Last einzustellen, so beträgt der durch diesen Übelstand herbeigeführte Verlust im Höchstfalle wohl mehr als 50 vH, im Durchschnitt aber nur etwa 25 vH der gehobenen Last. Diese 3 Laststufen sind mit 2 den beiden ersten Lasten entsprechenden Kolbenquerschnitten, die man einzeln oder zusammen benutzt, leicht herzustellen. Solche Verluste sind bei Hebe- und Förderanlagen durchaus nicht ungewöhnlich. Wir haben soeben bei Besprechung der Dampfkrane gesehen, daß der Kohlenverbrauch das Doppelte bis Dreifache des Kohlenverbrauches einer regelmäßig arbeitenden Einzylinder-Auspuffmaschine beträgt und etwa das 4fache einer gut ausgebildeten stationären Großdampfmaschinenanlage. Und wir werden bei Betrachtung des elektrischen Antriebes sehen, daß auch dort während der Beschleunigungszeiten, die einen erheblichen Teil des ganzen Hubes ausmachen, in der Regel die Hälfte der Arbeit in den Widerständen nutzlos verbraucht wird. Berücksichtigt man, daß beim hydraulischen Betrieb außer einem gewissen Überdruck zum Beschleunigen der Last beim Anheben, der später abgedrosselt werden muß, keine erheblichen Verluste, die nicht durch die Energieumwandlung bedingt sind, entstehen, so erkennt man, daß der Betrieb im Vergleich zu den anderen Antriebsarten nicht unwirtschaftlich ist. Die Verluste in der Druckwasserzentrale bei der Umwandlung der Dampfmaschinenkraft in Wasserdruck betragen nur etwa 15 vH und sind erträglich im Hinblick darauf, daß bei Benutzung eines Gewichtsarbeitsspeichers, wie in Abb. 15 dargestellt, die Dampfmaschine dauernd in günstiger Weise arbeiten kann. Auch bei verhältnismäßig kleiner Maschine von 100—150 PS, die wegen des direkten Pumpenantriebes nur langsam läuft, kann man mit etwa 0,9 kg/PS-st Kohlenverbrauch rechnen.

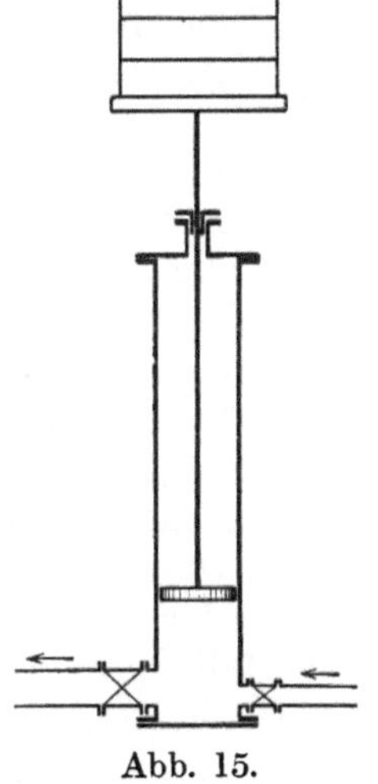
Abb. 15.

Nimmt man für Verluste in der Zuleitung, in den Steuerapparaten und im Hubzylinder 0,3 an, also einen hydraulischen Wirkungsgrad des Hebezeuges von 0,7, nimmt man ferner für einen 8fachen Flaschenzug des Kranes, wie er in Abb. 7 abgebildet ist, wieder 0,7, d. h. für jede Rollenumführung einen Verlust von 4 vH, so erhalten wir für den ganzen hydraulischen Kran einen Wirkungsgrad von 0,49 = rd. 0,5. Der oben für die Dampfmaschine angenommene Kohlenverbrauch von 0,9 kg für die PS-st erhöht sich also im Hinblick auf die gewöhnlichen Verluste im hydraulischen Kran auf 1,8 kg und unter Berücksichtigung des Umstandes, daß bei wechselnden Lasten nicht immer der günstigste Zylinderquerschnitt vorhanden ist, um weitere 25 vH, also auf $1{,}8 + 0{,}45 = 2{,}25$ kg für die PS-st. Auf die gebobenen 10 mt bezogen ergibt das einen Kohlenverbrauch von $\frac{2 \cdot 250}{27}$ = rd. 83 g Kohle gegen 110, die wir beim Dampfkran ermittelt haben. Setzt man das kg Kohle wieder mit 3 Pf. ein, so erhält man als Betriebskosten an Brennstoffverbrauch ohne Schmierung und Wartung etwa 0,003 · 83 = 0,25 Pf. Der Kohlenverbrauch ist also günstiger als der des Dampfkranes. Es ist aber zu berücksichtigen, daß bei dieser Rechnung die Verzinsung und Abschreibung der Zentrale noch nicht eingesetzt ist. Wie groß der darauf entfallende Betrag ist, kann nur von Fall zu Fall untersucht werden. Das ändert sich mit der Länge der Zuleitungen und der Zahl und Ausnutzung der an die Zentrale angeschlossenen Krane. Da der einzelne hydraulische Kran etwas billiger ist als der Dampfkran und der elektrische Kran, so mögen die Gesamtanlagekosten bei großen Anlagen bei hydraulischem Betrieb billiger sein als der einer entsprechenden Anzahl Dampfkrane mit je einem Kessel und auch billiger als eine entsprechende Anzahl elektrischer Krane mit besonderer Zentrale.

Auch hinsichtlich der Leistung stehen die hydraulischen Krane sehr hoch, höher als die Dampfkrane, bei denen infolge des Antriebes von einer Maschine die Notwendigkeit besteht, die einzelnen Bewegungen, Heben, Drehen, Fahren, getrennt hintereinander auszuführen. Beim hydraulischen, von einer Zentrale gespeisten Kran kann man wenigstens die Hubbewegung und die Drehbewegung gleichzeitig ausführen, und man kann wegen der großen in der Zentrale vorhandenen Arbeitsreserve die Geschwindigkeit sehr steigern und die Last schnell auf diese Geschwindigkeit bringen, schneller als beim Dampfkran und beim elektrischen Kran. Das würde im Hinblick auf die große Bedeutung der Leistungsfähigkeit als ein großer Vorteil angesprochen werden müssen.

Demgegenüber sind aber, wie schon unter 2) erwähnt, die Schwierigkeit der Druckwasserzuleitung und die geringe Beweglichkeit der von einer Zentrale abhängigen hydraulischen Krane so schwerwiegend, daß man diesen Betrieb fast ganz verlassen hat.

ε) Der Antrieb mit Benzolmotor und hydraulischer Übertragung.

Es bleibt noch zu untersuchen, wie sich der Energieverbrauch stellt, wenn der an sich günstige hydraulische Betrieb von der Zentrale losgelöst und damit die beiden eben erwähnten hauptsächlichen Nachteile beseitigt werden.

Das kann in zweckmäßiger Weise nur geschehen, wenn man, wie in Abb. 9 für einen Kipper angegeben, einen Verbrennungsmotor, z. B. einen Benzolmotor, als Antriebsmotor und den hydraulischen Betrieb zur Kraftübertragung benutzt. Der Benzolmotor ist an sich nicht gut geeignet für den Antrieb der Hebeanlagen. Er hat zwar im Kraftwagenverkehr unter Benutzung eines Wechsel- und Wendegetriebes große Verbreitung erlangt; dort handelt es sich aber immerhin um einigermaßen große Wegestrecken, die ohne Umschaltung zurückgelegt werden können. Beim Betrieb der Hebeanlagen würde dagegen ständig umgeschaltet werden müssen. Auch abgesehen hiervon ist das Umschalten, wenigstens in der Form wie beim Kraftwagenverkehr gebräuchlich, gar nicht anwendbar, da das Getriebe bei jedesmaligem Umschalten von einer Geschwindigkeitsstufe auf die andere vollständig ausgeschaltet wird und bei einer Hebeanlage die Last in diesem Augenblick herunterfallen würde, wenn sie nicht durch eine umständliche Bremseinrichtung gehalten wird. Wird der Motor dagegen, wie in Abb. 9 angegeben, direkt nur für den Fahrantrieb allenfalls bei Kippern auch für den Spillantrieb, benutzt, und verwendet man für die Kraftübertragung zum Hubwerk den hydraulischen Antrieb mit einer Preßpumpe, wie z. B. in Abb. 16 angegeben, und einem aus einer einfachen Druckflasche bestehenden Luftkraftspeicher, so hat man für das Fahrwerk den beim Motorwagen, für das Heben den beim hydraulischen Kran erprobten und bewährten Betrieb. Die Anlage ist unabhängig von irgendwelcher Kraftzuführung, sie ist stets betriebsbereit, hat keine Verluste während der Pausen, und sie ist in höchstem Maße leistungsfähig, da die verschiedenen Bewegungen zu gleicher Zeit ausgeführt werden können und die Last infolge des vorhandenen Arbeitspeichers schnell auf die größte Geschwindigkeit gebracht werden kann.

Der Benzolverbrauch soll im Hinblick darauf, daß der durchschnittliche Arbeitsverbrauch nicht sehr hoch ist, daß aber die Stärke des Motors doch für die Fahrbewegung etwas größer angenommen werden muß, verhältnismäßig hoch, entsprechend dem Verbrauch kleiner Motoren mit 0,3 kg und mit weiteren 30 vH Zuschlag, also mit 0,4 kg für die PS-st angenommen werden. Um den Verbrauch für die gehobenen 10 mt festzustellen, muß man noch den Arbeitsverlust in der Pumpe und im hydraulischen Hubzylinder berücksichtigen. Der Wirkungsgrad der Pumpe möge wieder mit 70 vH, der der Steuerung und des Hubzylinders zusammen ebenfalls mit 70 vH angenommen werden. Weitere Verluste entstehen bei dem Kipper nach Abb. 9 nicht. Der Gesamtwirkungsgrad der Hebemaschine beträgt also 0,5 und der eben festgestellte Benzolverbrauch erhöht sich auf 0,8 kg für die PS-st. Er stellt sich auf etwa $\frac{800}{27}$ = rd. 30 g Benzol für die gehobenen 10 mt.

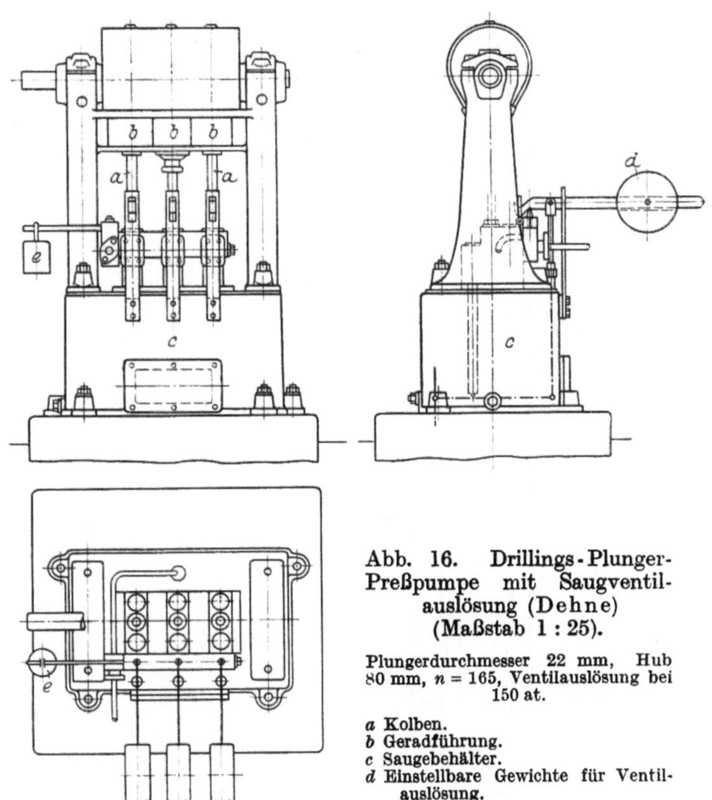

Abb. 16. Drillings-Plunger-Preßpumpe mit Saugventilauslösung (Dehne) (Maßstab 1 : 25).

Plungerdurchmesser 22 mm, Hub 80 mm, $n = 165$, Ventilauslösung bei 150 at.

a Kolben.
b Geradführung.
c Saugebehälter.
d Einstellbare Gewichte für Ventilauslösung.
e Sicherheitsventil.

Bei einem Preis des Benzols von 40 Pf./kg betragen die Energiekosten für die gehobenen 10 mt 1,2 Pf. Die Kosten sind höher als die Kosten des Dampfbetriebes oder des hydraulischen Zentralenbetriebes, aber sie sind nicht wesentlich höher als die Kosten des elektrischen Betriebes bei einem Strompreise von 10 Pf./kW-st. Im Hinblick auf die am Eingang dieser Erörterung gemachte Feststellung, daß der Energieverbrauch im ganzen nur einen geringen Anteil an den Gesamtförderkosten hat, ist der Unterschied nicht ausschlaggebend. Die stete Betriebsbereitschaft des Hebezeuges, die unbeschränkte Beweglichkeit desselben, insbesondere aber die infolge der Arbeitsreserve große Leistungsfähigkeit wiegt die höheren Kosten des Energieverbrauches in vielen Fällen jedenfalls vollständig auf. Da die Betriebskosten bei diesem Antrieb nicht höher sind als bei elektrischem Antrieb bei den in sehr vielen Fällen angewendeten Strompreisen und da auch die Anschaffungskosten nicht höher sind als die Kosten der elektrischen Krane, so erscheint eine stärkere Beachtung dieser Antriebsart für die Zukunft durchaus gerechtfertigt.

ζ) Der elektrische Antrieb.

Wenngleich die allgemeinen Grundlagen für die Anordnung des elektrischen Antriebes unter Ziffer 4 besonders behandelt werden, so soll hier doch ganz kurz in dem bisher innegehaltenen Rahmen eine überschlägliche Feststellung der Kosten des Energieverbrauches vorgenommen werden, um den begonnenen Vergleich der verschiedenen Antriebsarten zu beenden. Der elektrische Antrieb ist recht günstig, wenn der Motor gleichmäßig arbeiten kann, wie z. B. beim andauernden Fortbewegen oder Heben der Lasten. Man kann dann nicht nur die Dampfmaschine in der Zentrale in der günstigsten Weise arbeiten lassen und mit einem Kohlenverbrauch von 0,5 kg und sogar mit weniger für die PS-st rechnen, sondern man kann auch die Arbeit der Dampfmaschine in der günstigsten Weise in elektrische Energie umsetzen bei einem Wirkungsgrad von etwa 88 vH in der Zentrale, einschließlich der Zuleitungsverluste vielleicht mit 85 vH, und man kann schließlich den Elektromotor im Antrieb der Fördervorrichtung ebenfalls günstig ausnutzen mit etwa 85 vH Wirkungsgrad. Nimmt man dann für die Hebe- oder Fördervorrichtung einen Wirkungsgrad von 0,75 an,

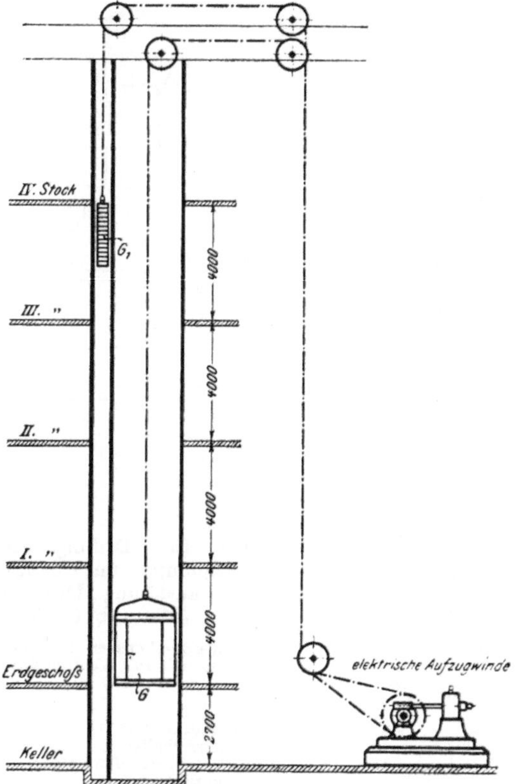

Abb. 17. Schema eines elektrischen Aufzuges.

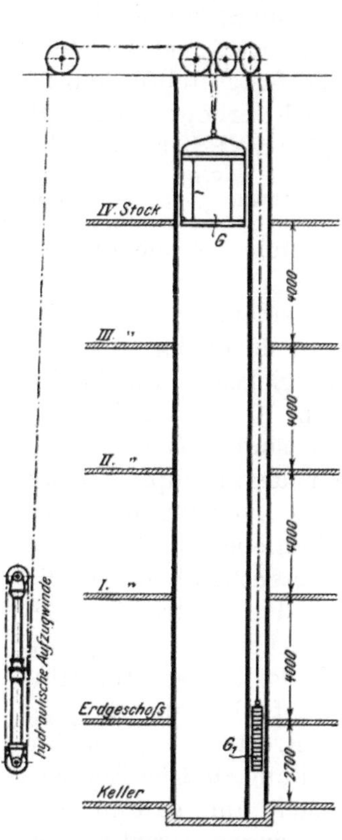

Abb. 18. Schema eines hydraulischen Aufzuges.

so stellt sich der Kohlenverbrauch für die PS-st in der Fördervorrichtung auf $\frac{0{,}5\ \text{kg}}{0{,}85 \cdot 0{,}85 \cdot 0{,}75} =$ rd. 0,93 kg für die PS-st und auf $\frac{930}{27} = 31$ g Kohle, entsprechend 0,09 Pf. für die gehobenen 10 mt.

Dieses günstige Verhältnis ändert sich aber erheblich, sobald die Anlaufzeiten des Motors und die Geschwindigkeitsregulierung in Betracht gezogen wird. In dieser Beziehung liegen die Verhältnisse beim elektrischen Antrieb viel ungünstiger als beim Dampfantrieb und beim hydraulischen Antrieb. Bei den beiden letzteren Antrieben brauchte man nur einen gewissen Zuschlag zu geben, um die Beschleunigung durchzuführen, die bei der meistens nicht großen Hubgeschwindigkeit keinen großen Arbeitsaufwand erfordert. Der Wirkungsgrad der Maschine änderte sich im Vergleich zum Normalbetrieb nur wenig. Beim elektrischen Antrieb ändert sich aber der Wirkungsgrad der Maschine mit ihren Anlaßwiderständen ganz erheblich. Schon in den Anlaßwiderständen wird bei den gebräuchlichsten Anordnungen während der

Anlaufzeit durchschnittlich die Hälfte der Arbeit vernichtet, und dazu kommt noch der bei geringerer Drehzahl schlechtere Wirkungsgrad des Motores. Wie der Energieverbrauch sich in Wirklichkeit gestaltet, erkennt man am besten aus Messungen an ausgeführten Anlagen, wie sie z. B. von Eilert in der Zeitschrf. d. V. dtsch. Ing., Jahrgang 1912, S. 1061ff., veröffentlicht sind. In Abb. 17 und 18 sind die beiden untersuchten Aufzüge schematisch dargestellt. Fig. 17 zeigt einen normalen elektrischen Lastaufzug und Fig. 18 einen hydraulischen Aufzug mit einfachem Hubkolben. In Abb. 19, ist der Energieverbrauch dargestellt, wie er beim Heben einer Last von 225 und 450 kg und beim Senken des leeren Hakens bei einem hydraulischen Speicheraufzug bei 18,7 m Hubhöhe auftritt. Man erkennt daraus, daß der Mehrbedarf an Kraft während der Anlaufzeit nur verhältnismäßig gering ist, und daß er sich nur auf eine kurze Wegestrecke ausdehnt. In Abb. 20a ist für dieselben Verhältnisse der Energieverbrauch für eine elektrisch angetriebene Winde bei 200 und 450 kg Last dargestellt, aufgenommen mit einem elektrischen Funkenschreiber. Man erkennt die im Verhältnis zum normalen Bedarf außerordentlich großen Anlaufstromstärken und sieht, daß selbst bei diesen äußerst günstigen Verhältnissen mit der großen Hubhöhe der beim Anlaufen festgestellte Stromverbrauch nahezu ebenso groß ist, als der normale Stromverbrauch während des ganzen übrigen Hubes.

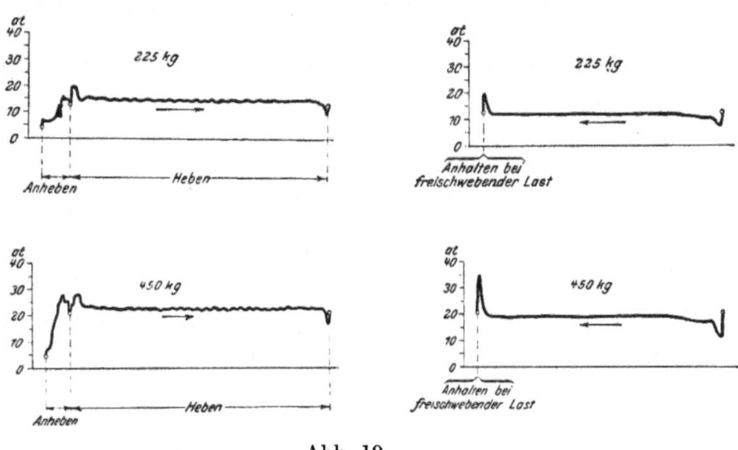

Abb. 19.

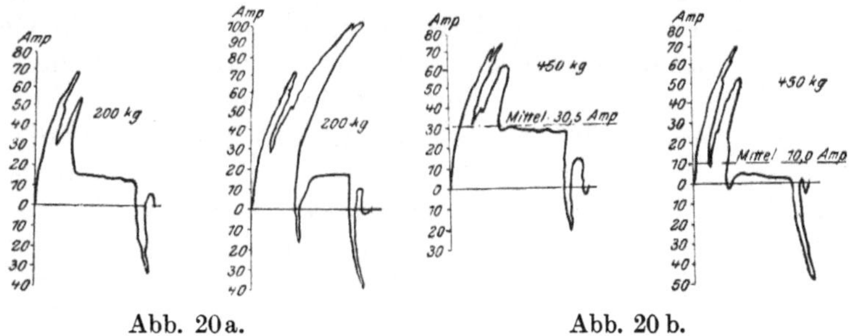

Abb. 20a. Abb. 20b.

Das ist noch deutlicher bei einem an derselben Stelle untersuchten Aufzug mit Gegengewicht, dessen Energieverbrauch in Abb. 21a und b dargestellt ist, und zwar in Abb. 21a und b, aufgenommen mit einem Kinematographen für 125 kg Last für Auffahrt und Abfahrt auf die ganze Höhe von 18,7 m, in Abb. 22a und b dagegen aufgenommen mit einem Funkenschreiber für 100 und 450 kg Last für die Bewegung mit verschiedenen Hubhöhen in verschiedenen Zwischenstockwerken. Man sieht

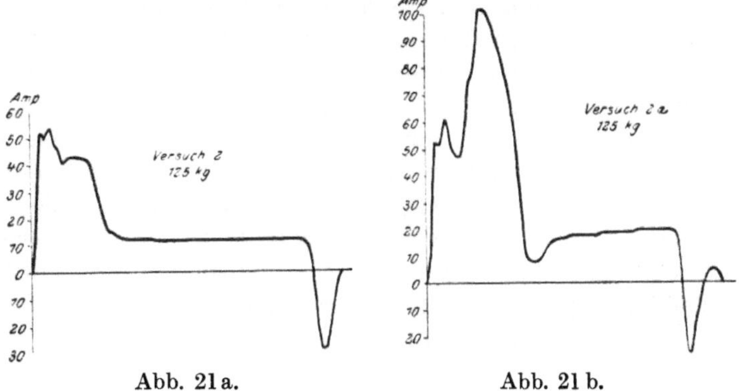

Abb. 21a. Abb. 21b.

aus den Schaulinien, daß der wirkliche Stromverbrauch schwankt zwischen etwa dem 1,5fachen des normalen im günstigsten Fall, bis zu mehr als dem 4fachen im ungünstigsten Fall. Da Hubhöhen von 18,7 m verhältnismäßig selten vorkommen, so kann man wohl annehmen, daß man auch hier wieder, abgesehen von besonderen Fällen, wie z. B. der Schachtförderung, den am häufigsten vorkommenden Fällen nahe kommt, wenn man annimmt, daß der Stromverbrauch durch das Anlaufen und Regeln der Motore auf das 2—$2^1/_2$fache des normalen Stromverbrauches gesteigert wird. Damit erhöht sich der vorhin für den normalen Hub festgestellte Kohlenverbrauch von 31 g für 10 mt auf $2,5 \cdot 31 = 77$ g und entspricht ziemlich genau dem Kohlenverbrauch der hydraulischen Anlage. Für die in Hamburg vorliegenden Verhältnisse hat Eilert festgestellt, daß die elektrische Anlage sogar einen erheblich höheren Kohlenverbrauch als die hydraulische Anlage hat, obgleich die untersuchten hydraulischen Winden nur einen einzigen unveränderlichen Kolbenquerschnitt hatten und demnach wechselnden Lasten nicht angepaßt werden konnten.

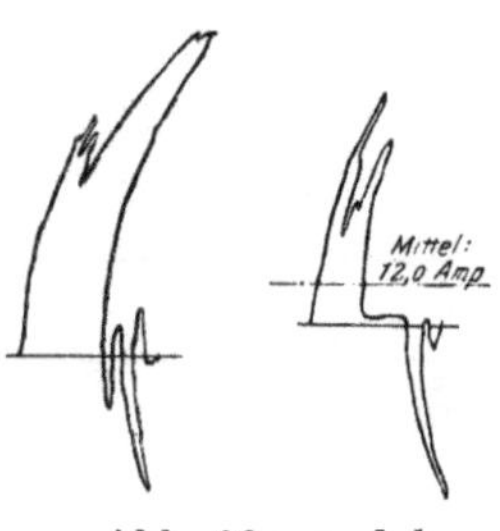

Abb. 22a und b.

Man kann hiernach bei den elektrisch angetriebenen Hebevorrichtungen mit einem Geldwert des Kohlenverbrauches von $0,003 \cdot 77 =$ rd. 0,23 Pf. für je 10 mt Hubarbeit rechnen, hat dabei aber, ebenso wie bei dem hydraulischen Zentralenbetrieb, noch nicht die Verzinsung, Abschreibung und Wartung der Zentrale berücksichtigt, die beim elektrischen Betrieb wegen der größeren Stromschwankungen und wegen des Fehlens eines Arbeitsspeichers erheblich größer sein muß als beim hydraulischen Betrieb.

Beim elektrischen Betrieb erhält man über die Gesamtkosten einen einigermaßen guten Überblick, wenn man davon ausgeht, daß die Stromabgabe von vorhandenen Zentralen zu einem Preise von etwa 4 Pf/kW-st erfolgt an industrielle Großabnehmer für Tagesstrom, daß aber häufiger für die Stromabgabe 10 Pf./kW-st bis zu 20 Pf./kW-st gezahlt werden. Bei einem Strompreis von 4 Pf./kW-st, bei einem Wirkungsgrad des Motors = 85 vH, einem Wirkungsgrad der Winde = 75 vH und einem durch das Anlaufen auf das 2,5fache vermehrten Stromverbrauch, sowie unter Berücksichtigung des Umstandes, daß 736 Watt = 1 PS = 75 mkg/sk sind, daß also 1 kW = 1000 Watt = rd. 100 mkg/sk sind, kosten die gehobenen 10 mt = $\frac{4 \cdot 10\,000}{100 \cdot 3600 \cdot 0,85 \cdot 0,75} \cdot 2,5 = 0,44$ Pf. Nimmt man einen Strompreis von 10 Pf./kW-st an, so erhöht sich dieser Betrag auf 1,1 Pf. für 10 mt. Die Kosten sind also bei einem Preise von 4 Pf. für die kW-st schon etwas höher als die Kosten des Dampf- und des hydraulischen Betriebes und bei einem Preise von 10 Pf./kW-st erheblich höher. Doch kann der letztere kW-st-Preis nicht wohl in den Vergleich einbezogen werden, da darin ein erheblicher Verdienst für die selbständig betriebene Zentrale eingeschlossen ist.

Ausschlaggebend für den elektrischen Antrieb ist die bequeme Kraftzuführung durch einen einfachen Draht und die dadurch geschaffene Möglichkeit, das Hebezeug ohne Schwierigkeiten an beliebiger Stelle der Betriebe verwenden zu können, ferner die große Beweglichkeit der elektrisch angetriebenen Krane und die einfache Wartung der Elektromotoren. Die Leistungsfähigkeit ist schon bei Besprechung des Dampfantriebes und des hydraulischen Antriebes mit diesen Antriebsarten verglichen worden.

c) Zusammenfassung.

Die vorstehenden Untersuchungen zeigen, daß hinsichtlich des Energieverbrauches der auf verschiedene Weise mechanisch angetriebenen Hebeanlagen kein

ausschlaggebender Unterschied besteht. Bei allen Antrieben der für kleine Hubhöhen bestimmten Hebeanlagen ist die Ausnutzung der aufgewendeten Arbeit recht ungünstig.

Energiebedarf der Hebeanlagen für geringe Hubhöhen bei verschiedenen Antriebsarten.

Art des Antriebes	Brennstoffverbrauch für 10 mt	Geldwert des Brennstoffverbrauchs für 10 mt	Bemerkungen
Handbetrieb	—	20 Pf.	Alle Kosten einbegriffen
Dampfantrieb	110 g Kohle	0,33 „	Alle Kosten einbegriffen
Hydraulischer Zentralenbetrieb	83 g Kohle	0,25 „	Kapitalkosten der Zentrale nicht einbegriffen
Benzolhydraulischer Antrieb	30 g Benzol	1,2 „	Alle Kosten einbegriffen
Elektrischer Zentralenbetrieb	77 g Kohle	0,23 „	Kapitalkosten der Zentrale nicht einbegriffen
Stromlieferung von elektrischer Zentrale für 4 Pf./kW-st.	—	0,44 „	Alle Kosten einbegriffen
Stromlieferung von elektrischer Zentrale für 10 Pf./kW-st	—	1,1 „	Alle Kosten einbegriffen

Wenn der Kohlenverbrauch, wie aus der obenstehenden Tafel ersichtlich, von 77 g bis 110 g für eine Hubleistung von 10 mt schwankt, so ist damit, da physikalisch 427 mkg = 1 cal ist, bei 8 cal pro g Kohle ein Aufwand an mechanischer Arbeit geleistet von $77 \cdot 8 \cdot 427 = 263\,000$ bzw. $110 \cdot 8 \cdot 427 = 375\,000$ mkg. Der erzielte Wirkungsgrad beträgt $\frac{10\,000}{263\,000} =$ rd. 0,04 bzw. $\frac{10\,000}{375\,000} =$ rd. 0,03, während man doch in einer guten Dampfmaschinenanlage bei 0,5 kg/PS-st Kohlenverbrauch einen Wirkungsgrad erzielt von $\frac{75 \cdot 3600}{0{,}5 \cdot 8000 \cdot 427} =$ rd. 16 vH.

Dabei muß noch darauf hingewiesen werden, daß dieser Energieverbrauch nur den einfachen Hub einbegreift, nicht auch den häufig erforderlichen Rücklauf der Maschine beim Senken der Last oder des leeren Hakens, und daß durch diese Bewegung der Wirkungsgrad oft noch weiter erheblich verschlechtert wird.

Endlich ist zu beachten, daß sich der berechnete Energieverbrauch auf das Heben der Bruttolasten bezieht, und daß die Nettolasten in vielen Fällen, z. B. beim Greiferbetrieb, weniger als die Hälfte dieser Bruttolasten ausmachen. Das einzig Tröstliche bei dieser schlechten Ausnutzung des Brennstoffarbeitsvermögens bleibt immer die schon eingangs angestellte Überlegung, daß der Arbeitsverbrauch bei allen auf kurze Hubhöhe arbeitenden Hebeanlagen eine verhältnismäßig geringe Rolle spielt, die gegenüber der Bedeutung der übrigen Faktoren vollkommen zurücktritt. Die Darstellung hat aber sowohl in der absoluten Größe der Energiekosten als auch in den vergleichsweisen Energiekosten gezeigt, daß diese Kosten trotz des allgemeinen schlechten Wirkungsgrades keine erhebliche Bedeutung haben, welche Art des Antriebes man auch wählt. Einzig und allein der Handbetrieb macht hiervon eine Ausnahme. Er ist bei den rd. 20fachen Kosten des Energieverbrauches nur noch bei sehr geringer Betriebsdauer wirtschaftlich zu rechtfertigen. Die Grenzen lassen sich auf Grund der ermittelten Energieverbrauchskosten leicht bestimmen. Es möge ein Stirnradflaschenzug für 1000 kg Last bei Handbetrieb 150 M., mit Antrieb durch einen Elektromotor von 2 PS aber 1150 M. kosten. Der Preisunterschied von 1000 M. soll in Anbetracht der nur geringen Benutzungsdauer, die hier in Betracht kommt, mit 10 vH verzinst und abgeschrieben werden. Die Kapitalkosten betragen also jährlich 100 M. Bei einer Energiekostenersparnis von rd. 20 — 1 Pf. = 19 Pf. für je 10 mt ist eine Arbeit von $\frac{10\,000}{1,9} = 5260$ mt erforderlich, um Kostengleichheit herzustellen. Wenn ein Arbeiter durchschnittlich 6 mkg/sk leistet, in einer Stunde also $6 \cdot 3600 = 21\,600$ mkg, so ist bei Handbetrieb eine Arbeitszeit von $5260 : 21,6 =$ rd. 239 Stunden erforderlich, d. h., bei 300 Tagen täglich $\frac{239}{300} =$ rd. 0,8 Stunden = rd. 50 Minuten. Bei solcher Betriebszeit auf Handbetrieb bezogen müßte der elektrische Betrieb den Handbetrieb ablösen. Im Hinblick auf das schnellere Arbeiten des elektrischen Betriebes wird man ihn aber in der Regel schon bei einer weit geringeren Benutzungsdauer als zweckmäßig ansehen können.

4. Allgemeine Grundlagen für die Anordnung des elektrischen Antriebes der Hebe- und Förderanlagen.

a) Allgemeines.

Bei der ausschlaggebenden Bedeutung, die der elektrische Antrieb für die Hebe- und Förderanlagen hat, und bei der Verschiedenartigkeit der bei dieser Antriebsart benutzten Anordnungen erscheint eine etwas eingehendere Erläuterung der in Betracht kommenden hauptsächlichen Gesichtspunkte gerechtfertigt. Wenn auch in der Regel die Ausgestaltung und Lieferung der elektrischen Ausrüstung den Spezialfirmen für elektrische Anlagen vorbehalten bleibt, so muß doch nicht nur der Konstrukteur der Hebe- und Förderanlagen, sondern auch der, der diese Anlagen verwendet, eine allgemeine Übersicht über die hauptsächlichsten Grundregeln für elektrische Ausrüstungen besitzen. Die Erläuterungen werden sich auf das Allernotwendigste beschränken. Ein eingehenderes Studium muß sich auf die elektrotechnische Fachliteratur stützen.

Der elektrische Antrieb unterscheidet sich von dem Dampfantrieb insofern, als bei dem letzteren die Last meistens unter der Wirkung der Bremse abgesenkt wird, wobei die die Trommel mit dem Getriebe verbindende Kupplung gelöst ist, während beim elektrischen Betrieb der Motor mit dem Getriebe gekuppelt bleibt. Da der Motor in der Regel das $1^1/_2$—2fache der normalen Umdrehungszahl nicht überschreiten soll, damit die Wicklung und deren Bandagen nicht Schaden leiden, so ist die Senkgeschwindigkeit stärker begrenzt als bei den Dampfwinden. Man läßt den Motor mit dem Getriebe verbunden, weil das Anhalten und Abbremsen der Last und die Steuerung der Winden so besser durchführbar ist. Man hat also die Motoren und elektrischen Steuereinrichtungen in der Regel auf Vorwärtsgang und Rückwärtsgang einzurichten. Die schnelle und genaue Steuerung, die bei manchen Hebezeugen gefordert werden muß, läßt sich sowohl beim Gleichstrommotor als auch beim Drehstrommotor und schließlich auch beim Einphasenwechselstrommotor erreichen. Am häufigsten verwendet sind die Gleichstrommotoren und Drehstrommotoren, meistens in den Grenzen von 220—500 Volt Spannung.

Die elektrischen Krane werden in der Regel so gebaut, daß für jede Bewegung ein besonderer Antriebsmotor verwendet wird. Der Motor kann dabei für den Betrieb möglichst zweckmäßig aus der Reihe der gebauten Motorentypen gewählt werden. Im nachfolgenden soll in der Hauptsache die Eignung dieser vorhandenen Motorentypen für die verschiedenen Zwecke erörtert werden, und zwar getrennt für Gleichstrom, Drehstrom und Einphasenwechselstrom.

b) Die Arbeitsweise der Gleichstrommotoren.

Das Schema des Gleichstrommotors ist in Abb. 23 gegeben. Infolge der ablenkenden Wirkung der durch die Wickelung der Feldmagnete erzeugten Kraftlinien auf die in sich geschlossenen Leitungsdrähte des Ankers wird auf den Anker ein Drehmoment ausgeübt, das durch die Ankerwelle auf das Getriebe übertragen wird. Es werden sowohl Ströme durch die Ankerwicklung geleitet, als auch durch die Wicklung der Feldmagnete. Durch die Bewegungsrichtung beider Ströme, d. h. durch die Richtung der Kraftlinien im magnetischen Felde ist die Drehrichtung des Motors bestimmt. Kehrt man eine Stromrichtung um, so kehrt man damit die ablenkende Wirkung und die Drehrichtung des Motors um. Bei den Motoren, die mit gleichgerichtetem Strom arbeiten, der dem rotierenden Anker durch einen Kommutator zugeführt wird, unterscheiden wir hauptsächlich 2 Arten von Motoren, die Hauptstrommotoren, auch Serien- oder Reihenmotoren genannt, und die Nebenschlußmotoren.

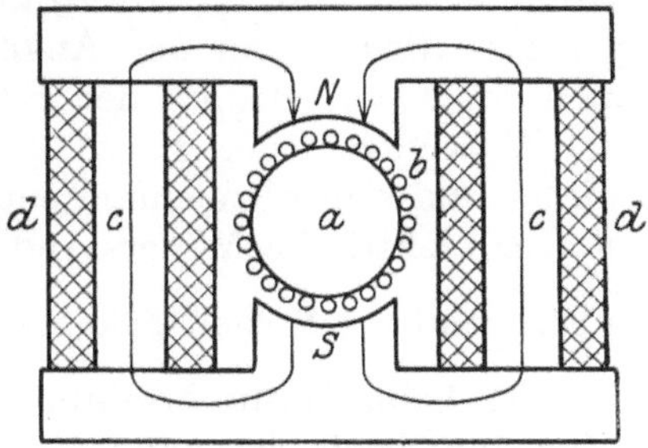

Abb. 23. Schema eines Gleichstrommotors.

a Anker. *b* Ankerwicklung. *c* Magnetgestell. *d* Magnetwicklung.

Das Schaltungsschema des Hauptstrommotors ist in Abb. 24 und 25, das des Nebenschlußmotors in Abb. 26 und 27 gegeben. In den Abb. 25 und 27 ist die Schaltungsanordnung für umsteuerbare Motoren schematisch angedeutet.

Bei den Hauptstrommotoren durchfließt derselbe Strom die Windungen der Feldmagnete und des Ankers nacheinander. Das Umsteuern erfolgt in der Weise, daß hinter der Erregerspule der Feldmagnete ein Stromwender eingeschaltet ist, so daß die Magnete immer in derselben Richtung Strom erhalten, der Anker dagegen in wechselnder Richtung entsprechend der beabsichtigten Drehrichtung. Beim Nebenschlußmotor wird sowohl der Ankerstrom als auch der Erregerstrom direkt aus der Zuführungsleitung entnommen. Die beiden Wicklungen werden also nebeneinander von verschiedenen Strommengen durchflossen. Auch beim Nebenschlußmotor wird nur der durch den Anker gehende Strom umgeschaltet, während die Wicklungen der Feldmagnete immer dieselbe Stromrichtung behalten.

Man kehrt durchweg den Ankerstrom um, obgleich man natürlich auch den Strom der Feldmagnete umkehren könnte. Das würde sogar den Vorteil haben, daß man bei Nebenschlußmotoren kleinere Stromstärken umzukehren hätte, und

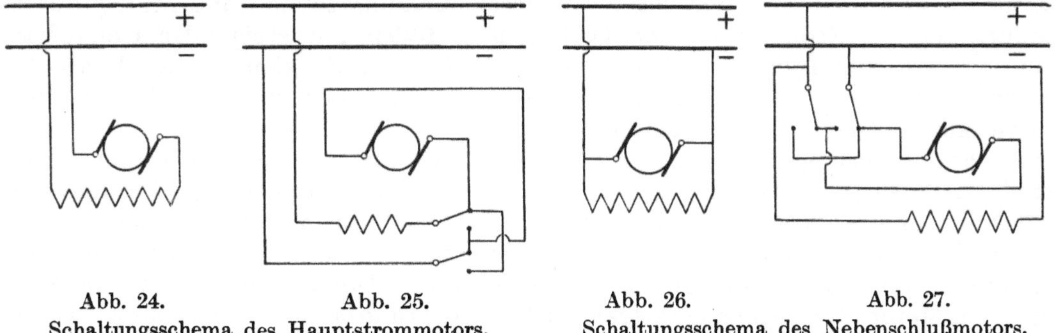

Abb. 24. Abb. 25. Schaltungsschema des Hauptstrommotors.

Abb. 26. Abb. 27. Schaltungsschema des Nebenschlußmotors.

beim Hauptstrommotor würde man geringere Spannungsunterschiede zu schalten haben. Man würde dabei aber den remanenten Magnetismus der feststehenden Feldmagnete mit umkehren bzw. bei der Umkehrung vernichten, und das hätte den Nachteil, daß der Motor bei schnellem Wechsel nicht so schnell wieder nach der anderen Richtung liefe. Die Umkehrung der Ankerströme wird daher ganz allgemein angewandt.

Die Arbeitsleistung eines Motors ist abhängig von der im Motor verbrauchten Spannung und der Stromstärke. Sie ist $= A = C \cdot E \cdot I$, wobei C eine Konstante ist. Man bezeichnet allgemein den Wert $E \cdot I$ = Volt · Ampère = Watt als den Arbeitswert des Stromes. Der Spannungsverbrauch im Hauptstrommotor hängt ab von dem Leitungswiderstand des Ankers und der Feldwicklung und von der elektromotorischen Gegenkraft des Ankers, die durch die Einwirkung der Feldmagnete auf die Leiter im Anker entsteht. Diese Gegenkraft und die Stromaufnahme stellen die eigentliche Arbeitsleistung dar, denn aus dieser Einwirkung resultieren das Drehmoment und die Drehzahl des Ankers. Die Arbeitsleistung kann erst ausgeübt werden, wenn der Anker sich gegenüber den Feldmagneten bewegt. Aber auch schon vor Beginn der Bewegung ist das Drehmoment vorhanden, da sowohl die Wicklungen der Feldmagnete als auch die Wicklungen des Ankers Strom führen und sich abzulenken suchen. Bis die elektromotorische Gegenkraft entsteht, ist der elektrische Widerstand durch den Leitungswiderstand der Wicklungen gegeben, und die Stromstärke bestimmt sich nach dem Ohmschen Gesetz zu $I = \frac{E}{W}$.

Da beim Hauptstrommotor Feldwicklung und Ankerwicklung hintereinander liegen und beide den ganzen Strom erhalten, so sind sowohl für die Feldwicklungen als auch für den Anker wenige und starke Drahtwindungen verwendet. Der anfängliche Widerstand W ist sehr klein und dementsprechend die anfängliche Stromstärke I sehr groß. Man muß sie durch vorläufiges Einschalten von Anlaßwiderständen zunächst künstlich herabdrücken; sonst würde sie zu einer zu starken Erwärmung und zu einer Zerstörung der Isolation führen. Diese Anlaßwiderstände verzehren einen Teil der Spannung und bedeuten daher einen Verlust beim jedesmaligen Anlassen. Trotz des Anlaßwiderstandes erhalten aber der Anker und die Feldwicklung zunächst eine hohe Stromstärke, durch die Feldwicklung wird also ein starkes magnetisches Feld erzeugt, das die von starkem Strom durchflossenen Ankerwicklungen kräftig abzulenken sucht. Das Drehmoment M_d ist proportional dem Produkt $J_a \cdot K$, der Stromstärke im Anker und der Kraftlinienzahl des magnetischen Feldes. Die Abhängigkeit der erzeugten Zahl der Kraftlinien von der Zahl der Ampèrewindungen ist durch die Kurve Abb. 28 dargestellt. Der Hauptstrommotor hat daher ein großes Anzugmoment und ist von diesem Gesichtspunkt aus für den Betrieb der Hebezeuge besonders geeignet. Mit ihm kann die Beschleunigung schnell und kräftig durchgeführt werden. Stromstärke und Drehmoment fallen mit steigender Umlaufzahl und der damit steigenden elektromotorischen Gegenkraft ziemlich rasch ab; bis Beharrungszustand eingetreten ist, nachdem mittlerweile die Anlaßwiderstände stufenweise ausgeschaltet worden sind.

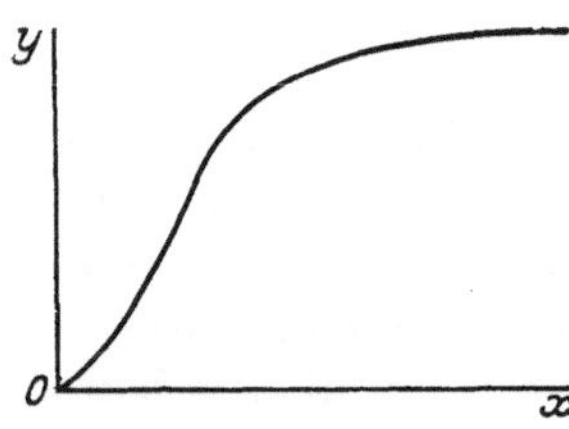

Abb. 28. Schema der Abhängigkeit der Kraftlinienzahl (y) von der Ampèrewindungszahl (x).

Geht das von der Ankerwelle auszuübende Drehmoment zurück, so fällt die Stromstärke; die Feldstärke wird geringer und die Drehzahl des Motors steigt. Drehmoment und Drehzahl sind also voneinander abhängig. Bei einer bestimmten Stromstärke ist die Drehzahl festgelegt und abhängig vom Drehmoment, groß bei kleinem Drehmoment und umgekehrt. Diese Abhängigkeit von Stromstärke, Drehzahl und Drehmoment ist für einen Motor eine gegebene Charakteristik, die grundsätzlich durch die Kurven in Abb. 29 dargestellt ist. Eine weitere Kurve läßt den Wirkungsgrad des Motors bei verschiedenen Leistungen erkennen. Die durch die Schaulinien gekennzeichneten Eigenschaften sind für den Hebezeugbetrieb sehr erwünscht; denn man kann so kleine Lasten schneller heben als große Lasten. Allerdings dürfen auch bei starker Verminderung des Drehmomentes die oben schon für den Abwärtsgang erwähnten Grenzen der Drehzahlen im Hinblick auf die Festigkeit der Ankerwicklungen nicht überschritten werden. Als Regel für die Umschaltung dieser Drehzahlgrenzen kann man ansehen, daß das durch die äußeren Kräfte erzeugte Drehmoment $\geqq 1/_{10}$ des normalen Drehmomentes sein muß. Wird das Drehmoment kleiner, so besteht die Gefahr zu großer Umlaufzahl, der Motor „geht durch“. Bei Kranen genügen im allgemeinen schon der innere Widerstand des Windwerkes und das Gewicht des leeren Hakens, um ein Durchgehen zu verhindern.

Die eben aufgestellten physikalischen Grundgesetze gelten natürlich auch für den Nebenschlußmotor. Seine andersartige Schaltung verleiht ihm aber ganz andere Eigenschaften. Wie schon erwähnt, und wie aus Abb. 26 und 27 hervorgeht, liegen die Feldmagnete im Nebenschluß zum Anker, mit unmittelbarem Anschluß an das Leitungsnetz. Entsprechend der den Feldmagneten zugeführten vollen Netzspannung haben sie eine Wicklung aus dünnen Drähten. Die Stromstärke ist daher verhältnismäßig gering und, da sie nur von der Netzspannung abhängig ist, immer gleich. Die Kraftlinienzahl des Feldes wechselt also nicht, und dementsprechend ist auch die Tourenzahl immer fast gleichbleibend und unabhängig vom auszuübenden Drehmoment. Sie schwankt vom Leerlauf bis zur vollen Belastung nur um etwa 10 vH. Diese Schwankung der Tourenzahl und die beim laufenden Motor bestehende Abhängigkeit der Stromstärke vom Drehmoment ist in Abb. 30 dargestellt. Es ist zwar auch beim Nebenschlußmotor das Drehmoment etwas veränderlich und um so größer, je größer die Stromstärke im Anker ist. Das Drehmoment nimmt aber nur in direktem Verhältnis mit dieser Stromstärke zu, also durchaus nicht in dem Maße wie beim Hauptstrommotor, bei dem die Veränderung der Stromstärke auf die Feldwicklung und den Anker gleichzeitig einwirkt.

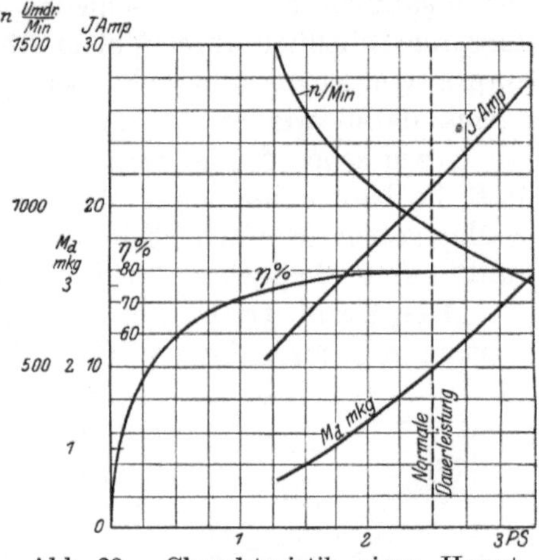

Abb. 29. Charakteristik eines Hauptstrommotors.

Infolge der gleichbleibenden Drehzahl der Nebenschlußmotoren verwendet man sie gern für Aufzüge, bei denen die Geschwindigkeit konstant bleiben soll. Man kann sie aber nicht bei solchen Hebevorrichtungen verwenden, bei denen das Drehmoment stark veränderlich ist. Wenn die normale Drehzahl des Motors beim Senken der Last überschritten wird, so erhöht sich die elektromotorische Gegenkraft über die Klemmenspannung hinaus, und der Anker gibt ohne weiteres Strom an das Netz ab, so daß auch in diesem Fall eine zu starke Steigerung der Drehzahl nicht leicht eintritt.

Durch Anwendung der sog. Compoundwicklung, bei der ein Teil der Feldwicklung im Nebenschluß, ein Teil im Hauptstrom liegt, könnte man einen Motor bauen, der einigermaßen gleichbleibende Drehzahl, aber doch ein etwas größeres Anzugmoment besitzt. Bei Verwendung derartiger verschiedener Wicklungen entstehen aber leicht Induktionswirkungen, die zu einer Beschädigung der Isolation führen können. Aus diesem Grunde, und auch, weil die Motoren für jeden Fall anders gebaut werden müßten, wenn sie sich den besonderen Verhältnissen anpassen sollen, werden Motoren mit Compoundwicklung nur selten angewendet. Bei Kranen hat die weitaus größte Anwendung der Hauptstrommotor wegen seiner guten Eigenregulierung und Anpassung der Drehzahl an die Größe der zu hebenden Last.

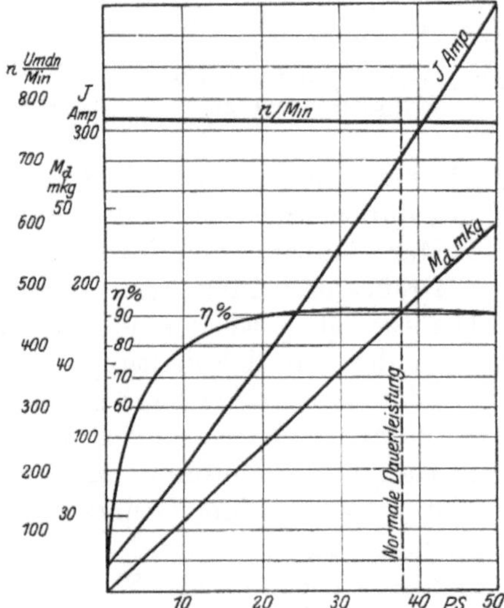

Abb. 30. Charakteristik eines Nebenschlußmotors.

Im übrigen muß aber in vielen Fällen die Drehzahl sowohl beim Hauptstrommotor als auch beim Nebenschlußmotor noch besonders geregelt werden. Von wenigen Ausnahmen abgesehen fordert man meistens, daß die Drehzahl jederzeit gegenüber dem Höchstwert, den der Motor erreichen kann, herabgemindert werden kann. Das kann grundsätzlich in sehr verschiedener Weise geschehen, geschieht aber in Wirklichkeit fast ausschließlich durch Vorschalten von Widerständen, und zwar beim Hauptstrommotor vor Anker und Feld, beim Nebenschlußmotor vor die Ankerwicklung, wenngleich damit wieder Spannung vernichtet wird und Arbeit verloren geht. Das ist aber, wie schon früher erläutert, bei kleinen Hubhöhen nicht so schwerwiegend, so daß die Einfachheit diese Regulierung und ihre gute Anpassungsfähigkeit den Ausschlag geben. Einfach ist die Regulierung auch aus dem Grunde, weil die Widerstände und Schalter in gewisser Stärke schon für das Anlassen der Motoren erforderlich sind.

Der Kranbetrieb erfordert es, die Drehzahl des Motors, insbesondere des Hubmotors, regeln zu können. Beim Heben, wo der Motor Arbeit zu leisten hat, geschieht das am einfachsten durch Vorschalten von Widerständen. Diese vernichten einen Teil der Spannung, und der Motor läuft langsamer. Diese Abhängigkeit der Drehzahl von den eingeschalteten Widerstandsstufen ist in Abb. 31 durch Schaulinien über der Nullachse dargestellt. Beim Lastsenken arbeitet der Hauptstrommotor als Generator auf die Anlaßwiderstände. Bei Vergrößerung des Widerstandes läuft der Motor beim Bremsen schneller. Es wird also durch die Widerstände beim Senken die Drehzahl verändert. Der Verlauf der Drehzahlen bei verschiedenem Drehmoment ist in Abb. 31 unter der Nullachse für verschiedene Widerstandsstufen dargestellt. Man sieht aus den Schaulinien, daß die Regelung auch bei Drehmomenten, die in sehr weiten Grenzen schwanken, noch gut durchführbar ist.

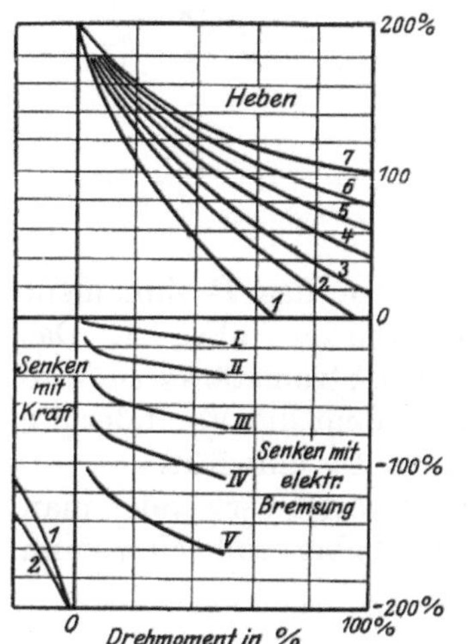

Abb. 31. Regelkurven eines Hauptstrommotors.

Bei Nebenschlußmotoren, bei denen, wie erwähnt, dieselbe Art der Regelung verwendet wird, ist die Wicklung nicht so stark als bei den Hauptstrommotoren, weil hier die Feldwicklung ständig dieselbe Klemmenspannung behält; die Wirkung ist aber auch hier ausreichend. Vor die Feldwicklung schaltet man keine Widerstände, weil dadurch das ohnehin schon kleine Anzugsmoment noch kleiner würde.

Man braucht die Vorschaltwiderstände sowohl für die Anlasser als auch für die Drehzahlregelung. Bei Nebenschlußmotoren kann man sie auf keinen Fall entbehren, auch wenn eine Drehzahlregelung nicht erforderlich ist. Da der Strom infolge der Parallelschaltung der Feldmagnete nur den kleinen Ankerwiderstand vorfindet, so würde er ohne Vorschaltwiderstand zu sehr ansteigen. Er kann dabei bis zum 20fachen der normalen Stromstärke anwachsen. Das ist etwas günstiger bei den Hauptstrommotoren, da hier Anker und Feldwicklung hintereinander liegen. Es ist auch aus dem Grunde bei Hauptstrommotoren günstiger, weil infolge des schnelleren Anwachsens der elektromotorischen Gegenkraft die große Stromstärke schneller wieder abfällt. Man kann daher Hauptstrommotoren wohl bis zu $^1/_2$ oder $^3/_4$ PS ohne Vorschaltwiderstand schalten und macht davon auch bei Elektrohängebahnen Gebrauch, bei denen die Blockschaltung mit Vorschaltwiderständen schlecht durchführbar wäre (weiter hinten Abb. 115ff.).

Im übrigen muß man die Widerstände so abstufen und schalten, daß die jeder Stufe entsprechende anfängliche Stromstärke $\leqq$ der doppelten normalen Stromstärke ist. Die erste Widerstandsstufe darf daher erst ausgeschaltet werden, wenn die elektromotorische Gegenkraft so weit angewachsen ist, daß auch nach Ausschalten dieser

Widerstandsstufe der Strom wieder in den zulässigen Grenzen bleibt usw. Nach Ausschalten einer jeden Widerstandsstufe schnellt der Strom also etwas in die Höhe, der Motor erfährt eine entsprechende Beschleunigung, bis durch Steigen der elektromotorischen Gegenkraft wieder Gleichgewicht eingetreten ist. Die Verfahren zur zweckmäßigen Abstufung der Widerstände sind in Band IV näher erläutert. Hier soll nur noch einmal hervorgehoben werden, daß beim Anlassen des Motors die einzelnen Widerstandsstufen langsam ausgeschaltet werden müssen, damit der Motor in der Zwischenzeit die der Stufe entsprechende höhere Drehzahl erreicht. Dagegen soll das Einschalten der Widerstände beim Stillsetzen des Motors schnell erfolgen.

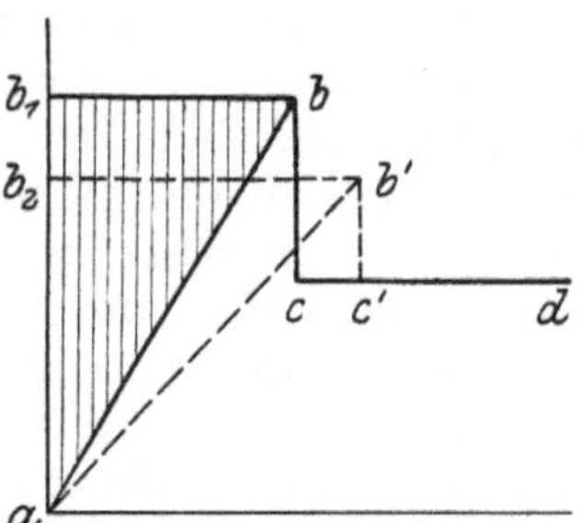

Abb. 32. Arbeitsverlust bei verschiedenen Anlaufzeiten. Abszisse = Zeit, Ordinate = Leistung.

Die Regelung der Motorgeschwindigkeit durch Widerstände ist recht gut durchführbar, hat aber große Arbeitsverluste zur Folge. Man kann sie schätzen, wenn man annimmt, daß die Klemmenspannung konstant bleibt, daß aber der im Motor verbrauchte Anteil dieser Spannung sich in jedem Augenblick zur Klemmenspannung verhält wie die jeweilige Drehzahl des Motors zur normalen Drehzahl. Das bedeutet, daß zunächst fast die ganze Spannung in den Widerständen verbraucht wird und daß durchschnittlich das 2fache der während der Anlaufzeit geleisteten Arbeit an Energie verbraucht wird, abgesehen von den Verlusten im Motor. Vom Energieverbrauch während der Anlaufzeit und während des Beharrungszustandes gibt Abb. 32 ein ungefähres Bild unter der Voraussetzung gleichmäßiger Beschleunigung. Zu den erheblichen Verlusten an Arbeit tritt bei großen Kräften und Geschwindigkeiten noch die Schwierigkeit hinzu, die in den Widerständen durch die Vernichtung der Arbeit erzeugte Wärme abzuführen. Diese Schwierigkeit ist z. B. bei Schachtförderantrieben so groß, daß schon dadurch die einfache Widerstandsschaltung bei Gleichstrommotoren unmöglich wird. Es wird weiter hinten darauf zurückzukommen sein.

Bei Kranen wird die einfache Widerstandsregelung fast ausschließlich angewendet; in einigen anderen Fällen kommen aber doch auch noch andere Methoden in Betracht, und diese müssen daher hier noch ganz kurz erwähnt werden.

Ein Verfahren, das bei elektrischen Bahnen mitunter angewendet wird, besteht darin, daß man bei einem Dreileitersystem entweder an benachbarte Leiter von 110 Volt Spannungsabstand anschließt oder an die beiden äußeren Leiter (vgl. Abb. 33) mit 220 Volt Spannungsabfall. Damit hat man aber nur 2 Stufen und kann eine genauere Regelung doch nicht entbehren. Das Verfahren kommt also wenig in Frage. Man kann aber auch ein ähnliches Ergebnis erzielen, wenn man 2 Motoren oder 2 Ankerhälften entweder parallel oder hintereinander schaltet. Im ersteren Fall erhalten beide die volle Spannung, im zweiten erhält jeder Motor die halbe Spannung und läuft mit der halben Drehzahl. Aber auch hier kann man eine genauere Regelung durch Widerstände nicht entbehren. Nur können die Widerstände kleiner sein, und die Verluste sind geringer. Das wird durch das Schema Abb. 34 augenfällig dargestellt. Man hat dieses Verfahren bei Straßenbahnen häufiger benutzt. Es ist

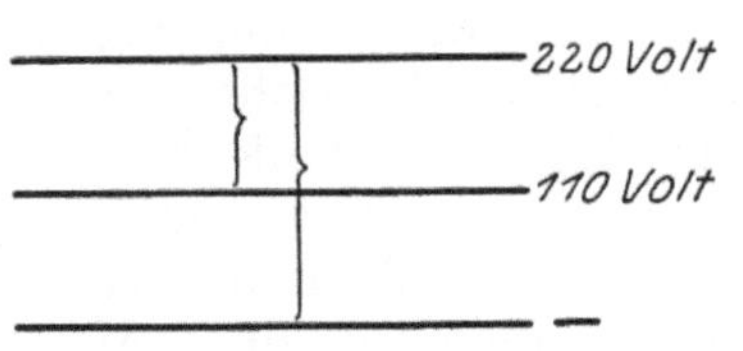

Abb. 33. Schaltung mit zwei Spannungsstufen.

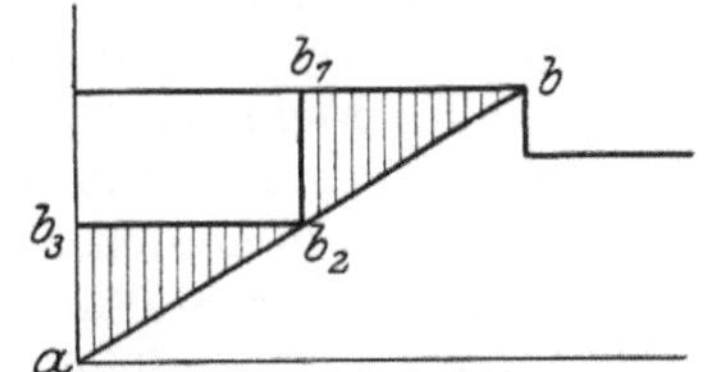

Abb. 34. Arbeitsverlust bei Parallel- und Reihenschaltung zweier Motoren. Abszisse = Zeit, Ordinate = Leistung.

aber nur gut durchzuführen bei Hauptstrommotoren, da 2 Hauptstrommotoren sich immer infolge der Eigenregelung gut in die Arbeit teilen. Das Zusammenarbeiten zweier Nebenschlußmotoren bietet dagegen erhebliche Schwierigkeiten, da die Tourenzahl so wenig von der Last abhängig ist. Es kann bei einer kleinen Verschiedenheit im Durchmesser der Laufräder oder infolge geringer Verschiedenheit des inneren Widerstandes der Motoren leicht der Fall eintreten, daß der eine Motor die ganze Arbeit übernimmt und der andere leer läuft, ja es kann sogar der Fall eintreten, daß der eine Motor, der seiner Eigenart nach etwas schneller läuft, den anderen Motor über dessen normale Drehzahl hinaus mitzieht, so daß er als Dynamomaschine Strom an das Netz abgibt. Wenn 2 Nebenschlußmotoren zusammenarbeiten sollen, so kann das nur durchgeführt werden, wenn die Motoren mit fein abgestuften Regelwiderständen versehen sind, so daß man sie auf gleiche Drehzahl einregeln kann. Besser vermeidet man solche Zusammenarbeit aber ganz.

Mitunter hat man die Regelung auch so durchgeführt, daß man, wie in Abb. 35 angegeben, der Felderregung des Hauptstrommotors einen Widerstand parallel schaltet, so daß dann ein Teil des Stromes durch diesen Widerstand geht und nur ein Teil

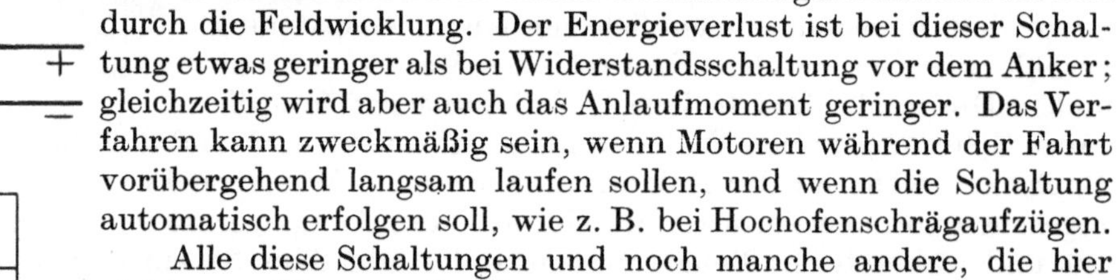
durch die Feldwicklung. Der Energieverlust ist bei dieser Schaltung etwas geringer als bei Widerstandsschaltung vor dem Anker; gleichzeitig wird aber auch das Anlaufmoment geringer. Das Verfahren kann zweckmäßig sein, wenn Motoren während der Fahrt vorübergehend langsam laufen sollen, und wenn die Schaltung automatisch erfolgen soll, wie z. B. bei Hochofenschrägaufzügen.

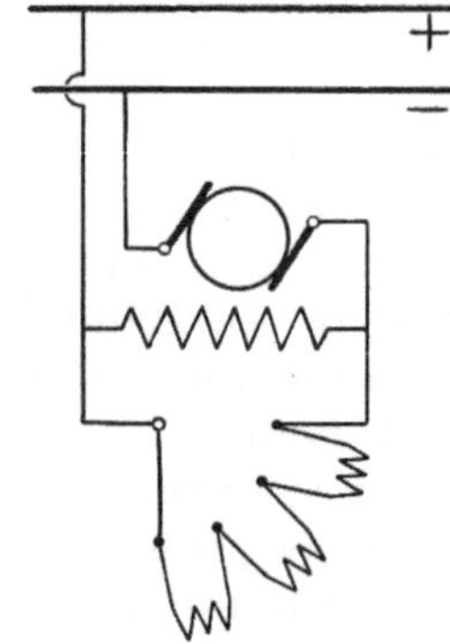

Abb. 35. Feldregelung eines Hauptstrommotors.

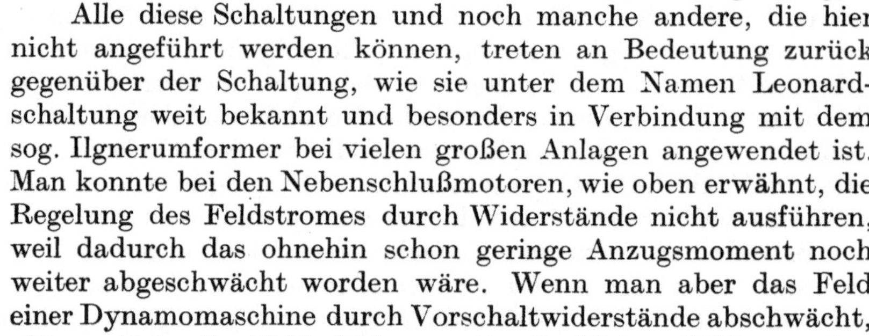
Alle diese Schaltungen und noch manche andere, die hier nicht angeführt werden können, treten an Bedeutung zurück gegenüber der Schaltung, wie sie unter dem Namen Leonardschaltung weit bekannt und besonders in Verbindung mit dem sog. Ilgnerumformer bei vielen großen Anlagen angewendet ist. Man konnte bei den Nebenschlußmotoren, wie oben erwähnt, die Regelung des Feldstromes durch Widerstände nicht ausführen, weil dadurch das ohnehin schon geringe Anzugsmoment noch weiter abgeschwächt worden wäre. Wenn man aber das Feld einer Dynamomaschine durch Vorschaltwiderstände abschwächt, was bei der geringen Stromstärke der Feldwicklung mit sehr kleinen Widerständen und daher kleinen Verlusten möglich ist, so liefert die Dynamomaschine Strom von entsprechend geringerer Spannung, die man durch Veränderung des erwähnten kleinen Vorschaltwiderstandes beliebig regeln kann. Speist man mit diesem Strom den Anker des Fördermotors, so läuft der Motor schneller oder langsamer, wenn er Strom von größerer oder kleinerer Spannung erhält. Er richtet seinen Lauf dann ganz nach dieser Spannung, und eine weitere Regelung ist nicht mehr erforderlich. Man kann auf diese Weise dem Motor bei beliebigem Drehmoment eine fast beliebige Drehzahl geben. Jeder Stellung des Hebels, mit dem man den Vorschaltwiderstand des Dynamomaschinenfeldes regelt, entspricht eine ganz bestimmte Drehzahl des Fördermotors.

Da die kleinen Widerstände, die zur Regelung der Stromstärke in der Feldwicklung der Dynamomaschine ausreichen, keinen nennenswerten Arbeitsverbrauch haben, so erfolgt diese Geschwindigkeitsregelung fast ohne Arbeitsverlust. Daraus folgt der weitere Vorteil, daß die durch die Hebeanlage in der Zentrale erzeugten Stromstöße erheblich kleiner sind als bei der einfachen Widerstandsregelung, und daß diese daher kleiner gehalten werden kann. Dadurch kann wenigstens ein Teil der hohen Anlagekosten des verhältnismäßig verwickelten Hebemaschinenantriebes, dessen Anordnung in Abb. 36 dargestellt ist, ausgeglichen werden. Immerhin wird die Gesamtanlage durch die Leonardschaltung erheblich teurer, und die Anwendung beschränkt sich daher meistens auf Fälle mit sehr großen Maschinen, bei denen der Arbeitsverbrauch eine erhebliche Rolle spielt.

Nach dem Schema Abb. 36 treibt der von der Stromzuleitung gespeiste Steuermotor die Steuerdynamomaschine an, deren von der Stromzuleitung erregte Feldwicklung durch einen Widerstand geregelt werden kann. Die Anlaßdynamo liefert den Strom für den Anker des Födermotors in der für die gewünschte Drehzahl erforderlichen Spannung, während die im Nebenschluß liegende Feldwicklung dieses Motors von der Stromzuleitung gleichbleibende Spannung erhält. Steuermotor und Steuerdynamo können, da sie dauernd umlaufen, mit hoher Drehzahl arbeiten und sind daher kleiner und billiger als der Fördermotor, wenn sie auch dieselbe Arbeit leisten müssen.

In Abb. 36 ist zwischen Steuermotor und Steuerdynamo ein Schwungrad eingeschaltet, der sog. Ilgnerumformer, das mit der Leonardschaltung an sich nichts zu tun hat, aber doch nur mit ihr zusammen anwendbar ist. Das mit dem Steueraggregat ständig umlaufende Schwungrad dient dazu, bei regelmäßigen und kleinen Hub-

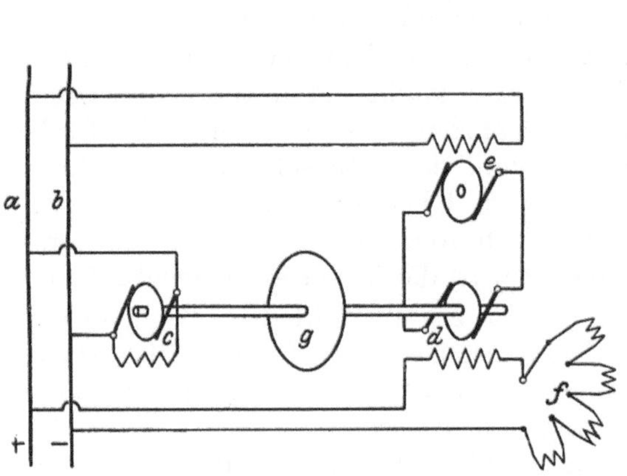

Abb. 36. Leonardschaltung für Gleichstrom.

a, b Netzleitung.
c Antriebsmotor der Steuerdynamo *d*.
e Fördermotor.
f Feldregelung der Steuerdynamo.
g Ilgner-Schwungrad.

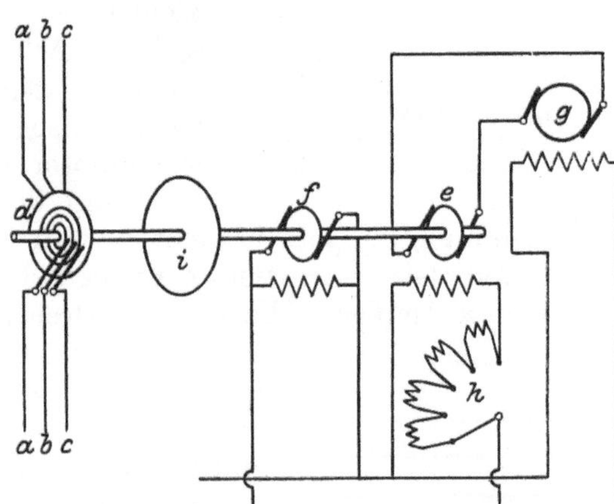

Abb. 37. Leonardschaltung für Drehstrom.

a, b, c Netzleitung.
d Drehstrommotor zum Antrieb der Steuerdynamo *e* und der Erregerdynamo *f*.
g Fördermotor.
h Feldregelung der Steuerdynamo.
i Ilgner-Schwungrad.

pausen die Arbeit so aufzuspeichern, daß der Steuermotor angenähert gleichmäßig Strom aus der Leitung mitnimmt. Die in der Pause von ihm geleistete Arbeit dient zu einer kleinen Beschleunigung des Schwungrades, das die so aufgespeicherte Arbeit bei Beginn des nächsten Hubes wieder abgibt.

Die schon für Gleichstrom verwickelte Anlage nach dem Schema Abb. 36 wird noch umfangreicher, wenn man diese Regelung in Fällen verwendet, bei denen der von der Zentrale erzeugte Strom Drehstrom ist. Bei der dann notwendigen Anordnung nach Abb. 37 treibt der Drehstrommotor die Gleichstromsteuerdynamo, die den Strom von wechselnder Spannung für den Anker des Fördermotors liefert. Es muß aber außerdem noch eine kleine Gleichstromerregermaschine vorhanden sein, die Gleichstrom von gleichbleibender Spannung liefert, wie er sowohl für die regelbare Felderregung der Steuerdynamo, als auch für die gleichmäßige Felderregung des Fördermotors erforderlich ist. Die Leonardschaltung wird daher bei Drehstrom noch seltener angewendet als bei Gleichstrom, besonders auch, da die einfache Widerstandsregelung des Drehstromfördermotors leichter durchzuführen ist, wie später erörtert werden wird.

Dieselbe Anordnung wie beim Antrieb mit Drehstrom, d. h. die Hinzufügung einer kleinen Erregermaschine neben der Gleichstromdynamo, ist erforderlich, wenn man das Leonardaggregat durch einen beliebigen Motor, z. B. durch Gasmotor oder

Benzolmotor, antreibt. In diesem Fall bietet die Erzeugung von Strom von veränderlicher Spannung erhebliche Vorteile. Den gleichmäßig gespannten Strom der Erregermaschine kann man dann auch für Beleuchtungszwecke usw. verwenden.

c) Die Arbeitsweise der Drehstrommotoren.

Obgleich die Wirkungsweise und die Schaltung der Drehstrommotoren von der der Gleichstrommotoren erheblich abweicht, sind doch die äußeren Erscheinungen ziemlich dieselben. Beim Drehstrommotor wird der Strom nur dem feststehenden Ständer zugeführt, und der Läufer oder Rotor bildet nur einen in sich geschlossenen Stromkreis, in welchem der Strom durch Induktion erzeugt wird. Eine Schaltungsform der Drehstrommotoren ist in Abb. 38 dargestellt. Dadurch, daß das Kraftlinienfeld im Ständer mit dem Wechsel der Stromphasen im Kreise wandert, zieht es wie ein Magnet die Wicklungen des Ankers hinter sich her. Arbeit kann aber vom Rotor nur geleistet werden, wenn er gegenüber dem Läuferfeld etwas zurückbleibt, wenn die sog. Schlüpfung entsteht. Man nennt den Drehstrommotor einen Asynchronmotor, weil seine Drehzahl nicht mit der Periodenzahl des Wechselstromes in Übereinstimmung zu sein braucht — und auch nicht in Übereinstimmung sein kann.

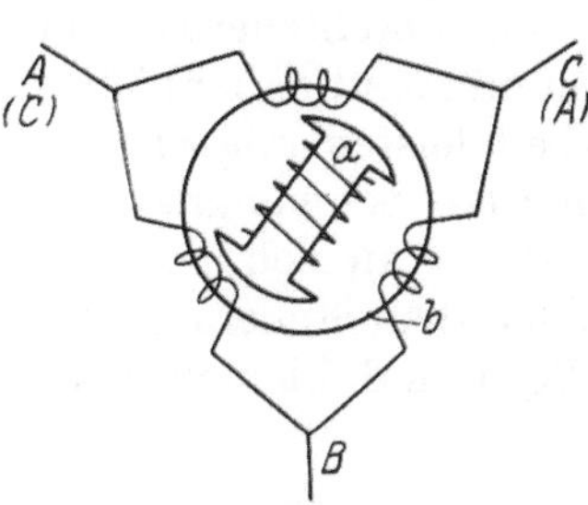

Abb. 38. Schaltungsschema eines Drehstrommotors.
a Rotor. *b* Ständer.
A, *B*, *C* Leitungsanschlüsse.

Beim Gleichstrommotor ist die Arbeit, abgesehen vom Wirkungsgrad des Motors, = Volt × Ampère = Watt. Beim Drehstrommotor wird die Arbeit ausgedrückt durch die Formel $A = E \cdot I \cdot \sqrt{3} \cos \varphi =$ Watt, wobei $\cos \varphi$ ein Wert kleiner als 1, in der Regel 0,75 → 0,85 ist. Der Wert $\cos \varphi$ ist für jede Motortype und für jede Leistung verschieden und muß für die einzelnen Motortypen besonders angegeben werden.

Der im Rotor erzeugte Induktionsstrom entsteht im feststehenden Rotor genau so wie in einem Transformator. Erst indem der Rotor gegenüber dem wandernden Feld im Gestell zurückbleibt, kann er Arbeit leisten, und dabei wirkt er auf die Primärwicklung zurück und erhöht gewissermaßen den Widerstand dieser Wicklung, der an sich sehr klein ist. Es ist daher beim Anlassen des Drehstrommotors zunächst auch die Stromstärke sehr groß, und die Maschine würde Gefahr laufen, zu verbrennen, wenn man nicht vor den Rotor Widerstand vorschaltet, wie in Abb. 39 angegeben. Ohne einen derartigen vorgeschalteten Widerstand kann man nur mit ganz kleinen Motoren von 2—3 PS arbeiten, die mit geringem Drehmoment anlaufen. Allerdings steigt der Drehstrom nicht so hoch wie bei den Hauptstrommotoren. Er steigt ohne Widerstand aber doch immerhin auf das 3—6fache der normalen Stromstärke, zuviel für einigermaßen große Motoren.

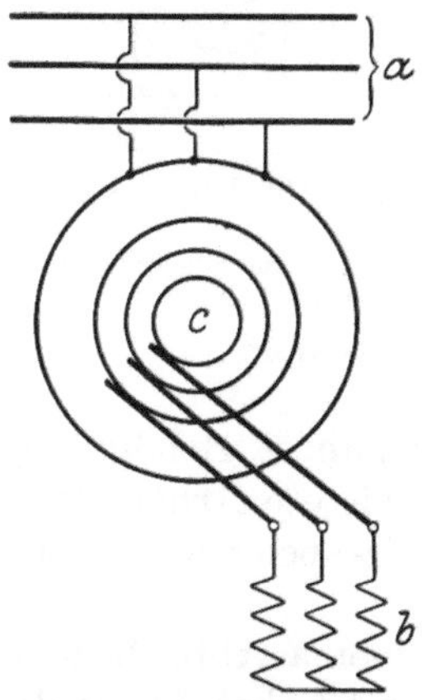

Abb. 39. Schema der Widerstandsschaltung bei einem Drehstrommotor.
a Netz.
b Feste Widerstände.
c Rotor.

Zum Vorschalten des Widerstandes, der beim Anlassen stets erforderlich ist, muß man diesen feststehenden Widerstand mit den Wicklungen des umlaufenden Rotors verbinden. Man ordnet dann auch die Wicklungen des Rotors den 3 Phasen entsprechend ähnlich an wie die Ständerwicklung und verbindet je einen Widerstand mit je einer Verbindungsleitung der Rotorwicklung durch eine Schleifleitung. Es sind also, wie in Abb. 39 angegeben, 3 feststehende Widerstände und 3 Schleifringe erforderlich. Dadurch wird die große Einfachheit des kurzgeschlossenen Drehstrommotors zu einem erheblichen Teil wieder beseitigt. Man muß auch beim Drehstrommotor, ebenso wie beim Gleichstrommotor, die

Widerstände beim Anlassen langsam ausschalten und beim Stillsetzen des Motors schnell einschalten.

Zur Umkehrung der Umlaufrichtung mußte man beim Gleichstrommotor die Stromrichtung im Anker umkehren. Beim Drehstrommotor vertauscht man 2 Leitungsanschlüsse des Ständers, wie in Abb. 38 in Klammern angedeutet. Dann dreht das Feld sich in entgegengesetzter Richtung und damit auch der Motor.

Beim Anlaufen des Motors schneiden die Kraftlinien des Ständerdrehfeldes die Wicklungen des zunächst noch ruhenden Läufers, erzeugen in ihm Ströme, und versuchen ihn zu drehen. Der Drehstrommotor ist daher geeignet, unter Last anzulaufen; doch ist sein größtes Drehmoment begrenzt und beträgt bei den üblichen Motoren das Doppelte bis Dreifache des normalen Drehmomentes.

Das Anlassen und Regeln der Geschwindigkeit mit Hilfe von Widerständen bedeutet auch beim Drehstrommotor ebenso wie beim Gleichstrommotor Verlust an Arbeit. Auch hier wird während der Anlaufzeit bei gleichmäßiger Beschleunigung ungefähr die Hälfte der Arbeit durch die Widerstände vernichtet. Das Verhalten des Motors während des Laufes wird durch die Schaulinien der Abb. 40 grundsätzlich erläutert; der Einfluß des Vorschaltwiderstandes auf die Drehzahl des Motors bei verschiedenen Drehmomenten ist in Abb. 41 dargestellt. Man sieht daraus, daß bei kurzgeschlossenem Rotor die Drehzahl ziemlich gleich bleibt, unabhängig vom Drehmoment. Der Drehstrommotor zeigt in dieser Beziehung ähnliche Eigenschaften wie der Nebenschlußmotor, was sich daraus erklärt, daß der Strom mit der gleichbleibenden Klemmenspannung nur durch den Ständer geht. Es ist aus diesem Grunde auch ebenso wie bei den Nebenschlußmotoren schwierig, 2 Motoren an einem Antrieb arbeiten zu lassen, da dann keine Gewähr für eine gleichmäßige Arbeitsleistung besteht. Allerdings besteht nicht die Gefahr, daß der eine Motor den anderen mit solcher Drehzahl mitzieht, daß derselbe als Dynamomaschine Strom an das Netz abgibt. Das kann nicht eintreten, weil der Drehstrommotor auch bei der Belastung Null nicht über die durch die Periodenzahl festgelegte Drehzahl hinaus kann.

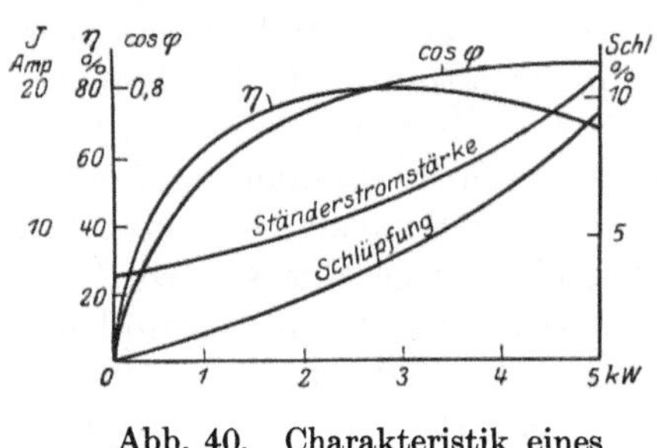

Abb. 40. Charakteristik eines Drehstrommotors.

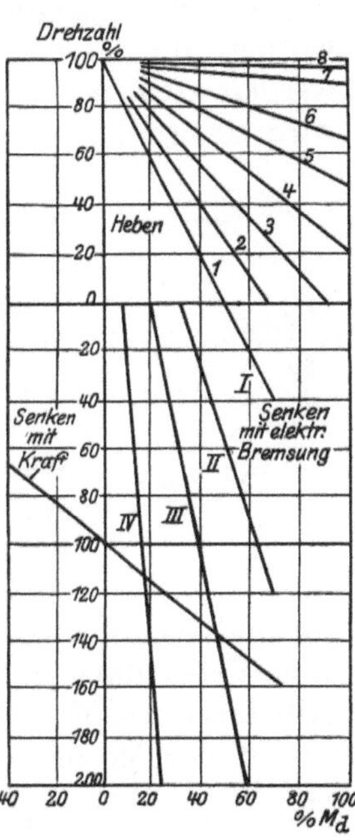

Abb. 41. Regelkurven eines Drehstrommotors.

Das Senken der Last geschieht am besten durch Einschalten des Motors im Hubsinne. Bei einer Überschreitung der normalen Drehzahl beim Lastsenken wird der erzeugte Strom von Widerständen aufgenommen. Der Verlauf der Kurven in Abb. 41 ist natürlich abhängig von der Größe der Widerstände. Das Schaubild kann daher nur dazu dienen, einen Anhalt zu geben. Man sollte bei Drehstrommotoren die normale Drehzahl auch beim Senken möglichst nicht um mehr als 50 vH überschreiten.

Andere Arten der Drehzahlregelung sind nicht in Verwendung, abgesehen von der Leonard-Schaltung, die schon unter b) erläutert worden ist. Zu erwähnen bleibt noch, daß man bei kleinen Drehstrommotoren, um sie einfach zu halten und die Schleifringe zu vermeiden, mitunter fest mit dem Rotor verbundene Widerstände verwendet, die dauernd eingeschaltet bleiben. Man kann damit eine unbequem hohe Stromstärke beim Umlaufen vermeiden, muß dafür aber auch einen dauernden Arbeitsverlust in den Kauf nehmen. Auch wird die Leerlaufarbeit, die bei Drehstrommotoren ohnehin schon 20 vH und mehr beträgt, noch weiter erhöht und kann bis zu 50 vH gesteigert werden.

Schließlich ist noch darauf hinzuweisen, daß die Drehstrommotoren sehr empfindlich gegen Spannungsabfall in der Stromzuleitung sind, und daß das Drehmoment mit dem Quadrat des Spannungsabfalles abnimmt. Man muß ihn daher durch reichliche Bemessung der Zuleitungen zu vermeiden suchen. Oft wird der Motor für eine um 20—30 V geringere Spannung gewickelt, als in der Zentrale vorhanden ist, damit ein ev. doch eintretender Spannungsabfall nicht zu sehr schadet; freilich verringert diese Maßnahme den Wirkungsgrad.

d) Der Einphasenwechselstrommotor.

Die Einphasenwechselstrommotoren sind in verschiedenen Bauarten ausgebildet worden, die für den Betrieb der Hebe- und Förderanlagen als geeignet bezeichnet werden können. Größere Verbreitung hat bisher keine dieser Bauarten erlangt und wird sie wohl auch in absehbarer Zeit nicht erlangen, schon aus dem Grunde, weil die Zentralen in den Städten und den industriellen Werken meistens für Gleichstrom oder Drehstrom eingerichtet sind. Es soll daher davon Abstand genommen werden, die einzelnen Bauarten hier eingehender zu behandeln, nur die Hauptmerkmale der bekanntesten dieser Motorarten, der Dérimotoren, sollen ganz kurz skizziert werden, um ein Bild von der Verwendungsmöglichkeit zu geben.

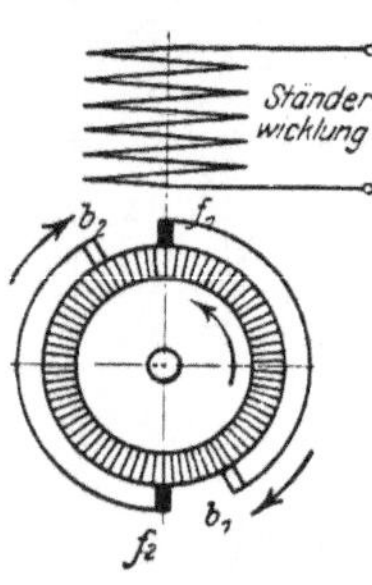

Abb. 42.

Der Dérimotor besitzt einen feststehenden Ständer, dem der Wechselstrom von außen durch 2 Klemmen zugeführt wird, und einen Läufer, dessen Wicklung ebenso wie beim Drehstrommotor vollkommen von der äußeren Stromführung getrennt ist. Das Schema ist in Abb. 42 dargestellt. Der Motor hat 2 Bürstensysteme, ein feststehendes und ein bewegliches. Beide Systeme sind unter sich verbunden, sind aber ohne Verbindung mit der äußeren Stromführung. Beide Bürstensysteme stehen bei Stillstand des Motors in Polmitte. Wenn der Ständerschalter geschlossen wird, so nimmt der Motor zunächst nur den schwachen Magnetisierungsstrom auf und erhält kein Drehmoment. Erst wenn die beweglichen Bürsten aus Polmitte verschoben werden, so wachsen Strom und Drehmoment allmählich bis zu einem Höchstwert, der das $2^1/_2$—3fache des normalen Drehmomentes erreichen kann. Je nach der Richtung, in der man die beweglichen Bürsten verschiebt, dreht sich der Motor nach rechts oder links. Es erfolgt also das Anlassen und Abstellen des Motors sowie die Regelung der Drehzahl ausschließlich durch Verschieben des beweglichen Bürstensystems. Während des Laufes ändert sich die Umlaufszahl ähnlich wie beim Gleichstromreihenschlußmotor mit wechselnder Belastung bei gleichbleibender Bürstenstellung. Schaulinien, die die Abhängigkeit der Umlaufszahl von der Leistung zeigen, sind in Abb. 43 gegeben. Verschiebt man die Bürsten beim Lastsenken in einer dem Hubsinn entgegengesetzten Richtung über die Nullage hinaus, so übt der Strom ein stoßfrei zunehmendes Bremsmoment aus und liefert als Dynamomaschine Strom an das Netz ab.

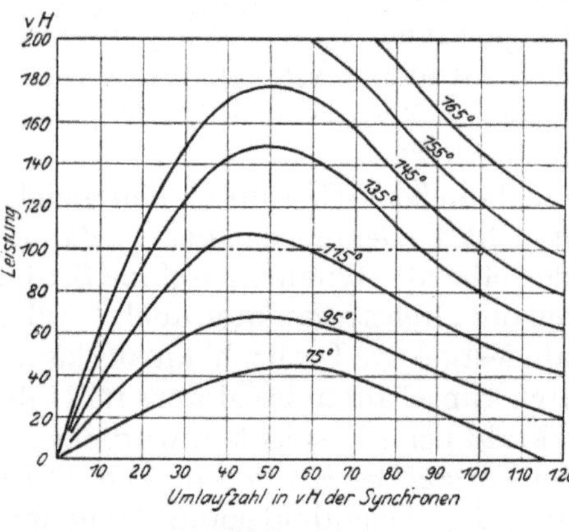

Abb. 43.

e) Wahl und Anordnung der Motoren und Apparate.

Die Widerstände zum Anlassen und Regeln der Motoren werden bei kleineren Stromstärken als Drahtwiderstände, für große Widerstände als Gußeisenwiderstände gebaut. Man baut sie meistens für sich, seltener mit den Anlaßapparaten zusammen. Bei sehr schweren Betrieben, bei denen die Widerstände viel Wärme erzeugen, ordnet man sie oft außerhalb des Führerhauses an, damit der Kranführer nicht durch die Wärme belästigt wird.

Bei nicht auf Kranen montierten Drehstrommotoren kann man anstatt der festen Widerstände auch Flüssigkeitswiderstände nehmen, bei denen 3 Metallelektroden mehr oder weniger tief in die Flüssigkeit eintauchen. Mit der Eintauchtiefe verringert sich der Widerstand. Als leitende Flüssigkeit wird meistens verdünnte Natronlauge oder wässerige Sodalösung genommen. Um die Erwärmung in mäßigen Grenzen zu halten, ist oben meistens ein Überlauf vorgesehen, der die erwärmte Flüssigkeit ableitet, damit sie sich abkühlt, um dann wieder in den Behälter gepumpt zu werden. Damit der Strom nicht bei ausgeschaltetem Widerstand durch die Flüssigkeit zu gehen braucht, sind an der äußersten Bewegungsstrecke der Elektroden meistens Kontakte angeordnet, die eine metallische Verbindung herstellen. Das Schalten mit dem Flüssigkeitsanlasser erfolgt ohne Stufen und ohne Abnutzung von Kontakten, und die Wärme kann viel besser aufgenommen werden als bei festen Widerständen. Sie können aber nur bei Wechselstrom bzw. Drehstrom verwendet werden, da dabei die Zersetzung der Flüssigkeit, die bei Gleichstrom die Verwendung derartiger Widerstände hindert, nicht stört. Man kann daher bei Drehstrom auch große Motoren, wie z. B. bei Schachtförderanlagen, mit direkter Widerstandsregelung steuern, während man bei Gleichstromanlagen mehr auf die Verwendung der Leonard-Schaltung angewiesen ist.

Die Anlasser zum Ein- und Ausschalten der festen Widerstände werden meistens in Walzenform als sog. Kontroller ausgebildet, bei denen die Schaltelemente an einer drehbaren Welle befestigt sind, die durch Seilscheibe, Handrad oder Hebel mit Kegelradübersetzung gedreht wird. Bei der Bedienung mit Hebel werden oft mehrere Schalter derart miteinander vereinigt, daß z. B. beim Auf- und Abbewegen des Hebels der Hubmotor geschaltet und die Last gehoben oder gesenkt wird, daß dagegen beim Bewegen des Hebels nach der einen oder anderen Seite der Kran nach der betreffenden Seite verfahren wird. Man bezeichnet diese Art der Steuerung wohl auch als Universalsteuerung.

Die eigentlichen Schaltelemente werden als Schleifkontakte ausgebildet, bei denen Schleiffinger auf an der Walze befestigte Segmente auflaufen, oder als Kohlenkontakte, bei denen ein Kontakthammer auf einen Kohlenkontakt aufgedrückt wird. Die Anordnung ist so, daß das Aufschlagen und Ablösen beim Drehen der Schaltwalze sehr schnell durch Vermittlung gespannter Federn erfolgt. Zwischen diesen beiden grundsätzlich verschiedenen Bauarten gibt es noch verschiedene Zwischenstufen und zahlreiche verschiedene Bauarten, deren Beschreibung hier zu weit führen würde. Als grundsätzlich abweichende Bauart ist noch die sog. Schützensteuerung zu nennen, bei welcher der Betriebsstrom nicht unmittelbar geschaltet wird, sondern bei der nur kleine Ströme von weniger als 1 A geschaltet werden, mit denen die Magnetspulen besonderer Schalter, die sog. Schützen, betätigt werden, die nun ihrerseits den Betriebsstrom schalten.

Die Schleifkontakte werden im allgemeinen nur bei weniger beanspruchten Anlagen angewendet. Bei stärker beanspruchten Anlagen verwendet man meistens Kohlenkontakte oder Schützen. Allgemein haben die Kontakte der Kontroller und Schützen eine ziemlich große Lebensdauer und erfordern nicht allzuviel Reparaturen. Sehr wesentlich ist, daß der entstehende Funke, mit dem kleinste Metallteilchen von einem Kontakt gelöst und zum anderen Kontakt geführt werden, dessen Oberfläche dadurch rauh wird, möglichst schnell beseitigt wird. Das geschieht meistens durch sog. Funkenlöscher oder Funkenbläserspulen. Sie bestehen aus 2 Magnetspulen, die seitlich von der Bahn angeordnet sind, welche der entstehende Funken nehmen will. Bei der Bildung des Funkens bildet die Luft mit den losgerissenen Metallteilchen gewissermaßen einen elektrischen Leiter. Dieser elektrische Leiter wird durch das von den Funkenbläserspulen gebildete magnetische Feld zur Seite gelenkt, so daß die Metallteilchen verhindert werden, auf den gegenüberliegenden Kontakt aufzutreffen und der ganze Funke schnell abreißt.

Die Anlasser werden meistens von Hand bedient, mitunter aber auch mechanisch durch ein Getriebe oder als sog. Selbstanlasser durch eine am Schalter angebrachte Kraftquelle, Gewicht od. dgl., das nach der Einschaltung von der Maschine gehoben wird und das, im gegebenen Augenblick freigegeben, den Schalter betätigt. Dabei wird die Geschwindigkeit der Schaltung in geeigneter Weise, z. B. durch Luftpuffer od. dgl., geregelt.

Von wesentlicher Bedeutung für die Durchführung des elektrischen Betriebes sind noch die Vorrichtungen zur elektrischen Betätigung mechanischer Bremsen, die Bremsmagnete und Motorbremslüfter. Wenn auch die Antriebsmotoren so gesteuert werden können, daß sie nicht nur nach Belieben stillgesetzt werden können, sondern daß sie auch die Last beim Senken abbremsen können, so genügt das wohl für die Regelung der Senkgeschwindigkeit, nicht aber zum schnellen Abbremsen der lebendigen Kräfte nach Ausschalten des Motors und auch nicht zum Halten der Last bei ausgeschaltetem Motor. Hierzu werden mechanische Stoppbremsen und mechanische Haltebremsen benutzt, die in vielen Fällen elektrisch betätigt werden.

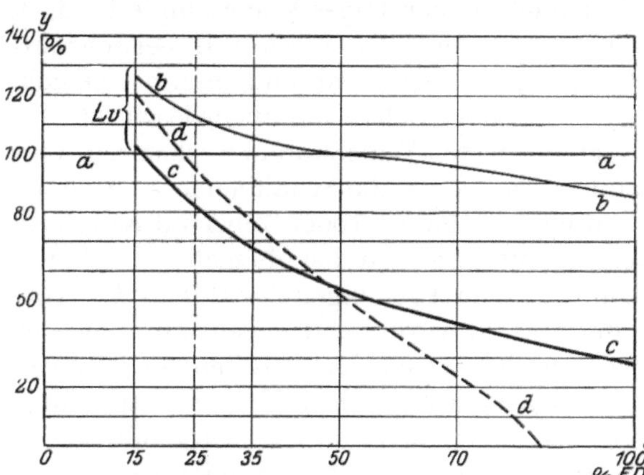

Abb. 44. Schaulinien für die Motorleistungen bei verschiedener prozentualer Einschaltdauer.

$0 - x$ = Prozentuale Einschaltdauer.
$0 - y$ = Prozentuale Stundenleistung.
$a - a$ = Stundenleistung.
$b - b$ = Belastungsfähigkeit des offenen Gleichstrommotors mit Ventilator.
$c - c$ = Belastungsfähigkeit des geschlossenen Gleichstrommotors.
$d - d$ = Belastungsfähigkeit des geschlossenen Drehstrommotors.

Über die Anordnung der Bremsen ist weiter hinten (Abb. 360 u. ff.) das Notwendigste ausgeführt. Für die Betätigung der Bremsen verwendet man meistens Bremsmagnete, die für Gleichstrom und für Drehstrom gebaut werden oder auch kleine Motoren, sogenannte Bremslüfter. Der Gleichstrombremsmagnet besteht aus einer Spule, die einen Eisenkern in sich hineinzieht und ihn losläßt, sobald der Strom unterbrochen wird, die Last also zum Halten gebracht werden soll. Damit der Kern beim Öffnen und Schließen des Stromes sich nicht zu stoßweise bewegt, ist die Bewegung in den äußersten Stellungen durch einen Luftpuffer gemildert. Die Bremsmagnete für Gleichstrom werden für Hauptstromschaltung oder für Nebenschlußschaltung gebaut. Im ersteren Falle liegen sie mit dem Motor in einem einzigen Stromkreise und werden stromlos, sobald der Motor aus irgendeinem Grunde stromlos wird. Das ist für Nachlaufbremsen oder Stoppbremsen ohne weiteres geeignet, wenn sie nur zur Abbremsung der lebendigen Kräfte, nicht zum Halten dienen. Bei Haltebremsen können dagegen Schwierigkeiten entstehen, wenn die Last durch die Senkbremsschaltung des Motors abgesenkt werden soll, da dann die Bremse die Last nicht losläßt. In solchen Fällen verwendet man meistens den Nebenschlußmagneten, der, da er zum Motor im Nebenschluß liegt, für sich ein- und ausgeschaltet werden muß. Die Arbeitsweise beider Magnete ist dieselbe, nur erhält der Hauptstrommagnet wenig Windungen aus dickem Draht, weil er große Stromstärken aufzunehmen hat bei geringem Spannungsabfall im Magneten, der Nebenschlußmagnet erhält viel Windungen aus dünnem Draht, weil er geringe Stromstärke zu führen hat, aber die ganze Spannung im Magneten verbraucht. Da die Stromstärke beim Hauptstrommagneten entsprechend der Motorstromstärke zunächst sehr groß ist und dann abfällt, so ist sie für den Magnetbetrieb sehr geeignet, da bei ihm zum Festhalten des Eisenkernes nur ein Bruchteil der zum Anziehen des Kernes benötigten Stromstärke erforderlich ist. Da der Nebenschlußmagnet immer dieselbe Spannung und dazu auch immer dieselbe Stromstärke erhält, schaltet man bei längerer Einschaltdauer wohl Widerstände vor den Magneten, um die Stromstärke und die Erwärmung herunterzudrücken. Diese Widerstände werden dann meistens automatisch eingeschaltet, wenn der Kern angezogen ist.

Man hat hier und da versucht, die Kraftübertragung bei den Bremsmagneten so zu gestalten, daß das Anziehen leicht erfolgt, so daß auch dafür nur eine geringe Stromstärke erforderlich ist. Eine solche Anordnung ist die Verwendung von Kniehebeln bei den sog. Hebelmagneten. Der beabsichtigte Zweck wird wohl erreicht. Man muß aber sorgfältig darauf achten, daß die Kniehebel nicht durch Abnutzung der Gelenke das Längenverhältnis ändern und dann unwirksam werden, was schon mitunter vorgekommen ist und dann leicht zu Unfällen führen kann. Die Bremsmagnete werden für Drehstrom in der Form von Solenoidspulen gebaut. Es werden 3 Spulen nebeneinander angeordnet, für jede Phase 1 Spule. Die große Anzugstromstärke, die etwa das 10—20fache des Haltestromes beträgt, fällt bei diesen Spulenmagneten für Drehstrom, wo es sich um große Leistungen handelt, als Nachteil ins Gewicht.

Bei größeren Bremskräften wendet man daher bei Drehstrom kleine Elektromotoren an in Verbindung mit einer Bandbremse. Die Motoren werden durch den Strom gedreht und heben das Gewicht. Sie bleiben dann unter Strom stehen und lassen das Gewicht fallen, sobald der Strom unterbrochen wird. Die Drehstrombremsmagnete und Motorbremslüfter werden in der Regel parallel zur Ständerwicklung geschaltet.

Die Leistung der Bremsmagnete und Bremsmotoren wird nach cmkg Hubarbeit bestimmt. Die Gleichstrombremsmagnete werden in der Regel für 50—600 cmkg Hubarbeit gebaut, ausnahmsweise auch bis 900 cmkg, bei Hubhöhen von 5 bis 15 cm, meistens nur 5 cm. Je größer die Zahl der stündlichen Einschaltungen ist, um so kleiner wird meistens der Hub angenommen, um die in der Hauptsache vom Anziehen herrührende Erwärmung nicht zu groß werden zu lassen. Ähnlich sind die Leistungen für die Drehstrombremslüfter.

Allgemein kann man sagen, daß die Bremsung mit Bremslüftmagneten sich günstiger bei Gleichstrom durchführen läßt. Hat man Drehstrom zur Verfügung und gleichzeitig Gleichstrom für die Zwecke der Beleuchtung, so verwendet man daher den Gleichstrom auch oft für die Betätigung der Bremslüftmagnete. Durchführbar ist aber die Bremsung auch mit Hilfe von Drehstrombremslüftmagneten.

Bei den elektrischen Antrieben kommt noch eine Reihe von Einzelheiten in Betracht, deren Kenntnis erwünscht erscheint, so die Anordnung der Schleifleitungen, ihre Befestigung und Verspannung und die Anordnung der Stromabnehmer, ferner die Anordnung von Kabeltrommeln, die Anordnung von Endschaltern und Maximalstromschaltern, die Einzelheiten der Bauart der Steuerapparate und Motoren. Alle diese Einzelheiten sind aber nicht von grundlegender Bedeutung. Sie sind zudem in den Katalogen der Elektrizitätsfirmen enthalten, so daß sie hier unberücksichtigt bleiben können. Nur über die Anordnung und Auswahl der Motoren ist noch einiges Grundsätzliches zu sagen. Die Motoren werden in der Regel in 3 verschiedenen Bauarten angewendet, erstens als sog. offene Motoren, bei denen keinerlei besondere Vorrichtungen zum Schutz und zum Abschluß der Wicklungen gegen Verstaubung und Feuchtigkeit vorgesehen sind und bei denen fast alle Teile des Motors der abkühlenden Außenluft zugänglich sind, zweitens, allerdings selten, als ventiliert gekapselte Motoren, bei denen die empfindlichen Teile so weit abgedeckt sind, daß sie gegen Spritzwasser notdürftig geschützt sind, aber noch nach unten gerichtete Öffnungen besitzen, durch die frische, abkühlende Luft eintreten und durch den

Motor hindurchstreichen kann, und drittens als vollkommen geschlossene oder gekapselte Motoren, bei denen alle Teile des Motors in ein möglichst staub- und regendichtes Gehäuse eingeschlossen sind, bei denen die Abkühlung der im Betriebe entstandenen Wärme daher nur durch die äußere Oberfläche des Motors erfolgen kann.

Die offenen Motoren werden bei Dauerförderanlagen viel angewendet, da diese meistens in geschlossenen Räumen arbeiten, durch die sie gegen äußere Niederschläge geschützt sind, und da die Motoren beim Antrieb der Dauerförderanlagen infolge ihrer längeren Einschaltdauer einerseits mehr auf gute Abführung der Wärme angewiesen sind, andererseits gegen vorübergehende geringe Feuchtigkeitsniederschläge aus der Luft nicht so empfindlich sind als die mit Unterbrechung arbeitenden Motoren, die einen Augenblick warm, im nächsten Augenblick wieder kalt sind und Niederschlägen aus der mit Wasserdampf gesättigten Luft stark ausgesetzt sind. Zudem sind die vollständig gekapselten Drehstrommotoren, wie weiter hinten erörtert und wie aus Abb. 44 hervorgeht, für Dauerarbeit infolge zu starker Erwärmung überhaupt unbrauchbar. Man verwendet daher bei Dauerförderanlagen nach Möglichkeit offene Motoren und hilft sich beim Arbeiten im Freien mit Schutzkästen für die Motoren und das Getriebe.

Die Krane und Hebezeuge aller Art werden dagegen oft im Freien gebraucht. Da die Motoren und die Apparate für diese Betriebe im Hinblick auf das erforderliche Anlaufmoment, die Regelung der Drehzahl und die Umsteuerung ohnehin einer besonderen Ausbildung bedürfen, so haben die Elektrizitätsfirmen die Kranausrüstungen meistens vollständig gekapselt ausgebildet. Der vollkommen gekapselte Motor bildet die Regel und soll, wo nicht anders erwähnt, im folgenden vorausgesetzt werden, wenn von Kranmotoren die Rede ist.

Mitunter werden die offenen Motoren wohl auch noch mit besonderen Ventilatoren zur Herbeiführung einer stärkeren Abkühlung versehen. Das sind jedoch Ausnahmen, die hier außer Betracht bleiben können.

Bei den Kranmotoren ist die Grenze der Erwärmung meistens ausschlaggebend für die Größe des Motors. Das für das Anlaufen und die Senkbeschleunigung erforderliche Drehmoment ist bei den von den Elektrizitätsfirmen in den Verkehr gebrachten Typen meistens vorhanden. Eine Nachkontrolle in dieser Hinsicht ist nur in besonderen Fällen bei Drehstrommotoren erforderlich. Bezüglich der Erwärmung ist besonders von Bedeutung die prozentuale Einschaltdauer. Man versteht darunter das im Verlaufe einer Stunde festzustellende Verhältnis: $100 \, \frac{\text{Summe aller Arbeitszeiten}}{\text{Summe aller Arbeitszeiten} + \text{Summe aller Ruhezeiten}}$.

Je größer diese prozentuale Einschaltdauer ist, um so weniger Zeit bleibt für die Abkühlung des Motors übrig und um so schwächer muß die Belastung eines gegebenen Motors sein, damit seine Erwärmung nicht die Grenzen übersteigt, die einzuhalten sind, damit das Isoliermaterial nicht verkohlt und brüchig wird. Diese Grenze der Erwärmung ist mit etwa 60° über Außentemperatur anzunehmen.

Die im praktischen Kranbetriebe vorkommende prozentuale Einschaltdauer schwankt meistens zwischen 15 und 40 vH. Man bezeichnet vielfach einen Betrieb mit bis 15 vH Einschaltdauer als leichten Kranbetrieb, einen solchen mit 15—25 vH als normalen Kranbetrieb, und einen solchen mit 25—40 vH als schweren Kranbetrieb.

Man bezieht dabei die vorübergehende Belastung auf die volle Dauerleistung, d. h. auf die Leistung, welche erforderlich sein wird, um die zu hebende Last dauernd mit der vorgesehenen Geschwindigkeit gleichmäßig weiter zu heben. In Wirklichkeit ist nun beim Kranbetrieb nicht immer die Vollast zu heben, im Gegenteil, der Motor hat oft nur den leeren Haken zu heben. Man muß daher auch diesen Umstand mit berücksichtigen und kann das, indem man die sog. quadratische Mittelleistung feststellt. Darunter versteht man die Dauerleistung, welche die gleiche Erwärmung hervorrufen würde, wie die Summe der zeitlich begrenzten Einzelleistungen. Man bezeichnet sie als quadratische Mittelleistung, weil die im Motor entwickelte Wärme im Quadrat der Stromstärke wächst. Das findet Ausdruck in der Formel zur Ermittelung der quadratischen Mittelleistung $L_m = \sqrt{L_v^2 \cdot \frac{t}{T}}$, wobei L_v die vorübergehende volle Arbeitsleistung und $\frac{t}{T}$ die prozentuale Einschaltdauer ist. Setzt man für $\frac{t}{T}$ verschiedene Werte ein, so ergibt sich folgende Gegenüberstellung:

Prozentuale Einschaltdauer:	15	25	35	50	70	100
$\frac{L_v}{L_m}$	2,58	2	1,69	1,41	1,20	1,0.

Wenn man mehrere verschiedene Arbeitsleistungen L_v von verschiedener Stärke und Einschaltdauer hat, so gilt entsprechend die Formel

$$L_m = \sqrt{\frac{L_1^2 t_1 + L_2^2 \cdot t_2 + L_3^2 t_3 + \ldots}{T}},$$

wobci $L_1, L_2, L_3 \ldots$ die einzelnen vorübergehenden Arbeitsleistungen, $t_1, t_2, t_3 \ldots$ die entsprechenden Einschaltzeiten und T die ganze Dauer des betrachteten Arbeitsvorganges einschließlich der Pausen ist.

Dabei sollte man,mit Rücksicht darauf, daß, wie schon unter c) erörtert, während der Anlaufzeit die Motoren im allgemeinen doppelt so viel Strom aus dem Netz entnehmen als der geleisteten Arbeit entspricht, den größeren Stromverbrauch für diese Anlaufzeiten besonders berücksichtigen. Man kann das tun, indem man in der Annahme, daß die einzelnen Arbeitsleistungen L_1, L_2, L_3 usw. sich auf den Beharrungszustand beziehen, während L_1', L_2', L_3' die größte Arbeitsleistung in der Beschleunigungsperiode darstellen, daß $t_1, t_2, t_3 \ldots$ die Gesamtzeiten der einzelnen Arbeitsleistungen, daß aber $t_1', t_2', t_3' \ldots$ die Beschleunigungsstufen der einzelnen Arbeitsleistungen sind, die quadratische Mittelleistung nach der Formel ermittelt:

$$L_m = \sqrt{\frac{L_1'^2 \cdot t_1' + L_1^2 \cdot (t_1 - t_1') + L_2'^2 \cdot t_2' + L_2^2 (t_2 - t_2') + \ldots}{T}}.$$

Hat man auf diese Weise die quadratische Mittelleistung festgestellt, so kann man sie auch leicht wieder mit der auf Volleistung L_v bezogenen prozentualen Einschaltdauer vergleichen, indem man unter Benutzung des errechneten Wertes L_m mit dem bekannten Wert L_v das Verhältnis $\frac{L_v}{L_m}$ feststellt und aus der oben angegebenen Gegenüberstellung die zugehörige prozentuale Einschaltdauer abliest.

Damit kann man dann immer feststellen, mit welcher wirklichen prozentualen Einschaltdauer, verglichen mit der Dauervolleistung, man unter Berücksichtigung aller Nebenumstände, wie Anlauf und verschieden starke Beanspruchung, zu rechnen hat. Das gibt uns ein Bild von der erzeugten Wärme. Um die zulässige Beanspruchung des Motors festzustellen, muß man aber auch die Abkühlung berücksichtigen, die bei verschiedenen Motorenarten verschieden stark ist. Man entnimmt das am besten aus Kurven, wie sie in Abb. 44 für offene und geschlossene Gleichstrommotoren und für geschlossene Drehstrommotoren angegeben sind. Es geht daraus hervor, daß der geschlossene Gleichstrommotor bei 15 vH Einschaltdauer etwa 4 mal so hoch beansprucht werden kann als bei 100 vH Einschaltdauer, während beim offenen Gleichstrommotor die Mehrbelastung bei 15 vH Einschaltdauer nur um etwa die Hälfte höher sein darf als bei dauerndem Lauf, entspr. 100 vH Einschaltdauer. Das ist erklärt durch die starke Abkühlung, die dieser Motor auch während des Laufes erfährt. Die Kurve für den geschlossenen Drehstrommotor erreicht schon bei etwa 85 vH Einschaltdauer die Nullinie, d. h. der geschlossene Drehstrommotor kann auch bei Leerlauf nicht dauernd laufen. Das hängt mit der hohen Leerlaufstromstärke des Drehstrommotors zusammen, die mehr Wärme erzeugt, als nach außen abgegeben werden kann.

f) Allgemeine Unterlagen für die Beurteilung der Beschaffungskosten für den elektrischen Antrieb.

Die Beschaffungspreise für die Motoren sind nach dem Vorstehenden für verschiedene Anlagen verschieden, selbst wenn die Leistung beim einzelnen Hub dieselbe ist. Wie schon unter Ziffer 2 erwähnt, konnten solche Unterschiede für die spätere Kostengegenüberstellung aber außer acht gelassen werden.

Die Elektromotoren sind durchweg vollkommen gekapselt angenommen, wie es für Förderanlagen als Regel zu empfehlen ist. Die Preise sind für verschiedene Zwecke aufgestellt, und zwar erstens für Dauerförderer, bei denen der Motor dauernd arbeitet mit einfachem Anlasser mit Schalttafel und Verbindungsleitungen. Zweitens sind die Angaben gemacht für normale intermittierende Kranbetriebe mit einem Verhältnis der Arbeitszeit zur Gesamtzeit von etwa 1 : 3. Diese Ausrüstung ist vorgesehen mit Wendeanlasser für Windwerke, die nach beiden Richtungen gedreht werden müssen. Für stärker beanspruchte Betriebe sind auch die Motoren entsprechend stärker anzunehmen.

1. Preise und Gewichte von Elektromotoren, fertig montiert mit Anlaßapparat für nur eine Drehrichtung, mit Schalttafel, Sicherungen und Verbindungsleitungen für direkten Räderantrieb und Dauerlauf.

		3 PS		5 PS		7 PS		12 PS		15 PS	
		M.	kg	M.	kg	M.	kg	M.	kg	M.	kg
Gleichstrom 220 Volt.	Gesamtpreis und Gesamtgewicht: Direkter Antrieb (also ohne Riemscheibe und Spannschlitten) . .	**770**	195	**990**	290	**1260**	530	**2000**	825	**2615**	1300
	Gesamtpreis und Gesamtgewicht: Riemenantrieb (also mit Riemscheibe und Spannschlitten) . .	**790**	220	**1030**	330	**1350**	610	**2080**	900	**2735**	1450
Drehstrom 500 Volt.	Gesamtpreis und Gesamtgewicht: Direkter Antrieb (also ohne Riemscheibe und Spannschlitten) . .	**775**	210	**1020**	250	**1335**	360	**1760**	470	**1975**	605
	Gesamtpreis und Gesamtgewicht: Riemenantrieb (also mit Riemscheibe und Spannschlitten) . .	**800**	250	**1070**	290	**1400**	425	**1835**	540	**2040**	680

2. Elektromotoren für intermittierende Kranbetriebe mit Anlasser, Sicherungen und Verbindungsleitungen und mit je einem Elektromagneten.

$$\frac{\text{Arbeitsdauer}}{\text{Arbeitsdauer} + \text{Ruhepausen}} = \frac{a}{a + r} = \frac{1}{3}.$$

Motoren gekapselt, Leistung in PS			3		5		7		10		12		15		20		25		30		40	
			M.	kg	M.	kg	M.	kg	M.	kg	M.	kg	M.	kg	M.	kg	M.	kg	M.	kg	M.	kg
Elektromotoren mit 1 Bremsmagneten für Gleichstrom v. 220 Volt	–	–	**645**	170	**785**	115	**1075**	330	**1170**	455	**1285**	600	**1520**	730	**1845**	910	**2370**	1400	**2520**	1465	**2965**	1735
Elektromotoren mit 1 Bremsmagneten für Drehstrom von 500 Volt	–	–	**595**	165	**695**	230	**775**	285	**1125**	430	**1275**	540	**1285**	545	**2110**	780	**2445**	1030	**2445**	1210	**2830**	1300

5. Die mit den Fördervorrichtungen in Verbindung stehenden Behälteranlagen und ihre Verschlußeinrichtungen.

a) Die Behälter.

Bei größeren Förderanlagen wird es oft erforderlich, Zwischenbehälter anzubringen, um den Betrieb der einen Förderanlage unabhängig von dem Betrieb der anderen mit ihr zusammenarbeitenden Anlage zu machen. Besonders ist das erwünscht, wenn unterbrochen arbeitende Förderanlagen mit Dauerförderern zusammen arbeiten. Häufig werden auch Hochbehälter angewendet, um die Förderanlagen nicht ständig betreiben zu müssen und einen gewissen Vorrat ständig zur Verfügung zu halten, aus dem das Ladegut zu gegebener Zeit abgezapft werden kann. Derartige Hochbehälter spielen bei den Verladeanlagen eine sehr große Rolle, und von ihrer richtigen Anordnung hängt nicht nur die Wirtschaftlichkeit, sondern oft auch unmittelbar die Brauchbarkeit der ganzen Anlage ab; denn wenn die Hochbehälteranlage an sich oder ihre Ausflußöffnungen nicht so angeordnet sind, daß das Fördergut bequem und in geeigneter Weise hindurchgleiten kann, so wird dadurch der Betrieb der ganzen Anlage gestört, wenn auch die einzelnen mechanischen Fördereinrichtungen an sich durchaus einwandfrei arbeiten. Es kommt nicht selten vor, daß auch bei einfachen Anlagen die grundlegenden Regeln nicht beachtet werden und dadurch die beabsichtigte Wirkung oft vereitelt wird oder nur mit großen kostspieligen Umänderungsarbeiten zu erreichen ist. Es kann daher nicht genug auf die an sich selbstverständliche Forderung hingewiesen werden, daß die Neigung der Ladeschurren und schrägen Behälterböden sorgfältig dem Fördergut angepaßt werden muß. Dabei ist zu unterscheiden zwischen dem Gleitwinkel des ruhenden und dem des schon in Bewegung befindlichen Ladegutes, je nachdem, ob es sich um die Bewegung des Fördergutes auf dem Boden des Behälters oder der Rutschen handelt, und ferner zwischen dem Reibungswinkel des Fördergutes in sich, wenn es sich um das Abböschen des Ladegutes handelt. Da der Reibungswinkel des Fördergutes in sich meist größer ist als der auf glatter Fläche, so muß es unbedingt vermieden werden, daß vorstehende Teile, wie Niet- und Schraubenköpfe u. dgl., aus den Gleitflächen der schrägen Behälterwände und Schurren herausragen, da das Ladegut sich hier festsetzt und sich dann hinter diesen vorstehenden Teilen aufstaut nach dem größeren Reibungswinkel, der dem Gleiten des Fördergutes in sich selbst entspricht. Auch wird vielfach übersehen, daß in den Ecken von Behältern, die allseitig geneigte Flächen haben und deren Böden die Form einer umgekehrten Pyramide bilden, die Neigungswinkel kleiner sind als in den Flächen der Wände. Natürlich muß aber diese geringere Neigung der Ecken immer noch groß genug sein, um ein Gleiten des Fördergutes zu sichern, da es sich sonst in den Ecken festsetzt und auch ein Herausgleiten der übrigen Ladung auf den ebenen Behälterböden verhindert. Dieser Übelstand kann vermindert werden, besonders bei Behältern mit Betonwänden, indem man die notwendigen Ecken ausrundet. Aber auch in diesem Falle muß die resultierende Neigung in der Ecke natürlich besonders bestimmt und auf ihre zulässige Größe untersucht werden.

Für die Berechnung der Behälter selbst kommt im wesentlichen das Schüttgewicht des Fördergutes in Frage und das aus der Bestimmung des Erddrucks bekannte Verfahren unter Einsetzung der dem jeweiligen Fördergut eigenen Böschungswinkel. Die Berechnung wird im III. Band des Buches behandelt. Hier soll nur darauf hingewiesen werden, daß die Behälter häufig aus Eisenblech hergestellt werden, in neuerer Zeit, besonders bei größeren Behältern, aber auch in steigendem Maße aus Eisenbeton, der vielfach eine billigere Herstellung ermöglicht als Eisen. Dabei tritt auch das bei Eisen vielfach bemerkbare Rosten nicht auf, das sich besonders zeigt, wenn das Fördergut (Kohle, Erz usw.) längere Zeit im Behälter aufgespeichert bleibt. Aus diesem Grunde waren in solchen Fällen früher Behälter mit eisernem Gerippe und mit Füllungen aus Holzbohlen sehr beliebt. In neuerer Zeit werden auch bei Verwendung eines eisernen Gerippes die Füllungen meistens in Beton ausgeführt, wenn nicht, wie oben erwähnt, eine vollständige Herstellung in Beton bevorzugt wird.

Für die Wahl der Neigungen der Behälterböden und Ladeschurren gibt die nachstehende Tabelle für die wichtigsten Materialien einen ungefähren Anhalt.

Material	Schüttgewicht	Reibungswinkel des Förderguts in sich (Böschungswinkel)		Reibungswinkel des Förderguts in eisernen Rinnen	
	t/cbm	Grad	μ_G	Grad	μ_R
Roggen und Weizen	0,7 —0,8	25—35	0,47—0,70	20—30	0,36—0,58
Gerste	0,65—0,75	25—35	0,47—0,70	25—30	0,36—0,58
Hafer	0,45—0,50	25—35	0,47—0,70	25—30	0,36—0,58
Fein- und Nußkohle	0,85—1,00	30—45	0,58—1,00	25—40	0,47—0,84
Förderkohle	0,8 —0,95	30—45	0,58—1,00	25—40	0,47—0,84
Braunkohle	0,6 —0,75	35—50	0,70—1,19	30—45	0,58—1,00
Koks	0,45—0,55	35—50	0,70—1,19	30—45	0,58—1,00
Zuckerrüben	0,60—0,70	30—45	0,58—1,00	30—45	0,58—1,00
Erde, Sand, Kies	1,20—2,00	30—45	0,58—1,00	30—45	0,58—1,00
Mergel und Lehm	1,5 —2,20	30—45	0,58—1,00	30—45	0,58—1,00
Kalkstein	1,6 —2,00	30—45	0,58—1,00	30—45	0,58—1,00
Erz	1,7 —3,5	30—50	0,58—1,19	30—50	0,58—1,19
Hochofenschlacke	0,6 —1,00	35—50	0,70—1,19	35—50	0,70—1,19
Steinsalz	1 —2,20	35—50	0,70—1,19	35—50	0,70—1,19
Rohzucker	—	50—70	1,19—2,74	45—65	1,00—2,14

Die in jeder Spalte angegebenen größeren Winkel gelten für den Zustand der Ruhe, die kleineren für den Zustand der Bewegung. Es müssen daher die Behälterböden, auf denen das Fördergut ruht, der Neigung der größeren Reibungswinkel entsprechen, während die Auslaufschurren, auf die das Fördergut mit einer gewissen Geschwindigkeit hinaufgleitet, eine geringere Neigung haben können, für die die kleineren Neigungswinkel als Grenze anzusehen sind. Mit den Werten μ_G und μ_R sind gleichzeitig die den Reibungswinkeln entsprechenden Reibungsziffern angegeben, die für die späteren Berechnungen gebraucht werden.

Die Art der im folgenden zu besprechenden Behälterverschlüsse und Abzapfvorrichtungen richtet sich wesentlich nach dem Fördergut, seiner Stückgröße und seinem Festigkeitsgrade.

b) Schieberverschlüsse.

Über die erforderliche Weite der Auslauföffnungen lassen sich etwa die folgenden Regeln aufstellen:

Während für Mehl und Getreide eine lichte Ausflußweite der Schieber von 100—200 mm genügt, wählt man bei Nußkohlen je nach der Korngröße schon Öffnungen von 300—500 mm Seitenlänge, und bei Sand und Kies, Schlackensand u. dgl. geht man mit Rücksicht auf das bei feuchtem Material leicht auftretende Zusammenbacken nicht unter 500 mm. Bei Förderkohlen kann man nicht unter 600 mm Weite hinuntergehen, wenn man die Möglichkeit hat, leicht bei einer eventuellen Stockung des Materialstromes etwas nachzuhelfen. Wo das Nachstoßen weniger gut möglich ist, sollte man nicht unter eine Öffnungsweite von 800 mm gehen. Dieselbe Öffnungsweite wie für Förderkohlen kann man auch für ungesiebten Gaskoks annehmen, während man für Hüttenkoks nicht unter 800 mm Öffnungsweite gehen sollte, wenn man Stockungen durch Nachstoßen beseitigen kann, und nicht unter 1 m Weite, wenn das nicht gut möglich ist. Je nach der Öffnungsweite und dem Fördergut ist natürlich auch die Bauart und die erforderliche Kraft zum Öffnen und Schließen der Schieber verschieden. Bei den kleinen Öffnungsweiten der Schieber für Mehl und Getreide genügt ein einfaches Blech, das in Führungsleisten geführt und mit einem Handgriff versehen ist, um es ohne Übersetzung von Hand zu bewegen.

Man muß aber bei Anordnung dieser Führungsleisten ebenso wie auch bei allen anderen Schiebern darauf Rücksicht nehmen, daß das Fördergut, wenn es in die Führungsleisten gelangt ist, nach hinten herausgedrückt werden kann, — eine selbstverständliche Regel, die aber doch sehr häufig nicht beachtet wird. Außerdem richtet man es zweckmäßig so ein, daß die untere Leiste gegenüber der oberen unter einem Winkel von 45° zurücktritt, damit überhaupt möglichst wenig Fördergut in die Führung hineingelangt. Die durch den Druck des Fördergutes entstehende Reibung, die doppelt auftritt, nämlich zwischen dem Fördergut und dem Schieber und zwischen dem Schieber und den Führungsleisten, läßt sich bei den kleinen für

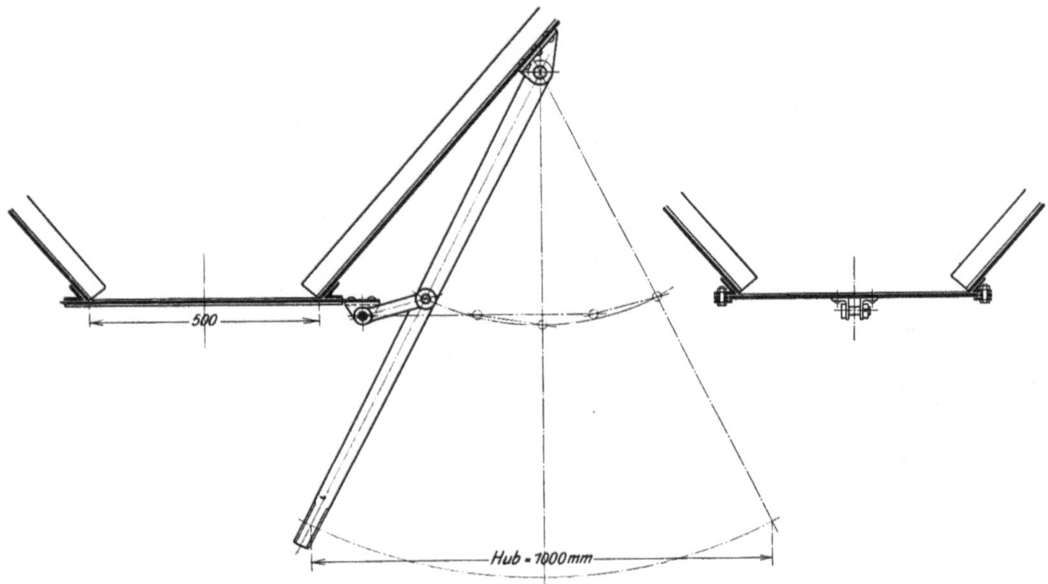

Abb. 45. Wagerechter Gleitschieber für Nußkohle und Feinkohle (Maßstab 1 : 17).

Getreide erforderlichen Öffnungsweiten auch bei dem verhältnismäßig leichtflüssigen Material leicht von Hand überwinden.

Leichter beweglich sind allerdings die Schieber, die um eine Achse drehbar sind und für die vorliegenden Zwecke ebenfalls häufig verwendet werden. Dabei stellt man Auslauf und Schieber oft aus Gußeisen her.

Die beiden eben erwähnten Schieberkonstruktionen, Gleitschieber und Drehschieber, werden auch bei anderem Fördergut gebraucht. So wendet man z. B. bei Nußkohlen bei Öffnungsweiten von 300—500 mm sowohl den Gleitschieber als auch den Drehschieber an, benutzt aber in beiden Fällen einen Hebel, um eine Übersetzung zwecks leichter Bedienung zu haben. Meistens wendet man dabei eine Übersetzung von etwa 1 : 2 an, weil man einen Weg bis zu 1 m noch gut mit der Hand ausführen kann, ohne seinen Stand zu ändern. Die Schieber sind bei dieser Betätigung durch einen Mann leicht zu bewegen, und zwar bei beliebiger Schütthöhe des Fördergutes über dem Schieber. Abb. 45 zeigt einen wagerechten Gleitschieber für Nußkohle, Feinkoks u. dgl. Abb. 46 zeigt einen Drehschieber für Nußkohle. Die Schieber für Getreide können ähnlich ausgeführt werden; nur kann man, wie erwähnt, dabei wegen der kleineren Öffnungsweite auf die Hebelübersetzung verzichten.

Für die Bestimmung des Druckes auf die Schieber kann man allgemein angenähert annehmen, daß eine Pyramide von etwa 2 m Höhe und mit einer Grundfläche gleich der Schieberöffnung auf dem Schieber ruht. Diese Höhe der Druckpyramide kann man bei allen Massengütern als Anhalt voraussetzen, da die mehr oder minder

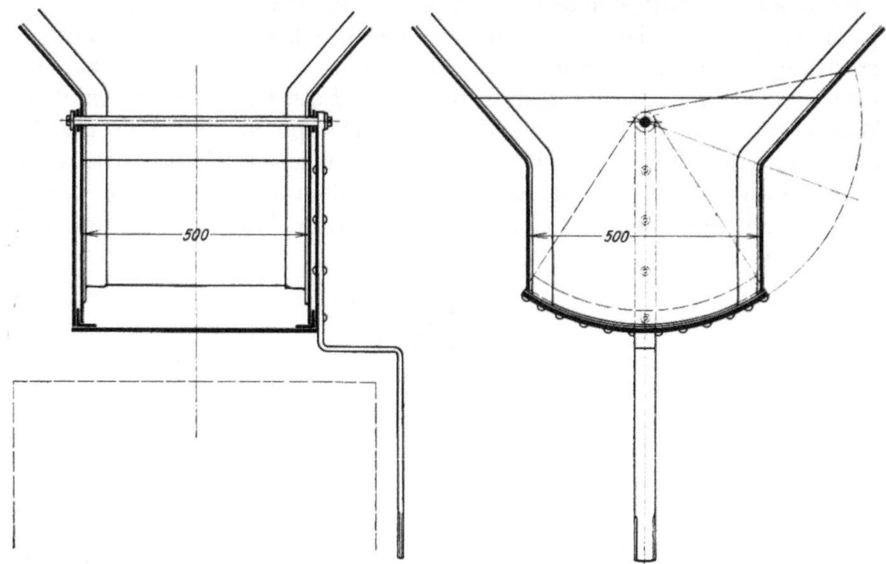

Abb. 46. Wagerechter Drehschieber für Nußkohle und Feinkohle (Maßstab 1 : 17).

große gegenseitige Beweglichkeit der einzelnen Stücke des Fördergutes, der Flüssigkeitsgrad desselben, schon durch die Größe der Schieberöffnungen berücksichtigt ist, die so klein gewählt wird, daß das Fördergut im allgemeinen nur gerade noch ohne größeren Überdruck durch den Schieber hindurchläuft. Bei größerer Lager-

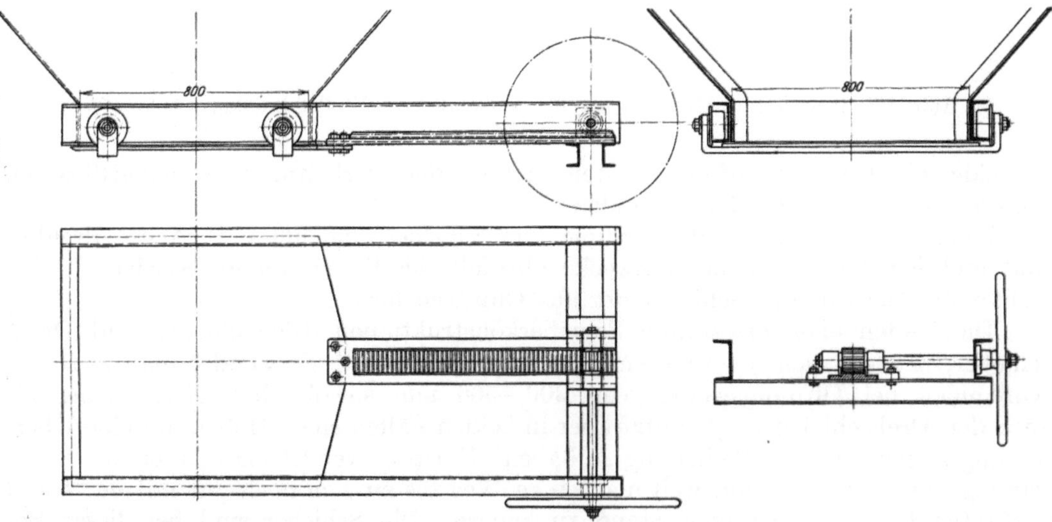

Abb. 47. Wagerechter Rollschieber für Förderkohle, Salz usw. (Maßstab 1 : 26,5).

höhe des Fördergutes im Füllrumpf kann man also annehmen, daß der Druck, der durch die in mehr als 2 m Höhe befindliche Ladung entsteht, durch Gewölbebildung aufgehoben wird. Bei geringerer Schütthöhe als 2 m hat man mit einer abgestumpften Pyramide als Druckkörper zu rechnen.

Wenn man bei hartem und großstückigem Fördergut, wie z. B. Rüben, Förderkohle, Erz usw., wagerechte Schieber verwenden muß, so sind sie bei den erforderlichen Abmessungen als Gleitschieber zu schwer zu bewegen. Man verwendet bei solchen Schiebern besser Rollen zum Tragen der Schieberplatten, also Rollschieber, und öffnet sie vermittels einer Zahnstange mit Ritzel und Handrad. Das Handrad wird zweckmäßig ohne Handgriff ausgeführt, um dem Schieber einen ordentlichen Schwung geben zu können. Die Rollenbahn wird so angeordnet, daß sie nicht durch das Fördergut verschmutzt werden kann. Der Schieber, aus Platten von 10—18 mm Stärke bestehend, erhält vorne eine Schneide, um Kohlenstücke zerschneiden zu können (Abb. 47). Derartige wagerechte Schieber sind wohl zu bewegen, sie sollten aber bei großstückigen und harten Materialien möglichst nur angewendet werden, wenn der Schieber nicht geschlossen werden braucht, solange sich noch Fördergut im Füllrumpf befindet. Bei Fördermaterialien, die nicht zerschnitten werden dürfen, wie

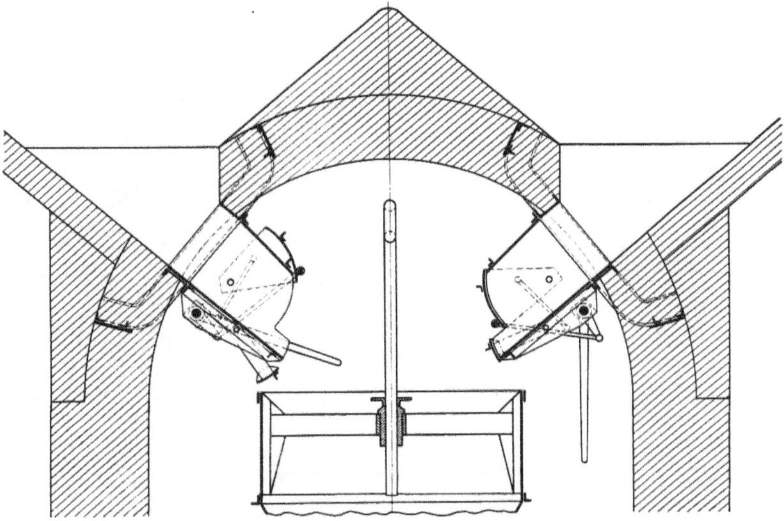

Abb. 48. Senkrechter Drehschieberverschluß mit Schieberbewegung von oben und von unten (Maßstab 1 : 75).

z. B. Zuckerrüben, macht man die hintere Begrenzungswand des Schieberauslaufes mitunter beweglich, so daß sie ausweichen kann, wenn Stücke zwischen dem Schieber und der Begrenzungswand eingeklemmt werden. Diese Klappe wird im allgemeinen durch ein Gewicht geschlossen. Solche Konstruktion kann man aber zweckmäßigerweise nur anwenden und bewegen bei mechanischem Antrieb, der natürlich in ganz verschiedener Weise ausgeführt werden kann; z. B. mit Reibungsräderantrieb, durch den Vorwärts- und Rückwärtsgang beliebig steuerbar sind, oder auch mit Kurbelantrieb, der den Vorteil hat, daß die Endstellungen des Schiebers ohne weiteres festliegen und die Steuerung nicht so genau zu erfolgen braucht. Eventuell kann auch die Kurbel ständig in einer Richtung umlaufen und so den Schieber fortlaufend öffnen und schließen, bis genügend Fördergut aus dem Behälter abgezapft ist.

Häufig verwendet man seitliche Füllrumpfausläufe, die bei leichtflüssigen Materialien, wie Mehl, Getreide und feinkörniger Kohle, zwar nicht erforderlich, bei großstückigem Fördergut, wie Förderkohle, Erz und Koks, aber doch vorzuziehen sind und nach Möglichkeit immer verwendet werden sollten. Man kann dabei bequem nachhelfen, wenn das Fördergut sich einmal staut, was auch bei großen Öffnungsweiten hin und wieder vorkommt, und man kann das Fördergut in den Ladeschurren sich frei abböschen lassen, so daß es beim Schließen des Schiebers nicht notwendig wird, das Fördergut zu durchschneiden.

Auch bei dem seitlichen Auslauf verwendet man zur Verminderung der Reibung zweckmäßig den Drehschieber, wobei dann wieder in einfachster Weise zur Erzielung einer geeigneten Übersetzung ein Hebel mit Handgriff am Schieber befestigt werden kann. Eine solche Schieberbauart ist weiter hinten in Abb. 57 mit dargestellt. Schieber, die sich beim Schließen von oben nach unten bewegen, müssen natürlich auch bei seitlichem Auslauf das Fördergut mehr oder weniger durchschneiden, und man wendet daher, wo es eben angängig ist, zum leichteren Abschließen Schieber an, die sich von unten nach oben bewegen, bei denen das Fördergut beim Schließen des Schiebers nach oben ausweichen kann. Mitunter werden auch die beiden Bau-

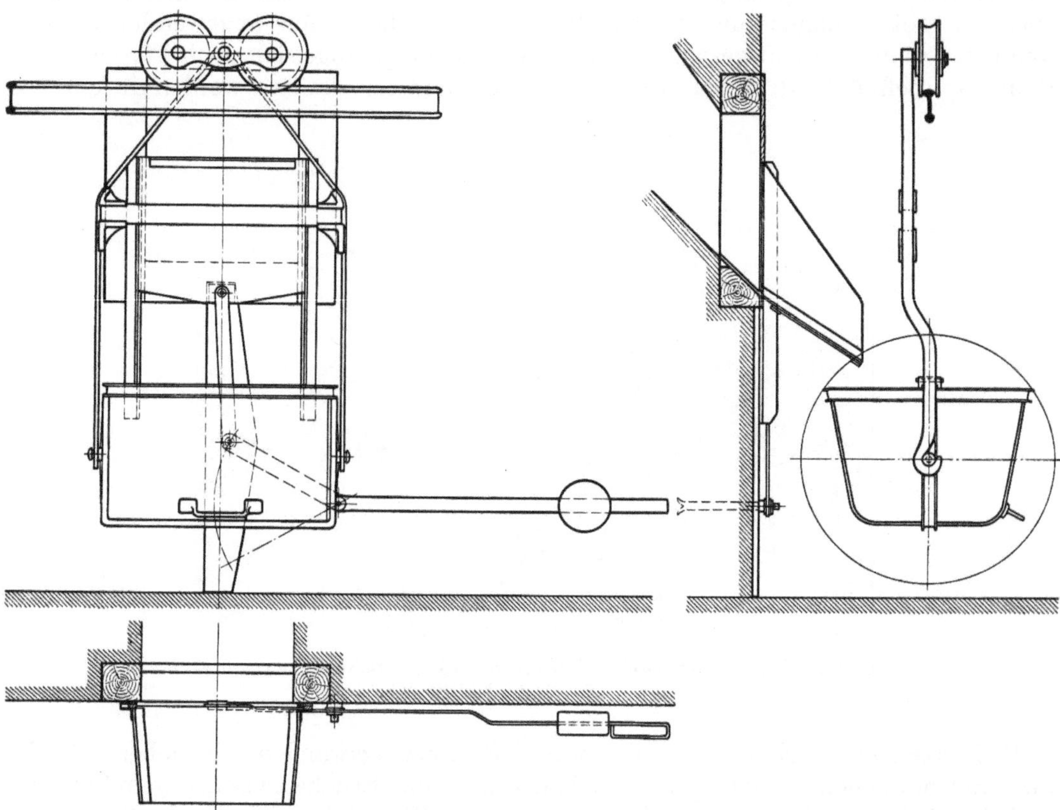

Abb. 49. Senkrechter Gleitschieber mit Schließbewegung von unten (Maßstab 1 : 30).

arten vereinigt. Abb. 48 zeigt einen Drehschieber dieser Art. Er ist in zwei Teile zerlegt, von denen der eine Teil sich von oben nach unten, der andere von unten nach oben bewegt und so weit vorgerückt ist, daß das Fördergut nach oben ausweichen kann und ein leichter Schluß zu erzielen ist. Derartige Schieber haben sich auch bei Erz und großstückigem Material gut bewährt.

Oft ist aber für einen Drehschieber nicht Platz. Man verwendet dann senkrechte Gleitschieber, die von unten oder von oben in das Fördergut eindringen. Allgemein ist über die beiden Ausführungsformen zu bemerken, daß die Schieber mit Schließbewegung von unten sich auch bei großen Stücken verhältnismäßig sicher schließen lassen, da das Fördergut sich nicht festklemmt, sondern nach oben ausweichen kann; das Gewicht des Schiebers wird dann in der Regel durch Gegengewicht am Hebel ausgeglichen (Abb. 49). Es ist aber zu beachten, daß bei Schiebern, die von unten kommen, ein Regulieren des Zuflusses im allgemeinen nicht möglich ist, da der Zufluß sehr unsicher wird, sobald der Schieber über die untere Gleitfläche der Ladeschurre vorsteht. Das Fördergut muß dann über den Schieber hinwegpoltern, und der Zufluß ist entweder zu stark, oder er hört ganz auf. Dagegen ist eine Regulierung wohl möglich bei dem Schieber mit Schließbewegung von oben. Die untere Gleitfläche der Auslaufrutsche bleibt dabei immer glatt, und der Zufluß des Fördergutes wird durch den Schieber gewissermaßen nur etwas gehemmt. Bei derartigen Schiebern liegt die Befürchtung nahe, daß sie sich schwer schließen lassen infolge des Festklemmens des Fördergutes zwischen Schieber und Auslaufschurre. Die Schwierigkeit ist nicht so groß, als es auf den ersten Blick den Anschein hat, da die Stücke, die sich etwa festsetzen wollen, doch noch bei irgendeiner Bewegung unter dem Schieber hervorquellen. Dann fällt der Schieber sofort wieder weiter nach unten, wobei ihn sein Gewicht beim Schließen unterstützt.

Bei allen beschriebenen Schiebern wird meistens eine feste Auslaufschurre mit dem Auslauf verbunden zur Weiterführung des austretenden Fördergutes. Häufig wird an die feste Ladeschurre noch eine aufklappbare Verlängerungsschurre gelenkartig angehängt, die mit Gegengewichten ausgeglichen ist, um möglichst leicht von Hand bewegt werden zu können. Solche Ladeschurren können dann mit geringerer Neigung ausgeführt werden als der Füllrumpfboden. Wie schon oben erwähnt, sollte die Neigung des Füllrumpfbodens bei Anwendung von Eisen bei Kohle nicht unter 40° betragen, bei Erz nicht unter 50°. Die Ladeschurre kann dagegen eine Neigung bis herab zu 30° erhalten, da hier das Fördergut schon in Bewegung ist und leicht weitergleitet. Die obere Begrenzung der Seitenwände der Ladeschurren kann man mit einer Neigung von ca. 45°, also nach vorne zu niedriger ausführen, da das Fördergut sich schon während der Bewegung etwas auseinanderzieht, der Strom also dünner wird. Im Ruhezustand staut sich das Fördergut unter einem Winkel von etwa 45°, sobald das vordere Material aus irgendwelchem Grunde nicht weitergleiten kann. Nur in besonderen Fällen, z. B. bei Getreide, Zement und Thomasmehl, muß man für die obere Begrenzung der Seitenwände der Auslaufschurren flachere Neigungen wählen.

Die Öffnungsweite kann bei senkrechten Schiebern natürlich nur senkrecht zur Gleitfläche des Fördergutes gemessen werden und fällt aus diesem Grunde kleiner aus als die Schieberlänge. Indessen ist das nicht von so großer Bedeutung, da man bei diesen Schiebern bei Stauungen durch Stochern bequem nachhelfen kann. Man kommt daher in der Regel mit etwa zwei Drittel der Höhe, senkrecht zur Rutschfläche gemessen, aus im Vergleich zu den Öffnungsweiten der wagerechten Schieber, für die die auf S. 52 angegebenen Regeln anzuwenden sind.

In neuerer Zeit führt der einfache elektrische Antrieb immer mehr dazu, die Schieberverschlüsse, wenn sie sehr viel gebraucht werden, mechanisch zu bewegen. Man kann dann auch die Öffnung etwas größer machen, um Stauungen mit größerer Sicherheit zu vermeiden, und wählt bei Erz oder Förderkohle zweckmäßig Öffnungen von 1 m Weite. Man verwendet dabei, wenn irgend angängig, Drehschieber, die sich von unten herauf bewegen, um Klemmungen auszuschließen. Die Elektromotoren, die für den Antrieb meistens in Frage kommen, und zwar in einer Stärke von 5—10 PS, kann man in der verschiedensten Weise auf den Schieber wirken lassen. Besonders empfehlenswert ist für die Betätigung die Anwendung eines Schneckenvorgeleges und eines Kurbeltriebes. Die letztere Anordnung hat den Vorteil, daß sie unempfindlich gegen Verschmutzen ist, und daß es nicht erforderlich ist, den Elektromotor beim Ende des Schieberweges zu stoppen. Abb. 50 zeigt eine derartige Anordnung. Ein ähnlicher Drehschieber wird von der Siegener Eisenbahnbedarf-A.-G. und neuerdings auch von anderen Firmen mit Antrieb durch einen Druckluftzylinder geliefert. Die Bauart ist sehr zweckmäßig, wenn eine große Anzahl von Schiebern in einer Anlage vereinigt ist, für die eine besondere Preßluftanlage angelegt werden kann. Bei Füllrumpfverschlüssen für Materialien, die sich leicht verstopfen, wie Erz,

Kalkstein und Hüttenkoks, schließt man zweckmäßig die obere Auslaufrinne durch rostartig befestigte Flacheisen ab, um bei geschlossenem Schieber das Fördergut mit einer Stange losarbeiten zu können, wenn es sich gestaut hat, ohne daß man Gefahr läuft, daß es beim Herunterfallen die Arbeiter verletzt. Das ist allerdings mehr bei von Hand betätigten Schiebern erforderlich, bei denen die Weite der Aus-

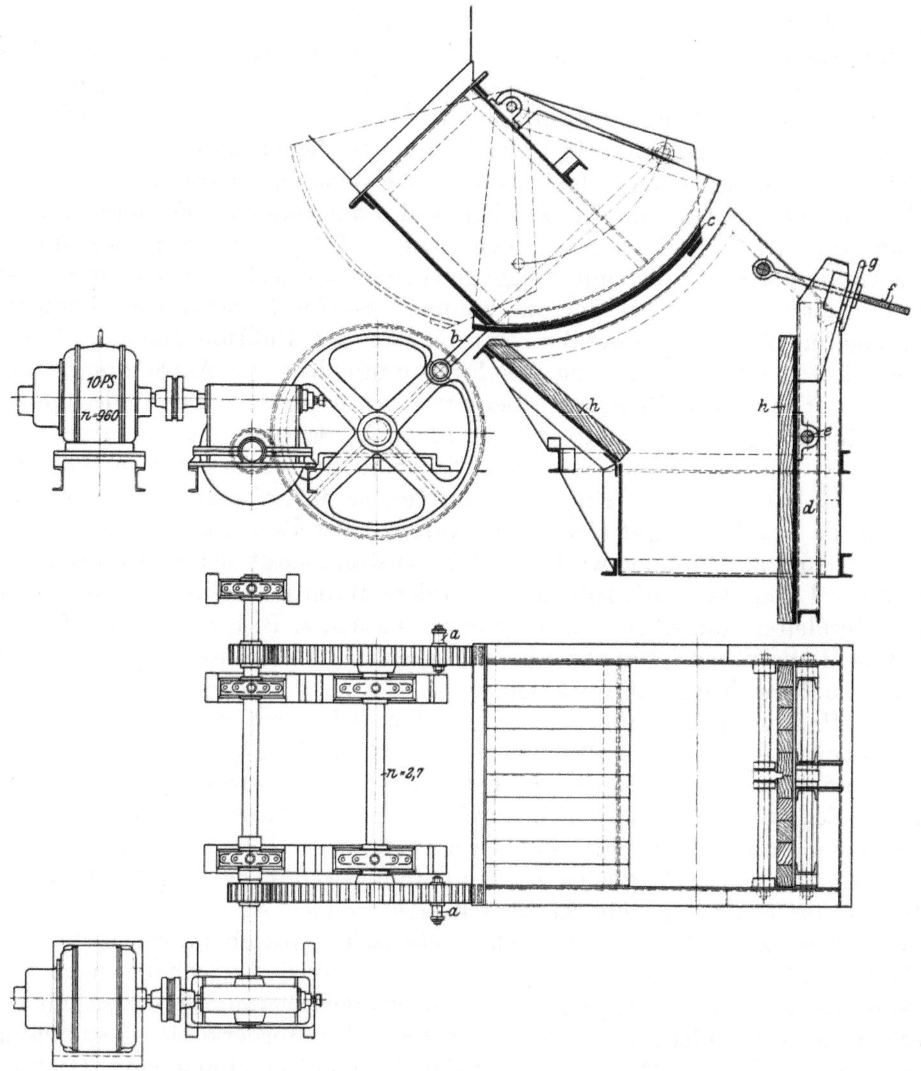

Abb. 50. Senkrechter Drehschieberverschluß für Erz usw. mit elektrischem Antrieb (Pohlig) (Maßstab 1 : 40).

a Kurbelzapfen. *b* Schubstange. *c* Drehschieber. *d* Einstellbare Prellwand. *e* Drehpunkt der Wand *d*. *f* Schraubenspindel. *g* Handrad, zum Einstellen von *d*. *h* Schutzbelag.

lauföffnung beschränkt ist. Bei mechanisch angetriebenen Schiebern kann man meistens die Öffnung so weit ausführen, daß eine Stauung nicht vorkommt.

Die Stärke der Auslauf- und Schieberkonstruktionen wechselt natürlich mit der Höhe und vor allen Dingen mit der Art des Fördergutes. Man hat einerseits darauf Rücksicht zu nehmen, daß das Fördergut die Bleche nicht zu schnell zerstört, andererseits darauf, daß die Schieber und Ladeschurren für die Bewegung nicht allzu schwer werden.

Man kann für die kleinen Schieber für Mehl und Getreide 4 mm starkes Blech annehmen, für Schieber von 400—600 mm Weite 6 mm und für Schieber mit 800 bis 1000 mm Seitenlänge 10—12 mm Blechstärke. Für Erz nimmt man sogar 15 bis 18 mm Blechstärke. Wenn man mechanischen Antrieb hat und auf das Gewicht nicht zu sehr Rücksicht zu nehmen braucht, nimmt man die Blechstärken meistens noch etwas größer. Die festen und aufklappbaren Auslaufschurren richten sich fast nur nach der Art des Fördergutes. Bei nicht zu langen Schurren verwendet man für Kohle wohl Bodenbleche von 6 mm Stärke und Seitenbleche von 3 mm Stärke mit Flacheiseneinfassung. Bei Sand, Kies, Erz und Koks nimmt man je nachdem, ob die Schurre wenig oder häufig benutzt wird, die Blechstärke um 2—6 mm stärker mit Rücksicht auf die Abnutzung, die besonders bei Koks trotz seines geringen Gewichtes außerordentlich groß ist.

c) Stauklappen.

Bei nicht zu schwerem Fördergut oder nicht zu großen Ausflußöffnungen, so besonders für Fein- und Nußkohle, Koks und Rüben, kann man einen sehr einfachen und gut arbeitenden Verschluß dadurch herstellen, daß man die Auslaufschurre hochklappbar anordnet oder bei fester Auslaufschurre eine drehbare Platte in die Rinne einbaut, so daß bei niedergeklappter Lage das Fördergut über diese Platte hinweggleitet, in aufgeklappter Lage aber eine Stauung eintritt (Abb. 51).

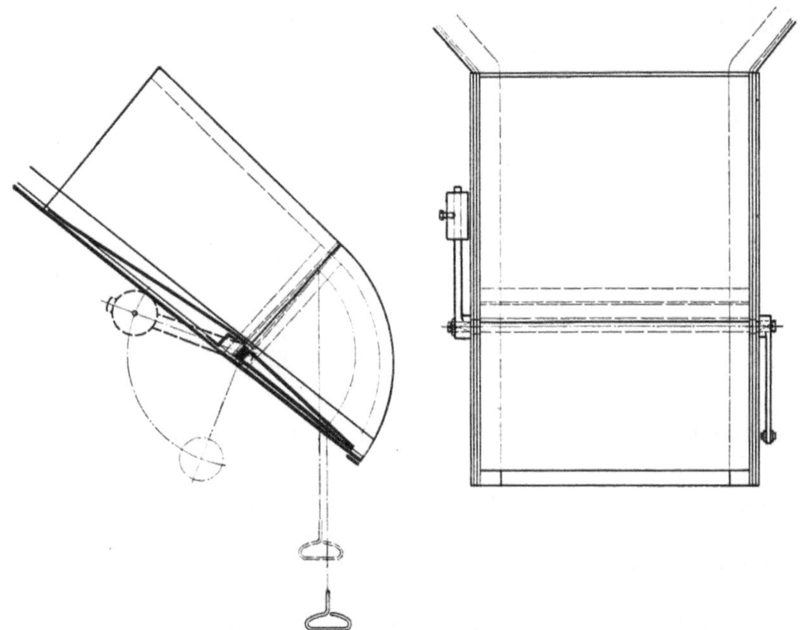

Abb. 51. Feste Ladeschurre mit Stauklappe (Maßstab 1 : 16,5).

Oft wird auch die Ladeschurre selbst als Stauklappe ausgebildet, indem sie angehoben wird, um den Ausfluß des Fördergutes abzusperren. Solche Ladeschurren kommen besonders für verhältnismäßig leichte Materialien, wie Koks und Rüben, in Frage, doch sind sie auch für Kohle, besonders Nußkohle und ähnliche Materialien noch zu verwenden. Abb. 52 zeigt eine solche aufklappbare Ladeschurre als Stauklappe für Koks.

Das Gewicht der Stauklappe wird dabei meistens durch Gegengewicht ausgeglichen, so daß die Klappe sowohl im aufgeklappten als auch im heruntergeklappten Zustand in ihrer Lage stehenbleibt. Das Ausgleichgewicht macht man einstellbar und stellt es außerdem zweckmäßigerweise aus einzelnen Platten her, um möglichste Veränderlichkeit zu erhalten.

Eine für Erz geeignete Stauklappe ist der Füllrumpfverschluß nach Abb. 53. Bei den vorkommenden großen Stücken Erz und Kalkstein ist zeitweise eine große Öffnungsweite erforderlich, um eine Gewölbebildung zu vermeiden, während zu anderen Zeiten eine geringe Öffnungsweite genügt und erwünscht ist, um den Ausfluß kleiner regelbarer Mengen bewirken zu können. Die Öffnungsweite ist bei dem in der Abbildung dargestellten Verschluß durch einen besonderen Drehschieber regulierbar und kann mit Zahnstange und Ritzel von Hand größer oder kleiner gemacht werden. Das unter diesem Regulierschieber hervorquellende Fördergut wird vorne durch die Stauklappe zurückgehalten, die gesenkt wird, um

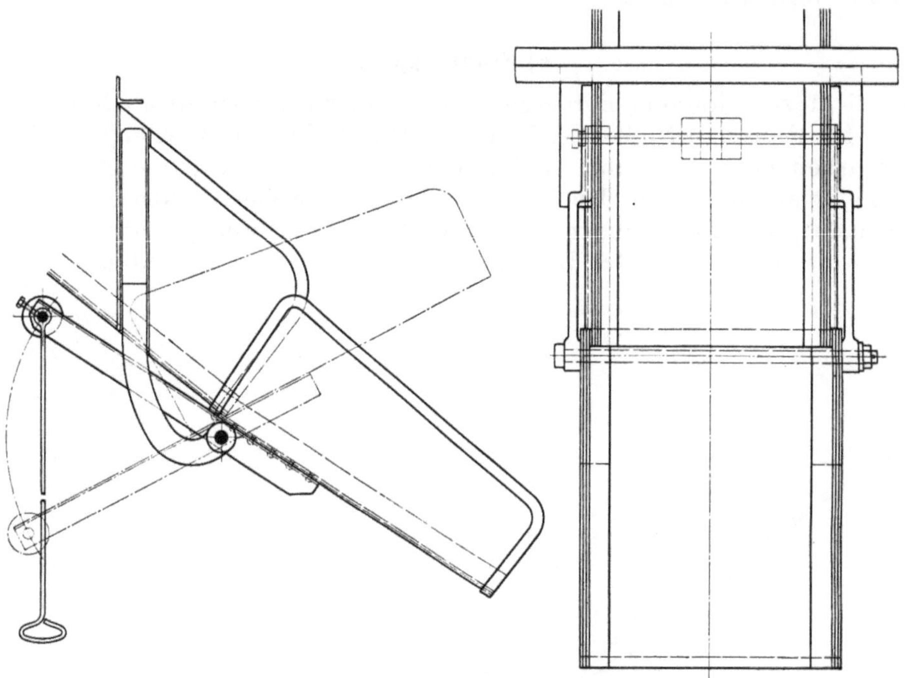

Abb. 52. Aufklappbare Ladeschurre als Stauklappe für Kohle, Koks, Rüben u. dgl. (Maßstab 1 : 16,5).

kleine Möllerwagen zu beladen. Man kann bei eingestelltem Drehschieber entweder das Fördergut durch Senken der vorderen Stauklappe einfach abziehen, oder man kann auch durch Anheben und darauffolgendes Senken des Drehschiebers vorher bestimmte Lademengen aus dem großen Füllrumpf heraustreten lassen und diese dann durch die Stauklappe ganz oder teilweise in die kleinen Wagen entleeren. In dieser Weise kann man die Ausflußmengen gut regeln, da der Druck auf die Stauklappe gering und ihre Handhabung sehr leicht ist.

Bei vielen Erzbehältern ist ein Stauklappenverschluß nach der Bauart Züblin nach Abb. 54 angewendet worden. Der Verschluß besteht aus einzelnen Klappen, die von oben auf das Fördergut drücken und die rückwärts durch Gewichte so belastet sind, daß sie den Durchfluß des Fördergutes abschließen. Die Klappen können durch Anheben der Gewichte einzeln oder in Gruppen geöffnet werden. In dieser Weise läßt sich die Ausflußöffnung beliebig vergrößern, und Stauungen können mit Sicherheit vermieden werden. Bei dem großen Gewicht der Gegengewichtsklappen sind zum Öffnen derselben oft einzelne fest eingebaute, elektrisch angetriebene Windwerke oder für alle Schieber eine fahrbare Winde angewendet worden. Die Anlagekosten für die Füllrumpfverschlüsse sind bei dieser Anordnung ziemlich hoch. Ein einfacher Verschluß für eine Erztasche kostet nach Vorkriegspreisen ohne Antrieb etwa 400 M. Die Kosten eines fahrbaren Antriebwagens mit Elektromotor wurden mir auf einem Hüttenwerk mit 8500 M. angegeben. Dabei sind oft 12—20 Wagen hintereinander an der Füllrumpfanlage eines großen Hüttenwerkes tätig. Das zeigt, eine welch große Bedeutung man der Frage des sicheren und bequemen Abziehens der Erze aus den

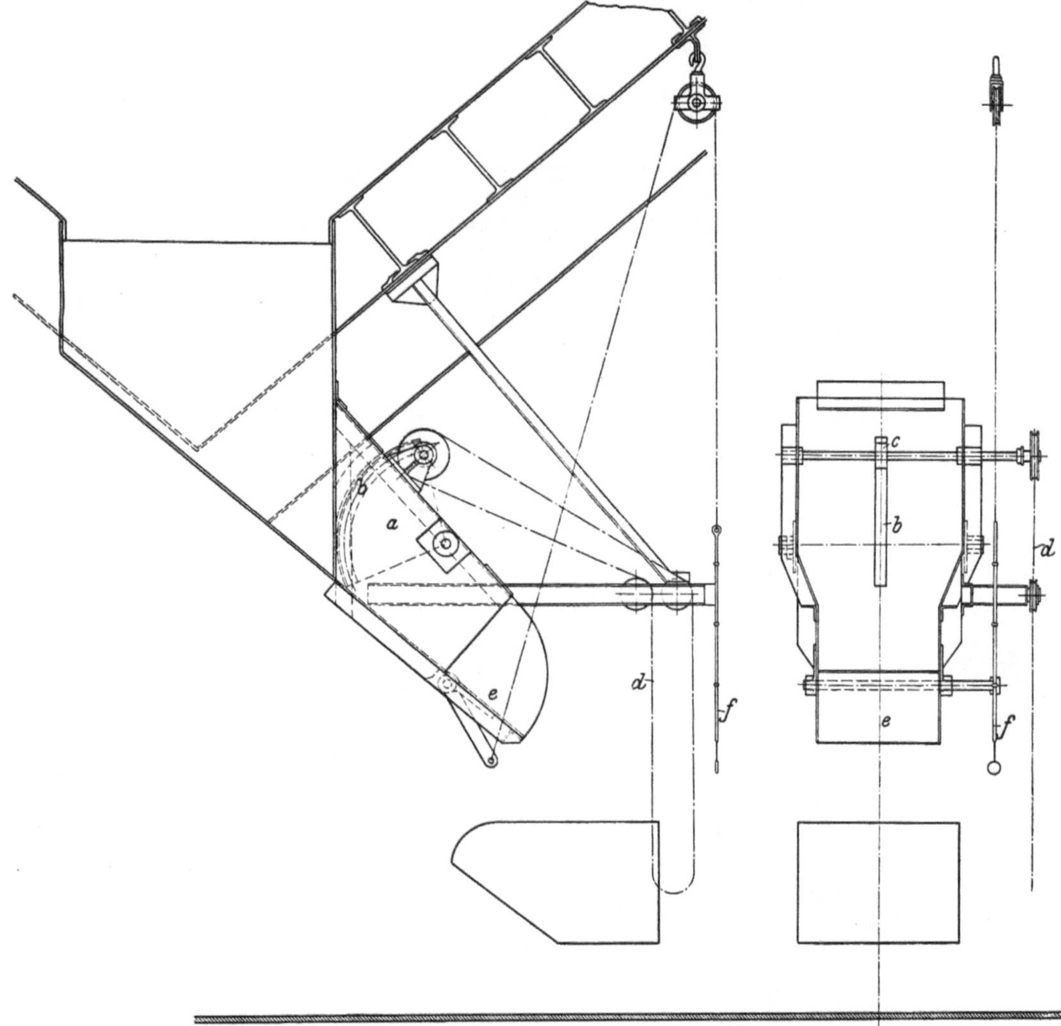

Abb. 53. Stauklappe in Verbindung mit Regulierschieber für Erz usw. (Seebeck) (Maßstab 1 : 37,5).

a Feste Ladeschurre. *b* Regulierschieber als Drehschieber mit Zahnstange. *c* Ritzel zum Bewegen von *b* mit Kette *d*. *e* Stauklappe, bewegt durch Kette *f*.

Füllrümpfen beimißt. Man hält auch die Verwendung großer Anlagekosten für gerechtfertigt, wenn man damit Störungen im regelmäßigen Betriebe mit größerer Sicherheit vermeiden und das Fördergut in beliebig kleinen Mengen abziehen kann, was besonders beim Möllern verschiedener Erzsorten bei Hochofenanlagen wichtig ist. Einzelne Klappen, die auf große Stücke treffen, bleiben je nach den Umständen etwas mehr geöffnet, während andere Klappen, die nur das Feinmaterial fassen, vollständig geschlossen werden. Zur besseren Vermeidung von Gewölbebildungen werden die Füllrumpfausläufe von Züblin so angeordnet, daß sie sich nach dem Auslauf zu seitlich erweitern. Dadurch soll das Fördergut zu einer Umlagerung gezwungen und einer

Gewölbebildung entgegengearbeitet werden. Diese Erweiterung der Ausläufe erscheint bei sehr breiten Öffnungen nicht unbedingt erforderlich, wirkt aber an sich zweifellos günstig. Auf jeden Fall muß eine Verengung geschlossener Auslaufschurren sorgfältig vermieden werden, da erfahrungsgemäß auch die geringste Verengung

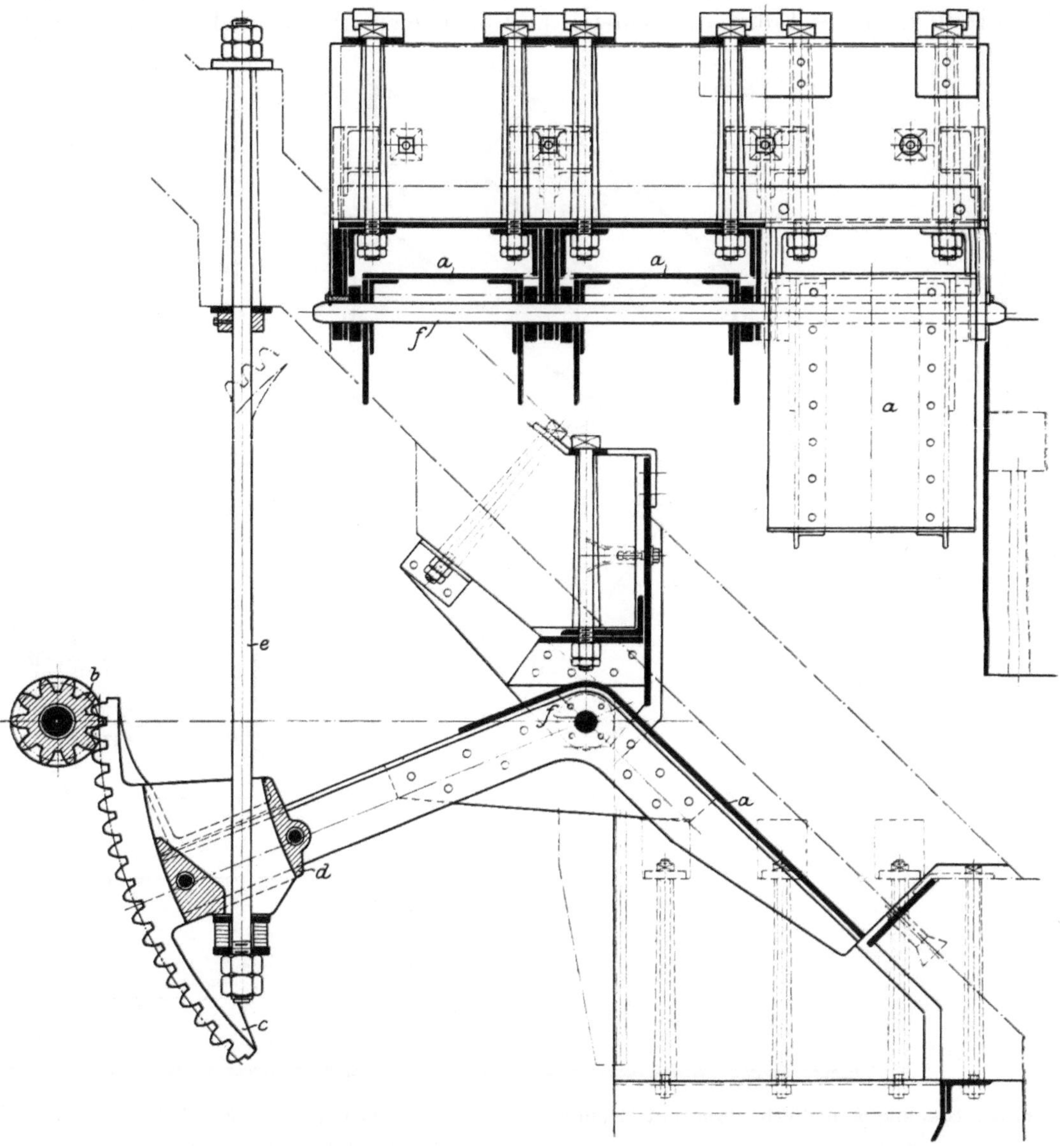

Abb. 54. Stauklappenverschluß für Erz u. dgl. (Züblin) (Maßstab 1 : 20).

a Einzelne Klappen, bewegt durch Ritzel *b* und Zahnsegment *c*, *d* Gegengewicht, gleichzeitig Lagerbock zum Halten der Klappe mit der Aufhängerstange *e*. *f* Drehachse der Stauklappe.

zu einem keilförmigen Zusammenpressen des Fördergutes und zur Gewölbebildung Veranlassung gibt. Die von Züblin für Erz angewendeten Auslaufweiten betragen in der Regel 1,60 m Breite und 0,8 m Höhe.

Die Verbesserungen, welche mit dem Mittel des teilweisen Stauens des Ladegutes erzielt wurden, z. B. bei den Schiebern nach Abb. 53 und mehr noch bei den Verschlüssen nach Abb. 54, haben in neuerer Zeit dazu geführt, dieses Verfahren noch weiter auszubauen, und man hat nach diesem Grundsatz auch von Hand bewegliche Verschlüsse bauen können, die bei Erzbunkern voll befriedigt haben, teilweise sogar den teuereren Verschlüssen nach Abb. 54 vorgezogen wurden. Eine derartige verhältnismäßig einfache Bauart zeigt Abb. 55. Es ist eine Verbindung von Stauklappe und Drehschieber. Die Stauklappe läßt in der niedergeklappten Lage die im allgemeinen erforderliche Öffnung frei, kann aber, wenn ein Verstopfen eintritt, leicht durch Ziehen am Handgriff auf eine bis zur doppelten Weite vergrößerte Öffnung eingestellt werden, so daß Verstopfungen sicher beseitigt werden können. Sobald das Ladegut wieder fließt, läßt man die Stauklappe wieder herunter. Bei der in der Regel nicht zu weiten Öffnung kann der Drehschieber mit Handrad und einem in eine Zahnstange eingreifenden Ritzel genügend leicht bewegt werden.

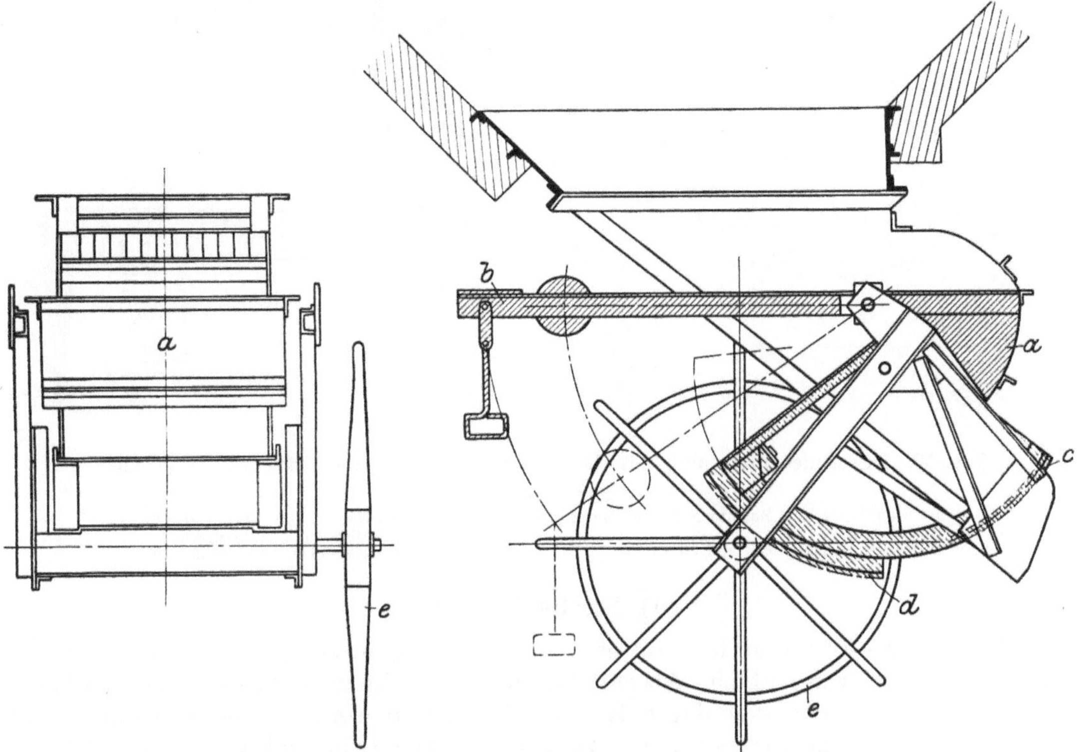

Abb. 55. Drehschieberverschluß mit Stauklappe (Pohlig) (Maßstab 1:30).
a Obere Stauklappe, bewegt durch Hebel *b*. *c* Unterer Abschlußdrehschieber, bewegt mit Zahnstange *d* und Handrad *e*.

Um diese Bewegung noch etwas mehr zu erleichtern und einen Teil der am Drehschieber entstehenden gleitenden Reibung in rollende Reibung zu verwandeln, hat man auch wohl den einfachen Drehschieber ersetzt durch einen Drehschieber, auf den sich eine Stauklappe mit zwei Stützrollen stützt, wie in Abb. 56 angegeben. Beim geöffneten Schieber ist die Stauklappe ganz niedergelegt. Beim Schließen des Schiebers wird zunächst die Stauklappe etwas angehoben. Erst dann erfolgt der Abschluß durch den Drehschieber, der bei dieser Anordnung nur noch sehr geringen Druck des Ladegutes aufzunehmen hat, so daß nur sehr wenig gleitende Reibung entsteht. Das Abdämmen des Ladegutes mit einer oberen Stauklappe ist auch bei diesem Verschluß vorgesehen. Die Stauklappe hat nur eine etwas andere Form. Sie wird im allgemeinen durch ein Gegengewicht angedrückt und kann durch Ziehen an einem Handgriff gelüftet werden.

Ob die eine oder die andere Schieberbauart zweckmäßig ist, hängt von mancherlei Umständen ab. In erster Linie bleibt immer die Art des Ladegutes bestimmend.

Daneben ist aber auch die mehr oder minder starke Ausnutzung des einzelnen Schiebers im Hinblick auf die Anschaffungskosten maßgebend, sowie die verlangte Genauigkeit der Regulierung usw. Auf jeden Fall bieten die verschiedenen hier angegebenen Bauarten, denen noch eine ganze Reihe anderer an die Seite gestellt werden könnte, die Möglichkeit, mit Sicherheit bei fast allen vorkommenden Massengütern einen zuverlässigen Abschluß und einen geregelten Abfluß zu erzielen.

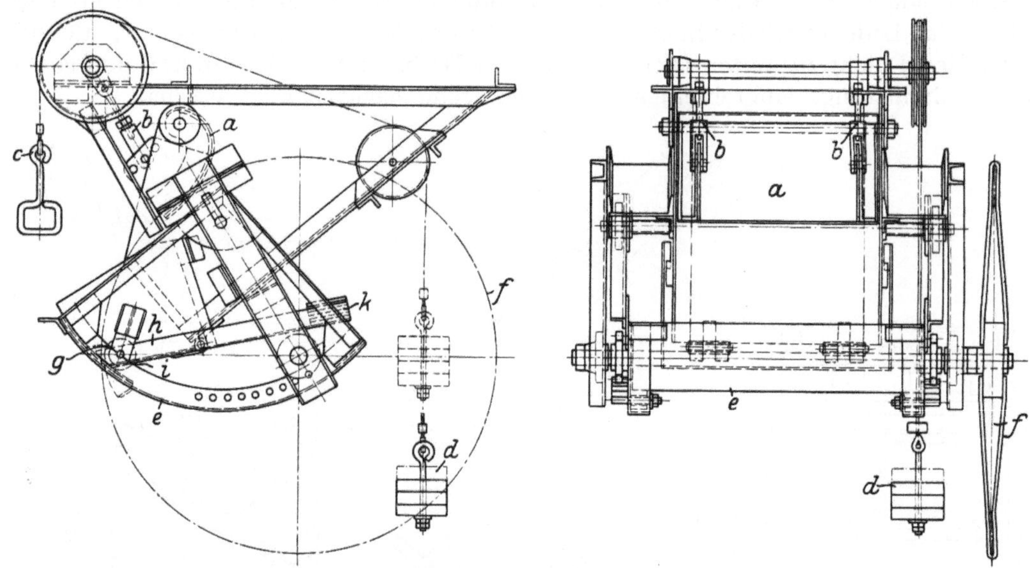

Abb. 56. Drehschieberverschluß mit durch Stützrollen getragener Stauklappe (Pohlig) (Maßstab 1 : 30).

a Obere Stauklappe mit Zugstange *b* und Handgriff *c* und Gegengewicht *d*.
e Drehschieber, bewegt mit Handrad *f*.
g Laufbahn für die untere Stauklappe *h*.
i Stützrollen zur Stauklappe *h*.
k Gegengewicht zur Stauklappe *h*.

d) Abschlußklappen.

Wenn der Füllrumpfinhalt auf einmal vollständig entladen werden soll, so kann der Verschluß durch einfache Abschlußklappen bewirkt werden, die durch einfache Haken, zweckmäßiger aber durch Kniehebel gehalten werden. Die Kniehebel sind dann entweder bei geschlossener Klappe in gestreckter Lage und werden zum Öffnen der Schieber im Gelenk angehoben, oder der eine Hebel ist um einen festen Punkt drehbar und wird so weit gedreht, bis er, als Kurbel wirkend, die Totlage passiert hat, und zwar in dem Augenblick, wo die Klappe geschlossen ist (Abb. 57). Je größer nun der Druck im Innern wird, um so fester wird der Verschluß. Zum Öffnen braucht die Kurbel nur eben über die Totlage gedreht zu werden, was bei der Nachgiebigkeit des Fördergutes und der Konstruktionsteile nicht schwierig ist. Darauf drückt dann das Fördergut die Klappe von selbst auf und kann ungehindert herausgleiten.

e) Zuteilvorrichtungen.

Die eben beschriebenen Behälterverschlüsse sind geeignet, einen geregelten Abfluß des Fördergutes in die Fördergefäße herbeizuführen. In neuerer Zeit versucht man immer häufiger, diesen Abfluß so durchzuführen, daß dem Fördergefäß vollständig automatisch eine bestimmte Lademenge zugeführt wird, ohne daß eine Einleitung und ein Abstellen des Zuflußstromes durch den Bedienungsmann erforderlich ist.

In Abb. 58 ist eine solche Zuteilvorrichtung angegeben zum Füllen von Elektrohängebahnwagen, die je 2 t Kohle fassen. Diese Lademenge wird durch ein Meßgefäß abgemessen, das unter dem Füllrumpf oben und unten von je einem Schieber

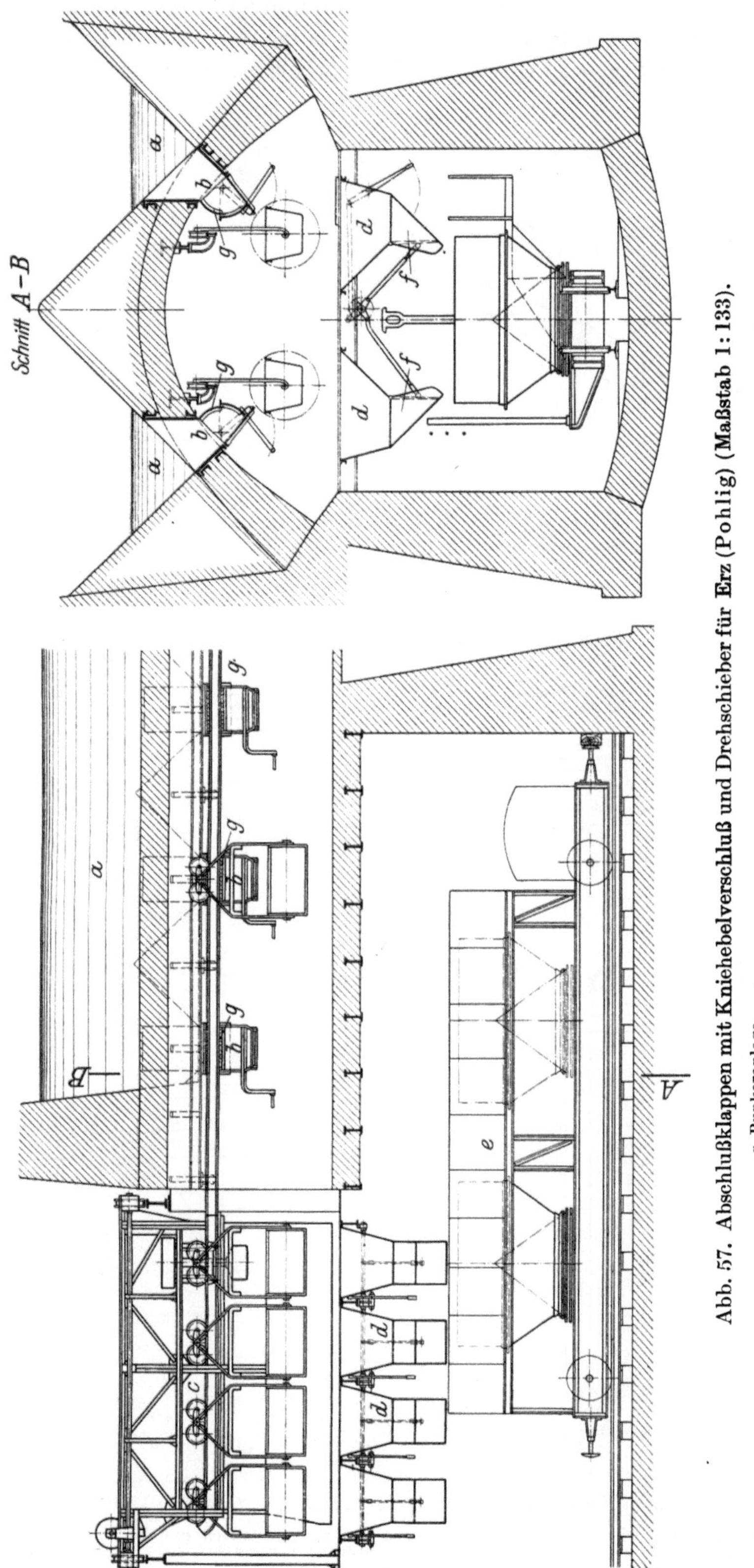

Abb. 57. **Abschlußklappen mit Kniehebelverschluß** und Drehschieber für **Erz** (Pohlig) (**Maßstab 1:133**).

a Bunkeranlage.
b Schurren mit Drehschieber, zum Füllen der Hängebahnwagen.
c Schiebebühne zum Transport der Hängebahnwagen senkrecht zum Bunker.
d Trichter zum Beschicken der Zubringerwagen.
e Zubringerwagen.
f Klappe mit Kniehebelverschluß, für vollständige Entleerung der Trichter *d*.
g Fester Rost zum Stochern.

abgeschlossen ist. Beide Schieber werden von einer gemeinsamen Kurbel bewegt, und zwar so, daß der untere geöffnet wird und das Ladegut in den Wagen abfließen läßt, wenn der obere Schieber geschlossen ist. Umgekehrt ist der untere Schieber ge-

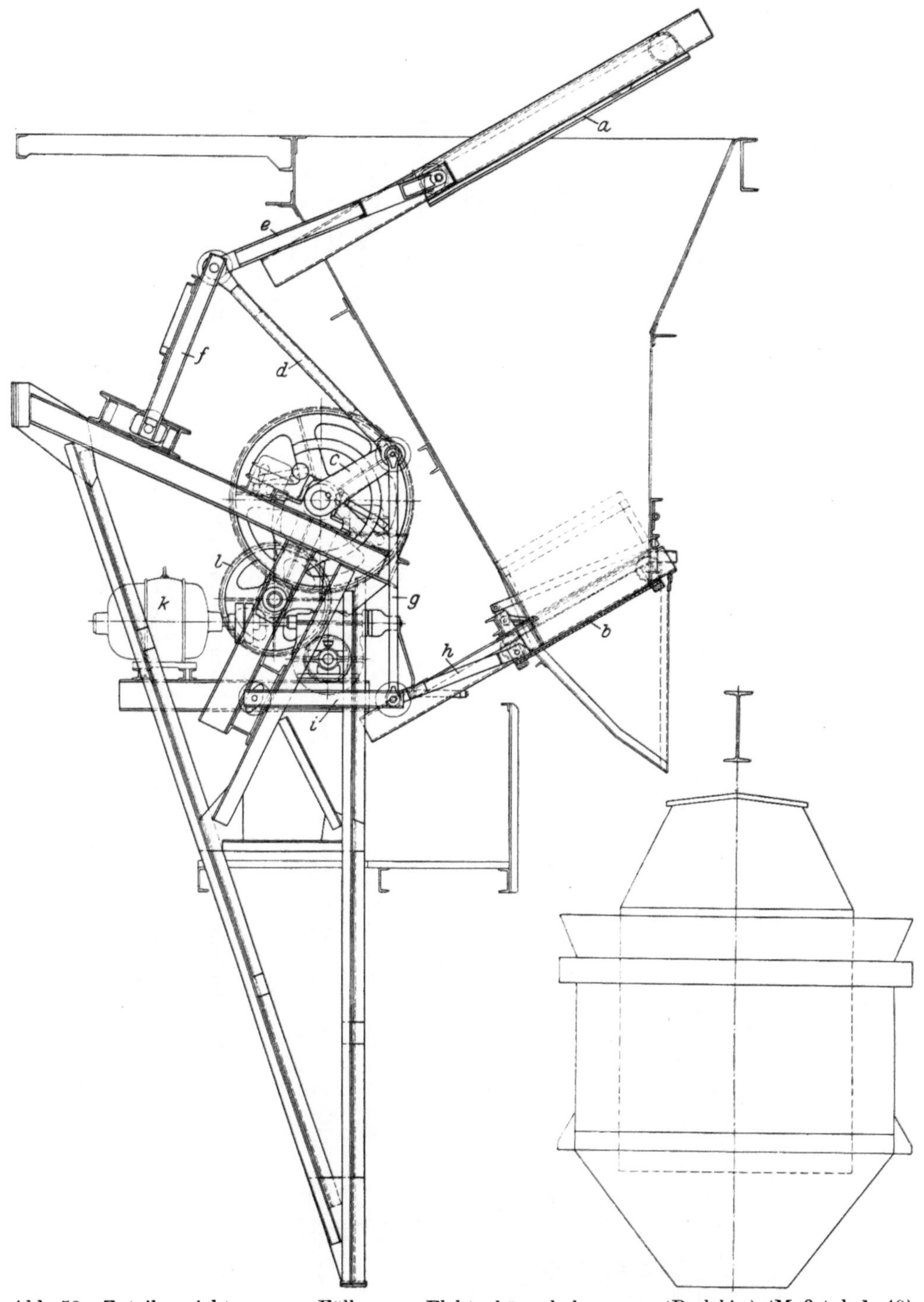

Abb. 58. Zuteilvorrichtung zum Füllen von Elektrohängebahnwagen (Pohlig) (Maßstab 1:40).

a Oberer Verschlußschieber.
b Unterer Verschlußschieber.
c Antriebskurbel für beide Schieber.
d und *e* Schubstangen zum Bewegen von *a*.
f Stütze für *d* und *e*.
g und *h* Schubstangen zum Bewegen von *b*.
i Stütze für *g* und *h*.
k Antriebsmotor.
l Vorgelege.

schlossen, wenn der obere sich öffnet und das Ladegut vom Füllrumpf in das Meßgefäß treten läßt. — Die Antriebkurbel wird mit doppeltem Rädervorgelege von einem Elektromotor bewegt. Bei dieser Anordnung müssen die Wagen stehenbleiben, bis der Füllvorgang erledigt ist.

Man hat aber derartige Zuteilvorrichtungen auch schon häufiger so ausgeführt, daß die Wagen während der Fahrt beladen werden, in welchem Fall dann meistens das Meß- oder Füllgefäß ein Stück Wegs von dem Wagen mitgenommen wird, um genügend Zeit für das Ausfließen des Ladegutes zu erhalten. Die Anordnung derartiger Mitnehmervorrichtungen richtet sich sehr stark nach den besonderen Verhältnissen, so daß sich allgemeine Angaben erübrigen.

Unbedingt notwendig sind die Zuteilvorrichtungen beim Überladen des Ladegutes auf verschiedene Dauerförderer, und zu diesem Zweck sind sie daher auch schon seit sehr langer Zeit verwendet worden. Nur in besonderen Fällen kann man da mit den einfachen oben beschriebenen Schiebern auskommen, nämlich dann, wenn infolge der Arbeitsweise der Dauerförderer eine Regelung der Förderleistung von selbst erfolgt, oder wenn das Fördergut besonders gleichmäßig ist, wie z. B. Getreide und trockene Nußkohle. Im letzteren Falle können die Schieber so weit geschlossen werden, daß nur ein schwacher und regelbarer Strom des Fördergutes ohne Unterbrechung hindurchfließt. Als Fördervorrichtungen, die keine besonders sorgfältige Regulierung erfordern, können z. B. schräge Becherwerke genannt werden, ferner Förderrinnen, Stahltransportbänder und Schnecken. Es genügt bei diesen Fördervorrichtungen im allgemeinen, wenn das Fördergut bei weit geöffnetem Schieber durch eine Ladeschurre aus dem Vorratsbehälter heraustritt und sich unmittelbar auf die Fördervorrichtung stützt, die dann das Fördergut selbsttätig in solchem Maße mitnimmt, als es der Leistungsfähigkeit des Förderers entspricht. Bei anderen Fördervorrichtungen, wie z. B. Pendelbecherwerken, Gurtbändern, schnellaufenden senkrechten Becherwerken, Kratzerförderern u. dgl., muß der Zufluß des Fördergutes aber genauer geregelt werden, wenn der Förderer nicht durch Überfüllung Schaden leiden und in seiner Arbeitsweise beeinträchtigt werden soll. Ebenso ist eine Regelung im allgemeinen notwendig bei Siebwerken, um eine zu große Dichte des Fördergutes auf dem Sieb zu vermeiden, da dann die Sortierung nicht genügend sorgfältig und vollkommen erfolgt.

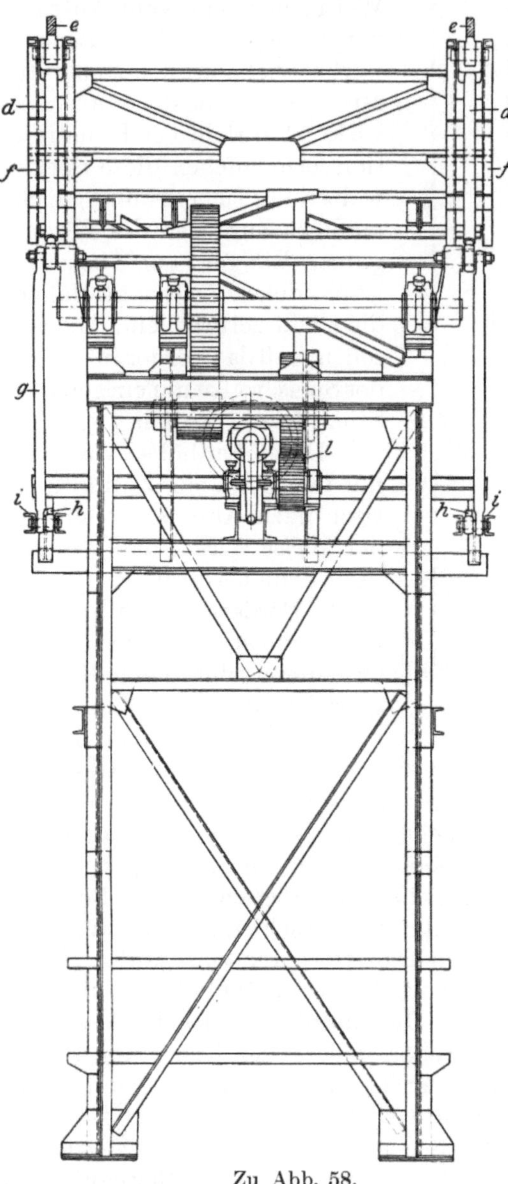

Zu Abb. 58.

Wenn in solchen Fällen ein Regulieren des Schiebers von Hand vermieden werden soll, so sind besondere Zuteilvorrichtungen notwendig, die je nach der Bauart der Förderer und der Art des Fördergutes verschieden ausgeführt werden.

Eine Zuteilvorrichtung einfachster Art ist eine Speisewalze nach Abb. 59, die je nach der Art des Fördergutes mit mehr oder weniger starken Vertiefungen am Umfang versehen wird, um das Fördergut bei der Drehung mit Sicherheit mitzunehmen. Natürlich muß die Speisewalze auch genügend weit über die Gleitfläche der Ladeschurre hinausreichen, um bei geöffnetem Schieber das aus der Schieberöffnung herausböschende Material abzustützen. Der Antrieb dieser Speisewalze wird in geeigneter Weise, meistens vom Antriebvorgelege aus und bei Becherwerken vielfach auch vom unteren Umführungstern aus bewirkt. Bei richtiger Konstruktion ermöglichen diese Speisewalzen ein sicheres und gleichmäßiges Zuführen des Fördergutes. Ein gewisser Übelstand ist bei vielen Fördermaterialien, die leicht zerbröckeln, darin zu sehen, daß das Fördergut hinter der Speisewalze um ein gewisses Stück frei herabfällt.

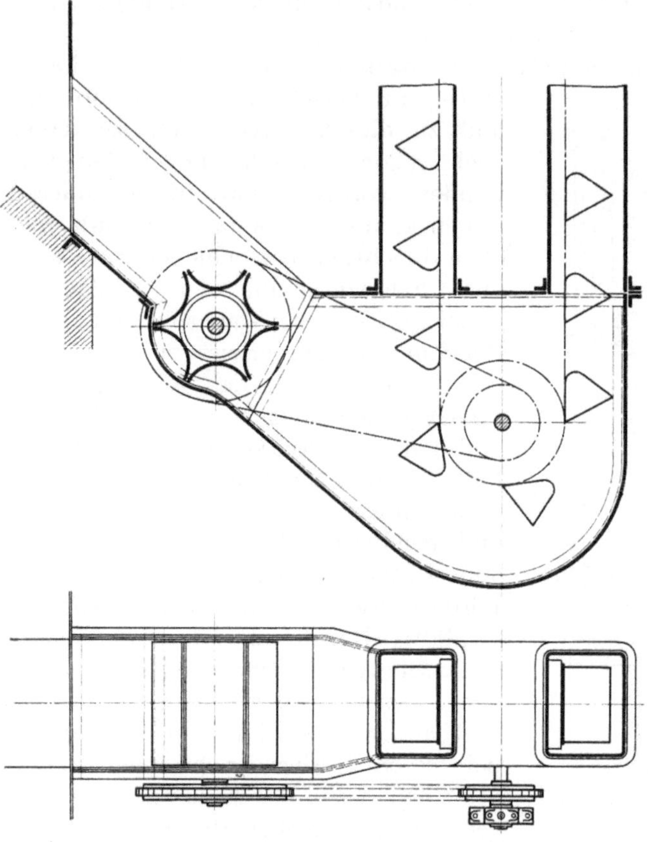

Abb. 59. Speisewalze (Maßstab 1 : 30).

Diese Fallhöhe wird vermieden bei dem Zuführungstisch nach Abb. 60, welcher in der Weise wirkt, daß das aus der Schieberöffnung austretende Fördergut sich auf den Zuführungstisch stützt, und daß dieser durch ein Kurbelgetriebe oder dergleichen vorwärts und rückwärts bewegt wird. Bei der Vorwärtsbewegung wird das Fördergut mitgenommen; bei der Rückwärtsbewegung des Tisches kann es infolge des inzwischen aus dem Behälter nachgefolgten Fördergutes nicht wieder mit zurückgehen und wird vom vorderen Rande des Speisetisches gleichmäßig abgeschoben. Bei entsprechender Geschwindigkeit des Speisetisches, die der Geschwindigkeit des Förderers angepaßt sein muß, wird das Ladegut dem Dauerförderer vollständig gleichmäßig zugeführt. Der Antrieb dieses Speisetisches kann in ähnlicher Weise bewirkt werden wie der Antrieb der Speisewalzen. Die Anordnung des Tisches kann natürlich in verschiedener Weise erfolgen, entweder, indem der Tisch auf Rollen läuft, wie in der Abb. 60 angegeben, oder indem der Tisch an einem Zapfen drehbar aufgehängt ist, oder schließlich, indem der Tisch auf Holzfedern gestützt ist, ähnlich wie bei Siebwerken und den bekannten K r e i ß schen Schüttelrinnen. (Vergleiche weiter hinten Abb. 203.) Hierbei wird dann aber das Fördergut bei der Bewegung des Tisches immer etwas angehoben und wieder gesenkt. Der Speisetisch kann natürlich feststehend unter einer einzigen Ausflußöffnung oder auch fahrbar für mehrere Auslaßöffnungen gemeinschaftlich angeordnet werden. Bei Zuteilung des Fördergutes an

Pendelbecherwerke, Stahltransportbänder usw. wird der Tisch, wie auch in Abb. 60 angenommen, zweckmäßigerweise durch die Kette des Dauerförderers angetrieben. Bei Anwendung solcher Zuteilvorrichtungen können die Schieberverschlüsse in einfachster Form mit großen Öffnungsweiten ausgeführt werden, da sie ja zur Regulierung nicht verwendet werden. Die Zuteilung des Fördergutes erfolgt durch den

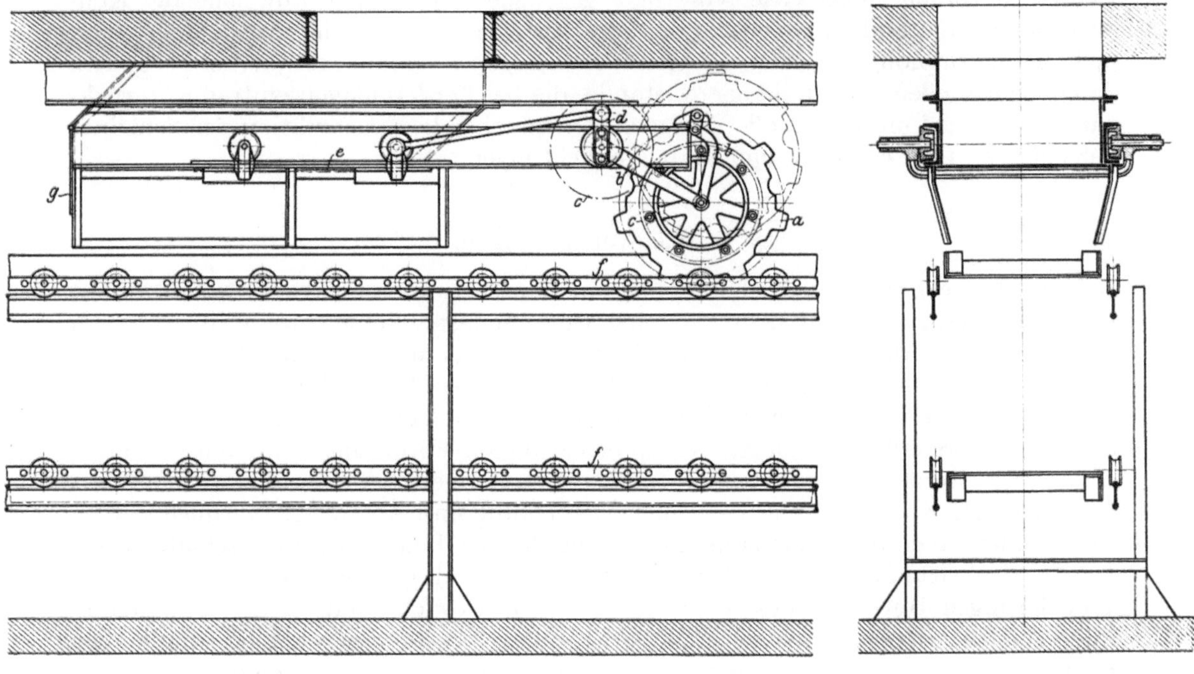

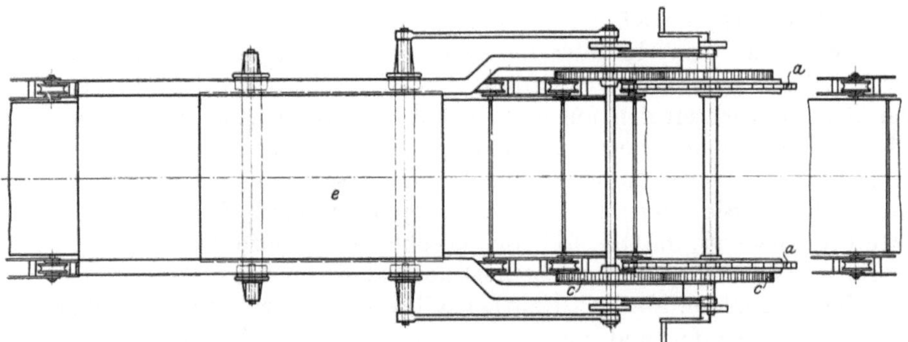

Abb. 60. Speisetisch zum Stahltransportband (Pohlig) (Maßstab 1:36).

a Kettenräder, angetrieben vom Transportband.
b Schwinge zum Ausrücken der Kettenräder.
c Zahnräder zum Antrieb der Kurbel *d*.
d Kurbel, zum Bewegen des Speisetisches.
e Speisetisch.
f Stahltransportband.
g Drehbare Klappe zum Zurückhalten des Staubes.

Speisetisch auch bei großstückiger Kohle so gleichmäßig, daß irgendwelche besondere Bedienung nicht erforderlich wird.

Hin und wieder sind für die Zuteilung auch kurze Transportbänder verwendet worden, welche sich unter der Füllrumpföffnung befinden und welche das Fördergut, das sich auf die Bänder stützt, entsprechend ihrer Bewegung mitnehmen. Diese Ausführungsform erscheint aber teurer und empfindlicher als der eben beschriebene einfache Speisetisch. Dagegen erweist sich eine andere Bauart, bei der als Speisetisch eine drehbare Platte verwendet und das Fördergut durch einen festen einstellbaren Abstreicher dem Dauerförderer zugeführt wird, in manchen Fällen als zweckmäßig.

Bezüglich Zuteilvorrichtungen für Pendelbecherwerke, die das Ladegut in bestimmten Mengen in die einzelnen Becher überleiten, sei auf die entsprechenden Ausführungen zu diesen Becherwerken S. 227ff. verwiesen.

Bei Besprechung der verschiedenen Verschluß- und Zuteileinrichtungen konnten nur die hauptsächlichsten Ausführungsformen Erwähnung finden. Es werden natürlich auch viele von den gegebenen Beispielen abweichende Konstruktionen ausgeführt, manche gut, aber auch sehr viele schlecht, und es kann nicht genug empfohlen werden, diesen Teilen genügende Aufmerksamkeit zu schenken, da ein sehr großer Bruchteil aller Anstände, die bei Förderanlagen eintreten, zurückzuführen ist auf unsachgemäße und nicht entsprechende Konstruktion der Schieberverschlüsse, Ladeschurren und Zuteilvorrichtungen.

f) Wägevorrichtungen.

Die Wägevorrichtungen bilden oft einen wichtigen Teil in der Gesamtförderanlage insofern, als in Fällen, wo eine Gewichtsfeststellung erwünscht ist, nach Möglichkeit ein Aufenthalt in der Förderung und ein unnötiges Umladen vermieden werden soll, da es mit Anlagekosten und bei manchen Ladegütern, wie Kohle und Koks, auch mit unerwünschter Zerkleinerung des Ladegutes verbunden ist.

Die neueren Wagenbauarten entsprechen diesen Forderungen in weitgehendem Maße. Sie werden dabei vielfach mit automatischer Arbeitsweise geliefert, so daß nicht nur Kosten durch menschliche Bedienung und Aufenthalt vermieden werden, sondern auch die Unzuverlässigkeit menschlicher Bedienung ausgeschaltet wird.

In den Grundzügen bestehen fast alle Bauarten genauer Wagen aus einem doppelarmigen Hebel, an dessen einem Ende das Gewicht und an dessen anderem Ende die Last hängt. Je nach den vorliegenden Umständen wird die durch eine Zuteilvorrichtung oder aus einem teilweise geöffneten Schieber zugeführte Ladung dem ein für allemal festgelegten Grundgewicht angepaßt, indem z. B. der Zustrom abgeschlossen wird, sobald das Gewicht erreicht wird, wie in Abb. 61 schematisch angedeutet, oder es wird das Gewicht oder die Gewichtswirkung veränderlich gemacht, um es der jeweiligen Last, z. B. der Ladung eines Förderwagens, anzupassen. Das geschieht bei den vielverbreiteten automatischen Rollbahnwagen und Hängebahnwagen, die in allen möglichen Betrieben häufig verwendet werden.

Die Abb. 61 ist mit der Darstellung der beiden hauptsächlichsten Stellungen ohne weiteres verständlich. Sie zeigt in Abb. 61a den geöffneten Zuflußschieber und das aufgerichtete Wägegefäß, in Abb. 61b den geschlossenen Zuflußschieber und das Wägegefäß in Entladestellung. Hinzuzufügen ist noch, daß von den verschiedenen Firmen, z. B. Henneffer Maschinenfabrik C. Reuther & Reisert, Fabrik automatischer Registrierwagen Aequalis, ebenda, und vielen anderen, zwar die Ausführung der Wagen in ihren Grundsätzen und in ihrem Endziel durchweg gleich oder doch ähnlich ist, daß aber die Art der Zuflußabsperrung zur Wage und die Entleerung des Wägegefäßes in verschiedener Weise ausgeführt wird. Während vielfach das Wägegefäß als Kippgefäß ausgebildet wird, wie auch in Abb. 61 angegeben, sucht man in anderen Fällen das Kippen zu vermeiden und öffnet, sobald das Grundgewicht erreicht ist, eine Verschlußklappe des Ladegefäßes. Auch wird die Zufuhr in verschiedener Art geregelt. Neben der am häufigsten verwendeten Abschlußklappe zur Absperrung der Zufuhr, wie in Abb. 61 gezeigt, gibt es auch Ausführungen, bei denen in dem zweiteilig ausgebildeten Wägegefäß eine Klappe vorhanden ist, die, sobald die eine Wagenhälfte das erwünschte Gewicht erhalten hat, durch eine kleine Bewegung des Wägegefäßes umgelegt wird, so daß nun das Ladegut in die noch leere Hälfte des Wägegefäßes fließt und jede auch nur vorübergehende Stockung der Zufuhr vermieden wird.

Da insbesondere bei sehr großstückigem Ladegut der Abschluß der Zufuhr nicht so genau erfolgen kann, als es für die Wägung erwünscht ist, wird auch bei einigen Wagen, ähnlich wie weiter oben schon hinsichtlich der Rollbahnwagen erwähnt, das Gewicht so einstellbar ausgeführt, daß es sich nach erfolgter Absperrung der Zufuhr der im Wägegefäß vorhandenen Ladung genau anpassen kann.

Dieses Einstellen des Gewichtes auf die vorhandene Ladung geschieht wieder in verschiedener Art, z. B. durch Neigen eines Hebels oder durch Verschieben eines Laufgewichtes auf dem Wägebalken, das durch ein Pendel bewirkt wird, bis Gleichgewicht mit der Last erzielt ist.

Das auf diese Weise festgelegte Gewicht wird dann automatisch auf ein Zählwerk übertragen und fortlaufend addiert, in manchen Fällen, insbesondere bei Rollbahnwagen, auch auf Karten oder auf einen fortlaufenden Papierstreifen abgedruckt.

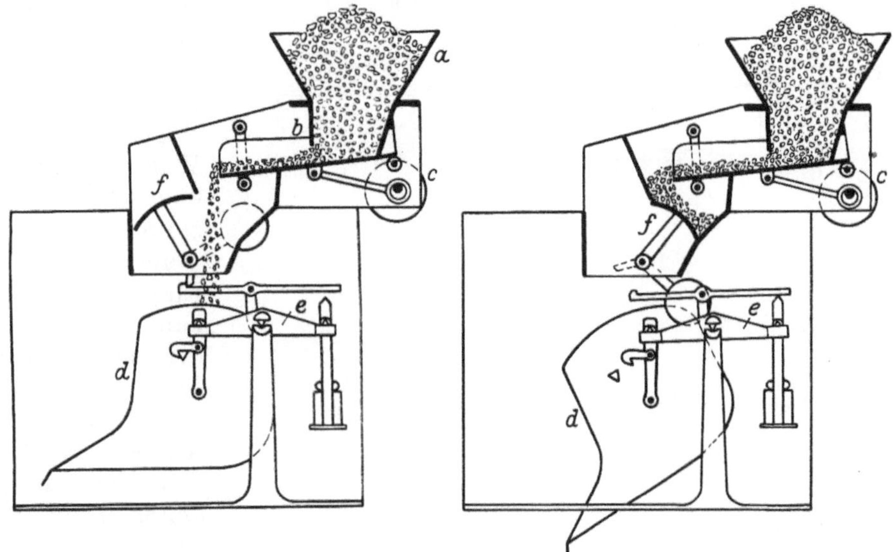

Abb. 61a und b. Schema einer vollautomatischen Wage (Aequalis).

a Füllrumpf.
b Zuteiltisch, bewegt von Exzenter *c*.
d Kippwägegefäß.
e Wagebalken.
f Stauklappe.

Die oben angedeutete verschiedenartige Durchführung der genauen Gewichtseinstellung ist abhängig von dem Zweck, dem die Wage dienen soll, bzw. ist maßgebend für die Verwendung der Wage. Die Neigungswage ermöglicht eine schnellere Einstellung als das Verstellen des Laufgewichtes, das eine gewisse Zeit, durchschnittlich etwa 12 Stunden, erfordert. Aus diesem Grunde läßt man beim Abwägen von Fahrzeugen diese möglichst eine kurze Zeit auf der Wage stehen. Insbesondere ist das bei automatischen Hängebahnwagen erwünscht, da hier das Schwanken des im Gehänge hängenden Wagens noch ungünstig einwirken kann. Bei Standbahnen geht man aber doch auch oft dazu über, die Wagen während der Fahrt zu wägen. Besonders im Bergbau legt man auf einen derartigen ungestörten Betrieb großen Wert. Die Genauigkeit derartiger Wagen wird mit etwa 0,5‰ gewährleistet.

Wichtig ist bei Rollbahnwagen auch eine Sicherheit dagegen, daß die Wagen zweimal gewogen werden können. Man kann das durch Einfügen einer Ausweiche mit Einbruchschiene erreichen in der Anordnung, wie in Abb. 62 an einem Beispiel angegeben. Im nicht belasteten Zustand ist die Abfahrt durch einen hochstehenden Riegel versperrt, die Auffahrt jedoch frei. Sobald ein mit dem vorgeschriebenen Mindestgewicht beladenes Fahrzeug aufgefahren ist, hebt sich hinter diesem ein zweiter Riegel und versperrt die Rückfahrt, so daß das Fahrzeug zwischen den zwei

Riegeln festgehalten ist. Nun beginnt der Wägeapparat auszuwägen, und erst wenn die Wägung beendet ist, senkt sich der Riegel an der Abfahrtseite, so daß das Fahrzeug abgefahren werden kann. Der Riegel an der Auffahrtseite senkt sich erst, wenn das Fahrzeug die Brücke verlassen hat; zu gleicher Zeit hebt sich der Riegel an der Abfahrtseite wieder, so daß das Fahrzeug nicht wieder zurückgefahren werden kann und der ursprüngliche Zustand wiederhergestellt ist. Jedes Fahrzeug muß also unbedingt gewogen werden. Damit es aber auch nicht auf dem Umwege über das Leergleis noch einmal gewogen werden kann, ist für die Rückfahrt der leeren Wagen, soweit eine solche überhaupt in Frage kommt, eine Ausweiche eingebaut. Die vollen Wagen können nicht über diese Ausweiche zurückgefahren werden, wenn in dieselbe eine Einbruchschiene eingebaut ist, die sich unter der Last der beladenen Fahrzeuge senkt und die erst wieder durch Aufschließen des Apparates von dem Kontrollbeamten in die alte Lage gebracht werden kann.

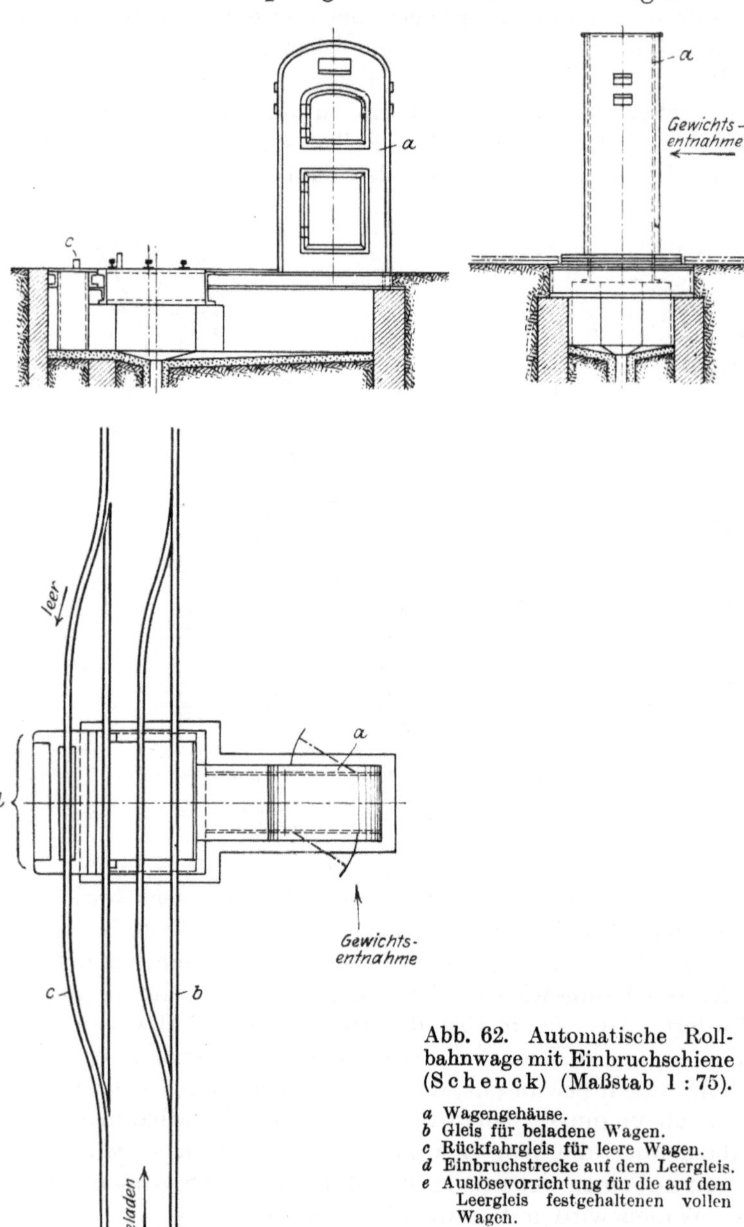

Abb. 62. Automatische Rollbahnwage mit Einbruchschiene (Schenck) (Maßstab 1 : 75).

a Wagengehäuse.
b Gleis für beladene Wagen.
c Rückfahrgleis für leere Wagen.
d Einbruchstrecke auf dem Leergleis.
e Auslösevorrichtung für die auf dem Leergleis festgehaltenen vollen Wagen.

Die automatischen Wagen werden als ganz- oder halbautomatische Wagen gebaut. In manchen Fällen zieht man den halbautomatischen Betrieb dem ganzautomatischen vor. Der erstere ist dadurch gekennzeichnet, daß jeder Wägevorgang erst durch einen besonderen Handgriff, z. B. durch Ziehen an einer Zugstange, eingeleitet werden muß, während bei der ganzautomatischen Wage der Wägevorgang durch das zurückschwingende leere Wägegefäß oder durch eine in den Kohlenabfluß eingebaute Klappe od. dgl. automatisch eingeleitet wird. Im übrigen spielt sich der Wägevorgang bei beiden Wagen in derselben Weise ab. Eine derartige halbautomatische Wage ist in Abb. 63 in drei Wägestellungen abgebildet in der Form, wie sie häufig in Kesselhäusern angewendet wird, wo der Kesselwärter die Wage in Tätigkeit setzt, wie es das Fortschreiten des Verbrennungsvorganges erfordert. Die Wage ist mit einem durch eine Verschlußklappe abgeschlossenen Wägegefäß ausgerüstet, im Gegensatz zu dem in Abb. 61 dargestellten Kippgefäß. Der ganze Vorgang spielt sich beim Abwägen von Nußkohlen oder anderem genügend feinkörnigen Gut in folgender Weise ab:

Durch das Niederziehen der Zugstange 1 wird vermittels des zweiarmigen Hebels 2, dessen Weg durch das Anschlagstück 3 begrenzt ist, die Stützstrebe 4 angehoben. Diese Stützstrebe, die die Aufgabe hat, vermittels der Rolle 5 den Hebel mit dem Umfallgewicht 6 in der in Abb. 63a gezeichneten Stellung festzuhalten, gibt durch diese Bewegung das Umfallgewicht 6 zum Fallen frei. Der Hebel 2, von dem die Freigabe des Umfallgewichtes 6 bewirkt wurde, wird durch das Gegengewicht 7 sofort in seine Anfangstellung zurückgebracht. Der Hebel mit dem Umfallgewicht 6 fällt nun zunächst ein Stück frei, und zwar so lange, bis der mit ihm verbundene Anschlaghebel 8 auf den an dem Verschlußschieber 9 befestigten Winkel 10 schlägt. Das Umfallgewicht hat durch diesen freien Fall so viel lebendige Kraft bekommen, daß der um

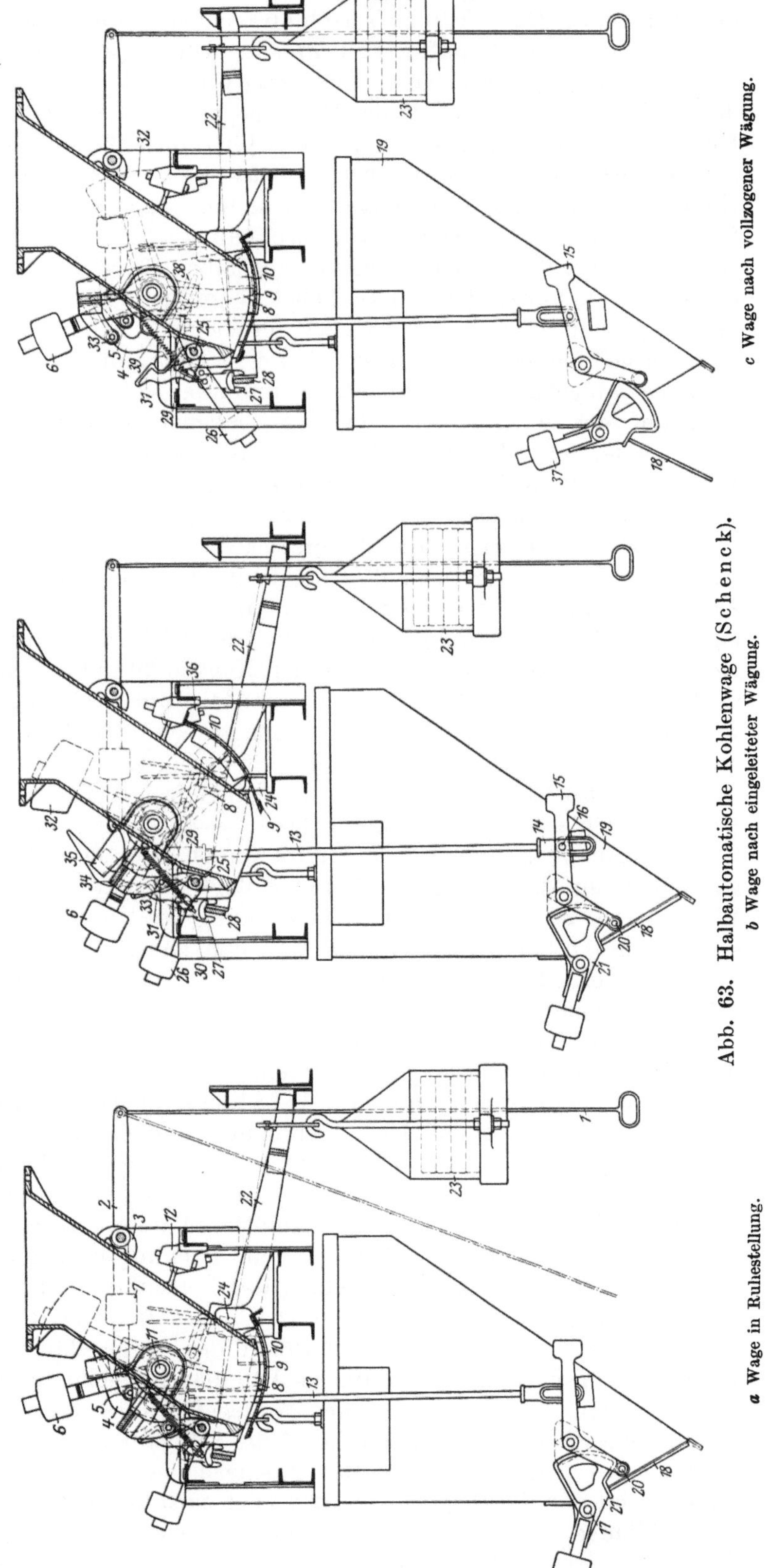

Abb. 63. Halbautomatische Kohlenwage (Schenck).
a Wage in Ruhestellung. *b* Wage nach eingeleiteter Wägung. *c* Wage nach vollzogener Wägung.

die Welle 11 drehbar gelagerte Verschlußschieber 9 durch den Anschlaghebel 8 aufgerissen wird. Der Weg des Verschlußschiebers 9 und damit des Umfallgewichtes 6 wird durch den Federpuffer 12 begrenzt. Durch die Fallbewegung des Hebels mit dem Umfallgewicht 6 werden gleichzeitig vermittels eines weiteren mit ihm verbundenen Hebels die beiderseits der Wage liegenden Steuerstangen 13 abwärtsgedrückt. Durch diese Bewegung legt sich die Schlitzmuffe 14 mit ihrem oberen Teil gegen den im zweiarmigen Rollenhebel 15 befestigten Bolzen 16, so daß dieser mit dem Rollenhebel in der in Abb. 63a gezeichneten Lage festgehalten wird. Letzterer befindet sich damit in arretierter Sperrstellung, d. h. die auf der Welle 18 drehbar gelagerte Verschlußklappe 18 des Wägegefäßes 19 ist durch die Rolle 20 des Rollenhebels 15, die hinter den Kurvenhebel 21 greift, verriegelt. Der Hebelmechanismus der Wage hat jetzt die in Abb. 63b gezeichnete Stellung eingenommen.

Bei geöffnetem Verschlußschieber 9 strömt nun das Wägegut in das am Wagbalken 22 aufgehängte Wägegefäß 19, und zwar so lange, bis das Gewicht der Füllung dem auf der anderen Seite des Wagebalkens aufgehängten Ausgleichgewicht 23 nahezu entspricht. In diesem Zustand würde sich der um die Schneide 24 schwingende Wagebalken 22 nach der Seite des Wägegefäßes 19 zu neigen. Durch diese Neigung des Wagebalkens 22 erfährt die Welle 25 infolge der Bewegung des Gegengewichtes 26, der mittels der Pfannenstütze 27 auf der Wagebalkentraverse 28 abgestützt ist, eine Drehung. Der auf der Welle 25 festgekeilte Nocken macht diese Bewegung mit und trifft schließlich auf den verstellbaren Anschlagbolzen 30, der im Nasenhebel 31 gelagert ist. Letzterer dreht sich lose auf der Welle 25, wird also bei einer weiteren Neigung des Wagebalkens 22 durch den Nocken 29 mitgenommen. In dem Moment, in dem der Wagebalken die Gleichgewichtslage durchschwingt, ist der Nasenhebel 31 so weit herumgedreht, daß die an dem großen Umfallgewichtshebel 32 befestigte Rolle 33 frei wird. Hierdurch wird das Umfallgewicht 32, das jetzt seinen Stützpunkt im Nasenhebel 31 verloren hat, zum Fallen freigegeben. Im freien Fall trifft der Umfallgewichtshebel 32 mit seiner Traverse 34 auf den am Verschlußschieber 9 befestigten Anschlagwinkel 35 und reißt diesen so weit mit herum, bis das Umfallgewicht 32 auf das Pufferlager 36 aufschlägt. Genau in der Gleichgewichtslage des Wagebalkens 22 wird also durch die Wirkung des Umfallgewichtes 32 der Verschlußschieber in die Schließstellung gebracht und hierdurch der Zustrom des Wägegutes abgeschnitten. Im gleichen Moment hat auch das Wägegefäß 19 die vorgeschriebene Füllung bekommen. Etwaige Ungenauigkeiten, die durch das verschiedenartige Gewicht des Nachlaufwägegutes hervorgerufen werden, können durch Verschieben des Gegengewichtes 26 beseitigt werden.

Bei der Schließbewegung des Verschlußschiebers 9 wird der Anschlaghebel 8 durch den Anschlagwinkel 10 mitgenommen und hierdurch das Umfallgewicht 6 in seine Anfangsstellung zurückgebracht. Gleichzeitig werden durch diese Bewegung die Steuerstangen 13 nach oben gezogen, und zwar so weit, daß der im Rollenhebel 15 befestigte Bolzen 16 von der Schlitzmuffe 14 noch ein Stück mitgenommen wird. Hierdurch erfährt der Rollenhebel 15 eine Drehung nach oben, die Rolle 20 verläßt den Kurvenhebel 21, die Verriegelung der Verschlußklappe 18 des Wägegefäßes 19 wird hierdurch gelöst. Durch den Druck des Inhaltes des Wägegefäßes wird die Verschlußklappe aufgestoßen, der Inhalt des Wägegefäßes entleert sich, und der Hebelmechanismus hat damit die in Abb. 63c gezeichnete Stellung erreicht.

Nach erfolgter Entleerung des Wägegefäßes 19 bewirken die beiderseits desselben angeordneten Gegengewichte 37 die Schließbewegung der Verschlußklappe 18. Da nach der Entleerung auch das Ausgleichgewicht 23 keine Gegenwirkung mehr findet, neigt sich der Wagebalken 22 wieder nach der Seite der Gewichtschale. Durch die rückläufige Bewegung des Wagebalkens 22 wird mittels der Wagebalkentraverse 28 die Pfannenstütze 27 nach oben gedrückt und hierdurch das Voreilungsgewicht 26 wieder in seine Anfangsstellung zurückgebracht. Weiter erfährt hierdurch die Welle 25 eine Drehung, wodurch mittels der Schlitzlasche 38 auch das große Umfallgewicht 32 in seine Ausgangsstellung zurückgebracht wird. Hand in Hand mit dieser Bewegung und als Auswirkung der Drehbewegung der Welle 25 erfolgt das Zurückschwenken des Nokkens 29. Durch die Feder 39 wird jetzt der Nasenhebel 31 über die ihm entgegenkommende Rolle 35 gezogen und dadurch die Stellung des großen Umfallgewichtes 32 arretiert. Da nun auch infolge der Drehbewegung der Welle 25 die Stützstrebe 4 sich gegen die Rolle 5 legt und als weitere Folge der rückläufigen Bewegung des Wagebalkens 22 bzw. des Wägegefäßes 19 der Rollenhebel 15 wieder die Sperrstellung eingenommen hat, so ist damit der Gesamthebelmechanismus wieder in seine Ausgangstellung, wie in Abb. 63a gezeichnet, zurückgebracht. Es kann jetzt eine neue Wägung eingeleitet werden.

Lange Zeit war man gezwungen, die mit den Dauerförderern verschiedener Art geförderten Lademengen in der Weise zu wägen, daß man das Ladegut durch eine automatische Wage gehen ließ, wie sie soeben beschrieben worden sind. Das erforderte ein Umladen für die Zwecke der Wägung, und mit diesem Umladen war beim Fördern von Kohle

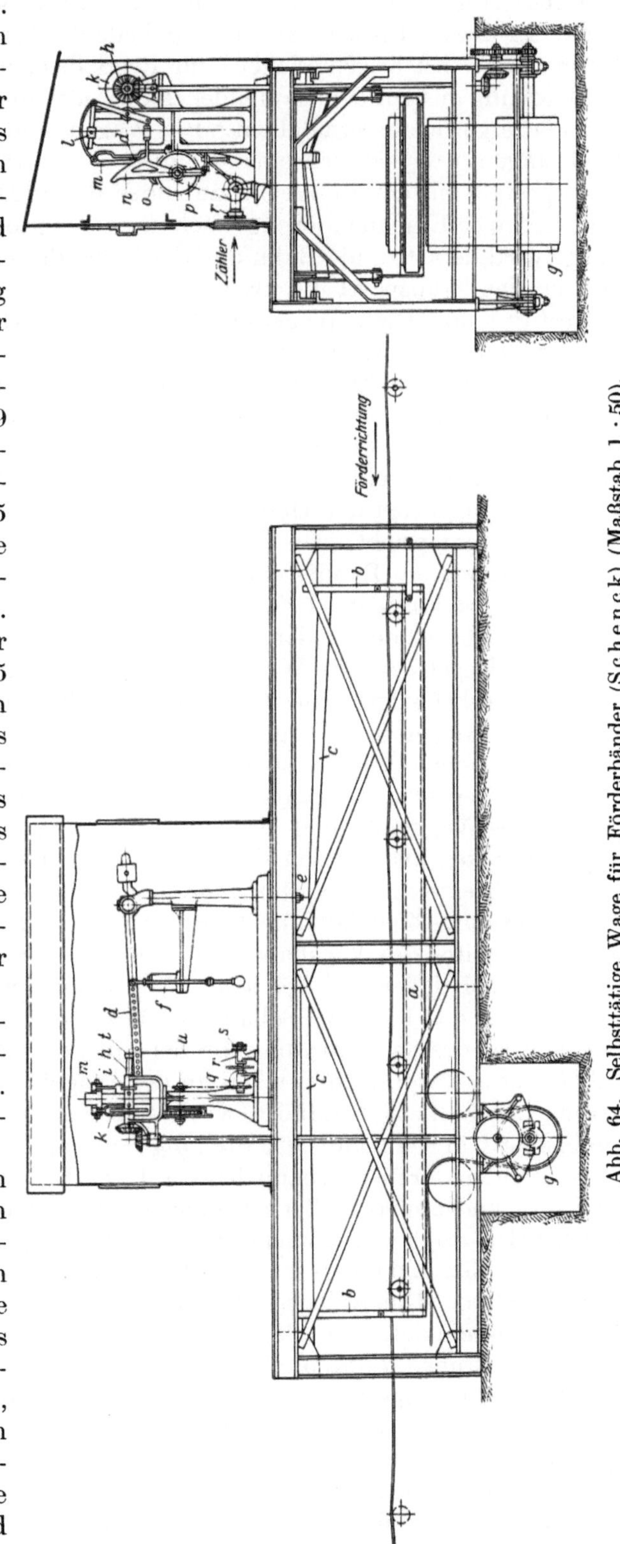

Abb. 64. Selbsttätige Wage für Förderbänder (Schenck) (Maßstab 1 : 50).

a Wagenbrücke.
b Gehänge für die Wagenbrücke.
c Traghebel.
d Wagebalken.
e Zugstange zur Verbindung von *c* und *d*.
f Flüssigkeitsbremse.
g Umführungsrolle für das leere Förderband.
h Welle mit Kegelradantrieb für die Wage.
i und *k* Kurvenscheiben.
l Gewicht zur Betätigung des Hebelwerks *m*.
n Segment mit Sperrklinken *o* zum Schalten des Sperrades *p*.
q Zahlenscheibe des Zählers *r*.
s Zweites Sperrad mit Exzenter *t* und Stange *u* zur umgekehrten Schaltung von *p* zur Berücksichtigung des Eigengewichtes.

und Koks auch immer eine gewisse Entwertung durch Abrieb verbunden. Außerdem war es auch aus örtlichen Gründen oft sehr schwer, die Wage in den Fördervorgang einzuschalten. In dieser Hinsicht ist ein sehr bedeutender Fortschritt erzielt durch die Einführung des selbsttätigen Wägens für Pendelbecherwerke und Bandförderer, das eine Feststellung des auf dem laufenden Band oder in der laufenden Becherkette enthaltenen Fördergewichtes ermöglicht. Die Wagen sind für die beiden genannten Fördereinrichtungen grundsätzlich einander gleich. In Abb. 64 ist eine selbsttätige Bandwage dargestellt für ein wagerecht laufendes Band. Die Wage kann in derselben Art, nur mit geringer Einbauänderung auch für geneigte Bänder benutzt werden.

Die Wage wird derart in die Bahn des Förderbandes eingebaut, daß eine Anzahl Stützrollen, die das Transportband tragen, auf einem U-Eisenrahmen der Wagenbrücke *a* befestigt sind. Diese Wagenbrücke *a* ist vermittels der Gehänge *b* an den übersetzten Traghebeln *c* wagerecht aufgehängt. Letztere übertragen den durch die Belastung auftretenden Zug durch die Stange *e* unmittelbar auf den Hebel *d*, den Balken einer Neigungswage, dessen Schwingungen durch eine Flüssigkeitsbremse *f* gedämpft werden. Je größer der in *e* auftretende Zug ist, desto mehr wird sich der Hebel *d* auf der rechten Seite der Drehachse senken. Bei wechselnder Belastung senkt oder hebt sich der Hebel *d* fortwährend, wobei der Ausschlag der jeweiligen Belastung entspricht. Die verschiedenen der jeweiligen Belastung, d. h. der jeweiligen Beladung des Bandes entsprechenden Stellungen des Balkens *d* werden zur Registrierung des Fördergewichtes benutzt mit folgender Einrichtung:

Das leer zurücklaufende Förderband wird über eine Rolle *g* geführt, die vermittels Welle und Kegelräder die Welle *h* antreibt. Auf der Welle *h* sind zwei Kurvenscheiben *i* und *k* befestigt. Der Wagebalken *d* soll periodisch in seiner jeweiligen Stellung für einen Augenblick festgehalten und dann wieder freigegeben werden. Das Gewicht soll in dem Augenblick bestimmt werden, wo der Hebel festgehalten ist, also immer in gewissen Zeiträumen, abhängig von der Bewegung des Bandes. Zum Festhalten des Wagebalkens *d* dient ein Hebelwerk *m* unter dem Einfluß eines Gewichtes *l*. In der Regel ist aber das Hebelwerk *m* am Festhalten des Wagebalkens *d* gehindert, weil sich eine mit *m* verbundene kleine Rolle gegen die Kurvenscheibe *i* legt. Nur für eine kurze Zeit läßt die Kurvenscheibe *i* die Bewegung des Hebels *m* und damit das Festhalten des Wagebalkens *d* zu, und zwar einmal bei jeder Umdrehung der Kurvenscheibe, d. h. einmal bei jeder Umdrehung der Welle *h*, also abhängig von dem Förderweg des Bandes. Sobald der Wagebalken *d* festgehalten ist, dreht sich das Segment *n*, dessen Bewegung von der auf der Welle *b* befestigten Kurvenscheibe *k* abhängig ist, nach rechts, bis es an den Wagebalken *d* anstößt. Kurz bevor die Arretierung des Balkens *d* aufhört, wird auch das Segment *n* wieder vermittels der Kurvenscheibe *k* in seine äußerste Stellung nach links zurückgedreht. Je größer die Belastung auf dem Transportband bzw. auf der Brücke *a* ist, desto höher steht der Wagebalken *d* und um so größer ist auch die Winkelbewegung des Segmentes *n*. Der Segmenthebel *n* trägt zum Zwecke der Registrierung Sperrklinken *o*, welche in das Sperrad *p* eingreifen und dieses jedesmal beim Rückgang um einen entsprechenden Winkel weiterschalten. Die Anlegefläche des Segmentes *n* gegen den Hebel *d* ist kurvenartig so ausgebildet, daß die Winkelbewegung des Segmentes genau der Belastung auf der Brücke *a* entspricht, so daß die Registrierung dementsprechend erfolgt. Die Drehung des Sperrades *p* wird durch eine Kette und Zahnradübertragung auf eine in 100 Teile geteilte Zählerscheibe weitergeleitet und von dieser auf einen mehrstelligen Zähler *r* übertragen. Ein zweites Sperrad *s* wird durch Exzenter *t* und Stange *u* von der Welle *h* aus in umgekehrte Drehung versetzt als das Sperrad *p*, und zwar macht das Sperrad *s* bei jeder Umdrehung der Welle *h* ebenfalls eine ganz bestimmte Winkelbewegung. Dieselbe entspricht den Eigengewichten von Transportband, Rollen usw. auf der Brücke *a* und wird ebenfalls auf die Zählerscheibe *p* übertragen und registriert, aber im negativen Sinn. Das Sperrad p schaltet also bei jeder Wägung das Bruttogewicht vorwärts, während das Sperrad s das Taragewicht durch Differentialgetriebe rückwärts schaltet, also sofort wieder in Abzug bringt, so daß jederzeit das Nettogewicht, das über die Wage gegangen ist, auf dem Zähler r und der Zählerscheibe q abgelesen werden kann. Der Zähler r gibt das geförderte Gewicht in Tonnen an, während die Zählerscheibe das Gewicht von 10 zu 10 kg bis zu einer Tonne anzeigt.

Die hier für ein Förderband dargestellte Wage kann auch ohne weiteres zur Bestimmung des durch einen Plattenbandförderer oder ein Pendelbecherwerk geförderten Gewichtes benutzt werden. Der Antrieb des Wägeapparates wird dann entweder von den Umführungsrollen oder von einem in die Kette eingreifenden Antriebsrade bewirkt. Die Gewichtsbestimmung erfolgt durch Messen des von den Laufrollen des Förderers auf die Wagenbrücke ausgeübten Druckes in gewissen Zeiträumen. Daß man bei diesen Wagen die Wägebrücke mitunter in der Mitte teilt und den an dieser gelenkig verbundenen Teilstelle auftretenden Druck zur Gewichtsbestimmung benutzt, ist für die grundsätzliche Durchführung der Gewichtsbestimmung ohne besondere Bedeutung.

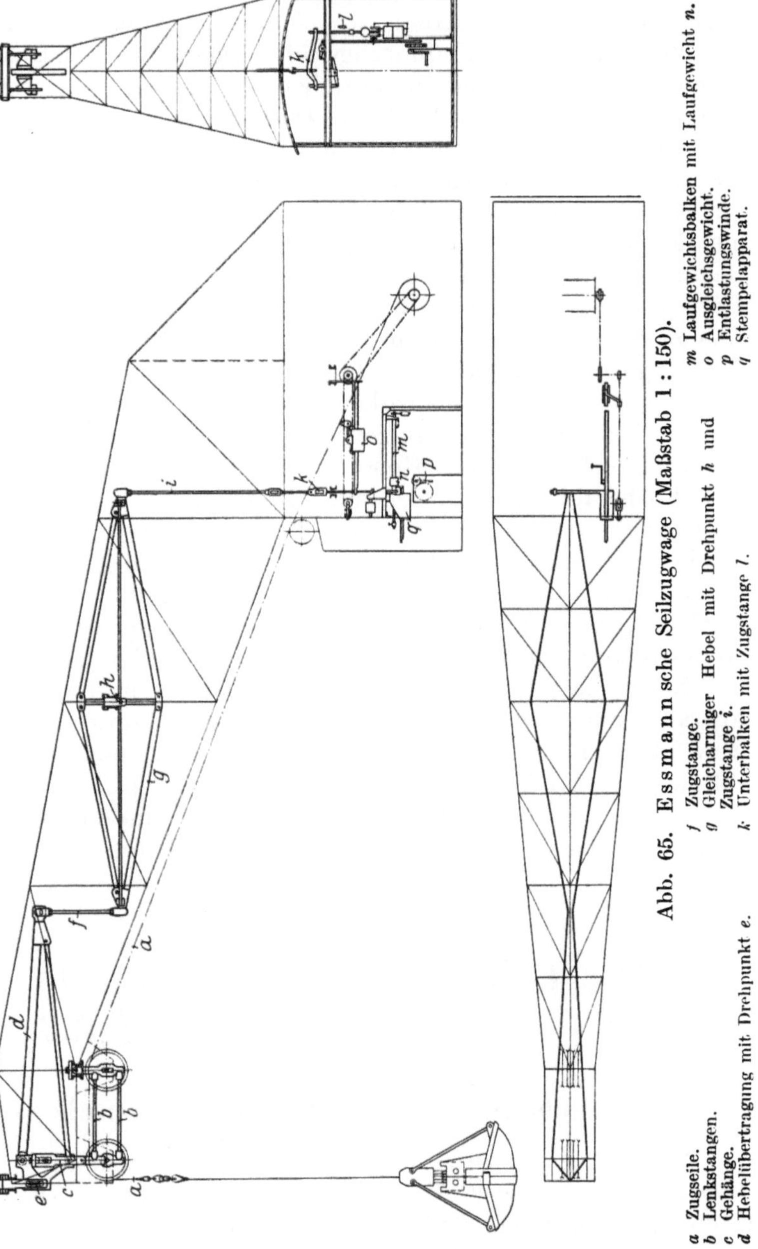

Abb. 65. Essmannsche Seilzugwage (Maßstab 1 : 150).
a Zugseile. *b* Lenkstangen. *c* Gehänge. *d* Hebelübertragung mit Drehpunkt *e*. *f* Zugstange. *g* Gleicharmiger Hebel mit Drehpunkt *h* und Zugstange *i*. *k* Unterbalken mit Zugstange *l*. *m* Laufgewichtsbalken mit Laufgewicht *n*. *o* Ausgleichsgewicht. *p* Entlastungswinde. *q* Stempelapparat.

Der Fehlergrad der Bandwagen und Becherwerkswagen wird von der ausführenden Firma mit 2—3 vH angegeben.

Zum Schluß möge noch eine Wage angeführt werden, durch welche es gelungen ist, auch bei Hubförderern, bei Kranen- und Verladebrücken die geförderte Menge ohne Umladen festzustellen und den Einfluß der Stöße und Lastschwingungen, die weiter oben bei Besprechung der automatischen Rollbahnwagen noch als störend hingestellt wurden, unschädlich zu machen. Diese von dem Erbauer Essmann als Seilzugwage bezeichnete Wägevorrichtung ist bis zur Eichfähigkeit entwickelt worden und füllt bei einem Fehlergrad von 1 v. T. eine der letzten großen Lücken auf dem Gebiete der Wägevorrichtungen aus.

In Abb. 65 ist die Wage dargestellt, wie sie in den Ausleger von Drehkranen eingebaut wird. Sie kann in ganz ähnlicher Weise auch in Laufwinden mit Führerbegleitung eingebaut werden, wobei nur dafür zu sorgen ist, daß das Hubseil von der Winde aus so um Umführungsrollen geleitet wird, daß der auf diese Umführungsrollen ausgeübte Druck in derselben Weise gemessen werden kann wie bei dem Drehkran gezeigt. Die Wirkungsweise ist folgende: Der in den Zugseilen *a* auftretende Zug ist gleich dem Gewicht der Last und dem des freihängenden Seilendes. Die wagerechte Komponente des Seilzuges wird durch 4 Lenkstangen *b* auf einen am Kranausleger festen Punkt übertragen, so daß für die Wirkung auf die Wage nur der senkrechte Seilzug übrigbleibt, der durch ein auf einer Schneide gelagertes Gehänge *c* auf die Wage einwirkt. Die Kraft wird auf den ungleicharmigen Hebel *d* übertragen, der bei *e* durch einen Drehpunkt gestützt ist, und der die Kraft durch eine Zugstange *f* sowie einen gleicharmigen Hebel *g* mit dem Drehpunkt *h* und die Zugstange *i* auf die im Führerhaus angebrachte Wage überträgt. Die Übertragung erfolgt durch einen Unterbalken *k* und die Zugstange *l* auf einen Laufgewichtsbalken *m*, auf dem das Laufgewicht *n* verschiebbar ist.

Um die Last in jeder Höhenlage wägen zu können, muß der veränderliche Einfluß des herabhängenden Seilendes ausgeschaltet werden. Das geschieht durch ein Ausgleichsgewicht *o*, das von der Windentrommel aus auf einem Wagebalken verschoben wird und seine Wirkung also mit der Länge des herabhängenden Seilendes ändert. Zur Schonung der Schneiden und Pfannen ist eine Entlastungswinde *p* vorgesehen. Beim Entlasten der Wage werden gleichzeitig die Gewichte durch einen Stempelapparat *q* additionsfähig auf einen fortlaufenden Papierstreifen gedruckt.

Naturgemäß ist die Anordnung der Wagen je nach den mannigfaltig vorliegenden Aufgaben außerordentlich vielgestaltig. Auf alle durch solche Forderungen bedingte Abweichungen konnte nicht eingegangen werden, sondern die Darstellung mußte sich auf die hauptsächlichsten und mit den Hebe- und Förderanlagen besonders eng verbundenen Ausführungsformen beschränken, um ein Bild zu geben von den Möglichkeiten, die für die Gewichtsfeststellung geboten sind.

II. Die Bahnförderung mit einzeln oder zugweise bewegten Fördergefäßen.

1. Standbahnen mit Betrieb durch Menschen- oder Tierkraft.

Am einfachsten und seit den ältesten Zeiten bekannt ist der Transport des Fördergutes in einzelnen Fördergefäßen auf Standbahnen. Diese Förderart hat aber bis in die Gegenwart ihre Bedeutung nicht verloren und muß mit Hinweis auf den allgemein verwendeten Fuhrwerkstransport und den ausgedehnten Eisenbahntransport auch jetzt noch als die bedeutendste Förderart bezeichnet werden. Sie kommt noch jetzt, je nach dem Zweck, in allen Graden der Entwicklung vor, angefangen mit einfachen Kästen, die im Bergwerksbetrieb bei beschränkten Raumverhältnissen die Kohle vor Ort zu den Förderstrecken bringen, und die auf dem Liegenden auf einfachen Kufen gleiten, bis zum vollkommensten Lokomotivbetrieb und den automatisch arbeitenden Elektrohängebahnen. Der Eisenbahntransport mit Lokomotivbetrieb auf größere Entfernungen soll hier nicht behandelt werden, da das Eisenbahnwesen im allgemeinen als ein Gebiet für sich betrachtet wird, und da der Betrieb durch den Staat oder durch große Gesellschaften monopolisiert ist, so daß der einzelne Unternehmer auf seine Gestaltung keinen Einfluß auszuüben vermag. Die Verladevorrichtungen im Eisenbahnbetrieb sind dagegen in Band II eingehend behandelt. Hier soll im wesentlichen nur der Transport auf kurze und mittlere Entfernungen in Betracht gezogen werden. Aber auch dabei können die mannigfachen Formen dieser Förderungsart nur grundsätzlich und nicht für die verschiedenen Verwendungszwecke betrachtet werden, da einerseits der Umfang des Buches zu groß werden würde, andererseits die geeigneten Formen für die verschiedenen Verwendungszwecke sich ziemlich von selbst ergeben oder auch als bekannt vorausgesetzt werden können, und endlich, weil ein grundlegender Einfluß auf die Transportkosten dadurch im allgemeinen nicht ausgeübt wird. Es sollen also nur die hauptsächlichsten Arten dieses Transportes in ihren wesentlichsten Ausführungsformen besprochen werden, und vor allen Dingen soll ihre Wirtschaftlichkeit für die verschiedenen Verhältnisse geprüft werden, um danach in großen Zügen beurteilen zu können, wann die eine Förderart und wann die andere in Betracht gezogen zu werden verdient. Es kann sich hierbei natürlich auch nur um die Aufstellung allgemeiner Gesichtspunkte handeln. In Einzelfällen wird oft eine abweichende Beurteilung Platz greifen müssen. Ein ungefährer Anhalt wird aber immerhin gewonnen werden können.

a) Flurförderung.

Sieht man von der obenerwähnten Schlittenförderung im Bergwerksbetriebe ab, da sie nur bei beschränkten Raumverhältnissen in Frage kommt, wo andere Transportapparate nicht untergebracht werden können, so kann man hinsichtlich der Fahrbahn zwei große Gruppen der Bahnförderung unterscheiden, nämlich die Flurförderung, bei der die Wagen einfach auf dem Boden fahren, und die Gleisförderung, deren Bahn durch besondere Schienengleise gebildet wird.

Hier soll die Förderung hauptsächlich nach der Art des Antriebes gegliedert werden, da diese für die Förderkosten von sehr großem Einfluß ist. Geht man hiervon aus, so kann als einfachste Form der Förderanlagen der Transport mit Schiebkarren bezeichnet werden, der zum Verteilen von Kohlen auf Lagerplätzen, zum Überladen vom Eisenbahnwagen in Schiffe usw. ebenso wie für Erdarbeiten noch eine verhältnismäßig große Bedeutung behalten hat. Die Schiebkarren werden aus Holz oder aus Eisen ausgeführt mit einem Inhalt von etwa 60—300 l und zum Preise von etwa 25—50 M. Die Größe der Karren richtet sich wesentlich nach dem jeweiligen Verwendungszweck. Nach dem Bericht über die Betriebsverhältnisse im Hafen von Ruhrort fassen z. B. die dort zur Ausbreitung der Kohlen verwendeten Karren etwa 250—300 kg. Nimmt man ein Ladegewicht von 200 kg an und 0,8 m sekundliche Geschwindigkeit des Arbeiters für Hin- und Rückweg, also etwa 0,4 m Nutzgeschwindigkeit des Arbeiters, die sich unter Berücksichtigung der Pausen auf etwa 0,3 m ermäßigt, so kann man pro Stunde einen Nutzweg von etwa 1000 m annehmen. Die Leistung eines Arbeiters beträgt also etwa 200 mt/st. Bei einem Arbeitslohn von 40 Pf./st. kostet demnach 1 tkm 2 M. Nimmt man die Beschaffungskosten eines Schiebkarrens mit 50 M., seine Dauer bei 10stündigem täglichen Betrieb in 300 Arbeitstagen mit 2 Jahren an, so hat man, um einen Vergleich mit anderen Transportmitteln zu ermöglichen, das in 10 Jahren bei täglichem Normalbetrieb erforderliche Anlagekapital an Karren mit $5 \cdot 50 = 250$ M. einzusetzen. Dabei ist zu berücksichtigen, daß für das Füllen der Schiebkarren bei regelmäßigem Betriebe entweder ein Vorratsbehälter vorhanden sein muß oder ein zweiter Karren, der gefüllt wird, während der erste sich in Bewegung befindet. Diese mit Rücksicht auf das Füllen erforderliche Mehr-

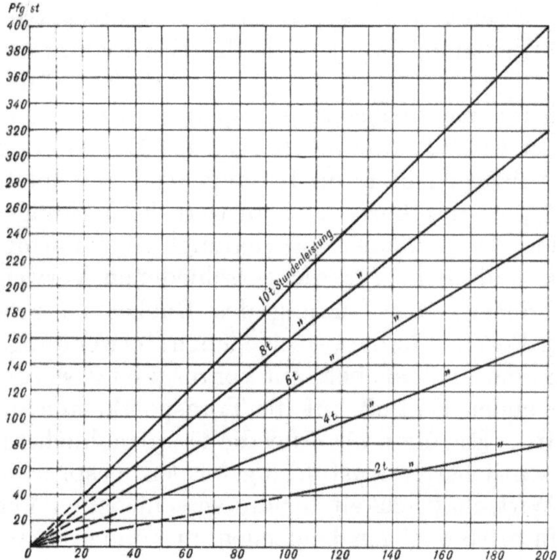

Abb. 66. Arbeitsverbrauch für Schiebkarrenförderung.

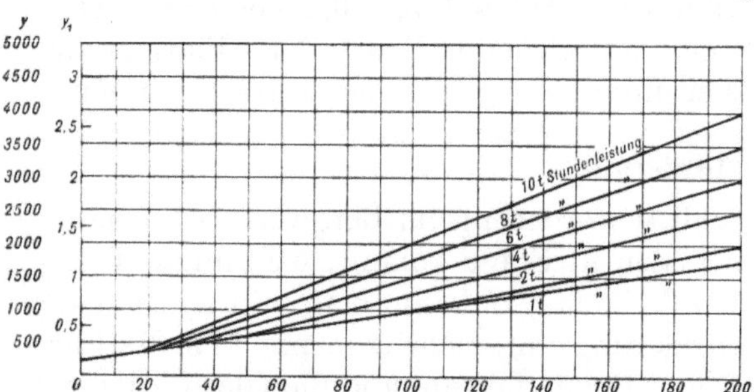

Abb. 67. Anlagekosten für Schiebkarrenförderung.
y = Anlagekosten in M.
y_1 = Kosten für Unterhaltung in Pf./st.

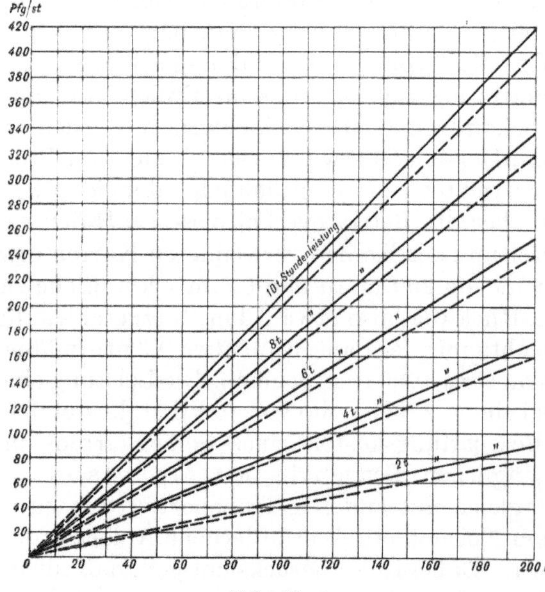

Abb. 68.
—— Gesamtförderkosten bei Schiebkarrenförderung bei 3000 jährl. Arbeitsstunden.
- - - - Arbeitsverbrauch für Schiebkarrenförderung.

ausgabe für den Behälter oder für weitere Fördergefäße soll aber hier, wie auch bei den später zu betrachtenden Standbahnen und Hängebahnen, vernachlässigt werden, da solche Füllrümpfe auch zum Speisen aller anderen Förderer, insbesondere auch der Dauerförderer, meistens erforderlich sind, und da ihre Größe oft von anderen Gesichtspunkten als von denen der reinen Förderung abhängig ist.

Die Bewegung der Schiebkarren erfolgt meistens auf Laufbrettern von 30—40 cm Breite und 5—6 cm Stärke, die an den Enden mit Flacheisen beschlagen sind. Die Kosten dieser Laufbretter können pro laufendes Meter mit etwa 1,50 M. eingesetzt werden. Ihre Dauer ist gleich der der Schiebkarren anzunehmen, so daß, auf 10 Jahre berechnet, pro laufendes Meter $5 \cdot 1{,}50 = 7{,}50$ M. Anlagekosten für Laufbretter erforderlich sind.

Bei Anwendung der eben angeführten Grundlagen kann man für den Schiebkarrentransport den Arbeitsverbrauch für verschiedene Förderleistungen und Förderlängen nach den Schaulinien Abb. 66 darstellen, während die Anlagekosten durch die Schaulinien Abb. 67 für dieselben Leistungen und Förderlängen angegeben sind. Dabei sind als Anlagewerte die für einen 10jährigen und täglich 10stündigen Betrieb erforderlichen Kosten angenommen, wie es auch bei den späteren Wirtschaftlichkeitsberechnungen allgemein durchgeführt ist. Man hat dann einfach, um die Wirtschaftlichkeit bzw. die Gesamtförderkosten pro Stunde festzustellen, wie auch schon auf S. 18 allgemeingültig näher ausgeführt, zunächst die Anlagekosten aus diesen Schaulinien abzugreifen und kann für eine beliebige Anzahl jährlicher Förderstunden die entsprechenden auf die Stunde entfallenden Unkosten an Verzinsung und Abschreibung aus dem Diagramm, Abb. 11, entnehmen. Weiter sind in Abb. 67 unter Y die Unterhaltungskosten pro Förderstunde angegeben, welche Kosten für je 3000 Förderstunden allgemein mit 2% der Anlagekosten angenommen sind. Wenn auch die Unterhaltungskosten für verschiedene Förderanlagen schwanken, so spielt ihre Höhe doch bei den Gesamtunkosten keine so große Rolle, und es kann diese allgemeine Annahme wohl als zulässig erachtet werden. Die Gesamtförderkosten setzen sich dann zusammen aus den Kosten für Arbeitsverbrauch, unmittelbar aus Abb. 66 zu entnehmen, aus den unter Benutzung der Abb. 11 festzustellenden Kosten an Verzinsung und Abschreibung und schließlich aus den aus Abb. 67 unmittelbar zu entnehmenden Unterhaltungskosten. Der Einfachheit halber sind in Abb. 68 die Gesamtförderkosten für die hauptsächlich in Frage kommenden Fördermengen und für 3000 jährliche Betriebsstunden aufgestellt. Es geht daraus hervor, daß der Schiebkarrentransport nur für sehr kleine Leistungen von etwa 2—6 t/st und für Förderlängen von etwa 50 m einigermaßen wirtschaftlich ist. Aus der Gegenüberstellung auf S. 397 ist ersichtlich, daß auch für kleine Leistungen und Förderlängen der Transport mit Handkippwagen auf Gleisen trotz der hierbei erforderlichen etwas höheren Anlagekosten günstiger ist, so daß der Transport mit Schiebkarren nur zu rechtfertigen ist, wenn Feldbahngleise nicht gelegt werden können. Er ist also immer als ein Notbehelf anzusehen, der verhältnismäßig hohe Unkosten verursacht.

Ähnliches gilt von allen anderen von Hand ohne Benutzung von Gleisen betriebenen Wagen, die für die verschiedensten Zwecke, besonders auch für verschiedenartige Stückgüter in den mannigfaltigsten Formen ausgeführt werden. Eine eingehende Darstellung erscheint hier nicht erforderlich. Diese Transportgeräte haben ihre Berechtigung für den Verkehr innerhalb von Lagerschuppen usw., wo der Transport so unregelmäßig ist, daß Schienengleise nicht gelegt werden können und wo die zu bewegenden Stücke und Fördermengen so klein sind, daß Laufkrane, die den ganzen Raum bestreichen, nicht in Frage kommen.

Es muß auch davon abgesehen werden, eine wenn auch nur übersichtliche Beschreibung der einzelnen Formen dieser Transportgeräte zu geben. Nur um ein Bild von der Mannigfältigkeit dieser für jeden Verwendungszweck besonders ausgebildeten Formen zu geben, sei in Abb. 69 eine Zusammenstellung der hauptsächlichsten Bauarten gegeben unter Hinzufügung der vom Ausschuß für wirtschaftliches Förderwesen vorgeschlagenen Bezeichnungen, die bisher fast willkürlich und ohne logische Gliederung angewandt wurden.

b) Handwagenbetrieb auf Schienengleisen.

Wo die Verhältnisse es nur irgend zulassen, verdient dieser Transport vor der Schiebkarrenförderung den Vorzug, da die Leistung der Arbeiter auf den ebenen Gleisen wesentlich größer ist. Wie weit die Gleisförderung vor anderen Formen der Flurförderung den Vorzug verdient, kann nur von Fall zu Fall entschieden werden, da die Beschaffenheit des Bodens und die örtlichen Verhältnisse dabei sehr ins Gewicht fallen. Man kann annehmen, daß ein Arbeiter auf Schienengleisen etwa 500 kg Nutzlast mit etwa 1 m Geschwindigkeit pro Sekunde schiebt, und daß mit Rücksicht auf Hin- und Rückweg und eintretende Pausen die Nutzgeschwindigkeit etwa 1500 m pro Stunde beträgt. Ein Arbeiter fördert demnach 750 mt pro Arbeitsstunde. Bei 40 Pf. Stundenlohn sind die Kosten des Arbeitsverbrauches bei diesem Betrieb unter Anwendung der am meisten verwendeten Kippwagen aus den Schaulinien Abb. 70 zu entnehmen, während die Anlage- und Unterhaltungskosten in Abb. 71 angegeben sind. Es ist dabei ein Wagen von $^3/_4$ cbm Inhalt und 0,6 m Spurweite mit 120 M. eingesetzt, und seine Dauer ist zu 5 Jahren angenommen, so daß also in 10 Jahren 240 M. Anlagekapital für Wagen erforderlich sind. Die Kosten des Schienengleises sind fertig verlegt mit 4 M./m angenommen, die Gleisdauer ist mit 10 Jahren angesetzt. Die Gesamtkosten pro Stunde sind aus Abb. 72 für verschiedene Förderleistungen ersichtlich, und zwar für jährlich 3000 Förderstunden. Es geht daraus,

Einheitliche Bezeichnungen von Handfahrgeräten.

Gattung	Bezeichnung	Skizze
Karren. (Fahrgeräte, bei denen das Gewicht der Last außer auf den Rädern beim Fahren z. T. auf dem Bedienenden, beim Stillstand z. T. auf einer Stütze ruht.)	**Stechkarre** (zur allgemeinen Verwendung)	
	Kistenkarre (gerade Sprossen für Kisten)	
	Sackkarre (gewölbter Schuh und Sprossen nur für Säcke)	
	Faßkarre	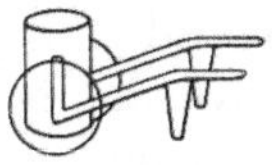
	Ballonkarre	
	Stahlflaschenkarre	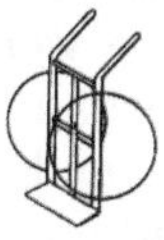
	Plattenkarre, einrädrig	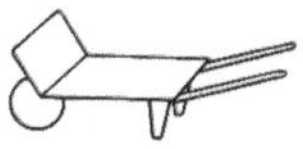
	Plattenkarre, zweirädrig	
	Sprossenkarre	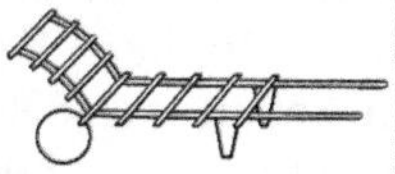
	Kastenkarre, einrädrig	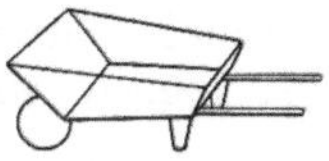
	Kastenkarre, zweirädrig	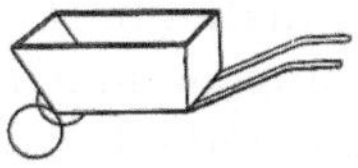

Gattung	Bezeichnung	Skizze
Roller. (Besondere, niedrige Fahrgeräte, bei denen Rahmen oder Plattform hauptsächlich zur Verbindung von Rädern dient, welche zur Fahrbarmachung eines Gegenstandes nötig sind.)	**Rollrahmen, dreieckig**	
	Rollrahmen, viereckig	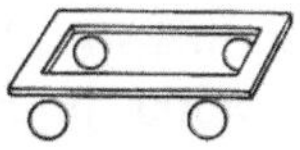
	Rollbock	
Wagen. (Fahrgeräte, bei denen das Gewicht der Last lediglich auf Rädern ruht.)	**Plattenwagen**	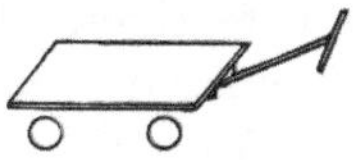
	Stirnwandwagen	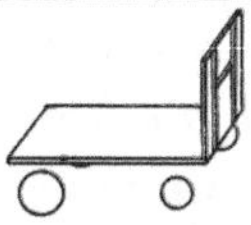
	Doppelstirnwandwagen	
	Seitenwandwagen	
	Dreiwandwagen	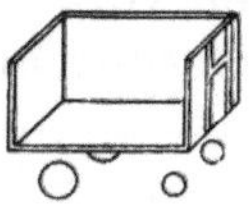
	Kastenwagen	
	Hordenwagen	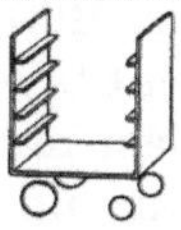
	Kranwagen	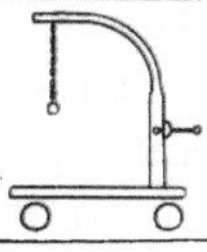
	Hubwagen	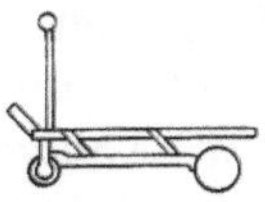

Sämtliche zweirädrigen Karren mit mechanischem Antrieb erhalten je nach Antrieb das Vorwort „Elektro-“ oder „Motor-“.

Sämtliche Wagen mit mechanischem Antrieb erhalten je nach Antrieb das Vorwort „Elektro-“ oder „Motor-“.

Abb. 69.

wie auch aus der Gesamtgegenüberstellung auf S. 396 ff. hervor, daß der Betrieb mit Handkippwagen auf Feldbahngleisen als günstig bezeichnet werden muß bis zu Förderleistungen von 10 t und bis zu Entfernungen von 100—200 m. Allerdings ist auch schon bei diesen Leistungen und Förderlängen die Hängebahn mit Handbetrieb ebenso billig, und sie ist daher, wenn das Gleis nicht zu oft umgelegt werden muß, wohl der Standbahn vorzuziehen, da der Arbeiter weniger angestrengt wird, die Schienen weniger im Wege liegen und nicht durch das Fördergut verschüttet werden können. Bei Förderleistungen von 10 t und 200 m Förderlänge und besonders bei größeren Leistungen und Längen ist andererseits die automatische Bahn und ebenso auch die Schienenbahn mit elektrischem Betrieb günstiger. In solchen Fällen kann der Handbetrieb nur gerechtfertigt werden, wenn es sich um vorübergehende Arbeiten handelt. Dann ist er zweckmäßig, da die leichten Feldbahngleise, bestehend aus Schienen von etwa 65 mm Höhe, auf eisernen Schwellen verschraubt, leicht verlegt und wieder entfernt werden können und auch mietweise zu beziehen sind, ebenso wie die dazugehörigen Wagen.

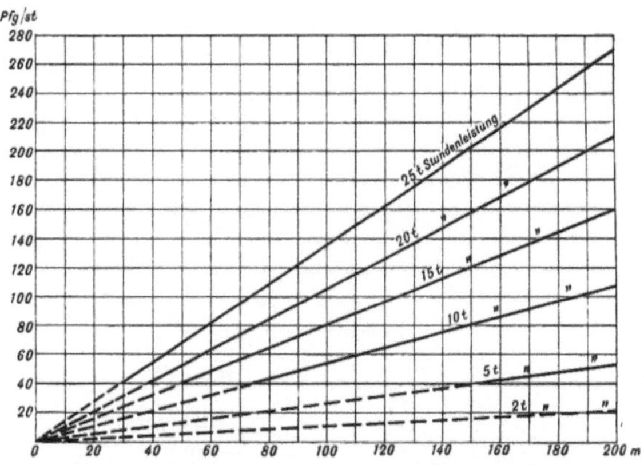

Abb. 70. Arbeitsverbrauch für Handwagenförderung auf Schmalspurgleisen.

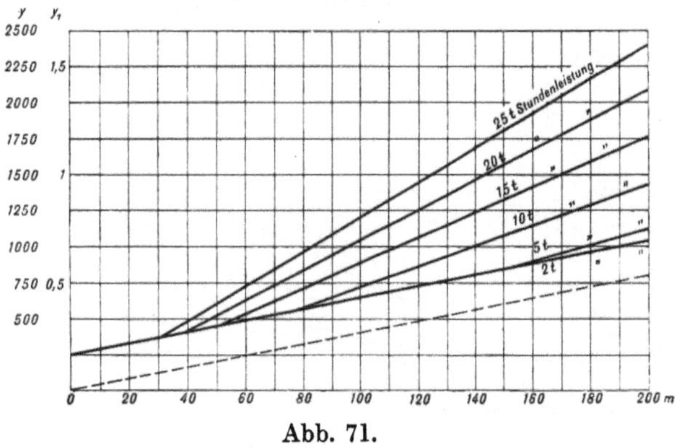

Abb. 71.

y = Anlagekosten in M. } für Handwagenförderung
y_1 = Unterhaltungskosten in Pf./st } auf Schmalspurgleisen.

Auch die Wagen für die Standbahn mit Handbetrieb werden in den mannigfaltigsten Ausführungsformen hergestellt, deren Beschreibung im einzelnen nicht erforderlich erscheint. Nur sei erwähnt, daß bei aller Würdigung der verschiedenen Verwendungszwecke doch wohl eine etwas einheitlichere Bauart durchführbar erscheint und es wäre zu wünschen, daß die hierauf gerichteten Bestrebungen des Ausschusses für wirtschaftliches Förderwesen Erfolg haben möchten.

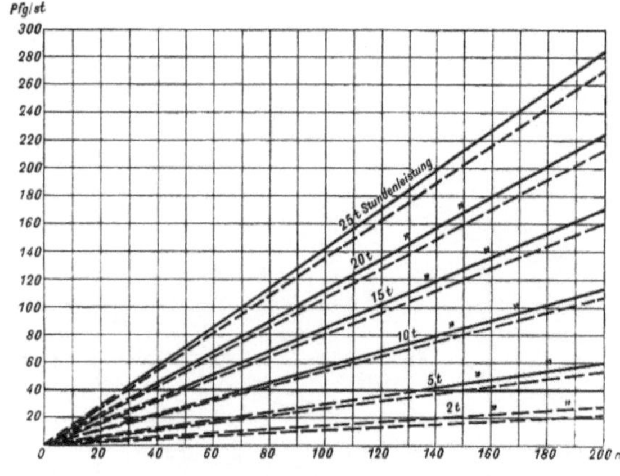

Abb. 72.

—— Gesamtförderkosten bei 3000 jährl. Arbeitsstunden } für Handwagenförderung
----- Anteil d. Arbeitsverbrauchs } auf Schmalspurgleisen.

c) Pferdebetrieb auf vorhandener Straße.

Dieser Transport und die dafür verwendeten Wagen sind so bekannt, daß sich eine Beschreibung erübrigt. Es soll nur nebenbei erwähnt werden, daß für das Entladen von Gespannwagen hin und wieder, besonders in Frankreich bei der Anfuhr von Rüben in Zuckerfabriken, Kippvorrichtungen ausgeführt sind, bestehend aus einer Plattform, auf die der Wagen aufgefahren wird, und die zwecks Entleerung des Wagens aus der aufklappbaren Endwand desselben durch einen Kurbeltrieb in eine um etwa 55° geneigte Lage gebracht wird. Der Wagen wird dabei durch Haltevorrichtungen, welche hinter die Hinterräder fassen, auf der Plattform festgehalten. Diese Kippvorrichtungen können nur als wirtschaftlich bezeichnet werden, wenn die Wagen etwa 4—5 t Inhalt haben und wenn eine sehr große Anzahl von gleichartigen Fuhrwerken zu entladen ist, wie es nur an wenigen Stellen in Frage kommt. Im allgemeinen wird das Entladen in der bekannten Weise von Hand beizubehalten sein.

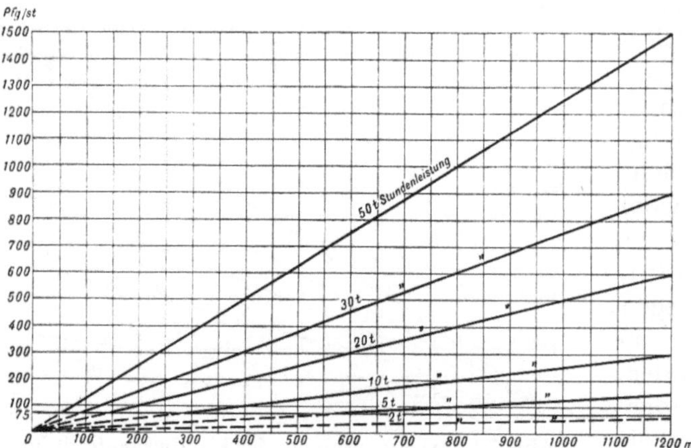

Abb. 73. Arbeitsverbrauch für Pferdebetrieb auf vorhandener Straße.

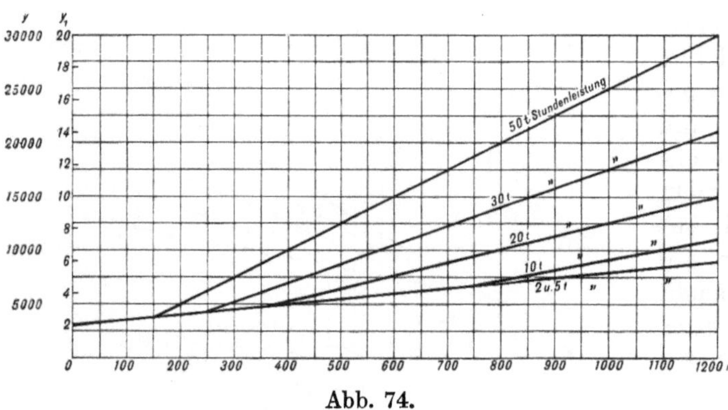

Abb. 74.

y = Anlagekosten in M.
y_1 = Unterhaltungskosten in Pf./st
} für Pferdebetrieb auf vorhandener Straße.

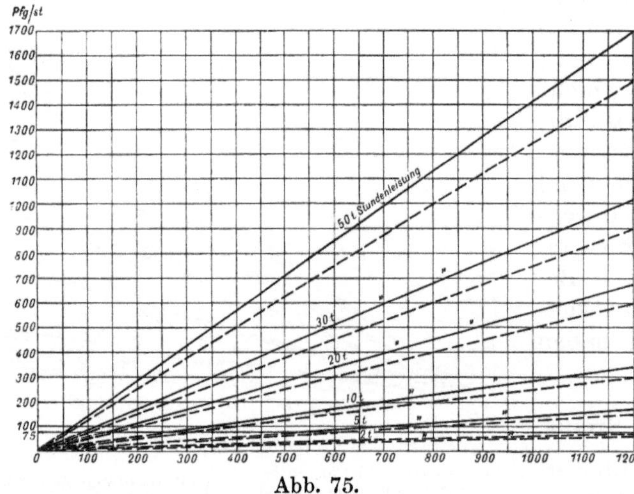

Abb. 75.

—— Gesamtförderkosten bei 3000 jährl. Arbeitsstunden
----- Anteil des Arbeitsverbrauchs
} für Pferdebetrieb auf vorhandener Straße.

Bezüglich der Wirtschaftlichkeit der Förderung soll angenommen werden, daß ein Pferd von 1000 M. Anschaffungswert bei 1000 M. jährlichen Unterhaltungskosten 10 Jahre gebrauchsfähig bleibt und auf gut gepflasterter Straße 2000 kg Last mit 1 m Geschwindigkeit ziehen kann. Es können also unter Berücksichtigung von Hin- und Rückweg und Pausen 3000 mt pro Stunde geleistet werden. Die täglichen Unterhaltungskosten eines Pferdes mit 3,50 M., die Lohnkosten für einen Führer mit 4 M. angenommen, ergibt einen Arbeitsverbrauch nach den Schaulinien Abb. 73. Die Anlagekosten und die Kosten für Unterhaltung ergeben sich aus den Schaulinien Abb. 74, wobei außer den Kosten für das Pferd 2 Wagen in 10 Jahren von je 500 M. Wert angenommen sind. Die Gesamtförderkosten zeigt Abb. 75. Aus der Zahlentafel S. 398 ist ersichtlich, daß der Pferdetransport auf vorhandener Straße bei kleinen Leistungen und Längen teurer ist als die beiden vorhin behandelten Förderarten, daß aber von einer stündlichen Leistung von 10 t und 200 m Förderlänge an der Pferdebetrieb auf vorhandener Straße günstiger ist. Es ist allerdings zu beachten, daß für kleine Leistungen der Pferdebetrieb aus dem Grunde verhältnismäßig ungünstig dargestellt ist, weil angenommen wurde, daß das Pferd nicht auch für andere Zwecke ausgenutzt werden kann, was vielfach der Fall sein wird.

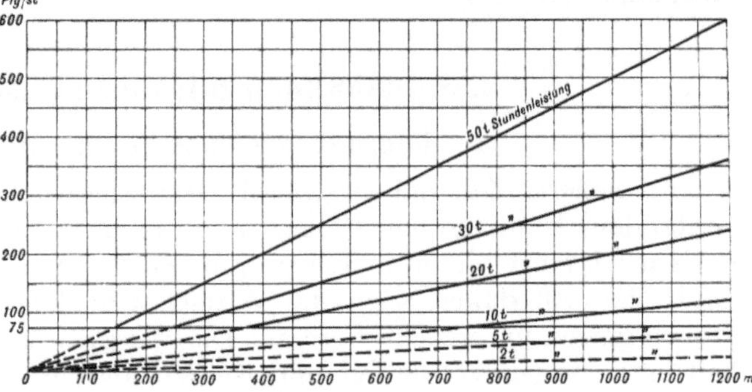

Abb. 76. Arbeitsverbrauch für Pferdebetrieb auf Schienengleisen.

d) Pferdebetrieb auf Schienengleisen.

Bei dieser Förderart wird die Leistungsfähigkeit des Pferdes natürlich wesentlich gesteigert, aber mit Rücksicht auf die größeren Kosten für die Gleisanlage, die bei diesem Betrieb etwas größere Festigkeit bedingt als bei reinem Handbetrieb und mit etwa 5 M./m eingesetzt werden muß, werden doch die Gesamtkosten nicht niedriger als bei dem Pferdebetrieb auf vorhandener Straße. Bei der Aufstellung der Schaulinien (Abb. 76, 77 und 78) ist angenommen, daß ein Pferd einen Zug von 5 Kippwagen mit je 1000 kg Inhalt ziehen kann. Die Nutzförderlänge pro Stunde mit 1500 m angenommen, ergibt eine Stundenleistung von 7500 mt für ein Pferd und einen Führer.

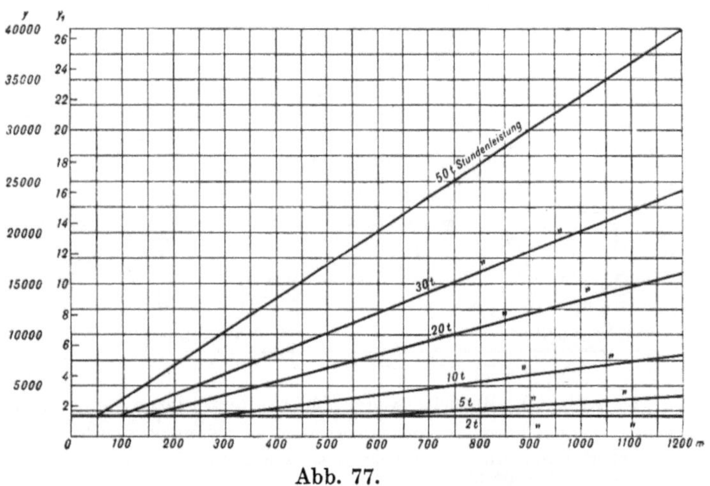

Abb. 77.

y = Anlagekosten in M.
y_1 = Unterhaltungskosten in Pf./st
} für Pferdebetrieb auf Schienengleisen.

Die Beschaffungskosten eines Kippwagens sind mit 200 M., seine Dauer ist mit 5 Jahren angenommen. Aus der allgemeinen Gegenüberstellung auf S. 398 ff. geht hervor, daß der Pferdebetrieb durchweg teurer ist als der Betrieb von Hängebahnen oder der Betrieb von elektrischen Lokomotiven auf Gleisbahnen und besonders auch teurer als der Betrieb mit Huntschen automatischen Bahnen, daß er aber billiger ist als der Handbetrieb auf Feldbahngleisen bei Leistungen von 10 und mehr Tonnen und bei Entfernungen von etwa 200 m an. Sind also die eben erwähnten billiger arbeitenden Fördervorrichtungen unter besonderen Verhältnissen nicht

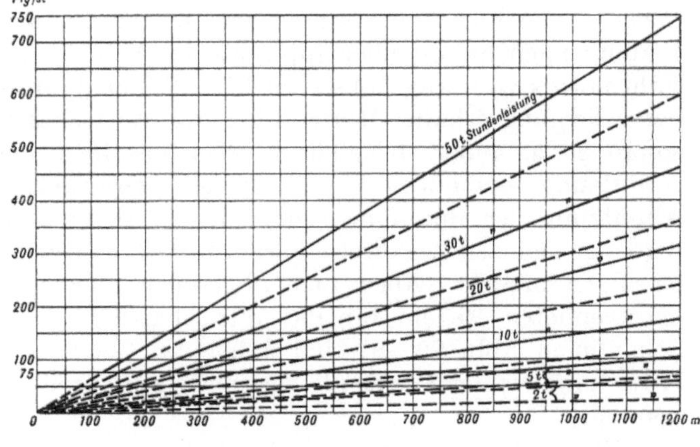

Abb. 78.

—— Gesamtförderkosten bei 3000 jährl. Betriebsstunden.
----- Anteil des Arbeitsverbrauchs
} für Pferdebetrieb auf Schienengleisen.

anwendbar, so kann in diesem Falle Pferdebetrieb noch empfehlenswert sein. Er wird in neuerer Zeit allerdings immer mehr verdrängt durch die Standbahnen mit mechanischen Antrieb.

2. Standbahnen mit mechanischem Antrieb.

a) Motorlastwagenbetrieb auf vorhandener Straße.

In neuerer Zeit haben sich die Motorlastwagen für den Straßenverkehr in bedeutendem Umfange eingeführt, wenn auch in Deutschland noch bei weitem nicht in dem Umfange wie in manchen anderen Ländern, insbesondere Amerika und England. Es soll daher auch die Wirtschaftlichkeit dieses Transportmittels hier in großen Zügen untersucht werden. Die Wagen können natürlich den jeweiligen Verhältnissen angepaßt werden und werden als einfache Kastenwagen ohne oder mit Anhängewagen benutzt oder auch als Selbstentlader. In diesem Fall erhalten sie

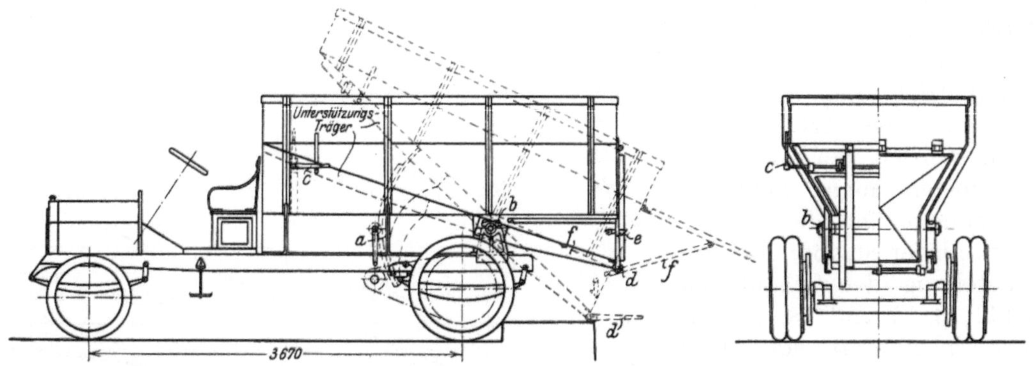

Abb. 79. Motorlastwagen für Kohlenförderung und Entladung nach hinten (N. A. G.) (Maßstab 1 : 75).

a Handkurbel zum Kippen des Wagenkastens mit Ritzel und Zahnradsegment.
b Drehachse für den Wagenkasten.
c Arretiervorrichtung.
d Hebel mit Achse und Nasen zum Zuhalten der Tür.
e Haken zur Sicherung des Hebels *d*.
f Stütze zum Offenhalten der Tür.

meistens die Form von Kippwagen, bei denen der Kasten unter dem Gewicht der Ladung nach hinten überkippt, wie in Abb. 79 gezeigt, oder durch die Kraft des Fahrmotors vorn angehoben wird, so daß er dadurch die für das Entladen erforderliche Neigung erhält. Hinsichtlich der Wirtschaftlichkeit müssen diese Wagen insofern etwas anders beurteilt werden, als die übrigen Fördereinrichtungen, als die Abnutzung, besonders der Bereifung, wesentlich größer ist. Natürlich hängt die Abnutzung der Bereifung sehr von der Beschaffenheit der Straßen ab, und man wird bei Beurteilung dieses Fördermittels diesen Umstand auch in richtiger Weise würdigen müssen. Aber auch abgesehen hiervon kommt man mit den allgemein angewendeten Regeln für die Wirtschaftlichkeitsberechnung hier nicht aus. Die Schaulinien Abb. 80—82 sind daher auf Grund von Angaben aufgestellt, die nach Mitteilung aus der Praxis als vorsichtig aufgestellter Durchschnitt angesehen werden können.

Es ist angenommen, daß das Beladen und Entladen bei Kohlenförderung einschließlich Drehen je 10 Minuten erfordert. Voraussetzung ist natürlich, daß das Beladen unter Schüttrichtern erfolgt oder aus beweglichen Lagern, wie in Band II an einem Beispiel gezeigt ist. Die Fahrgeschwindigkeit kann in der Stadt mit durchschnittlich 10 km/st angenommen werden. Mit einem Motorwagen mit Anhänger kann man 10 t auf einmal fördern. (Last für jeden Wagen = 5 t.)

Die Anlagekosten sind etwa wie folgt angenommen:

Chassis mit Vollgummibereifung	17 000 M.
Kippwagen mit Oberbau dazu	2 200 „
Reserve- und Zubehörteile	500 „
Ein Anhängewagen mit Chassis für 5000 kg Nutzlast . .	1 800 „
Kippwagen mit Oberbau dazu	2 200 „
Zusammen	23 700 M.

Die Betriebskosten können etwa wie folgt angenommen werden:

Brennstoffverbrauch: Zu rechnen sind für 100 km Fahrt in städtischen Straßen im Mittel (beladen und leer) etwa 55 l Benzol; das Liter mit 0,23 M. berechnet, ergibt 0,13 M. für 1 km.

An Schmiermaterial sind etwa 0,02 M./km erforderlich.

Bezüglich Gummiverschleiß ist anzunehmen, daß ein Satz Vollgummireifen, für den eine Garantie auf 15 000 km gegeben wird, für den Zugwagen etwa 2800 M. kostet. Setzt man vorsichtshalber wegen der Möglichkeit gewaltsamer Beschädigungen im Durchschnitt nur 12 000 km für einen Satz ein, so stellt sich 1 km auf etwa 0,23 M.

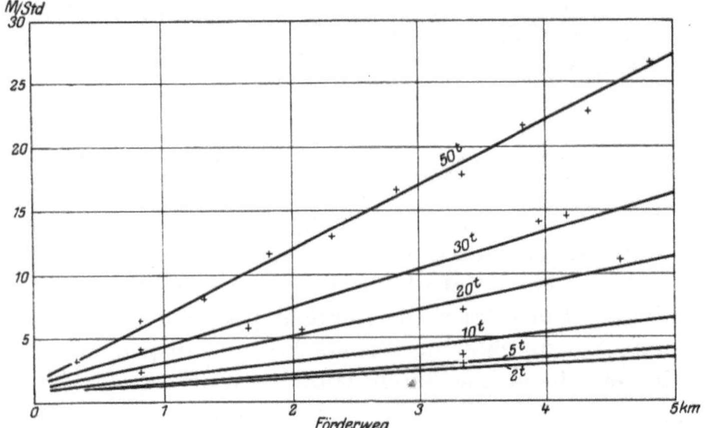

Abb. 80. Arbeitsverbrauch einer Motorlastwagenförderung.

Die reinen Betriebskosten stellen sich also auf 0,38 M./km.

Für die Bedienung ist ein Fahrer vorgesehen mit 1800 M. Jahresgehalt und ein Bremser mit 1400 M. Jahresgehalt.

Diese Beträge sind in den Schaulinien unter Arbeitsverbrauch zusammengefaßt.

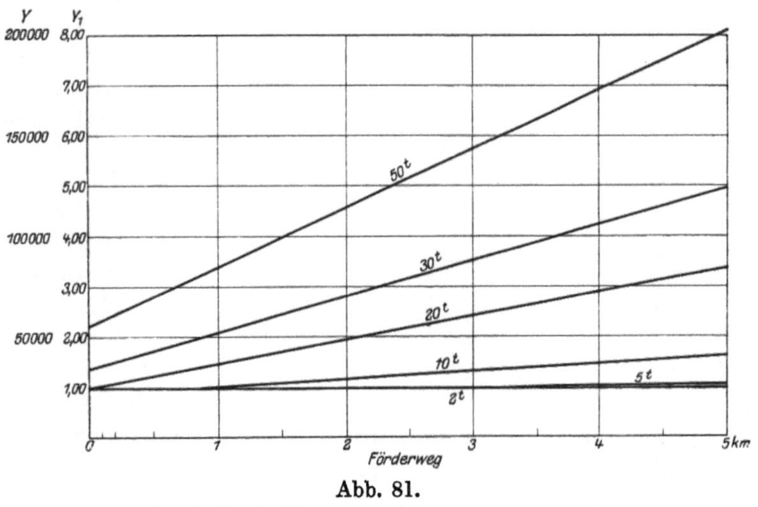

Abb. 81.

y = Anlagekosten in M.
y_1 = Unterhaltungskosten in Pf./st
für Motorlastwagenförderung.

Die Unterhaltungskosten, Reparaturen und Ersatzteile sind mit 12% eingesetzt. Sie hängen, wie oben erwähnt, sehr von den jeweiligen Verhältnissen ab. Dazu kommen noch etwa 500 M./Jahr für Versicherung.

Die Schaulinien für Arbeitsverbrauch, Anlagekosten und Unterhaltung und die Gesamtförderkosten sind in den Abb. 80—82 gegeben. Es ergibt sich aus dieser Aufstellung ebenso wie aus der zahlenmäßigen Zusammenstellung auf S. 398, daß die Förderung mit Motorlastzügen sich bei ganz kleinen

Entfernungen unter 1 km etwas teurer, von dieser Entfernung ab aber in der Regel etwas billiger stellt als der Transport mit Pferdefuhrwerk auf vorhandenen Straßen.

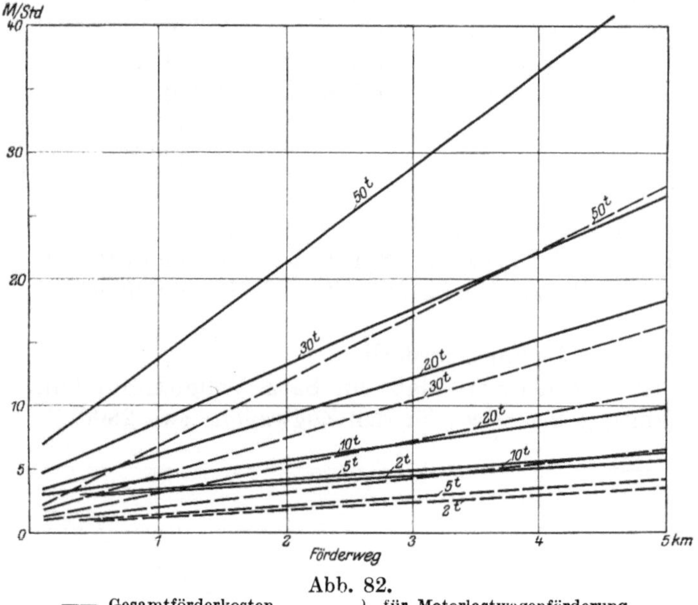

Abb. 82.
—— Gesamtförderkosten ⎫ für Motorlastwagenförderung
----- Anteil des Arbeitsverbrauchs ⎭ bei 3000 jährl. Arbeitsstunden.

Zu berücksichtigen bleibt dabei allerdings, daß die Unterhaltung der Straßen in beiden Fällen außer Betracht gelassen ist, und daß diese Kosten bei dem schweren Motorlastwagenbetrieb verhältnismäßig viel höher sind als bei dem leichten Pferdebetrieb.

Ähnlich liegen die Verhältnisse beim Betrieb mittels Schleppers, der in neuerer Zeit nicht nur als Zugmaschine in der Landwirtschaft, sondern auch für den Transport innerhalb der Fabriken oder auf kurze Entfernung auf freien Straßen dauernd an Verbreitung gewinnt. Der Schlepperbetrieb ist insofern etwas ungünstiger als der Motorwagenbetrieb, als die Geschwindigkeit des Schleppers nicht so hoch gesteigert werden kann wie die der Motorwagen und als nur sein Eigengewicht zur Ausübung der Zugkraft verwendet wird, während beim Motorlastwagen das Gewicht der Ladung gleichzeitig zur Erhöhung der Zugkraft benutzt wird. Der Schlepper zeichnet sich aber vor dem Motorwagen vorteilhaft aus durch seine geringe Raumbeanspruchung und durch seine große Kurvenbeweglichkeit, die durch Abbremsen der einen oder der anderen Raupenkette herbeigeführt wird, so daß unter Umständen ein Drehen auf der Stelle möglich wird.

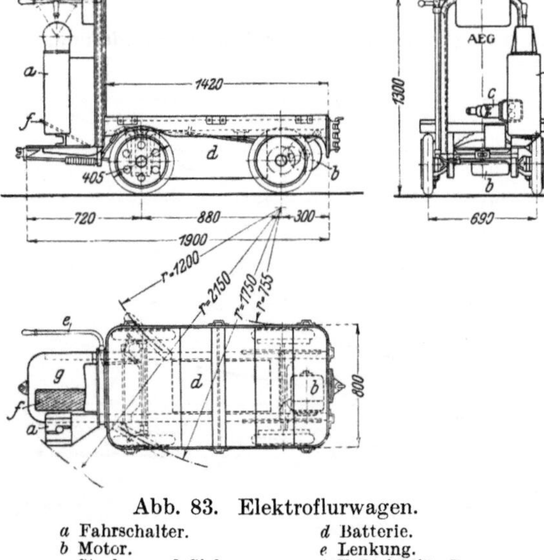

Abb. 83. Elektroflurwagen.
a Fahrschalter. *b* Motor. *c* Stecker und Sicherungskasten. *d* Batterie. *e* Lenkung. *f* Fußtritt für Bremse. *g* Führungsstand.

Es ist anzunehmen, daß diese Schlepper im Verein mit verschiedenen anderen Motorfahrzeugen in den nächsten Jahren eine große Bedeutung für den Transport innerhalb und außerhalb der Fabrikräume erlangen werden.

Die grundsätzliche Anordnung derartiger Schlepper ist aus dem Beispiel eines Schaufelradbaggers in Abb. 257 auf S. 226 zu entnehmen.

Hier soll zum Schluß noch ganz kurz auf eine Sonderbauart kleiner Motorwagen hingewiesen werden, die, wie bei Abb. 83 an einem Beispiel gezeigt, mit normalen Laufrädern ausgerüstet sind und in neuester Zeit ebenfalls im Fabrikbetrieb eine steigende Bedeutung erlangt haben. Sie werden meistens mit durch Akkumulatoren gespeisten Elektromotoren betrieben und in sehr verschiedenen Formen ausgeführt, oft mit besonderen Einrichtungen zum Heben und Senken der Plattform zwecks leichten Aufnehmens des Fördergutes, das in den Fabriken auf besondere Gestelle abgelegt wird, unter die sich der Wagen herunterschiebt und die er beim Anheben und Senken der Wagenplattform anhebt bzw. absetzt. Weitere Ausführungen über diese im allgemeinen Fabrikbetriebe hoch bedeutsamen Fördereinrichtungen müssen für die Ausführungen im II. Band zurückgestellt werden.

b) Lokomotivbetrieb auf Schmalspurgleisen.

Dieser Betrieb kommt vielfach für große Entfernungen von 1000 m und mehr in Frage, während bei kleineren Entfernungen von 100 und 200 m der Betrieb mit Pferden oder Elektroflurwagen nach Abb. 83 als günstiger angesehen werden muß, wenn nicht elektrischer Betrieb in Form von Motorwagen auf Standbahnen oder

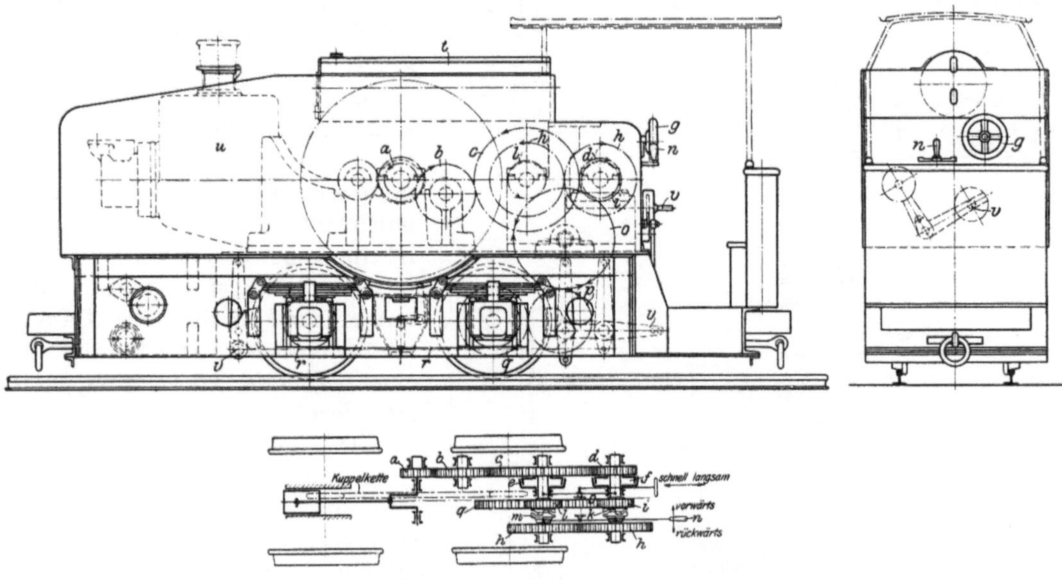

Abb. 84. Benzinlokomotive (Deutz) (**Maßstab 1 : 42**).

a Rad auf der Kurbelwelle.
b Zwischenrad zum Antrieb der beiden verschieden großen Räder *c* und *d*.
c Großes Zahnrad, von *b* angetrieben, lose auf der Welle laufend und mit Reibungskupplung *e* verbunden.
d Kleines Zahnrad, von *b* über *c* angetrieben und mit Reibungskupplung *f* verbunden.
e Reibungskupplung, eingerückt für langsame Fahrt.
f Reibungskupplung, eingerückt für schnelle Fahrt.
g Handrad zum Einrücken der einen oder der anderen Reibungskupplung *e* oder *f* für langsame oder schnelle Fahrt.
h Zwei festgekeilte Zahnräder von gleichem Durchmesser, durch Vermittlung der Reibungskupplungen *e* und *f* angetrieben.
i Antriebszahnrad für Vorwärtsfahrt, mit Klauenkupplung *k* mit den Zahnrädern *h* gekuppelt.
k Klauenkupplung für Vorwärtsfahrt.
l Antriebsrad für Rückwärtsfahrt, mit Klauenkupplung *m* mit den Zahnrädern *h* verbunden.
m Klauenkupplung für Rückwärtsfahrt.
n Hebel zum gemeinsamen Betätigen der beiden Klauenkupplungen für Vorwärts- und Rückwärtsfahrt.
o Zwischenrad.
p Zwischenrad.
q Zwischenrad zum Bewegen des Kettentriebes *r*.
r Kettentrieb zum Antrieb der beiden Laufradachsen.
t Brennstoffbehälter.
u Motor.
v Bremse.

in Form von Elektrohängebahnen möglich ist. Die Lokomotiven werden in den verschiedensten Formen angewendet, z. B. als Benzin-, Benzol- oder Schweröllokomotive nach Abb. 84, als gewöhnliche oder als feuerlose Dampflokomotive nach Abb. 85 oder auch als Druckluftlokomotive nach Abb. 86, die in verschiedenen Größen, von 10 Pferdestärken an, ausgeführt werden.

Die Benzin- und Benzol- oder Schweröllokomotiven werden meistens in den Größen von 10—25 PS ausgeführt, nur selten bis 50—60 PS. Bei ihnen wird der Antrieb insofern etwas umständlicher als bei den Dampflokomotiven, als der Antriebsmotor immer mit annähernd gleicher Geschwindigkeit nach derselben Richtung umläuft. Man muß daher die langsamere oder schnellere Fahrt durch zwei Reibungskupplungen und das Umsteuern der Fahrtrichtung durch zwei Klauenkupplungen herbeiführen, wie in Abb. 84 angegeben. Sie haben aber natürlich den großen Vorteil, daß sie jederzeit betriebsbereit sind, und daß ein besonderer Heizer nicht erforderlich ist. Neuerdings wird versucht, das verhältnismäßig umständliche und wenig anpassungsfähige Rädergetriebe durch ein elastischeres Flüssigkeitsgetriebe zu ersetzen, insbesondere nach dem Patent Lenz, ausgeführt von der Badischen Maschinenfabrik in Oberursel, der Gasmotorenfabrik Deutz, der A. E. G. Berlin und den Lincke-Hoffmann-Werken in Breslau. Wie weit diese Konstruktionen sich im Dauerbetrieb als vorteilhaft gegenüber den älteren Bauarten erweisen, muß erst die weitere Erfahrung zeigen.

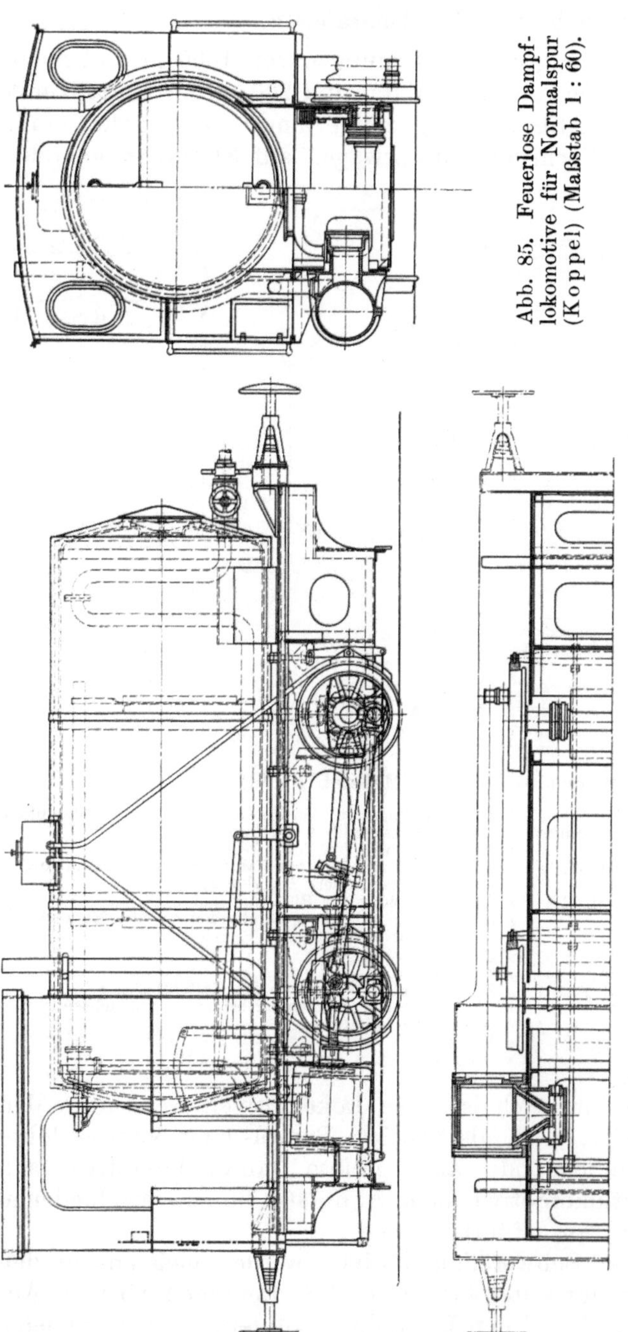

Abb. 85. Feuerlose Dampflokomotive für Normalspur (Koppel) (Maßstab 1 : 60).

Den gleichen Vorteil der steten Betriebsbereitschaft und der Unabhängigkeit von elektrischen Stromzuführungen zeigt die Akkumulatorenlokomotive, die aber trotz ihrer guten Anpassungsfähigkeit der erheblichen Unterhaltungskosten wegen nicht sehr häufig angewendet wird.

Am häufigsten kommt noch immer die gewöhnliche Dampflokomotive zur Anwendung, die eine besondere Darstellung nicht erfordert.

Da bei den Dampflokomotiven mit Kessel ein Maschinist und ein Heizer erforderlich ist, so ergeben hierbei die größeren Modelle von etwa 50 PS und 10 t Betriebsgewicht an im allgemeinen die günstigsten Betriebsergebnisse. Zum Vergleich der Wirtschaftlichkeit ist daher eine solche Lokomotive angenommen mit einem Anlagewert von 9000 M. Es ist ferner angenommen, daß diese Lokomotive 20 Selbstentlader von je etwa 4 t Inhalt zieht, ähnlich wie die weiter hinten in Abb. 93 dargestellten Wagen, deren Preis mit einfachen Radsätzen mit 900 M./Wagen angenommen ist. Die Preise für das Gleis sind bei 800 mm Spurweite und 80 mm Schienenhöhe mit 6 M./m angenommen bei 10jähriger Dauer der Gesamtanlage. Dabei ist zu bemerken, daß bei den Schmalspurwagen mit Lokomotivbetrieb vielfach nicht die Selbstentlader in der vorgesehenen, verhältnismäßig vollkommenen Ausführung angewendet werden, sondern entweder eiserne Kippwagen in ähnlicher Ausführung wie für Handbetrieb vielfach verwendet, oder hölzerne Kippwagen ein-

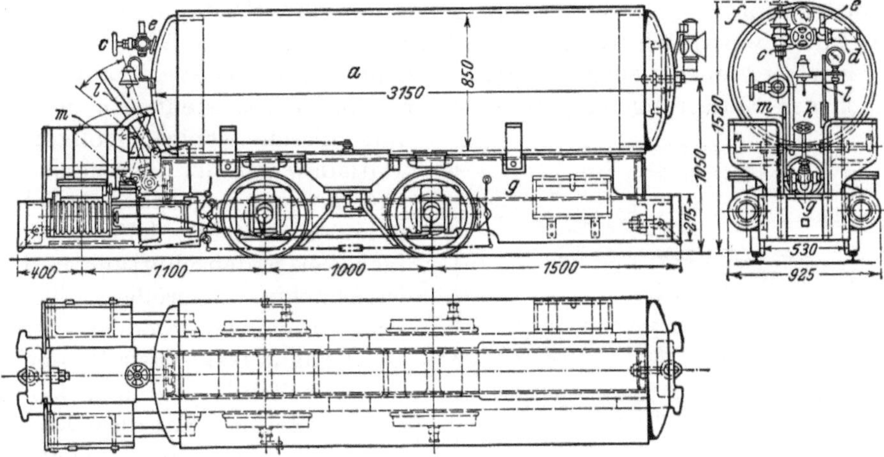

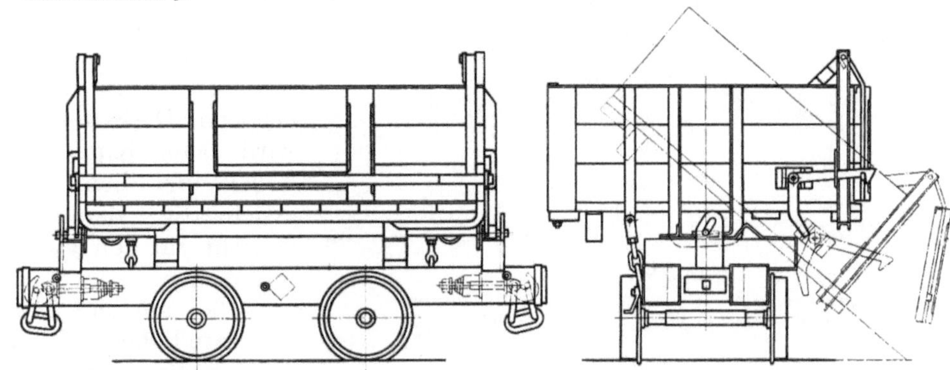

Abb. 86. Druckluftlokomotive (Schwarzkopf) (Maßstab 1 : 46).

Leistung: 12—24 PS, Fahrgeschwindigkeit 9 km/St.

a Hauptluftbehälter, 1,65 cbm Inhalt mit Absperrventil *c* und Sicherheitsventil *d* für 50 at Druck.
e Pfeife, zum Abblasen beim Eintreten des Höchstdruckes.
f Druckminderventil zur Druckverminderung auf 10 at im Hilfsluftbehälter *g*.
k Ventil zur Regelung des Druckes im Arbeitszylinder.
l Steuerhebel.
m Bremshebel.

Abb. 87. Hölzerner Kippwagen von 2 cbm Inhalt (Koppel) (Maßstab 1 : 40).

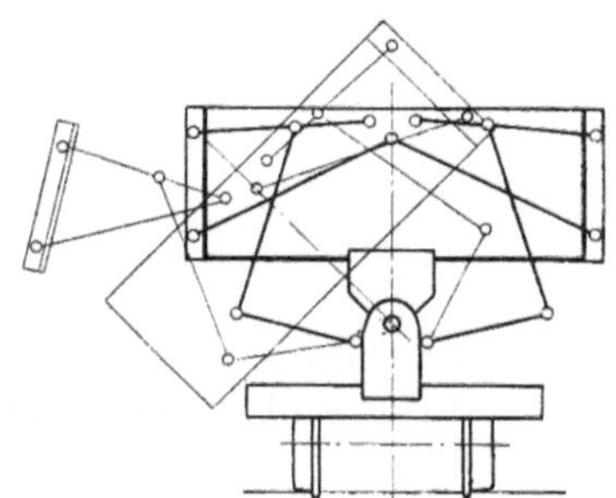

Abb. 88. Eiserner Selbstkipper (Orenstein).

facher Konstruktion, wie z. B. in Abb. 87 dargestellt. Solche Wagen kosten bei demselben Inhalt wesentlich weniger. Da aber die Dauer dieser Wagen geringer ist und außerdem bei großen Ladegewichten die Kippwagen zum Wiederaufrichten der Kästen nach der Entleerung mehrere Arbeiter erfordern, so stellt sich der Betrieb mit diesen weniger vollkommenen Entladewagen im allgemeinen teurer als mit den eigentlichen Selbstentladewagen, wenn nicht, wie es vielfach bei Erdanschüttungen der Fall ist, ohnehin eine größere Arbeiterzahl zum Ausebnen des Bodens erforderlich ist, die dann beim Entladen der Wagen leicht helfend eingreifen kann. In neuerer Zeit hat man diese Kippwagen allerdings allgemein als Selbstkippwagen ausgeführt, bei denen das Wiederaufrichten durch Arbeiter wegfällt. Eine Bauart solcher Wagen, die in sehr verschiedener Form ausgeführt werden, ist in Abb. 88 gegeben. Die Seitenwand wird beim Kippen gehoben und dient dabei gleichzeitig als Gegengewicht für den gekippten Wagen.

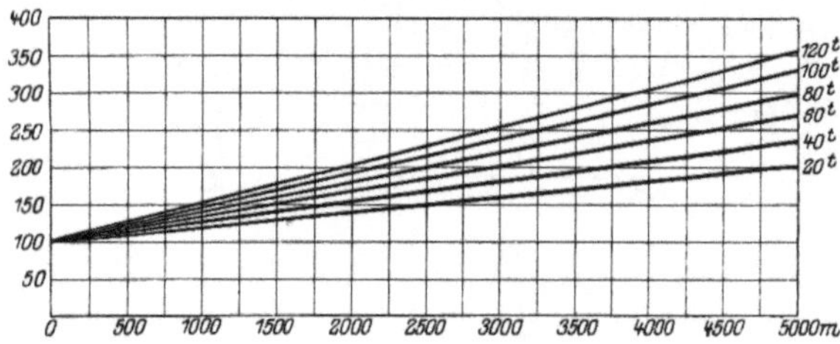

Abb. 89. Arbeitsverbrauch bei Lokomotivförderung auf Schmalspurgleisen.

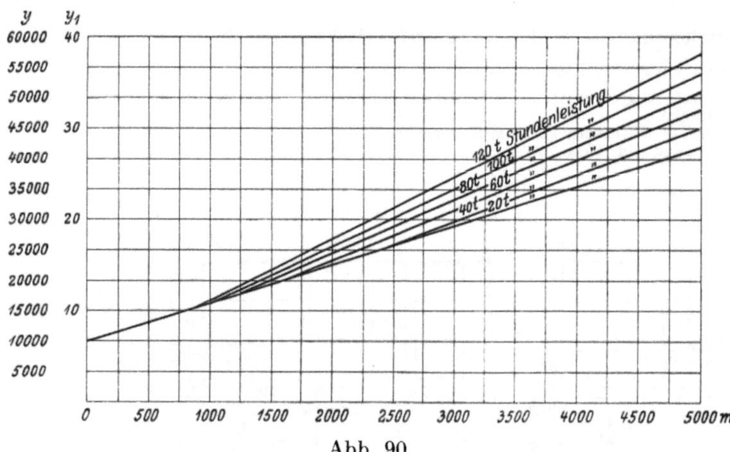

Abb. 90.

y = Anlagekosten in M. } für Lokomotivförderung
y_1 = Unterhaltungskosten in Pf./st } auf Schmalspurgleisen.

Die mittlere Fahrgeschwindigkeit der Lokomotivförderung kann mit 4 m/sk angenommen werden bei etwa 10 Minuten Aufenthalt am Anfang und am Ende einer jeden Fahrt zum Füllen und Entleeren der Wagen. Bei 5 M. Lohn für einen Maschinisten, je 4 M. für einen Heizer und einen Hilfsarbeiter, der für das Füllen und Entleeren des Zuges erforderlich ist, ferner bei 22 M. täglichen Unkosten für Dampf und Wasser bei voller Ausnutzung ergibt sich der Arbeitsverbrauch für verschiedene Leistungen nach Abb. 89, während die Anlage- und Unterhaltungskosten aus Abb. 90 zu entnehmen sind. Abb. 91 läßt wieder die Gesamtunkosten für verschiedene Förderleistungen und Förderlängen erkennen.

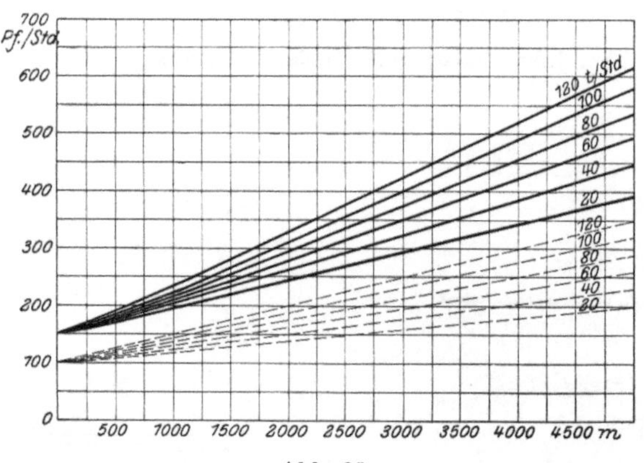

Abb. 91.

—— Gesamtförderkosten
- - - - Anteil des Arbeitsverbrauchs
{für Lokomotivförderung auf Schmalspurgleisen bei 3000 jährl. Betriebsstunden.

Aus der Aufstellung S. 399 geht hervor, daß der Lokomotivbetrieb bei größeren Entfernungen die niedrigsten Gesamtförderkosten ermöglicht. Er ist vor allen Dingen auch günstiger als alle Schwebebahnen und verdient daher auf ebenem Gelände unbedingt, den Schwebebahnen, z. B. den Drahtseilschwebebahnen, vorgezogen zu werden. Anders ist es natürlich bei unebenem Gelände, wo die Anlagekosten der Standbahn sehr stark steigen. Außerdem ist der Geländeerwerb bei Schwebebahnen einfacher und billiger. Dieser Geländeerwerb ist in den Anlagekosten für den Lokomotivbetrieb überhaupt nicht berücksichtigt, da die Bedingungen dafür zu verschieden sind. Das muß beim Vergleich der Kosten im Auge behalten werden.

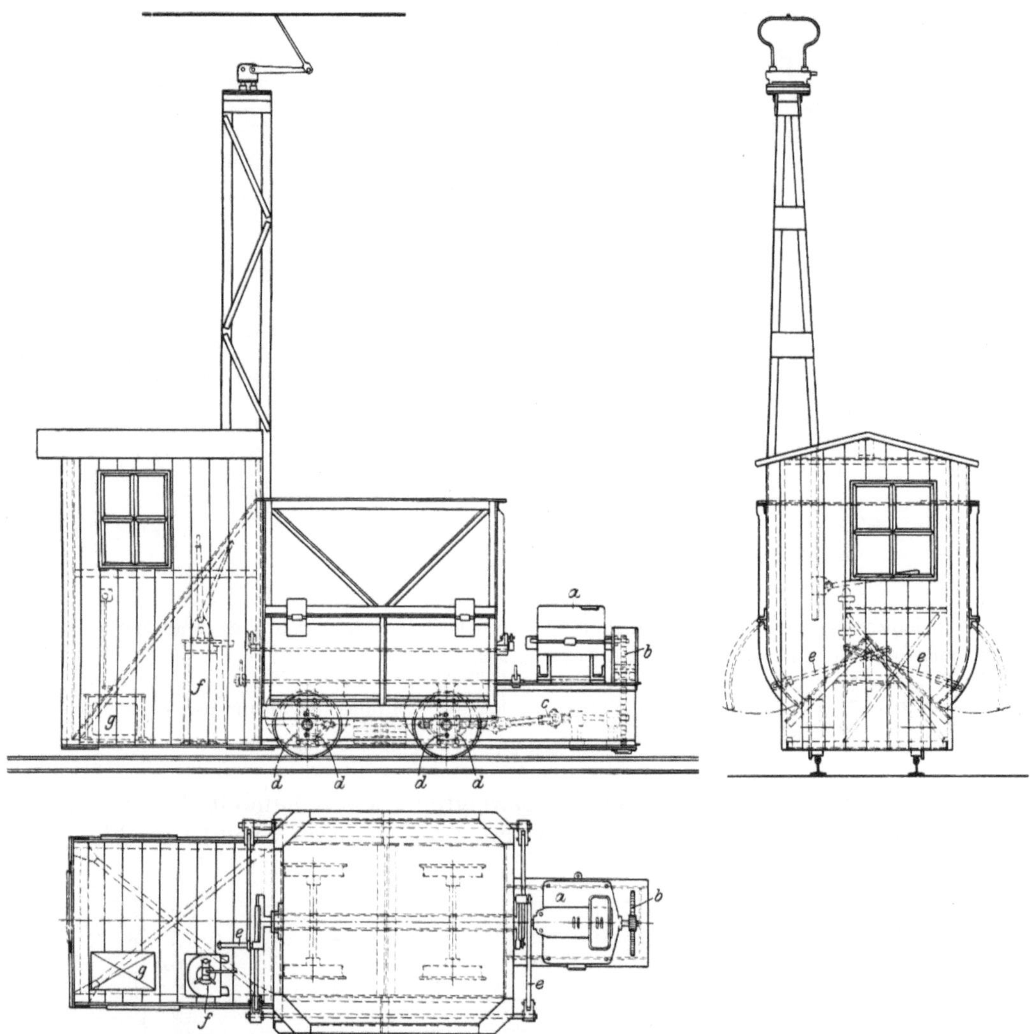

Abb. 92. Elektrisch betriebener Motorwagen von $2^1/_4$ cbm Inhalt (Pohlig) (Maßstab 1 : 50).

Eigengewicht 2900 kg, Fahrgeschwindigkeit 3 m/sk, Motorstärke 4 PS, Spurweite 600 mm, Radstand 900 mm.

a Fahrmotor.
b Kettentrieb.
c Universalkupplung zum Antrieb der Triebräder von dem federnd gelagerten Wagen aus.
d Aufhängeeisen für die einstellbaren Radachsen.
e Gestänge zum Öffnen und Schließen der Wagentüren.
f Kontroller.
g Widerstände.

c) Elektrischer Betrieb mit Motorwagen auf Standbahnen.

Die vorhergehenden Ausführungen zeigen, daß der Lokomotivbetrieb mit Dampflokomotiven nur bei großen Entfernungen in Frage kommen kann und schon bei 200 m Entfernung sich nicht als zweckmäßig erweist. Die gewöhnliche Dampflokomotive ist für kurze Entfernungen zu schwerfällig. Hier wird die Benzin- oder Benzollokomotive und die feuerlose Dampflokomotive schon etwas bessere Ergebnisse liefern. Ihre Anwendung ist bei kleinen Entfernungen zu erwägen, wenn

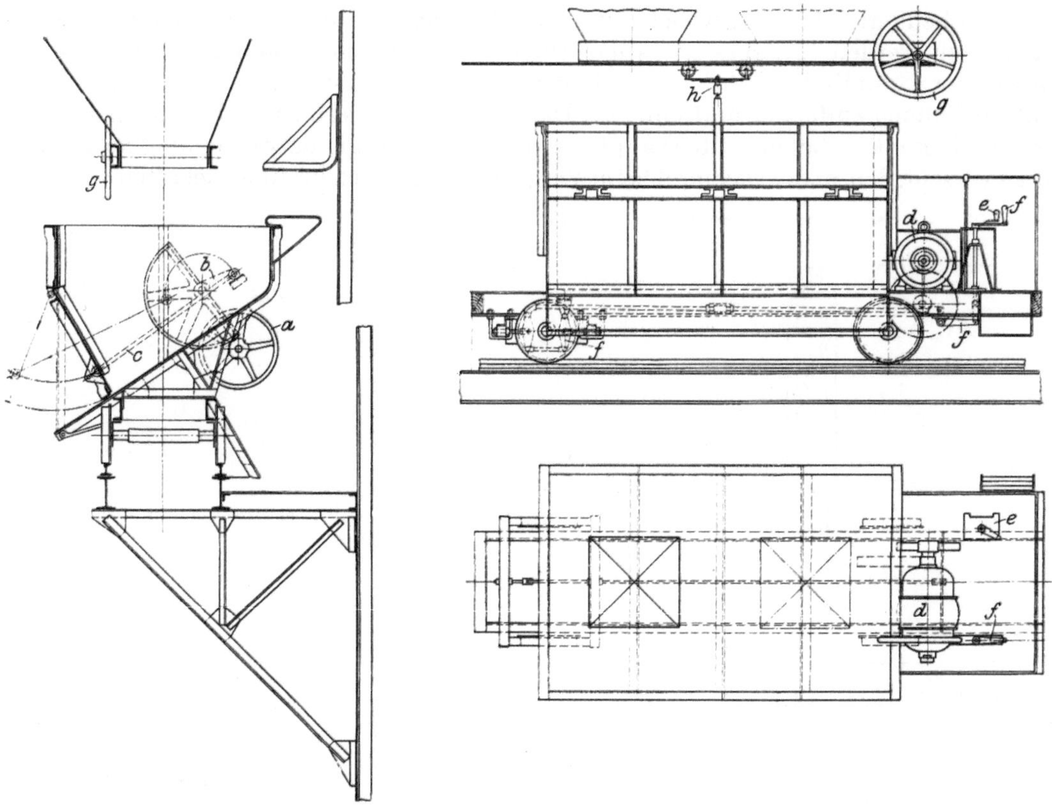

Abb. 93. Motorwagen von 4 t Tragfähigkeit für seitliche Entleerung (Pohlig) (Maßstab 1 : 68).

a **Handrad zum Öffnen der Seitentür mittels Ritzel,** Zahn**radsegment und Kurbel** ***b*****.**
b **Kurbel zum Türöffnen.**
c **Zugstange zur Verbindung von Tür und Kurbel** ***b*****,** bei ge**schlossener Tür etwas unterhalb der Totlage der Kurbel** *b* **liegend.**
d Antriebsmotor.
e Fahrkontroller.
f Handbremse.
g Handrad zum Öffnen des Füllrumpfschiebers mittels Ritzel und Zahnstange.
h Stromabnehmer mit Doppelrollen.

es sich um den Transport auf vielfach verzweigten Gleisen handelt, bei denen eine elektrische Leitung wegen der Kosten oder auch aus anderen Gründen nicht zweckmäßig erscheint. An sich liefert aber der elektrische Betrieb mit Stromzuführung durch Schleifleitung im allgemeinen die günstigsten Betriebsergebnisse, und seine Anwendung ist daher in sehr vielen Fällen empfehlenswert, besonders wenn bei geringen Entfernungen, etwa bis zu 200 m, der Antrieb direkt mit dem Wagen verbunden wird und dadurch niedrige Anlagekosten ermöglicht werden. Diese Motor-

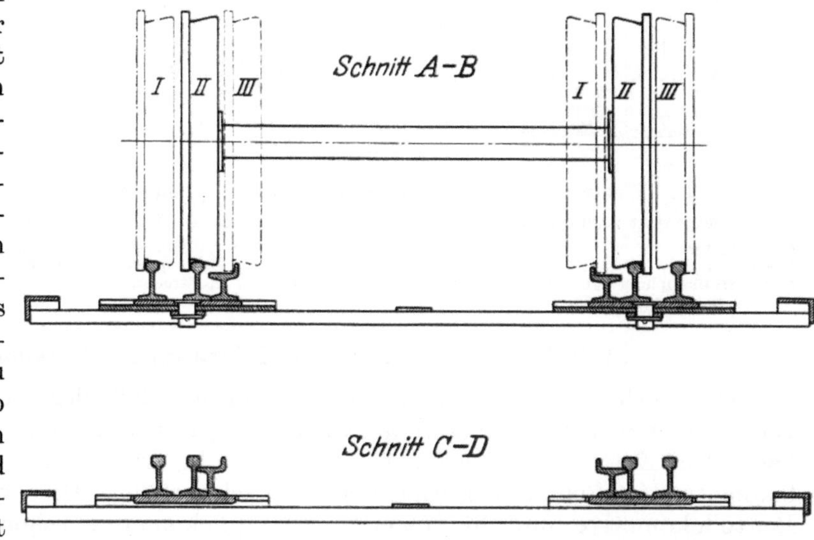

Abb. 94. Dreiwegweiche für Huntsche

wagen sind für Massengütertransport vielfach in Gebrauch und lassen sich auch auf leichten Gleisen anwenden. Abb. 92 zeigt einen solchen Motorwagen für Kohlenförderung mit 2 t Wageninhalt, Abb. 93 einen Wagen für den gleichen Zweck von

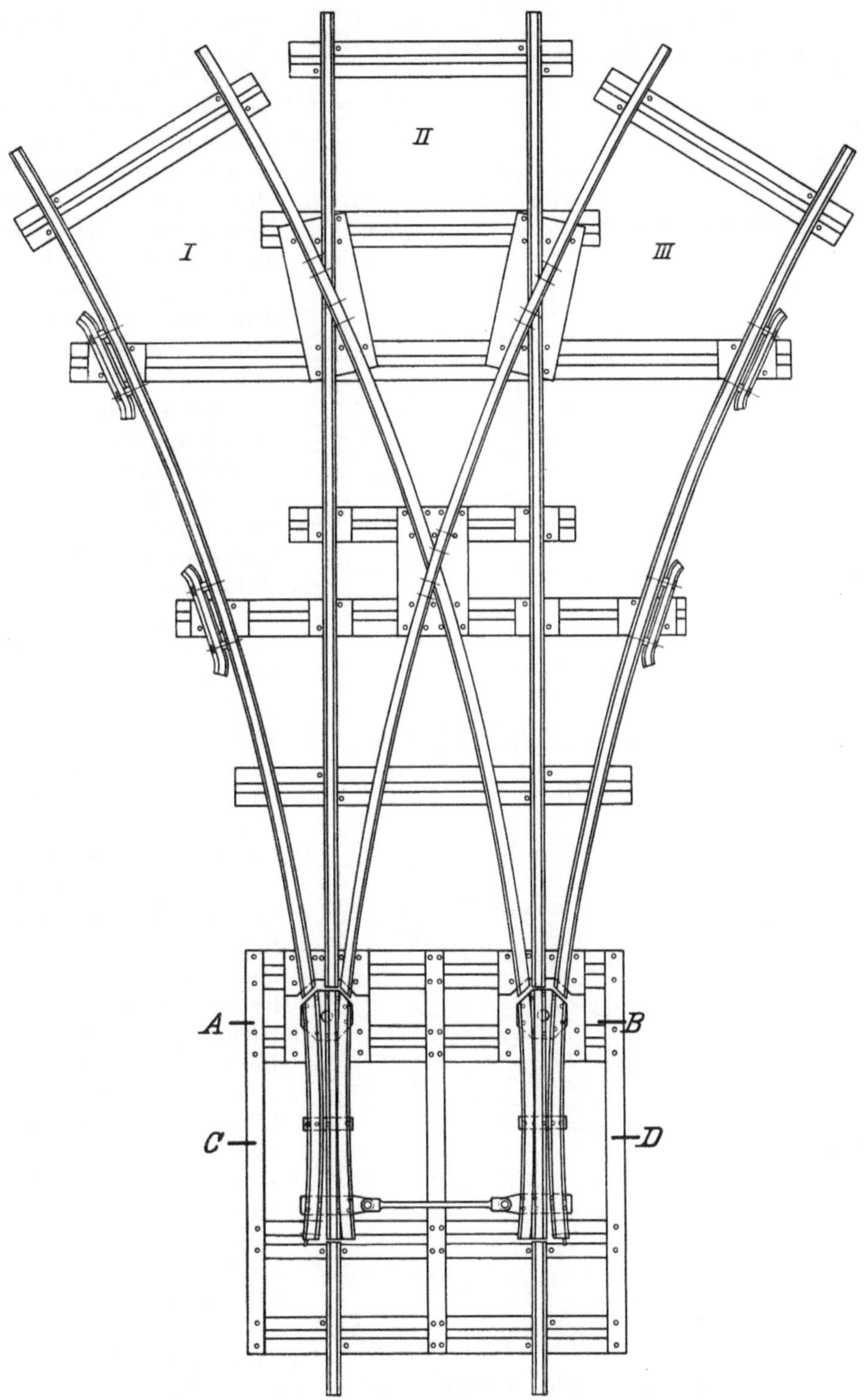

Schienengleise (Maßstab 1 : 25 und 1 : 10).

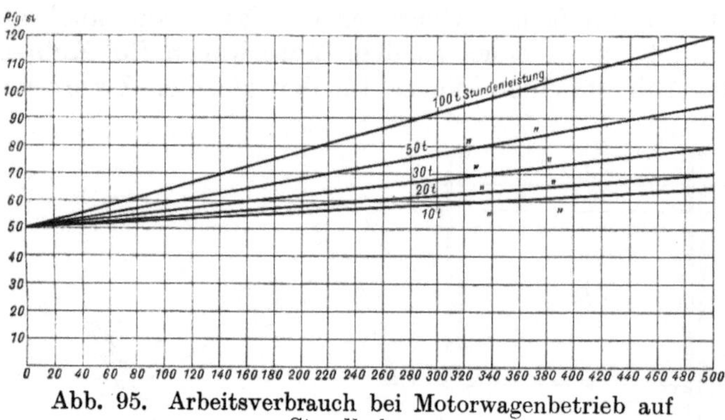

Abb. 95. Arbeitsverbrauch bei Motorwagenbetrieb auf Standbahnen.

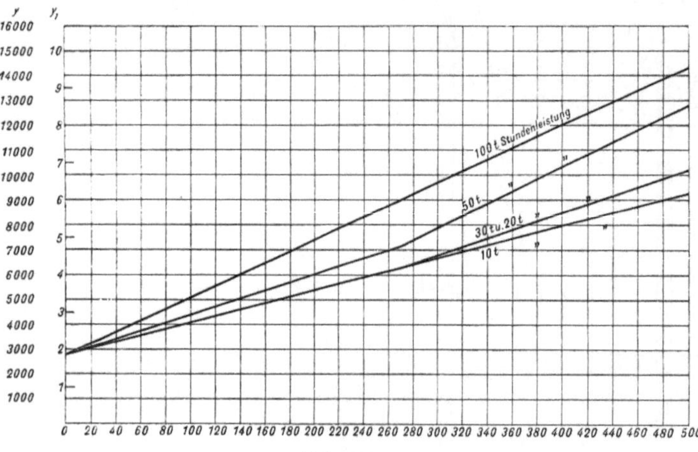

Abb. 96.

y = Anlagekosten in M. } bei Motorwagenbetrieb
y_1 = Unterhaltungskosten in Pf./st } auf Standbahnen.

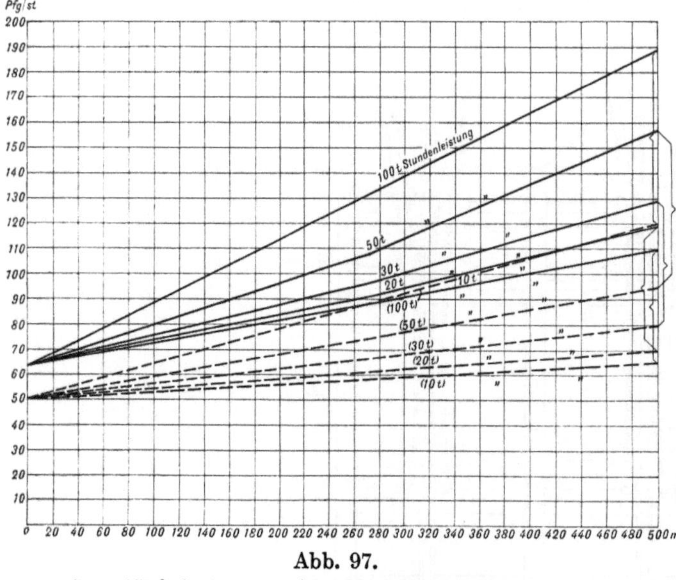

Abb. 97.

—— Gesamtförderkosten } bei Motorwagenbetrieb auf Standbahnen
- - - - Anteil des Kraftverbrauchs } und bei 3000 jährl. Betriebsstunden.

4 t Inhalt. Der kleine Wagen kann auf Schienengleisen von 600 mm Spurweite mit 3,66 m Krümmungsradius fahren, während der große Wagen für gerade Gleise gebaut ist. Wenn Wagen gleicher oder größerer Tragkraft in gekrümmten Gleisen fahren sollen, rüstet man sie mit doppeltem Drehgestell aus. Wenn man dann in den Gleiskurven die Huntsche Schienenanordnung wählt, so kann man Gleiskrümmungen von 7,5 m Radius sehr gut zulassen.

Bei der Huntschen Gleisanordnung sind die Schienen in den Kurven so gestaltet, daß die Räder ein Durchlaufen der Kurve ermöglichen, trotzdem beide Räder auf der Achse festgekeilt sind. Die Räder laufen in den Kurven nach Stellung I oder III in Schnitt *A—B* Abb. 94 so auf den Schienen, daß infolge des größeren Durchmessers des Radkranzes das äußere Rad einen größeren Weg beschreibt, entsprechend der zu durchfahrenden Kurve. Das sonst bei gekrümmten Bahnen vielfach gebräuchliche Verfahren, eines der Räder lose auf der Achse laufen zu lassen, ist bei dem motorischen Antrieb, bei dem beide Räder angetrieben werden müssen, natürlich nicht ausführbar. Bei einfachen konischen Rädern, die sich von selbst so einstellen, daß die Kurven ohne Ecken durchfahren werden, würden aber größere Gleiskurven erforderlich werden.

Die in den Abb. 92 und 93 dargestellten Wagen sind als Selbstentlader ausgebildet. Das Schließen erfolgt durch Zugstangen, die durch Kurbeln so angezogen werden, daß sie bei geschlossenen Türen gerade über die

Totlage hinüber gedreht sind und hier durch einen Anschlag festgehalten werden. Es bewirkt dann der Druck der Ladung auf die Türen nur noch einen festeren Schluß derselben, während das Öffnen der Türen von Hand leicht und schnell erfolgen kann, indem die Kurbel über die Totlage zurückgedreht wird. Wenn das geschehen ist, öffnen sich die Türen von selbst. Das Schließen der Türen kann wiederum schnell vom Führerstand aus durchgeführt werden, da die Türen mit den Zugstangen in Verbindung bleiben und der Arbeiter dieselben durch seine Kurbel bzw. das Handrad ständig in der Gewalt hat.

Es genügt also für den Betrieb ein Arbeiter mit 50 Pf. Stundenlohn, der gleichzeitig einen Motorwagen und noch einen Anhängewagen gleicher Konstruktion aus einem Hochbehälter füllen und an beliebiger Stelle entleeren kann und der in dieser Weise imstande ist, Fördermengen bis zu 100 t auf Entfernungen bis zu 500 m zu befördern. Die Kosten sind für diese Förderlängen und verschiedene Förderleistungen in den Schaulinien Abb. 95, 96 und 97 angegeben. Dabei ist bei den kleineren Leistungen ein vierrädriger Motorwagen mit 5pferdigem Motor nach Abb. 92 angenommen, für welchen mit Führerstand 2500 M. Anlagekapital eingesetzt sind. Für einen Anhängewagen gleicher Konstruktion und von 1,5 t Inhalt sind 900 M. eingesetzt. Bei den größeren Leistungen ist ein Wagen nach Abb. 93 angenommen, aber mit 8 Rädern und 2 Drehgestellen mit einem Motor von 12 PS und 6000 M. Anlagekosten, während der Preis des Anhängewagens bei gleichem Inhalt von 5 cbm = 4 t Kohlen mit 1500 M. eingesetzt ist. Die Kosten für die Endbefestigungen der Leitung und die für jede Bahnlänge ständig erforderlichen Zubehörteile sind mit 250 M. angenommen, und die Kosten der elektrischen Hin- und Rückleitung auf der Strecke einschließlich Isolatoren sind mit etwa 7 M./m veranschlagt. Das Schienengleis ist mit 6 M./m angenommen. Bei einer durchschnittlichen Fahrgeschwindigkeit von 3 m/sk ist der Stromverbrauch für den kleinen Wagen unter Berücksichtigung der leeren Rückfahrt im Mittel mit 2 KW, mit Anhängewagen mit 3 KW angenommen und für den großen Wagen ohne Anhängewagen mit 4,5 KW, mit Anhängewagen mit 7 KW. Der Strompreis ist mit 10 Pf./KW-st eingesetzt. Aus der auf S. 399 gegebenen Gegenüberstellung ist ersichtlich, daß der Betrieb mit diesen Motorwagen, abgesehen von den Huntschen automatischen Bahnen, die wegen ihres Gefälles nicht überall anwendbar sind, bei Entfernungen von 100—200 m im allgemeinen die günstigsten Ergebnisse liefert und besonders bei großen Leistungen allen anderen Fördervorrichtungen überlegen ist.

Bei Entfernungen von 500—1000 m an wird allerdings die Zahl der Anhängewagen so groß, daß die Verwendung des Triebwagens als Lastförderwagen keine besonderen Vorteile bringt, so daß jetzt die Verwendung einer elektrischen Lokomotive mehr zu empfehlen ist, die auch der Dampflokomotive bei größeren Leistungen noch überlegen ist bis zu Entfernungen von etwa 5000 m; darüber hinaus ist allerdings, wenn die Leistung nicht sehr groß ist, die Dampflokomotive vorzuziehen, da bei großen Längen die Kosten der Leitung verhältnismäßig sehr hoch werden. Nebenbei sei bemerkt, daß bei diesen Entfernungen neben den Standbahnen auch die Drahtseilbahnen in Betracht zu ziehen sind, die weiter hinten erörtert werden.

3. Standbahnen mit Schwerkraftbetrieb.

a) Die Huntsche automatische Bahn.

Der Massengütertransport wird bei Leistungen von 20 t/st an mit diesen Bahnen billiger als die Beförderung mit irgendeiner anderen Schienenbahn, und nur bei Leistungen unter 10 t/St. und bei sehr kleinen Entfernungen wird der Betrieb von Hand billiger. Die niedrigen Förderkosten sind darin begründet, daß die automatische Bahn als Schwerkraftbahn, bei der die Triebkraft durch das Gewicht der

Ladung gebildet wird, keinerlei Antriebsmotor bedarf, und daß bei der großen Geschwindigkeit des Wagens ein Mann imstande ist, Fördermengen bis zu 150 t st. auf Entfernungen bis zu 250 m zu bewegen. Das Schema dieser von dem Amerikaner C. W. Hunt erfundenen und in Europa durch Pohlig ausgeführten Bahn ist in Abb. 98 gegeben.

Der Wagen ist für selbsttätige Entleerung eingerichtet. Er besitzt einen dachförmigen Boden und an beiden Seiten Verschlußklappen, die durch ein Gestänge und zwei an den beiden Enden des Wagens angeordnete Seile geschlossen gehalten werden. Das Gestänge ist an der einen Wagentür so befestigt, daß die beiden Kurbeln, an denen das Schließseil angreift, bei geschlossener Lage der Wagentüren gerade über die Totlage gedreht sind, so daß die Türen sicher geschlossen gehalten werden und ein von innen auf die Türen wirkender Druck nur einen um so festeren Schluß bewirkt. Das Öffnen der Türen erfolgt, indem bei der Vorwärtsbewegung des Wagens ein mit einer Rolle versehener Arm des Gestänges auf ein schräges, seitlich an den Schienenträgern befestigtes Anschlagbrett, den sogenannten Entladefrosch, aufläuft. Dadurch wird dieser Arm gedreht und mit ihm auch die Kurbeln rückwärts über ihre Totlage. Von da an bewirkt der Druck des Ladegutes ein schnelles Öffnen der Türen und ein Entleeren des Wagens. Der Entladefrosch ist verstellbar und kann leicht an irgendeiner Stelle der Bahn in Ösen oder Haken, die an den Schienenträgern befestigt sind, eingehängt werden. Der Wagen, der bei Kohlenförderung je nach der Länge der Bahn mit einem Inhalt von 0,9—2,5 cbm ausgeführt wird, wird am oberen Ende der Bahn aus einem Füllrumpf durch Öffnen eines Schiebers gefüllt, wie in Abb. 98 schematisch angedeutet.

Unter dem Füllrumpf liegen die Schienen wagerecht oder in einer geringen Neigung von etwa 1 : 75, damit der Arbeiter den Wagen leicht in Bewegung setzen kann. Die Bahn hat am Anfang auf 6 m Länge eine Neigung von 1 : 20, dann in ihrem weiteren Verlauf eine Neigung von 1 : 35, im Mittel also eine Neigung von etwa 3%. Der gefüllte Wagen wird durch den die Bahn bedienenden Arbeiter in Bewegung gesetzt und läuft mit steigender Geschwindigkeit auf der abschüssigen Bahn entlang. Erst kurz vor der Stelle, wo er zur Entleerung gebracht werden soll, je nach der Länge des Förderweges etwa 10—15 m vor diesem Punkt, wird er mit einem Seil gekuppelt, das mit einem Gegengewicht verbunden ist. Das Gegengewicht ist an der einen Seite drehbar aufgehängt. An der anderen Seite wird es durch Stangen und eine Laufrolle, die in der Mitte als zweirillige Seilrolle ausgebildet ist, auf einer kurzen Schienenbahn gestützt. Das Seil ist mit dem einen Ende bei h an der Bahn befestigt, um eine Rille der Laufrolle des Gegengewichts k geleitet, weiter um eine Umführungsrolle am oberen Ende der automatischen Bahn. Es ist dann zwischen den Schienen der Bahn entlang geführt, weiter um eine Umführungsrolle am unteren Ende der Bahn und zurück über die doppelrillige Laufrolle k des Gegengewichtes l. Schließlich ist es zum Punkt i geleitet, wo das andere Seilende befestigt ist. Das eine Ende des Seiles ist in der Regel an einer kleinen Spannwinde befestigt, damit man es immer vollständig straffhalten kann. Die Umführungsrolle am oberen Ende der Bahn erhält meistens Gummipuffer, die Umführungsrolle am unteren Bahnende Federpuffer, um auch hierdurch das Seil noch zu spannen und Stöße zu beseitigen. Wenn nun der Wagen mit dem Seil gekuppelt wird, so bewegt er bei seinem Abwärtslauf den oberen Seiltrum in der Richtung auf das untere Bahnende. Dadurch wird bewirkt, daß die Laufrolle des Gegengewichts in der Richtung auf h bewegt wird, und zwar je nach dem Gewicht der Ladung und der Länge der Bahn mehr oder weniger weit. Es wird also durch die Bewegung des abwärts laufenden Wagens das Gegengewicht angehoben. Hierdurch wird die im gefüllten Wagen vorhandene lebendige Kraft allmählich aufgezehrt, und wenn der Wagen nun durch Auflaufen auf den Entladefrosch in dem Augenblick zur

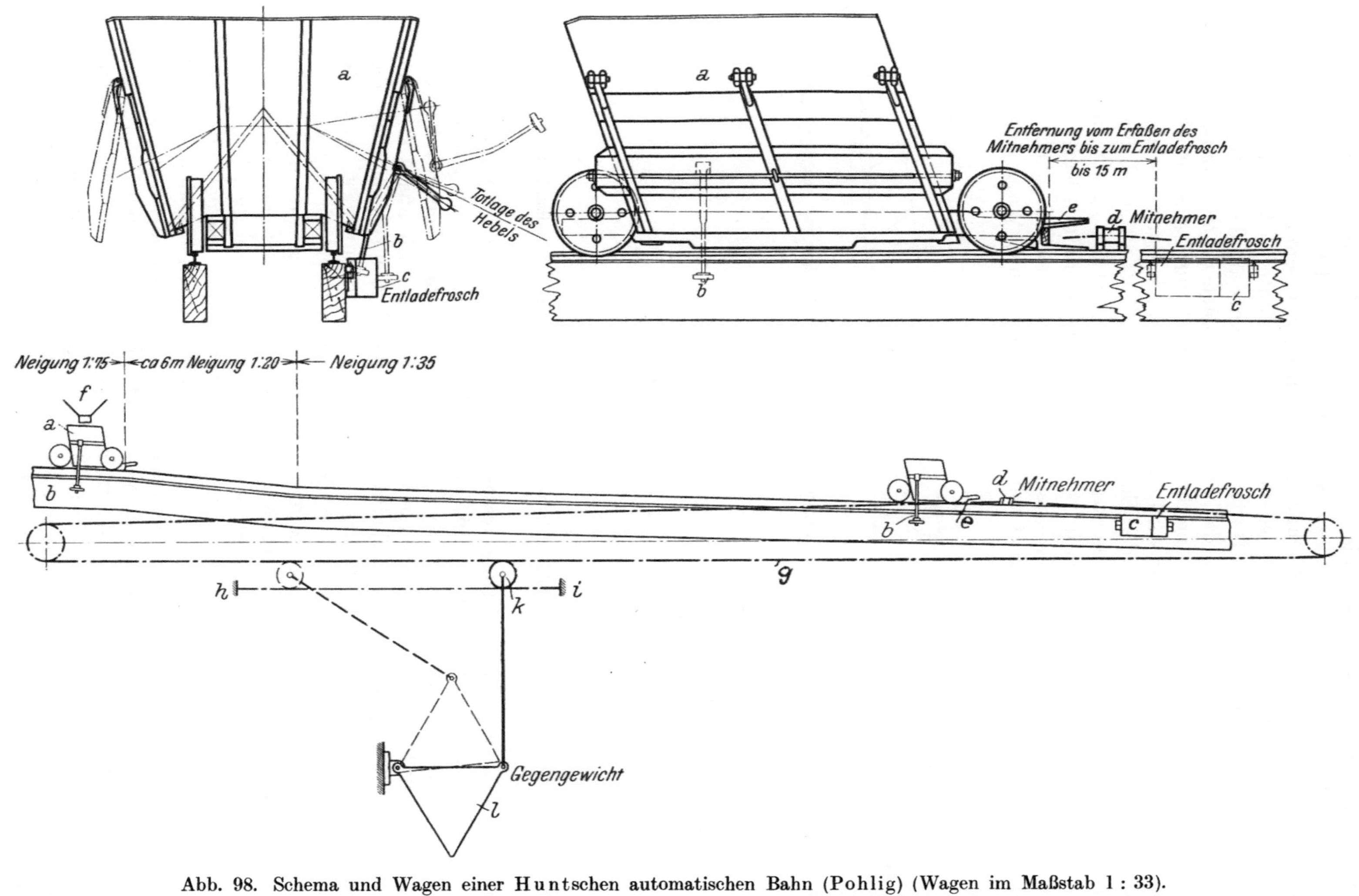

Abb. 98. Schema und Wagen einer Huntschen automatischen Bahn (Pohlig) (Wagen im Maßstab 1 : 33).

a Automatischer Wagen.
b Hebel zum Öffnen des Wagens beim Auflaufen auf den Entladefrosch *c*.
c Entladefrosch, an den Schienenlängsträgern an beliebiger Stelle einzuhängen.
d Querjoch, mit dem Seil durch Seilklemmen befestigt, auf den Schienen ruhend, bis es von den Greifern *e* des Wagens *a* erfaßt wird.
e Greifer am aut. Wagen, zum Erfassen des Querjoches *d*.
f Füllrumpf zum Füllen des Wagens.
g Seil, an den Punkten *h* und *i* befestigt.
h Befestigung des einen Seilendes, meistens durch eine Handspannwinde ausgeführt.
i Befestigung des anderen Seilendes.
k Trag- und Laufrolle für das Gegengewicht *l*, mit zwei Seilrillen zum Umleiten des Seiles *g*.
l Gegengewichtskasten aus Holz oder Eisen, mit Steinen gefüllt.

Entleerung gebracht wird, wo seine lebendige Kraft ziemlich zum Heben des Gegengewichtes ausgenutzt ist, so genügt die im Gegengewicht aufgespeicherte Kraft, um den leeren Wagen wieder bis zur Füllstation zurückzuschleudern.

Der Wagen ist, wie aus der Zeichnung ersichtlich, mit schrägen Endwänden versehen. Von besonderer Bedeutung ist die Neigung der hinteren Wagenendwand. Wenn nämlich der Wagen am unteren Haltepunkt seiner Fahrt auf den Entladefrosch aufgelaufen ist und entladen wird, so drückt das seitlich nach unten herausfallende Ladegut derart auf die geneigte Endwand des Wagens, daß dadurch seine Rückwärtsbewegung eingeleitet und unterstützt wird. Das Gewicht der Ladung, die als Triebkraft dient, wird also auch während der Entladung noch für den Betrieb der Bahn ausgenutzt. Der die Bahn bedienende Arbeiter hat nichts weiter zu tun, als den Wagen zu füllen, den gefüllten Wagen in Bewegung zu setzen und den leeren wieder in Empfang zu nehmen. Er hat bei Leistungen bis zu 150 t/st noch Zeit, den Wagen nach der Füllung unter dem Füllrumpf auf einer automatischen Wage zu wägen,

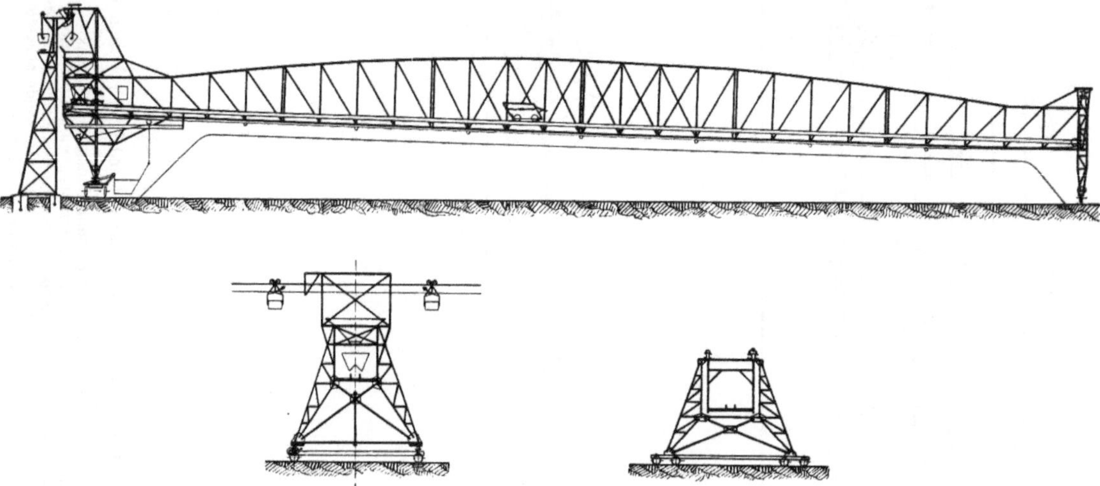

Abb. 99. Huntsche automatische Bahn auf fahrbarer Brücke (Pohlig) (Maßstab 1 : 600).

falls das Gewicht der Förderleistung festgestellt werden soll. Das Kuppeln des Wagens mit dem Seil erfolgt dadurch, daß 2 vorn am Wagen angebrachte, gabelförmig ausgebildete Mitnehmer ein Querjoch fassen, das durch Klemmbacken mit dem Seil verbunden ist und während der Ruhe auf den Schienen liegt, wie aus Abb. 98 ersichtlich. Dieses Querjoch wird im Verhältnis zum Entladefrosch so eingestellt, daß die lebendige Kraft des Wagens möglichst vollkommen ausgenutzt ist, wenn der Wagen zur Entladung gebracht wird, d. h. der Abstand von Querjoch und Entladefrosch beträgt je nach der mehr oder weniger großen Förderlänge und je nach der Größe des Gegengewichts, das bis zu etwa 2500 kg schwer angenommen wird, etwa 10—15 m. Das Seil wird also nur auf diese kurze Entfernung von dem Wagen bewegt. Sonst läuft der Wagen vollständig frei und hat nur seine eigene Reibung zu überwinden. Aus diesem Grunde genügt auch bei automatischen Bahnen die geringe Neigung von 3%, während sonst bei Bremsbergen, die ebenfalls durch das Gewicht der Ladung getrieben werden, eine wesentlich größere Neigung erforderlich ist. Der Wagen läuft auf der Bahn mit großer Geschwindigkeit, die bis zu etwa 10 m/Sek. steigen kann, und mit derselben Geschwindigkeit wird das Seil bewegt. Trotzdem wird ein starker Stoß vermieden, da infolge der eigenartigen Aufhängung des Gegengewichts dieses nur langsam in Bewegung gesetzt wird.

Diese Bahnen erfordern nur sehr geringes Anlagekapital, nämlich für das Gegengewicht mit der zugehörigen Ausrüstung, den Wagen und das Schienengleis. Das

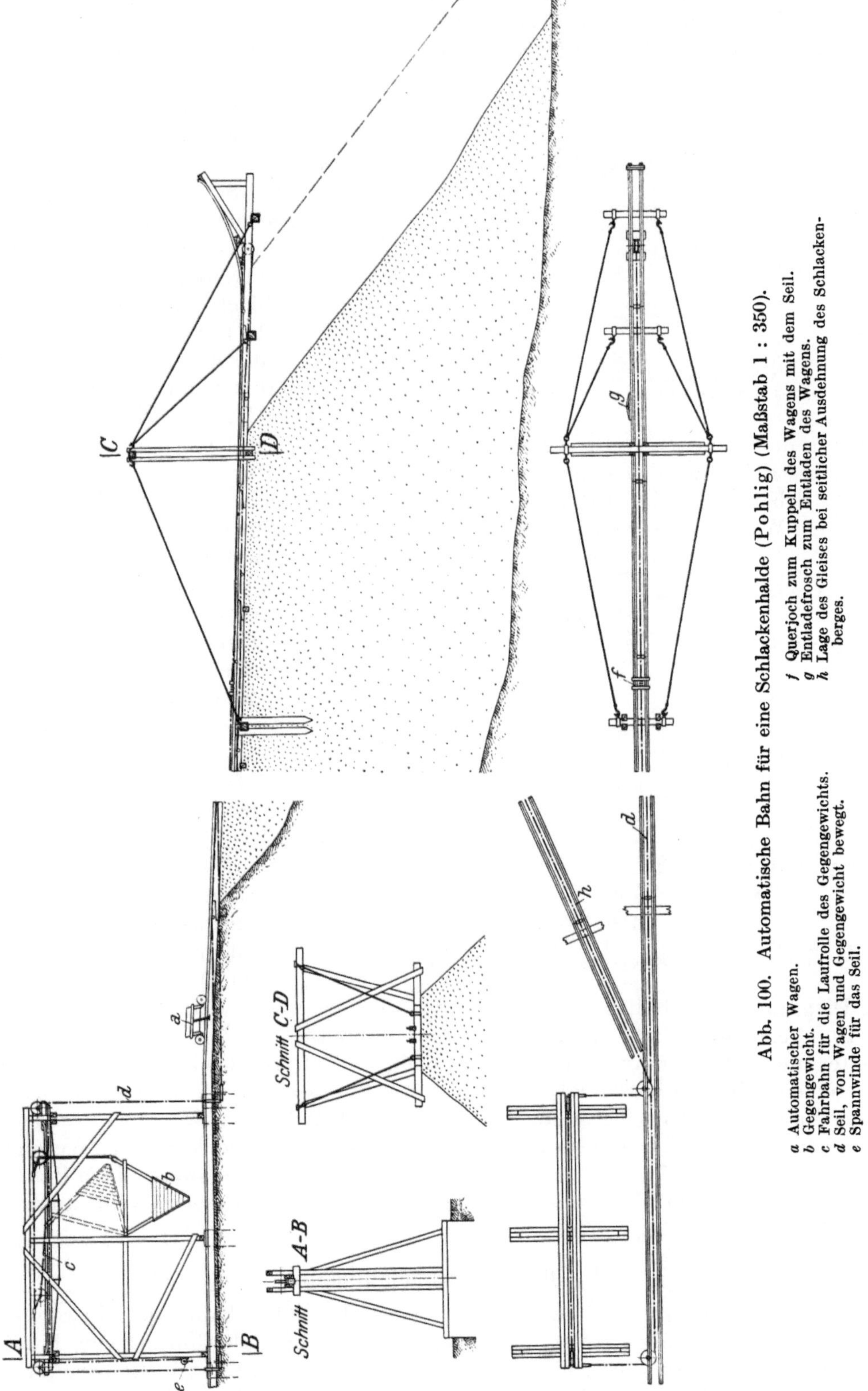

Abb. 100. Automatische Bahn für eine Schlackenhalde (Pohlig) (Maßstab 1 : 350).

a Automatischer Wagen.
b Gegengewicht.
c Fahrbahn für die Laufrolle des Gegengewichts.
d Seil, von Wagen und Gegengewicht bewegt.
e Spannwinde für das Seil.
f Querjoch zum Kuppeln des Wagens mit dem Seil.
g Entladefrosch zum Entladen des Wagens.
h Lage des Gleises bei seitlicher Ausdehnung des Schlackenberges.

Gerüst, auf dem die Bahn ruht, kann natürlich verschieden ausgeführt werden, z. B. als feststehendes Holz- oder Eisengerüst in der allereinfachsten Form, oder auf einer fahrbaren eisernen Brücke montiert, die einen Lagerplatz überspannt, wie in Abb. 99 abgebildet. Die Kosten des Bahngerüstes sind ungefähr dieselben wie bei jeder anderen Schienenbahn. Für die vergleichende Rentabilitätsberechnung ist angenommen, daß die Schienen einfach auf ebenem Gelände zu montieren sind, wie es z. B. zum Ausbreiten von Bergen auf Schlackenhalden vorkommt. Abb. 100 zeigt das Schema einer solchen Anordnung. Die Bahn kann in dieser Weise der Länge nach bis auf 250 m erweitert und dann nach Bedarf seitwärts geschwenkt werden, so daß eine große Fläche bestrichen werden kann.

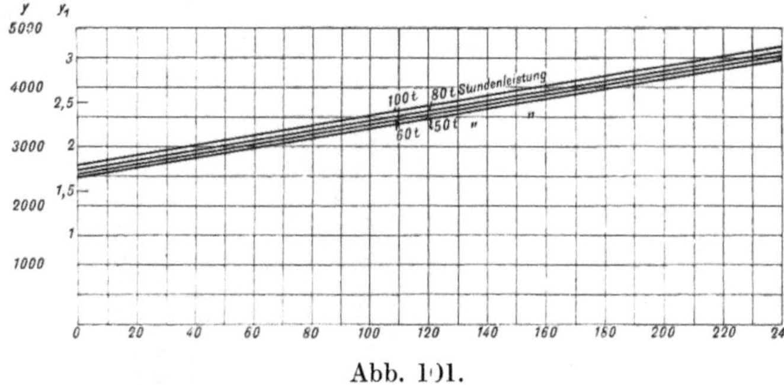

Abb. 101.

y = Anlagekosten in M. } für eine Huntsche
y_1 = Unterhaltungskosten in Pf./st } automatische Bahn.

Die Schaulinien Abb. 101 zeigen die Anlagekosten einer solchen Bahn. Bis zu 50 t ist ein Wagen von 0,9 cbm vorgesehen, steigend bis zu 2,5 cbm bei 100 t Stundenleistung. Die Anlagekosten für Wagen und Bahnausrüstung, enthaltend Gegengewicht, Seil und Umführungsrollen, Mitnehmer und Entladefrosch, sind im ersteren Falle mit 2500 M., im letzteren Falle mit 2700 M. angenommen für eine Bahnlänge von 50 m. Für jedes Meter größere Länge sind 3 M./m hinzugefügt. Die Kosten des Schienengleises sind mit 6 M./m angenommen. Für den Arbeitsverbrauch ist kein Diagramm erforderlich, da derselbe für alle Leistungen und Förderlängen mit 40 Pf./St. einzusetzen ist, entsprechend dem Lohn für den die Bahn bedienenden Arbeiter und unter der Annahme, die allgemein für den Vergleich der verschiedenen Förderarten beibehalten ist, daß 1 Arbeiter vollständig während der ganzen Stunde mit der Bahn beschäftigt bleibt, auch wenn seine Arbeitskraft nicht ganz in Anspruch genommen ist. Aus Abb. 102 sind die Gesamtförderkosten ersichtlich. Der Vergleich in der Tabelle auf S. 398f. zeigt die schon erwähnte günstige Arbeitsweise dieser Bahnen, die leider nicht überall anwendbar sind infolge der erforderlichen, wenn auch geringen Neigung von 3%.

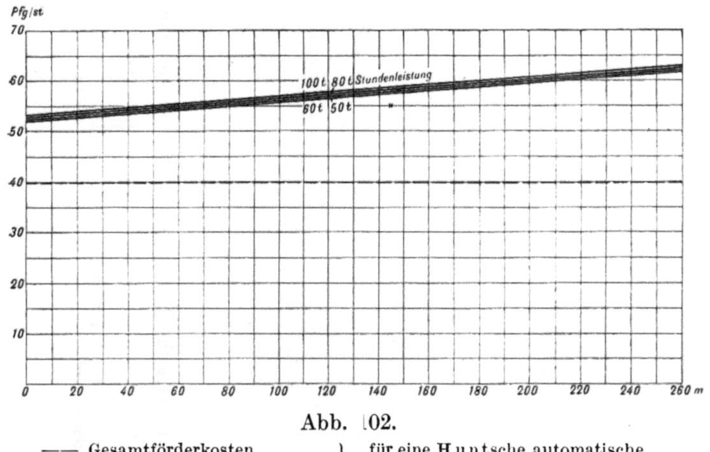

Abb. 102.

—— Gesamtförderkosten } für eine Huntsche automatische
----- Anteil des Arbeitsverbrauchs } Bahn bei 3000 jährl. Arbeitsstunden.

l) Die Gefällerundlaufbahn.

Im Anschluß hieran soll noch die automatische Gefällebahn kurz Erwähnung finden, die mitunter angewendet werden kann, wenn die Bahnführung eine Huntsche automatische Bahn ausschließt, und die in ähnlicher Weise günstig arbeitet wie die automatische Bahn. Es laufen auch bei dieser Bahn die für Selbstentleerung eingerichteten Wagen, durch ihr eigenes Gewicht getrieben, auf der im Gefälle angelegten Bahn entlang. Nur wird hier nicht das Gewicht der Ladung benutzt, um den leeren Wagen wieder zu heben, sondern die Wagen werden, am tiefsten Punkt der Bahn angekommen, von einem ständig umlaufenden Ketten- oder Seiltrieb er-

Abb. 103. Gefällebahn zum Verteilen von Zuckerrüben in einem Lagerschuppen (Pohlig).

faßt und wieder gehoben, so daß sie weiterhin wieder von selbst im Gefälle laufen können. Die Bahn kann dabei in beliebiger Linie geführt werden, da die Wagen einen ständigen Kreislauf ausführen. Es können daher auch beliebig viele Wagen verwendet werden. Das Gefälle der Bahn braucht in diesem Falle auf gerader Strecke nur mit etwa $5^0/_{00}$ angenommen zu werden und mit etwa $8^0/_{00}$ in den Kurven bei Huntscher Gleisanordnung, sonst etwas mehr. Ein Beispiel einer derartigen Bahn mit gewöhnlichen Gleisen ist durch Abb. 103 dargestellt. Die Wagen von etwa 1 cbm Inhalt werden unter dem Füllrumpf eines Eisenbahnwagenkippers gefüllt. Sie werden dann durch ein ständig umlaufendes Seil auf eine ansteigende Rampe hinaufgezogen, dann entkuppelt und laufen nun im Gefälle über irgendein Gleis des Lagerschuppens bis zum tiefsten Punkt der Bahn. Hier werden sie wieder von dem ständig umlaufenden Seil gefaßt und die Rampe hinabgeführt, um unter dem Füllrumpf von neuem beladen zu werden. Diese Bahnen arbeiten vorzüglich, erfordern aber für ihre Anlage ziemliche Erfahrung, da infolge wechselnder Schmierung, wechselnder Windverhältnisse usw. die Geschwindigkeit oft sehr groß

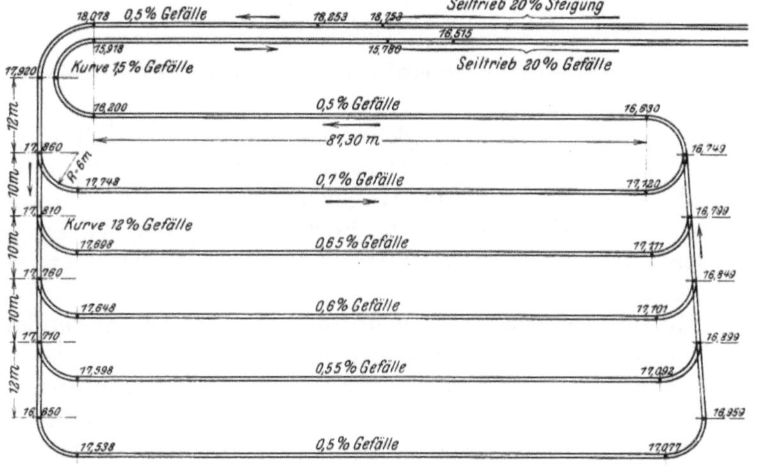

Abb. 103a. Linienführung der Gefällebahn nach Abb. 103.

wird und dann einer Entgleisung nur durch sehr sorgfältige Anordnung der Weichen und Kurven begegnet werden kann. Bei richtiger Anlage bilden sie ein gut brauchbares Fördermittel. Die Anlagekosten hängen sehr von den gerade bei diesen Bahnen meist komplizierten örtlichen Verhältnissen ab, und es soll daher von einem direkten Vergleich abgesehen werden.

4. Schwebebahnen mit Einzelantrieb.

a) Hängebahnen mit Handbetrieb.

Im vorstehenden sind die verschiedenen Formen der Standbahn, soweit es sich um eine Einzelförderung der Wagen handelt, in großen Umrissen erörtert. Vielfach treten mit diesen Standbahnen Schwebebahnen in Wettbewerb, die im allgemeinen wohl etwas höhere Anlagekosten erfordern, aber demgegenüber, besonders in industriellen Werken, den Vorteil haben, daß der freie Verkehr auf dem Boden in keiner

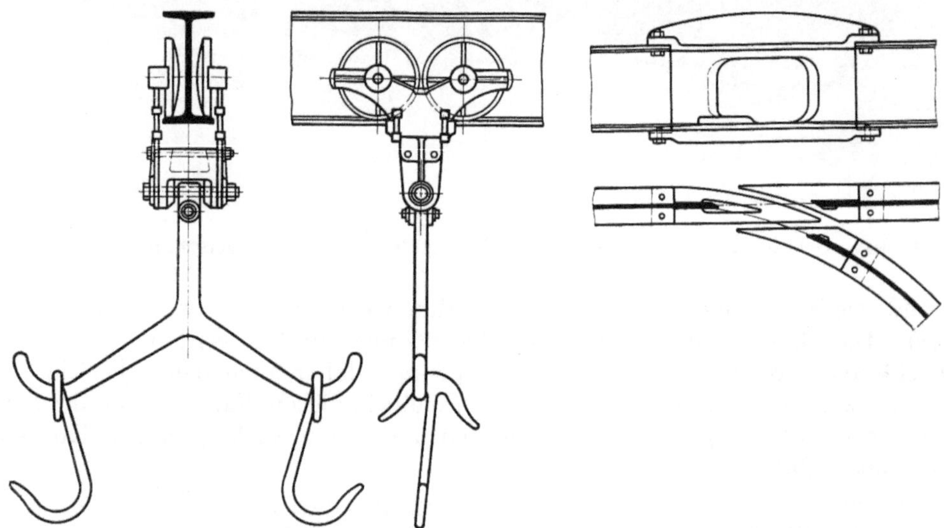

Abb. 104. Schlachthofhängebahn für Großvieh mit Weichenanordnung (Beck & Henkel).

Weise durch die Schienengleise gehindert wird, daß die hochliegenden Schienen nicht durch herabfallendes Material verschmutzt werden können, und daß aus diesem Grunde und auch, weil die Wagen an sich bei Verwendung einer einzigen Schiene weniger zum Ecken neigen, die Fortbewegung der Wagen leichter ist. Die Schienen werden durchweg in mindestens 2 m Höhe angeordnet, so daß man unter ihnen frei verkehren kann.

Mitunter wird als Schienenprofil ein I-Träger verwendet, um den die Laufrollen des Wagens von unten herumgreifen, wie in Abb. 104 dargestellt. Meistens werden besonders für diesen Zweck gewalzte Schienenprofile angewendet, auf deren wulstförmigem Kopf die Wagen laufen, wie aus den Abbildungen der Weichen und Drehscheiben (Abb. 106—108) zu erkennen ist. Die aus I-Trägern gebildeten Schienen finden besonders für den Transport in Schlachthofanlagen Verwendung, da es sich hier nur um kleinere Gewichte handelt.

Dagegen hat sich diese Anordnung für den Transport von Massengütern nicht eingeführt, da die Wagen bei den durch die beschränkte Trägerhöhe bedingten kleinen Rädern zu schwer laufen. Abb. 105 zeigt ein Gesamtbild einer Hängebahn mit Doppelkopfschienen und oben fahrendem Laufwerk und läßt die leichte Anordnung der Schienentragkonstruktion deutlich erkennen. Dieselben Schienen werden

Abb. 105. Hängebahn mit Handbetrieb (im Hintergrunde eine Haldenhängebahn mit Seilbetrieb) (Pohlig).

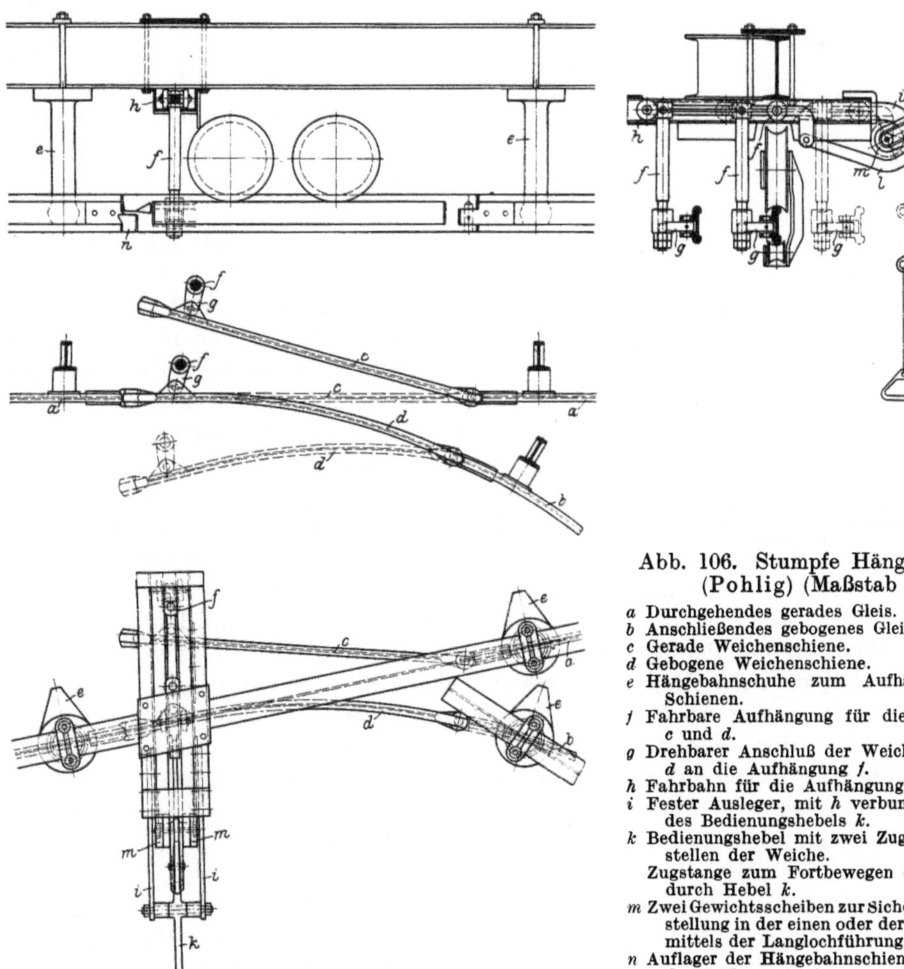

Abb. 106. Stumpfe Hängebahnweiche (Pohlig) (Maßstab 1 : 27).

a Durchgehendes gerades Gleis.
b Anschließendes gebogenes Gleis.
c Gerade Weichenschiene.
d Gebogene Weichenschiene.
e Hängebahnschuhe zum Aufhängen der festen Schienen.
f Fahrbare Aufhängung für die Weichenschienen *c* und *d*.
g Drehbarer Anschluß der Weichenschienen *c* und *d* an die Aufhängung *f*.
h Fahrbahn für die Aufhängung *f*.
i Fester Ausleger, mit *h* verbunden, zum Stützen des Bedienungshebels *k*.
k Bedienungshebel mit zwei Zugstangen zum Einstellen der Weiche.
Zugstange zum Fortbewegen der Aufhängung *f* durch Hebel *k*.
m Zwei Gewichtsscheiben zur Sicherung der Weichenstellung in der einen oder der anderen Lage vermittels der Langlochführung des Hebels *k*.
n Auflager der Hängebahnschienen zur Entlastung der Aufhängung *f*.

übrigens auch bei Hängebahnen mit Seilbetrieb und bei Seilschwebebahnen an den Stellen benutzt, wo das Tragseil nicht anwendbar ist (in Stationen und Kurven usw.). In Abb. 105 ist im Hintergrunde eine ansteigende Hängebahn mit Seilbetrieb zum Anschütten einer Halde sichtbar.

Bei Anwendung der Doppelkopfschienen mit oben fahrendem Laufwerk sind auch die Weichenanordnungen einfacher als bei den durch I-Träger gebildeten Bahnen. Die Weichen können dabei entweder als stumpfe Weichen ausgeführt werden, wie in Abb. 106 dargestellt, oder als Auflaufweichen, bei denen der eine Schienenstrang mit geringer Überhöhung über den anderen herübergreift. Diese letztere Anordnung (Abb. 107) kommt besonders in Frage, wenn der eine Schienenstrang in der Längenrichtung des anderen verschiebbar sein soll, um einen größeren Platz mit der Hängebahn vollständig zu bestreichen, eine Anordnung, die bei Verwendung von I-förmigen Schienen nicht möglich ist.

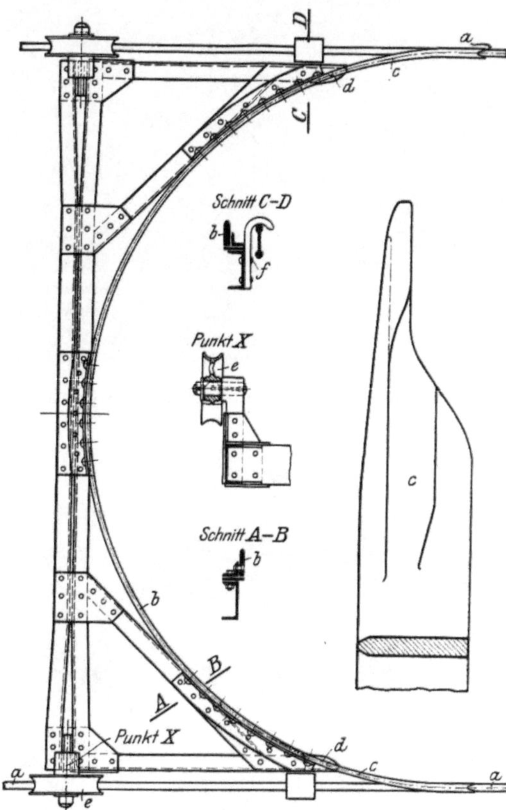

Abb. 107. Verschiebbare Hängebahnweiche (Pohlig) (Maßstab 1 : 32 und 1 : 8).

a Feste Hängebahnschienen.
b Verschiebbare Schienenschleife.
c Auflaufzungen zum Überführen des Laufwerks von *a* auf *b*.
d Senkrechter Drehbolzen, der den Auflaufzungen ein genaues Einstellen in die Schienenrichtung ermöglicht.
e Laufwerk zum Tragen der verschiebbaren Schienenschleife.
f Tragbügel, auf der Schiene *a* gleitend, zum Tragen der Schienenschleife und zur Entlastung der Auflaufzungen *c*.

Die Hängebahn kann natürlich ebenso wie die Standbahn in beliebigen Kurven geführt werden; nur kann der Radius der Kurven wesentlich kleiner angenommen werden und beträgt meistens 2 m. Ferner können, wenn erforderlich, an beliebigen Stellen des Gleises Gleiskreuzungen und Drehscheiben eingefügt werden. Eine durch den Wagen vollkommen selbsttätig einstellbare Gleiskreuzung ist in Abb. 109 dargestellt. Solche automatische Einstellung ist nur bei Hängebahnen möglich. Bei Standbahnen würde das Gewicht der zweifachen und miteinander verbundenen Schienen des Gleises zu groß werden, um durch den fahrenden Wagen einfach bewegt werden zu können. Die Drehscheiben bestehen aus einem kurzen Schienenstück, das an geeigneter Aufhängung um einen oberen senkrechten Zapfen drehbar ist und leicht gedreht werden kann, indem man entweder an dem auf der Schiene stehenden Wagen angreift oder die Drehscheibe durch ein besonderes Seil einstellt (Abb. 109). Die Schienen werden meistens in einem Abstand von etwa 4 m unterstützt. Die Unterstützung wird entweder mit den Gebäude- oder Dachkonstruktionen verbunden, oder es werden besondere hölzerne oder schmiedeeiserne Böcke vom Fußboden aus aufgeführt. Für die anzustellende vergleichende Wirtschaftlichkeitsberechnung ist der letztere Fall angenommen, um einen möglichst vollkommenen Vergleich mit den Standbahnen zu ermöglichen.

Die Wagen werden in ganz verschiedenen Formen ausgeführt, deren Darstellung im einzelnen hier zu weit führen würde. Für den Transport von Massengütern werden meistens einfache Kästen verwendet, die in ein Gehänge drehbar eingehängt

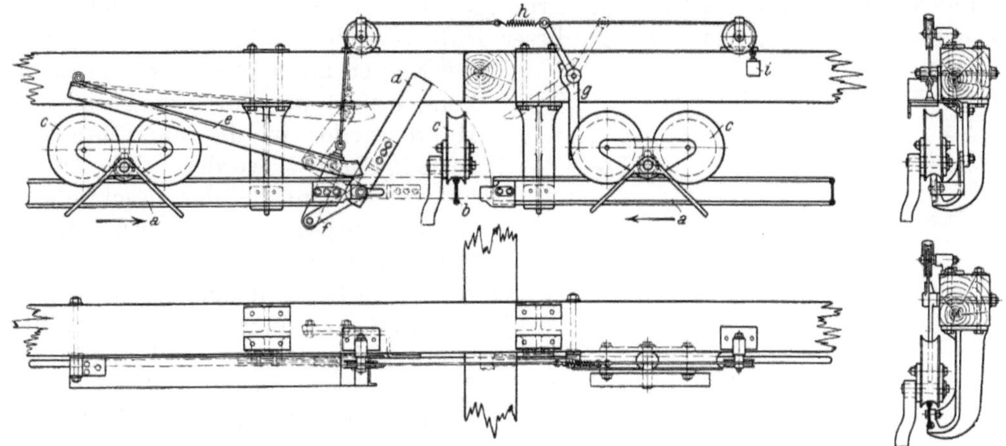

Abb. 108. Selbsttätige Gleiskreuzung bei Hängebahnen (Bleichert) (Maßstab 1 : 40).

a Feste Hängebahnschiene für eine Fahrrichtung.
b Feste Hängebahnschiene, senkrecht dazu gerichtet, mit derselben Klappschiene, wie für *a* dargestellt.
c Hängebahnwagen.
d Klappschiene zur Verbindung von *a*.
e Schleifschiene, zum Aufklappen und Niederlegen der Klappschiene *d*, wenn *e* durch einen Wagen *c* angehoben wird.
f Hebelwerk zur Verbindung von *d* und *e*.
g Hebel zum Niederklappen der Schiene *d* bei Ankunft eines Wagens von rechts.
h Feder zur Milderung des Stoßes beim Anfahren des Wagens an den Hebel *g*.
i Gewicht zum Anspannen des Zugseiles zur Verbindung von *g* und *e*.

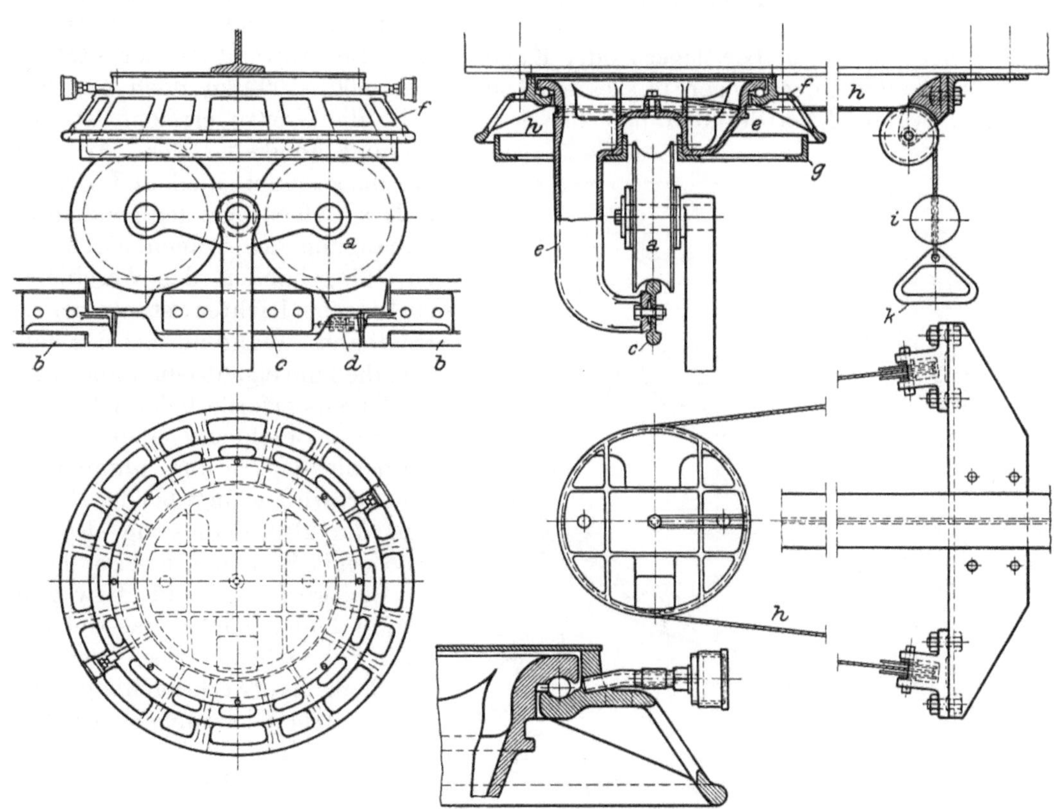

Abb. 109. Drehscheibe für Hängebahnen (Pohlig) (Maßstab 1 : 15 und 1 : 7,5).

a Laufwerk des Hängebahnwagens.
b Fester Schienenanschluß.
c Drehbares Schienenstück der Drehscheibe.
d Feder zum Festhalten der Drehscheibe in der Gleisrichtung.
e Drehscheibenteller, auf Kugellager drehbar.
f Feste Aufhängung der Drehscheibe am Traggerüst und Sicherung gegen Abfahren des Wagens während des Drehens.
g Winkeleisen als Sicherung gegen das Auffahren des Wagens bei nicht richtig eingestellter Drehscheibe.
h Seil zum Drehen der Drehscheibe.
i Gewichte zum Anspannen der Seile *h*.
k Handgriffe zum Drehen der Scheibe.

sind und durch eine um das Gehänge herumgreifende Haltevorrichtung in aufrechter Lage gehalten werden. Nach Lösen dieser Haltevorrichtung kippen und entladen die Kästen ihren Inhalt von selbst und können nach der Entleerung leicht von Hand wieder in die aufrechte Lage zurückgebracht werden. Die Hängebahnwagen sind bei der beschriebenen Anordnung gegen Entgleisen und Herabfallen sehr sicher. Sie können in den Kurven beliebig pendeln, ohne daß ein Ecken, das zu einer Entgleisung führen könnte, eintritt, und sie laufen in den Kurven ebenso leicht wie auf gerader Strecke. Die Betriebssicherheit dieser Hängebahnen ist so groß, daß sie sogar häufig in Gießereien zum Transport flüssigen Eisens verwendet werden, wofür sie wegen der hier auf dem Boden vorhandenen zahlreichen Hindernisse besonders gut geeignet sind.

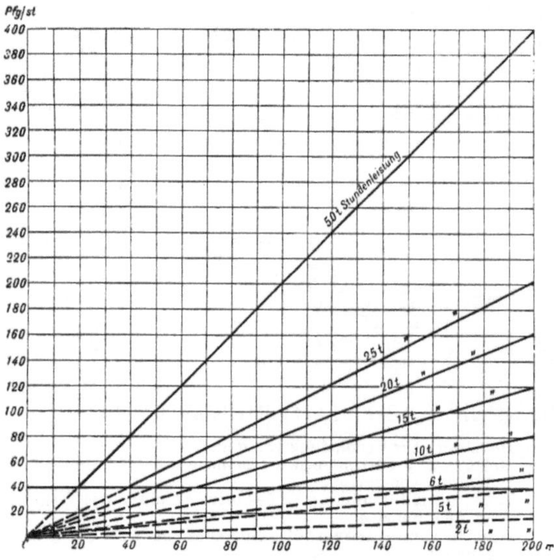

Abb. 110. Arbeitsverbrauch für Hängebahnförderung mit Handbetrieb.

Die Laufrollen werden je nach der Last meistens mit 250—300 mm Durchmesser hergestellt mit Gleitlagern oder Kugellagern. Bei Anwendung der letzteren kann 1 Arbeiter einen Wagen mit einem Inhalt von 500—1000 kg noch gut fortbewegen, während bei Standbahnen bei etwa 600 kg die Grenze erreicht ist. Die Leistungsfähigkeit des Arbeiters wird insbesondere auch dadurch vergrößert, daß infolge der pendelnden Aufhängung des Wagenkastens bei den Hängebahnen das Anschieben des Wagens leichter ist als bei der Standbahn. Während bei der letzteren die zum eigentlichen Fortrollen des Wagens erforderliche Arbeit um die für das Beschleunigen der Massen erforderliche Leistung unmittelbar vermehrt wird, erfolgt bei der Hängebahn die Beschleunigung des Gehänges mit Kasten teilweise, bevor das Laufwerk sich in Bewegung setzt, indem zunächst das Gehänge in der Fahrrichtung auspendelt und danach das Laufwerk nachfolgt. Die beiden Arbeitsleistungen erfolgen also z. T. zeitlich hintereinander, und dadurch wird der erforderliche Kraftaufwand geringer.

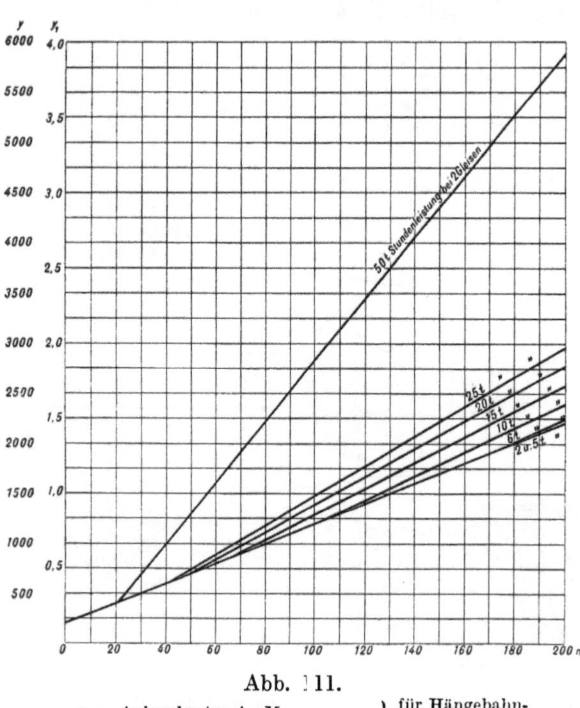

Abb. 111.

y = Anlagekosten in M.
y_1 = Unterhaltungskosten in Pf./St.
} für Hängebahnförderung mit Handbetrieb.

Für den Arbeitsverbrauch nach den Schaulinien Abb. 110 ist angenommen, daß 1 Arbeiter 1 Wagen mit 700 kg Inhalt mit 1 m/sk Geschwindigkeit schiebt. Mit Rücksicht auf Hin- und Rückweg und die Pausen für Füllen und Entladen des Wagens ist eine Nutzgeschwindigkeit von 1500 m/St. angenommen. Die Stundenleistung eines Arbeiters beträgt demnach 1500 · 0,7 = 1050 mt gegenüber 750 mt bei der Standbahn mit Handbetrieb. Die Anlagekosten sind dagegen etwas höher als bei der Standbahn und für einen Schienenstrang einschließlich Stützen mit Fundament und Aufhängung zu etwa 10 M./m angenommen. Der Preis eines Hängebahnwagens von 0,8 cbm mit 700 kg Kohleninhalt ist mit 200 M. angenommen, seine Dauer mit 10 Jahren. In den Schaulinien (Abb. 111) ist bis zu 25 t Stundenleistung und 200 m Förderlänge ein einfacher Schienenstrang angenommen, während darüber hinaus ein in sich geschlossener Kreis, also ein doppelter Schienenstrang vorgesehen ist. Aus den Schaulinien für die Gesamtanlagekosten (Abb. 112) und aus der Gegenüberstellung auf S. 399 geht hervor, daß die Hängebahn mit Handbetrieb bei kleinen Leistungen gegenüber der Schienenbahn mit Handbetrieb um einen ganz geringfügigen Betrag im Nachteil ist. Bei etwas größeren Leistungen stellt sie sich aber mit ihr gleich und bei größeren Leistungen sogar günstiger, so daß, besonders mit Rücksicht auf die eingangs erwähnten Vorteile (Freihalten des Bodens und Vermeiden von Verschmutzungen der Schienengleise) ihre Anwendung vielfach zu empfehlen ist.

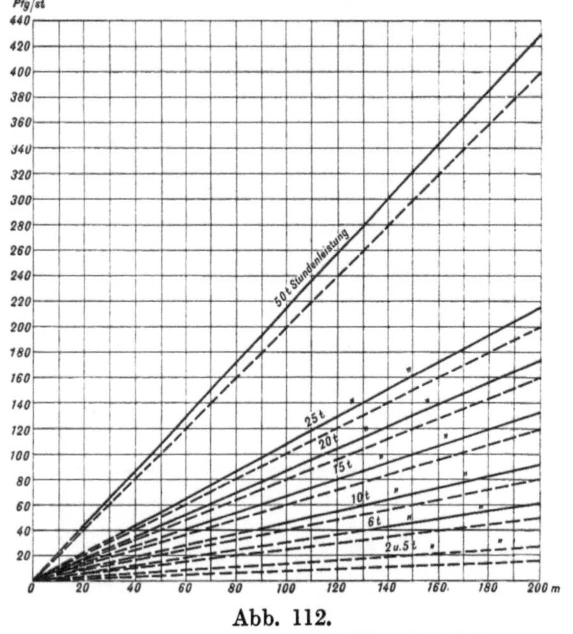

Abb. 112.

—— Gesamtförderkosten
---- Anteil des Arbeitsverbrauchs } bei Hängebahnförderung mit Handbetrieb bei 3000 jährl. Betriebsstunden.

b) Elektrohängebahnen.

Bei größeren Leistungen und Förderlängen wird in neuerer Zeit vielfach elektromotorischer Antrieb verwendet. Die Anordnung der Einzelteile, d. h. der Wagen, Gleise, Weichen usw., bleibt dieselbe wie bei den Hängebahnen mit Handbetrieb. An dem Laufwerk des Wagens wird ein kleiner Motor angeordnet, der die Laufräder durch einfaches Rädervorgelege direkt antreibt und den Strom von einer Schleifleitung entnimmt. Diese Betriebsart wurde schon vor mehr als 30 Jahren von Prof. Jenkins in England ausgeführt und unter dem Namen Telpherbahn in den Verkehr gebracht, und zwar in verhältnismäßig vollkommener Anordnung mit Blockiereinrichtungen zum Vermeiden von Zusammenstößen verschiedener Wagen usw.

Aber die elektrischen Maschinen und Apparate, die erst gegen Ende des vorigen Jahrhunderts in größerem Umfange für Förderanlagen benutzt wurden, waren noch nicht genügend entwickelt. Die Telpherbahnen gelangten, wenn sie auch ständig gebaut wurden, doch lange Zeit zu keiner weitgehenden Verwendung.

Bei der gegenwärtigen großen Verbreitung des elektrischen Stromes, der fast in jeder kleinen Fabrik zur Verfügung steht, und bei der Vollkommenheit und zuverlässigen Arbeitsweise der elektrischen Apparate hat sich aber Anfang unseres Jahrhunderts dieses Fördermittel für den inneren Betrieb der Fabriken zu großer Bedeutung entwickelt. Diese Entwicklung hat im Hinblick auf die durch die Hängebahn gebotenen Vorteile, daß der Fußboden frei von Schienengleisen ist, die Gleise nicht verschmutzen und die Hängebahnschienen mit kleinem Krümmungshalbmesser bis herab auf 2 m verlegt werden und sich somit den örtlichen Verhältnissen im Innern der Werkstätten gut anpassen können, zweifellos noch nicht ihren

Höhepunkt erreicht, wenngleich auch hier der Elektroflurwagen stark in Wettbewerb tritt.

Der Betrieb der Elektrohängebahnen kann fast als automatisch bezeichnet werden, indem die Wagen ganz ohne Führer beliebige Bahnstrecken durchfahren und an beliebiger Stelle ohne weitere Bedienung durch einen Anschlag entladen werden können.

Wenn mehrere Wagen auf derselben Strecke fahren, so wird durch eine geeignete Blockiereinrichtung Vorsorge getroffen, daß die Wagen nicht zusammenstoßen können, daß aber doch ein ständiger Betrieb gesichert ist. Diese Blockierung gestaltet sich bei Elektrohängebahnen besonders einfach, weil bei den in Frage kommenden Wagengewichten von durchweg etwa 1,3—3 t nur kleine Motoren erforderlich sind, die mit Kurzschlußanker ausgeführt und ohne Vorschaltwiderstände durch

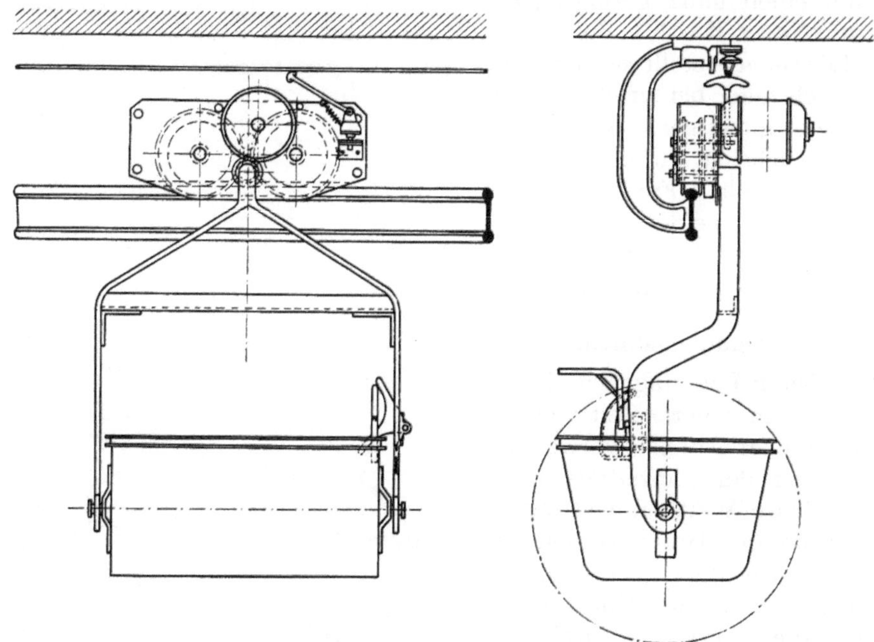

Abb. 113. Elektrohängebahnwagen (Maßstab 1 : 30).

einen einfachen Schalter ein- und ausgeschaltet werden können. Sie werden meistens in einer Stärke von etwa $^1/_2$—$^3/_4$ PS verwendet. Bei kleineren Lasten und wagerechter Bahn genügt ein Motor, der eins der beiden Laufräder antreibt, bei größeren Lasten und besonders auch bei einer Steigung der Schienengleise, die bis 6% durch einfache Schienenreibung überwunden werden kann, verwendet man dagegen vielfach 2 derartige Motoren, je einen für eine der beiden Tragrollen des Laufwerks. Man kann aber natürlich auch mit einem Motor durch geeignete Zahnräderanordnung beide Laufräder antreiben.

Abb. 113 zeigt einen derartigen Wagen, wie er in ähnlicher Form von allen Herstellerfirmen für Elektrohängebahnen gebaut wird. Die Kraft wird durch einfaches Rädervorgelege auf das Laufrad übertragen, das mit einem Zahnkranz fest verbunden und auf der feststehenden Achse drehbar gelagert ist. Durch ein Zwischenrad wird auch das in gleicher Weise ausgebildete zweite Laufrad angetrieben. Das Ritzel auf der Motorachse ist schwebend angeordnet. Der Motor ist als Flanschmotor in einfachster Weise am Laufwerk befestigt. Irgendwelche besonderen schweren und teuren Lagerungen werden also durch den elektrischen Antrieb am Laufwerk nicht erforderlich. Zum schnellen Anhalten des Wagens bei ausgeschaltetem Strom wird meistens eine kleine Magnetbremse eingebaut, die in einfachster Form als einseitige Backenbremse entweder auf das Laufrad oder auf die Schiene wirkt.

Da die Bahnen durchweg für Gleichstrom von 110 oder 220 Volt ausgeführt werden — vorhandene höhere Spannung oder Drehstrom wird durch einen kleinen Transformator umgeformt —, und da die geerdete Laufschiene als Rückleitung benutzt wird, so genügt für die Stromzuführung ein einziger blanker Schleifdraht, der über der Laufschiene isoliert befestigt wird. Für den Einbau der Blockiereinrichtung kommen allerdings meistens noch drei weitere Stromführungen hinzu, die aber als isolierte Leitungen in beliebiger Weise oben verlegt werden können und den Betrieb daher nicht weiter ungünstig beeinflussen.

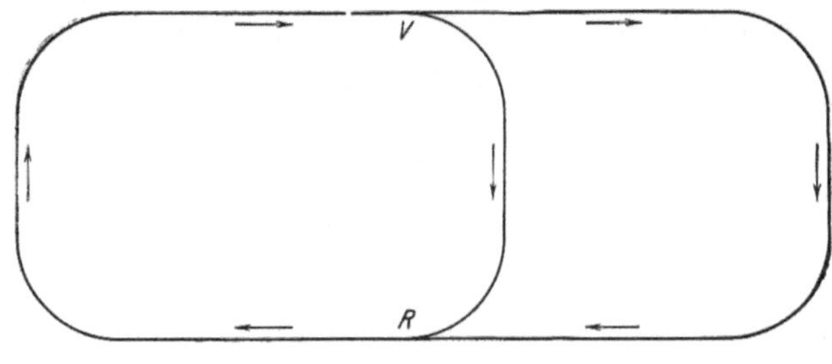

Abb. 114. Beispiel einer Schienenführung für Elektrohängebahnen.

Die Blockschaltung wird von den einzelnen Firmen in verschiedener Weise ausgeführt. Das in Abb. 115—116 angegebene Schema schließt sich für die gerade Strecke der ursprünglich von Bleichert eingeführten Anordnung an, während die Weichensicherung in einer allgemeinen Anordnung gezeigt ist, welche die Möglichkeit der vollkommen selbsttätigen Steuerung dieser Elektrohängebahnen vorführen soll. Als Beispiel einer solchen Hängebahnsicherung ist eine Schienenführung nach Abb. 114 angenommen, die außer geraden und gekrümmten Strecken eine Vorwärtsweiche V und eine Rückwärtsweiche R enthält und von mehreren Wagen in der Richtung der Pfeile durchfahren wird.

Abb. 115 und 116 geben die Leitungsführung und Schalteranordnung auf der geraden Strecke an, wobei die Schleifleitung ausgezogen, die Hilfsleitungen kurz gestrichelt und die Speiseleitung lang gestrichelt sind. Die ganze Bahn ist in mehrere Blockstrecken eingeteilt. An dem Teilpunkt je zweier Blockstrecken ist ein Schalter in die Hilfsleitungen eingebaut, dessen Drehkreuz bei jedem Vorbeigang eines Wagens durch einen mit dem Wagen verbundenen Anschlag um 90° gedreht wird (Abb. 115).

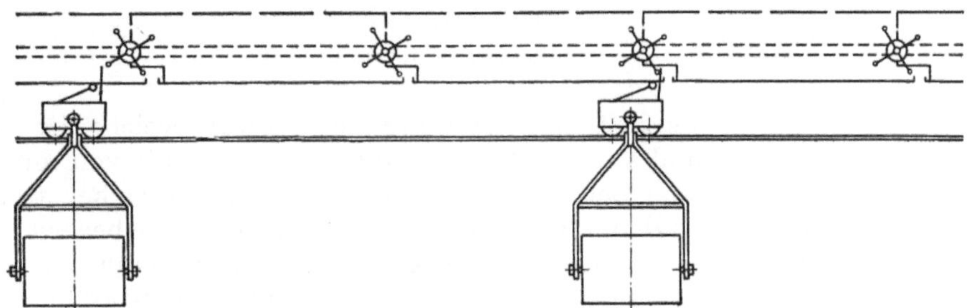

Abb. 115. Leitungsführung einer Elektrohängebahn auf gerader Strecke.

Durch die Schalter, die ebenso wie die Wagen in den Abb. 116a—c schematisch dargestellt sind, wird die Stromzuführung zur Schleifleitung auf der geraden wie auf der gebogenen Strecke so geregelt, daß immer hinter jedem Wagen eine Blockstrecke stromlos ist, damit der folgende Wagen nicht auf den vorangehenden auflaufen kann. Tritt der in Bewegung befindliche Wagen auf eine andere Blockstrecke über, so werden die rückwärtigen Blockstrecken entsprechend umgeschaltet, so daß immer nur die unmittelbar hinter dem Wagen befindliche Strecke stromlos ist. Abb. 116 a—c zeigen diese Schaltung auf einfacher gerader Strecke für 3 Wagen und für 3 verschiedene Wagenstellungen. In Abb. 116a ist angenommen, daß der Wagen 1 eben auf die betrachteten Blockstrecken auffährt. Abb. 116b stellt die Schaltung im normalen Betriebe dar, wenn die beiden Wagen um mehr als eine Blockstrecke voneinander entfernt sind. Dabei ist angenommen, daß der Wagen 1 in der gezeichneten Stellung aus irgendeinem Grunde stehen bleibt, in Abb. 116b angedeutet durch einen Ausschalter *O*. Abb. 116c endlich zeigt die Stellung, die die drei Wagen einnehmen, wenn der Wagen 1 stehen geblieben ist und die anderen Wagen so dicht wie möglich an ihn herangefahren sind. Sobald die Störung an Wagen 1 beseitigt und er auf eine neue Blockstrecke aufgefahren ist, fährt auch Wagen 2 von selbst an, darauf Wagen 3 usw.

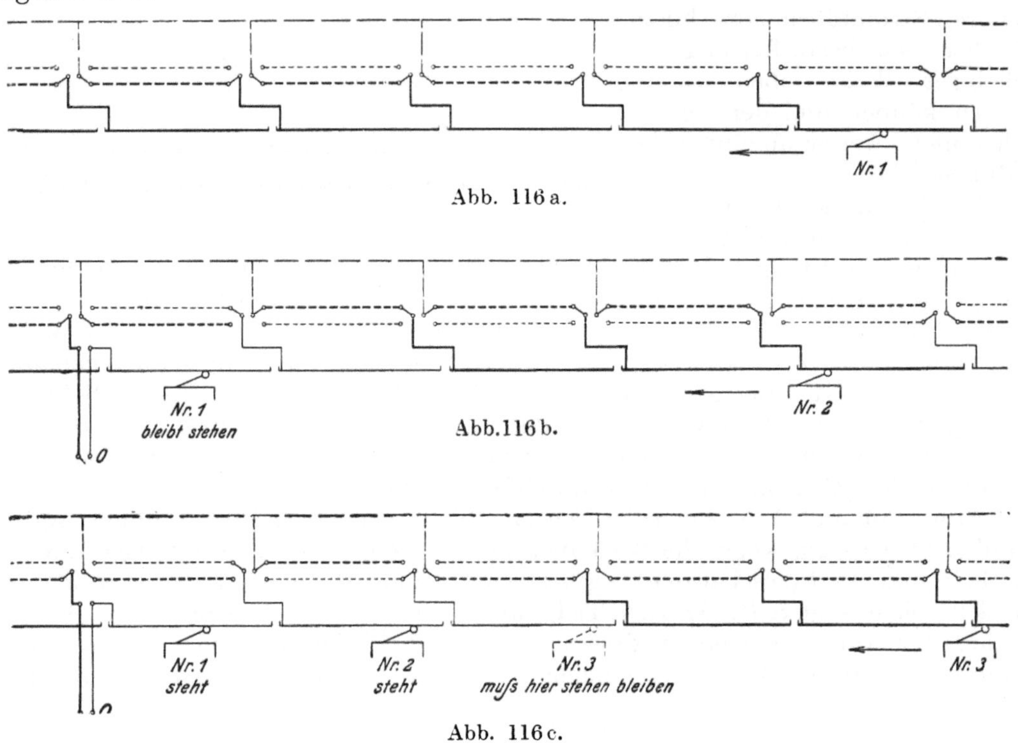

Abb. 116a—c. Blocksicherung auf gerader Strecke.

Die in Abb. 117a—c dargestellte Steuerung der Vorwärtsweiche ist einfach. Sie wird mit der Hand ein- und ausgerückt. Der Wagen schaltet die von ihm durchfahrenen Blockstrecken in derselben Weise, wie soeben für die einfache Strecke beschrieben, einerlei, ob er sich in dem kleinen oder in dem großen Kreise bewegt. Außerdem wird die vor der Weiche liegende Strecke *A—A* so von der Stellung der Weiche abhängig gemacht, daß sie stromlos ist, wenn die Weiche nicht vollständig ein- oder ausgerückt ist. In der Abbildung ist die hierfür erforderliche Schaltung durch 2 feste unter Strom stehende Kontakte *K—K* dargestellt, mit denen die Weiche nur in den äußersten Lagen Berührung hat und durch die der Strom der Strecke *A—A* zugeführt wird. Die Kontakte können natürlich auch durch einen Drehschalter ersetzt werden, der von dem Drehzapfen der Weiche aus betätigt wird.

Schließlich muß noch dafür gesorgt werden, daß der Wagen, nachdem er die eingerückte Weiche durchlaufen hat, die beiden Weichenstrecken *A—B* und *A—C* stromlos macht, weil es sonst bei der geringen Länge der Weiche vorkommen könnte, daß ein Wagen, der kurz hinter *C* stehen bleibt, von einem anderen Wagen, der über die mittlerweile eingelegte Weiche auf Strecke *A—B* fährt, angefahren wird.

Diese Bedingung kann durch Anwendung eines Doppelschalters D in der in Abb. 117 für verschiedene Wagenstellungen angegebenen Weise erfüllt werden.

Weniger einfach gestalten sich die Verhältnisse bei der Rückwärtsweiche, für die die Forderung gestellt werden muß, daß sie durch den Wagen selbst ein- oder ausgerückt wird, je nachdem der Wagen aus dem kleinen oder aus dem großen Schienenkreise (Abb. 114) an die Weiche herankommt. Das Aus- und Einrücken kann der Wagen ohne weitere Bedienung durch Umlegen eines Gewichtes bewirken,

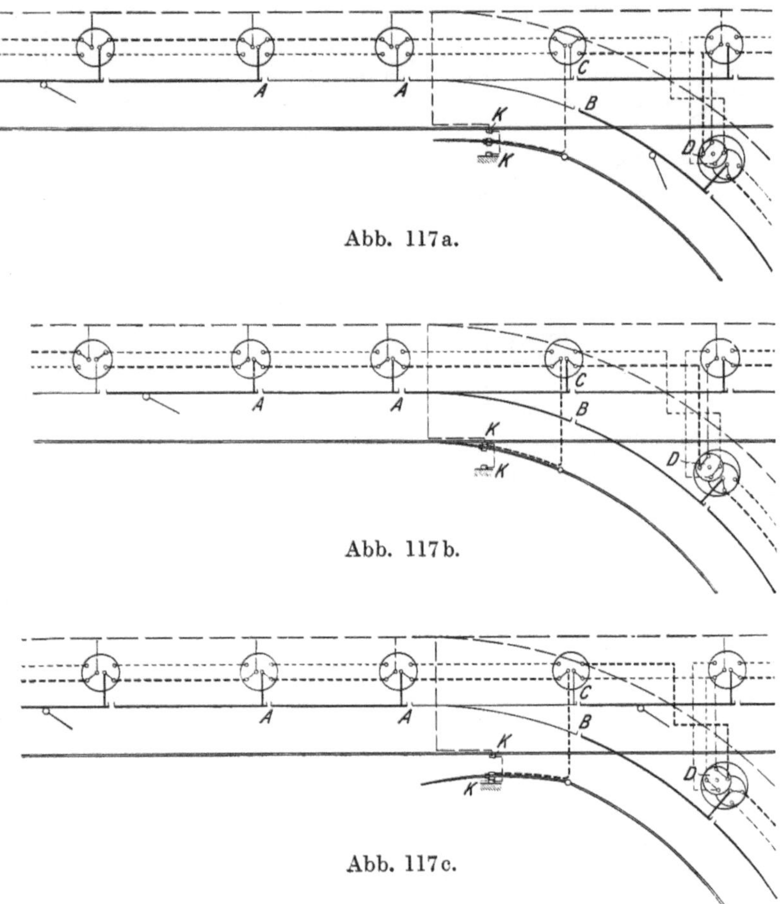

Abb. 117a.

Abb. 117b.

Abb. 117c.

Abb. 117a—c. Blocksicherung einer Vorwärtsweiche.

das die Weiche in der einen oder anderen Lage festhält, oder auch durch einen entsprechenden elektrischen Schalter und Elektromagneten. Diese Weichenschalter können an den in Abb. 118 mit W bzw. W_1 bezeichneten Stellen in leicht verständlicher Weise angebracht werden. Durch einen einfachen Kontakt K_1 oder einen entsprechenden Drehschalter kann leicht bewirkt werden, daß bei ausgerückter Weiche die vor der Weiche liegende Strecke E—F stromlos wird, um bei etwaigem Versagen des Weichenschalters zu verhindern, daß der vom kleinen Schienenkreise kommende Wagen von der Weiche abläuft. Gleichzeitig wird dadurch diese Strecke auch ausgeschaltet, wenn ein Wagen über den großen Schienenkreis durch die Weiche fährt.

Es muß ferner durch die elektrische Schaltung Vorsorge getroffen werden, daß von 2 Wagen, die über die beiden Schienenkreise etwa zu gleicher Zeit an der Weiche ankommen, der eine so lange wartet, bis der andere die Weiche befahren hat, und

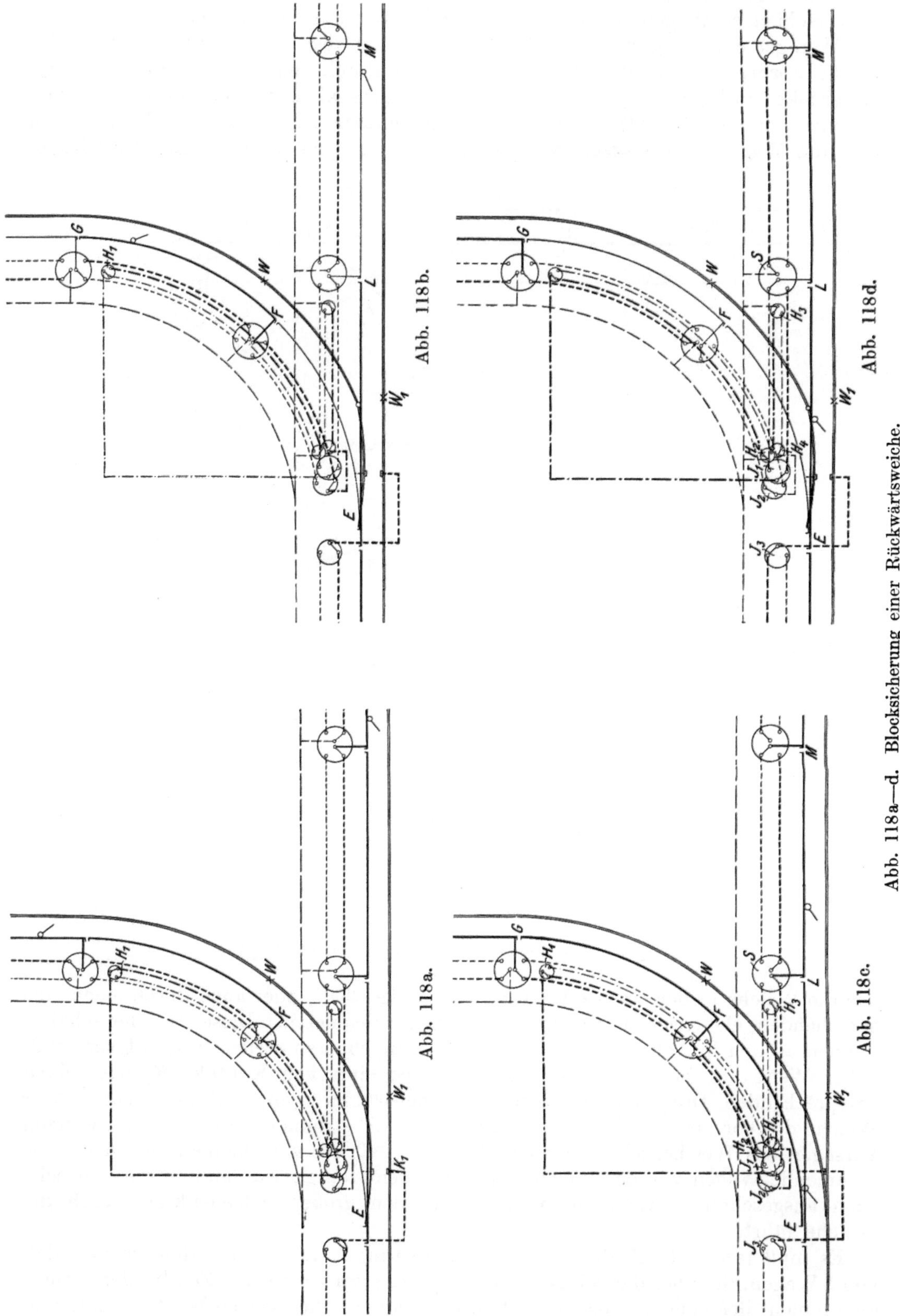

Abb. 118a.

Abb. 118b.

Abb. 118c.

Abb. 118d.

Abb. 118a—d. Blocksicherung einer Rückwärtsweiche.

dann erst seine Fahrt fortsetzt. In Abb. 118 ist die hierfür eingerichtete Schaltung und Stromführung angegeben. In Abb. 118a ist zunächst angenommen, daß ein Wagen, vom großen Kreise kommend, die Weiche W_1 geöffnet hat, und daß nun zu gleicher Zeit ein Wagen vom großen und vom kleinen Kreise ankommt. Durch den letzteren wird der Hilfsschalter H_1 umgelegt, wie in Abb. 118b angegeben. Dadurch wird die Blockstrecke L—M stromlos gemacht und der Wagen des großen Kreises zum Halten gebracht. Der andere Wagen setzt seinen Weg fort, rückt mit Weichenschalter W die Weiche ein und setzt damit auch die Strecke E—F unter Strom, so daß er die Weiche durchfahren kann, wie in Abb. 118c angegeben. Bevor er die Weiche verläßt, legt er aber den Hilfsschalter H_2 um, so daß nun die Strecke

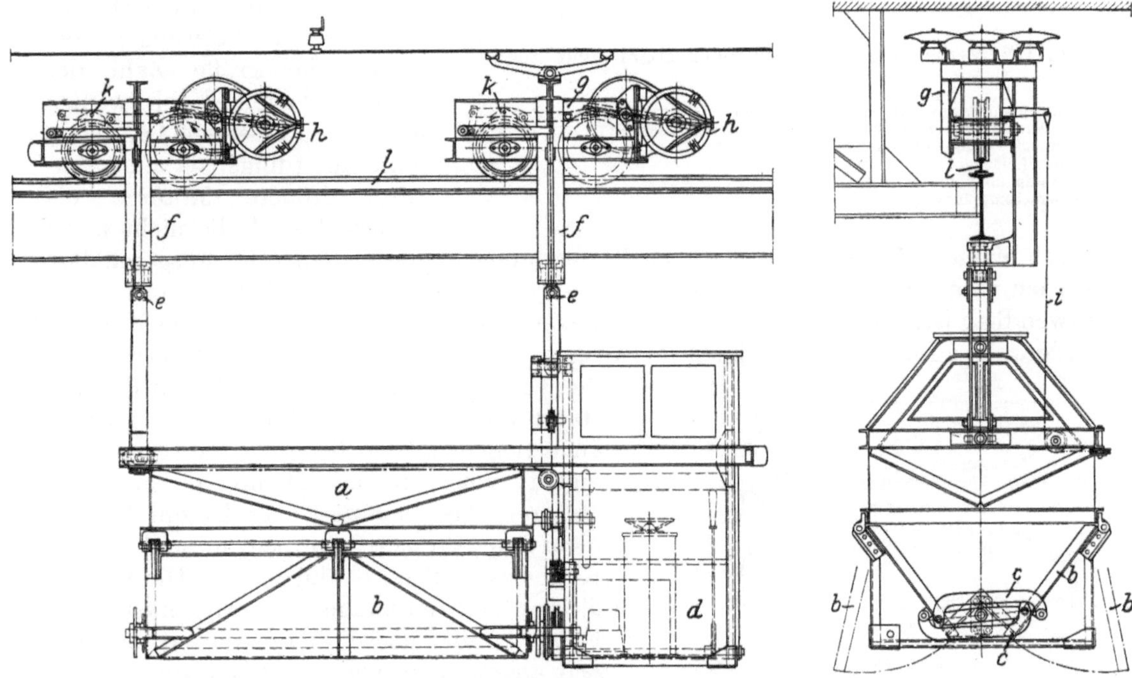

Abb. 119. Elektrohängebahnwagen von 2,2 cbm Inhalt mit Führerstand (Pohlig) (Maßstab 1 : 40).

a Kurbel mit Seitenklappen *b* und Schließgestänge *c*.
d Führerstand.
e Gelenkige Aufhängung an Gehänge *f* und Laufwerk *g*.
h Antriebsmotoren.
i Bremszug zu den Backenbremsen *k*.
l Fahrschiene

L—M über die Schalter H_2, H_1, J_1, S Strom bekommt und der Wagen des großen Kreises sich wieder in Bewegung setzt. Durch Umlegen des Schalters J_2 durch den Wagen des kleinen Kreises wird der Strecke F—G, die vorher stromlos war, wieder Strom zugeführt und kurz darauf durch Umlegen des Schalters J_2 die Strecke E—F und ebenso die Strecke E—L wieder stromlos gemacht. Der Wagen des kleinen Kreises setzt dann seinen Weg in gewohnter Weise fort. Der Wagen des großen Kreises fährt, nachdem E—L wieder Strom bekommen hat, an der Weiche vorbei. Dabei macht er aber zunächst durch den Hilfsschalter H_3 die Strecke F bis G stromlos, damit das Anfahren eines Wagens aus dem kleinen Kreise verhindert ist, und darauf gibt er durch Hilfsschalter H_4 derselben Strecke über J_2 wieder Strom. Nachdem er so den ursprünglichen Zustand der Weiche für den weiteren Betrieb wieder hergestellt hat, kann auch er seinen Weg in gewohnter Weise fortsetzen.

Diese Steuerung, die einen geregelten Betrieb auch beim gleichzeitigen Verkehr der Wagen auf beiden Schienenkreisen sichert, wie ihn der umsichtigste Maschinenwärter auf die Dauer kaum durchführen könnte, erscheint auf den ersten

Blick umständlich und unsicher. Da es sich aber immer nur um einfache Schalter handelt, ist sie in Wirklichkeit doch ziemlich einfach und übersichtlich und hat sich in den von verschiedenen Firmen ausgeführten mannigfachen Bauformen, die durch die Figuren nur im Prinzip erklärt werden, auch unter ungünstigen Verhältnissen in jahrelangem Betriebe als durchaus zuverlässig und dauerhaft erwiesen.

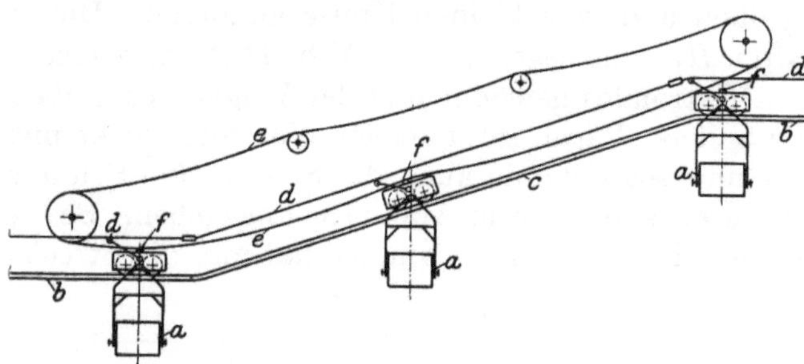

Abb. 120. Verbindung von Elektrohängebahn und Seilbahn (Bleichert).

a Hängebahnwagen mit Elektromotor und Seilkupplungsapparat.
b Wagerechte Hängebahnschiene für elektrischen Betrieb.
c Geneigte Hängebahnschiene für Seilbetrieb.
d Schleifleitung.
e Ständig umlaufendes Seil.
f Oberseilkupplungsapparat.

In neuerer Zeit machen sich aber doch Anzeichen bemerkbar, daß man sich bei sehr großen Leistungen bemüht, die große Zahl der kleinen Wagen durch wenige größere zu ersetzen, bei denen dann allerdings, da zum Antrieb größere Motoren erforderlich sind, die nicht mehr durch einen einfachen Schalter ohne Widerstandsbenutzung ein- und ausgeschaltet werden können, die oben beschriebene automatische Blockschaltung nicht mehr anwendbar ist. So hat Pohlig für eine neuerdings ausgeführte sehr große Kohlenförderanlage Elektrohängebahnen mit Wagen von mehr als 2 cbm Inhalt verwendet, die, wie aus Abb. 119 ersichtlich, mit Führerstand versehen sind und von zwei Motoren angetrieben werden bei einer Fahrgeschwindigkeit von 3 m/sk. Damit die größeren Motoren das Laufwerk bei leerem Wagen nicht zu sehr zur Seite neigen, sind sie am Kopf des Laufwerks eingebaut. Die Bauart dieser Transportwagen ähnelt mehr der Form, die für Laufwinden schon seit längerer Zeit angewendet worden ist, mit denen man die Last nicht nur anfahren, sondern auch an jeder Stelle heben kann. Diese Laufwinden werden allerdings meistens mit I-förmigen Schienen ausgeführt, auf deren unteren Flanschen die Räder laufen. Man tut das, um bei der lang herunterhängenden Last ein Entgleisen des Wagens infolge Schwankens der Last mit Sicherheit zu verhindern. Die Wagen mit Windwerk sind im III. Abschnitt bei den Hebezeugen näher behandelt.

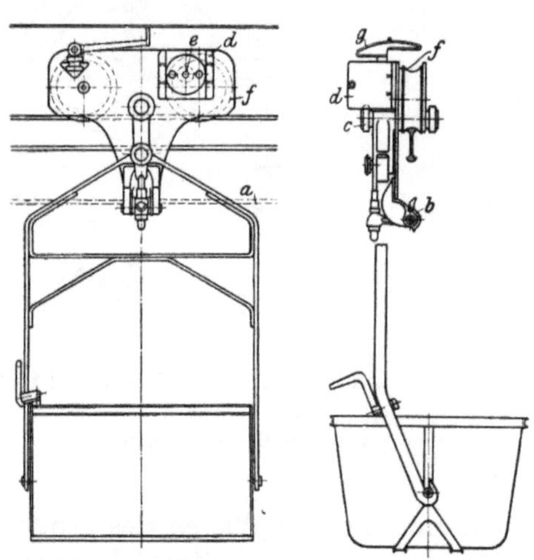

Abb. 121. Wagen für vereinigten Elektrohängebahn- und Seilbahnbetrieb (Bleichert) (Maßstab 1 : 40).

a Umlaufendes Zugseil.
b Seilkuppelapparat.
c Stützrollen zum Anheben des Wagengehänges, zum Entkuppeln des Zugseiles.
d Elektromotor als Flanschmotor.
e Ritzel auf der Motorwelle.
f Zahnrad mit Innenverzahnung im Eingriff mit *e*.
g Stromabnehmer.

Die einfache Elektrohängebahn ohne Windwerk wird meistens, wie die von Hand betriebenen Hängebahnen, mit Laufwerken ausgeführt, deren Laufräder sich über den Schienen befinden.

Da der Antrieb von der Reibung zwischen Laufrad und Schiene abhängig ist, so ist die Neigung der Elektrohängebahnen begrenzt, und zwar in der Regel mit etwa 6%. Bei größeren Neigungen sind hier und da Zahnstangen angewendet worden, die neben den Schienen gelagert sind, und in die die Wagen mit einem Zahnrad eingreifen, so daß dann eine größere Steigung genommen werden kann, die nur durch die Stärke des Motors begrenzt ist. Diese Anordnung arbeitet vollkommen zufriedenstellend, besonders wenn die Zahnstange an den Enden federnd und nachgiebig gelagert ist, so daß das Eingreifen des mit dem Wagen verbundenen Zahnrades ohne Stoß erfolgt. Wenn aber auf einer Bahn eine größere Zahl von Wagen arbeitet, so werden die Mehrkosten infolge des bei jedem Wagen erforderlichen größeren Motors bedeutend, und in diesem Falle ist die Anordnung vorzuziehen, bei welcher die Wagen nur auf der wagerechten Strecke mit direktem Motorantrieb laufen, während sie auf der ansteigenden Strecke durch ein ständig umlaufendes und von einem besonderen Motor angetriebenes Seil bewegt werden. Das Schema dieser Anordnung ist in Abb. 120 gegeben. Die Elektrohängebahnwagen erhalten dann außer dem motorischen Antrieb einen Seilkupplungsapparat für das selbsttätige An- und Entkuppeln, wie in Abb. 121 angegeben.

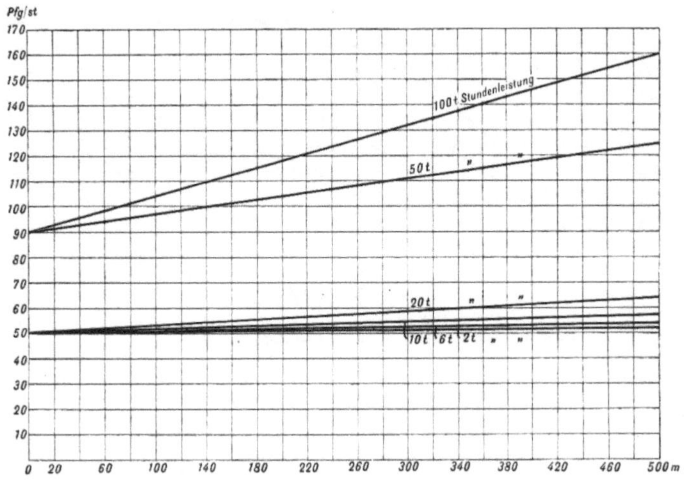

Abb. 122. Arbeitsverbrauch einer Elektrohängebahn.

Für die vergleichende Wirtschaftlichkeitsberechnung ist bezüglich des Arbeitsverbrauches angenommen, daß ein Arbeiter mit 50 Pf. Stundenlohn für das Füllen und Beaufsichtigen der am Füllort ankommenden und abfahrenden Wagen bis zu einer Leistung zu 20 t/st genügt, während bei Leistungen bis 100 t ein zweiter Arbeiter mit 40 Pf. Stundenlohn hinzukommt. Es sind Wagen von 0,8 cbm = 700 kg Inhalt angenommen worden mit einem Anschaffungswert von 1000 M. Die Fahrgeschwindigkeit ist mit 1,5—2 m/sk angenommen worden bei Benutzung eines Motors von $^3/_4$ PS, der bei vollem Betriebe unter Berücksichtigung des leeren Rückgangs und der Pausen zum Füllen etwa 0,4 KW an Strom verbraucht. Die Anlagekosten für die Schienen einschließlich Stützen und Fundament sind bei 2 m Schienenhöhe mit 13 M./m angenommen, und zwar etwas höher als bei den Hängebahnen mit Handbetrieb, da bei diesen Bahnen allgemein ein stärkeres Schienenprofil von 200 mm Höhe verwendet wird gegenüber 130 mm Höhe bei Hängebahnen mit Handbetrieb. Die Kosten für die elektrische Leitung einschließlich Blockierungseinrichtung sind mit 7 M./m eingesetzt. Es ist angenommen, daß bei einer Förderlänge bis 500 m bei 2—6 t Leistung ein einfacher Schienenstrang genügt, während bei größeren Leistungen nur bei entsprechend geringerer Entfernung ein einfacher Schienenstrang angenommen ist, bei größeren Entfernungen aber, sobald mehr als 2 Wagen erforderlich werden, ein doppelter in sich geschlossener Schienenkreis. Abb. 122 zeigt den Arbeitsverbrauch, Abb. 123 die Anlagekosten und Abb. 124 die Gesamtunkosten für verschiedene Leistungen und Förderlängen. Es geht daraus und aus der Gegenüberstellung auf S. 400 hervor, daß die Elektrohängebahn bei kleinen Längen und Leistungen teurer arbeitet als die Hängebahn mit Handbetrieb, bei größeren Leistungen und Längen dagegen billiger, daß sie gegenüber den Motorwagen auf Standbahnen aber auch bei größeren Leistungen und Förderlängen im Nachteil ist.

Immerhin ist ihre ständig zunehmende Anwendung natürlich kein Zufall, und es soll bei dieser Gelegenheit noch besonders darauf hingewiesen werden, daß der

Vergleich bezüglich der Anlagekosten nur gültig ist, soweit es sich um Förderanlagen handelt, die unmittelbar über dem Erdboden sich bewegen oder auch über Hochbehältern u. dgl., wo die Förderanlage auf dem Hochbehälter bzw. der Unterkonstruktion aufgebaut wird, ohne daß diese deshalb schwerer konstruiert zu werden braucht, und wo daher die Verhältnisse genau so liegen, als wenn die Anlage zu ebener Erde errichtet wäre. Handelt es sich dagegen um Hochbahnen von größerer Höhe, so erfordert das Gerüst für eine Standbahn mit den zu einem Gleis erforderlichen beiden Schienen eine schwerere Unterkonstruktion als das Gerüst für eine Hängebahn. In solchen Fällen kommt für die Hängebahn eine Ersparnis an Baumaterial für die Gerüste in Betracht, die im allgemeinen bewirkt, daß die Hochbahn für Hängebahnbetrieb billiger ist als die Hochbahn für Standbahnbetrieb. Dies gilt ganz besonders für die Elektrohängebahn, bei der keine Laufbühne erforderlich ist, wie sie z. B. bei der Hängebahn mit Handbetrieb noch notwendig ist, deren Gerüstkosten sich daher mehr den Gerüstkosten für Standbahnen nähern. Es ist schwierig, die Unterschiede, die in den Gewichten der Gerüstkonstruktionen für die verschiedenen Bahnen liegen, für die verschiedenen Fälle, verschiedenen Höhen, Spannweiten usw., die durch die mannigfach verschiedenen örtlichen Verhältnisse bedingt werden, festzulegen. Als Vergleich kann aber beispielsweise angeführt werden, daß bei einer Höhe von 10 m und eisernem Gerüst auf gerader Strecke die Elektrohängebahn etwa 300 kg an Eisenkonstruktion je Meter Schienenlänge erfordert, entsprechend einem Anlagekapital von etwa 75 M./m, während für eiserne Hochbahnen für Standbahnen etwa 350 kg eingesetzt werden müssen. Nimmt

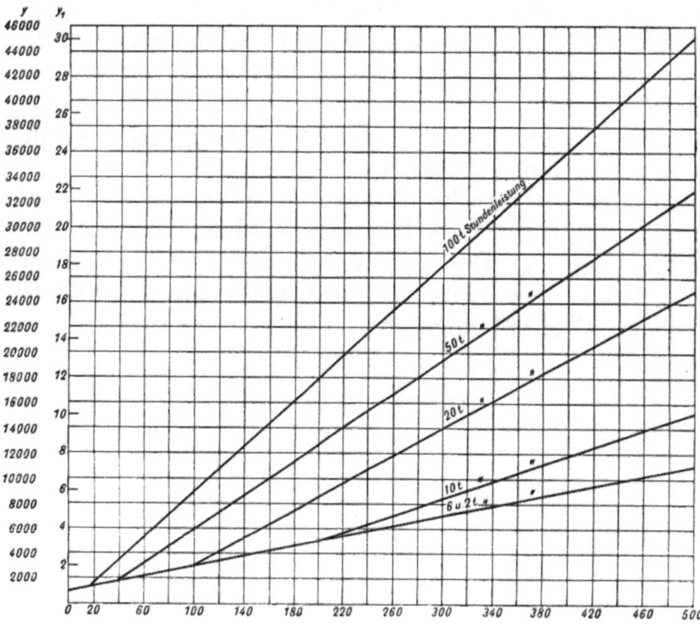

Abb. 123.

y = Anlagekosten in M.
y_1 = Unterhaltungskosten in Pf./St. } einer Elektrohängebahn.

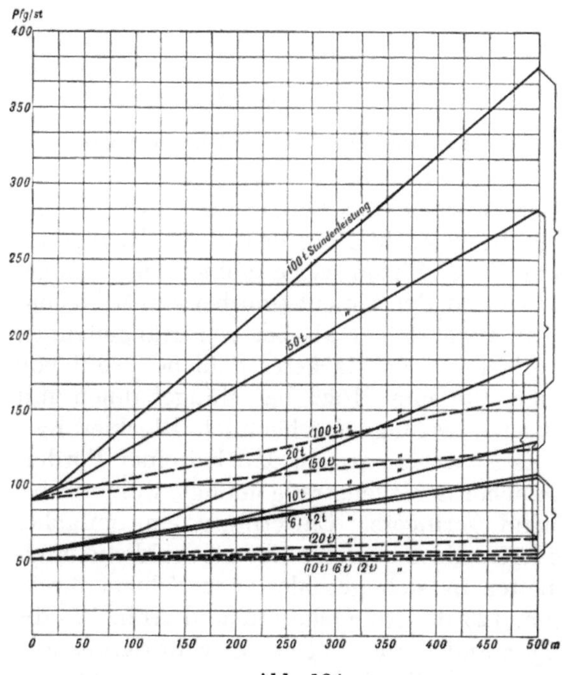

Abb. 124.

—— Gesamtförderkosten
---- Anteil des Arbeitsverbrauchs } einer Elektrohängebahnförderung bei 3000 jährl. Betriebsstunden.

man noch einige Holzteile für die Laufbühne hinzu, so berechnen sich die Kosten auf etwa 90 M./m. Damit verschwindet also der nach den Schaulinien für Standbahnen in Bodenhöhe sich ergebende Vorteil in den Anlagekosten vollkommen bei Hochgerüsten von 10 m und größerer Höhe und verwandelt sich teilweise sogar ins Gegenteil.

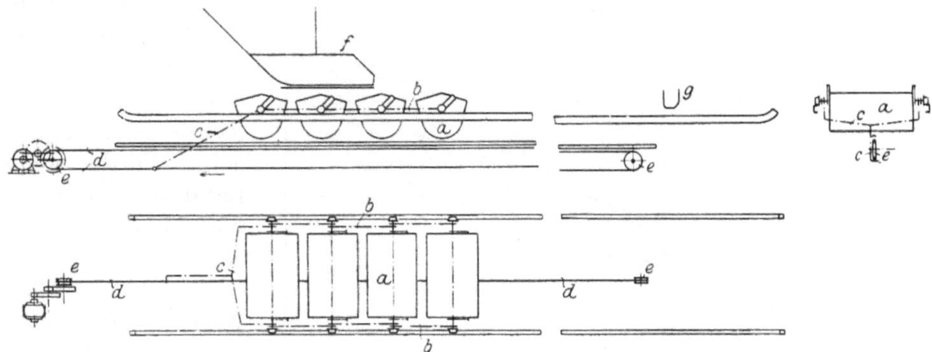

Abb. 125. Eingleisiger Umlaufförderer, Patent **Aumund**.

a Kippbare Fördergefäße, miteinander verbunden durch Gelenkkette *b*.
c Kuppelstange mit dem Antriebseil *d*.
e Seil- oder Kettenumführungsrollen.
f Automatische Füllvorrichtung.
g Entladeanschlag.

Eng an die eben beschriebenen Bahnen schließen sich die Hängebahnen und Seilbahnen mit umlaufenden Seilen an. Andererseits sind für diese Betriebe die allgemeinen Regeln für Dauerförderer maßgebend, und mit Hilfe dieser Regeln ist eine leichtere Übersicht möglich. Diese Konstruktionen sind daher mit den Dauerförderern zusammen im folgenden Abschnitt behandelt.

Hier soll nur noch eine Förderart kurz erwähnt werden, die als Zwischenstufe zwischen der Bahnförderung mit einzeln bewegten Fördergefäßen und den Dauerförderern anzusehen ist, nämlich

c) Der eingleisige Umlaufförderer

nach dem Vorschlag und den Patenten des Verfassers.

Diese Förderart gehört zu den Bahnen mit einzeln bewegten Fördergefäßen, weil es sich dabei um einzelne Fördergefäße oder einzelne Gruppen von Fördergefäßen handelt, die auf einem einfachen Gleise hin und her bewegt werden. Sie steht aber den Dauerförderern insofern nahe, als ein ständig umlaufendes Zugorgan für die Lastenbewegung verwendet wird. Dadurch wird ein voll-

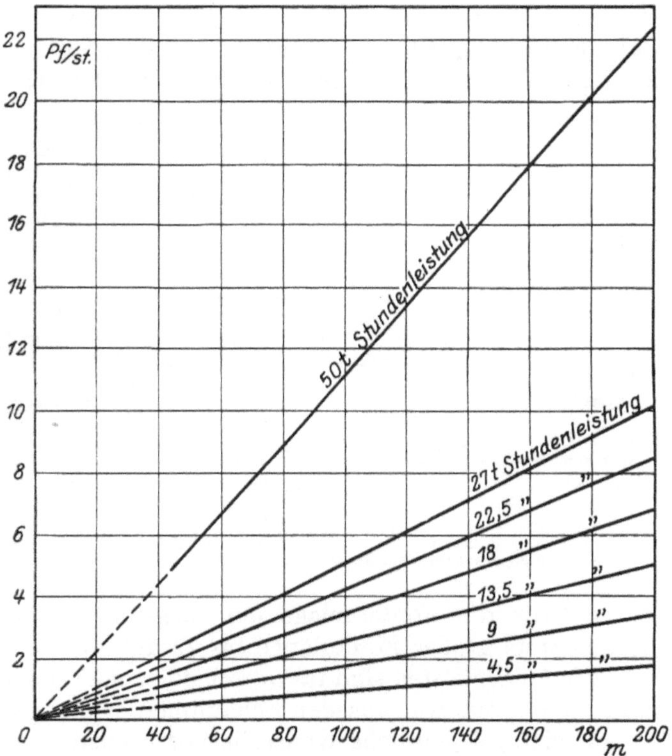

Abb. 126. Arbeitsverbrauch eines eingleisigen Umlaufförderers.

ständig automatischer Betrieb gewährleistet bei einfachsten Antriebsverhältnissen und eine leichte und stoßfreie Umkehr des Fördergefäßes an den beiden Enden der Bahn. Die Fördergefäße können beliebige Form haben, ebenso kann die Fahrbahn wagerecht oder beliebig geneigt sein bis zur senkrechten Lage.

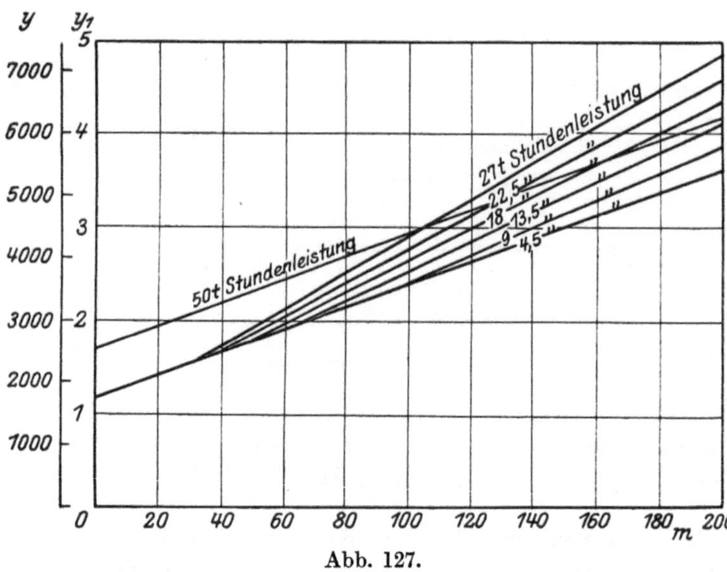

Abb. 127.

y = Anlagekosten in M. } für einen eingleisigen Umlaufförderer.
y_1 = Unterhaltungskosten in Pf./st

Hier soll im Anschluß an die eben besprochenen Bahnen als Beispiel nur eine Form erörtert werden für die wagerechte oder mäßig geneigte Förderung unter Benutzung einer Gruppe von Wagen, die durch eine Kette verbunden sind nach Abb. 125. Als Wagen sind solche von 0,6 cbm Inhalt angenommen. Die einzelnen Gefäße sind kippbar durch einen Anschlag, wie weiter hinten bei den Pendelbecherwerken beschrieben. Je nach der verlangten Leistung wird eine kleinere oder größere Anzahl Gefäße zu einer Gruppe vereinigt. Bei einer Geschwindigkeit von 0,5 m/sk können mit solchen Wagen bis zu 25 t auf 200 m und mehr befördert werden; das sind Leistungen, die für viele Zwecke vollkommen ausreichen. Die Fahrgeschwindigkeit von 0,5 m ist ohne Bedenken zulässig, wenn man das automatische Füllen des Wagens in der Weise bewirkt, wie es bei den weiter hinten beschriebenen Pendelbecherwerken erörtert ist. Bei größeren Förderlängen und Leistungen wird die Geschwindigkeit nur an der Füllstelle klein angenommen und durch mechanisches Einschalten von Widerstand soweit ermäßigt, wie es für das automatische Füllen erforderlich ist. Auf der übrigen Strecke wird sie dagegen erhöht bis zu etwa 3 m/sk. Auf diese Weise kann die Förderanlage den meisten vorkommenden Leistungen angepaßt werden trotz großer Förderlänge bis zu 200 m und darüber hinaus.

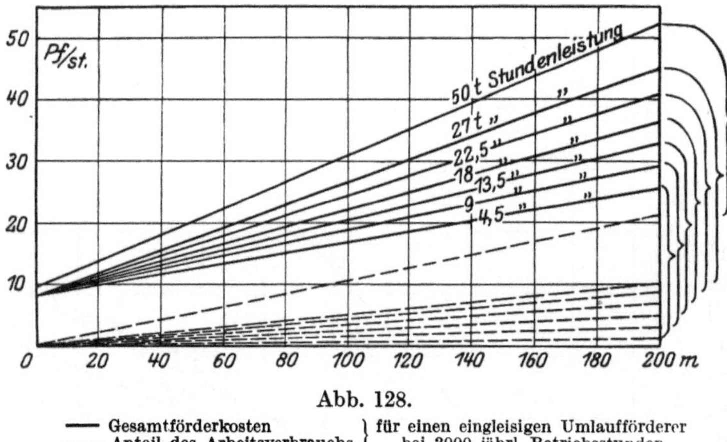

Abb. 128.

—— Gesamtförderkosten } für einen eingleisigen Umlaufförderer
- - - - Anteil des Arbeitsverbrauchs } bei 3000 jährl. Betriebsstunden.

Die Anlagekosten sind für verschiedene Leistungen und Förderlängen in Abb. 127 dargestellt und, wie aus den Schaulinien hervorgeht, sehr gering. An Bedienung ist nur eine gelegentliche Kontrolle vorzusehen und für den Arbeitsverbrauch etwa $^1/_{25}$ des gesamten bewegten Gewichtes. Die Kosten für den Arbeitsverbrauch und die gesamten Förderkosten ergeben sich demnach aus Abb. 126 und 128 und stellen sich für die in Frage kommenden Leistungen und Förderlängen billiger als bei irgendeinem der bisher gebrauchten Fördermittel.

Die Bahnführung kann den verschiedenartigen Verhältnissen leicht angepaßt und in Kurven verlegt werden. Es ist unmöglich, schon hier alle Anwendungsformen darzustellen. Es sei nur ganz kurz erwähnt, daß auch die senkrechte Personenförderung mit diesem Förderer sehr gut durchgeführt werden kann, wie auf S. 246 angegeben.

III. Die Dauerförderer.

1. Allgemeine Gesichtspunkte für die Verwendung der Dauerförderer.

Als Dauerförderer sind diejenigen Fördervorrichtungen aufgefaßt, bei denen eine ununterbrochene Bewegung der Fördervorrichtung vorhanden ist, und durch die das Fördergut ebenfalls in gleichmäßigen Mengen dauernd weitergefördert wird. Hierbei können die einzelnen Fördergefäße räumlich getrennt sein, wie z. B. bei Becherwerken, und auch von dem Fördermittel lösbar sein, wie z. B. bei den Seilbahnen. Die Grundsätze, nach denen diese Förderer behandelt werden können, bleiben trotzdem dieselben. Es sollen daher zunächst die für alle Dauerförderer gültigen Regeln behandelt, und dann soll die Anwendung dieser Regeln auf die einzelnen Fördervorrichtungen besprochen werden. Hierbei wird wieder versucht werden, allgemeine Richtlinien aufzustellen, die für die Projektierung einen Anhalt darüber geben, bei welchen Fördermengen und Förderlängen die eine und bei welchen die andere der verschiedenen Fördervorrichtungen am Platze ist. Es ist allerdings bei den Dauerförderern noch schwieriger, allgemein brauchbare Regeln aufzustellen als bei der Zugförderung; denn bei der Zugförderung handelt es sich immer um einzelne Förderwagen, die durchweg für alle Massengüter geeignet sind. Bei den Dauerförderern wird aber die Wahl des Fördermittels in erster Linie beeinflußt durch die besonderen Eigenschaften des Fördergutes, je nachdem ob es heiß, besonders scharfkantig und großstückig ist usw. Die hierdurch bedingte Beschränkung in der Auswahl des Förderers muß in jedem Einzelfalle durch Überlegung festgestellt und im folgenden vorausgesetzt werden. Aber auch abgesehen hiervon ist nicht zu leugnen, daß in vielen Fällen die Entschließung sehr schwer ist; denn bei der Mannigfaltigkeit und verschiedenen Güte der Einzelausführungen kann eine bestimmte Bauart sich oft an einer Stelle ganz gut bewähren, während eine andere Ausführungsform derselben Bauart sich als nicht geeignet erweist. Oft sind in dieser Hinsicht scheinbar ganz geringe Unterschiede in der Konstruktion von ausschlaggebendem Einfluß. Wenn daher im folgenden der Versuch gemacht wird, eine allgemeine Richtschnur für die Verwendung der Dauerförderer zu geben, so ist dabei natürlich vorausgesetzt, daß derartige Fehler in der Einzeldurchbildung nicht in Frage kommen. Die Regeln für die Konstruktion der Einzelteile bleiben dem dritten und vierten Bande vorbehalten. Hier soll mit vorhandenen Konstruktionen gerechnet, und die Einzelheiten sollen nur so weit berührt werden, als es zur Beurteilung der grundsätzlichen Verwendbarkeit der Förderer erforderlich ist. Auch können von den sehr mannigfaltigen Ausführungsformen nur die grundsätzlich verschiedenen Bauarten durch Beispiele behandelt werden.

Man kann zunächst die verschiedenen Förderer hinsichtlich der Art der Fortbewegung des Fördergutes in drei große Gruppen einteilen:

a) Der Förderer bewegt das Fördergut durch einfaches Fortschieben desselben (Schubrinnen, Kratzer verschiedener Bauart);

b) das Fördergut wird bei der Bewegung durch den Förderer getragen und an der Entladestelle abgeworfen (Gurtbänder, Stahlbänder, Pendelbecherwerke, senkrechte und schräge Becherwerke, Kabelbahnen, Hängebahnen mit Seilbetrieb und Seilschwebebahnen);

c) das Material wird durch den Förderer fortgeschoben, führt dabei aber gleichzeitig eine Relativbewegung gegenüber der Fördervorrichtung selbst aus (Förderrohre und Schnecken verschiedener Bauart).

Hinsichtlich des Antriebes kann man unterscheiden zwischen starrem Eingriff des Antriebes in die Fördervorrichtung mittels Zahnräder oder Kettenräder und zwischen dem Antriebe mittels Reibwirkung, wie er bei Gurtförderbändern, Kabel- und Seilbahnen vorkommt.

Der für eine Förderanlage erforderliche Arbeitsverbrauch läßt sich auf Grund einfacher Überlegung mit ziemlicher Annäherung bestimmen. Man gelangt auf diesem Wege zu Formeln, die in ihrer Zusammensetzung stets zu übersehen und nachzuprüfen sind, und deren Ergebnisse auch mit vielen von mir angestellten Messungen an ausgeführten Anlagen gut übereinstimmen. Man kann dabei allgemeingültig so verfahren, daß man erstens den Teil der Arbeit bestimmt, der für die Fortbewegung des Fördergutes an sich erforderlich ist, und zweitens den Arbeitsbedarf, der für die Bewegung der Fördervorrichtung selbst verbraucht wird. Gleichzeitig hat man den Einfluß zu berücksichtigen, den der Bewegungswiderstand des Fördergutes auf den Bewegungswiderstand der Fördervorrichtung ausübt. Den ersten Teil des Arbeitsverbrauchs — der aus dem Bewegungswiderstand des Fördergutes entsteht — kann man mit genügender Genauigkeit bestimmen, wenn man das Gewicht des Fördergutes und die in die Rechnung einzusetzende Reibungsziffer desselben kennt. Und zwar kommt bei gleitender Fortbewegung als Reibungswinkel entweder der Böschungswinkel des Materials in Frage — wenn nämlich das Fördergut auf sich selbst gleitend fortbewegt wird, wie z. B. bei Kratzern ohne Rinnenboden — oder es kommt der Reibungswinkel auf einer Eisenplatte in Frage, wenn das Fördergut in einer Rinne entlang geschoben wird, wie z. B. bei Förderrinnen und Kratzern mit Rinnenboden. Für den Fall, daß das Fördergut von dem Förderer getragen wird, wie z. B. bei Transportbändern u. dgl., kommt der Bewegungswiderstand des Förderers auch für das Fördergut in Frage, und es ist der erste Teil des Kraftverbrauchs in Verbindung mit dem zweiten, dem Bewegungswiderstand des Förderers selbst, zu bestimmen. Die Reibungsziffern des Fördergutes und das Gewicht desselben sind durch Versuche leicht zu ermitteln. Als Anhalt hierfür kann die auf S. 52 gegebene Tabelle für das Schüttgewicht und die Reibungswinkel der verschiedenen Fördermaterialien dienen. Dabei gelten, wie auch schon auf S. 52 bemerkt, die kleineren Winkel für den Zustand der Bewegung, die größeren für den Zustand der Ruhe. Für die Berechnung des Arbeitsverbrauchs kann durchweg der kleinere Wert eingesetzt werden, weil das Fördergut, wenn es gleitend fortbewegt wird, ja stets in Bewegung ist. Den zweiten Teil des Arbeitsverbrauchs, der aus dem Widerstand des Förderers selbst entsteht, kann man ebenfalls mit einiger Genauigkeit bestimmen. Wird der Förderer einfach auf einer Unterlage fortgeschleift, wie es bei den einfachsten Kratzerketten der Fall ist, so kommt nur die Reibungsziffer zwischen der Kratzerkette und der Unterlage in Frage. Bewegt sich der Förderer auf Rollen, so kommt der Lagerreibungswiderstand, bezogen auf den Umfang der Räder, in Frage, wobei man für das Verhältnis der beiden Durchmesser, je nach der Art des Förderers, in der vergleichenden Überschlagsrechnung ziemlich allgemein brauchbare Durchschnittswerte annehmen kann. Sowohl die Zugkraft, welche zur Fortbewegung des Fördergutes, als auch die, welche zur Bewegung des Förderers selbst erforderlich ist, muß von den Triebrollen des Antriebs aufgenommen werden, und es muß daher die zur Bewegung von Fördergut und Förderer aufzuwendende Arbeit vermehrt werden um die Reibungsarbeit in der Lagerung dieser Triebrollen. Man kann diese Reibungsarbeit als prozentualen Zuschlag berücksichtigen. Außerdem ist natürlich die etwa zu leistende Hubarbeit und die dadurch entstehende Reibungsarbeit im Antrieb und in den Führungen in Rechnung zu setzen.

Hat man in dieser Weise die Verhältnisse des eigentlichen Förderers berücksichtigt, so kommt noch die Art des Antriebes in Frage. Bei starrem Eingriff von Zahnrädern oder Kettenrädern in das Zugorgan des Förderers ist nur die einfache Reibung des Antriebvorgeleges in Ansatz zu bringen. Bei den normalen Umlaufzahlen der durchweg verwendeten Elektromotoren und den durchschnittlichen Umlaufzahlen der Antriebsterne ist das Übersetzungsverhältnis und damit auch der Wirkungsgrad der Antriebe angenähert gegeben. Beim Antrieb durch Reibwirkung ist außerdem zu berücksichtigen, daß zur Erhaltung der erforderlichen Umfangskraft ein entsprechender Druck in der Umführung erforderlich ist, der die Achsenreibung vermehrt und das Zugorgan belastet. Dieser Teil des Arbeitsverbrauchs muß daher gesondert hinzugefügt werden.

Die Grundlage für alle Berechnungen bildet hiernach die durch die Art der Fortbewegung und die Eigenschaften (Schüttgewicht und Reibungsverhältnisse) des Fördergutes bedingte Kraft. Danach richten sich dann, abgesehen von den Beanspruchungen durch das Heben der Last, die Stärke und das Gewicht des Zugorgans für die Fördervorrichtung, falls die Stärke des Förderers nicht durch besondere Beschaffenheit des Fördergutes (große Stücke, scharfe Kanten usw.) und durch andere Konstruktionsrücksichten bis zu einem gewissen Grade festgelegt ist. In der folgenden Rechnung soll der Kürze wegen die Stärke und das Gewicht des Zugorgans nicht berechnet werden, da das in den dritten und vierten Band dieses Buches gehört. Es soll vielmehr das Gewicht der verschiedenen Förderer auf Grund von ausgeführten Konstruktionen angenommen werden.

Hingewiesen werden muß noch darauf, daß bei der Fortbewegung des Fördergutes durch Schieben leicht Klemmungen zwischen dem Fördergut und der Unterlage, auf der es fortgeschoben wird, entstehen können. Diese Klemmungen können das Ergebnis der Rechnung in ungünstigem Sinne beeinflussen. Der Einfluß ist aber, wie auch die Versuchsergebnisse an den ausgeführten Anlagen zeigen, nicht so sehr groß; denn es ist zu berücksichtigen, daß bei Klemmungen, die meistens zwischen dem Boden und der in Bewegung befindlichen Fördervorrichtung auftreten, die letztere etwas angehoben wird, so daß nur für diesen angehobenen Teil und die entsprechend kurze Zeit eine Vertauschung der Reibungsziffer des Fördergutes in der Rinne mit der Reibungsziffer des Förderers selbst eintritt, daß also nur der Unterschied der im einen wie im anderen Falle entstehenden Reibung den Kraftverbrauch ungünstig beeinflußt. Das gilt bei Kratzerförderern fast ohne Einschränkung. Auch bei Schneckenförderern ist die Wirkung ähnlich, indem zunächst bei eintretender Klemmung die Schnecke so weit angehoben wird, daß die durch das Schneckengewicht sonst entstandene Lagerreibung aufhört. Bei nicht allzu hartem Material wird, wenn ein solcher Druck auf dasselbe ausgeübt wird, schon bald ein Zerschneiden des Fördergutes eintreten, so daß ein wesentlicher Druck nach oben gegen die Lager nur sehr selten in Frage kommen wird. Es ist notwendig, diesen Klemmungen bei der Bemessung der Motoren und der Einzelheiten der Förderanlage Rechnung zu tragen, indem man die Abmessungen etwas größer nimmt, als sich aus der Rechnung ergibt. Auf den durchschnittlichen Arbeitsverbrauch sind aber die Klemmungen nicht von so sehr großem Einfluß, so daß sie gegenüber den sonstigen bedeutenden Verschiedenheiten im Arbeitsverbrauch der einzelnen Fördersysteme, die sich auf Grund ihrer besonderen Förderungsart ergeben, wohl vernachlässigt werden können. Die Rechnungswerte können also, wie auch die Erfahrung zeigt, als angenäherte Durchschnittswerte angesehen werden. Schließlich ist noch zu erwähnen, daß man mit Rücksicht auf die Veränderlichkeit der Reibungswinkel infolge des wechselnden Feuchtigkeitsgrades des Fördergutes und infolge ungleicher Beschaffenheit der Gleitflächen, ferner mit Rücksicht auf die ungleichmäßige und verschieden gute Schmierung und Wartung des Förderers natürlich nur ganz angenäherte Durchschnittswerte erwarten kann. Aus diesem Grunde genügt es auch, die Rechnungen in der einfachsten, wenn auch nur angenäherten Form durchzuführen.

Es bezeichne

γ das Schüttgewicht des Fördergutes in t/cbm,
Q_g das Gewicht des Fördergutes im Förderer in kg/m,
L_g den Förderweg des Fördergutes in m,
μ_g die Reibungsziffer des Fördergutes,
Q_f das Gewicht des Förderers für 1 m Förderlänge in kg,
L_f die Förderlänge des Förderers in m,
μ_f die Reibungsziffer des Förderers,
H_g die Hubhöhe des Fördergutes in m,
H_f die Höhe des Förderers in m,
v die Fördergeschwindigkeit des Förderers in m/sk,
η_A den Wirkungsgrad der Antriebvorgelege,
μ_u die Reibungsziffer der Triebscheibe im Antrieb, entsprechend dem auf diese durch den Förderer ausgeübten Druck,
M die Anzahl der stündlich geförderten Tonnen,
i die in der Stunde geförderte Anzahl der Fördergefäße,
B den Becherinhalt in l,
a den Abstand der Fördergefäße in m,
Z die größte Zugkraft im Zugorgan des Förderers in kg bei durchschnittlicher Förderleistung,
N die Anzahl der Pferdestärken.

Für die Bemessung der Stärke des Zugorgans und des Motors ist zu beachten, daß man für die durchschnittliche Förderleistung mit Rücksicht auf ungleichmäßiges Füllen einen Füllungsgrad von etwa $^2/_3$ annehmen kann, d. h. zur Ermittlung dieser Werte an Stelle von B einen Wert B' von der Größe $B' = 1,5\,B$ einzusetzen hat. Im übrigen lassen sich nun auf Grund einfacher Überlegung die folgenden allgemeinen Formeln aufstellen:

Wenn M gegeben und i angenommen wird, ist

$$B = \frac{1000\,M}{i\,\gamma}. \tag{1}$$

Da ferner $i\,a = v\,3600$, $i = \frac{3600\,v}{a}$, so ist, wenn M gegeben ist und v und a angenommen werden,

$$B = \frac{M\,a}{3,6\,v\,\gamma}. \tag{2}$$

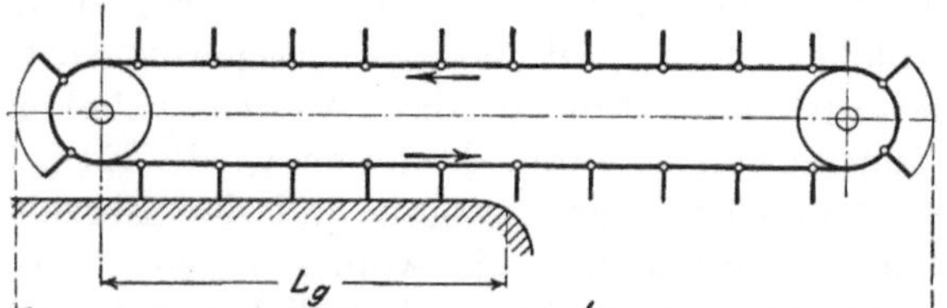

Abb. 129. Schema einer wagerechten Förderung.

Nimmt man bei gegebenem M die Werte für B und v an, so ist

$$a = \frac{3,6\,B\,v\,\gamma}{M}, \tag{3}$$

oder wenn man B und a annimmt,

$$v = \frac{a\,M}{3,6\,B\,\gamma}. \tag{4}$$

Ferner ist

$$Q_g = \frac{M}{3,6\,v}. \tag{5}$$

Für die Berechnung von Z und N können folgende Formeln festgelegt werden:

Für wagerechte Förderung nach dem Beispiel von Abb. 129 ist

$$Z = Q_g L_g \mu_g + Q_f L_f \mu_f . \tag{6}$$

$$N = \frac{v}{75 \eta_A} \left(\frac{M}{3,6 v} L_g \mu_g + Q_f L_f \mu_f \right) (1 + \mu_u) . \tag{7}$$

Für senkrechte Förderung nach dem Beispiel von Abb. 130 ist

$$Z = Q_g H_g + \tfrac{1}{2} Q_f H_f , \tag{8}$$

$$N = \frac{v}{75 \eta_A} [Q_g H_g + (Q_g H_g + Q_f H_f) \mu_u] . \tag{9}$$

Für gemischte Förderung nach dem Beispiel von Abb. 131 sind die Gleichungen (6)

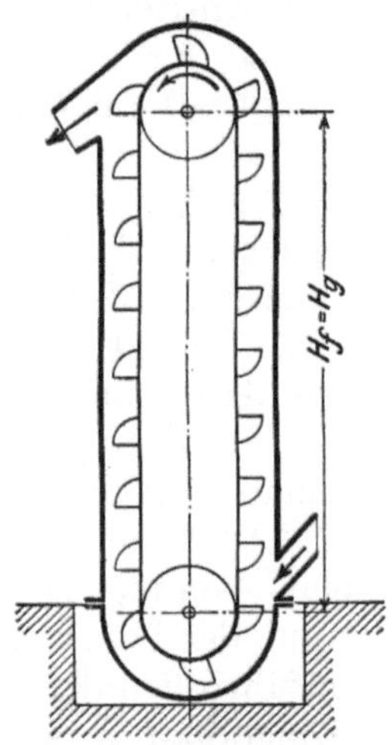

Abb. 130. Schema einer senkrechten Förderung.

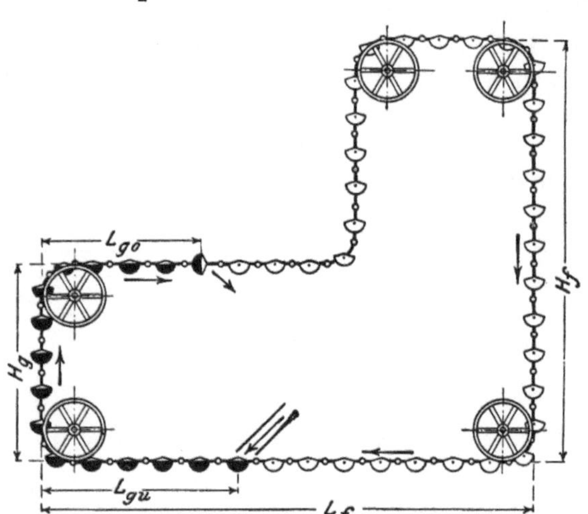

Abb. 131. Schema einer gemischten Förderung.

und (8) bzw. (7) und (9) zu vereinigen. Demnach ist

$$Z = Q_g (H_g + L_g \mu_g) + Q_f (\tfrac{1}{2} H_f + L_f \mu_f) , \tag{10}$$

$$N = \frac{v}{75 \eta_A} \left[\left(\frac{M}{3,6 v} (H_g + L_g \mu_g) + Q_f L_f \mu_f \right) (1 + \mu_u) + Q_f H_f \mu_u \right] . \tag{11}$$

Bei einer Anordnung des Förderers nach Abb. 131 ist

$$L_g = L_{gu} + L_{go} .$$

Bei geneigter Förderung nach Abb. 132 wird bei Verwendung der Formeln (10) und (11) etwas zu ungünstig gerechnet, indem eine Förderung im rechten Winkel für die Förderung in der Diagonale eingesetzt wird. Der Fehler ist aber praktisch so klein, daß man die Formeln (10) und (11) auch ohne weiteres für schräge Förderung benutzen kann. Diese Formeln gelten demnach bei allen Förderern, die mit einem Zugorgan arbeiten, das durch unmittelbaren Eingriff des Antriebes vorwärts bewegt wird, wobei also mit Rücksicht auf den Antrieb eine Vergrößerung der Spannung im Zugmittel nicht erforderlich ist. Sie haben daher zunächst Gültigkeit bei Kratzerförderern, Stahlbändern, Kettenbecherwerken und Pendelbecherwerken und bei Kettenbahnen, wenn die Kette durch eine Mitnehmerscheibe bewegt wird,

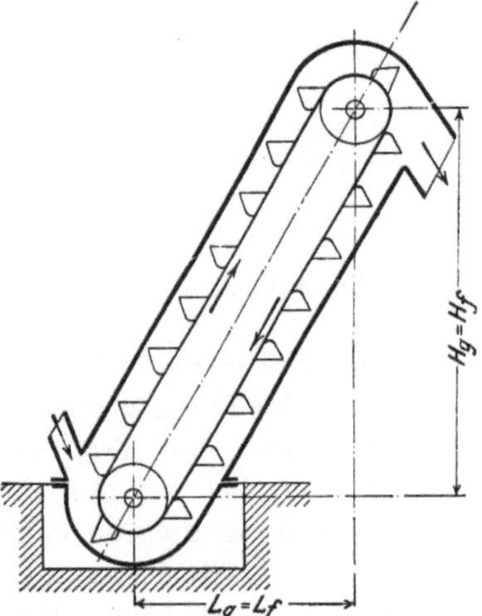

Abb. 132. Schema einer geneigten Förderung.

was in der Regel der Fall ist. Die erwähnte Voraussetzung trifft auch zu bei Gurtbecherwerken, für die sich bei den gebräuchlichen Geschwindigkeiten und den entsprechenden Werten von Q_g und Q_f ergibt, daß die durch das Gewicht an der oberen Antriebsscheibe erzeugte Reibung für den Antrieb ohne eine Zusatzspannung genügt, daß also eine besondere Spannvorrichtung am unteren Ende, außer zum Vermeiden von Schlingerbewegungen, nicht erforderlich ist.

Bei Gurtbändern nach dem Beispiel Abb. 133 und Abb. 134 zeigt sich dagegen, daß eine Spannung der nicht angetriebenen Umführungsscheibe erforderlich ist, um für den Antrieb die nötige Reibung zu erzeugen. Zur Bestimmung der hierfür erforderlichen Spannkraft genügt es in diesem Falle, wenn man annäherungsweise für eine Antriebscheibe die höchste Spannung im auflaufenden Trum $S_1 = 2\,S_2$ setzt, wo S_2 die Spannung im ablaufenden Trum ist. Wenn nun durch den Antrieb zur Überwindung der in der Gl. (6) festgelegten Förderwiderstände die Kraft Z übertragen werden muß, so ist $Z = 2\,S_2 - S_2 = S_2$. Die größte Zugkraft im Gurt ist demnach

$$Z_1 = 2Z = 2\,Q_g L_g \mu_g + 2\,Q_f L_f \mu_f\,. \tag{12}$$

Danach ist der Gurt zu bestimmen. Der Druck auf die Antriebscheibe A, der sonst durch den Wert Z bestimmt ist, ist in diesem Falle $= 3Z$. Für die als Spannrolle dienende Umführungsscheibe kann man angenähert den Druck $= 2\,Z$ annehmen. Zusammen kommt zur Bestimmung der Lagerreibung der Umführrollen der Druck $= 5\,Z$ statt Z in Frage, das bei unmittelbarem Eingriff in das Zugorgan in Betracht kommen würde. Es genügt, wenn man zur Berücksichtigung dieses vergrößerten Druckes angenähert einfach für die Reibungsziffer μ_u den Wert $5\,\mu_u$ einsetzt, so daß also der Arbeitsverbrauch nach der Formel zu berechnen ist:

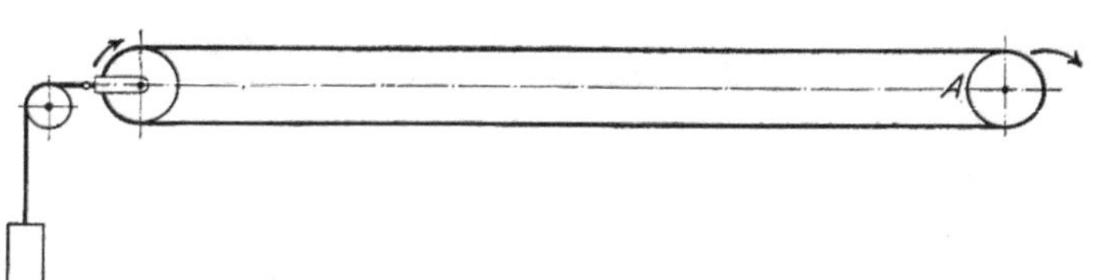

Abb. 133. Schema eines Gurtförderers ohne Abwurfwagen.

$$N = \frac{v}{75\,\eta_A}\left(\frac{M}{3{,}6\,v} L_g \mu_g + Q_f L_f \mu_f\right)(1 + 5\,\mu_u)\,. \tag{13}$$

Bei Verwendung eines Abwurfwagens nach Abb. 134 kann Gl. (12) ohne Änderung mit genügender Annäherung weiterbenutzt werden, während in Gl. (13) statt $5\,\mu_u$ wegen des zusätzlichen Arbeitsverbrauchs im Abwurfwagen $9\,\mu_u$ einzusetzen ist. Bei genauer Rechnung müßte auch das durch den Abwurfwagen bedingte Anheben des Fördergutes mitberücksichtigt werden. Man kann hierfür je nach der Leistung etwa 0,1—0,2 PS hinzufügen. Unberücksichtigt ist noch der Kraftverbrauch geblieben, der durch die Formänderungsarbeit des Riemens über den Tragrollen entsteht, der aber nicht bedeutend ist. Unter Benutzung der bei Bildung der Gl. (12) und (13) verwendeten Gesichtspunkte lassen sich auch bei geneigten Gurtförderern Spannung und Kraftverbrauch aus den entsprechend abgeänderten Gl. (10) und (11) leicht ermitteln.

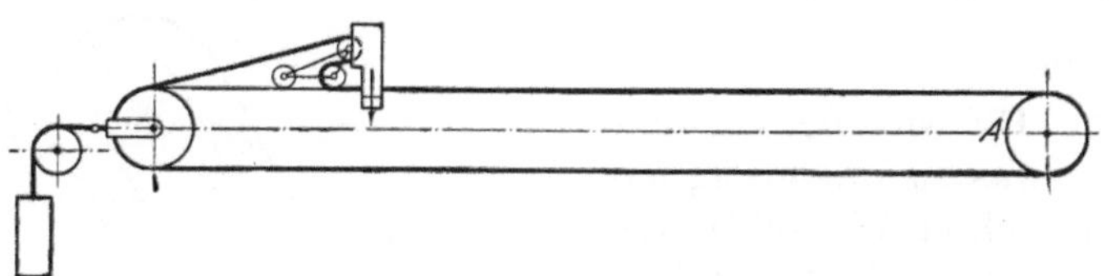

Abb. 134. Schema eines Gurtförderers mit Abwurfwagen.

In ähnlicher Weise wie für die Gurtförderer lassen sich auch Spannung und Arbeitsverbrauch bei Standbahnen und Hängebahnen bestimmen, die durch ein Seil bewegt werden, das durch die Triebscheibe vermittels Reibung angetrieben wird. Bei

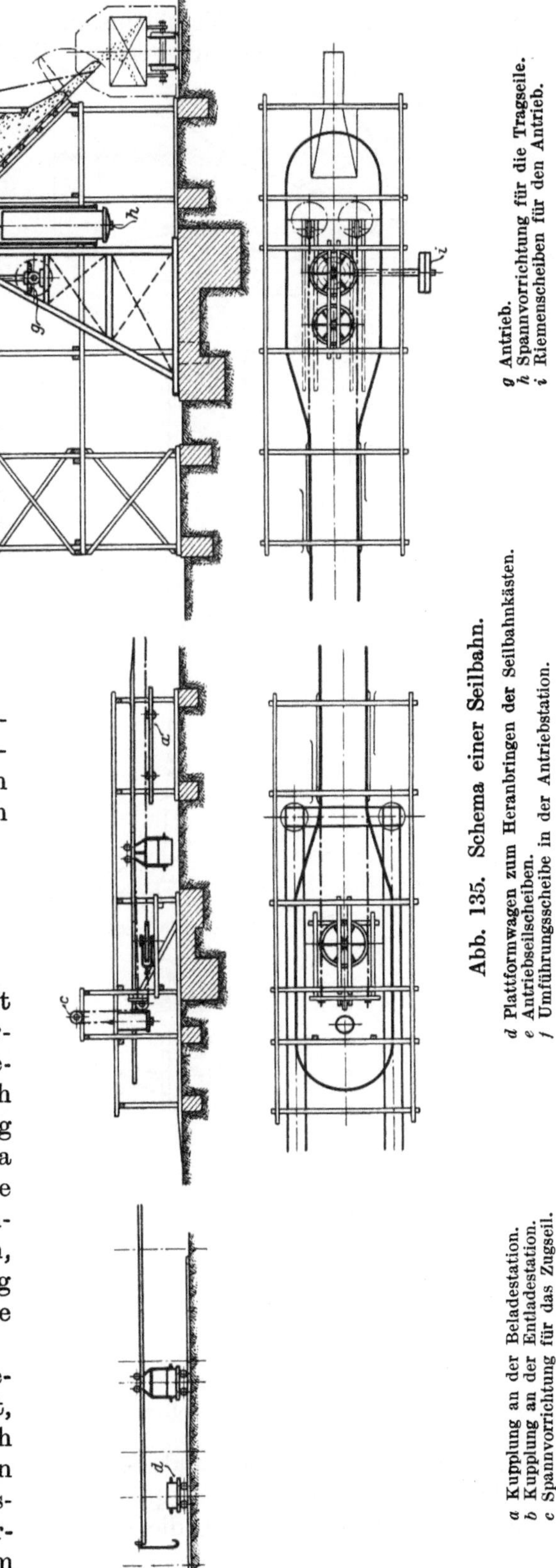

Abb. 135. Schema einer Seilbahn.

a Kupplung an der Beladestation. *b* Kupplung an der Entladestation. *c* Spannvorrichtung für das Zugseil. *d* Plattformwagen zum Heranbringen der Seilbahnkästen. *e* Antriebseilscheiben. *f* Umführungsscheibe in der Antriebstation. *g* Antrieb. *h* Spannvorrichtung für die Tragseile. *i* Riemenscheiben für den Antrieb.

kurzen wagerechten Bahnen, bei denen nur eine einfache gelederte Umführungsscheibe vorhanden ist, sind die Formeln (12) und (13) ohne weiteres anwendbar. Bei längeren Bahnen entsteht dadurch eine gewisse Abweichung, daß hier nicht das Seil durch eine einfache Umführung von 180° mitgenommen wird, sondern durch mehrfache — 2- oder 3malige — Umführung von je 180° um mehrere Antriebscheiben (Abb. 135). Dadurch wird die erforderliche zusätzliche Spannung im Zugseil geringer entsprechend dem größeren Umspannungswinkel α des Zugorgans um die Antriebscheiben, da die übertragene Kraft von dem Wert $e^{\mu\alpha}$ abhängig ist, $e = 2,71$ und μ bei gelederten Scheiben $= 0,28$ und α in Bogenmaß gemessen. Bei 2 Umführungen von je 180° auf der festen Achse ergibt sich für die größte Spannung ein Wert

$$S_1 = S_2(1 + e^{\mu\pi})$$
$$= S_2(1 + 2,71^{0,28 \cdot 3,14}),$$
$$S_1 = S_2(1 + 2,71^{0,88}) = 3,4\, S_2.$$

Danach ergibt sich die übertragbare Kraft $= S_1 - S_2 = 2,4\, S_2$. Die durch die vermehrte Spannung herbeigeführte Änderung im Arbeitsverbrauch im Vergleich zum Antrieb mit einfacher Umführung kann meistens vernachlässigt werden, da bei 2- oder 3maliger Umführung die kleinere Zunnahme der Spannung ziemlich wieder ausgeglichen wird dadurch, daß infolge der häufigeren Umschlingung der geringere Druck mehrfach in Frage kommt.

Bei Förderrinnen mit gleitender Bewegung, wie z. B. in Abb. 136 dargestellt, läßt sich der Arbeitsverbrauch nach Gl. (7) angenähert ermitteln, wenn man unter μ_u den Verlust in dem Angriffspunkt der Schubstange versteht, herrührend von dem Druck, der aus dem Gleitwiderstand des Fördergutes entsteht, vermehrt um den Bewegungswiderstand der Rinne selbst, und wenn man die Werte μ_g und μ_f den Verhältnissen entsprechend einsetzt. Genaueres hierüber wird im III. Band ausgeführt werden. Bezüglich der Arbeitsweise der Förderrinne vergleiche man die Ausführungen über Förderrinnen S. 180f.

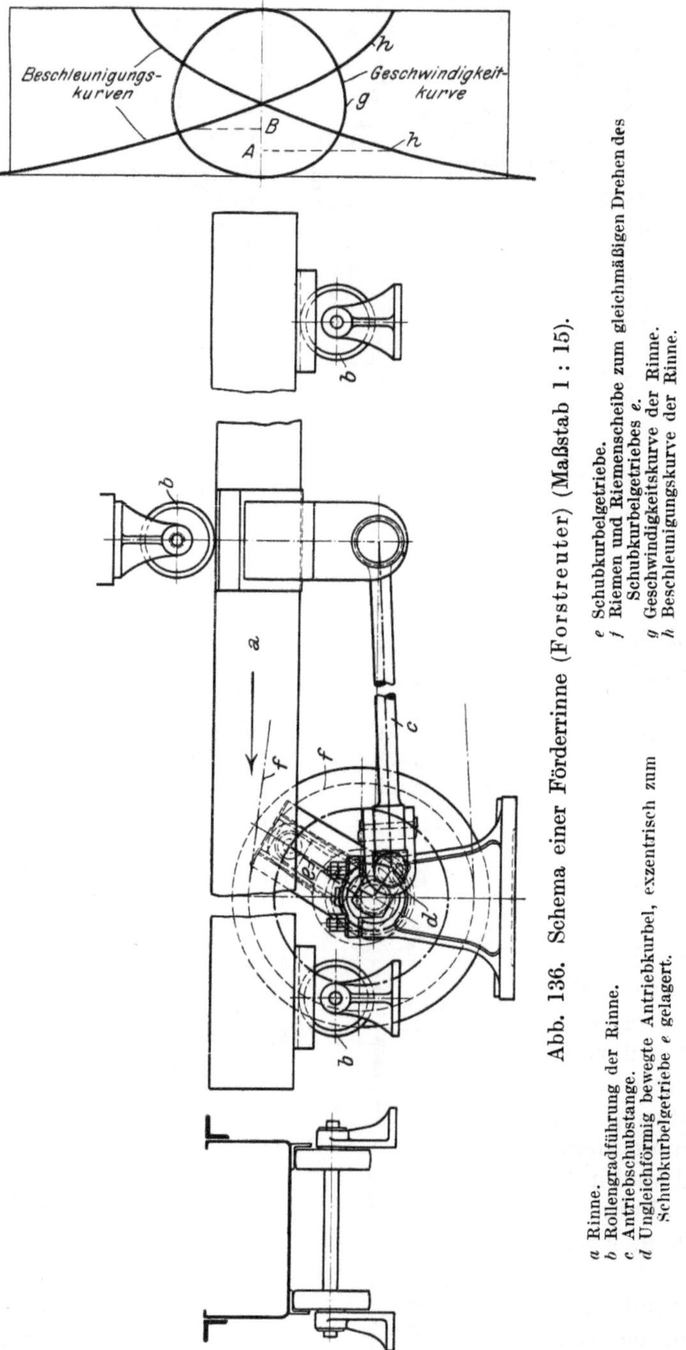

Abb. 136. Schema einer Förderrinne (Forstreuter) (Maßstab 1 : 15).

a Rinne. *b* Rollengradführung der Rinne. *c* Antriebschubstange. *d* Ungleichförmig bewegte Antriebkurbel, exzentrisch zum Schubkurbelgetriebe *e* gelagert. *e* Schubkurbelgetriebe. *f* Riemen und Riemenscheibe zum gleichmäßigen Drehen des Schubkurbelgetriebes *e*. *g* Geschwindigkeitskurve der Rinne. *h* Beschleunigungskurve der Rinne.

Etwas anders liegen die Verhältnisse bei den Schneckenförderern (Abb. 137) und den Förderrohren (Abb. 138), da das Fördergut außer der Längsbewegung im Förderer auch noch eine Verschiebung an den einzelnen Schneckengängen erfährt. Bezeichnet man bei einer Schnecke die Reibungsziffer des Fördergutes in der Rinne mit μ_{gr} und die Reibungsziffer an den Schneckengängen mit μ_{gs}, so kann man zunächst den Arbeitsverlust infolge Bewegung des Fördergutes in der Rinne festlegen durch den Wert $Q_g L_g v \mu_{gr}$. Bei einem Wege S macht der Umfang der Schnecke einen Weg $D\pi$. Bei dem üblichen Füllungsgrade kann man den Weg für den Schwerpunkt der Füllung zu etwa $^3/_4$ dieses Wertes annehmen, und der an den Schneckengängen auftretende Arbeitsverlust ist demnach $= Q_g L_g \mu_{gr} \mu_{gs} v \frac{3}{4} \frac{D\pi}{S}$. Dazu kommt noch die Reibungsarbeit der bewegten Schneckenteile in den Lagern mit $Q_f L_f \frac{D\pi}{S} v \mu_a$, wenn μ_a die Reibungsziffer der Schneckentraglager ist, bezogen auf den Umfang der Schnecke, und schließlich kommt noch hinzu die Reibung infolge Längsschubes und Seitenschubes durch das Fördergut, entsprechend den beiden ersten Werten, multipliziert mit μ_u, wenn μ_u die entsprechende Reibungsziffer für die Lagerungen ist, die Längs- und Seitenschub aufnehmen. Demnach ist

$$N = \frac{v}{75\,\eta_A} \cdot \left[\frac{M}{3{,}6\,v}\left(L_g \mu_{gr} + L_g \mu_{gr} \mu_{gs} \frac{3}{4} \frac{D\pi}{S}\right)(1 + \mu_u) + Q_f L_f \frac{D\pi}{S} \mu_a\right]. \qquad (14)$$

Auf Grund dieser Formeln, die die Bedeutung eines jeden der Teile erkennen lassen, aus denen sich der Gesamtarbeitsverbrauch zusammensetzt, sind die weiter hinten in Schaulinien dargestellten Angaben über den Arbeitsverbrauch der hauptsächlichsten Dauerförderer unter Annahmen berechnet, die schon unmittelbar im Anschluß an die hier gegebene Entwicklung der allgemeinen Formeln und unter

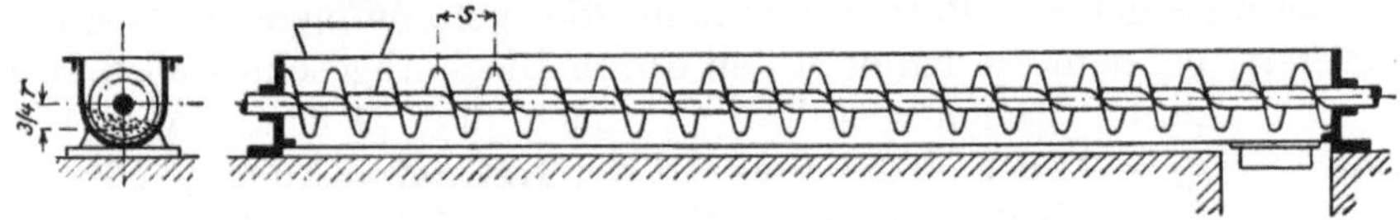

Abb. 137. Schema eines Schneckenförderers.

Hinweis auf die später gegebene Beschreibung der Einzelausführungen an einem für jede Förderung durchgerechneten Beispiele gezeigt werden sollen. Es soll dabei für sämtliche Beispiele dieselbe Fördermenge von 36 t/st und dieselbe Förderlänge von 50 m angenommen werden, um dadurch auch gleichzeitig eine zahlenmäßige Gegenüberstellung des Arbeitsverbrauchs verschiedener Förderer zu erhalten.

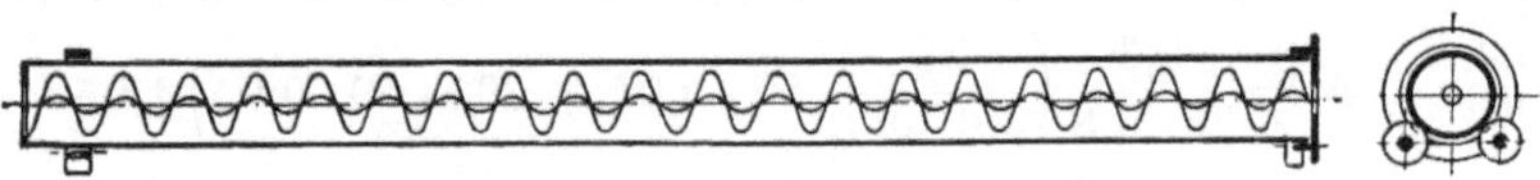

Abb. 138. Schema eines Förderrohres.

Als Fördergut sei Kohle mit einem Gewicht $\gamma = 0{,}8$ gewählt. Als Reibungsziffer für die Bewegung von Kohle auf Kohle wird $\mu_g = 0{,}84$ angenommen, entsprechend einem Böschungswinkel $\varphi = 40^\circ$. Für die Bewegung von Kohle in einer Eisenrinne werde $\mu_g = 0{,}58$ gesetzt, entsprechend $\varphi = 30^\circ$. Ferner werde als Reibungsziffer von Eisen auf Eisen ohne Schmierung (Kratzerkette ohne Rollen auf der Rinne) $\mu_f = 0{,}2$ angenommen. Als Reibungsziffer für Ketten mit Rollen bei schlechter Schmierung und unter der Annahme eines Verhältnisses von Rollendurchmesser zu Achsendurchmesser $= 4:1$ soll gewählt werden $\mu_f = 0{,}05$ einschließlich der rollenden Reibung. Die Reibungsziffer μ_u werde ebenfalls allgemein mit 0,05, der Wirkungsgrad des Antriebvorgeleges unter Voraussetzung eines doppelten Rädervorgeleges und Riemenantriebes durchweg mit $0{,}8 = \eta_A$ eingesetzt. Diese Annahmen sind wohl allgemein ziemlich ungünstig; es ist das aber der Sicherheit wegen erwünscht, und es erscheint auch zweckmäßig mit Rücksicht auf etwaige Klemmungen.

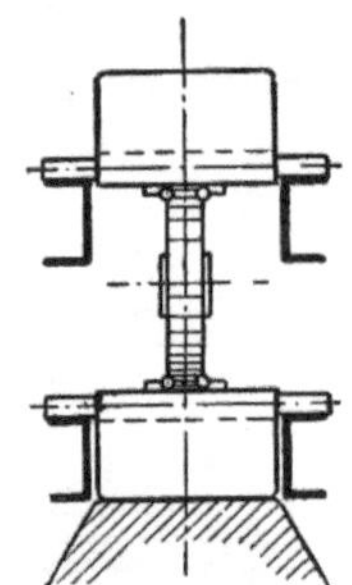

Abb. 139. Querschnitt eines Kratzers mit gleitender Kette ohne Rinnenboden.

Fängt man nun zunächst bei dem einfachen Kratzer ohne Rinnenboden an, bei dem die mit Gleitblechen versehene Kette auf den [-Schienen der festen Führung entlang geschleppt wird, wie in Abb. 139 angegeben, so ergibt sich, wenn man für den oberen und unteren Kettenstrang $Q_f = 2 \cdot 50 = 100$ kg/m, $v = 0{,}3$ m/sk einsetzt, nach Gl. (5) $Q_g = 33$ kg, ferner nach Gl. (6)

$$Z = (33 \cdot 50 \cdot 0{,}84 + 100 \cdot 50 \cdot 0{,}2) \cdot 1{,}05 = 1450 + 1050 = 2500 \text{ kg},$$

und nach Gl. (7):

$$N = \frac{0{,}3}{75 \cdot 0{,}8}\left(\frac{36}{3{,}6 \cdot 0{,}3} \cdot 50 \cdot 0{,}84 + 100 \cdot 50 \cdot 0{,}2\right) \cdot 1{,}05 = \text{rd. } 7 + 5 = 12 \text{ PS}.$$

Dabei bedeutet sowohl in Gl. (6) als auch in Gl. (7) der erste Teil den Widerstand, der durch die Bewegung des Fördergutes entsteht, der also bei kürzerem Förderwege für das Fördergut entsprechend kleiner ist. Der zweite Teil bezieht sich auf den inneren Widerstand des Förderers, bedeutet also im wesentlichen die Leerlaufarbeit. Bei Förderung auf halbe Länge würde sich demnach der Arbeitsverbrauch mit rd. $3{,}5 + 5 = 8{,}5$ PS ergeben. Nimmt man dieselbe Ausführung, aber mit einem Rinnenboden aus Blech, so würde μ_g mit 0,58 statt mit 0,84 einzusetzen sein und die Zugkraft Z auf $1000 + 1050 = 2050$ kg, der Arbeitsverbrauch auf rd. 10 PS heruntergehen. Betrachtet man die vollkommenste Ausführung des Kratzerförderers, bei dem die Rinne unten durch Blech abgeschlossen und die Kette durch Rollen gestützt ist, nach dem Schema Abb. 140, so ist $\mu_f = 0{,}05$ und die Zugkraft der Kette $Z = 1000 + 260 = 1260$ kg, der Arbeitsverbrauch $N = 4{,}85 + 1{,}5 = 6{,}35$ PS, und bei Förderung auf halbe Länge beträgt N rd. $2{,}45 + 1{,}5 = 3{,}95$ PS.

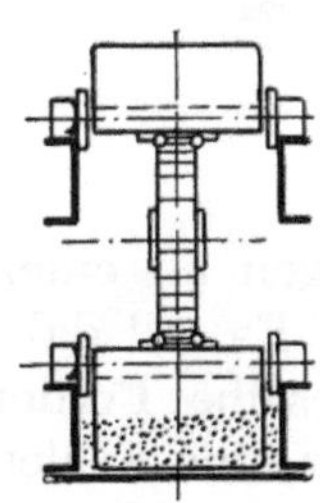

Abb. 140. Querschnitt eines Kratzers mit rollender Kette und mit Rinnenboden.

Ein Stahlplattenband nach dem Schema Abb. 141, bei dem sich die Kette auf Rollen bewegt, die Kohle von der Kette getragen und am Ende abgeworfen wird, ergibt, da hierbei auch für μ_g die Reibungsziffer 0,05 eingesetzt werden kann, einen noch kleineren Arbeitsverbrauch. Bei $Q_f = 200$, $v = 0{,}3$ und $Q_g = 33$ ergibt sich

$$Z = 33 \cdot 50 \cdot 0{,}05 + 200 \cdot 50 \cdot 0{,}05 = 83 + 500 = 583 \text{ kg},$$

$$N = \frac{0{,}3}{75 \cdot 0{,}8}\left(\frac{36}{3{,}6 \cdot 0{,}3} \cdot 50 \cdot 0{,}05 + 200 \cdot 50 \cdot 0{,}05\right) 1{,}05 = 0{,}5 + 2{,}5 = \text{rd. } 3 \text{ PS}.$$

Es zeigt sich also, daß bei einem solchen Bande, das in kräftiger Bauart für Stückkohlenförderung angenommen ist, der Arbeitsverbrauch sich nur wenig ändert, einerlei, ob es leer läuft oder voll beladen ist. Der Arbeitsverbrauch ergibt sich aber für die vorliegende, verhältnismäßig geringe Leistung noch niedriger, wenn man entsprechend der angenommenen und durch die Stückkohle bedingten Bandbreite die Geschwindigkeit ermäßigt, wie es z. B. einer anzunehmenden Schütthöhe von 0,2 m entspricht. Bei 0,2 m Schütthöhe genügt $v = 0{,}1$ m/sk. Dann ergibt sich ein Arbeitsverbrauch

$$N = \frac{0{,}1}{75 \cdot 0{,}8}\left(\frac{36}{3{,}6 \cdot 0{,}1} \cdot 50 \cdot 0{,}05 + 200 \cdot 50 \cdot 0{,}05\right) 1{,}05 = 0{,}42 + 0{,}84 = \text{rd. } 1{,}26 \text{ PS}.$$

Der Arbeitsverbrauch ist also im ganzen außerordentlich gering. Ungefähr dieselben Verhältnisse gelten für das Pendelbecherwerk, bei dem die Stützung der Kette dieselbe und die Geschwindigkeit ebenfalls sehr gering ist.

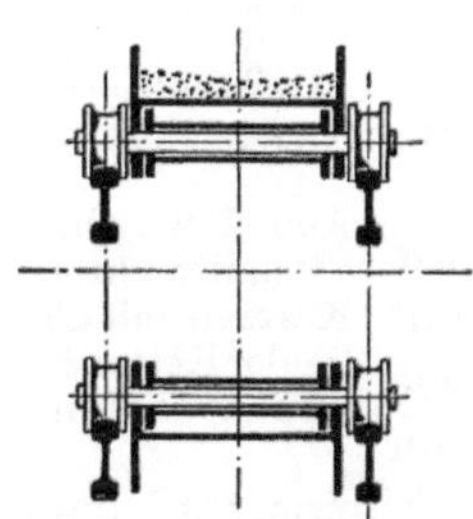

Abb. 141. Querschnitt eines Stahlförderbandes.

Als weiteres Beispiel soll ein wagerechter Gurtförderer für Kohlen berechnet werden, wobei die Geschwindigkeit $v = 1{,}2$ m/sk angenommen werden soll. Dann ist $Q_g = \frac{36}{3{,}6 \cdot 1{,}2} = 8{,}5$ kg. Ein ebenes Band von 600 mm Breite genügt daher vollständig, um auf 1 m Länge eine solche Kohlenmenge aufzunehmen. Das Gewicht Q des sechsfachen Baumwollengurtes und der Tragrollen, die auf dem oberen Strang in 2,5 m, auf dem unteren Strang in 5 m Abstand angeordnet sind, ergibt sich für je 1 m Förderlänge zu etwa 20 kg $= Q_f$. Es wird $\mu_g = \mu_f = 0{,}05$ angenommen und μ_u ebenfalls $= 0{,}05$. Dann ist nach Gl. (12)

$$Z_1 = 2 \cdot 8{,}5 \cdot 50 \cdot 0{,}05 + 2 \cdot 20 \cdot 50 \cdot 0{,}05 = 42{,}5 + 100 = 142{,}5 \text{ kg}.$$

Der Arbeitsverbrauch folgt nach Gl. (13) für ein Band ohne Abwurfwagen zu

$$N = \frac{1{,}2}{75 \cdot 0{,}8}\left(\frac{36}{3{,}6 \cdot 1{,}2} \cdot 50 \cdot 0{,}05 + 20 \cdot 50 \cdot 0{,}05\right) \cdot 1{,}25 = 0{,}5 + 1{,}25 = 1{,}75 \text{ PS}.$$

Bei einem Bande mit Abwurfwagen würde sich ergeben:

$$N = 0{,}55 + 1{,}45 = 2{,}0 \text{ PS}$$

und unter Berücksichtigung der Hubarbeit am Abwurfwagen rd. 2,1 PS.

Für die nach ähnlichen Gesichtspunkten zu behandelnden Seilbahnen sei auf die Ausführungen bei Besprechung der Einzelheiten derartiger Anlagen (S. 147 u. 171) verwiesen, da diese Anlagen nur für größere Förderlängen in Frage kommen und ein unmittelbarer Vergleich bei gleicher Förderlänge nicht möglich ist.

Bei einem Schneckenförderer kann man bei Kohlenförderung und eisernem Schneckentrog annehmen:

$$\mu_{gr} = \mu_{gs} = 0{,}58\,; \qquad \mu_u = 0{,}05\,; \qquad \mu_a = 0{,}02\,.$$

Es ergibt sich für das behandelte Beispiel mit 50 m Förderlänge und 36 t Leistung bei einer Annahme von 60 Uml./min $= n$, einem Füllungsgrad $= \frac{1}{3} = f$ und einer Steigung $S = 0{,}6\,D$ aus der Beziehung $M = n\,60\,S\,\frac{D^2\pi}{4}\,f\cdot\gamma$ ein erforderlicher Durchmesser $D =$ rd. 30 cm und demnach eine Steigung $S = 0{,}6\cdot 30 = 18$ cm.

Dann ist $v = \frac{nS}{60} = 0{,}18$ m/sk.

Setzt man $Q_f = 80$ ein, so ergibt sich:

$$N = \frac{0{,}18}{75\cdot 0{,}8}\left[\frac{36}{3{,}6\cdot 0{,}18}\left(50\cdot 0{,}58 + 50\cdot 0{,}58\cdot 0{,}58\,\frac{3}{4}\cdot\frac{0{,}3\pi}{0{,}18}\right)1{,}05 + 80\cdot 50\,\frac{0{,}3\pi}{0{,}18}\,0{,}02\right].$$

$$N = \text{rd. } 5 + 11{,}6 + 1{,}3 = 17{,}9 \text{ PS}.$$

Davon entsteht der erste Teil durch die Längsbewegung des Fördergutes in der Rinne, der zweite durch die Reibung an den Schneckengängen, und der dritte Teil entspricht der Leerlaufarbeit der Schnecke. Die große Reibungsarbeit bedingt, daß die Schnecken für Kohle nur bei kleinen Förderlängen zu verwenden sind, und auf größere Längen nur, wenn das Fördergut eine kleine Reibungsziffer besitzt, wie es z. B. bei Getreide, Mehl und Zement der Fall ist.

Ähnlich liegen die Verhältnisse bei den Förderrohren; nur fallen hier etwaige Klemmungen weg, die bei der Schnecke eintreten können, und die die Veranlassung waren, die Reibungsziffer verhältnismäßig hoch einzusetzen. Bei glatten Blechen dürfte hier für Kohle eine Reibungsziffer $\mu_{gr} = \mu_{gs} = 0{,}45$, entsprechend einem Reibungswinkel von rd. 25°, einzusetzen sein. Mit Rücksicht auf Staubbildung und andere Umstände werden diese Rohre aber für Kohle wenig verwendet. Dieselbe niedrigere Reibungsziffer würde auch z. B. für Förderrinnen eingesetzt werden können.

Der Vollständigkeit halber soll auch für senkrechte und schräge Becherwerke sowie Pendelbecherwerke je ein Beipsiel für eine stündliche Leistung von 36 t Kohle bei 20 m Hubhöhe durchgerechnet werden, um einen Vergleich zu ermöglichen. Für ein senkrechtes Kettenbecherwerk werde $B = 4$ l, $v = 1{,}5$ und $\gamma = 0{,}8$ angenommen. Dann ist nach Gl. (3) $a = \frac{3{,}6\cdot 4\cdot 1{,}5}{36}\cdot 0{,}8 = 0{,}60$ m. Da mit $^2/_3$ Füllung zu rechnen ist, wird $a = 0{,}40$ angenommen. Es ist nach Gl. (5) $Q_g = \frac{36}{3{,}6\cdot 1{,}5} =$ rd. 7 kg. Q_f kann mit $2\cdot 25 = 50$ kg, $\mu_u = 0{,}05$ angenommen werden.
Dann ist nach Gl. (8)

$$Z = 7\cdot 20 + \tfrac{1}{2}\cdot 50\cdot 20 = 140 + 500 = 640 \text{ kg}$$

und nach Gl. (9)

$$N = \frac{1{,}5}{75\cdot 0{,}8}\,[7\cdot 20 + (7\cdot 20 + 50\cdot 20)\cdot 0{,}05] = 3{,}5 + 1{,}42 = 4{,}92 \text{ PS}.$$

Hiervon ist wieder der erste Teil durch das Fördergut bedingt, der zweite Teil dagegen hauptsächlich Leerlaufarbeit.

Ähnliche Werte ergeben sich auch für senkrechte Gurtbecherwerke. Nimmt man dagegen ein Pendelbecherwerk, das bei 0,2 m/sk Geschwindigkeit und bei einem Becherabstand = 0,7 m dasselbe leisten soll, so ergibt sich nach Gl. (2) ein Becherinhalt $B = \frac{36 \cdot 0,7}{3,6 \cdot 0,2} \cdot \frac{1}{0,8} = 44$ ltr., der mit Rücksicht auf ungleichmäßiges Füllen mit 66 ltr. anzunehmen sein würde. Es ist nach Gl. (5) $Q_g = \frac{36}{3,6 \cdot 0,2} = 50$ kg. Das Eigengewicht beträgt

$$Q_f = 2 \cdot 100 = 200 \text{ kg}, \qquad \mu_u = 0,05.$$

Dann ist nach Gl. (8)

$$Z = 50 \cdot 20 + \tfrac{1}{2} \cdot 200 \cdot 20 = 1000 + 2000 = 3000 \text{ kg},$$

nach Gl. (9)

$$N = \frac{0,2}{75 \cdot 0,8} [50 \cdot 20 + (50 \cdot 20 + 200 \cdot 20) \cdot 0,05] = 3,3 + 0,5 = 3,8 \text{ PS}.$$

Die Rechnung zeigt also auch hier, daß ebenso, wie es sich für die wagerechte Förderung ergab, durch die Wahl eines schweren Fördermittels der Arbeitsverbrauch durchaus nicht, wie vielfach behauptet wird, groß wird, sondern infolge der langsamen Bewegung nicht höher, unter Umständen sogar niedriger ist als bei leichten, aber schnellaufenden Förderern.

Die Verhältnisse bei gemischter Förderung mit Pendelbecherwerk sind als Vereinigung von wagerechter und senkrechter Förderung ohne weiteres zu übersehen.

Nur als Beispiel einer geneigten Förderung soll zum Schluß noch ein mit 0,3 m/sk langsam laufendes, um 60° geneigtes Becherwerk betrachtet werden, wobei die Laschen des Becherwerkes auf den Führungsschienen gleiten sollen, also $\mu_f = \mu_g = 0,2$. Wenn $H_g = 20$ ist, so ist $L_g = 12$. Bei einer Laschenlänge von 0,25 m soll auf jeder zweiten Lasche ein Becher vorhanden sein, also $a = 0,50$. Dann ist nach Gl. (2)

$$B = \frac{36 \cdot 0,5}{3,6 \cdot 0,3} \cdot \frac{1}{0,8} = 20 \text{ ltr.}$$

oder mit Rücksicht auf ungleichmäßiges Füllen $B' = 30$ ltr.

$$Q_g = \frac{36}{3,6 \cdot 0,3} = 33 \text{ kg}.$$

Q_f kann mit $2 \cdot 50 = 100$ kg angenommen werden. Dann wird nach Gl. (10)

$$Z = 33(20 + 12 \cdot 0,2) + 100 \cdot (\tfrac{1}{2} \cdot 20 + 12 \cdot 0,2) = 740 + 1240 = 1980 \text{ kg}$$

und nach Gl. (11)

$$N = \frac{0,3}{75 \cdot 0,8}\left[\left(\frac{36}{3,6 \cdot 0,3}(20 + 12 \cdot 0,2) + 100 \cdot 12 \cdot 0,2\right) \cdot 1,05 + 100 \cdot 20 \cdot 0,05\right]$$
$$= 3,9 + 1,25 + 0,5 = 5,65 \text{ PS}.$$

Der erste Teil berücksichtigt die Fördergutbewegung, der zweite den wagerechten Widerstand des Becherwerkes und der dritte im wesentlichen die senkrechte Eigenreibung. Der Gesamtarbeitsverbrauch ist demnach etwas größer als bei den anderen Förderern. Dafür besteht die Möglichkeit, das Fördergut selbsttätig aus einer Grube zu schöpfen.

Diese rechnerischen Ermittlungen haben den Vorteil, daß sie übersichtlich sind und erkennen lassen, welchen Einfluß die verschiedenen Bewegungsvorgänge haben, und wo man mit Vervollkommnungen wirksam eingreifen kann. Sie stimmen auch mit verschiedenen Messungen an ausgeführten Anlagen gut überein. Die Messungen werden natürlich je nach Ausführung, Wartung der Anlage und Beschaffenheit des Fördergutes Verschiedenheiten ergeben. Die Rechnungsergebnisse können aber als Durchschnittswerte mit genügender Annäherung verwendet werden. Auf Grund dieser für alle Dauerförderer gültigen allgemeinen Regeln sind die im folgenden bei der Beschreibung der Einzelanordnungen der verschiedenen Förderer angegebenen Schaulinien über den Arbeitsbedarf aufgestellt, die für die wechselnden Fördermengen und Förderlängen eine Übersicht geben und als Anhalt für einen schnellen Vergleich der verschiedenen Fördersysteme dienen sollen.

Außer dem Arbeitsverbrauch, den man nach den eben ausgeführten Erwägungen einigermaßen nachzuprüfen in der Lage ist, bilden aber natürlich auch bei den Dauerförderern die Unterhaltungskosten, und besonders die entsprechend dem Anlagekapital in Rechnung zu setzenden Kosten für Verzinsung und Abschreibung, einen großen Teil der gesamten Förderkosten. Die Kosten für Verzinsung und Abschreibung überwiegen sogar häufig die übrigen Betriebskosten und sind für die Wahl des Fördermittels oft ausschlaggebend. Diese Unkosten dürfen daher bei der vergleichenden Gegenüberstellung nicht vernachlässigt werden. Für die Unterhaltungskosten lassen sich wohl je nach der Art des Förderers Mittelwerte annehmen, die aber natürlich vielen Schwankungen unterworfen sind, je nachdem, ob die Wartung der Anlage ständig gut und sorgfältig ist oder nicht. Da jedoch dieser ganze Posten nur einen verhältnismäßig kleinen Teil der Förderkosten bildet, sind auch die Abweichungen nicht von wesentlicher Bedeutung. Die in den später angeführten Schaulinien für Anlage- und Unterhaltungskosten unter y_1 angegebenen Mittelwerte für die Unterhaltung können daher wohl als Anhalt dienen. Sie enthalten die Kosten für Schmier- und Putzstoffe und laufende Ausbesserungen und Ersatzteile. Unter den letzteren sind die Teile getrennt behandelt, die wesentlich schneller als die Gesamtanlage verschleißen und deren Abnutzung in geradem Verhältnis zur Fördermenge steht, wie z. B. die Gurte der Gurtförderer. Dadurch wird es möglich, sämtliche Fördereinrichtungen unmittelbar miteinander zu vergleichen.

Sehr schwierig erscheint aber auch bei den Dauerförderern eine allgemeingültige Angabe über die Anlagekosten der einzelnen Fördervorrichtungen. Hierfür werden immer nur die vor der Ausführung einzufordernden Angebote der ausführenden Firmen eine genaue Unterlage geben können. Um aber auch für den ersten Entwurf der Gesamtanlagen schon einigermaßen eine Beurteilung zu ermöglichen, erscheint es auch hier wünschenswert, ebenso wie bei den Zugförderanlagen, einen ungefähren Anhalt über die Anlagekosten für die verschiedenen Fördereinrichtungen zu haben. In den später bei den einzelnen Fördersystemen angegebenen Schaulinien für Anlage- und Unterhaltungskosten sind daher unter y diese Anlagewerte zeichnerisch für verschiedene Leistungen und Längen bzw. Förderhöhen dargestellt. Es sind dabei gut ausgeführte Konstruktionen erster Firmen zugrunde gelegt, die einen guten Betrieb gewährleisten. Bei Aufstellung der Kosten ist allgemein angenommen, daß besondere Unterbauten zur Unterstützung der Fördervorrichtungen nicht erforderlich sind. Diese Annahme wird in vielen Fällen zutreffen. In anderen Fällen müssen allerdings die Kosten des Unterbaues besonders veranschlagt werden. Aber auch in diesen Fällen wird der Vergleich dadurch etwas erleichtert, daß bei manchen einander gegenüberzustellenden Förderarten die Kosten des Unterbaues als gleich vorausgesetzt werden können.

Es kann nicht bestritten werden, daß die Preise sehr verschieden voneinander sind, und daß diese Angaben daher nicht unantastbar sind; aber es ist andererseits auch zu berücksichtigen, daß in den meisten Fällen bei billigeren Konstruktionen auch die Dauerhaftigkeit etwas geringer ist und oft infolge der einfachen Ausführung der Arbeitsverbrauch und damit die Betriebskosten größer sind, so daß der Preisunterschied für die Beurteilung nicht in dem Maße ins Gewicht fällt, wie es bei oberflächlicher Gegenüberstellung zunächst den Anschein hat. Hinsichtlich der Schwankungen der Marktlage gilt auch hier dasselbe, was schon eingangs auf S. 21 allgemein ausgeführt wurde. Für den Vergleich kommen nur die Preisschwankungen für den Unterschied in den Anlagekosten in Betracht. Außerdem ist es auch hier, da die Kosten für die Anlage wie für Unterhaltung und den Arbeitsverbrauch gesondert dargestellt sind, verhältnismäßig leicht, in besonderen Fällen Abweichungen zu berücksichtigen und den allgemeinen Vergleich für einen Einzelfall umzuändern

Bezüglich der Höhe der Abschreibung sind auch hier die schon auf S. 15ff. entwickelten Grundsätze angewendet, wobei also z. B. eine Anlage in 10 Jahren abgeschrieben wird bei täglich 10stündigem Betrieb, dagegen in $6^2/_3$ Jahren bei 6000, in 15 Jahren bei 1000 jährlichen Betriebsstunden. Der bei den verschiedenen Anlagewerten auf die Förderstunde entfallende Betrag an Verzinsung und Abschreibung ist dann für verschiedene jährliche Förderzeiten aus den Darstellungen in Abb. 11, S. 16 ohne weiteres zu entnehmen. Die eben erwähnten Schaulinien über den Arbeitsverbrauch und die über die Anlage- und Unterhaltungskosten aufgestellten Schaulinien ermöglichen in ihrer Gesamtheit auch für die Dauerförderer, für irgendeine Förderleistung und Förderlänge bzw. Förderhöhe und für irgendeine jährliche Betriebsstundenzahl die in der Förderstunde entstehenden Gesamtunkosten bei jeder der behandelten Fördereinrichtungen zu ermitteln, wie auch schon auf S. 18 allgemeingültig ausgeführt. Man entnimmt zunächst aus den Schaulinien für den Arbeitsverbrauch die Kosten für den Arbeitsverbrauch, addiert dazu die in den Schaulinien für die Anlage- und Unterhaltungskosten angegebenen Kosten für Unterhaltung und fügt zu diesen beiden noch die Kosten für Verzinsung und Abschreibung hinzu, indem man das erforderliche Anlagekapital unmittelbar aus den bezüglichen Schaulinien und die auf die Förderstunde entfallenden hierauf bezüglichen Unkosten aus Abb. 11, S. 16 entnimmt.

In dieser Weise läßt sich in jedem Falle leicht feststellen, ob etwa der Ersatz einer bisher mit der Hand bewirkten Förderung, deren Kosten man kennt, durch einen Dauerförderer von Vorteil ist, und ferner, welches Fördermittel unter Berücksichtigung aller wesentlichen Gesichtspunkte in jedem Falle die günstigsten Ergebnisse erwarten läßt. Das wird zum mindesten eine gute Grundlage geben, auf der man weitere Erwägungen aufbauen kann, die auch den etwaigen besonderen vorliegenden Verhältnissen Rechnung tragen. Zur bequemeren Übersicht sind, wie schon auf S. 18 erwähnt, bei den verschiedenen Förderern die auf die Förderstunde entfallenden Gesamtförderkosten bei 3000 jährlichen Betriebsstunden für einige hauptsächlich in Frage kommende Leistungen und Längen zeichnerisch dargestellt, und als Beispiel für die Benutzung der Formeln und Schaulinien sind dann am Schluß dieses Kapitels in einer Zahlentafel auf S. 396ff. sowohl von den Dauerförderern wie von den Hubförderern einige Daten über die Förderkosten bei verschiedenen Leistungen, Förderlängen und jährlichen Betriebszeiten zusammengestellt, um auch dadurch den allgemeinen Vergleich zu erleichtern. In der nun anzustellenden Betrachtung der einzelnen Förderanlagen sollen zunächst die Standbahnen, Hängebahnen und Seilbahnen mit Seilantrieb besprochen werden, da sie sich an die im vorigen Abschnitt besprochene Zugförderung auf Stand- und Hängebahnen unmittelbar anschließen. Darauf sollen die verschiedenen Dauerförderer besprochen werden in der Reihenfolge, wie sie sich aus der im vorstehenden angestellten allgemeinen Betrachtung ergeben hat.

2. Dauerförderer, bei denen die einzelnen Fördergefäße von der dauernd umlaufenden Zugvorrichtung lösbar sind.

a) Standbahnen mit Ketten- oder Seilbetrieb.

Diese Bahnen werden für den Transport in Bergwerken, und zwar sowohl bei Schacht- als auch bei Tagbau und in den Aufbereitungsanlagen, außerdem aber auch auf den Lager- und Arbeitsplätzen der verschiedenen industriellen Werke sehr

Fig. 142. Gesamtbild einer Kettenbahn mit Oberkette (Hasenclever).

häufig angewandt. Die Länge solcher Bahnen ist meistens nur gering. Im Bergwerksbetrieb sind sie jedoch auch bis zu Entfernungen von mehr als 4 km Länge in Anwendung. Die Vor- und Nachteile der Förderung gegenüber anderen Fördermöglichkeiten sind für die besonderen Verhältnisse des Bergbaues im II. Band unter dem Kapitel „Die Förderanlagen im Bergwerksbetrieb" näher erörtert. Es ist dort ausgeführt, daß in den Bergwerken der Ketten- oder Seilbetrieb in neuerer Zeit vielfach durch Lokomotivbetrieb ersetzt wird. Die Bedeutung des Ketten- und Seilantriebes für den Transport über Tage ist aber in den verschiedensten industriellen Werken fast unvermindert geblieben. Ob dabei Kette oder Seil als Antriebsmittel verwendet wird, richtet sich im wesentlichen danach, ob die Bahn auf ihrer ganzen Länge gleichmäßig, jedenfalls ohne häufigen Wechsel von Steigung und Gefälle verläuft, oder umgekehrt, ferner danach, ob die Steigung nur gering ist und sich in den Grenzen von etwa 10% hält, oder ob sie größer ist. Im ersteren Falle wird das Seil wegen seines geringen Gewichtes im allgemeinen vorgezogen werden, wenn es sich nicht um ganz kurze Entfernungen handelt, wo die Kettenbahn infolge ihrer einfachen Antriebs- und Betriebsweise bevorzugt wird. Dagegen kommt die Kettenbahn allgemein in Anwendung, wenn die Bahn große Steigungen zu überwinden hat und wenn sie häufig abwechselnd steigt und fällt. In solchen Fällen kann bei Kettenbetrieb die dauernde Kupplung des Zugorgans mit den Wagen sicherer und einfacher erreicht werden als beim Seilbetrieb.

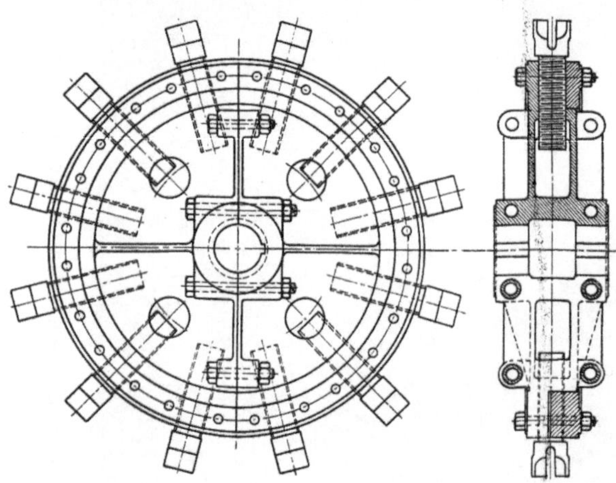

Abb. 143. Kettengreiferscheibe (Maßstab 1 : 20).

Bei Kettenbahnen unterscheidet man im allgemeinen drei Arten:

1. die Bahn mit einfacher Oberkette,
2. die Bahn mit Unterkette,
3. die Bahn mit Oberhakenkette.

Die weitaus größte Verbreitung hat die Bahn mit einfacher Oberkette erhalten. Die Wagen werden dabei durch die ständig umlaufende Kette dadurch mitgenommen, daß die Kette sich infolge ihres Gewichtes in eine mit der Endwand des Wagens fest verbundene stiefelknechtartige Gabel legt. Arbeitsweise und Anordnung sind aus Abb. 142 leicht erkennbar. Der Antrieb der ständig umlaufenden Kette erfolgt meistens durch eine Mitnehmer- oder Greiferscheibe, wie in Abb. 143 dargestellt. Diese Antriebscheiben, die in der Regel jedes fünfte Glied der Kette fassen, werden von verschiedenen Firmen in verschiedenen Ausführungsformen hergestellt. Grundsätzlich ist die Bauart aber immer dieselbe, nämlich mit in radialer Richtung verstellbaren Mitnehmern. Die Verstellung ist erforderlich, damit man sich dem Längerwerden der Kette bei eintretendem Verschleiß anpassen kann. Bei solchen Antrieben genügt eine einfache Umspannung der Greiferscheibe um 180°. Natürlich muß beim Antrieb durch Greiferscheibe eine kalibrierte Kette verwendet werden.

Bedingung für die Verwendung einer Greiferscheibe ist, daß nicht nachträglich die ganze Bahn verlängert wird, da in solchen Fällen zu der vorhandenen, mehr oder weniger verschlissenen Kette, der man sich durch Verstellen der Mitnehmer anpassen könnte, ein Stück neue Kette hinzukommen würde, für das die Greiferscheibe nicht paßt. In solchen Fällen, die bei den Flügelbahnen in Tagebauten häufig vorkommen, muß man den Antrieb der Kette durch Reibungsscheiben bewirken, ähnlich wie sie bei den Standbahnen mit Seilbetrieb allgemein angewendet werden. Abb. 144 zeigt eine gebräuchliche Anordnung einer derartigen Antriebstation. Die Kette ist in S-Form um zwei Antriebscheiben geschlungen und wird durch Reibung mitgenommen. Die beiden Antriebscheiben haben vielfach gleichen Durchmesser. Bei dem abgebildeten Antrieb ist aber die hintere Scheibe etwas kleiner ausgeführt als die vordere. Damit soll erreicht werden, daß beide Scheiben

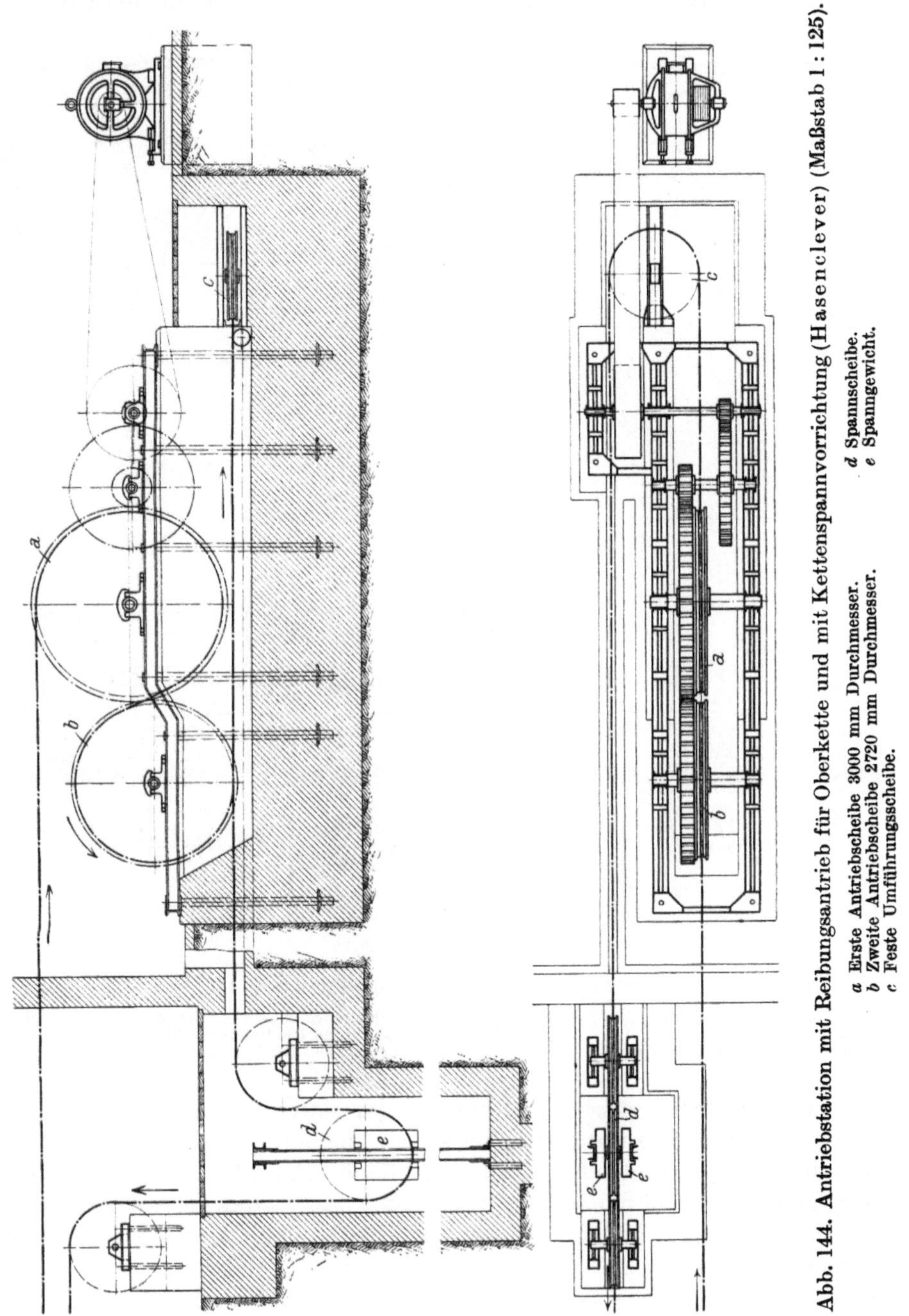

Abb. 144. Antriebstation mit Reibungsantrieb für Oberkette und mit Kettenspannvorrichtung (Hasenclever) (Maßstab 1 : 125).

a Erste Antriebscheibe 3000 mm Durchmesser.
b Zweite Antriebscheibe 2720 mm Durchmesser.
c Feste Umführungsscheibe.
d Spannscheibe.
e Spanngewicht.

sich möglichst gleich schnell abnutzen. Da der Druck der Kette auf der ersten Scheibe naturgemäß größer ist als auf der zweiten, so würde die letztere bei gleichem Durchmesser langsamer verschleißen; dadurch würden starke Zerrungen in der Kette entstehen. Wenn die zweite Scheibe etwas kleiner ausgeführt wird und bei entsprechender Anordnung der Zahnrädervorgelege um so viel schneller umläuft, so wird die Abnutzung bei entsprechender Wahl der Durchmesser angenähert gleich stark sein. Diese Anordnung wird mitunter auch für den Antrieb der später beschriebenen Standbahnen mit Seilantrieb angewendet, bei denen das Seil durch gelederte Scheiben angetrieben wird, die bei ungleicher Umfangsgeschwindigkeit verhältnismäßig schnell verschleißen würden. Auf die geschilderte Art kann man dem Übel-

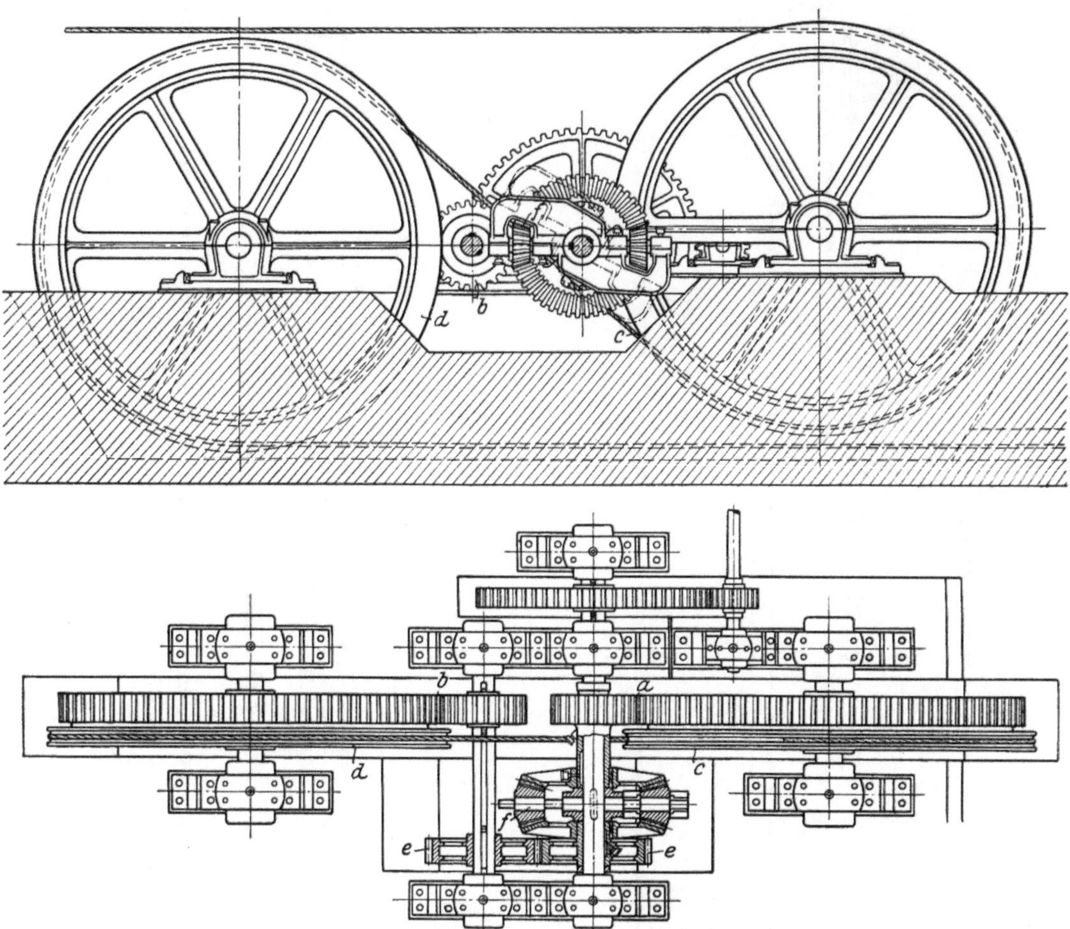

Abb. 145. Ausgleichvorrichtung Patent Ohnesorge (Hasenclever).

a und *b* Rädervorgelege zum Antrieb der Seilantriebrollen *c* und *d*.
e Räderübertragung von Welle *a* zu Welle *b*.
f Zwischenräder zum Ausgleich der Geschwindigkeit bei verschiedenen Umdrehungszahlen von *d* und *c* und zur Erzielung eines gleichmäßigen Antriebes beider Scheiben.

stand, daß durch ungleich starke Abnutzung der Antriebscheiben Zerrungen im Zugorgan entstehen, aber nur notdürftig begegnen. Sicherer wird der Fehler behoben durch Anwendung der Ausgleichsvorrichtung nach Patent Ohnesorge, die von Hasenclever daher auch neuerdings verwendet wird. Bei diesem Antrieb wird, wie in Abb. 145 schematisch angegeben, zwischen die beiden durch Vorgelege *a*, *b* mit gleicher Umfangsgeschwindigkeit angetriebenen Antriebscheiben *c* und *d* ein Ausgleichsgetriebe eingeschaltet, das aus zwei Kegelrädern besteht, die miteinander durch kleine konische, in einem drehbaren Ring gelagerte Zwischenräder *f* gekuppelt sind. Durch dieses Ausgleichsgetriebe werden die beiden Antriebscheiben unbedingt sicher so bewegt, daß die übertragene Arbeit bei beiden Scheiben gleich ist und schädliche Zerrungen mit Sicherheit vermieden werden.

In der Nähe des Antriebes ist, wie auch in Abb. 144 ebenfalls dargestellt, meistens noch eine Spannvorrichtung vorgesehen zum Spannen der Kette durch Gewicht. Bei langen Bahnen ist außerdem auch oft die Kettenumführung am anderen Ende als Spannvorrichtung ausgebildet; doch erfolgt das Spannen an dieser Stelle meistens nicht durch Gewicht, sondern durch eine Schraube. Die Kette wird bei der Endumführung und in den Kurven einfach auf glatten Umführungsrollen geführt. Infolge der Art der Kupplung, die durch eine breite Gabel erfolgt, in die sich die Kette hineinlegt, können die Wagen beim Antrieb durch Oberkette in den Kurven und Endumführungen nicht mit der Kette gekuppelt bleiben; sie werden kurz vor der Kurve entkuppelt, laufen dann infolge ihrer lebendigen Kraft und bei geeignetem Gefälle selbsttätig um die Kurve herum und werden hinter der Kurve wieder angekuppelt. Das Auskuppeln kann in einfachster Weise durch Anheben der Kette geschehen, das Einkuppeln erfolgt ohne weiteres, wenn die Kette sich wieder auf den Mitnehmer des Wagens herabsenkt, was hinter der Kurvenumführungs-

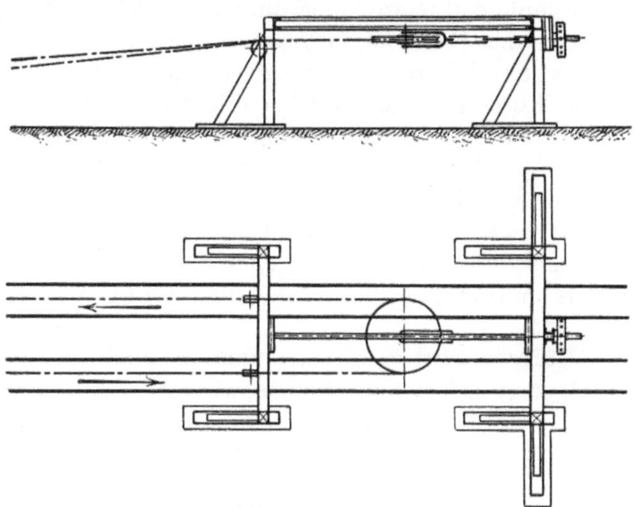

Abb. 146. Umkehrstation einer Kettenbahn mit Oberkette (Maßstab 1 : 150).

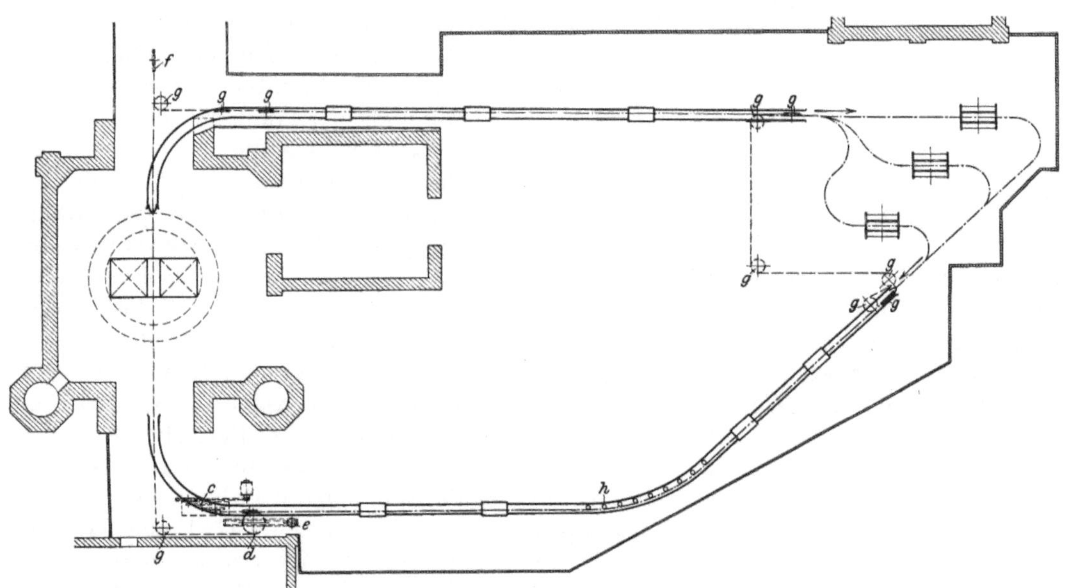

Abb. 147. Kettenbahn mit Unterkette auf dem Wipperboden einer Aufbereitungsanlage (Hasenclever) (Maßstab 1: 15 und 1: 400).

Fahrgeschwindigkeit 0,3 m/sk, Leistung 350 Wagen/st.

a Unterkette mit Mitnehmer.
b Kettenführung.
c Antrieb mit Greiferscheibe.
d Spannscheibe.
e Spanngewicht.
f Schraubenspannvorrichtung.
g Umführungsscheiben.
h Kleine Umführungsscheiben zur Führung der angekuppelten Wagen nach Abb. 148.

rolle von selbst erfolgt. Das Ansteigen der Kette am Ende der Bahn, durch welches das Aus- und Einkuppeln bewirkt wird, ist auch aus der Darstellung der Umkehrstation (Abb. 146) erkennbar.

Der Betrieb mit Oberkette ist im übrigen unter allen Verhältnissen anwendbar, auch wenn Steigung und Gefälle unmittelbar aufeinander folgen. Die Kette hat immer genügend Durchhang, um mit den Wagen fest gekuppelt zu sein. Die Leistungsfähigkeit der Bahn ist fast unbeschränkt. Die Kette hängt bei großer Wagenzahl ganz auf den Wagen, und die zwischen den Schienen angeordneten Tragrollen, durch die die Kette getragen werden soll, wenn sie zwischen den Wagen bis in Schienenhöhe durchhängt, und besonders auch beim ersten Inbetriebsetzen der Bahn, kommen bei großer Wagenzahl während des Betriebes gar nicht zur Benutzung. Die Geschwindigkeit kann bis zu 1,5 m/sk gesteigert werden; sie beträgt in der Regel etwa 1 m/sk. Allerdings wird die Kette bei großer Leistung und großer Förderlänge sehr schwer, und dadurch ist dann doch praktisch eine Grenze gegeben, besonders hinsichtlich der Länge der Bahn, wie weiter hinten noch näher ausgeführt ist.

Mitunter wird die Kette nicht oberhalb der Wagen angeordnet, sondern unter denselben zwischen den Schienen, wie z. B. in Abb. 147 und 148 dargestellt. Diese Anordnung hat vor der obenliegenden Kette den Vorzug, daß ein Überschreiten der Bahn an beliebigen Stellen leichter möglich ist; dagegen ist das Kuppeln der Kette mit den Wagen schwieriger und kann nur erfolgen, indem die Kette in gewissen Abständen mit besonderen Mitnehmern versehen wird, die in entsprechende Vorsprünge oder Ringe der Förderwagen eingreifen. Ein weiterer Nachteil dieser Kupplung ist der, daß sie sich bei eintretendem Gefälle leicht löst, indem der Wagen voreilt. Der Betrieb mit Unterkette ist daher nur bei Bahnen zu verwenden, bei denen abfallende Strecken nicht vorhanden sind. Da aber solche Bahnen auch durch das leichtere Seil betrieben werden können, wie weiter hinten näher ausgeführt, und da, wenn die Tragrollen nicht sehr dicht hintereinanderliegen, die schwere Unterkette leicht auf dem Boden schleift und dann ganz besonders viel Arbeitsaufwand erfordert, so sind die Antriebe mit unten liegender Kette im wesentlichen auf kleine Bahnlängen beschränkt. Insbesondere kommt diese Betriebsart in Anwendung bei kurzen Strecken mit starker Steigung. Steigungen bis zu 1 : 3 können mit dieser Kette ganz gut überwunden werden. Bei sehr kurzen Bahnen und starken Steigungen wird an Stelle der Gliederkette mitunter auch eine Gallsche Gelenkkette verwendet. Über die Anordnung derselben beim Betrieb der Bahn ist nichts Besonderes zu bemerken, nur daß sie sich natürlich ausschließlich für gerade Strecken eignet. Die Wagen werden bis an die Steigung von Hand oder in anderer Weise herangefahren. Sie werden dann von der Kette selbsttätig erfaßt und am Ende der Bahn ohne weiteres wieder freigegeben. Die Kette kann — wenn erforderlich — unterhalb der zwischen den Schienen angeordneten Bühne sich bewegen und braucht nur mit ihren Mitnehmern aus einem schmalen Schlitz herauszuragen. Bei Verwendung von Gliederketten erfolgt der Antrieb auch bei diesen Bahnen meistens durch Greiferscheiben, die in der Regel einen etwas kleineren Durchmesser erhalten als die Greiferscheiben für längere Bahnen mit Oberkette. Bei den Bahnen mit Unterkette können die Wagen beim Durchfahren von Kurven mit dem Seil gekuppelt

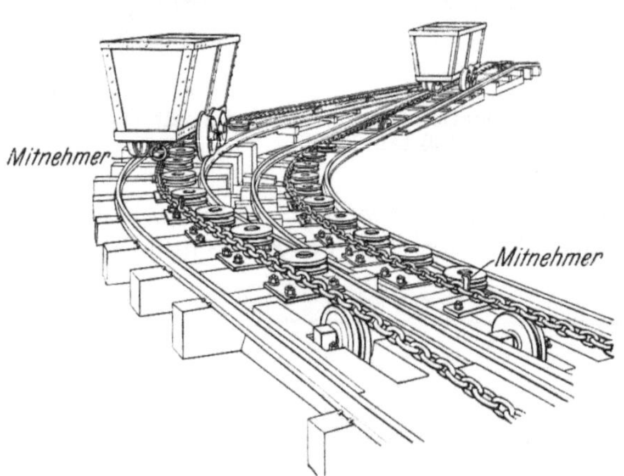

Abb. 148. Kurvenführung einer Kettenbahn mit Unterkette.

bleiben, und die Kurven können in beliebiger Richtung maschinell durchfahren werden, wie aus Abb. 148 besonders deutlich ersichtlich.

Die Kettenbahn mit Unterkette wird, wie auch aus dem Ausführungsbeispiel Abb. 147 erkennbar ist, besonders angewendet, wenn es sich um kurze Bahnen mit vielen Krümmungen handelt. Sie wird daher viel benutzt zur Beförderung der Grubenwagen auf der Hängebank und in ähnlichen Fällen. Der Unterkettenantrieb hat allerdings den Nachteil, daß die Wagen auf der Strecke die Bahn nicht gut verlassen können. Man muß die Kette zunächst durch Rollen nach unten führen und kann dann erst die Wagen durch Weichen oder Drehscheiben nach der Seite ableiten. Nur am Ende können die Wagen die Kettenbahn in einfacher Weise verlassen, indem die Kette hier ohnehin nach unten abgelenkt wird.

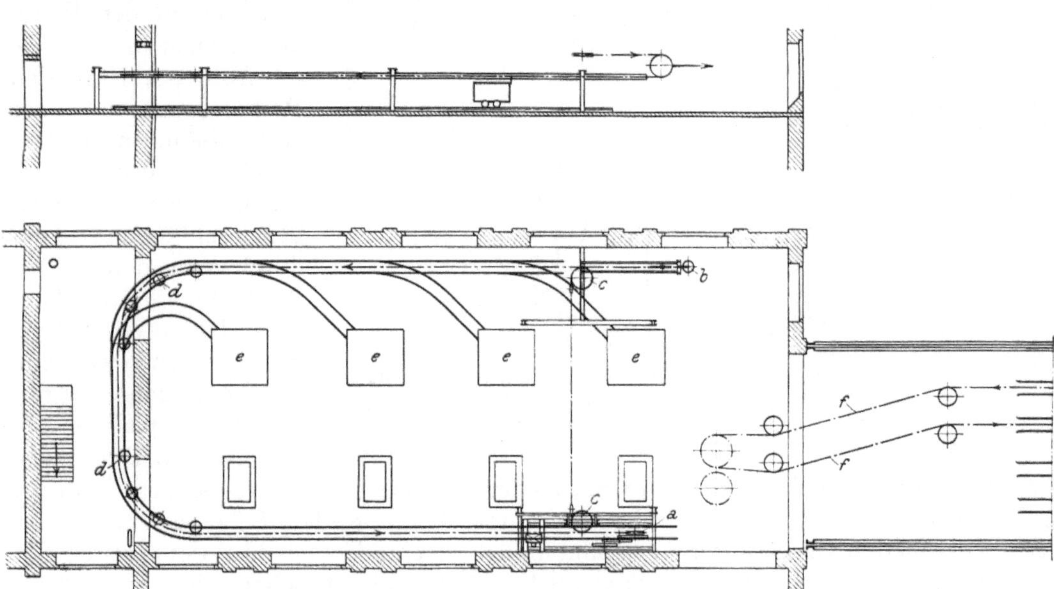

Abb. 149. Kettenbahn mit Oberhakenkette (Maßstab 1 : 320).

a Antrieb durch Greiferscheibe.
b Gewichtspannvorrichtung.
c Große Umführungsscheiben für Kette ohne Wagen.
d Kleine Umführungsscheiben für Kette mit Wagen.
e Kreiselwipper.
f Zubringerkettenbahn.

In Fällen, wo eine Abzweigung der Wagen von dem Kettentriebe an verschiedenen Stellen erforderlich ist, wie z. B. bei Wipperböden in den Aufbearbeitungsanlagen, wo die Wagen den verschiedenen Kreiselwippern zugeführt werden sollen, wird mitunter ein anderer Kettenbetrieb verwendet, die sogenannte Oberhakenkette. Man benutzt dabei eine Kette, die zwischen zwei U-Eisen oder Winkeleisen so geführt ist, daß aus einem unten befindlichen Schlitz nur die mit der Kette verbundenen Mitnehmer hervorragen. Diese Mitnehmer werden so eingerichtet, daß sie die Wagen in der Bewegungsrichtung der Kette erfassen und mitnehmen, daß sie aber umklappen, wenn der Wagen der Kette vorauseilen will, bzw. wenn er mit größerer Geschwindigkeit auf die Kettenstrecke aufläuft. Bei dieser Anordnung können die Wagen die Kettenbahn ohne Schwierigkeit an jeder Stelle verlassen. Im übrigen ist die Betriebsweise dem Betrieb mit Unterkette ziemlich ähnlich; auch mit der Oberhakenkette kann man beliebige Kurven mit angekuppelten Wagen durchfahren. Sie eignet sich aber auch ebenso wie der Unterkettenbetrieb infolge der großen Anlagekosten und infolge des großen Arbeitsverbrauchs nur für kurze Bahnen. Abb. 149 zeigt als Beispiel eine Anlage dieser Art.

Bei Standbahnen mit Seilbetrieb ist die Übertragung der Kraft auf das ständig umlaufende Zugorgan natürlich nur durch Scheiben mit Reibungswirkung möglich. Hierfür genügt eine einfache Umspannung der Antriebscheibe um 180° nur bei geringen Förderlängen und Leistungen, selbst wenn die Scheibe mit Leder- oder Holzfütterung versehen wird, was in der Regel der Fall ist. Der Antrieb könnte natürlich ebenso geschehen, wie schon in Abb. 135 als Schema eines Seilbahnantriebes angegeben. Die dort dargestellte Anordnung wird aber in der Regel nur für Seilschwebebahnen angewendet, während die Standbahnen mit Seilbetrieb meistens in der Weise angetrieben werden, wie in Abb. **144** für den Reibungsantrieb einer Kettenbahn angegeben. Das Seil wird in S-Form um um zwei Seilscheiben geschlungen und dadurch von den beiden Scheiben mitgenommen. Diese Seilscheiben werden ebenso wie beim Kettenantrieb oft mit etwas voneinander abweichenden Durchmessern ausgeführt, so daß die weiter zurückliegende etwas kleinere Scheibe häufiger umlaufen muß und sich ebenso schnell abnutzt als die vordere Scheibe, auf der das Seil mit größerem Druck aufliegt. Vollkommener ist aber auch hier der Antrieb mit Spannungsausgleich nach O h n e s o r g e, wie bereits in Abb. **145** schematisch dargestellt.

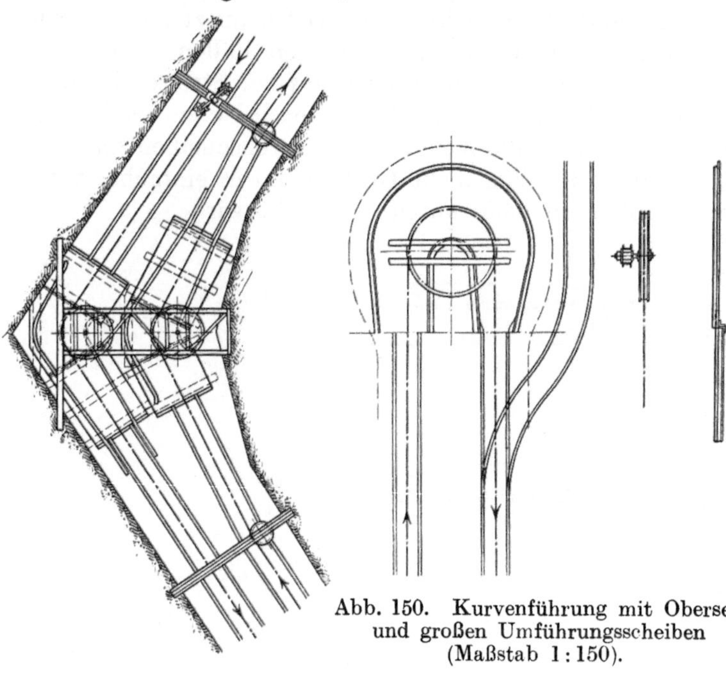

Abb. 150. Kurvenführung mit Oberseil und großen Umführungsscheiben (Maßstab 1:150).

Abb. 150a.

Eine derartige Ausgleichmöglichkeit ist besonders erwünscht, wenn ein Seil mit zwischengeschalteten Kettenstücken verwendet wird, wie weiter hinten in Abb. 153 angegeben, da bei dieser Anordnung die Dicke des Zugorgans wechselt, je nachdem, ob das Seil oder die Kette auf der Treibscheibe liegt. Dementsprechend wechselt auch die Geschwindigkeit, mit der der Antrieb erfolgt. Da aber der Wechsel der Geschwindigkeit in Wirklichkeit nicht möglich ist, so muß jedesmal, wenn ein Kettenstück auf die Antriebscheibe gelangt, ein Gleiten auf der Scheibe eintreten, wenn kein Spannungsausgleich vorgesehen ist, wie ihn die in Abb. 145 dargestellte Ausgleichsvorrichtung ermöglicht.

Das Seil wird bei den Antrieben für die Standbahnen mit Seilbetrieb meistens nach verschiedenen Richtungen gebogen. Das ist ein Nachteil gegenüber der Anordnung des Seilantriebes nach Abb. 135; man erachtet diesen Nachteil in den Kreisen der Erbauer der Seilschleppbahnen aber als erträglich im Hinblick darauf, daß das Seil auch im übrigen, insbesondere beim Kuppeln der einzelnen Wagen ziemlich stark beansprucht wird. Außerdem baut sich dieser Antrieb auch leichter als die Anordnung nach Abb. 135, was bei den meistens kürzeren Seilschleppbahnen von besonderer Bedeutung ist. Wenn die Bahnen stark beansprucht sind, so sucht

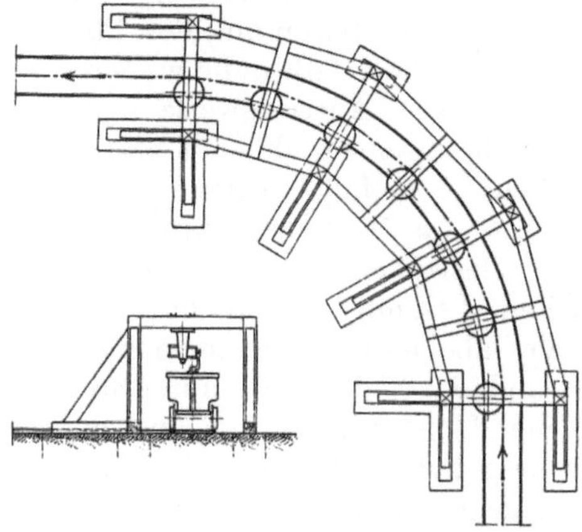

Abb. 151. Kurvenführung mit Oberseil und kleinen Umführungsscheiben (Maßstab 1:150).

Abb. 151a.

man eine erträgliche Seilbeanspruchung dadurch zu erreichen, daß man die Antriebscheiben mit sehr großem Durchmesser, bis zu 7 m, ausführt. Jede der beiden Scheiben ist auf etwa zwei Drittel ihres Umfanges umspannt. Bei Ausfütterung des Scheibenkranzes mit Holz oder Leder kann in dieser Weise auch bei ziemlich großen Kräften noch eine genügende Kraftübertragung erfolgen.

Die Umführung in den Kurven erfolgt meist selbsttätig, entweder durch einzelne große Umführungsscheiben, wie in Abb. 150 für Oberseil dargestellt, oder durch eine Anzahl kleiner Umführungsscheiben, wie in Abb. 151 angegeben. Für Unterseil kommen nur die kleinen Umführungsrollen in Betracht, weil die großen Scheiben zwischen den Schienen keinen Platz haben. Unterseil verwendet man nur in besonderen Fällen und aus denselben Gründen, wie bei der Kettenbahn angeben.

Bei Oberseil erfolgt die Kupplung des Seiles mit den Wagen in der Regel durch Vermittlung exzentrisch am Wagen befestigter, drehbarer Gabeln in der Weise, daß das Seil sich an der betreffenden Stelle der Bahn entweder infolge des einfachen Durchhanges in die Seilgabel einlegt oder durch Druckrollen nach unten gedrückt wird (Abb. 152 und 152a). Die Gabel muß dann durch Winkeleisen so geführt werden, wie in Abb. 152 angegeben. Dieselben Druckrollen werden außerdem auch auf der Strecke angewendet, dort, wo die Bahn einen Knick nach unten zeigt, und wo das Seil sich sonst aus der Kupplung herausheben würde. Während des Vorbeiganges der Kupplungsgabel wird der sternförmig ausgebildete Rollenkranz um je eine Rolle weitergedreht. Außerdem wird die Gabel meistens, um ein Festklemmen zu verhindern, so gelagert, daß sie nach unten nachgeben kann und durch Federn hochgedrückt wird. Es gibt natürlich eine große Anzahl verschiedener Ankupplungsvorrichtungen, die hier nicht alle Erwähnung finden können. Das Mitnehmen der

Wagen durch die Gabel erfolgt in der Weise, daß das Seil infolge der Reibung, die entsteht, wenn es dem ruhenden oder langsam laufenden Wagen gegenüber vorzueilen strebt, die Gabel etwas verdreht und sich dadurch in ihr festklemmt.

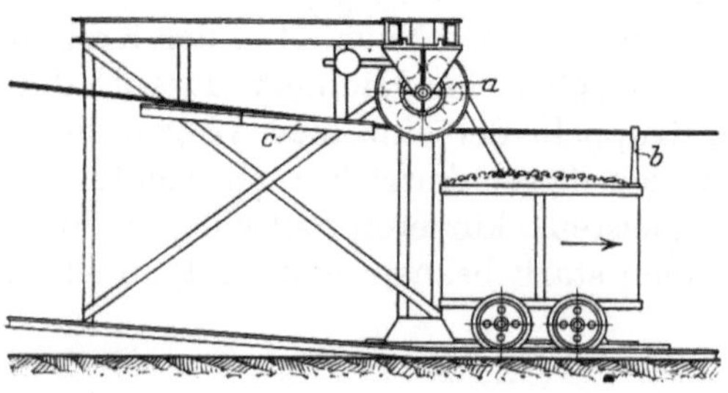

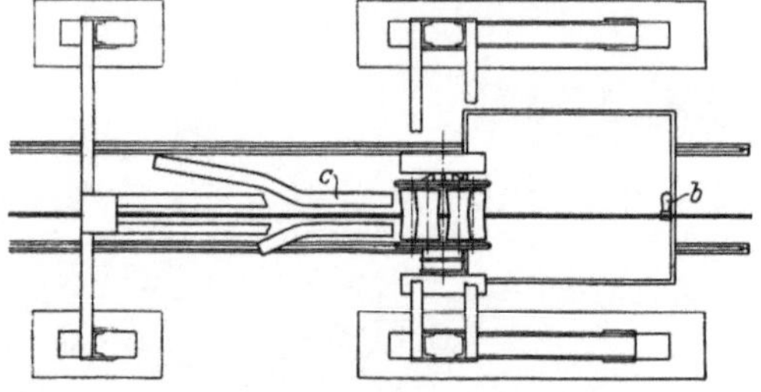

Abb. 152. Anschlagvorrichtung durch Druckrollen (Hasenclever) (Maßstab 1:67).

a Sternförmiger Rollenkranz zum Herunterdrücken des Zugseils.
b Kupplungsgabel des Förderwagens.
c Führung für die Kupplungsgabel.

Das Auskuppeln erfolgt, indem das Gleis an der entsprechenden Stelle etwas in Gefälle verlegt wird, so daß hierdurch der Wagen vor dem Seil vorauseilt. Dadurch wird die Verdrehung der Gabel aufgehoben, und das Seil kann durch entsprechend angeordnete Tragrollen einfach nach oben angehoben werden. Die eben beschriebene Art der Kupplung des Förderseiles mittels Gabel läßt ohne weiteres erkennen, daß diese Antriebsweise nicht geeignet ist für Bahnen, die auf einzelnen Strecken in Gefälle liegen. Beim Übergang in das Gefälle würde der Wagen das Bestreben haben, dem Seil vorauszueilen. Damit würde die Verdrehung der Gabel und die Klemmwirkung aufhören, und das Seil könnte nun durch irgendwelche Umstände leicht aus der Gabel herausgehoben werden. Das hat man zu vermeiden gesucht, indem man in gewissen Abständen einige Kettenglieder in das Seil einschaltete nnd die Kupplung ähnlich ausführte, wie bei Kettenbahnen gebräuchlich. Man hat in dieser Weise die Sicherheit der Kettenkupplung vereinigt mit dem geringen Gewicht der Seile und ist auch in der Lage, ebenso wie bei Kettenbahnen, starke Steigungen zu nehmen. Abb. 153 zeigt eine derartige Anordnung. Damit die Wagen bei der großen Steigung und dem starken Seilzug nicht kippen, sind

Abb. 152a. Sternförmiger Druckrollenkranz auf der Strecke (Heckel).

über den Rädern Gegenschienen angeordnet. Zur Sicherheit sieht man bei derartigen starken Steigungen im allgemeinen zwischen den Schienen Fangvorrichtungen vor, die in der Fahrtrichtung des Wagens nachgeben können, im übrigen aber so weit aus der

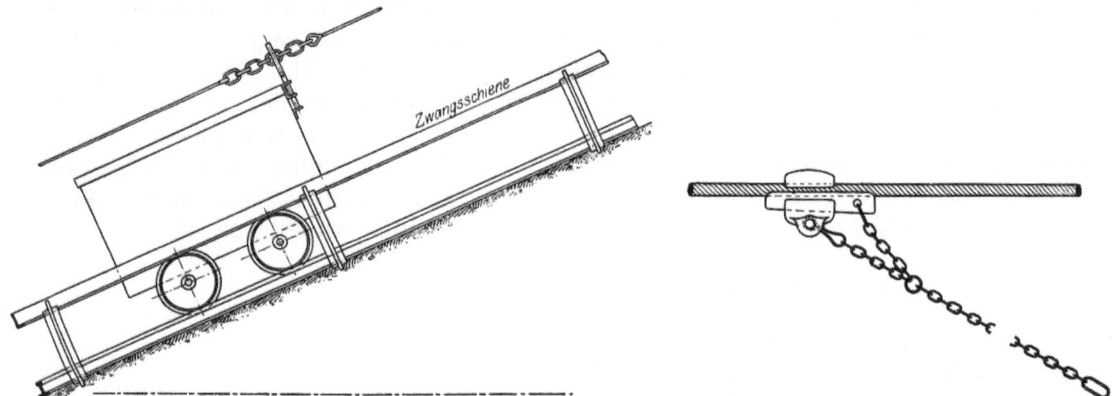

Abb. 153. Ansteigende Seilbahn für Oberseil mit eingesetzten Kettenstücken (Heckel).

Abb. 154. Kupplung durch Mitnehmerschloß.

Schienenebene herausragen, daß sie einen eventuell entkuppelten und abwärtsfahrenden Wagen auffangen. Bei dieser Kupplung braucht die Gabel natürlich nicht drehbar zu sein, sondern sie wird einfach gerade ausgeführt.

Manchmal verbindet man auch den Seilbetrieb in der Weise mit dem Kettenbetrieb, indem man an den Wagen Kuppelungseinrichtungen für beide Betriebe, also z. B. Kettengabel und Seilgabe anbringt.

Bei Unterseil kann man bei vorhandenem starken Seilzug die Wagen auch durch Schraubenkupplungen auf dem Seil befestigen. Diese Kupplung ermöglicht natürlich das Durchfahren von Bahnen mit abwechselnd steigenden und fallenden Strecken. Das Kuppeln an sich ist aber wesentlich umständlicher. Es wird etwas einfacher, wenn man auch in diesem Falle in das Seil einzelne Stückchen Kette einschaltet, in derselben Weise, wie in Abb. 153 dargestellt. In allen Fällen ist aber natürlich die Unterteilung des Seiles in viele einzelne Stücke nicht besonders erwünscht. Man hat daher auch auf verschiedensten andren Wegen versucht, einen sicheren Betrieb auf Bahnen mit abwechselnd steigenden und fallenden Strecken zu erzielen, so z. B. mit besonderen Kettchen, die an dem Wagen befestigt sind und mit dem Seil verbunden werden, indem die Kette mehrere Male um das Zugseil herumgeschlungen wird, ferner durch Anwendung sogenannter Mitnehmerschlösser (Abb. 154), wie sie in ähnlicher Weise auch für Wagenverschiebeanlagen vielfach benutzt werden. Bei dieser Kupplungsart kann man auch mehrere Wagen auf einmal mit dem Seil kuppeln, also in gewissem Sinne zugweise Forderung einrichten, was in manchen Fällen erwünscht ist.

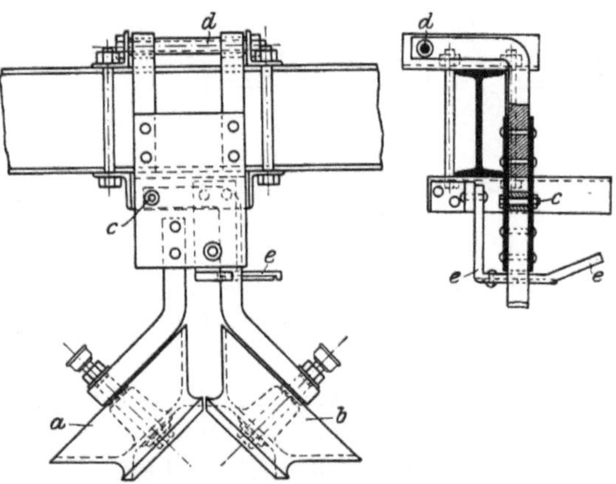

Abb. 155. Aufklappbare Seiltragrolle für die Strecke (Hasenclever) (Maßstab 1 : 16).

a Feste Seiltragrolle.
b Aufklappbare Rolle, drehbar um Bolzen *c*.
d Drehachse für das ganze Rollengestell für den Fall, daß der beladene Wagen an die Rollen anstößt.
e Führung zum Öffnen der Rolle *b*, falls das Rollengehänge sich um *d* dreht und das Öffnen nicht durch die Seilgabel des Förderwagens geschehen kann.

Auf der Strecke wird das Seil durch einzelne Tragrollen getragen, die bei Unterseil in einfachster Form als gewöhnliche Rollen zwischen den Schienen angeordnet werden können, ähnlich wie bei den Kettenbahnen; bei Oberseil müssen die Rollen entweder aufklappbar angeordnet werden, wie z. B. in Abb. 155 angegeben, oder es werden zwei sternförmige, hintereinander angeordnete Tragrollen verwendet, wie aus Abb. 156 ersichtlich. Als aufklappbare Tragrollen (Abb. 155) werden zwei nebeneinanderliegende konische Rollen verwendet, von denen die eine ausschwenkbar, die andere fest gelagert ist. In der Regel stützt sich die bewegliche Rolle an der festen Rolle. Beide wälzen sich mit ihrem Rande aufeinander ab und tragen das über den Rollen liegende Seil. Beim Vorbeifahren eines Wagens wird das Seil durch die Seilgabel abgehoben, und die drehbar gelagerte Rolle wird durch die Gabel zur

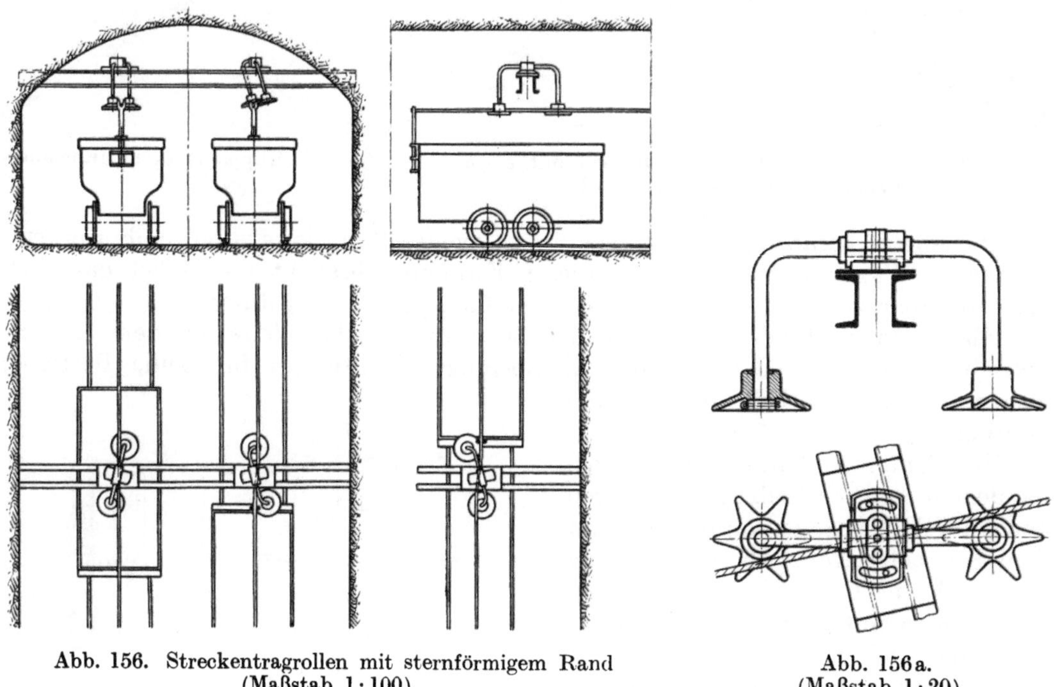

Abb. 156. Streckentragrollen mit sternförmigem Rand (Maßstab 1:100).

Abb. 156a. (Maßstab 1:20).

Seite gedrückt, bis sie die Rolle passiert hat. Dann legen sich die Rollen wieder gegeneinander und können das Seil wieder aufnehmen. In neuerer Zeit werden die Tragrollen nach Abb. 156 vielfach bevorzugt. Der untere Rand der Rollen ist mit Einschnitten versehen, in die die Seilgabel sich beim Vorbeifahren des Wagens hineinlegt. Diese Rollen sind auch sehr geeignet, das Seil in kleinen, wagerechten Kurven der Bahn zu tragen. In stärkeren Kurven kann man allerdings auch einfache Rollen verwenden, da dann der Rand der Rolle nicht so groß zu sein braucht, um das Seil vor dem Hinunterfallen zu schützen, und die Seilgabel kann sich dann in einfachster Weise gegen den Rand der Rolle legen, wie es beim Umfahren großer Kurvenumführungsscheiben geschieht. (Vgl. Abb. 150 und 150a.)

Die Notwendigkeit, die Seiltragrollen auf Hochgerüsten anzubringen, bedingt natürlich eine Verteuerung der Seilbahnen gegenüber den Kettenbahnen. Die dort verwendeten einfachen Tragrollen in Schienenhöhe sind bei Seilbahnen mit hochliegendem Seil nicht gut zu verwenden, weil das Seil mit Rücksicht auf den Betrieb so stark gespannt gehalten werden muß, daß bei dem kleinen Eigengewicht ein Durchhang bis in Schienenhöhe nur bei großem Wagenabstand eintreten würde. Wollte man aber das Seil auf so große Entfernungen nicht stützen, so würden bei den geringsten Belastungsänderungen starke Schwingungen im Seil auftreten, die den Bahnbetrieb stören.

Die vorstehenden Ausführungen lassen erkennen, daß die Kettenbahn wesentlich einfacher ist als die Bahn mit Seilbetrieb. Wann der eine oder der andere Betrieb vorzuziehen ist, kann nur unter Berücksichtigung aller oben angedeuteten Gesichtspunkte und der örtlichen Verhältnisse entschieden werden. Im allgemeinen eignet sich der Kettenbetrieb mehr für kurze Bahnen, der Seilbetrieb mehr für längere Bahnen. Den Einfluß der Länge der Bahn kann man am besten an Hand eines Zahlenbeispiels erkennen. Dieses Zahlenbeispiel soll sowohl für eine steigende Bahn als auch für eine ebene Strecke für Ketten- und für Seilbetrieb durchgerechnet werden unter Annahmen, wie sie in Wirklichkeit häufig in Kiesgruben, Ziegeleien und beim Tagbau der Braunkohlenwerke vorkommen.

Bei einer Länge $L_g = L_f = 1000$ m soll $H_g = H_f = 40$ m sein, das Förderquantum $M = 80$ t Braunkohle pro Stunde und der Inhalt des Wagens $B = 0{,}8$ cbm, das Schüttgewicht der Braunkohle $\gamma = 0{,}75$. Das Gewicht der leeren Wagen sei 300 kg, die Geschwindigkeit $v = 1{,}2$ m/sk. Der Antrieb der Bahn erfolge durch Mitnehmerscheiben und Oberkette.

Der Abstand der Wagen ergibt sich zu

$$a = B \cdot \frac{v \cdot 3{,}6}{M} \gamma = \frac{800 \cdot 1{,}2 \cdot 3{,}6}{80} 0{,}75 = 32{,}4 \text{ m},$$

d. h. auf der ganzen Strecke von 1000 m Förderlänge befinden sich

$$\frac{1000 \cdot 2}{32{,}4} = 62 \text{ Wagen}.$$

Nimmt man für jede Station 3 und für Reserve 7 Wagen an, so erhält man die erforderliche Anzahl der Wagen = 75. Die größte Zugkraft berechnet sich aus der Gleichung

$$Z = Q_g(H_g + L_g \cdot \mu_g) + Q_f\left(\frac{H_f}{2} + L_f \mu_f\right).$$

Die Zugkraft im abwärtsgehenden Seiltrum beträgt

$$Z_1 = Q_f\left(\frac{H_f}{2} - L_f \mu_f\right).$$

Dabei ist

$$Q_g = \frac{M}{3{,}6 \cdot v} = \frac{80}{3{,}6 \cdot 1{,}2} = 18{,}5 \text{ kg} = \text{rd. } 20 \text{ kg}.$$

Q_f setzt sich zusammen aus dem Gewicht der Wagen $= 62 \cdot 300 = 18\,600$ kg und dem Gewicht der Kette, vorläufig mit 20 kg/m angenommen = rund $2000 \cdot 20 = 40\,000$ kg für die ganze Strecke. Demnach

$$Q_f = \frac{58\,600}{1000} = 58{,}6 \text{ kg} = \text{rd. } 60 \text{ kg}.$$

Den Wert von μ_g und μ_f können wir hier günstiger annehmen, als bei den bisher behandelten Dauerförderern auf sehr kurze Entfernungen mit kleinen Laufrollen. Bei den für die Förderwagen verwendeten größeren Rädern kann man bei Gleitlagern mit einer Reibungsziffer $\mu_f = \mu_g =$ rd. 0,02 rechnen. Vielfach ist die Reibungsziffer noch erheblich kleiner — bei Verwendung von Rollenlagern hat sich an ausgeführten Bahnen schon eine Reibungsziffer bis herab auf 0,005 ergeben —.

Die Zugkraft in der Kette ergibt sich zu $Z = 20(40 + 1000 \cdot 0{,}02) + 60 \cdot (20 + 1000 \cdot 0{,}02) = 1200 + 2400 = 3600$ kg. Nimmt man im vorliegenden Fall für die Kette eine zulässige Zugspannung von 300 kg/qcm an, da es sich um kalibrierte Ketten handelt, so ist der erforderliche Querschnitt des Ketteneisens $= \frac{3600}{2 \cdot 300} = 6$ qcm, was einer Kettenstärke von 28 mm entspricht. Unter Berücksichtigung des Zuschlages für die auf der Strecke in Umdrehung befindlichen Kettentragrollen erweist sich danach das für die Kette angenommene Gewicht als ungefähr richtig. Bei ebener Strecke würde sich bei einem angenommenen Kettengewicht von etwa 10 kg, in welchem Gewicht die Tragrollen enthalten sind, eine Zugkraft ergeben: $Z = 400 + 800 = 1200$ kg, und dementsprechend $Q_f =$ rd. 40, d. h. es würde eine Kette von 16 mm Stärke genügen.

Der Arbeitsverbrauch beträgt nach Gl. (11) für die ansteigende Bahn:

$$N = \frac{v}{75\eta}\left[\left(\frac{M}{3,6}(H_g + L_g \cdot \mu_g) + Q_f \cdot L_f \cdot \mu_f\right)(1 + \mu_u) + Q_f \cdot H_f \cdot \mu_u\right]$$

oder

$$N = \frac{1,2}{75 \cdot 0,8}\left[\left(\frac{80}{3,6 \cdot 1,2}(40 + 1000 \cdot 0,02) + 60 \cdot 1000 \cdot 0,02\right)(1 + 0,05) + 60 \cdot 40 \cdot 0,05\right],$$

$$N = 23,3 + 25,2 + 2,4 = 50,9 \text{ PS} = \text{rd. } 51 \text{ PS}.$$

Dabei bedeutet der erste Teil den durch das Ladegut bewirkten Arbeitsverbrauch, der zweite den auf das Eigengewicht entfallenden Anteil und der dritte den Zuschlag für Vermehrung der Lagerreibung im Antrieb infolge der durch die Steigung herbeigeführten Spannung der Kette. Bei ebener Förderstrecke von gleicher Länge würde sich unter Berücksichtigung der geringeren Kettenstärke ergeben: $N = 8 + 15 = 23$ PS, wovon der erste Teil auf das Fördergut, der zweite auf die Fördervorrichtung entfällt.

Betrachtet man demgegenüber dieselbe Bahn mit Seilantrieb, so ergibt sich Wagenabstand, Wagenzahl, Wagengewicht und damit Q_g in derselben Weise, während für Q_f ein kleinerer Wert in Frage kommt entsprechend dem geringeren Gewicht des Seiles, das bei ansteigender Bahn mit 20 mm Durchmesser und 1,3 kg/m Gewicht angenommen werden möge. Rundet man mit Rücksicht auf die auch in diesem Falle zu bewegenden Seiltragrollen auf 2,5 kg für jeden Seilstrang nach oben ab, so ergibt sich $Q_f =$ rd. $18,5 + 5 = 23,5 =$ rd. 24 kg/m. Bei Seilantrieb kann man die Kraft nur durch Reibung auf das Seil übertragen. Hierfür soll die in Abb. 144 dargestellte Anordnung gewählt werden. In diesem Fall sind bei aufwärts gerichteter Last die für den Gurttransporteur gegebenen Formeln etwas abzuändern. Auf der einen Seite hängen die vollen Wagen und erfordern einen Zug

$$Z = Q_g(H_g + L_g \mu_g) + Q_f(\tfrac{1}{2}H + L_f \mu_f).$$

$$Z = 20(40 + 1000 \cdot 0,02) + 24(20 + 1000 \cdot 0,02),$$

$$Z = 1200 + 960 = 2160 \text{ kg}.$$

Auf der anderen Seite hängen die leeren Wagen. Die größte Spannung ist hier:

$$Z_1 = Q_f(\tfrac{1}{2}H_f - L_f \mu_f),$$

$$Z_1 = 24(20 - 20) = 0.$$

Damit die Umfangskraft Z überwunden werden kann, muß hinter dem Antrieb eine Spannvorrichtung angebracht werden, die bei der angegebenen Führung des Seiles im Antrieb dem Seil eine Spannung = etwa $\frac{1}{4}Z$ erteilt. Dann ist die Spannung im Seiltrum auf der Lastseite $= Z$, die Spannung im Lasttrum auf der Leerseite $= 0,25\,Z$. Der gesamte Druck auf die Achsen der Umführungsscheiben ergibt sich etwa zu $2 \cdot 1,25\,Z$ für den Antrieb, $2 \cdot 0,25\,Z$ für die Spannvorrichtung und $= 0$ für die untere Endumführung. Der gesamte Druck ist also = rd. $3\,Z$, und davon ist die Reibung zu berechnen. Das Zugseil von 20 mm Durchmesser hat bei 140 kg/qmm Bruchfestigkeit der Drähte 18 500 kg Bruchfestigkeit, also reichlich 8fache Sicherheit. Für den Arbeitsverbrauch kann man bei der skizzierten Anordnung des Antriebes die Formel (13a) benutzen:

$$N = \frac{v}{75\,\eta_a}\left[\left(\frac{M}{3{,}6\,v}\,(H_g + L_g\,\mu_g) + Q_f \cdot L_f\,\mu_f\right)(1 + 3\,\mu_u) + Q_f H_f 3\,\mu_u\right].$$

Setzt man die Zahlenwerte ein und berücksichtigt man, daß bei den großen Scheibendurchmessern auch hier für μ_u etwa 0,02 gesetzt werden kann, so ergibt sich bei geneigter Förderung und doppelter Antriebscheibe

$$N = \frac{1{,}2}{75 \cdot 0{,}8}\left[\left(\frac{80}{3{,}6 \cdot 1{,}2}(40 + 1000 \cdot 0{,}02) + 24 \cdot 1000 \cdot 0{,}02\right)(1 + 3 \cdot 0{,}02) + 24 \cdot 40 \cdot 0{,}06\right],$$

$$N = 0{,}02\,[(18{,}6 \cdot 60 + 480)\,1{,}06 + 960 \cdot 0{,}06], \qquad N = 23{,}7 + 10{,}2 + 1{,}2 = 35{,}1 \text{ PS}$$

und bei wagerechter Strecke

$$N = 0{,}02\,[18{,}6 \cdot 20 + 480]\,1{,}06, \qquad N = 7{,}9 + 10{,}2 = 18{,}1 \text{ PS}.$$

Im ersten Fall, bei geneigter Strecke, beträgt also der Arbeitsverbrauch der Kettenbahn 51 PS, und der der Bahn mit Seilbetrieb 35,1 PS. Bei ebener Strecke erfordert der Kettenbetrieb 23 PS, der Seiltrieb 18,1 PS. Der Seilbetrieb erfordert also in beiden Fällen nur etwa 75% des Arbeitsverbrauches, der für den Kettentrieb infolge des großen Gewichtes der Kette notwendig ist.

Aus dem angegebenen Beispiel geht deutlich die Überlegenheit des Seilbetriebes gegenüber dem Kettenbetrieb hervor. Ersterer kommt deshalb bei größeren Bahnlängen und wenn die Umstände es irgend gestatten, immer mehr zur Anwendung, es sei denn, daß, wie z. B. bei Braunkohlenwerken, der Arbeitsbedarf eine verhältnismäßig sehr geringe Rolle spielt. Weil hiernach die Kettenbahn fast immer besondere örtliche Verhältnisse zur Voraussetzung hat, sind auch für den Vergleich der Wirtschaftlichkeit der verschiedenen Förderanlagen die in Abb. 157—159 gegebenen Schaulinien nur für Kabelbahnen aufgestellt.

Bei Aufstellung der Schaulinien ist angenommen, daß bis zu einer Leistung von 20 t/st 2 Mann zum Füllen und zum Verschieben der Wagen an der Füll- und Antriebstation genügen, daß bei 50 t/st aber 3 Mann und bei 100 t/st 4 Arbeiter für das Füllen und Anschieben, einschließlich Beaufsichtigung des Betriebes, erforderlich sind, mit je 0,40 M. Stundenlohn. Diese Lohnkosten sind in den Angaben über den Arbeitsverbrauch enthalten. Die Kosten für den Arbeitsverbrauch des Antriebes ergeben sich daher aus den in Abb. 157 angegebenen Schaulinien, wenn man die angegebenen Arbeiterlöhne von dem durch die Schaulinien dargestellten Gesamtarbeitsverbrauch in Abzug bringt. Aus der Gegenüberstellung auf S. 399 geht hervor, daß die Kosten für den Betrieb der Kabelbahn im Vergleich mit dem Lokomotivbetrieb bei kleineren Entfernungen niedriger, dagegen bei großen Entfernungen gegenüber dem Lokomotivbetrieb höher sind.

Diese Regeln haben natürlich nur einen ungefähren Vergleichswert. Über die betrachteten Bahnlängen hinaus können die Schaulinien geradlinig weiter verlängert werden. Es soll nebenbei darauf hingewiesen werden, daß die aus den Schaulinien sich ergebenden und in der Tabelle auf S. 399 zusammengestellten Gesamtförderkosten auch absolut ziemlich genau übereinstimmen mit den im Bergbaubetriebe angegebenen Kosten der Seilförderungsanlagen, die sich z. B. für eine Bahn von 4637 m Förderlänge und 150 t Stundenleistung auf 2—2,8 Pf. für 1 tkm ergeben. Nach den in den Schaulinien gegebenen Daten sind die Grenzen für die zweckmäßige Verwendung des Seilbetriebes bei Standbahnen für allgemeine Verhältnisse mit genügender Annäherung zu beurteilen. Die Wagenformen sind natürlich, je nach dem vorliegenden Zweck, verschieden. In der Wirtschaftlichkeitsberechnung sind Wagen für Selbstentladung angenommen, die mit dachförmigem

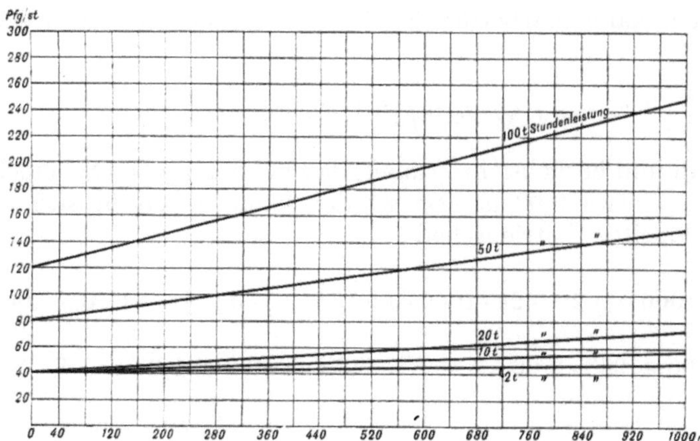

Abb. 157. Arbeitsverbrauch einer Standbahn mit Seilbetrieb.

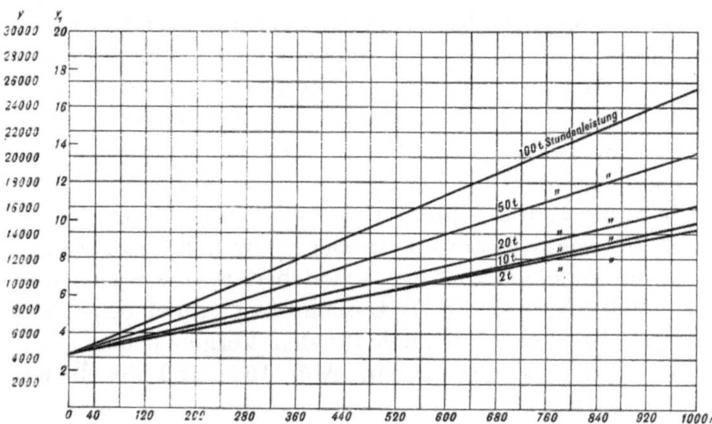

Abb. 158.

y = Anlagekosten in M.
y_1 = Unterhaltungskosten in Pf./st } einer Standbahn mit Seilbetrieb.

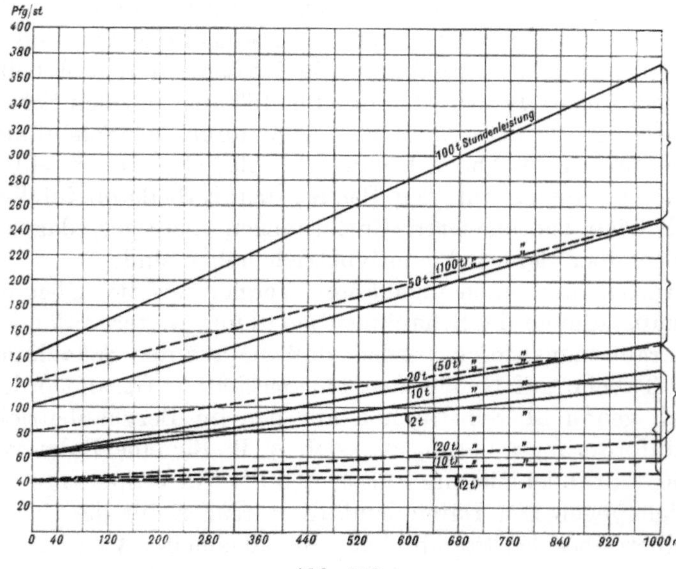

Abb. 159.

—— Gesamtförderkosten
------ Anteil des Arbeitsverbrauchs } der Förderung auf einer Standbahn mit Seilbetrieb bei 3000 jährlichen Betriebsstunden.

Boden und seitlichen Klappen versehen sind, so daß der Inhalt herausfällt, sobald die Klappen geöffnet werden. Für das Entladen der Wagen sind demnach besondere Anlagen nicht erforderlich. Die Entleerung kann an beliebiger Stelle durch einen Anschlag geschehen, und ebenso kann auch das Schließen der Wagenklappen nach der Entleerung während der Weiterfahrt des Wagens selbsttätig erfolgen. Zu diesem Zweck brauchen nur die Klappen durch eine entsprechende Winkeleisenführung in Schließstellung gedrückt zu werden, in der sie dann durch die Schließhaken festgehalten werden.

Häufiger als die eben beschriebenen Wagen für Selbstentladung werden gewöhnliche Grubenwagen verwendet mit Rücksicht auf ihren geringeren Preis und ihre bessere Beweglichkeit in engen Gruben. Die Entleerung dieser Grubenwagen erfolgt im allgemeinen mittels Kreiselwippers. Derselbe besteht in der einfachsten Form aus einem ringförmig ausgebildeten drehbaren Gestell, in das die Wagen hineingefahren werden, so daß ihr Schwerpunkt ungefähr im Mittelpunkt des Ringes liegt. Der Ring kann dann auf den ihn stützenden festen Rollen leicht von Hand um 360° gedreht werden, und der Wagen entleert sich dabei nach unten. Damit der Wagen bei der Drehung seine Lage im Ring unverändert beibehält, wird er an seiner Oberkante durch entsprechend angeordnete Führungswinkel gehalten. Dabei müssen die Wagen natürlich ziemlich fest gebaut sein und sämtlich angenähert gleiche Form haben.

Das Wippergestell ist in der Regel fest in das Gleis eingebaut, so daß die Wagen an einem Ende in den Wipper einlaufen und ihn am anderen Ende verlassen. Für größere Leistungen und zum Beschütten eines größeren Platzes baut man die Wipper aber auch fahrbar und eingerichtet zum gleichzeitigen Entladen einer größeren Anzahl von Wagen. Abb. 160 zeigt eine derartige Anlage, die bei der angegebenen Größe motorischen Antrieb erfordert. Der Wipper enthält ferner zur Beschleunigung der Arbeit eine Einrichtung zum selbsttätigen Herausfahren der Wagen. Zu dem Zweck kann die Wagenführung an einem Ende angehoben werden, so daß die leeren Wagen am anderen Ende nach Entfernung einer Verriegelung von selbst auf der geneigten Bahn herauslaufen. Der Wipper arbeitet in der Weise, daß eine Anzahl Wagen, im dargestellten Fall sechs, auf geneigtem Schienengleise in den Wipper hineingelassen werden, worauf der Wipper mit den Wagen zur Seite fährt, sie entlädt und sie nun an irgendeiner Stelle auf das Leergleis ablaufen läßt. Der Wipper fährt dann wieder an die Ausgangsstelle zurück, und das Spiel beginnt von neuem. Wenn bei einer Anlage eine große Anzahl von Wagen erforderlich ist, so ist der Betrieb mit Wipper billiger als die Verwendung von Selbstentladern.

Weitere Ausführungen von Wipperentladungen sind in Band II bei den Verladevorrichtungen im Bergwerksbetrieb angegeben.

b) Bremsberge.

Die unter dieser Bezeichnung häufig ausgeführten geneigten Schienenbahnen mit Seilbetrieb können sowohl durch ein ständig umlaufendes Seil, als auch durch ein hin und her gehendes Seil betrieben werden. Sie führen die Bezeichnung Bremsberge, da die auf der geneigten Bahn aufwärts fahrenden leeren Wagen durch das Gewicht der abwärts fahrenden vollen Wagen bewegt werden, ein besonderer motorischer Antrieb also unnötig ist. Die Fahrgeschwindigkeit wird durch Bremsen geregelt. Meistens werden diese Bahnen mit einem hin- und hergehenden Seil betrieben. Die Antriebstation des Seiles wird mitunter in derselben Weise ausgeführt wie bei der gewöhnlichen Standbahn mit Ketten- oder Seilbetrieb beschrieben, öfter aber durch einen beliebigen Förderhaspel, d. h. eine Seiltrommel, um die das Seil herumgeschlungen ist und deren Geschwindigkeit durch eine Bremse geregelt wird. Der erstere Antrieb wird vornehmlich angewendet, wenn die Wagen sich in ständigem Kreislauf bewegen, so daß immer die leeren Wagen an einer Seite hinauf, die vollen an der anderen Seite heruntergehen. Die Wagen müssen dann an der Endstation vom Seil entkuppelt werden wie bei einer gewöhnlichen Standbahn mit Seilbetrieb. Der Betrieb erfordert zwei Gleise nebeneinander. Bei kurzen Entfernungen führt man auch bei hin und her gehendem Seilbetrieb die Bremsberge meistens zweigleisig aus, bei größeren Entfernungen aber auch vielfach eingleisig mit einer Ausweichstelle für den aufgehenden und abgehenden Wagen in der Mitte der Bahn. Für den Betrieb der Bremsberge durch das Gewicht der abwärts fahrenden Ladung wird im allgemeinen eine Neigung etwa von 15° als untere Grenze angesehen.

Der bei Bremsbergen gebräuchliche Betrieb mit hin- und hergehenden Wagen kommt mitunter auch bei horizontalen Bahnen zur Anwendung, dann natürlich mit einem Motor für den Antrieb.

c) Die Hängebahnen mit Seilbetrieb.

Die in diesem Abschnitt beschriebenen Hängebahnen werden in ähnlicher Weise mit Seil angetrieben wie die Standbahnen. Wenn es sich um kurze Entfernungen oder kleine Leistungen handelt, so kann man auch bei diesen Hängebahnen zweckmäßig

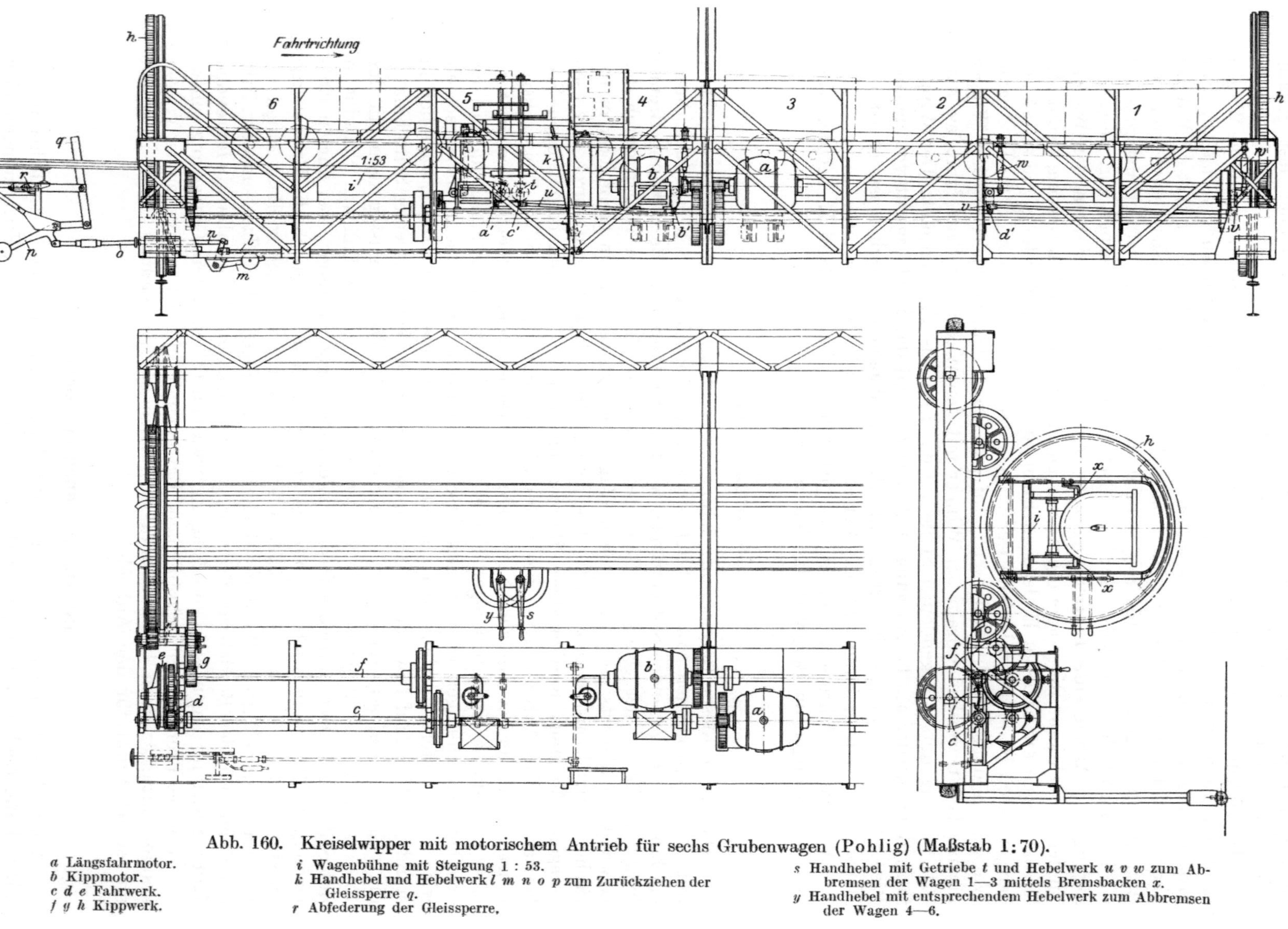

Abb. 160. Kreiselwipper mit motorischem Antrieb für sechs Grubenwagen (Pohlig) (Maßstab 1:70).

a Längsfahrmotor.
b Kippmotor.
c d e Fahrwerk.
f g h Kippwerk.
i Wagenbühne mit Steigung 1 : 53.
k Handhebel und Hebelwerk *l m n o p* zum Zurückziehen der Gleissperre *q*.
r Abfederung der Gleissperre.
s Handhebel mit Getriebe *t* und Hebelwerk *u v w* zum Abbremsen der Wagen 1—3 mittels Bremsbacken *x*.
y Handhebel mit entsprechendem Hebelwerk zum Abbremsen der Wagen 4—6.

einen einfachen Schienenstrang verwenden, auf dem ein Wagen mit umsteuerbarem Antrieb, oder einfacher mit einem Antrieb nach Abb. 125 hin- und hergefahren wird. In den meisten Fällen beschreiben die Wagen aber einen geschlossenen Kreislauf mit besonderen Gleisen für die Hin- und Rückfahrt. In diesen Fällen müssen sie an der Antriebstation und oft auch an der Beladestation vom Seil entkuppelt und wieder mit ihm verbunden werden. Als Kupplungsapparat verwendet man auch hier oft die Seilgabel, wie bei den mit Seil betriebenen Standbahnen beschrieben. Die Seilgabel ist anwendbar, wenn es sich um durchweg wagerechte Strecken handelt, oder doch um solche, die nicht abwechselnd Gefälle und Steigung aufweisen. Handelt es sich dagegen um Bahnen mit größeren Steigungen oder mit größerem Gefälle, so verwendet man als Kupplungsapparat die weiter hinten bei den Seilschwebebahnen beschriebenen Einrichtungen.

Allgemein haben die Hängebahnen vor den Standbahnen, wie schon früher erwähnt, den Vorteil, daß die Gleise nicht verschmutzen, und daß die Gerüste infolge der einzigen Schiene, die hier als Gleis genügt, bei hochliegender Bahn leichter werden als bei Standbahnen. Ein weiterer Vorteil ist, wie ebenfalls schon früher erwähnt, der, daß sich verschiebbare Weichen besser anbringen lassen als bei Standbahnen. Es ist daher mit Hängebahnen in sehr einfacher Weise möglich, größere Lagerplätze gleichmäßig zu beschütten, indem man die Schiene auf einer verschiebbaren Brücke anordnet.

Abb. 161 zeigt als Beispiel eine solche Hängebahn zum Beschütten eines Lagerschuppens. Die fahrbare Brücke ist an einem festen Hängebahnstrang verschiebbar. Die Wagen können durch Kletterweichen an jeder beliebigen Stelle von der festen Bahn auf die verschiebbare Bahn, und umgekehrt, übergeführt werden. Dabei bleiben die Wagen ständig mit dem Seil gekuppelt, das in den Kurven durch große Scheiben geführt ist, ähnlich wie bei den Standbahnen mit Seilbetrieb beschrieben.

Diese Bahnen gewährleisten einen sicheren und ganz automatischen Betrieb.

Die Weichenanlagen können in derselben Weise ausgebildet werden, wie bei den von Hand betriebenen Hängebahnen. Natürlich müssen die an dem Seil hängenden Wagen sämtlich und ständig denselben Weg durchlaufen. In dieser Beziehung ist die Hängebahn mit Seilbetrieb im Nachteil gegenüber der Elektrohängebahn, die einen Wechsel der Wegeführung der verschiedenen Förderwagen ermöglicht, bei der man den einen Wagen die eine Strecke, den anderen Wagen eine andere Strecke durchlaufen lassen kann. Wenn das erforderlich ist, wird die Hängebahn mit Seilbetrieb daher meistens durch die Elektrohängebahn verdrängt. Bei festliegenden Förderwagen kann sie ihr gegenüber aber erfolgreich das Feld behaupten, da der Betrieb einer Bahn mit Seilbetrieb außerordentlich unempfindlich ist und nur geringe Wartung und Unterhaltung erfordert. Die entsprechenden Angaben sind aus den Schaulinien Abb. 162—164 zu entnehmen. Insbesondere sind solche Hängebahnen mit Seilbetrieb auf ansteigenden Bahnstrecken oft für die Hochofenbegichtung verwendet, dann allerdings meistens in Verbindung mit dem Elektrohängebahnbetrieb, der auf den weit verzweigten wagerechten Strecken benutzt wird, während der Seilbetrieb auf der ansteigenden Strecke in Anwendung kommt (s. II. Band, Besondere Hebe- und Fördereinrichtungen für den Hochofenbetrieb).

Verhältnismäßig eng schließen sich den Hängebahnen mit Seilbetrieb die sogenannten Schaukelförderer an, bei denen aber im allgemeinen die Fördergefäße nicht von dem Zugorgan lösbar sind, sondern mit ihm fest verbunden bleiben, und die daher weiter hinten auf S. 239ff. näher beschrieben sind. Bei diesen Förderanlagen werden dann auch meistens Ketten verwendet, während bei den Hängebahnen mit lösbaren Fördergefäßen und umlaufendem Zugorgan nur Seilbetrieb in Frage kommt.

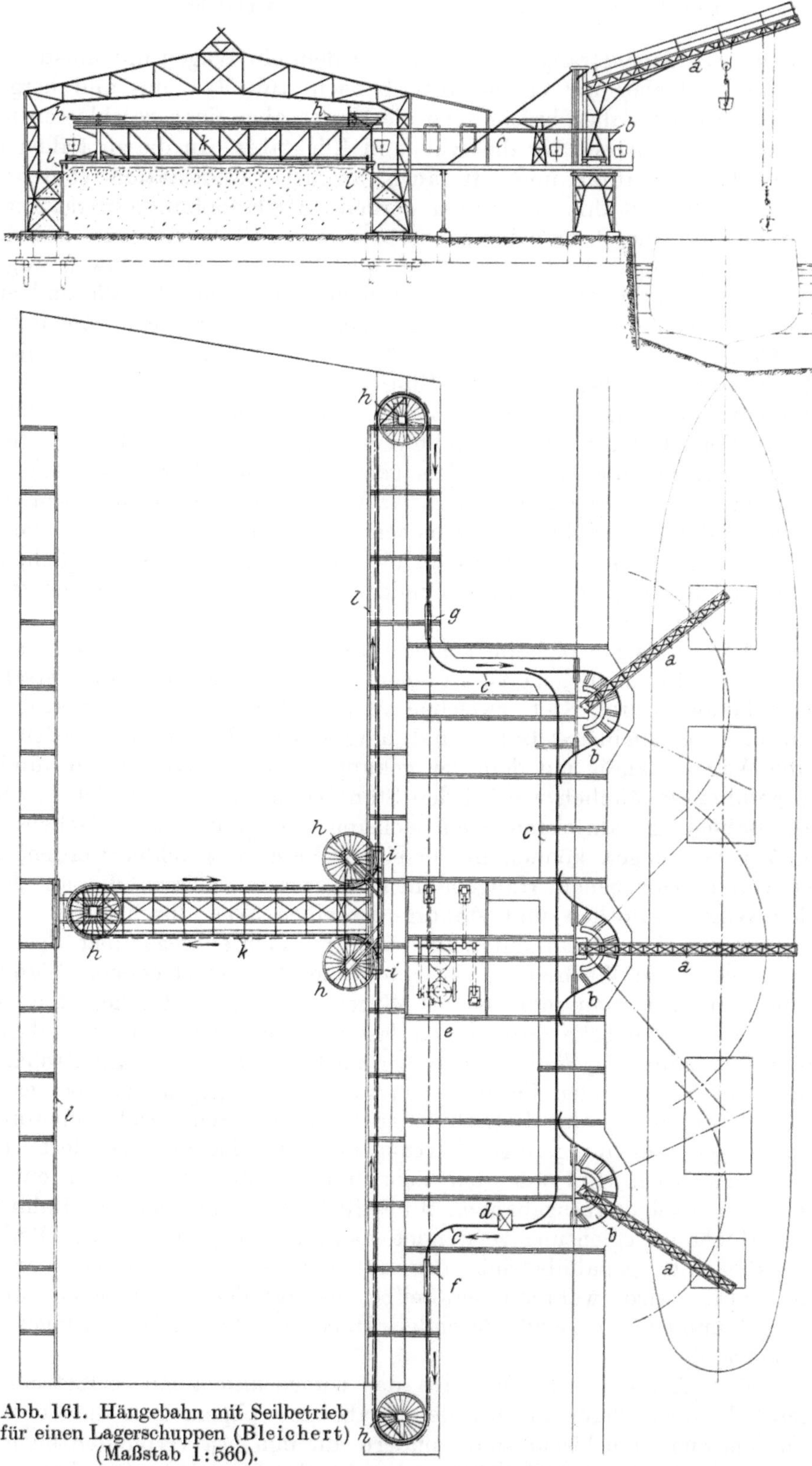

Abb. 161. Hängebahn mit Seilbetrieb für einen Lagerschuppen (Bleichert) (Maßstab 1:560).

a Krane zum Anheben der Hängebahnwagen aus dem Schiff und Absetzen derselben auf die Hängebahnschiene *b*.
b Hängebahnschienenabzweigung, im Kreise um die Drehachse der Krane *a* herumgeführt, damit die Wagen bei jeder Auslegerstellung abgesetzt werden können.
c Hängebahnabzweigung zu den Kranen, auf der die Wagen von Hand geschoben werden.
d Automatische Wage zum Wägen der Hängebahnwagen.
e Antrieb des ständig umlaufenden Zugseils der Hängebahn und der Reibungswinden für die Krane.
f Einkupplungsstelle für die Hängebahnwagen.
g Auskupplungsstelle für die Hängebahnwagen.
h Seilscheiben zur selbsttätigen Umführung der Hängebahnwagen in den Kurven.
i Schleppweichen zur Verbindung der fahrbaren Brücke *k* mit den festen Hängebahnschienen.
k Verschiebbare Brücke zum Entladen der Hängebahnwagen.
l Laufschienen für die fahrbare Kohlenverteilungsbrücke *k*.

d) Seilschwebebahnen.

Unter dieser Bezeichnung, oft auch unter der einfachen Bezeichnung Seilbahn, versteht man allgemein Schwebebahnen, die dadurch gekennzeichnet sind, daß nicht nur ein Seil als Zugorgan für die Fortbewegung der Wagen verwendet ist, sondern auch zum Tragen der Wagen selbst. Es ist also das Gleis in Form eines Seiles ausgeführt. Man unterscheidet im allgemeinen zwei Hauptgruppen von Seilschwebebahnen: die sogenannte Ein-Seilbahn, bei welcher Tragseil und Zugseil eins sind, und die sogenannte Zwei-Seilbahn, bei der ein besonderes Tragseil und ein besonderes Zugseil verwendet werden. Die letztere Ausführung ist hauptsächlich in Deutschland ausgebildet und wird von hier vornehmlich durch die Firmen Bleichert und Pohlig nach allen Weltteilen geliefert. Sie wurde von dem deutschen Bergrat Freiherrn v. Dücker erfunden und zuerst ausgeführt, und wird vielfach als Deutsches System bezeichnet, während die Ein-Seilbahn, die schon sehr alten Ursprungs ist, deren weitere Ausbildung aber in erster Linie dem Engländer Hodgson zu danken ist und die, wenn sie auch als Feldseilbahn während des Krieges in Deutschland eine ausgedehnte Anwendung gefunden hat, auch jetzt noch von englischen und anderen Auslandsfirmen häufiger gebaut wird, mitunter als englische Seilbahn bezeichnet wird. Die Ein-Seilbahn

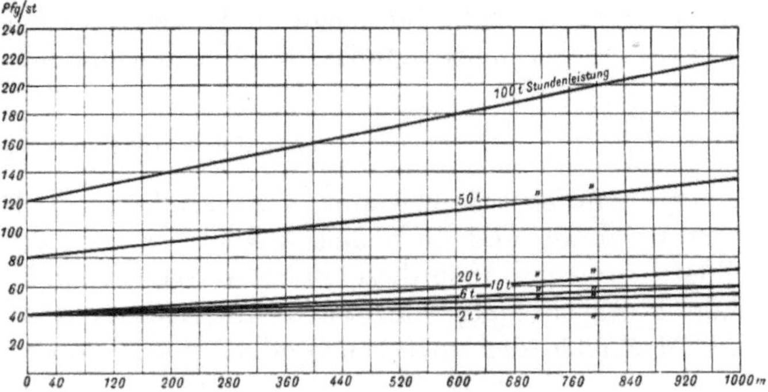

Abb. 162. Arbeitsverbrauch einer Hängebahn mit Seilbetrieb.

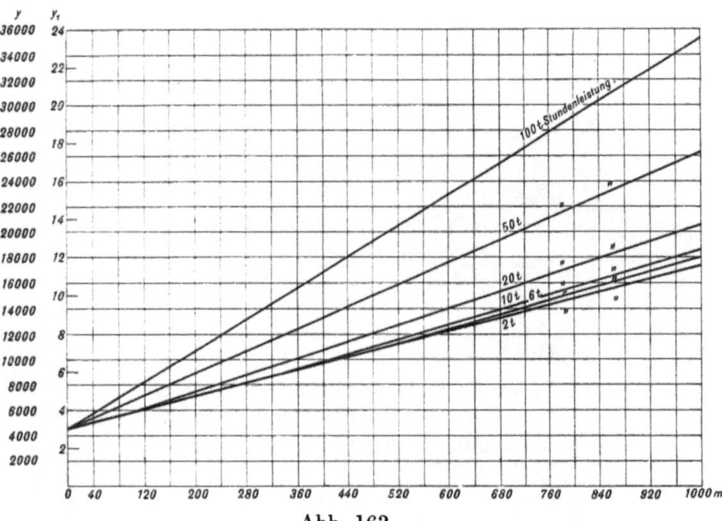

Abb. 163.

y = Anlagekosten in M.
y_1 = Unterhaltungskosten in Pf./st } für eine Hängebahn mit Seilbetrieb.

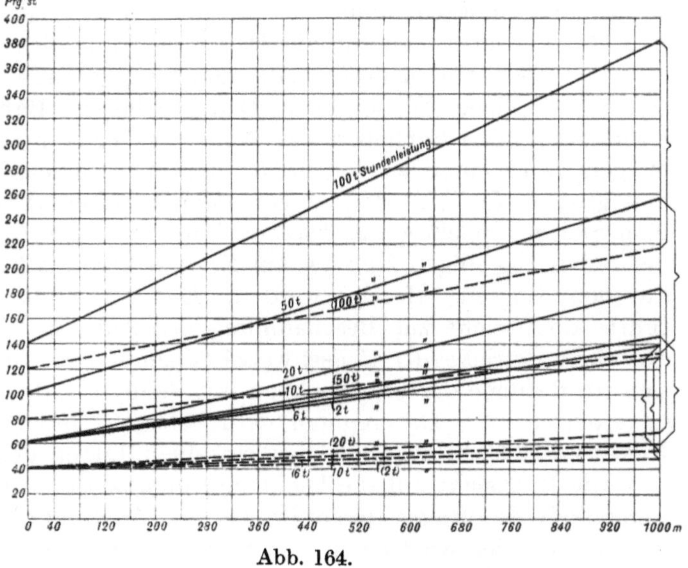

Abb. 164.

—— Gesamtförderkosten
----- Anteil des Arbeitsverbrauchs } für eine Hängebahnförderung mit Seilbetrieb bei 3000 jährl. Betriebsstunden.

ist naturgemäß mehr für leichtere Lasten geeignet als die Zwei-Seilbahn und hat daher auch bei weitem nicht die Verbreitung der letzteren Bauart gefunden.

α) Zwei - Seilbahnen.

Sie wurden, wie erwähnt, vom Freiherrn v. Dücker erfunden, der sie schon 1861 beschrieb und auch eine kleine Versuchsbahn in Oeynhausen herstellte. Er bildete dann um 1870 diese Bahn weiter aus und baute 1872 eine Bahn zum Bau eines Forts bei Metz, die rund 2 km Länge hatte. Diese Ausführung zeigte schon alle Merkmale der später besonders von den Ingenieuren Bleichert und Otto weiter ausgebildeten, vielfach als Bleichertsche oder als Ottosche Seilbahn bezeichneten Bahnen. Sie hatte besondere Trag- und Zugseile, das letztere ständig umlaufend mit Antrieb durch Umführungsscheiben unter Anwendung einer besonderen Spannvorrichtung. Ferner hatte sie lösbare Kupplungsapparate, um die Wagen an den Endstationen und zum Füllen vom Seil trennen zu können. Bei der weiteren Ausbildung sind dann, abgesehen von einer durchgreifenden Vervollkommnung aller Einzelteile, im wesentlichen verschiedene Formen von Kupplungsapparaten entstanden, die den wichtigsten Unterschied in den Bauarten der verschiedenen Firmen darstellen, aber die Arbeitsweise der Seilbahnen nicht grundsätzlich beeinflussen, wenn auch die Bauart des Kupplungsapparates für die Sicherheit des Betriebes und für die Dauer des Zugseiles von großer Bedeutung ist.

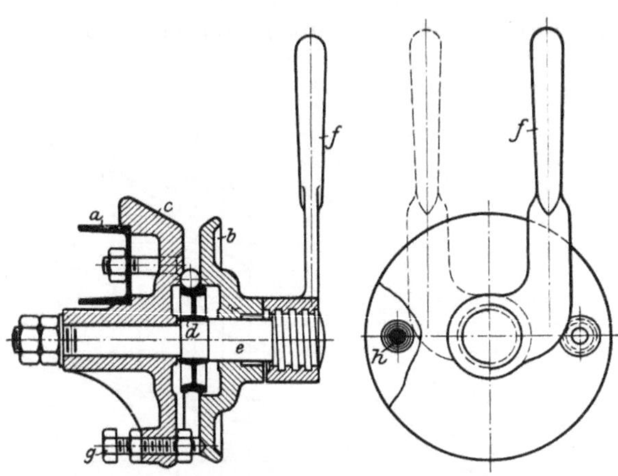

Abb. 165. Schraubstockkuppelapparat (Pohlig) (Maßstab 1 : 10).

a Querträger am Wagengehänge, an dem der Apparat befestigt wird.
b Bewegliche Backe des Kupplungsapparates.
c Feste Backe des Kupplungsapparates.
d Tragrolle zum Tragen des Zugseils bei geöffnetem Apparat.
e Schraubenspindel zum Schließen der Backe *b*.
f Hebel mit Muttergewinde zum Schließen der Backe *b*.
g Stellschraube zum Einstellen für verschiedene Seilstärken.
h Bolzen mit Spiralfedern zum Offenhalten der Backe *b*.

Zunächst verwendete man den sogenannten Schraubstockapparat, wie er schon in ähnlicher Weise von v. Dücker bei der Bahn in Metz benutzt worden war (Abb. 165). Das Schließen des Apparates erfolgte von Hand und das Lösen der Wagen durch einen an der Bahn angeordneten festen Anschlag. Der Apparat hat den großen Nachteil, daß es von dem Arbeiter abhängt, wie fest der Wagen mit dem Seil gekuppelt wird. Diesem Apparate folgte der Klinkenapparat (Abb. 166), der mit nachgiebigen Klinken um Knoten herumfaßt, die in bestimmten Abständen auf dem Zugseil befestigt werden. Die Verwendung solcher Knoten am Zugseil führte aber leicht zur Beschädigung des Seiles an der betreffenden Stelle und ist aus dem Betriebe der Seilschwebebahnen daher ganz verschwunden, während sie sich im Betriebe der Standbahnen mit Seilbetrieb bei kleinen Bahnen noch hier und da erhalten hat. Der Knoten wird befestigt, indem ein sternförmig ausgebildeter Einsatz aus Stahl zwischen den einzelnen Litzen des Zugseiles festgeklemmt wird.

Mit Rücksicht auf die leicht eintretende Beschädigung des Seiles und die Notwendigkeit, die Wagen immer im gleichen Abstand auf der Seilbahn fahren zu lassen, wandte man sich wieder von dem Klinkenapparat mit Knoten ab und der Schraubenkupplung zu. Diese wurde dadurch vervollkommnet, daß durch geeignete Führungen an der Bahn nicht nur das Entkuppeln der Wagen, sondern auch das Kuppeln derselben mit dem Seil vollkommen automatisch erfolgte. Und zwar wurde, wie in Abb. 167 dargestellt, zum Kuppeln ein an einem Hebel befestigtes Gewicht verwendet, welches durch die festen Führungen umgelegt wird. Die Schraube des Kupplungsapparates wird in dieser Weise immer mit derselben Kraft angezogen, und die Wagen werden stets gleich fest mit dem Seil verbunden.

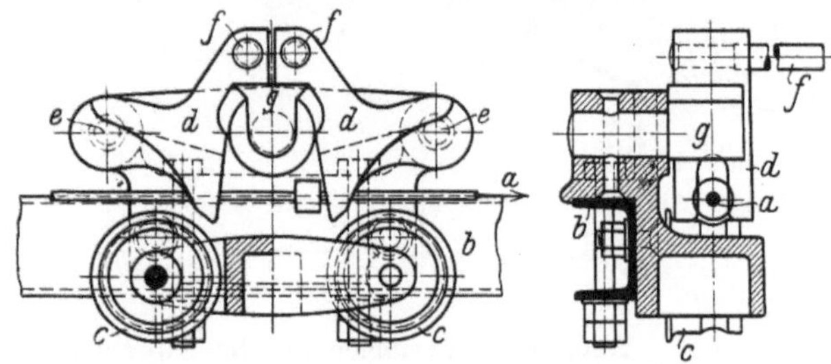

Abb. 166. Klinkenapparat für Seilbahnen (Pohlig) (Maßstab 1 : 8).

a Zugseil mit Knoten.
b U-Eisen des Hängebahnwagens zum Befestigen des Apparates.
c Tragrollen zum Tragen des Seiles bei ruhendem Wagen.
d Klinken, drehbar um Achse *e*.
f Ausrückstifte, ausgerückt durch Auflaufen auf eine schräge Fläche.
g Horn zum Tragen der Klinken *d*.

Durch Anwendung eines steil- und eines flachgängigen Gewindes wird bewirkt, daß beim Einkuppeln die weit voneinander abstehenden Backen durch die Bewegung auf dem steilgängigen Gewinde zunächst schnell einander genähert werden, daß dann aber bei der weiteren Bewegung des Kupplungshebels das flachgängige Gewinde in Tätigkeit tritt und hierdurch die Backen bei mäßigem Schließgewicht mit genügend großem Druck auf dem Seile festgeklemmt werden.

Abb. 168 zeigt die Führungen zum Umlegen des mit der Schraubenkupplung verbundenen Gewichtshebels bei vorwärts fahrendem Wagen, und zwar sowohl das Einkuppeln wie das Auskuppeln.

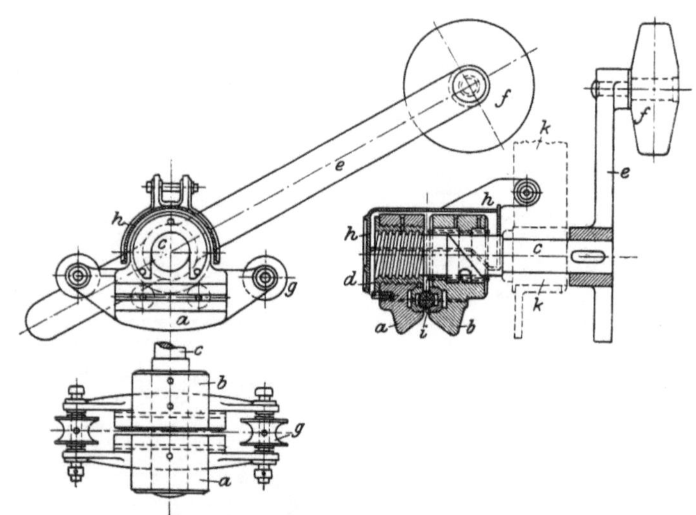

Abb. 167. Gewichtshebelkupplung (Pohlig) (Maßstab 1 : 10).

a Vordere Backe, durch Feingewinde bewegt, zum festen Anziehen.
b Hintere Backe, durch Steilgewinde bewegt, zum groben Öffnen und Schließen.
c Spindel zum Bewegen der Backen *a* und *b*.
d Nachstellmutter zum Einstellen des Apparates für verschiedene Seilstärken.
e Gewichtshebel.
f Gegengewicht zum Anziehen der Spindel *c* und Schließen der Backen.
g Tragröllchen für das Zugseil vor dem Einkuppeln und nach dem Auskuppeln.
h Kappe zum Schutz des Apparates.
i Stahlbacken mit Befestigungsschrauben.
k Wagengehänge, an dem der Apparat befestigt wird.

Während bei diesem Apparat der Kupplungsdruck stets gleich groß bleibt, wird bei anderen Kupplungsarten das Gewicht des Wagens selbst für die Betätigung der Kupplung benutzt. Der Kupplungsdruck wird also abhängig gemacht vom Wagengewicht. Das kann z. B. in ziemlich einfacher Weise geschehen, in dem das Wagengehänge in einer mit dem Laufwerk verbundenen Führung verschiebbar angeordnet wird und bei dieser Verschiebung durch entsprechende Hebelübersetzung das Schließen der Zugseilklemme bewirkt. Dieses Prinzip ist im Laufe der Zeit in sehr verschiedenen Formen von den einzelnen Seilbahnbaufirmen zum Kuppeln der Wagen verwendet worden und liegt auch den Kupplungsapparaten nach Abb. 169 zugrunde. Abb. 169 zeigt den Apparat für Oberseil, und zwar in zwei Ausführungsformen zum Umfahren von Kurven mit großen und mit kleinen Umführungsrollen, wie weiter hinten näher ausgeführt. Zum Entkuppeln wird das Gehänge gegenüber dem Laufwerk in der Führung angehoben

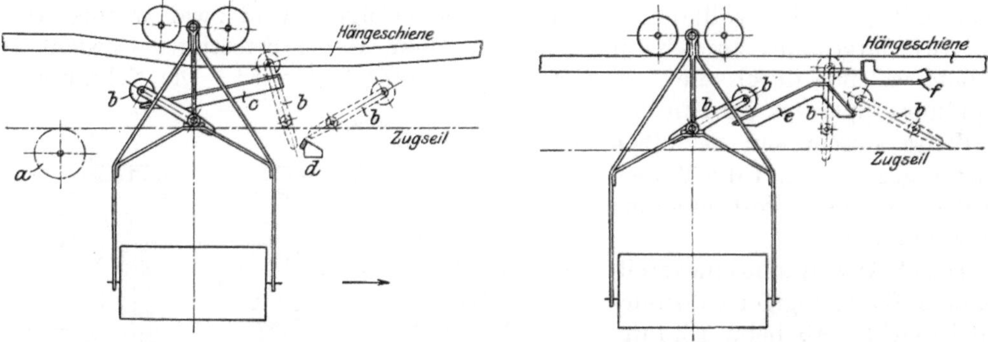

Abb. 168. Führungen für die Kupplung durch Gewichtshebel (Pohlig).

a Seiltragrolle am Ausgang der Station.
b Gewichtshebel des Kupplungsapparates.
c Führungswinkel zum Anheben von *b* beim Beginn des Einkuppelns.
d Anschlag zum Umlegen von *b* zur Beendigung des Einkuppelns.
e Führungswinkel für *b* bei Beginn des Auskuppelns.
f Anschlag zum Umlegen von *b* zur Beendigung des Auskuppelns.

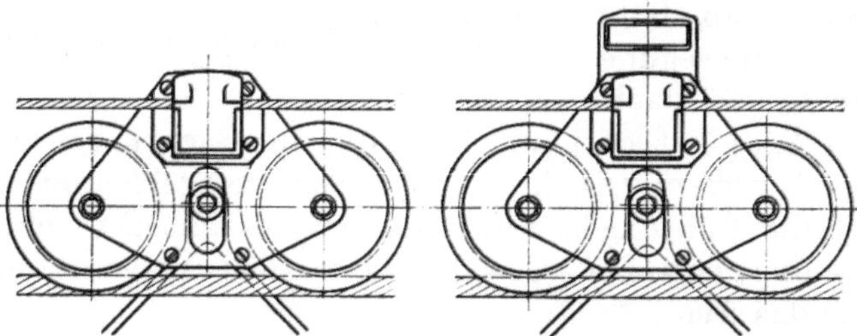

Abb. 169. Wagengewichtskupplung für Oberseil (Mackensen) (Maßstab 1 : 20) (links für große, rechts für kleine Umlenkscheiben).

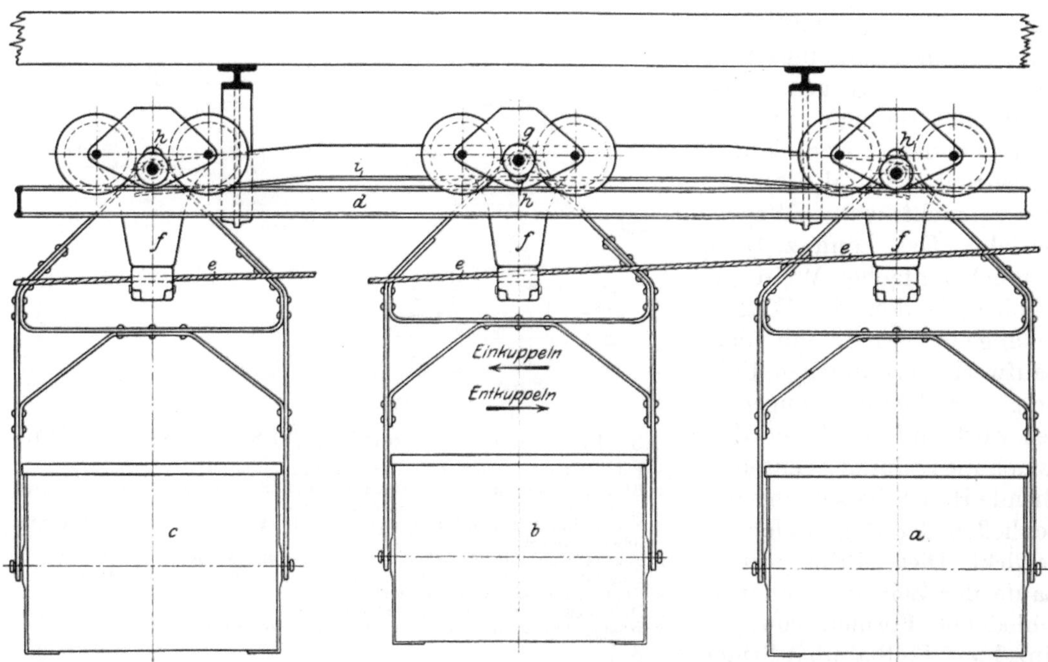

Abb. 170. Kupplung und Entkupplung durch das Wagengewicht (Bleichert) (Maßstab 1 : 30).

a Wagenstellung mit entkuppeltem Seil.
b Wagenstellung während des Einkuppelns oder Auskuppelns.
c Wagenstellung bei gekuppeltem Seil.
d Laufschiene für das Wagenlaufwerk.
e Zugseil.
f Kupplungsapparat.
g Kupplungsrollen, mit dem Wagengehänge fest verbunden, beiderseitig vom Laufwerk angebracht und im Schild des Laufwerks in einem Schlitz *h* verschiebbar.
h Schlitz im Laufwerk, um das Heben und Senken des Wagenkastens beim Auflaufen der Kupplungsrollen *g* und damit das Öffnen und Schließen des Kupplungsapparates *f* zu ermöglichen.
i Winkeleisenlaufschienen für die Kupplungsrollen *g*, an der Ein- und Auskuppelstelle zu beiden Seiten der Laufschiene *d* angebracht.

durch Vermittlung von kleinen, mit dem Gehänge verbundenen Rollen, die auf eine Schiene auflaufen, so daß das Laufwerk entlastet ist. Die Seilklemme ist dann geöffnet. Wenn dagegen das Wagengehänge frei hängt, ohne daß es durch die seitlichen Rollen gestützt ist, so werden die Backen des Kupplungsapparates durch das Gewicht des Gehänges mit Kasten fest auf dem Seil zusammengepreßt. Das Anheben des Gehänges an der Aus- und Einkuppelstelle geschieht, wie in Abb. 170 an einem Beispiel gezeigt, indem kleine Kupplungsrollen (*g*) auf überhöhte Schienen (*i*) auflaufen, so daß die eigentlichen Laufrollen entlastet und die Kupplungsbacken auseinandergedrückt werden.

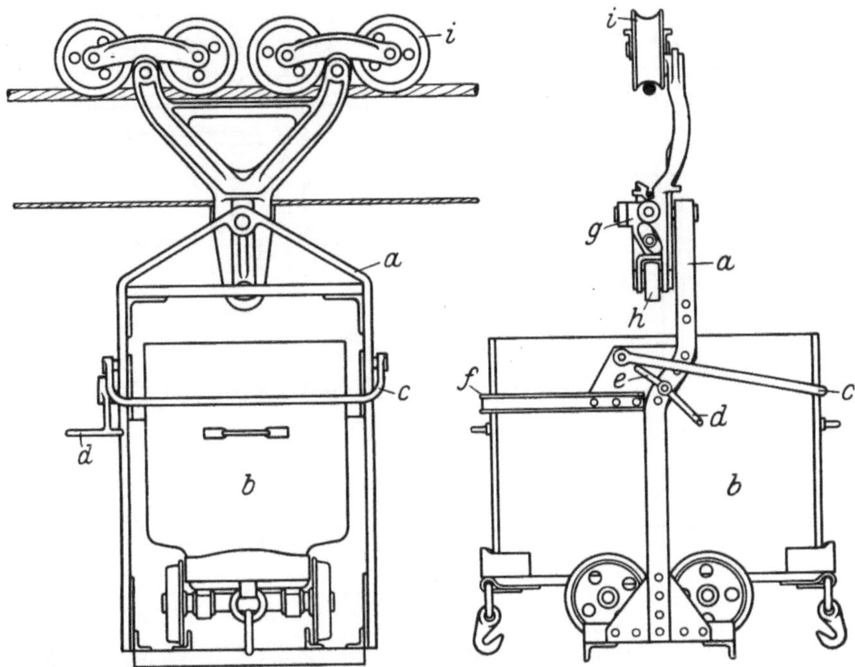

Abb. 171. Seilbahnwagen mit Unterseil für beliebige Kurvenrichtung (Heckel) (Maßstab 1 : 30).

a Seilbahnwagengehänge.
b Grubenwagen, gehalten durch Bügel *c*.
d und *e* doppelarmiger Hebel zum Lüften von *c*.
f Fester Bügel zum Festhalten von *b*.
g Kuppelapparat.
h Rolle zum Stützen beim Ein- und Auskuppeln.
i Vier Laufrollen des Seilbahnwagens.

Beide Apparatsysteme, Hebelkupplung wie Wagengewichtskupplung, werden, wie schon kurz erwähnt, sowohl für sogenanntes Unterseil ausgeführt, bei dem der Kupplungsapparat unterhalb des Laufwerkes liegt, wie es z. B. bei der Kupplung nach Abb. 168 dargestellt wurde, als auch für Oberseil, wobei der Kupplungsapparat oberhalb des Laufwerkes liegt. Das wurde bei dem Apparat nach Abb. 169 angenommen. Die erstere Ausführungsform war früher allgemein und hat vor dem Oberseil insofern einen gewissen Vorteil, als die Seilbahnwagen durch das Zugseil etwas mehr vor Pendelbewegung geschützt bleiben. Ausschlaggebend für die Verwendung des Oberseils war zunächst bei dessen Einführung das Bestreben, Bahnkurven mit beliebiger Krümmungsrichtung umfahren zu können. Das war bei den früher allgemein verwendeten breiten Wagengehängen, wie in Abb. 168 und 170 angegeben, nicht möglich, weil das Gehänge bei Kurvenrichtungen, bei denen es zwischen Zugseil und Umführungsscheibe liegt, nicht Raum hatte. Neuerdings ist diese Überlegung nicht mehr von solcher Bedeutung, nachdem zuerst von Heckel und nachher von anderen Firmen die Gehänge so ausgebildet wurden, daß es an der Stelle, wo der Kupplungsapparat befestigt ist, nur eine geringe Breite hat (vgl. Abb. 171 und 172).

Die Ausführung nach Abb. 171 zeigt ein vierrädriges Laufwerk, damit die Tragseile bei schweren Lasten nicht zu sehr beansprucht werden, ein Mittel, das in der einen oder anderen Form übrigens von allen Seilbahnbaufirmen bei schweren Einzellasten angewandt wird (vgl. auch Abb. 188). Auch das in Abb. 171 dargestellte Verfahren, die beladenen Grubenwagen mit dem Seilbahngehänge aufzunehmen, wird in verschiedenen Bauformen von allen Firmen ausgeführt.

Abb. 172 ist bezüglich der Kupplungsapparatur insofern von besonderem Interesse, als neben der Verschiebbarkeit des Wagengehänges in dem Laufwerk-

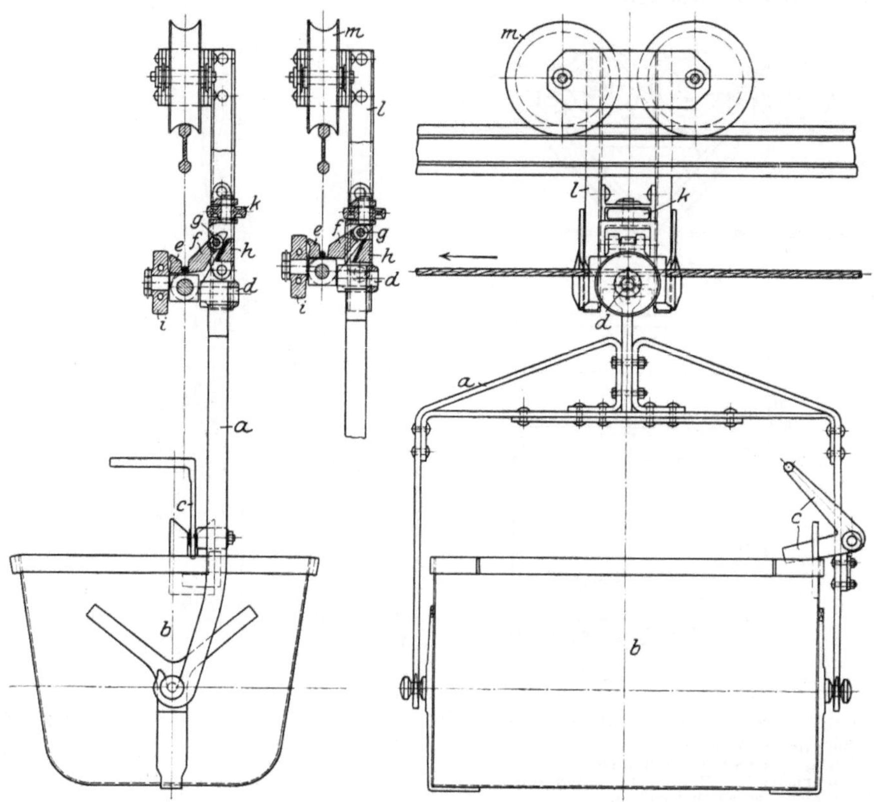

Abb. 172. Seilbahnwagen mit Unterseil für beliebige Kurvenrichtung (Mackensen) (Maßstab 1 : 20).

a Gehänge.
b Wagenkasten.
c Haltevorrichtung.
d Aufhängebolzen für *a*.
e Feste Backe des Kuppelapparates.
f Bewegliche Backe des Kuppelapparates.
g Rolle zum Schließen des Kuppelapparates.
h Schräge Gleitbahn zum Schließen des Kuppelapparates.
i Stützrolle für das Ein- und Auskuppeln.
k Führungsrolle für Kurven.
l Laufwerksgestell.
m Laufrollen.

gestell noch eine Keilwirkung zum festerem Kuppeln benutzt wird, um die Kupplung auch bei sehr großen Steigungen genügend gegen Gleiten zu sichern.

In den Kurven wird das Zugseil im allgemeinen durch große Umführungsscheiben geführt, ähnlich wie bei den Hängebahnen bereits beschrieben und in Abb. 161 dargestellt.

Da in den Kurven nicht das Seil als Laufbahn dient, sondern feste Schienen verwendet werden, so kann die in Abb. 161 dargestellte Kurvenführung einer Hängebahn mit Seilbetrieb auch ohne weiteres für die Seilschwebebahn als gültig angesehen werden. Mitunter, aber selten, verwendet man für die Zugseilführung in den Kurven an Stelle einzelner großer Scheiben auch mehrere kleinere Seilumführungsrollen (Abb. 173), die dann eine schlanke Kurve bilden, und wobei die über dem Wagenlaufwerk liegenden Druckrollen mit senkrechter Achse (Abb. 169 rechts) sich gegen besondere Führungsschienen legen und das Zugseil etwas von den Rollen abheben. Abgesehen von der mehr oder minder guten Eignung der verschiedenen Kupplungen für die eine oder die andere Art der Kurvenführung hat die Seilumführung mit kleinen Rollen, wenn auch teurer als die Bauart mit einzelnen großen Führungsscheiben, den Vorteil, daß der Übergang der Wagen von der einen in die

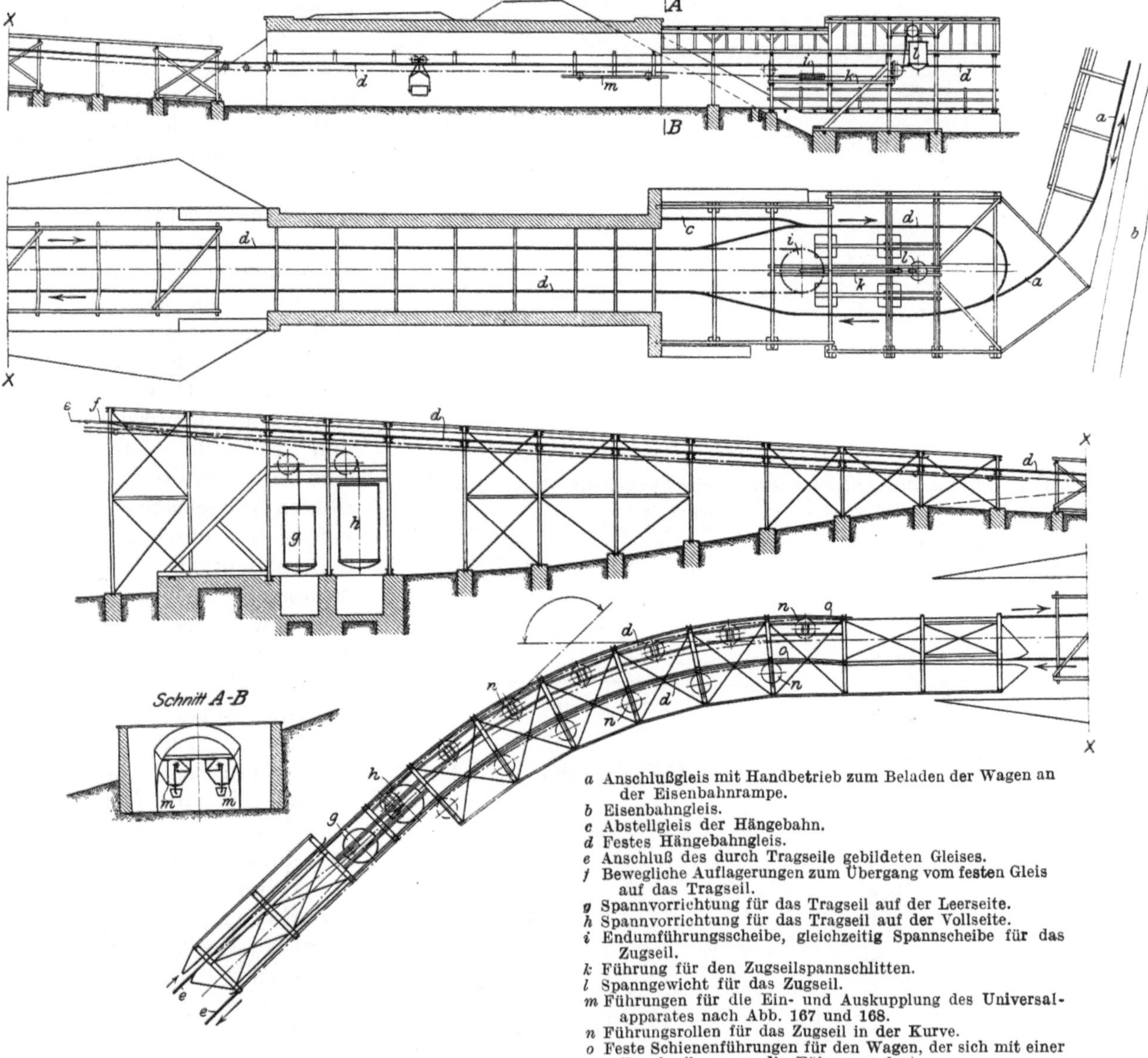

Abb. 173. Drahtseilbahn mit schlanker Kurvenführung mit kleinen Führungsrollen (Pohlig) (Maßstab 1 : 300).

andere Fahrtrichtung bei großer Fahrgeschwindigkeit ruhiger erfolgt, zumal diese in neuerer Zeit schon bis auf 2,5 m/sk gesteigert worden ist. Bei kurzen Bahnen mit geringer Geschwindigkeit wird wie bei den Hängebahnen mit Seilbetrieb fast nur die Kurvenführung mit einzelnen großen Scheiben angewendet, die dann oft einen Durchmesser von 4 m erhalten.

Das Zugseil wird in der Regel in Litzenform hergestellt. Die Seilumführungsrollen im Antrieb und in der Endstation erhalten meistens einen Durchmesser von etwa 1,75—2 m. Der Antrieb wird durch Reibung bewirkt, häufig in der Anordnung, wie in Abb. 135 schematisch dargestellt. Oft ordnet man die Spannvorrichtung aber auch in der Antriebstation an. Die Lagerung der Seilscheiben erfolgt dann meistens, wie in Abb. 174 schematisch gezeigt. Das Seil wird zunächst um die eine Rille einer doppelrilligen, angetriebenen Scheibe geführt, die mit Leder gefüttert ist, dann um eine nicht angetriebene Scheibe, weiter um die zweite Rille der Antriebscheibe, von hier über eine durch Gewicht angezogene Spannrolle und schließlich um eine unter der doppelrilligen Antriebscheibe befestigte und auf der Antriebsachse lose drehbare Scheibe und zurück zum Leerstrang der Seilbahn. Bei kleinen Bahnen genügt vielfach statt der doppelrilligen Antriebscheibe eine einfache Scheibe, die aber fast immer mit Lederung ausgeführt wird.

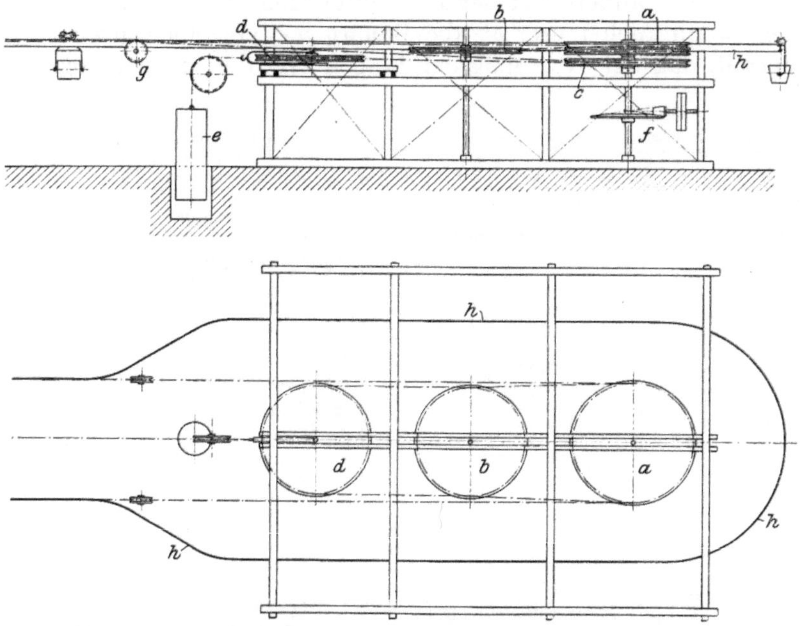

Abb. 174. Schema des Antriebes einer Seilschwebebahn (Maßstab 1 : 125).

a Doppelrillige gelederte Antriebscheibe von 2000 mm Durchmesser.
b Umführungsrolle, 1750 mm Durchmesser.
c Umführungsscheibe, 2000 mm Durchmesser.
d Spannscheibe, 1750 mm Durchmesser.
e Spanngewicht für das Zugseil.
f Kegelradantrieb.
g Seiltragrollen für das Zugseil am Eingang und Ausgang der Station.
h Hängebahnschienen für die Umführung der Wagen um den Antrieb in der Station.

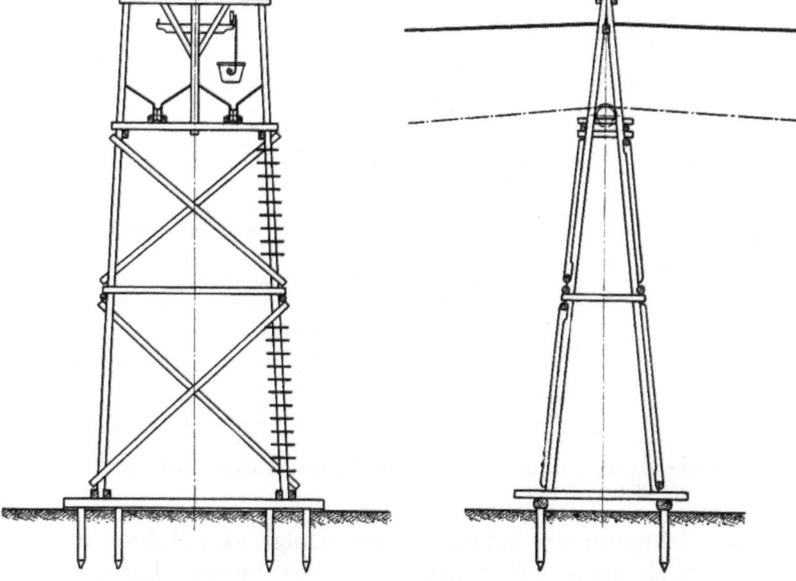

Abb. 175. Holzstütze einer Seilbahn mit Unterseil (Pohlig) (Maßstab 1 : 200).

Wenn die Spannvorrichtung, wie beschrieben, in der Antriebstation angebracht wird, und wenn ein Lösen der Wagen an der Endstation zwecks Beladung oder Entladung der Wagen nicht erforderlich ist, so kann hier die Umführung durch eine große Umführungscheibe von etwa 4 m Durchmesser ohne Lösen der Wagen, also ohne besondere Bedienung, erfolgen. An der Antriebstation werden dagegen die Wagen regelmäßig vom Seil entkuppelt und um die

Station von Hand herumgeführt. Das ist nicht von besonderem Nachteil, wenn die Wagen an dieser Stelle vor ausgedehnten Füllrumpfanlagen oder in anderer Weise gefüllt werden sollen und ohnehin von Hand an die Beladestelle geschoben werden müssen. Man hat sich bisher stets in dieser Weise beholfen, wenn man genötigt war, den Wagen von einer Zugseilschleife auf die andere überzuführen, und das kommt auch bei Bahnen von beschränkter Länge häufig vor, da man, um das Zugseil nicht allzu schwer werden zu lassen, etwa alle 4 km eine Zwischenstation anordnet. Das Zugseil einer solchen Strecke ist dann ganz getrennt von der folgenden, und die Wagen müssen an jedem solchen Übergang von dem einen Seil entkuppelt und mit dem anderen gekuppelt werden, nach dem sie von Hand von einer Strecke auf die andere übergeführt worden sind. Man kann allenfalls die Überführungsschienen etwas in Gefälle legen, so daß die Wagen von selbst laufen. Eine Bedienung zur Aufsicht kann aber auch dann nicht entbehrt werden.

Abb. 176. Eiserne Stütze für Seilbahnen mit Oberseil (Pohlig) (Maßstab 1 : 166).

Man hat von der Möglichkeit, die Zugseile der beiden Strecken auf kurze Entfernung parallel zu führen, so daß der Apparat, sobald er von dem einen Seil abkuppelt, mit dem anderen Seil kuppelt und jede Bedienung erspart, bisher keinen Gebrauch gemacht, da lange Bahnen nur verhältnismäßig selten vorkommen, weil sie nämlich, in das Monopolrecht der Staatsbahn eingreifend, wohl schwer Genehmigung finden würden. Von diesem Hindernis befreit, würde die Seilbahn bei Bahnen, die nur oder vorwiegend dem Güterverkehr dienen, in scharfen Wettbewerb mit der Hauptbahn treten, da sie nicht nur in den Anlagekosten günstiger steht, sondern auch geringeren Arbeitsverbrauch erfordert, da das Zugseil bei unebenem Gelände Hub- und Senkarbeit ausgleicht, während beim Lokomotivbetrieb die bei der Steigung geleistete Arbeit bei der Talfahrt nutzlos abgebremst werden muß.

Bisher betrug die ausgeführte größte Länge der Seilbahnen etwa 40 km mit 9 zwischengeschalteten Antriebstationen.

Das Zugseil wird stets als sogenanntes Litzenseil ausgeführt mit Drähten von reichlich 1 mm Stärke und mit 120—160 kg/qmm Bruchfestigkeit. In der Regel hat es 6 Litzen von je 7 Drähten und je eine Hanfseele in jeder Litze und in der Mitte des Seiles. Bei dem großen Durchmesser der Umführungsscheiben ist die vorhandene Biegsamkeit vollkommen ausreichend. Auf der Strecke wird das Seil durch kleine Tragrollen getragen. Abb. 175 zeigt eine Stütze aus Holz mit Zug-

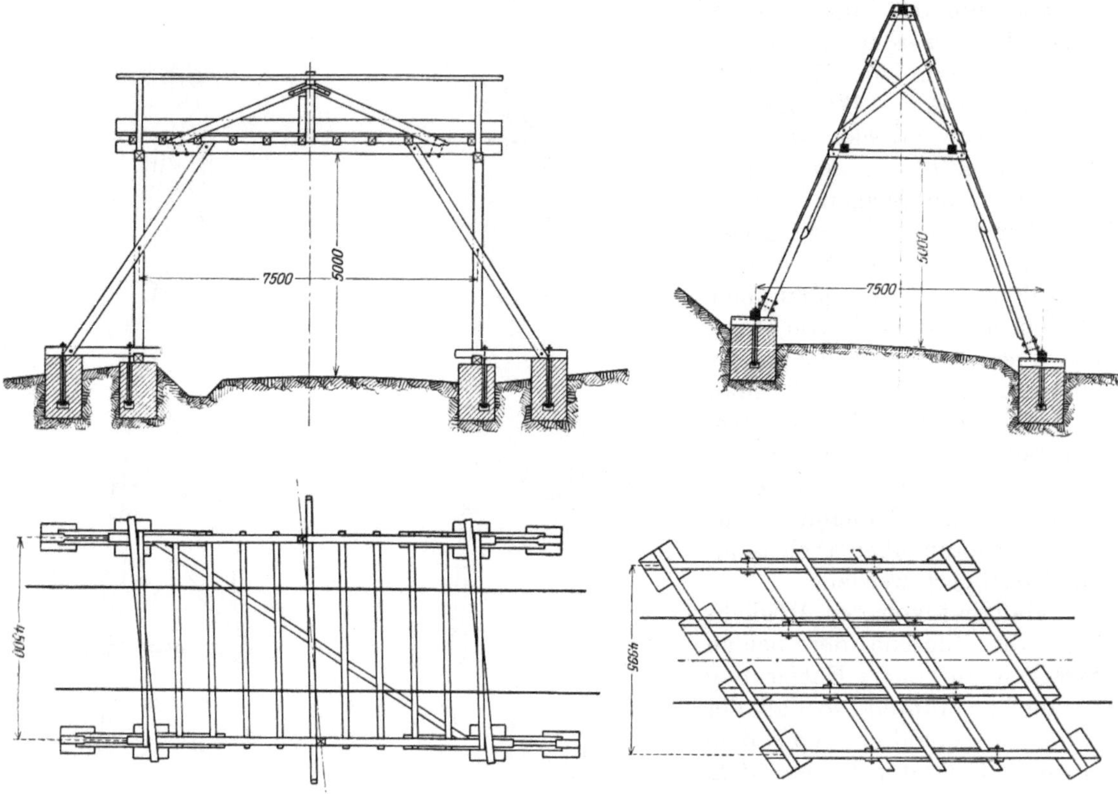

Abb. 177. Hölzerne Schutzbrücken für Seilbahnen bei Wegekreuzungen (Pohlig) (Maßstab 1 : 166 und 1 : 200).

seiltragrollen für Unterseil. Abb. 176 zeigt eine eiserne Seilbahnstütze mit Tragrollen für Oberseil. Bei letzterer Ausführung braucht der Seildurchhang bei weitem nicht so groß zu sein, bis das Zugseil auf den Tragrollen aufliegt, und die durch das Zugseil bewirkte Belastung des Tragseiles ist geringer als beim Unterseil. Die eisernen Stützen sind bis zu 40 m Höhe ausgeführt. Derartige Stützhöhen werden natürlich nur durch besondere Geländeverhältnisse bedingt. Auf ebener Strecke wird der Stützenabstand zweckmäßig mit etwa 70 m angenommen, und die kleinste Stützenhöhe wird so bemessen, daß ein beladener Erntewagen unterhalb der Bahn entlang fahren kann. Bei gebirgigem Gelände sind aber Stützweiten bis über 1200 m ausgeführt worden.

Die Seilbahn ist danach fast unabhängig von der Form des Geländes, und sie hat den weiteren Vorteil, daß Grundstücke fremder Besitzer mit verhältnismäßig geringer Störung überschritten werden können. Das wird dadurch erleichtert, daß nach dem Gesetz das Enteignungsrecht angewendet werden kann in Fällen, wo die Entwicklung der Industrie durch Anlage einer Seilbahn wesentlich gefördert wird und die Interessen der Zwischenlieger nicht in ungebührlichem Maße geschädigt werden. So wird das Enteignungsrecht vielfach angewendet, wenn es sich um die Verbindung zwischen Hüttenwerken und den dazugehörigen Gruben handelt. Die dabei den Zwischenliegern zu gewährende Vergütung richtet sich natürlich nach den jeweiligen Verhältnissen. Häufig erfolgt die Verrechnung so, daß als einmalige Entschädigung für jede Stütze 20 M. und für die Stationen 3 M. pro Quadratmeter gerechnet wird, und daß außerdem für die Strecke eine jährliche Pacht von 30 Pf./m bezahlt wird.

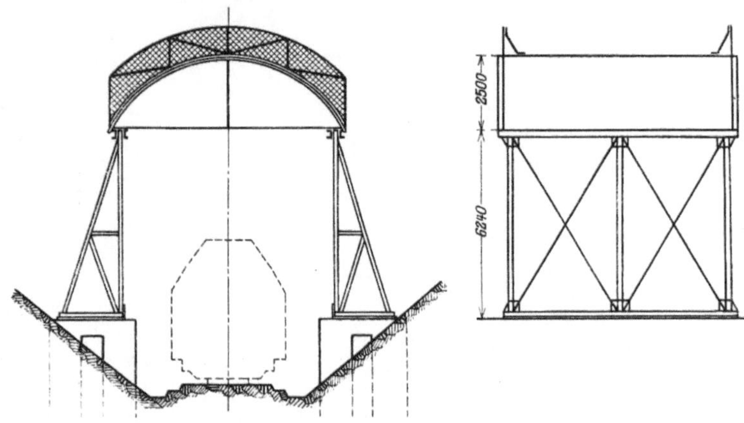

Abb. 178. Eiserne Schutzbrücke mit Wellblechabdeckung für Seilbahnen bei Bahnkreuzungen (Pohlig) (Maßstab 1 : 250).

Bewohnte Gebäude und Fabrikhöfe werden gegen herabfallende Materialstücke oder auch gegen herabfallende Wagen durch Schutznetze geschützt, die an den Stützen durch Tragseile befestigt werden. Andererseits werden für Wegeüberführungen vielfach feste Schutzbrücken aus Holz oder aus bombiertem Wellblech

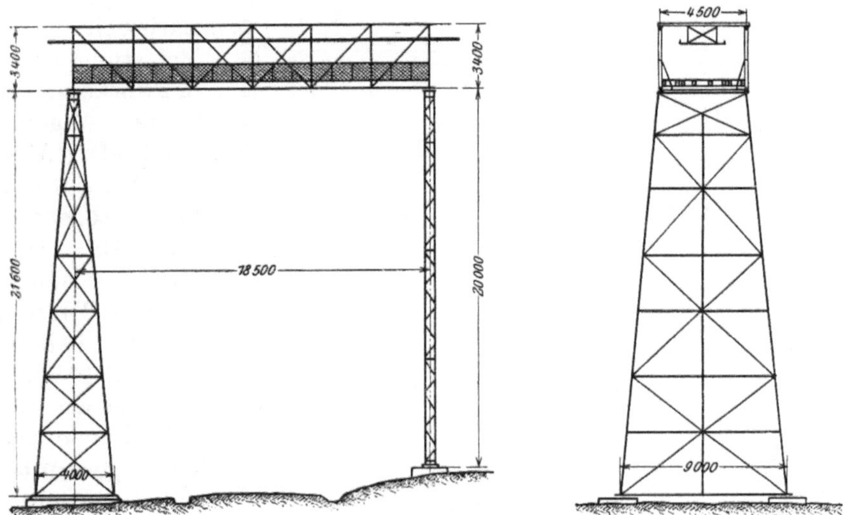

Abb. 179. Eiserne Schutzbrücke mit fester Bühne für Seilbahnen bei Bahn- oder Wegekreuzungen (Pohlig) (Maßstab 1 : 400).

verwendet (Abb. 177 und 178). Die Elastizität des Holzes und des Wellbleches hat sich gut bewährt, um die lebendige Kraft des Fallgewichtes aufzunehmen. Zum Überbrücken von Eisenbahngleisen sind aber meistens eiserne Schutzbrücken mit fester Bühne vorgeschrieben, die nach Möglichkeit unmittelbar unterhalb der Fahrbahn des Wagens angeordnet wird, um die Fallhöhe des Wagens möglichst gering zu machen. Zur Vermeidung des Seildurchhanges werden dann entweder möglichst viele Seilstützen angewandt oder feste Schienen (Abb. 179).

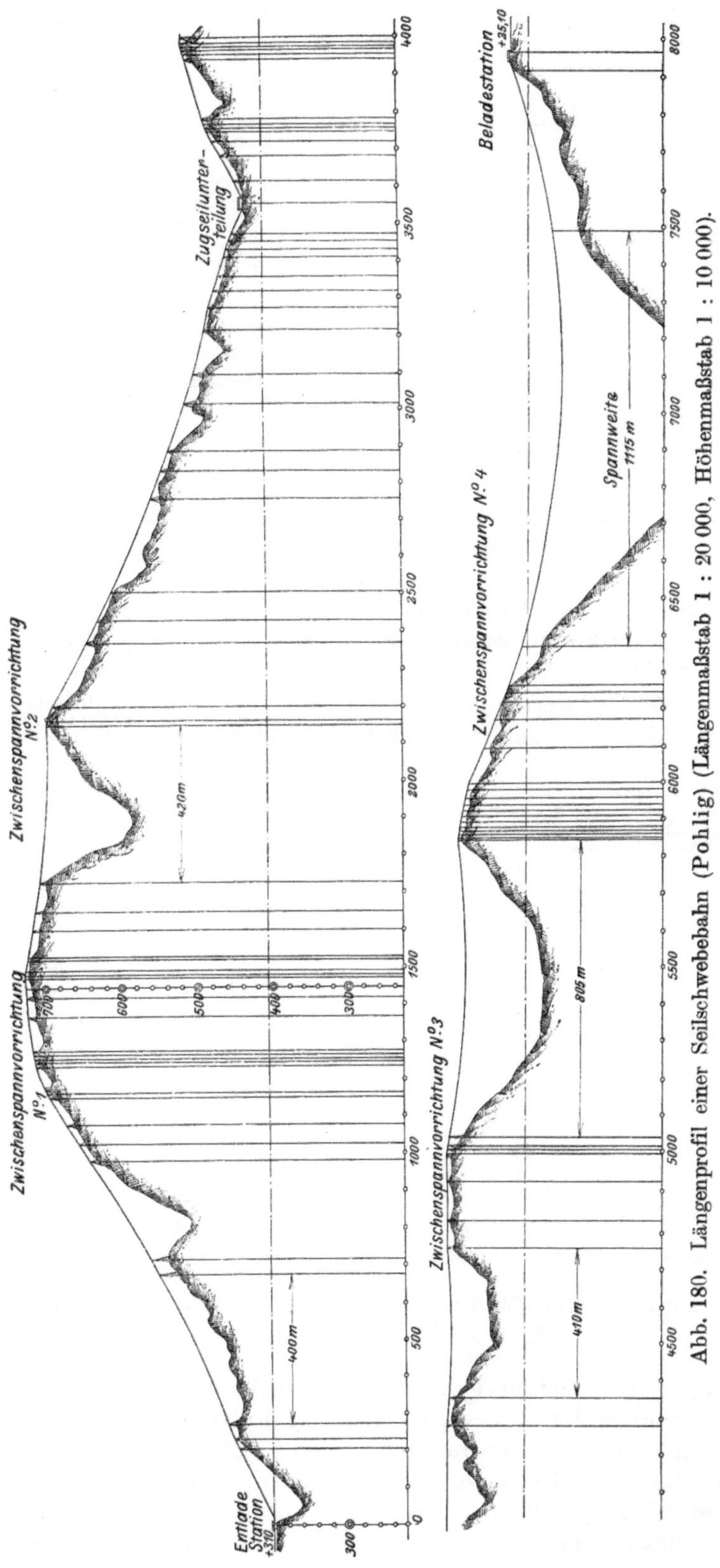

Abb. 180. Längenprofil einer Seilschwebebahn (Pohlig) (Längenmaßstab 1 : 20 000, Höhenmaßstab 1 : 10 000).

Abb. 180 zeigt das gesamte Profil einer Seilbahn mit ziemlich bedeutenden Steigungen und Gefällen und mit einer großen Spannweite von 1115 m. Zwischen den einzelnen Stützen hängt das Tragseil in der Form einer Parabel, und diese Durchhangkurve ist auch für die Anordnung und Höhenbemessung der einzelnen Stützen maßgebend, wenigstens insoweit, als in Einsenkungen die Stützen bis an die Parabel reichen müssen, wenn man ein Abheben des Seiles von den Stützen vermeiden will. Nähere Ausführungen hierüber sind im III. und IV. Band gegeben.

Die Konstruktion und Stärke des zu verwendenden Tragseiles richtet sich natürlich sehr nach der Belastung der Bahn und den vorkommenden Spannweiten. Allgemein wird es aus kräftigen Drähten hergestellt, entweder als einfaches sogenanntes Spiralseil (Abb. 181a und b) oder aus runden und profilierten Drähten als sogenanntes halb verschlossenes Seil (Abb. 181c, d und e), oder als verschlossenes Seil, wie in Abb. 181f für ein sogenanntes Simplexseil dargestellt. Gleichzeitig sind in Abb. 181 auch die in den Stationen gebräuchlichen Hängebahnschienenprofile dargestellt.

Die Verbindung der Seile erfolgt in der Regel durch Muffen in der Weise, wie in Abb. 182 dargestellt, daß die Seile in eine nach außen erweiterte konische

Hülse gesteckt, die Drähte auseinandergebogen und die Zwischenräume mit Komposition ausgegossen werden. Diese Hülsen werden dann durch ein Zwischenstück miteinander verschraubt.

Besonders einfach gestaltet sich die Muffenverbindung bei den Simplexseilen, die nur aus einer Reihe profilierter Drähte bestehen. Man schraubt in das Innere des Seiles einen konischen Dorn ein und drückt dadurch die Drähte auseinander, so daß man einfach die äußeren Muffenhälften aufsetzen kann, die durch eine Verschraubung miteinander verbunden werden. In Abb. 182a ist eine Endmuffe für Spiral- und verschlossene Seile dargestellt, in Abb. 182b eine Zwischenmuffe für Simplexseil.

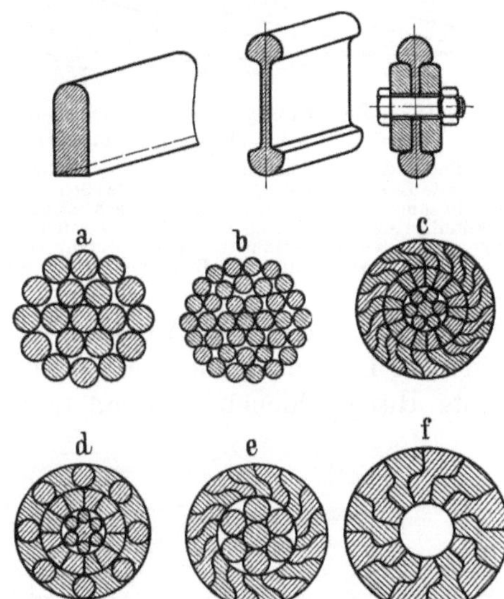

Abb. 181. Schienenquerschnitte und Tragseilquerschnitte für Hänge- und Seilbahnen.

Die Simplexseile bestehen, wie erwähnt, nur aus einer Lage profilierter Drähte. Dadurch soll vermieden werden, daß im Kern Drähte reißen, ohne daß man es bemerkt, und das ist sonst leicht möglich, weil die Spannung in den inneren und äußeren Drähten nicht leicht gleichmäßig zu halten ist. Allgemein müssen aber die Seile verschlossener Konstruktion sehr sorgfältig gelagert und gespannt werden. Sonst brechen die Drähte sehr leicht, da die profilierten Drähte sich viel schwerer gegeneinander verschieben können als die runden Drähte beim Spiralseil. Das letztere hat in viel größerem Maße den Seilcharakter und ist infolge der großen Verschiebbarkeit der Drähte gegeneinander viel unempfindlicher. Es hat allerdings den Nachteil, daß die Oberfläche nicht glatt ist, und daß die Laufwerke und das Seil selbst sich schneller abnutzen. Den Seilverschleiß sucht man dadurch zu verringern, daß man das Seil umdreht, wenn die Drähte an der einen Seite in gewissem Grade abgenutzt sind. Bricht ein Draht an einer sichtbaren Stelle, so kann man ihn wieder befestigen, wie in Abb. 183 angegeben. Im allgemeinen wird ein Tragseil als auf der beschädigten Strecke auswechselungsbedürftig bezeichnet, wenn auf einer Länge von 30 m mehr als die Hälfte der äußeren Drähte ge-

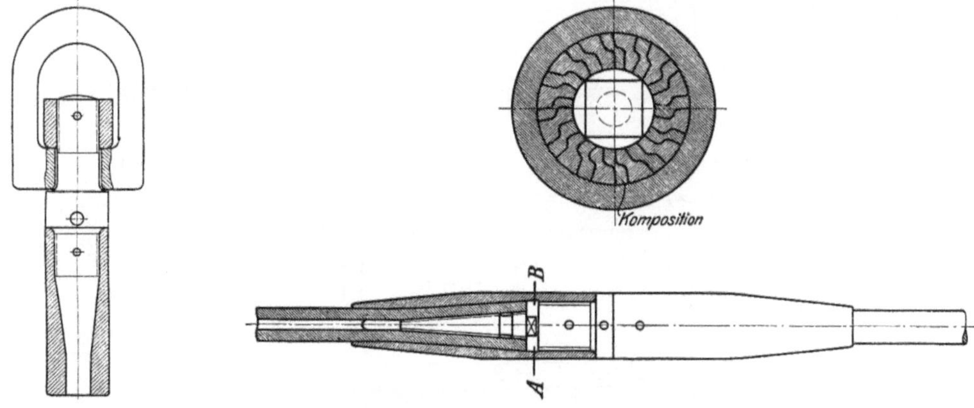

Abb. 182. Muffenverbindung für Tragseile.

a. Endmuffe für Spiralseile und verschlossene Seile (Pohlig) (Maßstab 1 : 6).

b. Zwischenmuffe für Simplexseile (Pohlig) (Maßstab 1 : 2,5 und 1 : 7,5).

brochen ist. Die Seile der Leerseite erhalten vielfach 20—30 mm Durchmesser, die auf der Vollseite 30—40 mm Durchmesser bei ca. 120—160 kg/qmm Bruchfestigkeit.

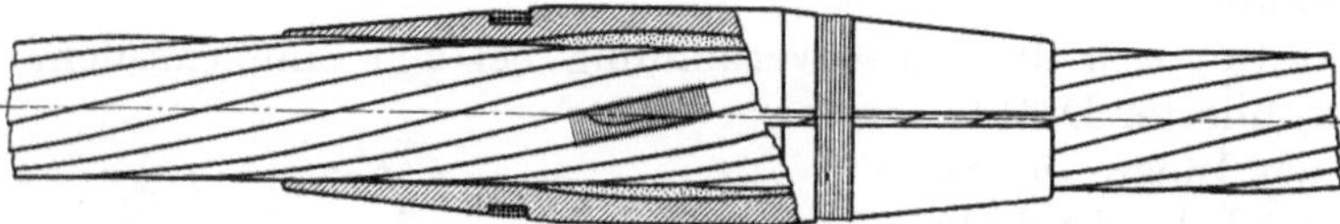

Abb. 183. Befestigung eines gebrochenen Drahtes bei Spiraltragseilen (Pohlig) (Maßstab 1 : 3).

Die Enden des gebrochenen Drahtes sind zunächst mit Hanf zu umwickeln, sodann in ihre alte Lage zu bringen, worauf man das Seil an der Bruchstelle auf eine Länge von ca. 60 mm mit Hanf umwickelt, entsprechend der inneren Höhlung der Muffe. Die zweiteilige Muffe wird dann fest auf die betreffende Stelle gepreßt und in dieser Lage mit verzinktem Eisendraht von 1 mm Durchmesser zusammengebunden; die Muffe besitzt dafür zwei Eindrehungen zur Aufnahme des Drahtes.

Die Auflagerung des Seiles auf den Stützen erfolgt in der Regel durch drehbar befestigte sogenannte Auflagerschuhe, wie in Abb. 184 dargestellt. Durch die Drehbarkeit soll erreicht werden, daß der Knick des Tragseiles vor den Stützen möglichst gering wird, indem bei Annäherung eines Wagens an die Stütze der Auflagerschuh sich der Lage des Seiles möglichst anpaßt. In den Stationen werden statt der Seile feste Hängeschienen verwendet, die sich durch in senkrechter Richtung drehbare Anlaufzungen an das Seil anschließen. Die Tragseile werden durch Gewichte gespannt gehalten, so daß sie auf etwa $^1/_5$ bis $^1/_8$ ihrer Zugfestigkeit angestrengt sind. Im allgemeinen hat sich eine stärkere Spannung als vorteilhafter erwiesen, da dabei die Durchbiegungen über den Stützen geringer sind. Bei längeren Bahnen sind auch auf der Strecke in Abständen von etwa 1500—2000 m sogenannte Zwischenspannvorrichtungen einzuschalten. Natürlich wird nur das eine Ende durch Gewicht gespannt, das andere Ende fest verankert. Abb. 185 zeigt eine Anordnung einer Zwischenspannvorrichtung auf der Strecke, bei der die durch Gewichte angespannten Enden der Tragseile in einer Spannstation vereinigt sind.

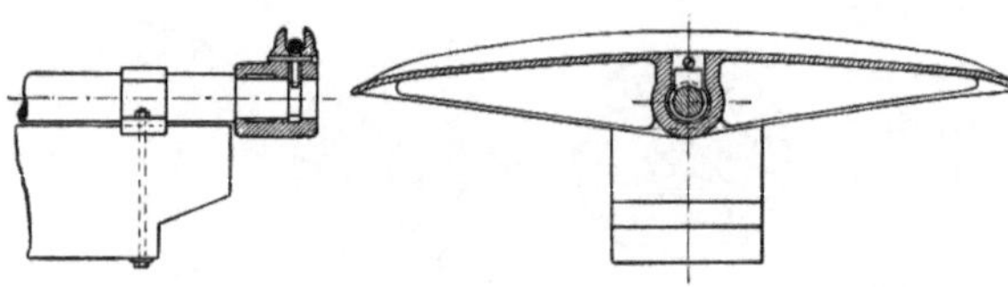

Abb. 184. Drehbarer Auflagerschuh (Pohlig) (Maßstab 1 : 20).

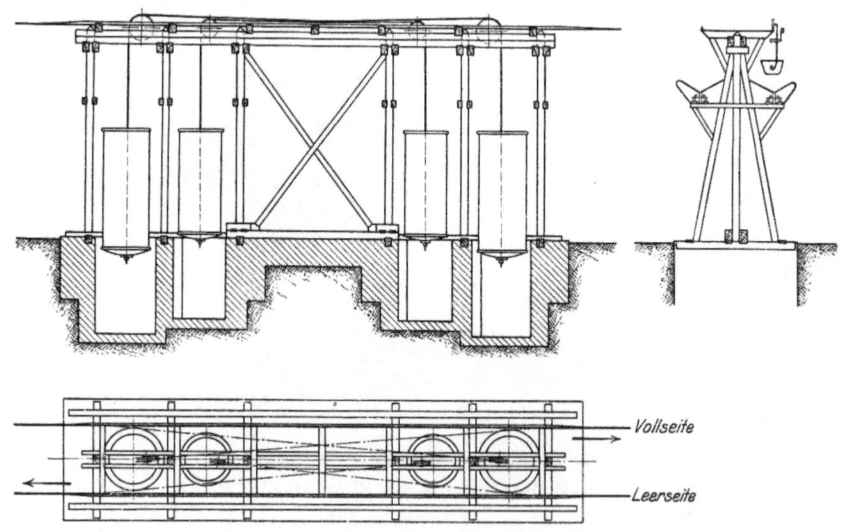

Abb. 185. Doppelte Spannvorrichtung (Pohlig) (Maßstab 1 : 25).

Die Tragseile werden zum Schutz gegen Rosten automatisch eingefettet. Zu dem Zwecke fährt ein besonderer Schmierwagen über die Strecke, der einen Druckbehälter mit Öl trägt (Abb. 186). Das Öl fließt durch eine feine Düse auf die Tragseile und verteilt sich über dessen Oberfläche.

Bei der beschriebenen Bauart erreichen die Seilbahnen eine große Leistungsfähigkeit und Sicherheit im Betriebe und sind in neuerer Zeit sogar in zahlreichen Fällen für Personenbeförderung als Bergbahnen verwendet worden, so zur Ersteigung des Wetterhorns bei Grindelwald, ferner bei einer Anlage in der Nähe von Bozen und in Rio de Janeiro zur Ersteigung einer vor der Stadt gelegenen, als Insel sich darstellenden Berggruppe usw. Eine Seilschwebebahn zur Ersteigung der Zugspitze ist im Bau begriffen. Zum Teil haben diese Bahnen zur Sicherheit doppelte Trag- und Zugseile. In bezug auf Einzelheiten sei verwiesen auf die Beschreibungen von Buhle in der Z. V. d. I. 1913, S. 1783ff.

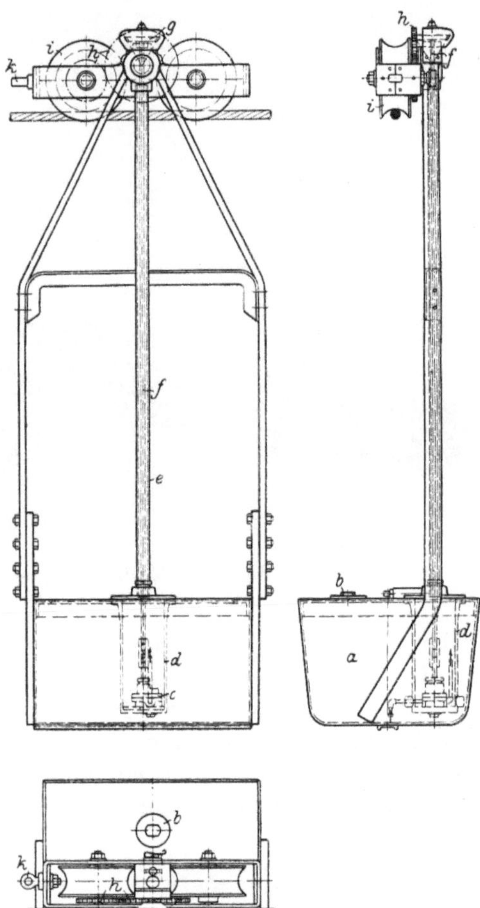

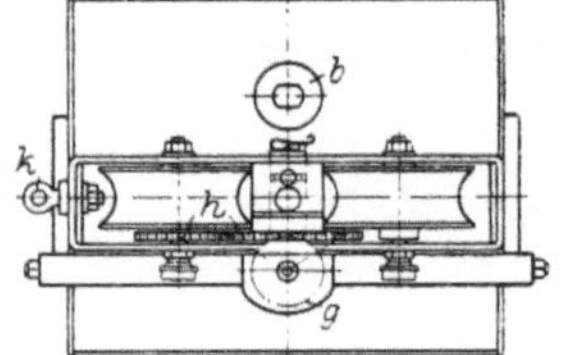

Abb. 186. Schmierwagen zum Schmieren der Tragseile bei Drahtseilbahnen (Pohlig) (Maßstab 1 : 25).

a Geschlossener Kasten mit Schmieröl.
b Einlauföffnung für das Schmieröl.
c Kreiselpumpe zum Überpumpen des Öls aus *a* in den Druckbehälter *d*.
d Druckbehälter für das Öl zum Weiterleiten durch Rohr *e* auf das Seil.
e Rohr zum Fortleiten des Öls bis zum Tragseil.
f Senkrechte Welle, in *e* eingebaut, zum Antrieb der Pumpe.
g Kegelrad zum Antrieb der Welle *f*.
h Stirnräderpaar zum Antrieb der Pumpe.
i Laufrad, mit dem Rädervorgelege zum Betrieb der Pumpe gekuppelt.
k Öse zum Kuppeln des Schmierwagens mit einem anderen Wagen.

Die Bauart der Wagen wird den jeweilig vorliegenden Bedürfnissen angepaßt und ist daher außerordentlich mannigfaltig. Die gewöhnliche Form ist die Kastenform, bei der der Förderkasten an einem unterhalb seines Schwerpunktes liegenden Drehzapfen aufgehängt ist und in gefülltem Zustand durch eine um das Gehänge herumgreifende Falle gehalten wird. Die Entleerung kann dann an beliebiger Stelle in einfachster Weise erfolgen, indem auf dem Seil verschiebbar ein Anschlag aufgehängt wird, der die Falle zum Halten des Wagens löst und dadurch den Wagen zum Kippen bringt (Abb. 187). Das Bild läßt auch erkennen, bis zu welcher Höhe und in welch großen Mengen man Abraum durch eine derartige Seilbahnanlage ohne Änderung derselben anschütten kann. Oft wird auch die Station mit eingeschüttet. Da sich in diesem Falle die Gitterstäbe des Stationsgerüstes leicht verbiegen, führt Heckel die Entladestationen der Haldenbahnen als langes Rohr aus, das nach den Seiten mit Seilen verankert ist. Die Rohre, die die Umführungsrollen tragen, werden dabei oft teleskopartig ineinandergesteckt, so daß sie, wenn eine gewisse Schütthöhe erreicht ist, auseinandergezogen werden können. Auf diese Weise sind schon Schütthöhen von mehr als 60 m hergestellt worden.

Für den Transport von Ziegelsteinen benutzt man vielfach mehrstufige Plattenwagen, für die Beförderung von Kisten und Fässern einfache Plattenwagen mit geeigneten Haltevorrichtungen usw. Für Langholzbeförderung werden vielfach 2 Gehänge zusammen benutzt und das Langholz mit entsprechenden Ketten daran befestigt. Wenn die Hölzer besonders schwer sind, so werden auch diese Gehänge ebenso wie die Einzelgehänge für größere Gewichte mit vierrädrigen Laufwerken ausgerüstet, wie in Abb. 188 dargestellt. Eine Vereinigung von zwei Gehängen wird auch vielfach für den Transport von großen Grubenwagen verwendet. Bei kleinen Abmessungen werden sie aber auch an einem einfachen Gehänge aufgehängt,

Abb. 187. Entleeren eines Wagens auf der Strecke (Pohlig).

insbesondere bei Verwendung von vierrädrigen Laufwerken, wie in Abb. 171 und 188 an Beispielen gezeigt wurde.

Die Grundsätze für die Berechnung von Zugseilspannung und Arbeitsverbrauch sind bei Seilschwebebahnen dieselben wie bei den Hängebahnen mit Seilbetrieb und ähnlich wie bei den Standbahnen mit Seilbetrieb eingehend erörtert. Nur sind bei den Schwebebahnen die Reibungsverluste der Förderwagen im allgemeinen geringer,

Abb. 188. Langholztransport mit 2 vierrädrigen Laufwerken (Pohlig) (Maßstab 1 : 50).

weil bei der einfachen Schiene ein Ecken der Wagen besser vermieden wird, und weil bei den 2 Rädern, die an die Stelle von 4 Rädern bei Standbahnen treten, die Lagerung der Achsen meist ohne zu große Mehrkosten sorgfältiger durchgeführt werden kann und bei längeren Bahnen meistens unter Verwendung von Kugellagern erfolgt. Man kann daher durchschnittlich $\mu_g = \mu_f = 0{,}01 - 0{,}005$ annehmen. Um an einem zu berechnenden Zahlenbeispiel etwas andere Verhältnisse zu behandeln, als sie auf S. 147ff. erörtert sind, soll eine Förderung in abfallendem Gelände angenommen werden. Das kommt für Seilbahnen z. B. bei Steinbrüchen usw. sehr häufig in Frage. Bei einer Länge der Bahn von 2000 m betrage das Gefälle 150 m und die stündliche Leistung 50 t Kalkstein. Der Inhalt des Wagens von 0,4 cbm Fassungsraum sei 720 kg, also $\gamma = 1{,}8$. Die Fahrgeschwindigkeit sei $v = 1{,}5$ m/sk. Danach ist

$$a = \frac{3{,}6 \cdot B \cdot v \cdot 1{,}8}{M} = \frac{3{,}6 \cdot 400 \cdot 1{,}5 \cdot 1{,}8}{50} = 77{,}7 \text{ m},$$

d. h. es fährt alle $\frac{77{,}7}{1{,}5} = 52$ Sekunden ein Wagen, was zulässig ist.

Es ist

$$Q_g = \frac{50}{3{,}6 \cdot v} = \frac{50}{3{,}6 \cdot 1{,}5} = \text{rd. } 10 \text{ kg/m}.$$

Zur Berechnung von Q_f werde das Gewicht eines Wagens mit 250 kg, das Gewicht des Zugseiles von 18 mm Durchmesser mit rd. 1 kg/m einfache Länge und das Gewicht der im Abstande der Stützen von durchschnittlich 70 m angeordneten Zugseiltragrollen mit 75 kg, also auf 1 m einfache Bahnlänge zu $\frac{75}{77} =$ rd. 1 kg angenommen.

Dann ist für beide Bahnstränge zusammen:

$$Q_f = 2\left(\frac{250}{77} + 1 + 1\right) = \text{rd. } 2\,(4 + 1 + 1) = 12 \text{ kg}.$$

In diesem Falle sind aufwärts- und abwärtslaufender Strang getrennt zu behandeln.

Es gilt aufwärts

$$Q_g = 0 \qquad \text{und} \qquad Z = \frac{Q_f}{2}(H_f + L\mu_f) = 6\,(150 + 2000 \cdot 0{,}01) = 900 + 120 = 1020 \text{ kg},$$

dagegen abwärts

$$Q_g = 10 \qquad \text{und} \qquad Z = Q_g(-H_g + L_g\mu_g) + \frac{Q_f}{2}(-H_f + L_f \cdot \mu_f)$$

$$= 10\,(-150 + 2000 \cdot 0{,}1) + 6\,(-150 + 2000 \cdot 0{,}1)$$

$$= -1500 + 200 - 900 + 120 = -2080.$$

Der abwärts gerichtete Seilzug ist also wesentlich größer als der Zug aufwärts und für die Wahl der Zugseilstärke maßgebend. Bei 140 kg/qmm Bruchfestigkeit hat ein Litzenseil mit 6 Litzen und 7 Hanfseelen bei 18 mm Durchmesser und 1,1 kg Gewicht pro Meter eine Bruchfestigkeit von rd. 16 000 kg, also achtfache Sicherheit. Es genügt also für den vorliegenden Fall. Unter der Voraussetzung, daß man den Reibungsverlust in den Zugseilumführungen durch Einsetzen von $5\,\mu_u$ berechnen kann (s. die Ausführungen auf S. 126ff.), und wenn man für μ_u den Wert 0,02 einsetzt, berechnet sich der Arbeitsverbrauch nach der Formel:

$$N = \frac{v}{75\,\eta_A}\left[-\frac{Q_g H_g}{1 + 5\,\mu_u} + (Q_g L_g \mu_g + Q_f L_f \mu_f)(1 + 5\,\mu_u) + Q_g H_g \cdot \mu_u + Q_f H_f \mu_u\right].$$

Für das vorliegende Beispiel ist, wenn man $\mu_g + \mu_f = 0{,}01$ setzt

$$N = \frac{1{,}5}{75 \cdot 0{,}8}\left[-\frac{10 \cdot 150}{1 + 0{,}1} + (10 \cdot 2000 \cdot 0{,}01 + 12 \cdot 2000 \cdot 0{,}01)(1 + 0{,}1) + 10 \cdot 150 \cdot 0{,}02 + 12 \cdot 150 \cdot 0{,}02\right],$$

$$N = 0{,}025\,[-1364 + 220 + 264 + 30 + 36] = \text{rd. } -20 \text{ PS}.$$

Es sind also 20 PS abzubremsen. Eine weitere Rechnung ergibt, daß der Arbeitsverbrauch $= 0$ ist, die Bahn also gerade anfängt, ohne Arbeitsaufwand zu laufen bei $H_g =$ rd. 70 m, also bei einer Neigung von rd. 1 : 30, ein Ergebnis, das für Wagen mit Gleitlagern auch durch die praktische Erfahrung vielfach bestätigt ist.

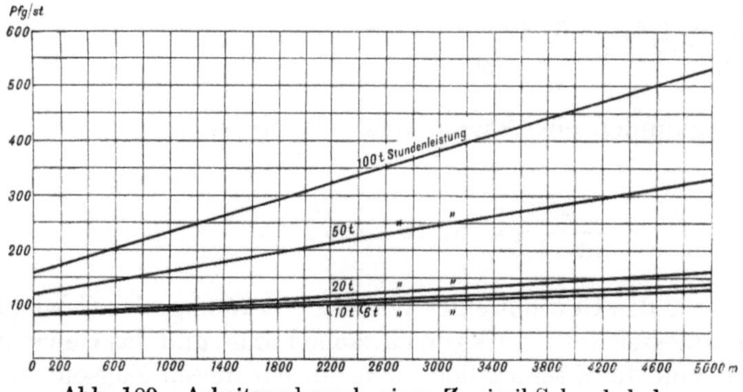

Abb. 189. Arbeitsverbrauch einer Zweiseil-Schwebebahn.

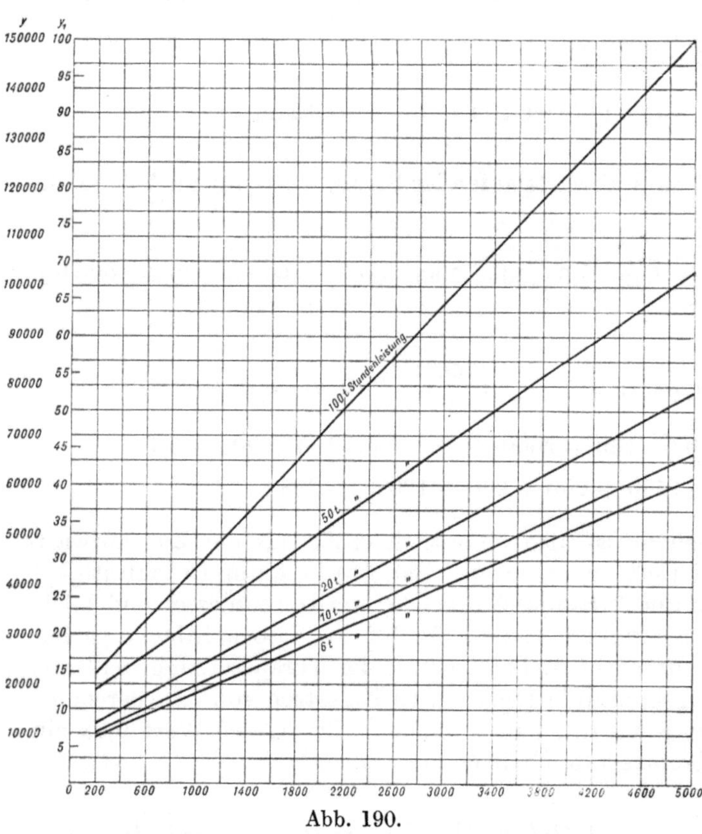

Abb. 190.

y = Anlagekosten in M.
y_1 = Unterhaltungskosten in Pf./st } für eine Zweiseil-Schwebebahn.

Die Anlagekosten derartiger Seilbahnen schwanken naturgemäß je nach den örtlichen Verhältnissen und sind abhängig von den erforderlichen Spannweiten und manchen anderen Umständen. Jedoch ist die Abhängigkeit bei weitem nicht so groß als bei gewöhnlichen Bahnen, und die in den Schaulinien Abb. 189 bis 191 angegebenen Werte für den Arbeitsverbrauch und die Anlagekosten solcher Zwei-Seilbahnen für ebenes Gelände bilden daher wenigstens auch einen ungefähren Anhalt für die Seilbahnen für hügliges Terrain. Dabei ist ebenso wie bei den Standbahnen mit Seilbetrieb bei Berechnung des Arbeitsverbrauchs angenommen, daß 2 Arbeiter in der Antriebstation und zum Füllen der Wagen erforderlich sind bei 20 t stündlicher Leistung, 3 Arbeiter bei 50 t und 4 Arbeiter bei 100 t Leistung. In den beiden letzteren Fällen ist für Strecken bis 5 km je 1 Streckenwärter mit 40 Pf. Stundenlohn hinzugefügt. Dieser Betrag ist in den Schaulinien Abb. 189 bei geringeren Längen proportional vermindert angenommen. Da die Seilbahnen vielfach mit Rollen- oder Kugellagern ausgeführt werden, so ist einschließlich der zum Bewegen des Zugseils erforderlichen Kraft mit einer Gesamtreibung von $^1/_{60}$ gerechnet unter der Annahme, daß das Durchschnittsgewicht der vollen und leeren Wagen einschließlich Zugseil und Zugseiltragrollen etwa gleich dem Gewicht der Nutzlast ist. Dieser Wert wird in vielen Fällen, sowohl was die Reibungsziffer betrifft als auch hinsichtlich des Verhältnisses von Nutzlast und Totlast, noch unterschritten.

Aus dem Vergleich der Gesamtförderkosten und in der Gegenüberstellung verschiedener Förderanlagen auf S. 396ff. geht hervor, daß die Seilschwebebahn sich bei ebenem Gelände durchweg teurer stellt als die Standbahn. Allerdings sind in der Berechnung in beiden Fällen die Grunderwerbskosten außer acht gelassen. Es hat also, wenn der Grunderwerb keine Schwierigkeit und hohen Kosten verursacht, keinen Wert, bei ebenem Gelände Seilschwebebahnen zu projektieren, wenn nicht besondere örtliche Verhältnisse den Ausschlag für die Seilbahn geben. Ganz anders stellt sich die Sache aber, sobald das Gelände irgendwie uneben ist. Mit dem Normalmassenguttarif der Staatsbahn verglichen, ist allerdings die Seilschwebebahn auch bei ebenem Gelände ganz gut wettbewerbsfähig. Insbesondere werden die Anschlußanlagen billiger, und die für kurze Entfernungen verhältnismäßig hohen Zustellungsgebühren usw. fallen fort. Bei kurzen Entfernungen und täglich 10stündigem Betriebe liefert der Seilbahnbetrieb im allgemeinen günstigere Ergebnisse als die Verwendung der Staatsbahn, und auch bei größeren Entfernungen werden die Förderkosten bei Verwendung von Seilbahnen vielfach wesentlich niedriger als die der Staatsbahn, besonders wenn man Tag- und Nachtbetrieb in Rechnung zieht, wie er ja z. B. für Gruben- und Hüttenwerke durchweg in Frage kommt. Nimmt man außerdem an, daß die Seilbahnwagen auf dem Hinwege und auf dem Rückwege beladen sind, was auch mitunter möglich ist, sei es, daß Kohle von den Gruben zum Hüttenwerk und Schlackensand als Versatzmaterial in umgekehrter Richtung befördert wird, sei es, daß Erz in der einen Richtung und Koks in der anderen Richtung befördert wird, wie es, abgesehen von der Konzessionsfrage, z. B. zwischen den Lothringer Gruben und den Rheinisch-Westfälischen Hüttenwerken und Zechen möglich wäre, so ermäßigen sich die Förderkosten der Seilbahn noch weiter ganz bedeutend und stellen sich nicht höher als die Verfrachtung auf Kanälen. Möglich würde z. B. der oben angedeutete Seilbahntransport zwischen Rheinland und Westfalen durchaus sein, und die Rechnung ergibt bei 20stündigem täglichem Betrieb und der normalen, in diesem Buche allgemein angenommenen Abschreibung nach Abb. 11, S. 16, weniger als 1 Pf. an Förderkosten pro tkm, so daß gegenüber dem normalen Eisenbahnmassengütertarif an Förderkosten ganz erheblich gespart würde, auch wenn man von den gegenwärtig ungewöhnlich hohen Frachtsätzen absieht und den Eisenbahnmassengütertarif der Vorkriegszeit von 1,5 Pf./tkm zum Vergleich heranzieht. Nur die Ausnahmetarife von etwa 1,1 Pf./tkm ergeben ähnlich niedrige Transportkosten, wie sie mit der Seilbahn schon bei kleineren Entfernungen zu erzielen sind.

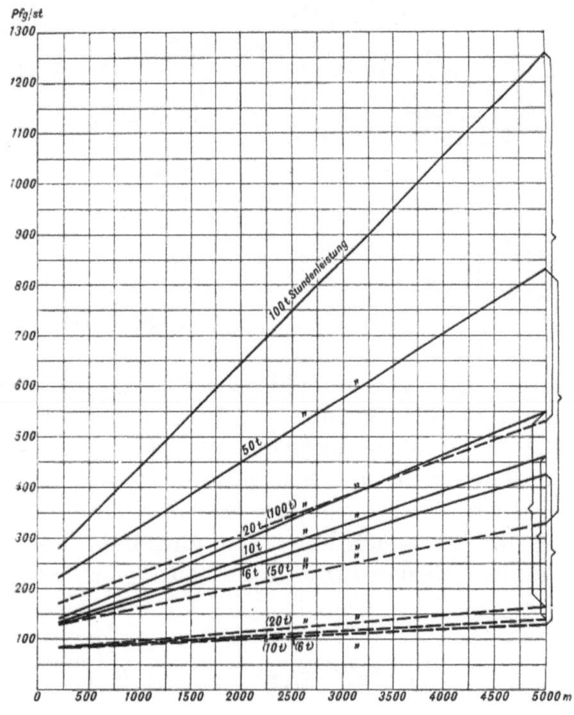

Abb. 191.

—— Gesamtförderkosten / ----- Anteil des Arbeitsverbrauchs } für eine Zweiseil-Schwebebahn bei 3000 jährl. Betriebsstunden.

β) Einseilbahnen.

Diese sind, wie erwähnt, nur für geringere Lasten verwendet worden. Immerhin haben sie, besonders in den spanischen Erzgebieten, schon vor dem Kriege ziemliche Verbreitung gefunden, und man hat auch sogar ziemlich große Spannweiten bis zu 600 m damit zu überbrücken vermocht. Während des Krieges haben sie wegen ihrer einfachen Bauweise und schnellen Aufstellbarkeit auch in Deutschland eine große Verbreitung gefunden für die Zuführung von Heeresmaterial aller Art an sonst schwer zugänglichen Stellungen, und alle Seilbahnbaufirmen haben solche

Abb. 192. Einseil-Schwebebahn Danzig aus dem Jahre 1644.

Bahnen in großer Zahl ausgeführt. Trotzdem sind sie nach dem Kriege in Deutschland ziemlich wieder in den Hintergrund getreten, und ihre Bedeutung ist nicht erheblich größer geworden, als sie vorher war. Das angewendete Prinzip ist außerordentlich alt und wurde unter Benutzung von Hanfseilen schon im Jahre 1644 von Adam Wybe für eine Seilbahn beim Festungsbau in Danzig verwendet, wie aus Abb. 192 ersichtlich. Die einzelnen Förderkästen wurden auf das Hanfseil aufgeklemmt, das durch Rollen auf verschiedenen Stützen gelagert war und in ständigen

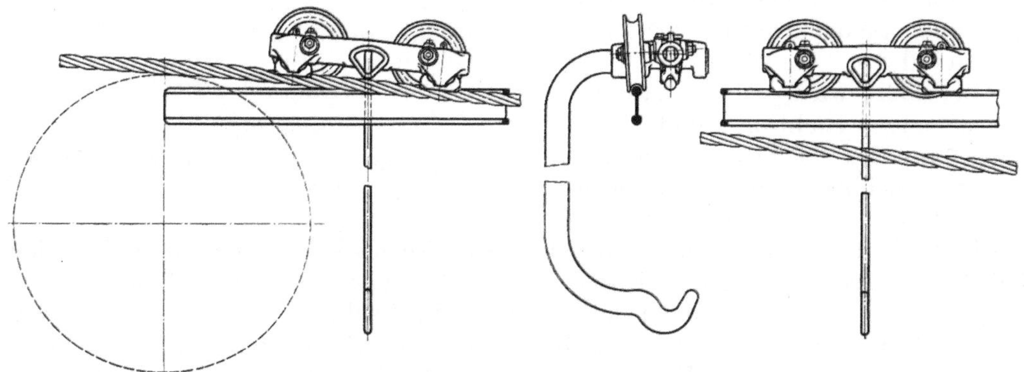

Abb. 193. Gehänge und Laufwerk einer Roeschen Einseilbahn (Ropeways) (Maßstab 1 : 25).

Umlauf versetzt wurde. Unter Verwendung von Drahtseilen wurden derartige Bahnen später von verschiedenen Seiten geplant. In dieser Beziehung sei z. B. verwiesen auf das englische Patent Nr. 1786 von Robinson aus dem Jahre 1856. Die Patentschrift enthält im wesentlichen die Anordnung, die ein Jahrzehnt später von dem Engländer Hodgson häufiger ausgeführt wurde, der gegen 1870 eine Anzahl Bahnen dieser Art erbaute. Um 1890 wurden sie besonders von Roe wesentlich vervollkommnet und nun von einer größeren Anzahl von Firmen in verschiedenen Bauarten ausgeführt.

Hodgson benutzte für die Fortbewegung der Wagen einfach die Reibung zwischen Wagengehänge und Seil. Dadurch wurde die größte zulässige Neigung des Seiles auf etwa 1 : 6 bis 1 : 7 beschränkt. Das bedingte wieder geringen Stützenabstand und kleine Lasten, so daß diese Bahnen bei unebenem Gelände sehr teuer wurden und auch nur geringe Leistungen erzielten. Roe benutzte den Drall der Litzenseile für die Kupplung, indem er das Aufhängejoch mit 2 Stahlbacken versah, die mit gewindeartigen Erhöhungen in die Zwischenräume zwischen den Litzen eingreifen.

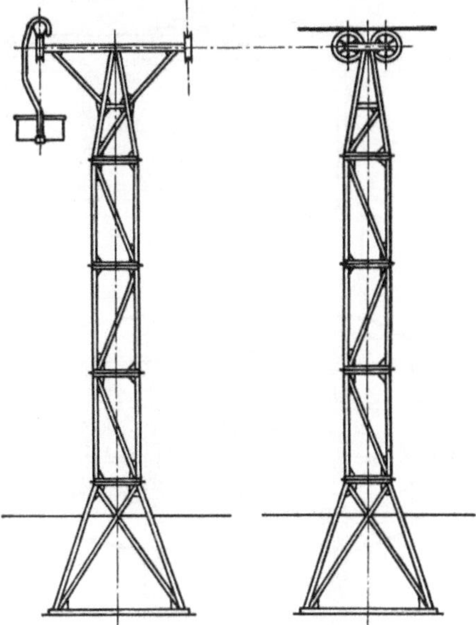

Abb. 194a. Eisenstütze.

Abb. 193 zeigt das Gehänge und das Laufwerk einer Roeschen Einseilbahn. Mit dem Gehänge sind Laufräder verbunden, die zur Fortbewegung der Wagen in den Stationen dienen. Die Laufräder sind schräg gestellt, damit der Wagen möglichst dieselbe Lage behält, einerlei, ob er auf dem Seil hängt oder auf den Rädern läuft. Die Geschwindigkeit dieser Bahnen ist ungefähr dieselbe wie bei den Zweiseilbahnen, d. h. steigend bis etwa zu 2,5 m/sk. Das Wagengewicht erreicht einen größten Wert von 500 kg, während es bei den Zweiseilbahnen schon bis auf 4000 kg gesteigert worden ist. Durch die Aufhängung des Wagens an zwei Stellen wurde das Seil bedeutend geschont, und außerdem wurde die Seildauer noch dadurch vergrößert, daß an den Stützen nicht eine einfache Tragrolle angeordnet wurde, sondern 2—4 Tragrollen hintereinander in einem drehbaren Gestell. Die Rollenauflagerung kann sich dann der jeweiligen Seillage gut anpassen, wie auch schon bei dem Drehauflagerschuh für das Tragseil der Zweiseilbahnen (Abb. 184) hervorgehoben. Die Bauart der Stützen ist aus Abb. 194 zu erkennen.

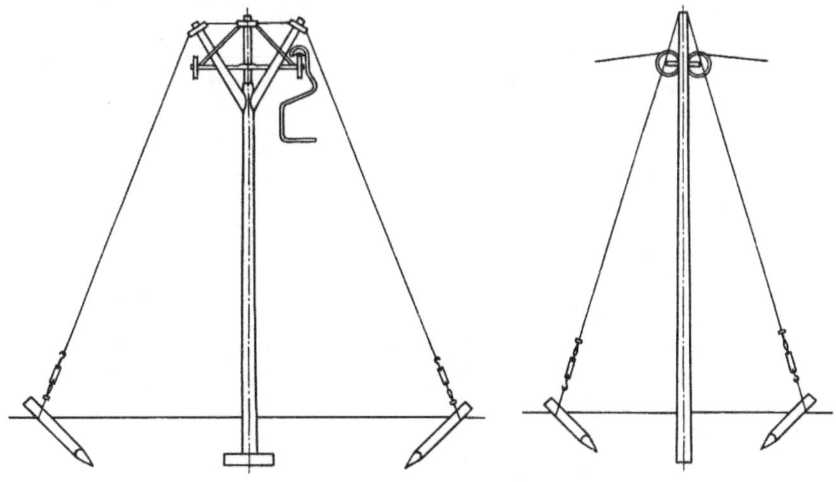

Abb. 194b. Holzstütze.

Der Antrieb des Seiles erfolgt in derselben Weise wie der Antrieb des Zugseiles bei den Zweiseilbahnen, nur sind die Spannungen im Zugseil stärker als bei den Zweiseilbahnen. Dafür fallen aber die Befestigungen und Spannvorrichtungen der

Tragseile fort, und alle Teile können bei mäßiger Länge der Seilbahn erheblich leichter gehalten werden als bei den Zweiseilbahnen. Das geht so weit, daß vom Verfasser im Felde ein erfolgreicher Versuch gemacht werden konnte, für bestimmte Zwecke

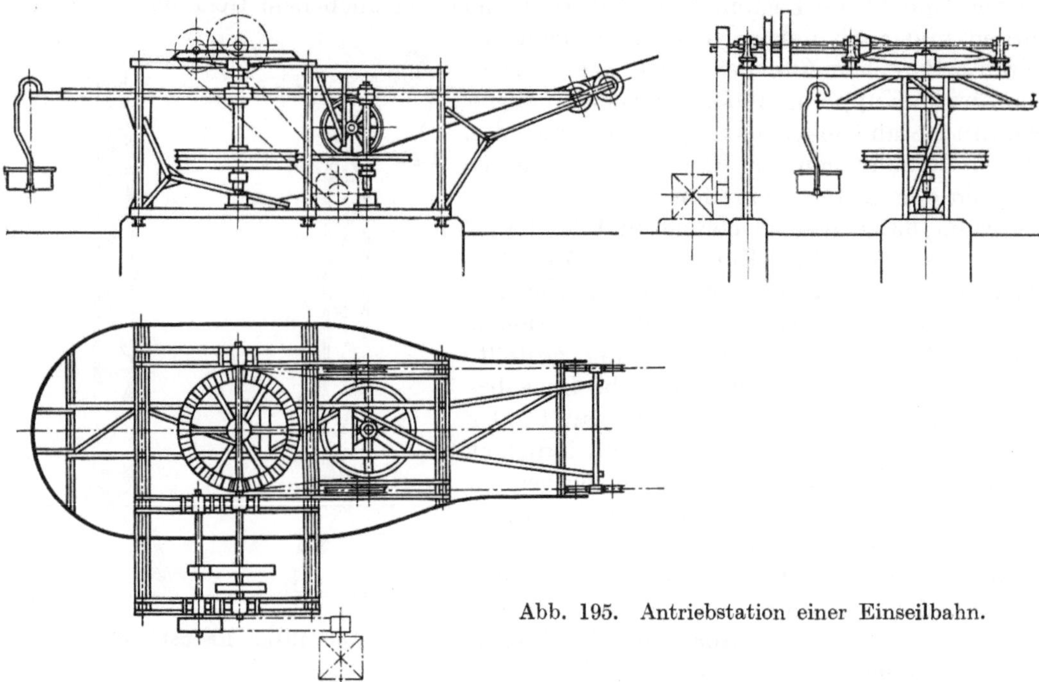

Abb. 195. Antriebstation einer Einseilbahn.

die Antriebstation auf einem einfachen schweren Pferdewagen aufzubauen, um sie **leicht** von einer Stelle zur anderen zu befördern. Abb. 196 zeigt die Gesamtansicht **einer Antriebstation, Abb. 195** den Aufbau einer Spannstation, in der das Seil oft **durch eine Winde gespannt wird, anstatt, wie bei den Zweiseilbahnen, durch Gewichte.**

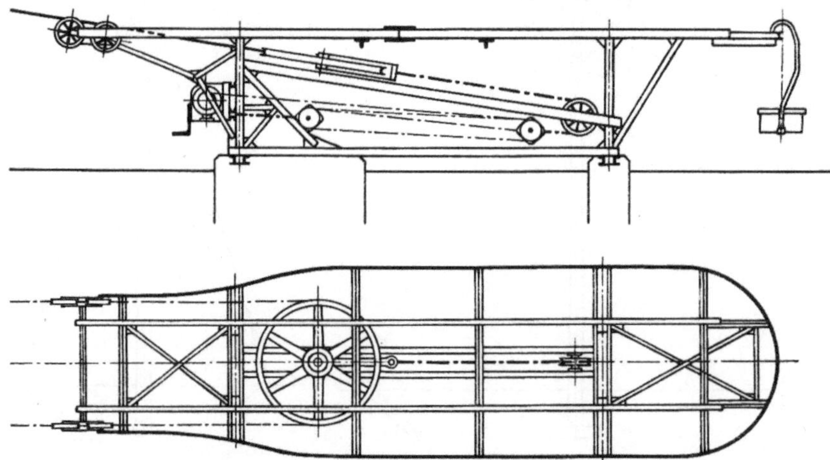

Abb. 196. Spannstation einer Einseilbahn.

Die Bahnen nach dieser Bauart sind in den Anlagekosten billiger als die Zweiseilbahnen mit getrenntem Zugseil und Tragseil. Die Unterhaltungskosten sind aber **infolge** des schnelleren Verschleißes des stark angespannten Zugseiles **etwas größer. Mit Rücksicht** hierauf und auf die hohe Leistungsfähigkeit der Zweiseilbahnen ist die Verwendungsmöglichkeit der Zweiseilbahnen größer als die der Einseilbahnen, und die deutschen Firmen haben sich daher, wie schon erwähnt, hauptsächlich dem Bau von Zweiseilbahnen zugewendet.

3. Dauerförderer, bei denen Zugorgan und Fördergefäß fest miteinander verbunden bzw. vereinigt sind.

Diese Dauerförderer sollen in derselben Reihenfolge besprochen werden, wie sie in der allgemeinen Übersicht über die bei den Dauerförderern anzuwendenden Rechnungsgrundlagen S. 121ff. behandelt sind.

a) Förderer, welche das Fördergut durch einfaches Fortschieben bewegen (Kratzerförderer und Förderrinnen).

α) Kratzerförderer.

Die für die Zugkraft in der Kratzerkette und den Arbeitsverbrauch maßgebenden Gesichtspunkte sind schon auf S. 121ff. erörtert und auf S. 129ff. für die hauptsächlichsten voneinander abweichenden Ausführungsformen für ein Beispiel berechnet worden. Dabei wurde schon erwähnt, daß das Fördergut bei der einfachsten Form der Kratzerförderer in einer Rinne ohne Boden fortgeschleift und daß dabei auch die Kette auf ihrer Unterlage in einfachster Weise fortgeschleppt wird. Es wurde nachgewiesen, daß diese Anordnung sehr hohen Arbeitsverbrauch bedingt. Sie hat dagegen den Vorteil, daß beim Anfüllen von langgestreckten Füllrümpfen keinerlei Wartung zum Verteilen des Fördergutes erforderlich ist. Die Kohle bleibt dort liegen, wo sie Platz findet, und die Förderlänge nimmt von selbst zu in dem Maße,

Abb. 197. Kratzer mit gleitender Kette als Kokslöschrinne (Pohlig).

wie der Behälter gefüllt wird. Bei geringer Förderlänge, also kurzen Füllrümpfen, kann diese Anordnung daher trotz des großen Arbeitsverbrauchs hier und da zweckmäßig sein. Man muß aber immer berücksichtigen, daß nach dem auf S. 129ff. berechneten Beispiel schon bei 50 m Förderlänge und 36 t stündlicher Leistung zum Betrieb des Kratzers im ganzen 12 PS, zur Bewegung des Fördergutes an sich 7 PS erforderlich sind, daß diese letzteren 7 PS auf 4,8—5 PS ermäßigt werden können, wenn das Fördergut nicht auf sich selbst, sondern in einer geschlossenen Rinne fortgeschleppt wird, und daß der gesamte Kraftverbrauch auf nahezu die Hälfte herabgeht, wenn man auch die Reibung der Kratzerkette durch Anbringung von Tragrollen möglichst verringert. Die Anordnung, daß die Kette auf ihrer Unterlage einfach fortgeschleppt wird, ist daher auch verhältnismäßig selten zu rechtfertigen. Sie bietet für die Förderung keine Vorteile und hat hinsichtlich des Arbeitsverbrauchs nur Nachteile. Auch die Erwägung, daß scharfkantiges Fördergut die Rollen leicht beschädigen könnte, rechtfertigt die Ausführungsform kaum, da bei gleitender Kette auch die Führungen leicht verschleißen. Zu begründen ist eine derartige Anordnung mit gleitender Kette nur bei sehr geringer Ausnutzung der Anlage durch den niedrigeren Preis oder durch andere besondere Gründe. Solche liegen z. B. vor bei den Kokslöschrinnen nach Abb. 197, bei denen die Kette in einer teilweise mit Wasser

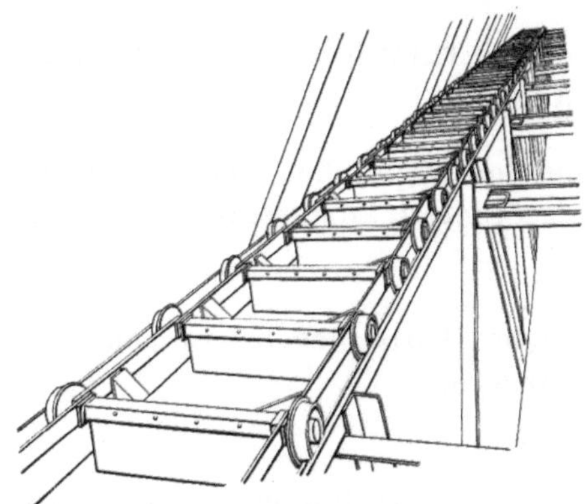

Abb. 198. Langsam laufender Kratzer mit schmiedeeiserner Kette (Klönne).

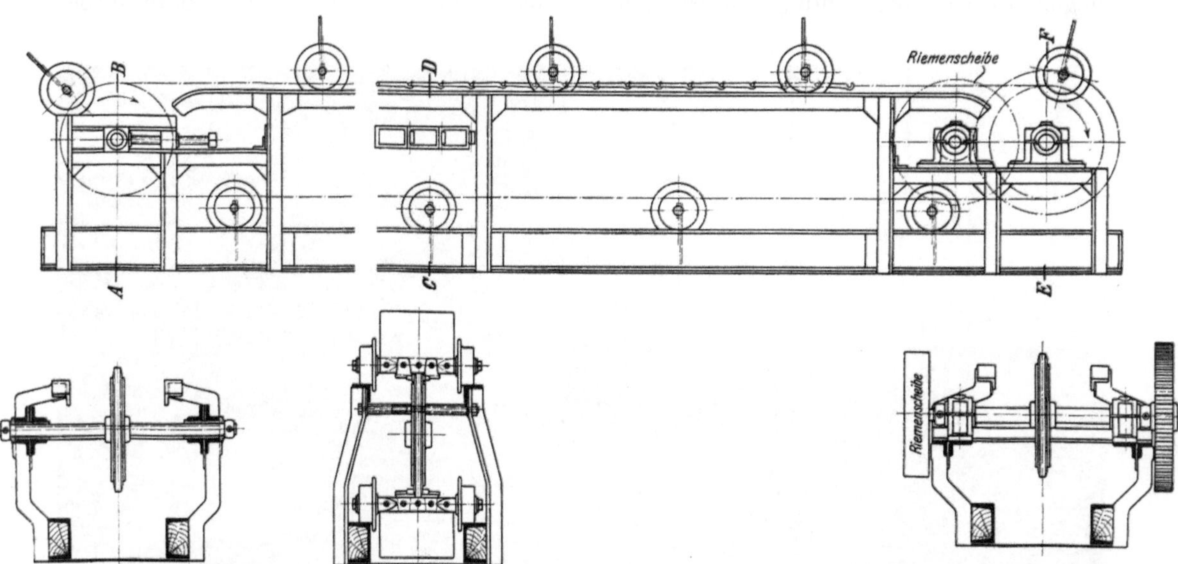

Abb. 199. Schnell laufender Kratzer mit Tempergußkette (Fredenhagen) (Maßstab 1 : 15).

gefüllten Rinne entlang geschleppt wird, wobei Rollen nicht gut anwendbar sind, ferner bei Förderern mit Seil und in großen Abständen angeordneten Mitnehmern, wie sie hin und wieder zum Fortschleppen von Holz benutzt werden. Hier wird das Gewicht des Förderers durch Anwendung eines Seiles so klein gehalten, daß dadurch auch bei größerer Förderlänge ein verhältnismäßig geringer Arbeitsverbrauch gewährleistet wird. Bei schwereren Ausführungsformen, für Kohlenförderer u. dgl., verwendet man zweckmäßig Rollen zum Tragen der Kette.

Die Geschwindigkeit der Kette wechselt je nach dem Fördergut von etwa 0,2 m/sk bei großstückiger Kohle bis zu 1 m/sk bei feinstückigem Fördergut, bei Getreide usw. Ebenso wechseln die Ausführungsformen, besonders die Bauart der Kette. Die Ketten sind bei großstückiger Kohle vielfach aus schweren, schmiedeeisernen, gepreßten Laschen gebildet, wie in Abb. 198 abgebildet. Bei leichterem Fördergut verwendet man dagegen meistens leichte Ketten aus Temperguß, wie z. B. in Abb. 199 dargestellt. Als Regel ist anzunehmen, daß die Tragrollen mit der Kette verbunden sind und nicht fest an der Stützkonstruktion des Kratzers angeordnet werden, obgleich auch das mitunter ausgeführt wird. Bei letzterer Anordnung entsteht in den Kettengelenken unnötige Reibung infolge des Durchhanges der Kette und damit unnötiger Verschleiß. Derselbe Gesichtspunkt gilt für alle durch Zugketten bewegte Förderer in gleicher Weise.

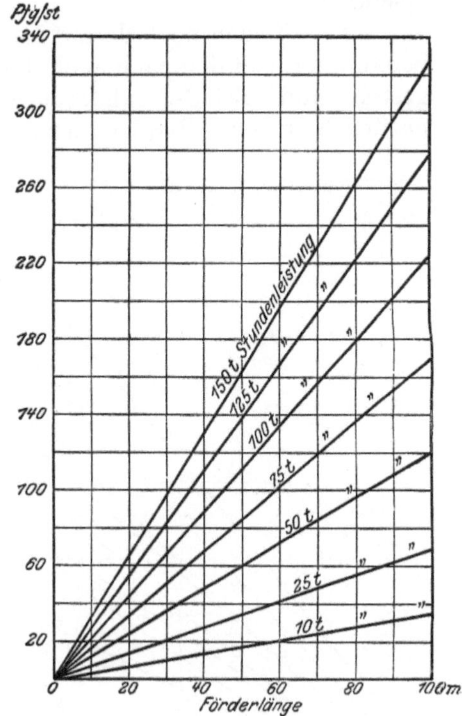

Abb. 200. Arbeitsverbrauch für einen Kratzerförderer.

Für die Aufstellung der in Abb. 200—202 dargestellten Schaulinien sind langsam laufende Kratzerförderer für Kohle mit 0,3 m/sk Geschwindigkeit angenommen. Ferner ist angenommen, daß die Kohle in einer Rinne mit Boden gleitet, und daß die Kette durch Rollen getragen wird (s. Abb. 198). In Abb. 200 ist der unmittelbare Arbeitsverbrauch angegeben. Dabei ist eine besondere Bedienung und Wartung der Anlage nicht vorgesehen und angenommen, daß das Fördergut dem Kratzer durch geeignete Zuteilvorrichtungen maschinell zugeführt wird. Die Gesamtgegenüberstellung auf S. 396ff. zeigt, daß der Kratzer bei Kohlenförderung nur für verhältnismäßig kleine Förderlängen wettbewerbsfähig ist, daß für große Förderlängen andere Fördervorrichtungen, die weniger Arbeit verbrauchen, wie z. B. Gurtförderer und Stahlförderbänder, zweckmäßiger sind. Dabei ist aber immerhin zu berücksichtigen, daß der einfache Betrieb des Kratzerförderers, bei dem man das Fördergut an beliebiger Stelle einfach unten aus der Rinne herausfallen lassen kann,

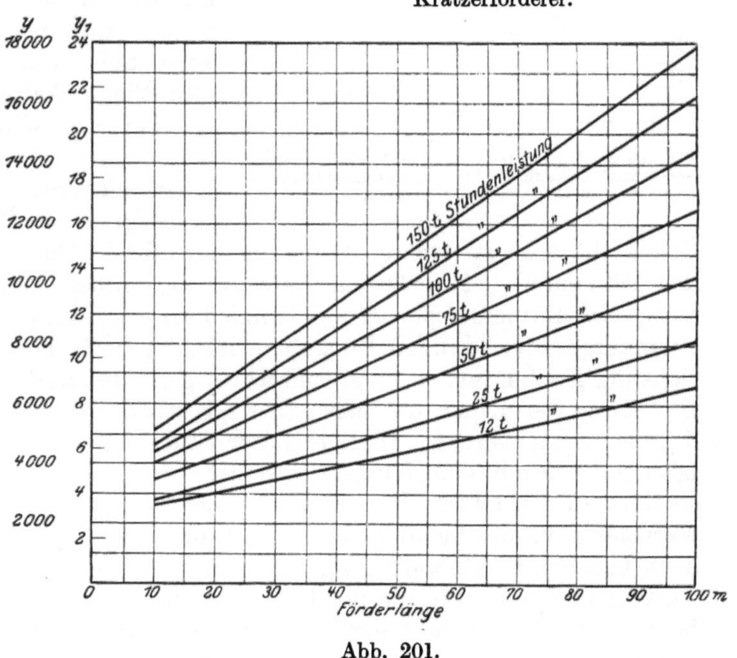

Abb. 201.

y = Anlagekosten in M.
y_1 = Unterhaltungskosten in Pf./st } für einen Kratzerförderer.

es rechtfertigt, in vielen Fällen seine Verwendungsgrenze noch ein gutes Stück weiter hinauszurücken, als es nach dem einfachen zahlenmäßigen Vergleich zulässig erscheint.

Es muß auch noch darauf hingewiesen werden, daß der Arbeitsverbrauch in den Schaulinien und demnach auch die Zahlentafel auf S. 396ff. für Kohlenförderung aufgestellt sind. Bei Getreideförderung u. dgl. ist die Reibung geringer. Dadurch wird natürlich auch der Vergleich mit anderen Förderern geändert und muß in jedem Falle besonders durchgerechnet werden. Einen Anhalt gibt aber der für Kohlenförderung angestellte Vergleich immerhin.

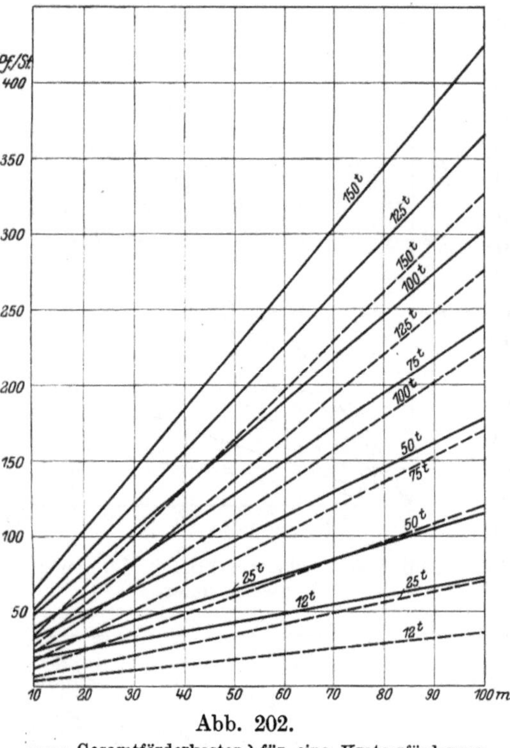

Abb. 202.

—— Gesamtförderkosten ⎫ für eine Kratzerförderung
----- Anteil des Arbeitsverbrauchs ⎭ bei 3000 jährlichen Arbeitsstunden.

β) Förderrinnen.

Auch diese Fördereinrichtungen können in die oben angegebene Gruppe eingereiht werden, wenngleich bei einigen derselben das Fördergut nicht einfach in der Rinne fortgeschoben wird, sondern sich teilweise schwebend in der Rinne vorwärts bewegt. Das ist besonders der Fall bei der in Deutschland zuerst von Eugen Kreiß in Hamburg ausgeführten, mit dem Namen Schwingeförderrinne bezeichneten Fördereinrichtung (Abb. 203). Die Bauart wird jetzt von zahlreichen Firmen ausgeführt. Die Bewegung des Fördergutes erfolgt bei diesem Förderer dadurch, daß die Rinne durch einen Kurbeltrieb in hin und her gehende Bewegung versetzt wird. Bei der gezeichneten Anlage beträgt die minutliche Tourenzahl 320, die Exzentrizität 12,5 cm. Die Schubstange ist an dem Rinnenboden durch Zwischenschaltung einer Pufferfeder befestigt. Die Feder gestattet der Rinne etwas größeren Hub und mildert in gewissem Grade die sehr stoßweise Bewegung derselben. Die Feder ist so ausgebildet, daß der Rinnenhub etwa 30 cm beträgt, gegenüber 25 cm Kurbelkreisdurchmesser. Der ganze Rinnenkörper ist auf Holzfedern gestützt, die aus zwei- bis dreifach übereinandergelegten dünnen Brettchen gebildet sind. Diese Federn sind in der Förderrichtung gesehen etwas nach rückwärts gerichtet und so eingestellt, daß sie bei der Bewegung der Rinne um den ganzen Kurbelhub nach vorn aus der geraden Lage durchgebogen werden. Infolge dieser Stützung führt die Rinne bei der Vorwärtsbewegung durch den Kurbeltrieb nicht eine rein fortschreitende Bewegung aus, sondern sie wird beim Vorwärtsgang gleichzeitig etwas angehoben und beim Rückwärtsgang entsprechend gesenkt. Dadurch wird erreicht, daß das Fördergut sich nach beendetem Vorwärtsgang der Rinne von dem Rinnenboden abhebt, seine Vorwärtsbewegung also frei in der Luft schwebend fortsetzt und erst wieder den Rinnenboden berührt, nachdem die Rinne die Rückwärtsbewegung ausgeführt hat und von neuem vorwärts bewegt wird. Das Fördergut führt also in der Rinne eine hüpfende Vorwätsbewegung aus und verteilt sich dabei gleichzeitig über den ganzen Rinnenboden. Diese Rinnen werden daher nicht nur als eigentliche Fördervorrichtung, sondern vielfach auch als Zuteilvorrichtung für die gleichmäßige Zuführung des Fördergutes an andere Förderer verwendet. Wenn das Fördergut so beschaffen ist, daß ein vollständiges Abheben desselben von dem Rinnenboden unerwünscht ist, z. B. wegen der Staubbildung oder wegen der Zerkleinerung des Fördergutes, so kann man bei geeigneter Wahl von Tourenzahl und Hub auch so fördern, daß das Fördergut ständig mit dem Rinnenboden in Berührung bleibt. Dann ist der Druck des Fördergutes auf den Rinnenboden während der Rückwärtsbewegung der Rinne nur verringert und damit auch die Reibung, so daß das Fördergut leicht auf dem Rinnenboden nach vorwärts gleiten kann, während die Rinne die Rückwärtsbewegung ausführt. Die Förderung ist hierbei grundsätzlich dieselbe wie oben beschrieben.

Die Schwingeförderrinnen sind bei nicht zu großen Leistungen und Längen ein in vielen Fällen geeignetes Fördermittel. Bei großen Förderlängen wird dagegen die in Bewegung befindliche Masse, die ständig beschleunigt und verzögert werden muß, reichlich groß. Dadurch ist der Verwendung der Rinnen eine Grenze gesetzt. Besonders bei hochliegenden Gerüsten, über Gebäudedecken usw., muß die entstehende Erschütterung berücksichtigt werden, die, wenn vielleicht auch an sich nicht groß, doch sehr störend werden kann, wenn die Schwingungen der Rinne und die der Unterstützungskonstruktion periodisch zusammenfallen. Besonders geeignet ist die Verwendung der Schwingerinnen zur Ausführung von Siebwerken, da das Material sowohl infolge der durch die Rinne herbeigeführten gleichmäßigen Verteilung kräftig gesiebt wird, als auch infolge des Umstandes, daß es bei jedem Hub von dem Siebboden abgehoben wird. Dadurch wird das Sieb vor Verstopfung bewahrt, und das Fördergut findet neue Gelegenheit, sich nach verschiedenen Korngrößen zu trennen.

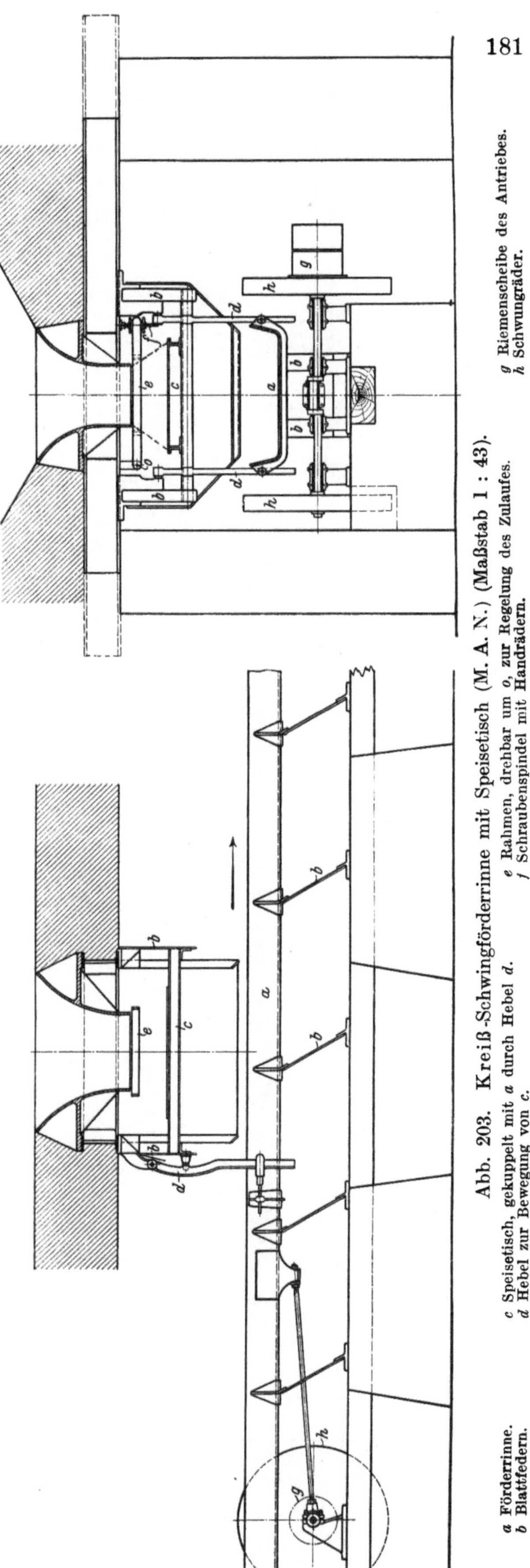

Abb. 203. Kreiß-Schwingförderrinne mit Speisetisch (M. A. N.) (Maßstab 1 : 43).

a Förderrinne.
b Blattfedern.
c Speisetisch, gekuppelt mit *a* durch Hebel *d*.
d Hebel zur Bewegung von *c*.
e Rahmen, drehbar um *o*, zur Regelung des Zulaufes.
f Schraubenspindel mit Handrädern.
g Riemenscheibe des Antriebes.
h Schwungräder.

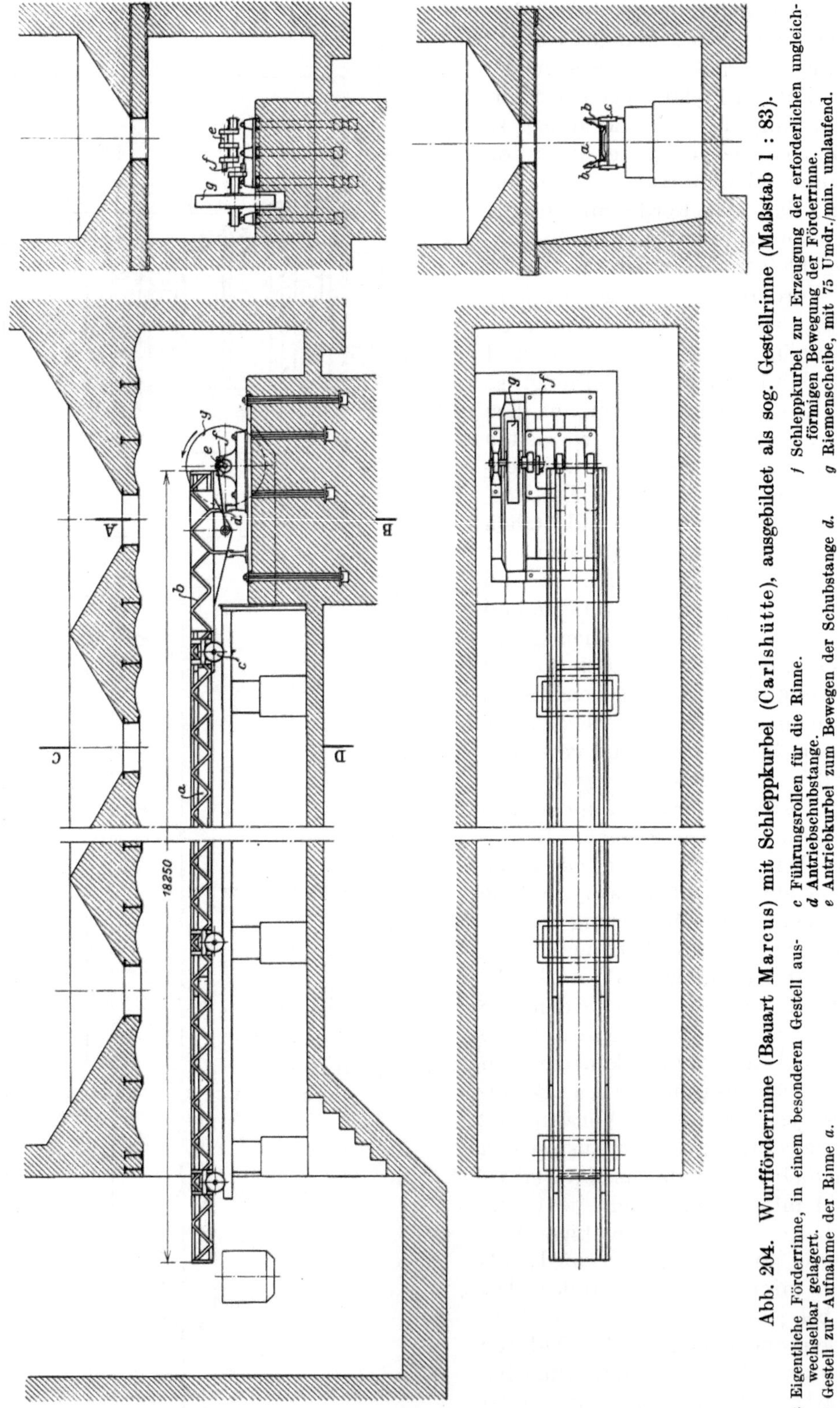

Abb. 204. Wurfförderrinne (Bauart Marcus) mit Schleppkurbel (Carlshütte), ausgebildet als sog. Gestellrinne (Maßstab 1 : 83).

a Eigentliche Förderrinne, in einem besonderen Gestell auswechselbar gelagert.
b Gestell zur Aufnahme der Rinne *a*.
c Führungsrollen für die Rinne.
d Antriebschubstange.
e Antriebkurbel zum Bewegen der Schubstange *d*.
f Schleppkurbel zur Erzeugung der erforderlichen ungleichförmigen Bewegung der Förderrinne.
g Riemenscheibe, mit 75 Umdr./min. umlaufend.

Man hatte auch schon seit längerer Zeit versucht, die Rinnenförderung in einer anderen Weise durchzuführen, nämlich so, daß man die Rinne so langsam in der Förderrichtung vorwärts bewegte, daß das Fördergut auf der Rinne liegen blieb, ohne auf derselben zu gleiten, daß man dann aber die Rinne schnell mit solcher Geschwindigkeit zurückzog, daß das Fördergut gegenüber der Rinne zurückblieb. Das Fördergut wurde also nicht so weit zurückbewegt als die Rinne, und auf diese Weise vorwärts befördert. Die Rinnen wurden in verschiedener Weise angetrieben, ohne daß aber eine größere praktische Verwendung bekannt geworden ist. Gegenwärtig wird diese Bauart wohl kaum noch ausgeführt.

Größere Bedeutung erlangten die seit langer Zeit im Bergwerksbetriebe bekannten sog. Stoßrinnen. Damit eine Förderung zustande kommt, wird die Rinne so gelagert, daß sie in der Förderrichtung durch die Wirkung der Schwerkraft in eine beschleunigte Bewegung gebracht wird. Diese Bewegung wird dann durch einen Anschlag plötzlich unterbrochen, und nun schießt das Fördergut infolge der vorhandenen lebendigen Kraft um eine gewisse Strecke in der Rinne vorwärts. Darauf wird die Rinne durch eine Daumenwelle od. dgl. wieder angehoben, so daß man sie von neuem schräg abwärts fallen lassen und plötzlich anhalten und somit das Fördergut abermals um ein Stück vorwärts bewegen kann. Die Rinne arbeitet natürlich am besten, wenn sie sich in schräger Lage befindet, so daß das Fördergut abwärts gleiten kann. Solche Verhältnisse sind besonders im Bergbau gegeben. Sie ist daher fast ausschließlich im Bergwerksbetriebe verwendet worden. In neuerer Zeit ist sie aber dadurch umgestaltet worden, daß die schnelle Bewegungsumkehr durch einen Luftpuffer bewirkt wird, mit dem auch das Wiederanheben der Rinnen ausgeführt wird.

Bevor aber diese jetzt im Bergwerksbetriebe zu hoher Bedeutung gelangte Förderrinne entstand, hatte der Rinnenbau im allgemeinen Förderbetrieb eine bemerkenswerte Vervollkommnung erfahren durch bewußte Ausführung der Wurfförderrinne, die sich andererseits an die Stoßrinne ziemlich eng anschließt. Sie wird im Gegensatz zu dieser auch oft als Propellerrinne bezeichnet und ist für die Förderung in wagerechter Richtung gut geeignet.

Die Wurfförderrinne wurde zwar schon zuerst um 1895 von Gebrüder Forstreuter in Magdeburg für die Förderung von Rohzucker gebaut, aber später um 1900 unabhängig davon von Marcus erfunden, von ihm in zahlreichen Ausführungen für verschiedene Zwecke ausgeführt und zu großer Vollkommenheit gebracht. Die Schwerkraft wird in der Regel nicht mehr für die Bewegung der Rinne benutzt. Die Rinne wird wagerecht auf Rollen oder Wälzhebeln gelagert. Die beschleunigte Vorwärtsbewegung wird durch einen geeigneten Antrieb bewirkt. Durch diesen wird aber auch die beschleunigte Vorwärtsbewegung der Rinne am Ende des Hubes schnell verzögert und schnell in die Rückwärtsbewegung umgekehrt. Das Fördergut fängt daher schon bei der Vorwärtsbewegung der Rinne an, in ihr vorwärts zu gleiten, und zwar in dem Augenblick, wo die Verzögerung p größer als $g\mu$ ist, wenn mit g die Erdbeschleunigung (9,81) und mit μ die Reibungsziffer des Fördergutes in der Rinne bezeichnet wird. Bei geeigneter Hublänge und Umdrehungszahl kann man erreichen, daß die Vorwärtsbewegung des Fördergutes in der Rinne fast so lange anhält, bis die Rinne wieder den Rückwärtshub vollendet hat, so daß das Fördergut fast beständig in der Vorwärtsbewegung verbleibt. Die von Forstreuter ausgeführten Rinnen arbeiteten noch mit kleinen Hüben und großen Umdrehungszahlen (180 in der Minute). Marcus wandte zuerst große Hübe und kleine Umdrehungszahlen an (60—80 in der Minute). Dadurch wurde der Arbeitsgang ruhig und verhältnismäßig stoßfrei, und die Rinne konnte auch in weniger feste Gebäude eingebaut werden, ohne daß man die Erschütterungen zu fürchten brauchte.

Die von Forstreuter angewendete Bauart ist schon früher in Abb. 136 dargestellt worden. Die von Marcus eingeführte Bauart ist in Abb. 204 abgebildet.

Aus den beiden Abbildungen ist ersichtlich, daß der Antrieb grundsätzlich in ähnlicher Weise erfolgt. Die Rinne aus einfachem Blech, evtl. durch einen Gitterträger gestützt, wird durch ein Schubkurbelgetriebe bewegt. In Abb. 205 ist die Art der Rinnenbewegung nach Abb. 204 durch ein Geschwindigkeits- und Beschleunigungsdiagramm gekennzeichnet. Durch das Schubkurbelgetriebe sollte erreicht werden,

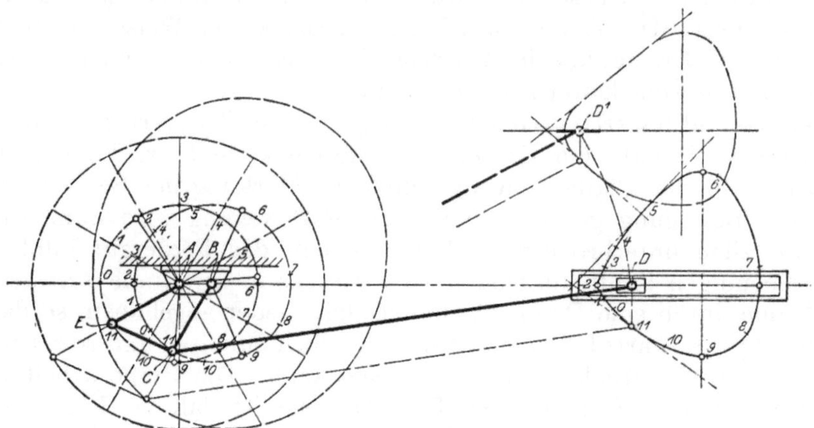

Abb. 205. Geschwindigkeitsdiagramm für den Antrieb der Wurfförderrinne mit Schleppkurbel.

daß die Beschleunigung beim Vorwärtsgang der Rinne möglichst gleichmäßig und so groß ist, als es die Art des Fördergutes gestattet, so daß die durch das Gewicht des Fördergutes entstehende Reibung möglichst vollständig ausgenutzt wird. Das Fördergut soll möglichst stark beschleunigt werden, aber ohne daß es anfängt zu gleiten. Darauf wird die Rinne schnell verzögert und schnell zurückbewegt, so daß das Fördergut die einmal angenommene Vorwärtsbewegung möglichst beibehält. Diese Bewegung ist der gewöhnlichen Wurfschaufelbewegung zum Teil nachgebildet, bei der das Fördergut die einmal erhaltene Vorwärtsbewegung ebenfalls fortsetzt, während die Schaufel zurückgezogen wird. Die Rinnen mit dieser Förderbewegung werden daher, wie schon erwähnt, auch als Wurfförderrinnen und von Marcus als Propellerrinnen bezeichnt. Sie haben sich besonders auch für heiße und scharfkantige Materialien gut bewährt.

Abb. 206. Wurfförderrinne mit Pendelantrieb (Torpedorinne) (Amme, Giesecke).

Ganz ähnlich in der Art der Förderbewegung ist die sog. Torpedorinne von Amme, Giesecke nach Abb. 206, die man daher wohl auch besser als Pendelwurfrinne bezeichnete, und zwar mit Rücksicht auf die besondere Ausführungsform des Antriebes als Wurfförderrinne mit Pendelbewegung. Auch diese Rinne wird mit beschleunigter Geschwindigkeit vorwärts und mit verzögerter Geschwindigkeit zurückbewegt. Die Rinne wird mittelbar von einem Gestänge angetrieben, das durch einen einfachen, mit gleichbleibender Geschwindigkeit umlaufenden Kurbeltrieb einfach hin und her bewegt wird. Das Gestänge ist mit Rollen auf einer hochliegenden Schiene gelagert und trägt unter sich die eigentliche Förderrinne, die pendelnd an drehbaren Zugstangen hängt. Die Rinne nimmt also nicht nur an der hin und her gehenden Bewegung des Gestänges teil, sondern führt auch noch eine eigene Pendelbewegung aus. Wenn diese zusammengesetzte Bewegung während des Vorwärtsganges ihren Höchstwert erreicht hat, wird sie durch einen unter der Rinne angebrachten Luftpuffer unterbrochen. Die in dem Puffer aufgespeicherte lebendige Kraft wird wieder benutzt, um die Rückwärtsbewegung mit großer Geschwindigkeit einzuleiten, die dann weiter fortgesetzt wird, weil mittlerweile auch das Gestänge seine Rückwärtsbewegung angetreten hat. Das Fördergut behält bei dieser plötzlichen Bewegungsumkehr seine Vorwärtsbewegung bei, und die Rinne wird unter dem Fördergut zurückgezogen. Bei der Bewegungsumkehr nach erfolgter Rückwärtsbewegung kann die Rinne ruhig ausschwingen, und es findet daher hierbei eine Bewegung des Fördergutes auf dem Rinnenboden, die schädlich sein würde, nicht statt.

Der Antrieb dieser Pendelrinnen hat die Form eines einfachen Kurbelgetriebes, und wenn er infolge der pendelnden Bewegung der Rinne auch nicht ganz frei von Stößen ist, so sind diese doch nicht sehr bedeutend und können leicht aufgenommen werden. Der Hauptstoß infolge der schnellen Bewegungsumkehr wird durch den Luftpuffer aufgenommen, der an geeigneter Stelle fest gelagert werden kann. Dieser Luftpuffer ist mit der Pendelrinne durch eine Kolbenstange verbunden; der Zylinder ist drehbar gelagert und so ausgebildet, daß die Pufferwirkung erst im letzten für die Bewegungsumkehr geeigneten Augenblick eintritt, während sich der Kolben sonst frei bewegt. Die Pufferwirkung könnte natürlich auch durch Federn hervorgebracht werden, indessen ermöglicht die Luft viel besser eine kräftige und ruhige Wirkung und eine sehr gute Zurückgabe der aufgenommenen lebendigen Kraft zur Erzielung einer sehr schnellen Rückwärtsbewegung der Rinne. Außerdem sind die Federn bei einigermaßen großen Rinnenabmessungen kaum genügend dauerhaft herzustellen.

Infolge der durch den Puffer bewirkten schnellen Bewegungsumkehr wird es möglich, die Rinne mit einer sehr geringen Periodenzahl von nur 40—45 in der Minute arbeiten zu lassen. Die Umlaufzahl muß natürlich in bestimmtem Verhältnis zur Länge der Aufhängestangen stehen, um richtige Schwingungsdauer zu erhalten. Bei einem Durchmesser des Kurbelkreises von 15 cm und einer Hubbewegung der Rinne von rund 60 cm bewegt sich das Fördergut bei jeder Kurbeldrehung beispielsweise 40 cm vorwärts, so daß bei den durchschnittlich 43 minutlichen Umdrehungen eine Fördergeschwindigkeit von ungefähr 0,3 m/sk erzielt wird. Der Arbeitsverbrauch ist auf das geringste Maß herabgedrückt, indem alle Lager als Kugellager ausgebildet sind. Er hängt natürlich wesentlich von der Art des Fördergutes und seinem Reibungswiderstand auf dem Rinnenboden ab.

Ich habe schon in der ersten Auflage dieses Buches darauf hingewiesen, daß die Bewegung nach dem in Abb. 205 dargestellten birnenförmigen Geschwindigkeitsdiagramm, die für alle Wurfförderrinnen angestrebt werden muß, und die auch bei der Pendelrinne vorhanden ist, wenigstens bei der für die Förderung maßgebenden Vorwärtsbewegung, nicht nur durch verschiedenartige Schubkurbelgetriebe, sondern auch durch Anwendung eines einfachen Kurbelgetriebes erzeugt wird, wenn man die Schubstangenlänge im Verhältnis zum Kurbelkreisdurchmesser genügend klein annimmt; denn bei einem Kurbelgetriebe ist die Geschwindigkeitskurve nur bei unendlich langer Schubstange kreisförmig und nimmt mehr und mehr die Birnenform an, wenn die Schubstangenlänge verkleinert wird. In Würdigung dieser Tatsache werden die Wurfförderrinnen von Marcus in neuerer Zeit auch anstatt mit der Schleppkurbel mit einem einfachen Kurbelgetriebe bewegt und haben dadurch eine wesentliche Vereinfachung erfahren. Weiteres über diese Frage wird im III. Band ausgeführt werden.

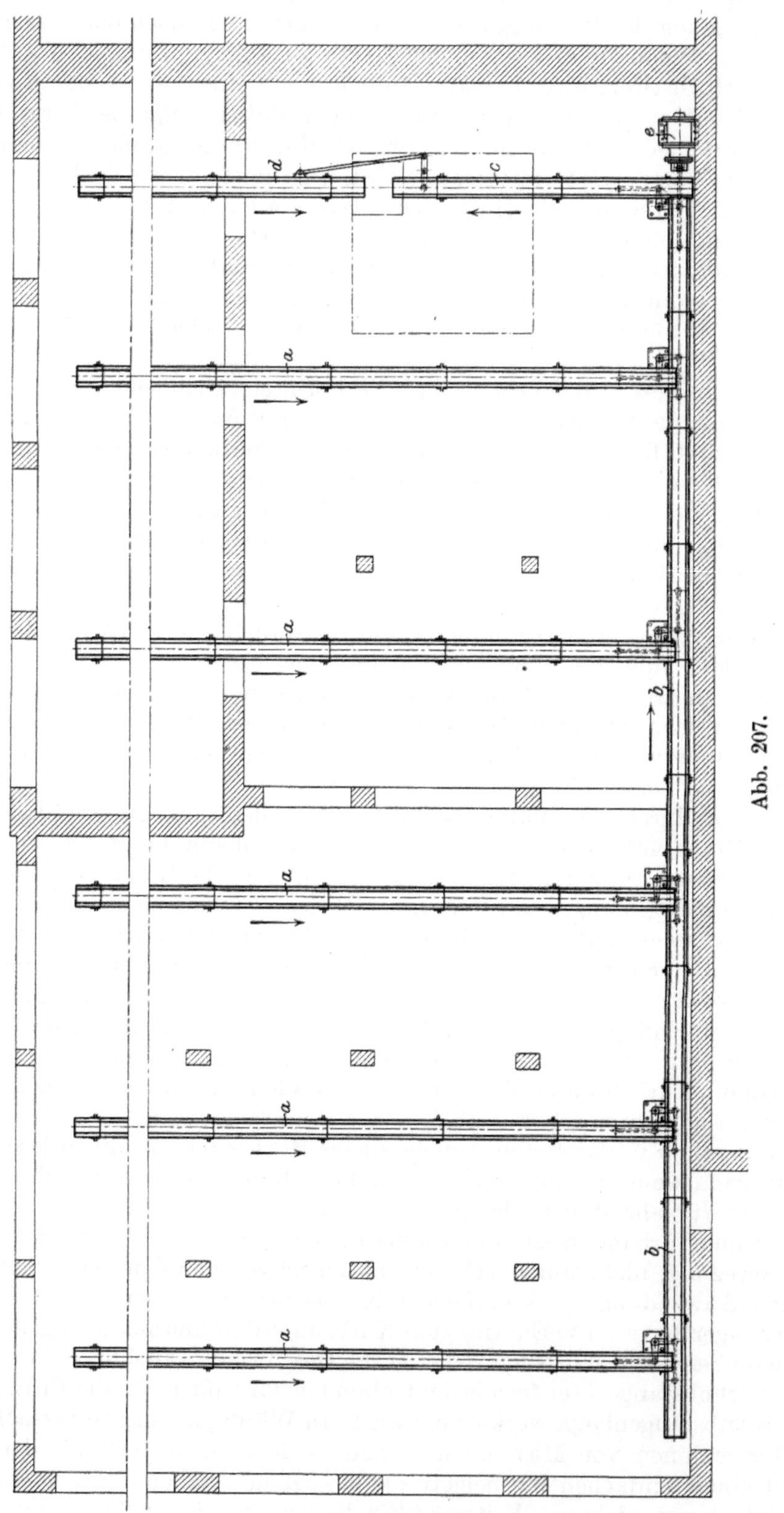

Abb. 207.

In neuerer Zeit hat, wie schon auf S. 183 kurz angedeutet, im Bergwerksbetriebe eine andere Art der Wurfförderrinnen große Verbreitung gefunden. Es ist das gewissermaßen eine weitere Ausbildung der alten Stoßförderrinne, die in der Förderrichtung durch Gewichtswirkung beschleunigt wird, vervollkommnet durch die Ausbildung als Wurfrinne, indem durch Benutzung eines Luftdruckzylinders für die Abbremsung der Geschwindigkeit und für den Antrieb ein Geschwindigkeitsdiagramm erzeugt wird, das dem der Wurfförderrinne mit Schubkurbelantrieb oder mit Pendelantrieb sehr ähnlich ist. Diese Förderrinnen sind so ausgebildet worden, daß sie sowohl in geneigter, als auch in wagerechter Lage fördern können, und sie sind hiernach auch für allgemeine Transportzwecke gut verwendbar. Die Notwendigkeit, für den Antrieb Druckluft zur Verfügung zu haben, hat ihre Anwendung aber bisher vorwiegend auf den Bergwerksbetrieb beschränkt. Die Rinnen werden daher vielfach auch einfach als Bergwerksförderrinnen bezeichnet. Aus diesem Grunde sei auch bezüglich eingehender Beschreibung auf den II. Band verwiesen. Hier soll als Beispiel in Abb. 207 nur eine Anordnung dargestellt werden, das 7 Rinnen zeigt, die von einem einzigen Antrieb bewegt werden. Die Rinnen werden durch einen Kolben mit entsprechendem Gestänge hin und her bewegt. Der Kolben ist so gesteuert, daß die Vorwärtsbewegung beschleunigt, die Rückwärtsbewegung verzögert erfolgt. Die Lagerung der Rinnen ist sehr verschieden, durch Rollen gestützt oder an Ketten aufgehängt. Ebenso gibt es für den Antrieb und seine Lagerung zur Rinne eine sehr große Zahl verschiedener Anordnungen, die im II. Band näher erörtert sind. Die Rinnen bestehen im Bergwerksbetriebe aus einzelnen Stücken von etwa 6 m Länge, die durch Keile leicht zusammengesetzt werden können, was für den Bergwerksbetrieb äußerst wichtig ist.

Die vorstehenden Ausführungen lassen erkennen, daß die Förderrinnen in sehr mannigfachen Formen ausgeführt werden. Da sie aber infolge der mehr oder minder stoßweisen Arbeitsweise in ihrem Anwendungsgebiete immerhin etwas beschränkt sind und da ihre Verwendung in ziemlich hohem Maße von örtlichen und anderen besonderen Verhältnissen abhängig ist, so soll von einer besonderen Behandlung der Wirtschaftlichkeitsfrage abgesehen werden.

b) Fördervorrichtungen, bei denen das Fördergut durch den Förderer fortgeschoben wird, bei denen aber gleichzeitig eine von der eigentlichen Förderbewegung unabhängige Relativbewegung zwischen Förderer und Fördergut stattfindet (Förderschnecken und Förderrohre).

α) Förderschnecken.

Auch bei diesen Fördervorrichtungen wird das Fördergut auf einer Unterlage fortgeschoben, aber in anderer Weise als bei den Kratzern und Förderrinnen, indem nämlich die Bewegung durch Drehen einer Achse mit schraubenförmig aufgewundenem Blech erfolgt, ähnlich wie die Fortbewegung einer Mutter durch Drehen der Schraube. Dadurch entsteht nicht nur eine Reibung zwischen Fördergut und Unterlage, sondern auch zwischen dem Fördergut und den Schneckengängen. Der Arbeitsverbrauch ist daher bei diesen Förderern noch größer als bei den Kratzerförderern, wie auch schon in der allgemeinen Entwicklung auf S. 127ff. ausgeführt. Die Schnecken werden in verschiedener Weise ausgebildet, entweder aus vollen Blechspiralen, wie z. B. in Abb. 208 dargestellt, oder aus einzelnen Bandeisenspiralen bestehend, wie aus Abb. 209 ersichtlich, oder schließlich aus einzelnen geraden Blechen zusammengesetzt, wie in Abb. 210 abgebildet. Die letztere Anordnung kommt aber verhältnismäßig selten vor, da ihre Arbeitsweise insofern ungünstig ist, als das Fördergut nicht nur eine Reibung an dem Schneckengang erfährt, sondern auch eine ständige Umlagerung erleidet, hervorgerufen durch die verschiedenartige Steigung der einzelnen geraden Bleche. Diese Anordnung kommt daher im wesentlichen nur vor, wenn es sich auch gleichzeitig um ein Mischen des Fördergutes handelt, oder für ganz untergeordnete Zwecke. Auch die Ausbildung der Schneckengänge in Form

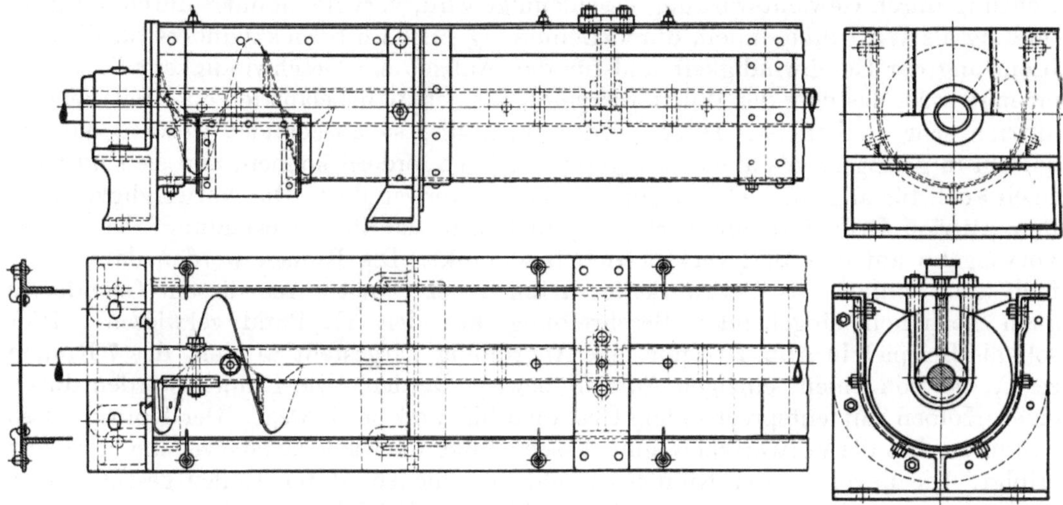

Abb. 208. Vollwandige Schnecke (Maßstab 1 : 11).

von Bandspiralen ist nur für verhältnismäßig geringe Fördermengen geeignet. Die Bauart hat aber den Vorteil, daß sie leicht und billig ist. Die Bandeisenspiralen können in einfacher Weise in Abständen von etwa 0,5 m durch Schrauben auf der

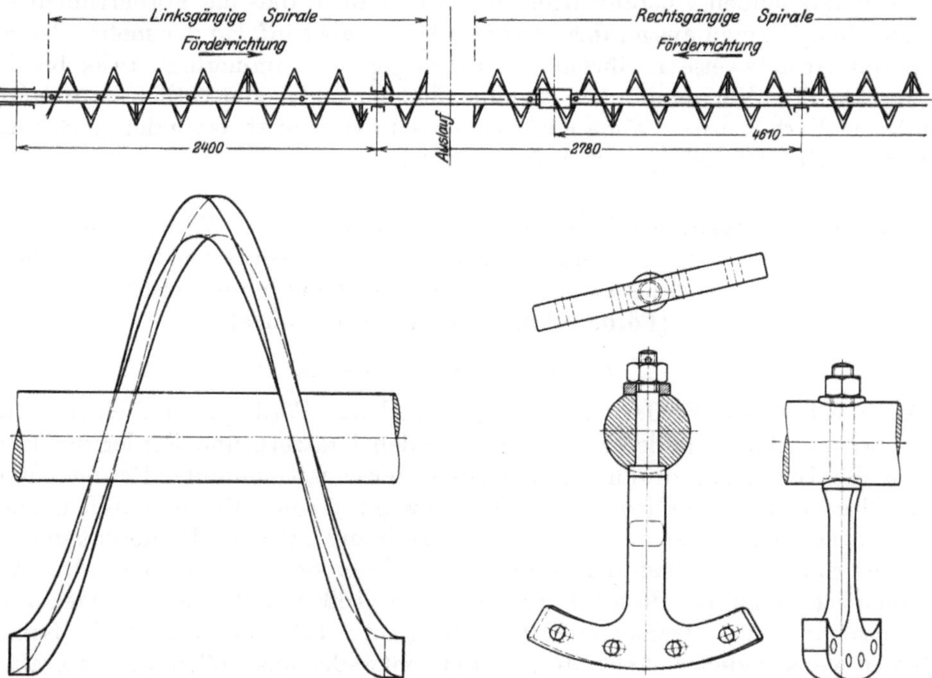

Abb. 209. Schnecke aus Bandspiralen (Maßstab 1: 50 und 1: 10).

Schneckenwelle befestigt werden, während die Spiralen aus vollem Blech auf die meistens in Rohrform ausgebildete Welle entweder aufgewalzt oder aufgenietet werden. Insbesondere bietet aber die Herstellung der Spiralen aus vollem Blech insofern einige Schwierigkeiten, als die Fläche der Schneckengänge eine windschiefe

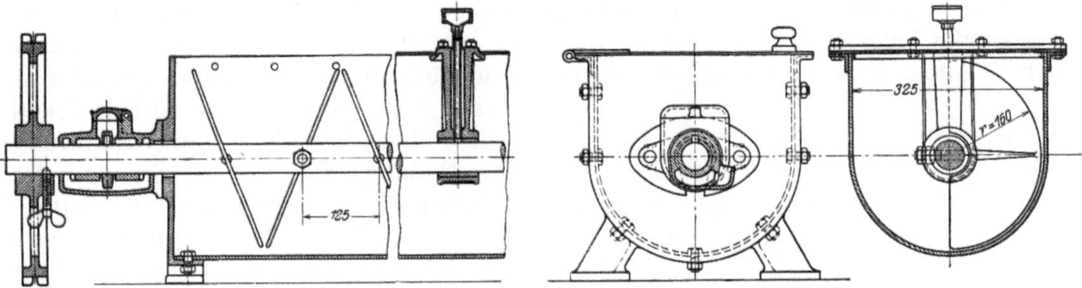

Abb. 210. Schnecke aus einzelnen Blechen (Luther) (Maßstab 1 : 13).

Fläche bildet. Bei größeren Förderleistungen hat die Bandspirale den Nachteil, daß das Fördergut über den inneren Rand der Spirale herübertreten kann und dadurch die Leistung verringert wird.

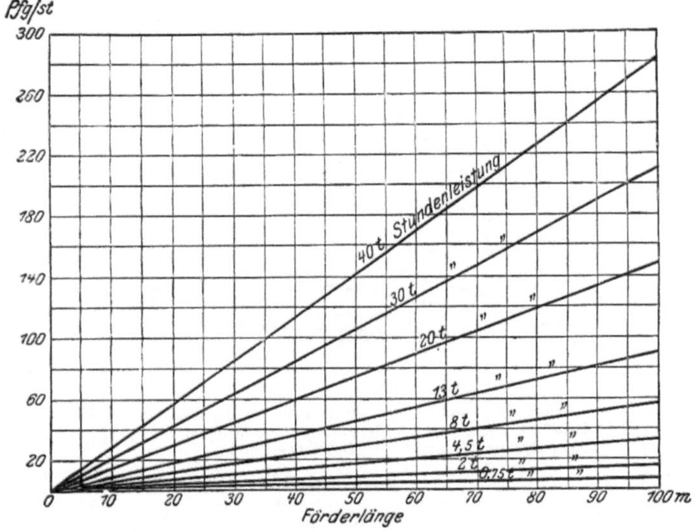

Abb. 211. Arbeitsverbrauch für Schnecken bei Kohlenförderung.

Die Schnecken sind meistens in schmiedeeisernen Trögen, bei Getreideförderern mitunter auch in Holztrögen gelagert. An den Entladestellen sind diese Tröge mit Öffnungen im Boden versehen, die durch einfache Schieber verschlossen sind. Oben sind die Tröge durch Klappen dicht abgeschlossen, so daß die Förderung in einem vollkommen abgeschlossenen Raume geschieht, der keinen großen Platz erfordert und an dem man eine Bewegung irgendwelcher Teile von außen nicht wahrnimmt. Diese einfache äußere Form und die gedrängte Bauart der Schnecke ist ein Hauptvorteil und neben der bequemen Entlademöglichkeit ein Hauptgrund für die häufige Verwendung der Förderschnecke in Speichern, Kesselhäusern usw.

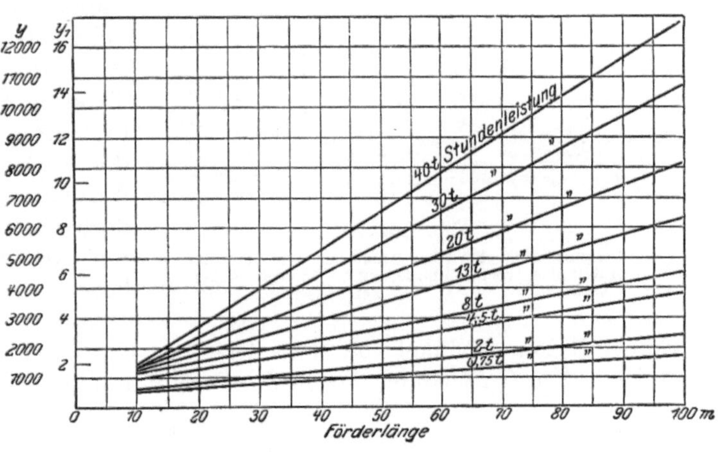

Abb. 212.

y = Anlagekosten in M.
y_1 = Unterhaltungskosten in Pf./st } für Schneckenförderung.

Die Schneckenwelle muß etwa alle 2,5—3,5 m gelagert werden. Man befestigt die Lager an Eisen, die in der Höhe der Decke des Schneckenkastens liegen, um unten den Raum für den Durchgang des Fördergutes frei zu halten. Die Schnecken werden mit einer Umdrehungszahl von etwa 50—100 pro Minute betrieben. Es ist zweckmäßig, die Umdrehungszahl möglichst niedrig zu halten und den Durchmesser dafür etwas größer anzunehmen, weil dabei die Reibungsverluste verhältnismäßig geringer werden. Der erforderliche Durchmesser der Schnecken berechnet sich aus der angenommenen Umdrehungszahl und der Steigung, die mit etwa 0,5—0,8 der Größe des äußeren Durchmessers angenommen wird. Dabei nimmt man bei Schnecken mit vollwandigen Blechspiralen an, daß die Füllung etwa $^1/_5$—$^1/_3$ des von der Schnecke eingenommenen Kreisquerschnittes beträgt. Bei Verwendung von Bandeisenspiralen nimmt man den kleineren Wert als Füllungsgrad an. Der Gang der Berechnung ist aus den schon früher auf S. 128 gegebenen Entwicklungen und dem auf S. 131 berechneten Ausführungsbeispiel zu verfolgen.

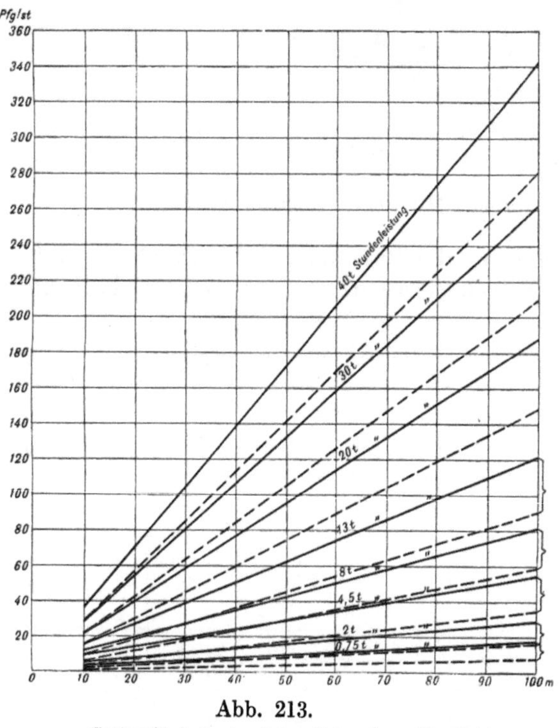

Abb. 213.

—— Gesamtförderkosten, ----- Anteil des Arbeitsverbrauchs } bei Schnecken für Kohlenförderung bei 3000 jährlichen Betriebsstunden.

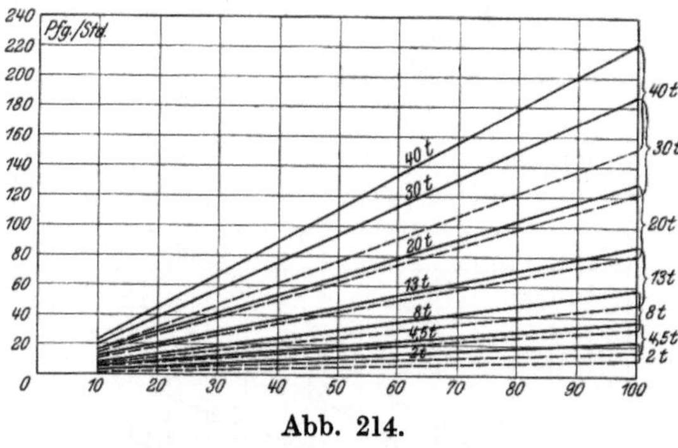

Abb. 214.

—— Gesamtförderkosten, ----- Anteil des Arbeitsverbrauchs } bei Schnecken für Getreideförderung bei 3000 jährlichen Betriebsstunden.

In den Abb. 211—213 sind die mittleren Werte für den Arbeitsverbrauch, die Anlagekosten und die Gesamtbetriebskosten für vollwandige Schnecken und Kohlenförderung durch Schaulinien dargestellt, während in Abb. 214 der Arbeitsverbrauch und die Gesamtförderkosten für dieselben Schnecken bei Getreideförderung dargestellt sind unter Beibehaltung der angenommenen Geschwindigkeiten und Anlagekosten und unter der Annahme eines Reibungswinkels von 20° zwischen dem Getreide und dem Schneckenkastenblech. Aus dem zahlenmäßigen Vergleich der Gesamtförderkosten auf S. **396ff.** ergibt sich, daß die Schnecke für Kohlenförderung nur bei verhältnismäßig sehr geringer Länge und Leistung wirtschaftlich arbeitet. Bei Getreideförderung wird dieses Maß allerdings wesentlich vergrößert. Tatsächlich finden auch die Schnecken in Getreidelagern eine ziemlich ausgedehnte Anwendung. Bei größeren Längen werden sie allerdings auch hier von Förderbändern verdrängt, die einen geringeren Arbeitsverbrauch haben. Ähnlich liegen die Verhältnisse bei der Förderung von Zement, für den auch ein kleiner Reibungswinkel von etwa derselben Größe wie für Getreide in Frage kommt und bei dem Gurtbänder wegen der Staubbildung nicht gut anwendbar sind.

β) Förderrohre.

Die Förderrohre bewirken die Fortbewegung des Fördergutes in ähnlicher Weise wie die Schnecken. Sie haben vor diesen den Vorteil, daß alle beweglichen Teile und Lager im Innern vermieden sind, indem die Rohre an ihrer inneren Wand mit spiralförmig angeordneten Blechen versehen sind und von außen durch einen Antrieb gedreht werden. Sie stützen sich dabei mit Tragringen auf Rollen, wie aus Abb. 215

ersichtlich. Bei dieser Anordnung kommt nicht nur jedes Verschmutzen des Fördergutes durch Schmiermaterial in Wegfall, sondern auch jedes Beschädigen des Fördergutes durch Klemmen. Das ist z. B. bei Getreideförderung von Bedeutung. Dagegen wird Fördergut, das durch Zerbröckelung beschädigt werden kann, wie Kohle u. dgl.. im Förderrohr mehr leiden als in der Schnecke, da das Fördergut im Rohr viel stärker

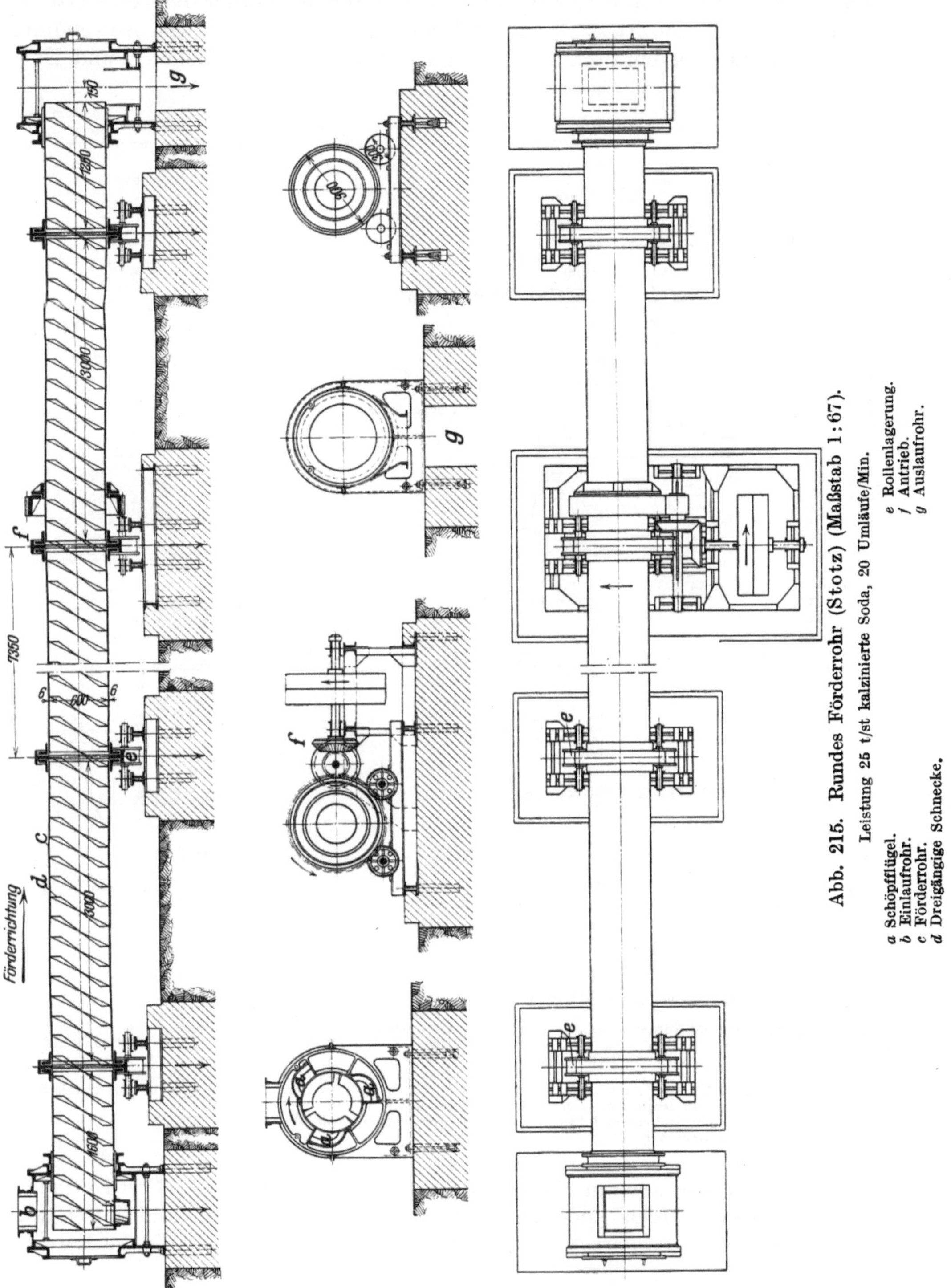

Abb. 215. Rundes Förderrohr (Stotz) (Maßstab 1:67).
Leistung 25 t/st kalzinierte Soda, 20 Umläufe/Min.

a Schöpfflügel. *b* Einlaufrohr. *c* Förderrohr. *d* Dreigängige Schnecke. *e* Rollenlagerung. *f* Antrieb. *g* Auslaufrohr.

herumgeworfen wird. Der Arbeitsverbrauch der Förderrohre ist infolge des Fortfalls von Widerständen durch Klemmen und Ecken etwas geringer als der der Förderschnecken. Die Rohre haben daher in neuester Zeit für die Förderung von Getreide und Zement eine steigende Anwendung erfahren. Andererseits wird die Anwendung der Förderrohre stark beschränkt durch den Umstand, daß das Beladen und Ent-

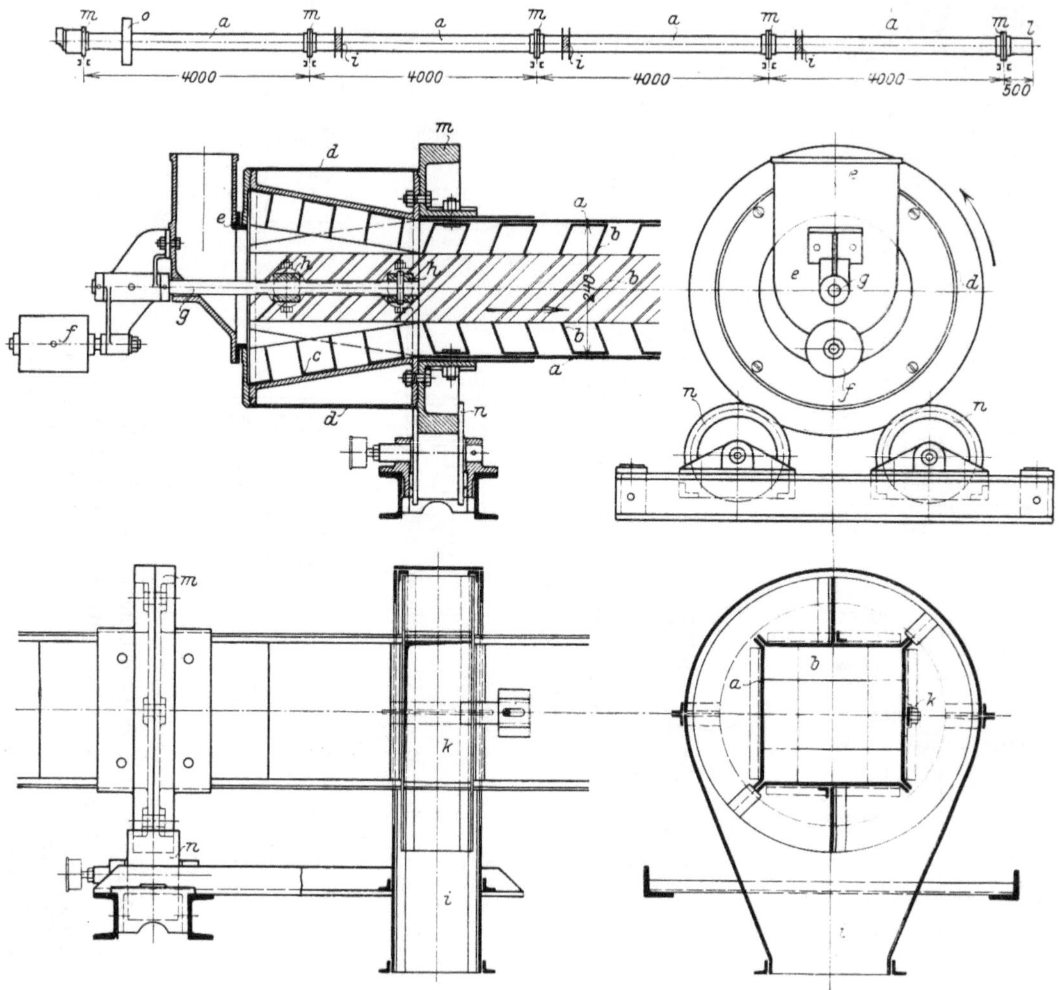

Abb. 216. Viereckiges Förderrohr (Sueß) (Maßstab 1:133 und 1:16).

a Viereckige Kastenumhüllung des Förderrohres.
b Schräge Förderbleche.
c Konische, viereckige Erweiterung des Rohres am Einwurfende.
d Zylindrische Umhüllung des erweiterten Einwurfendes.
e Feststehender Einwurftrichter, in aufrechter Lage gehalten durch Gewicht *f* und in dem drehenden Förderrohr gelagert auf der Achse *g* in Lagern *h*.
i Auswurfstellen auf der Rohrstrecke.
k Schieber zum Öffnen des Rohres beim Entladen auf der Strecke.
l Auswurf am Ende des Rohres.
m Auflagerringe, am Rohr befestigt und gestützt durch Tragrollen *n*.
o Riemenscheibe für den Antrieb.

laden in einfacher Weise nur am Ende des Rohres stattfinden kann. Das Entladen ist wohl auch auf der Strecke möglich, hier aber nicht so einfach auszuführen wie bei den Schnecken. Die Förderrohre kommen daher viel seltener vor als die Förderschnecken.

In der Herstellung einfacher als das in Abb. 215 abgebildete runde Rohr ist die in Abb. 216 dargestellte, von der Firma Sueß in Mähren ausgebildete viereckige Form der Förderrinne. Sie beruht auf denselben Grundsätzen, ermöglicht dagegen nicht eine so ruhige Bewegung des Lagergutes in dem Rohr als die runde Form und kommt im wesentlichen für die Förderung von Zement in Frage, der durch das starke Herumwerfen keinen Schaden erleidet. Für dieses Fördergut eignen sich die Förderrohre überhaupt in besonderem Maße, weil jede Staubbildung außerhalb des Rohres unmöglich ist und alle gleitenden Lagerflächen im Innern des Rohres, die durch den scharfkantigen Zement stark leiden würden, vermieden sind. Da die Verwendung der Förderrohre auf bestimmte Fälle beschränkt ist, so erübrigt es sich, Schaulinien zur Festlegung des Anwendungsgebietes anzugeben. Einen ungefähren Anhalt für die Verwendungsmöglichkeit der Förderrohre kann man immerhin aus den Schaulinien für die Förderschnecken entnehmen.

c) Fördervorrichtungen, bei denen das Fördergut während der Bewegung durch den Förderer getragen und an der Entladestelle abgeworfen wird (Plattenbandförderer, Stahlbandförderer, Gurtbänder, Becherwerke, Eimerkettenbagger, Pendelbecherwerke und Schaukelförderer).

α) Plattenbandförderer.

Bei den Plattenbandförderern, die meistens als Stahlförderbänder bezeichnet werden, wird als Zugorgan durchweg eine Kette benutzt, welche mitunter aus Temperguß hergestellt, häufiger aus Stahllaschen als Gelenkkette gebaut wird. Die letztere Anordnung ist häufiger, weil die Förderer im wesentlichen nur für größere Förderleistungen und Förderlängen in Frage kommen. Bei geringen Förderleistungen werden meistens die Anlagekosten zu hoch, da die zum Tragen des Fördergutes benutzten, gelenkartig verbundenen Platten auch bei geringer Breite schon beträchtliche Herstellungskosten bedingen. Mitunter verwendet man bei kleinen Förderern Ketten aus Temperguß. Die Rollen zum Tragen der Kette werden entweder in den Gelenkpunkten der Kette befestigt und laufen mit diesen um, oder sie werden fest in das Gerüst zum Tragen der Förderkette eingebaut. Meistens führt man die Kette aus Stahllaschen aus, und dann gilt die Bauart mit umlaufenden Tragrollen als Regel. Diese Anordnung ist, wie schon früher bei Behandlung der Kratzer erwähnt, im allgemeinen vorzuziehen, da dabei die Kette weniger abgenutzt wird; denn während bei Anwendung fester Tragrollen zwischen diesen Rollen stets ein Durchhang in der Kette entsteht, der zu einer Bewegung in den Kettengelenken und zu schneller Abnutzung führt, bleibt die Lage der Gelenke, abgesehen von den Endumführungen, immer dieselbe, wenn die Rollen mit der Kette auf Schienen umlaufen und somit die Gelenke immer in gleichbleibender Lage stützen. Am geringsten ist die Abnutzung natürlich, wenn in jedem Kettengelenk eine Tragrolle angeordnet wird. Dann tritt auf der geraden Strecke keinerlei Bewegung in den Kettengelenken auf. Diese Anordnung ist natürlich nur bei verhältnismäßig langen Kettengliedern möglich und wird deshalb nur bei schmiedeeisernen bzw. stählernen Ketten verwendet, wie z. B. in Abb. 217 dargestellt. Die Tragbleche sind dabei auf der durchgehenden Rollenachse befestigt. Das geschieht zweckmäßig durch besondere Scharniere, die unabhängig sind von den Kettengliedern, so daß eine etwa eintretende geringe Verbiegung der Tragbleche die gleichmäßige Beanspruchung der Zugketten nicht stört. Bei der in Abb. 217 dargestellten Anordnung des Plattenbandförderers sind in den Gelenken unterhalb der Tragplatten schmiedeeiserne Rohre angeordnet, welche den bei den Endumführungen zwischen den Tragplatten entstehenden Spalt decken. Diese Anordnung hat sich sehr gut bewährt, da hierdurch die Platten an ihren Enden auf der ganzen Breite unterstützt sind und sich nicht verbiegen können. Das tritt leicht ein, wenn die Platten übereinandergreifen und an den Umführungen frei auskragen.

Bei einigen Ausführungen der Plattenbandförderer wird das Fördergut vor seitlichem Herunterfallen durch feste Blechwände geschützt. Diese sind aber, besonders bei scharfkantigem Fördergut, wie Koks usw., einem schnellen Verschleiß ausgesetzt. Bei der in Abb. 217 dargestellten Konstruktion sind die Tragplatten seitlich aufgebogen. Diese Bauart ist allgemein vorzuziehen, wenn das Fördergut nur am Ende des Bandes abgeworfen werden soll. Bei den Förderern ohne seitlichen Rand kann

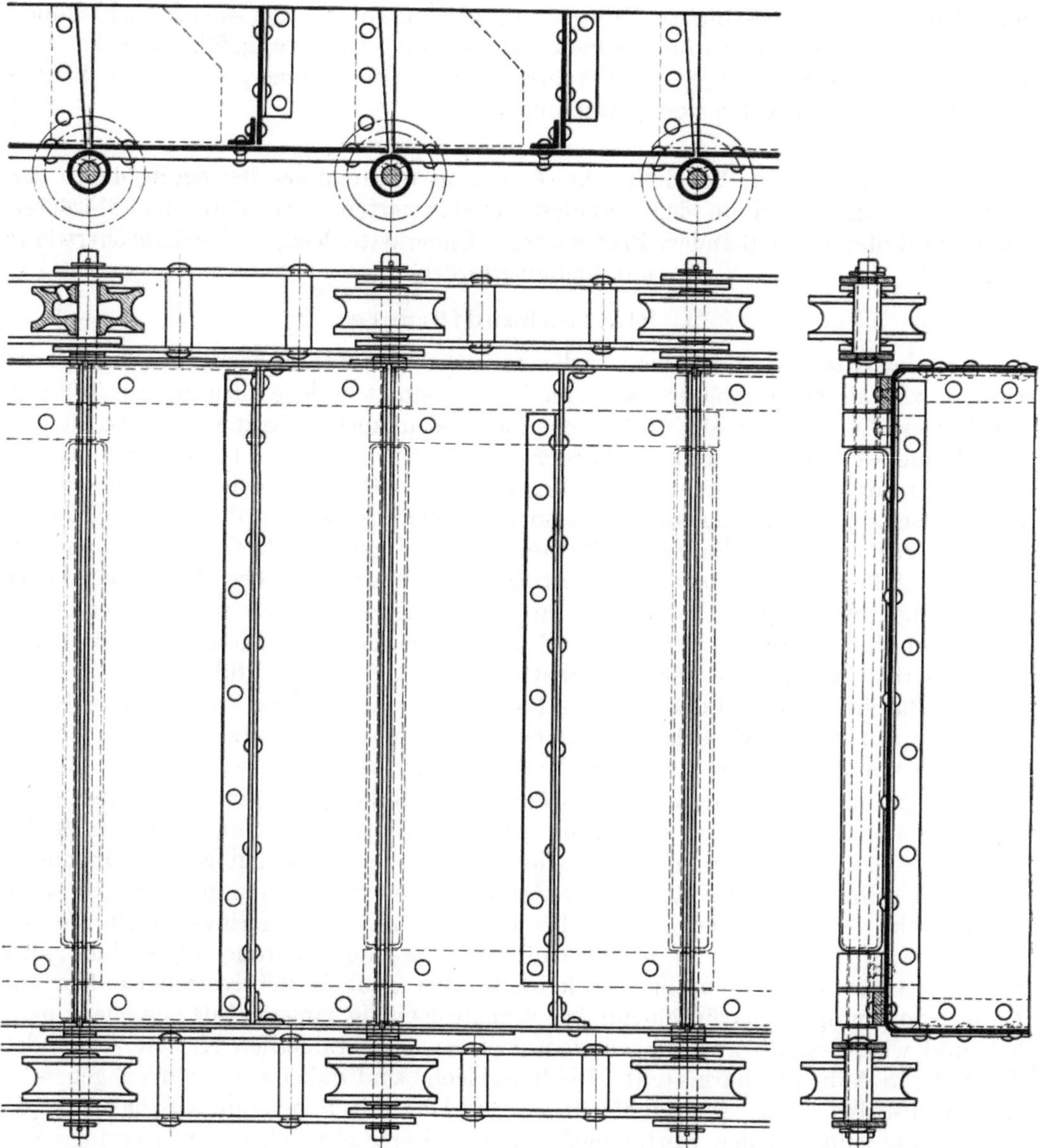

Abb. 217. Plattenbandförderer für wagerechte oder geneigte Förderung (Pohlig) (Maßstab 1 : 8,75).

das Fördergut an verschiedenen Stellen durch ein schräges, über dem Bande pflugartig angeordnetes Blech nach der Seite abgeworfen werden. Hierbei müssen dann die Tragplatten seitlich über die Zugkette hinweggeführt werden, damit diese vor einem Verschmutzen durch das Fördergut geschützt ist. Die Anordnung ist wohl durchführbar, aber nicht besonders zu empfehlen. Man verwendet in solchen Fällen besser andere Fördervorrichtungen mit einzelnen drehbaren Bechern, wie weiter hinten als Pendelbecherwerke oder als sog. Conveyor beschrieben. Auch der sog.

Trogförderer der Bamag, bei dem die einzelnen Tragglieder des Plattenförderers durch eine einfache verschiebbare Einrichtung kippbar sind (Abb. 218), ist in solchem Falle einem gewöhnlichen Stahlförderband mit Abstreicher vorzuziehen, wird aber nur noch selten angewendet und tritt gegenüber den häufiger angewendeten Pendelbecherwerken zurück.

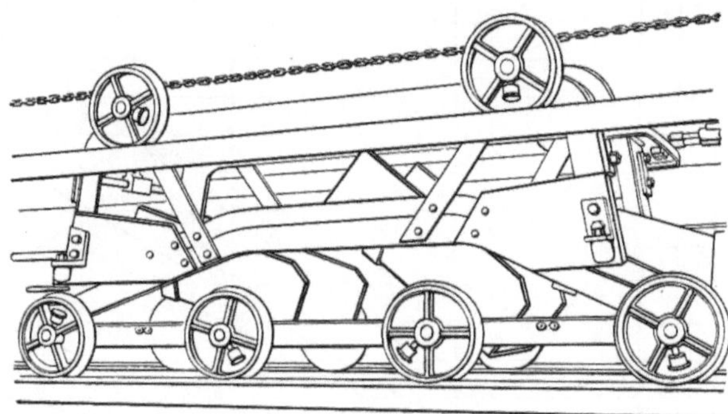

Abb. 218. Trogförderer (Bamag).

Der Antrieb erfolgt allgemein durch Umführungssterne an einem Ende des Förderers, während die Kette am anderen Ende durch eine meistens mit Federn ausgebildete Spannvorrichtung angespannt wird.

Die Anwendung sehr langer Kettenglieder und damit die Verminderung der Zahl der Gelenke und Tragrollen, die, wie weiter oben schon hervorgehoben wurde, im Interesse geringer Anschaffungs- und Unterhaltungskosten angestrebt werden muß, ist verhältnismäßig stark begrenzt, wenn man die Kette durch gleichmäßig umlaufende Umführungssterne antreibt, weil dadurch eine ruckweise Bewegung der Kette entsteht, die besonders bei langen Förderern störend wirkt und möglichst vermieden werden sollte. Bei Anwendung eines sechseckigen Umführungssternes, wie er oft verwendet wird in der Form, wie in Abb. 60 für den Antrieb der Zuteilvorrichtung dargestellt, beträgt die Schwankung der Geschwindigkeit 0,16 vH, um welchen Betrag die Kette sich schneller bewegen muß, wenn sie von einer Ecke des Antriebes gefaßt wird gegenüber dem Zustande, wo die flache Sechskantseite des Antriebssternes die Fahrgeschwindigkeit bedingt. — Es ist aber erwünscht, Umführungssterne mit möglichst wenig Ecken zu verwenden, weil dadurch nicht nur die Übersetzung zur Erzielung der notwendigen geringen Umdrehungszahl des Antriebes kleiner und einfacher wird, sondern auch der ganze Förderer gedrängter gebaut und überall leichter untergebracht werden kann. Man geht z. B. bei den später beschriebenen Baggern meistens auf einen fünfeckigen Antriebsstern und bei schrägen Becherwerken oft auf einen viereckigen Antriebsstern herunter. Im ersteren Fall erhöht sich der oben erwähnte Ungleichförmigkeitsgrad auf 23 vH, im letzteren Fall sogar auf 43 vH der kleinsten Geschwindigkeit. Eine solche Schwankung ist durchaus unerwünscht.

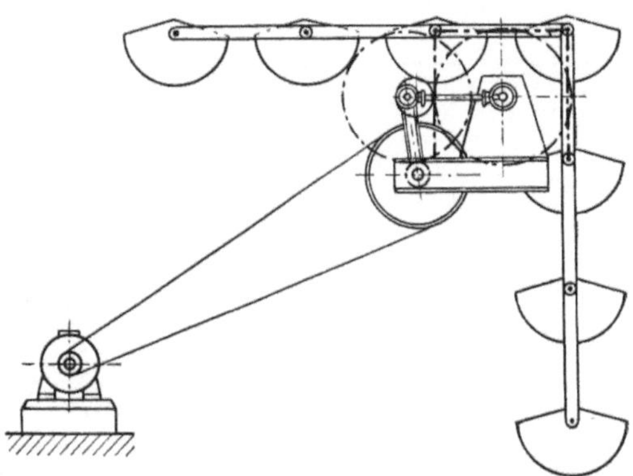

Abb. 219. Antrieb mit Geschwindigkeitsausgleich für ein Pendelbecherwerk (Patent Aumund).

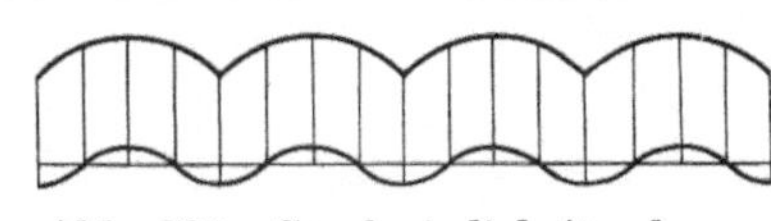

Abb. 220. Geschwindigkeitsschwankungen bei viereckigem Antriebsstern mit und ohne Geschwindigkeitsausgleich.

Man kann die Schwankung trotz Verwendung eines viereckigen Antriebssternes nahezu vollständig vermeiden, wenn man die Umdrehungsgeschwindigkeit des Antriebssternes entsprechend der Größe der verschiedenen wirksamen Radien veränderlich macht, z. B. in der Weise, wie in Abb. 219 für ein Pendelbecherwerk angegeben, wie es weiter hinten eingehender behandelt ist, indem man das Ritzel, das den Antriebsstern mit einer Übersetzung von 1:4 antreibt, im Verhältnis von 0,7:1 exzentrisch bohrt und durch Lagerung auf einer Pendelstütze dafür sorgt, daß es immer gut in das große Rad eingreift. Dann wird die Geschwindigkeit durch dieses Ritzel im umgekehrten Sinne ungleichmäßig beeinflußt, wie sie vorher durch die viereckige Form des Antriebssternes beeinflußt wurde. In Abb. 220 sind beide Geschwindigkeitsbeeinflussungen graphisch dargestellt. Es ist daraus zu ersehen, daß die Ordinaten zwischen den beiden Kurven fast vollständig gleich sind.

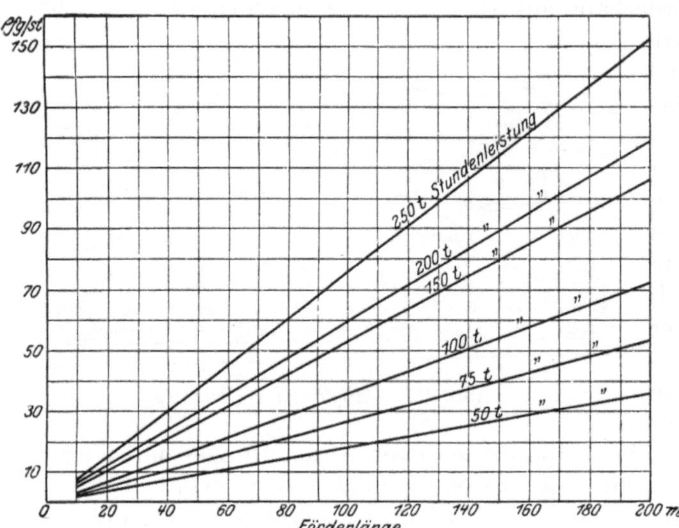

Abb. 221. Arbeitsverbrauch der Plattenbandförderer.

Die Kosten eines derartigen Ausgleiches sind kaum nennenswert. Dafür kann aber die Teilung der Kette ohne Schaden doppelt so groß angenommen werden, ohne daß der Antrieb größere Abmessungen erhält als bisher. Während die für sechseckigen Antriebsstern vorgesehene Kette nach Abb. 217 eine Teilung von 350 mm hat, hat die Kette bei dem Antrieb nach Abb. 219 eine Teilung von 700 mm. Die Vorteile der geringeren Zahl der Gelenke und Laufrollen bei den langen Förderketten liegen auf der Hand. Die an sich infolge der geringeren Zahl der Gelenke niedrigeren Unterhaltungskosten werden noch weiter herabgedrückt, indem man bei der großen Kettenteilung die Gelenke viel sorgfältiger ausbilden kann, als es sonst im allgemeinen üblich ist. Die Anordnung der Kette ist dieselbe, wie sie bei den Pendelbecherwerken verwendet wird, die weiter hinten in Abb. 262 dargestellt ist.

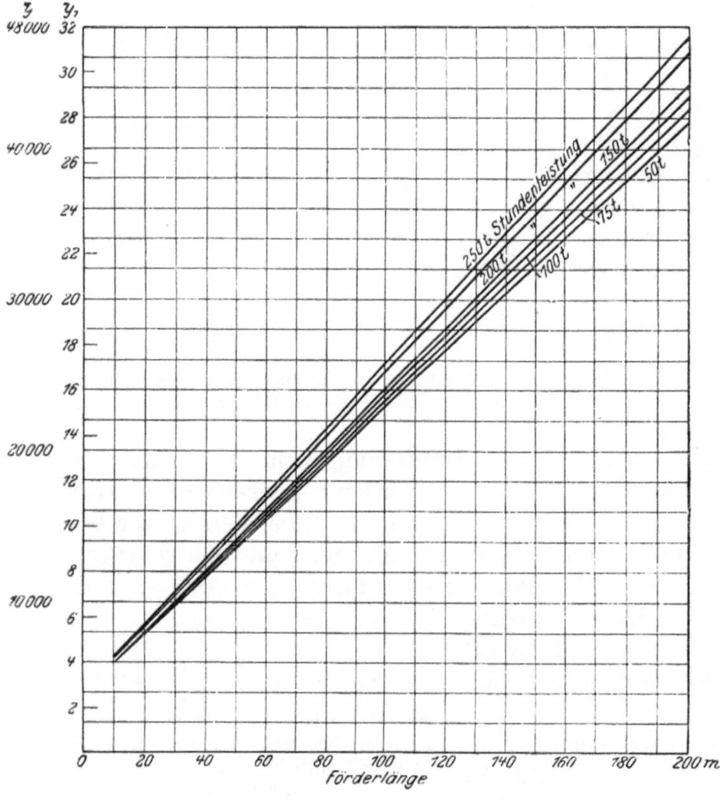

Abb. 222.

y = Anlagekosten in M.
y_1 = Unterhaltungskosten in Pf./st } für Plattenbandförderer.

Das Beladen der Stahlplattenbandförderer kann meistens einfach in der Weise geschehen, daß das aus den geöffneten Auslaufschurren heraustretende Ladegut sich nach dem Böschungswinkel auf das Band stützt und von diesem durch die Reibung zwischen Band und Fördergut mitgenommen wird. Allerdings wird bei sehr großstückigem Fördergut, das sehr weite Auslauföffnungen erfordert, die Schütthöhe des Fördergutes auf dem Bande leicht zu groß und unregelmäßig. In diesem Falle werden zweckmäßig besondere Zuteilvorrichtungen angewendet, namentlich, wenn es sich um das Abzapfen aus wagerechten Füllrumpföffnungen handelt. Eine solche durch das Band selbst angetriebene und vollkommen selbsttätige Zuteilvorrichtung ist schon auf S. 69 beschrieben und in Abb. 60 dargestellt.

Wenn die Kettenteilung auf 700 mm vergrößert wird, so ist der Antrieb der Zuteilvorrichtung durch ein in die Kette eingreifendes Kettenrad, wie in Abb. 60 angenommen, allerdings nicht mehr gut möglich. Die Zuteilung kann aber doch ohne Schwierigkeit in ähnlicher Weise erfolgen, wie weiter hinten in Abb. 262 für die Beladung der Pendelbecherwerke angegeben, indem ein Schieber durch in der Kette angeordnete Mitnehmer bewegt wird.

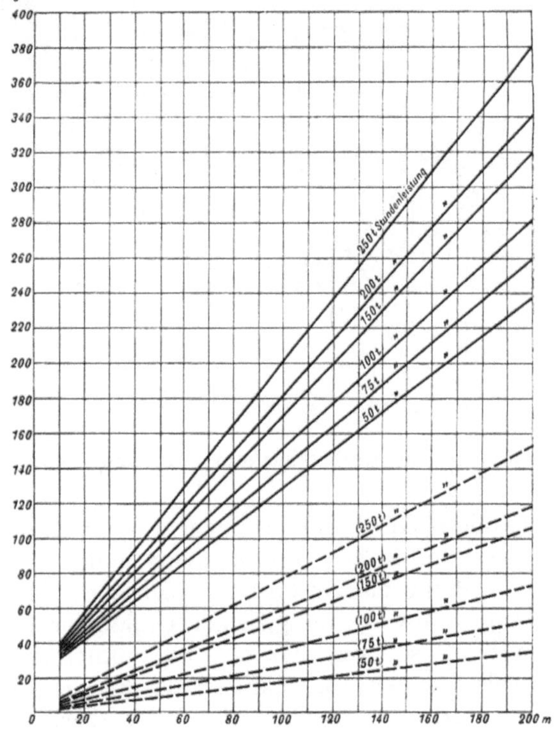

Abb. 223.

—— Gesamtförderkosten
----- Anteil des Arbeitsverbrauchs
bei Plattenbandförderern und bei 3000 jährlichen Betriebsstunden.

Die Plattenförderbänder können ebensowohl wagerecht als auch in geneigter Ebene fördern und schließlich auch in teilweise wagerechter, teilweise geneigter Ebene. Die auf den Platten angeordneten Querstege verhindern das Gleiten des Ladegutes und ermöglichen ohne Schwierigkeit eine Neigung des Förderers bis zu 45°. Bei geeigneter Ausbildung der Querbleche können die Bänder sogar noch steiler angeordnet werden; sie nehmen dann allerdings mehr die Gestalt der geneigten Becherwerke an, die weiter hinten behandelt werden, und unterscheiden sich von diesen nur dadurch, daß zwischen den einzelnen Bechern kein Zwischenraum vorhanden ist.

Die hier erörterten Vorzüge des Kettenantriebes mit Geschwindigkeitsausgleich und die dadurch ermöglichte große Kettenteilung gelten für alle Antriebe von Fördervorrichtungen, die Gelenkketten enthalten, sowohl für die schon in Abb. 198 dargestellten Kratzerförderer als auch für alle noch weiterhin zu behandelnden Förderer, wie geneigte Becherwerke, Bagger, Pendelbecherwerke, Schaukelförderer usw.

Die Fahrgeschwindigkeit der Plattenbandförderer ist im allgemeinen verhältnismäßig klein. Sie kann im Mittel mit etwa 0,3 m/sk, maximal mit etwa 0,5 m/sk angenommen werden. Da die Bänder auf Rollen laufen, so ist der Arbeitsverbrauch trotz des verhältnismäßig großen Eigengewichts sehr gering.

Für den Vergleich des Arbeitsverbrauchs der Plattenbandförderer mit dem der Kratzerförderer sei auf das auf S. 129ff. berechnete Beispiel verwiesen, das bei 36 t stündlicher Leistung und 50 m Förderlänge für das Stahlförderband 1,26 PS ergibt, gegenüber 4,85 PS für den Kratzerförderer im günstigsten, 12 PS im ungünstigsten Falle.

Die Anlagekosten sind aber höher als die der Kratzerförderer. In den Abb. 221 bis 223 sind die Schaulinien für den Arbeitsverbrauch, die Anlagekosten und die Gesamtförderkosten gegeben. Die Plattenbandförderer kommen danach besonders für größere Leistungen und Förderlängen in Betracht, wie auch aus der Gegenüberstellung auf S. **396ff.** ersichtlich.

Bei geeigneter Ausführung erfordern die Plattenbandförderer verhältnismäßig wenig Bedienung und Wartung, da die Laufrollen mit Dauerschmierung ausgeführt werden können und nur die Endumführungen häufigere Schmierung erfordern. Die Dauer der Tragplatten läßt sich durch eine den Förderungsverhältnissen entsprechende Wahl der Plattenstärke genügend groß halten. Bei Kohlenförderung zeigten die Platten auch bei großen Förderleistungen bis zu 400 t/st nach 10jährigem Betriebe noch keine starke Abnutzung. Bei Koksförderung tritt allerdings die Abnutzung wesentlich schneller ein; aber immerhin ist der Plattenbandförderer wohl auch hierbei widerstandsfähiger als fast alle anderen Förderer. Der einzige Nachteil ist der, daß der Plattenbandförderer bei geringen Förderleistungen verhältnismäßig große Anlagekosten erfordert, und aus diesem Grunde hat man in solchen Fällen bisher das weiter hinten behandelte Gurtband vorgezogen, obgleich dessen Unterhaltungskosten infolge rascheren Verschleißes des Gurtes höher sind.

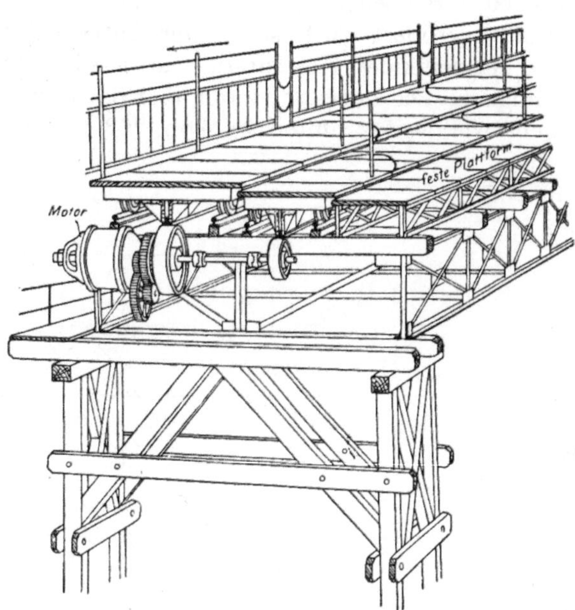

Abb. 224. Bewegliche Plattform für Personenbeförderung.

Wenn man indessen die schon auf S. 119 behandelte und in Abb. 125 dargestellte Anordnung des eingleisigen Umlaufförderers auch auf die Plattenbandförderer verwendet, so kann man bei vollkommen automatischem Betrieb sogar mit niedrigeren Anlagekosten auskommen, als ihn die Gurtförderbänder bedingen.

Mitunter werden Plattenförderer, ähnlich wie weiter oben beschrieben, auch für die Förderung von Stückgütern verwendet. Diese werden an beliebiger Stelle

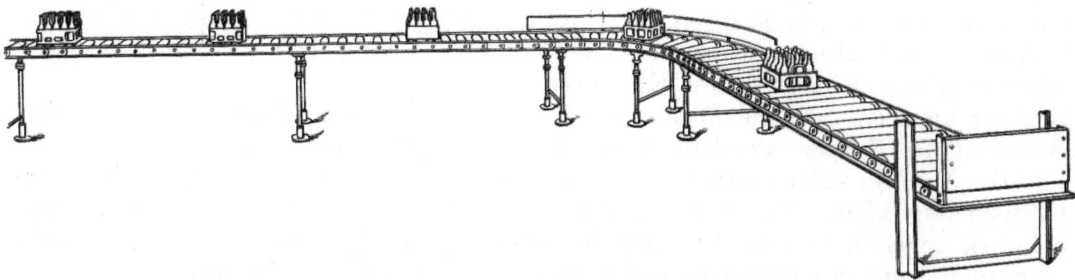

Abb. 225. Rollenbahn für Flaschenkörbe (Fredenhagen).

von Hand auf das Band aufgelegt oder gleiten ihm durch schiefe Ebenen zu. Das Entladen erfolgt entweder ebenfalls von Hand, oder die Stückgüter werden selbsttätig vom Bande abgeschoben. Auf der Strecke werden dazu schräge Abstreichbretter benutzt.

Für Stückgüterbeförderung werden die Tragplatten häufig aus Holz ausgeführt. Für manche Förderzwecke fallen auch die Platten vollständig weg, und an deren

Stelle treten besondere Mitnehmer, die die zu befördernden Stückgüter schleifend fortbewegen. Die Fördereinrichtung ist dann allerdings eigentlich als Kratzer zu zeichnen.

Auch das noch von der Pariser Ausstellung des Jahres 1900 bekannte Trottoir Roulant gehört unter die Gruppe der Plattenbandförderer (s. Z. V. d. I. 1900, S. 935). In diesem Falle sind die einzelnen Platten als Plattformwagen ausgebildet, aber unter sich verbunden, wie aus Abb. 224 ersichtlich. Von dem ge-

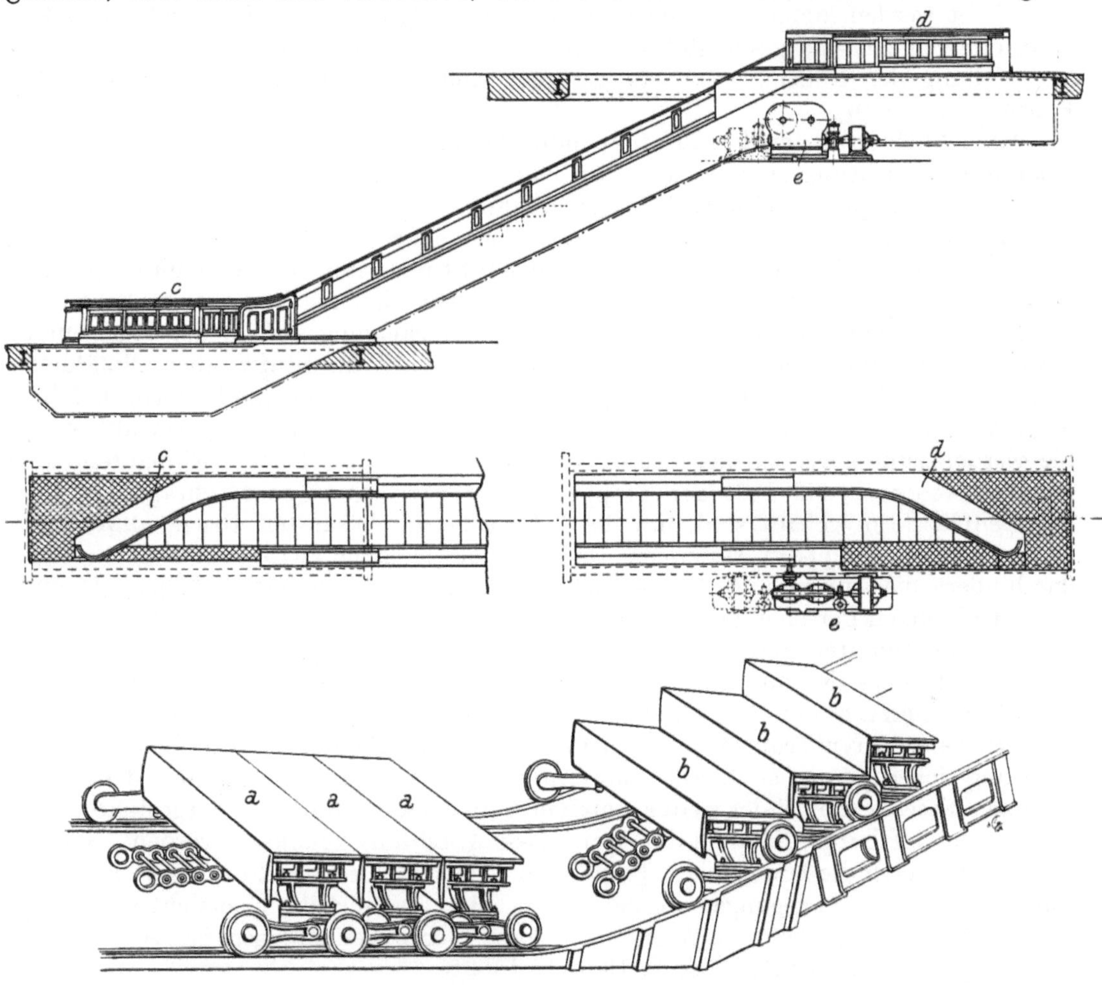

Abb. 226. Mechanische Treppe (Otis) (Gesamtplan Maßstab 1:140).

a Lage der Treppenstufen in der unteren und oberen Ebene.
b Lage der Treppenstufen auf der Steigung von 30°.
c Vorbau am unteren Eingang.
d Vorbau am oberen Ausgang.
e Antrieb für Treppe und mitlaufende Lederhandleiste.

wöhnlichen Plattenbandförderer unterscheidet sich diese Anordnung im wesentlichen nur dadurch, daß die Kurvenführung nicht in senkrechter, sondern in wagerechter Richtung erfolgt. Das wird dadurch ermöglicht, daß der Antrieb durch einzelne auf der Bahn fest angeordnete Motore geschieht, deren Kraft durch Reibung auf Schienen übertragen wird, die unter den Plattformen der Wagen befestigt sind. Die Bahn in Paris hatte eine Länge von 3,4 km und verursachte bei 12 Pf. Stromkosten stündlich für etwa 40 M. Stromverbrauch, wobei 14 000—15 000 Personen auf der Plattform Platz hatten. Die schneller laufende eigentliche Förderplattform lief mit 7 km/st, die schmälere Hilfsplattform mit der halben Geschwindigkeit. Natürlich kann diese Geschwindigkeit noch dadurch vergrößert werden, daß die Fahrgäste auf der Plattform sich selbst fortbewegen. Die Anlagekosten der hochgelegten Plattform wurden mit 800 M./m angegeben.

Für den Personenverkehr sind derartige Anordnungen nur selten ausgeführt, für die Beförderung von Stückgütern sind aber ähnliche Anordnungen auf kürzere Entfernungen verschiedentlich verwendet worden.

Geht man noch einen Schritt weiter, so kommt man zu den Rollenbahnen, wie in Abb. 225 dargestellt, die allerdings insofern nicht mehr als Plattenbandförderer bezeichnet werden können, als die umlaufenden Rollen die zu befördernden Stückgüter ohne ein zwischengeschaltetes Band bewegen, dabei dann aber bei entsprechender Stellung der Rollenachsen sehr geeignet sind, die Bewegung durch beliebige Kurven zu führen.

Schließlich ist unter den Plattenbandförderern noch die als bewegliche Treppe bekannte Einrichtung zu erwähnen, die verschiedentlich angewendet sind, neuerdings für die Zugänge bei den Untergrundbahnen von London.

Als Beispiel ist in Abb. 226 eine Ausführungsform der Otis - Co. dargestellt. Die einzelnen durch Gelenkketten verbundenen Stufen sind oben und unten je mit 2 Laufrollen von verschiedener Spurweite versehen, die durch geeignete Schienen so geführt werden, daß die Treppenstufen auf der Steigung sich in der Lage einer gewöhnlichen Treppe befinden. Unten und oben gehen die Stufen aber allmählich in eine ebene Plattform über. Bei der gebräuchlichen Geschwindigkeit von 0,5 bis 0,6 m/sk können die Personen sehr bequem unten auftreten und oben abtreten. Sie werden zum Verlassen der Treppe noch gezwungen durch feste Einbauten, die oben entweder als ein Pult der Treppe stumpf vorgelagert oder schräg über die Treppenplattform gebaut sind, um die Fahrgäste durch sanften Druck allmählich zu bewegen, die Treppe zu verlassen. Dadurch geht ziemlich viel Raum verloren, und das hindert die Anwendung der beweglichen Treppen in sehr vielen Fällen. Damit die mitfahrenden Personen nicht in die Gefahr kommen, sich an einem festen Treppengeländer festzuhalten und dadurch zu Fall kommen, muß auch die Handleiste des Treppengeländers sich mit derselben Geschwindigkeit wie die Treppe bewegen. Man verwendet hierzu in der Regel Lederstreifen, die oben und unten über Rollen laufen und auf dem oberen Trum, wo sie mit der Hand angefaßt werden, durch eine starre Führung sicher geführt sind. Die Anordnung der beweglichen Handleiste ist bei den Treppen dieselbe wie bei der weiter hinten in Abb. 236a ausführlicher dargestellten ansteigenden Gurtbahn. Es kann daher auf diese Abbildung verwiesen werden. Natürlich werden auch die beweglichen Treppen in sehr verschiedenen Formen ausgeführt, auf die hier nicht eingegangen werden kann. Eine ausführliche Übersicht und auch eine Untersuchung über die Wirtschaftlichkeit derartiger Anlagen ist von Kammerer gegeben in der Z. V. d. I. 1901, S. 1350ff.

β) Gurtförderbänder.

Die Gurtbänder dienen ähnlichen Zwecken wie die Plattenbandförderer; nur wird an Stelle des aus einzelnen Platten gebildeten fortlaufenden Förderers, wie er eben beschrieben wurde, ein zusammenhängender biegsamer Gurt, evtl. auch, wie

Abb. 227. Querschnitt durch Robins Gummigurtförderband.

weiter hinten näher ausgeführt, ein biegsames Stahlband verwendet. Der Gurt kann aus Baumwollgewebe hergestellt sein, das in 4—8 Lagen zu einem Bande von 6—8 mm Stärke ausgebildet ist und das zur Erzielung besserer Dauer mit Öl imprägniert und mit Mennige bestrichen wird, oder aus Hanfgewebe in derselben

Anordnung, welches dann meistens außen mit einer gummiartigen Masse, Balata, bestrichen wird. Solche Balatagurte sind für die Verwendung in feuchten Räumen mehr geeignet, während Baumwollgurte nur in trockenen Räumen anzuwenden sind. Ferner werden als Förderbänder auch sog. Gummigurte angewendet mit einer Einlage aus Hanfgewebe und mit gummierter Oberfläche. Schließlich werden, wenn auch selten, Drahtgewebe verwendet, die mitunter mit einem Füllungsmittel dicht ausgefüllt werden.

Die Balatagurte haben, wie erwähnt, gegenüber den Baumwollgurten den Vorteil, in feuchten Räumen anwendbar zu sein, sie haben aber den Nachteil, daß sie in Räumen mit großer Hitze mehr leiden als die Baumwollgurte. Die Gummigurte kommen in Frage, wenn es sich um die Förderung von sehr feuchtem Fördergut handelt, besonders aber auch für die Beförderung scharfkantiger Stoffe. Für solche Zwecke wird der Gummiüberzug zur Erzielung größerer Dauer häufig nicht in gleichmäßiger Stärke ausgeführt, sondern in der Mitte des Bandes dicker als an der Seite, wie z. B. aus dem Querschnitt eines Bandes aus Abb. 227 ersichtlich, das in Deutschland von der jetzt mit der Firma Heckel vereinigten Firma Muth-Schmidt nach dem Muster der Robins Conveying Belt Co. in Neuyork ausgeführt wird.

Während des Krieges, wo in Deutschland Gurte der oben beschriebenen Art nur

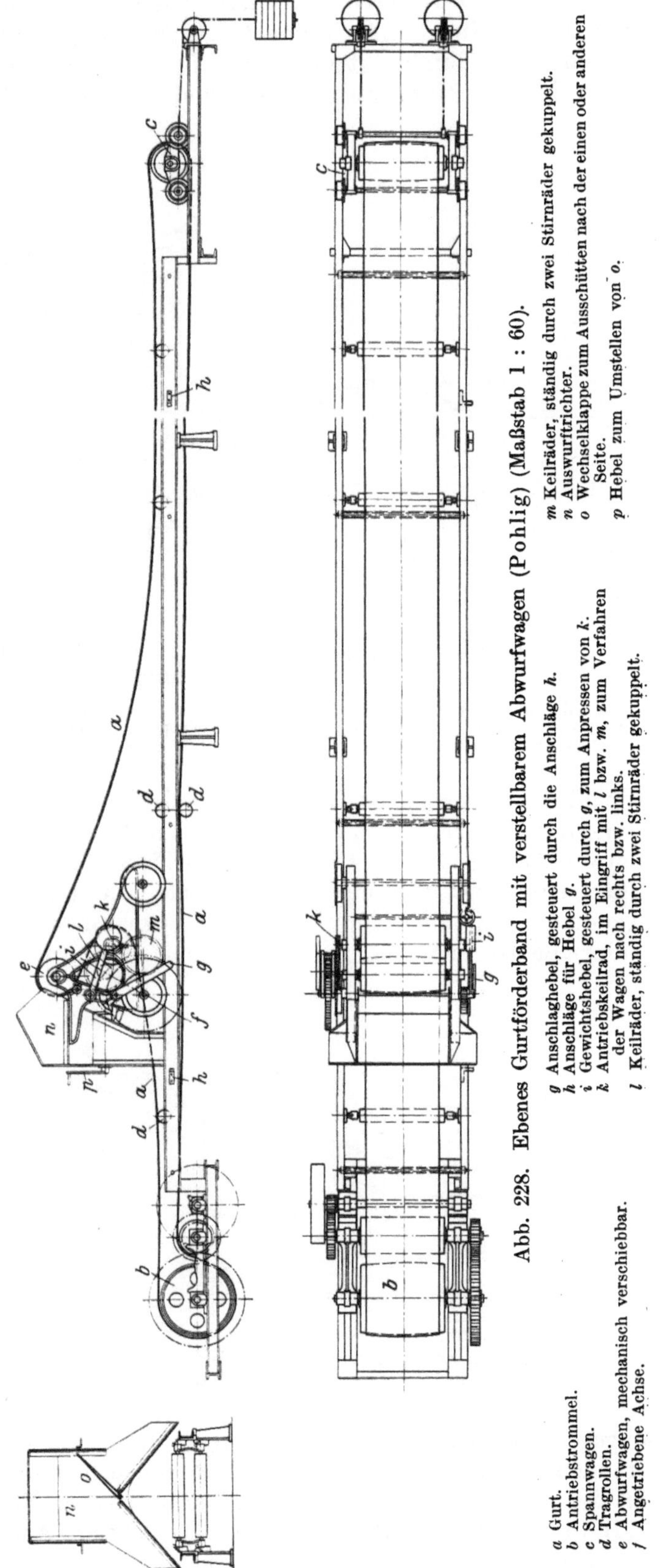

Abb. 228. Ebenes Gurtförderband mit verstellbarem Abwurfwagen (Pohlig) (Maßstab 1 : 60).

a Gurt.
b Antriebstrommel.
c Spannwagen.
d Tragrollen.
e Abwurfwagen, mechanisch verschiebbar.
f Angetriebene Achse.
g Anschlaghebel, gesteuert durch die Anschläge *h*.
h Anschläge für Hebel *g*.
i Gewichtshebel, gesteuert durch *g*, zum Anpressen von *k*.
k Antriebskeilrad, im Eingriff mit *l* bzw. *m*, zum Verfahren der Wagen nach rechts bzw. links.
l Keilräder, ständig durch zwei Stirnräder gekuppelt.
m Keilräder, ständig durch zwei Stirnräder gekuppelt.
n Auswurftrichter.
o Wechselklappe zum Ausschütten nach der einen oder anderen Seite.
p Hebel zum Umstellen von *o*.

schwer zu haben waren, hat man versucht, auf den verschiedensten Wegen Ersatz zu schaffen, z. B. durch Gurte aus Papierstoff oder durch solche aus einfachem oder durchwebtem Drahtgeflecht. Alle diese Gurtarten haben sich aber nicht dauernd einbürgern können und sind fast vollständig wieder verschwunden,

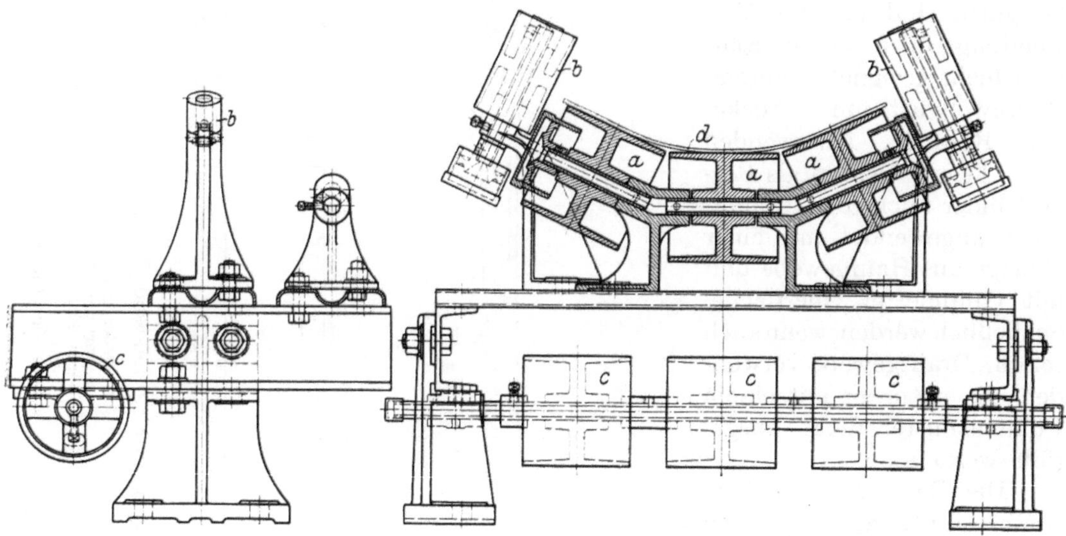

Abb. 229. Trag- und Führungsrollen für gewölbte Gurtförderer (Heckel-Muth-Schmidt) (Maßstab 1 : 9).

a Tragrollen für den beladenen Gurt in gewölbter Lage. *b* Führungsrollen für den beladenen Gurt, an einzelnen Tragrollenböcken anzubringen. *c* Tragrollen für den leeren Fördergurt, an der Hälfte der Tragrollenböcke angebracht. *d* Fördergurt.

sobald die altbewährten Gurtarten wieder beschafft werden konnten. Nur die Verwendung von biegsamen Stahlbändern, die zuerst und unabhängig von den Kriegsnotwendigkeiten von der schwedischen Firma Sandviken aus bestem schwedischen Stahl eingeführt wurden, scheinen sich dauernd zu halten, wenngleich ihre Verwendung in Deutschland bisher nur ausnahmsweise erfolgt ist. Die Stahlbänder unterscheiden sich von den Gurten nur insofern, als das Abladen des Ladegutes allgemein durch schräge Abstrichbretter nach der Seite erfolgt, während es bei den Gurten in der Regel durch besondere Abwurfwagen nach Abb. 228 geschieht, wenn das Ladegut nicht an der Endumführungsrolle des Förderers einfach abgeworfen werden kann.

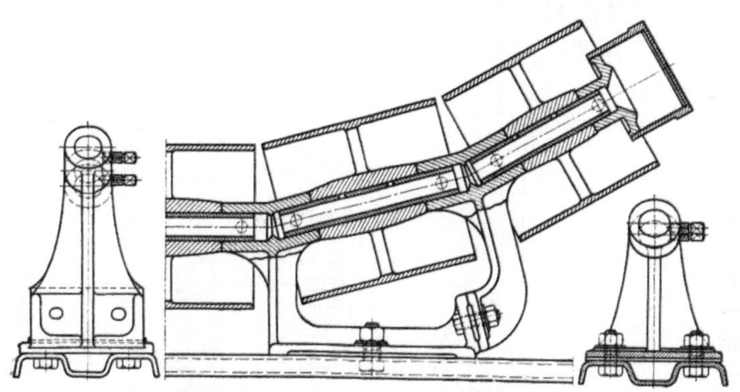

Abb. 230. Tragrollen für gewölbte Förderbänder von großer Breite (Heckel-Muth-Schmidt) (Maßstab 1 : 7).

Die Stahlbänder werden naturgemäß nur in ebener Lage verwendet, die altbekannten Gurtförderer dagegen entweder in ebener Lage, durch einfache Tragrollen in gewissen Abständen gestützt, wie aus Abb. 228 ersichtlich, oder in muldenförmiger Gestalt, in der sie durch entsprechende Anordnung der Tragrollen erhalten werden, wie z. B. in Abb. 229 und 230 dargestellt. Die letztere Anordnung führt zu einer größeren Beanspruchung des Gurtes, ermöglicht aber eine etwas größere Leistung und kommt daher besonders für leistungsfähigere Förderanlagen und auch für Förderung von großstückigem Fördergut in Betracht, da die großen Stücke leichter auf dem gewölbten Bande gehalten werden als auf dem ebenen Bande.

Bei den gewölbten Gurtförderern wird der Gurt von Zeit zu Zeit durch senkrechte Führungsrollen geführt, um ein seitliches Ablaufen zu verhüten. Diese senkrechten Führungsrollen, die nicht bei jeder Rollenunterstützung vorhanden sind, sind in Abb. 229 erkennbar. Die Tragrollen werden sowohl beim ebenen als beim gewölbten Gurt je nach der Leistung des Gurtes enger oder weiter voneinander, im Mittel in Abständen von etwa 2,5 m auf dem oberen Strang und 5 m auf dem unteren unbeladenen Strang angeordnet. Die Geschwindigkeit der Gurte beträgt je nach der Leistung und der Art des Fördergutes etwa 1,2—2,5 m in der Sekunde. Die Zuführung des Fördergutes muß in gleichmäßiger Weise durch Zuteilvorrichtungen erfolgen, z. B. durch Speisewalzen, wie in Abb. 59, S. 68 dargestellt, wenn nicht die Zuführung des Fördergutes durch andere Förderer, wie Becherwerke u. dgl., ohnehin gleichmäßig geschieht. Das Abwerfen des Fördergutes erfolgt, wie schon angedeutet, entweder in einfachster Weise am Ende des Gurtes oder durch besondere Abwurfwagen, deren wesentlichste Bestandteile 2 Umführungsrollen bilden, um die der Gurt in S-förmiger Lage herumgeleitet wird, damit das Fördergut infolge der vorhandenen Geschwindigkeit sich vom Gurt abhebt und durch seitliche Rutschen nach der einen oder anderen Seite geleitet werden kann.

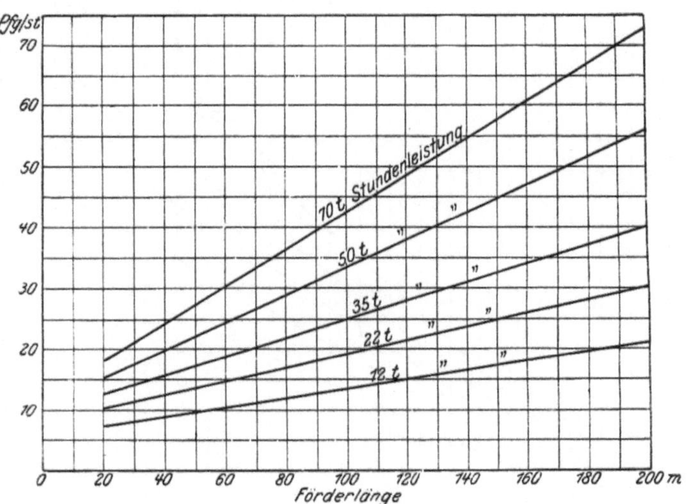

Abb. 231. Arbeitsverbrauch der Gurtförderbänder.

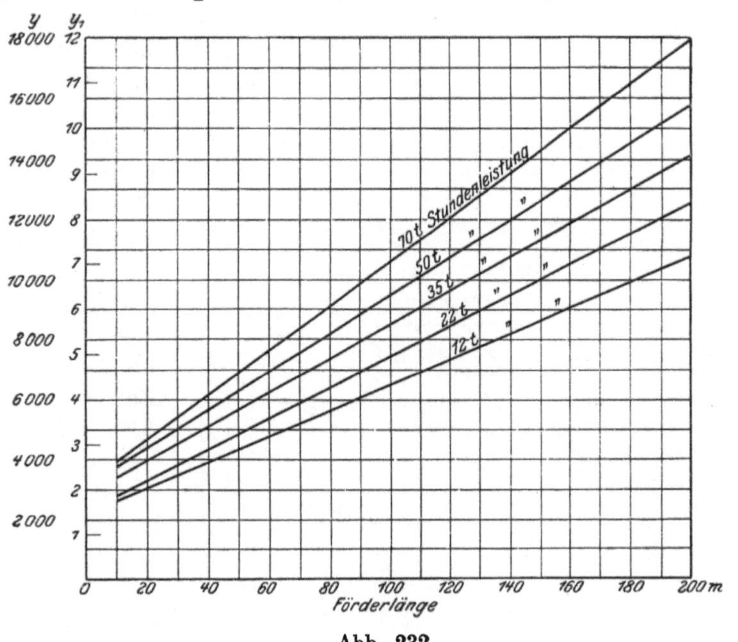

Abb. 232.

y = Anlagekosten in M.
y_1 = Unterhaltungskosten in Pf./st } für Gurtförderbänder.

Die Anordnung der Abwurfwagen ist im Prinzip dieselbe für ebene und für gewölbte Gurte. Das Verstellen des Abwurfwagens zwecks Veränderung der Entladestelle kann entweder von Hand erfolgen oder auch maschinell, z. B. indem der Abwurfwagen ständig über einem Hochbehälter hin und her bewegt wird. Abb. 228 zeigt ein derartiges ebenes Förderband mit Abwurfwagen. Die für die Bewegung des Wagens erforderliche Kraft wird von den Umführungsrollen des Wagens abgeleitet. Die Bewegungsumkehr kann an beliebiger Stelle durch Umlegen eines Hebels von einem an der Bahn angebrachten Anschlag erfolgen. Durch den mit Gewicht belasteten Hebel wird ein in das Fahrwerk des Wagens eingeschaltetes Wendegetriebe ein- und ausgerückt. Bei gewölbter Gurtlagerung werden mit dem Ablader meistens noch Führungsrollen verbunden, die die gewölbte Lage des Gurtes möglichst lange sichern und dadurch ein vorzeitiges seitliches Abfallen des Materials verhindern. Bei ebenen Gurten sind derartige, mit dem Abwurfwagen verbundene Tragrollen nicht erforderlich.

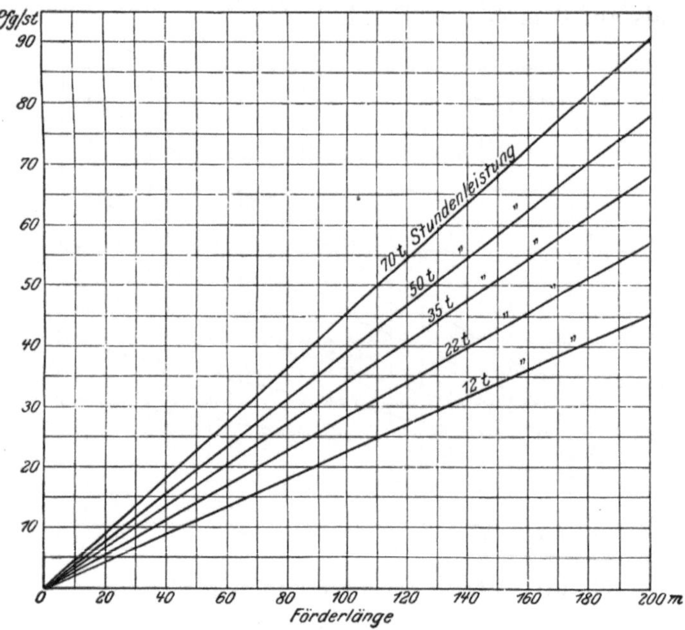

Abb. 233. Erneuerungskosten für Baumwollgurte bei Gurtförderbändern für 10 Betriebsjahre.

Der Antrieb des Gurtes erfolgt durch eine einfache Umführungsscheibe und Reibwirkung. Die für den Antrieb erforderliche Spannung wird dem Gurt durch eine besondere Spannvorrichtung erteilt, wie aus Abb. 228 ersichtlich. Der hierdurch entstehende Einfluß auf die Beanspruchung und den Arbeitsverbrauch des Gurtes ist in den allgemeinen Bemerkungen auf S. 126 erläutert.

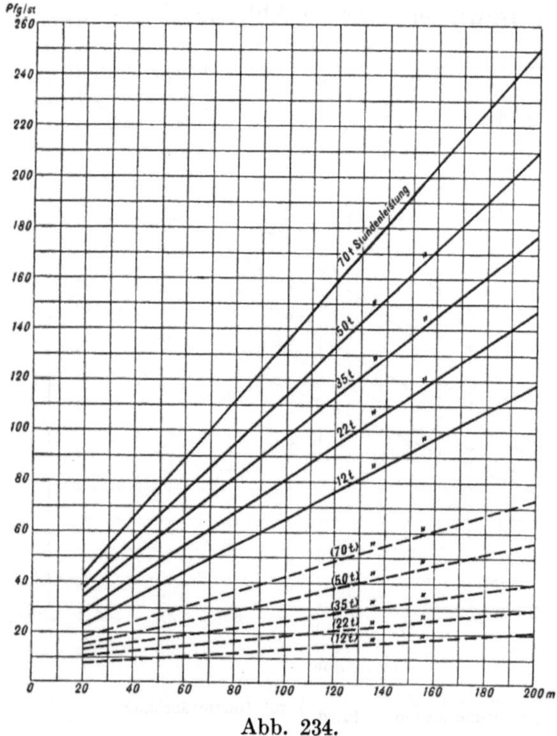

Abb. 234.

—— Gesamtförderkosten
----- Anteil des Arbeitsverbrauches } für Gurtförderung für 3000 jährliche Betriebsstunden.

Die Abb. 231—234 geben einen Anhalt für den Arbeitsverbrauch, die Anlagekosten und die Gesamtbetriebskosten der Gurtförderer für verschiedene Leistungen und Förderlängen, wobei Baumwollgurte in ebener Lage nach Abb. 228 zugrunde gelegt sind. Bei Verwendung von Gummigurten sind die Anlagekosten etwas höher; die Dauer ist aber entsprechend größer, so daß die in 10 Jahren bei täglich 10stündiger Arbeitszeit aufzuwendenden Anlagekosten in beiden Fällen wohl angenähert als gleich angenommen werden können. Bei Aufstellung der Anlagekosten ist die Annahme gemacht, daß die Dauer eines Baumwollgurtes bei täglich 10stündiger Arbeit etwa 2 Jahre beträgt, daß in 10 Jahren also etwa 5 Baumwollgurte erforderlich sind. Hiernach sind die den Schaulinien zugrunde gelegten Anlagekosten bestimmt. Die Einzelkosten der Gurte von verschiedener Ausführungsform und Stärke sind aus der nachstehenden Tafel ersichtlich.

Aus der Abb. 234 und aus der vergleichenden Gegenüberstellung auf S. 396ff. geht hervor, daß die Gurte für kleine Leistungen und schwacher Ausnutzung günstiger arbeiten als Stahlförderbänder, während die letzteren bei ständigem Betrieb und großen Leistungen den Vorzug verdienen. Noch günstiger stellt sich aber bei kleineren Leistungen in vielen Fällen der Betrieb eines automatischen Tourenförderers mit dauernd umlaufendem Seilantrieb nach Abb. 125.

Die Förderlänge der Gurtförderbänder findet mit Rücksicht auf die Zugfestigkeit des Gurtes ihre Grenze bei etwa 100—150 m. Bei Verwendung des Gurtes ist ferner zu berücksichtigen, daß infolge der großen Geschwindigkeit leicht eine beträchtliche Staubbildung auftritt, die bei langsamlaufenden Plattenbandförderern, Pendelbecherwerken u. dgl. nicht in so starkem Maße vorhanden ist. Eine geringere Geschwindigkeit als etwa 1,2 m/sk ist aber bei Gurtförderern nicht gut anwendbar, weil dabei durch das Gewicht des Fördergutes ein zu starker Durchhang des Gurtes entsteht, bzw. ein zu kleiner Abstand der Tragrollen bedingt werden würde, und weil auch das Abwerfen des Fördergutes im Abwurfwagen nicht mehr gut erfolgt. Immerhin bilden die Gurtförderer trotz dieser Einschränkungen in zahlreichen Fällen, besonders aber bei der Förderung von Getreide, wo eine starke Staubbildung und eine Verletzung des Gurtes durch die leichten Körner nicht so sehr in Betracht kommt, ein ausgezeichnetes und wirtschaftlich günstiges Fördermittel.

Preise und Gewichte von Gurten verschiedener Konstruktion.

Breite	Prima rote Baumwolltuchriemen								Prima Balatatreibriemen								Gummi					
	4fach		6fach		8fach		10fach		3fach		4fach		5fach		6fach		3 Einlag.		4 Einlag.		5 Einlag.	
	M.	kg	M.	kg	M.	kg	M.	kg	M.	kg	M.	kg	M.	kg	M.	kg	M.	kg	M.	kg	M.	kg
		ca.		ca.		ca.		ca.		ca.		ca.								ca.		
400	**4,80**	2,4	**6,40**	3,00	**9,15**	3,6	**11,30**	5,00	—	—	—	—	—	—	—	—	**12,35**	2,4	**15,30**	3,00	**18,20**	3,6
500	**6,00**	3,0	**8,00**	3,75	**11,40**	4,5	**14,10**	6,25	**8,00**	3,5	**10,65**	4,8	**13,55**	6,0	**16,00**	7,0	**15,45**	3,0	**19,10**	3,75	**22,70**	4,5
600	**7,20**	3,6	**9,60**	4,50	**13,80**	5,4	**17,10**	7,50	**9,55**	4,0	**12,90**	5,4	**16,20**	6,8	**19,10**	8,0	**18,50**	3,6	**22,85**	4,50	**27,25**	5,4
700	**8,40**	4,2	**11,20**	5,25	**16,50**	6,3	**20,10**	8,75	**11,10**	4,5	**15,10**	6,0	**18,90**	7,5	**22,45**	9,0	**21,50**	4,2	**26,75**	5,25	**31,75**	6,3
800	**9,40**	4,8	**12,80**	6,00	**18,30**	7,2	**23,10**	10,00	**12,90**	5,2	**17,10**	6,8	**21,30**	8,4	**25,55**	10,4	**24,70**	4,8	**30,65**	6,00	**36,40**	7,2
900	—	—	—	—	—	—	—	—	—	—	—	—	—	—	—	—	**27,75**	5,4	**34,40**	6,80	**40,90**	8,1

Abb. 235. Fahrbares Gurtförderband für Sackförderung (Amme, Giesecke).

Hin und wieder werden die Gurtbänder auch für die Beförderung von Stückgütern verwendet, besonders von Säcken, wie in Abb. 235 für ein fahrbares Gurtförderband dargestellt. Natürlich müssen die Tragrollen hier in kleinerem Abstand angebracht werden als bei Schüttgutförderung. Die Säcke werden dabei zweckmäßig durch eine geneigte Ebene zugeführt, damit sie von vornherein angenähert die Geschwindigkeit des Gurtes haben. Dieser Gesichtspunkt ist auch bei der Beladung des Gurtes mit Schüttgut zu berücksichtigen, um die Abnutzung des Gurtes möglichst zu vermindern. Die Stückgüter werden entweder am Ende vom Gurt abgeworfen oder nach der Seite abgeschoben, ähnlich wie bei den Plattenbandförderern schon beschrieben. Die Säcke können dabei von demselben Band an verschiedenen Stellen abgeworfen werden, so daß der Handbetrieb in den Speicheranlagen ziemlich ein-

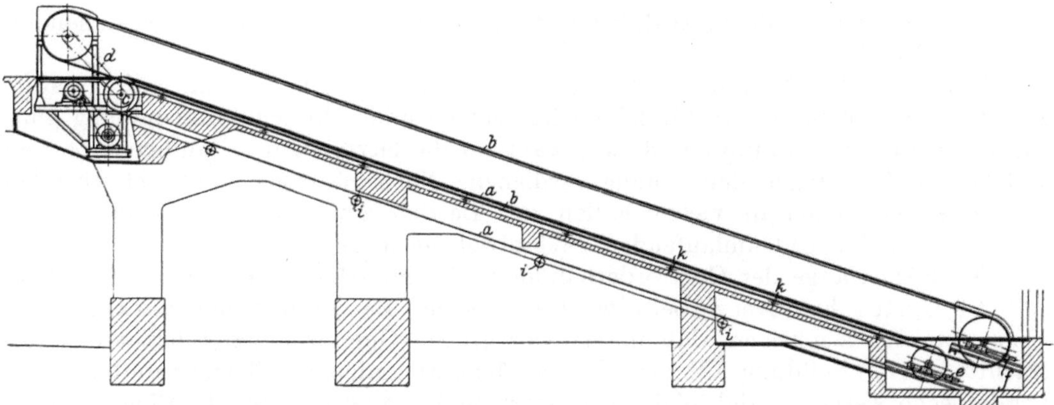

Abb. 236. **Ansteigende Gurtbahn** für Personenbeförderung (Kühnscherf) (Maßstab 1: 175).

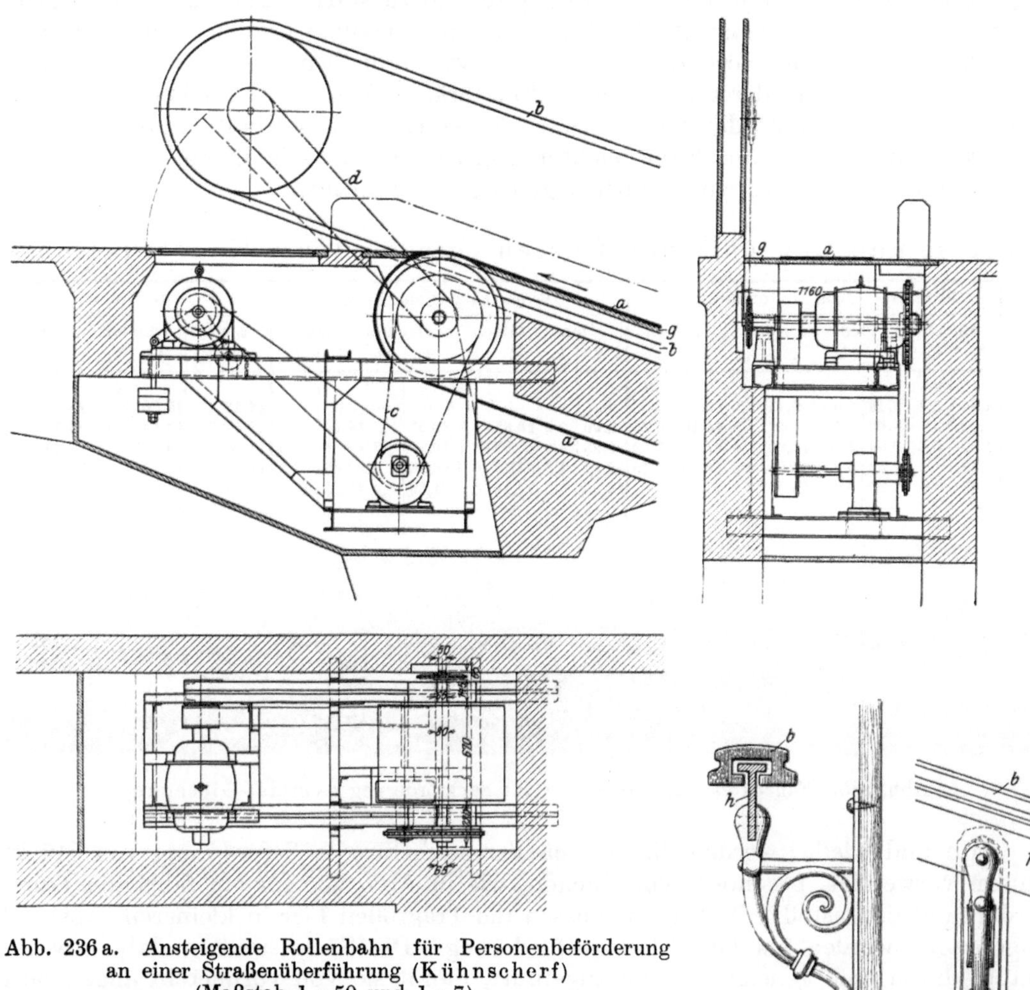

Abb. 236 a. Ansteigende Rollenbahn für Personenbeförderung an einer Straßenüberführung (Kühnscherf) (Maßstab 1 : 50 und 1 : 7).

a Fördergurt aus Gummi.
b Mitlaufende Handleiste aus Leder.
c Antrieb des Fördergurts.
d Antrieb der Handleiste, vom Gurtantrieb abgeleitet.
e Spannvorrichtung für den Fördergurt.
f Spannvorrichtung für die Handleiste.
g Gleitbrett für den tragenden Fördergurt.
h Führungsleiste für die Handleiste.
i Tragrollen für den rücklaufenden Fördergurt.
k Tragrollen für die rücklaufende Handleiste.

geschränkt werden kann. Da die Gurte bei einer Neigung von etwa 15—20° arbeiten können, so kann das ansteigende Gurtband auch Säcke in mehrere Stockwerke befördern.

Auch für den Personenverkehr finden die Gurtförderer hin und wieder Verwendung, wie in Abb. 236 an einem Beispiel erläutert. Bei der Stückgut- und Personenförderung kann die Neigung der Gurte etwa bis zu 20° angenommen werden, während bei Förderung von Schüttgut im allgemeinen eine Neigung von 10—15° als Grenze angesehen wird. Bei der Personenbeförderung nach Abb. 236 gleitet der tragende Gurt auf einer geschlossenen Holzdecke, so daß die Form sich nicht verändert. Mitunter werden an Stelle der durchlaufenden Führung auch dicht zusammenliegende Tragrollen angewendet. Der zurückgehende Gurt wird dagegen immer durch Tragrollen in der üblichen Weise getragen. Am oberen Ende verschwindet der Gurt unter dem Fußboden und schiebt die beförderten Personen ohne weiteres auf den festen Fußboden ab. In dieser Hinsicht ist die Personenbeförderung mit Gurt einfacher als die in Abb. 226 dargestellte Personenbeförderung mit beweglicher Treppe. Ebenso wie bei der Treppe muß auch hier die Handleiste mitlaufen. Sie wird aus Leder hergestellt und durch denselben Antrieb angetrieben. Auf dem benutzten oberen Strang gleitet diese Lederhandleiste auf einer einfachen eisernen Führung. Der untere Strang wird durch kleine Tragrollen getragen. Die oberen und unteren Umführungsräder für die Handleiste sind in einen geeigneten Holzkasten ganz eingeschlossen, der auch die Leiste an diesen Stellen einhüllt. Auch dieses Förder- und Hebemittel für Personen hat ebenso wie die mechanische Treppe den Nachteil, daß es ziemlich viel Platz erfordert. Das obere und untere Ende ist zwar kürzer als bei der mechanischen Treppe. Dafür ist aber die Neigung geringer. Man hat versucht, diesem Übelstande dadurch abzuhelfen, daß man unter Zuhilfenahme von Ketten stufenartige Transportbänder geschaffen hat. Auf eine Beschreibung der verschiedenen Bauarten soll hier nicht eingegangen werden, da diese Fördermittel eine große Verbreitung noch nicht erlangt haben. Sie können natürlich nur an sehr stark besuchten Orten in Frage kommen, da sonst der ständige Arbeitsverbrauch, wenn auch an sich nicht hoch, zu große Kosten verursacht. Hinsichtlich der Wirtschaftlichkeit und Beschreibung anderer Ausführungsformen sei auch hier, ebenso wie bei den beweglichen Treppen, auf die Ausführungen Kammerers in Z. Ver. deutsch. Ing. 1901, S. 1350 u. f. verwiesen.

γ) Becherwerke und ähnliche dauernd umlaufende Elevatoren.

Während die Stahltransportbänder und Gurttransportbänder mehr für wagerechte oder schwach geneigte Förderung in Frage kommen, werden für steilere Förderung meistens Becherwerke verwendet, bei denen die Fördergefäße einzeln auf einem ständig umlaufenden Zugorgan befestigt und so ausgebildet sind, daß das Fördergut bei der Bewegung nicht herausfällt. Für feinkörniges Fördergut, besonders für Getreide, aber auch häufig für Feinkohle und Nußkohle, verwendet man als Zugorgan Baumwoll- oder Balatagurte derselben Bauart, wie sie auch für Gurttransportbänder verwendet werden. Die Becher werden dabei für Getreideförderung im allgemeinen in unmittelbarer Aufeinanderfolge befestigt, wie aus Abb. 237 ersichtlich.

Bei Gurtbecherwerken für Kohleförderung ordnet man die Becher in mehr oder weniger großem Abstand auf dem Gurt an, wie in Abb. 238 abgebildet. Die Becher werden auf dem Gurt mit flachköpfigen Schrauben befestigt. Dabei ist besonders darauf zu achten, daß die Köpfe groß genug gewählt werden, oder daß entsprechend große Unterlegscheiben verwendet werden, um eine Beschädigung des Gurtes zu verhüten. Die Becher bestehen in der Regel aus gepreßtem Blech. Die bei Kohlenförderung verwendeten Größen, Geschwindigkeiten und Gewichte für verschiedene Leistungen sind aus der untenstehenden Tafel ersichtlich. Bei diesen Gurtbecherwerken werden die einzelnen Kettenstränge meistens für sich durch ein viereckiges Blechrohr eingeschlossen. Ebenso werden Kopf und Fuß des Becherwerkes vollständig umkleidet, wie auch aus Abb. 238 ersichtlich. Das Fördergut muß diesen Becherwerken durch Zuteilvorrichtungen gleichmäßig zugeführt werden, damit die Becher nicht vom Gurt losgerissen werden. Nur bei Getreideförderung ist ein selbsttätiges Schöpfen aus dem vollen Haufen zulässig. Dabei wird dann die untere Becherwerksumführung durch ein gitterförmiges Gerüst eingehüllt, durch welches das Getreide hindurchtreten kann. Diese Anordnung wird auch oft für Getreideentladung aus Schiffen verwendet (vgl. auch Bd. II, Verladeanlagen im Schiffahrtsbetrieb). Die Lage der Gurtbecherwerke ist allgemein senkrecht, so daß der Gurt von der oberen Umführungsscheibe frei herunterhängt. Die Geschwindigkeit muß wegen

Abb. 237. Gurtbecherwerk für Getreideförderung in Verbindung mit Gurtförderband (Amme, Giesecke).

Abb. 238. Gurt mit Bechern für Förderung von Nußkohle und Feinkohle (Pohlig).

der senkrechten Lage des Becherwerkes meistens größer oder gleich 0,8 m/sk sein, damit das Fördergut an der oberen Umführung infolge der Zentrifugalkraft aus den Bechern herausgeschleudert wird und nicht wieder an dem abwärtsführenden Becherstrang herunterfällt. In einzelnen Fällen wird die Geschwindigkeit bis zu 2,5 m/sk gesteigert. Der Antrieb erfolgt wie bei den Gurtförderbändern durch eine einfache glatte Umführungsscheibe. Die durch das Gewicht des mit Bechern besetzten Gurtes entstehende Reibung zwischen Gurt und Scheibe genügt für den Antrieb ohne weiteres Anspannen des Gurtes, da die Nutzlast im Verhältnis zum Eigengewicht des Bechergurtes mit Bechern verhältnismäßig nicht so groß ist. Nur um ein Hin- und Herschlagen des Gurtes zu verhindern, ist eine Spannvorrichtung erforderlich. Das Spannen erfolgt meistens durch Schraubenspindeln, entweder durch Verschieben der unteren oder der oberen Kettenumführung. Die letztere Anordnung ist insofern vorzuziehen, als dabei die untere mit dem Schöpftrog verbundene Umführung immer in derselben Lage bleibt. Die Bauart mit oberer Spannvorrichtung ist aber meistens etwas teurer, weil einerseits an der oberen Umführung das Gewicht des ganzen Gurtes mit Bechern und Inhalt hängt, und weil andererseits der an dieser Umführung

Preise und Gewichte der Becherwerke mit Gurten.

Für Kohlenförderung

Stündl. Leistung in Tonnen	Achsenabstand der Scheiben m	Stärke des Motors	Für Transmission ohne Vorgelege mit fester u. loser Scheibe kg	Für Becherwerke mit 1 Vorgelege mit fester u. loser Scheibe kg	Bemerkungen	Stündl. Leistung in Tonnen	Achsenabstand der Scheiben m	Stärke des Motors	Für Transmission ohne Vorgelege mit fester u. loser Scheibe kg	Für Becherwerke mit 1 Vorgelege mit fester u. loser Scheibe kg	Bemerkungen
7 t Kohle	5	0,21	730	784	Scheiben 600/200 $n = 45$ $v = 1,41$ Becher 150/120 (Nr.19) Inhalt 0,6 l Becherteilg. 300 mm Gurtbreite 170 mm Rostweite 60	25 t Kohle	5	0,7	1048	1119	Scheiben 800/350 $n = 40$ $v = 1,67$ Becher 300/180 (Nr. 8) Inhalt 2,8 l Becherteilg. 450 mm Gurtbreite 320 mm Rostweite 90
	7,5	0,3	822	876			7,5	1,54	1139	1210	
	10	0,42	917	971			10	1,4	1229	1300	
	15	0,6	1120	1172			15	2,08	1706	1795	
	20	0,84	1316	1370			20	2,8	1886	1975	
	25	1,0	1517	1571			25	3,5	2066	2155	
12 t Kohle	5	0,33	722	777	Scheiben 600/250 $n = 45$ $v = 1,41$ Becher 200/140 (Nr.17) Inhalt 1,3 l Becherteilg. 350 mm Gurtbreite 220 mm Rostweite 70	27 t Kohle	5	0,75	1275	1346	Scheiben 1000/350 $n = 35$ $v = 1,83$ Becher 300/180 (Nr.15) Inhalt 2,8 l Becherteilg. 450 mm Gurtbreite 320 mm Rostweite 90
	7,5	0,5	792	847			7,5	1,25	1368	1439	
	10	0,66	861	916			10	1,5	1462	1533	
	15	1,0	1000	1055			15	2,25	1940	2029	
	20	1,33	1138	1193			20	3,0	2127	2216	
	25	1,66	1277	1332			25	3,75	2315	2404	
15 t Kohle	5	0,42	903	957	Scheiben 800/250 $n = 40$ $v = 1,67$ Becher 200/140 (Nr.17) Inhalt 1,3 l Becherteilg. 350 mm Gurtbreite 220 mm Rostweite 70	35 t Kohle	5	1,0	1380	1451	Scheiben 1000/400 $n = 35$ $v = 1,83$ Becher 350/200 (Nr.15) Inhalt 4 l Becherteilg. 500 mm Gurtbreite 307 mm Rostweite 100
	7,5	0,63	976	1030			7,5	1,5	1507	1578	
	10	0,84	1049	1103			10	2,0	1620	1691	
	15	1,26	1195	1249			15	3,0	2134	2224	
	20	1,68	1341	1395			20	4,0	2148	2238	
	25	2,1	1762	1851			25	5,0	—	2597	
20 t Kohle	5	0,55	966	1036	Scheiben 800/300 $n = 40$ $v = 1,67$ Becher 250/160 (Nr.17) Inhalt 2 l Becherteilg. 400 mm Gurtbreite 270 mm Rostweite 80	45 t Kohle	5	1,25	1477	1548	Scheiben 1000/450 $n = 35$ $v = 1,83$ Becher 400/220 (Nr.15) Inhalt 5,5 l Becherteilg. 550 mm Gurtbreite 420 mm Rostweite 100
	7,5	0,83	1045	1115			7,5	1,87	1527	1668	
	10	1,11	1125	1195			10	2,5	2007	2097	
	15	1,66	1248	1354			15	3,75	2207	2343	
	20	2,22	1732	1821			20	5,0	—	2503	
	25	2,77	1660	1979			25	6,25	—	2745	

angreifende Antrieb ein Nachspannen erschwert. Beide Anordnungen werden daher je nach den vorliegenden Verhältnissen ausgeführt.

Als Zugorgan für Becherwerke kommen außer den Gurten zunächst Ketten aus Temperguß oder auch einfache geschweißte Gliederketten zur Anwendung. Die Befestigung der Becher kann in verschiedener Weise erfolgen, z. B. wie in Abb. 239 dargestellt. In Zeichnung 239a ist der Becher mit einer Flacheisenführung versehen zum Verhindern des Pendelns der Becherkette. Mit dieser Führung können die Becherwerke auch in geneigter Richtung arbeiten, während

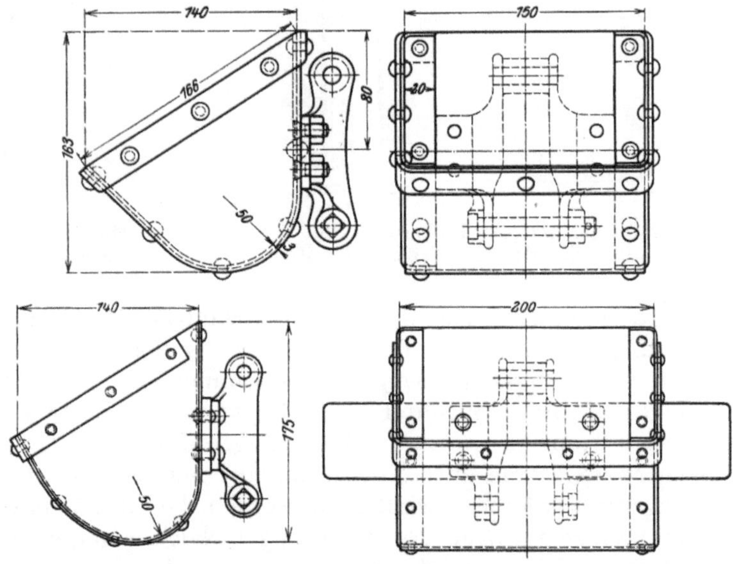

Abb. 239 und 239a. Elevatorbecher mit Tempergußketten (Stotz) (Maßstab 1 : 4,8 und 1 : 6).

die Ausführungsform ohne Führung nach Zeichnung 239 nur für senkrechte Lage des Becherwerkes geeignet ist.

Der Antrieb erfolgt bei diesen Becherwerken in einfachster Weise durch entsprechende Kettenräder. Hinsichtlich der Spannvorrichtung gilt dasselbe, was schon oben bei den Gurtbecherwerken ausgeführt wurde. Die Umhüllung der Becherwerke erfolgt entweder mit Hilfe von 2 getrennten Blechrohren, ähnlich, wie weiter oben für das Gurtbecherwerk in Abb. 237 dargestellt wurde, oder auch durch einen zusammenhängenden Blechkasten, wie in Abb. 240 dargestellt. Besonders bei schrägstehenden Becherwerken schließt man das Ganze stets in einen einzigen zusammenhängenden Blechkasten ein. Senkrechtstehende Becherwerke müssen natürlich auch bei Verwendung von Ketten mit derselben Mindestgeschwindigkeit laufen wie die Gurtbecherwerke, um ein gutes Entleeren der Becher zu erzielen. Bei schrägen Becherwerken kann die Geschwindigkeit geringer angenommen werden. Die Neigung beträgt selten weniger als 70°. Mitunter wird der untere Teil des Becherwerkes senkrecht und nur der Kopf in geneigter Lage angeordnet, um trotz senkrechter Stellung des Becherwerkes eine gute Entleerung bei mäßiger Geschwindigkeit zu erzielen. Bei geringerer Fördergeschwindigkeit werden die Becher natürlich größer; aber die Abnutzung wird geringer. Bei der geringen Neigung genügt es vollkommen, zur Stützung der Kette auf der geneigten Strecke einfache Flacheisen anzuwenden, wie in Abb. 239a dargestellt, welche auf einer aus Winkel- oder U-Eisen gebildeten Führung gleiten.

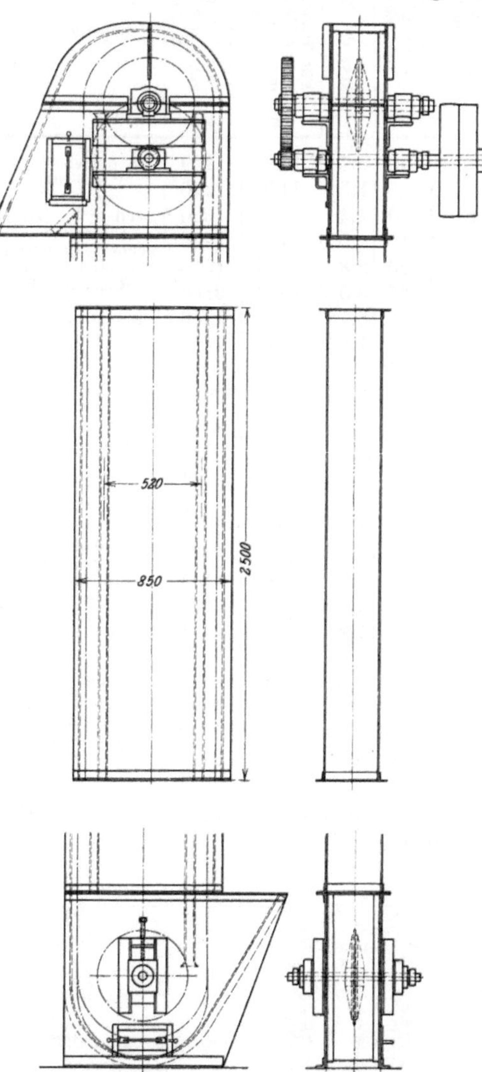

Abb. 240. Senkrechtes Becherwerk mit Tempergußkette (Stotz) (Maßstab 1 : 40).

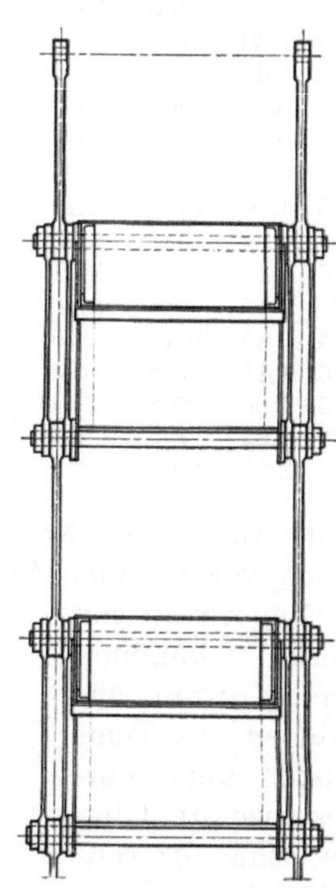

Abb. 241. Becherwerkskette mit gepreßten Stahllaschen (Pohlig) (Maßstab 1 : 20).

Die Becherwerke mit gewöhnlicher Gliederkette werden fast ausschließlich in senkrechter Lage angeordnet. Sie kommen verhältnismäßig selten vor, da die Gliederkette infolge der geringen Auflagefläche in den Gelenkpunkten verhältnismäßig schnell verschleißt. Andererseits hat diese Bauart gerade bei scharfkantigem trockenen Fördergut, wie Sand usw., den Vorteil, daß die scharfkantigen Körner sich nicht auf den runden Flächen der Kettenglieder halten können, während sie sich bei richtig ausgebildeten Gelenken mit großen Auflageflächen in die Lagerfläche hineindrücken können, hier festgehalten werden und zu einem sehr schnellen Verschleiß führen. Außer in Fällen, wie eben gekennzeichnet, also für sehr scharfkantiges Fördergut, findet aber die Gliederkette keine Verwendung. Ketten aus Temperguß werden dagegen verhältnismäßig häufig angewendet, obgleich eine gegossene Kette hinsichtlich der Zugfestigkeit nicht die Sicherheit bietet wie eine geschmiedete Kette. Kettenbrüche können viel leichter eintreten, und dann ist die Betriebsstörung verhältnismäßig groß, da bei der großen Neigung des Becherwerkes die ganze Becherkette herunterfällt und verbogen wird. Die Bauart ist aber verhältnismäßig leicht und billig und für viele Förderzwecke auch vollkommen genügend.

Größere Sicherheit bietet die Verwendung einer stählernen Laschenkette, die entweder aus gepreßten Gliedern hergestellt wird, wie aus Abb. 241 ersichtlich, oder aus gewöhnlichem Flacheisen bzw. Flachstahlschienen. Die Ausführungsform wird daher mit Vorteil für große Leistungen, besonders auch für großstückiges Fördergut angewendet. Wegen der großen Länge der hierbei verwendeten Kettenglieder ist nur eine verhältnismäßig geringe Geschwindigkeit zulässig, wenn die Kette nicht schlagen soll. Diese Becherwerke laufen daher im allgemeinen nur mit einer Ge-

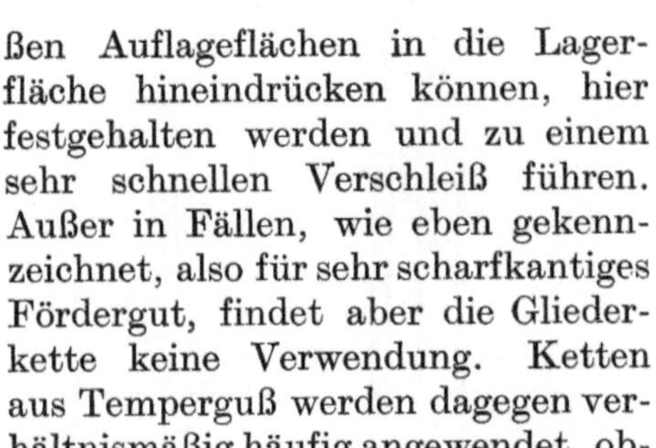

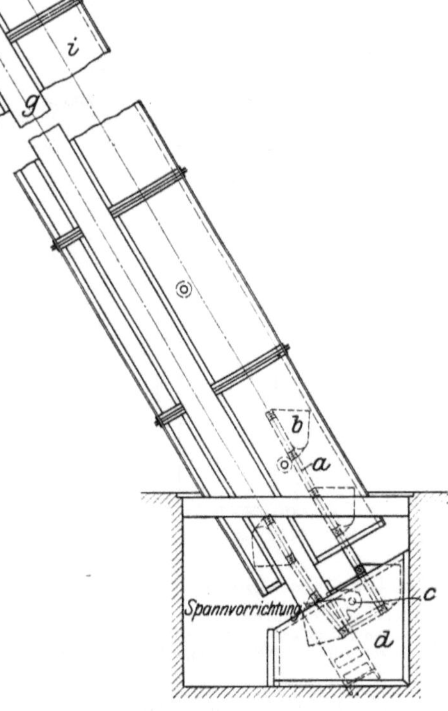

Abb. 242. Langsam laufendes Becherwerk mit Umhüllungskasten (Pohlig) (Maßstab 1 : 74).

a Becherkette aus gepreßtem Stahl.
b Becher aus Stahlblech, am Rande mit Stahlbändern verstärkt.
c Vierseitiger unterer Umführungsstern mit Schraubenspannvorrichtung.
d Schöpftrog.
e Vierseitiger oberer Umführungsstern als Antrieb.
f Antriebsriemenscheibe.
g Traggerüst aus [-Eisen.
h Tragrollen für die Kette.
i Blechabdeckung des Becherwerks.

schwindigkeit von 0,1—0,3 m/sk und werden nur in einer um etwa 60—70° gegen die Wagerechte geneigten Lage verwendet, um ein gutes Auswerfen des Fördergutes am Kopfende des Becherwerkes zu erreichen. Zu diesem Zweck werden die Becher entweder so geformt, daß die Rückwand des vorangegangenen Bechers eine Führung für das aus dem folgenden Becher entleerte Fördergut bildet, oder es werden an dem in der Regel vier- bis sechskantigen Umführungsstern des Becherwerkkopfes ent-

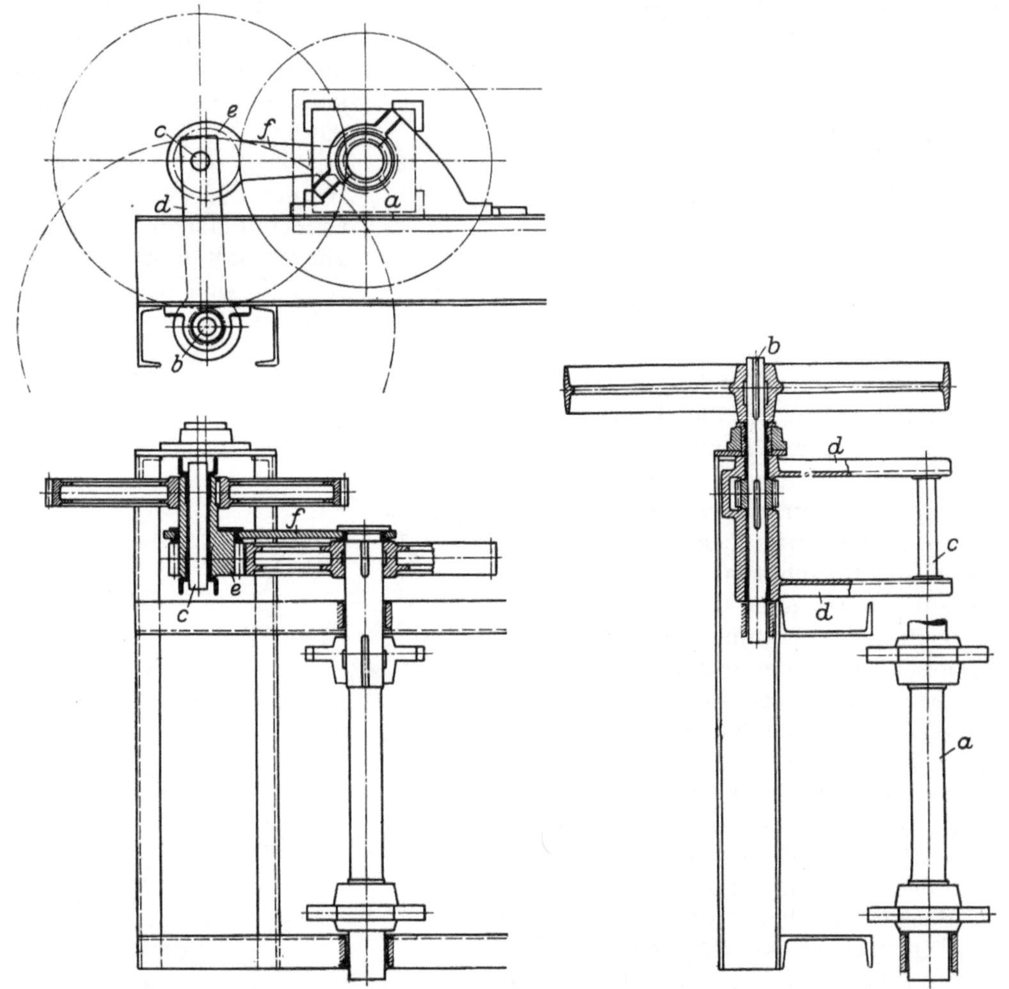

Abb. 242a. Becherwerksantrieb mit Geschwindigkeitsausgleich Patent Aumund (Maßstab 1 : 20).

a Kettenantriebswelle.
b Riemenscheiben- oder Motorwelle.
c Erste Vorgelegewelle, gelagert auf Pendelstütze *d*.
e Rundes Ritzel mit exzentrischer Bohrung, gesteuert durch Exzenterstange *f*.

sprechende Führungsbleche angebracht. Die Flächen der Umführungssterne, auf welche die Kette sich auflegt, werden zweckmäßig mit auswechselbaren Laschen aus Stahl armiert, die bei eintretendem Verschleiß ausgewechselt werden können. Auch kann man bei dieser Bauart dem Längerwerden der Kettenteilung infolge Verschleiß in den Gelenken leicht Rechnung tragen, indem man später entsprechend stärkere Platten auf die Umführungssterne auflegt. Auf der schrägen Strecke gleiten die Kettenglieder meistens auf einfachen Flacheisenschienen, die an dem Gerüst des Becherwerkes befestigt sind. Oft versucht man, die Reibung auf diesen Schienen etwas zu verringern, indem man die Schienen an einigen Stellen unterbricht und hier Tragrollen anordnet, die etwas über die Schiene hinausragen. Diese Tragrollen nehmen dann das Hauptgewicht der Becherkette auf, und die Schiene dient als Führung und verhindert ein Schlagen der Kette. Mitunter werden Tragrollen allein und ohne Führungsschienen verwendet, wie auch in Abb. 242 angegeben. Die Anordnung hat aber gegenüber den angeführten beiden Bauarten gewisse Nachteile. Die Abnutzung der Kettenglieder durch Gleiten auf den Schienen kommt zwar in Wegfall, dafür entsteht aber der Übelstand, daß die Kette leicht schlingert, und daß die Gelenke schnell verschleißen. Dieser Nachteil wird meistens als größer angesehen als die etwas größere Reibung bei Becherwerken ohne Tragrollen, da infolge der geringen Neigung des Becherwerkes der durch die Reibung bedingte Arbeitsverbrauch und der Verschleiß der Kettenlaschen nur verhältnismäßig gering sind. Es muß aber auch hier wieder darauf hingewiesen werden, daß der Gang der Becherwerksketten erheblich ruhiger gestaltet werden kann, wenn der auf S. 195 in Abb. 219 dargestellte Antrieb mit Geschwindigkeitsausgleich verwendet wird. Dadurch kann bei raschem Gang der Kette das eintretende Schlagen der Kette erheblich gemildert werden, und damit wird gleichzeitig auch der Verschleiß der Kettenglieder in den Gelenken vermindert. In Abb. 242a ist ein Ausführungsbeispiel eines derartigen Antriebes für Becherwerke gegeben. Wenn man daneben noch die Befestigung der Kettenglieder auf den Bolzen in der Weise mit Gleitbüchsen ausführt, wie weiter hinten bei den Pendelbecherwerken geschildert, so erhält man auch bei Kettengliedern aus einfachem Walzstahl eine Konstruktion, die bei ungünstigem Fördergut eine lange Dauer des Becherwerkes und geringe Unterhaltungskosten erwarten läßt.

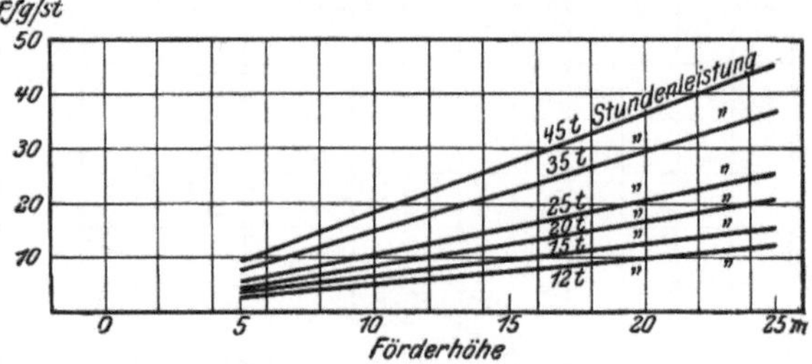

Abb. 243. Arbeitsverbrauch der Gurtbecherwerke.

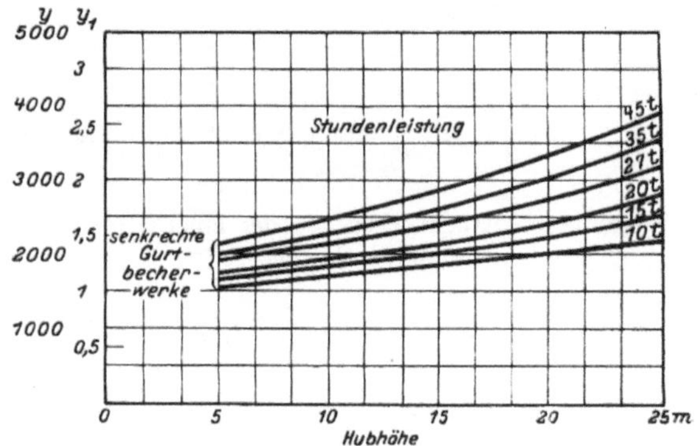

Abb. 244.

y = Anlagekosten in M. y_1 = Unterhaltungskosten in Pf./st für Gurtbecherwerke.

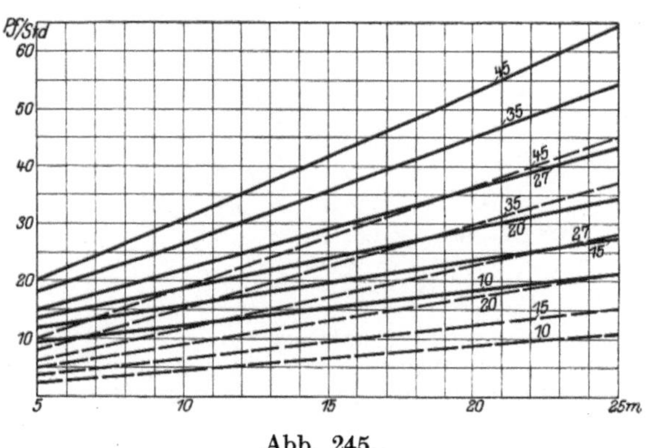

Abb. 245.

—— Gesamtförderkosten, - - - - Anteil des Arbeitsverbrauchs bei der Förderung mit Gurtbecherwerken bei 3000 jährl. Betriebsstunden.

Mitunter werden die Becherwerke ohne Umhüllungskasten angewendet. Die Bauart ist dann grundsätzlich dieselbe wie bei den Becherwerken mit Umhüllungskasten. Die Spannvorrichtung wird fast ausschließlich mit Schrauben ausgeführt, und zwar meistens an der unteren Kettenumführung, wie auch in Abb. 240 dargestellt, wenngleich es für das gleichmäßige Schöpfen des Becherwerkes vorteilhafter wäre, die Spannvorrichtung an der oberen Kettenumführung angreifen zu lassen. Dem steht aber die Schwierigkeit entgegen, daß dann die Spannvorrichtung das ganze Gewicht der Becherkette zu tragen hat.

Die Zuführung des Fördergutes erfolgt bei diesen schweren und langsam laufenden Becherwerken meistens ohne besondere Zuteilvorrichtungen. Die Becher schöpfen das Fördergut aus dem vollen Schöpftrog. Dabei ist es allerdings zweckmäßig, die Einlauföffnung in den Schöpftrog so zu gestalten, daß der Druck des Fördergutes auf die Becher nicht zu groß wird, was besonders beim ersten Inbetriebsetzen des Becherwerkes, wenn das Fördergut sich noch in Ruhe befindet und sich oft stark festgesetzt hat, leicht zu schädlichen Folgen führt. Im Hinblick auf die hierbei oft eintretenden großen Beanspruchungen muß auf die Bauart und Befestigung der Becher große Sorgfalt verwendet werden. Sie werden bei den schweren Becherwerken aus einzelnen Blechen zusammengenietet und am Rande mit Stahlbändern armiert. Die Befestigung der Becher an den Gliedern geschieht am besten durch einfaches

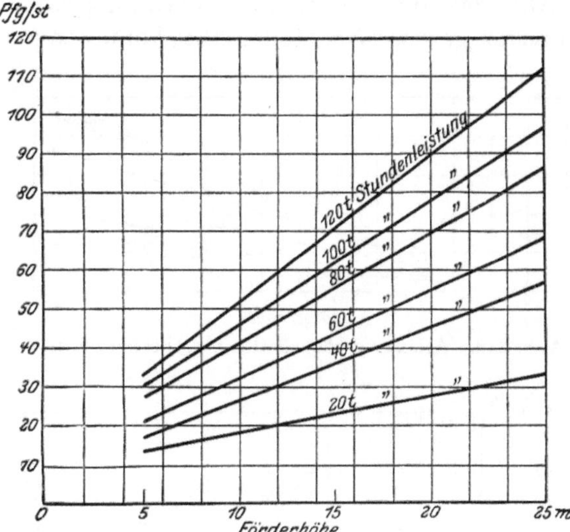

Abb. 246. Arbeitsverbrauch der langsamlaufenden schrägen Becherwerke.

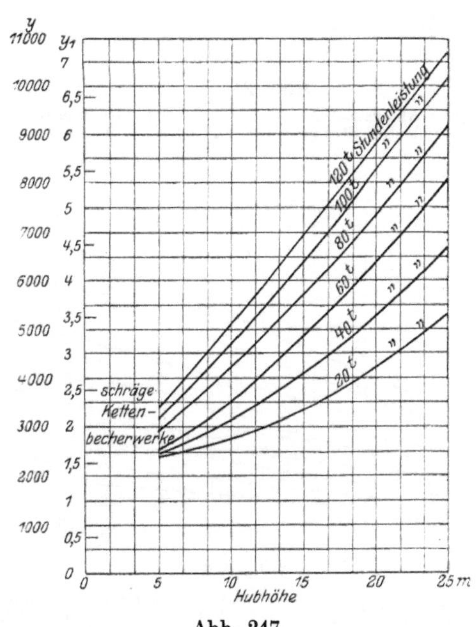

Abb. 247.

y = Anlagekosten in M. } für langsamlauf.
y_1 = Unterhaltungsk. in Pf./st } schräge Becherw.

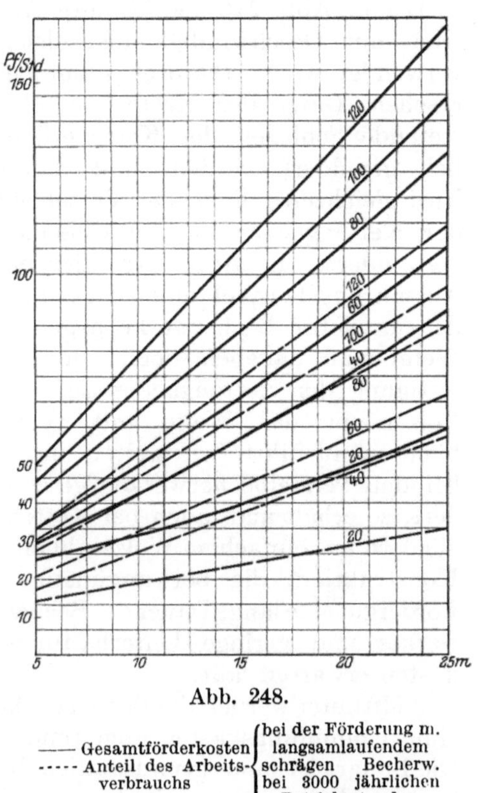

Abb. 248.

—— Gesamtförderkosten
----- Anteil des Arbeitsverbrauchs
} bei der Förderung m. langsamlaufendem schrägen Becherw. bei 3000 jährlichen Betriebsstunden.

Vernieten der Kopfbleche der Becher auf der ganzen Länge der Kettenlasche, wie auch in Abb. 241 angegeben. Mitunter werden gelochte Bleche verwendet, wenn das Fördergut während der Förderung entwässert werden soll, wie z. B. in Kohlenwäschen und beim Fördern von granulierter Schlacke.

Gewichte der Becherwerke für leichte Materialien (Koks, Braunkohle usw.).

Desgl. für schwere Materialien (eingeklammert) für Kohle, Kies usw.

Stündl. Leistung in Tonnen	Achsenentfernung d. Sterne in m	Stärke des Betriebsmotors	Becherwerke auf Eisenkonstruktion: Mech. Teile ohne Motor kg	Becherwerke auf Eisenkonstruktion: Eisenkonstr. inkl. Anker, ohne Leitern kg	Becherwerke auf Eisenkonstruktion: Zusammen ohne Motor und ohne Leitern kg	Becherwerke im Umhüllungskasten: Mech. Teile ohne Motor mit Trog kg	Becherwerke im Umhüllungskasten: Eisenkonstr. inkl. Anker ohne Leitern und Trog kg	Becherwerke im Umhüllungskasten: Zusammen ohne Motor kg	
10—20 Tonnen	5	2 (2)	850 (1010)	350 (350)	1200 (1360)	1010 (1440)	1030 (1030)	2440 (2470)	Becherabstand: 1 m; Inhalt: 23 l; Becherbreite: 450 mm.
	10	2,5 (2,5)	1190 (1460)	710 (710)	1900 (2170)	1360 (1900)	1530 (1530)	2890 (3430)	
	15	3 (3)	1500 (1910)	1100 (1100)	2600 (3010)	1680 (2350)	2030 (2030)	3710 (4380)	
	20	4 (4)	1850 (2925)	2425 (2425)	4275 (5350)	2030 (3340)	2800 (2800)	4830 (6140)	
	25	4 (5)	2870 (3450)	3050 (3050)	5920 (6500)	3010 (3850)	3310 (3310)	6320 (7160)	
20—40 Tonnen	5	2 (2,5)	1000 (1160)	350 (350)	1350 (1510)	1160 (1590)	1030 (1030)	2190 (2620)	Becherabstand: 0,5 m; Inhalt: 23 l; Becherbreite: 450 mm.
	10	4 (4)	1480 (2100)	1120 (1120)	2600 (3220)	1645 (2510)	1780 (1780)	3425 (4290)	
	15	5 (5)	2455 (2870)	1770 (1770)	4225 (4640)	2585 (3270)	2300 (2300)	4885 (5570)	
	20	6 (6)	2990 (4060)	2810 (2810)	5800 (6870)	3040 (4470)	2960 (2960)	6100 (7430)	
	25	7 (8)	3625 (5350)	3550 (3550)	7075 (8900)	3665 (5760)	3500 (3500)	7165 (9260)	
30—60 Tonnen	5	3 (3)	1120 (1280)	350 (350)	1470 (1630)	1555 (1630)	1070 (1070)	2625 (2700)	Becherabstand: 0,5 m; Inhalt: 32 l; Becherbreite: 600 mm.
	10	4 (4)	1700 (2460)	1120 (1120)	2820 (3580)	2140 (2870)	1820 (1820)	3960 (4690)	
	15	6 (6)	2780 (3730)	2130 (2130)	4920 (5860)	3200 (4140)	2490 (2490)	5960 (6630)	
	20	7 (8)	3420 (5060)	2810 (2810)	6230 (7870)	3800 (5470)	3100 (3100)	6930 (8570)	
	25	9 (9)	4740 (6475)	3550 (3550)	8290 (10025)	5210 (6890)	3610 (3610)	8820 (10500)	
40—80 Tonnen	5	4 (4)	1350 (1920)	700 (700)	2050 (2620)	1800 (2350)	1710 (1710)	3510 (4060)	Becherabstand: 0,7 m; Inhalt: 60 l; Becherbreite: 500 mm.
	10	6 (6)	2330 (2620)	1330 (1330)	3660 (3950)	2760 (3060)	2340 (2340)	5100 (5400)	
	15	7 (8)	2900 (3770)	2140 (2140)	5040 (5910)	3320 (4200)	2980 (2980)	6300 (7180)	
	20	9 (10)	4040 (5090)	2820 (2820)	6860 (7910)	4380 (5520)	3620 (3620)	8100 (9140)	
	25	12 (12)	4710 (7920)	3560 (3560)	8270 (11480)	5130 (8410)	4330 (4330)	9460 (12740)	
50—100 Tonnen	5	4 (5)	1465 (2030)	700 (700)	2165 (2730)	1920 (2470)	1750 (1750)	3670 (4220)	Becherabstand: 0,7 m; Inhalt: 75 l; Becherbreite: 625 mm.
	10	7 (7)	2530 (3210)	1330 (1330)	3860 (4540)	2950 (3740)	2420 (2420)	5370 (6160)	
	15	9 (9)	3160 (4500)	2140 (2140)	5300 (6640)	3585 (4940)	3090 (3090)	6675 (8030)	
	20	11 (11)	4355 (7110)	2820 (2820)	7175 (9930)	4775 (7480)	3800 (3800)	8575 (11280)	
	25	12 (12)	5765 (9420)	3560 (3560)	9325 (12980)	6180 (9790)	4520 (4520)	10700 (14310)	
60—120 Tonnen	5	4 (4)	1550 (2140)	700 (700)	2250 (2840)	2000 (2660)	1800 (1800)	3800 (4460)	Becherabstand: 0,7 m; Inhalt: 90 l; Becherbreite: 750 mm.
	10	7 (8)	2670 (3430)	1330 (1330)	4000 (4760)	3095 (3860)	2480 (2480)	5575 (6340)	
	15	9 (10)	4690 (5500)	2140 (2140)	6830 (7640)	4310 (5870)	3170 (3170)	7480 (9040)	
	20	12 (12)	4710 (7400)	2820 (2820)	7530 (10220)	5080 (7780)	3920 (3930)	9050 (11700)	
	25	16 (16)	6100 (9910)	3560 (3560)	9660 (13470)	6515 (10280)	4660 (4660)	11175 (14940)	

Für leichte Materialien (Koks, Braunkohle usw.) sind folgende Annahmen gemacht:

Kleinste Leistung für Koks bei v = 0,4; Füllungsgrad: 0,6; bei Braunkohle: v = 0,3; Füllungsgrad: 0,5; bei Kohle Leistung reichlich so groß wie bei Braunkohle.

Konstruktionsmaße der Glieder usw. sowie Kraftverbrauch sind für Koks und Füllungsgrad = 1 gerechnet.

Für schwere Materialien (Kohle, Kies usw.) sind folgende Annahmen gemacht:

Kleinste Leistung bei Kohle bei v = 0,3; Füllungsgrad: 0,5; spez. Gew. 0,9.

Für schwere Materialien ist v im Verhältnis der spez. Gewichte kleiner zu nehmen.

Konstruktionsmaße der Glieder usw. sowie Kraftbedarf sind für Kohle spez. Gewicht 0,9 und Füllungsgrad = 1 gerechnet.

Die Grundsätze für die Berechnung des Arbeitsverbrauches sind schon auf S. 124ff. entwickelt und an Beispielen erläutert worden. Der Arbeitsverbrauch ist ungefähr derselbe bei leichten, schnellaufenden Becherwerken und bei schweren, langsamlaufenden Becherwerken, da bei den ersteren das geringere Gewicht der bewegten Massen durch die größere Geschwindigkeit ausgeglichen wird. Die Abb. 243 bis 245 geben die durchschnittlichen Werte für den Arbeitsverbrauch, die Anlagekosten und Gesamtförderkosten der senkrechten Gurtbecherwerke für Kohlenförderung, während aus den Abb. 246—248 dieselben Angaben für langsamlaufende, schräge Becherwerke für Kohlenförderung ersichtlich sind. Die Bechergrößen, die Becherteilung, die Fördergeschwindigkeiten und die Gewichte wechseln natürlich je nach der Art des Fördergutes und werden auch durch andere Umstände, wie Dauer

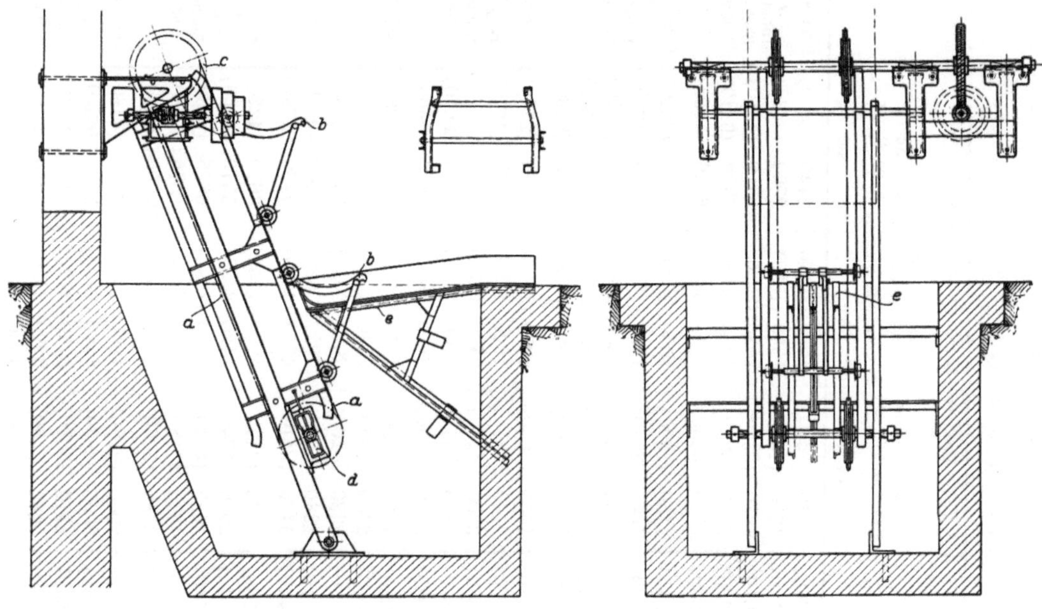

Abb. 249. Faßelevator (Fredenhagen) (Maßstab 1 : 68).

a Elevatorkette, gleichmäßig mit Mitnehmern *b* besetzt.
b Mitnehmer.
c Antrieb.
d Spannvorrichtung.
e Rostartig ausgebildeter Zuführungstisch.

der täglichen Benutzung u. dgl., beeinflußt. Einen gewissen Anhalt bietet die umstehende Tafel, die für leichtes und schweres Fördergut aufgestellt ist.

Eng an die eben beschriebenen Becherwerke schließen sich die mannigfaltigen Bauarten von Elevatoren mit dauernd umlaufendem Zugorgan und für Förderung der verschiedenartigsten Stückgüter an. Abb. 249 zeigt als Beispiel einen Elevator zum Fördern von Fässern, dessen Arbeitsweise aus der Abbildung ohne weiteres ersichtlich ist. Abb. 250 stellt einen Elevator zum Heben von Ballen usw. dar, bei dem als Zugorgan Gurte verwendet sind, während bei Abb. 249 Gallsche Ketten als Zugorgan benutzt sind. Bei der in Abb. 251 dargestellten Anlage zum Heben von Zuckersäcken in einem Lagerspeicher in Danzig sind dagegen Tempergußketten angewendet. Letztere Anlage weicht insofern etwas von der gewöhnlichen Becherwerksförderung ab, als die Säcke nicht getragen, sondern durch die mit der Kette verbundenen Mitnehmer, d. s. einfache Querstangen, erfaßt und auf der schrägen Holzunterlage gleitend hinaufgeschleppt werden. Die Förderart nähert sich also in gewissem Grade der Kratzerförderung. Das Holz wird aber so glatt, daß bei der steilen Lage des Förderers die Reibung sehr gering ist. Die Säcke werden mit Sackkarren von den Eisenbahnwagen herangebracht und am Fuß des Elevators abgesetzt.

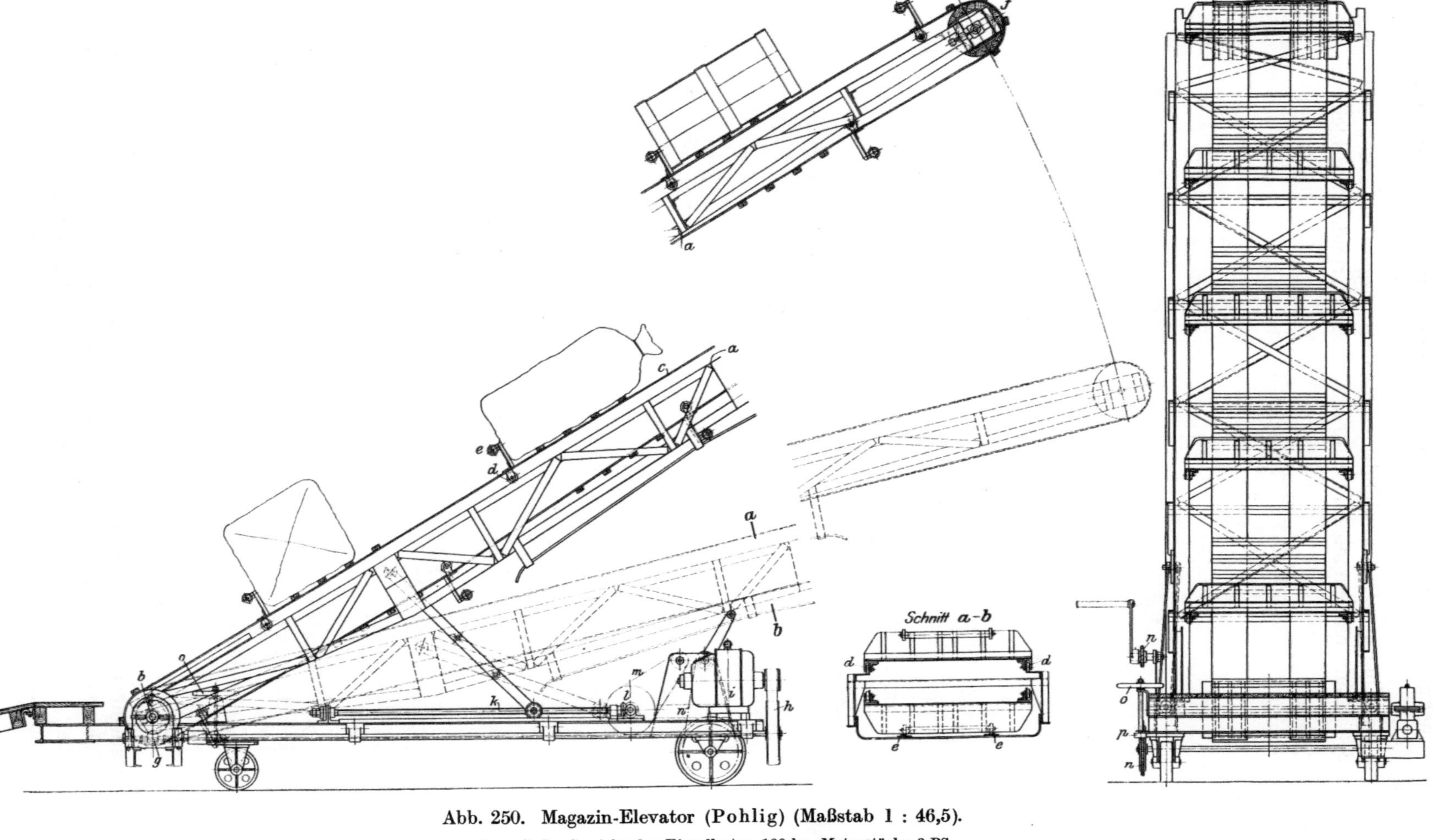

Abb. 250. Magazin-Elevator (Pohlig) (Maßstab 1 : 46,5).

$v = 0.3$ m/Sek., Gewicht der Einzellasten 100 kg, Motorstärke 3 PS.

a Ausleger, schwenkbar um die Achse *b*.
c Förderband.
d Führungsrollen beim Aufwärtsgang.
e Führungsrollen beim Abwärtsgang.
f Spannvorrichtung für die Umlenktrommel.
g Schneckenradgetriebe, *h* Riementrieb.
i Motor zum Antrieb des Förderbandes.
k Spindel mit Wandermutter zum Aufrichten des Auslegers.
l m Getriebe zum Antrieb der Spindel *k* mittels Handkurbel.
n Kettentrieb zum Verfahren des Elevators.
o Handrad und Getriebe *p* zum Drehen der vorderen Lenkachse.

Der nächste Mitnehmer nimmt den Sack dann mit und wirft ihn oben in eine schräge Rutsche ab.

Die Darstellung der in sehr mannigfaltigen Formen ausgeführten Konstruktionen würde zu großen Raum einnehmen und muß aus diesem Grunde unterbleiben.

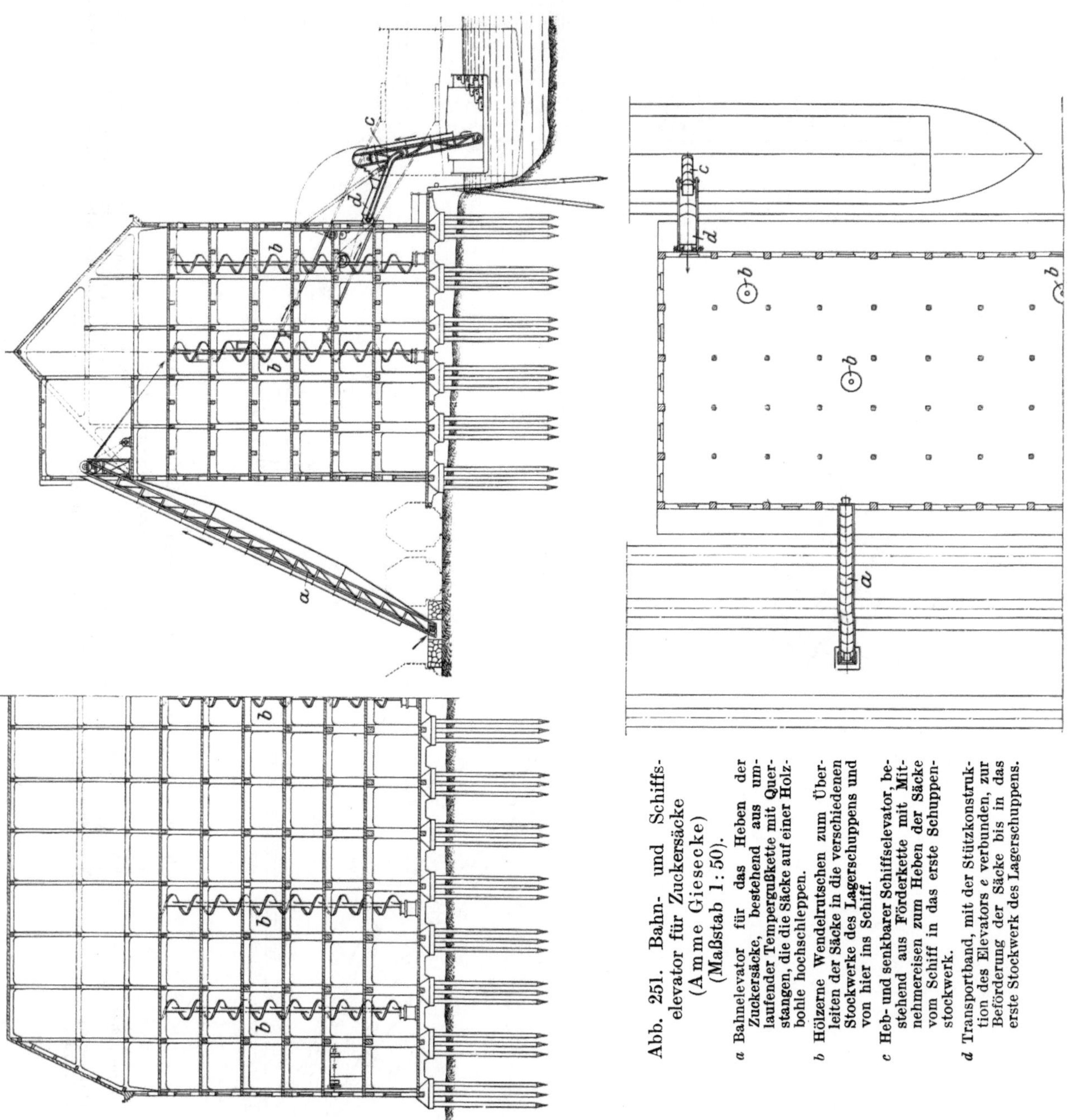

Abb. 251. Bahn- und Schiffselevator für Zuckersäcke (Amme Giesecke) (Maßstab 1 : 50).

a Bahnelevator für das Heben der Zuckersäcke, bestehend aus umlaufender Tempergußkette mit Querstangen, die die Säcke auf einer Holzbohle hochschleppen.
b Hölzerne Wendelrutschen zum Überleiten der Säcke in die verschiedenen Stockwerke des Lagerschuppens und von hier ins Schiff.
c Heb- und senkbarer Schiffselevator, bestehend aus Förderkette mit Mitnehmereisen zum Heben der Säcke vom Schiff in das erste Schuppenstockwerk.
d Transportband, mit der Stützkonstruktion des Elevators *e* verbunden, zur Beförderung der Säcke bis in das erste Stockwerk des Lagerschuppens.

δ) Eimerkettenbagger.

Diese Verladeeinrichtungen kommen für die verschiedenen Erdarbeiten in Frage und schließen sich an die gewöhnlichen Becherwerke mit festen Bechern ohne weiteres an. Nur ist dabei der Zweck weniger in dem Heben des Fördergutes zu sehen, als in dem Lösen und Aufnehmen desselben. Am nächsten verwandt mit dem gewöhnlichen Becherwerk ist der sog. Hochbagger mit geschlossenen Bechern, wie in Abb. 252 dargestellt. Die Anordnung ist wenig verschieden von dem schrägen Becherwerk ohne Umhüllungskasten. Im Gegensatz zu den Becherwerken sind die Bagger allgemein fahrbar. Indessen werden auch gewöhnliche offene Becherwerke zum Fördern von Kohle und besonders zum Fördern von Getreide hin und wieder fahrbar ausgeführt. Ein weiterer Unterschied ist der, daß die mit dem Namen „Bagger" bezeichneten Becherwerke mit geschlossenen Bechern zum Gewinnen von Erde meistens in schwererer Ausführung gebaut und für größere Leistungen von stündlich 60—300 cbm Bodenmaterial ausgeführt werden. Der Ausleger, der die Becherkette trägt, wird meistens in senkrechter Ebene drehbar angeordnet, um den Boden in verschiedener Höhe bis zu etwa 5 m gleichmäßig fortnehmen zu können.

Der Antrieb erfolgt ebenso wie bei den gewöhnlichen schrägen Becherwerken durch einen 4—6eckigen Antriebsstern, der bei den Eimerkettenbaggern mit dem Namen „Turas" bezeichnet wird. Für die untere Umführung wird meistens eine runde Umführungsscheibe verwendet, die durch Schraubenspindeln angespannt werden kann. Die Hochbagger mit geschlossenen Bechern werden da angewandt, wo mäßig unebenes Gelände vorhanden ist und wo Erhöhungen des Bodens weggenommen werden sollen. Man hat bei ihrer Verwendung den Vorteil, daß die Schienen für das Verfahren des Baggers auf dem abgebaggerten ebenen Boden liegen. Mit dem Bagger können auch Einschnitte hergestellt werden, wenn man den eigentlichen Bagger auf dem Unterwagen um eine senkrechte Achse drehbar anordnet, so daß er das Erdmaterial sowohl an der Seite als auch vor dem Wagen aufnehmen kann. Für solche Einschnittarbeiten sind allerdings der weiter hinten auf S. 225ff. beschriebene Schaufelradbagger und der Löffelbagger besser geeignet. Der Kettenhochbagger mit drehbarem Oberteil für Einschnittarbeit kommt daher nur selten zur Anwendung.

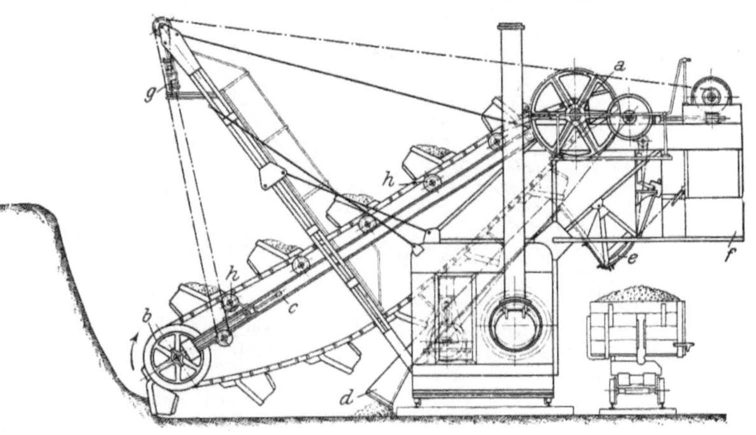

Abb. 252. Hochbagger mit geschlossenen Bechern (Koppel) (Maßstab 1 : 150).

a Fünfeckiger Antriebsstern.
b Runde untere Umführung mit Spannvorrichtung.
c Aufklappbare Ausleger.
d Blechrutsche unterhalb der Kette zum Ableiten von verstreuter Erdmasse.
e Entladeschurre.
f Gegengewicht.
g Federnde Aufhängung des Auslegers.
h Feste Tragrollen für den oberen Kettenstrang.

Bei Erdarbeiten liegen die Verhältnisse oft so, daß man den Bagger oben laufen lassen und die Erde aus einer Grube herausbaggern will. Das ist mit dem eben beschriebenen Hochbagger nicht möglich, und man muß den sog. Tiefbagger anwenden, wie z. B. in den Abb. 253—255 dargestellt. Diese Tiefbagger können aber auch zum Teil zum Abbaggern hochgelegener Erdmassen benutzt werden, wie in Abb. 253 und 255 punktiert angedeutet. Sie sind also allgemeiner anwendbar als die Hochbagger und kommen häufiger vor als diese, um so mehr, als auch noch verschiedene andere Eigenschaften eine vielseitigere Verwendung ermöglichen.

Bei den Tiefbaggern werden nämlich in der Regel sog. offene Becher verwendet, bei denen das Fördergut an der einen Seite in den Becher ein- und an der anderen Seite aus dem Becher wieder austritt. Während die Becherkette bei dem in Abb. 252 dargestellten Hochbagger sich an der unteren Kettenumführung von unten nach

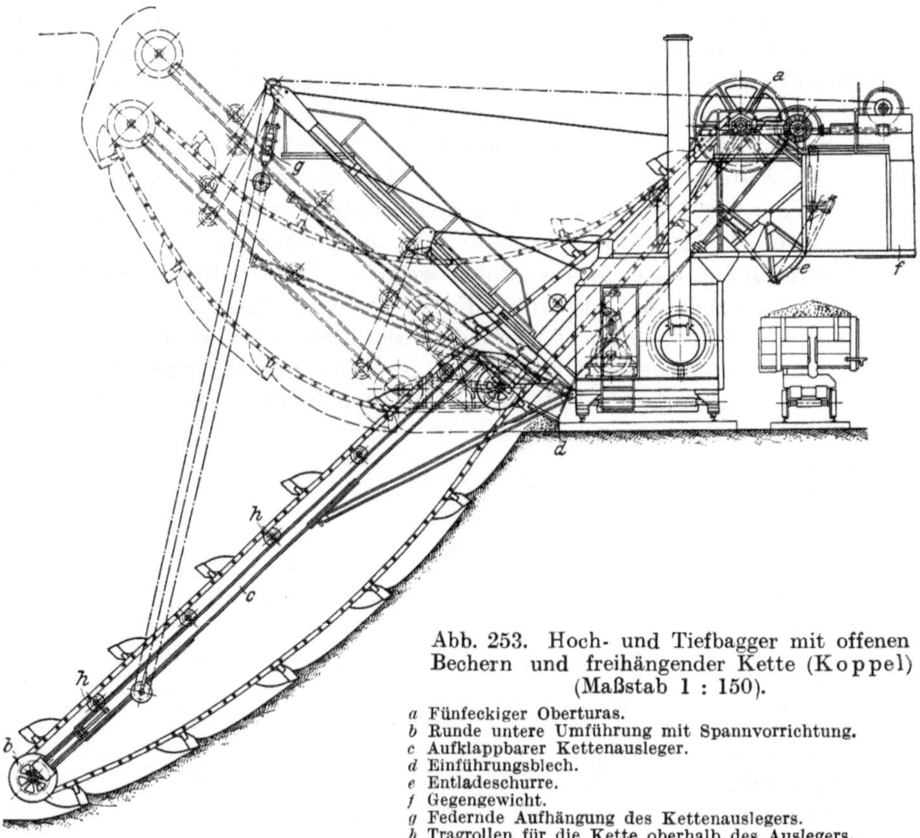

Abb. 253. Hoch- und Tiefbagger mit offenen Bechern und freihängender Kette (Koppel) (Maßstab 1 : 150).

a Fünfeckiger Oberturas.
b Runde untere Umführung mit Spannvorrichtung.
c Aufklappbarer Kettenausleger.
d Einführungsblech.
e Entladeschurre.
f Gegengewicht.
g Federnde Aufhängung des Kettenauslegers.
h Tragrollen für die Kette oberhalb des Auslegers.

oben bewegt, bewegt sie sich bei den in Abb. 253—255 dargestellten Tiefbaggern mit offenen Bechern von oben nach unten. Die Becher kratzen dabei über die abzubaggernde Böschung hinweg und füllen sich auch bei verhältnismäßig ungünstigem Boden, besonders wenn, wie in Abb. 253 und 254 angenommen, die Kette auf ihrem unteren Strange frei durchhängt. Die Becher schneiden infolge ihres Gewichtes in den

Abb. 254. Tief- und Hochbagger mit offenen Bechern und freihängender Kette (Smulders).

Boden ein, können aber bei auftretenden Hindernissen, Steinen u. dgl. nach oben ausweichen. Das ist ein Vorteil des Tiefbaggers nach Abb. 253 gegenüber dem Hochbagger nach Abb. 255. Bei steinigem und unreinem Boden werden daher fast durchweg Tiefbagger mit freihängender Kette verwendet. Die Kette ist je nach der Leistung in kleineren oder größeren Abständen mit Bechern besetzt.

Abb. 254 zeigt einen Bagger mit sehr dicht besetzten Bechern beim ersten Beginn der Arbeit. Die Abbildung läßt ohne weiteres die Verwendungsmöglichkeit als Hochbagger wie als Tiefbagger klar erkennen. Bei mehr gleichmäßigem Boden ist es zulässig, die Kette an einem Ausleger in bestimmter Lage zu führen, wie z. B. in Abb. 255 angegeben. Dadurch kann man einerseits der Ausbaggerung durch entsprechende Gestaltung der Auslegerführung eine bestimmte Form geben, andererseits ist die feste Führung der Kette bei zäherem Tonboden notwendig, um die Becher besser in den Boden einzudrücken. Bei der Ausführung nach Abb. 255 besteht die untere Kettenleiter aus einem Stück. Oft ist die Leiter aber aus mehreren, z. B. drei verschiedenen Teilen gelenkig zusammengesetzt, so daß die einzelnen Teile gegeneinander verstellt werden können. Damit kann man dann der Böschung der ausgebaggerten Grube eine beliebige Gestalt geben. Natürlich muß auch die Kettenleiter im ganzen durch einen Ausleger mit Hubwerk angehoben und gesenkt werden können.

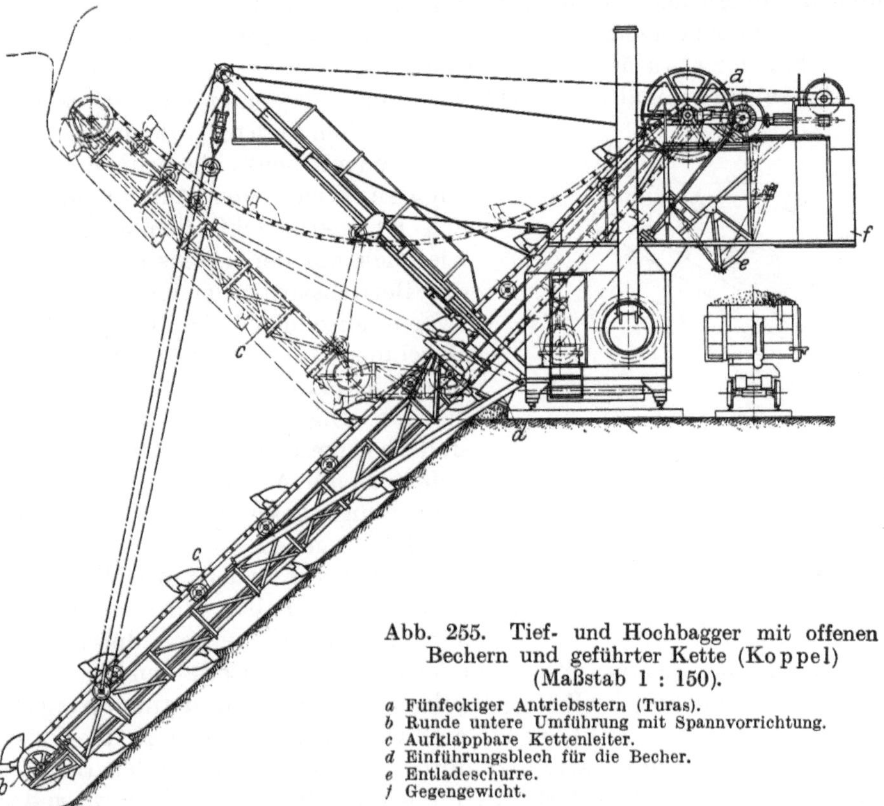

Abb. 255. Tief- und Hochbagger mit offenen Bechern und geführter Kette (Koppel) (Maßstab 1 : 150).

a Fünfeckiger Antriebsstern (Turas).
b Runde untere Umführung mit Spannvorrichtung.
c Aufklappbare Kettenleiter.
d Einführungsblech für die Becher.
e Entladeschurre.
f Gegengewicht.

Bei beiden Arten von Tiefbaggern ist die Arbeitsweise so, daß die Becher das Fördergut bis zur oberen Kante der Böschung heraufkratzen. Hier treten sie in eine unten und an der Seite geschlossene Rinne ein, welche als Führung für die Kette dient und ein Herausfallen des Baggergutes verhindert. Bei der Umführung der Kette um den oberen Turas fällt das Fördergut nach hinten aus den Bechern heraus. Bei lehmigem Boden werden mitunter zur besseren Entleerung der Becher besondere feststehende Messer angewendet, die den festgeklebten Boden aus den Bechern herausschneiden (Abb. 256). Dadurch können die Becher auch bei dem zähesten Boden mit Sicherheit gut entleert werden. Das ist ein weiterer Vorteil des Baggers mit offenen Bechern gegenüber dem mit geschlossenen Bechern.

Wie schon weiter oben erwähnt, können die Bagger mit offenen Bechern, die in der Regel als Tiefbagger benutzt und bezeichnet werden, auch als Hochbagger verwendet werden. Das Bodenmaterial wird dabei zunächst von der erhöhten Böschung heruntergekratzt bis an das untere Ende der Baggerrinne. Dann wird es in der Rinne wie bei der Tiefbaggerung gehoben und bei der Umführung um den oberen Turas in derselben Weise entladen, wie eben beschrieben. Bei Benutzung des Baggers mit offenen Eimern als Hochbagger ist man auch imstande, größere Höhen bis zu 15 m auf einmal abzutragen, während bei den Hochbaggern mit geschlossenen Eimern nach Abb. 252 nur etwa 5—6 m Höhe bewältigt werden könnten. Die Möglichkeit, größere Höhen auf einmal abbaggern zu können, bedeutet unter Umständen einen wesentlichen Vorteil, denn die Arbeit des Schienenverlegens, die beim eventuellen Abbaggern in mehreren Stufen häufiger erforderlich ist, verursacht ziemlich große Kosten, wie auch aus der nebenstehenden Tabelle für die Betriebskosten ersichtlich ist. Man hat zwar in einzelnen Fällen mit Erfolg besondere Maschinen für das Gleisrücken angewandt (Gleisrückmaschine von Kammerer, s. Z. Ver. deutsch. Ing. 1910, S. 2015). Naturgemäß sind aber diese Maschinen nur bei sehr großen Arbeiten mit Vorteil anwendbar. Eine Beschreibung dieser Gleisrückmaschine ist in Band II gegeben.

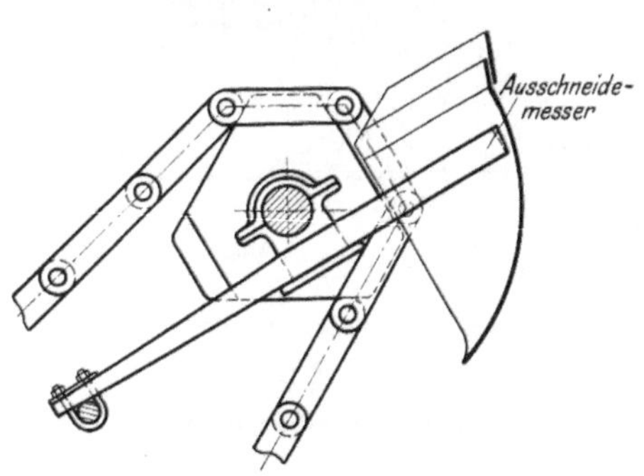

Abb. 256. Ausschneidevorrichtung für offene Becher (Koppel).

Der Antrieb der Kette erfolgt bei den Tiefbaggern in derselben Weise wie bei dem Hochbagger nach Abb. 252 beschrieben. In beiden Fällen wird zwischen Antriebsmotor und Turas eine Gleitkupplung eingeschaltet, die meistens durch Wasserdruck angepreßt wird, und die einen Stillstand der Kette bei weiterlaufendem Motor ermöglichen soll, wenn plötzlich der Bewegung der Kette große Hindernisse entgegentreten. Daß die Einführung des Antriebes mit Geschwindigkeitsausgleich in der Form, wie auf S. 195 in Abb. 219 für den Plattenbandförderer beschrieben, bei den Baggern besonders zweckmäßig erscheint, bedarf im Hinblick auf die ganze Arbeitsweise der Bagger kaum besonderer Erwähnung. Als Antriebskraft wird bis in die neueste Zeit allgemein Dampf verwendet, der meistens im Bagger selbst durch liegende Röhrenkessel erzeugt wird. Diese Antriebskraft ist in der Regel schon aus dem Grunde als gegeben anzusehen, weil die Bagger häufig für Bauarbeiten benutzt werden an Plätzen, wo elektrischer Strom noch nicht zur Verfügung steht. In neuerer Zeit ist aber auch häufig elektrischer Antrieb ausgeführt worden. Wo Strom vorhanden ist, können durch diesen Antrieb nicht nur die Schwierigkeiten des Heranschaffens von Kohle und Wasser beseitigt werden, sondern es wird auch an Bedienungspersonal gespart, und zwar mindestens 1 Heizer, oft auch 1 Maschinist, der bei Dampfbetrieb als zweiter Maschinist meistens neben dem Baggerführer erforderlich ist. Wenn Dampfbetrieb angewendet wird, so werden immer alle Bewegungen von einer Maschine ausgeführt. Das ist beim Eimerkettenbagger verhältnismäßig günstig, da die Bewegung der Becherkette ebenso wie die Fahrbewegung des Baggers ständig erfolgt. Beide stehen in gewisser Abhängigkeit voneinander, da der Bagger während der Arbeit entsprechend seiner Leistung auf den Schienen verschoben werden muß. Nur für den Wechsel der Fahrrichtung ist ein Umstellen des Fahrwerkes durch Wendegetriebe erforderlich.

Das Abladen des Baggergutes in die Förderwagen erfolgt allgemein bei stillstehendem Zuge, an dem der Bagger entlangfährt. Die Fahrgeschwindigkeit des Baggers ist daher so zu bemessen, daß die hintereinanderstehenden Wagen das Baggergut entsprechend der Fortbewegung des Baggers aufnehmen können. Das Fördergut fällt meistens unmittelbar von der Becherkette über entsprechende Rutschen in die Wagen. Es ist nur erforderlich, die Rutschen während der Zeit zu schließen, wo ihre Öffnung sich zwischen zwei Wagen befindet. Mitunter werden auch zweiteilige Auslaufrutschen verwendet, so daß der eine Auslauf sich schon über dem folgenden Wagen befindet, während der andere Auslauf den vorangegangenen Wagen verläßt. Dann braucht nur eine Drehklappe umgelegt zu werden, durch welche das Baggergut auf die eine oder die andere Rutsche geleitet wird. Außer diesen beiden Arbeitsbewegungen, nämlich der Bewegung der Becherkette und der des ganzen Baggers, kommt nur noch ein zeitweises Anheben und Senken der Auslegerleiter in Frage, das durch entsprechende Kupplungen leicht ausgeführt werden kann. Die einfache Arbeitsweise mit einem Motor ist daher auch bei Einführung des elektrischen Antriebes noch vielfach beibehalten worden. In manchen Fällen ist aber bei elektrischem Antrieb für jede Arbeitsbewegung ein besonderer Motor angewendet worden, ähnlich wie es bei den meisten Kranen geschieht. Dadurch werden die Anlagekosten für den elektrischen Teil höher; aber die einzelnen Konstruktionsteile werden billiger, da sie nicht stärker ausgeführt zu werden brauchen, als es der Stärke des verwendeten Motors entspricht, während bei Verwendung eines einzigen Motors Rücksicht darauf genommen werden muß, daß bei eintretenden Hindernissen ev. die ganze Kraft des für alle Bewegungen vorgesehenen starken Motors für jede einzelne der verschiedenen Bewegungsvorrichtungen aufgewandt werden kann.

Betriebskosten je 1 cbm Förderleistung (in mittelschwerem Boden).

Normaltype	20	15 a	5	3	2	1
Anschaffungspreis . . . . ca. M.	54 000	31 200	21 700	16 800	12 400	7200
a) für Abschreibung. . . . . . . 10 vH	5 400	3 120	2 170	1 680	1 240	720
b) für Verzinsung 5 vH der Anlagesumme oder durchschnittlich . $2^1/_2$ vH	1 350	780	545	420	310	180
Insgesamt M.	6 750	3 900	2 715	2 100	1 550	900
Also pro Tag bei 250 Arbeitstagen im Jahre:						
1. Amortisation und Verzinsung . . . M.	29,70	15,60	10,85	8,40	6,20	3,60
2. 1 Baggermeister-Gehalt pro Tag . „	7,00	7,00	6,00	6,00	5,00	5,00
3. 1 Maschinisten-Gehalt pro Tag . . „	6,00	6,00	—	—	—	—
4. 1 Heizer-Lohn pro Tag . . . . . „	5,00		—	—	—	—
5. 1 Mann an der Schüttklappe . . . „	4,00	4,00	—	—	—	—
6. Mann zum Gleiserücken . . . . . ca.	15	10	7	5	3	3
Arbeitsdauer pro Tag . . . . . . ca.	1/2	1/3	1/3	1/3	1/4	1/5
bei M. 3,— Lohn pro Tag . . ca. M.	22,50	10,00	7,00	5,00	2,25	1,80
7. Steinkohlen pro Tag. . . . . ca. kg	1200	700	475	320	200	150
(pro 1000 kg M. 20,—) = pro Tag ca. M.	24,00	14,00	9,50	6,40	4,00	3,00
8. Zufuhr von Kohlen und Wasser pro Tag . . . . „ „	4,00	3,50	3,00	2,00	1,20	1,00
9. Schmier-u. Putzmaterial pro Tag „ „	2,00	1,50	1,00	1,00	0,75	0,50
10. Reparaturen pro Tag . . . . „ „	19,00	12,00	8,00	6,00	2,65	1,75
Insgesamt pro Arbeitstag M.	121,20	73,60	43,35	34,80	22,05	15,95
Effektive Förderleistung in mittelschwerem Boden pro 10 St. . . . ca. cbm	2200	1000	550	300	160	100
Förderkosten für mittelschweren Boden						
normale Baggertiefe . . . . . . m	10	8	6	5	4	3
pro 1 cbm . . . . ca. Pf.	5,5	7,4	8,3	11,6	13,8	16,0

Die vorstehende Betriebskostenaufstellung, aufgestellt für Bagger von Koppel, gibt einen ungefähren Anhalt über die Kosten für 1 cbm geförderten Boden. Die Kosten für Verzinsung, Abschreibung und Unterhaltung des Baggergleises sind in dieser Kostenberechnung nicht berücksichtigt, da die Länge desselben von Fall zu Fall wechselt.

Die Bagger werden bei Tiefbaggerung für eine größte Tiefe von etwa 15 m ausgeführt, wenn eine häufigere Verwendung des Baggers an verschiedenen Stellen in Betracht gezogen werden soll. Bagger, die immer an derselben Verwendungsstelle bleiben, und die deshalb für die besonderen Zwecke konstruiert werden können, sind dagegen schon für wesentlich größere Baggertiefen, bis zu 28 m, ausgeführt worden. Wenn die auszuhebende Grube tiefer ist als die Baggertiefe des Baggers, so hilft man sich mit einem Abbaggern in mehreren Stufen.

Entsprechend der Leistung und der Länge der Kettenleiter wird auch das Gerüst des Baggers in verschiedenen Formen ausgeführt. In den Abbildungen ist das Gerüst immer in derselben Weise auf einfachen Schienengleisen fahrbar dargestellt, um zu zeigen, daß dasselbe Baggergerüst durch Einbau verschiedener Eimerleitern für die verschiedensten Zwecke benutzt werden kann. Bei den schwersten Baggern für große Tiefen wird das Gerüst zur Erzielung der nötigen Standsicherheit oft portalartig ausgebildet. Das Baggergerüst wird rückwärts mit einem Gegengewicht versehen, das mitunter verstellbar ausgeführt wird, je nach der Neigung der Kettenleiter und dem dadurch ausgeübten Kippmoment. Bei portalartigem Gerüst können die zu füllenden Wagen natürlich unter dem Bagger entlanggeführt werden. Meistens fahren die Wagen auf besonderen Gleisen hinter dem Bagger vorbei, wie in den Abbildungen angegeben.

Mitunter kann man das Baggergut unmittelbar hinter dem Bagger ablagern und benutzt dazu oft einen in einen rückwärtigen Ausleger eingebauten Förderer, auf den das Fördergut von der Baggerkette abgeworfen wird, und der es dann auf geeignete Entfernung weiterbefördert. Meistens wird hierfür ein Gurtband mit Gummiüberzug verwendet, vielfach aber auch ein Kratzertransporteur, der ein bequemes Ablagern des Baggergutes an beliebiger Stelle des rückwärtigen Auslegers ermöglicht. Mitunter, besonders bei klebrigem Material, wird auch ein Plattenförderer, ein Stahlförderband, angewendet. Daß man je nach Bedarf, besonders bei Kiesbaggerung, das Baggergut auch gleich im Anschluß an die Förderung durch eine in das Baggergerüst eingebaute Sortiereinrichtung bearbeiten und für die weitere Verwendung vorbereiten kann, braucht kaum erwähnt zu werden. Die Baggerkette bewegt sich je nach der verlangten Leistung mit 0,5 bis 1 m/sk. Die Fahrgeschwindigkeit des ganzen Baggers beträgt im Mittel etwa 1,5—2,5 m/min und wechselt mitunter noch mehr, je nach der Leistung und der vorhandenen Baggertiefe bzw. -höhe. Die Eimer werden aus kräftigem Blech von 6—7 mm Stärke hergestellt und am Rande durch kräftige Stahlschneiden eingefaßt, die bei festem Boden vielfach auch zahnartig ausgebildet sind.

Allgemein ist zu bemerken, daß die Verwendung von Eimerkettenbaggern sich im allgemeinen als wirtschaftlicher erweist als die Verwendung von Löffelbaggern, die auf S. 289ff. beschrieben sind. Dagegen eignen sich die Löffelbagger besser für Einschnittarbeiten und für sehr steinige Bodenarten.

Im vorstehenden sind nur die sog. Trockenbagger behandelt. Die Schwimmbagger und Naßbagger, die auch meistens als Eimerkettenbagger ausgeführt werden, sind im II. Band bei den Förderanlagen im Schiffahrtsbetrieb eingehender beschrieben. Daneben bestehen noch manche Baggerformen für besondere Zwecke. So werden mitunter Bagger verwendet zum Ausheben schmaler Kanäle für Rohrleitungen bei Straßenbauten und für ähnliche Zwecke. Derartige Bagger werden besonders in Amerika viel angewendet. In Deutschland haben sie noch wenig Eingang gefunden. Die einzelnen Eimer sind dabei oft auf einem heb- und senkbaren Rade angeordnet und so ausgebildet, daß durch die Eimer ein Einschnitt von beliebiger Tiefe erfolgt mit glatten Seitenwänden. Dadurch kann die jetzt beim Auswerfen der Kanäle allgemein verwendete Handarbeit zum größten Teil vermieden werden. Das Baggerrad ist oft am hinteren Ende eines Wagens angeordnet und wirft das Fördergut an beiden Seiten oder an einer Seite des Kanals ab.

Hier soll noch kurz eine Baggerbauart erwähnt werden, die in Deutschland von Humboldt mit Erfolg eingeführt worden ist, und die ebenfalls für das Aufnehmen des Materials ein heb- und senkbares Rad verwendet, wie es in Abb. 257 an einem Beispiel dargestellt ist. Das mit 6 Schaufeln versehene Rad wird je nach der Baggerart und der Leistung mit einem Durchmesser von 2000—6000 mm ausgeführt. Es nimmt das Material auf und leitet es mit Rutschen nach der einen Seite auf ein Förderband zur Weiterbeförderung. Bei einer Breite des Rades von 350—850 mm ist der Bagger geeignet, Stücke von 150—400 mm zu baggern. Die Baggerbauart hat den Vorteil, daß nur die Schaufeln des Rades einer stärkeren Abnutzung beim Aufnehmen des Ladegutes ausgesetzt sind, daß man, wenn der das Schaufelrad tragende Arm genügend weit aufklappbar ist, in der Lage ist, mit dem Rad nach Belieben einzelne Schichten oder Stellen abzubaggern, und daß es bei wagerechter und senkrechter Beweglichkeit des langen Auslegers möglich ist, Einschnitte von großer Breite auszuheben und die Ecken der Abtragung ohne Nachhilfe von Hand maschinell auszubaggern.

Die meist elektrisch angetriebenen Kranbagger, bei denen das Schaufelrad von einem Kranausleger getragen wird, werden für eine Stundenleistung von 100—400 cbm gebaut bei einem Eigengewicht von 45—130 t und einem Arbeitsverbrauch von 50—120 Pf.

Die in Abb. 257 dargestellte Bauart mit Raupenschleppkette zum Fortbewegen des Baggers ohne Schienen wird in der Regel für kleinere Leistungen ausgeführt. Der dargestellte Bagger ist für 40 cbm Stundenleistung vorgesehen. Die gleichmäßig umlaufende Bewegung des Schaufelrades ist für solchen Betrieb kleiner Bagger besonders geeignet und ermöglicht, die ganze Maschine möglichst leicht zu halten und mit Benzolmotor unabhängig von elektrischen Leitungen zu betreiben.

Rentabilitätsberechnung für den Autoschaufler 4H1, Ausführung 1923/24.

Es sind 250 Arbeitstage im Jahr bei täglich achtstündiger Arbeitszeit angenommen.

Anschaffungspreis 24 000 GM.

Abschreibung jährlich 10 vH	2400,— GM.
Verzinsung 5 vH, im Durchschnitt 2,5 vH	600,— ,,
	3000,— GM.
Bei 250 Arbeitstagen pro Tag	12,— GM.
Benzolverbrauch $30 \times 0{,}232 \times 10 = 79$ kg $\times$ 0,7 . . .	49,— ,,
Ölverbrauch 5 kg à 0,60 M.	3,— ,,
Reparaturkosten im Jahr = 1800 M	7,20 ,,
Bedienung in der Stunde = 0,80 M.	8,— ,,
	79,20 GM.
Die tägliche Baggerleistung beträgt 40×10	400 cbm

Es entfallen also auf 1 cbm gebaggertes Gut an Kosten:

$$\frac{7920}{400} = \text{rd. } 0{,}20 \text{ GM.}$$

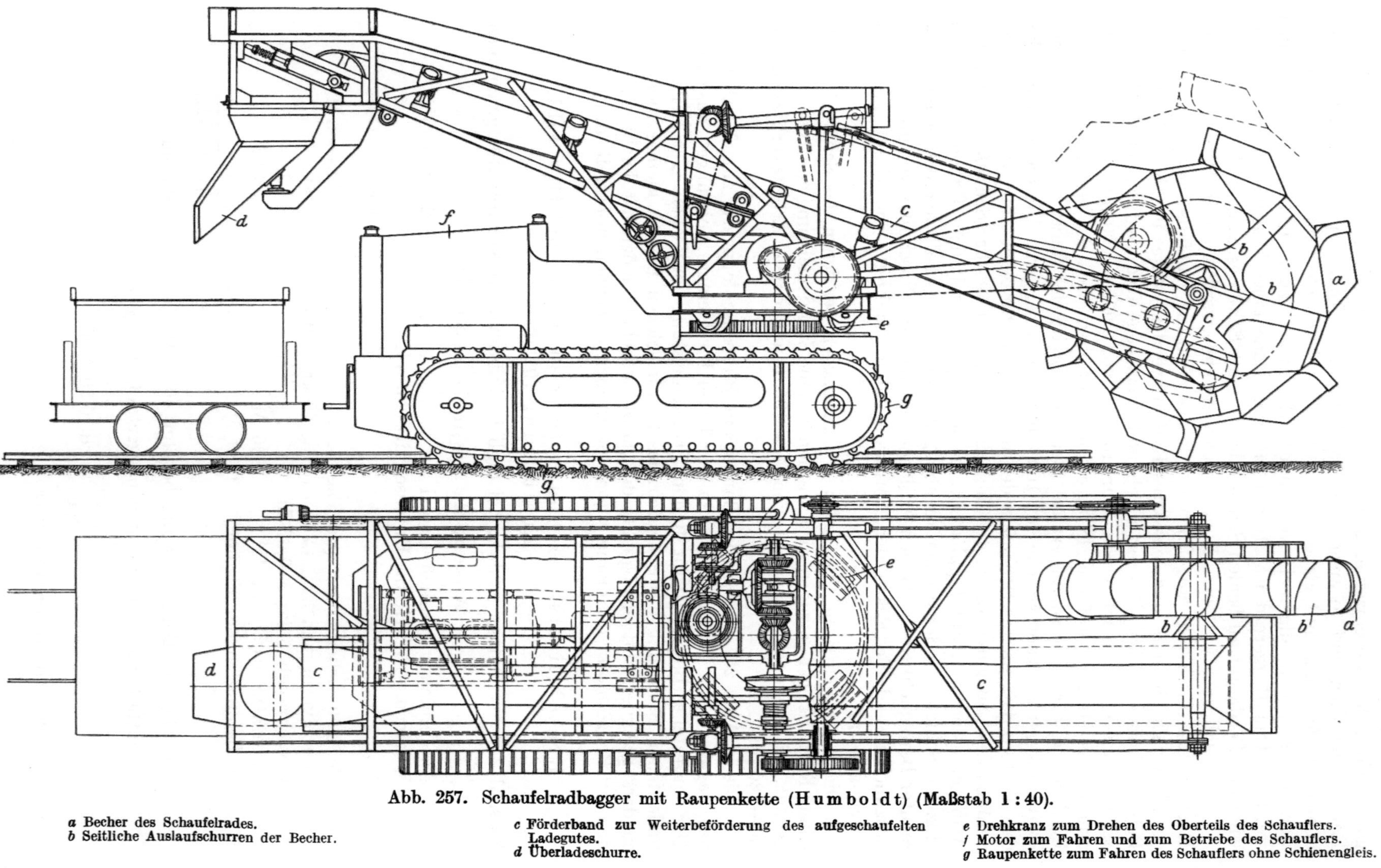

Abb. 257. Schaufelradbagger mit Raupenkette (Humboldt) (Maßstab 1 : 40).

a Becher des Schaufelrades.
b Seitliche Auslaufschurren der Becher.
c Förderband zur Weiterbeförderung des aufgeschaufelten Ladegutes.
d Überladeschurre.
e Drehkranz zum Drehen des Oberteils des Schauflers.
f Motor zum Fahren und zum Betriebe des Schauflers.
g Raupenkette zum Fahren des Schauflers ohne Schienengleis.

Bei diesen Baggern ist die große senkrechte Beweglichkeit des Schaufelrades am Kranbagger allerdings nicht vorhanden und beträgt aus der Normallage nur je 400 mm nach oben und unten.

Die Förderkosten der größeren Kranbagger werden von denen eines Kettenbaggers nicht erheblich abweichen. Der Benzolbetrieb des Autoschauflers bedingt zwar etwas höhere Förderkosten, gewährt dafür aber einen sehr anpassungsfähigen Betrieb unter den verschiedensten örtlichen Verhältnissen. Nach der Angabe von Humboldt ergeben sich die Betriebskosten nach der Aufstellung auf S. 225.

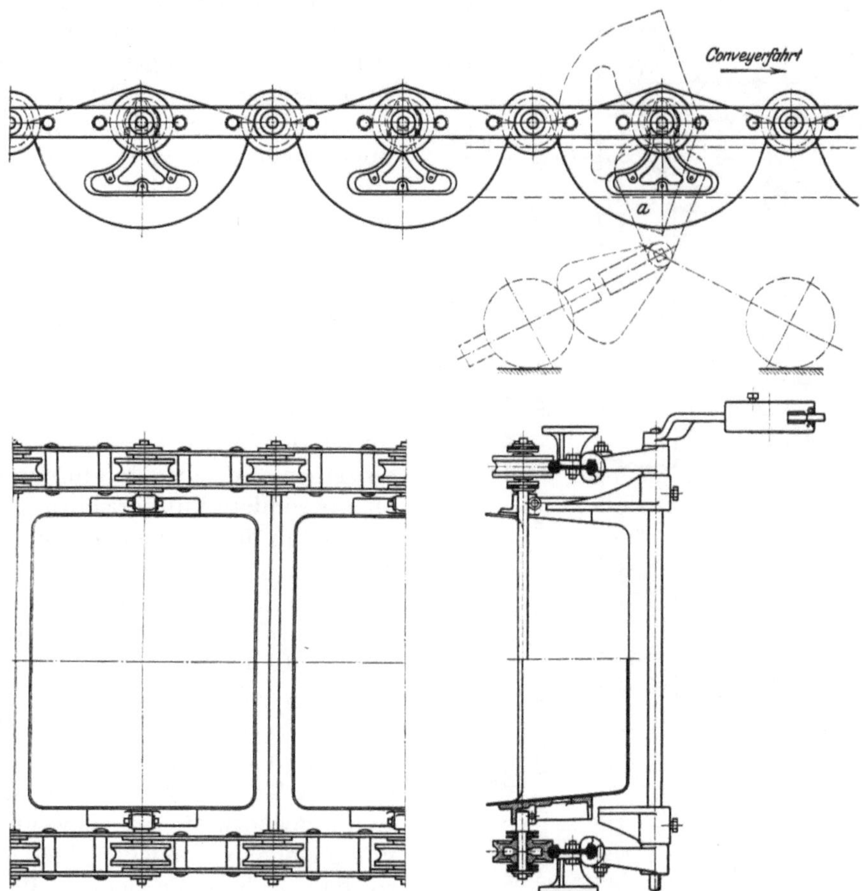

Abb. 258. Huntsche Conveyorkette mit Entladefrosch (Pohlig) (Maßstab 1:20,3).

ε) Pendelbecherwerke (Conveyor), Schaukelförderer und Elevatoren mit drehbar aufgehängten Fördergefäßen.

Pendelbecherwerke (Conveyor).

Diese Fördereinrichtungen ermöglichen eine Bewegung des Fördergutes sowohl in senkrechter als auch in wagerechter Richtung ohne Umladen desselben, während diese Aufgabe mit den bisher besprochenen Fördereinrichtungen nur durch Vereinigung von zwei verschiedenen Fördervorrichtungen, z. B. Becherwerk und Förderband, erfolgen konnte und das Fördergut beim Übergang aus der einen Förderrichtung in die andere umgeladen werden mußte. Durch den Wegfall dieses Umladens wird nicht nur eine häufig lästige Staubbildung vermieden, sondern vielfach auch einer unnötigen Beschädigung des Fördergutes durch Zerstückelung desselben vorgebeugt.

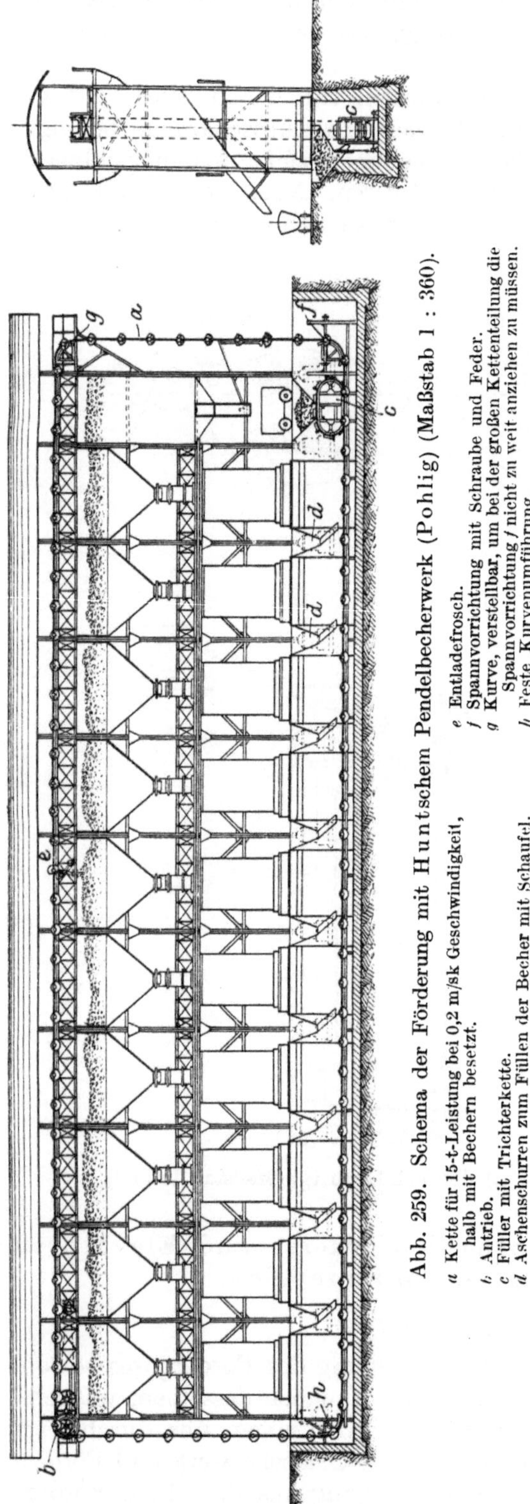

Abb. 259. Schema der Förderung mit Huntschem Pendelbecherwerk (Pohlig) (Maßstab 1 : 360).

a Kette für 15-t-Leistung bei 0,2 m/sk Geschwindigkeit, halb mit Bechern besetzt.
b Antrieb.
c Füller mit Trichterkette.
d Aschenschurren zum Füllen der Becher mit Schaufel.
e Entladefrosch.
f Spannvorrichtung mit Schraube und Feder.
g Kurve, verstellbar, um bei der großen Kettenteilung die Spannvorrichtung *f* nicht zu weit anziehen zu müssen.
h Feste Kurvenumführung.

Die Pendelbecherwerke wurden in Deutschland zuerst von Pohlig eingeführt als sog. Huntsche Conveyor, die in Amerika von der C.W. Hunt-Comp. in New York seit längerer Zeit gebaut wurden. Sie bestehen aus einer doppelten Laschenkette mit dazwischen drehbar aufgehängten Bechern, Abb. 258. Diese Becher sind oberhalb ihres Schwerpunktes aufgehängt und befinden sich daher bei jeder Bewegungsrichtung der Kette in aufrechter Lage. Die Ketten werden in senkrechter und wagerechter Richtung angeordnet, wie z. B. in dem Schema Abb. 259 dargestellt. In der Abbildung ist angenommen, daß die Füllung der Kette auf dem unteren Strange der wagerechten Kettenführung erfolgt und das Entladen an beliebiger Stelle der oberen wagerechten Kettenführung über den Generatoren. Um zu vermeiden, daß beim Füllen der Becher Fördergut durch den Zwischenraum zwischen den einzelnen Bechern hindurchfällt, wird eine besondere Füllvorrichtung angewendet, die in der am meisten angewendeten Form im Prinzip aus Abb. 259 ersichtlich ist. Sie besteht im wesentlichen aus einer Trichterkette, deren Trichter in den Gelenken dicht aneinandergeschlossen sind. Die Trichterkette hat dieselbe Teilung wie die Becherkette. Die durch ein ovales Gerüst auf Rollen geführte Trichterkette greift mit Zähnen in die Becherkette ein, bewegt sich also mit gleicher Geschwindigkeit wie diese, so daß sich über jedem Becher der Becherkette ein Trichter der Trichterkette befindet und das Fördergut durch die Trichter in die Becher hineinleitet. Die Entleerung der Becher erfolgt an beliebiger Stelle der horizontalen Kettenführung durch einen einstellbaren Anschlag, der die in Bewegung befindlichen Becher an den seitlichen Ansätzen faßt, dreht und dadurch zur Entleerung bringt, wie in Abb. 258 gestrichelt angedeutet. Diese Anschläge werden entweder fest mit den Tragschienen der Becherwerksbahn verschraubt oder auf besonderen Schienen in der Längsrichtung der Kettenbahn fahrbar angeordnet, so daß die Entleerung an beliebiger Stelle erfolgen kann. Sie werden auch oft so ausgeführt, daß die Entleerung an einer bestimmten Stelle selbsttätig aufhört, wenn der Behälter an dieser Stelle gefüllt ist, was durch Einwirkung des Gewichtes des entladenen Fördergutes auf den drehbaren Anschlag, den sog. Entladefrosch, in verschiedener Weise bewirkt werden kann.

Die Becherkette wird in den Kurven durch feste Schienen oder große Umführungsräder geführt, von denen ein Räderpaar meistens auch für den Antrieb benutzt wird. Die Umführungsräder werden vorwiegend in Kurven angewendet, wo starker Druck vorhanden ist, damit die kleinen Kettenrollen an dieser Stelle sich nicht zu drehen brauchen. Die Becherkette bewegt sich langsam mit etwa 0,15—0,3 m/sk Geschwindigkeit. Der Becherinhalt wechselt je nach der Leistung von 10—200 ltr. Inhalt. Zweckmäßig wählt man den Becherinhalt nicht zu klein, z. B. nicht unter 50 ltr. Dem entspricht bei 0,7 m Becherabstand, 0,2 m/sk Geschwindigkeit und $^2/_3$ Füllung eine Stundenleistung von etwa 30 t Kohle. Um für die halbe Leistung eine entsprechend leichte Kette zu bekommen, kann man unter Beibehaltung

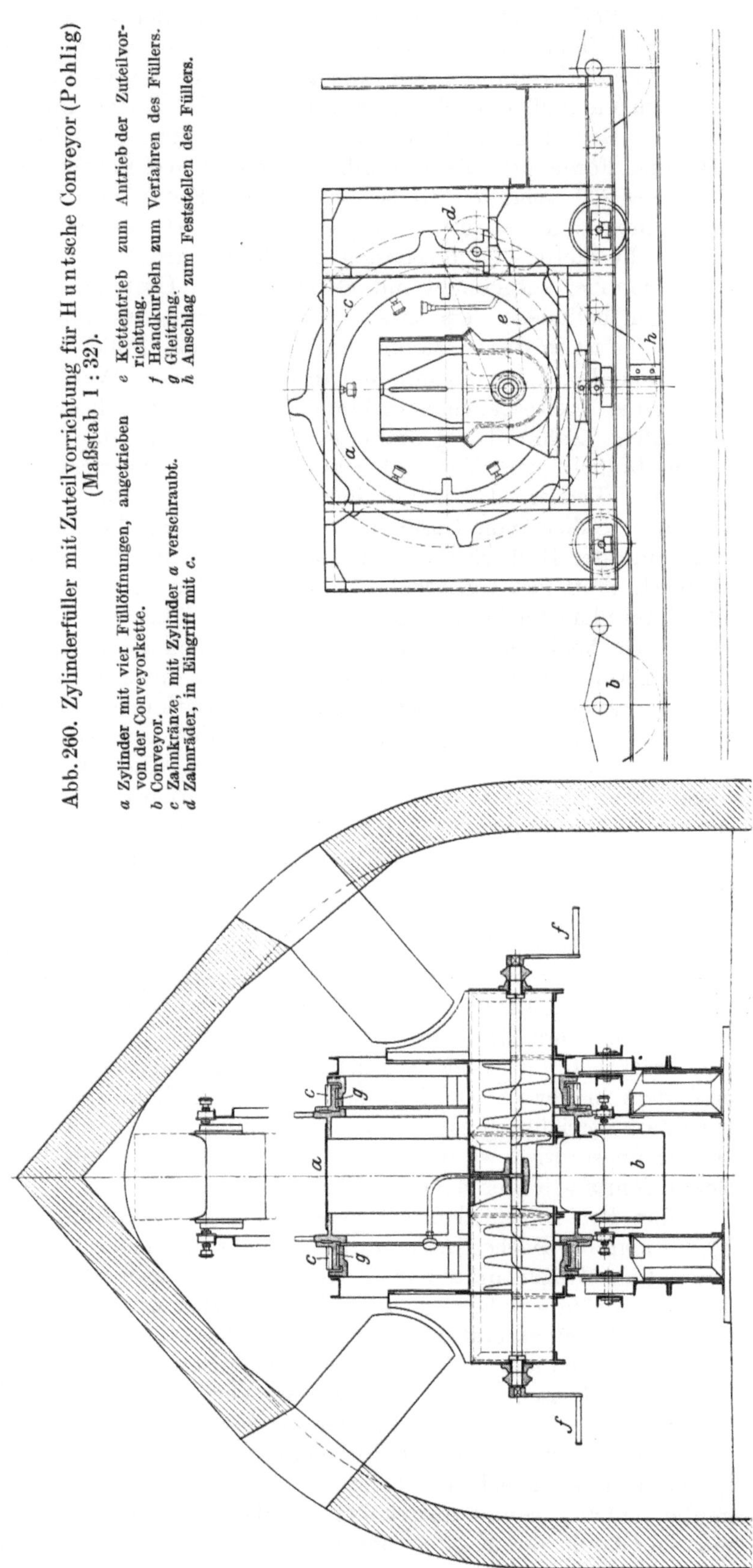

Abb. 260. Zylinderfüller mit Zuteilvorrichtung für Huntsche Conveyor (Pohlig) (Maßstab 1 : 32).

a Zylinder mit vier Füllöffnungen, angetrieben von der Conveyorkette.
b Conveyor.
c Zahnkränze, mit Zylinder *a* verschraubt.
d Zahnräder, in Eingriff mit *c*.
e Kettentrieb zum Antrieb der Zuteilvorrichtung.
f Handkurbeln zum Verfahren des Füllers.
g Gleitring.
h Anschlag zum Feststellen des Füllers.

derselben Bechergröße jeden zweiten Becher in der Kette fehlen lassen. Man ordnet die Becher dann also in 1,4 m Abstand an. Man braucht dann nur auch im Füller jeden zweiten Trichter durch eine geschlossene Platte zu ersetzen. Solche Ketten mit wenigen großen Bechern sind billiger als Ketten mit vielen kleinen Bechern, die wohl auch ausgeführt werden, und lassen sich besser füllen, besonders mit großstückigem Fördergut. Diese Anordnung ist auch in dem Schema Abb. 259 angenommen.

Abb. 260 zeigt ebenfalls eine solche Kette mit einer dazugehörigen Füllvorrichtung. Sie ist etwas anders konstruiert als die oben beschriebene Form mit Trichterkette. Grundsätzlich ist die Bauart aber ähnlich. Der Füller ist als feste Trommel ausgebildet mit Öffnungen im Umfang, die sich über den Becheröffnungen befinden. Jede zweite Trichteröffnung ist durch ein Blech verschlossen. Der Füller ist in dieser Bauart einfacher als der Füller mit Kette. Ein besonderer Vorteil ist der, daß man mit ihm in sehr einfacher Weise eine Zuteilvorrichtung in Form einer Speiseschnecke verbinden kann, die durch zwei mit der Füllertrommel verbundene Zahnräder gedreht wird. Man kann dann die Schieber vollständig öffnen, braucht kein Verstopfen zu befürchten und vermeidet trotzdem ein Überfüllen der Becher. Die am Füller erkennbare Kurbel *f* dient zum Umstellen des fahrbaren Füllers von Hand bei ruhender Kette. Bei der langsamen und ruhigen Bewegung der Becherkette wird eine Staubbildung fast vollständig vermieden, und die Kette läuft fast geräuschlos. Die Laufrollen der Kette werden zweckmäßig mit gehärteter Lauffläche in Kokillenguß ausgeführt. Bei der Huntschen Bauart werden sie hohl gegossen und mit Schwämmen ausgefüllt, so daß das Öl sich in diesem Raume lange hält und eine Schmierung nur etwa alle 8—14 Tage erforderlich ist. Bei anderen Pendelbecherwerkskonstruktionen wird die Schmierung durch Staufferfett ausgeführt, wie weiter hinten näher beschrieben. Auch Graphitschmierung wird bei einer Konstruktion angewendet. Die Ölschmierung hat sich im allgemeinen gut bewährt, besonders bei Kohlenförderung. Bei scharfkantigem Fördergut hat die Staufferschmierung aber insofern einen gewissen Vorzug, als das Staufferfett von innen nach außen aus den Lagerflächen herausgepreßt wird und dadurch etwaige Unreinigkeiten, welche von außen in die Lagerfläche einzudringen suchen, wieder nach außen befördert.

Im übrigen ist aber die Abnutzung der Pendelbecherwerke sehr gering und bei Kohlenförderung oft nach einem regelmäßigen Betrieb während vieler Jahre kaum bemerkbar. Bei scharfkantigem Fördergut, wie Koks u. dgl., muß allerdings mit schnellerem Verschleiß, besonders der Laufrollen, gerechnet werden. Die Kette muß natürlich mit einer Spannvorrichtung versehen sein. Das Nachspannen ist besonders in der ersten Zeit häufiger erforderlich, später verhältnismäßig selten. Die Spannvorrichtung ist aus Abb. 259 zu ersehen. Sie wird natürlich nach Möglichkeit da angeordnet, wo die Kette die geringste Spannung hat, also meistens in einer Eckumführung hinter dem Antrieb.

Man hat verschiedentlich versucht, die Verwendung des Füllers zu umgehen, indem man die Becher in der Kette so dicht nebeneinander anordnete, daß zwischen ihnen kein Zwischenraum mehr bleibt. Dann kann aber jede kleinste Verbiegung der Becherwände zu Klemmungen führen; daher wird die Ausführungsform selten verwendet. Bei einer anderen, auch von Hunt ausgeführten Anordnung greifen die Becher übereinander und überlappen sich an den Verbindungsstellen. Aber auch diese Ausführungsform hat sich keine weitere Verbreitung verschaffen können, ebenso wie verschiedene andere Konstruktionen für den gleichen Zweck. Wenn diese Anordnung auch bei einer Bewegung auf einer geraden Strecke empfohlen werden könnte, so entstehen doch leicht Schwierigkeiten bei dem Übergang aus der wagerechten Bewegung in die senkrechte und umgekehrt, da dann die Becher besonders gesteuert werden müssen, damit die Kanten der Becher aneinander vorbeigehen.

Im übrigen bleibt beim Fehlen des Füllers auch bei diesen Bauarten eine gewisse Regelung des Kohlenzustromes erforderlich. Sonst kann es leicht vorkommen, daß die Becher auf dem wagerechten Strang mit mehr Kohlen gefüllt werden, als sie auf dem senkrechten Strang zu fassen vermögen.

Von den vielen vergeblichen Versuchen nach dieser Richtung soll in Abb. 261 nur einer angeführt werden, die von der Bamag aus Amerika eingeführte Konstruktion des Bradley-Becherwerkes, das vorübergehend in einigen Ausführungen Eingang gefunden hat. Hierbei ist der Förderer gewissermaßen doppelt ausgebildet, indem die drehbaren Becher sich in einer besonderen gelenkigen Rinne befinden. Die Rinne nimmt das auf dem unteren wagerechten Strang eingeführte Fördergut auf.

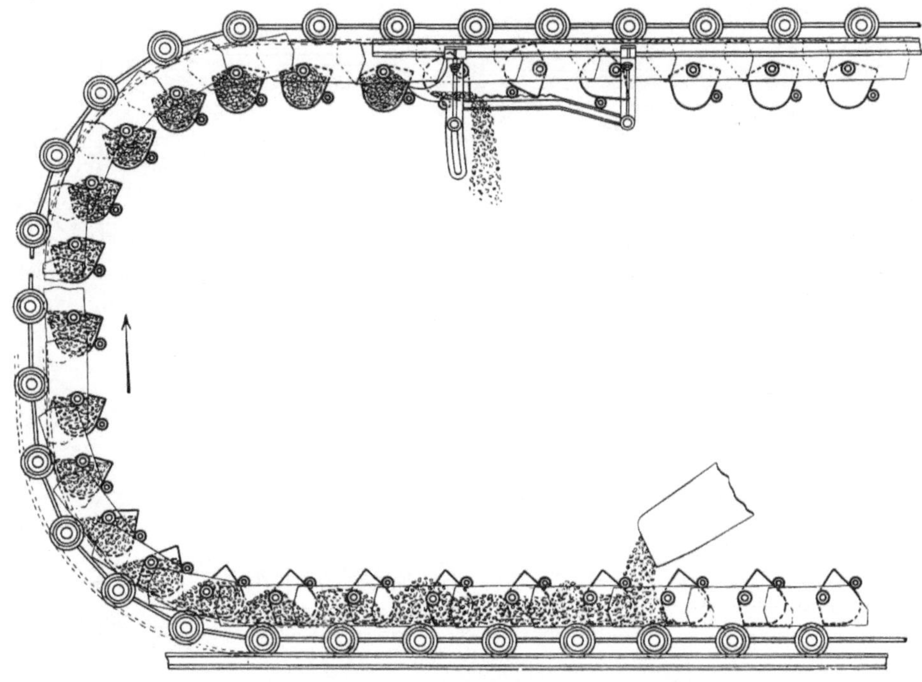

Abb. 261. Schema des Bradley-Becherwerkes (Bamag) (Maßstab 1 : 40).

Beim Übergang in die senkrechte Bewegung geht dieses aber in die Becher über, die auf der oberen wagerechten Kettenführung in ähnlicher Weise entleert werden können, wie bei dem Hunt-Becherwerk beschrieben und wie auch aus Abb. 258 ersichtlich. Bei dieser Anordnung ist ein Hindurchfallen der Kohle durch die Kette vollständig ausgeschlossen. Es kann aber leicht beim Füllen mehr Kohle in die Rinne gelangen, als die Becher auf der senkrechten Führung zu fassen vermögen. Die überschüssige Kohle muß dann bei dem Übergang von der einen Bewegung in die andere überlaufen und herausfallen. Der besondere Füller zum Abdecken der Becherzwischenräume ist also zwar vermieden, ein Regulieren der Füllmenge bleibt aber meistens notwendig. Ferner ist die Kette auf ihrer ganzen Länge schwerer und teurer geworden, und dieser Nachteil hat die weitere Verbreitung dieser Konstruktion unmöglich gemacht und konnte nicht aufgewogen werden durch den der Konstruktion nachgerühmten Vorteil, daß durch Verwendung eines Drahtseiles als Zugorgan die Gelenke der Huntschen Becherkette vollständig vermieden werden.

Die Gelenkkette hat sich auch im Verlauf der weiteren Ausgestaltung der Pendelbecherwerke, die eine ständig zunehmende Verbreitung gefunden haben, als das zweckmäßigste Zugorgan erwiesen. Man ist aber bemüht gewesen, die Einzelheiten möglichst einfach zu halten. So hat man statt der in Abb. 258 doppellaschig gezeichneten Kettenglieder bei kleinen Anlagen einlaschige Glieder verwendet, hat auch die Kippanschläge der Becher vereinfacht usw. Eine wesentliche weitere Vereinfachung hat noch dadurch herbeigeführt werden können, daß nach Einführung des Antriebes mit Geschwindigkeitenausgleich, über dessen Wesen schon auf S. 195 bei Behandlung der Plattenbandförderer (Abb. 219) berichtet wurde, die Kettengliedlänge von 350 mm auf 700 mm und sogar bis auf 1 m erhöht werden konnte, so daß dadurch die Zahl der Gelenke und der Laufrollen auf weniger als die Hälfte der bisherigen Zahl herabgedrückt worden ist.

Das macht natürlich auch eine Änderung der Füllvorrichtung erforderlich, die aber ebenfalls vereinfacht werden konnte und doch mit mechanischer Zuteilung

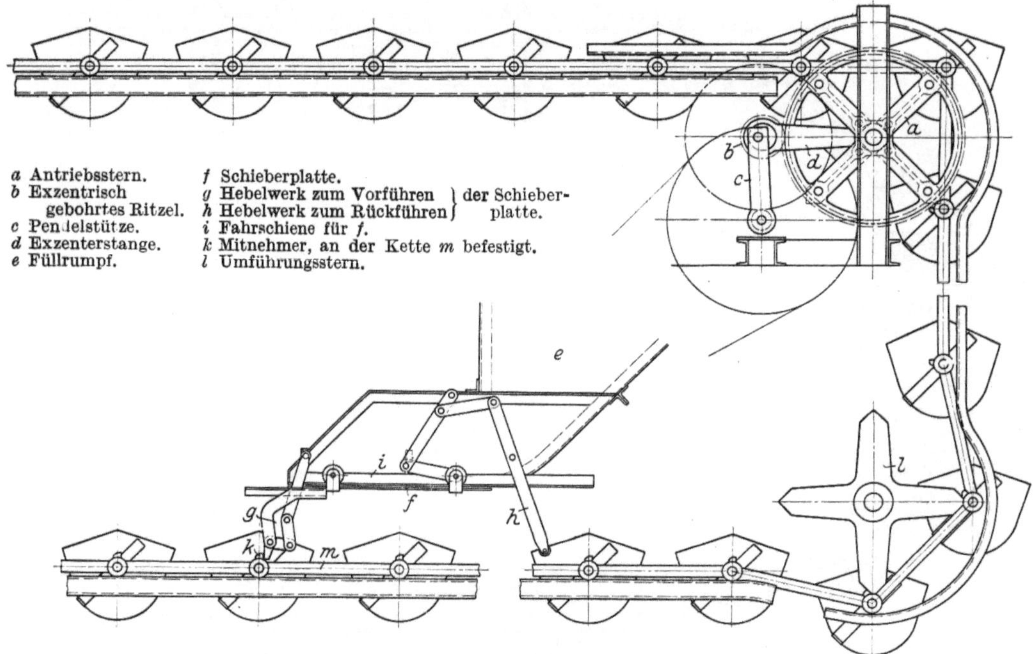

Abb. 262. Becherwerksantrieb (mit Geschwindigkeitsausgleich) und automatischer Füllvorrichtung (Bauart Aumund) (Maßstab 1 : 40,5).

vollkommen automatisch arbeitet. Eine übersichtliche Darstellung des Antriebes und der Füllvorrichtung dieser neuesten Bauart der Pendelbecherwerke ist in Abb. 262 gegeben. Der Antrieb zeigt die schon bei Abb. 219 beschriebene Form mit viereckigem Stern. Die Kette ist aus einfachen Laschen gebildet. Trotzdem ist die Flächenpressung gegenüber der alten Bauart auf einen Bruchteil herabgedrückt dadurch, daß das Laschenpaar, das die Drehung ausführt, mit einer auswechselbaren Büchse versehen ist, während das andere Laschenpaar an einer Drehung auf dem Gelenkbolzen gehindert ist. Die Rollen sind mit Starrschmierung versehen. Die Becher können ebensowohl auf den Querbolzen der Kette aufgehängt werden, was bei kleinstückiger Kohle für Kesselfeuerungen usw. zulässig ist, als auch auf besonderen Bolzen, so daß der Becher in seiner ganzen Ausdehnung oben offen bleibt, was für Förderkohle u. dgl. unbedingt notwendig ist, bei einigen neueren Becherwerksbauarten aber nicht möglich ist. Der Anschlag zum Kippen der Becher besteht aus einem einfachen Flacheisen. Der Füller wird von der Kette betätigt, welche an den Stellen, wo Becher eingehängt sind, Anschläge enthält, die den Zuteilungsschieber so weit mitnehmen, daß bei dem ebenfalls maschinell geregelten Rückgang dieses Schiebers jedesmal eine Becherfüllung aus dem Lager entnommen wird, so daß die

Bedienung der Anlage sich auf die allgemeine Aufsicht beschränken kann. Bei dieser Bauart des Füllers ist es möglich, die Becher beliebig weit auseinanderzurücken, wenn die erforderliche Leistung gering ist, so daß die Anlage den jeweils vorliegenden Verhältnissen weitgehend angepaßt werden kann.

Durch diese Vervollkommnungen wird voraussichtlich in Zukunft eine noch weitere Ausbreitung dieses Fördermittels erwartet werden können, als schon in den letzten Jahren zu beobachten war.

Allerdings sind die bisher beschriebenen Pendelbecherwerke nur zu einer Bewegung in einer Ebene geeignet, die neueste Bauart läßt sich aber unter Beibehaltung der grundsätzlichen Bauart und unter Beibehaltung aller wesentlichen Vorteile auch als raumbewegliches Becherwerk verwenden, wie weiter hinten noch näher ausgeführt werden wird.

Es wurden schon mit der alten Huntschen Kette Anlagen ausgeführt, bei denen die Kette auf dem senkrecht aufsteigenden Strang in sich verdreht wurde, so daß der Lauf der oberen wagerechten Führung rechtwinklig zur unteren Führung verlief. Das war aber nur unter starken Zwängungen möglich und hat sich nicht sonderlich bewährt. Die erste Ausführung eines ausgesprochen raumbeweglichen Pendelbecherwerkes erfolgte in Deutschland nach dem Entwurf von Bousse, wie in Abb. 263 dargestellt. Für jeden Becher war ein kleiner vierrädriger Wagen vorgesehen, in dessen Traggestell der Becher drehbar gelagert war. Die einzelnen Wagen waren miteinander durch Zugglieder mit senkrechten Achsen zu einer Kette ohne Ende verbunden. Die Kette war in senkrechter Richtung gelenkig, indem die Laufradachsen als Gelenk dienten, und in wagerechter Richtung, indem die senkrechten Achsen der Kettenglieder als Gelenk benutzt wurden.

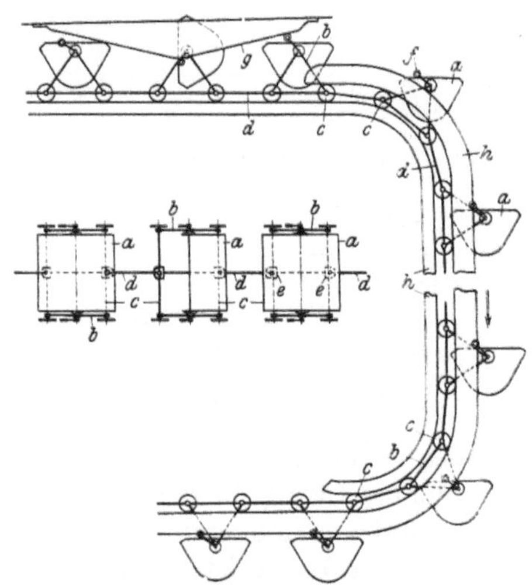

Abb. 263. Erstes Boussesches raumbewegliches Pendelbecherwerk für senkrechte und wagerechte Kurven.

a Drehbar aufgehängte Becher.
b Wagen zum Tragen der Becher.
c Radachsen, als Gelenke für senkrechte Kurvenumführung dienend.
d Verbindungsstangen zwischen den einzelnen Wagen.
e Gelenke mit senkrechten Bolzen für wagerechte Kurvenführung.
f Achsen mit Rolle zum Kippen der Becher.
g Entladefrosch.
h Schienenführung auf dem senkrechten Strang.

Bei Führung dieser Becherkette in wagerechten Kurven wurden aber sowohl das Wagengestell als auch die Laufräder, die mit ihrem Kranz den Seitendruck in den Kurven aufnehmen, zu sehr beansprucht. Außerdem hing bei der senkrechten Kettenführung der Becher nicht in der Mittellinie der Kette. Dadurch wurde die Kette aus ihrer senkrechten Lage in eine gekrümmte Linienführung gedrängt. Dieser Übelstand wurde zum Teil beseitigt bei einer weiteren Ausbildung dieses Pendelbecherwerkes nach Abb. 264. Die Becher sind in der Ebene eines gelenkartig ausgebildeten schmiedeeisernen Rahmens gelagert. Die einzelnen Rahmen sind durch Zugstangen mit senkrechten Bolzen verbunden. Auch bei dieser Bauart ist eine Bewegung in senkrechter wie in wagerechter Ebene möglich. In den Kurven nehmen die Rollen die seitlichen Drücke etwas besser auf, erzeugen aber immerhin noch einen bedeutenden Reibungswiderstand. Eine solche wagerechte und senkrechte Kurvenführung ist aus Abb. 264 ersichtlich. Die Krümmung der wagerechten Kurve ist dabei möglichst schlank mit 4 m Radius angenommen, um den Druck auf die Radkränze nicht zu groß werden zu lassen. In neuerer Zeit hat man solche wagerechten Kurvenumführungen vielfach mittels großer Umführungsräder mit senkrechter Achse ausgeführt, um das Ecken der Kettenrollen ganz zu vermeiden. Der wagerechte Schub wird dann durch diese fest eingebauten Umführungsräder aufgenommen. Diese Bauart verdient entschieden den Vorzug.

Eine vollkommene Bewegung in jeder Richtung des Raumes wird aber durch das von Schenck eingeführte Spiral-Pendelbecherwerk erreicht, bei dem er wieder

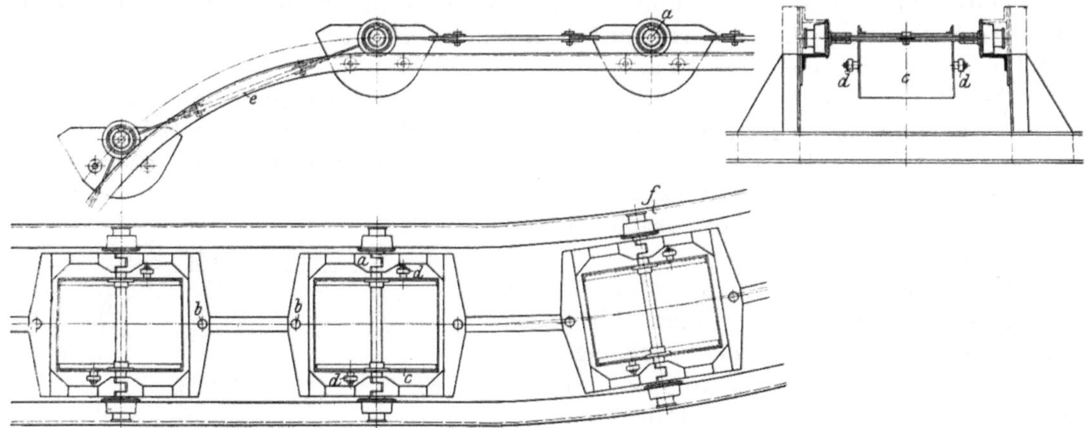

Abb. 264. Raumbewegliches Pendelbecherwerk (Schenck) (Maßstab 1 : 26).

a Gelenkbolzen für Kurven in senkrechter Ebene.
b Gelenkbolzen für Kurven in wagerechter Ebene.
c Becher.
d Rolle zum Kippen der Becher.
e Senkrechte Kurve mit etwa 1,2 m Radius.
f Wagerechte Kurve mit etwa 4 m Radius.

auf das schon von Hunt angewendete Verfahren zurückgreift, die Kette auf dem senkrechten Strang in sich zu verdrehen. Nur ist bei Schenck für diese Verdrehung ein besonderes Gelenk vorgesehen, so daß die Zwängungen in der Kette vermieden werden. Die Kette ist nämlich außer mit den oben angeführten Gelenken noch mit einem Drehgelenk in der Mitte der zur Verbindung der einzelnen Becherrahmen

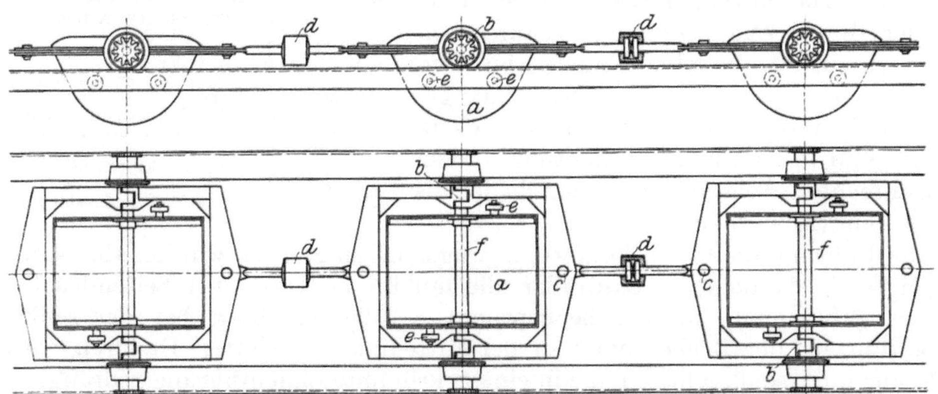

Abb. 265. Raumbewegliches Spiralpendelbecherwerk (Schenck) (Maßstab 1 : 20).

a Becher.
b Gelenkbolzen für Kurven in senkrechter Ebene.
c Gelenkbolzen für Kurven in wagerechter Ebene.
d Drehgelenk zum Verdrehen der Kette in der Spiralkurve aus einer Bewegungsebene in die andere.
e Anschlagrollen zum Kippen der Becher.
f Rohr zum Abdecken der Laufachse in den Bechern.

dienenden Zugstange versehen. Dieses Gelenk ermöglicht, wie aus Abb. 265 ersichtlich, eine beliebige Verdrehung der Becherkette auf dem senkrechten Strange, so daß die Becherkette oben in ganz beliebiger Bewegungsrichtung, verglichen mit der unten vorhandenen Bewegungsrichtung, geführt werden kann. In dieser Weise kann sich die Becherkette allen Verhältnissen vollständig anpassen, ohne daß wagerechte Kurven erforderlich werden. Die Führung auf dem senkrechten Strange zur Erzielung einer anderen Bewegungsrichtung ist außerordentlich einfach und kann durch spiralförmige Führungsschienen leicht bewirkt werden, wie aus Abb. 266 ersichtlich. Die Kette kommt unten in der Richtung von rechts an, wird dann auf dem senkrecht aufsteigenden Strange durch die Spiralführung verdreht und geht oben in der Richtung senkrecht zur Bildebene weiter. Außerdem können natürlich sowohl auf dem wagerechten als auch auf dem senkrechten Strange beliebige Schienenkrümmungen

Abb. 266. Spiralpendelbecherwerk (Schenck).

in der Kettenebene ausgeführt werden wie bei den vorhin beschriebenen Konstruktionen. Bei diesem Pendelbecherwerk muß allerdings die Kette auf dem senkrechten Strange durch Schienen geführt werden, was bei den übrigen Bauarten nicht unbedingt erforderlich ist. Die hierdurch entstehenden Kosten sind aber nicht groß, besonders da eine Führung zum Schutze der Becherkette ohnehin oft erwünscht erscheint und auch bei der Huntschen Kette häufig ausgeführt wird. Beim Huntschen Pendelbecherwerk hat die Führung dann allerdings auch gleichzeitig den Vorteil, daß die Kette bei einem eventuellen Zerreißen nicht herunterfallen kann, indem die Laufrollen durch die Schienen so geführt sind, daß die Kettenglieder in den Gelenken nicht ausweichen können und sich aufeinander stützen. Dieser Vorteil ist bei den anderen Bauarten nicht zu erreichen.

Schenck verwendet für die Schmierung des Pendelbecherwerkes Staufferbüchsen mit gezahntem Deckel. Der Deckel wird an einer Stelle, z. B. bei einer Kurvenumführung, bei jedem Vorbeigang etwas angezogen, indem der Zahnkranz in eine kleine Zahnstange eingreift, die ein- und ausgerückt werden kann, je nachdem, ob geschmiert werden soll oder nicht (Abb. 267).

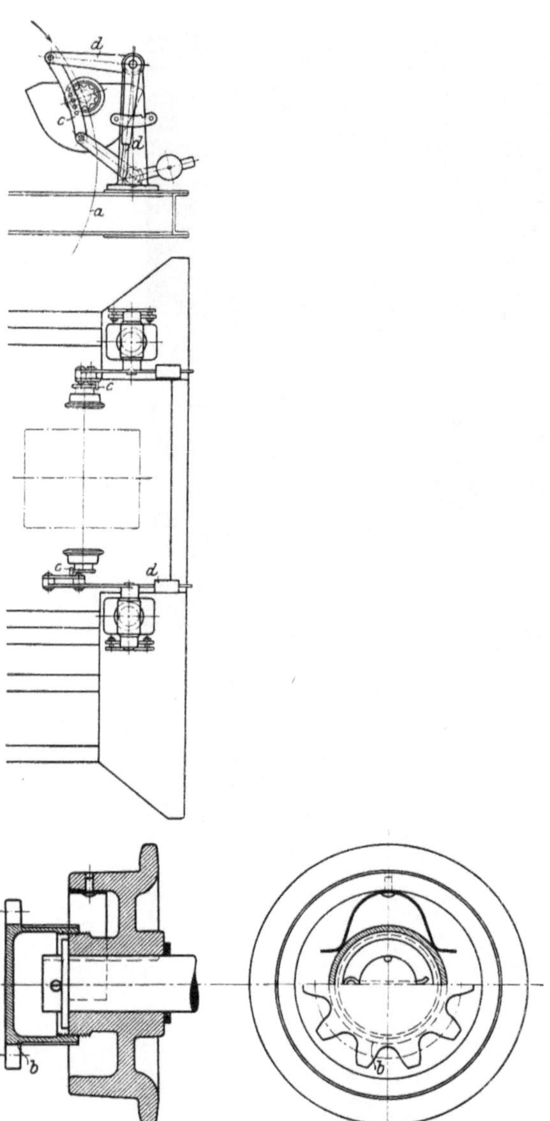

Abb. 267. Schmiervorrichtung für Pendelbecherwerke (Schenck) (Maßstab 1 : 30 und 1 : 4).

a Linie der Kettenführung in einer senkrechten Kurve.
b Staufferbüchse mit zahnradartigem Kranz.
c Kurze Zahnstange zum Andrehen der Staufferbüchse beim Vorbeilauf.
d Hebelwerk zum Aus- und Einrücken der Zahnstange *c*.

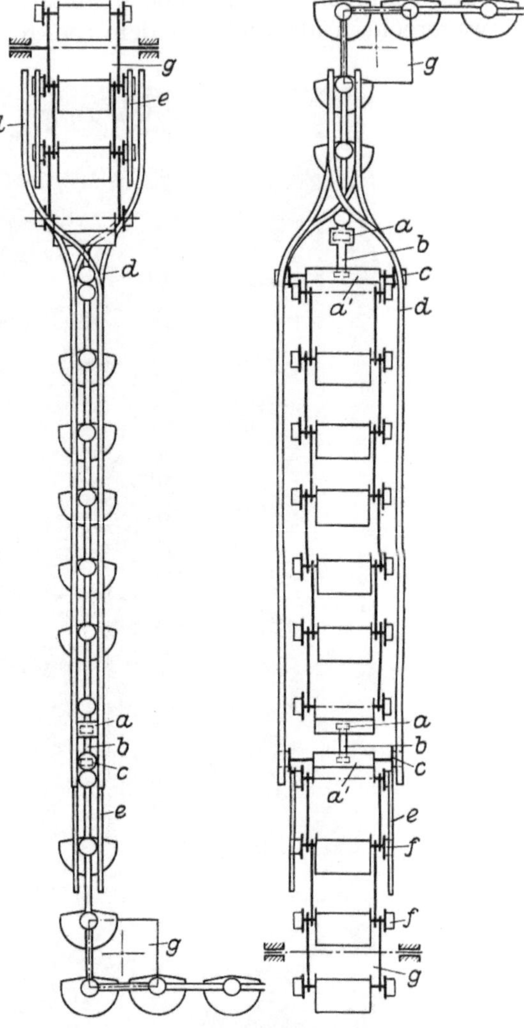

Abb. 268. Spiralgeführtes Becherwerk mit abschnittsweiser Verdrehung der Kette (Maßstab 1 : 75).

a—a' Querjoch an den Enden der einzelnen Kettenzüge.
b Zentrale Verbindungsstange zwischen *a* und *a'* mit drehbarer Kopflagerung.
c Führungsrollen an den Enden der einzelnen Kettenzüge.
d Führungsschienen zur Führung der unteren Rollen *c* in einer geraden Bahn und der oberen Rollen *c* in einer Spirale.
e Kurze Schienenführung zur Sicherung der Kettenzüge, die dem zu drehenden Kettenzug benachbart sind, in einer Spirale.
f Normale Laufrollen der Becherkette.
g—g' Umführungssterne, in beliebigem Winkel gegeneinander verdreht.

Die Ausführung des Schenckschen Spiralpendelbecherwerkes, das sich in zahlreichen Ausführungen gut bewährt hat, erfordert für das Verdrehen der Kette ein

Drehgelenk zwischen je 2 Bechern. Das bedingt eine verhältnismäßig teure Konstruktion und einen weiten Abstand der Becher in der Kette.

Man kann die Zahl dieser Gelenke erheblich herabsetzen und im übrigen die einfache Form der in einer Ebene beweglichen Kette beibehalten, wenn man die Umdrehung für ein längeres Kettenstück auf einmal ausführt, wie in Abb. 268 dargestellt. Die Kette erhält dann für die Führung in der spiralförmigen Führungsschiene an den Enden jedes drehbaren Kettenstückes besondere Rollen, die außerhalb der normalen Tragrollen liegen. Man kann bei dieser Anordnung die auf einmal zu verdrehenden Kettenstücke so groß nehmen, als es die Höhe der senkrechten Kettenführung zuläßt und kann die Becher in der Kette in beliebigem Abstande voneinander anordnen. Antrieb und Füllvorrichtung bleiben so, wie schon bei Abb. 262 beschrieben.

Zum Schluß soll noch, um die Entwicklung möglichst vollständig zu schildern, ein raumbewegliches Becherwerk erwähnt werden, das von Bleichert als sog. Einschienenbecherwerk bei einigen Anlagen ausgeführt worden ist, wie in Abb. 269 dargestellt.

Es besitzt nur in der Mitte eine Kette. Die Becher sind an beiden Seiten der Kette aufgehängt. Durch die Verwendung einer einzigen Kette soll eine leichtere Kurvenführung und ein leichteres Verdrehen der Kette auf dem senkrechten Strang ermöglicht werden. Die Bauart hat aber den Nachteil, daß die Laufrollen zur Erzielung der Standsicherheit außer der unteren Fahrschiene noch eine obere Führungsschiene erfordern, die eine gewisse Gleitbewegung zwischen Rollen und Führungsschienen bedingt. Ferner erfordern die auf beiden Seiten der Kette ausgeführten Becher im allgemeinen verhältnismäßig große Anlagekosten. Besonders die Höhe der Anlagekosten hat wohl, ebenso wie bei dem Bradley-Becherwerk, einer größeren Verbreitung im Wege gestanden; denn bei den meisten in Frage kommenden Aufgaben ist die Fördermenge so klein, daß schon bei den vorhin beschriebenen Becherwerken mit nur einer Becherreihe das Bestreben darauf gerichtet sein mußte, die Becher möglichst groß zu halten und in möglichst weitem Abstande anzuordnen, um die Becherzahl und die Anlagekosten zu verringern. Beim Einschienenbecherwerk sind die Becher natürlich kleiner; aber einerseits sind die kleinen Becher im Verhältnis zum Inhalt teurer als größere Becher, andererseits bieten kleine Becher für das Füllen verhältnismäßig größere Schwierigkeiten als große Becher, indem bei kleinen Bechern die Kohle viel leichter über den Rand der Becher hinüberfällt.

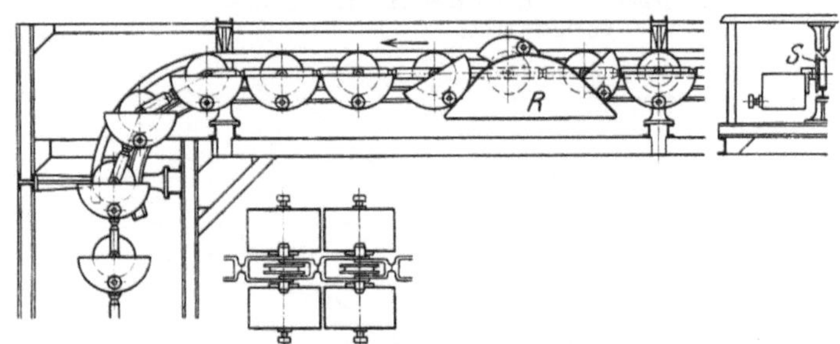

Abb. 269. Einschienenbecherwerk (Bleichert).

Die verschiedenen Becherwerke sind bei sachgemäßer Ausführung hinsichtlich des Arbeitsverbrauchs wenig voneinander verschieden. Alle Becherwerke mit drehbaren Bechern laufen nur verhältnismäßig langsam. Die Bewegungsgeschwindigkeit beträgt durchweg nur etwa 0,15—0,3 m/sk. Bei allen gleicht das Eigengewicht der Kette in dem aufgehenden und abgehenden Strang sich aus. Für überschlägliche Berechnungen kann man im allgemeinen für die Reibung des ganzen bewegten Gewichts einschließlich der Ladung als Reibungsziffer etwa 0,05 einsetzen, die Verluste in den Kurven und im Antrieb eingeschlossen. Diese Rechnung ergibt ungefähr dasselbe wie die Rechnung nach den am Anfang dieses Abschnittes auf S. 124ff. angegebenen Regeln. Die Aufstellung von Schaulinien für den Arbeitsverbrauch und die Anlagekosten der Pendelbecherwerke wird dadurch erschwert, daß außer der Förderlänge auch die Förderhöhe als veränderliche Größe in Frage kommt.

Es sind deshalb in den Schaulinien 270—272 Arbeitsverbrauch, Anlagekosten und Gesamtförderkosten für Hunt-Becherwerke verschiedener Leistung für 10 m Förderhöhe und veränderliche Förderlängen aufgestellt, und in Abb. 273 die

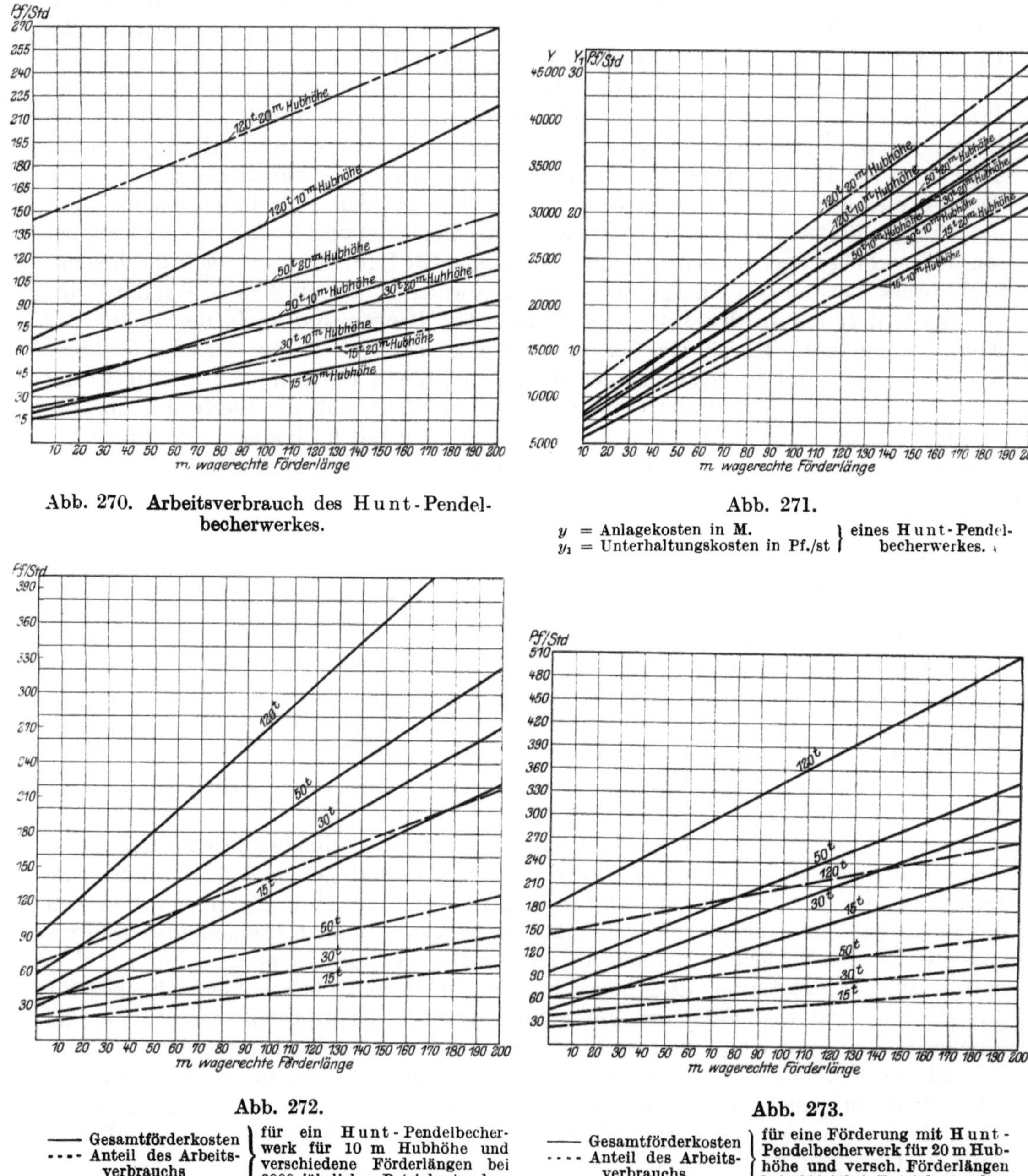

Abb. 270. **Arbeitsverbrauch** des Hunt-Pendel-**becherwerkes.**

Abb. 271.

y = Anlagekosten in M. } eines Hunt-Pendel-
y_1 = Unterhaltungskosten in Pf./st } becherwerkes.

Abb. 272.

—— Gesamtförderkosten
- - - - Anteil des Arbeitsverbrauchs
} für ein Hunt-Pendelbecherwerk für 10 m Hubhöhe und verschiedene Förderlängen bei 3000 jährlichen Betriebsstunden.

Abb. 273.

—— Gesamtförderkosten
- - - - Anteil des Arbeitsverbrauchs
} für eine Förderung mit Hunt-Pendelbecherwerk für 20 m Hubhöhe und versch. Förderlängen bei 3000 jährl. Betriebsstunden.

Gesamtförderkosten für 20 m Förderhöhe und veränderliche Förderlängen. Für die dazwischenliegenden Förderhöhen können die ungefähren Werte durch Interpolation gewonnen werden. In dieser Weise kann man einen ungefähren Vergleich anstellen zwischen der Anwendung eines solchen Pendelbecherwerkes und einer zusammengesetzten Förderanlage für denselben Zweck, z. B. Becherwerk in Verbindung mit Förderbändern oder Kratzern (s. S. 203 u. 179).

Schaukelförderer.

Diese Förderer sind in ihrer Arbeitsweise den eben beschriebenen Pendelbecherwerken ähnlich, d. h., sie fördern in wagerechter und beliebig geneigter Richtung unter Anwendung von ebenen oder räumlich gekrümmten Führungen. Sie unterscheiden sich im allgemeinen von ihnen nur dadurch, daß sie durchweg für Stückgüter verwendet werden, die an beliebiger Stelle auf die Fördergefäße aufgelegt oder von ihnen entnommen werden, so daß also ein mechanisches Entladen meistens wegfällt. Da bei dieser Art der Beladung die Fördergefäße in beliebigem Abstande angeordnet werden können, so werden die Förderer meistens in leichter Ausführungsform gebaut, und als Zugorgan wird eine einfache Kette oder ein Seil verwendet. Diese Förderer werden in Deutschland seit langer Zeit von Stotz ausgeführt; sie werden jetzt aber auch von anderen Firmen geliefert. Abb. 274 zeigt das Schema eines derartigen Schaukelförderers von Stotz. Die Zeichnung zeigt eine in senkrechter Ebene liegendeKurve. Als Zugorgan ist an den Stellen, wo Wagen aufgehängt sind, eine Stotzsche Kreuzgelenkkette aus Temperguß, im übrigen eine Laschenkette verwendet. Durch die Vereinigung beider wird eine Beweglichkeit in jeder Richtung bei einfacher Bauart erzielt. Die Förderwagen hängen an zwei Laufrollen, die, wie aus dem Querschnitt ersichtlich, auf 2 Winkeln laufen, welche unmittelbar oberhalb der Kette liegen. Damit das Beladen und Entladen mit Stückgütern (Steine, Flaschen usw.) während der Fahrt erfolgen kann, ist die Geschwindigkeit sehr klein gewählt und beträgt in der Regel nur etwa 0,25 m/sk. Trotzdem sind mit derartigen Förderern infolge der stetigen Bewegung sehr große Leistungen zu erzielen. Die in Abb. 275 dargestellte Anlage zeigt eine Ausführung, die bei rund 350 m Kettenlänge und 0,25 m/sk Geschwindigkeit stündlich 4000 Steine durch verschiedene Stockwerke befördert, die von der Kette einzeln nach verschiedenen Richtungen durchfahren werden. Der Weg der Kette ist durch Pfeile gekennzeichnet. An zwei Stellen sind Spannvorrichtungen zum Straffhalten der Kette eingebaut. Der Antrieb erfolgt ebenfalls an zwei Stellen durch zwei Kurvenräder, die untereinander in verschiedenen Stockwerken liegen, und zwar beide an Stellen, wo die Kette eine Steigung hinaufgezogen werden muß. Die ganze Anlage kostete bei etwa 17 000 kg Gewicht nur etwa 8000 M. ohne Montage und ohne Stützkonstruktion und braucht zum Antrieb nur etwa 3,5 PS.

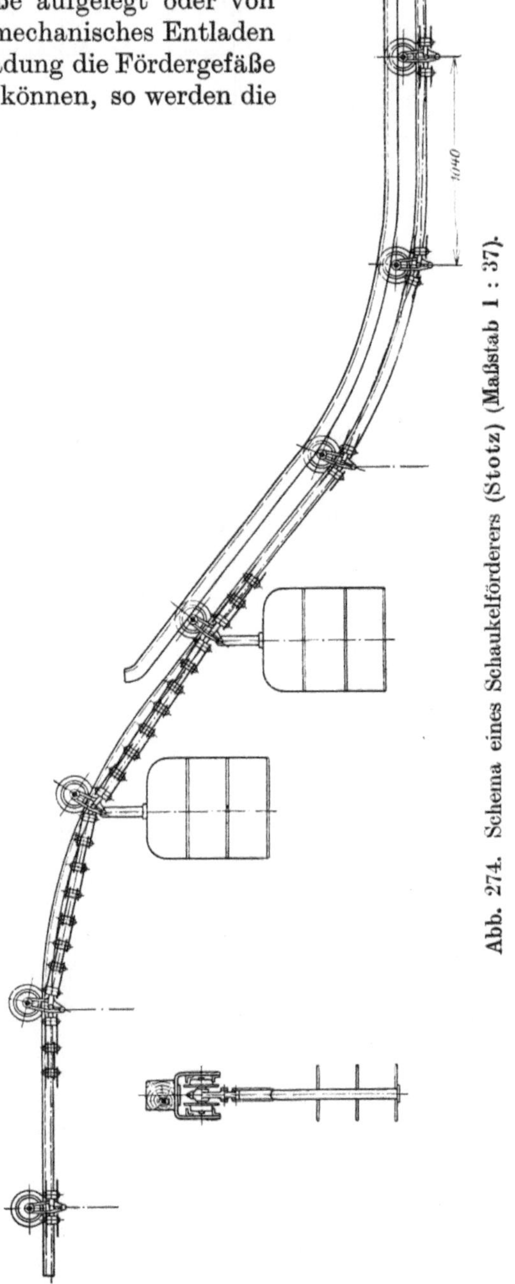

Abb. 274. Schema eines Schaukelförderers (Stotz) (Maßstab 1 : 37).

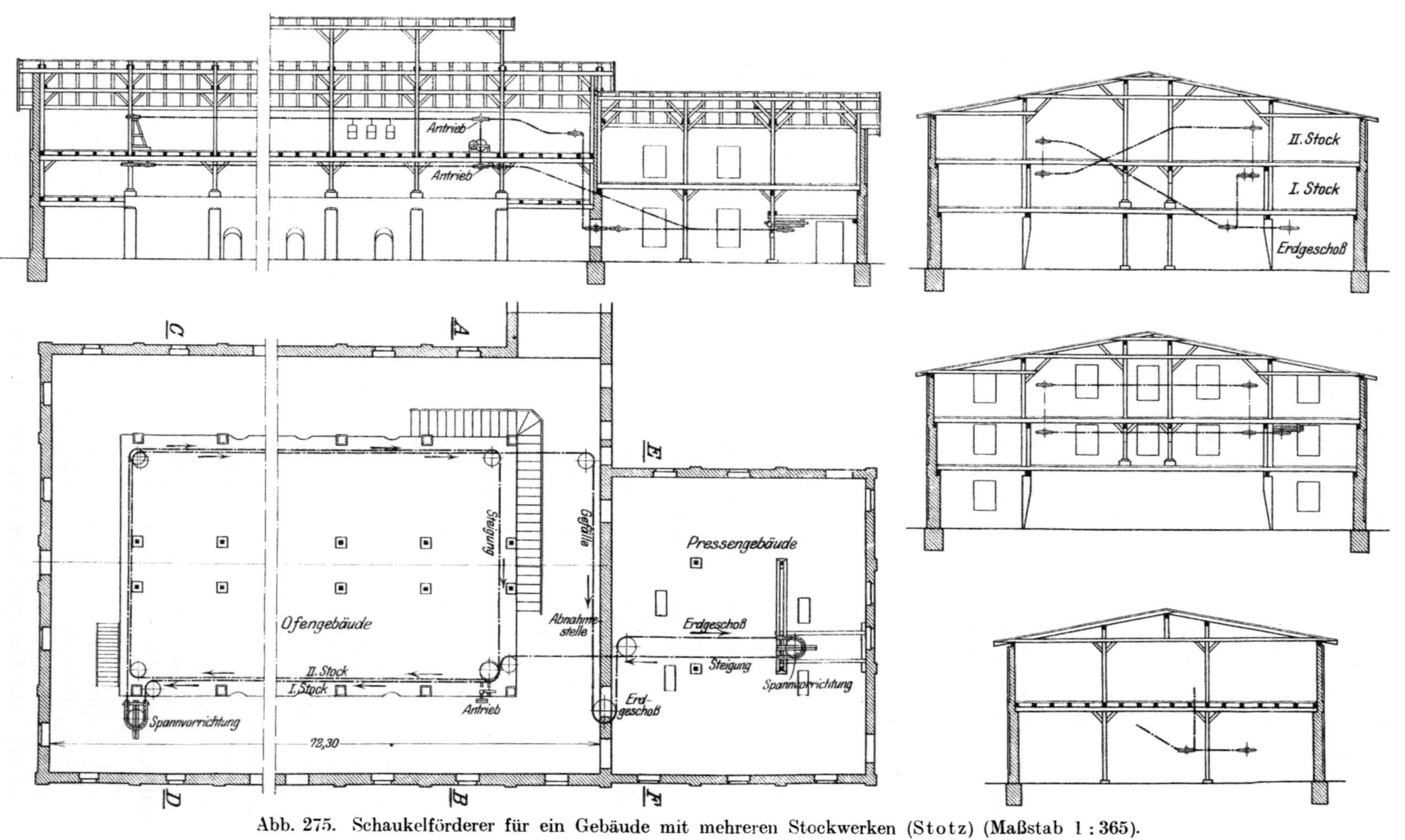

Abb. 275. Schaukelförderer für ein Gebäude mit mehreren Stockwerken (Stotz) (Maßstab 1 : 365).

Wo eine Bewegung in nur wagerechter Richtung gefordert wird, verwendet dieselbe Firma ihren sog. Kreistransporteur, bei dem an Stelle der Kreuzgelenkkette eine gewöhnliche Stotzsche Gliederkette aus Temperguß verwendet wird. An Stelle der doppelten Schiene genügt in diesem Falle eine einfache Schiene, die ähnlich angeordnet ist, wie bei den Hängebahnen bekannt. Eine ähnliche Bauart wird für denselben Zweck von Bleichert ausgeführt unter Verwendung eines Seils als Zugorgan. Die einzelnen Wagen können durch eine exzentrische sog. englische Gabel mit dem Seil verbunden und von ihm losgekuppelt werden, wie schon bei den Standbahnen und Hängebahnen mit Seilbetrieb beschrieben. Damit stimmt dann dieser von der Firma ebenfalls als Schaukeltransporteur bezeichnete Förderer fast vollständig überein mit den schon früher beschriebenen Hängebahnen mit Seilbetrieb. Nur ist in diesem Falle die Geschwindigkeit mit 0,15 m/sk angenommen, um die Steine während des Betriebes auflegen und abnehmen zu können. Bei Verwendung eines Seiles ist bei einiger Ausdehnung der Anlage eine Antriebsstation mit mehreren Antriebsscheiben erforderlich, um die Kraft auf das Seil übertragen zu können. Um trotzdem den automatischen Betrieb zu wahren, ist von Bleichert ein besonderer Kettentrieb eingebaut, welcher die in die Antriebsstation einlaufenden Wagen selbsttätig erfaßt und sie dem aus der Station auslaufenden Seil wieder zuführt. Man kann auch bei Verwendung eines Seiles Kurven in senkrechter Richtung überwinden, aber doch nur in beschränktem Maße, nämlich so weit, daß das Gehänge der Wagen nicht mit den Schienen zusammenstößt. Die Seilkupplung muß dann natürlich entsprechend ausgebildet werden, wie auch schon bei den Hängebahnen mit Seilbetrieb und den Seilschwebebahnen näher ausgeführt wurde.

Elevatoren mit drehbar aufgehängten Fördergefäßen für verschiedene Zwecke.

Die bei den Pendelbecherwerken und Schaukelförderern verwendete Anordnung, die Fördergefäße drehbar aufzuhängen, erweist sich natürlich auch häufig geeignet für Elevatoren für verschiedenartige Sonderzwecke, die in sehr verschiedenen Ausführungsformen gebaut werden. Eine Vereinigung von senkrechter und wagerechter Bewegung in derselben Weise wie bei den Pendelbecherwerken beschrieben ist bei einem in Abb. 276 dargestellten Sackelevator durchgeführt, bei dem die aus den Eisenbahnwagen entladenen Säcke durch eine Rutsche in die Förderbehälter entladen werden, die ähnlich wie die Becher des Pendelbecherwerkes oberhalb des Schwerpunktes aufgehängt sind. Die Kette, an der die Fördergefäße hängen, wird in den Kurven durch entsprechend ausgebildete Kettenräder geführt. Das Entladen kann ähnlich wie bei den Pendelbecherwerken an beliebiger Stelle der wagerechten Kettenführung durch Kippen der drehbaren Förderschalen geschehen. In dem dargestellten Falle werden die Förderschalen bei der oberen Kettenumführung entladen, indem sie mit ihrem rostartig ausgebildeten Korbe von oben durch eine schräge, ebenfalls rostartig ausgebildete Schurre hindurchtreten. Die Säcke werden von der Schurre zurückgehalten und dann in Hängebahnwagen übergeleitet, durch die sie auf das Lager befördert werden. Die abgebildete Anlage ist für eine stündliche Leistung von 250 Säcken bestimmt.

Den beschriebenen Elevatoren ähnlich ist auch der für den Personenverkehr dienende Umlaufaufzug, auch Paternosteraufzug genannt, der als zweitrümiger Aufzug in Deutschland zuerst in Hamburg und nach Aufhebung des früher erlassenen polizeilichen Verbotes auch an anderen Orten einige Verbreitung gefunden hat. Auch bei diesen Aufzügen werden für die Aufnahme der Personen Kabinen verwendet, die oberhalb ihres Schwerpunktes an ständig umlaufenden Ketten aufgehängt sind, Abb. 277. Die Ketten sind an zwei diagonal gegenüberliegenden Ecken der Kabine befestigt, wie aus Abb. 277 und aus der Zeichnung der

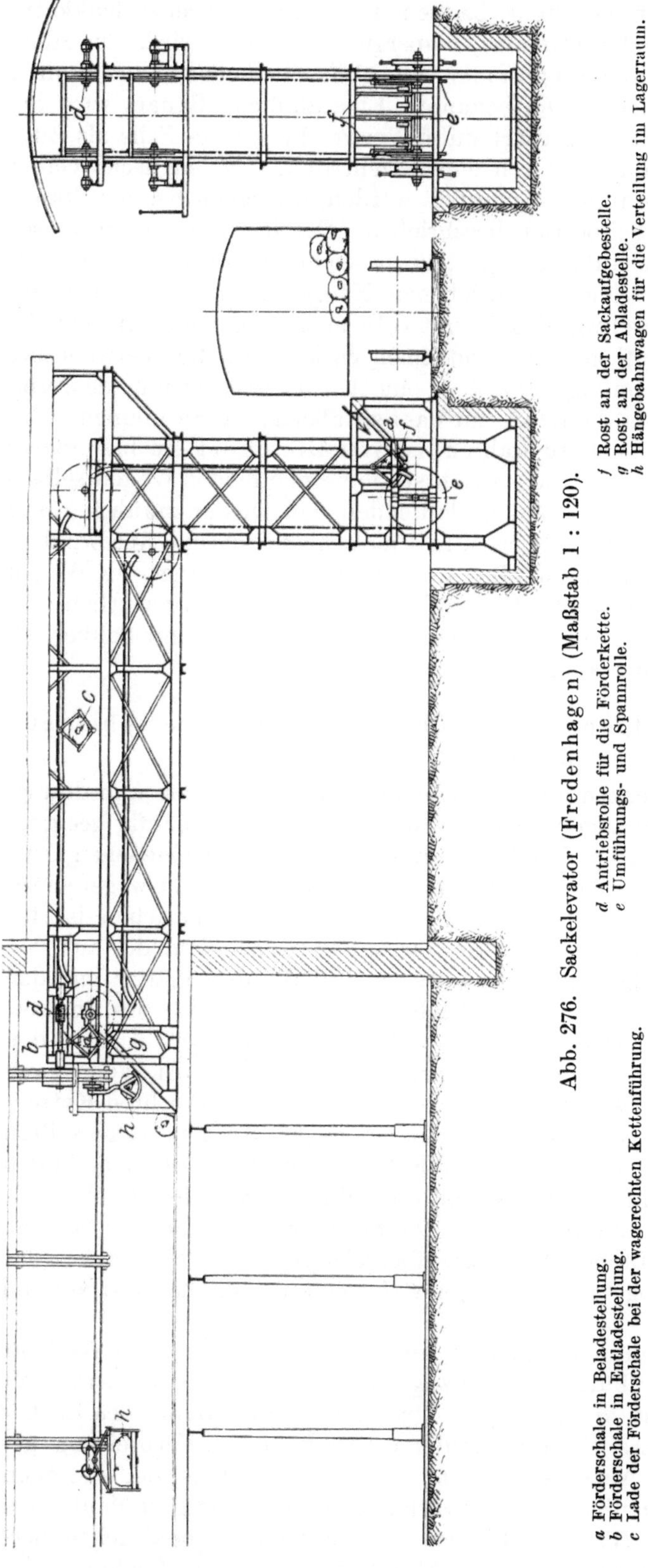

Abb. 276. Sackelevator (Fredenhagen) (Maßstab 1 : 120).

a Förderschale in Beladestellung.
b Förderschale in Entladestellung.
c Lade der Förderschale bei der wagerechten Kettenführung.
d Antriebsrolle für die Förderkette.
e Umführungs- und Spannrolle.
f Rost an der Sackaufgebestelle.
g Rost an der Abladestelle.
h Hängebahnwagen für die Verteilung im Lagerraum.

Kabine Abb. 278 ersichtlich. Dadurch wird nicht nur ein Pendeln der Kabine verhindert, sondern es wird auch die Anordnung des Antriebes, der durch zwei meistens am Fuße des Aufzuges angeordnete Kettenräder erfolgt, erleichtert. Die oberen Kettenumführungsräder können durch eine Schraubenspannvorrichtung verstellt werden.

Während der Bewegung werden die Kabinen auf der Strecke durch seitliche engschließende Führungsleisten geführt (Abb. 277). Beim Übergang aus der Hubbewegung in die Senkbewegung geht die Kabine von einem Schacht in den anderen über, wird aber auch hierbei geführt, indem unter dem Förderkorbe *a* ein Führungsgerüst angeordnet ist, welches um die in der Mitte zwischen den beiden Schächten liegenden Führungsleisten herumgreift, vgl. Abb. 277—279. Dasselbe Führungsgerüst übernimmt auch auf der unten erfolgenden Bewegungsumkehr des Fahrkorbes die Führung, indem es beiderseitig um einen unten im Aufzug angeordneten Querbalken herumgreift. Die einzelnen Kabinen sind an drei Seiten geschlossen und nur an der Ein- und Aussteigseite geöffnet. Die Bewegung erfolgt mit geringer Geschwindigkeit von nur 0,25—0,3 m/sk, d. h. mit derselben Geschwindigkeit, mit der man auch sonst Treppen ersteigt. Bei dieser Geschwindigkeit kann man ohne Schwierigkeit aus dem Flur in die aufsteigenden oder absteigenden Kabinen übertreten, oder umgekehrt.

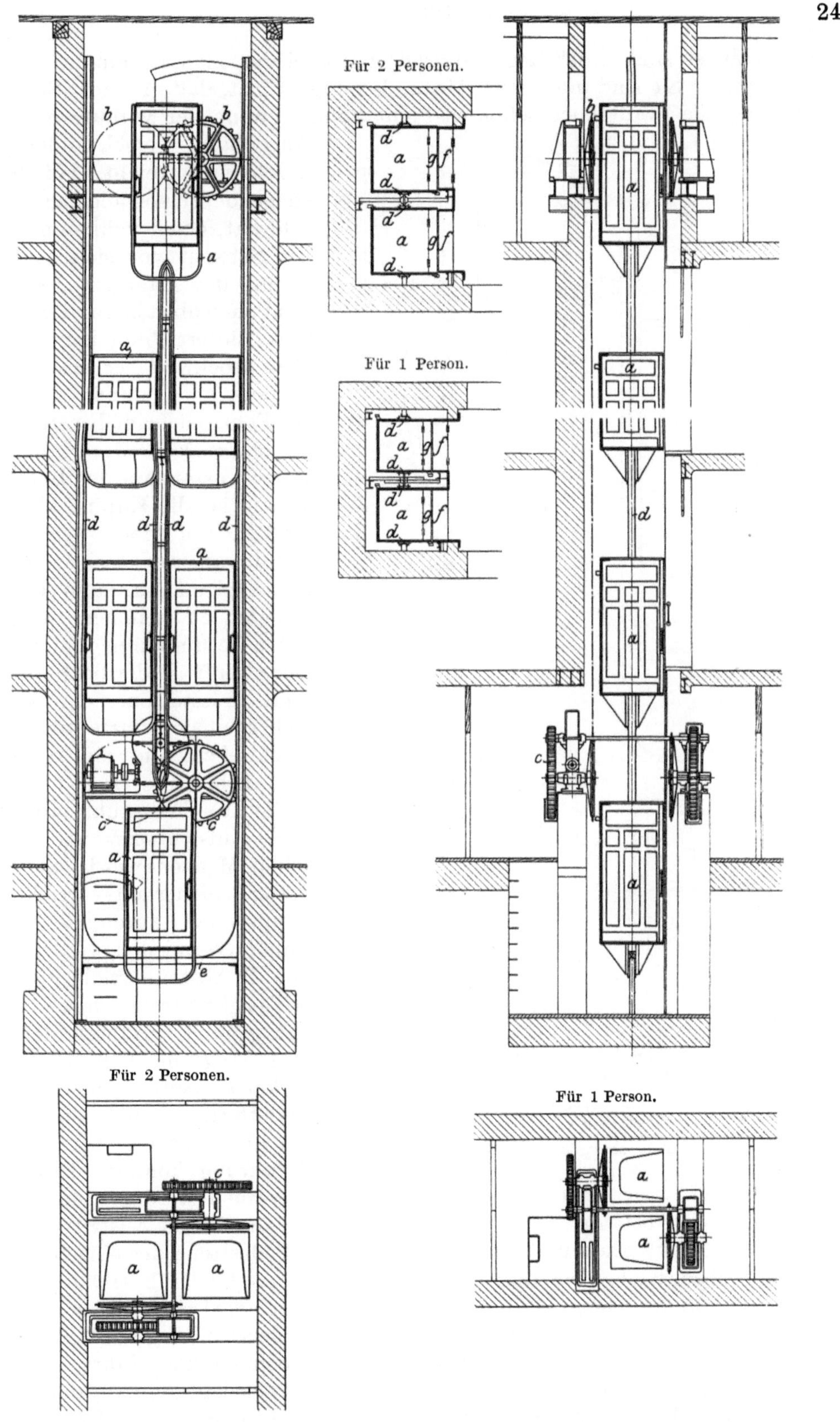

Abb. 277. Zweitrümiger Umlaufaufzug (Kehrhahn) (Maßstab 1 : 104).

a Pendelnd aufgehängte Fahrkörbe für 1 oder 2 Personen.
b Obere Umführung mit Spannvorrichtung.
c Untere Umführung mit Antrieb.
d Führungsbalken auf der senkrechten Bahn.
e Führungsbalken bei der unteren Umführung.
f Nach oben nachgiebige Klappe der Stockwerksbühnen am aufwärtsfahrenden Kettenstrang.
g Nachgiebige Klappe im Fahrkorbfußboden als Sicherung gegen den abwärtsfahrenden Fahrkorb.

Die Kabinen sind in der Regel so groß, daß zwei Personen auf einmal befördert werden können. Sie sind in solchen Abständen angeordnet, daß in einem Stockwerk der nachfolgende Förderkorb schon in Sicht kommt, wenn der voraufgehende aus Augenhöhe verschwindet. Dadurch wird erreicht, daß die einsteigende Person niemals das Gefühl hat, einen vollkommen offenen Schacht vor sich zu haben. Damit der Fahrgast freie Aussicht nach oben hat und sich rechtzeitig unterrichten kann, in welches Stockwerk er einfährt, besonders aber, damit nicht etwa ein Fahrgast beim Einsteigen auf die obere Decke der Kabine aufsteigt, anstatt auf den Boden derselben, ist die Kabine oben zum größten Teil offen. Versäumt jemand, an der richtigen Stelle auszusteigen, so kann er, ohne Schaden zu nehmen, oben oder unten herumfahren und bei Wiederankunft an der beabsichtigten Stelle aussteigen. Zur weiteren Sicherheit sind Vorrichtungen vorgeschrieben, die ein Stillsetzen und Inbetriebsetzen von jeder Stelle des Fahrstuhls aus durch das Aufsichtspersonal ermöglichen. Meistens werden auch noch weitere Sicherheitsvorrichtungen angewendet, durch die etwaige Unfälle vermieden werden sollen, so z. B. Abstellvorrichtungen, die in Tätigkeit treten, falls ein Fahrgast beim Überfahren der höchsten Etage nicht ruhig im Förderkorbe bleibt, sondern herauszuklettern versucht und dabei mit der Deckenkonstruktion in Berührung kommt. Diese kann zu diesem Zwecke mit einer nachgiebigen Klappe versehen werden, durch die die Abstellvorrichtung betätigt wird. Außerdem werden die festen Austrittsstufen in den einzelnen Stockwerken und ebenso die vorderen Podestteile der einzelnen Fahrkörbe nach oben nachgiebig ausgeführt, damit niemand sich beschädigen kann, wenn er von unten dagegenstößt. Die Aufzugskette wird bei diesen Aufzügen natürlich nicht gegossen, sondern aus zähem Schmiedeeisen hergestellt. Alle Verbindungen werden mit besonders geringer Beanspruchung ausgeführt, so daß in dieser Beziehung große Sicherheit vorhanden ist. Berücksichtigt man, daß bei den Umlaufaufzügen Beschleunigungskräfte, wie sie bei Hubaufzügen auftreten, kaum vorhanden sind, so muß man die Aufzüge als mechanisch außerordentlich zuverlässig bezeichnen.

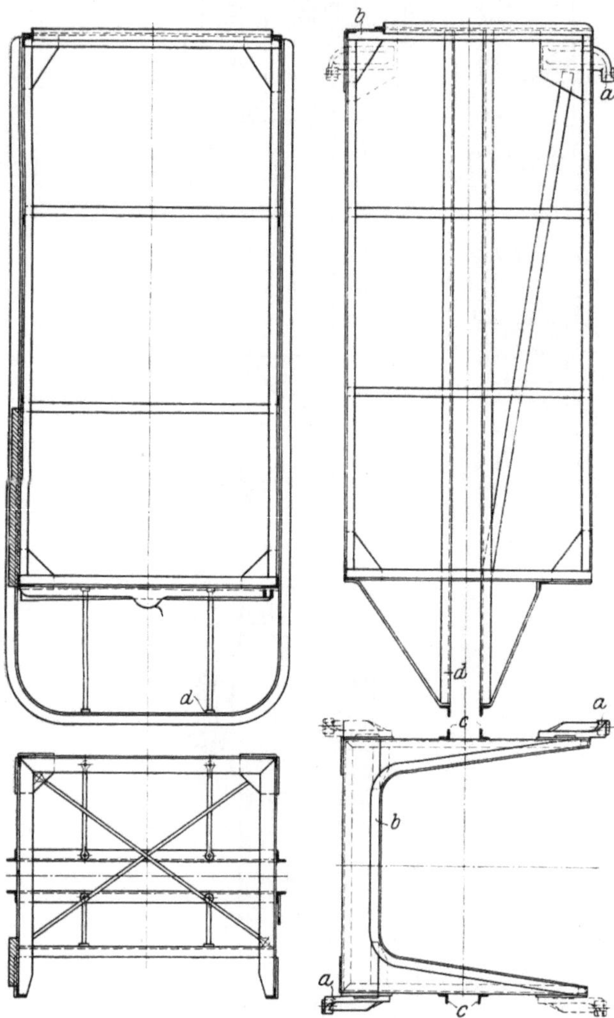

Abb. 278. Fahrkorb zum zweitrümigen Umlaufaufzug (Kehrhahn) (Maßstab 1 : 30).

a Aufhängung an zwei diagonalen Ecken.
b Obere großenteils offene Decke.
c Führungseisen.
d Führungsgerüst für die untere und obere Umführung.

Trotz der geringen Geschwindigkeit ist die Leistungsfähigkeit derartiger Aufzüge sehr groß. Die Zahl der beförderten Personen kann z. B. nach Zählungen am Paternosteraufzug im Hamburger Stadthaus täglich mehr als 2000 betragen. Dabei sind die Betriebskosten außerordentlich klein. Der Stromverbrauch beträgt nach angestellten Messungen nur rund 1 kW und ist fast unabhängig von der Zahl der beförderten Personen, da deren Gewicht sich bei Aufwärtsgang und Abwärtsgang ziemlich ausgleicht. Die Kosten für den Stromverbrauch betragen also täglich nur etwa 1 M. bei 10 Pf. Stromkosten pro kW-st. Besonders wichtig ist es für die niedrigen Betriebskosten, daß kein ständiger Führer erforderlich ist. Die Anlage-

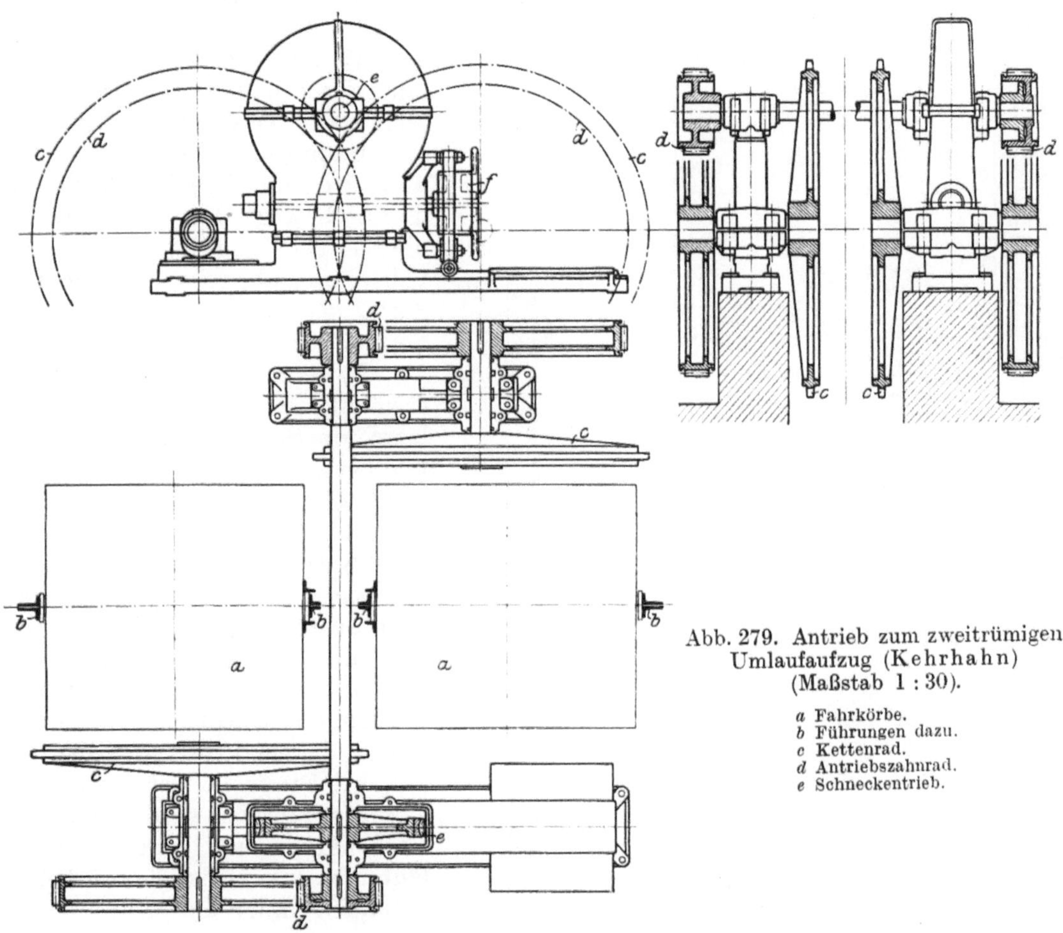

Abb. 279. Antrieb zum zweitrümigen Umlaufaufzug (Kehrhahn) (Maßstab 1 : 30).

a Fahrkörbe.
b Führungen dazu.
c Kettenrad.
d Antriebszahnrad.
e Schneckentrieb.

kosten werden für einen Aufzug für drei Stockwerke mit etwa 16 000 M. angegeben für die eigentlichen Aufzugsteile, und mit etwa 3500 M. für die Schachtzurichtung. Diese Kosten sind höher als die Kosten eines einfachen Aufzuges, und dieser Umstand im Verein mit dem durch die zwei nebeneinanderliegenden Schächte bedingten großen Platzverbrauch hat die Verbreitung stark behindert. Die Aufzüge sind bisher nur an Stellen sehr starken Verkehrs eingebaut worden. Das Arbeitsgebiet wird vergrößert durch die vom Verfasser vorgeschlagene Bauart des eintrümigen Umlaufaufzuges, wie sie in Abb. 280 dargestellt ist. Man kommt dabei mit einem einfachen Fördergefäß, mit einem einfacheren Antrieb und mit einem einfachen Schacht an Stelle eines Doppelschachtes aus, braucht also auch nur halb so viel Raum als beim Elevator nach Abb. 278 und hat durchschnittlich wohl auch nur etwa halb so große Kosten aufzuwenden. Das Gewicht des Fahrkorbes wird durch ein

Gegengewicht ausgeglichen, so daß nur das Heben der Nutzlast in Frage kommt, das nur sehr wenig Kraft erfordert in Anbetracht der geringen Geschwindigkeit, die mit Rücksicht auf das Ein- und Aussteigen ebenso niedrig angenommen ist wie bei dem zweitrümigen Umlaufaufzug. Der eintrümige Aufzug ist insofern betriebssicherer als der zweitrümige, als oben und unten am Fahrkorb leicht ein Drahtgurt angebracht werden kann, der oben und unten um Rollen geführt wird und sich mit dem Fahrkorb auf und ab bewegt. Der Gurt schließt die Zugänge zum Elevatorschacht vollständig ab, so daß dieser nur dort zugänglich ist, wo der Fahrkorb sich befindet.

Es sei zum Schluß noch kurz erwähnt, daß der Antrieb sowohl beim eintrümigen als beim zweitrümigen Aufzug so ausgebildet werden kann, daß die geringe Geschwindigkeit nur an den einzelnen Stockwerkssohlen vorhanden ist, daß sie zwischen diesen Sohlen aber ansteigt. Das kann, wie im II. Band, IV. Abschnitt näher ausgeführt ist, so weit getrieben werden, daß sowohl die Fördergeschwindigkeit als auch die Leistung auf das Dreifache der bisherigen Grenzen gebracht wird. In dieser Vervollkommnung wird der Umlaufaufzug noch weit stärkeres Interesse finden als bisher.

4. Die Förderung im Wasser- oder Luftstrom.

a) Vorbemerkungen.

Bei dieser Betrachtung soll das Heben und Fördern von Wasser und Luft an sich außer

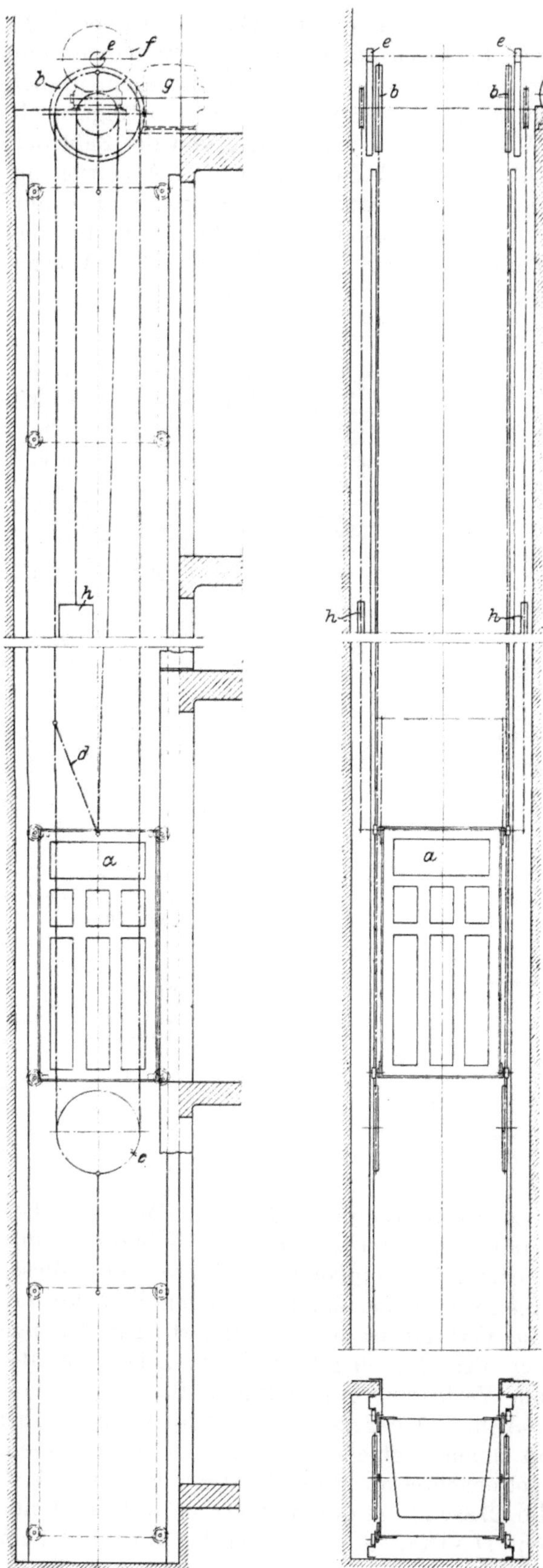

Abb. 280. Eintrümiger Umlaufaufzug, Patent Aumund (Maßstab 1 : 50).

a Fahrkorb.
b Antriebkettenrad.
c Spannkettenrad.
d Kuppelstange zwischen Fahrkorb und Kette.
e Vorgelege.
f Schneckentrieb.
g Motor.
h Gegengewichte.

Betracht bleiben, da die Pumpen und Gebläse schon wegen ihrer engen Beziehung zu den Wasserkraftanlagen und Dampfkraftanlagen in der Theorie und in der Fabrikation meistens gesondert von den allgemeinen Hebe- und Förderanlagen behandelt werden. Die Wasser- oder Luftförderung durch Pumpen oder Gebläse ist im allgemeinen ohne Zusammenhang mit den verschiedenen anderen Verfahren auf dem Gebiete der Hebe- und Förderanlagen. Immerhin kommen die Pumpen und Gebläse als indirekte Fördermittel hier und da zur Anwendung, indem die festen Körper im Wasser- oder Luftstrom fortbewegt werden. Dabei ist von vornherein aus der Art der ganzen Förderung klar, daß der Wirkungsgrad dieser Förderanlagen verhältnismäßig niedrig liegen muß, da man bei jeder Förderung, bei der das Wasser oder der Luftstrom das Fördergut fortbewegen soll, das letztere also teilweise oder vollständig im Wasser- oder Luftstrom schwimmen und zur Vermeidung von Verstopfungen sehr dünn in diesem Strom verteilt sein muß, verhältnismäßig große Mengen an Wasser oder Luft unnütz zu befördern hat. Tatsächlich ist der Arbeitsverbrauch derartiger Anlagen um das Vielfache größer als z. B. der von Becherwerken und Förderbändern.

Die Anlagen kommen daher nur in solchen Fällen in Betracht, wo sie durch andere Nebenumstände in entsprechendem Maße begünstigt werden. Diese Sachlage ist aber doch oft vorhanden, und dieses Förderverfahren hat daher eine von Jahr zu Jahr steigende Bedeutung erfahren.

b) Die Förderung im Wasserstrom.

Eine gewisse Ausnahme von der Voraussetzung, daß das Fördergut bei der Förderung im Wasser schwimmt, machen wohl die Verladevorrichtungen, bei denen das Fördergut durch einen unter hohem Druck ausströmenden Wasserstrahl durch Stoßwirkung fortbewegt wird. Aber auch hier ist das Gewicht des verbrauchten Druckwassers erheblich größer als das Gewicht des verladenen Gutes, ganz abgesehen davon, daß das Wasser mit mehreren Atmosphären Druck ausströmen muß, was einer Hubhöhe entspricht, die für das Fördergut nicht entfernt in Frage kommt. Das Verfahren wird in erheblichem Umfange angewendet beim Lösen des Sandes, beim Spülversatzverfahren und zum Entladen der Rüben von den Eisenbahnwagen in Zuckerfabriken. Der große Wasserverbrauch ist dabei aber nicht von erheblicher Bedeutung in Anbetracht des Umstandes, daß in beiden Fällen das verbrauchte Wasser auch für die Weiterbeförderung des Ladegutes nutzbar gemacht werden kann und für diesen Zweck ohnehin erforderlich wäre. Das trifft vollkommen zu beim Spülversatzverfahren, teilweise allerdings nur bei der Rübenentladung, und hier ist eine Einschränkung noch weiter dadurch gegeben, daß die Rüben, die nicht gleich verbraucht werden, überhaupt nicht gut durch Spülung entladen werden können, weil die Aufbewahrung durch diese Naßentladung erschwert wird. Man wird hier also trotz der günstigen Entlademöglichkeiten durch Spülen in jedem Einzelfall zu prüfen haben, wie sich unter Berücksichtigung des Fabrikationsganges und der besonderen örtlichen Verhältnisse die Gesamtentladekosten stellen.

Diese Frage ist noch eingehender im II. Band bei Besprechung der Förderanlagen in den Zuckerfabriken behandelt.

Durch die notwendige Rücksichtnahme auf das Fördergut ist die Anwendungsmöglichkeit der Verladung durch Spülen nur auf sehr wenig Fälle beschränkt. Zu den oben genannten kommt noch der dem Spülversatzverfahren nahe verwandte Fall, daß das mit einem Bagger gehobene Ladegut weiterbefördert werden soll, die sog. Spülbagger, von deren verschiedenen Ausführungsformen in Abb. 281 ein Beispiel dargestellt ist, bei dem das Baggergut, in der Regel Schlick oder auch durch einen Druckwasserstrahl oder eine mechanische Schneidvorrichtung aufgelockerter Sand, durch eine Pumpe vom Boden aufgesaugt und darauf weiter fort an Land gespült wird. Die Fortführung des Baggergutes in der Spülleitung kann bis zu 500 m und darüber hinaus erfolgen. Der in Abb. 281 dargestellte Pumpenbagger ist für eine

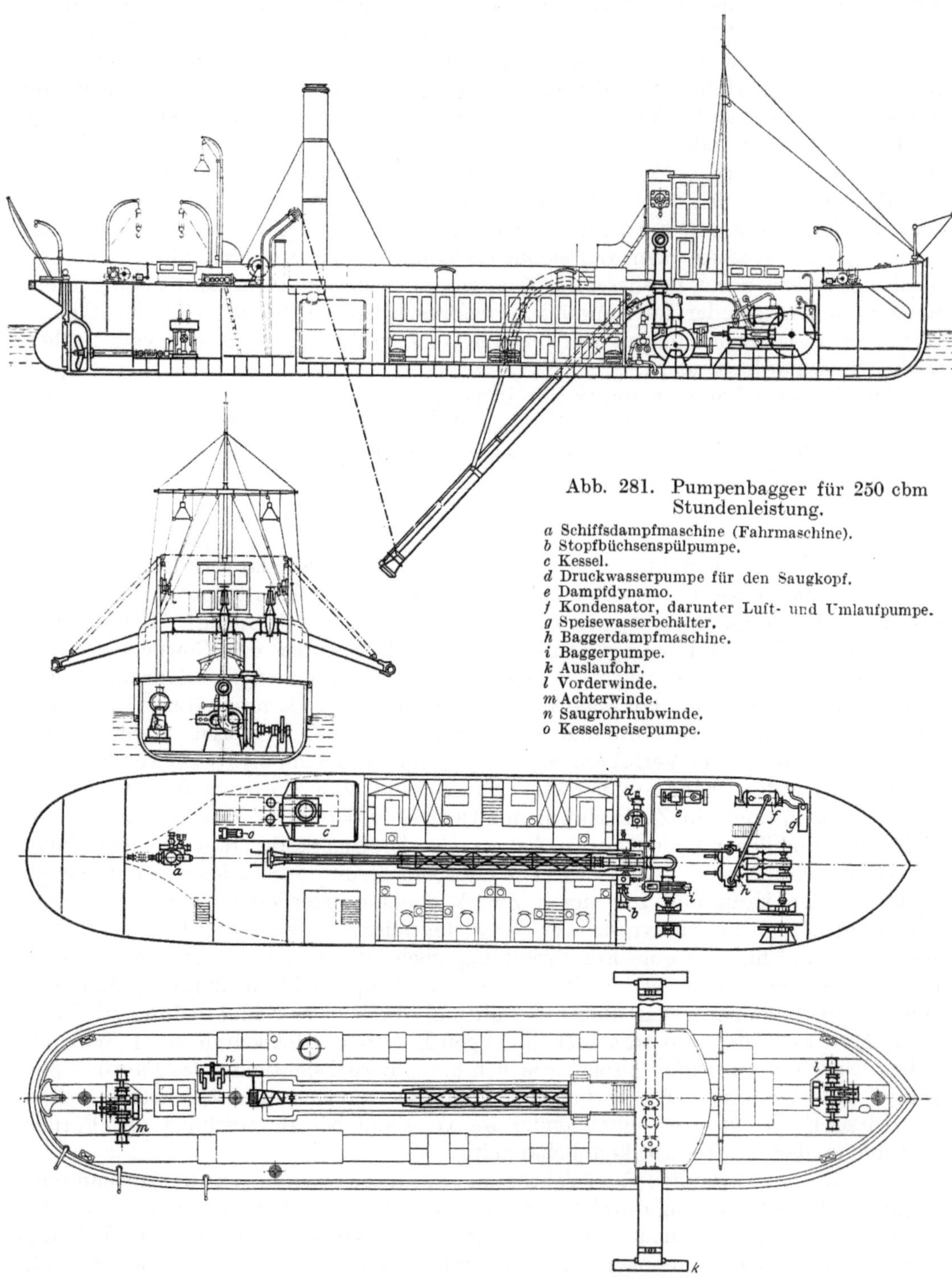

Abb. 281. Pumpenbagger für 250 cbm Stundenleistung.

a Schiffsdampfmaschine (Fahrmaschine).
b Stopfbüchsenspülpumpe.
c Kessel.
d Druckwasserpumpe für den Saugkopf.
e Dampfdynamo.
f Kondensator, darunter Luft- und Umlaufpumpe.
g Speisewasserbehälter.
h Baggerdampfmaschine.
i Baggerpumpe.
k Auslaufohr.
l Vorderwinde.
m Achterwinde.
n Saugrohrhubwinde.
o Kesselspeisepumpe.

Baggerleistung von 250 cbm/st bei 11 m Arbeitstiefe gebaut. Die dreiflügelige Zentrifugalpumpe von 1300 mm Flügeldurchmesser saugt das Baggergut durch ein Rohr von 400 mm Durchmesser an und drückt es durch ein Rohr von gleichem

Durchmesser mit 4 at Druck weiter. In diesem Fall ist die Auslaufröhre zum Beladen von Schuten eingerichtet und am Auslaufende mit Querrohren versehen, die eine gute Verteilung des Ladegutes und ein ruhiges Auslaufen desselben herbeiführen sollen. Das Saugrohr muß natürlich in verschiedene Höhen eingestellt werden können. Die hierfür erforderliche Biegsamkeit wird durch ein eingeschaltetes Stück Lederschlauch hergestellt. Weitere Ausführungen über derartige schwimmende Bagger sind im II. Band bei den Verladeanlagen im Schiffahrtsbetriebe gegeben.

Während bei dem eben beschriebenen Pumpenbagger die mit dem Fördergute angereicherte Flüssigkeit von der Pumpe unmittelbar angesaugt wird, bewegt man sie bei den sog. Mammutbaggern, die von Borsig für das Heben von Schlamm u. dgl. gebaut werden, indirekt, indem man mit einer Luftpumpe, die aber auch als Kompressor arbeiten kann, zunächst die Luft aus einem Schlammkessel absaugt, dann den Schlamm hineinströmen läßt und ihn nun unter Druck weiterbefördert. Man kann mit derartigen Anlagen Schlamm fördern, der nur noch 30 vH Wasser enthält, also sehr zähflüssig ist. Bei einer Leistung von rund 20 cbm/st auf etwa 15 m Höhe wird der Arbeitsbedarf mit 10—12$^1/_2$ PS angegeben, und zwar für das Saugen mit rund 5 PS, für das Drücken mit rund 15—20 PS. Da das Heben der Last bei einem angenommenen Gewicht von rund 1,6 t/cbm ohne Verluste nur etwa $\frac{20\,000 \cdot 1{,}6 \cdot 15}{3600 \cdot 75}$ = rund 2,66 PS erfordert, so ist der Wirkungsgrad auch in diesem Falle nicht hoch. Die Bagger sind aber im Betriebe bequem und können bei zu großen Leistungen ausgeführt werden bis zu 50—70 m Hubhöhe und mit Druckleitungen bis zu 1500 m Länge.

c) Die Förderung im Luftstrom.

Die zuletzt erwähnte Anlage führte, da die Flüssigkeit durch die Vermittlung der Luft gefördert wurde, schon zu den Luftförderanlagen im Luftstrom über.

Auch hier wird ebenso wie bei der Förderung im Wasserstrom Druckwirkung und Saugwirkung benutzt, und ebenso wie dort Saugwirkung vorwiegend, wenn das Ladegut aus einer Haufenablagerung aufgenommen werden soll, Druckluft dagegen, wenn das Ladegut aus einem Zwischenbehälter entnommen werden kann und von da weiter an eine Ablagerstelle befördert werden soll.

Die in ihrer Wirkungsweise einfachste Anlage ist die schon seit Mitte des vorigen Jahrhunderts bekannte Rohrpostanlage. Sie dient zum Fördern leichter Gegenstände, wie Zettel, Geld usw. Die Zettel können auch in einem viereckigen Rohr befördert werden, wenn sie so geknifft werden, daß sie sich beim Ansaugen der Luft

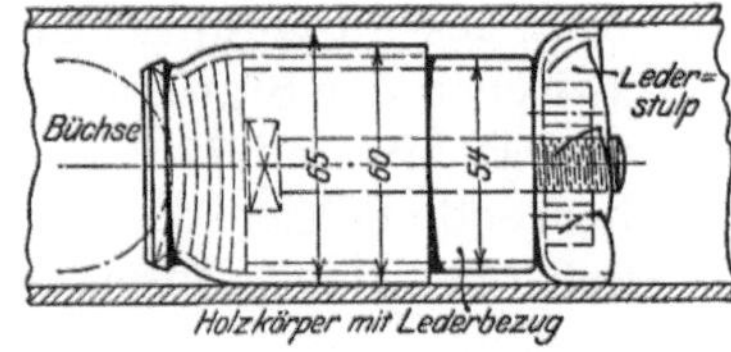

Abb. 282. Treiber für Rohrpostbüchsen.

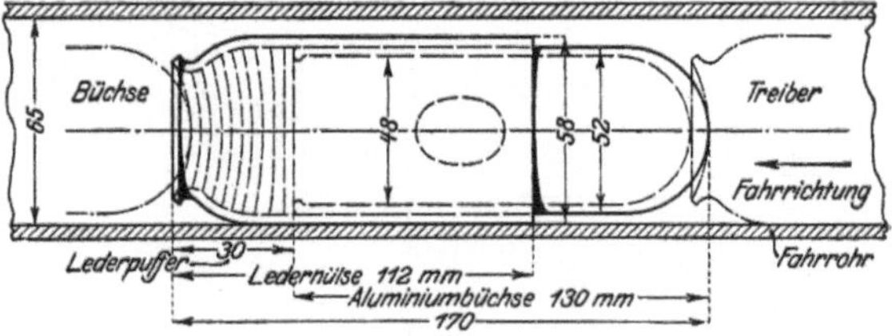

Abb. 283. Treiber für mehrere Büchsen.

mit ihrem Rande an die Rohrwandung anlegen (Zettelrohrpost). Fast ausnahmslos verwendet man aber besondere Fördergefäße in Form von Büchsen, die sich in einem runden Messingrohr bewegen. Die Büchsen werden meistens einzeln, mitunter auch zugweise bis zu 5 Büchsen im Rohr fortbewegt. Im letzteren Fall genügt ein Treiber für mehrere Hülsen (Abb. 282 und 283), von denen jede aus zwei ineinandergesteckten Teilen oder aus einem Teil mit einem Deckel besteht. Die Hülsen bestehen meistens aus Zelluloid, mitunter aus Leichtmetall. Die Deckel und Puffer bestehen aus Leder oder Filz. Die zugweise Bewegung kommt in Betracht, wenn die Rohr-

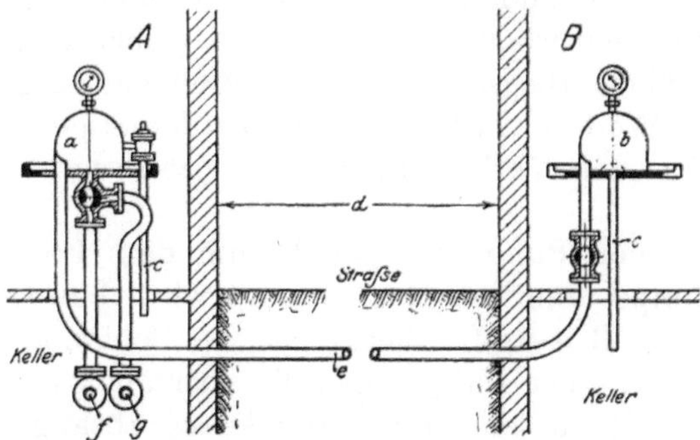

Abb. 284. Schema einer Druck- und Saugluftanlage einer Rohrpost.

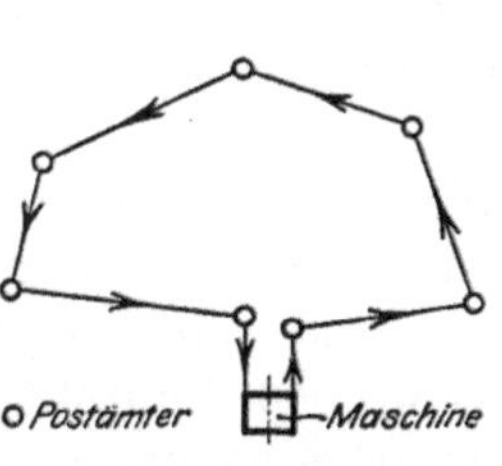

Abb. 285. Schema einer Rohrpostleitung.

post nur ein Rohr zwischen zwei Stationen enthält, in dem die Hülsen sich hin und her bewegen. Hier würde die Bewegung einzelner Hülsen nicht die genügende Leistung ergeben, wenn die mittleren Rohrstrecken größere Länge von mehreren km haben, obgleich die Geschwindigkeit bei den üblichen Druckverhältnissen — Druckluft von rund 2 at und Saugluft von rund 0,5 at — 10—20 km/sk beträgt. Die Gesamtrohrlänge der Berliner Rohrpost beträgt mehr als 100 km. Bei der Beförderung mit Saugluft ist die Geschwindigkeit durchweg etwa 30 vH geringer.

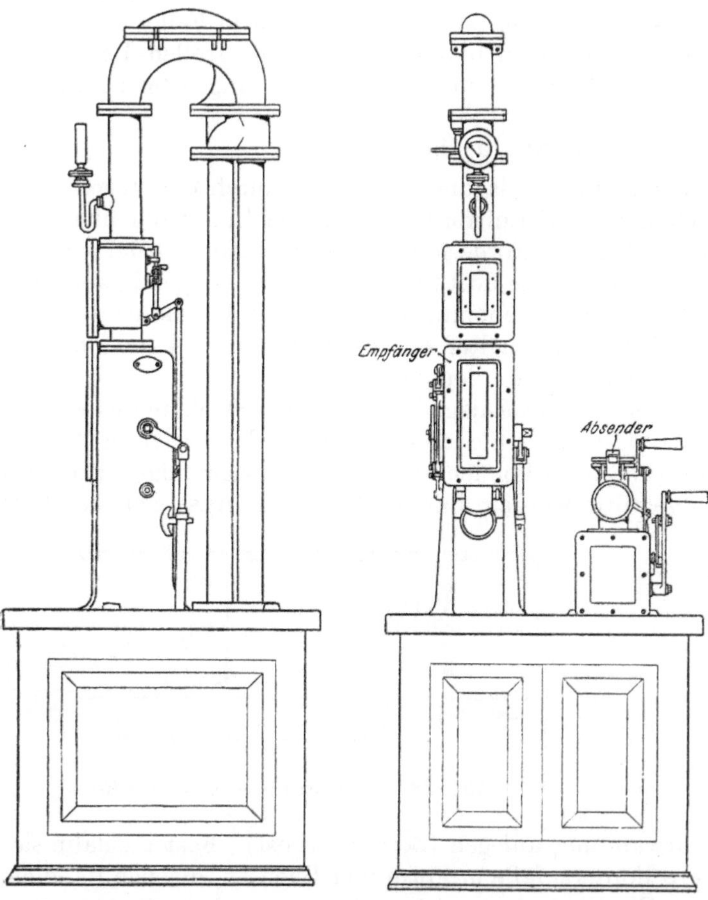

Abb. 286. Sende- und Empfangsstation einer Rohrpostanlage.

Bei der Arbeitsweise mit abwechselnder Druck- und Saugluft wird die Anlage nach dem Schema Abb. 284 ausgeführt. Die zwischen den Stationen A und B hin und her verkehrenden Büchsen werden in den Absendeapparat eingebracht, der gleichzeitig Empfangsapparat ist. Die Verbindung mit den Unterdruck- oder Überdruckleitungen erfolgt durch einen Dreiweghahn von Hand oder auf elektrischem Wege.

Leistungsfähiger ist die Anordnung mit dauernd umlaufendem Luftstrom, der aus der Rohrleitung zur Pumpe geht und dann wieder mit dem oben angegebenen

Überdruck von etwa 2 at in die Leitung hineingesandt wird. Das Schema einer solchen Leitung ist in Abb. 285 angegeben. Abb. 286 ist die Absende- und Empfangsstation, die in diesem Falle voneinander getrennt, wenn auch auf einem gemeinsamen Kasten aufgebaut, ausgeführt sind.

Naturgemäß werden die Rohrpostanlagen in den verschiedensten Ausführungsformen ausgeführt, je nachdem, ob es sich um öffentliche Anlagen der Städte oder um private für Kaufhäuser usw. handelt. Der wesentlichste Unterschied ist wohl allgemein der, daß die Stadtanlagen mit erheblich höherem Druck arbeiten und dementsprechend auch mit größerer Geschwindigkeit.

In neuerer Zeit wird meistens der Umlaufbetrieb ausgeführt mit zahlreichen neueren Vervollkommnungen, wie Drucksparer für die betriebslose Zeit, elektrisch

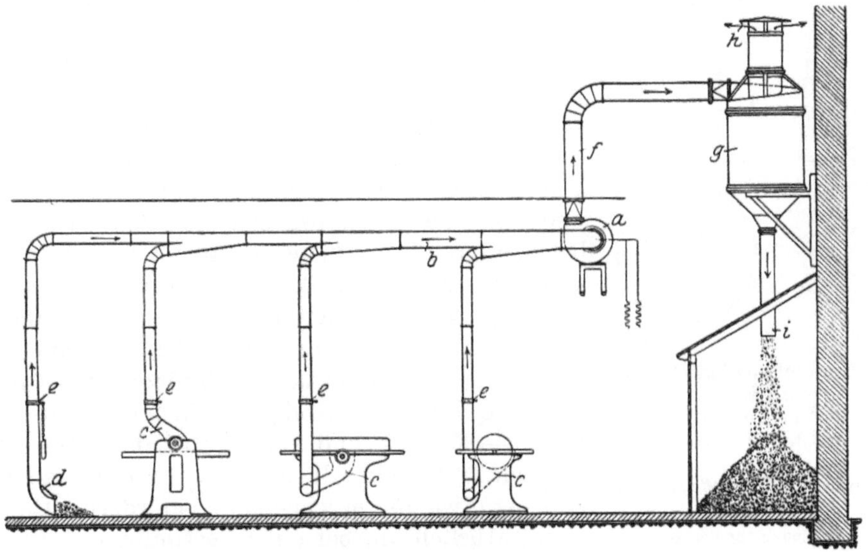

Abb. 287. Schema einer Späneabsaugeanlage (M. A. N.).

a Exhaustor. *b* Hauptsaugleitung. *c* Absaugkasten. *d* Kehröffnung. *e* Absperrschieber. *f* Druckleitung. *g* Abscheider. *h* Luftaustritt. *i* Späneauslauf.

gesteuerten Weichen usw., Einzelheiten, deren eingehende Erörterung hier zu weit führen würde.

Bei den Rohrpostanlagen braucht die bewegte Luft das Ladegut im allgemeinen nicht zu tragen, sondern nur die Reibung zu überwinden, die es in dem tragenden Rohr findet. Das Verhältnis von Last und Luftdruck wird aber doch so gewählt, daß die Last auch in senkrechten Rohren gehoben werden kann. Das ist leicht möglich, da bei 65 mm Rohrdurchmesser $^1/_2$ at Druckdifferenz schon ein Gewicht von rund 16 kg in der Schwebe zu halten vermag und da die Abdichtung ähnliche einfache Verhältnisse schafft, wie sie bei der Bewegung eines Kolbens in einem Zylinder vorliegen.

Anders liegen die Verhältnisse bei den Förderanlagen, bei denen das Ladegut frei in dem bewegten Luftstrom schwebt, wie z. B. bei den Spänetransportanlagen, den Getreidehebern usw. In Abb. 287 ist das Schema einer Späneabsaugeanlage einer Holzbearbeitungsfabrik dargestellt. Grundsätzlich gleiche Anlagen werden zur Entfernung aller möglichen Staubarten in den verschiedensten Fabriken verwendet, sowie zum Abführen von Rauch und Dämpfen in der chemischen Industrie und an technischen Öfen aller Art. Bei diesem fein verteilten Ladegut ist keine besonders große Geschwindigkeit erforderlich, um das Ladegut in der Schwebe zu halten, und die Bewegung der Luft kann durch einen Exhaustor in derselben Weise geschehen wie bei reiner Luft, wobei nur der Einfluß des etwas größeren Gewichts des Gemisches von Luft und Ladegut auf den Druckabfall in der Rohrleitung zu berücksichtigen ist. Die Anschlüsse der verschiedenen Zweigleitungen sind natürlich so auszuführen, daß möglichst wenig Wirbel entstehen. Der Exhaustor saugt die Späne an der Entstehungsstelle mit der Luft ab und drückt sie in einen Staubabscheider, der aus einem weiten Kessel besteht, in den die Luft tangential eingeführt wird, so daß die Luft verhältnismäßig lange in diesem Behälter kreist und das Ladegut Zeit findet, nach unten zu fallen. Außer durch die Schwerkraft wird es durch die Reibung an den Wänden in der Absonderung aus der Luft unterstützt.

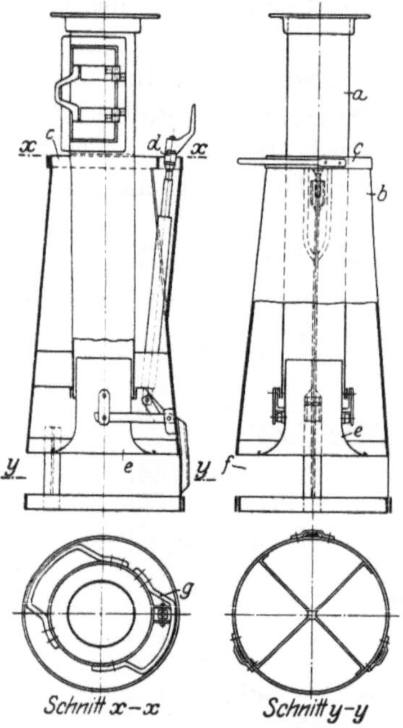

Abb. 288. Gerade Saugdüse (110 mm l. W.) für pneumatische Getreideförderung (Amme-Giesecke) (Maßstab 1 : 15).

a Saugrohr.
b Luftmantelrohr mit Saugöffnung *c* und Stellschraube *d*.
e Verstellbares Saugrohrende.
f Ringförmige Öffnung für den Getreidezufluß.
g Führungseisen.

Die Geschwindigkeit der Luft muß um so größer sein, je größer die Korngröße des zu fördernden Ladegutes ist. Nach Messungen von Gasterstädt (Forschungsheft des Ver. dtsch. Ing. „Die experimentelle Untersuchung des pneumatischen Fördervorganges") wechselt die Schwebegeschwindigkeit von 5,2 m/sk bei vorgereinigter Leinsaat auf 9,8 m/sk bei Weizen und auf 12,5—15 m/sk bei Erdnüssen. Das sind die Mindestgeschwindigkeiten, die erforderlich sind, um das Fördergut in der Schwebe zu halten. Zur Erzielung einer sicheren Förderung und größerer Leistung nimmt man die Luftgeschwindigkeit höher an, in der Regel mit 15—30 m/sk und kann dabei das Ladegut bei erträglichen Druckverlusten bis zu etwa 25 m heben und bis etwa 250 m wagerecht befördern. Dabei strebt man natürlich an, bei einer bestimmten Luftgeschwindigkeit so viel Ladegut zu befördern, als nur irgend angängig ist und erreicht das durch Verwendung von einstellbaren Düsen, wie z. B. in Abb. 288 dargestellt. Das unten offene Rohrende, das in den Lagerhaufen, z. B. in das Getreide, eintaucht, ist von einem ringförmigen Mantel umgeben, der oben und unten offen ist, auch unten an der Seite eine ringförmige Öffnung trägt. Durch diese tritt das Ladegut vor die Öffnung des Förderrohres, und zwar so, daß die durch die obere Öffnung des Mantels eingesaugte Luft durch das Ladegut hindurchtritt und möglichst viel davon mitnimmt. Durch Verschieben des Mantels gegenüber dem Rohrende kann man die für das jeweilige Ladegut günstigste Stellung herbeiführen, derart, daß der Widerstand der Luft bei dem Durchströmen des Ladegutes vor der Saugöffnung nicht zu groß, die mitgenommene Ladegutmenge möglichst groß wird. Zum Aufnehmen des Restes der Ladung vom Boden verwendet man sog. Restsaugdüsen, die unten ein vorgebautes Gitter tragen, um die Düse ohne Beschädigung in einem geeigneten Abstand vom Boden halten zu können (Abb. 289).

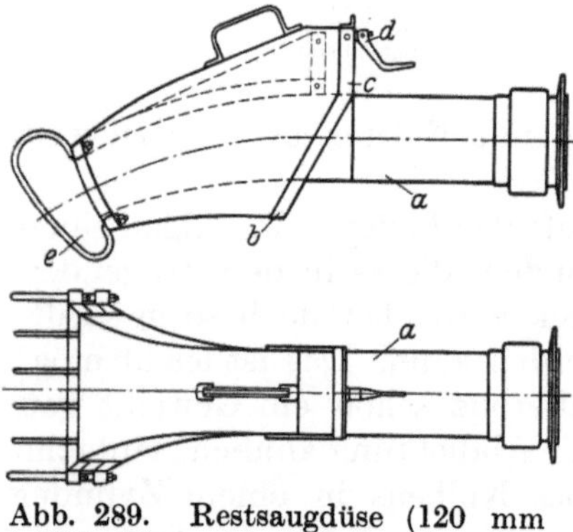

Abb. 289. Restsaugdüse (120 mm l. W.) für pneumatische Getreideförderung (Amme-Giesecke) (Maßstab 1 : 15).

a Saugrohr.
b Luftmantelrohr mit Saugöffnung *c* und Stellschraube *d*.
e Schutzrost.

Das Ladegut bewegt sich bei dieser Förderung so in dem Förderrohre, daß jedes Korn für sich und in einem Abstand vom nächsten Korn schwebt. Die mitgenommene

Ladung ist, wie schon weiter oben angedeutet, trotz günstiger Einstellung doch begrenzt, und das unnütz zu bewegende Luftgewicht ist verhältnismäßig groß. Nach den oben angeführten Versuchen von Gasterstädt konnte das Fördergewicht bei 20 m Luftgeschwindigkeit in der Versuchsanlage von 675 kg auf 2050 kg gesteigert werden bei Beförderung einer Luftmenge von 552 kg bzw. 555 kg. Der im Betriebe gemessene Arbeitsverbrauch ist aber noch erheblich größer, als es durch dieses Verhältnis zu erwarten wäre, und beträgt nach den Feststellungen an den in den

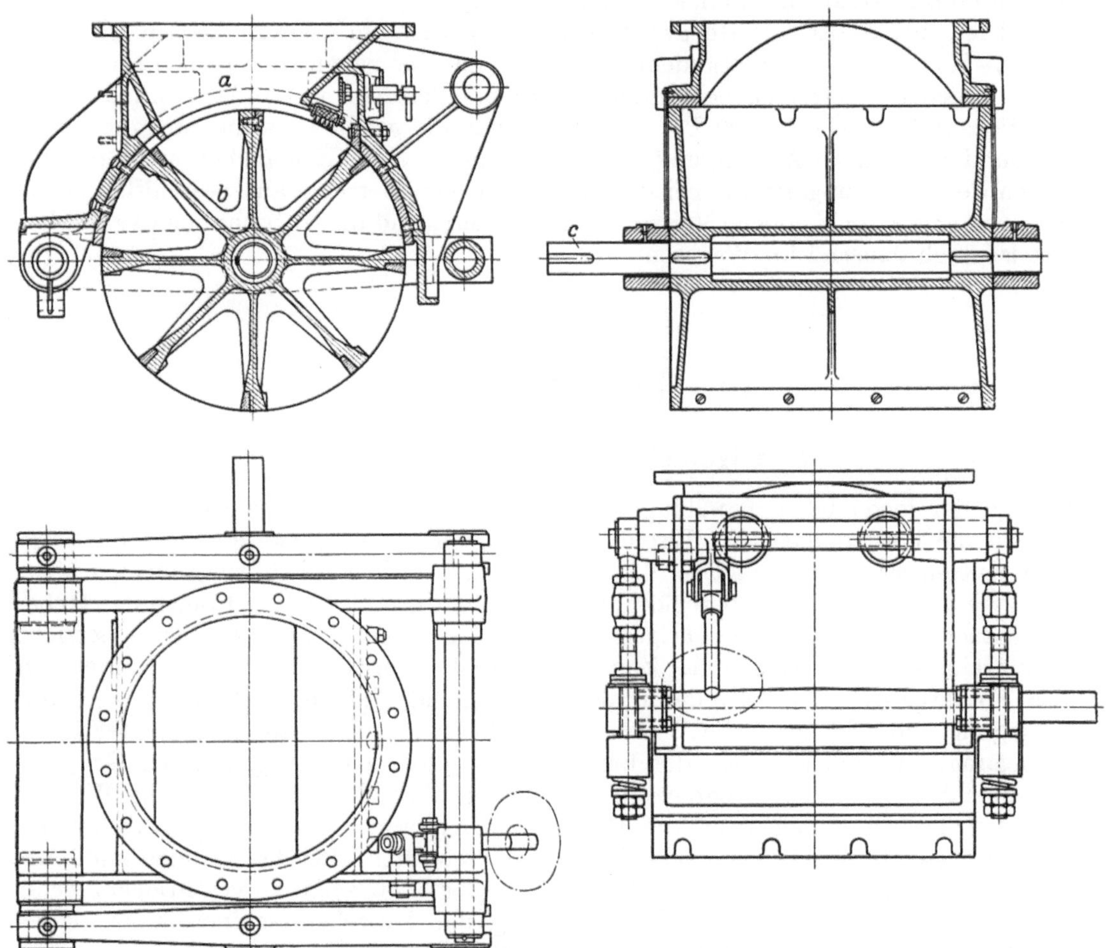

Abb. 290. Getreideschleuse (600 mm ∅, 650 mm breit) für pneumatische Förderung (Amme-Giesecke) (Maßstab 1 : 15).
a Auslaufrohr. *b* Zellenrad. *c* Antriebswelle.

Seehäfen weit verbreiteten Getreidehebern großer Leistung etwa das 10—20fache des Arbeitsverbrauches, der für Becherelevatoren bei gleicher Leistung und Hubhöhe erforderlich sein würde. Aus diesem Grunde beschränkt sich die Anwendung der pneumatischen Hebe- und Förderanlagen auf die Fälle, bei denen andere Vorteile dieser Beförderungsart die Nachteile des größeren Arbeitsverbrauches überwiegen. Näheres hierüber ist im II. Bande bei den Verladeanlagen im Schiffahrtsbetriebe ausgeführt.

Das geförderte Gut wird in einem Abscheider ähnlich wie oben bei Abb. 287 beschrieben von der Luft getrennt. Damit keine Luft in den Abscheider eindringen kann, erfolgt die Entnahme des Ladegutes durch Schleusung mit Luftabschluß, häufig durch ein Zellenrad wie in Abb. 290 dargestellt. Aus diesem Zellenrad kann es dann entweder durch eine Wage in Säcke od. dgl. umgefüllt werden oder auch in beliebiger Weise weiterbefördert werden. Wenn es in einen Speicher befördert werden soll, so drückt man es meistens mit Druckluft weiter. Hier hat die Verwendung von Druckluft den Vorteil, daß das Ladegut am Ende des Rohres einfach nach unten fallen kann. Um dabei ein allzu starkes Verstauben zu vermeiden, führt man die Auslauföffnung meistens so aus, daß die Geschwindigkeit zunächst vollständig vernichtet wird, indem man das Rohr unmittelbar hinter dem nach unten gerichteten Auslauf durch einen Schieber abschließt.

Die pneumatischen Hebevorrichtungen werden in weiten Leistungsgrenzen gebaut bis zu 200—250 t Stundenleistung, die mit den schon weiter oben erwähnten schwimmenden Getreidehebern erzielt werden, allerdings unter Aufwendung einer Antriebskraft von 450—500 PS. Trotzdem hat die große Leistung und die damit verbundene schnelle Abfertigung der Schiffe im Verein mit manchen anderen Vorteilen der Förderungsart ihr bei der Entladung von Getreide aus Seeschiffen schon beinahe eine ausschließliche Verwendung gesichert, und die Verwendung der Förderart ist noch dauernd im Wachsen.

IV. Die Hubförderer.

1. Allgemeines über die Hubförderer.

In der folgenden Behandlung der Hubförderer sind die Sonderkonstruktionen, die für die Förderanlagen im Eisenbahn- und Schiffstransportwesen sowie im Berg- und Hüttenwesen verwendet werden, in ihren zahlreichen Ausführungsformen nicht behandelt und nur so weit berücksichtigt, als damit grundsätzliche Fragen des Hebezeugbaues gelöst sind. Im übrigen sind die Hubförderer zur besseren Übersicht in einzelne Gruppen eingeteilt. Zunächst sind die Vorrichtungen zum Aufnehmen des Fördergutes behandelt, dann die Winden und Aufzüge mit einfacher Lastbewegung und schließlich die Windwerke und Krane mit zusammengesetzter Lastbewegung. Wenngleich auch die Bauarten der einzelnen hier genannten Gruppen manchmal ohne strenge Abgrenzung ineinander übergehen, besonders die Winden und Aufzüge mit einfacher und die mit zusammengesetzter Lastbewegung, so können doch gewisse allgemeine Unterschiede festgestellt werden. Bei den Winden und Aufzügen mit einfacher Lastbewegung ist der Weg der Last genau vorgeschrieben, wenn auch die Hubhöhe wechselt. Die Steuerung der Antriebsmaschinen kann daher durchweg automatisch ausgeführt werden. Bei den Windwerken und Kranen mit zusammengesetzter Lastbewegung kann dagegen der Weg der Last meistens in ganz beliebiger Weise gestaltet werden. Eine automatische Steuerung ist daher nur verhältnismäßig selten möglich, und meistens geschieht die Steuerung von Hand. Durch diese Gesichtspunkte werden viele Einzelheiten der Ausführung bedingt, und die angegebene Einteilung ist daher in gewissem Maße gerechtfertigt.

Bei den Hubförderern ist die ganze Bauart in hohem Maße abhängig von der Art und besonders von dem Gewicht der zu fördernden Einzellasten. Ferner haben die örtlichen Verhältnisse und die vorgeschriebene Leistungsfähigkeit meistens bestimmenden Einfluß auf die Gesamtanordnung, auf die Tragfähigkeit und auf die Fördergeschwindigkeit. Die Wahl der anzuwendenden Bauart ist also von sehr vielen Gesichtspunkten abhängig. Bei den Hubförderern läßt sich daher bei weitem nicht ein solcher Überblick über die Wirtschaftlichkeit der verschiedenen Anlagen geben, wie es z. B. bei den Bahnförderern und den Dauerförderern möglich war. Vielfach kann man auch von einer eigentlichen Wirtschaftlichkeit des Förderers überhaupt kaum reden. Es handelt sich oft nur darum, eine Arbeit, wie z. B. das Heben sehr schwerer Stücke, überhaupt mit Sicherheit durchführen zu können, und man ist dadurch zur Anlage schwerer Krane veranlaßt, die nur sehr selten gebraucht werden, die aber doch nicht zu entbehren sind. Ähnliche Gesichtspunkte sind auch bei der Anlage vieler Krane für den Werkstättenbetrieb ausschlaggebend. Hier handelt es sich oft darum, den Betrieb der übrigen Maschinenanlagen und damit den der ganzen Werkstätte möglichst flott und ohne Störung durchzuführen. Wenn dabei auch der Kran an sich gegenüber anderen Transportmöglichkeiten oft nicht wirtschaftlich erscheint, so wird seine Einführung doch dadurch gerechtfertigt, das die Förderarbeiten schnell und sicher ausgeführt werden können, und daß alle anderen Maschinen besser ausgenutzt werden. Das sind Gesichtspunkte, die für die Frage der Beschaffung von Krananlagen von großer Bedeutung sind, die sich aber doch nicht einheitlich und nach allgemeingültigen, bestimmten Regeln festlegen lassen. Es kann sich daher bei der Beurteilung der Hubförderer im allgemeinen nur darum handeln, die verschiedenen für dieselbe Arbeit geeigneten Bauarten untereinander zu vergleichen.

Hierbei ist außer der Betriebssicherheit meistens die Höhe der Anlagekosten ausschlaggebend. Mitunter kommen auch die Bedienungskosten wesentlich in Betracht, verhältnismäßig selten dagegen die Kosten des Arbeitsverbrauches. Wo dies in besonderem Maße der Fall ist, ist im Text nach Möglichkeit darauf hingewiesen. Für den Vergleich ist ebenso wie früher allgemein die kW-st mit 10 Pf. angenommen. Um auch über die Anlagekosten, die, wie schon erwähnt, oft ausschlaggebend sind, trotz ihrer Abhängigkeit von den verschiedenartigen Verhältnissen eine möglichste Übersicht zu geben, sind bei den verschiedenen in den folgenden Abbildungen dargestellten Ausführungsbeispielen, soweit angängig, die in der Vorkriegszeit gültigen Anschaffungskosten eingetragen, die den heutigen Preisen in den meisten Fällen nahekommen. Wo die Art der Anlage es ermöglicht — wie z. B. bei Laufkranen und einfachen Aufzügen für Lasten und Personen —, sind die Preise und Gewichte für verschiedene Ausführungsgrößen auf Grund der Ausführungen einzelner Firmen in Tabellenform gegeben.

Die Ausscheidung der im Berg- und Hüttenwesen besonders in Frage kommenden Konstruktionen rechtfertigt sich durch die für die Arbeiten dieses Gebietes meistens erforderlichen besonderen Ausführungsformen, deren Berücksichtigung die in diesem Bande beabsichtigte allgemeine Behandlung unübersichtlich gestalten würde. Die getrennte Behandlung der im Eisenbahnwesen und für die Schiffsverladung in Frage kommenden Förderanlagen im II. Band ist ebenfalls mit Rücksicht auf die bei diesen Arbeiten vorhandenen besonderen Gesichtspunkte gerechtfertigt.

Bei der Schiffsverladung handelt es sich, ebenso wie bei vielen Werkstättenkranen, neben der Wirtschaftlichkeit der Verladeanlagen an sich im wesentlichen um die Steigerung der Ausnutzung der Schiffe. Da aber für die Kosten der Schiffe wenigstens ungefähre Annahmen zugrunde gelegt werden können, so ist es bei der Beurteilung der Verladeanlagen für die Schiffsverladung möglich, den Einfluß der Geschwindigkeit der Schiffsabfertigung auf die Wirtschaftlichkeit der Verladeanlage angenähert zu berücksichtigen. Bei der großen Bedeutung der Schiffsverladung an sich rechtfertigt das eine besondere Behandlung.

Bei den Verladeanlagen im Eisenbahnbetriebe können ebenfalls für die Wirtschaftlichkeit der Transportvorrichtungen mehr allgemeingültige Regeln aufgestellt werden als bei den Hubförderern für allgemeine Verwendung. Besonders gilt das für das Verladen von Massengütern durch Wagenkipper, da hierbei stets dasselbe Höchstgewicht in Frage kommt und damit die Tragfähigkeit der verschiedenen Bauarten von Kippern ohne weiteres festgelegt ist. Hierdurch wird ein Vergleich in weit höherem Maße möglich, als es sonst bei den allgemeinen Hubförderern der Fall ist.

Für die allgemeine Behandlung der Hubförderer im vorliegenden Abschnitt sind die Beispiele nach Möglichkeit so gewählt, daß die im II. Bande behandelten Gebiete dadurch möglichst wenig berührt werden. Dadurch haben die Konstruktionen für andere Arbeitsgebiete, die zum Teil auch eine besondere Ausbildung der Hubförderer verlangen, deren Umfang aber eine Beurteilung in besonderen Kapiteln nicht rechtfertigte, eine etwas weitergehende Berücksichtigung erfahren können.

Wie schon früher erwähnt, wird als Antriebskraft für die Hubförderer bei der überwiegenden Mehrzahl der Fälle Elektrizität angewendet. Dampfkraft kommt nur noch verhältnismäßig selten vor, und Wasserdruck kommt als Übertragungsmittel bei neuen Anlagen fast nie mehr zur Verwendung. Die Beispiele sind daher auch vorwiegend mit elektrischem Antrieb dargestellt. Nur in den Gebieten, in denen die Dampfkraft noch häufiger Anwendung findet, sind auch mit Dampf betriebene Förderer als Beispiele ausgewählt.

2. Die Vorrichtungen zum Aufnehmen des Verladegutes.

a) Haken und Zangen.

Beim Verladen von Stückgütern mit kleineren Abmessungen wird das Verladegut meistens auf Plattformen oder in geeignet geformten Kästen angesammelt und durch einfache Haken gehoben. Bei größeren und schweren Stücken werden Ketten und Seilschlingen zum Tragen der Lasten verwendet. In beiden Fällen ist die Handarbeit nicht zu entbehren. Sie bildet einen wesentlichen Grund für die Begrenzung der Leistungsfähigkeit der Verladeanlagen, die aus diesem Grunde auch bei größter Fördergeschwindigkeit und Tragkraft an gewisse von der Art der zu fördernden Stücke abhängige Grenzen gebunden bleibt. Mechanische Aufnehmevorrichtungen sind für Stückgüter nur selten anwendbar und kommen nur in der Form von Hubmagneten für Eisenwaren und in der Form von Pratzen und Zangen für einzelne stabförmige Transportgüter, besonders im Hüttenwesen, vor.

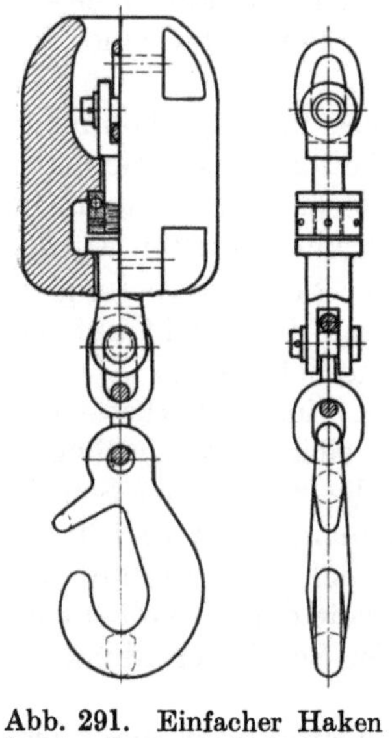

Abb. 291. Einfacher Haken für 4 t Last mit Belastungsgewicht (Maßstab 1 : 15).

Die Regel bildet die Verwendung des einfachen Hakens. Er hängt entweder unmittelbar an der Kette oder dem Seil oder mittelbar an einer von der Kette oder dem Seil getragenen losen Rolle. Mit der losen Rolle kann man bei mäßiger Stärke des Zugorgans größere Lasten heben und die Zahnradübersetzung der Windwerke vereinfachen. Wenn keine lose Rolle verwendet wird, so muß man oft das Gewicht des Hakens durch ein Zusatzgewicht vergrößern, damit der Haken sich beim Nachlassen des Seiles von selbst senkt und das Seil, evtl. auch die Windentrommel mit durchzieht. Dieses Zusatzgewicht wird in verschiedener Form ausgeführt, häufig als Kugel, die oberhalb des Hakens auf dem Zugorgan festgeklemmt wird, oder auch, wie z. B. in Abb. 291 angegeben, als ein oben geschlossener Zylinder, der die im Innern dieses Zylinders befindlichen Seilklemmen vor Beschädigung schützt.

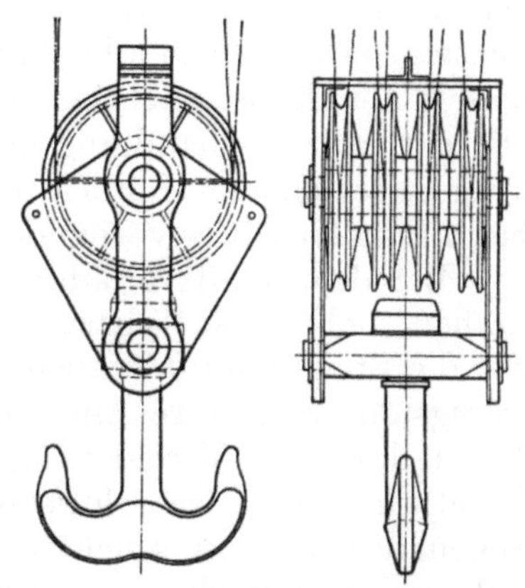

Abb. 292. Unterflasche mit Doppelhaken für 35 t Last (Maßstab 1 : 40).

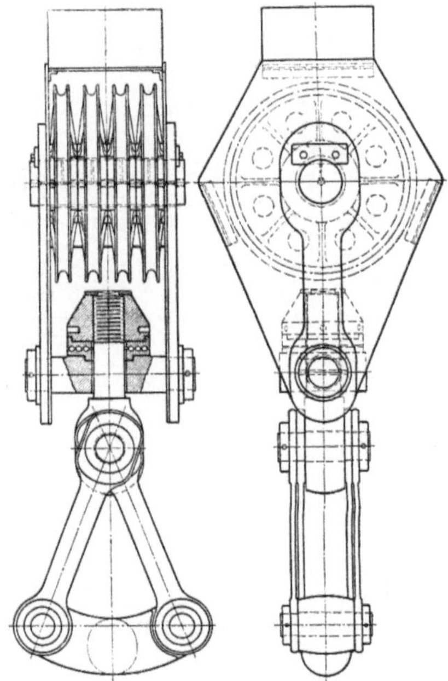

Abb. 293. **Schäkel-Flasche für 130 t Last (Maßstab 1 : 50).**

Die Haken werden bei Lasten bis zu 20 t meistens als einfache Haken ausgebildet. Bei Lasten von 20—50 t verwendet man je nach dem Zweck einfache Haken oder Doppelhaken und bei 50—100 t meistens Doppelhaken. Abb. 292 zeigt z. B. eine Seilflasche für einen Laufkran von 50 t Tragkraft. Bei noch größeren Gewichten von mehr als 100 t verwendet man meistens geschlossene Haken. Der die Last tragende Querträger wird aus einem Stück oder aus mehreren Teilen hergestellt, wie in Abb. 293 an einem Beispiel für 130 t Last gezeigt ist. Natürlich sind die Grenzen für die Verwendung der verschiedenen angegebenen Konstruktionen nicht unbedingt festliegend, sondern abhängig von dem jeweiligen Zweck der Hebevorrichtung. Bei großen Lasten wird der Haken zur Milderung von Stößen meistens federnd aufgehängt, doch wird diese Ausführungsform auch schon bei kleineren Lasten oft angewendet, um eine größere Dauer des Zugorgans zu erzielen. Das ist besonders erforderlich, wenn man Ketten als Huborgan verwendet, da diese in sich weniger elastisch sind als Drahtseile.

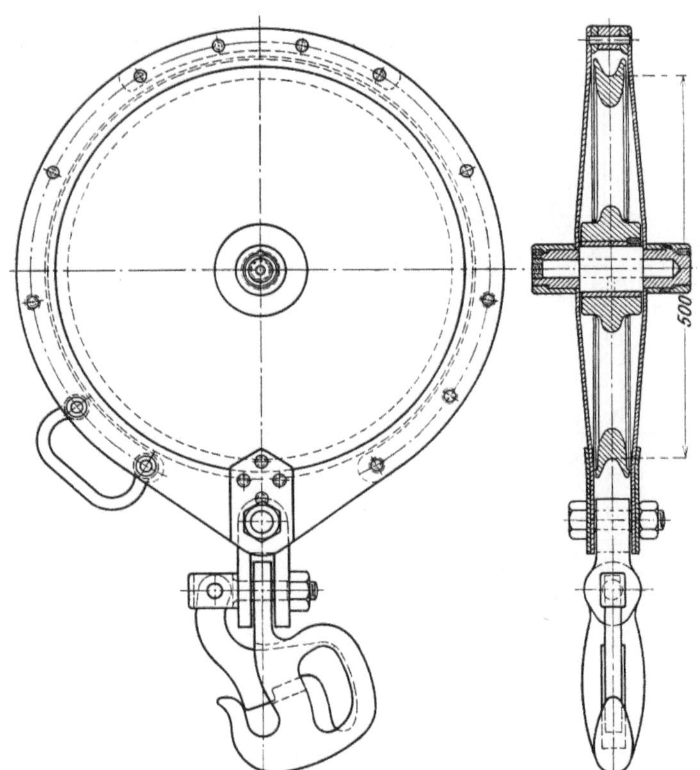

Abb. 294. **Lose Rolle mit Sicherheitshaken (Bleichert) (Maßstab 1 : 10).**

Bei allen schweren Lasten werden natürlich lose Rollen eingeschaltet, um die Stärke des Huborgans in mäßigen Grenzen zu halten. Die Haken werden oft drehbar ausgeführt, um die Last bequem einhängen zu können. Für die Verladung von Stückgütern genügt es meistens, wenn der Haken sich um eine senkrechte Achse auf einem Kugellager gut drehen kann. Für das Einhängen von Kübeln, die evtl. im Schiffsraum noch bis unter Deck verschoben werden müssen, ist eine doppelte Gelenkigkeit des Hakens vorzusehen, um ihn nach allen Seiten bewegen und in den Aufhängebügel der Kübel einhängen zu können, wie z. B. in Abb. 294 dargestellt. Um die Rolle bequem zur Seite ziehen zu können, ist dieselbe durch Bleche vollständig eingeschlossen, damit der Arbeiter sich nicht an der drehenden Rolle beschädigen kann. Zum bequemen Anfassen sind besondere Handgriffe vor-

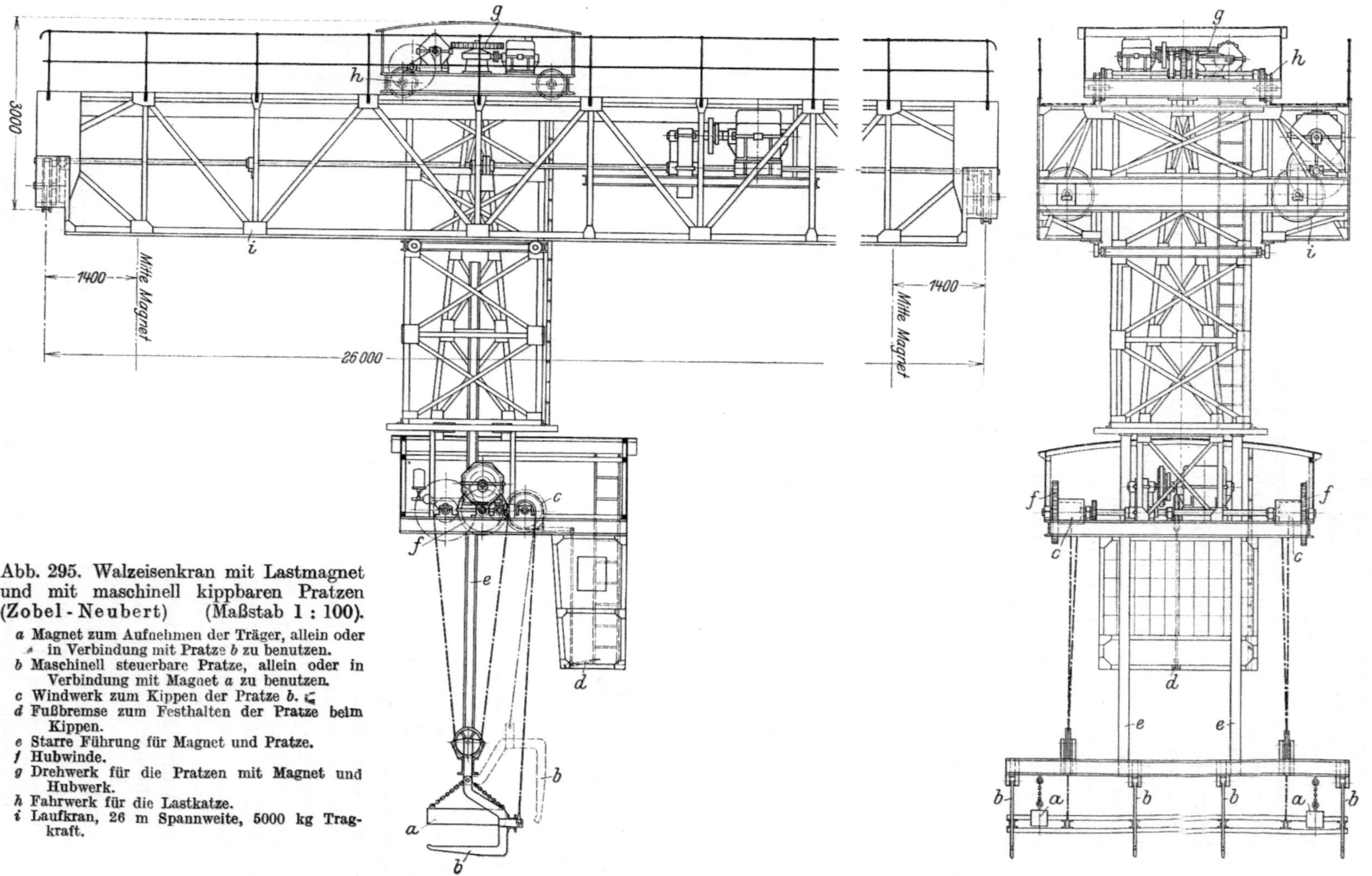

Abb. 295. Walzeisenkran mit Lastmagnet und mit maschinell kippbaren Pratzen (Zobel-Neubert) (Maßstab 1 : 100).

a Magnet zum Aufnehmen der Träger, allein oder in Verbindung mit Pratze *b* zu benutzen.
b Maschinell steuerbare Pratze, allein oder in Verbindung mit Magnet *a* zu benutzen.
c Windwerk zum Kippen der Pratze *b*.
d Fußbremse zum Festhalten der Pratze beim Kippen.
e Starre Führung für Magnet und Pratze.
f Hubwinde.
g Drehwerk für die Pratzen mit Magnet und Hubwerk.
h Fahrwerk für die Lastkatze.
i Laufkran, 26 m Spannweite, 5000 kg Tragkraft.

gesehen. Der Haken selbst ist mit einer Sicherung versehen, die für das Entladen von Massengütern in Kübeln durchweg angewendet werden sollte und die, richtig ausgebildet, den Betrieb in keiner Weise erschwert.

Beim Einhaken von Stückgut mit Bindeketten ist die Verwendung von Hakensicherungen meistens mit einigen Schwierigkeiten verbunden. Die Sicherung ist

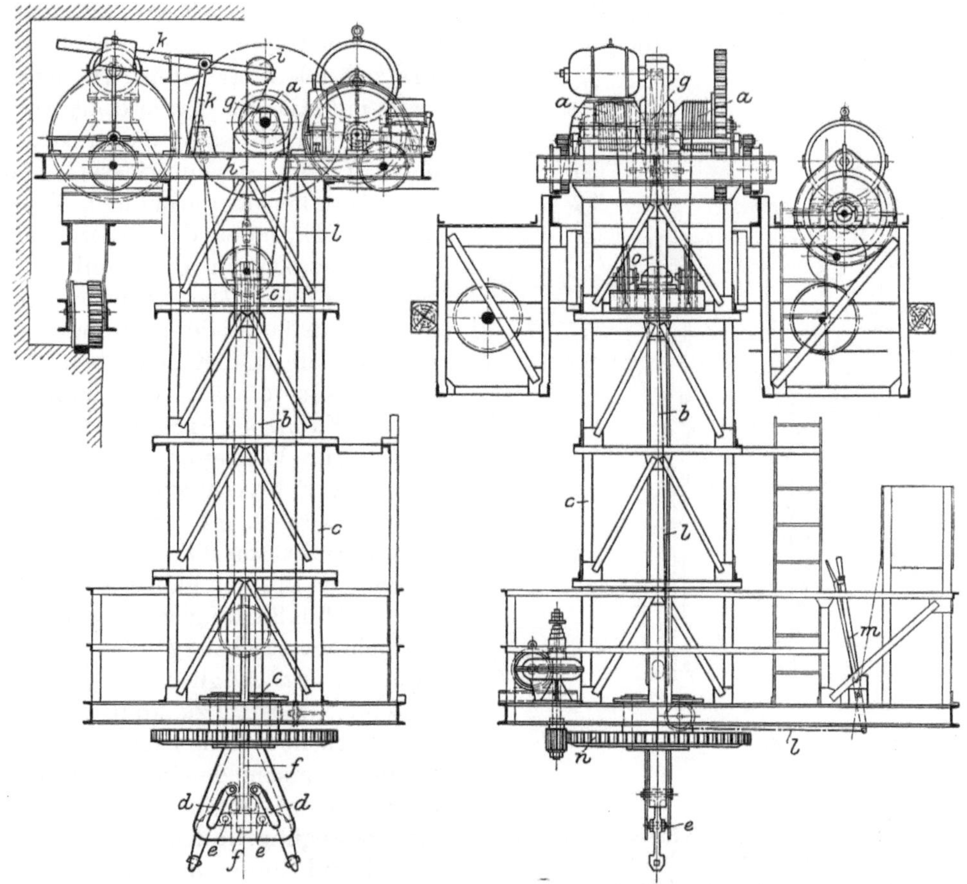

Abb. 296. Katze zum Blockzangenkran mit Schildzange (Schenck und Liebe-Harkort) (Maßstab 1 : 60).

Tragkraft 2 t, Spannweite des Kranes 14,5 m, Stromart: Drehstrom 400 Volt, 50 Perioden, Hubgeschwindigkeit 18 m/min, Katzfahrgeschwindigkeit 35 m/min, Drehbewegung 5 Umdr./min, Kranfahrgeschwindigkeit 120 m/min, Hubmotor 21 PS bei 970 Umdr./min, Drehmotor 3,6 PS bei 1450 Umdr./min, Katzenfahrmotor 8 PS bei 1445 Umdr./min, Kranfahrmotor 21 PS bei 970 Umdr./min.

a Hubtrommeln mit zwei Seilen und losen Rollen.
b Starre Aufhängung der Zange aus][-Eisen.
c Starre Führung für die Zangenaufhängung *b*.
d Führungsschlitten im Schild der Aufhängung *b*, zum Öffnen und Schließen der Zange beim Senken und Heben der Aufhängung *b* mit daran befestigtem Schild.
e Drehachsen der Zangenschenkel, an *f* befestigt.
Zangenschließbolzen, an einfachem Seil an Trommel *g* aufgehängt.
g Trommel für das Seil des Zangenschließbolzens.
h Seil für den Zangenschließbolzen.
i Rolle zum Öffnen und Schließen der Zange.
k Hebel mit Gegengewicht zum Ausgleich des Schließbolzengewichts *f*.
l Steuerseil zum Festhalten von *f*, an Hebel *k* befestigt, zwecks Steuerung der Zange.
m Handhebel zum Steuern der Zange.
n Drehwerk zum Drehen der Zange.
o Kugellager zum Aufhängen der drehbaren Zange.

dabei auch nicht so unbedingt erforderlich, da die Arbeiter nur mit dem Einhaken der Last beschäftigt sind und das Einhaken besser überwachen können als bei Schüttgut, wo sie die Kübel füllen müssen und daher den Haken nicht beobachten können, bis die Last angehoben wird. Mitunter findet man wohl auch bei Haken für Stückgutentladung am oberen Hakenteil einen kleinen Ansatz, wie in Abb. 291 angegeben wurde, um das unbeabsichtigte Aushaken in gewissem Grade zu erschweren. Bei Kübelentladung ist dagegen, wie schon erwähnt, eine bessere Sicherung sehr zu empfehlen. Der Arbeiter öffnet die Sicherung von selbst, wenn er den Handgriff des Hakens anfaßt.

Mechanisch betätigte Haken findet man nur für besondere Zwecke. Abb. 295 zeigt z. B. einen Pratzenkran mit maschinell betätigten Pratzen zum Transport von Walzeisen. Der Kran ist zum Aufnehmen des Walzeisens mit Magneten ausgerüstet, die weiter hinten noch näher beschrieben werden. Wenn er das Eisen mit einem Magnet aufnimmt, dienen die Pratzen nur zum Tragen des Eisens während des Transports. Die Krane können aber auch sowohl mit Magnet allein als auch mit Pratzen allein arbeiten. Im letzteren Falle muß das Eisen allerdings auf Vorlagen gestapelt sein, damit man mit den Pratzen darunterfassen und es ohne Handarbeit aufnehmen kann.

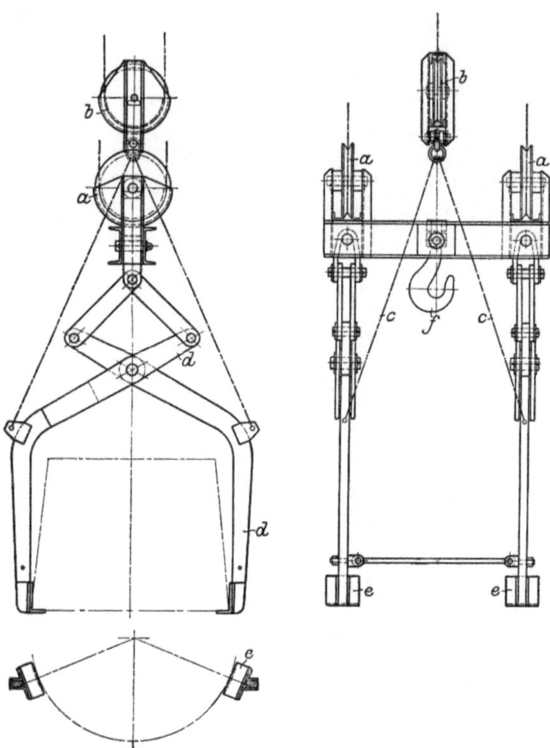

Abb. 297. Selbstspannende Zange für Schlackenkuchen (Zobel). (Tragkraft 12 t (Maßstab 1 : 50).

a Seilrollen für die Schließ- und Hubseile.
b Seilrolle für das Entleerungsseil.
c Entleerungsketten.
d Zange.
e Winkeleisen zum Erfassen des Schlackenkuchens.
f Haken für etwaige andere Arbeiten.

Das Entladen der Pratzen erfolgt durch Kippen in die punktiert gezeichnete Lage. Das Kippen geschieht, indem man das an der hinteren Pratzentraverse befestigte Kippseil beim Senken der Pratzen festhält. Das kann durch einen Fußhebel geschehen. Solche Krane für Walzeisentransport haben oft große Fahrgeschwindigkeit. Damit dabei das Eisen nicht von den Pratzen herunterfällt und nicht zu sehr pendelt, werden die Pratzen häufig starr geführt, wie in Abb. 295 angegeben. Die ganze Aufnehmevorrichtung ist außerdem drehbar, um möglichst allgemein angewendet werden zu können.

Natürlich werden derartige Pratzen in den verschiedensten Formen angewendet, oft auch ohne maschinelle Kippbewegung, indem man sie einfach von Hand unter die aufzunehmende Last bringt. Die zu wählende Bauart richtet sich ganz nach den jeweils vorliegenden Bedürfnissen. Bei einfachen Pratzen und kleineren Fahrgeschwindigkeiten verzichtet man auch auf die starre Führung. Bei verlangten größeren Leistungen zieht man solche Führung bei Stahlwerkskranen aber doch meistens vor, ganz abgesehen von der Bauart der Aufnehmevorrichtung. So ist z. B. auch bei dem Kran nach Abb. 296 eine starre Führung verwendet. Die Aufnehmevorrichtung ist in diesem Falle als sog. Schildzange ausgebildet. Durch Verschieben der Zangenschenkel in einer Führung können die Zangen von dem Windwerk aus beliebig geöffnet und geschlossen werden, und zwar mit großer, fast beliebig steigerbarer Kraft. Die Wirkungsweise ist aus der Abbildung leicht ersichtlich. Bei dieser Zangenform ist die starre Führung sogar Bedingung für ein richtiges Arbeiten. Derartige Krane werden im Stahlwerksbetriebe vielfach, z. B. als Tiefofenkrane, Blockkrane usw., benutzt.

Andererseits werden aber selbstspannende Zangen auch oft ohne starre Führung zum Aufnehmen der verschiedensten Gegenstände angewendet. Eine solche selbstspannende Zange ist z. B. in Abb. 297 dargestellt. Sie wird in ähnlicher Form zum Heben von Steinen u. dgl. benutzt. Im vorliegenden Falle sollen gekühlte Schlackenkuchen von Plattformwagen abgehoben werden, und die Form der Zange ist diesem Zwecke besonders angepaßt. Das Anspannen der Zange erfolgt durch einfaches Anziehen des Hubseiles. Wenn eine solche Zange an einem beweglichen Hubseil hängt, so ist natürlich immer ein Arbeiter erforderlich, der die Zange ansetzt. Diesen Arbeiter kann man bei starr geführten Zangen nach Abb. 295 und 296 entbehren.

b) Kübel und Greifer.

Ein ähnliches Prinzip, wie in Abb. 295 für die Pratzen beschrieben, wird auch mitunter zum Entladen von Transportgefäßen verwendet, besonders für sehr schwere Fördermaterialien, wie Roheisen, Kalkstein u. dgl., dann allerdings meistens ohne Verwendung einer starren Führung. Abb. 298 gibt ein Beispiel für eine derartige Kübelentladung. Das Fördergefäß hat die Form einer einfachen Mulde und hängt mit seinen beiden Aufhängebügeln an den beiden losen Rollen der Fördereinrichtung. Wenn die beiden Seile, die unabhängig voneinander bewegt werden können, gleichmäßig angezogen werden, so tragen sie das Gefäß in aufrechter Lage. Wird das eine Seil mehr angezogen als das andere, so wird der Kübel gekippt und entleert.

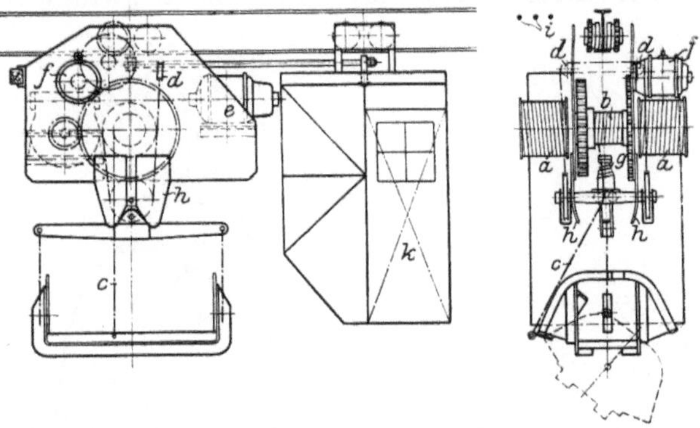

Abb. 298. Laufkatze mit Muldenkübel für Roheisenmasseln u. dgl. (Pohlig) (Maßstab 1 : 80).

Tragkraft der Katze 3200 kg, Hubgeschwindigkeit 0,21 m/sk, Hubmotor 15 PS bei 1450 Umdr./min, Fahrgeschwindigkeit 1,3 m/sk, Fahrmotor 3,6 PS bei 940 Umdr./min, Gewicht der Winde mit Führerhaus 3850 kg, Gewicht des Kübels 400 kg, Inhalt des Kübels 2500 kg.

a Hubtrommeln.
b Trommel zum Kippen der Mulde mit Reibungskupplung und Bremse.
c Kippseil, durch Reibung angespannt oder durch Magnetbremse festgehalten.
d Ausgleichsrollen für das Hubseil.
e Hubmotor.
f Fahrmotor.
g Federnde Aufhängung der Mulde.
h Führung für die Mulde.
i Schleifleitungen.
k Führerstand mit Steuerschaltern.

Die Kübel nach Abb. 298 werden in der Regel nur für sehr schweres Fördergut benutzt, bei dem die Ladung im Kübel nicht hoch angeschüttet wird. Im allgemeinen verwendet man für lose Schüttgüter Kübel, die an allen Seiten geschlossen sind und das Fördergut besser aufnehmen können. Das mechanische Entleeren solcher Kübel wird in mannigfach verschiedener Weise ausgeführt. Die einfachste Form der Kübel ist ein einfacher viereckiger oder runder Kasten, der in einem Gehänge derart drehbar aufgehängt ist, daß der Drehpunkt unterhalb des Schwerpunktes liegt. Der Kübel kippt um und wird entladen, sobald die Haltevorrichtung, die den Kübel im gefüllten Zustande in der aufrechten Lage hält, gelöst wird. Nach der Entleerung muß der Kübel von Hand wieder aufgerichtet werden, bevor er von neuem wieder gefüllt werden kann.

Das vor dem Füllen des Kübels erforderliche Aufrichten des Kastens von Hand erweist sich aber in vielen Fällen als sehr unbequem. Wenn nämlich der Kübel in einem Kran hängt, so muß der Kasten aufgerichtet werden, bevor er den Boden erreicht hat. Der Kran muß also vorübergehend angehalten werden, wenn der Kübel sich unmittelbar über dem Boden befindet, da man nicht damit rechnen kann, daß der Arbeiter den Kübel während der Senkbewegung aufrichtet. Das Anhalten der Winde erfordert Zeit und Aufmerksamkeit. Diese Kübel werden daher bei Kranen nur selten angewendet. Dagegen kommen sie häufig vor als Förderkästen bei Hängebahnwagen u. dgl., wo der Kasten jederzeit aufgerichtet werden kann, ohne daß das übrige Arbeiten der Anlage dadurch beeinträchtigt wird. Bei den Wagen für Schwebebahnen (S. 151ff.) sind fast allgemein solche Kübelformen angewendet.

Für Ausladevorrichtungen wurden zuerst in Amerika die Kübel so ausgebildet, daß sie nach der Entleerung von selbst wieder in die aufrechte Lage zurückschwenken und, in dieser Lage angekommen, von der vorher gelösten Haltevorrichtung wieder gefaßt und festgehalten werden. Diese sogenannten selbstentleerenden Kübel, wie z. B. in Abb. 299 und 300 dargestellt, sind vorn mit einem schrägen Auslauf versehen und auf der entgegengesetzten Seite des Gehänges nach hinten ausgebaucht. Durch diese Form wird erreicht, daß der oberhalb des Aufhängepunktes liegende Schwerpunkt des Kübels im beladenen Zustande an der Auslaufseite seitlich vom Gehänge liegt, während der Schwerpunkt nach der Entleerung an der anderen Seite des Gehänges sich befindet. Infolgedessen kippt der Kübel nach Lösen des Halters von selbst, entlädt das Fördergut und schwingt nach der Entleerung wieder in seine aufrechte Lage zurück. Dabei ist er sowohl gegen zu weites Kippen während des Entleerens als gegen zu weites Zurückschwingen beim Aufrichten durch kleine Anschläge gesichert, die am Kübel befestigt sind und sich gegen das Gehänge legen.

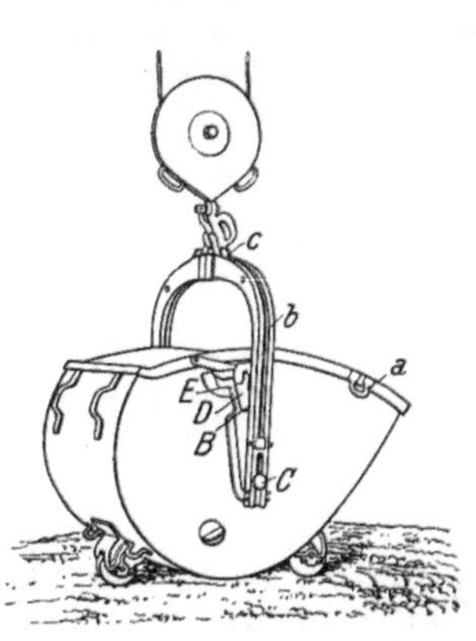

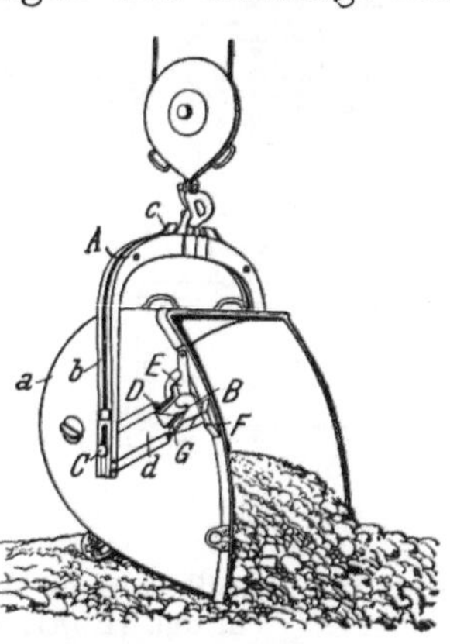

Abb. 299 u. 299a. Brownscher Kübel für Entleerung auf dem Lagerhaufen oder in der Luft.

a Kübel von solcher Form, daß er gefüllt vorne, leer hinten schwerer ist.
b Zweiteiliger Aufhängebügel mit Langloch für den Drehzapfen des Kübels.
c Doppelarmiger Hebel als Haltevorrichtung mit Zapfen zum Eingreifen in das Schild *d*.
d Schild mit Aussparungen für die Haltehebel *c*.

Die Haltevorrichtung kann natürlich in ganz verschiedener Weise ausgeführt werden. In Abb. 299 ist sie so ausgebildet, daß der Kübel *a* dadurch entladen werden kann, daß er sich auf den Boden oder auf schon vorhandene Lagerhaufen aufsetzt oder auch frei in der Luft hängend durch besondere am Krangerüst befestigte Anschläge. Zum Halten des gefüllten Kübels dienen zwei Flacheisen *c*, die in dem zweiteilig ausgebildeten Gehänge *b* um den Punkt *A* drehbar gelagert sind und mit nach innen gerichteten Zinken in eine an den beiden Seiten des Kübels befindliche, eigenartig geformte Haltevorrichtung *d* eingreifen. Wenn der gefüllte Kübel gehoben wird, befinden sich die Zinken der Arretiervorrichtung in der Aussparung bei *B*. Wird der Kübel auf den Lagerhaufen aufgesetzt, so senkt sich das Gehänge und mit ihm die Haltevorrichtung gegenüber dem eigentlichen Kübel, welcher mit seinem Drehzapfen in einem Langloch des Gehänges bei *C* gelagert ist. Infolge dieser Verschiebung gelangen die Zapfen der Halteflacheisen von *B* nach *D*. In diesem Augenblick hat der Kübel schon das Bestreben, sich nach vorn zu neigen. Er wird aber vorläufig noch durch den Boden oder den Lagerhaufen daran gehindert und kann sich nur ein kleines Stück vornüberlegen. Wird nun das Gehänge wieder angehoben, so gelangen die Arretierzapfen nach *E*. Sie werden dadurch frei, so daß jetzt beim weiteren Anziehen des Gehänges der Kübel vollkommen frei nach vorn umkippen und seinen Inhalt entladen kann. Nach der Entleerung und sobald der Kübel nicht mehr durch den angeschütteten Haufen gehalten ist, schwingt er freihängend in seine aufrechte Lage zurück, bis die Zapfen der Haltevorrichtung sich an dem Anschlag *F* befinden. Sie halten nun den Kübel in seiner aufrechten Lage fest, bis er an der Beladestelle wieder auf den Boden gesetzt wird, um von neuem gefüllt bzw. gegen einen vollen Kübel ausgewechselt zu werden. Während des Aufsetzens auf den

Boden senkt sich das Gehänge wieder in dem Langloch nach unten, so daß der Drehzapfen C des Kübels sich in dem oberen Teil des Langloches befindet. Hierdurch gelangen die Haltezapfen nach G. Wird nun der gefüllte Kübel angehoben, so wird das Gehänge wieder gegenüber dem Kübelbehälter nach oben verschoben, und die Haltezapfen gelangen nach B, in welcher Lage sie sich befanden, als der gefüllte Kübel auf den Lagerhaufen zwecks Entleerung hinabgelassen wurde. Es kann also jetzt der eben geschilderte Vorgang sich wiederholen.

Die beschriebene Arbeitsweise erscheint verhältnismäßig kompliziert; indessen haben sich die Kübel, die zuerst von Brown ausgeführt wurden, im Betriebe sehr gut bewährt. Bei ihrer Anwendung wird jedes unnötige Stürzen und Verstauben des Fördergutes vermieden. Wenn andererseits die Kübel in freier Luft hängend entleert werden sollen, so kann das bei derselben Ausführungsform dadurch geschehen, daß die beiden um A drehbaren Halteeisen durch einen am Kranausleger oder an der Verladebrücke befestigten Anschlag bei c nach unten gedrückt werden. Dadurch werden die Haltezapfen seitlich aus der Haltevorrichtung bei B herausgezogen, und der Kübel kann frei kippen und sich entladen. (Vgl. auch Abb. 397, S. 372.)

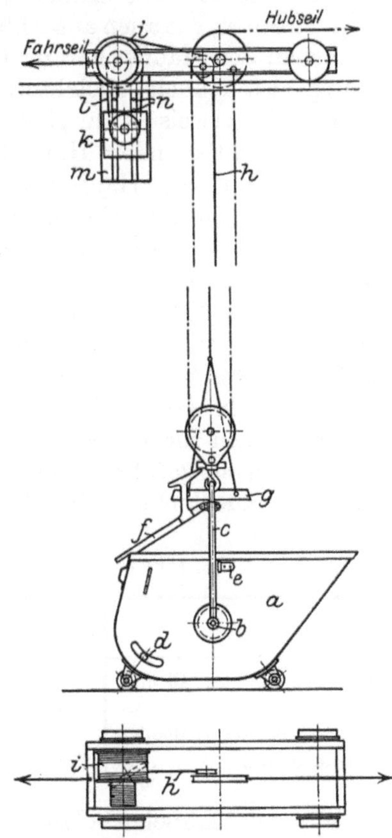

Abb. 300. Huntscher Kübel für Entleerung in verstellbarer Höhe (Pohlig) (Maßstab 1 : 50).

a Kübel, geeignet zum selbsttätigen Kippen um Achse *b*.
b Drehachse des Kübels.
c Aufhängebügel des Kübels.
d Anschlag zur Begrenzung der Kippbewegung durch Bügel *c*.
e Anschlag zum Halten des Kübels beim Aufrichten nach der Entleerung.
f Haltehebel zum Halten des gefüllten Kübels.
g Ring zum Entleeren des Kübels durch Drehen des Haltehebels *f*.
h Seil zum Einstellen des Ringes *g* für verschiedene Entladehöhen.
i Differentialtrommel zum Aufwickeln des Ringseiles *h* und des Gewichtsseiles *l*.
k Spanngewicht mit loser Rolle zum Straffhalten des Ringseiles *h*.
l Seil zur Verbindung des Spanngewichtes mit der Differentialtrommel *i*.
m Führung für das Seilspanngewicht *k*.
n Löcher zum Einstecken einer Gabel zwecks Hubbegrenzung des Gewichtes für verschiedene Entladehöhen.

Oft werden die Kübel dadurch in der aufrechten Lage gehalten, daß man am Gehänge einen Stützhebel anbringt, der sich gegen den hinteren Rand des Kübels stützt, wie z. B. in Abb. 300 angegeben. Bei diesen Kübeln kann ein Entladen unmittelbar über dem angeschütteten Lagerhaufen herbeigeführt werden, wenn man an dem hinteren Ende des Stützhebels f eine senkrecht herabhängende, gelenkig verbundene Verlängerung mit Fuß anbringt, der sich beim Absenken des Kübels auf den Lagerhaufen aufsetzt, bevor der Kübel selbst den Haufen berührt. Dadurch wird der Haltehebel f des Kübels, der am Gehänge drehbar befestigt ist und sich gegen die rückwärtige Wand des Kübels stützt, um seinen Drehpunkt nach oben gedreht, und der Kübel wird zum Kippen frei. Diese Entladeart hat gegenüber den vorhin beschriebenen Arten den Vorteil, daß das Aufsetzen des Kübels auf den angeschütteten Lagerhaufen etwas gemildert wird. Andererseits wird aber das Arbeiten dadurch erschwert, daß der Stützhebel angehoben bzw. nach oben umgelegt werden muß, bevor der Kübel zum erneuten Füllen abgesetzt wird. Sonst würde die Haltevorrichtung auch beim Aufsetzen des leeren Kübels gelöst werden, und der Kübel würde kippen, sobald er nach der Füllung angehoben wird.

In der Regel wird der Kübel mit einem Stützhebel ohne die eben beschriebene Verlängerung nach unten benutzt. Der Stützhebel wird dann entweder so eingerichtet, daß er durch Anstoßen an einen am Kran angeordneten Anschlag den Kübel zur Entladung bringt, oder mit Hilfe eines am Kranausleger oder an der Kranlaufkatze angeordneten Ringes, wie in Abb. 300 angegeben.

Meistens sind die Kübel für Schiffsentladung mit drei unteren kleinen Laufrollen versehen, wie auch aus Abb. 299 und 300 ersichtlich, damit sie auf dem Boden des Schiffes an den Haufen herangefahren werden können. Die vordere schräge Auslauföffnung des Kübels erleichtert das Herausgleiten des Fördergutes bei der Entladung. Sie erweist sich aber auch insofern als sehr zweckmäßig, als der Kübel an den zu entladenden Haufen so herangeschoben werden kann, daß er mit der schrägen Wand den Haufen berührt. Dann kann ein großer Teil der Kübelfüllung unmittelbar von dem Haufen in den Kübel hineingekratzt werden. Der Rest muß natürlich durch gewöhnliches Einschaufeln in den Kübel eingefüllt werden. Mit Rücksicht hierauf muß die Höhe des Kübels möglichst klein gehalten werden und soll in der Regel 900 mm nicht überschreiten. Die in den Figuren sichtbaren Handgriffe dienen zum Anfassen der Kübel beim Heranrücken an den zu entladenden Haufen. Diese Kübel ermöglichen ein sehr bequemes Arbeiten und zeichnen sich durch eine sehr dauerhafte, geschlossene Form aus. Sie werden für Schiffsentladung, im allgemeinen für Kohle in Größen von 0,9—1,2 cbm, für Erz in Größen von 0,7 bis 0,9 cbm ausgeführt. Die nachfolgende Tabelle zeigt die Gewichte und Preise derartiger Kübel nach Abb. 300 für Kohle- und Erzentladung in Größen von 0,5 bis 2 cbm.

Preise und Gewichte für Huntsche Kübel.

	5 hl		7 hl		9 hl		12 hl		15 hl		20 hl	
	M.	kg	M.	kg	M.	kg	M.	kg	M.	kg	M.	kg
Kübel für Kohle; Blechstärke $3^1/_2$ mm	265	310	285	360	310	400	345	460	385	510	425	560
Kübel für Erz; Blechstärke 5 mm	275	340	295	390	320	430	370	550	425	630	470	700

Wenn der Kübel in beliebiger Höhe über dem Lagerhaufen entladen werden soll, so kann das, wie erwähnt, zweckmäßig mit Hilfe eines Ringes geschehen, wie in Abb. 300 gezeigt. Der Haltehebel des Kübels ist nach oben mit einem hakenförmigen Ansatz versehen, der durch einen am Kran aufgehängten Ring gefaßt werden kann. Dadurch wird der Haltehebel gedreht und ausgeklinkt. Der Ring wird in veränderlicher Höhe am Kran befestigt, entsprechend der beabsichtigten Ausladehöhe. Manchmal ist es erwünscht, bei langen Verladebrücken in größerer Höhe unter der Brücke zu entladen, den Kübel aber dicht unter der Brücke hängend zu verfahren, damit er während der Fahrbewegung möglichst wenig pendelt. Dann wird der Ring, wie in Abb. 300 angegeben, durch ein Gegengewicht mit Differentialflaschenzug ausgewuchtet, so daß er nur leicht nach unten durchzieht, bis er durch eine für veränderliche Höhenlage einstellbare Gabel gehalten wird. Wird der Kübel angehoben, so tritt zuerst der Widerhaken durch den Ring hindurch. Dann wird der Ring mit dem Kübel weiter angehoben, z. B. bis dicht unter die Brücke. Das Aufhängeseil des Ringes wird dann durch das Gewicht des Differentialflaschenzuges gespannt gehalten. Wird der Kübel wieder gesenkt, so senkt sich der Ring mit ihm, bis er durch die Gabel am weiteren Senken gehindert und der Kübel entladen wird. Zur Veränderung der Entladehöhe braucht also nur die Gabel in eine andere Höhenlage eingestellt zu werden.

Für das unmittelbare Beladen von Eisenbahnwagen, besonders für Kiesentladung u. dgl., sind Kübel mit zweiteiligem Boden mehr gebräuchlich, weil bei dem Entladen durch den Boden des in Ruhe befindlichen Kübels das Fördergut nicht so leicht verstreut wird, als es bei den eben beschriebenen Kippkübeln der Fall ist. Abb. 301 zeigt einen derartigen Kübel, der besonders häufig für das Entladen von

Baggergut verwendet wird. Die Kübel haben viereckige Form und senkrechte Wände und können mit geschlossenen Bodenklappen bequem in großer Zahl nebeneinander in den Prähmen zum Heranschaffen des Baggergutes aufgestellt werden. Der Kran trägt den gefüllten Kübel an einer durch die Mitte des Kübels geführten Aufhängestange. Diese ist mit Ketten oder Flacheisen mit den inneren Kanten des zweiteiligen, an der Außenwand des Kübels drehbar gelagerten Bodens verbunden. Der Kübel bleibt also geschlossen, solange er am Kran hängt. Er kann aber, wie aus Abb. 301 ersichtlich, in bestimmter oder einstellbarer Höhe entladen werden, indem eine meistens am Kranausleger befestigte Gabel, die vorher durch ein kleines Handseil zurückgezogen war, um die mit den Seitenwänden des Kübels fest verbundene Führung der Aufhängestange herumgreift und den Kübelkasten trägt, sobald der Kranhaken gesenkt wird. Dann werden also die Seitenwände des Kastens von der Gabel gehalten, die Bodenklappen können sich aber öffnen, und das Ladegut fällt allmählich und ruhig durch die geöffneten Bodenklappen nach unten.

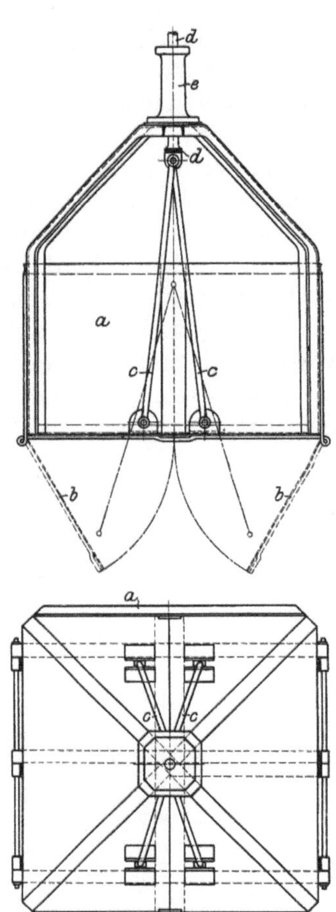

Abb. 301. Kübel mit zweiteiligem Boden (Schuler) (Maßstab 1 : 25).

Inhalt 0,5 cbm.

a Fester Kübelkasten.
b Bodenklappen.
c Zugstangen zum Schließen der Bodenklappen.
d Zentrale Aufhängestange.
e Führung für die Aufhängestange mit Kragen zum Tragen des Kübels während der Entleerung.

Sollen die Kübel durch Einschaufeln von Hand im Schiff oder auf Lagerplätzen oder neben Eisenbahnwagen gefüllt werden, so erweist sich die eben beschriebene Form nach Abb. 301 nicht geeignet. Der viereckige Kasten ist verhältnismäßig wenig widerstandsfähig und kann auch nicht gut auf dem Boden fortgeschoben werden, da die auf dem Boden aufruhenden Klappen leicht festhaken. In solchem Falle verwendet man oft zweiteilige Kübel von halbkreisförmigem Querschnitt, wie in Abb. 302 dargestellt. Die beiden Schaufelhälften dieser Kübel sind in der Mitte des halbkreisförmigen Kübelquerschnittes drehbar miteinander verbunden. Wenn der Kübel beim Anheben im Drehpunkt der Schaufeln aufgehängt wird, so bleiben die Schaufeln durch ihr Eigengewicht und durch das Gewicht der Ladung geschlossen. Das Öffnen und Entleeren erfolgt durch ein besonderes Seil, das in die beiden Kübelhälften an ihrer Außenseite eingehakt wird. Sobald dieses sog. Entleerungsseil festgehalten und das im Drehpunkt der Kübelhälften angreifende Hubseil nachgelassen wird, öffnet sich der Kübel und läßt das Fördergut nach unten herausfallen.

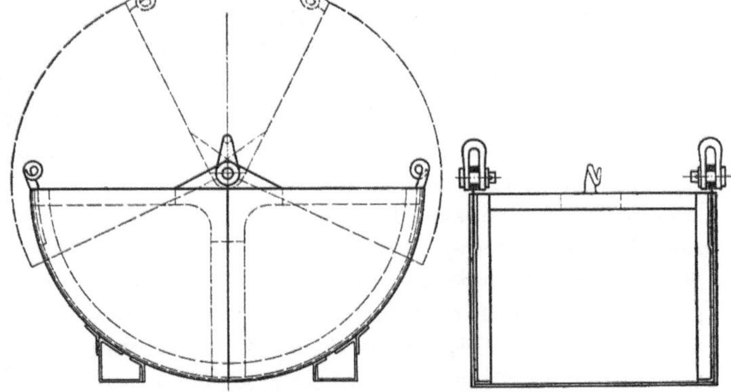

Abb. 302. Zweiteiliger Klappkübel (Maßstab 1 : 33).

Zur Betätigung der beiden für das Heben und für das Entleeren erforderlichen

Seile, die unabhängig voneinander bewegt werden müssen, wird im allgemeinen eine Winde mit zwei Trommeln verwendet, wie in Abb. 303 schematisch dargestellt. Das erscheint zunächst umständlich und teuer. Die Mehrkosten der Winde sind aber kaum größer als die Kosten der Vorrichtung nach Abb. 300 zum Entleeren der Kippkübel in beliebiger Höhe. Andererseits ist das Windwerk mit zwei Trommeln doch ohnehin bei den meisten Kranen erforderlich, wenn dieselben auch geeignet sein sollen, mit selbstfüllenden Fördergefäßen, den sog. Selbstgreifern, zu arbeiten, was oft verlangt wird. Von den beiden Windentrommeln zur Betätigung der Kübel braucht nur die eine, die zum Heben des Kübels dient, von dem Rädervorgelege angetrieben zu werden. Die andere Trommel sitzt lose auf der Achse und wird durch eine Reibungskupplung mitgenommen. Die Kupplung braucht nur so stark angespannt zu sein, daß das Entleerungsseil straff gehalten wird. Während der Entleerung wird die Trommel für das Entleerungsseil durch eine Bremse fest-

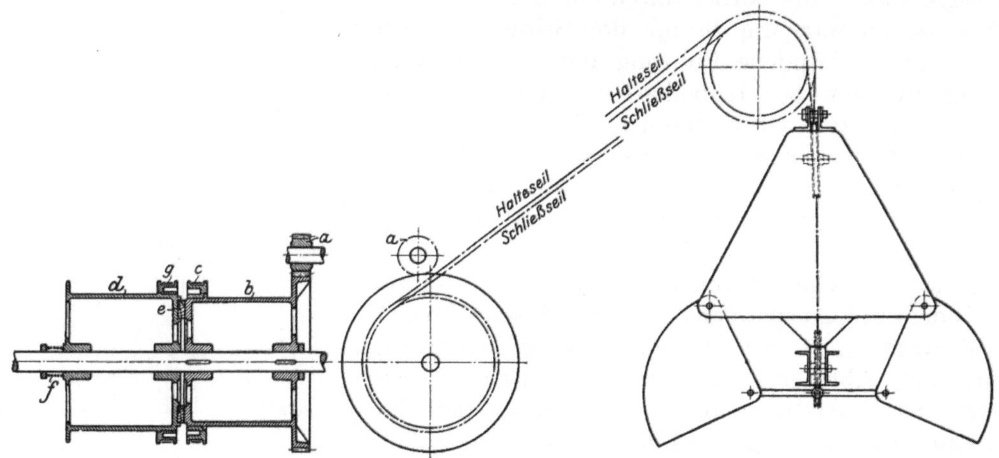

Abb. 303. Schema eines Windwerks für Klappkübel und Zweiseilgreifer (Maßstab 1 : 60).

a Antrieb.
b Hubtrommel.
c Bremse der Hubtrommel zum Festhalten der Last und zum Regeln der Senkgeschwindigkeit.
d Entleerungstrommel.
e Reibungskupplung zum Mitnehmen der Entleerungstrommel und zum Straffhalten des Entleerungsseiles.
f Einstellbare Feder zum Anpressen der Reibungskupplung *e*.
g Bremse zum Festhalten der Trommel *d* während des Entleerens.

gehalten, und die Hubtrommel wird gelöst. Die Entleerung des Kübels kann, da sie vom Windwerk aus erfolgt, natürlich in jeder beliebigen Höhenlage ausgeführt werden.

Die Kübel nach Abb. 302 werden für das Entladen von Kohle und Erz mit Drehkranen meistens benutzt, wenn nicht Greifer verwendet werden. Sie haben allerdings gegenüber den selbstentleerenden Kippkübeln den Nachteil, daß jedesmal 4—6 Haken eingehängt werden müssen, während bei den Kippkübeln nur ein Haken einzuhaken ist. Wo es sich um Massengutverladeanlagen von höchster Leistungsfähigkeit handelt, zieht man daher die Kippkübel vor, während bei Drehkranen, die nur für mittlere Leistungen in Frage kommen, die Klappkübel die Regel bilden. Sie werden im allgemeinen in denselben Größen verwendet wie die vorhin beschriebenen selbstentleerenden Kippkübel. In besonderen Fällen werden sie aber auch in sehr großen Abmessungen ausgeführt, wie z. B. aus Abb. 304 ersichtlich. Bei dieser Anlage werden Klappkübel von etwa 8 cbm Inhalt auf der Zeche mit Kohle gefüllt, dann auf Plattformwagen zum Hafen gefahren, hier von einem Drehkran von 11 t Tragfähigkeit und 12 m Ausladung oder von einer Verladebrücke aufgenommen und ins Schiff entladen. Neuerdings sind diese Kübel für den gleichen Zweck sogar schon mit 16 cbm Inhalt ausgeführt worden. Vier solcher Kübel stehen auf einem besonders für diesen Transport gebauten Wagengestell mit 2 Drehgestellen. (Weiteres darüber in Band II bei den Verladeanlagen im Eisenbahnwesen.) Bei dieser Verladeart wird die Kohle in ausgezeichneter Weise vor Zerbröckelung bewahrt, da nicht nur jedes Umladen vermieden wird, sondern da auch die

Abb. 304. Kohlenverladung mit Klappkübeln von der Bahn aufs Lager oder ins Schiff (M. A. N.).

Kohle im Schiff ohne unnötige Stürzhöhe unmittelbar über den jeweilig angeschütteten Haufen entladen werden kann.

Die Form der zuletzt beschriebenen Klappkübel und ebenso das zu ihrer Betätigung verwendete Windwerk leiten schon zu der am häufigsten verwendeten Form

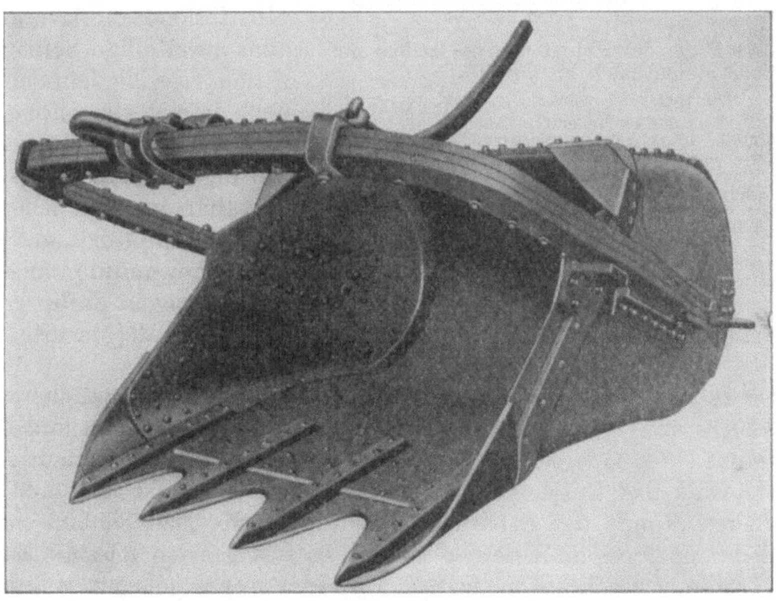

Abb. 305. Brownscher Kratzerkübel.

der Selbstgreifer, den sog. Zweikettengreifern oder Zweiseilgreifern, über, die sich von selbst füllen und also kein Schaufeln von Hand erfordern. Vorher soll aber noch eine andere Konstruktion erwähnt werden, die ebenfalls für mechanisches Füllen eingerichtet ist, und die sich unmittelbar an die weiter oben beschriebenen selbstentladenden Kippkübel anschließt.

Der in Abb. 305 dargestellte sog. Kratzerkübel wurde von Brown und anderen früher vielfach benutzt, um Kohle und Erz mit Hilfe von Verladebrücken von vorhandenen Lagerhaufen maschinell zu entnehmen. Er wird mit dem feststehenden Windwerk der Verladebrücken am Fuße des Lagerhaufens herabgelassen; dann wird die Laufkatze mit dem Fahrseil um ein gewisses Stück auf ihrer Fahrbahn vorgefahren, und nun wird das Hubseil angezogen. Der Kübel wird dadurch in schräger Richtung an der Böschung des Lagerhaufens heraufgezogen und kratzt dabei, wie auch schon der Name sagt, das Fördergut vom Lagerhaufen in sich hinein. Die Kratzerwirkung wird unterstützt durch Zähne, mit denen die Kübelschneide besetzt ist. Diese Kübel wurden früher ziemlich häufig verwendet, als die eigentlichen Selbstgreifer noch nicht sehr weit ausgebildet und insbesondere für das Greifen von Erz noch nicht geeignet waren. Gegenwärtig kommen sie bei Neuanlagen aber kaum noch in Frage. Sie können sich naturgemäß nur gut füllen, solange ein ziemlich hoher Haufen genügende Angriffsmöglichkeit bietet. Außerdem ist bei stückreicher Kohle die Beschädigung des Fördergutes infolge des Heraufschleppens des Kübels an dem Haufen oft nachteilig.

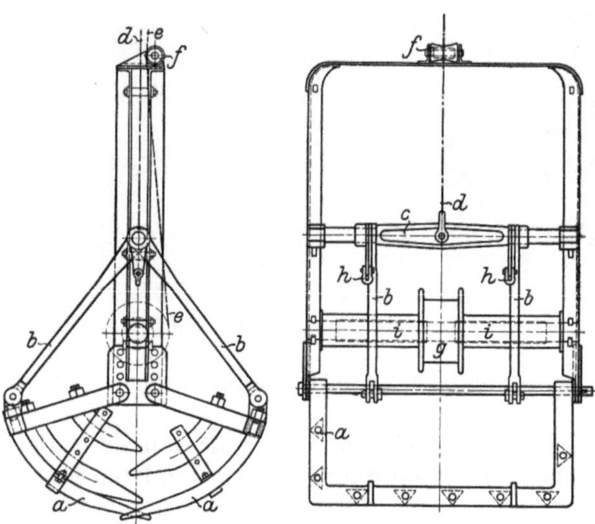

Abb. 306. Ältere Form des Priestmann-Greifers für große Steine (Maßstab 1 : 40).
Inhalt 0,7 cbm.
a Zweiteilige Schaufeln mit geschmiedeten Zähnen.
b Druckstangen zum Öffnen und Schließen der Schaufeln.
c Querhaupt zum Bewegen der Druckstangen *b*.
d Kette zum Öffnen des Greifers (Entleerungskette).
e Kette zum Schließen des Greifers (Schließkette).
f Führungsrolle für die Schließkette *e*.
g Trommel für die Schließkette.
h Befestigungspunkt der inneren Schließketten am Querhaupt *c*.
i Trommeln zum Aufwickeln der inneren Schließketten *h*, verbunden mit *g*.

Man verwendet daher, wie schon erwähnt, in neuerer Zeit als selbstfüllende Fördergefäße meistens zweiteilige Selbstgreifer, die in den verschiedensten Formen, je nach dem vorliegenden Zweck, gebaut werden. Die einfachste Ausführungsform schließt sich unmittelbar an die schon beschriebenen Klappkübel an. Dabei wird durch Anwendung eines geeigneten Flaschenzuges dafür gesorgt, daß der Greifer während des Schließens sich in das zu entladende Material selbsttätig eingräbt.

Abb. 306 zeigt eine ältere Form eines solchen für Baggerzwecke vielfach verwendeten Greifers von Priestmann. Die beiden Schaufelhälften sind drehbar um zwei in der Mitte ihres Querschnittes dicht nebeneinander angeordnete Achsen. Sie sind geöffnet, wenn das Entleerungsseil festgehalten wird, das durch 2 Zugstangen mit dem äußeren Rande der Schaufeln verbunden ist. Das Schließ- und Hubseil greift aber nicht im Drehpunkt der Schaufeln an wie bei den Klappkübeln, sondern ist um eine Trommel geschlungen, welche auf einer Achse gelagert ist, die zu einem Differentialflaschenzug ausgebildet ist. Auf den beiden seitlichen Teilen dieser Differentialtrommel sind auf kleinem Trommeldurchmesser besondere Ketten aufgewickelt. Oben am Kopf des Greifers sind diese Ketten an einem Querhaupt befestigt, auf dem auch die Stangen gelagert sind, die nach dem äußeren Rande der Schaufeln führen. Bei geöffnetem Greifer ist dieses Querhaupt durch das Entleerungsseil in einer Gleitführung nach oben gezogen. Die Schließkette ist dann auf den mittleren Teil der Differentialtrommel aufgewickelt, und die beiden seitlichen

Flaschenzugketten im Innern des Greifers sind abgewickelt. Beim Anziehen der Schließkette wickelt diese sich von ihrer Trommel ab. Dadurch werden die kleinen Flaschenzugketten aufgewickelt und ziehen das obere Querhaupt des Greifers herunter. Sie drücken durch Vermittlung der Gelenkstangen den äußeren Rand der Schaufeln und damit die Schneiden derselben kräftig nach unten, so daß sie mit großer Kraft in

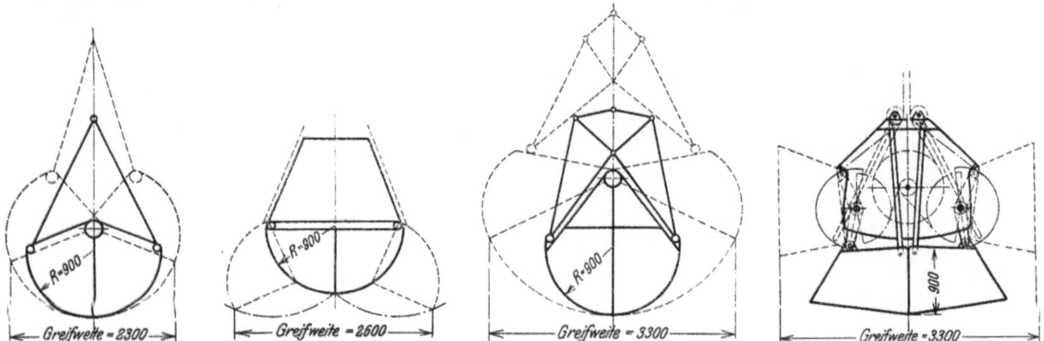

Abb. 307 a—d. Klafterweite verschiedener Greiferbauarten.

das Fördergut eindringen. Wenn die beiden Schaufelhälften vollkommen geschlossen sind, wird beim weiteren Anziehen der Schließkette der gefüllte Greifer gehoben.

Das Entleeren des Greifers kann durch Festhalten der Entleerungskette und Nachlassen der Schließkette in jeder beliebigen Höhenlage in einfachster Weise erfolgen. Die Schließkraft wird also durch das Hubseil und durch den Hubmotor erzeugt. Die in diesem Seil vorhandene Zugkraft, deren größter Wert durch das Gewicht des Greifers mit seinem Inhalt gegeben ist, kann für die Greiferwirkung

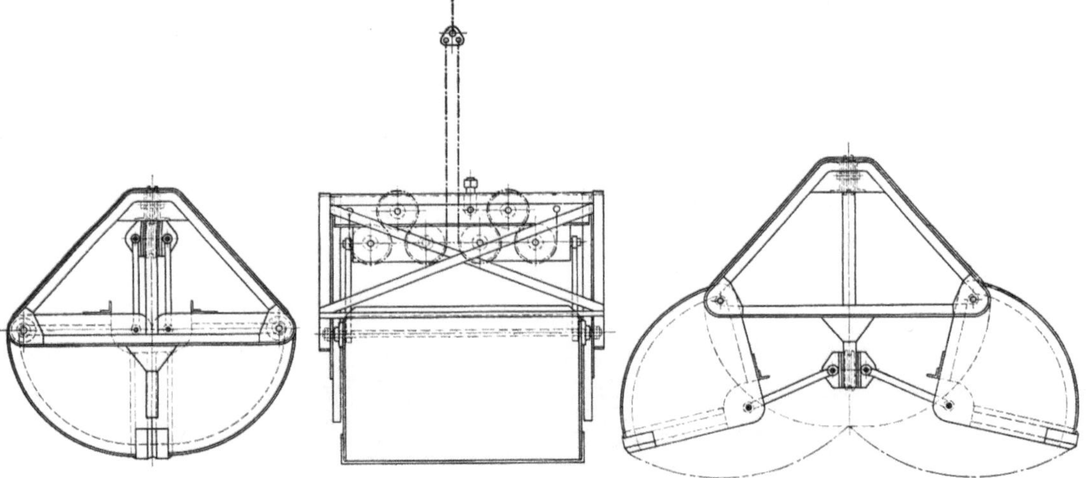

Abb. 308. Kohlengreifer (Jaeger) (Maßstab 1 : 33,3).

beliebig vergrößert werden durch entsprechende Vergrößerung der im Greifer vorgesehenen Flaschenzugübersetzung. In Abb. 306 hat der mittlere Teil der Differentialtrommel etwa den dreifachen Durchmesser der äußeren Teile dieser Trommel. Das genügt beim Baggern von weichem und schlammhaltigem Boden, ist dagegen für festen Boden nicht geeignet. In solchen Fällen kann die Flaschenzugwirkung leicht vergrößert werden, indem die im Innern des Greifers liegenden Flaschenzugketten nicht einfach an dem oberen Querhaupt befestigt, sondern über eine Rolle zu der Achse der Differentialtrommel zurückgeleitet werden. Dadurch wird die im Greifer vorhandene Übersetzung verdoppelt.

Die bei Greifern dieser und ähnlicher Bauart gebräuchlichen Übersetzungsverhältnisse schwanken je nach der Art des Fördergutes von einer zwei- bis dreifachen Übersetzung bei Getreide bis zu einer sechs- bis achtfachen Übersetzung bei Kohle. Bei Erz wird je nach der Erzsorte eine noch größere Übersetzung angewendet.

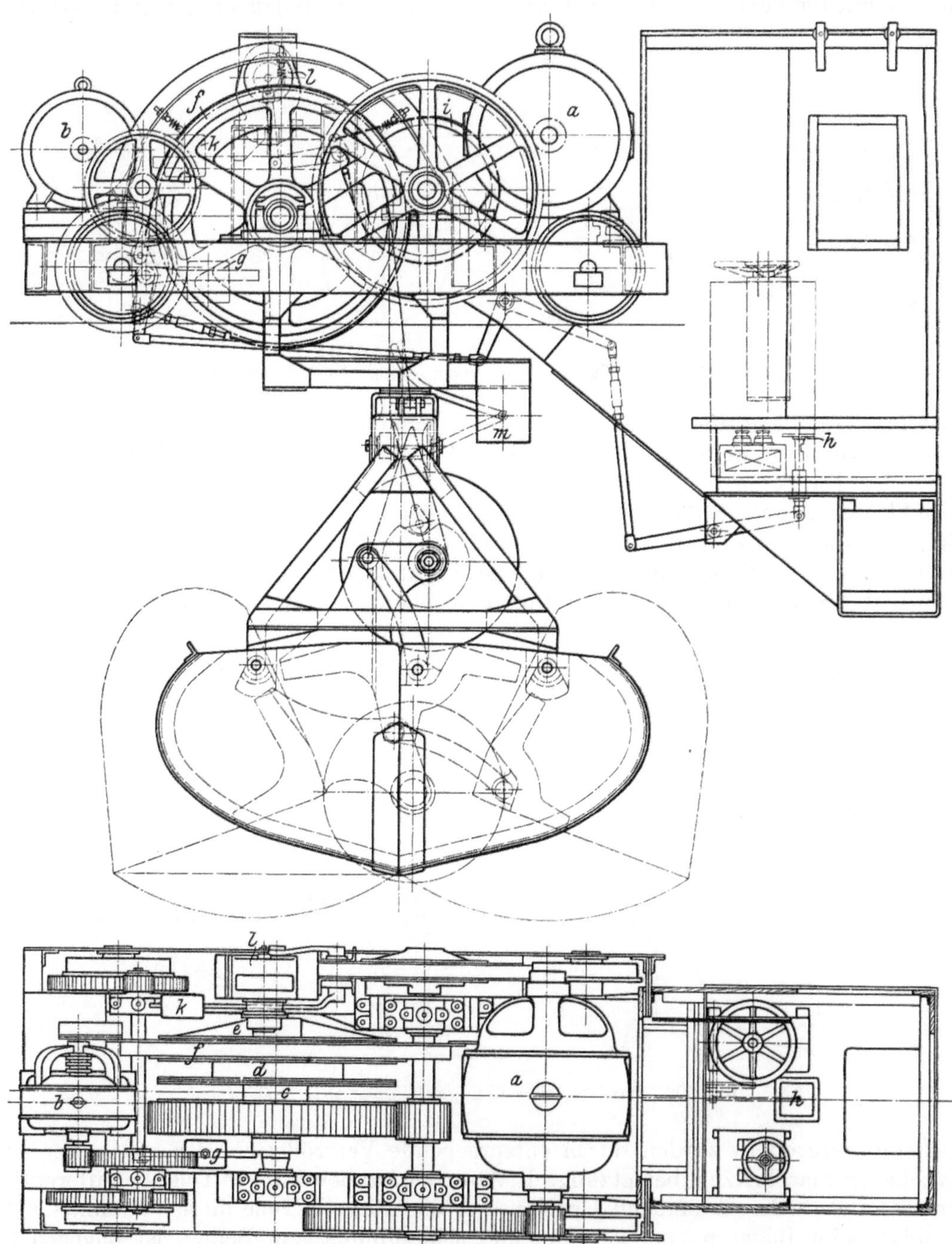

Abb. 309. Motorlaufkatze mit Huntschem Greifer von 2,5 cbm Inhalt für Koks (Pohlig) (Maßstab 1 : 34).

a Hubmotor.
b Fahrmotor.
c Trommel für Schließen, fest auf der Welle.
d Trommel für Entleeren, lose auf der Welle.
e Reibungskupplung für die Entleerungstrommel, fest auf der Welle.
f Haltebremse für die Entleerungstrommel.
g Spanngewicht der Haltebremse *f*.
h Fußtritt zum Lüften der Bremse *f*.
i Hubbremse.
k Spanngewicht der Hubbremse.
l Motor zum Lüften der Hubbremse.
m Endausschalter für die Hubbewegung.

Neben der Größe des Übersetzungsverhältnisses des im Greifer vorhandenen Flaschenzuges kommt noch das Gewicht des Greifers für das Schließen wesentlich in Betracht. Die Greifer werden daher für schwer zu erfassende Materialien mit großem Eigengewicht ausgeführt, damit die Schaufeln schon zu Anfang der Schließbewegung möglichst gut greifen.

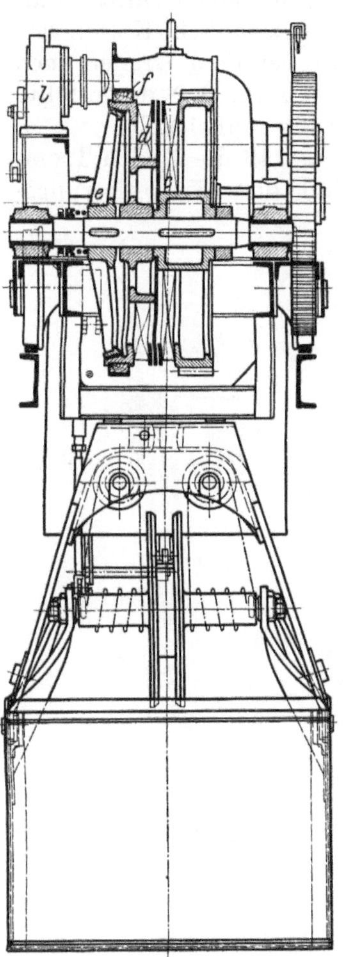

Zu Abb. 309.

Bei steinigem und hartem Fördergut ist aber trotzdem nicht immer zu erreichen, daß die Schaufeln sofort eindringen. Wenn sie z. B. bei Beginn der Bewegung gerade auf ein großes und hartes Stück treffen, müssen sie unbedingt abgleiten. Wenn dann der Drehpunkt der Schaufeln so angeordnet ist, wie in Abb. 306 angegeben, so ist es unmöglich, daß die Schaufeln sich während der weiteren Schließbewegung noch ganz füllen. Aus diesem Grunde werden die Schaufeln bei großstückigem Fördergut allgemein so gelagert, daß sie in geöffnetem Zustande möglichst weit auseinanderklaftern. Während der Schließbewegung kratzen sie dann die Ladung auf mehr oder minder großer Strecke zusammen. Die Klafterweite und damit die Bewegung des Zusammenkratzens werden um so mehr ausgebildet, je großstückiger das Fördergut ist und je schwerer es zu greifen ist.

In Abb. 307a—d sind 4 verschiedene Greiferausführungen mit gleichem Inhalt nebeneinandergezeichnet, um den Unterschied in der Klafterweite recht deutlich zu machen. Das Schema Abb. 307a entspricht der eben beschriebenen Ausführung nach Abb. 306. Es ist ohne weiteres erkennbar, daß durch die in der Mitte verbundenen Schaufeln aus dem Boden ein zusammenhängendes Stück mehr oder minder glatt herausgeschnitten wird, während die Schaufeln mit außenliegender Drehachse nach Abb. 307b, dem Schema der Anordnung nach Abb. 308 und 309, das Fördergut mehr zusammenkratzen. Die letztere Bewegungsart läßt sich daher nur verwenden bei einem Fördergut, das lose geschüttet ist, und bei dem die einzelnen Stücke leicht gegeneinander bewegt werden können. Aber auch in diesem Falle ist es erwünscht, daß die Schaufeln möglichst glatt in das Ladegut eindringen. Das wird erreicht, wenn die Schaufelform sich einem Kreisbogen nähert, dessen Mittelpunkt mit dem Drehpunkt der Schaufeln zusammenfällt. Eine solche Formgebung ist am leichtesten durchzuführen, wenn die Drehachsen der Schaufeln in der Mittelachse des Greifers liegen. Man ist daher neuerdings auch bei Greifern für Schüttgüter immer mehr wieder zu dieser Bauart übergegangen und hat versucht, eine genügend weite Klafterung der Schaufeln zu erzielen, indem man den Drehpunkt höher legt, wie in Abb. 307c angegeben. Diese Anordnung ist jetzt ziemlich allgemein vorherrschend, wenn auch die Einzelheiten der Ausführungen voneinander abweichen. Nur in ganz besonderen Fällen versucht man, bei nach außen verlegten Drehachsen eine weitere Klafterung zu erreichen, wie in Abb. 307d an einem Beispiel angegeben, noch ausgeprägter bei dem weiter hinten in Abb. 316 angegebenen Hulettgreifer.

Der Greifer von Jaeger (Abb. 308), der eine Zeitlang bei den Kohlenverladeanlagen ziemlich vorherrschend war und dementsprechend noch jetzt häufig im Betriebe anzutreffen ist, wird der oben geschilderten Entwicklung entsprechend heute kaum noch gebaut, ebenso hat der Greifer nach Abb. 309, der nach ähnlichen Grundsätzen konstruiert ist, heute fast nur noch historisches Interesse.

Beim Greifer nach Abb. 308 benutzt man zur Vergrößerung der Schließkraft einen gewöhnlichen Flaschenzug, bei dem Greifer nach Abb. 309 einen Differentialflaschenzug. In beiden Fällen werden im Innern des Greifers gewöhnliche Ketten verwendet. Außerhalb des Greifers kann man als Zugorgan bei dem Greifer nach Abb. 308 Gliederkette oder Seil verwenden, während die in Abb. 309 dargestellte Winde mit einer Panzerkette arbeitet, die sich spiralförmig aufwickelt.

Bezüglich des Greiferwindwerkes sei darauf hingewiesen, daß die beiden Trommeln hier wie allgemein bei Greiferwinden so bemessen sind, daß die Entleerungs-

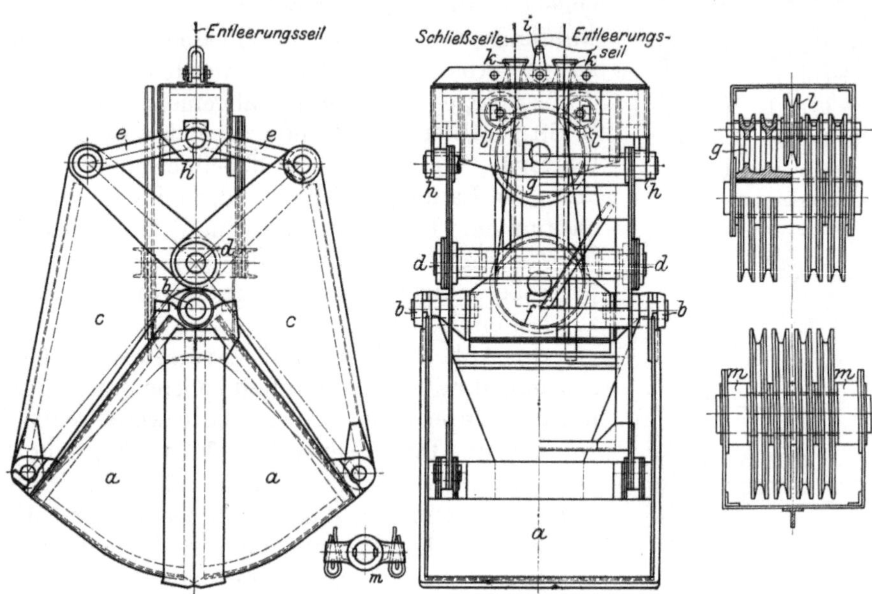

Abb. 310. Laudi-Greifer für grobes und schweres Fördergut (Maßstab 1 : 50).

Fassungsvermögen 2,8 cbm, Wasserinhalt der Schaufeln 1,8 cbm, Eigengewicht 5600 kg.

a Schaufeln.
b Drehachse der Schaufeln.
c Druckhebel zum Schließen der Schaufeln.
d Drehachse der Hebel *c*.
e Kniehebel zum Bewegen der Hebel *c*.
f Fest angebauter unterer Flaschenzugkloben.
g Beweglicher oberer Flaschenzugkloben, verbunden mit den Kniehebeln *e*.
h Verbindungsbolzen zwischen Flaschenzugkloben *g* und Kniehebel *c*.
i Schäkel zum Befestigen des Entleerungsseiles.
k Führungshülsen für die Schließseile.
l Führungsrollen für die beiden Schließseile.
m Arme zum Befestigen der beiden Schließseile (auf die festliegende Achse aufgekeilt).

kette um einen geringen Bruchteil schneller aufgewickelt wird als die Hubkette. Das ist auch schon aus dem früher gegebenen Schema (Abb. 303) ersichtlich, wo die Entleerungstrommel einen etwas größeren Durchmesser hat als die Hubtrommel. Dadurch soll vermieden werden, daß das Entleerungsseil aus irgendeinem Grunde nicht vollständig angespannt bleibt. Wenn es einmal schlaff werden sollte, so wird es durch den größeren Durchmesser der Entleerungstrommel nachträglich wieder straff angespannt. Wenn das nicht geschähe, so würde der Greifer sich bei der Entleerung erst um ein entsprechendes Stück senken. Das vorübergehende Schlaffwerden des Entleerungsseiles, das also in dieser Weise beseitigt werden soll, entsteht leicht dadurch, daß die Entleerungstrommel nach beendigter Schließbewegung des Greifers nicht schnell genug beschleunigt wird, weil die Reibungskupplung natürlich so leicht wie irgend möglich eingestellt werden muß, damit der Greifer während des Schließens nicht durch das Entleerungsseil aus dem Fördergut herausgehoben wird. Man hat die Reibungskupplung der Entleerungstrommel mitunter ausrückbar gemacht, um sie während des Greiferschließens unwirksam machen zu können; doch lohnt der erzielte Vorteil kaum die dadurch entstehende Komplikation.

Wie schon angedeutet, ist man in neuerer Zeit wieder mehr dazu übergegangen, den Drehpunkt der Schaufeln in die Mittelachse des Greifers, aber höher zu legen, im Hinblick darauf, daß dann die Schaufeln möglichst glatt in das Ladegut einschneiden. Dieser Grundsatz wurde in ausgesprochenem Maße verfolgt von Laudi beim Entwurf des Greifers nach Abb. 310. Er suchte darüber hinaus noch die Schließkraft des Greifers durch eine eigenartige Anordnung des Schließgestänges zu verbessern, und zu erreichen, daß die Schließkraft gegen Schluß des Greifers erhöht wird, indem die beiden oberen Schließstangen infolge starker Kniehebelwirkung einen im Verhältnis zum Seilzug starken Schluß ausüben. Dieses Ergebnis wird auch erreicht. Die Erfahrung lehrt aber, daß es von nicht ausschlaggebender Bedeutung ist. Bei allen Greifern wird die Schließkraft gegen Schluß des Greifvorganges größer, denn sie hängt ab von der Größe der Flaschenzugwirkung und von dem wirksamen Greifergewicht. Dieses wirksame Greifergewicht erhöht sich aber von einem verhältnismäßig kleinen Wert beim Beginn des Greifens, wo der Greifer sich auf das Ladegut auflegt, bis auf das volle Greifergewicht zuzüglich Greiferinhalt in dem Augenblick, wo der Greifer vom Ladegut abgehoben wird. Bei dem Gewicht, das den Greifern im Hinblick auf genügende Widerstandsfähigkeit gegeben werden muß, genügt diese Schließkraft in der Regel, um Kohle zu durchschneiden, wenn die Flaschenzugwirkung so groß angenommen wird, daß die Schaufeln in das Ladegut eindringen.

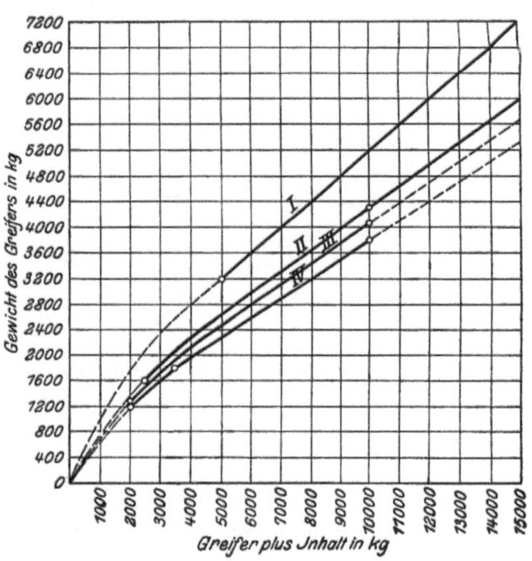

Abb. 311. Schaulinien für Gewichte der Laudi-Greifer für verschiedenartiges Fördergut.

I Schwere Erze und Kalkstein.
II Stückreiche Förderkohle. Leichte und mittlere Erze.
III Förderkohle mit etwa 50% Stücken.
IV Nußkohle und Feinkohle.

Nur selten versucht man bei den gebräuchlichen Greiferbauarten die Schneidkraft zum Durchschneiden sehr starker und großstückiger Kohle zu vergrößern, indem man die Greiferschneiden mit Zähnen ausrüstet. Bei Sand, Kies und Erz kommt ein Zerschneiden des Ladegutes im allgemeinen nicht in Frage. Das Durchfallen dieses Materials wird vielmehr dadurch verhindert, daß es zwischen den Greiferschneiden fest zusammengepreßt wird. Auch dafür genügt die Schließkraft, die nach den in Abb. 311 angegebenen Greifergewichten leicht zu bestimmen ist, im allgemeinen auch ohne künstliche Erhöhung gegen den Schluß der Bewegung.

Wesentlicher ist, daß beim Beginn des Schließens, wo das wirksame Greifergewicht noch nicht so groß ist, die Schließkraft durch geeignete Kniehebelwirkung möglichst erhöht wird.

Aus diesen Gründen hat sich jetzt ziemlich allgemein die Bauart nach Abb. 312 eingeführt, bei der die beiden oberen Kniehebelstangen des Laudi-Greifers fortgelassen sind, bei der aber auch ebenso wie beim Laudi-Greifer eine große Klafterweite erzielt ist. Der in Abb. 312 abgebildete Greifer unterscheidet sich nur insoweit von den vielen nach denselben Grundsätzen ausgeführten Konstruktionen, als die Verbindungshebel der Schaufeln so weit nach innen gekröpft sind, daß sie beim Hochziehen des Greifers nicht unter dem Schiffsdeck festhaken können, was immerhin als ein gewisser Vorteil bezeichnet werden muß.

Noch größer ist die Klafterweite der Schaufeln bei den von amerikanischen Firmen für das Greifen von Erz ausgebildeten Greifern. Abb. 313 zeigt einen derartigen Greifer als Seilgreifer der Wellmann-Seaver-Co., der in Deutschland von

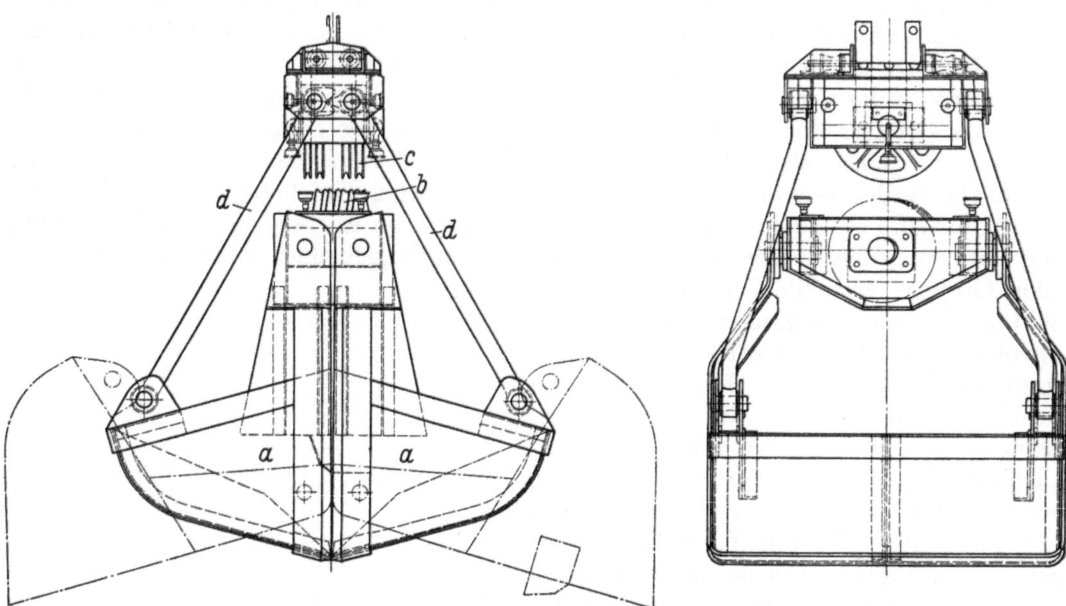

Abb. 312. Allgemeine Anordnung neuerer Greifer (Pohlig) (Maßstab 1 : 40).
Inhalt des Greifers 3 cbm.

a Schaufeln.
b Unterer Flaschenzugblock.
c Oberer Flaschenzugblock.
d Druckstangen.

Lauchhammer-Rheinmetall gebaut wird. Die Schaufeln sind an Lenkern, bestehend aus drehbaren Zugstangen, aufgehängt. Die Entleerungsseile sind an den segmentartig ausgebildeten äußeren Lenkern derart befestigt, daß die Schaufeln durch den Zug der Entleerungsseile weit geöffnet werden. Die Schließkraft wird durch einen Differentialflaschenzug mit einem Übersetzungsverhältnis von 1 : 5 verstärkt. Die äußeren Lenker der Schaufeln sind über den Drehpunkt hinaus verlängert und ebenfalls segmentartig ausgebildet. An diesen Segmenten greifen die inneren Schließketten des Greifers an und haben daher bei jeder Schaufellage eine günstige Hebelwirkung. Die inneren Schließketten sind bei diesen Greifern als

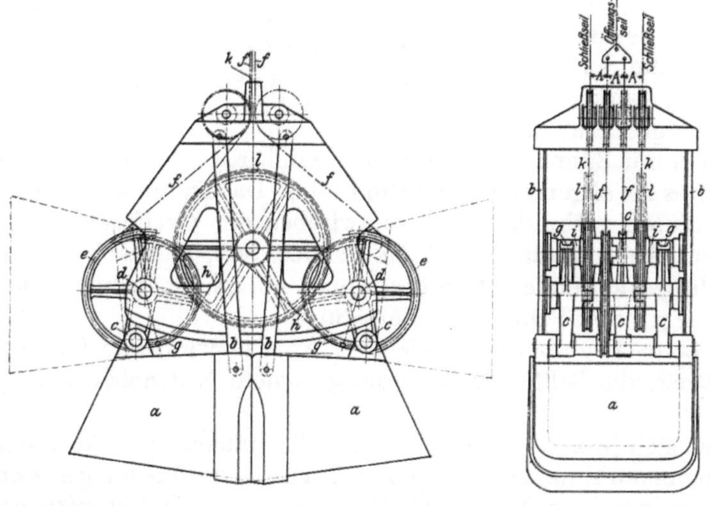

Abb. 313. Hulett-Seilgreifer für Erz (Lauchhammer).

a Schaufeln.
b Lenkstangen.
c Aufhängekurbeln der Schaufeln.
d Feste Drehachsen der Aufhängekurbeln *c*.
e Seilrollensegmente für die Öffnungsseile, fest mit *c* verbunden.
f Öffnungsseile.
g Gelenkkettensegmente für die inneren Schließketten *h*.
h Gelenkketten zum Schließen der Schaufeln, auf Trommel *i* aufgewickelt.
i Schließtrommel.
k Schließseile.
l Seilrollen für die Schließseile, mit Trommel *i* verbunden.

Gallsche Gelenkketten ausgebildet. Im übrigen ist der Greifer für Seilbetrieb gebaut.

Wie weit man durch geeignete Anwendung der Flaschenzugwirkung die Schließkraft bei schwer zu fassenden Materialien steigern kann, zeigt unter anderem auch die Ausführung eines Greifers nach Abb. 314 zum Entladen von Rundholz, wie es in Zellstoffabriken verarbeitet wird. Die Hölzer haben eine Länge von 1—2 m, sind aber sämtlich in gleichen Längen geschnitten. Der Durchmesser der einzelnen Hölzer beträgt in der Regel bis zu 20 cm. Hier ist ein glattes Einschneiden in die Hölzer

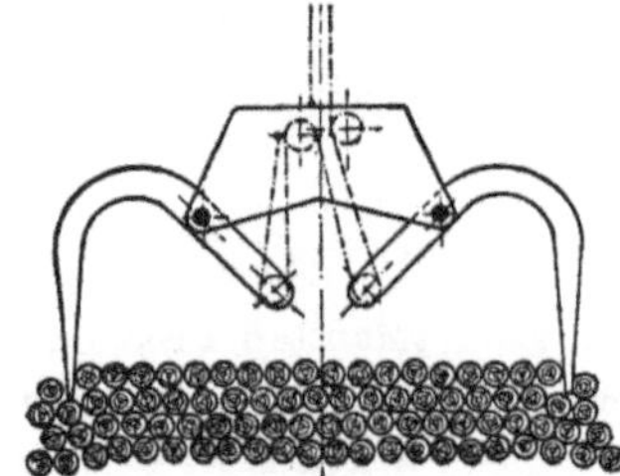

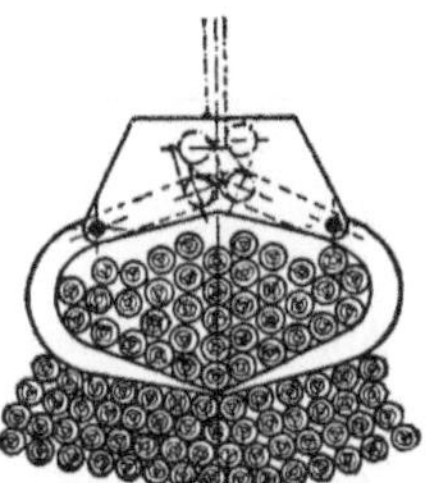

Abb. 314. Rundholzgreifer (Z. Ver. deutsch. Ing. 1909, S. 780).

natürlich ausgeschlossen, und das Zusammenkratzen, das bei dem Greifer mit außenliegendem Drehpunkt ausgeführt wird, paßt für diesen Fall recht gut. Der Greifer füllt sich in dem Material befriedigend und ermöglicht so die einfachste Verladung der Hölzer vom Schiff auf Eisenbahnwagen oder auf einen Lagerplatz. Die Schließkette ist, wie allgemein gebräuchlich, um Flaschenzugrollen geführt, von denen die oberen fest im Kopf des Greifergestelles gelagert sind, während die unteren mit den Schaufeln verbunden sind und sie in der Mitte zusammenziehen.

Bei allen diesen Greifern wird die Schließkraft durch die Hubwinde mit Hilfe der Hubseile oder Hubketten ausgeübt. Man kann die Schließwirkung wohl durch Anwendung geeigneter Hebelwirkung und einer großen Zahl von Flaschenzugrollen in hohem Maße vergrößern; immerhin bleibt man aber abhängig von der Spannung im Zugorgan. Diese kann nur vergrößert werden durch Vergrößerung des Greifergewichtes. Durch allzu großes Greifergewicht werden aber nicht nur die Kosten für den Arbeitsverbrauch vergrößert, sondern der Greifer wird auch im Betriebe unhandlich und für manche Zwecke ungeeignet. Außer dieser Abhängigkeit von der Zugseilspannung ist ein weiterer Mangel der beschriebenen Greiferkonstruktionen, daß der Zug des Zugseiles regelmäßig nur von oben ausgeübt werden kann. Das Seil muß am Kran befestigt werden und hat das Bestreben, den Greifer aus dem Fördergut herauszuheben. Je nach der Art des Fördergutes und der hierfür angepaßten Anordnung der Flaschenzüge wechselt dieser schädliche Einfluß des Zugseiles auf die zum Schließen ausgeübte Kraft desselben in einem Verhältnis von 1 : 2 bei Getreidegreifern bis etwa 1: 8 oder 1: 9 bei Greifern für harte Kohlen und Erze.

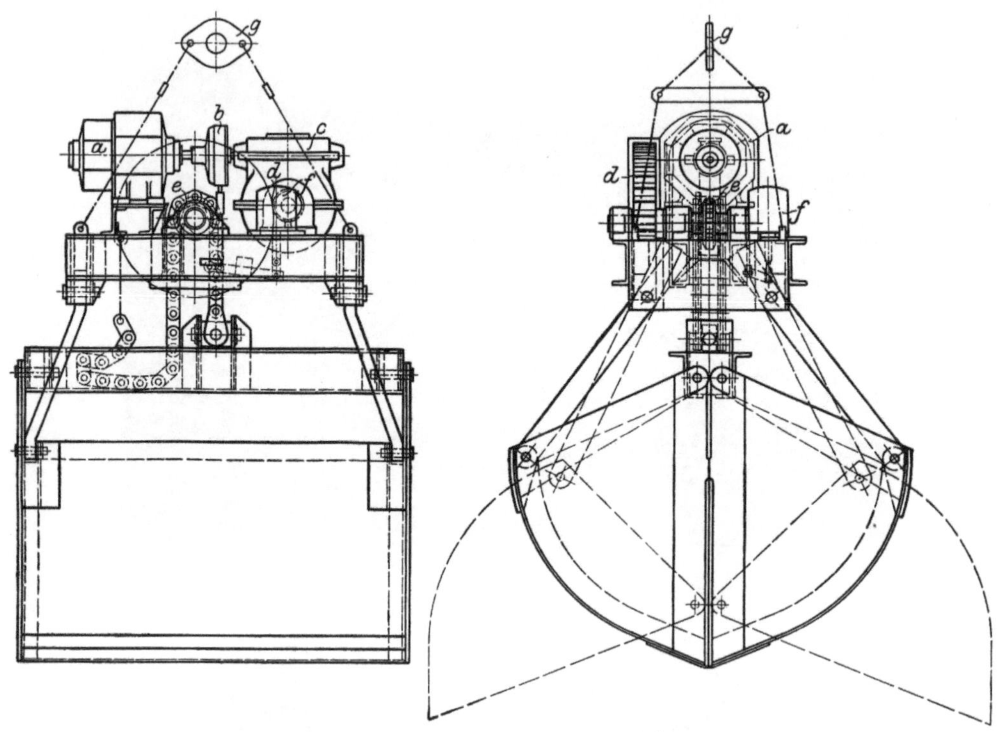

Abb. 315. Motorgreifer der M. A. N. (Maßstab 1: 33,3).

Inhalt 2 cbm, Motorstärke 4,47 PS bei 107 Umdr./min (Z. Ver. deutsch. Ing. 1913, S. 1182)

a Motor.
b Gleitkupplung zwischen Motor und Getriebe.
c Eingängige Schnecke mit 50 Zähnen.
d Stirnradvorgelege mit 5facher Übersetzung, vollkommen eingeschlossen.
e Kettentrieb für Gallsche Kette.
f Bremsmagnet.
g Greiferaufhängung am Hubseil.

Beide Übelstände werden vermieden, wenn man die Kraft zum Schließen des Greifers nicht durch Seile oder Ketten von der Hubwinde ableitet, sondern die Schließvorrichtung unmittelbar mit dem Greifer verbindet. Die verschiedenartigsten Bestrebungen, einen Elektromotor zu verwenden, der auf dem Greifergestell montiert ist, sind bisher nur in vereinzelten Fällen zur Ausführung gekommen. Einer der Gründe ist die Unbequemlichkeit, die elektrische Leitung dem Greifer in seinen verschiedenen Lagen zuzuführen, besonders da bei Schiffsentladung die Leitung leicht der Gefahr ausgesetzt ist, an den Schiffswänden oder an den Luken der Schiffe verletzt zu werden. Diese Leitungszuführung zu bewegten Hubwerken hat sich aber in den letzten Jahren bei den Magnetkranen doch als wohl durchführbar erwiesen. Ein anderer Grund gegen die Verwendung eines besonderen Schließmotors ist der, daß der Motor ziemlich groß und schwer sein muß, wenn er den Greifer in der kurzen Zeit schließen soll, wie es unter Zuhilfenahme der Hubwinde möglich ist. Für die Betätigung der letzteren stehen je nach der Größe und Leistung der An-

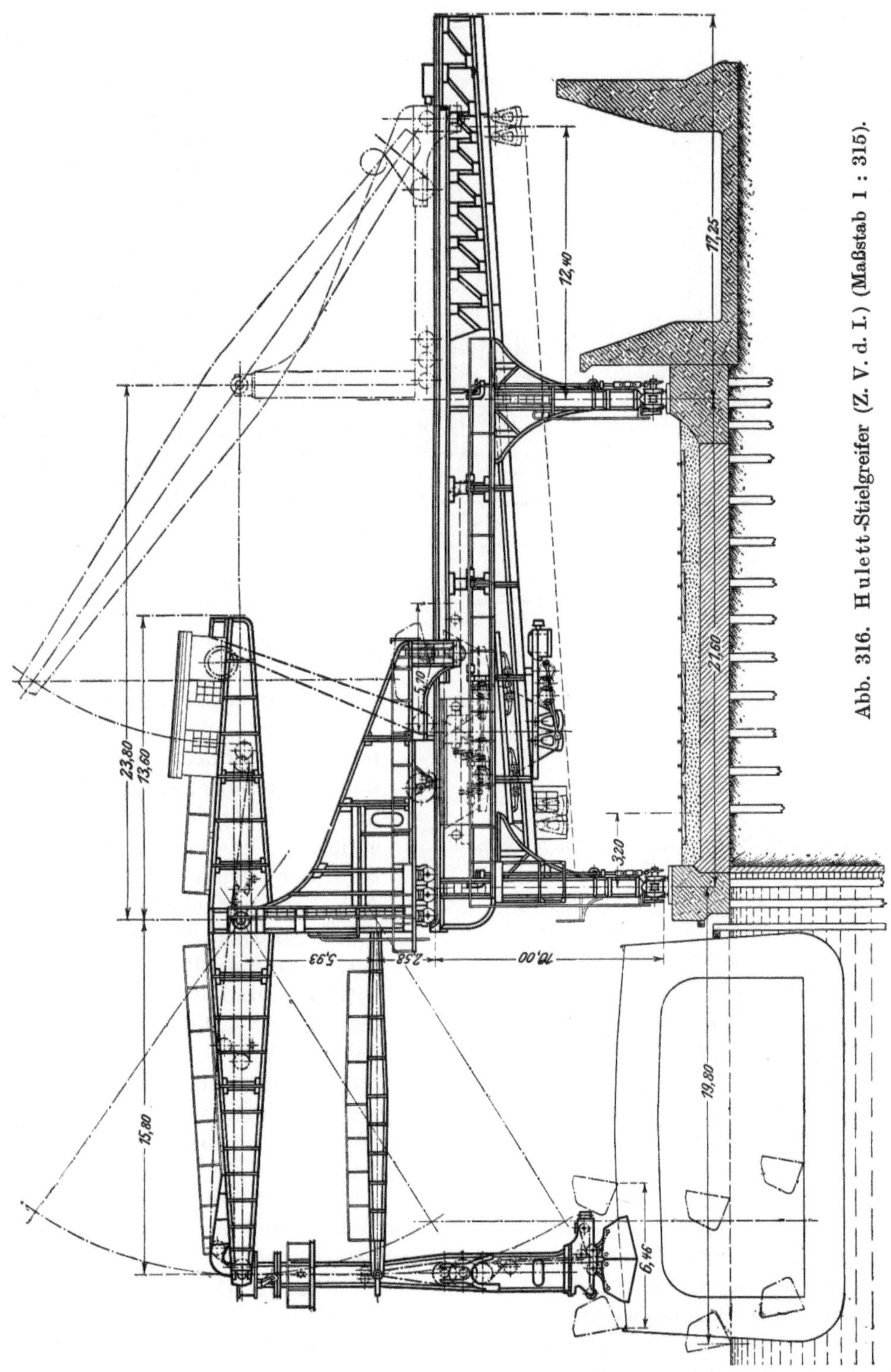

Abb. 316. Hulett-Stielgreifer (Z. V. d. I.) (Maßstab 1 : 315).

lagen Hubmotoren in einer Stärke von 20 bis zu mehr als 100 PS zur Verfügung. Die Kraft dieser Hubmotoren wird beim Schließen auch voll ausgenutzt, wenigstens während des letzten Teiles des Schließvorganges, wo die Spannung im Schließseil schon so groß geworden ist wie beim Heben des gefüllten Greifers. Die Anbringung derartiger schwerer Motoren auf dem Greifer macht diese aber natürlich sehr unhandlich. Kleine Motoren erfordern dagegen eine große Übersetzung im Greifer, bedingen also ein verhältnismäßig kompliziertes Getriebe und brauchen eine längere Zeit für das Schließen.

In einzelnen Fällen ist der Gedanke aber doch mit Erfolg verwirklicht worden, wie aus Abb. 315 an einem Greifer für das Verladen von Thomasschlacke ersichtlich. Die Schließkraft eines solchen Greifers ist natürlich verhältnismäßig günstig, da jedes Bestreben, den Greifer nach oben herauszuziehen, wegfällt. Trotzdem ist aber sein Gewicht mit 6 t bei 2 cbm Inhalt und etwa 3 t Ladungsgewicht so groß, wie es auch bei anderen Greifern zur Erzielung einer genügenden Schließkraft nur erforderlich ist. Zum vorübergehenden Gebrauch an vorhandenen schweren Stahlwerkskranen, die für den Betrieb mit anderen Greifern nicht eingerichtet sind, mag die Bauart wohl zweckmäßig sein. Nebenbei sei bemerkt, daß die M. A. N. bei neueren Ausführungen dieses Greifers den Schaufeldrehpunkt höher gelegt hat, um eine größere Klafterweite zu erzielen. Die grundsätzliche Bauart ist aber genau dieselbe wie in Abb. 315 angegeben.

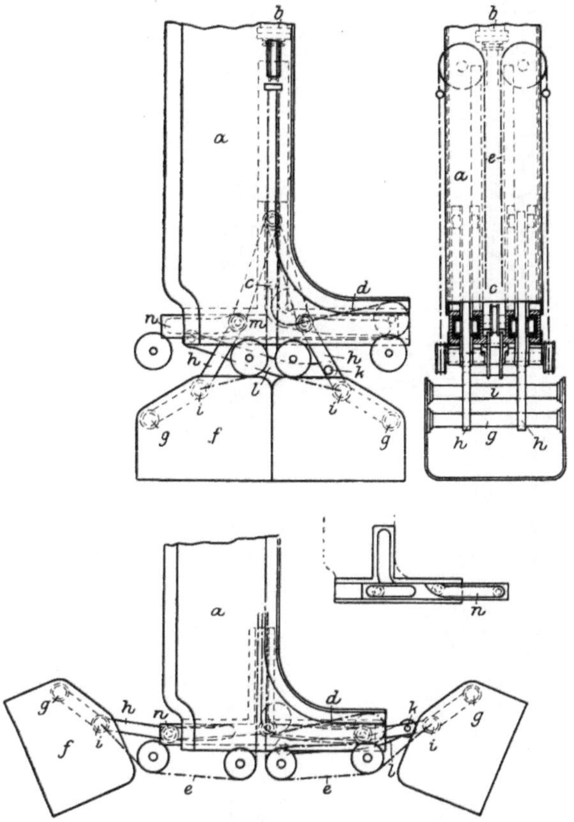

Abb. 316a. Hulett-Stielgreifer mit einfachen Schaufeln. (Génie Civil.)

a Um seine senkrechte Achse drehbar am Ausleger des Verladers aufgehängtes Greifergerüst, enthaltend Führerstand für den Greifermaschinisten und die Vorrichtung zum Öffnen und Schließen.
b Wasserdruckzylinder zum Öffnen des Greifers beim Kolbenheben mittels Gleitblock *c* und Kette *d*, sowie zum Schließen des Greifers beim Kolbensenken mittels der beiden Ketten *e* unter Benutzung entsprechender Führungsrollen.
f Schaufeln, aufgehängt mit Achsen *g* an starren Aufhängestangen *h*, an denen die Schließketten in *i*, die Entleerungsketten durch Vermittlung des Gleitblocks *c* und des Hebels *l* im Punkte *k* angreifen.
l Hebel zum Öffnen des Greifers, an einem Ende an einer Aufhängestange *h* befestigt, am anderen Ende an der Kette *d*.
m Führungsrollen für die Aufhängestangen *h*, geführt in einer Gleitbahn *n*, die ihrerseits in dem Gerüst *a* von links nach rechts verschoben werden kann, wenn die Greiferschaufeln mehr nach der rechten Seite des Gerüstes klaftern sollen.

In anderen Fällen hat man den Greifer unmittelbar mit einem Ausleger verbunden und hat dadurch die Möglichkeit, den Greifer in beliebiger Weise in das Fördergut hineinzudrücken. Man bezeichnet solche Greifer wohl auch als Stielgreifer. Abb. 316 und 316a und b zeigen einen in Amerika viel verwendeten Stielgreifer von Hulett. Bei ihm wird das Heben des Greifers durch einen festen Ausleger, an dem der Greifer hängt, bewirkt. Dieser Ausleger ist als zweiarmiger Hebel ausgebildet und hinten mit einem Gegengewicht versehen, um das große Eigengewicht des Greifers auszugleichen. Das Gegengewicht ist so bemessen, daß der Greifer vorn um einige Tonnen schwerer ist. Ein Niederdrücken des Greifers erfolgt also in diesem Falle nicht. Das Heben geschieht durch Wippen des Auslegers. Damit der am Ausleger gelenkig aufgehängte Greifer nicht pendelt, wird er durch einen Lenker senkrecht geführt. Der wagerechte Transport des Fördergutes an Land geschieht in der Regel durch Zurückfahren des Ausladers, der zu dem Zweck meistens auf einem Brückengerüst angeordnet ist, das für sich wieder fahrbar ist.

Die Bewegung der Greiferschaufeln erfolgt durch einen besonderen Antrieb, welcher in der senkrechten Greifersäule angebracht ist, und der die Schaufeln durch Vermittlung von Gallschen Ketten weit auseinanderdrücken und schließen kann. Meistens werden hierfür Wasserdruckkolben angewendet, denen das Druckwasser durch die starre Aufhängung bequem zugeführt werden kann. Diese Bewegungsart ist bei den beiden in Abb. 316a und b dargestellten Ausführungsformen angenommen. Bei der Anordnung nach Abb. 316 geschieht das Öffnen und Schließen der Greiferschaufeln durch einen Elektromotor. Durch einen anderen Motor kann die Greifersäule gedreht werden, so daß der Greifer also maschinell nach allen Richtungen bewegt werden kann. Die Steuerung der Greiferbewegungen wird von einem Maschinisten ausgeführt, der in der Greifersäule unmittelbar über den Greiferschaufeln seinen Stand hat. Der Vorgang beim Öffnen und Schließen der Schaufeln ist aus den der Abb. 316a und b beigegebenen Erläuterungen leicht verständlich. Bei dem Greifer nach Abb. 316a ist außer der Drehbarkeit des Greifers noch dadurch ein weiteres Anpassen an die Schiffsraumverhältnisse ermöglicht, daß die Schaufeln nach Belieben mehr oder weniger nach einer Seite klaftern, wenn man die Führung, in der die Aufhängestangen der Schaufeln sich bewegen, entsprechend seitlich verschiebt. Bei dem Greifer neuester Bauart nach Abb. 316b ist in der einen Schaufel noch eine besondere durch einen Druckkolben ausziehbare Kratzerschaufel angeordnet, mit der das Fördergut zusammengekratzt werden kann, bevor die Greiferschaufeln geschlossen werden.

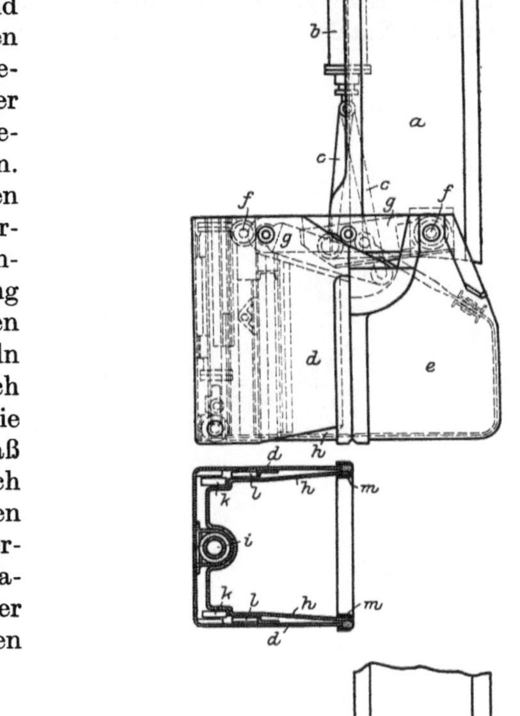

Abb. 316b. Hulett-Stielgreifer mit besonderer Kratzerschaufel. (Génie Civil.)

a Greifergerüst, am Ausleger des Verladers um seine senkrechte Achse drehbar aufgehängt, enthaltend Führerstand für den Greifermaschinisten und die Vorrichtung zum Öffnen und Schließen.
b Wasserdruckzylinder zum Öffnen des Greifers beim Senken des Kolbens und zum Schließen des Greifers beim Heben des Kolbens.
c Zugstangen zum Öffnen und Schließen der Schaufeln *d* und *e*, die an den Enden *f* einer drehbaren Traverse gelenkig befestigt und mit den Armen *g* fest verbunden sind.
h Besondere Kratzerschaufel der Schaufel *d*, ausschiebbar durch einen Wasserdruckkolben *i*, und in der Schaufel *d* geführt durch die Führungsrollen *k* und *l*.
m Abdichtung zwischen der Schaufel *d* und der ausschiebbaren Kratzerschaufel *h*, um das Getriebe vor Staub zu schützen.

Die Greifer sind besonders für Erzentladung bestimmt. Sie können mit Rücksicht auf die unmittelbare Befestigung am Ausleger aber natürlich nur bei großen

Schiffen verwendet werden, welche oben ungefähr auf ihrer ganzen Länge offen sind, bei denen der Greifer also überall ins Schiff hinabgesenkt werden kann. Bei den in Europa verwendeten Seeschiffen mit größerer Schiffstiefe und einzelnen Luken ist die Konstruktion kaum anwendbar. Der Greifer zeichnet sich entsprechend seiner Verwendung für Erze besonders durch seine sehr große Klafterweite aus und wird für die schwersten Erze gebaut in großen Abmessungen bis zu einem Fassungsvermögen von 17 t Nutzlast und einer Klafterweite von 6,4 m. Die Motorenstärken

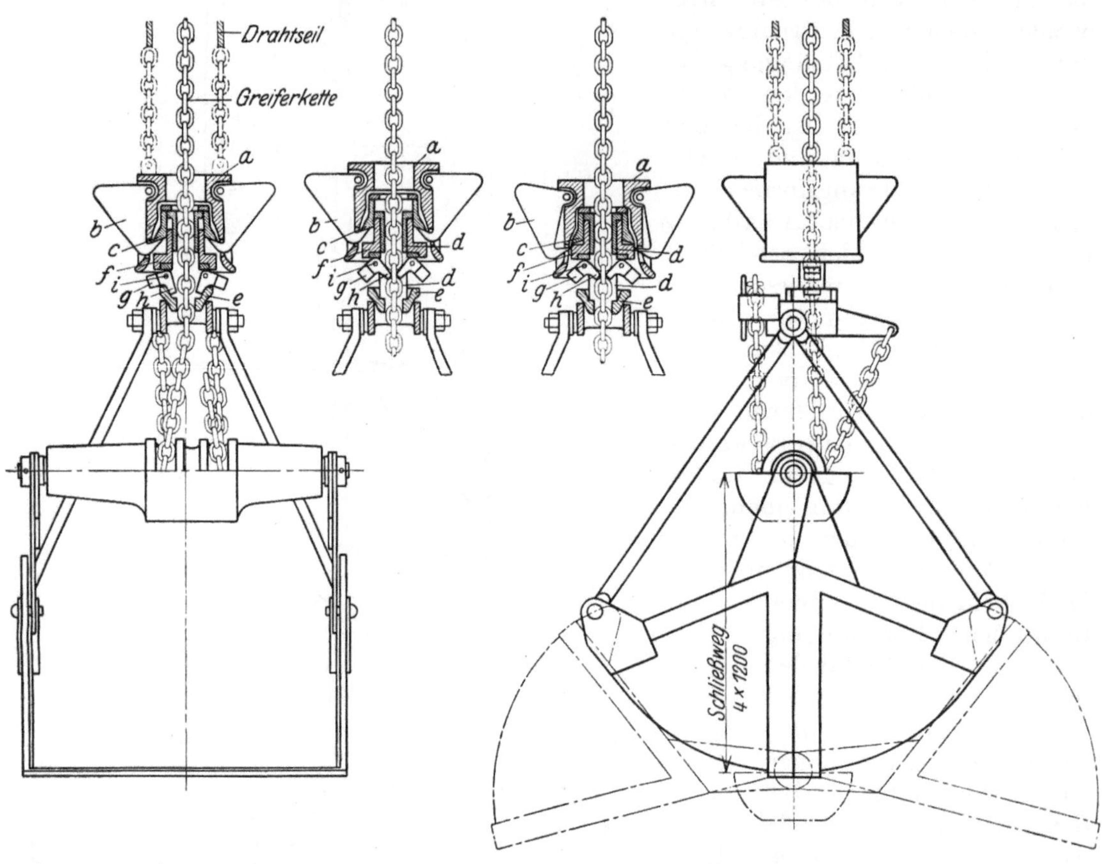

Abb. 317. Einkettengreifer (Patent Burgdorf) (Maßstab 1 : 30).

a Fangglocke, am Kran hängend.
b Fanghaken, an *a* befestigt.
c Innere Glocke, am Greifer befestigt.
d Hülse, verschiebbar in *f*.
e Nasen an *d*.
f Hülse, verschiebbar in *c*.
g Gegengewichtshebel zum Sperrhebel *h*, drehbar um *i*.

eines derartigen Ausladers betragen 300 PS für den Hubmotor, 100 PS für den Greifermotor und 35 PS für den Motor zum Drehen des Greifers. Die Stundenleistung eines Greifers ist schon bis zu 1100 t gesteigert worden, und die tägliche Leistung einer Anlage von 4 solchen Entladern betrug 35 000—40 000 t in $12^1/_2$ Stunden, eine Leistung, welche mit den anderen Greiferbauarten nicht entfernt erreicht worden ist. Einige Angaben über Anordnung und Anlagekosten solcher Greiferapparate finden sich in Stahl und Eisen 1913, S. 1089.

Mitunter liegt die Aufgabe vor, Greifer an Kranen zu verwenden, die nicht mit Zweitrommelwindwerken ausgerüstet sind. Dann können die sog. Einseil- oder Einkettengreifer benutzt werden. Die Wirkungsweise dieser Greifer beim Schließen ist dieselbe wie bei den vorhin beschriebenen Zweiketten- und Zweiseilgreifern. Das Zugorgan wird auch hier unter Vermittlung eines Flaschenzuges zum Zusammenziehen der Schaufeln benutzt. Die Greifer unterscheiden sich von den vorhin beschriebenen nur dadurch, daß am Greifer eine besondere Einrichtung für das Entleeren vorhanden ist, die in verschiedener Weise ausgebildet wird.

Ein in neuerer Zeit häufig verwendeter Einkettengreifer ist in Abb. 317 dargestellt. Der dargestellte Greifer ist viersträngig mit in der Mittelachse liegendem Drehpunkt der Schaufeln. Für das Entleeren ist am Kranausleger eine Fangglocke aufgehängt. Am Greifer ist ein sog. Schließ- und Lösekopf vorhanden, bestehend aus verschiedenen ineinander verschiebbaren Hülsen und 2 Sperrklinken. Er ermöglicht ein Anziehen oder Nachlassen der Greiferkette oder auch eine Sperrung derselben.

Beim Schließen wird der gefüllte Greifer so lange angehoben, bis sein Schließ- und Lösekopf in die Fangglocke *a* eingetreten ist. Dabei greifen die Fanghaken *b* unter die Glocke *c*. Im Innern des Schließ- und Lösekopfes, unmittelbar über der Kette, ist eine Hülse *d* angeordnet, welche unten 2 Nasen *e* trägt Über dieser inneren Hülse *d* ist noch eine äußere Hülse *f* verschiebbar angeordnet. Diese trägt 2 als doppelarmige Hebel *g*, *h* ausgebildete Sperrklinken drehbar auf 2 Achsen *i*. Wenn der gefüllte Greifer durch Vermittlung der Glocke *c* durch die Fanghaken *b* gefaßt wird, ist die Hülse *h*, nach unten durch den geschlossenen Greifer abgestützt, nach oben gedrückt, wie gezeichnet, und stützt sich oben gegen den inneren oberen Rand der Glocke *c*. Durch die Nasen *e* werden die Hebel *g* der Sperrklinken ebenfalls hochgedrückt und die Sperrklinken *h* können nicht mit der Kette in Eingriff kommen. Wenn nun die Kette nachgelassen wird, bleibt die Hülse *h* zunächst noch in ihrer gehobenen Lage und nur der Drehpunkt der Greiferschaufeln senkt sich, die Schaufeln öffnen sich. Erst wenn die Schaufeln vollständig geöffnet sind, die Kette also gar keine Spannung mehr hat, senkt sich auch die Hülse *d*, bis sie sich mit ihrem oberen Rand auf die Hülse *i* aufsetzt. Jetzt sind die Sperrklinken *g*, *h* nicht mehr gehalten, und durch das Übergewicht der Hebel *g* legen sich die Klinken *h* gegen die Kette und sperren sie, wenn sie jetzt wieder angehoben wird. Das ist in der Nebenabbildung rechts gezeichnet. Es wird nun also der entleerte Greifer offen gehoben, und gleichzeitig mit ihm die Hülse *f*, bis sie sich mit ihrem Rand gegen die schrägen Flächen der Fanghaken *b* legt, die Fanghaken nach außen drückt und dadurch die Aufhängung des Greifers an der Fangglocke *a* aufhebt. Diese Lage ist in der Nebenabbildung 317 gezeichnet. Wenn jetzt der Greifer wieder gesenkt wird, können die Fanghaken *b* ihn nicht erneut fassen, weil die Hülse *f* sich dicht unter der Glocke *c* befindet. Der leere Greifer wird also geöffnet weiter gesenkt, bis er sich auf das Ladegut aufsetzt. Wenn dabei die Kette locker geworden ist, so senkt sich auch die Hülse *f* wieder und verschiebt sich gegen die Hülse *d* so lange, bis die Hebel *g* auf den Nasen *e* aufliegen. Gleichzeitig verschiebt sich die Hülse *d* in der Glocke *c* so weit nach oben, daß sie sich gegen den oberen inneren Rand dieser Glocke stützt. Da nun die Sperrklinken *h* gehindert sind, beim erneuten Anziehen der Kette zu sperren, kann der Greifer ungehindert geschlossen und nach erfolgtem Schluß gehoben werden, bis er wieder an der Fangglocke angekommen ist und das eben beschriebene Spiel von neuem beginnt.

Als Einseilgreifer für das Entladen von Massengütern hat der Honesche Greifer, in Deutschland von Pohlig eingeführt, eine ziemliche Verbreitung gefunden. Er war der erste Greifer, der nach langen Versuchen bei ausschließlicher Verwendung von Seilen befriedigende Betriebsergebnisse brachte. Abb. 318 zeigt diesen Greifer in der Bauart, wie er gegenwärtig für Kohlenförderung verwendet wird. Er arbeitet bei Seilbetrieb im allgemeinen in einer Schlinge, damit er sich nicht verdreht. Infolgedessen müssen Flaschenzugwirkung und Greifergewicht ziemlich groß angenommen werden, weil die heraushebende Wirkung des Seiles bei einer Schlinge, bei der die Spannung in beiden Seilenden auf Herausheben des Greifers wirkt, größer ist, als wenn das eine Ende des Seiles im Greiferkopf befestigt ist und nicht nur nicht schädlich wirkt, sondern das feste Greifergestell noch herunterdrücken hilft. Bei Kohlenförderung werden im allgemeinen 2 feste Seilrollen im Greiferkopf und 3 Rollen im beweglichen Flaschenzugkloben verwendet. Die Rollen erhalten großen Durchmesser zur möglichsten Schonung des Seiles. Von besonderer Bedeutung ist aber in dieser Beziehung ein guter Schutz gegen Herausspringen des Seiles aus

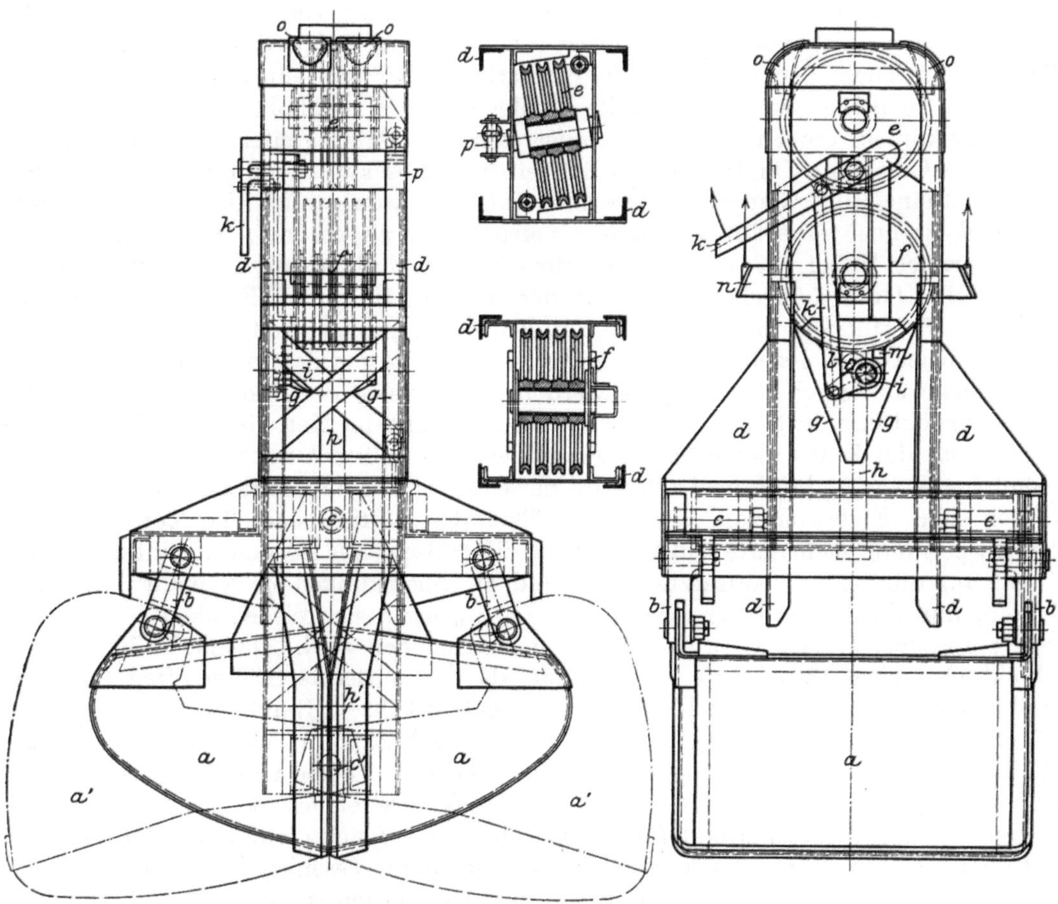

Abb. 318. Honescher Einseilgreifer (Pohlig) (Maßstab 1 : 31).
Inhalt 1,75 cbm.

a bzw. *a'* Schaufeln, geschlossen und geöffnet.
b Drehbare Aufhängestangen für die Schaufeln.
c bzw. *c'* Verbindungsbolzen für die Schaufeln.
d Fester Rahmen des Greifers.
e Fester oberer Flaschenzugkloben.
f Beweglicher unterer Flaschenzugkloben.
g Gleitblock in Verbindung mit den Greiferschaufeln.
h bzw. *h'* Senkrechter Kupplungszapfen des Gleitblockes *g* mit seitlicher Aussparung zum Kuppeln mit *f* durch den wagerechten Kupplungszapfen *i*.
i Wagerechter Kupplungsbolzen des Rollenblockes *f* mit Aussparung in der Mitte zum Kuppeln mit dem senkrechten Kupplungszapfen *h*.
k Hebel und Gestänge zum Entkuppeln von *i* und *f* beim Öffnen des Greifers. Das Öffnen geschieht, indem ein am Kran hängender Ring *n* festgehalten wird, während der Greifer gesenkt wird.
l Anschlaghebel auf dem Kupplungsbolzen *i* als Begrenzung des Bolzens *i* beim Öffnen des Greifers.
m Anschlag für den Anschlaghebel *l*.
n Ring zum Entleeren des Greifers, am Kran fest oder beweglich aufgehängt.
o Führungen aus weicher Lagerbronze für das Seil.
p Ölkataraktpumpe zum Dämpfen der Schaufelbewegung beim Öffnen.

den Rollen und eine gute Führung des Seiles beim Austritt aus dem Greifer. Im vorliegenden Falle werden Führungen von tütenartiger Form aus weicher Lagerbronze verwendet, um sowohl ein Knicken des Seiles beim Schiefstellen des Greifers als auch einen Verschleiß an der Führung selbst zu vermeiden.

Die Arbeitsweise des Greifers ist durch das der Abbildung beigegebene Schema etwas deutlicher dargestellt. Der untere Rollenblock ist beweglich. Er ist unten mit einer senkrechten Höhlung und mit einem wagerechten Bolzen versehen, der in der Mitte eine Aussparung zeigt. Am Ende trägt der Bolzen einen Hebel, der gleichzeitig als Gegengewicht wirkt. Unter dem beweglichen Rollenblock befindet sich noch ein anderer Gleitblock, der oben einen senkrechten Zapfen trägt, welcher in die Höhlung des Rollenblockes hineinpaßt. Der Zapfen hat eine seitliche Aussparung, in die der wagerechte Bolzen des Rollenblockes hineinfaßt, wenn Rollenblock und Gleitblock genügend weit zusammengeschoben sind. Der Gleitblock ist mit den beiden Greiferschaufeln verbunden, und zwar bei den neueren Ausführungsformen des Greifers auch unter Benutzung einer Kniehebelwirkung, durch die die geöffneten Schaufeln weit auseinandergedrückt und in dieser Lage festgehalten werden. Der Greifer wird geöffnet auf das Fördergut heruntergelassen. Beim weiteren Nachlassen des Zugseiles gleitet dann der bewegliche Rollenblock herunter, bis seine Höhlung den Zapfen des unteren Gleitblockes aufgenommen hat. Dabei wird der wagerechte Kupplungsbolzen des Rollengleitblockes durch die obere Abrundung des senkrechten Zapfens zunächst etwas herumgedreht, indem der Hebel dieses Kupplungsbolzens etwas angehoben wird, bis der wagerechte Bolzen in der am senkrechten Zapfen angebrachten Aussparung angelangt ist und hier hineingleitend seine ursprüngliche Lage wieder einnehmen kann. Damit ist der Rollenblock mit den Greiferschaufeln gekuppelt. Beim Anziehen des Hubseiles wird der Greifer durch die Flaschenzugwirkung des Seiles geschlossen. Soll der Greifer entleert werden, so geschieht das dadurch, daß der Hebel des wagerechten Kupplungsbolzens durch irgendeinen Anschlag so weit herumgedreht wird, daß der senkrechte Zapfen des unteren Gleitblockes sich frei nach unten bewegen kann. Dann öffnet sich der Greifer unter der Wirkung des Eigengewichtes der Schaufeln und der Ladung und kann darauf wieder leer auf das Fördergut herabgesenkt werden, um in der eben beschriebenen Art von neuem gefüllt zu werden.

Damit das Öffnen nicht zu schnell und nicht mit zu starkem Stoß geschieht, ist im Greiferkopf ein Kataraktpumpenzylinder befestigt. Die Kolbenstange der Pumpe ist mit dem unteren Gleitblock und dadurch mit den Greiferschaufeln verbunden. Beim Öffnen der Schaufeln wird der Kolben in dem Zylinder nach unten bewegt. Die Geschwindigkeit des Öffnens wird dadurch gemildert, daß der Pumpenzylinder mit Öl gefüllt ist, das sich nur durch einen kleinen Spielraum zwischen Zylinder und Kolben an dem letzteren vorbeibewegen kann. Damit dieser das Öffnen verlangsamende Kolben nicht in gleicher Weise beim Schließen des Greifers hindernd wirkt, besteht er aus zwei Teilen, von denen der obere fest mit der Kolbenstange vernietet, der untere auf derselben verschieblich ist. In jeder dieser beiden Kolbenscheiben befinden sich 4 Löcher, die aber gegeneinander versetzt sind. Beim Öffnen des Greifers bewegt sich das Öl von dem Raume unterhalb des Kolbens nach oben. Es drückt dabei die untere Kolbenscheibe fest gegen die obere, so daß die Öffnungen in den Scheiben verschlossen sind. Das Öl kann also nur am Rande des Kolbens vorbeifließen. Beim Schließen des Greifers bewegt sich das Öl von dem Raume oberhalb des Kolbens nach dem Raume unter dem Kolben. Hierbei wird die untere bewegliche Kolbenscheibe von der oberen Scheibe getrennt. Das Öl kann also nicht nur am Rande des Kolbens vorbeifließen, sondern auch durch die Öffnungen der beiden Scheiben hindurchtreten, so daß die Pumpe das Schließen des Greifers nicht hindert.

Die Arbeitsweise mit diesen Einseilgreifern ist, was die Bedienung durch den Maschinisten anlangt, wesentlich einfacher als die mit den Zweiseilgreifern. Dagegen ist der Preis der Greifer mit Rücksicht auf die besondere Kupplungseinrichtung fast ebensoviel höher, als dem Mehrpreis der Winde infolge der zweiten Trommel entspricht. Der einfacheren Arbeitsweise, welche eine größere Hubzahl ermöglicht, steht als Nachteil das verhältnismäßig große Gewicht des Greiferkopfes und die etwas größere Höhe desselben entgegen. Dadurch wird die Gefahr des Umfallens des Greifers vermehrt. Beim Betrieb von Huntschen Elevatoren u. dgl., wo das Entleeren des Greifers immer in derselben Höhenlage erfolgt, und wo das Umlegen des Entleerungshebels durch einen einfachen Anschlag erfolgen kann, bietet der Greifer gegenüber den Zweiseilgreifern gewisse Vorteile, ebenso bei Verladebrücken mit Seilbetrieb, bei denen, wie weiter hinten auf S. 373ff. näher ausgeführt, schon ohnehin Winden mit 2 Trommeln erforderlich sind.

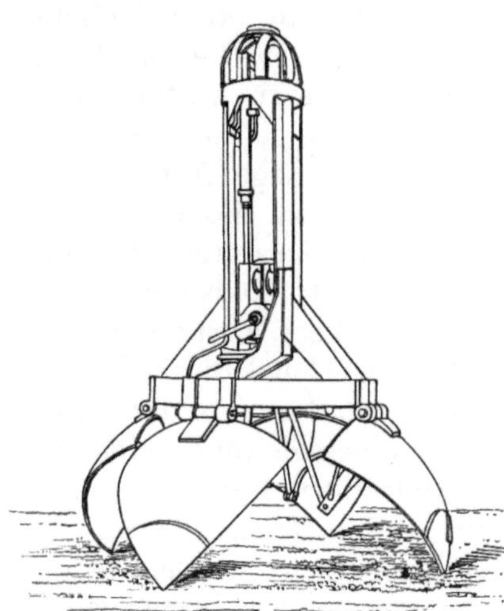
Abb. 319. Greifer mit vier Schaufeln.

Wo der Greifer in wechselnder Höhenlage entleert werden soll, ist für das Entleeren eine besondere verstellbare Einrichtung am Kran erforderlich. Für diesen Zweck wird meistens ein Ring verwendet, welcher in der gewünschten Entladehöhe aufgehängt wird und der sich beim Heben des Greifers über den Greiferkopf hinwegschiebt. Der Ring läßt dabei den Entleerungshebel hindurchtreten, indem er durch den nach unten geneigten Entleerungshebel etwas zur Seite gedrückt wird. In Abb. 318 ist über dem eigentlichen Entleerungshebel ein zweiter Hebel angebracht, der mit dem Entleerungshebel durch eine Zugstange verbunden ist. Der obere Hebel ist erforderlich, da der eigentliche Entleerungshebel so tief liegt, daß der Ring unter demselben nicht Platz hat. Die Lage des Ringes vor der Entleerung ist in der Zeichnung angedeutet. Beim Senken des Greifers wird der Entleerungshebel bzw. der besondere Ausrückhebel durch den Ring gefaßt und gedreht. Die Entleerung erfolgt also, sobald der Greifer gesenkt und der Entleerungsring festgehalten wird. Das kann durch verschiedenartige Einrichtungen in beliebiger Höhenlage geschehen. (Vgl. Abb. 300 auf S. 263.)

Abb. 319 zeigt einen Hone-Greifer mit Kettenbetrieb, wobei im Greiferkopf eine Rolle und im beweglichen Rollenblock 2 Rollen angeordnet sind. Die Hub- und Schließkette ist im Greiferkopf befestigt. Die Abbildung gibt gleichzeitig ein Bild von einem Greifer mit 4 Schaufeln, welche sich in geschlossener Lage zu einer Kugelform zusammenschließen. Solche Greifer können mit Vorteil für das Ausbaggern tiefer runder Löcher sowie zum Ausgraben von sehr zähem Ton verwendet werden, werden aber doch sehr selten gebaut.

c) Lasthebemagnete.

Die Verwendung der Lasthebemagnete zum Aufnehmen und Fortbewegen der Materialien hat in den letzten Jahrzehnten große Ausdehnung angenommen. Allerdings liegt das hauptsächlichste Anwendungsgebiet dieser Lasthebemagnete in den Hüttenwerken, z. B. für das Verladen von Masseln und von Schrott. Abb. 320 zeigt einen solchen Magnet mit anhängenden Masseln. Bezüglich besonderer Ausführungen der Krananlagen für diese Zwecke sei auf Band II, Abschnitt III, verwiesen. Der Magnetbetrieb gewinnt aber auch für die allgemeine Verladung schon eine gewisse Bedeutung, und es sollen daher einige Ausführungsformen der Magnethebewerke hier kurz besprochen werden.

Der Magnet kann einfach am Ausleger eines Drehkranes aufgehängt werden, oder er wird an der Laufkatze eines Laufkranes befestigt. Die letztere Anordnung ist die häufigere. Die elektrische Leitung kann auf eine mit dem Windwerk verbundene Kabeltrommel aufgewickelt werden. Um übergroße Zugbeanspruchungen im Kabel zu vermeiden, wird die Kabeltrommel zweckmäßig nachgiebig mit dem Windwerk verbunden. Mitunter wird das Kabel auch durch ein Gewicht angespannt, wie

z. B. in Abb. 321 für die Laufkatze eines Kranes für 10 t Tragkraft veranschaulicht. Bei der dargestellten Anordnung wird die Kabeltrommel dadurch angespannt, daß auf einer mit dem Windwerk verbundenen kleineren Trommel ein kleines Spannseil aufgewickelt ist, das mit vierfacher Flaschenzugübersetzung ein Gewicht trägt. Da der Durchmesser der kleinen Trommel für das Spannseil $2^1/_2$ mal so klein ist als der Durchmesser der Kabeltrommel, so ist im ganzen eine zehnfache Übersetzung erzielt. Bei 10 m Hubhöhe des Magnets beträgt also der Weg des Spanngewichtes nur 1 m. Im übrigen kann, wie aus der Abbildung ersichtlich, die Winde genau so angeordnet werden wie bei gewöhnlichen Laufkranen. Der Magnet wird einfach mit einer geeigneten Öse in den Haken eingehängt.

Abb. 320. **Lasthebemagnet für Masseln und Schrott** (Lauchhammer).

Die Magnete selbst werden meistens in Topfform ausgeführt, eingeschlossen in ein eisernes Gehäuse mit meist rippenförmiger Oberfläche zur möglichst guten Wärmeabführung. Abb. 322 zeigt den Querschnitt eines runden Magneten in Topfform. Die Kraftlinien verlaufen vom inneren Kern durch das vom Magneten gehobene Eisen zum äußeren Rande, verteilen sich also ziemlich gleichmäßig über die ganze Fläche des Magneten. Dadurch wird auch bei unregelmäßiger Form des zu verladenden Eisens eine gute Wirkung erzielt. Die Magnete werden ausgeführt mit einer Tragkraft bis zu 20 t. Es muß aber bemerkt werden, daß sich diese Tragkraft nur auf das Heben massiver Eisen- oder Stahlblöcke mit glatten Flächen bezieht. Beim Heben von unregelmäßigen Körpern ist die Tragkraft wesentlich geringer. Sie beträgt z. B. bei Masseln durchschnittlich etwa 10—15%, bei Schrott und bei schmiedeeisernen Spänen nur 4—8% der größten Tragkraft. Der Grund für die Verringerung dieser Tragkraft liegt im wesentlichen darin, daß die Kraftlinien in der Nähe des Magneten nur flach verlaufen und bei lockeren Körpern die weiter abstehenden Teile nicht genügend fassen.

Bei höheren Spannungen werden die Spulen mitunter unterteilt ausgeführt, und zur Verstärkung der Abkühlung wird mitunter ein besonderer Ventilator auf den Magneten aufgebaut. Abb. 323 zeigt eine derartige Ausführung, die aber verhältnismäßig selten angewendet wird.

Man geht auch darauf hinaus, die durch dauernde Einschaltung des nur für zeitweises Arbeiten berechneten Elektromagneten entstehende Gefahr des Verbrennens zu beseitigen, indem man ihn ausschaltet, sobald eine bestimmte Tempe-

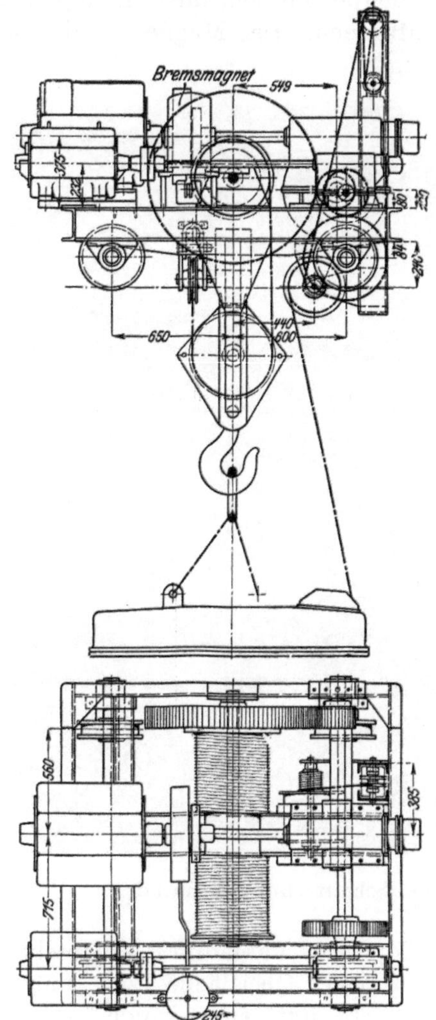

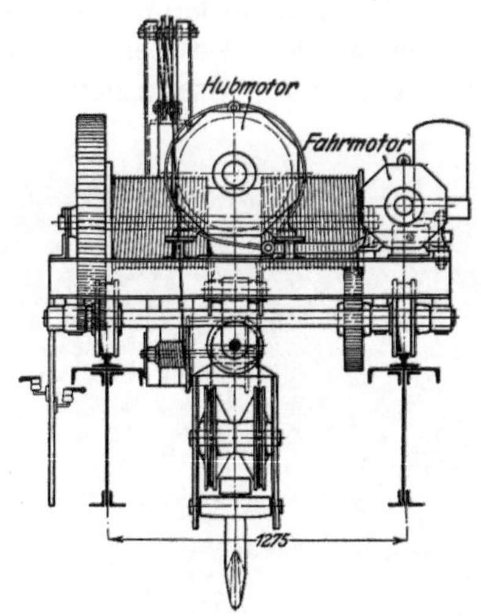

Abb. 321. Magnetlaufkatze (Lauchhammer) (Maßstab 1 : 33,3).

ratur erreicht ist. Zu diesem Zweck werden besondere Temperaturschutzpatronen eingebaut, die bei einer bestimmten Temperatur schmelzen und dadurch den Magneten abschalten, oder es werden, wie z. B. vom Magnetwerk Eisenach ausgeführt, auf der Kranschalttafel Meßinstrumente eingebaut, die dem Kranführer bei bestimmten Temperaturen des Hebemagneten ein Warnungssignal geben, damit er die Last absetzt und sie erst wieder anhebt, wenn eine genügende Abkühlung stattgefunden hat.

Beim Heben von Eisenteilen von besonderer Form geben vielfach besonders geformte Magnete gute Ergebnisse. So werden z. B. zum Heben von Fallwerkskugeln oft Hufeisenmagnete mit besonderen entsprechend geformten Polschuhen verwendet, die sich an die Form der Kugel möglichst anschließen und gleichzeitig Sicherheit gegen ein Zerdrücken der Magnetkonstruktion bieten.

Zum Transport von Langmaterialien und Blechen verwendet man meistens rechteckige Magnete, und zwar je nach Länge des Ladegutes mehrere Magnete an einer Traverse. Mitunter werden die Pole der Magnete auch beweglich ausgeführt, damit sie sich unregelmäßigen Formen möglichst gut anpassen können; in anderen Fällen werden die Magnete in mehrere Einzelmagnete unterteilt, um mehrere kleine Kraftlinienfelder zu erhalten, wenn das Ladegut, z. B. dünnwandige Rohre, nicht geeignet ist, die dichten Kraftlinien eines starken Kraftlinienfeldes aufzunehmen. Abb. 324 zeigt einen Magneten rechteckiger Form zum Transport von Blöcken, und Abb. 325 einen solchen von Hufeisenform für Trägertransport. Der Magnet besitzt besonders schmale Pole, so daß I-Träger damit gut gefaßt werden können.

Für die Wirkungsweise der Magnete ist es von besonderer Bedeutung, möglichst viele Windungen auf einem kleinen Raum unterzubringen, um dadurch ein möglichst konzentriertes Kraftlinienfeld zu erhalten. Die Wicklung wird heute in den meisten

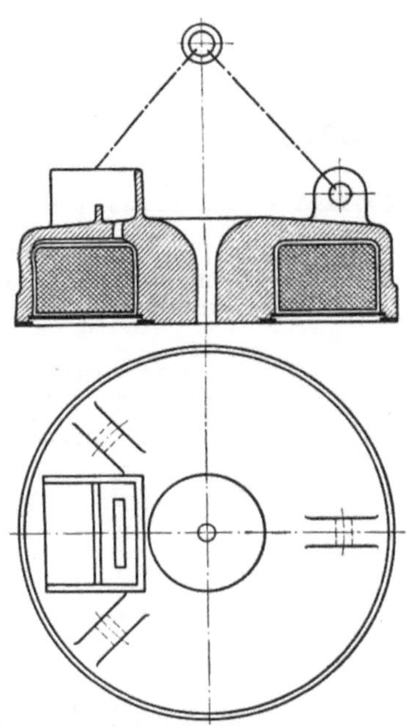

Abb. 322. Topfförmiger Lasthebemagnet (Magnetwerk).

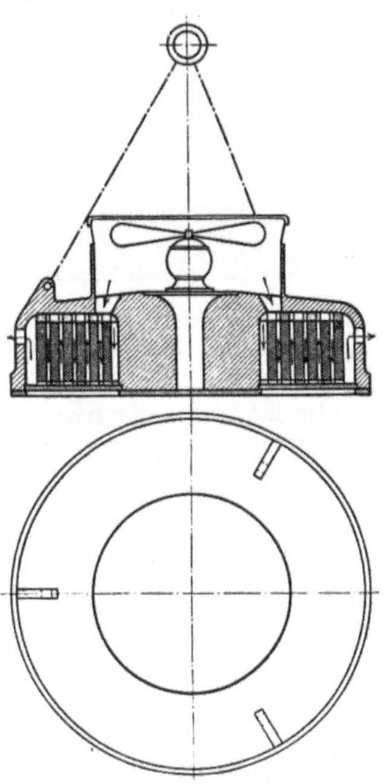

Abb. 323. Lastmagnet mit Kühlung durch einen Ventilator (Magnetwerk).

Preise und Gewichte für Topfmagnete nach Abb. 322 (einschl. Kettengehänge).

Nummer	5	7,5	9	11	13	15	18
Außenmaße:							
Durchmesser . . . . mm	500	750	900	1100	1300	1500	1800
Bauhöhe . . . . „	235	250	290	300	325	350	350
Tragkraft:							
Blöcke . . . . kg	2500	7000	9000	11000	14000	20000	25000
Masseln . . . . „	200—300	300—350	450—600	600—700	800—1000	1200—1500	1500—2000
Schrott . . . . „	100—200	200—300	300—400	400—500	550—700	750—1000	1000—1500
Schmiedeeisenspäne . . . . „	35—70	65—125	100—175	165—275	200—350	300—350	500—800
Bleche, Dicke 5 mm . . . „	600	900	1100	1500	2000	3000	4000
„ „ 10 „ . . . „	900	1400	1700	2100	2800	4200	5500
„ „ 25 „ . . . „	1500	3200	4000	5000	6000	7500	8700
Eigengewicht . . . . „	250	500	900	1250	1650	2600	3200
Stromverbrauch . . . Kilowatt	1,1	2,1	3,3	5,0	5,6	6,8	9,6
Bruttopreis für 110 Volt Gleichstrom . . M.	1200	2100	3000	4700	5600	6900	10000

Fällen aus Aluminiumdraht hergestellt, um die tote Last zu verringern und auch weil sie bedeutend billiger ist als eine Kupferspule. Allerdings ist dabei die Zahl der Amperewindungen bei gleichen Maßen um 15—20 vH geringer als bei Verwendung einer Kupferspule. Bei sehr großen Leistungen ist die Kupferspule daher auch heute noch am Platze. Die Umspinnung der Drähte besteht in der Regel aus doppelter Baumwollumspinnung. Bei Aluminiumdrähten verwendet man auch eine künstliche Oxydschicht als Isolation und erzielt damit gute Ergebnisse.

Um die Leistungsfähigkeit zu vergrößern, den Stromverbrauch zu vermindern und gleichzeitig die Betriebssicherheit zu steigern, wird mitunter die Anordnung so gewählt, daß der Magnet nur zum Aufnehmen benutzt wird, daß aber für das weitere Transportieren der Materialien Pratzen oder andere Sammelvorrichtungen verwendet werden, auf denen der Magnet das aufgenommene Ladegut ablegt. Eine derartige Verladevorrichtung, bei der der Magnet nur für das Aufnehmen des Ladegutes ver-

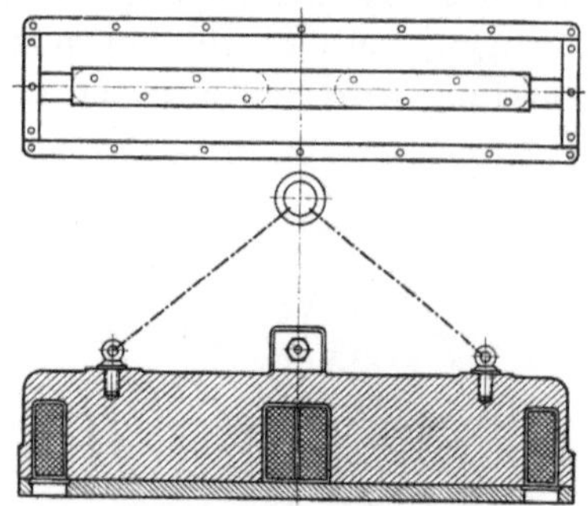

Abb. **324.** Rechteckiger Lasthebemagnet für Blöcke (Magnetwerk).

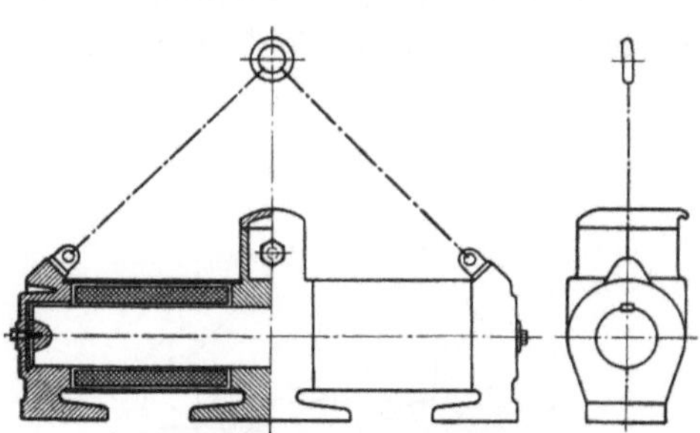

Abb. 325. Hufeisenförmiger Lasthebemagnet für Trägertransport.

Preise und Gewichte für Magnete nach Abb. 324 (mit 4 Tragösen und Kettengehänge).

Nummer	I	II	III	IV	V	VI	VII	VIII
Länge	500	750	1000	1000	1200	1500	1500	2000
Breite	200	750	250	300	300	300	400	300
Höhe	200	200	200	250	250	300	300	300
Gewicht in kg	120	215	300	450	550	825	1000	1100
Stromverbrauch in Kilowatt	0,3	0,6	0,7	1,0	1,2	1,9	2,4	2,5
Tragkraft für Blöcke in kg	1200	2500	3500	5000	6500	8000	1000	1200
Bruttopreis für 110 Volt Gleichstrom . . . . M.	840	1100	1400	1770	2000	2500	3200	3500

wendet wird, während es durch Pratzen weiterbefördert wird, ist schon früher in Abb. 295 S. 258 dargestellt worden. Mitunter verwendet man auch die Aufnahmebehälter als Sammelbehälter, um den Kran nicht so oft verfahren zu müssen. Oft soll aber auch nur eine Sicherheit dagegen geschaffen werden, daß bei plötzlichen Stromunterbrechungen die Last nicht am ungeeigneten Ort herunterfällt. Ähnlich ist auch die Arbeitsweise des Magnetgreifers der Demag, bei dem der vom Magneten aufgenommene Schrott durch eine Greifvorrichtung mit Zinken festgehalten wird (Abb. 326). Sie unterscheidet sich allerdings insofern, als der Magnet das Ladegut nicht einmal voll auszuheben, sondern es nur aufzulockern braucht, damit es vom Greifer gefaßt werden kann. Dadurch wird die Leistung der Aufnahmevorrichtung sehr erhöht.

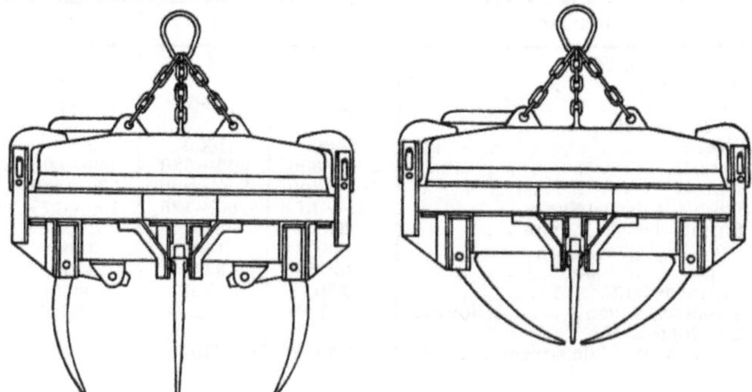

Abb. 326. Magnetgreifer (Demag).

Die Anwendbarkeit der Magnete ist natürlich auf eisenhaltige Körper beschränkt, und auch hierbei ist zu berücksichtigen, daß nicht alle Eisensorten gleich gut vom Magneten gefaßt werden. So ist z. B. der Mangangehalt des Eisens für die Magnetverladung sehr hinderlich. Eisen mit 7% und mehr Mangan kann im allgemeinen schon nicht mehr gehoben werden. Die Temperatur des Eisens ist nicht in dem Maße hinderlich. So konnte Eisen bis zu 400° noch gut gehoben werden, während allerdings bei 420° ein plötzliches Versagen des Magneten stattfand. Andere Beimengungen, außer Mangan, hindern das Verladen durch Magnete verhältnismäßig wenig. In Amerika sind sogar beim Entladen von Magneteisenerz günstige Ergebnisse erzielt worden. In Europa ist diese Arbeitsweise bisher noch nicht angewendet worden, besonders wohl aus dem Grunde, weil die weniger eisenhaltigen Erze vom Magneten schlecht gefaßt und doch eingeschaufelt werden müssen, so daß man die Arbeiter für die Erzverladung nicht entbehren kann und sie dann zweckmäßig möglichst regelmäßig zum Einschaufeln aller Erze benutzt. Außerdem sind auch die in Europa gebräuchlichen Schiffe wegen ihrer Lukengröße wenig für die Verwendung der Magnete geeignet, während in Amerika große Mengen desselben Erzes aus großen und vollständig offenen Schiffen zu entladen sind. An sich ist die Verladeweise mit Magneten sehr wirtschaftlich, da der Stromverbrauch nur verhältnismäßig gering ist. Über die Hauptabmessungen und den Stromverbrauch geben die den Abbildungen beigefügten Tabellen eine ungefähre Übersicht.

d) Löffelbagger.

Diese Maschinen eignen sich besonders zum Aufnehmen schwerer Materialien, wie Erz und steiniges Erdreich. Sie werden in Amerika z. B. zum Aufnehmen der im Tagebau gewonnenen Erze in großer Zahl und in großen Abmessungen seit sehr langer Zeit verwendet und sind auch in England schon seit langer Zeit im Gebrauch. Anscheinend gehören diese Löffelbagger sogar zu den ältesten Dampfkranen.

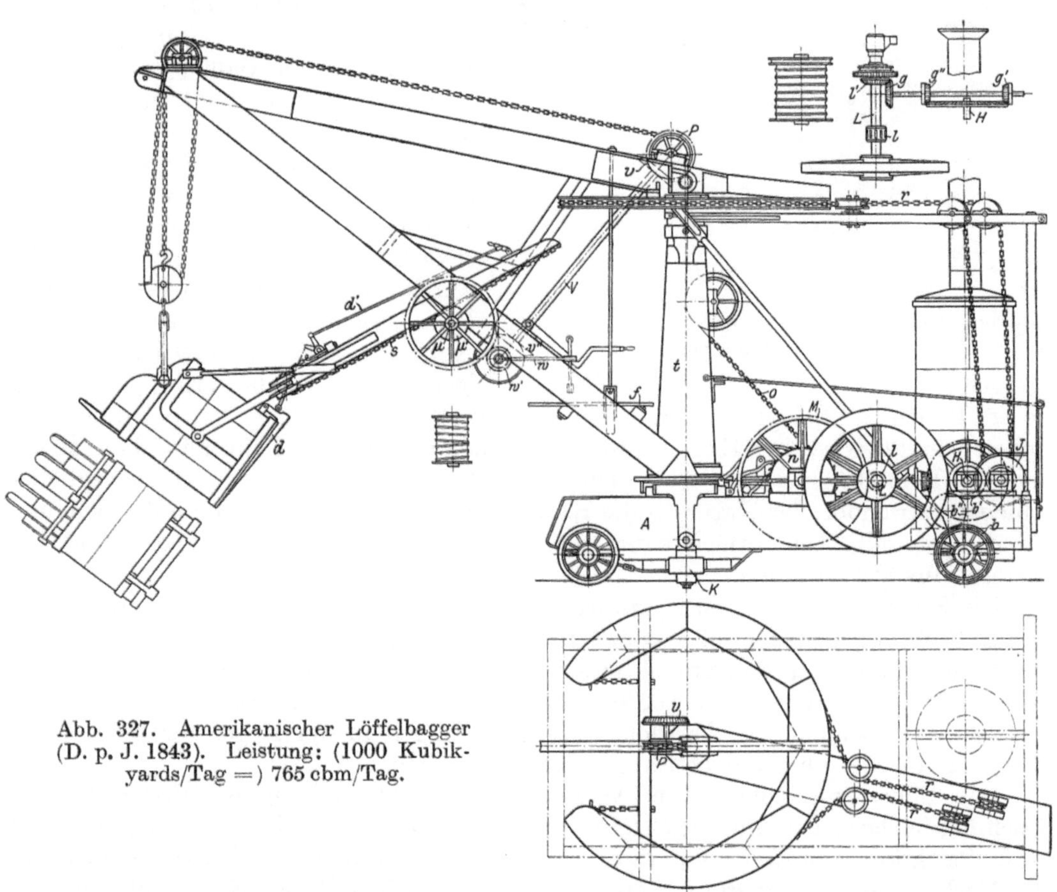

Abb. 327. Amerikanischer Löffelbagger (D. p. J. 1843). Leistung: (1000 Kubikyards/Tag =) 765 cbm/Tag.

L Dampfmaschinenhauptwelle.
$l\ M\ n\ o$ Getriebe des Hubwerkes.
t Fest mit dem Wagen A verbundene Königsäule.
$l'\ g\ g''\ g'\ H\ J\ r$ Getriebe zum Schwenken des Auslegers.
$b'\ b''\ b$ Fahrantrieb, abgeleitet von der Welle H.
$v\ V\ v''\ w\ w'\ \mu'\ u\ s$ Getriebe zum Vorstoß des Löffels, abgeleitet von der Bewegung der verzahnten Kettenrolle P; das Getriebe kann durch eine Kupplung vom Hilfsmaschinisten auf dem Führerstand f aus- und eingeschaltet werden.
d' Gestänge zur Freigabe der Verriegelung der Bodenklappe d.
K Seitliche Stützen mit Schraubenspindeln zur Verhütung des Kippens beim Schwenken.

Wenn allgemein angegeben wird, daß der erste Dampfhebekran im Jahre 1851 für den Hafen von Dover gebaut wurde, so muß das mindestens auf die für Hafenzwecke benutzten Dampfkrane beschränkt werden; denn schon im Jahre 1843 wurde im D. p. J. ein Löffelbagger mit Dampfbetrieb veröffentlicht (Abb. 327), der nicht einmal als der erste seiner Art bezeichnet wird, und der alle Einrichtungen eines normalen Dampfhebekranes besitzt, nur daß noch eine Vorrichtung zur Betätigung der Schaufel hinzukommt. Bei dem Bagger nach Abb. 327 ist die Maschine noch nicht umsteuerbar und läuft, mit einem Schwungrad versehen, ständig in einer Richtung. Der auf S. 4 in Abb. 3 dargestellte Dampfaufzug scheint danach in der Tat die erste Einführung der umsteuerbaren Maschinen im Hebezeugbau darzustellen.

Abb. 328 zeigt einen leichten Löffelbagger von der englischen Firma Ruston Proctor & Co. Ltd. in Lincoln, die derartige Bagger schon seit dem Jahre 1875 ausführt. Die Abbildung stellt allerdings eine neuere Bauart dar; doch unterscheidet sich dieselbe im Prinzip von der in Abb. 328 wiedergegebenen Anordnung in keiner Weise.

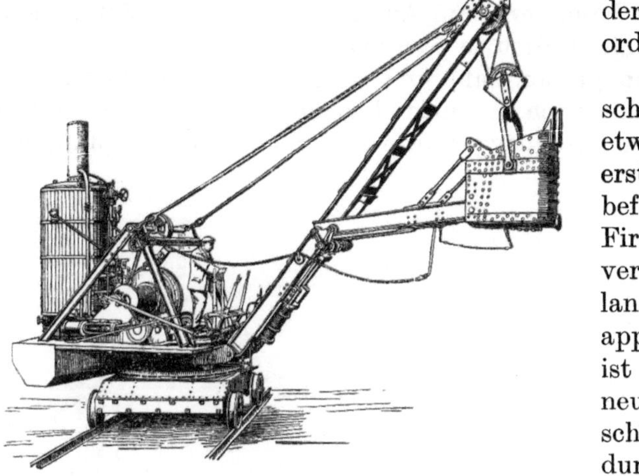

Abb. 328. Drehscheibenlöffelbagger mit Dampfbetrieb (Ruston-Proctor).

In Deutschland sind diese Maschinen merkwürdigerweise erst von etwa 1900 an eingeführt worden, zuerst von Menck. In neuerer Zeit befassen sich aber auch einige andere Firmen mit dem Bau dieser vielseitig verwendbaren und auch für Deutschland sehr bedeutungsvollen Verladeapparate. Als eigentliches Baggergefäß ist bei den ältesten wie bei den neuesten Ausführungen eine geschlossene Schaufel verwendet, die durch den Boden entleert werden kann. Bei den Ausführungen nach Abb. 327, 328 und 329 ist zur Entleerung eine drehbare Klappe benutzt, die am Boden der Schaufel gelenkig befestigt und an der anderen Seite durch einen Haken gehalten wird. Der Haken kann durch einen Seilzug vom Führerstand aus gelöst werden. Beim Bagger nach Abb. 330 ist als Boden ein in Führungen beweglicher Schieber verwendet, der besser als die Klappe ein allmähliches Entleeren der Schaufel ermöglichen soll. Im übrigen kann aber auch das Öffnen der Klappe durch eine Bremse verzögert werden.

Die Schaufel ist bei allen Ausführungsformen an einem Stiel befestigt und kann in der Richtung dieses Stieles vorwärts und rückwärts verschoben und um einen Punkt des drehbaren Baggerauslegers in der Ebene des Auslegers in senkrechter Ebene gehoben und gesenkt werden. Das Vorwärts- und Rückwärtsschieben des Löffelstieles geschieht bei den neueren Ausführungen in der Regel durch ein Zahnritzel, das in eine am Stiel befestigte Zahnstange eingreift.

Das Füllen geschieht in der Weise, daß die Schaufel an der abzugrabenden Böschung hochgezogen und gleichzeitig durch den Stiel gegen die Böschung gedrückt wird. Sie gräbt sich dabei mit ihrer meistens mit Zähnen versehenen Schneide in die Böschung ein, kratzt die Ladung los und füllt sich in dieser Weise vollkommen. Das Gerüst des in Abb. 327 dargestellten Baggers besteht aus Holz, während gegenwärtig fast ausschließlich Eisen verwendet wird. Im übrigen werden auch heute noch bei kleineren Baggern sämtliche Bewegungen, mit Ausnahme der Verschiebung des Löffelstieles, von einer Maschine abgeleitet. Die ganze Maschine, wie z. B. in

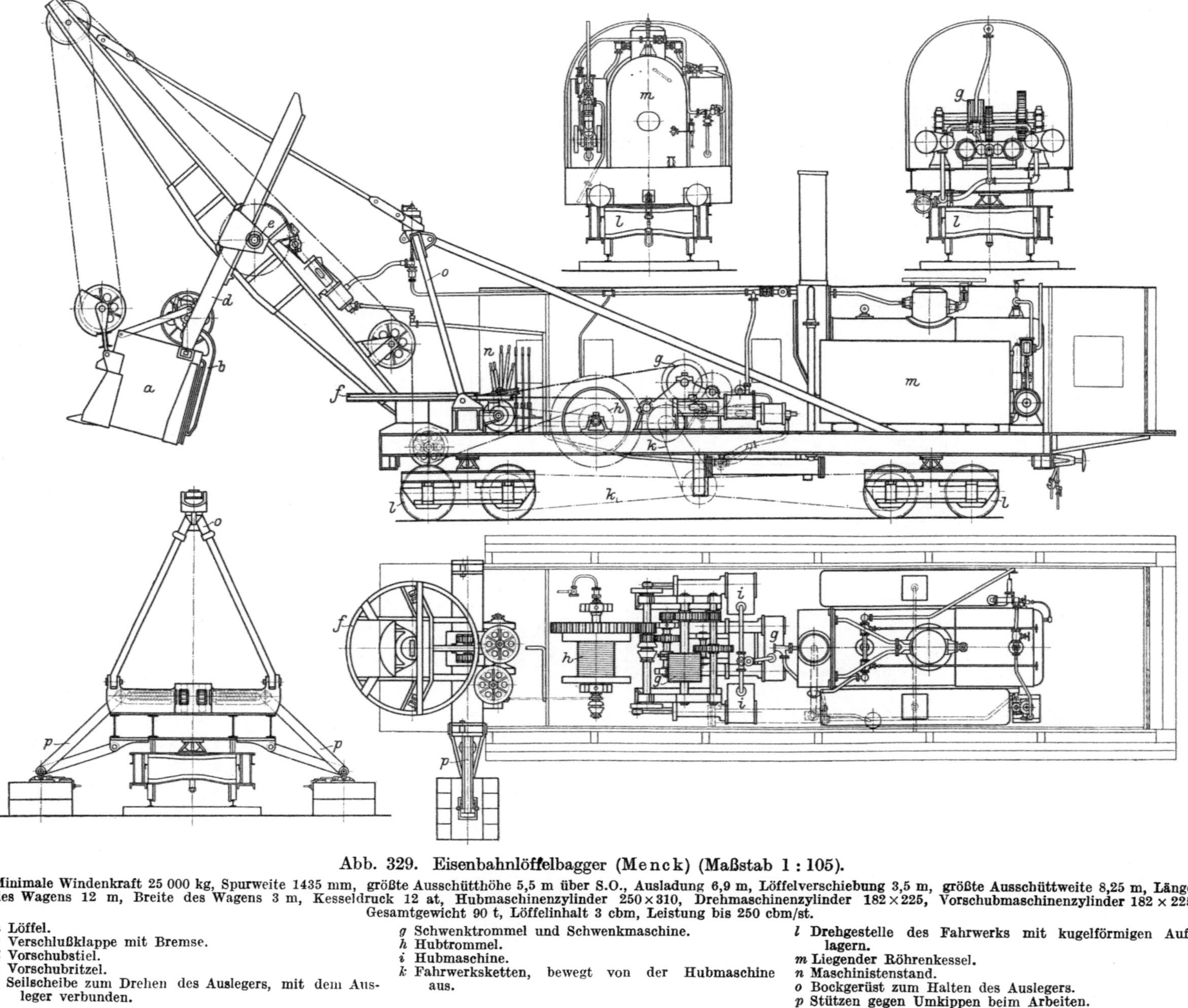

Abb. 329. Eisenbahnlöffelbagger (Menck) (Maßstab 1 : 105).

Minimale Windenkraft 25 000 kg, Spurweite 1435 mm, größte Ausschütthöhe 5,5 m über S.O., Ausladung 6,9 m, Löffelverschiebung 3,5 m, größte Ausschüttweite 8,25 m, Länge des Wagens 12 m, Breite des Wagens 3 m, Kesseldruck 12 at, Hubmaschinenzylinder 250 × 310, Drehmaschinenzylinder 182 × 225, Vorschubmaschinenzylinder 182 × 225 Gesamtgewicht 90 t, Löffelinhalt 3 cbm, Leistung bis 250 cbm/st.

a Löffel.
b Verschlußklappe mit Bremse.
d Vorschubstiel.
e Vorschubritzel.
f Seilscheibe zum Drehen des Auslegers, mit dem Ausleger verbunden.
g Schwenktrommel und Schwenkmaschine.
h Hubtrommel.
i Hubmaschine.
k Fahrwerksketten, bewegt von der Hubmaschine aus.
l Drehgestelle des Fahrwerks mit kugelförmigen Auflagern.
m Liegender Röhrenkessel.
n Maschinistenstand.
o Bockgerüst zum Halten des Auslegers.
p Stützen gegen Umkippen beim Arbeiten.

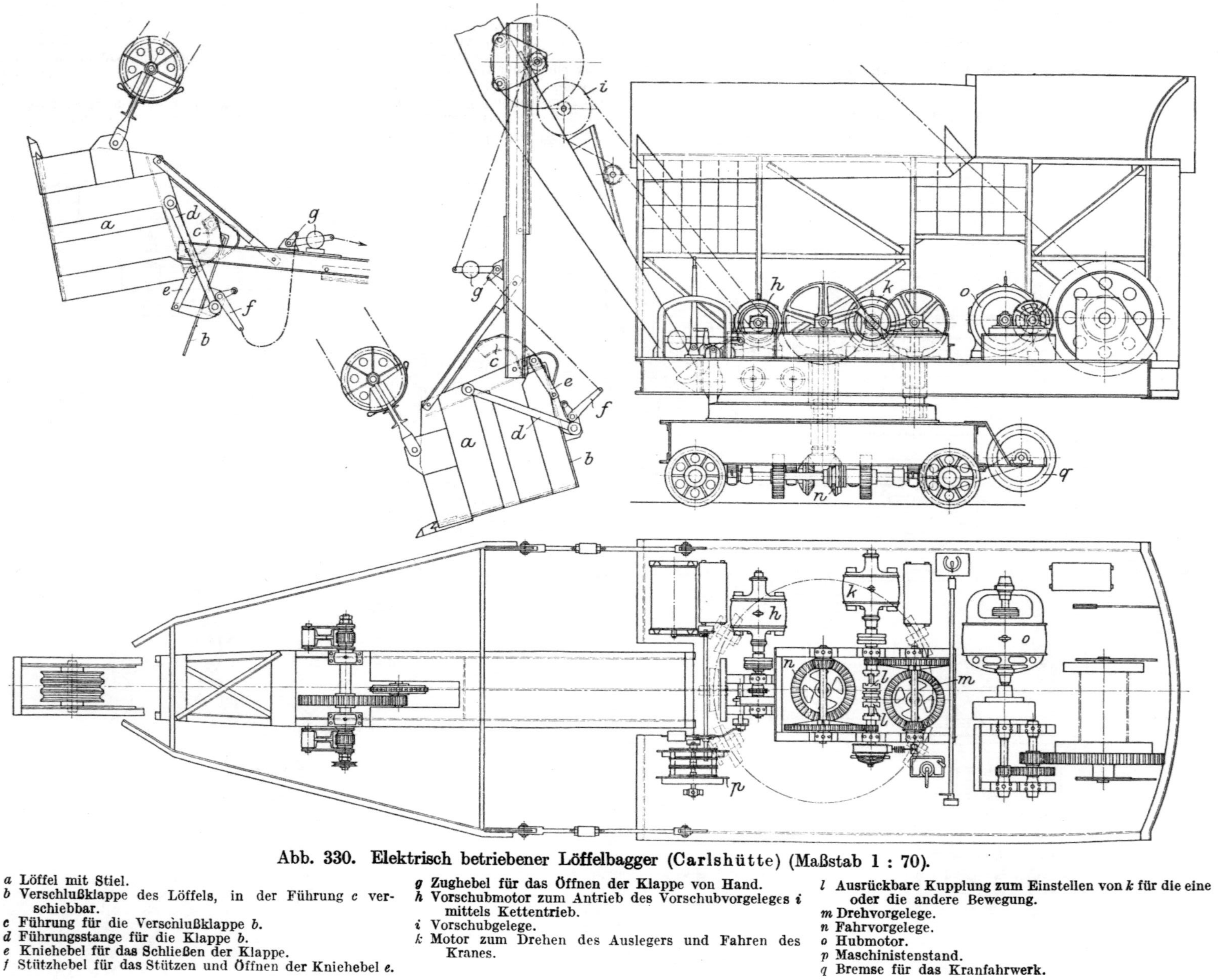

Abb. 330. **Elektrisch betriebener Löffelbagger** (Carlshütte) (Maßstab 1 : 70).

a Löffel mit Stiel.
b Verschlußklappe des Löffels, in der Führung *c* verschiebbar.
c Führung für die Verschlußklappe *b*.
d Führungsstange für die Klappe *b*.
e Kniehebel für das Schließen der Klappe.
f Stützhebel für das Stützen und Öffnen der Kniehebel *e*.
g Zughebel für das Öffnen der Klappe von Hand.
h Vorschubmotor zum Antrieb des Vorschubvorgeleges *i* mittels Kettentrieb.
i Vorschubgelege.
k Motor zum Drehen des Auslegers und Fahren des Kranes.
l Ausrückbare Kupplung zum Einstellen von *k* für die eine oder die andere Bewegung.
m Drehvorgelege.
n Fahrvorgelege.
o Hubmotor.
p Maschinistenstand.
q Bremse für das Kranfahrwerk.

Abb. 328 dargestellt, zeigt im wesentlichen dieselbe Bauart wie ein gewöhnlicher Dampfkran, abgesehen von dem Löffel mit seiner Vorschubvorrichtung. Das Eigengewicht einer solchen Maschine beträgt 28 t bei einem Inhalt der Schaufel von 1,15 cbm. Der Antrieb der verschiedenen Bewegungen erfolgt hier von einer umsteuerbaren Dampfmaschine von 35 PS mittels Reibkupplungen, um übermäßige Beanspruchungen zu vermeiden.

Beim Schwenkwerk des Baggers nach Abb. 328 hat man die Nachgiebigkeit dadurch vergrößert, daß man den Schienenring, auf dem die Laufräder des drehbaren Oberteiles ruhen, lose auf den Unterwagen aufgelegt hat, so daß er sich bei auftretenden Stößen mit dem Oberteil um ein gewisses Stück drehen kann. Die Ausladung des Auslegers kann mit Flaschenzug verändert werden, um sich der Arbeit besser anpassen zu können. Das Vorschieben des Schaufelstieles geschieht bei diesem Bagger durch einen besonderen, unterhalb des Auslegers angeordneten Dampfzylinder, dessen Kolbenstange als Zahnstange ausgebildet ist. Diese Zahnstange dreht eine Welle, auf der die beiden Zahnritzel sich befinden, welche in die Zahnstangen des Schaufelstieles eingreifen.

Ähnlich in der Bauart sind auch die von Menck ausgeführten, als Universallöffelbagger bezeichneten Maschinen. Abweichend von der Ausführung nach Abb. 328 wird aber von Menck der Löffelstiel an Stelle des einfachen Dampfzylinders durch ein besonderes Windwerk bewegt, das von einer Zwillingsdampfmaschine angetrieben wird. Dadurch kann eine beliebig große Längsverschiebung des Löffels bewirkt werden, soweit es die Standsicherheit des Baggers nur zuläßt. Diese sog. Universallöffelbagger, die in der äußeren Form wenig von der Abb. 328 abweichen, werden von Menck bis zu einem größten Löffelinhalt von 2 cbm gebaut bei 2 m Spurweite des Baggergerüstes und 6 m Ausladung. Dabei beträgt das Gewicht der ganzen Schaufel 45 t. Für mittleren Boden wird die Leistungsfähigkeit mit 150 cbm/st angegeben.

Für größere Leistungen werden von Menck in neuerer Zeit sog. Eisenbahnlöffelbagger geliefert, nach Abb. 329. Der Bagger wird von 2 Drehgestellen getragen und ist so angeordnet, daß nach dem Abbauen des Auslegers und des Löffels die ganze Maschine als Eisenbahnwagen in einen Zug eingeschaltet werden kann. Das Gestell ist zu diesem Zweck an den Enden mit Normal-Zug- und Stoßvorrichtungen versehen. Windwerk und Kessel sind auf dem durch Wellblech überdachten Wagen aufgestellt. Der Ausleger ist mit der Schaufel am Ende des Wagens angeordnet und nur um 180° drehbar. Aus diesem Grunde ist diese Baggerform nicht so gut für Einschnittarbeiten zu verwenden. Sie eignet sich aber sehr gut für seitliches Abgraben von Halden, wobei das vordere Ende, an dem der Ausleger sich befindet, während des Arbeitens durch seitliche Stützen abgestützt wird. Diese Baggerform ist übrigens im Prinzip auch in Amerika und England schon seit langer Zeit im Betriebe, und zwar für sehr große Abmessungen. Im Gegensatz zu den kleinen Baggern werden die Dampfbagger für größere Leistungen oft mit getrennten Antriebsmaschinen für jede Bewegung ausgeführt. In neuerer Zeit sucht man den Betrieb auch noch dadurch zu verbessern, daß man die Steuer- und Bremsbetätigungen mit Luftdruck betreibt.

Der Dampfbetrieb hat sich für den Betrieb der Löffelbagger verhältnismäßig lange erhalten. Das ist schon dadurch begründet, daß die Bagger häufig an Baustellen verwendet werden, wo elektrische Kraft noch nicht zur Verfügung steht. In neuerer Zeit werden die Bagger aber auch oft elektrisch angetrieben, und in diesem Falle wird allgemein für jede Bewegung ein besonderer Motor vorgesehen, wie es bei elektrischem Kranantrieb überall gebräuchlich ist. Abb. 330 zeigt einen elektrisch angetriebenen Löffelbagger der Carlshütte. Auf die abweichende Bauart des Löffelverschlusses wurde schon oben hingewiesen. Im übrigen ist die Bauart in allen wesentlichen Teilen dieselbe, wie bei den anderen Ausführungen beschrieben. Jede Bewegung hat einen besonderen Motor. Nur für das Schwenken und Fahren ist ein gemeinsamer Motor verwendet, weil angenommen ist, daß diese beiden Bewegungen nie zu gleicher Zeit erforderlich sind.

Die Förderkosten der Löffelbagger sind naturgemäß sehr verschieden, je nach der Baggergröße, der Bodenart und den örtlichen Verhältnissen. Als ungefährer Anhalt seien die folgenden für mittelschweren Abraumbetrieb anzunehmenden Daten für einen elektrischen Bagger von 2 cbm Schaufelinhalt angeführt unter der Annahme von 250 jährlichen Arbeitstagen à 10 Stunden, zusammen also 2500 Arbeitsstunden.

Betriebskosten je 1 cbm Förderleistung

für einen Löffelbagger mit 2 cbm Schaufelinhalt bei 10 m Schnitthöhe. Anschaffungspreis 40 000 M.

Kapitalkosten:

a) für Abschreibung 10 vH = ...	4000 M.
b) für Verzinsung 5 vH der Anlagesumme oder durchschnittlich $2^1/_2$ vH	1000 ,,
Insgesamt	5000 M.

Also pro Tag bei 250 Arbeitstagen im Jahre:

1. Amortisation und Verzinsung	20,—	M.
2. 1 Maschinist, Gehalt je Tag	6,—	,,
3. 1 Hilfsarbeiter	4,—	,,
4. Arbeiter zum Gleisrücken, $^1/_4$ der Zeit.	7,—	,,
5. Stromkosten, 20 kW à 10 Pf. in 10 Stunden	20,—	,,
6. Schmier- und Putzmaterialien und laufende Reparaturen, im Jahre 4 vH der Anlagesumme.	9,60	,,
Insgesamt je Arbeitstag	66,60	M.
Förderleistung in mittlerem Haldenboden je 10 Stunden. . .	8,30	M.
Förderkosten je cbm bei 10 m Baggerhöhe	0,083	,,

Die Gewinnungskosten für 1 cbm stellen sich danach beim Löffelbagger auf etwa 8,3 Pf., abgesehen von den Kosten für das Fahrgleis, die sehr von den örtlichen Verhältnissen abhängen.

Vergleicht man diese Kosten mit den Kosten der Arbeit einfacher Kettenbagger in gewöhnlichem Boden, so ergibt sich für den gewöhnlichen Kettenbagger von gleicher oder größerer Leistungsfähigkeit eine bessere Wirtschaftlichkeit. Die Löffelbagger kommen daher auch nur in Frage, wenn die Beschaffenheit des Bodens die Verwendung von Eimerkettenbaggern nicht zuläßt. In solchen Fällen ergeben sie aber verhältnismäßig sehr niedrige Betriebskosten und arbeiten bei großen Leistungen wesentlich günstiger als die weiter oben beschriebenen, durch Krane betätigten Selbstgreifer mit 2 beweglichen Schaufelhälften. Diese Selbstgreifer werden nur da mit Vorteil angewendet, wo der Löffelbagger nicht brauchbar ist, d. h. bei großen Hubhöhen und beim Entladen aus Lagerräumen und Schiffen. Der Löffelbagger ist also bei fast allen Erdarbeiten die gegebene Fördermaschine, wenn nach Lage der Verhältnisse Kettenbagger oder ev. auch der Schaufelradbagger nicht anwendbar sind.

Von den Löffelbaggern sind hier nur die hauptsächlichsten Ausführungsformen behandelt. Von den verschiedenen abweichenden Formen, die wirtschaftlich von geringerer Bedeutung sind, sollen nur zwei dargestellt werden. In Abb. 331 ist eine Maschine mit einer durch Zinken gebildeten Koksschaufel dargestellt, die durch Kippen entladen wird, im übrigen aber ebenso arbeitet wie der gewöhnliche Löffelbagger. Auch kann an Stelle dieser Koksschaufel ein gewöhnlicher Baggerlöffel am

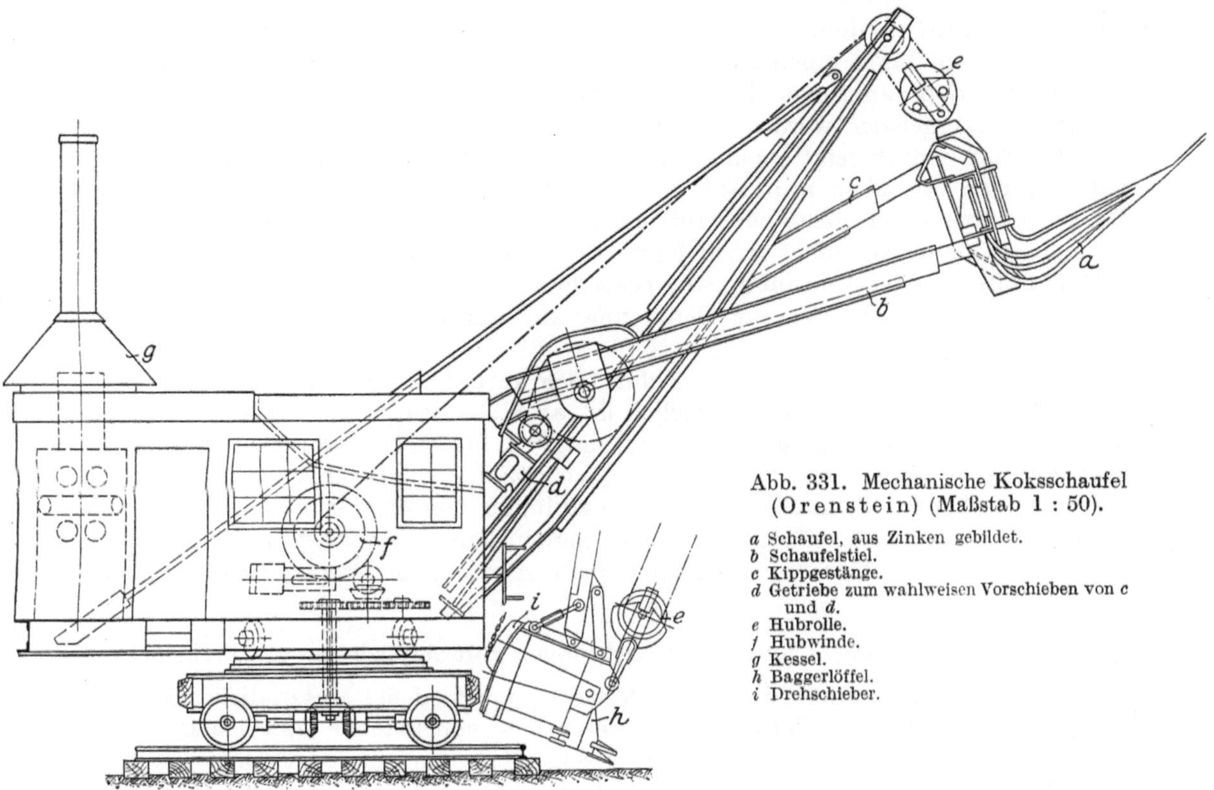

Abb. 331. Mechanische Koksschaufel (O r e n s t e i n) (Maßstab 1 : 50).

a Schaufel, aus Zinken gebildet.
b Schaufelstiel.
c Kippgestänge.
d Getriebe zum wahlweisen Vorschieben von *c* und *d*.
e Hubrolle.
f Hubwinde.
g Kessel.
h Baggerlöffel.
i Drehschieber.

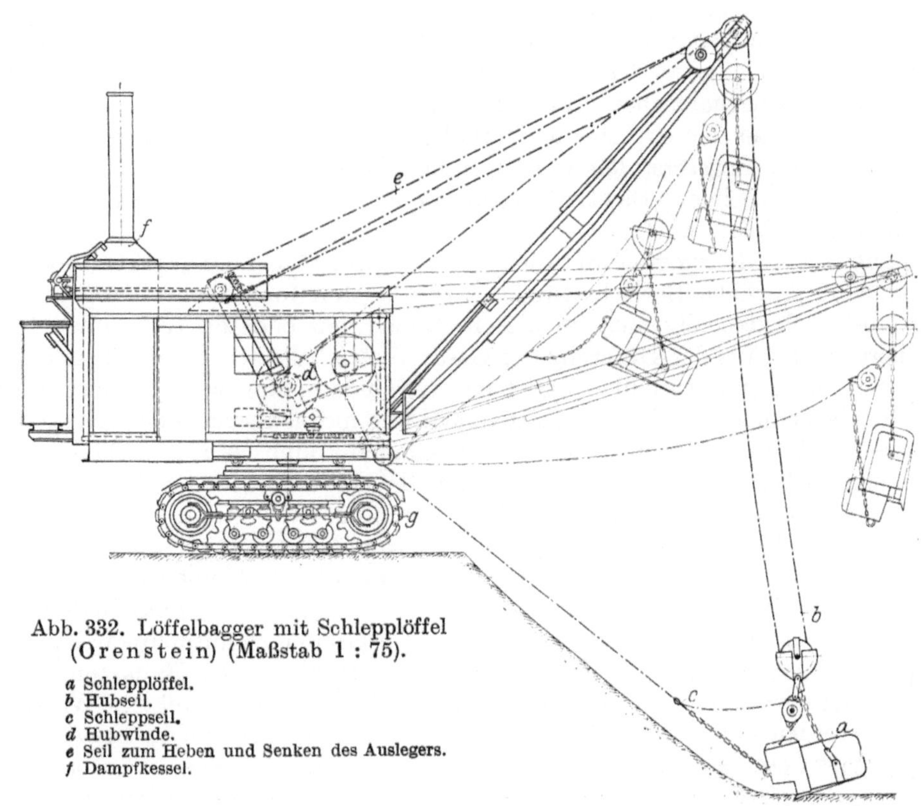

Abb. 332. Löffelbagger mit Schlepplöffel (O r e n s t e i n) (Maßstab 1 : 75).

a Schlepplöffel.
b Hubseil.
c Schleppseil.
d Hubwinde.
e Seil zum Heben und Senken des Auslegers.
f Dampfkessel.

Kran angebracht werden, wie gestrichelt angedeutet. Der hier angedeutete Baggerlöffel ist unten durch einen Drehschieber verschlossen, der leicht geöffnet und geschlossen werden kann, so daß der Löffelinhalt in beliebig kleinen Mengen in Transportwagen übergeladen werden kann.

Abb. 332 endlich zeigt einen an Seilen aufgehängten und kippbaren Baggerlöffel, mit dem man wie mit dem in Abb. 305 dargestellten Schleppkübel arbeitet und das Baggergut aus tiefer gelegenen Abbaustellen herausbaggern kann, was mit dem einfachen Löffelbagger nicht möglich ist. Der Kran ist in diesem Falle auf Raupenketten fahrbar, eine Anordnung, die besonders in Verbindung mit der in Abb. 331 dargestellten Koksschaufel zur Benutzung auf Lagerplätzen häufig zweckmäßig sein wird.

Hingewiesen werden soll zum Schluß noch kurz darauf, daß es nach dem Vorgehen von Orenstein auch leicht möglich ist, an Stelle des Baggerlöffels einen Greifbagger an dem Kran aufzuhängen, wenn die Verhältnisse es erfordern, und daß es nach den Vorschlägen des Verfassers möglich ist, den Baggerlöffel selbst zweiteilig mit entsprechender Schließvorrichtung auszubilden, so daß er nach Belieben als Löffelbagger oder als Greifbagger benutzt werden kann. Es würde zu weit führen, alle diese möglichen Abwandlungen der Löffelbagger hier im einzelnen zu behandeln.

e) Vergleichende Übersicht über die Vorrichtungen zum Aufnehmen des Verladegutes.

Wenn auch die Verhältnisse beim Verladen verschiedener Materialien und unter verschiedenen örtlichen Verhältnissen wesentlich voneinander abweichen, so ist doch eine ungefähre vergleichende Zusammenstellung für eine bestimmte Hubhöhe von z. B. 10 m von Interesse, um eine oberflächliche Übersicht über die Gesamtkosten bei verschiedenen Aufnehmevorrichtungen zu bieten. Dazu soll die auf S. 297 gegebene zahlenmäßige Übersicht dienen. Dabei sind die Stromkosten mit 10 Pf. pro kW/st angenommen, und die Anlagekosten des Kranes sind zunächst nicht berücksichtigt. In der letzten Spalte sind aber die zulässigen Mehrkosten für eine Anlage mit mechanischer Aufnehmevorrichtung des Fördergutes aufgestellt gegenüber einer unter den einfachsten Verhältnissen arbeitenden Anlage, bei der das Ladegut von Hand eingeschaufelt werden muß. Es ist allgemein mit einer Stundenleistung von 50 t gerechnet. Das trifft natürlich nicht immer zu, gibt aber für manche Verhältnisse gute Mittelwerte.

Die zulässigen Mehrkosten an Anlagekapital sind berechnet für 100, 500, 1000, 2000 und 3000 jährliche Betriebsstunden. Die Kosten für Abschreibung und Verzinsung sind nach den allgemein in diesem Buche verwendeten Annahmen für die Stunde berechnet. Aus der Differenz der Gesamtbetriebskosten für die Tonne gegenüber den Betriebskosten bei Kübelbetrieb lassen sich dann ohne weiteres die zulässigen Mehrkosten berechnen, die für die Krananlage mit mechanischer oder magnetischer Aufnehmevorrichtung aufgewendet werden können, ohne daß die Gesamtförderkosten steigen. Dabei ist angenommen, daß die Entladung aus Flußschiffen oder vom Lagerplatz erfolgt. Bei der Entladung der Seeschiffe stellen sich die Verhältnisse anders, weil hier die Vorteile des Greifers gegenüber den Kübeln nicht in vollem Maße ausgenutzt werden können mit Rücksicht auf die oft kleinen Luken der Seeschiffe und die dadurch bedingte Notwendigkeit, das Ladegut von dem Ende des Seeschiffes bis an die Stelle heranzutrimmen, wo der Greifer es aufnehmen kann. Die Erfahrung hat gezeigt, daß bei den gewöhnlich vorkommenden Bauarten der Seeschiffe die Menschenarbeit im Schiff immerhin auf etwa ein Drittel des Wertes eingeschränkt werden kann, der beim reinen Einschaufeln in Kübel in Frage kommt. Allerdings wird beim Seeschiff auch der Kübelbetrieb dadurch etwas teurer, daß der Kranführer von seinem Stande aus die Arbeiter im Schiff nicht genügend beobachten kann, so daß bei angestrengtem Betrieb durchweg ein besonderer Arbeiter auf Deck erforderlich ist, der den Kranführer durch Zeichen verständigt und ihm sagt, wann er das Hubseil anzuziehen oder nachzulassen hat. Aus den Spalten 5 und 6 der Aufstellung sind die hierdurch entstehenden Unterschiede mit einiger Annäherung zu entnehmen.

Zahlenmäßige Übersicht über die Kosten für Laden und Heben mit Kübel, Greifer und Hebemagnet bei 10 m Hubhöhe ohne Berücksichtigung der Anlagekosten des Kranes. Stromkosten 10 Pf./kW-st.

	Kohle, Sand, Kies usw.		Erz, Kalkstein usw.		Eisen			
					Masseln		Schrott	
	Kübel	Greifer	Kübel	Greifer	Kübel	Magnet	Kübel	Magnet
Nutzlast für einen Hub	1000	1500	1200	2000	1500	1200	1000	900
Gewicht des Fördergefäßes bzw. des Hubmagnets	400	2000	400	4000	300	2100	300	2100
Tragkraft des Kranes	2000	4000	2000	7000	2500	7000	2000	7000
Bruttogewicht pro Tonne Nutzlast	1500	2330	1400	3000	1200	2750	1300	3330
1. Seilverschleiß für die Tonne gehobener Ladung bei 10 m Hubhöhe	0,5	1	0,5	1,5	0,5	1	0,5	1
2. Arbeitslohn für das Einladen bei Entladen vom Platz oder aus Flußschiffen außer dem Kranführer bei 50 t/st. . Pf./t	16	4	16	4	6	1	16	1
2a. desgl. bei Entladen aus Seeschiffen mit gewöhnlichen Luken . . . . . . Pf./t	21	8	21	11	—	—	—	—
3. Stromverbrauch für das Füllen und Öffnen der Greifer, bzw. Anfassen und Festhalten durch die Magnete (6,5 kW/Magnet) Dauer 15 sk $= \frac{65 \times 15}{3600}$. Pf./t	—	0,2	—	0,2	—	0,2	—	0,3
4. Stromverbrauch für das Heben der Last auf 10 m Höhe in Pf./t	0,6	1,1	0,6	1,2	0,5	1,1	0,5	1,3
5. Gesamtbetriebskosten beim Entladen vom Platz oder aus Flußschiffen, Pf./t	17,1	6,3	17,1	6,7	7,0	3,3	17	3,6
6. Gesamtbetriebskosten beim Entladen von Seeschiffen, Pf./t	22,1	10,3	22,1	13,7	—	—	—	—

	Jährliche Entladezeit	Jährliche Entlademenge	Abschreibung und Zinsen für je 10 000 M.	Greifer für Kohle, Sand, Kies usw. zulässige Mehrkosten	Greifer für Erz, Kalkstein usw. zulässige Mehrkosten	Magnet für Masseln zulässige Mehrkosten	Magnet für Schrott zulässige Mehrkosten
	st	t	Pf./st	M.	M.	M.	M
7. Zulässige Mehrkosten für die Verladevorrichtung mit mechan. Aufnahme des Fördergutes gegenüber Einschaufeln von Hand unter der Annahme von 50 t Stundenleistung in jedem Fall und Entladung aus Flußschiffen oder vom Platz.	100	5 000	15,2	7 100	6 850	2 400	8 800
	500	25 000	3,4	31 500	30 000	11 000	39 000
	1000	50 000	1,8	65 000	57 500	22 500	73 200
	2000	100 000	1,1	98 000	94 500	33 600	120 000
	3000	150 000	0,8	135 000	130 000	46 200	165 000

Als Ergebnis dieser vergleichenden Übersicht ergibt sich allgemein bei einigermaßen langer jährlicher Betriebszeit ein wesentlicher Vorteil bei der Verwendung von selbsttätigen Aufnehmevorrichtungen gegenüber dem von Hand gefüllten Kübel. Das ist immer der Fall, einerlei, ob man bei der Verladung von Kohle, Sand, Erz und Kalkstein Selbstgreifer, oder ob man bei der Verladung von Eisen in Form von Masseln und Schrott Magnete verwendet. Dabei sind die Vorteile, die in der Unabhängigkeit von den Arbeitern liegen und, die nicht ohne weiteres in Zahlen ausgedrückt werden können, noch nicht berücksichtigt. Ferner sind nicht berücksichtigt die sehr großen Vorteile, die darin liegen, daß im allgemeinen bei der Verwendung selbsttätiger Aufnehmevorrichtungen die Leistungsfähigkeit der Verladeanlagen erhöht wird. Hierüber sind im II. Band bei den Verladeanlagen im Schiffahrtsbetrieb noch weitere erläuternde Angaben gemacht.

3. Winden und Aufzüge mit einfacher Lastenbewegung.

a) Schraubenwinden, Zahnstangenwinden und Hebeböcke mit Hebel- und Kolbenbetrieb.

Als einfachste Hebevorrichtung kann man wohl die Schraubenwinden bezeichnen, bei denen eine Druckschraube aus einem festen Gehäuse herausgeschraubt und dadurch die Last angehoben wird. Die Schraube wird allgemein mit flachgängigem Gewinde ausgeführt, entweder mit rechteckigem oder mit trapezförmigem Querschnitt. Bei letzterem Gewindequerschnitt ist natürlich an der Schraubenspindel die wagerechte Fläche des Gewindes nach unten gerichtet, um ebenso wie bei dem einfach flachgängigen Gewinde geringe Reibungsverluste zu haben. Das trapezförmige Gewinde hat vor dem Gewinde mit rechteckigem Querschnitt den Vorzug, daß es größeren Biegungs- und Abscherungswiderstand besitzt; dagegen ist es empfindlicher gegen äußere Verletzungen. Man verwendet durchweg eingängiges Gewinde, um in jedem Augenblick Selbstsperrung zu haben und die Last in jeder Höhenlage festzuhalten, ohne daß besondere Bremseinrichtungen erforderlich sind. Durch die Selbstsperrung wird aber ein sehr niedriger Wirkungsgrad von nur etwa 30—40 vH bedingt. Die Winden sind daher im allgemeinen nur da zu verwenden, wo es sich mehr um ein Abstützen der Lasten als um ein Heben derselben handelt, oder wo das Heben wenigstens nur ganz ausnahmsweise in Frage kommt. Das Drehen der Schraubenspindel geschieht entweder mit einer durch den Spindelkopf einfach hindurchgesteckten Stange oder durch einen Hebel mit Sperrklinke. Die letztere Anordnung hat den Vorteil, daß die Hand ständig am Griff des Hebels bleiben und ständig eine hin- und hergehende Bewegung ausführen kann. Der Preis derartiger einfacher Winden ist sehr niedrig und für die in Abb. 333 und 334 dargestellte Ausführungsform durch die untenstehende Tabelle für die gebräuchlichsten Größen angenähert festgelegt.

Häufig werden die Winden in wagerechter Richtung durch eine Schraube in einem Schlitten verschiebbar angeordnet, wie in Abb. 334 dargestellt. Auch für diese Winden sind die hauptsächlichsten Angaben aus der Tabelle zu entnehmen. Aus derselben ist auch ersichtlich, daß die Hubhöhe sich bei den Normalausführungen in Grenzen von etwa 250—370 mm bewegt.

Bruttopreise und Hauptmaße für Schraubenwinden.

Windenart			Einfache Schraubenwinde						Schraubenschlittenwinde					
					Gewicht		Preis						Preis	
Nr.	Tragkraft kg	Durchmesser der Spindel mm	Windenhöhe mm	Hub mm	mit Sperrklinke kg	mit durchlochtem Kopf kg	mit Sperrklinke M.	mit durchlochtem Kopf M.	Höhe im niedrigsten Stande mm	Hub der Winde mm	Horiz. Verschiebung auf Schlitten mm	Gewicht ca. kg	mit Ratsche M.	mit durchlochtem Kopf M.
1	5 000	51	460	240	21	21	45	32	—	—	—	—	—	—
2	8 000	58	460	240	28	24	58	46	520	260	180	55	97	85
3	10 000	62	570	290	32	27	66	53	620	285	230	62	110	97
4	12 000	64	585	310	36	31	77	63	650	315	300	70	118	104
5	15 000	70	620	330	40	35	86	72	660	325	300	80	134	120
6	18 000	80	645	355	52	39	97	82	675	340	400	90	145	130
7	20 000	88	660	370	60	44	109	93	685	365	400	100	166	150

Bei größeren Lasten sind entweder mehrere Arbeiter oder sehr lange und unhandliche Hebel erforderlich, um bei der normalen Ganghöhe der Schraube eine genügende Übersetzung herbeizuführen. Man hat in einzelnen Fällen versucht, dieses Übersetzungsverhältnis zu vergrößern durch Anwendung von Differentialschraubengewinden. Dadurch wird aber der Wirkungsgrad noch weiter herabgedrückt und kann dann nur mit etwa 0,12—0,22 angenommen werden. Diese Winden werden daher verhältnismäßig selten und nur in besonderen Fällen angewandt, vornehmlich da, wo es darauf ankommt, die Winden auf sehr geringe Länge zusammenschrauben zu können. Der letztere Gesichtspunkt ist überhaupt häufig maßgebend, Winden mit 2 ineinandergesteckten Schrauben zu bauen. Die Abb. 335 zeigt eine derartige Winde in ausgeschraubtem Zustande. Die Betätigung der Winden erfolgt entweder durch einen einfachen Hebel oder durch einen Hebel mit Sperrklinke, ähnlich wie bei den Schraubenwinden nach Abb. 333 und 334. Die Hebel können so angeordnet werden, daß nur die untere Schraube gedreht wird, oder daß beide Schrauben zu gleicher Zeit und durch eine einzige Handhabung gedreht werden. Bei der in Abb. 335 angegebenen Anordnung des Gewindes werden bei der Drehung der unteren Schraube beide Schrauben entweder gehoben oder gesenkt. Bei umgekehrter Neigung des einen Gewindes würde die eine Schraube

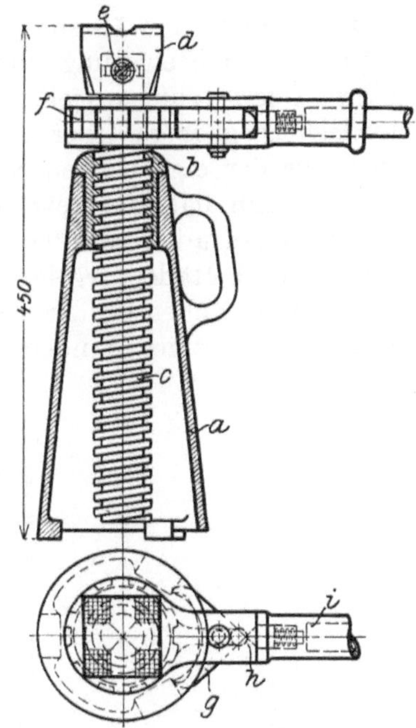

Abb. 333. Schraubenwinde für 5000 kg Tragkraft (**Bolzani**) (Maßstab 1 : 7,5).

a Gestell mit drei Aufsetzfüßen und Handgriff.
b Bronzeeinsatz als Mutter für die Spindel.
c Schraubenspindel.
d Drehbarer Windenkopf.
e Führungsschraube für den Windenkopf.
f Sperrad, mit der Schraubenspindel verbunden.
g Zweiseitige Sperrklinke.
h Federnder Bolzen zum Anpressen der Sperrklinke nach der einen oder anderen Seite.
i Handhebel zum Bewegen der Schraube

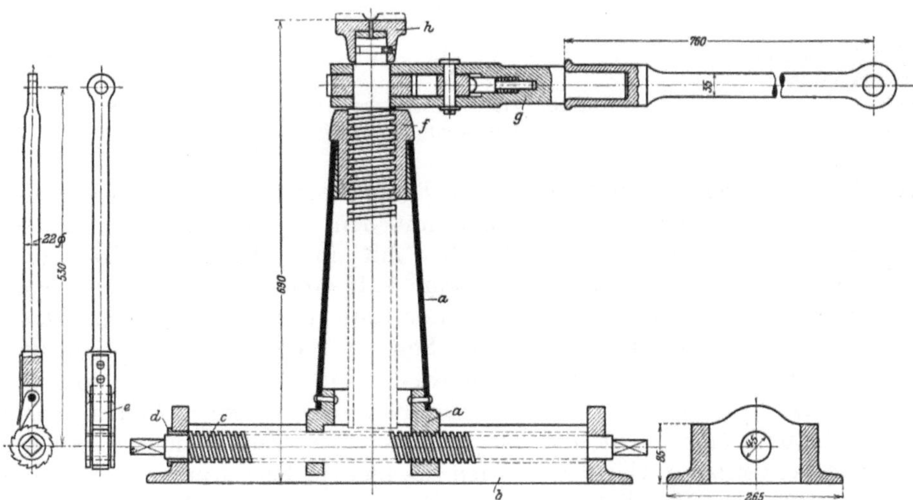

Abb. 334. Schraubenschlittenwinde (**Bolzani**) (Maßstab 1 : 11).

a Schraubenfuß mit schmiedeeisernem Schaft.
b Schlitten mit Schraube *c*.
d Rotgußbüchse, um das Ein- und Ausbauen der Schraube *c* zu ermöglichen.
e Handhebel zum Bewegen der Schraube *c* mit einseitigen Sperrk'inken, an dem einen oder anderen Ende der Schraube aufzusetzen.
f Rotgußeinsatz als Mutter für die Hubspindel.
g Handhebel mit zweiseitiger Sperrklinke, wie in Abb. 333 angegeben.
h Schmiedeeiserner drehbarer Windenkopf mit Stahlplatte und Führungsschraube.

angezogen werden, während die andere herausgeschraubt wird. Dadurch würde bei entsprechender Steigerung eine beliebige Differentialwirkung des Gewindes und eine größere Übersetzung erzielt werden. Im allgemeinen ist es aber besser, eine etwa erforderliche größere Übersetzung durch Verwendung von Rädervorgelegen zu erzielen, die der eigentlichen Schraubenwinde vorgeschaltet werden. Bei dieser Anordnung kann das Übersetzungsverhältnis sehr stark gesteigert werden, ohne daß der Wirkungsgrad wesentlich verschlechtert wird. Mitunter werden auch neben der Schraube noch Rädervorgelege verwendet, um die Winde ohne allzu große Reibungsverluste zum Heben großer Lasten brauchbar zu machen. Die gebräuchlichen Ausführungen derartiger Winden gehen etwa bis zu 70 t Tragfähigkeit.

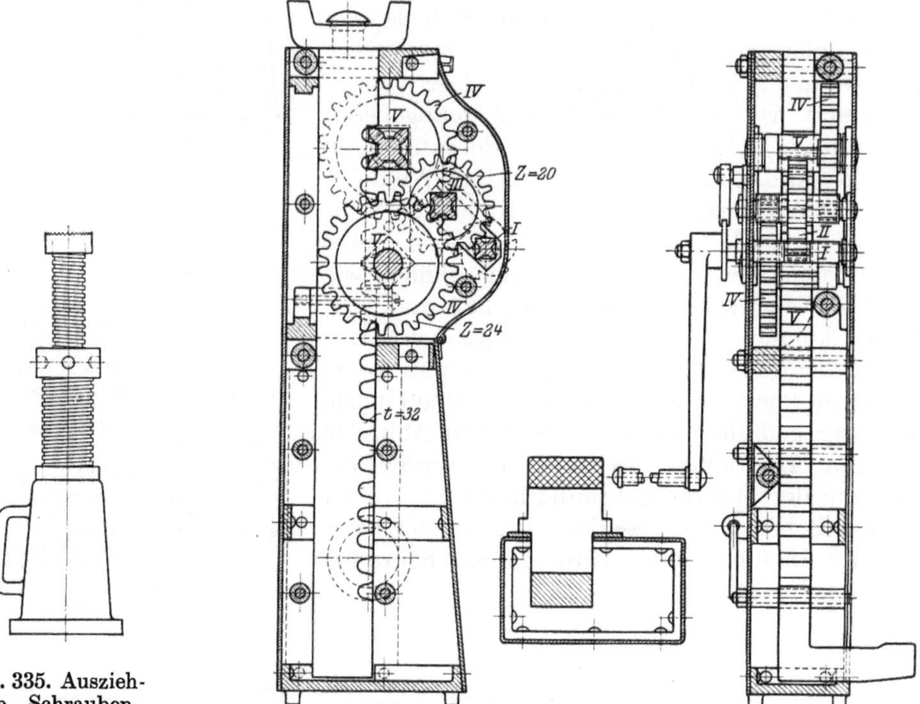

Abb. 335. Ausziehbare Schraubenwinde (Duplex-Schraubenwinde).

Abb. 336. Zahnstangenwinde mit eisernem Schaft und doppeltem Rädervorgelege (Maßstab 1 : 10).

Wo die Selbstsperrung und die bei den Schraubenwinden erzielbare große Übersetzung nicht erforderlich ist, kann man mit den sog. Zahnstangenwinden einen günstigeren Wirkungsgrad erzielen. Die oben mit einem drehbaren Kopf, unten mit einem seitlichen, fest angeordneten Fuß zum Aufnehmen der Last versehene Zahnstange wird durch ein einfaches oder doppeltes Rädervorgelege gehoben. Das Rädervorgelege ist entweder in einem hölzernen Schaft gelagert oder in einen aus Stahlblech gebogenen, seitlich abgeschlossenen Kasten eingebaut. Seitlich am Schaft ist eine Sperrklinke befestigt, die in ein auf der Kurbelwelle angeordnetes Sperrad eingreift und dadurch ermöglicht, die Last festzustellen. Zur Erzielung einer großen Übersetzung bei geringem Gewicht werden die kleinen Ritzel mit nur 4 Zähnen ausgeführt. Das kann im Hinblick auf die im allgemeinen seltene Benutzung derartiger Winden, die besonders für Bauzwecke gebraucht werden, zugelassen werden, ohne daß eine allzu schnelle Abnutzung entsteht. Die Winden werden bis zu etwa 6000 kg Tragkraft mit einfacher Übersetzung, für größere Lasten mit doppelter Übersetzung geliefert. Die Zähne der Ritzel und Zahnstangen werden in der Regel aus geschmiedetem Stahl hergestellt und sehr hoch beansprucht, um die Winden möglichst leicht zu halten. Mitunter sucht man die Sicherheit gegen Bruch der Zähne dadurch zu vergrößern, daß man bei größeren Lasten und bei Verwendung mehrerer Übersetzungen die einzelnen Vorgelegeräder doppelt ausführt. Dadurch wird auch gleichzeitig die Teilung etwas kleiner und der Gang leichter und stoßfreier. Eine solche Anordnung ist in Abb. 336 dargestellt.

Das Senken der Last kann bei den eben beschriebenen Zahnstangenwinden nur durch Zurückdrehen der Kurbel bei entsprechendem Gegendruck geschehen. Bei der im allgemeinen in Frage kommenden geringen Hubhöhe ist dies in der Regel zulässig. Mitunter werden die Zahnstangenwinden aber auch mit Sicherheitskurbel geliefert, die ein Festhalten der Last ohne Benutzung der Sperrklinke ermöglichen sollen. Doch erscheint bei der Verwendungsart dieser Winden der Verlaß auf die Sicherheitskurbel im allgemeinen kaum empfehlenswert und die Verwendung einer gewöhnlichen Kurbel und eines Sperrades durchweg zuverlässiger. Will man eine Selbstsperrung der Last haben, so würde die Verwendung einer Zahnstangenwinde mit Schneckenradantrieb zu erwägen sein, wie in Abb. 337 dargestellt. In solchen Fällen erscheint aber im allgemeinen die Verwendung einer Schraubenwinde die beste Lösung, weil die Schraubenspindel auf dem ganzen Umfang beansprucht wird und leichter ausfällt als die Zahnstangen mit den nur an einer Seite befindlichen Zähnen.

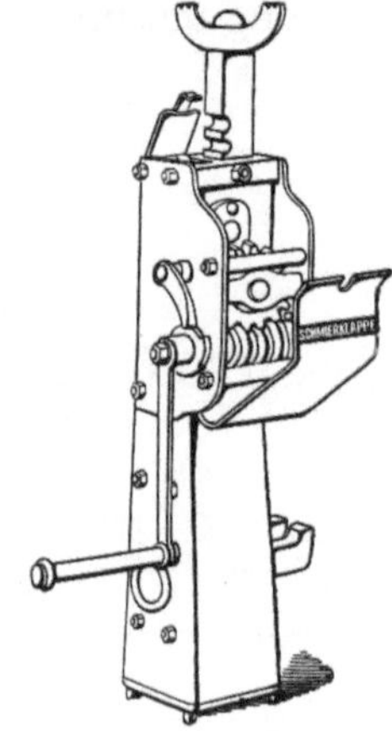

Abb. 337. Zahnstangenwinde mit Schneckenradantrieb.

Die Bruttopreise und Gewichte für Zahnstangenwinden verschiedener Bauart sind in der untenstehenden Tafel zusammengestellt. Auf diese Preise wird in der Regel ein ziemlich hoher Rabatt gewährt. Aus dem Vergleich der Liste auf S. 298 mit der untenstehenden geht auch hervor, daß das Gewicht der Schraubenwinden wesentlich niedriger ist als das Gewicht der Zahnstangenwinden mit Schneckenantrieb, die hinsichtlich des Wirkungsgrades kaum Vorteile vor der Schraubenwinde haben.

Bruttopreise und Gewichte von Zahnstangenwinden verschiedener Bauart.

Tragkraft . . . . kg	1500	3000	4000	5000	6000	8000	10 000	15 000	20 000
Winden in gewöhnlicher Handelsausführung mit hölzernem Schaft M.	11	19,50	25	27,50	30				
Mit einfachem Vorgelege . . . . M.	14	24	32	33	38				
Desgl. mit doppeltem Vorgelege . M.	16,50	29	37	41	45				
kg	16	28	36	40	44				
Zahnstangenwinden mit Stahlblechmantel in bester (Handels-) Ausführung . . . . M.	—	60	66	72	76,50	81	87	96	106,50
Mit doppeltem Vorgelege . . . . kg	—	35	38	44	50	62	70	80	85
Mehrpreis für Sicherheitskurbel 12 M. für jede Tragkraft									
Zahnstangenwinden mit Schneckenvorgelege . . . . M.				90			114	156	189
Mehrpreis für Sicherheitskurbel 12 M. für jede Tragkraft . . . . . . kg				50			70	85	100

Die Zahnstangenwinden werden auch oft benutzt als Gleishebewinden u. dgl. Die Windenformen für die verschiedenen Zwecke sind sehr mannigfaltig. Hier können natürlich nur die wesentlichsten Bauarten angeführt werden. Nur einfach erwähnt werden sollen daher auch die Zahnstangenwinden mit Hebelbetrieb, die häufig mit automatischer Festhaltung ausgeführt werden. Diese Winden bieten den Vorteil, daß der Arbeiter bei der Bedienung des Hebels in angemessener Entfernung von der Winde stehen kann, und daß die Winde besser bei beschränkten Raumverhältnissen angewendet werden kann als die Winde mit Kurbel. Sonst ist sie aber verhältnismäßig unhandlich und wird viel seltener angewendet als die Winde mit Kurbelbetrieb.

Handelt es sich um das Heben großer Lasten, so wird die erforderliche Übersetzung mitunter durch Anwendung einer Druckpumpe erzielt und das Heben durch Vermittlung einer Flüssigkeit bewirkt. Als Flüssigkeit verwendet man im allgemeinen Wasser; nur bei größerer Kälte benutzt man eine Mischung von etwa 2 Teilen Wasser und 1 Teil Glyzerin, um ein Einfrieren zu verhindern. Mit diesen sog. hydraulischen Hebeböcken können sehr große Lasten ohne Schwierigkeit durch einen Arbeiter bewältigt werden bei einem Wirkungsgrad von etwa 0,6—0,7, während der Wirkungsgrad bei den selbstsperrenden Schraubenwinden und auch bei den Zahnstangenwinden mit Schneckenradantrieb immer kleiner als 0,5 ist. Abb. 338 zeigt einen solchen Hebebock in besonders niedriger Bauart als sog. hydraulischen Schiffshebebock, wie er zum Ausrichten von Schiffen auf der Werft und auch zum Anheben von schweren Lasten bei Montagen gebraucht wird. Die Wirkungsweise ist aus der Abbildung leicht zu erkennen. Der Druckkolben ist als Tauchkolben ausgebildet und ruht in einem mit Ledermanschette abgedichteten Zylinder, dem das Druckwasser von der Seite zugeführt wird. Das geschieht durch Hin- und Herbewegung eines kleinen Kolbens mit Hilfe eines seitlich an dem Wasserdruckkasten angebrachten Hebels. Der Kolben saugt bei seiner Bewegung die Flüssigkeit aus dem Kasten durch ein Saugventil heraus und drückt sie durch ein Druckventil in den Zylinder. Die beiden Ventile werden durch Federn auf ihren Sitz gedrückt, so daß die Hebeböcke in jeder Lage benutzt werden können. Das Entleeren des Druckzylinders erfolgt durch Lösen einer Schraube, die sich oberhalb des Wasserkastens befindet und beim Lösen eine Öffnung freigibt, durch die die Druckflüssigkeit aus dem Zylinder wieder in den seitlichen Kasten fließt, um von neuem benutzt zu werden. Die Hebeböcke arbeiten mit sehr hohem Druck von etwa 400 at. Das Übersetzungsverhältnis kann außerordentlich groß gemacht werden. Bezeichnet man

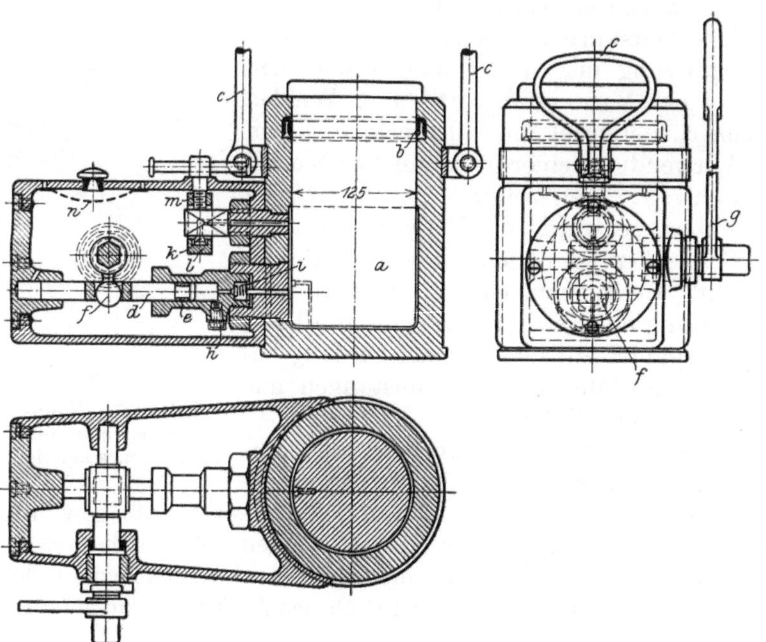

Abb. 338. Hydraulischer Schiffshebebock für 50 t Last (Maßstab 1 : 7,5).

a Tauchkolben.
b Lederstulpdichtung.
c Handgriffe zum Tragen der Winde.
d Pumpenkolben.
e Lederdichtung für *d*.
f Hebel zum Bewegen von *d*.
g Handhebel.
h Saugventil.
i Druckventil.
k Kegelspitze zum Abschluß der Austrittsöffnung.
l Ring zum Halten von *k*.
m Schraube zum Regulieren der Senkbewegung.
n Sieb zur Reinigung des Füllwassers.

den Durchmesser des kleinen Pumpenkolbens mit d, den Durchmesser des Druckkolbens mit D, die Länge des Hebels vom Drehpunkt bis zum Angriff am Kolben mit a, die Länge des Hebels vom Drehpunkt bis zum Hangriff mit b, so ist das Gesamtübersetzungsverhältnis gleich

$$i = \frac{d^2}{D^2} \cdot \frac{a}{b}.$$

Nimmt man z. B. $d = 1{,}8$ cm, $D = 12{,}7$ cm, $a = 3{,}5$ cm, $b = 100$ cm an, die Kraft im Handgriff mit 50 kg — welche Kraft vorübergehend durch einen Mann ausgeübt werden kann —, so beträgt die Druckkraft des Tauchkolbens $50 \cdot \frac{126{,}7}{2{,}5} \cdot \frac{100}{3{,}5} = 72\,000$ kg, allerdings abgesehen von den Verlusten in der Maschine. Der Wirkungsgrad kann mit etwa 0,7 angenommen werden, so daß also bei dem angegebenen Übersetzungsverhältnis, das noch leicht vergrößert werden kann, ein Arbeiter $72 : 0{,}7 = 50$ t zu heben vermag. Die Winden werden normal ausgeführt bis zu einer Tragkraft von 200 t bei sehr geringem Gewicht. Eine Winde für 70 t Tragkraft kostet nach der Preisliste brutto 300 M. bei 134 kg Gewicht, und eine solche für 200 t Tragkraft 540 M. bei 311 kg Gewicht. Die Druckzylinder und Kolben werden natürlich aus Stahlguß hergestellt.

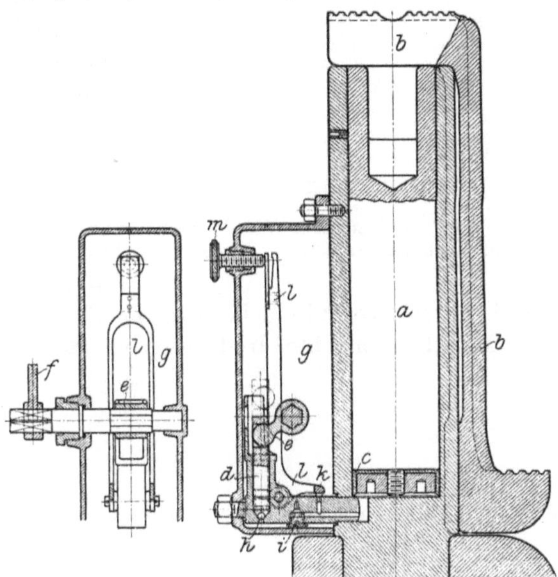

Abb. 339. Senkrechter hydraulischer Hebebock als Ersatz für Zahnstangenwinden (Maßstab 1 : 8,5).

Tragkraft 30 t, Hubhöhe 400 mm.

a Druckkolben.
b Klauenträger mit oberer und seitlicher Klaue.
c Ledermanschette.
d Pumpenkolben.
e—*f* Hebel der Handpumpe.
g Wasserkasten.
h Kugelventil als Saugventil.
i Druckventil.
k Auslaßventil für die Senkbewegung.
l Hebel für die Betätigung des Auslaßventils.
m Regulierschraube für die Senkbewegung.

Eine ähnliche Anordnung wird verwendet für senkrecht stehende hydraulische Hebeböcke, von denen Abb. 339 eine Ausführungsform darstellt.

Aus der folgenden Liste ist ersichtlich, daß diese Winden normal bis 60 t Tragkraft ausgeführt werden. Die Arbeitsweise ist nach der erfolgten Beschreibung des Schiffshebebockes ohne weiteres verständlich. Der Wasservorratskasten befindet sich an der einen Seite der Winde.

Bruttopreise und Gewichte für hydraulische Hebeböcke nach Abb. 339.

Tragkraft . . . . kg	3000	6000	10000	15000	20000	30000	40000	50000	60000
Hubhöhe . . . . mm	155	255	305	305	305	305	280	280	255
Länge der horizont. Verschiebung bei Schlittenwinden . . . . . . mm	—	—	255	305	305	445	445	460	460
Gewicht ohne Schlitten . . . . kg	17	34	44	51	63	85	111	128	166
Gewicht mit Schlitten . . . . „	—	—	66	82	107	154	173	240	282
Preis ohne Schlitten . . . . . M.	68,00	82,00	92,00	100,00	110,00	130,00	155,00	190,00	230,00
Preis mit Schlitten . . . . . „	—	—	104,00	155,00	170,00	180,00	190,00	290,00	330,00

Der Druckhebel ist am Wasserkasten angebracht, und der Kolben ist mit dem Klauenträger verbunden. Die Dichtung befindet sich am unteren Ende des Druckkolbens. Durch Bewegen des Handhebels wird der kleine Pumpenkolben auf und ab bewegt, saugt die Druckflüssigkeit durch ein Kugelventil aus dem Vorratsbehälter heraus und drückt sie durch ein Druckventil in den Druckzylinder.

Das Senken der Last kann durch Lösen der seitlichen Handschraube geschehen, wodurch die Druckflüssigkeit wieder aus dem Druckzylinder in den Vorratsbehälter übergeleitet wird.

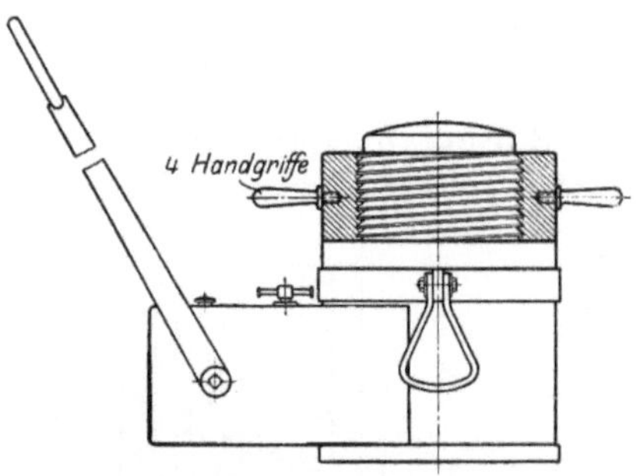

Abb. 340. Hydraulische Winde mit einschraubbarem Druckstempel.

Auch von den Hebeböcken gibt es eine große Anzahl verschiedener Ausführungsformen. Hier sollen nur zwei erwähnt werden, Abb. **340**, die sich von der Winde Abb. 338 dadurch unterscheidet, daß der Kolben durch Benutzung einer Verschraubung schnell so eingestellt werden kann, daß er die zu hebende Last berührt. Man erspart dadurch ziemlich viel Zeit, die sonst für das langsame Heben des Kolbens durch die Pumpe erforderlich ist, bis mit dem Heben der Last begonnen wird. Auch als Zugwinden werden die hydraulischen Winden hin und wieder ausgeführt.

Eine andere Winde besonderer Bauart ist der in neuerer Zeit von Pützer auf den Markt gebrachte hydraulische Hebebock nach Patent Sommerstad nach

Abb. 341. Hydraulischer Hebebock (Patent Sommerstad).

- *a* Pumpe.
- *b* Ventilkasten.
- *c*, *d* Ventile
- *e* Zylinder.
- *f* Stempel.
- *g* Druckleitung.
- *h* Zylinderraum.
- *i* Rückleitung.
- *k* Hubbegrenzungsventil (f. d. Zylinder).
- *l* Begrenzungshebel.
- *m* Zylinderraum.
- *n* Sicherheits- und Hubbegrenzungsventil (f. d. Stempel).

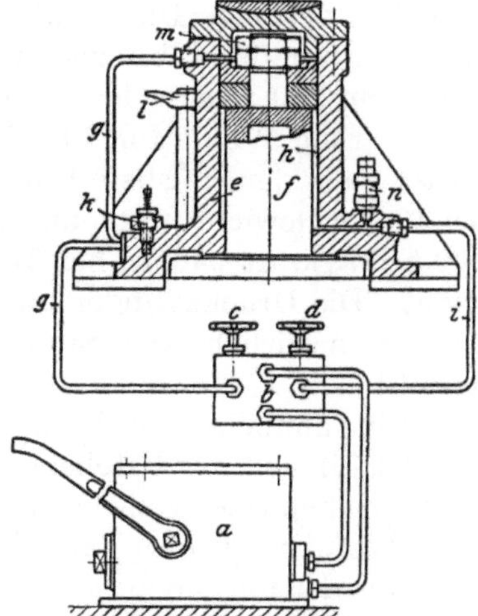

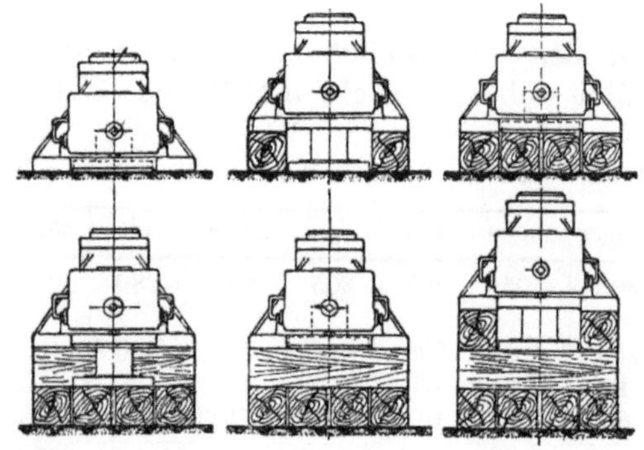

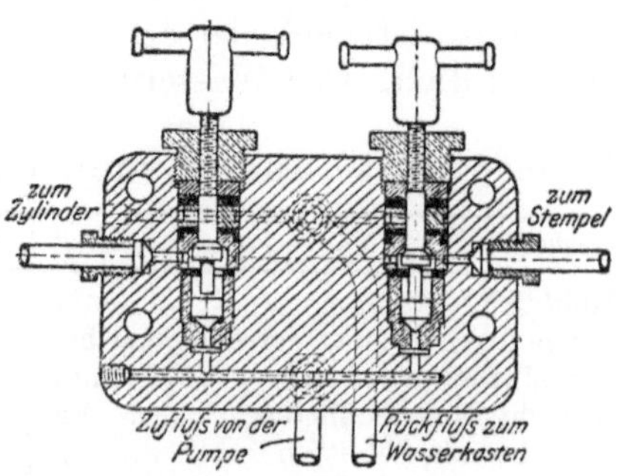

Abb. 341. Er ist für das Heben schwerer Lasten auf große Höhen geeignet, indem durch abwechselndes Unterbauen des Stempels und des Zylinders das Unterbauen des zu hebenden Gegenstandes in Fortfall kommt. Sie wird bei elektromotorischem Antrieb für eine Tragkraft bis zu 100 t gebaut.

Die hydraulischen Winden werden nur zum Heben schwerer Lasten benutzt und bieten hierfür ein ausgezeichnetes Hilfsmittel. Durch die unzusammendrückbare Druckflüssigkeit wird die Last in jedem Augenblick in ihrer Lage vollkommen festgehalten. Bei größeren Lasten kann man natürlich auch 2 oder mehrere Winden zu gleicher Zeit anwenden. Abb. 342 zeigt ein Verteilungsstück für 2 Winden, die von einer Pumpe aus bedient werden. Damit die Winden die Last gleichmäßig heben, auch wenn die auf die einzelnen Winden entfallende Belastung verschieden ist, können die Zuflußöffnungen zu den beiden Winden durch Stellschrauben vergrößert oder verkleinert werden.

Handelt es sich um das Heben sehr großer Lasten von bedeutender Ausdehnung, wie z. B. Gasometerglocken u. dgl., die vollkommen wagerecht gehoben werden sollen, so kann das durch Verwendung einer großen Anzahl derartiger Winden ebenfalls in ziemlich einfacher und sehr zuverlässiger Weise geschehen, z. B. unter Verwendung der Steuerung von Hoppe nach Abb. 343. Die Einrichtung beruht darauf, daß der Wasserzufluß für alle Treibkolben durch Schraubenspindeln, die mit gleicher Geschwindigkeit gedreht werden, so eingestellt wird, daß alle Kolben sich nur um ein der Schraubenverstellung entsprechendes Stück heben können, daß dann aber der Wasserzufluß abgesperrt ist, bis die Schrauben wieder weitergedreht sind. In dieser Weise können auch die Kolben, die einen geringeren Druck erhalten, sich nicht schneller heben als die anderen Kolben mit größerem Druck.

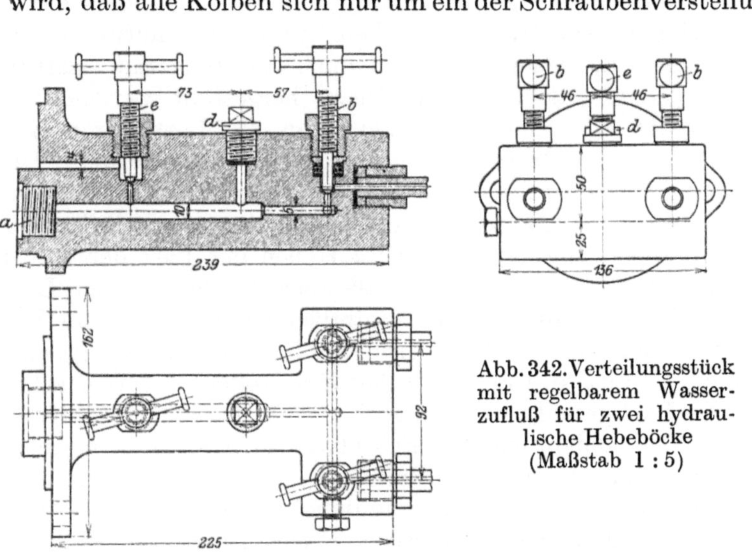

Abb. 342. Verteilungsstück mit regelbarem Wasserzufluß für zwei hydraulische Hebeböcke (Maßstab 1 : 5)

a Anschluß für die Druckpumpe.
b Abstellschrauben zum Regeln des Wasserzuflusses für jeden der beiden Hebeböcke.
c Anschlüsse an die beiden Hebeböcke.
d Manometerstutzen zur Druckkontrolle, damit nicht beide Stellschrauben *b* zu stark schließen.
e Verschlußschraube zum Senken der Hebeböcke.

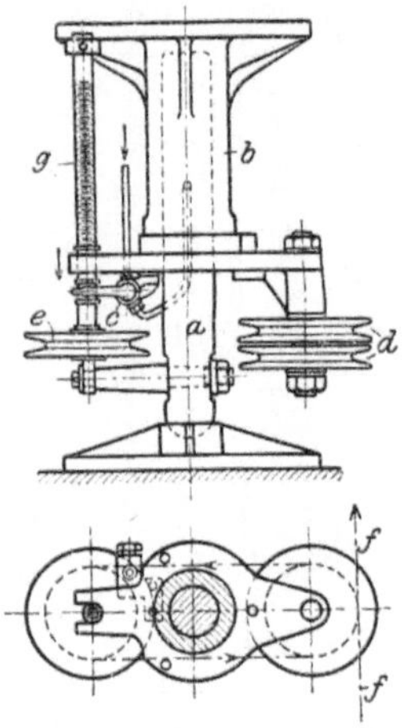

Abb. 343. Steuerung für gleichmäßiges Anheben mit mehreren hydraulischen Hebeböcken.

a Druckkolben.
b Druckzylinder.
c Steuerapparat mit Wasserzu- und -ableitung.
d Umlenkrollen für ein Seil, das in gleicher Weise um alle Hebeböcke herumgeleitet ist.
e Seilrolle als Antriebsrolle einer Schraubenspindel *g* zum Einstellen des Steuerapparates *c*.
f Seil zum gleichmäßigen Bewegen der Stellschrauben *g* bei sämtl. Hebeböcken.
g Schraubenspindel zum Verstellen des Steuerapparates *c* entsprechend der Bewegung des Steuerseils *f*.

Wenn ein Zylinder sich schneller heben will als die anderen, so wird der davon abhängige Steuerapparat abgesperrt und erst wieder geöffnet, wenn die Schraubenspindel entsprechend gedreht wird, was bei allen Hebeböcken durch ein durchlaufendes Seil gleichmäßig geschieht.

Die hydraulischen Hubwinden können natürlich auch so eingerichtet werden, daß sie als Zugwinden arbeiten anstatt als Druckwinden, wie oben beschrieben. Die Benutzung als Druckwinde ist aber die häufigere. Zugwinden werden dagegen häufig als pneumatische Winden angewendet, besonders in Werkstätten, in denen Druckluft für den Betrieb der Werkzeuge (Nietmaschinen usw.) ohnehin benutzt wird. Eine derartige pneumatische Zugwinde ist in Abb. 344 dargestellt. Der Kolben wird gehoben und damit die Last angezogen, indem die Luft durch Zug an einer Handkette vermittels eines Ventils unter den Kolben gelangt. Die Hubhöhe des Kolbens kann eingestellt werden durch einen darüber befindlichen zweiten Kolben, der durch eine zweite Handkette mit Handkettenrad, Kegelräder und Schraubenspindel eingestellt wird. Beim Senken der Last tritt die Druckluft von dem Raum unter dem Kolben in den Raum über dem Kolben. Der Kolben wird durch eine besondere Führungsstange gegen Verdrehen gesichert. In ähnlich einfacher Weise werden auch die hydraulischen Zugwinden ausgeführt.

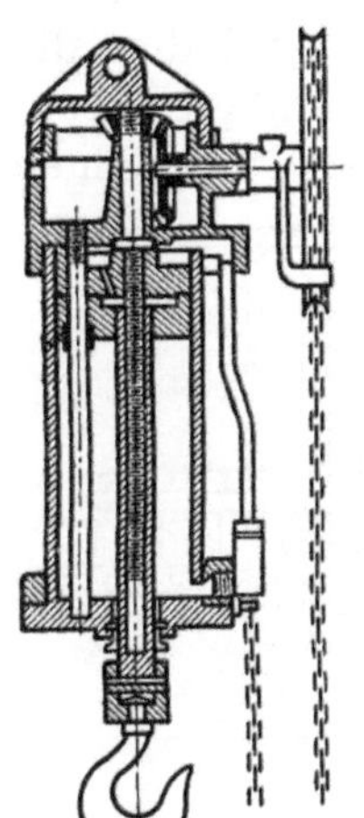

Abb. 344. Pneumatische Zugwinde.

b) Flaschenzüge.

Als Hebevorrichtungen für einfache senkrechte Hubbewegung kommen ferner die Flaschenzüge verschiedener Bauart in Betracht, und zwar für kleinere Lasten einfache Faktorenflaschenzüge oder auch Flaschenzüge mit Differentialrollen, für größere Lasten fast ausschließlich solche mit Räderübersetzung.

Die einfachen Faktorenflaschenzüge werden vielfach mit Hanfseilen geliefert. Das ermöglicht die Verwendung kleiner Rollendurchmesser und damit geringes Gewicht und niedrigen Preis. Für das Heben von Hand ist das Hanfseil infolge seiner großen Biegsamkeit und des verhältnismäßig großen Seildurchmessers besonders handlich und geeignet. Die Hanfseilflaschenzüge werden mitunter mit Holzrollen geliefert, neuerdings aber doch meistens mit eisernen Rollenkloben, deren Schilder aus Blech hergestellt werden, um geringes Gewicht zu erhalten. Dabei kann die Last durch eine selbsttätige Sperrvorrichtung gehalten werden, wie aus Abb. 345 ersichtlich. Die Hemmvorrichtung besteht aus einem Hebel a, welcher um einen Bolzen b drehbar ist und in einem oben angeordneten Zapfen c einen Hebel mit einer Reibfläche d trägt, die so angeordnet ist, daß beim Heben der Last der Hebel in Richtung des Seiles ausweicht, daß aber das Senken der Last dadurch verhindert wird, daß die Reibfläche d sich auf dem Seil festklemmt. Der Hebelausschlag wird durch einen Stift e begrenzt, der in einem Schlitz des Seitenbleches des Rollenklobens geführt wird. Soll die Last gesenkt werden, so kann die Reibfläche d etwas angelüftet werden, indem man das Seil etwas nach der Seite bewegt. Dadurch bringt man den mit der Reibfläche d verbundenen Hebel f mehr oder minder zum Ausschlag und hebt d vom Seil ab. Die Gewichte und Abmessungen derartiger Flaschenzüge für Hanfseil sind für die gebräuchlichsten Ausführungsgrößen bis 1900 kg Tragkraft in der umstehenden Tabelle angegeben.

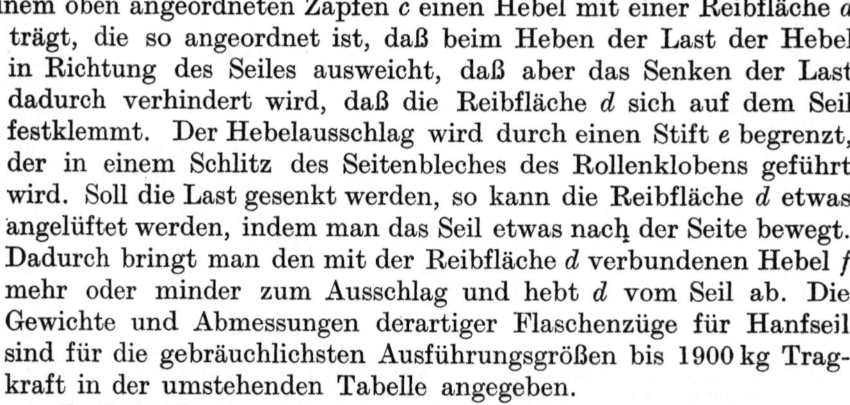

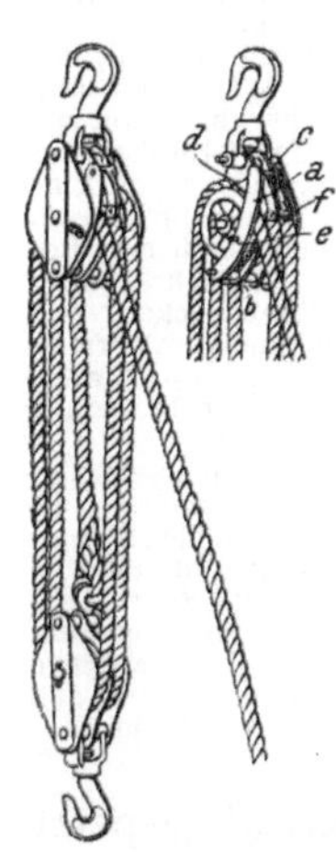

Abb. 345. Hanfseilflaschenzug mit Sperrvorrichtung.

Drahtseilflaschenzüge lassen sich auch für größere Lasten noch als Faktorenflaschenzüge ausführen. Die Rollen müssen bei diesen Flaschenzügen aber wesentlich größeren Durchmesser erhalten. Auch sind die Hanfseilflaschenzüge bei gleicher Tragfähigkeit wesentlich billiger als die Drahtseilflaschenzüge. Da die Drahtseilflaschenzüge außerdem für die Anbringung einer Selbsthemmungsvorrichtung nicht besonders geeignet sind, so werden sie im wesentlichen nur für das Festhalten, weniger für das Heben von Lasten verwendet. Wenn Lasten gehoben werden sollen, so zieht man die Kette durchweg vor, wenn der Hanfseilbetrieb bei der Größe der Last nicht mehr anwendbar ist.

Die Faktorenflaschenzüge werden benutzt, um eine Übersetzung ins Langsame herbeizuführen. Dabei ist aber im allgemeinen mit 4 Rollen im festen Seilkloben die Grenze gegeben, weil die Arbeitsverluste sonst zu groß werden. Man erreicht demnach höchstens eine achtfache Übersetzung. Bei einem Wirkungsgrad einer jeden Seilrolle von 0,95 einschließlich Seilbiegungswiderstand beträgt der Gesamtwirkungsgrad etwa 0,7. Ein Arbeiter kann demnach selbst bei 50 kg Zugkraft nur rund $50 \cdot 8 \cdot 0{,}7 = 280$ kg heben. Daraus ergibt sich von selbst die oben schon

Bruttopreise und Gewichte für eiserne Hanfseilflaschenzüge mit Selbsthemmung.

Seilstärke		mm	10	13	16	19
Tragkraft pro Rolle resp. für einen Seilzug bis		kg	50	125	225	375
Durchmesser der Rollen		mm	65	90	100	120
Preis	des Flaschenzuges mit	M.	11,00	13,50	15,00	19,00
Tragkraft	1 Rolle oben, 1 Rolle unten	kg	100	250	450	750
Preis	2 Rollen „ 1 „ „	M.	12,50	15,50	17,50	20,50
Tragkraft		kg	135	400	650	1000
Preis	2 „ „ 2 Rollen „	M.	14,00	17,50	20,00	24,50
Tragkraft		kg	175	500	800	1300
Preis	3 „ „ 2 „ „	M.	15,50	20,35	22,50	27,00
Tragkraft		kg	215	600	950	1500
Preis	3 „ „ 3 „ „	M.	16,50	23,00	25,50	30,00
Tragkraft		kg	250	700	1100	1700
Preis	4 „ „ 3 „ „	M.	19,00	25,00	27,00	34,00
Tragkraft		kg	275	750	1200	1900
Preis des Seiles pro Meter		M.	0,50	0,55	0,60	0,70

angeführte Tatsache, daß die Flaschenzüge in dieser Form als eigentliche Hebevorrichtung nur für geringe Lasten brauchbar sind.

Bei größeren Lasten verwendet man meistens Kettenflaschenzüge. Der Grund liegt außer in der größeren Handlichkeit der Kette darin, daß mit ihr leichter eine größere Übersetzung zu erreichen ist. Der älteste und einfachste dieser Kettenflaschenzüge ist der Differentialflaschenzug, wie er schon von Weston im Jahre 1859 ausgeführt wurde. Abb. 346 zeigt einen solchen Flaschenzug. Der obere feste Rollenkloben besteht aus 2 zusammengegossenen gezahnten Kettenrädern, von denen das eine etwas größer ist als das andere. Unten befindet sich eine einfache Kettenumführungsrolle mit glatter Rille. Die Hubkette führt von der oberen großen Kettenrolle über die untere lose Rolle zur kleineren oberen Kettenrolle und dann über eine lose hängende Schleife wieder zur großen oberen Rolle zurück. Beim Anziehen der lose hängenden Kette wird die Last dadurch gehoben, daß die Kette auf die große feste Rolle aufgewunden wird. Sie läuft gleichzeitig von der kleinen Rolle ab. Bei einer Umdrehung der oberen Kettenrollen wird die Last um die halbe Differenz des Umfanges der beiden oberen Kettenrollen gehoben. Ist z. B. die größere obere Kettennuß für 12 Zähne, die kleinere für 11 Zähne vorgesehen, so beträgt das Übersetzungsverhältnis $^1/_{12} \cdot {^1/_2} = {^1/_{24}}$. Ein Arbeiter würde demnach ohne Berücksichtigung der Reibungsverluste mit 50 kg Zug an der Kette $24 \cdot 50 = 1200$ kg heben können. Der Wirkungsgrad dieser Flaschenzüge ist aber sehr gering, weil die Kette und die Kettenräder für verhältnismäßig geringe Hubhöhe sehr großen Weg zurückzulegen haben. Er beträgt nur etwa 0,3. Rechnet man mit diesem Wirkungsgrad, so ergibt sich, daß ein Arbeiter mit 50 kg

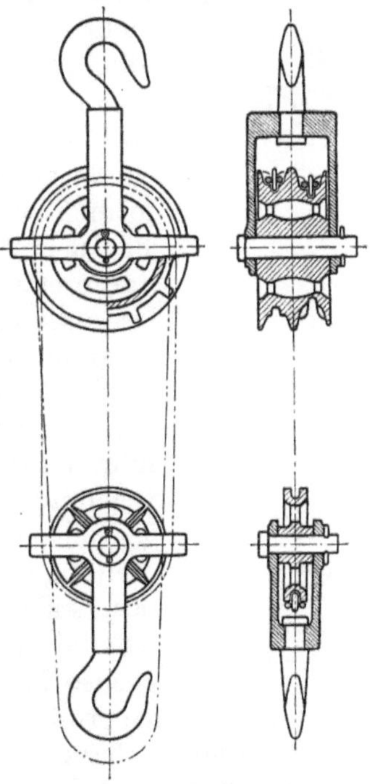

Abb. 346. Westonscher Differentialflaschenzug.

Zug an der Kette und bei den eben angegebenen Verhältnissen $0{,}3 \cdot 1200 = 360$ kg heben kann.

Dieses Übersetzungsverhältnis kann dadurch vergrößert werden, daß der Flaschenzug durch eine besondere Handkette und ein größeres Handkettenrad betätigt wird. Aber auch solche Flaschenzüge werden nur für höchstens 2000 kg empfohlen und auch dann noch mit Einschränkung, da besonders bei größeren Lasten und noch größeren Übersetzungsverhältnissen, als eben angegeben, einerseits der Wirkungsgrad zu klein, andererseits die Anzahl der erforderlichen Arbeiter zu groß wird, als daß sie praktisch gut arbeiten können. Mitunter findet man auch den Flaschenzug noch mit einem Zahnradvorgelege mit Innenverzahnung des großen Rades ausgerüstet. Dadurch wird aber der Wirkungsgrad noch weiter verschlechtert, und das Gewicht des Flaschenzuges wird größer, so daß man in solchen Fällen schon zweckmäßiger die später beschriebenen Schraubenflaschenzüge verwendet. Aus allen diesen Gründen wird der Westonsche Differentialflaschenzug nur noch sehr selten angewendet.

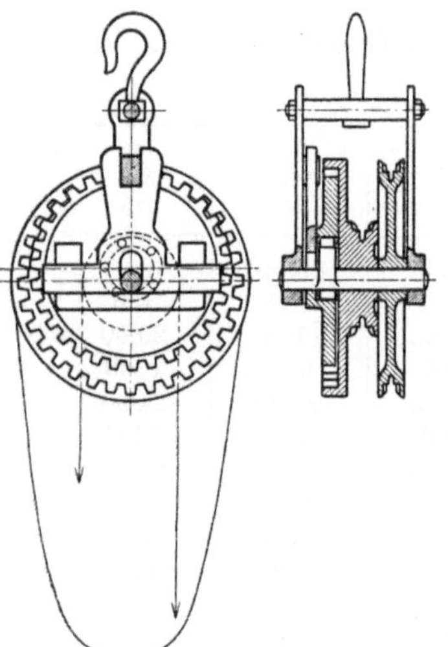

Abb. 347. Eadescher Differentialflaschenzug.

Ein Vorteil der Differentialflaschenzüge ist der, daß sie ohne weiteres selbsthemmend sind. Die Radien der beiden oberen Rollen, an denen die Last wie an einem doppelarmigen Hebel hängt, sind so wenig voneinander verschieden, daß die Zapfen- und Kettenreibung genügt, um die Last in jeder Höhenlage festzuhalten. Ein Nachteil ist der geringe Wirkungsgrad und vor allen Dingen auch die große Abnutzung der Hubkette, die beim Heben der Last einen sehr großen Weg um die Kettenrollen zurückzulegen hat. Wenn sie sich aber durch Abnutzung etwas gelängt hat, entstehen leicht Schwierigkeiten, indem die Kette nicht mehr genau in die Vertiefungen des oberen Rollenblockes hineinpaßt.

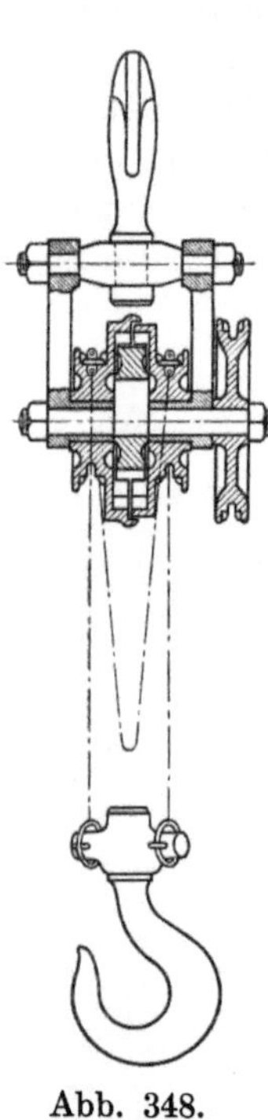

Abb. 348. Moorescher Differentialflaschenzug.

Durch andere Bauarten von Differentialflaschenzügen sind die eben angeführten Nachteile wohl etwas gemildert, aber doch nur zu einem kleinen Teil beseitigt. Die beiden bekanntesten Ausführungsformen sind die von Eade (Abb. 347) und von Moore (Abb. 348). Bei dem Flaschenzug von Eade wird die Differentialwirkung dadurch erzielt, daß auf der durch ein Handkettenrad gedrehten Welle lose drehbar ein Zahnrad angeordnet ist, das in ein anderes innen verzahntes Rad eingreift, dessen Zähnezahl nur um einen oder wenige Zähne von der des ersten Rades verschieden ist. Das lose Zahnrad ist so geführt, daß es nur eine senkrechte Verschiebung ausführen kann. Wenn es beim Drehen der Welle durch das mit dieser verbundene Exzenter in das Rad mit der Außenverzahnung eingedrückt wird, so wird das letztere gedreht, und zwar bei einer Umdrehung des Handkettenrades um so viel, als der Differenz der Zähne der beiden Zahnräder entspricht. Mit dem innen verzahnten Rade ist die Kettennuß zum Lastheben verbunden, die also um ein ebenso kleines Stück gedreht wird. In dieser Weise kann man ohne Schwierigkeit eine große Übersetzung erzielen. Man hat auch die beim Westonschen Flaschenzuge vorhandene große Kettenreibung und Kettenabnutzung vermieden. Dagegen hat man sehr starke Zahnreibung, Lagerreibung und Gleitreibung, und der Wirkungsgrad ist doch nicht viel besser als bei dem Weston-Flaschenzug.

Nicht viel anders liegen die Verhältnisse beim Mooreschen Flaschenzuge. Auch hier wird die starke Kettenreibung beseitigt, dafür aber große Zahnreibung in den Kauf genommen. Die Differentialwirkung entsteht hier in folgender Weise: Mit dem Handkettenrad wird eine Welle mit Exzenter gedreht. Auf der Welle ist in der Mitte ein lose laufendes Zahnrad gelagert, das in 2 Zahnrädern mit Innenverzahnung eingreift. Jedes dieser Räder greift bis zur Mitte über das lose laufende Zahnrad herüber und ist mit einer Kettennuß zusammengezogen. Die Zähnezahl der beiden Räder mit Innenverzahnung ist etwas verschieden. Meistens hat das eine Rad einen Zahn mehr als das andere. Der Eingriff ist trotzdem noch genügend gut. Infolge der verschiedenen Zähnezahlen verschieben sich die beiden äußeren Zahnräder etwas gegeneinander, und diese gegenseitige Verschiebung wird zum Aufwickeln der Hubkette, also zum Lastheben, benutzt. Durch geeignete Wahl der Zähnezahlen kann man die Übersetzung groß machen. Dafür müssen die Räder aber entsprechend oft gedreht werden, und das bedingt den großen Arbeitsverlust. Der Wirkungsgrad bleibt immer bedeutend unter 0,5. Die Differentialflaschenzüge sind daher in neuerer Zeit durch andere Konstruktionen sehr in den Hintergrund gedrängt worden und fast vollständig aus den Betrieben verschwunden, wenigstens für solche Fälle, wo die Last häufig um größere Strecken gehoben werden muß.

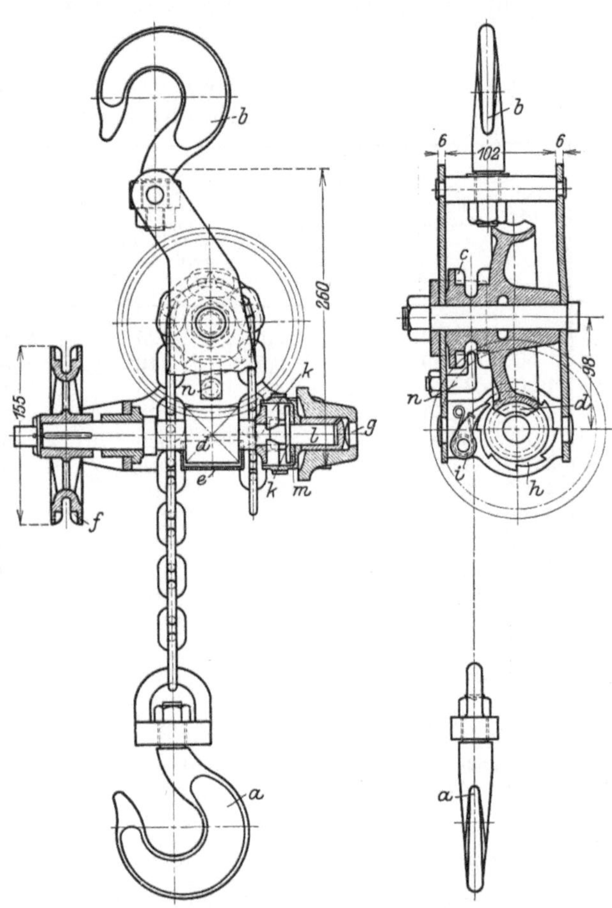

Abb. 349. Schraubenflaschenzug (Bolzani) (Maßstab 1 : 7).

a Lasthaken.
b Haken zum Aufhängen des Flaschenzuges.
c Kettennuß zum Aufwickeln der Hubkette.
d Schneckenrad und doppelgängige Schnecke.
e Ölfänger für die Schnecke.
f Handkettenrad.
g Stahlplatte zum Aufnehmen des Schneckendruckes beim Lastheben.
h Bremstrommel mit Sperrad, beim Heben frei drehend.
i Sperrzahn zum Festhalten des Sperrades *h* beim Lastsenken.
k Klauenkupplung zwischen Schneckenradwelle und Bremsscheibenbolzen.
l Bremsscheibenbolzen mit Bremsscheibe und Kupplungshälfte zur Verbindung mit *k*.
m Friktionsscheibe zur Vergrößerung der Bremskraft.
n Hakenschraube zum Verhindern des Mitnehmens der Kette durch die Kettennuß *c*.

Als besserer Ersatz für die Differentialflaschenzüge kamen zunächst die Schraubenflaschenzüge in Betracht, die um 1870 zuerst von Becker gebaut wurden. Bei ihnen wird die Kette durch eine Kettennuß aufgewickelt, die mit einem Schneckenrad verbunden ist. Das Schneckenrad wird im allgemeinen durch eine doppelgängige Schnecke gedreht, wie z. B. aus Abb. 349 und 350 ersichtlich. Der Antrieb durch die doppelgängige Schnecke ermöglicht einen Wirkungsgrad des Schneckengetriebes von etwa 0,65, so daß unter Berücksichtigung der übrigen Verluste der Gesamtwirkungsgrad mit etwa 0,5—0,6 angenommen werden kann. Dabei kann aber bei entsprechender Zähnezahl des Schneckenrades eine große Übersetzung erzielt werden. Bei n-Zähnen des Schneckenrades beträgt die Übersetzung $\frac{n}{2}$. Diese Übersetzung kann noch vergrößert werden durch Verwendung einer möglichst kleinen Kettennuß als Antriebsrad, ferner durch Verwendung einer losen Rolle für den Haken und eines entsprechend großen Handkettenrades. Die Flaschenzüge werden daher auch für große Lasten von 300—15 000 kg ausgeführt. Die folgende Liste gibt eine kleine Übersicht über Gewichte und Preise bei den in Frage kommenden Lasten.

Bruttopreise und Gewichte für Schraubenflaschenzüge mit Selbsthemmung (Becker).

Nr.	Tragfähigkeit	Prüfungsbelastung	Gewicht mit Ketten für 3 m Hub	Gewicht für je 1 m vergrößerten Hub	Ganze Länge im zusammengezogenen Zustande (Innenkante bis Innenkante Haken)	Hubgeschwindigkeit bei Abhaspelung von 30 m Handkette pro Minute	Zugkraft bei 62% Nutzeffekt	Preis mit Ketten für 3 m Hub	Preis der Lastkette für je 1 m vergrößerten Hub	Preis der Handkette für je 1 m vergrößerten Hub
	kg	kg	ca. kg	ca. kg	ca. mm	mm	ca. kg	M.	M.	M.
1	300	450	22	2,5	425	2410	40	61,00	2,20	3,00
2	500	750	25	2,5	440	1630	44	65,00	2,20	3,00
3	1 000	1 500	35	4,0	710	815	44	80,00	4,40	3,00
4	1 500	2 250	45	5,0	820	570	46	90,00	5,30	3,00
5	2 000	3 000	64	6,0	920	490	53	106,00	6,20	3,00
6	3 000	4 500	80	8,0	1010	335	54	126,00	7,60	3,00
7	4 000	6 000	106	10,5	1100	355	76	156,00	8,00	3,60
8	5 000	7 500	125	12,5	1200	300	80,5	175,00	10,00	3,60
9	6 000	9 000	158	15,5	1335	240	77	220,00	11,60	3,60
10	7 500	42 000	185	16,5	1470	230	93	260,00	13,00	3,60
11	10 000	15 000	290	24,0	1500	180	95	360,00	19,00	3,60
12	10 000	15 000	274	34,0	1400	190	101	430,00	40,00	3,60
13	12 500	18 000	382	40,0	1500	130	90	560,00	52,00	3,60
14	15 000	20 000	490	54,0	1750	110	93	720,00	58,00	3,60

Bei den Größen Nr. 1 und 2 hängt die Last mittels Haken an der einfachen Lastkette.
Bei den Größen Nr. 3 bis 14 hängt die Last mittels loser Rolle an der doppelten Lastkette.
Die Größen Nr. 10 bis 11 haben kalibrierte Gliederkette; Nr. 12 bis 14 Gallsche Gelenkkette, die über gefräste Stahlachsen läuft, als Tragorgan.

Die Gewichte sind etwas größer als die Gewichte der Differentialflaschenzüge. Dafür ist aber die Abnutzung viel geringer und der Wirkungsgrad wesentlich höher. Im allgemeinen wird bei Lasten bis zu 500 kg die untere lose Rolle nicht angewendet und die Last an einem einfachen Haken aufgehängt. Bei Lasten von 10 000 kg an werden Gallsche Gelenkketten an Stelle der kalibrierten Ketten verwendet.

Eine besondere Konstruktion ist erforderlich, um bei dem erwähnten hohen Wirkungsgrade bei Anwendung doppelgängiger Schnecken eine Selbsthemmung des Getriebes zu erzielen. Zu diesem Zweck wird allgemein eine Lastdruckbremse eingebaut, die mit den ersten Schraubenflaschenzügen auch zuerst von Becker, später in etwas abgeänderter, in der Wirkung aber gleicher Form auch von anderen Firmen ausgeführt wurde. Zum Bremsen wird der durch die Last auf die Schnecke ausgeübte Längsschub in Richtung der Schneckenwelle benutzt. Dieser Schub wird beim Heben der Last durch einen Spurzapfen aufgenommen, so daß möglichst geringe Reibung entsteht. Sobald aber die Last sich senken will, greift ein Sperrzahn in ein Sperrad ein. Dadurch wird bewirkt, daß das Drehen der Schneckenwelle in der Richtung der Abwärtsbewegung der Last nur erfolgen kann, indem das auf dieser Welle festgekeilte Druckstück sich vor einer durch das Sperrad festgehaltenen Reibfläche verschiebt. Durch geeignete Wahl des Durchmessers und des Materials für die Reibfläche kann man eine große Reibung erzielen, welche die Schnecke an der Drehung und damit die Last am Absenken verhindert. Zum Absenken der Last muß demnach ein gewisser Zug an der Handkette in Richtung des Lastsenkens ausgeübt werden. In dieser Weise wird also die Reibung beim Aufwärtsgang der Last möglichst verkleinert, beim Abwärtsgang dagegen eine Selbsthemmung erzielt durch Erzeugung einer größeren Reibung, die der jeweiligen Last entspricht.

Die eben beschriebene Anordnung wird, wie schon erwähnt, grundsätzlich von allen Firmen verwendet, die Schraubenflaschenzüge bauen. Die Unterschiede bestehen im wesentlichen nur darin, daß die Reibungsflächen verschieden gestaltet sind und in der Art, wie das Zwischenstück zur Aufnahme der Reibung beim Lastsenken mit dem auf der Welle festgekeilten Druckstück verbunden ist und wie der Druck auf den beim Heben der Last benutzten Spurzapfen übertragen wird. Zum Teil wird die Reibung beim Senken der Last durch konische Reibflächen erzeugt.

Abb. 350 zeigt eine Anordnung, bei welcher es vermieden ist, das Handkettenrad beim Senken des leeren Hakens unnötig zu drehen, wie es bei dauernder Benutzung

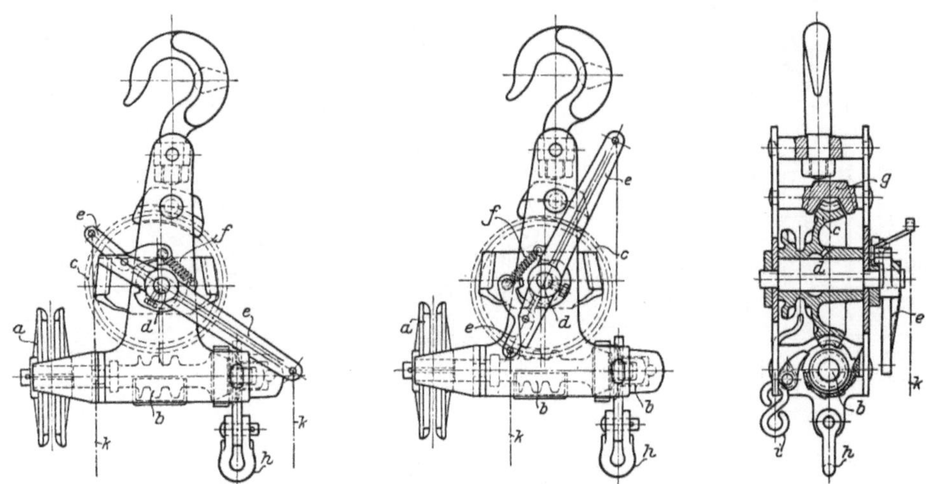

Abb. 350. Schraubenflaschenzug für schnelles Senken mit ausrückbarem Schneckenrade.

a Handkettenrad zum Lastheben.
b Schnecke mit Lastdruckbremse mit konischer Reibfläche.
c Schneckenrad mit angegossener Kettennuß für die Hubkette, links dargestellt außer Eingriff mit der Schnecke, in der Mitte und rechts dargestellt in Eingriff mit der Schnecke.
d Exzentrisch gelagerte Achse zu *c* zum Einrücken und Ausrücken von *c*.
e Hebel mit Zugschnüren zum Drehen von *d* und Einrücken und Ausrücken von *c*.
f Feder zum Feststellen des Hebels *e* in eingerückter oder ausgerückter Lage durch Vermittlung einer Klinke und einer Sperrscheibe mit zwei Ausschnitten.
g Bremsbacke zum Bremsen des Schneckenrades *c* in ausgerücktem Zustande.
h Befestigung des belasteten Hubkettenendes am Flaschenzug.
i Befestigung des losen Hubkettenendes am Flaschenzug.
k Zugschnüre zum Ein- und Ausrücken des Schneckenrades.

der Selbsthemmung erforderlich ist. Zu diesem Zwecke wird das Schneckenrad *a* zum Aus- und Einrücken angeordnet, was durch entsprechende Bewegung des mit der Exzenterscheibe verbundenen Hebels *e* geschieht. In der Mitte und rechts ist das Exzenter in seiner tiefsten Stellung gezeichnet, bei der das Schneckenrad *a* eingerückt ist. Die linke Abbildung zeigt das Exzenter in der höchsten Lage bei ausgerücktem Schneckenrade. Eine an der rechten Seite am Flaschenzuggehäuse befestigte Sperrscheibe mit zwei Einschnitten dient dazu, das Schneckenrad bzw. den Hebel *e* in der ausgerückten oder eingerückten Lage festzuhalten. Das geschieht durch eine vermittels der Feder *f* mit dem Hebel *e* verbundene Klinke, die in die beiden Ausschnitte der Sperrscheibe eingreift und den Hebel *e* erst freigibt, wenn die Klinke durch Ziehen an der linken Handkette *h* aus dem Einschnitt herausgehoben ist.

Große Verbreitung hat dieser Flaschenzug aber nicht gefunden. Besonders infolge der im folgenden beschriebenen Stirnradflaschenzüge mit wesentlich geringerer Eigenreibung ist das Bedürfnis für diese immerhin etwas komplizierte Bauart verhältnismäßig gering.

In neuerer Zeit werden nämlich die Schraubenflaschenzüge schon vielfach abgelöst durch Flaschenzüge mit reiner Stirnradübersetzung, die mit noch höherem Wirkungsgrad von etwa 70—80 vH arbeiten. Abb. 351 zeigt die Anordnung eines derartigen Stirnradflaschenzuges für 500 kg Last an einfachem Haken bzw. 1000 kg an loser Rolle. Die Übersetzung erfolgt außer durch die etwa verwendete lose Kettenrolle nur durch ein Stirnräderpaar und durch ein Kettenrad mit Handkette, das einen größeren Durchmesser aufweist als die Kettennuß zum Aufwickeln der Last. Um das Gewicht niedrig zu halten, werden die Zahnräder aus besonders widerstandsfähigem Material, im vorliegenden Fall aus Chromnickelstahl, ausgeführt mit geschnittenen Zähnen von kleiner Teilung und großer Breite, die infolge einer sorg-

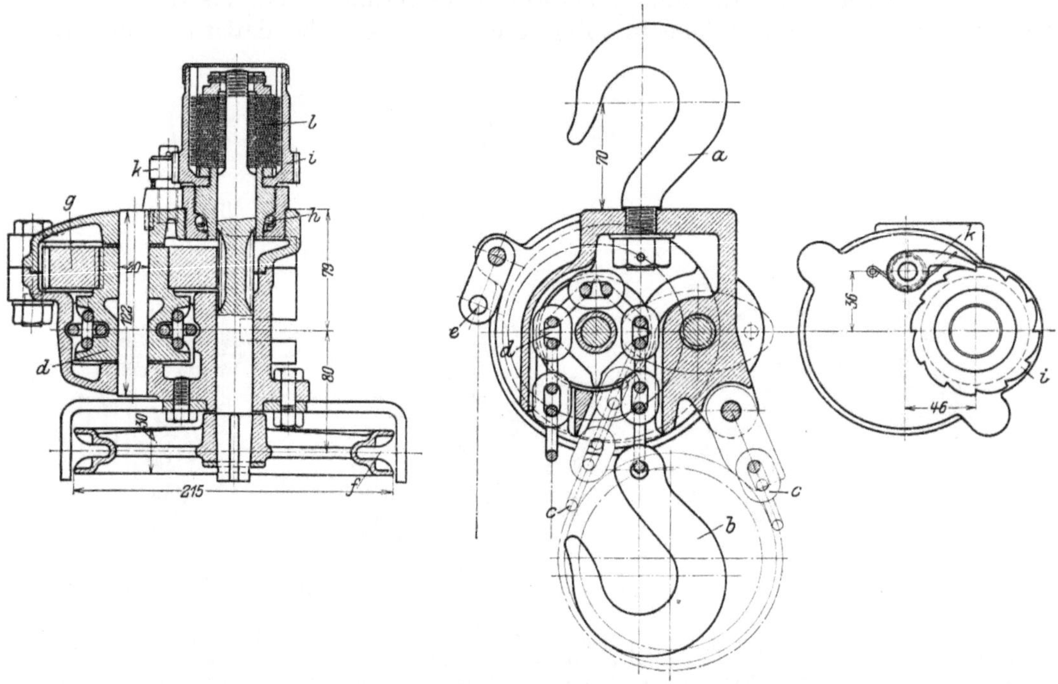

Abb. 351. Stirnradflaschenzug (Piechatzek) (Maßstab 1 : 5).

a Haken zum Aufhängen des Flaschenzuges.
b Lasthaken zum Heben von 500 kg Last.
c Lose Rolle, beim Heben von 1000 kg Last an Stelle des Lasthakens anzubringen.
d Kettennuß zum Aufwinden der Hubkette.
e Befestigung der lose herabhängenden Kettenschleife.
f Handkettenrad.
g Stirnrädervorgelege mit schrägen Zähnen.
h Kugellager zum Aufnehmen des Längsschubes.
i Bremstrommel mit Sperrad, beim Heben frei mitlaufend.
k Sperrzahn zum Festhalten der Bremstrommel beim Lastsenken.
l Lamellenbremse, Platten zur Hälfte mit der Bremstrommel, zur Hälfte mit der Ritzelwelle verbunden, zum Bremsen beim Lastsenken.

fältigen Lagerung in einem geschlossenen Guß- oder Stahlgußgehäuse anwendbar erscheint. Die Zähne liegen schräg. Der dadurch entstehende Längsschub wird benutzt, um die Last mit Hilfe einer Lamellenbremse in jeder Lage festzuhalten, während der Längsschub bei der Hubbewegung durch ein Kugellager möglichst reibungslos aufgenommen wird. Die Sicherung gegen Senken der Last beruht also auch hier auf ähnlichen Grundsätzen wie bei den Schraubenflaschenzügen. Da das Gewicht des Flaschenzuges wesentlich niedriger und der Preis kaum höher ist als bei den Schraubenflaschenzügen von gleicher Tragfähigkeit, so hat diese Bauart in letzter Zeit eine große Verbreitung gefunden. Die Flaschenzüge mit reiner Zahnradübersetzung werden daher auch in einer großen Zahl verschiedener Ausführungen hergestellt. Eine von den vielen Ausführungsformen mit besonderer Senksperrbremse ist in Abb. 352 dargestellt. Der Flaschenzug wird mit einfacher oder mehrfacher Räderübersetzung geliefert, geeignet für Lasten von 300—10 000 kg, wie aus nachstehender Liste ersichtlich.

Bruttopreise für Stirnradflaschenzüge (nach Abb. 352 mit Haken, ohne Laufwerk).

Höhe von Unterkante des Aufhängehakens bis Oberkante des hochgezogenen unteren Hakens	Für Lasten bis:		Bruttopreise in M. für Züge mit Ketten für Hub:		
		kg	3 m	6 m	10 m
315 mm	ohne untere Rolle	300	60,00	73,50	91,50
450 „		1 000	92,00	108,80	131,20
520 „		2 000	134,00	153,20	178,80
560 „		2 500	154,00	175,60	204,40
540 „	mit unterer Rolle	1 000	80,00	101,60	130,40
700 „		2 000	110,00	135,20	168,80
860 „		4 000	166,00	196,00	236,00
1120 „		6 000	235,00	274,00	326,00
1350 „		10 000	388,00	452,50	538,50

Die Stirnradflaschenzüge haben, wie auch aus der vorstehenden Liste zu ersehen ist, sehr geringe Bauhöhe. Die Zähne des Flaschenzuges nach Abb. 352 sind in der Richtung der Achse eingeschnitten. Ein Längsschub, der für die Erzeugung der Selbsthemmung benutzt werden könnte, entsteht also nicht. Es ist daher für diese Züge eine besondere sog. Bremskupplung angewendet, deren Anordnung aus der Abb. 352 ersichtlich ist. Die Abwärtsbewegung der Last kann immer nur so weit erfolgen, als es durch Drehen des Handkettenrades auf der Welle ermöglicht wird. Die Last ist in jeder Höhenlage gehalten, kann aber durch leichten Zug an der Handkette gesenkt werden, und beim Lastheben tritt kein ungünstiger Reibungsverlust auf. Es ist daher auch bei diesen Flaschenzügen der oben erwähnte hohe Wirkungsgrad von mehr als 70 vH vorhanden, der wesentlich höher ist als bei den Schraubenflaschenzügen. Wenn man den leeren Haken schnell senken will, so kann das evtl. durch Ausrücken der Sperrklinke geschehen, durch die der bremsende Teil der Lastdruckbremse sonst festgehalten ist. Entsprechend dem größeren Gewicht sind auch die Preise der Stirnradflaschenzüge etwas höher als die der Schraubenflaschenzüge, so daß die letzteren auch jetzt noch sehr häufig verwendet werden.

Bei kleinen Lasten kann man das zeitraubende Haspeln an der Handkette zum Senken des Hakens auch dadurch vermeiden, daß man die beiden Enden der Hubkette mit Haken versieht, so daß die Last in den jeweilig unten hängenden Haken eingehängt werden kann. Da die Last dabei in verschiedenen Drehrichtungen wirkt,

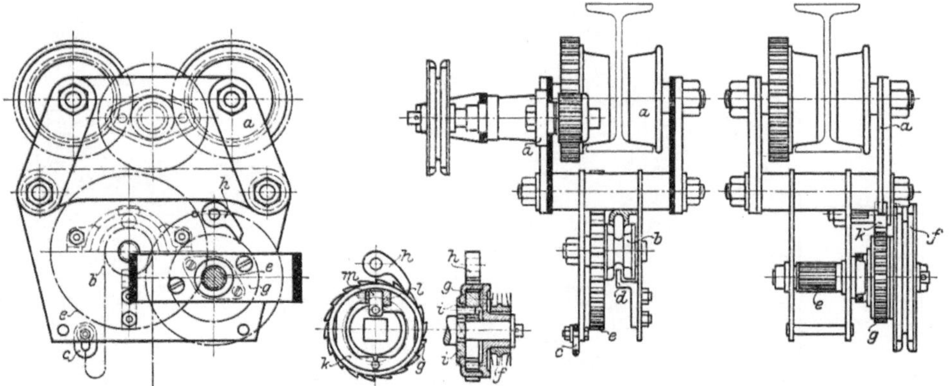

Abb. 352. Stirnradflaschenzug für 750 kg Tragkraft (Bolzani) (Maßstab 1 : 10).

a Fahrwerk zum Tragen des Flaschenzuges.
b Kettennuß zum Aufwickeln der Hubkette.
c Befestigung der Hubkette am Flaschenzug.
d Abstreifer für die Hubkette.
e Zahnrädervorgelege des Hubwerks.
f Handkettenrad für das Hubwerk.
g Sperrad, lose drehbar gelagert.
h Sperrzahn, nur gegen Lastsenken sperrend.
i Scheibe mit Zapfen, mit der Vorgelegewelle fest verbunden.
k Bremsbacken, im hohlen Sperrad *g* gelagert.
l Mitnehmer, mit dem Handkettenrad *f* verbunden.
m Hebel, von *l* gedreht, zum Mitnehmen von *i* und zur Kupplung mit dem Sperrad *g* durch Spreizen von *k*.

je nachdem, ob sie an dem einen oder dem anderen Haken hängt, so muß auch die Senkbremsvorrichtung doppelt und nach beiden Richtungen wirkend ausgeführt werden. Derartige Flaschenzüge werden nur für geringe Lasten bis zu etwa 250 kg gebaut. Seit einiger Zeit werden die Flaschenzüge oft durch kleine Elektromotoren betätigt. Dabei werden Schraubenflaschenzüge oder Stirnradflaschenzüge verwendet. Im übrigen weicht die Anordnung des Flaschenzuges von der beschriebenen wenig ab. Damit die Züge trotz Verwendung des Elektromotors möglichst leicht werden, wird oft das Motorgehäuse gleichzeitig als Flaschenzuggehäuse verwendet. Abgesehen von dem geringen Gewicht wird dadurch auch eine gedrängte Konstruktion und geringe Bauhöhe erreicht, was beides von großer Bedeutung ist. In Abb. 353 ist ein Beispiel derartiger Flaschenzüge aus der ersten Zeit ihrer Entwicklung zum Arbeiten mit Gelenkkette dargestellt.

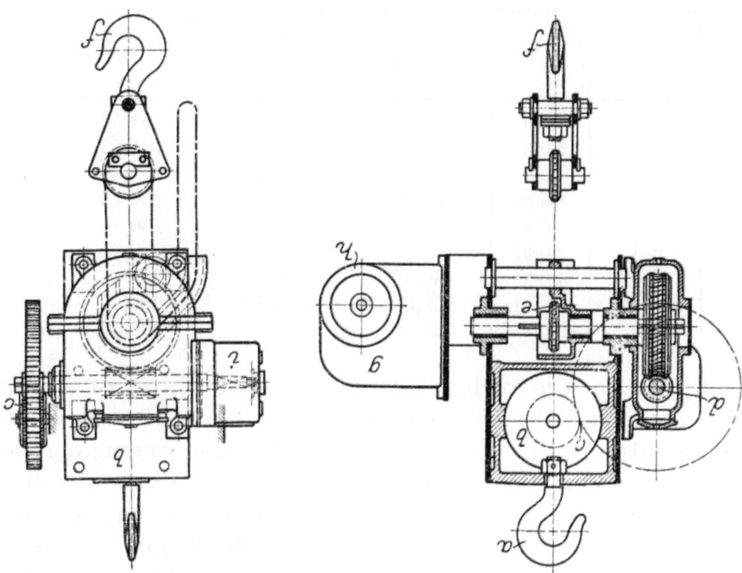

Abb. 353. Elektrisch betriebener Schraubenflaschenzug (Bolzani) (Maßstab 1 : 15).

Tragkraft 1000 kg, Motor 1 PS bei 1000 Umdr./Min.

a Haken zum Aufhängen des Flaschenzuges.
b Hubmotor, in das Traggehäuse des Flaschenzuges eingebaut.
c Stirnrädervorgelege aus Rohhaut und Gußeisen.
d Schneckentrieb.
e Kettenrolle zum Aufwickeln der Gallschen Hubkette.
f Lasthaken an loser Rolle.
g Steuerkontroller.
h Seilscheibe für 3 mm starkes Steuerdrahtseil.
i Bremsgehäuse für selbsttätige Lastdruckbremse.

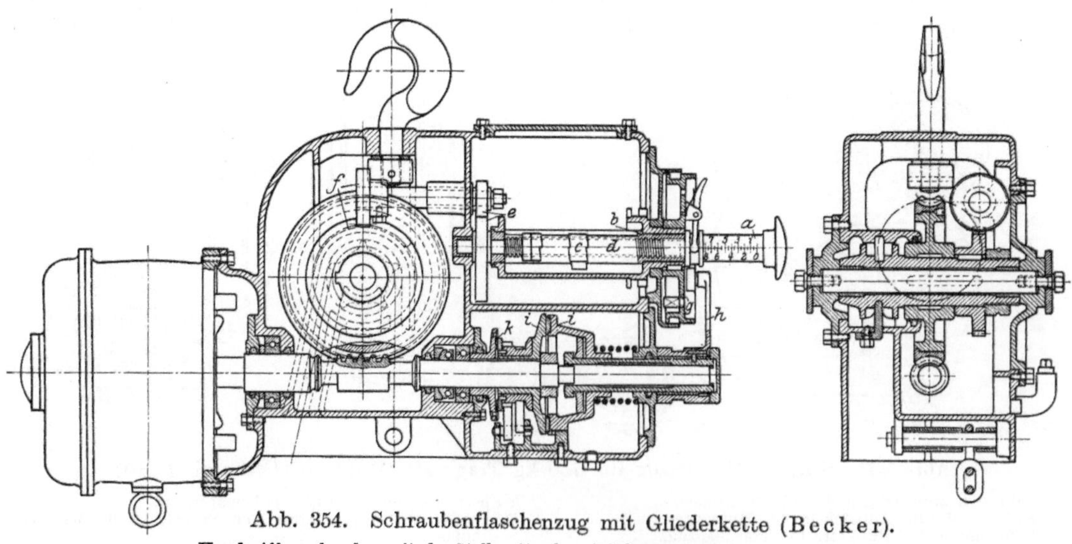

Abb. 354. Schraubenflaschenzug mit Gliederkette (Becker).

a Handgriff, verbunden mit der Stellmutter *b*.
c Wandermutter.
d Schraubenspindel.
e Stirnräderpaar.
f Schraubenräderpaar.
g Steuerrad.
h Schaltkurbel der Stoppbremse *i*.
k Lastdruckbremse.

In neuester Zeit sind diese Elektroflaschenzüge zu großer Vollkommenheit entwickelt und in stark steigendem Maße in die Betriebe eingeführt worden. Eine der neuesten und besonders hinsichtlich der Steuerung vollkommensten Bauarten zeigt Abb. 354 für den Betrieb mit Gliederkette. Sie werden in ähnlicher Form aber auch für Seilbetrieb ausgeführt, wie weiter hinten in Abb. 356 angegeben.

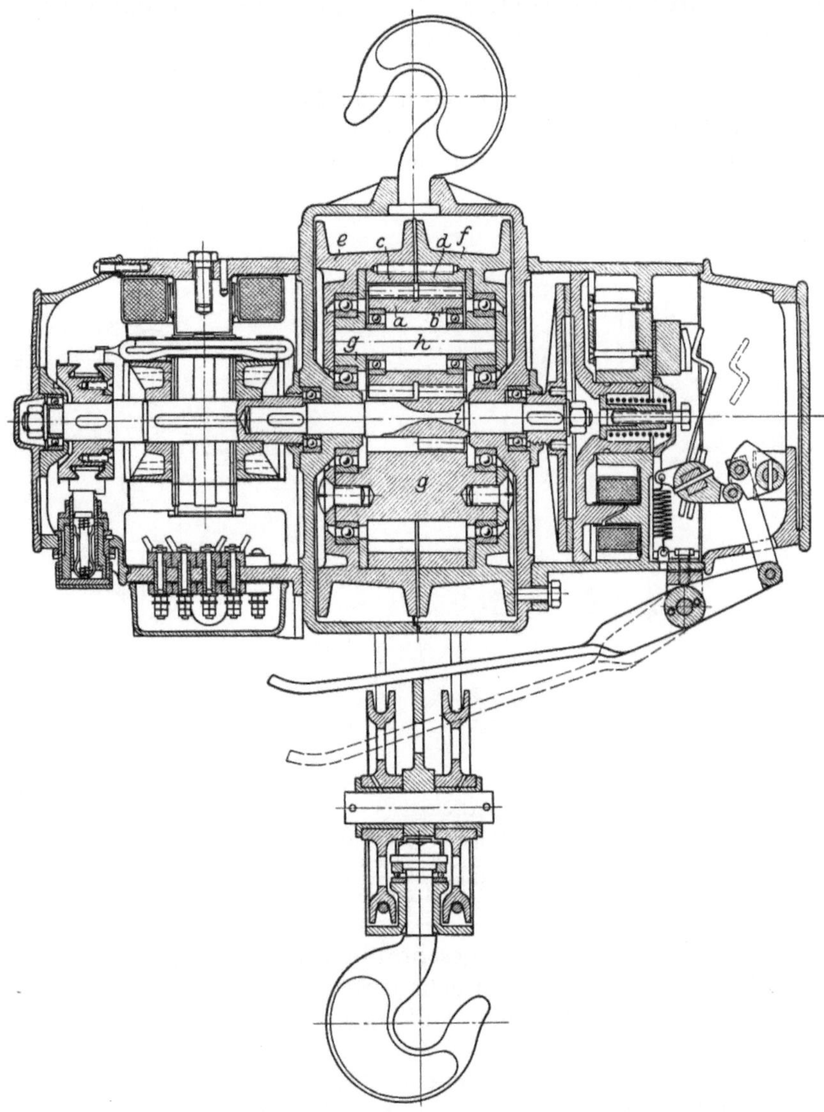

Abb. 355. Seilflaschenzug mit Stirnradantrieb (Bleichert).

a, b Fest miteinander verbundene Zahnräder mit verschiedenen Zähnezahlen; insgesamt 3 Paar.
c, d Innenverzahnungen der Seiltrommeln *e, f*.
e, f Seiltrommeln, gegenläufig bewickelt, auf Steg *g* gelagert.
g Ringförmiger Steg, frei umlaufend.
h Achsen der 3 Räderpaare *a, b*.
i Antriebsritzel, mit der Motorwelle gekuppelt.

Die Vervollkommnung besteht hauptsächlich darin, daß der Flaschenzug durch einfaches Drehen an einem Handgriff für verschiedene Hubhöhen eingestellt werden kann, so daß die automatische Endschaltung nicht nur in der absoluten Höchstlage des Flaschenzughalters erfolgt, sondern in jeder beliebigen Höhenlage ausgeführt werden kann und der Maschinist, nach Anstellen des Zuges keinerlei Aufmerksamkeit mehr aufzuwenden braucht, wenn er die Last in eine bestimmte Höhe heben will. Die Endschaltung erfolgt durch die auch für andere Schaltzwecke oft verwendete

Wandermutter, die von der Schneckenradwelle aus durch ein Schraubenräderpaar und ein Zahnräderpaar bewegt wird, bis sie die durch den Handgriff einstellbare Stellmutter erreicht hat. Alsdann wird sie durch die mit der Schraubenspindel gekuppelte und mit ihr umlaufende Stellmutter mitgenommen und bewegt dadurch ein Steuerrad, das den Strom ausschaltet. In einen Schlitz des Steuerrades greift eine Kurbel ein, durch deren Drehung die Stoppbremse betätigt wird. Nachdem der Motor so stillgesetzt ist, kann er durch Ziehen an Handsteuerzügen nur in der Senkrichtung wieder eingeschaltet werden.

Die übrige Arbeitsweise ist durch die in der Legende zu Abb. 354 gegebene Erläuterung ohne weiteres verständlich. Hingewiesen sei an Hand der Abb. 354 nur noch darauf, daß diese Flaschenzüge unter Verwendung eines geschlossenen Stahl-

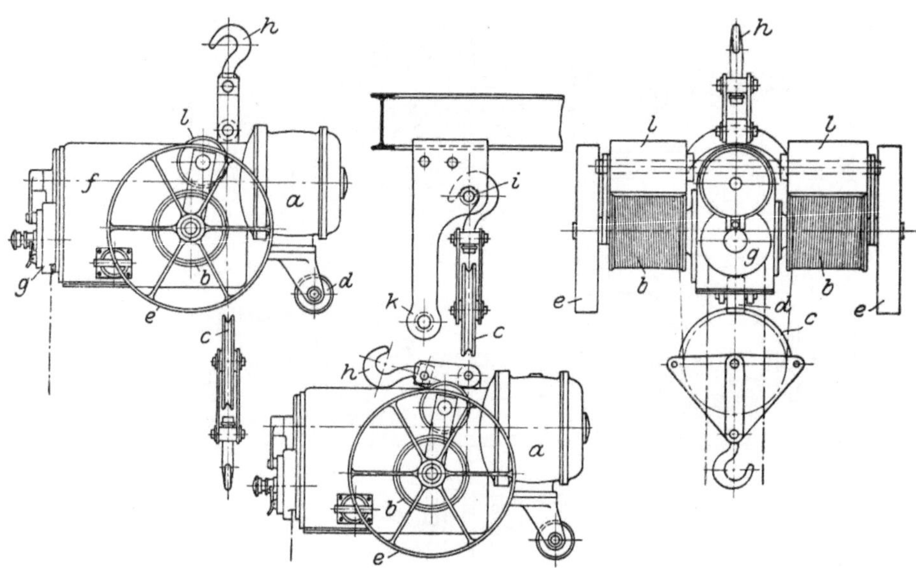

Abb. 356. Spinnenflaschenzug Bauart Aumund (Becker) (Maßstab 1 : 20).

a Antriebmotor.
b Seiltrommeln.
c lose Rolle.
d Stützrolle.
e Laufräder.
f Getriebekasten.
g Schalter.
h Aufhängehaken.
i Bolzen zum Hochwinden des Flaschenzuges.
k Bolzen für den arbeitenden Flaschenzug.
l Gegenrollen zur Seilführung beim Hochwinden des Flaschenzuges.

gußgehäuses, an das der Motor fest angeschraubt wird, von oben und von den Seiten vollkommen regendicht und staubdicht gebaut werden und so auch unter ungünstigen Betriebsverhältnissen ein zuverlässiges und dauerhaftes Hebezeug darstellen.

In der äußeren Form einfacher, aber nicht so gut gegen Wettereinflüsse geschützt, sind die in ähnlicher Form von verschiedenen Firmen ausgeführten Elektroflaschenzüge mit Stirnradübersetzung, meistens unter Benutzung von Planetengetrieben. Abb. 355 zeigt eine derartige äußerlich sehr einfache und vollkommene Anordnung.

Die Flaschenzüge haben sehr weite Verbreitung gefunden. Ihre wechselnde Anwendung an verschiedenen Stellen, wie man sie von den Handflaschenzügen kennt, wird aber doch erschwert durch das erhebliche Gewicht, das es unmöglich macht, den Flaschenzug an einer Stelle zu befestigen, ohne daß man einen Handflaschenzug heranholt, um den Elektroflaschenzug hochzuziehen. Das wird verbessert durch die vom Verfasser vorgeschlagene Spinnenwinde, so genannt, weil die nach Abb. 356 mit Laufrädern versehene Winde auf dem Boden fortgerollt und an ihrem eigenen Hubseil schnell hochgezogen werden kann. Diese Anordnung kann in einfacher Weise sowohl für Schneckenflaschenzüge verwendet werden als auch für Stirnradflaschenzüge.

c) Räderwinden und Aufzüge.

Die Räderwinden werden mit Rücksicht auf die sehr mannigfaltigen Anforderungen und Verhältnisse in den verschiedensten Ausführungsformen gebaut. Hier sollen nur einige wenige Bauarten besprochen werden, um eine kleine Übersicht über

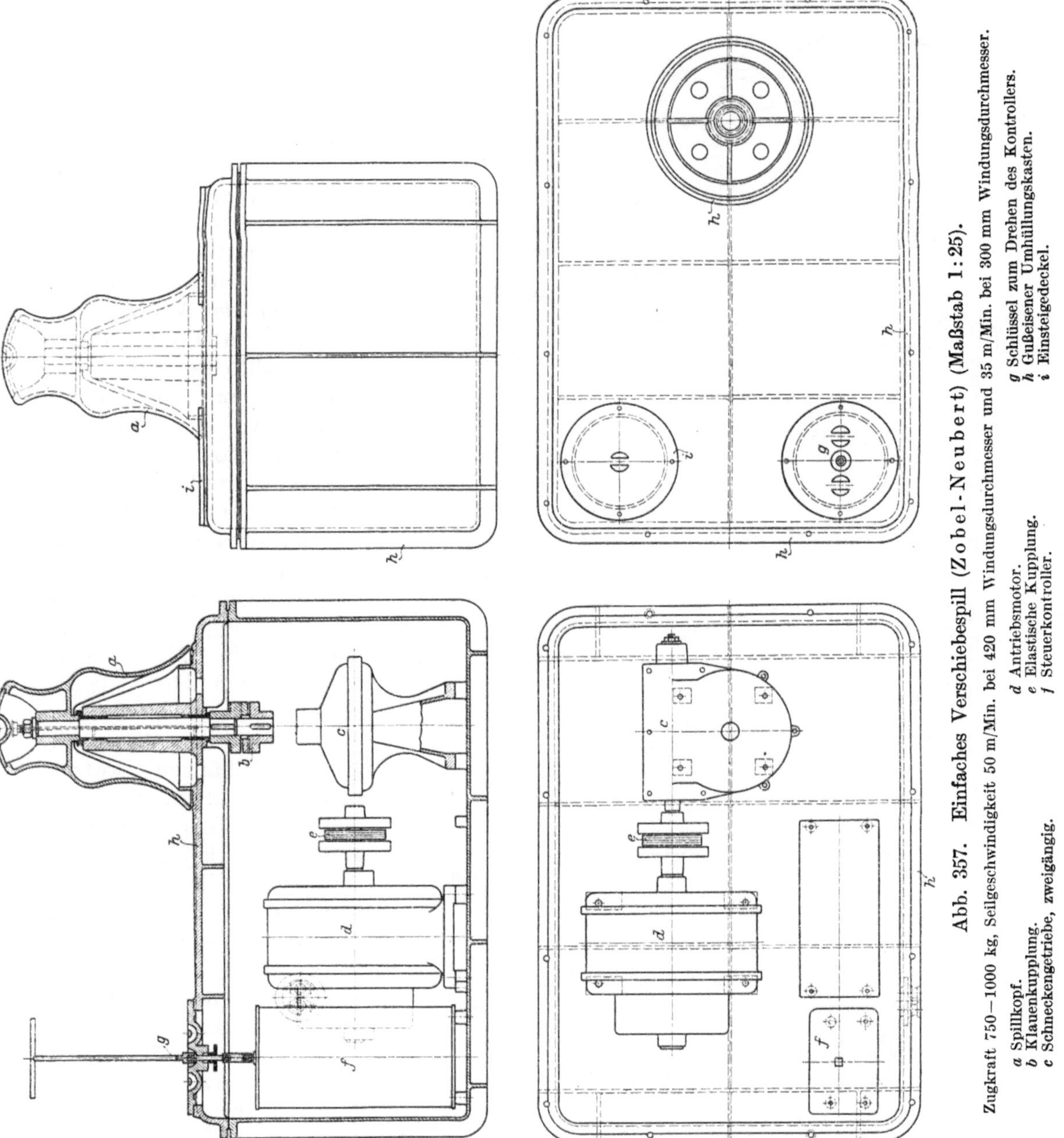

Abb. 357. Einfaches Verschiebespill (Zobel-Neubert) (Maßstab 1:25).
Zugkraft 750—1000 kg, Seilgeschwindigkeit 50 m/Min. bei 420 mm Windungsdurchmesser und 35 m/Min. bei 300 mm Windungsdurchmesser.
a Spillkopf. *b* Klauenkupplung. *c* Schneckengetriebe, zweigängig. *d* Antriebsmotor. *e* Elastische Kupplung. *f* Steuerkontroller. *g* Schlüssel zum Drehen des Kontrollers. *h* Gußeiserner Umhüllungskasten. *i* Einsteigedeckel.

die wesentlichsten Gesichtspunkte zu geben, die bei der Verwendung dieser Winden zu beachten sind.

Hinsichtlich der Ausbildung der Seilaufwicklung ist die einfachste Anordnung die gewöhnliche Spillwinde mit Spillkopf nach Abb. 357, wie sie zum Verschieben von Eisenbahnwagen und zum Verholen von Schiffen seit langer Zeit gebraucht wird.

Das Seil — Hanfseil oder Drahtseil — wird in einigen Windungen um den Spillkopf geschlungen und durch die so entstehende Reibung mitgenommen, wenn das freie Seilende nur ganz geringfügig angezogen wird. Das vom Spillkopf abgewickelte Seil wird einfach lose hinter der Spillwinde abgeworfen. Der Spillkopf hat 2 verschiedene Durchmesser, um verschiedenen Kräften entsprechen zu können. Das Verfahren ist einfach, aber auch wenig angenehm, weder für die Bedienung noch für das Seil, das leicht Knoten bildet und dadurch Schaden leidet. Man kann das Verfahren aber schwer umgehen, wenn es, wie in Hafenanlagen, notwendig ist, die mit dem ankommenden Schiff mitgeführten Seile schnell mit der Winde in Verbindung zu bringen, und man wußte es auch lange Zeit nicht zu vermeiden, in Fällen, wo, wie beim Verschieben von Eisenbahnwagen auf große Entfernungen, sehr lange Seilstrecken mit der Winde bewegt werden müssen.

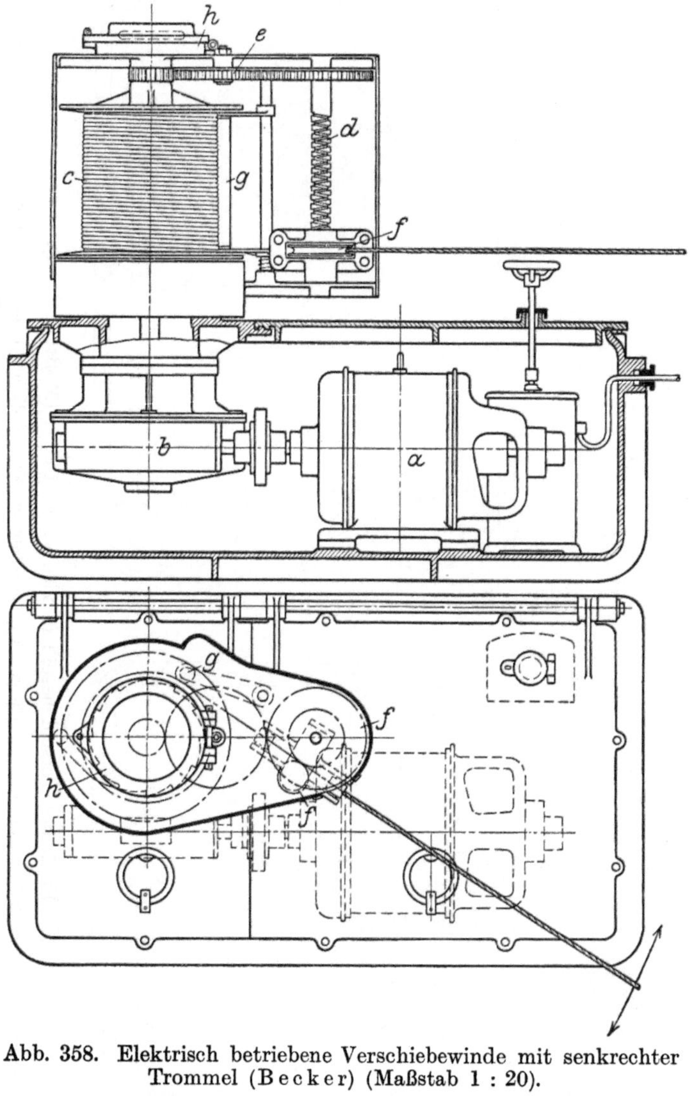

Abb. 358. Elektrisch betriebene Verschiebewinde mit senkrechter Trommel (Becker) (Maßstab 1 : 20).

a Antriebmotor.
b Schneckengetriebe.
c Seiltrommel.
d Seilführungsspindel mit Links- und Rechtsgewinde, angetrieben durch Rädervorgelege *e*.
f Seilführungsrollen.
g Seilandrückrolle.
h Bremse.

In neuerer Zeit ist von Becker eine Spillwinde nach Abb. 358 gebaut (strenggenommen keine Spillwinde, sondern eine Trommelwinde), die auch große Seillängen aufzuwickeln gestattet, allerdings in mehreren Lagen übereinander. Das kann aber bei der Art des Betriebes wohl zugelassen werden, wenn dafür gesorgt wird, daß die Aufwicklung des Seiles doch regelmäßig und gleichmäßig erfolgt. Das gleichmäßige Aufwickeln auf die Trommel geschieht durch eine besondere Seilführung, bestehend aus einer links- und rechtsgängigen Schraubenspindel, die von der Trommelwelle aus gedreht wird und auf der sich eine Seilführungsrolle befindet, die sich lose auf einer Hülse dreht, die sich auf der Schraubenspindel auf und ab verschiebt, indem sie derart mit der Schraubenspindel in Eingriff gebracht ist, daß die Umkehr oben und unten von selbst erfolgt und so eine Lage Seil nach der anderen auf die Trommel aufgewickelt wird. Das aufgewickelte Seil wird durch eine mit Feder angedrückte Druckrolle vor einer Umlagerung bewahrt, die evtl. eintreten könnte, wenn die Seilspannung durch irgendeinen Zufall einmal aufgehoben sein sollte. Damit die Trommel sich beim Abwickeln des Seiles nicht zu schnell dreht, ist sie durch eine Bremse in dem notwendigen Maße festgehalten.

Die ganze Seilführung mit Zubehör ist in Schildern gelagert, die um die Trommelachse drehbar sind, so daß das Spill nach jeder beliebigen Richtung arbeiten kann. Im übrigen ist auch bei diesem Spill, wie allgemein gebräuchlich und wie auch bei dem Spill Abb. 357 ersichtlich, der Antrieb durch einen Motor mit doppelgängiger Schnecke ausgeführt. Das Getriebe ist in einem gußeisernen Kasten gelagert, damit es mit diesem in die Erde eingegraben werden kann. Die Steuerung erfolgt durch Handrad oder Fußtritt in einfachster Weise.

Eine andere sehr einfache Windenform ist die sog. Kabelwinde, wie sie für Bauzwecke häufig verwendet wird. Die Kabelwinden werden mit dünner Trommel mit hohem Rande ausgeführt zur Aufnahme von mehreren Lagen Seil oder Kette, wie z. B. in Abb. 359 angegeben, oder mit großer Trommel, geeignet für das Aufwickeln von Drahtseil in einer Lage. Das Drahtseil wird nur bei Winden, die nur gelegentlich benutzt werden, also meistens Handwinden, in mehreren Lagen übereinandergewickelt. Bei regelmäßiger Arbeit erachtet man es, wie schon weiter oben erwähnt, nicht als zulässig. Bei Handwinden werden die Trommeln ohne Rillen ausgeführt, da einerseits damit gerechnet wird, daß die Seile und Ketten in mehreren Lagen übereinandergewickelt werden, und da andererseits die Seile im Gebrauch oft lose werden und sich dann leicht schräg über die Trommel legen. Bei Winden mit mechanischem Antrieb werden die Trommeln dagegen durchweg mit Rillen ausgeführt, die man möglichst so anordnet, daß die Seile oder die Ketten nur in einer Lage und so aufgewickelt werden, daß sie stets einigermaßen straff bleiben und sich daher regelmäßig um die Trommel herumlegen. Mitunter werden auch bei den Trommelwinden mit wagerechter Trommelachse Seilaufwickelführungen angewendet, wie bei dem Spill Abb. 358 beschrieben, aber doch verhältnismäßig selten. Die mechanischen Teile der Kabelwinden werden in der Regel zwischen schmiedeeisernen Schildern oder Rahmen montiert, die neuerdings auch bei Handwinden fast ausschließlich an Stelle der früher verwendeten gußeisernen Schilder ausgeführt werden. Sie sind nicht teurer als die gußeisernen Schilder, aber leichter und bieten größere Sicherheit gegen Bruch. Je nach der Größe der Last verwendet man einfache oder mehrfache Räderübersetzung. Letztere wird in solchen Fällen, wo auch oft kleine Lasten gehoben werden sollen, so eingerichtet, daß die Kurbelwelle oder das Ritzel auf der Kurbelwelle verschiebbar ist, und daß je nach Bedarf mit einfachem oder doppeltem Vorgelege gearbeitet werden kann. Die Kurbelwelle wird dann meistens durch eine Falle in der eingestellten Lage festgehalten.

Der wichtigste Teil an den Winden ist die Bremse zum Festhalten der Last. Sie wird für die verschiedenen Verhältnisse verschieden ausgeführt. Im folgenden sollen die hauptsächlichsten Ausführungsformen, die für einfache Winden in Betracht kommen, in ihren Grundzügen angedeutet werden. Hinsichtlich der Bauart der Bremsen im einzelnen muß auf die Ausführungen im III. Band verwiesen werden, wo die Konstruktion in Verbindung mit der Berechnung behandelt ist.

Bei der Winde Abb. 359 ist die einfachste Form, die gewöhnliche Handhebelbremse in Verbindung mit Sperrkranz und Sperrklinke, dargestellt. Diese Bauart wird oft für einfache Handwinden angewendet. Sie erfordert aber ziemlich aufmerksame Bedienung. Einerseits kann die Sperrklinke nur gelöst werden, solange man noch die Kurbel in der Hand hat und mit ihr die Trommel so weit dreht, daß die Sperrklinke frei herausgehoben werden kann, andererseits muß man aber auch die Kurbel so lange in der Hand behalten, bis man die Bremse mit der Hand fest angezogen hat. Will man dann mit der Bremse die Last herunterlassen, so dreht die Kurbel sich mit herum und richtet leicht Schaden an. Man kann das wohl vermeiden, indem man das auf der Kurbelwelle befestigte kleine Zahnrad außer Eingriff bringt. Aber für alle diese Arbeiten hat der Arbeiter nur eine Hand zur Verfügung, da er mit der anderen die Kurbel halten muß, und er muß daher große Aufmerksamkeit aufwenden, damit die Last nicht herunterfällt. Die gewöhnliche Handhebelbremse ist daher allenfalls da als zulässig anzusehen, wo nur der leere Haken zu senken ist oder höchstens das leere Fördergefäß, wo also die abzusenkende Last nicht groß ist. Wenn damit ausnahmsweise einmal eine große Last gehoben und dann gesenkt werden soll, so wird das am besten durch Gegendruck an der Kurbel ohne Benutzung der Bremse geschehen.

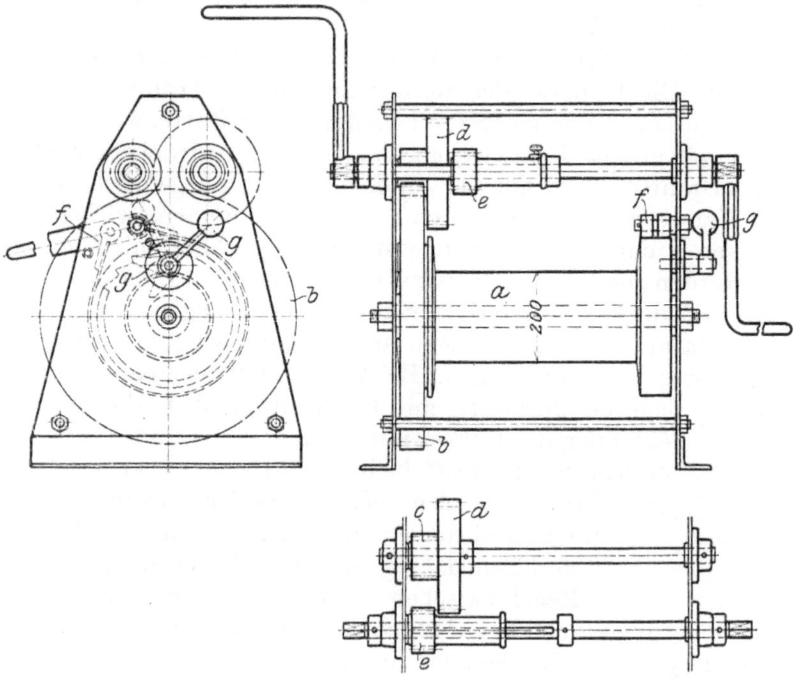

Größere Sicherheit bietet die in Abb. 360 dargestellte Lösungsbremse. Sie ist als sog. Sperradbremse ausgebildet, um beim Abwärtsgang nicht hindernd zu wirken. In der dargestellten einfachsten Form besteht diese Bremsvorrichtung aus einer Vereinigung von Sperrad und Bremse in der Weise, daß das Sperrad mit dem Zahnrad des Windwerkvorgeleges bzw. mit der Trommel verbunden ist, die Sperrklinke dagegen mit der Bremsscheibe. Diese ist lose auf der Welle angeordnet und während des Hebens der Last durch das Bremsgewicht festgehalten. Beim Heben der Last hat das Zahnrad bzw. die Trommel die Möglichkeit, sich frei zu drehen. Sobald aber die Kurbel losgelassen ist, tritt die mit der Bremsscheibe verbundene Sperrklinke in Tätigkeit und hält die Last fest. Die Last kann erst gesenkt werden, wenn das Bremsgewicht durch Anheben des Handhebels gelüftet wird. Bei dieser Bremse braucht also die Sperrklinke nicht ausgehoben zu werden. Sie bleibt vielmehr durch eine Feder oder durch andere Einflüsse beständig eingerückt, und sobald man den Bremshebel wieder losläßt, ist die Last durch die Wirkung des Bremsgewichtes wieder festgehalten. Dadurch erhält man eine weitgehende Unabhängigkeit von der Aufmerksamkeit des Arbeiters. Da die durch diese Anordnung bedingten Mehrkosten der Winden nur gering sind, so sollte diese Bremse gegenüber der einfachen Handhebelbremse überall dort vorgezogen werden, wo durch Herabfallen der Last ein Schaden entstehen kann.

Abb. 359. Handkabelwinde mit dünner Trommel, mit ausrückbarem Vorgelege und einfacher Handbremse (de Fries) (Maßstab 1 : 17).

Tragkraft 1000 kg.

a Kabeltrommel ohne Rillen für Seil in mehreren Lagen.
b Hauptantriebrad, mit Trommel *a* verschraubt.
c—*d* Räder auf der Zwischenvorgelegewelle.
e Ritzel auf der Kurbelwelle, von Hand verschiebbar und mit *d* oder *b* zusammenarbeitend.
f Handhebelbremse als Schließbremse; Bremsscheibe mit der Trommel vereinigt.
g Sperrklinke, durch Gewichtshebel ausrückbar.

Bei Anwendung einer Feder zum ständigen Eindrücken der Sperrklinke in das Sperrad klappert die Sperrklinke beim Lastheben über die Zähne des Sperrades hinweg. Das ist bei Handwinden wohl zulässig und wird hier der Billigkeit wegen vielfach ausgeführt. Bei schneller laufenden Winden wendet man verschiedene andere Anordnungen an, um die Sperrklinke während des Lasthebens auszurücken, sie aber eingreifen zu lassen, sobald die Last sich senken will. Das ist mit verhältnismäßig einfachen Mitteln und vollkommen sicher zu erreichen. Die diesbezüglichen Anordnungen werden im III. Band näher behandelt werden.

Ein Beispiel der Anordnung einer geräuschlosen Sperradbremse ist weiter hinten in Abb. 364 dargestellt und in Verbindung mit einer elektrisch betätigten Bremse beschrieben.

Das Schleudern der Kurbel bei Handwinden kann leicht vermieden werden, wenn das Zahnrad auf der Kurbelwelle vor Benutzung der Bremse ausgerückt wird. Das kann ohne Schwierigkeit geschehen, da der Arbeiter beide Hände dazu frei hat.

Von vornherein ist das Schleudern der Kurbel ausgeschlossen bei Verwendung einer sog. Lastdruckbremse. Das ist eine Bremsvorrichtung, die die Last in jeder Höhenlage festhält ohne Benutzung einer Sperrklinke. Diese Bremsen werden in der verschiedensten Weise ausgeführt. Beispiele dafür bieten die in Abb. 349 bis 352 abgebildeten Flaschenzüge. Bei Übertragung dieses Grundsatzes auf die Kurbel wird die Last gesenkt, indem das Windwerk mit leichtem Druck rückwärts gedreht wird. Die Handhabung ist die denkbar einfachste. Die Anordnung ist da zu empfehlen, wo ein schnelles Senken nicht verlangt wird; denn die Senkgeschwindigkeit ist von der Kurbelbewegung abhängig. Eine gewisse Schwierigkeit bildet bei dieser Anordnung unter Umständen die Lösung der Aufgabe, auf derselben Winde mit einem oder zwei Vorgelegen zu arbeiten, denn bei der Anordnung nach Abb. 359 kehrt sich die Bewegungsrichtung der Trommel um, wenn man mit einem Vorgelege arbeitet bzw. bei gleicher Trommeldrehung muß die Kurbel in entgegengesetztem Sinne gedreht werden. Die Umkehrung der Trommeldrehrichtung ist bei Verwendung der als Klemmgesperre wirkenden Lastdruckbremse nicht zulässig, und es muß daher durch Anordnung geeigneter Zahnradvorgelege dafür gesorgt werden, daß die Trommel stets gleichbleibende Drehrichtung behält. Natürlich kann das Klemmgesperre auch ebenso, wie bei den sog. Schnellflaschenzügen üblich, so angeordnet werden, daß es nach beiden Richtungen wirkt, doch kommt diese Anordnung bei Winden kaum in Frage. Die Lastdruckbremse kann wegfallen bei Antrieb durch eingängige Schneckenvorgelege. Bei diesen ist aber der Wirkungsgrad sehr schlecht. Wenn man ihn verbessern will und doppelgängige Schnecken anwendet, so muß man auch Senksperrbremsen vorsehen, wie bei der Wandwinde Abb. 361 an einem Beispiel gezeigt.

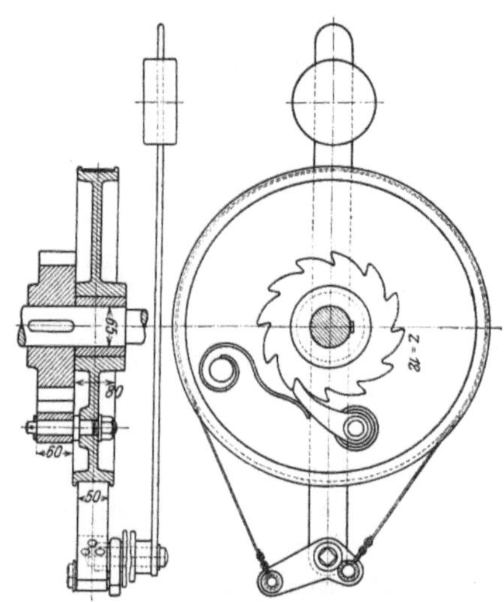

Abb. 360. Einfache Senksperrbremse (Maßstab 1 : 15).

Wenn man bei Handwinden ohne veränderliche Vorgelege bei kleinen Lasten auch kleine Wege für die Kurbel haben will, so kann man das in gewissem Maße erreichen durch eine verstellbare Kurbel, bei der der Hebelarm geändert werden kann, wie aus Abb. 361 ersichtlich. Die Anordnung wird aber nicht sehr oft angewendet, da das rückwärts überstehende Ende der Kurbel beim Drehen etwas unbequem ist.

Lastdruckbremsen sind allgemein nur bei Winden anwendbar, bei denen entweder die zu senkende Last oder die Senkgeschwindigkeit nicht groß ist oder wo die Winde nicht viel Hübe hintereinander auszuführen hat, da sonst Absenkung und

Wärmeabführung leicht Scnwierigkeiten verursachen. Bei angestrengt arbeitenden, mechanisch angetriebenen Winden kommen Lastdruckbremsen nur in besonderen Fällen zur Anwendung.

Wenn man die Senksperrbremsen mit den Kurbeln verbindet, bezeichnet man die Kurbeln wohl auch als Sicherheitskurbeln. Oft werden diese Sicherheitskurbeln so ausgebildet, daß das Senken der Last nicht durch ein Zurückdrehen herbeigeführt wird, sondern daß die Kurbel nur etwas gelockert wird, um die Last dann mit beliebiger Geschwindigkeit absenken zu können. Die Kurbel wird dann gewissermaßen als Bremse benutzt. Hierfür gibt es eine große Anzahl verschiedener Ausführungsformen. Sie ermöglichen einen sehr bequemen Betrieb der Winden bei großer Senkgeschwindigkeit. Es ist aber zu bemerken, daß bei den meistens vorhandenen kleinen Bremsflächen leicht die Gefahr entsteht, daß der Arbeiter die Last aus seiner Gewalt verliert. Diese Sicherheitskurbeln sollten daher zum Absenken der Last in der Regel nur benutzt werden, wenn noch außerdem eine Bremse an der Winde vorhanden ist, durch die der Arbeiter im Notfalle die Last halten kann.

Mitunter werden die Handwinden mit einer Sicherheitskurbel ausgerüstet und außerdem mit einer Zentrifugalbremse. Eine derartige Anordnung ist in Abb. 362 dargestellt. Die Wirkung der Zentrifugalbremse beruht darauf, daß Bremsbacken, die bei geringerer Drehgeschwindigkeit der Winden durch Federn angezogen werden, bei größerer Geschwindigkeit infolge der Zentrifugalkraft gegen ein festes Gehäuse gedrückt werden, so daß dadurch die Geschwindigkeit in bestimmten Grenzen gehalten wird. Durch die Zentrifugalbremse wird also die Höchstgeschwindigkeit festgelegt. Um diese zu erreichen, braucht nur die Sicherheitskurbel etwas zurückgedreht zu werden, so daß sie nicht bremst; sie kann dann während des Lastsenkens stillstehen bleiben. Ein Schleudern der Kurbel kommt also nicht in Frage. Man kann aber auch jederzeit mit der Kurbel bremsen und die Last jederzeit vollständig festhalten. Bei der Anordnung nach Abb. 362 wirkt die Zentrifugalkraft in den Bremsklötzen an einem sehr langen Hebelarm, so daß der Anpressungsdruck gegen das Gehäuse recht groß wird. Die Sicherheitskurbel wirkt so, daß ein auf der Achse festgekeiltes Zahnrad in ein Zahnsegment eingreift, das bei Bewegung der Kurbel im Hubsinne nicht mit dem äußeren Gehäuse in Berührung kommt, bei Bewegung entgegengesetzten Sinne aber mit einer Bremsfläche gegen dieses Gehäuse gepreßt wird und dadurch bremst. Ein gewisser Nachteil aller direkt wirkenden Zentrifugalbremsen ist darin zu sehen, daß die größte Senkgeschwindigkeit abhängig ist von der Größe der zu senkenden Last. Gerade bei großen Lasten, die langsam abgesenkt werden sollen, wird die Geschwindigkeit am größten. Besonders aus diesem Grunde sind die Zentrifugalbremsen nicht sehr viel verwendet worden, und man kann allgemein wohl sagen, daß es zweckmäßiger und sicherer ist, wenn man die Last durch eine gute Senksperrbremse absenkt, als wenn man Sicherheitskurbeln und Zentrifugalbremsen anwendet.

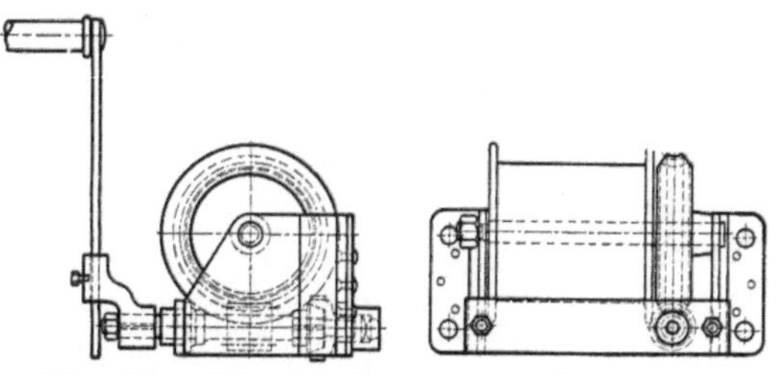

Abb. 361. Wandwinde mit verstellbarer Kurbel.

Wird bei Handwinden die Sicherheitskurbel in Verbindung mit einer Lösungsbremse angewendet, die als Senksperrbremse ausgebildet ist, so können alle Anforderungen erfüllt werden. Man kann die Last durch Benutzung der Sicherheitskurbel langsam senken, und man kann sie andererseits durch Benutzung der Senksperrbremse mit beliebiger Geschwindigkeit senken. Diese Anordnung ist daher am meisten zu empfehlen, wenn man sich nicht mit einer einfachen Senksperrbremse begnügen will.

Für motorisch angetriebene Winden kommen außer den Senksperrbremsen noch Magnetbremsen in verschiedenen Anordnungen in Frage.

Bei Handkabelwinden kommen elektrische Bremsen naturgemäß nicht in Betracht.

In einfacher Form kommen die Magnetbremsen als Doppelbakkenbremsen vor, wie in Abb. **363** an einem Beispiel gezeigt. Sie sind dann in der Regel so eingerichtet, daß das zum Anziehen der Bremse bestimmte Gewicht durch die Spule des Magnets so lange gehoben wird, als der Motor arbeitet, als die Leitung also Strom führt. In dem Augenblick, wo dieser Strom durch Ausschalten des Motors oder durch irgendeinen Zufall unterbrochen wird, wird auch der Magnet stromlos, fällt das Bremsgewicht herunter und bremst die Last fest. Die Backenbremsen werden allerdings meistens nur als Stoppbremsen benutzt zum Abbremsen der lebendigen Kraft des Motors und des Getriebes. Wenn die Last mit einer Magnetbremse in der Schwebe gehalten werden soll, so verwendet man meistens Bandbremsen, die größere Bremswirkung ausüben. Das wird im III. Band näher erörtert werden.

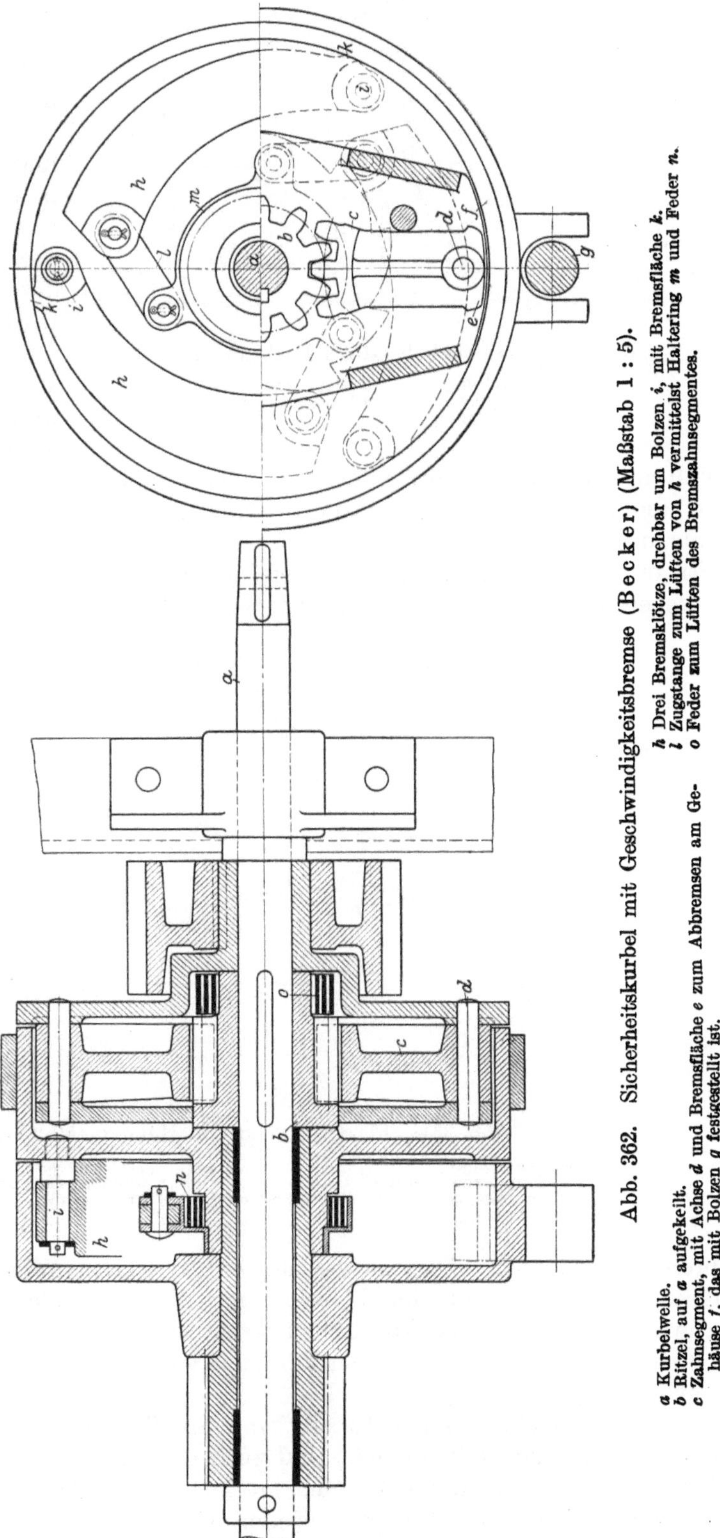

Abb. 362. Sicherheitskurbel mit Geschwindigkeitsbremse (Becker) (Maßstab 1 : 5).

a Kurbelwelle.
b Ritzel, auf *a* aufgekeilt.
c Zahnsegment, mit Achse *d* und Bremsfläche *e* zum Abbremsen am Gehäuse *f*, das mit Bolzen *g* festgestellt ist.
h Drei Bremsklötze, drehbar um Bolzen *i*, mit Bremsfläche *k*.
l Zugstange zum Lüften von *h* vermittelst Haltering *m* und Feder *n*.
o Feder zum Lüften des Bremszahnsegmentes.

Man kann den Bremsmagnet mit dem Motor in eine Leitung, in Serie, schalten. Dann ist man unbedingt sicher, daß die Bremse einfällt, sobald der Strom unterbrochen ist. Man hat dann aber keine gute Möglichkeit, die Last mit dieser Bremse abzusenken. Man kann das Senken nur mit dem Motor ausführen, z. B. indem man ihm Gegenstrom gibt oder ihn auf das Netz arbeiten läßt. Eine andere Möglichkeit ist die, den Bremsmagnet parallel zum Motor zu schalten. Dann kann man dem Magneten für sich etwas Strom geben und die Last auf diese Weise unter der Bremse senken. Dann hat man aber wieder keine Sicherheit, daß die Last gehalten wird, wenn der Strom zufällig nur in der Motorleitung, nicht aber in der Bremsleitung unterbrochen wird. Man kann diese Anordnung mit parallel geschaltetem Magneten daher nur empfehlen, wenn die Last auf jeden Fall durch eine Senksperrbremse gehalten wird, wie sie in einfachster Form schon in Abb. 360 dargestellt ist. Dann ist die Last durch die Senksperrbremse jederzeit gehalten, und der Magnet dient nur noch zum Lüften der Bremse. Das Lüften der Bremse kann dann durch den Strom erfolgen, wobei die Senkgeschwindigkeit durch den Kontroller des Motors geregelt wird, oder auch von Hand, wie in Fig. 365 in Verbindung mit einer Bandbremse gezeichnet. Das ist die Regel bei allen Winden mit Führerbegleitung. Schließlich kann man den Motor gegen die Kraft der Senksperrbremse die Last abwärts senken lassen. Die Arbeitsweise ist sicher, erfordert aber etwas unnötigen Arbeitsaufwand. Alle Lösungen kommen vor, je nach den vorliegenden besonderen Verhältnissen.

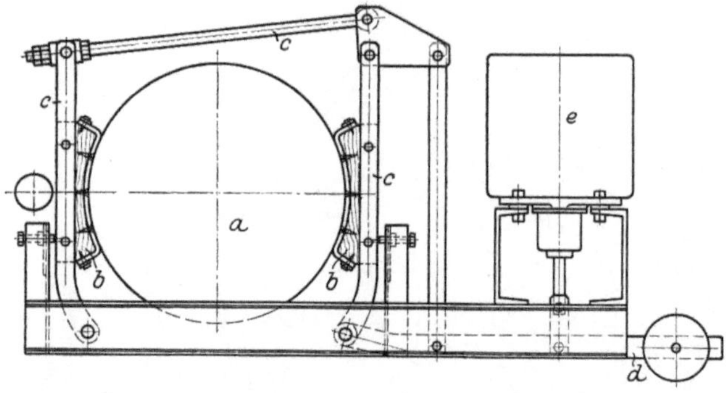

Abb. 363. Elektrisch betätigte Backenbremse.

a Bremsscheibe. *b* Bremsbacken. *c* Bremsgestänge. *d* Bremshebel. *e* Bremsmagnet.

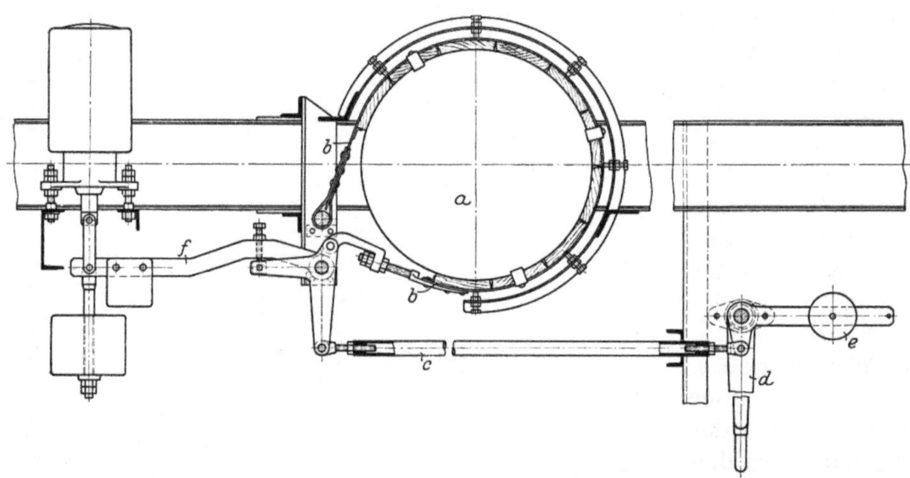

Abb. 364. Elektrisch und von Hand betätigte Bandbremse.

a Bremsscheibe.
b Gefüttertes Bremsband.
c Bremsgestänge zum Handhebel *d* führend.
d Handhebel.
e Verschiebbares Reguliergewicht.
f Gestänge zum Bremsmagneten führend.
g Bremsmagnet.

In der nachfolgenden Tabelle sind die Hauptmaße und Preise angegeben für Handwinden mit Seiltrommel. Und zwar sind die Preise zunächst für Winden ohne Bremse angegeben, dann die Mehrpreise für verschiedene Bremsanordnungen, und zwar die Winde einmal mit gußeisernem Schild, das andere Mal mit schmiedeeisernem

Maße, Gewichte und Bruttopreise der Kabelwinden für Drahtseil (Welter).

Zahnradvorgelege	einfach				doppelt								
Tragkraft an der Trommel . kg	300	450	600	750	600	750	1000	1250	1500	1750	2000	3500	5000
Trommel: Durchmesser a. d. Grunde . mm	300	210	220	230	220	230	260	290	290	320	340	360	400
Trommel: Randdurchmesser . . . . „	330	350	370	390	370	390	430	470	470	510	550	600	700
Trommel: Länge i. Licht. zw. d. Ränd. „	295	340	390	455	390	455	490	580	580	680	700	750	800
Drahtseil: Stärke . . . . „	9	9	12	13	12	13	14	16	18	18	21	23	25
Drahtseil: Länge d. erst. Seillage ca. m	19,5	23,5	23,6	27	23,6	27	30	34,5	31	40,5	33	38	41
Kurbeldruck . . . . ca. kg	29	36	46	61	24	32	43	53	62	58	63	60	86
Lasthub bei 30 Kurbelumdrehungen pro Minute . ca. m	4,3	3,4	3,9	4,25	1,8	1,8	2,2	2,7	2,2	1,7	1,6	1	09
Gewicht der Winde m. Bremse: mit Guß-Schilden ca. kg	143	154	207	235	216	239	275	370	460	630	—	—	—
Gewicht der Winde m. Bremse: m. Blech-Schilden „ „	148	159	200	250	224	245	270	380	470	610	725	960	1380
Preis der Winde ohne Bremse: mit Guß-Schilden. M.	78,00	90,00	99,00	110,00	113,00	130,00	148,00	180,00	207,00	300,00	—	—	—
Preis der Winde ohne Bremse: mit Blech-Schilden „	85,00	96,00	112,00	115,00	135,00	150,00	160,00	190,00	220,00	330,00	420,00	650,00	980
Mehrpreis für Handhebelbremse „	12,00	14,00	15,00	16,00	15,00	15,00	17,50	20,00	25,00	30,00	—	—	—
„ für Lösungsbremse . „	33,00	33,00	33,00	33,00	33,00	33,00	33,00	33,00	39,80	43,00	45,00	63,00	72
„ für einseitig wirkende Lastdruckbremse . „	28,00	28,00	28,00	28,00	28,00	28,00	28,00	33,00	33,00	33,00	33,00	35,00	39
„ für Sicherheitskurbel u. Zentrifugalbremse „	75,00	75,00	90,00	90,00	90,00	90,00	100,00	90,00	130,00	130,00	135,00	135,00	135
„ für Laufrollen ohne Fahrwerk . . . . „	24,00	26,00	29,00	30,00	36,00	96,00	50,00	54,00	60,00	65,00	72,00	100,00	120
„ für Laufrollen mit Fahrwerk . . . . „	48,00	50,00	54,00	60,00	54,00	60,00	67,00	73,00	80,00	90,00	99,00	136,00	175

Schild. Die Trommel ist dabei mit dem mit ihr fest verbundenen Zahnrad lose auf der feststehenden Achse angeordnet. Die Achse dreht sich also nicht, kann möglichst leicht gehalten werden, und ebenso ist die Reibung gering. Von den verschiedenen Bremssystemen sind die Mehrpreise angegeben für Verwendung einer einfachen Handhebelbremse, einer Sperradbremse als Lösungsbremse, ferner für Verwendung einer einseitig wirkenden Lastdruckbremse, für Verwendung einer Sicherheitsbremskurbel in Verbindung mit einer Zentrifugalbremse und schließlich für die Ausrüstung der Winde mit Laufrollen zum bequemeren Verfahren derselben, und zwar mit und ohne Fahrwerk.

Dieselben Grundsätze sind natürlich auch auf Wandwinden anwendbar. Bei ihnen ist nur die Form des Gestelles etwas geändert, sonst ist kein Unterschied vorhanden. Damit die Winden gut an der Wand befestigt werden können, muß man die Konstruktion möglichst zusammendrängen. Aus dem Grunde werden vielfach Schneckenwinden verwendet, die man selten eingängig ausführt, meistens mit Rücksicht auf den besseren Wirkungsgrad doppelgängig, wie schon in Abb. 361 dargestellt.

Bei Winden für Bergwerkszwecke müssen sowohl die Räderübersetzung wie die Bremsen doppelt ausgeführt werden.

Von den durch mechanische Kraft angetriebenen Winden normaler Bauart seien zunächst die Dampfwinden erwähnt, die für einfache Arbeiten, besonders für Bauzwecke, noch ziemlich häufig vorkommen. Sie werden meistens so gebaut, daß die Dampfmaschine die Last nur in einer Richtung anzieht, während das Senken durch eine Bremse geschieht. Abb. 365 zeigt eine häufig verwendete Form eines sog. einfachen Förderhaspels, wie er im Bergwerksbetriebe auch oft mit Druckluft verwendet wird. Die Dampfmaschine ist als Zwillingsmaschine ausgebildet mit um 90° versetzten Kurbeln, um bei jeder Stellung anlaufen zu können. Die Trommel ist lose auf der Welle angeordnet und wird mit dem Zahnrad durch eine konische Reibungskupplung verbunden, die vermittels einer Schraube durch Drehen eines Handhebels angezogen oder gelöst wird. Nach Lösen der Kupplungsschraube werden Trommel und Zahnrad durch eine Feder auseinandergedrückt. Bei einer Umdrehungszahl der Dampfmaschine von 150—200 in der Minute genügt durchweg eine einfache Räderübersetzung. Wenn die Dampfmaschine auch in umgekehrter Drehrichtung Arbeit leisten soll, muß sie natürlich umsteuerbar sein. Das wird dann meistens durch eine Kulissensteuerung ausgeführt.

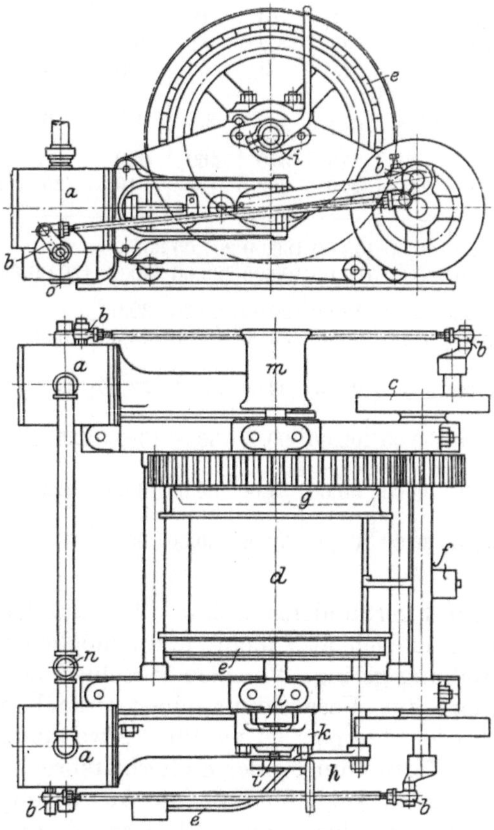

Abb. 365. Einfacher Dampfförderhaspel (Pohlig) (Maßstab 1 : 33,3).

a Zylinder der Zwillingsdampfmaschine.
b Steuerung.
c Kurbelscheibe.
d Hubtrommel.
e Bremse der Hubtrommel mit Fußhebel.
f Gegengewicht zum Lüften der Bremse.
g Reibungskupplung der Hubtrommel.
h Handhebel zum Einrücken der Reibungskupplung.
i Druckschraube zum Einrücken der Kupplung mit Druckstange, Keil und Druckring.
k Querhaupt mit Gewinde für die Schraube *i*, am Kran befestigt.
l Stellring auf der Welle der Windentrommel zur Aufnahme des von der Schraube *i* auf die Welle übertragenen Längsschubes auf den Windenrahmen.
m Spilltrommel für Nebenarbeiten.
n Drosselventil in der Dampfzuleitung.
o Dampfaustritt.

Die Winden arbeiten in der Regel mit einem Dampfdruck von 5—10 at. Wenn der Dampf in einem besonderen Kessel erzeugt werden muß, so verwendet man bis zu 10—25 qm Heizfläche vielfach stehende Siederohrkessel, aber auch stehende Rauchröhrenkessel, darüber hinaus meistens liegende Rauchröhrenkessel. Besonders zu beachten ist bei derartigen Kesseln, daß der Dampfraum eine genügende Größe haben muß, damit kein zu nasser Dampf in die Maschine kommt. Neuerdings werden vielfach Überhitzer eingebaut, um mit Sicherheit trockenen Dampf zu erhalten.

Bei Verwendung von losen Trommeln gibt die beschriebene Kupplungseinrichtung oft Veranlassung zu Reparaturen, zumal wenn die Winden dauernd angestrengt gebraucht werden. Insbesondere ist die Abnutzung am Kopf der Druckschraube, die den Reibungskonus anpreßt, sehr groß infolge des dauernd erforderlichen Längsschubes. Auch die Reibflächen aus Holz oder Leder nutzen sich schnell ab und müssen häufig ersetzt werden. In neuerer Zeit sind daher verschiedene andere Kupplungen eingeführt worden. Viel angewendet wird die sog. Bremsbandkupplung und auch die Spreizringkupplung, bei denen der große Längsschub und seine nachteiligen Begleiterscheinungen wegfallen. Eingehender sind diese Kupplungsarten im III. Bande behandelt.

Bei der eben beschriebenen Winde kann der Motor entweder nach jedem Hub stillgesetzt werden oder auch ununterbrochen in derselben Richtung umlaufen. Das wurde in der ersten Zeit nach Einführung des elektrischen Betriebes mitunter auch beim Antrieb mit Elektromotor ausgeführt, als die Steuerung der Elektromotoren noch Schwierigkeiten bereitete. Gegenwärtig kommt das aber bei den vollkommenen elektrischen Steuerapparaten fast nie mehr in Frage. Nur beim Antrieb durch eine Transmission und durch Benzinmotoren läßt man den Motor ständig weiterlaufen. Eine derartige Winde ist in Abb. 366 dargestellt. Der Benzinmotor läuft ständig um. Das Windwerk wird durch Keilnutenräder angetrieben, die durch ein Exzenter ein- und ausgerückt werden können. Im übrigen ist die Zeichnung für sich leicht verständlich. Die ganze Anordnung ist aber als wenig vollkommen zu bezeichnen und es wird eine Aufgabe der nächsten Zukunft sein, den sehr vervollkommneten und betriebssicher gestalteten Verbrennungsmotor in anderer Weise in den Hebe-

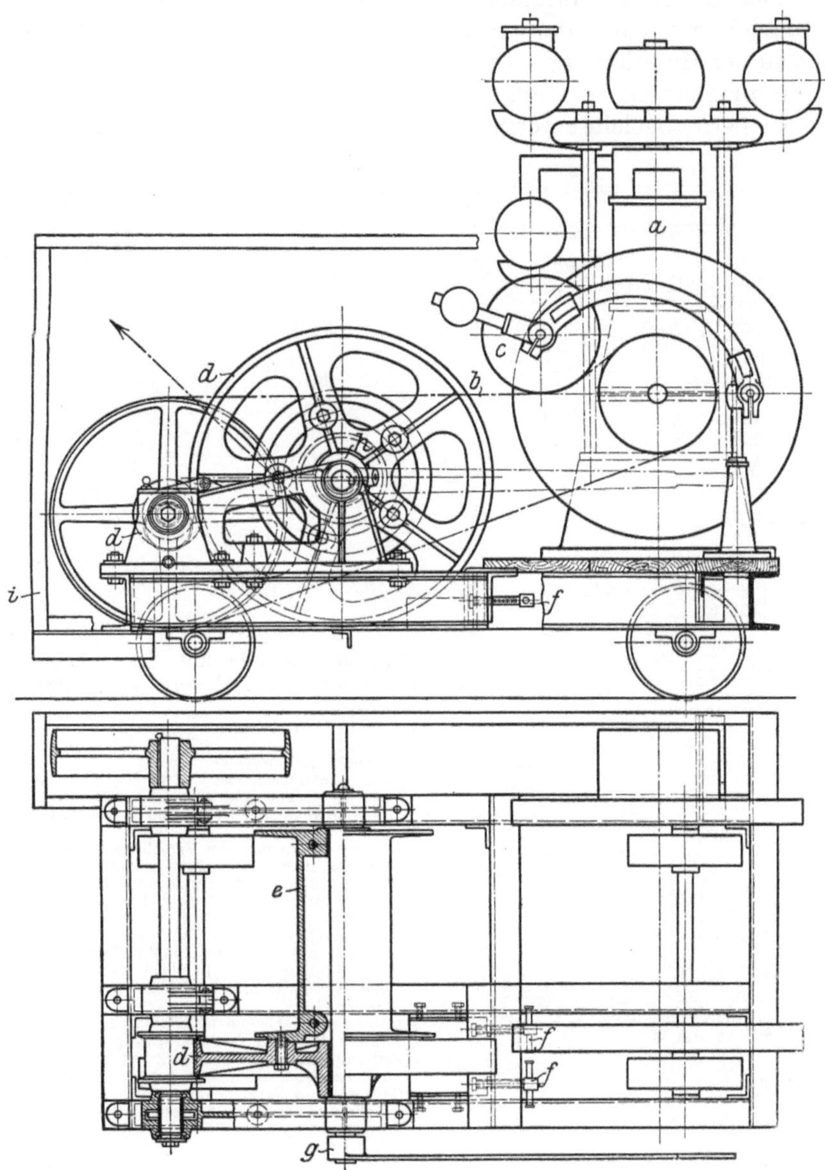

Abb. 366. Fahrbare Reibungsbauwinde mit Antrieb durch Benzinmotor (de Fries) (Maßstab 1 : 20).

a Antriebmotor, 6 PS bei 420 Umdr./Min.
b Riemenantrieb.
c Riemenspannrolle.
d Reibungsradvorgelege.
e Seiltrommel.
f Spannschraube zum Einstellen des Reibungsgetriebes.
g Hebel zum Anpressen der Reibungsrollen mittels exzentrischer Achse.
h Exzentrisch gelagerte Achse als Windenachse.
i Fahrbares Gerüst mit seitlichem Drahtgeflechtabschluß.

zeugbetrieb einzuführen. Nach meiner Ansicht würde der folgende Weg gegenüber den bisher beschrittenen erhebliche Vorteile bieten: Um das wechselnde Lastmoment künstlich zu erzeugen, könnte man Trommeln mit veränderlichem Radius verwenden, die durch einen Triebkolben mit Zahnstange gedreht werden. Die Verteuerung der Anlage durch die Pumpe zur Erzeugung der Pressung wird reichlich dadurch ausgeglichen, daß der Hubmotor entsprechend kleiner angenommen werden kann. Da der Motor dauernd läuft und die Pumpenventile automatisch gelüftet werden, sobald der vorgesehene Höchstdruck erreicht ist, so beschränkt sich die Bedienung der Winde im wesentlichen auf die Betätigung der hydraulischen Steuerung, die noch immer als die widerstandsfähigste Steuerung für Hebezeuge zu bezeichnen ist. Der Betrieb mit einer derartigen Anordnung ist also verhältnismäßig sicher und einfach in der Handhabung. Das tritt besonders in Erscheinung, wenn mehrere Bewegungen unabhängig von einander von demselben Motor und derselben Pumpe mit Druckspeichern abgeleitet werden können. Bei dieser Anordnung besteht keinerlei

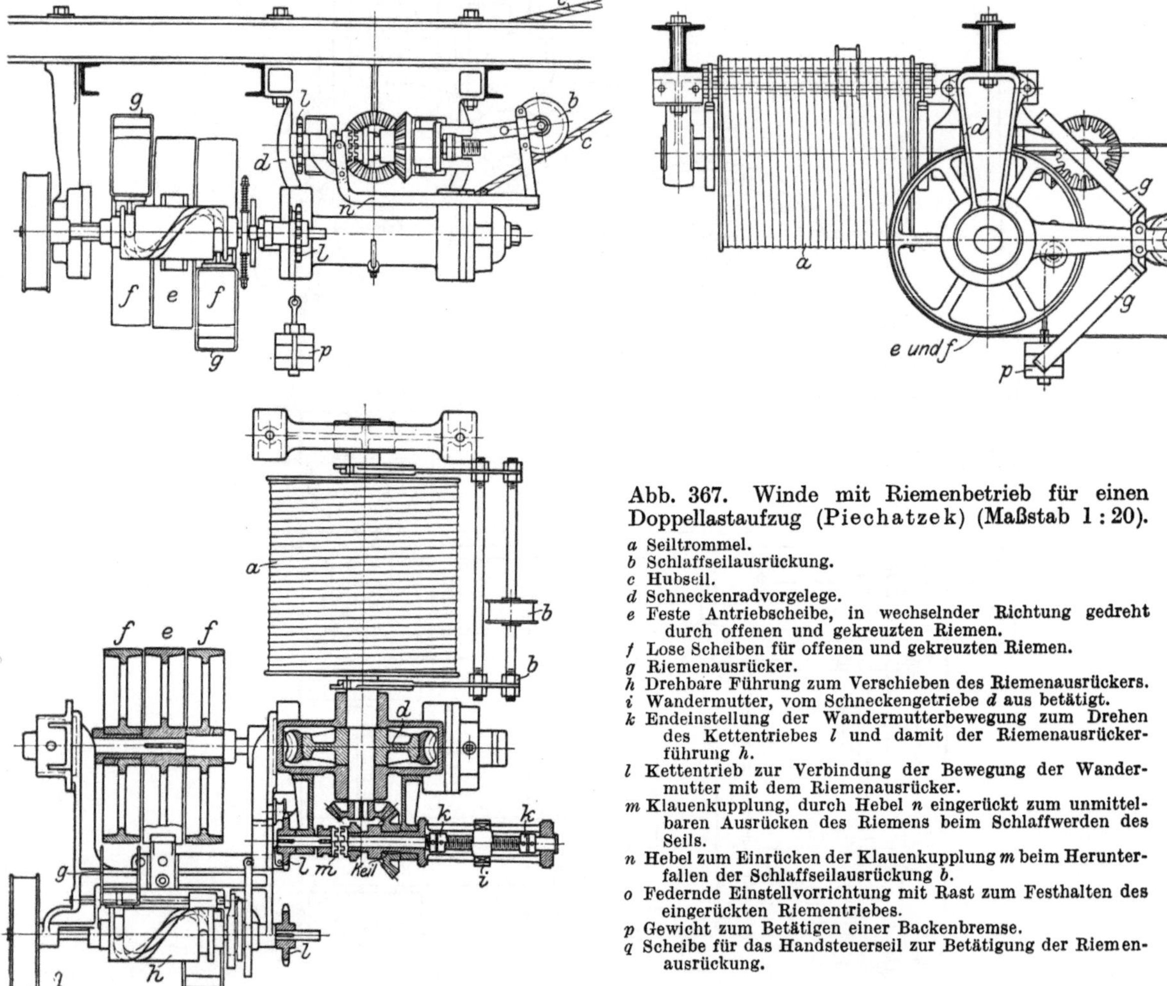

Abb. 367. Winde mit Riemenbetrieb für einen Doppellastaufzug (Piechatzek) (Maßstab 1 : 20).

a Seiltrommel.
b Schlaffseilausrückung.
c Hubseil.
d Schneckenradvorgelege.
e Feste Antriebscheibe, in wechselnder Richtung gedreht durch offenen und gekreuzten Riemen.
f Lose Scheiben für offenen und gekreuzten Riemen.
g Riemenausrücker.
h Drehbare Führung zum Verschieben des Riemenausrückers.
i Wandermutter, vom Schneckengetriebe *d* aus betätigt.
k Endeinstellung der Wandermutterbewegung zum Drehen des Kettentriebes *l* und damit der Riemenausrückerführung *h*.
l Kettentrieb zur Verbindung der Bewegung der Wandermutter mit dem Riemenausrücker.
m Klauenkupplung, durch Hebel *n* eingerückt zum unmittelbaren Ausrücken des Riemens beim Schlaffwerden des Seils.
n Hebel zum Einrücken der Klauenkupplung *m* beim Herunterfallen der Schlaffseilausrückung *b*.
o Federnde Einstellvorrichtung mit Rast zum Festhalten des eingerückten Riementriebes.
p Gewicht zum Betätigen einer Backenbremse.
q Scheibe für das Handsteuerseil zur Betätigung der Riemenausrückung.

Hinderungsgrund, sämtliche Bewegungen gleichzeitig auszuführen und so das Hebezeug mit größter Leistung auszuführen, insbesondere da man bei dieser Anordnung in der Lage ist, recht große Beschleunigungskräfte auszuüben, stärker, als sie mit dem einfachen elektrischen Antrieb ausgeübt werden können.

Die eben beschriebenen Winden werden in der Regel nur angewendet für das Heben von Lasten, die entweder frei gehoben werden oder auf schräger Bahn oder mit kranartigen Hebevorrichtungen mit Ausleger.

Handelt es sich um den Betrieb von eigentlichen Aufzügen, so müssen die Vorschriften der Polizeiverordnung, betreffend die Einrichtungen von Aufzügen (Fahrstühle), beachtet werden, die weitergehende Sicherheitsvorrichtungen verlangen, besonders bei Personenaufzügen. Die für Preußen gültige Verordnung ist in einem besonderen Heft zusammengestellt vom Buchhandel zu beziehen. Die verlangten Sicherheitsmaßnahmen sind daraus also zu entnehmen. Die Vorschriften in den anderen Bundesstaaten weichen nur in einigen Einzelheiten ab.

In der Verordnung sind u. a. Endausrückvorrichtungen vorgeschrieben, die den Fahrkorb in den Endstellungen mit Sicherheit zum Stillstand bringen. Beim Lastaufzug genügt ein Seil zum Tragen des Fahrkorbes. Ein weiteres Seil ist meistens für das Gegengewicht vorgesehen, welches das Gewicht des Fahrkorbes ausgleicht, so daß der Motor nach beiden Richtungen Arbeit leistet. Wenn bei dem Aufzuge Führerbegleitung oder Personenförderung in Frage kommt, so wird verlangt, daß der Fahrkorb an 2 Zugorganen aufgehängt ist, die so mit einer Fangvorrichtung zu verbinden sind, daß dieselbe schon bei größerer Dehnung eines der Zugorgane in Tätigkeit tritt. Auch muß die Winde mit einer Schutzvorrichtung gegen Hängeseil versehen sein, die meistens auch bei einfachen Lastaufzügen angewendet wird. Diese sog. Schlaffseilvorrichtung besteht im allgemeinen aus 2 Rollen, die durch einen mit Gewicht belasteten Hebel gegen das Seil gedrückt werden, und die den Aufzug bei Schlaffwerden der Seile durch Herunterfallen des Gewichtshebels stillsetzen. Das Hängeseil kann eintreten durch falsches Steuern des Maschinisten bzw. durch plötzliches Umsteuern und dadurch, daß der Fahrkorb sich beim Heruntergang in den Führungen vorübergehend oder dauernd festklemmt.

Diese Einrichtung ist an der Lastaufzugswinde für Transmissionsantrieb nach Abb. 367 über der Trommel erkennbar. Die Winde hat Schneckenantrieb, den man des geräuschlosen Ganges und der einfachen Bremsung wegen meistens auch bei den elektrisch angetriebenen Aufzugwinden anwendet. Der Antrieb erfolgt bei Transmissionsantrieb durch offenen und gekreuzten Riemen, die durch eine Riemengabel verschoben werden, entweder durch Steuerung von Hand oder in den Endstellungen durch den Teufenzeiger, der auch die Lage des Fahrkorbes anzeigt, falls der Fahrkorb nicht von außen zu sehen ist. Sowie der Riemen ausgerückt wird, fällt die mit dem Ausrücker verbundene Bremse ein. Die Steuerung geschieht bei Transmissionsaufzügen meistens durch ein Steuerseil oder ein Gestänge. Bei Verwendung eines Seiles wird dieses meistens auch benutzt, um den Antrieb bei zu großer Geschwindigkeit vermittels eines Zentrifugalregulators auszurücken oder die Fangvorrichtungen zu betätigen. Aus der nachstehenden Tabelle sind die Hauptdaten der dargestellten Winde mit Riemenantrieb zu entnehmen.

Bruttopreise und Hauptdaten von Transmissionsaufzugwinden nach Abb. 367 (Piechatzek).

Nutzlast kg	Hub pro Minute ca. m	Trommeldurchmesser mm	Durchmesser der Fest- und Losscheiben mm	Breite der Riemen mm	Umdrehungen pro Minute	Kraftbedarf ca. PS	Gewicht ca. kg	Preis M.
400	10	375	350	60	280	1	430	850,00
700	12	450	425	80	280	2,35	750	1350,00
1000	15	500	500	90	275	4	1100	1650,00

Die elektrisch angetriebene Winde, wie z. B. in Abb. 368 dargestellt, ist im Prinzip von der dargestellten Transmissionswinde wenig verschieden, nur einfacher durch den Fortfall der Riemenführungen.

Die oben erwähnte Steuerung durch Gestänge oder Handseil kann bei allen Antriebsarten angewendet werden, sowohl bei Riemen- oder elektrischem Antrieb, als auch bei hydraulischem Betriebe. Bei elektrischem Betrieb kommt außerdem die Steuerung durch Kontakthebel in Frage für Aufzüge, die nur mit Führerbegleitung fahren; doch ist hier die Knopfsteuerung bei weitem am vollkommensten und am einfachsten in der Bedienung. Man kann damit ohne oder mit Führerbegleitung arbeiten. Durch einfaches Drücken auf einen Knopf kann der Fahrkorb sowohl vom Fahrkorb als auch von jedem Stockwerk aus zu irgendeinem Stockwerk befördert werden. Wenn die Anordnung auch etwas teurer ist als die Ausführung mit den vorher erwähnten Steuerungen, so macht sie sich doch leicht dadurch bezahlt, daß kein ständiger Führer erforderlich ist, und daß sie den Aufzug viel allgemeiner benutzbar macht. Von den zahlreichen Ausführungsformen soll hier als Beispiel nur eine angeführt und durch Abb. 369 schematisch dargestellt werden. Es wird verlangt, daß der Aufzug vom Förderkorb aus wie auch von jedem Stockwerk zu steuern

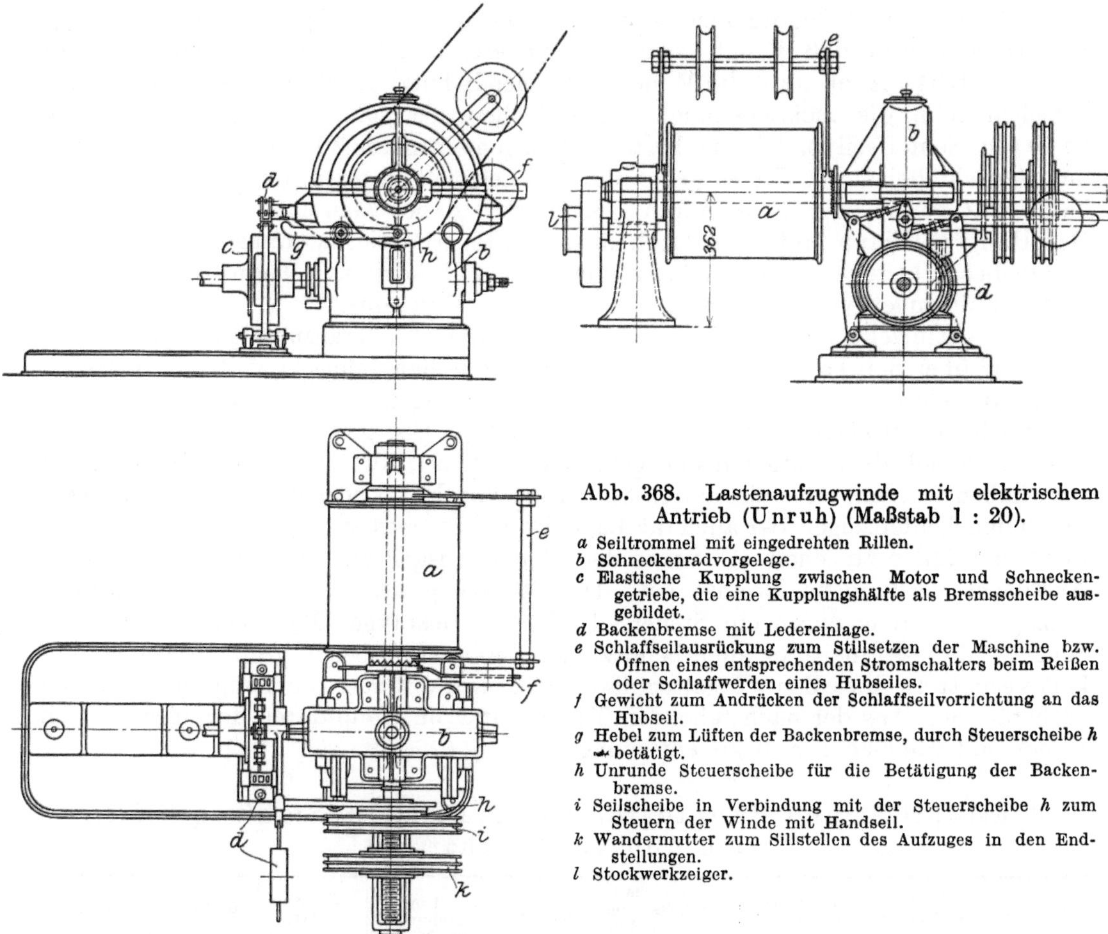

Abb. 368. **Lastenaufzugwinde mit elektrischem Antrieb (Unruh) (Maßstab 1 : 20).**

a Seiltrommel mit eingedrehten Rillen.
b Schneckenradvorgelege.
c Elastische Kupplung zwischen Motor und Schneckengetriebe, die eine Kupplungshälfte als Bremsscheibe ausgebildet.
d Backenbremse mit Ledereinlage.
e Schlaffseilausrückung zum Stillsetzen der Maschine bzw. Öffnen eines entsprechenden Stromschalters beim Reißen oder Schlaffwerden eines Hubseiles.
f Gewicht zum Andrücken der Schlaffseilvorrichtung an das Hubseil.
g Hebel zum Lüften der Backenbremse, durch Steuerscheibe *h* betätigt.
h Unrunde Steuerscheibe für die Betätigung der Backenbremse.
i Seilscheibe in Verbindung mit der Steuerscheibe *h* zum Steuern der Winde mit Handseil.
k Wandermutter zum Sillstellen des Aufzuges in den Endstellungen.
l Stockwerkzeiger.

ist. Er soll also von jedem beliebigen Stockwerk aus herangeholt werden können, und es soll möglich sein, die Steuerung im Fahrkorb für irgendeine Stelle im voraus einzustellen. In dem Schema sind 3 Stockwerke angenommen. In jedem Stockwerk ist ein Druckknopf und eine Kurzschließvorrichtung für den Strom angebracht. Der Korb kann nur in einem Stockwerk halten, und es ist daher in der Regel einer der 3 Ausschalter in den 3 Stockwerken ausgeschaltet. Dadurch ist der Strom während der Ruhe des Fahrkorbes unterbrochen, so daß kein Strom durch die Magnete der schematisch angedeuteten Umschaltungsvorrichtung hindurchgehen kann. Diese Umschaltevorrichtung hat den Zweck, den Selbstanlasser des Steuerkontrollers in Betrieb zu setzen.

Wird nun z. B. bei oben befindlichem Fahrkorb der Druckknopf im ersten Stockwerk heruntergedrückt, so kann der Strom durch die obere Umschaltewicklung durch diesen Druckknopf bis zum negativen Pole der Leitung gehen. Gleichzeitig wird der zugehörige Kurzschließer durch den darin befindlichen Magneten heruntergezogen. Dadurch bleibt der Strom auch geschlossen, wenn der Druckknopf durch die daran angebrachte Feder nach Aufhören des Druckes wieder in die Anfangslage zurückgeht. Durch die obere Wicklung des Umschalters wird der Motor zu solcher Drehrichtung veranlaßt, daß der Fahrkorb sich nach unten bewegt, und zwar so lange, bis er den Ausschalter im ersten Stock ausgeschaltet hat. Dadurch wird der Strom wieder unterbrochen, der Motor steht still und der Kurzschließer wird gleichzeitig wieder durch den Magneten losgelassen und geht in seine Anfangslage zurück. Soll nun der Fahrkorb z. B. in das dritte Stockwerk geleitet werden und die Steuerung vom Fahrkorb aus erfolgen, so wird im Fahrkorb der entsprechende Druckknopf eingeschaltet. Dadurch wird der Strom durch den Kurzschließer im dritten Stock und weiter durch die untere Umschalterspule geleitet und setzt diese in Tätigkeit, so daß sie den Motor zum Heben des Korbes in Betrieb setzt. Dadurch, daß der Strom nach Niederdrücken des Druckknopfes durch den Kurzschließer im dritten Stockwerk fließt, wird dieser angezogen, und der Stromkreis bleibt auch nach Loslassen des Druckknopfes noch geschlossen, bis der Fahrkorb oben angekommen ist und hier durch Umlegen des Stockwerkausschalters den Strom wieder unterbrochen hat.

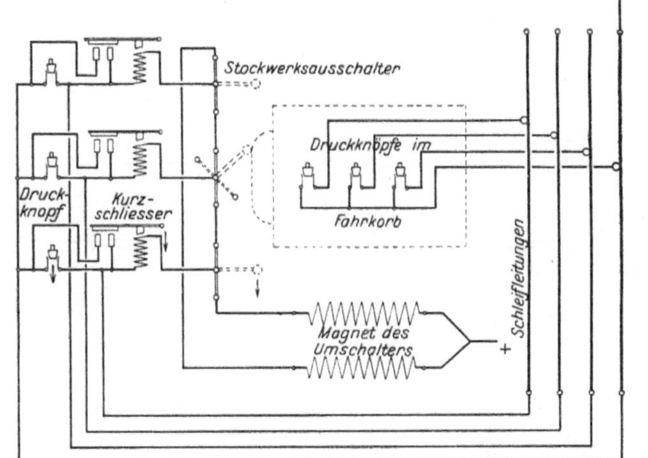

Abb. 369. Schema einer elektrischen Druckknopfsteuerung.

Für den Fall, daß 2 Druckknöpfe in den verschiedenen Stockwerken gleichzeitig in Bewegung gesetzt werden sollten, ist die eine Magnetwicklung des Umschalters stärker ausgeführt. Dann können die beiden Wirkungen sich nicht aufheben, und der Aufzug tritt doch in einer Bewegungsrichtung in Tätigkeit und bleibt nicht etwa stehen, was geschehen würde, wenn beide Wicklungen gleich stark wären. Ist der Motor erst einmal in Bewegung, so kann ein Drücken an einer anderen Stelle seine Bewegung nicht mehr aufhalten und umkehren, bis er durch Ausschalten an der betreffenden Stelle zum Stillstand gekommen ist.

Bei der wirklichen Ausführung ist es meistens bequemer, die im Schema Abb. 369 als in den verschiedenen Stockwerken befindlich dargestellten Ausschalter unmittelbar neben der Winde anzuordnen und so, daß der Weg des Fahrkorbes durch die verkürzte Bewegung einer auf einer Schraubenspindel verschiebbaren Wandermutter ersetzt wird. Die Ausschalter können dann verhältnismäßig dicht nebeneinander liegen.

Das angegebene Schema stellt nur die einfachsten und hauptsächlichsten Teile der Druckknopfsteuerung bei Starkstrombetrieb dar. Mit allen Nebeneinrichtungen, Fußbodenkontakt zum Ausschalten des Stromes beim Verlassen des Fahrkorbes, Lichtkontakte usw. sind die Leitungsführungen und Apparate meist viel verwickelter. Die eingehende Besprechung der verschiedenen Anordnungen, ebenso die Abweichungen bei anderen Stromarten muß für den IV. Band zurückgestellt werden. Die Bremsen der Aufzugwinden werden in der Regel elektrisch betätigt in der Weise, daß ein Elektromagnet das Bremsgewicht lüftet, solange die Maschine arbeitet, das Gewicht aber fallen läßt und die Winde sperrt, sobald der Strom unterbrochen wird.

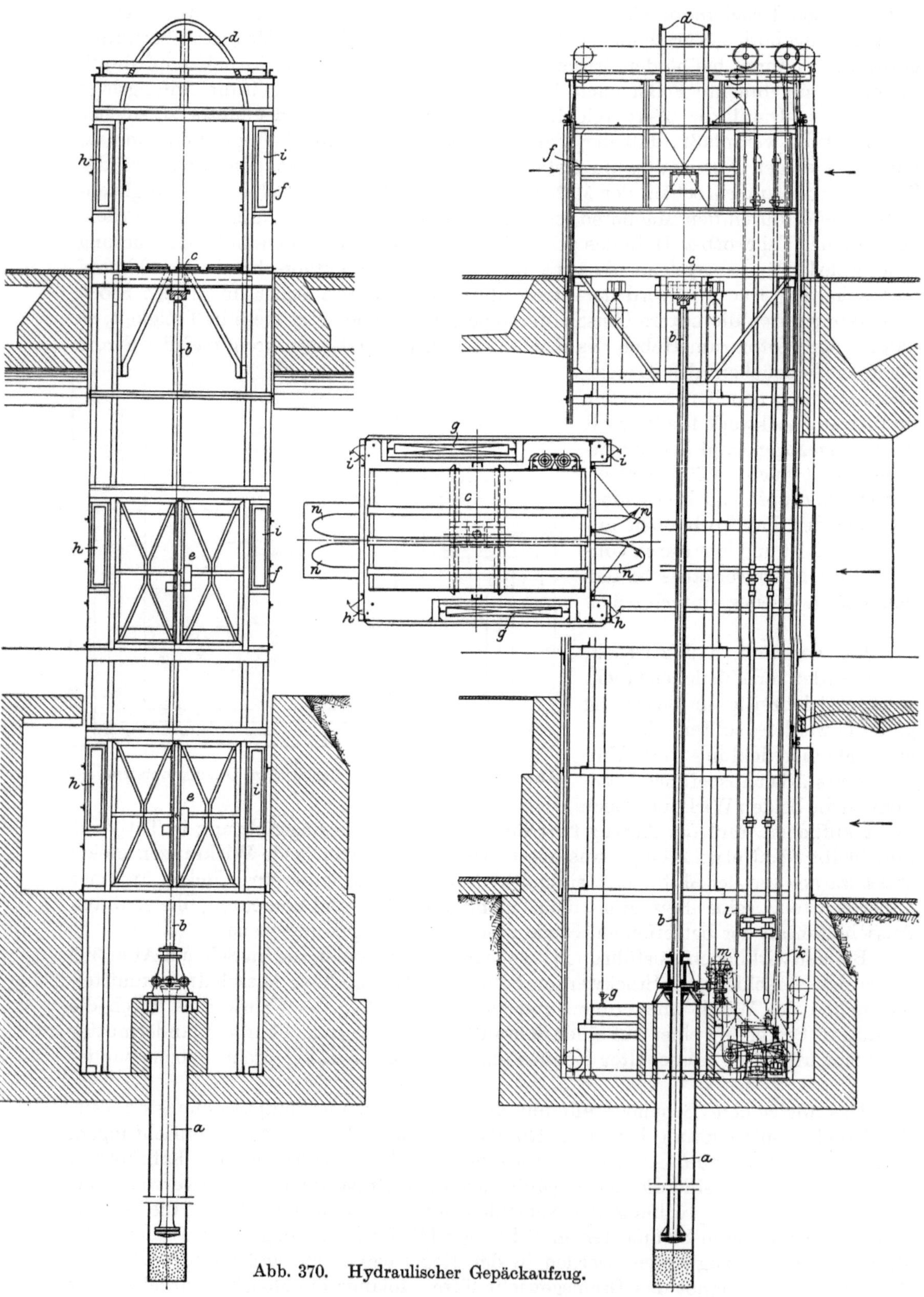

Abb. 370. Hydraulischer Gepäckaufzug.

Die elektrischen Aufzüge arbeiten mit der oben beschriebenen Druckknopfsteuerung so vollkommen, daß bei der gegenwärtigen weiten Verbreitung der Elektrizität andere Kraftantriebe, insbesondere der hydraulische Antrieb, kaum noch in Frage kommen. Auch sind die als Zugorgan allgemein verwendeten Drahtseile jetzt so zuverlässig, daß selbst, wenn noch einmal hydraulischer Betrieb angewendet wird, nur selten noch der direkte Antrieb durch Tauchkolben ausgeführt wird, der früher

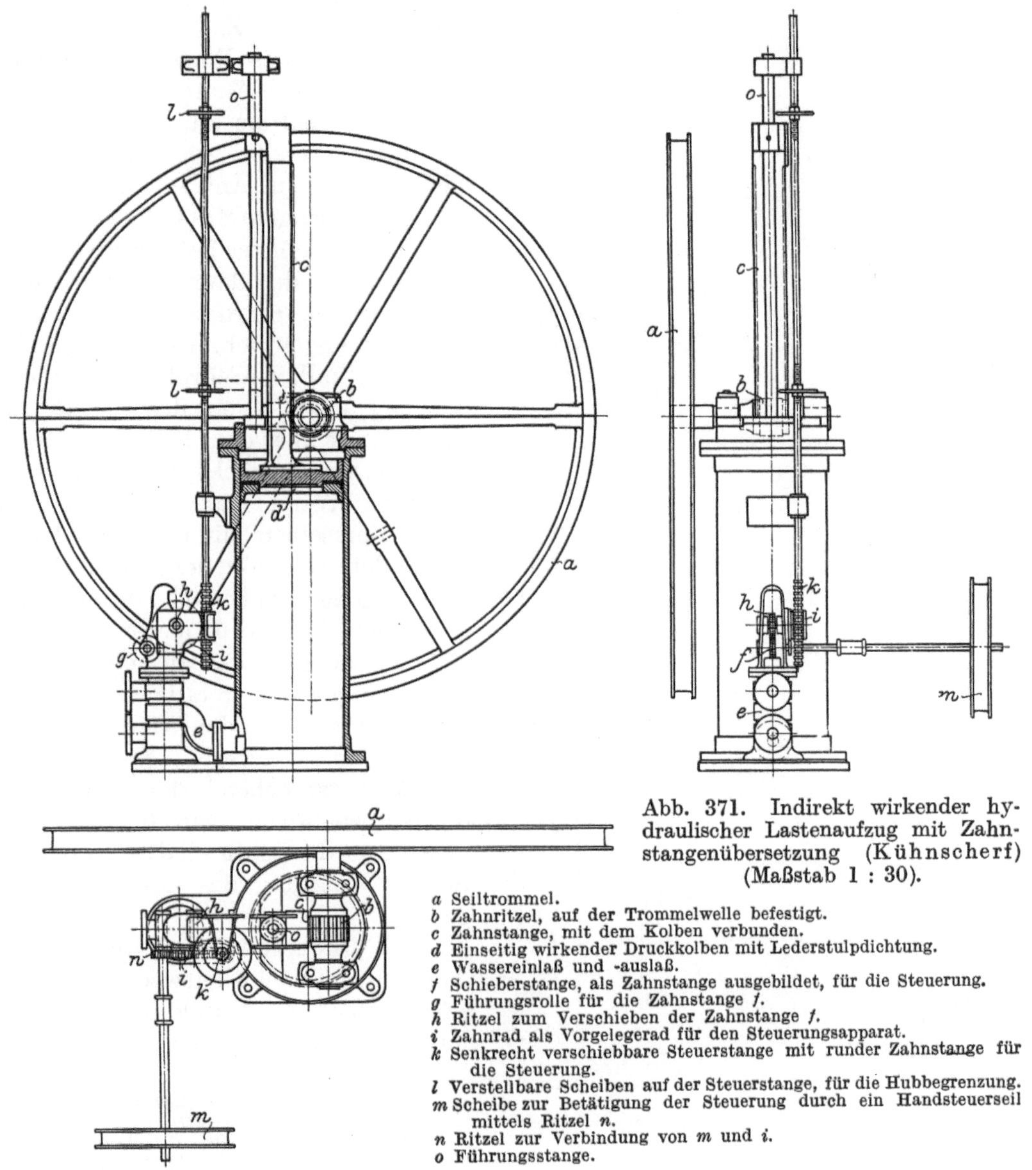

Abb. 371. Indirekt wirkender hydraulischer Lastenaufzug mit Zahnstangenübersetzung (Kühnscherf) (Maßstab 1 : 30).

a Seiltrommel.
b Zahnritzel, auf der Trommelwelle befestigt.
c Zahnstange, mit dem Kolben verbunden.
d Einseitig wirkender Druckkolben mit Lederstulpdichtung.
e Wassereinlaß und -auslaß.
f Schieberstange, als Zahnstange ausgebildet, für die Steuerung.
g Führungsrolle für die Zahnstange *f*.
h Ritzel zum Verschieben der Zahnstange *f*.
i Zahnrad als Vorgelegerad für den Steuerungsapparat.
k Senkrecht verschiebbare Steuerstange mit runder Zahnstange für die Steuerung.
l Verstellbare Scheiben auf der Steuerstange, für die Hubbegrenzung.
m Scheibe zur Betätigung der Steuerung durch ein Handsteuerseil mittels Ritzel *n*.
n Ritzel zur Verbindung von *m* und *i*.
o Führungsstange.

der größeren Sicherheit halber bevorzugt wurde. Nur in besonderen Fällen, bei geringer Aufzughöhe, wird der direkte Antrieb noch beibehalten. Das ist besonders der Fall bei den Gepäckaufzügen auf den Bahnhöfen, wie in Abb. 370 an einem hydraulischen Gepäckaufzug für Bahnhöfe dargestellt. Diese werden sogar bei elektrischem Antrieb als sog. Spindelaufzüge mit starrer Druckstange ohne Seil ausgeführt. Ein Beispiel eines solchen elektrischen Gepäckaufzuges ist im II. Band bei den Verladeeinrichtungen im Eisenbahnbetrieb angegeben. Sonst wird aber auch bei hydraulischem Betrieb meist indirekter Antrieb gewählt, der in verschiedenen Formen ausgeführt wird.

Häufig wird das Seil bei hydraulischen Aufzügen auf eine Trommel aufgewickelt, die durch Zahnrad und Zahnstangen gedreht wird, wie in Abb. 371 dargestellt. Die Zahnstange wird mit dem Kolben des Wasserdruckzylinders verbunden. Die Anordnung des Antriebes im Verhältnis zum ganzen Aufzug ist dabei dieselbe wie allgemein auch bei elektrischem Antrieb der Winden.

Bei geringen Hubhöhen wird auch oft ein umgekehrter Faktorenflaschenzug angewendet, der dann meist in stehender Form angeordnet wird, wie aus Abb. 372 ersichtlich. Die über dem Fußboden befindliche Seilrolle dient zur Umführung des Steuerseiles. Das Druckwasser tritt über dem Kolben in den Zylinder ein und drückt den Kolben nach abwärts. Wenn man auch den Raum unter demselben mit dem Druckwasser verbindet, so sinkt der Fahrkorb durch sein Eigengewicht nach unten. Dabei wird der Fahrkorb meistens so weit durch Gegengewichte ausgeglichen, daß das Übergewicht gerade noch genügt, ihn mit genügender Geschwindigkeit nach unten zu bewegen. Nur ein kleiner Druck, entsprechend dem Querschnitt der Kolbenstangen, wird bei der gezeichneten Anordnung durch das Druckwasser in der Richtung des Lastsenkens ausgeübt.

Die Steuerung der hydraulischen Aufzüge geschieht entweder durch Gestänge oder durch Handseile, die von dem Fahrkorb aus von jeder Höhenlage des-

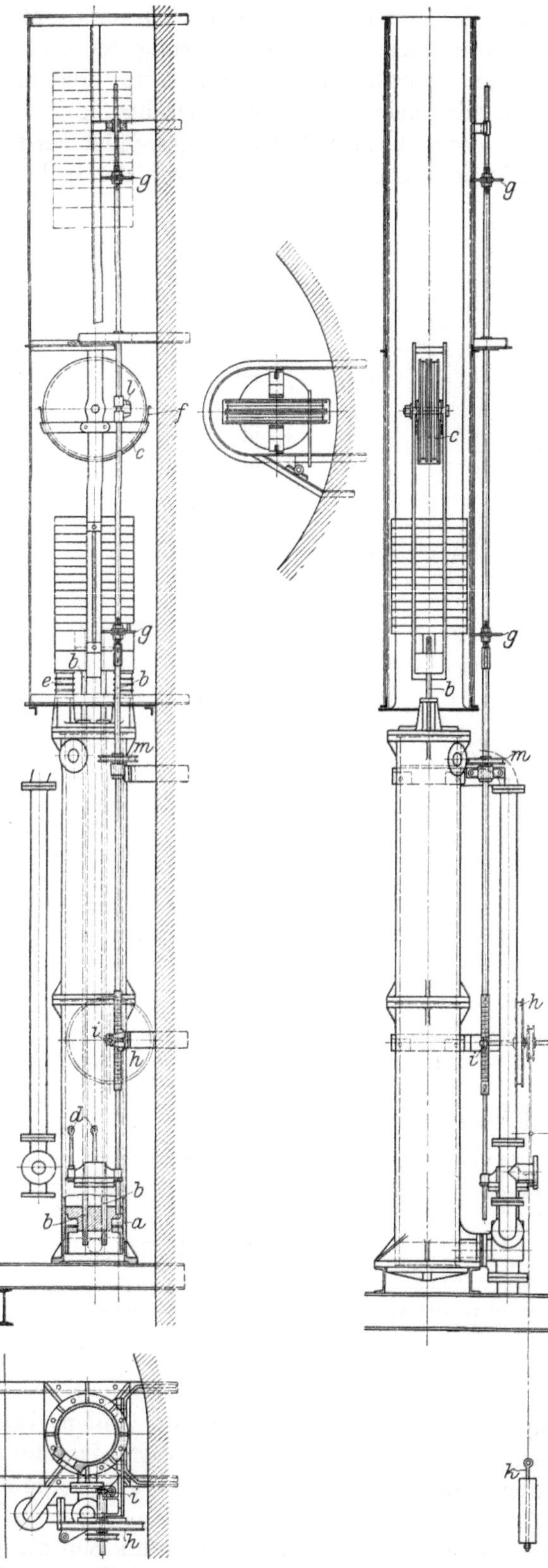

Abb. 372. Indirekt wirkender hydraulischer Personenaufzug mit Flaschenzugübersetzung (Kühnscherf) (Maßstab 1 : 25).

a Scheibenkolben, dem zum Lastheben von oben Druckwasser, von unten Saugwasser, zum Lastsenken von oben und unten Druckwasser zugeführt wird.
b Zwei Zugstangen als Kolbenstangen.
c Flaschenzugkloben mit Gegengewicht für den Gewichtsausgleich mit zwei losen Seilrollen für die beiden Fahrkorbseile.
d Befestigung der beiden Fahrkorbseile.
e Gummipuffer für die Hubbegrenzung.
f Schutzgehäuse für den Flaschenzugkloben.
g Zwei verstellbare Scheiben auf der Steuerstange als Hubbegrenzung.
h Scheibe für die Steuerung durch Handseil.
i Ritzel für die Bewegungsübertragung der Handseilsteuerscheibe *h* auf die Zahnstange der Steuerstange.
k Gewichtsspannvorrichtung für das Handsteuerseil.
l Einschwenkbare Nocken als Stockwerkschalter zum Anhalten des Aufzuges in dem Zwischenstockwerk.
m Seilscheibe zum Verdrehen der Steuerstange zwecks Ein- und Ausrücken der Nocken *l*.

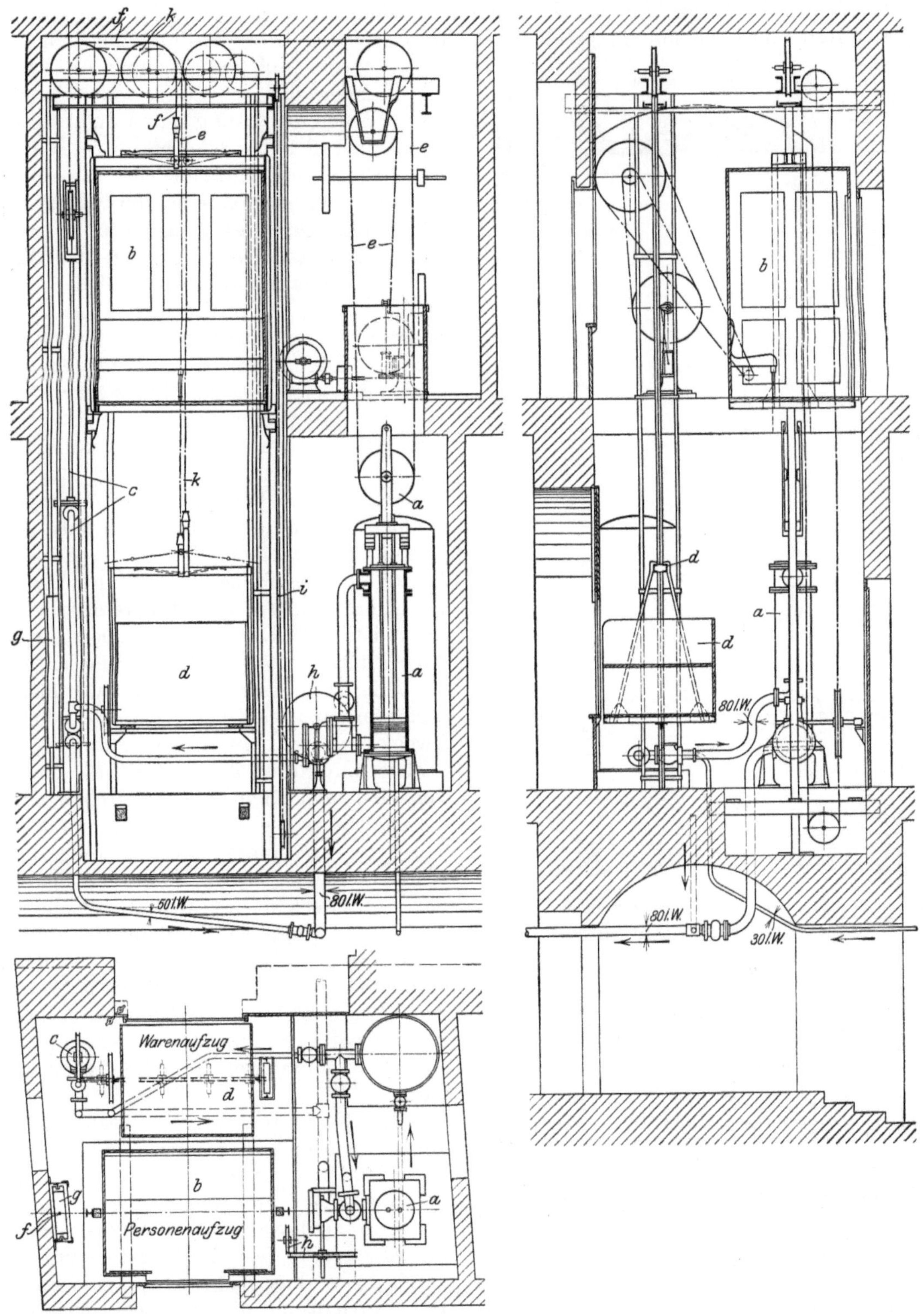

Abb. 373. Gesamtanordnung eines hydraulischen Personen- und Lastenaufzuges mit Druckwindkessel (**Kühnscherf**) (Maßstab 1 : 70).

a Wasserdruckhubzylinder für den Personenaufzug.
b Fahrkorb des Personenaufzuges.
c Wasserdruckhubzylinder des Lastenaufzuges.
d Fahrbühne des Lastenaufzuges.
e Hubseil des Personenaufzuges.
f Gegengewichtseil des Personenaufzuges mit Gegengewicht *g*.
h Steuerscheibe des Personenaufzuges.
i Steuerseil des Personenaufzuges.
k Hubseil des Lastenaufzuges.

selben betätigt werden können oder auch von jedem Stockwerk aus. Die Steuerseile sind unten und oben um entsprechende Führungsrollen geleitet und um eine Steuerscheibe, welche neben dem Antrieb angebracht ist, und welche die Steuereinrichtung und meistens auch den Wasserabfluß betätigt. Die Endstellungen des Kolbens werden entsprechend den äußersten Stellungen des Fahrkorbes durch Endausschalter festgestellt, die meistens als runde Scheiben ausgebildet sind, gegen die ein mit der Kolbenstange verbundener Anschlag anschlägt. Die Scheiben sind auf einem Gestänge befestigt, das bei seiner Bewegung die Steuerscheibe dreht. Die Übertragung vom Gestänge auf die Steuerscheibe erfolgt meistens durch Zahnstange und Ritzel. Die Zahnstange ist häufig rund ausgeführt, so daß sie immer in derselben Weise durch das Ritzel auf die Steuerscheibe einwirken kann, einerlei, wie die Steuerstange gedreht ist. Das Drehen der Steuerstange wird häufig erforderlich, um den Fahrkorb in den verschiedenen Zwischenstockwerken anhalten zu lassen. Zu dem Zweck sind auf dem Steuergestänge Anschläge mit Nasen angebracht, die nach verschiedenen Richtungen gedreht sind. Je nachdem, wie man nun die Steuerstange dreht, kommt die eine oder die andere Anschlagnase in den verschiedenen Stockwerken mit den Anschlägen, die an der Kolbenstange befestigt sind, in Berührung. Das Drehen der Steuerstange kann durch ein Seil geschehen, das über entsprechende Führungsrollen geführt wird und auf einer an der Steuerstange angebrachten Scheibe befestigt wird.

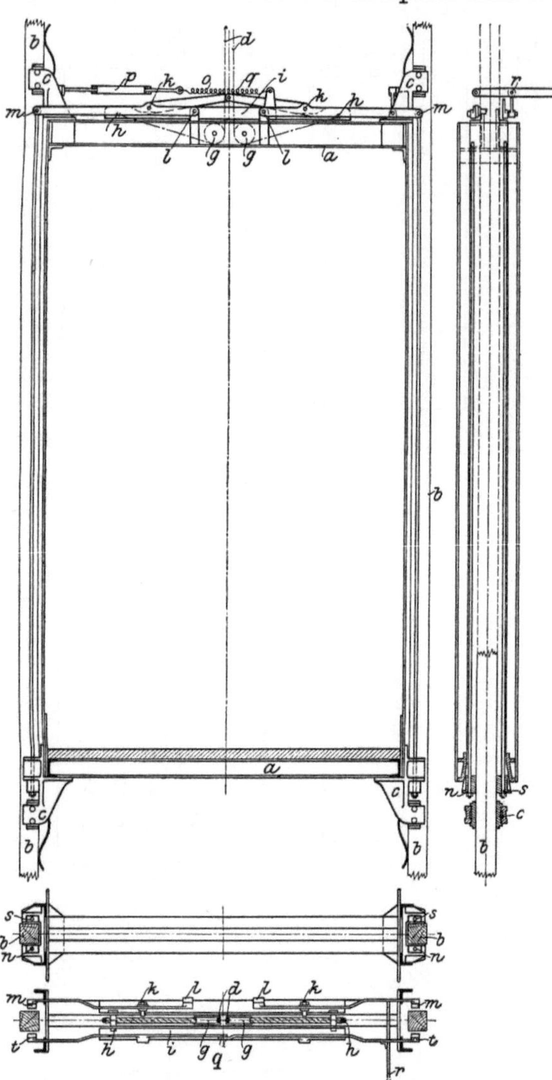

Abb. 374. Fangvorrichtung für Personenaufzüge (Kühnscherf) (Maßstab 1 : 30).

a Fahrkorbgestell.
b Führungsbalken.
c Führung am Fahrkorb.
d Hubseile.
g Im Fahrkorbgestell *a* befestigte Umführungsrolle für die Hubseile *d*.
h Befestigung der Hubseile an den Enden eines losen Trägers *i* mit dem Bolzen *k*.
i Träger, an dem die Zugseile *h* befestigt sind, durch die Kraft der Zugseile nach unten auf das Gestell *a* gedrückt.
k Bolzen als Drehachsen der Hebel *l—m*.
l Am Gestell fester Gelenkpunkt des Hebels *l—m*.
m Bewegliches Ende des Hebels *l—m*, durch den Seilzug nach unten gedrückt, so daß die an Zugstangen hängenden Keilbacken *a* gelöst sind.
n Keilbacken als Fangvorrichtung.
o Federn zum Anheben von *k* und Anpressen von *n* beim Reißen eines Seiles.
p Spannschloß zum Anspannen der Feder *o*.
q Bolzen zur Übertragung der Klemmwirkung durch die Hebel *qk* auf beide Seiten.
r Hebel mit Zugstange zum Betätigen der Fangvorrichtung von der Zentrifugal-Geschwindigkeitsbremse aus.
s Keilbacke, von der Zentrifugalbremse aus betätigt.
t Bewegliches Ende des Hebels *p*, *k*, *t* zum Anzug der Klemmbacke *s* von der Zentrifugalbremse aus.

Ein Nachteil des hydraulischen Betriebes, wie er bisher gebräuchlich war, ist der, daß der Arbeitsverbrauch auch bei kleineren Lasten immer der größten Hubkraft entspricht, wenigstens wenn die Erzeugung des Druckwassers unabhängig von dem Betrieb der einzelnen Hebevorrichtung in einer Zentrale erfolgt, und das ist in der Regel der Fall. Bei größeren Zentralen verwendet man dann zum Arbeits- und Druckausgleich regelmäßig durch Gewicht belastete Ausgleichspeicher, die für kleinere Anlagen verhältnismäßig schwerfällig sind. Man hat schon bisher bei hydraulischen Aufzügen mitunter besondere Druckwasserbehälter eingeschaltet, die als Windkessel ausgebildet sind und durch eine besondere Luftpumpe unter Druck gehalten werden. Dadurch wurde neben einem Arbeits- und Druckausgleich die Möglichkeit geschaffen, bei niedrigem Wasserdruck die Aufzüge mit beliebigem höheren Druck zu betreiben. Auch wurde der Kraftverbrauch in gewissem Maße der zu hebenden Last angepaßt. Die Anordnung eignet sich besonders für solche Fälle, wo mehrere Aufzüge zusammen betrieben werden sollen. Eine solche Anlage ist in Abb. 373 für 2 nebeneinander aufgestellte Aufzüge, einen Personenaufzug und einen Warenaufzug, dargestellt.

Durch den Fortfall der verschiedenen Motoren können beim Zusammenarbeiten verschiedener Bewegungen unter Umständen Ersparnisse in der Gesamtanlage erzielt werden, da die Anlagekosten der hydraulischen Aufzüge ohne die Druckerzeugungsanlage in der Regel etwas niedriger sind als die des elektrischen Aufzuges mit Motor. Muß aber das Druckwasser für die einzelne Anlage besonders hergestellt werden, so stellt sich der rein elektrische Antrieb in allen Fällen, in denen Strom zur Verfügung steht, in den Anlagekosten günstiger. Aus diesen Gründen hat der rein elektrische Antrieb den hydraulischen Betrieb in seinen bis jetzt bekannten Formen fast vollständig verdrängt. Ob und in welchen Fällen der hydraulische Zwischenbetrieb in Zukunft wieder Bedeutung wird erlangen können, läßt sich schwer voraussagen und wird wesentlich von den Beschaffungskosten der einzelnen Anlagen abhängen, da die Betriebskosten in beiden Fällen nur so wenig voneinander abweichen werden, daß sie nicht ausschlaggebend sind, zumal da sie schon absolut genommen bei dem hubweisen Betrieb der Hebezeuge nur einen geringen Einfluß auf die Gesamtförderkosten haben.

Noch seltener als hydraulischer Antrieb kommt für den eigentlichen Aufzugbetrieb der Dampfbetrieb in Frage, wenn er auch, wie schon weiter oben erwähnt, bei Krananlagen, die nicht gut elektrisch angetrieben werden können, sich noch immer eine ziemliche Bedeutung bewahrt hat. Hin und wieder begegnet man wohl einmal einem direkt wirkenden Lastenaufzug mit Antrieb durch Dampftriebkolben, aber immer nur in besonderen Fällen, z. B. als Aschenaufzug in einem Kesselhause, wo der Dampf zur Verfügung steht und wo keine Elektrizität vorhanden ist usw. Irgendwelche Bedeutung hat der Dampfantrieb im Aufzugbau nicht.

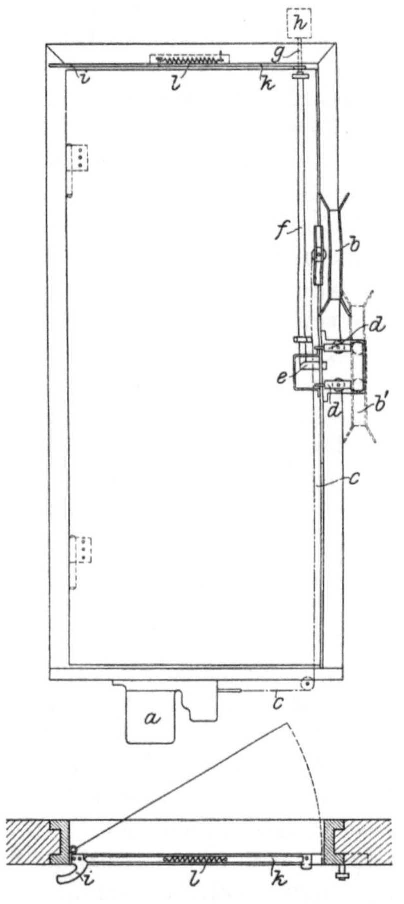

Abb. 374a. Sicherheitstürverschlüsse für einflügelige Förderschachttüren (Kühnscherf) (Maßstab 1 : 25).

a Motor unter der Fahrbühne zum Zurückziehen der Gleitbahn *b* mittels Kette *c*.
b Gleitbahn an der Fahrbühne in zurückgezogener Lage während der Fahrt.
b' Gleitbahn an der Fahrbühne, wenn vom Motor nicht zurückgezogen, also beim Anhalten der Fahrbühne hinter einer Schachttür.
c Kette zur Verbindung von Motor *a* mit Gleitbahn *b*.
d Riegel zum Verriegeln der Schachttür, welche von der wagerecht bewegten Gleitbahn *b'* zurückgezogen werden, sobald der Fahrkorb hinter der Schachttüre hält.
e Schloßfalle der Schachttüre, beim Öffnen der Türe nach links bewegt.
f Senkrechter Riegel an der Schachttür zum Ausschalten des Türkontaktes *h* beim Anheben des Kontaktstiftes *g*, durch *e* angehoben, sobald die Tür geöffnet ist.
g Kontaktstift zum Ausschalten von *h*.
h Türkontakt, der, bei geöffneter Tür ausgeschaltet, die Bewegung des Fahrkorbes verhindert.
i Kurvenscheibe zum Vorschieben des Riegels *k* bei geöffneter Tür.
k Riegel zum Festhalten des Kontaktstiftes *g* bei geöffneter Tür.
l Feder zum Zurückziehen von *k*, nachdem die Tür geschlossen ist.

Hinsichtlich der Anforderungen, welche an die am Fahrkorb anzubringenden Fangvorrichtungen zu stellen sind, die bei Seilbruch und bei übergroßer Geschwindigkeit in Tätigkeit treten sollen und ebenso hinsichtlich der erforderlichen Türsicherungen sei auf die bereits oben erwähnten polizeilichen Vorschriften verwiesen. Diese Einrichtungen sind grundsätzlich dieselben, einerlei, ob der Aufzug durch Elektrizität oder durch Druckwasser betrieben wird. Nur bei direktem Druckwasserbetrieb liegen die Verhältnisse einfacher. Hier soll von den zahlreichen verschiedenen Anordnungen nur je eine Ausführungsform ganz kurz dargestellt und beschrieben werden.

Abb. 374 zeigt eine am Fahrkorb angebrachte Fangvorrichtung. Beim Reißen eines Seiles soll der Fahrkorb durch Keile an den seitlichen Führungsbalken festgeklemmt werden. Die Keile werden durch geeignete Gestänge zurückgezogen, solange der Seilzug besteht. Sobald er aber nach Reißen eines Seiles aufhört, werden die Keile durch die Kraft einer Feder vorgeschoben und klemmen sich dann weiterhin von selbst fest. Ebenso werden sie festgeklemmt, wenn aus irgendeinem Grunde die Geschwindigkeit des Fahrkorbes das normale Maß wesentlich überschreitet. In diesem Falle erfolgt die Bewegung der Keile durch ein besonderes Seil, das mit einer Zentrifugalgeschwindigkeitsbremse verbunden ist. Zum besseren Festklemmen werden die Keile mitunter mit gezahnten Angriffsflächen ausgeführt.

Eine Ausführungsform der verschiedenen Schachttürsicherungen ist in Abb. 374 dargestellt. Durch die Sicherung soll verhindert werden, daß eine Schachttür geöffnet werden kann, wenn sich der Fahrkorb nicht hinter der Tür befindet, und daß der Fahrkorb nicht in Bewegung gesetzt werden kann, solange die Tür noch geöffnet ist. Die Fahrbühne ist zur Betätigung der Türverriegelung mit einer Gleitbahn ausgerüstet, die in folgender Weise in Tätigkeit tritt. Ein unter dem Fahrkorb befestigter Elektromotor zieht, sobald der Steuerstrom eingeschaltet ist, d. h. während der Fahrt, mittels einer Kette die Gleitbahn zurück in die in der Zeichnung ausgezogen gezeichnete Lage. Die Gleitbahn berührt dann während der Fahrt keinen der in den verschiedenen Stockwerken befindlichen Schachttürverschlüsse. Erst wenn die Fahrbühne hinter einer Schachttür zur Ruhe gekommen und der Motor stromlos geworden ist, bewegt sich die Gleitbahn in die punktiert gezeichnete Lage und entriegelt dabei durch Mitnahme des Türriegels zwangläufig die Tür. Die Tür kann also erst jetzt geöffnet werden.

Die Sicherung gegen Anfahren des Fahrkorbes bei geöffneter Tür geschieht in folgender Weise: Beim Aufschließen der Tür wird durch Zurückziehen der Schloßfalle ein senkrechter Riegel angehoben und dabei durch Vermittlung eines Kontaktstiftes ein über der Schachttür befindlicher Türkontakt ausgeschaltet. Solange die Tür geöffnet ist, wird der Kontakt in der ausgeschalteten Stellung durch einen besonderen wagerechten Riegel gehalten, der in der Türzarge angebracht ist. Dieser Riegel wird durch eine Feder wieder zurückgestoßen, sobald die Tür geschlossen ist. Wenn dann das Türschloß wieder in Schlußstellung gebracht ist, wird der Ausschalter wieder von selbst eingeschaltet, und erst jetzt ist der Aufzug zur Benutzung freigegeben.

Nachstehende Zahlentafeln geben die ungefähren Bruttopreise und Hauptdaten für Personenaufzüge und für Lastenaufzüge an für einige Hubhöhen und je eine Laststufe. Beim Vergleich mit den auf S. 329 angegebenen Preisen für einfache Transmissionsaufzugwinden ist zu berücksichtigen, daß bei den vollständigen Aufzügen die halbe Last durch Gegengewichte ausgeglichen ist.

Auf die Aufzüge für Hochofenbegichtung, insbesondere die hier verwendeten Schrägaufzüge und die für den Bergwerksbetrieb erforderlichen leistungsfähigen Schachtförderanlagen soll hier nicht eingegangen werden, da sie im II. Band bei den Hebevorrichtungen im Berg- und Hüttenbetrieb eingehend behandelt sind. Da-

Gewichte und Bruttopreise der mechanischen und elektrischen Teile zu den elektrischen Personenaufzügen mit Druckknopfsteuerung (Selbstfahrer), für 300 kg Tragkraft = 4 Personen und Gleichstrom 440 Volt, der Preußischen Polizeiverordnung entsprechend (Kühnscherf).

V = 0,5 m pro Sekunde; einflügelige Schachttüren.

Anzahl der Haltestellen	2		5		9	
Förderhöhe in m	4		16		32	
	kg	M.	kg	M.	kg	M.
Aufzugmaschine	670	760,00	715	805,00	775	865,00
Schwungmasse	60	31,00	60	31,00	60	31,00
Kettenübertragung zum Steuerapparat	—	—	15	25,00	15	25,00
Fahrkabinengerüst u. Fangvorrichtung, 1×1,5 m	290	470,00	290	470,00	290	470,00
Fahrkabine, Kiefer, nur innen sauber bearbeitet	215	570,00	215	570,00	215	570,00
Führungsschienen für die Fahrkabine, aus I-Eisen mit Hartholzbelag	216	135,00	504	315,00	888	555,00
Regulierbares gußeisernes Gegengewicht	700	262,00	700	262,00	700	262,00
Führungsschienen für das Gegengewicht, aus L-Eisen (geschliffen)	90	48,60	210	113,40	370	199,80
2 Stahldrahtseile für die Fahrkabine	28	38,20	58	78,00	98	131,80
2 Stahldrahtseile für das Gegengewicht	28	38,20	58	78,00	98	131,10
Seilableitung	73	59,00	81	66,00	101	77,00
2 je 2 m lange [-Eisen nebst Zubehör	55	22,00	55	22,00	55	22,00
Gußeiserne Seilleitschrauben	160	139,00	160	139,00	160	139,00
Trägerwerk	160	75,00	160	75,00	160	75,00
Fahrkabinenstandzeiger (nicht vorgeschrieben)	—	—	—	—	—	—
Zeigerseiltrommel an dem Steuerapparat	—	—	—	—	—	—
Fallenschlösser	6	60,00	15	150,00	27	270,00
Sicherheitsverschlüsse	28	210,00	55	480,00	91	840,00
Geschwindigkeitsregulator	82	100,00	88	115,00	96	135,00
Warnungstafeln	—	6,20	—	15,50	—	27,90
Summe der mechanischen Teile	2861	3024,20	3439	3809,90	4199	4825,90
Elektromotor	150	520,00	150	520,00	150	520,00
Selbstanlasser mit Bremsmagnet	65	350,00	65	350,00	65	350,00
Magnetischer Umschalter	70	260,00	70	260,00	70	260,00
Steuerapparat mit Relais	—	—	58	290,00	82	510,00
2 Stockwerkschalter für 2 Haltestellen	6	46,00	—	—	—	—
Zeitrelais	6,5	45,00	6,5	45,00	6,5	45,00
1 Druckknopftafel mit besonderem Halteknopf, elegante Ausführung	2,2	24,50	3,1	33,50	4,3	45,50
Fußbodenkontakt mit 4 Funktionen	2	15,00	2	15,00	2	15,00
Türkontakte für 2 Funktionen, f. jede Tür einer	1,4	15,50	3,5	38,75	6,3	69,75
Schalttafel	15	45,00	15	45,00	15	45,00
Fahrkabinenbeleuchtung, elegante Ausführung	2	9,00	2	9,00	2	9,00
Stromzuführungskabel mit Klemmtafel	5	16,00	8	28,00	16	44,00
Leitungsmaterial	16	55,00	34	145,00	62	265,00
Alarm- und Klingelanlage	2	10,00	2,3	11,50	2,7	13,50
Summe der elektrischen Teile	343,1	1411,00	419,4	1790,75	483,8	2191,75

gegen soll nur eine Aufzuganlage von ungewöhnlicher Leistungsfähigkeit hier abgebildet werden, nämlich die Aufzuganlage, durch die die Personenbeförderung im neuen Elbtunnel in Hamburg erfolgt, Abb. 375. Die Arbeitsweise ist aus den der Abbildung beigegebenen Erklärungen ohne weiteres erkennbar.

Man ist bei diesen Aufzügen immer noch bei der Verwendung gewöhnlicher Trommelwinden geblieben, obgleich Durchmesser und Länge der Trommeln schon erhebliche Abmessungen erhalten müssen. Bei noch größeren Höhen und Lasten müssen aber andere Wege eingeschlagen werden. Im nachstehenden sollen einige wenige grundsätzliche Ausführungsformen ganz kurz angedeutet werden, die zeigen, durch welche Mittel man den dann auftretenden Schwierigkeiten begegnen kann.

Gewichte und Bruttopreise der mechanischen und elektrischen Teile zu den elektrischen Lastenaufzügen mit Führerbegleitung und Hebelsteuerung, für 1000 kg Tragkraft (einschl. Führer), Gleichstrom 440 Volt, der Preuß. Polizeiverordnung entsprechend (Kühnscherf).

V = 0,3 m pro Sekunde; doppelflügelige Schachttüren.

Anzahl der Haltestellen	2		5		9	
Förderhöhe in m	4		16		32	
	kg	M.	kg	M.	kg	M.
Aufzugmaschine	1120	1210,00	1165	1255,00	1225	1315,00
Schwungmasse	105	52,00	105	52,00	105	52,00
Fahrkabinengerüst und Fangvorrichtung, 2 × 2 m	480	675,00	480	675,00	480	675,00
Fahrkabine, Kiefernholzverkleidung 1 m hoch, darüber Drahtgeflechtfüllungen nebst Decke	285	290,00	285	290,00	285	290,00
2 Scherengitter	72	100,00	72	100,00	72	100,00
Führungsschienen für die Fahrkabine, aus I-Eisen mit Hartholzbelag	252	162,00	588	378,00	1036	666,00
Regulierbares gußeisernes Gegengewicht	1400	464,00	1400	464,00	1400	464,00
Führungsschienen für das Gegengewicht, aus L-Eisen (geschliffen)	153	86,40	357	201,60	629	355,20
2 Stahldrahtseile für die Fahrkabine	51	58,00	104,4	118,00	175,4	198,00
2 Stahldrahtseile für das Gegengewicht	40,4	48,40	82,8	98,80	139	166,00
Seilableitung	127	90,00	139	98,00	173	114,00
2 je 2 m lange [-Eisen	89	34,00	89	34,00	89	34,00
Gußeiserne Seilleitscheiben	276	216,00	276	216,00	276	216,00
Trägerwerk	360	145,00	360	145,00	360	145,00
Baskülverschlüsse	5	30,00	12,5	75,00	22,5	135,00
Rotguß-Steckschlüssel	—	3,50	—	8,80	—	15,80
Sicherheitsverschlüsse	36	140,00	72	320,00	120	560,00
Geschwindigkeitsregulator	82	100,00	88	115,00	96	135,00
Warnungstafeln	—	6,20	—	15,50	—	27,90
Summe der mechanischen Teile	4933,4	3910,50	5675,7	4659,70	6682,9	5663,90
Elektromotor	220	670,00	220	670,00	220	670,00
Selbstanlasser mit Bremsmagnet	65	350,00	65	350,00	65	350,00
Magnetischer Umschalter	70	260,00	70	260,00	70	260,00
Steuerschalter	4	40,00	4	40,00	4	40,00
Zeitrelais	6,5	45,00	6,5	45,00	6,5	45,00
Fußbodenkontakt mit 4 Funktionen	2	15,00	2	15,00	2	15,00
Türkontakte für 2 Funktionen, für jede Tür einer	1,4	15,50	3,5	38,80	6,3	69,80
Schalttafel	15	45,00	15	45,00	15	45,00
Fahrkabinenbeleuchtung, einfache Ausführung	2	4,50	2	4,50	2	4,50
Stromzuführungskabel mit Klemmtafel	2	11,00	3,5	18,50	5,5	28,50
Leitungsmaterial	14	45,00	17	60,00	21	80,00
Alarm- oder Klingelanlage	2	10,00	2,3	11,50	2,7	13,50
Summe der elektrischen Teile	403,9	1511,00	410,8	1558,30	420	1621,30

Eine Schwierigkeit, welche die Verwendung einfacher zylindrischer Trommeln erschwert, wird bei den Schachtförderungen der Bergwerksbetriebe durch das große wechselnde Gewicht der langen Seile hervorgerufen, das bei großen Teufen einen beträchtlichen Teil der Gesamtbelastung ausmacht und einen Ausgleich der auf- und abgehenden Lasten durch Gegengewichte behindert; auch wenn man, wie allgemein ausgeführt, immer einen Förderkorb abwärts fahren läßt, während der andere aufwärts fährt.

Nimmt man z. B. das Gewicht eines Förderkorbes mit 3500 kg an, das Gewicht der Ladung mit 8 Wagen zu je 560 kg Nutzlast und 830 kg Bruttolast, so ergibt sich das Gewicht der leeren Wagen mit 5660 kg gegenüber 10140 kg Gewicht des Förderkorbes mit vollen Wagen. Bei einer geforderten 7fachen Sicherheit des Seiles ist für das Seil eine Bruchfestigkeit von rund 70 000 kg erforderlich. Auf die wirkliche Sicherheit unter Berücksichtigung der Biegung wird im III. Band näher zurückzukommen sein. Bei einer Bruchfestigkeit der Drähte von 180 kg/qmm ergibt sich ein Seildurchmesser von 34 mm; bei einem Seil mit 6 Litzen zu je 27 Drähten von 1,8 mm Durchmesser und mit einer Hanfseele beträgt das Seilgewicht 3,9 kg/m. Die Bruchfestigkeit dieses Seiles mit 75 000 kg ist unten am Förderkorb erforderlich. Will man möglichst geringes Seilgewicht haben, so führt man das Seil nach oben verstärkt aus, was allerdings, wie weiter hinten näher erörtert, nicht bei jeder Förderungsart zulässig ist. Nimmt man verjüngten Querschnitt an, so führt man die Veränderung des Querschnittes durch stufenweise Vermehrung der Drähte in den weiter oben liegenden Seilstücken aus. Im vorliegenden Falle könnte man bei einer Teufe von 1000 m annehmen, daß das Seil in 4 Abschnitten von je 250 m Länge ausgeführt werden soll. Es muß dann schon gleich das untere Seilstück mit Rücksicht auf sein Eigengewicht verstärkt werden, und daher sollen statt der Drähte von 1,8 mm Durchmesser solche von 2 mm Durchmesser angenommen werden. Bei gleicher Drahtzahl beträgt dann das Gewicht des Seiles 4,9 kg/m, also rund 1250 kg für 250 m. Die erforderliche Bruchlast für die unteren 250 m beträgt $70\,000 + 7 \cdot 1250 = 87\,500$ kg. Das angenommene Seil hat 91 t Bruchlast und genügt bei dieser Bruchlast auch noch für die zweite Seilstrecke von 250 m, aber nicht mehr für die dritten 250 m. Hier sollen 6 Litzen à 30 Drähte von 2 mm Durchmesser angenommen werden; dann beträgt die vorhandene Bruchlast rund 100 000 kg bei 41 mm Seildurchmesser. Bei einem Seilgewicht auf der dritten Strecke von 5,4 kg/m beträgt die erforderliche Bruchlast $70\,000 + 7 \cdot 250\,(4{,}9 + 4{,}9 + 5{,}4) = 96\,400$. Die obersten 250 m müssen also weiter verstärkt werden. Es werden 6 Litzen à 36 Drähte von 2 mm Durchmesser angenommen. Der Seildurchmesser beträgt 44 mm, die vorhandene Bruchlast rund 120 000 kg. Bei einem Eigengewicht der oberen Seilstrecke von 6,5 kg/m beträgt die erforderliche Bruchlast rund 113 000 kg.

Das Gesamtgewicht des Seiles ergibt sich zu $1250 + 1250 + 1375 + 1625 =$ rund 5500 kg, ist also größer als die Nutzlast, die nur 4480 kg beträgt. Wenn dieses Seilgewicht nicht ausgeglichen wird, so würden beim Abwärtsfahren des leeren Förderkorbes auf dem letzten Teil des Hubes negative Momente auftreten. Der leere Förderkorb würde von selbst abwärts fahren, und die Maschine würde schwer zu steuern sein. Außerdem würde bei unausgeglichenem Seilgewicht der Arbeitsverbrauch beim Heben wesentlich gesteigert werden. Man sucht deshalb im allgemeinen das wechselnde Seilgewicht auszugleichen und benutzt dazu in der Hauptsache zwei verschiedene Wege, indem man entweder den Durchmesser der Seiltrommeln veränderlich macht oder ein Gegenseil anwendet.

Der erste Weg läuft darauf hinaus, durch Trommeln von wechselndem Durchmesser die Drehmomente an den Trommeln immer in derselben Größe zu halten, obgleich die Last, die an der Trommel hängt, während eines Hubes mit der Länge des senkrecht herabhängenden Seiles ständig wechselt. Die Veränderung des Trommeldurchmessers kann geschehen durch die schon erwähnten Bobinentrommeln oder auch durch Anwendung von Kegel- und Spiraltrommeln. Bei diesen Bauarten wirkt das Seil an einem großen Hebelarm, wenn der Förderkorb oben, also die Last klein ist, und umgekehrt an einem kleinen Hebelarm, wenn der Förderkorb sich unten befindet und außer dem Gewicht des Förderkorbes das ganze Gewicht des Seiles an der

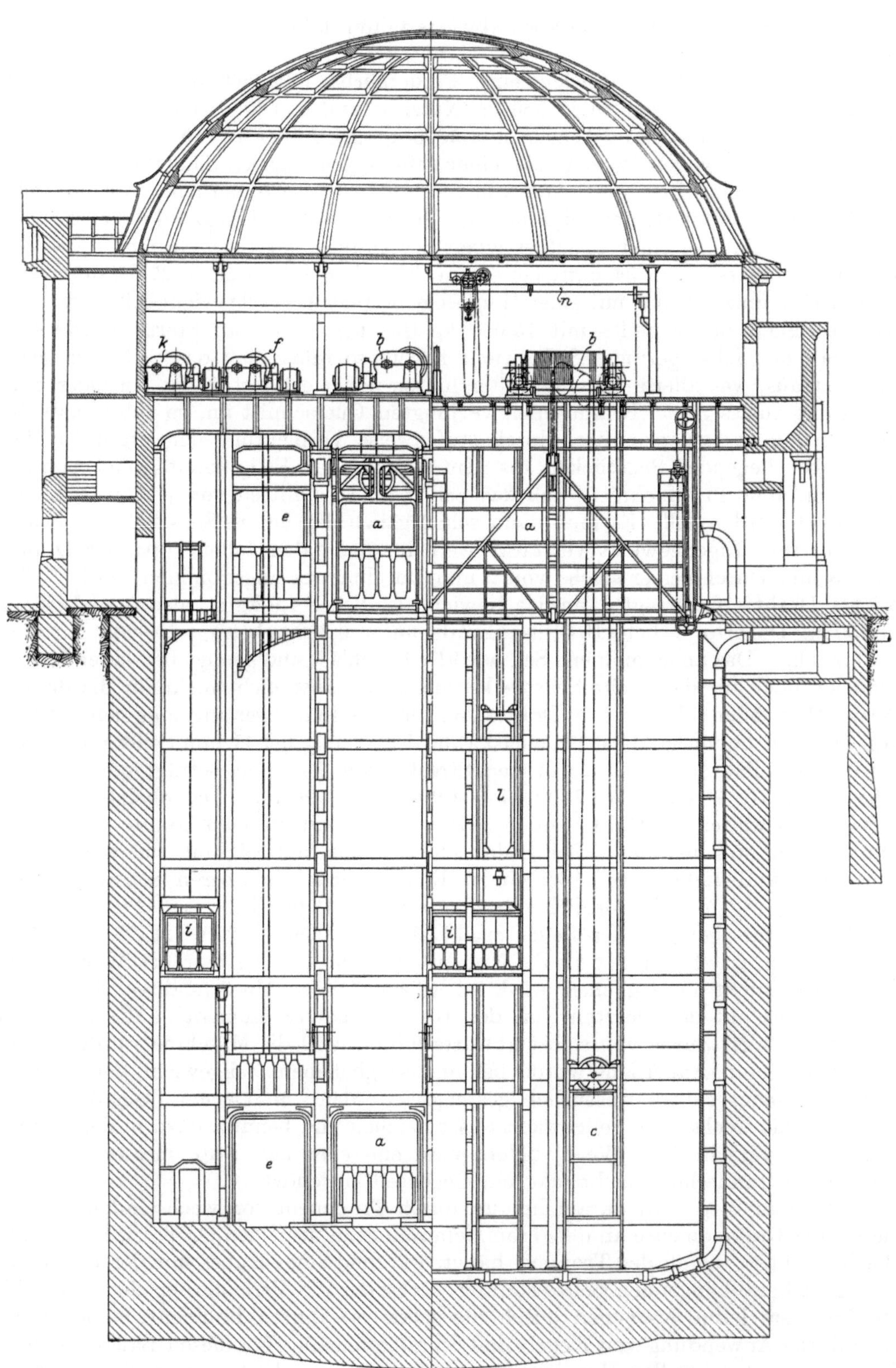

Abb. 375. Aufzüge am Elbtunnel für große Lasten (Maßstab 1 : 250).

a Zwei Fuhrwerksaufzüge für je 10 t Last mit Winde *b*, Gegengewichten *c* und Fahrbahnen *d*.
e Zwei Fuhrwerksaufzüge für je 6 t Last mit Winde *f*, Gegengewichten *g* und Fahrbahnen *h*.
i Zwei Personenaufzüge für je 26 Personen mit Winde *k*, Gegengewicht *l*, Fahrbahnen *m*.
n Montagelaufkran.

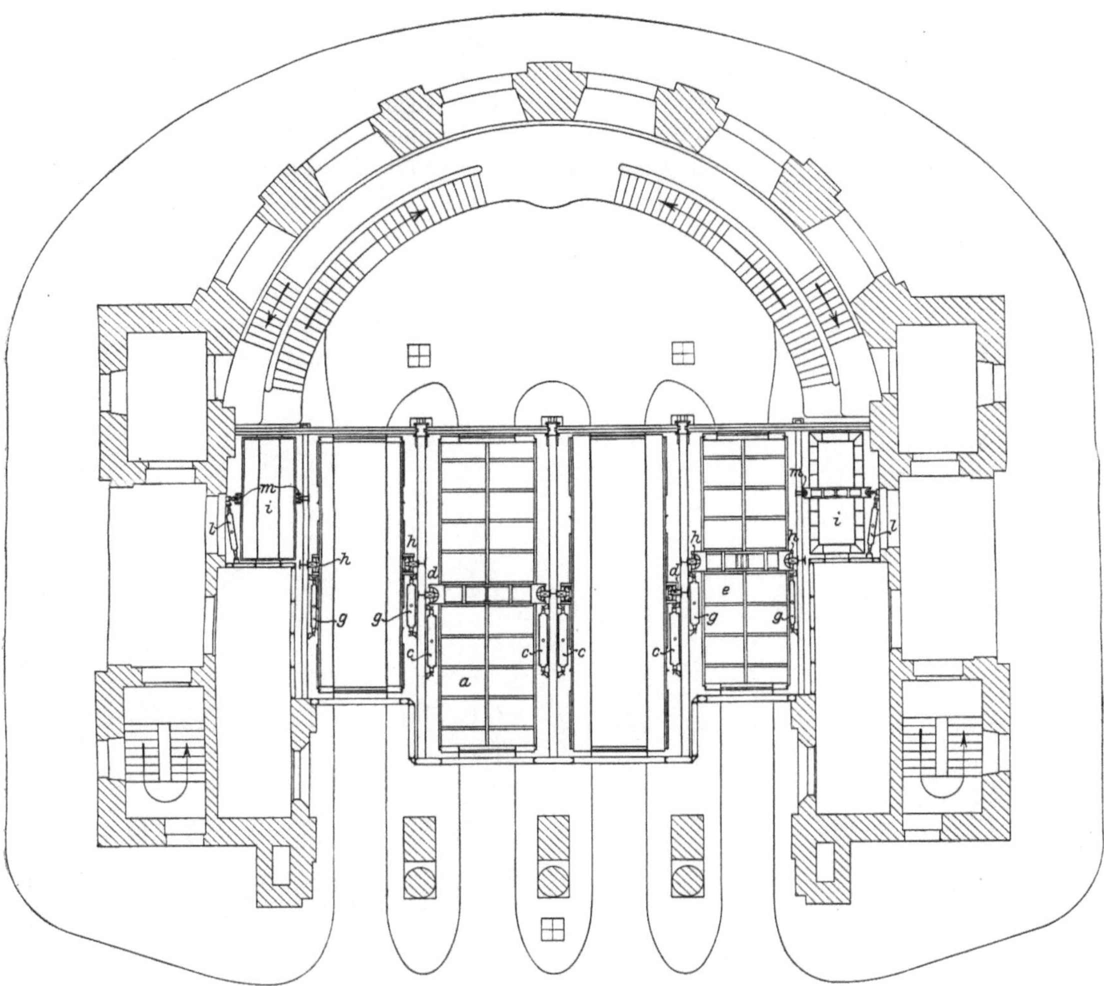

Zu Abb. 375. (Maßstab 1 : 250).

Trommel hängt. Abb. 376 zeigt das Schema dieses Seilgewichtsausgleichs, das sowohl für Bobinen- als auch für Kegeltrommeln gilt.

Bei den Bobinen wickelt sich das Flachseil spiralförmig übereinander. Dadurch wird der Trommeldurchmesser gegen das Ende des Hubes ständig vergrößert. Das läßt sich mit Flachseilen aus Aloe oder Hanf ohne weiteres ausführen. Es ist auch mit flachen Drahtseilen versucht worden; doch haben diese Seile — wie schon erwähnt — im allgemeinen nur eine kurze Lebensdauer gezeigt.

Beim Rundseil ist das spiralförmige Aufwickeln in verschiedenen Lagen übereinander nicht zulässig. Man kann dasselbe Ziel aber durch Kegeltrommeln erreichen, wobei sich die einzelnen Seilwindungen in einer kegelförmigen Spirale auf der Trommel dicht aneinanderlegen. Schließlich kann man bei Verwendung von Rundseilen die Anordnung auch so treffen, daß die Seile in besonderen, auf den kegelförmigen Trommeln angebrachten spiralförmigen Rillen aufgewickelt werden. Man bezeichnet diese

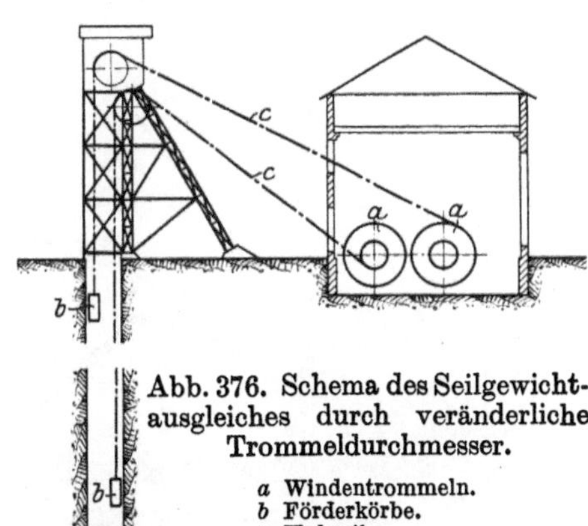

Abb. 376. Schema des Seilgewichtausgleiches durch veränderliche Trommeldurchmesser.

a Windentrommeln.
b Förderkörbe.
c Hubseile.

Trommeln im Gegensatz zu den Kegeltrommeln als Spiraltrommeln oder als Spiralkörbe.

Alle diese Ausgleichsmethoden können aber nicht als vollkommen bezeichnet werden. Die Bobinentrommel erfordert zunächst das für große Teufen weniger geeignete Hanf- oder Aloeseil. Aber auch abgesehen davon hat sie den Nachteil, daß der Seilgewichtausgleich nicht vollkommen ist. Der Trommeldurchmesser wächst zunächst verhältnismäßig schnell, solange noch nicht viel Seil aufgewickelt ist, später aber immer langsamer. Ein vollkommener Ausgleich erfordert dagegen eine angenähert

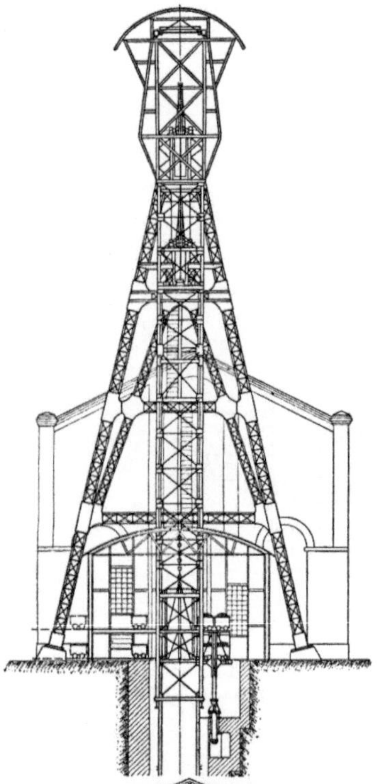

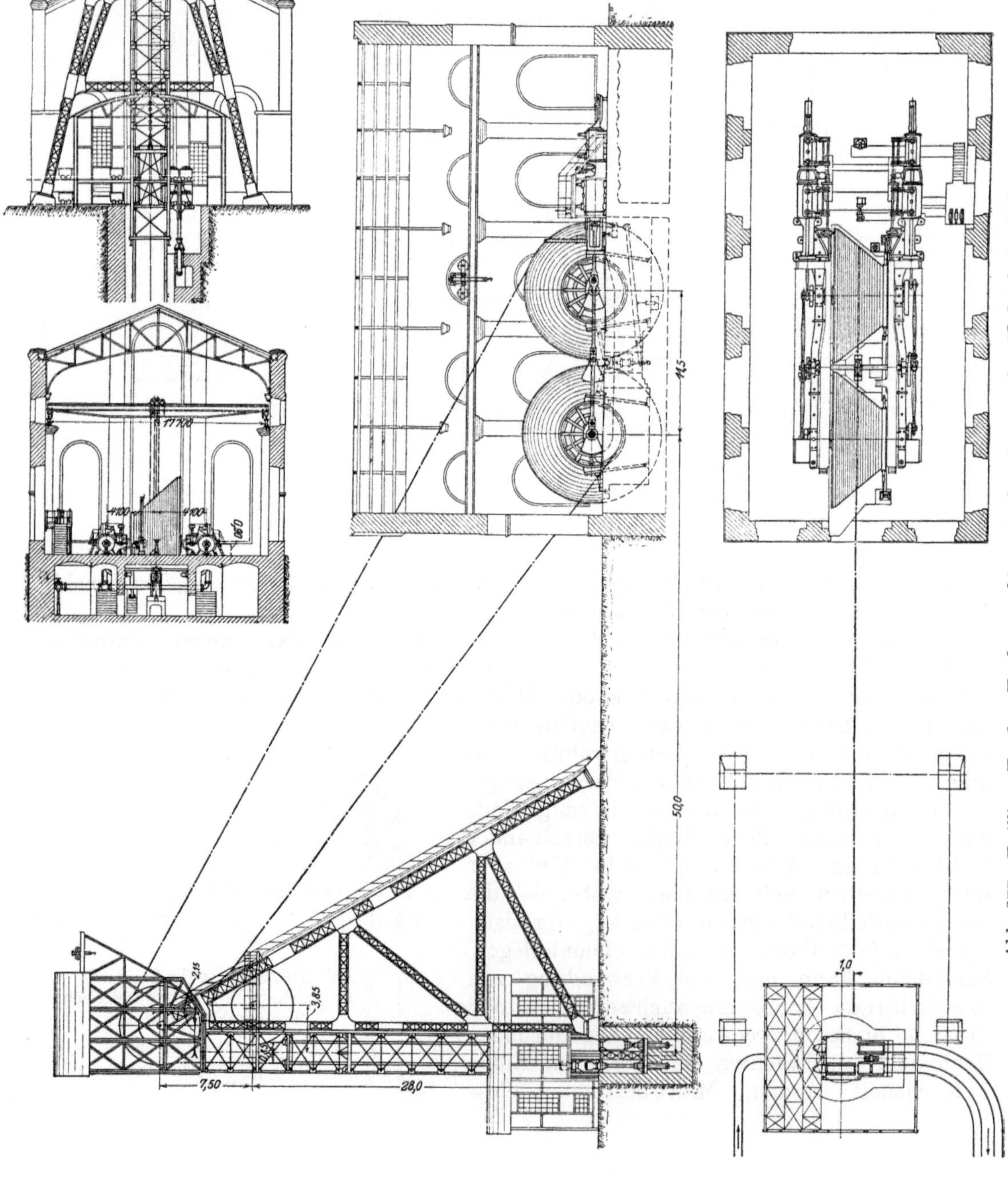

Abb. 377. Zwillings-Tandem-Fördermaschine mit Spiraltrommeln (Maßstab 1 : 550).

gleichmäßige Zunahme des Trommeldurchmessers in derselben Weise, wie das Gewicht des Seiles abnimmt. Wenn man große Teufen, also große Differenzen in den Trommelradien hat, so ist die Ausgleichung recht unvollkommen.

Dieser Übelstand tritt in derselben Weise bei den Kegeltrommeln auf. Auch hier ist man mit der Vergrößerung des Trommeldurchmessers abhängig von der aufgewickelten Seillänge. Theoretisch könnte man sich bei den Kegeltrommeln dadurch helfen, daß man den Trommelmantel an seiner Basis stärker ansteigen läßt als im oberen Teil mit dem kleineren Durchmesser. Das wird aber praktisch nicht ausgeführt und findet bald seine Grenzen in dem Umstande, daß sich die Seilwindungen bei zu steiler Lage nicht mehr gut nebeneinander legen.

Diesen Übelstand kann man bei den Spiraltrommeln vermeiden, indem man den Seilrillen eine beliebige Neigung geben kann. Die aus Profileisen gebildeten Seilrillen werden auf ein aus Walzeisen gebildetes kegelförmiges Trommelgerippe aufgenietet. Die Steigung kann leicht verändert werden, indem man den Abstand der einzelnen Rillen voneinander verschieden groß annimmt. Diese hinsichtlich des Seilausgleiches sehr vollkommenen Trommeln haben aber den Übelstand, daß der äußere Durchmesser sehr groß wird und daß die Trommeln sich sehr breit bauen, wenn man die Rillen so anordnen will, wie es der Seilausgleich erfordert. Bei Teufen von 1000 m kommt man leicht auf Trommeldurchmesser von 10 m und mehr. Die Breite der Trommeln wird leicht so groß, daß man die beiden Trommeln nicht gut mehr nebeneinander anordnen kann, weil die Seilablenkung zu groß würde, selbst wenn man die Maschine 50 m vom Schacht entfernt aufstellt. Man legt daher die Trommeln vielfach nebeneinander, wie in dem Schema Abb. 377 angegeben. Dadurch wird aber die ganze Maschine sehr schwer und verhältnismäßig kompliziert, da die beiden Trommeln miteinander verkuppelt werden müssen. Außer den großen Anlagekosten ist mit den großen Maschinenabmessungen der Nachteil verbunden, daß die Schwungmassen, die bei jedem Hube beschleunigt und verzögert werden müssen, sehr groß werden, daß die Maschinen dadurch schwer steuerbar werden, und daß die Abmessungen nicht unwesentlich vergrößert werden müssen, nur damit die Beschleunigung in der erforderlichen kurzen Zeit ausgeführt werden kann.

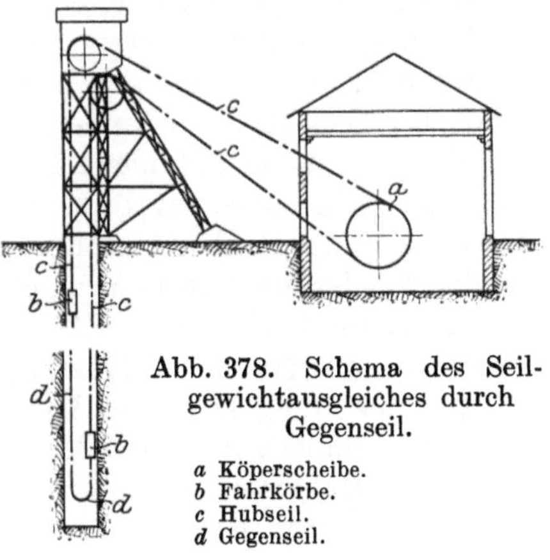

Abb. 378. Schema des Seilgewichtausgleiches durch Gegenseil.

a Köperscheibe.
b Fahrkörbe.
c Hubseil.
d Gegenseil.

Ein großer Nachteil aller Maschinen mit veränderlichem Trommeldurchmesser ist ferner der, daß die mittlere Geschwindigkeit bei festgelegter Höchstgeschwindigkeit sehr heruntergedrückt, daß also die Leistungsfähigkeit der Maschinen hierdurch verringert wird. Bei der in Abb. 377 dargestellten Maschine beträgt z. B. die kleinste Seilgeschwindigkeit 8,0 m/sk im selben Augenblick, wo die größte Seilgeschwindigkeit 15,9 m/sk beträgt. Die mittlere Geschwindigkeit wird also gegenüber der größten Geschwindigkeit um etwa 25 vH herabgedrückt.

Trotzdem die Maschinen mit Spiralkörben ziemlich vollständigen Seilausgleich aufzuweisen haben, wurden sie doch mit Rücksicht auf ihre großen Abmessungen in Deutschland nicht viel ausgeführt und werden gegenwärtig wohl kaum noch gebaut.

Bei den in Deutschland vorhandenen Teufen von höchstens etwa 1000 m zieht man meistens eine andere Art des Seilausgleiches vor, nämlich den Seilausgleich durch Gegenseil. Abb. 378 zeigt das Schema der Seilführung. Dadurch, daß man unter den beiden Förderkörben ein Seil von dem Gewicht des Hubseiles befestigt, kann man ohne weiteres einen vollständigen Seilausgleich erreichen. Die Anordnung hat allerdings den Nachteil, daß das Förderseil nicht verjüngt ausgeführt werden kann.

Legt man wieder die weiter oben angeführten Verhältnisse mit 8 Kohlenwagen in einem Förderkorb zugrunde, so ergibt sich für 1000 m Teufe bei einem Seilgewicht von 6,5 kg/m und 7facher Sicherheit eine durch das Seil bedingte Bruchbelastung von $6500 \cdot 7 = 45\,500$ kg. Dazu kommt die schon früher festgestellte, durch den beladenen Förderkorb bedingte Bruchlast von 70 000 kg, so daß die Gesamtbruchlast rund 115 500 kg beträgt. Die früher für das obere Seilstück festgelegten Abmessungen, 6 Litzen à 36 Drähte von 2 mm Durchmesser mit insgesamt 120 000 kg Bruchfestigkeit sind also auch hier genügend, müssen aber für die ganze Seillänge beibehalten werden. Abgesehen von den größeren Anlagekosten bedingt das eine nicht unwesentliche Vermehrung der aufzuwendenden Beschleunigungsarbeit.

Die theoretische Förderleistung beträgt bei der im obigen Beispiel angenommenen Nutzlast von 4480 kg und 20 m Hubgeschwindigkeit rund 1200 PS. Die Beschleunigungsarbeit beträgt bei Anwendung eines verjüngten Seiles mit den früher berechneten Abmessungen und bei einer Beschleunigung von 1 m/sk² etwa 290 PS. Die zu beschleunigende Masse setzt sich dabei zusammen aus 10 140 kg für den beladenen Förderkorb, 5660 kg für den leeren Förderkorb und 5500 kg für das verjüngte Seil. Wird aber Gegenseil verwendet, so steigt das Seilgewicht von 5000 kg auf $2 \cdot 6500 = 13\,000$ kg, und die Beschleunigungsleistung steigt um etwa 90 PS auf 380 PS, alles als reine Arbeitsleistung ohne Berücksichtigung von Reibungsverlusten gerechnet. Hinsichtlich der Seilbeschleunigung ist also die Anordnung mit Gegenseil ungünstiger als die Förderung mit konischen Trommeln.

Man kann bei Seilausgleich durch Gegenseil Maschinen mit einfachen zylindrischen Trommeln anwenden. Allgemein sind die Maschinen mit Zylindertrommeln hinsichtlich der Anlagekosten und der Beschleunigungsarbeit für die bewegten Maschinenteile etwas günstiger als die Maschinen mit Spiraltrommeln. Vorteile und Nachteile der beiden Bauarten heben sich also wohl mehr oder minder auf, wenn man die Gesamtanlagekosten und den Gesamtarbeitsverbrauch betrachtet.

Wesentliche Nachteile hat die Förderung mit Gegenseil in solchen Fällen, wo von verschiedenen Sohlen gefördert werden soll. Das Gegenseil geht von einer Fahrkorbführung in die andere über. Beide sind in der Regel durch Querhölzer getrennt. Wenn aus verschiedenen Höhen gefördert werden soll, so kann das nur dadurch erreicht werden, daß die eine Windentrommel gegenüber der anderen verstellt wird, eine Anordnung, die allgemein angewendet wird. Dabei würde aber die durch das Gegenseil gebildete Schlaufe verlängert oder verkürzt werden, und dieser Veränderung der Schlaufenlänge sind die Querhölzer zwischen den beiden Schachtführungen im Wege. Man kann also bei Gegenseil in der Regel nur dauernd von derselben Sohle fördern. Jedenfalls ist ein Wechseln der Sohle verhältnismäßig umständlicher als bei Verwendung von Bobinentrommeln, Kegel- oder Spiraltrommeln, bei denen nur der Seilausgleich etwas schlechter wird, wenn man von verschiedenen Sohlen fördert.

Ferner hat das Gegenseil nur verhältnismäßig geringe Dauer, da es starke Biegungsbeanspruchungen zu erleiden hat, indem die Förderkörbe ziemlich dicht nebeneinanderhängen und das Seil unten nach einem Durchmesser gleich dem Abstand der Förderkörbe gebogen werden muß. Diesem Nachteil kann man in gewissem Maße abhelfen durch Ausbildung der Gegenseile als Flachseile, wie schon früher erwähnt. Es bleibt aber der Nachteil, daß das nicht stark gespannte Gegenseil leicht in Schwankungen gerät. Man hält es daher für große Teufen von über 1000 m im allgemeinen nicht für zweckmäßig.

Die Förderung mit Gegenseil hat aber trotzdem große Verbreitung gefunden, und zwar besonders infolge des Umstandes, daß man bei seiner Anwendung in der

Lage ist, die Trommeln an der Fördermaschine ganz zu vermeiden und mit einer einfachen Umführung um eine sog. Treibscheibe zu fördern. Infolge des gleichbleibenden Seilgewichtes ist der Unterschied in der Belastung des aufgehenden und

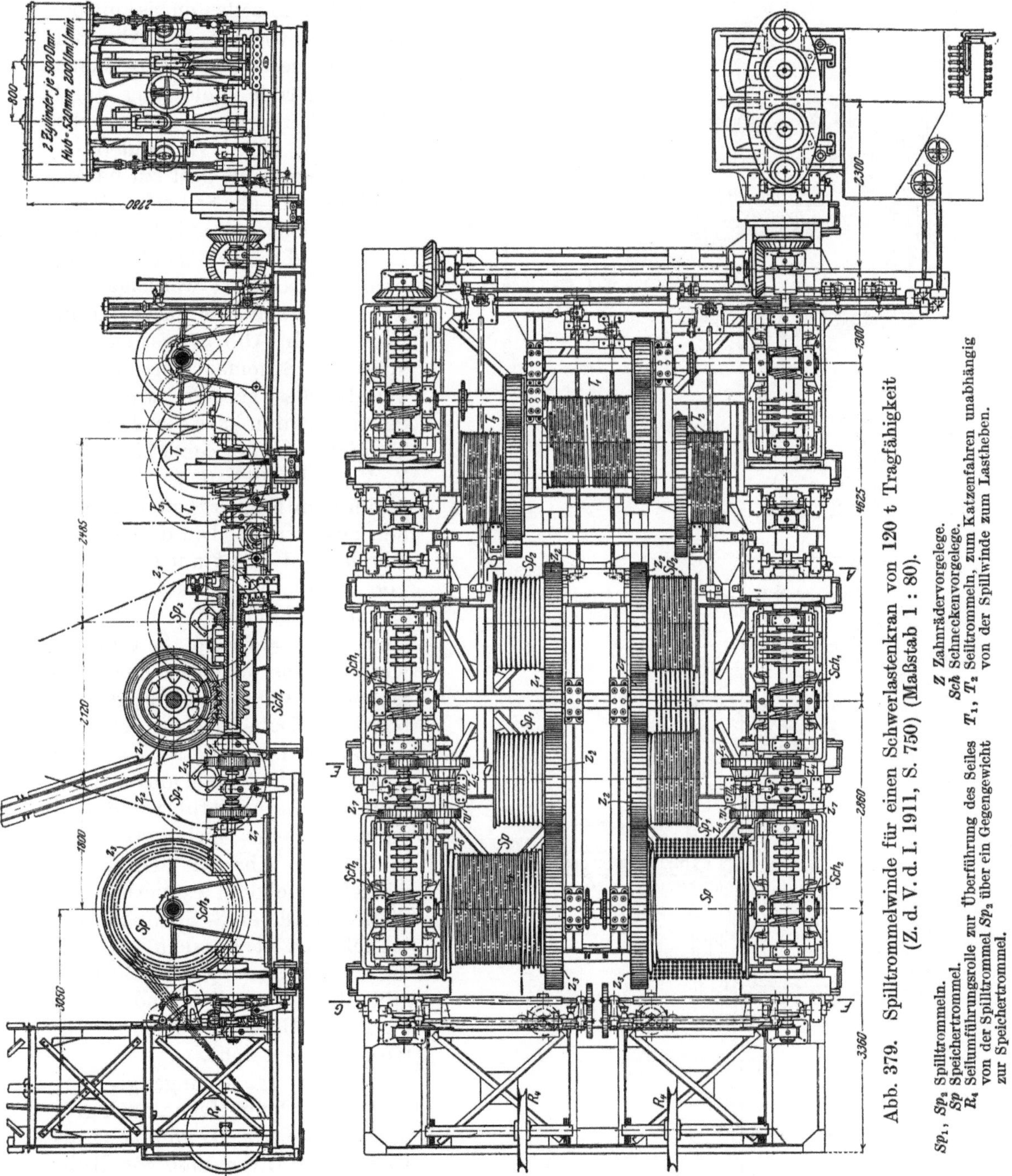

Abb. 379. Spilltrommelwinde für einen Schwerlastenkran von 120 t Tragfähigkeit (Z. d. V. d. I. 1911, S. 750) (Maßstab 1 : 80).

Sp_1, Sp_2 Spilltrommeln. Sp Speichertrommel. R_4 Seilumführungsrolle zur Überführung des Seiles von der Spilltrommel Sp_2 über ein Gegengewicht zur Speichertrommel. Z Zahnrädervorgelege. Sch Schneckenvorgelege. T_1, T_2 Seiltrommeln, zum Katzenfahren unabhängig von der Spillwinde zum Lastheben.

abgehenden Seiles so gering, daß die Reibung bei einer einfachen Seilumführung um eine mit Holz oder Leder gefütterte Treibscheibe vollkommen genügt, um das Seil mitzunehmen. Dadurch wird die Maschine naturgemäß sehr leicht und billig, und auch die beweglichen Schwungmassen werden, soweit es die Maschine angeht, sehr klein.

In neuerer Zeit benutzt man die Förderung mit Reibungstrommeln in einer etwas anderen Form auch bei anderen schweren Aufzugsanlagen mit gutem Erfolg. So werden z. B. die Windwerke der sog. Schwerlastkrane meistens nach diesem Grundsatz ausgeführt, nachdem die zu hebenden Einzellasten bis auf 250 t gesteigert wurden. Um die Reibung bei diesen Kranen, bei denen eine dauernde Belastung durch 2 Förderkörbe wie bei der Schachtförderung nicht vorhanden ist, immer genügend groß zu halten, schlingt man das Seil sehr oft um 2 zusammenarbeitende Trommeln herum und wickelt das beim Heben der Last frei werdende Seil auf eine besondere Speichertrommel auf. In Abb. 379 ist ein Beispiel des Schemas eines solchen Windwerkes gezeigt, wie es für einen Schwimmkran von 2 × 120 t Tragfähigkeit verwendet ist. (Vgl. Z. V. d. I. 1911, S. 751.)

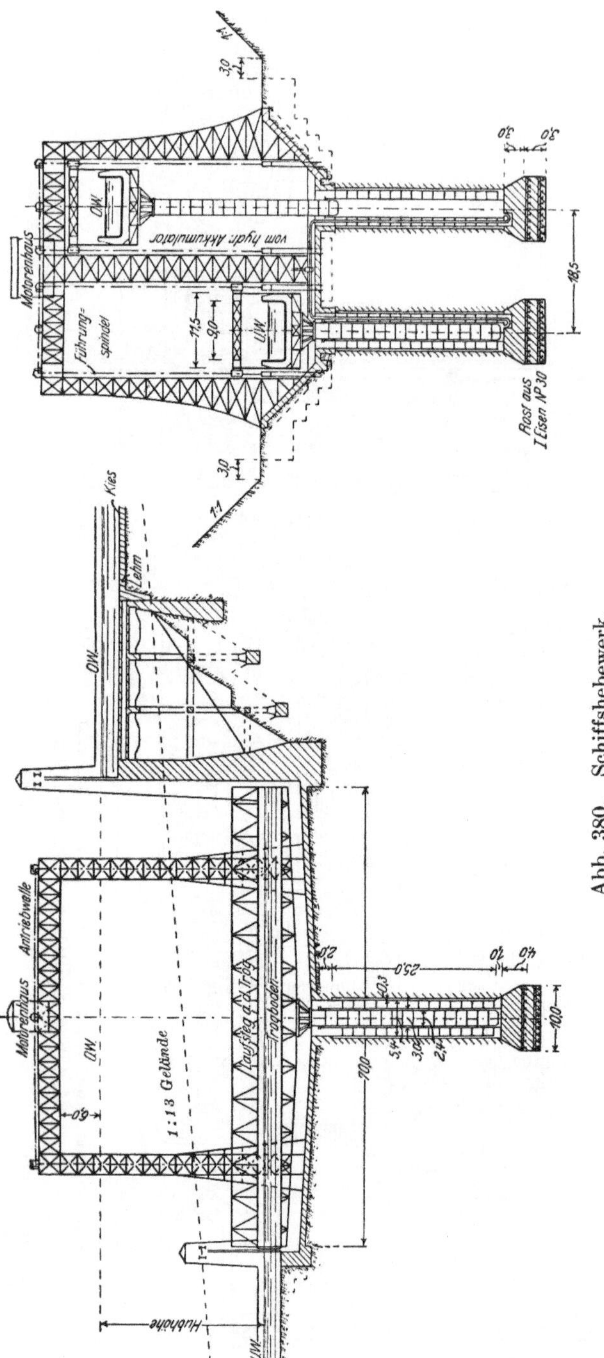

Abb. 380. Schiffshebewerk.

Bei dem Kran arbeiten 2 Winden zusammen. Die dargestellte Winde hebt 120 t auf eine Höhe von 64 m. Da die Last an einem 8fachen Flaschenzug hängt, so sind 8 · 64 = 512 m Seil aufzuwickeln. Das würde bei einer einfachen Trommel Schwierigkeiten bereiten. Daher ist das Hubseil von 55 mm Durchmesser und 192 t Bruchfestigkeit 8 mal um die Spilltrommeln herumgeführt und wird dann auf eine Speichertrommel in 5 Lagen übereinander aufgewickelt, nachdem es vorher um die lose Rolle eines Spanngewichtes gelaufen ist, das dem Seil ständig eine Spannung von 2500 kg gibt, die erforderlich sind, damit die nötige Reibung auf den Spilltrommeln entsteht.

Wenn irgend angängig, hat man bisher beim Heben noch größerer Lasten, z. B. von mehr als 1000 t, die Anwendung von Hubseilen oder Hubketten zu vermeiden gesucht, so z. B. bei den Schiffshebewerken, mit denen Schiffe bis zu 600 t in einem mit Wasser gefüllten Troge gehoben wurden.

Das Bruttogewicht eines solchen Troges stellt sich auf etwa 2800 t, und das Heben solcher Lasten erfordert auch bei Flaschenzügen mit sehr zahlreichen Seilsträngen unbequem große Seilstärken. In den meisten Fällen hat man das Heben mittels Kolben ausgeführt, wie in Abb. 380 an einem Beispiel gezeigt. Wesentlich ist bei diesen Troghebewerken, daß das Gewicht des Troges unabhängig davon ist, ob sich ein Schiff im Trog befindet oder nicht, da das in den Trog einfahrende Schiff so viel Wasser aus dem Trog verdrängt, als seinem Gewicht entspricht. Die beiden Tröge, von denen sich der eine aufwärts bewegt, wenn der andere abwärts fährt, können also sehr vollkommen gegeneinander ausgewuchtet werden. Zur Durchführung der Bewegung ist nur nötig, daß der abwärtsfahrende Trog so viel Wasserübergewicht aus der oberen Kanalhaltung entnommen hat, als zur Überwindung der Reibung und der Beschleunigungskräfte erforderlich ist. Außerdem muß natürlich auch das beim Schließen der Trogtore und während der Fahrt aus Undichtheiten entweichende Wasser aus der oberen Haltung entnommen werden. Die Verbindung der beiden Tröge wird durch eine hydraulische Wage hergestellt, d. h. durch 2 mit Ventil regelbar verbundene Hubzylinder, welche die Tröge tragen. Bei dem angegebenen Gewicht beträgt der Druck in den mit 2430 mm Durchmesser ausgeführten Zylindern rund 60 at.

Man ist damit aber wohl an den Grenzen der Verwendungsmöglichkeit derartiger Hebewerke angelangt und sucht neuerdings für 1000 t-Schiffe und 36 m Hubhöhe, wie es für den Finowkanal erforderlich ist, nach anderen Lösungen, die im II. Band bei der allgemeinen Betrachtung der Schiffshebewerke etwas eingehender betrachtet sind.

4. Windwerke und Krane mit zusammengesetzter Lastenbewegung.

Die hier in Betracht kommenden Konstruktionen sind überaus mannigfaltig, nicht nur mit Rücksicht auf die Anschaffungskosten bzw. die Rentabilität bei mehr oder minder starker Benutzung, sondern auch mit Rücksicht auf die sehr verschiedenartigen Anforderungen und örtlichen Verhältnisse. Zum Teil sind es auch nur sozusagen Gelegenheitskonstruktionen, die für einen bestimmten besonderen Fall entworfen werden. Es ist daher sehr schwer, auf engem Raume eine allgemeine Übersicht über dieses Gebiet zu geben. Zum Teil ist es unmöglich, für verschiedene Lasten bestimmte Anlagekosten anzugeben. In solchen Fällen sind daher, soweit angängig, nur die Anlagekosten für die gerade abgebildeten Anlagen mitgeteilt, um wenigstens eine kleine Übersicht auch hierüber zu ermöglichen.

Natürlich konnte auch nur ein kleiner Teil der unzähligen verschiedenartigen Ausführungsformen zur Darstellung gebracht werden. Das Hauptbestreben mußte vielmehr darauf gerichtet sein, möglichste Beschränkung zu beobachten. Daher sind nur Konstruktionen dargestellt, die eine gewisse grundsätzliche Bedeutung haben. Weiter sind nach Möglichkeit solche Ausführungsformen vermieden, welche im II. Band bei den Verladeanlagen im Schiffahrtsbetrieb und den Verladevorrichtungen im Eisenbahnbetrieb Erwähnung finden mußten.

Endlich mußte auch davon Abstand genommen werden, die Anordnung der Verladeanlagen in ihren verschiedenartigen Ausführungen der einzelnen Teile, so besonders die verwendeten Bremsvorrichtungen, Reibungskupplungen u. dgl., eingehend zu behandeln. Hiervon sind nur die Hauptmerkmale angegeben, die im Hinblick auf die Arbeitsweise der Anlage von Bedeutung sind. Bezüglich der Ausbildung der Einzelteile ist dagegen auf den III. Band, der mehr für den Konstrukteur bestimmt ist, zu verweisen.

Die Windwerke und Krane mit zusammengesetzter Lastenbewegung können im wesentlichen in 3 Gruppen eingeteilt werden:

a) Schrägaufzüge;
b) Laufwinden, Laufkrane und verwandte Verladeanlagen mit geradliniger Lastenbewegung, bei denen außer der Hubbewegung nur Fahrbewegungen in Frage kommen;
c) Schwenkkrane und Drehkrane, bei denen auch Drehbewegungen ausgeführt werden, daneben allerdings meistens auch Fahrbewegungen.

Oft werden auch die sog. Hochbahnkrane als besondere Krangruppe behandelt. Meistens handelt es sich dabei aber um laufkranartige Vorrichtungen, hin und wieder auch um Drehkrane, die auf fahrbaren Brückengerüsten arbeiten. Die Grenze zwischen den einzelnen Konstruktionen ist verhältnismäßig schwer zu ziehen, und diese Anlagen sind daher, soweit bei ihnen eine geradlinige Bewegung vorhanden ist, unter den Laufkranen und laufkranartigen Verladeanlagen, und soweit eine Drehbewegung ausgeführt wird, unter den Schwenk- und Drehkranen behandelt.

a) Schrägaufzüge.

Die Schrägaufzüge sind hinsichtlich der Arbeit des Windwerkes den senkrechten Aufzügen fast vollständig gleich insofern, als auch bei den Schrägaufzügen nur ein einfaches Anziehen und Nachlassen des Hubseiles auszuführen ist und die Seitwärtsbewegung der Last durch die schräg angeordnete Fahrbühne ohne weiteres herbeigeführt wird. Die Schrägaufzüge werden je nach dem vorliegenden Zweck (Aschenaufzüge, Koksaufzüge, Cupolofenaufzüge, Gichtaufzüge usw.) ganz verschieden ausgeführt, nicht nur hinsichtlich der allgemeinen Anordnung, sondern auch hinsichtlich der Einzelausführung, die sich den vorliegenden Zwecken stark anpassen muß. Von den sehr mannigfaltigen Ausführungen soll hier nur eine einzige dargestellt werden als Beispiel für die Anpassung der Konstruktion an die besonderen Bedürfnisse des Einzelfalles. Die Abb. 381 zeigt einen Schrägaufzug für Hochofenbegichtung, wie sie auf Grund der Konstruktionen des Verfassers in verschiedenen ähnlichen Ausführungsformen für zahlreiche Hüttenwerke ausgeführt sind. Näheres darüber ist im II. Band ausgeführt. Die hier abgebildete Anlage wurde für ein englisches Hüttenwerk ausgeführt.

Die unten aus Füllrümpfen mit etwa 6 t Erz oder Kalkstein oder mit 3 t Koks beladenen Trichterkübel werden an den Haken einer auf der schrägen Aufzugfahrbahn fahrbaren Lastkatze angehängt und mit dieser bis über den Ofen gehoben und dort in die Gicht entladen. Die Lastkatze besteht aus einem vierrädrigen Laufwerk und aus einem doppelarmigen Hebel, dessen vorderes Ende den Aufhängehaken trägt und an dessen hinterem Ende das nach oben geführte Hubseil und das am unteren Ende des Aufzuges um eine Rolle geleitete Gegenseil befestigt sind. Mit dem Hubseil wird die Lastkatze durch eine Winde gehoben. Das Gegenseil ist zu einem auf dem Obergurt des Aufzuggerüstes fahrbaren Gegengewicht geführt, das sich beim Heben der Last abwärts bewegt und so schwer ist, daß die Winde beim Heben und beim Senken der Lastkatze ungefähr gleiche Arbeit zu leisten hat. Das Fahrwerk der Lastkatze ist am oberen Ende des Aufzuges so geführt, daß bei entsprechender Führung des hinteren Hebelendes dieser Lastkatze der Kübel ohne Stoß auf den Ofen gesenkt wird. Die Entladung erfolgt, nachdem der Kübel sich mit seinem Mantel auf die Gicht aufgesetzt hat und nun die Aufhängestange noch weiter gesenkt wird, so daß der an der Kübelaufhängestange befestigte trichterförmige Kübelboden sich auf den ebenfalls trichterförmigen Ofenverschluß aufsetzt und ihn durch sein Gewicht herunterdrückt. Das ist möglich, da der Ofenverschluß, der sog. Parrytrichter, durch Gegengewichte nur so stark angehoben ist, daß er noch gerade abschließt, daß er aber durch eine zusätzliche Last leicht nach unten gedrückt werden kann. Damit während der Begichtung kein Gas aus dem Ofen entweicht, ist am vorderen Ende des Lastkatzenhebels ein trichterförmiger Kübeldeckel aufgehängt, der im allgemeinen angehoben ist, der sich aber während der Begichtung auf den Kübel herabsenkt, so daß das Gas aus dem Innern des Hochofens nur in den Ofen gelangen, aber nicht nach außen entweichen kann. Auf die allgemeinen Grundsätze und Vorteile der Begichtung für den Hochofenbetrieb wird im II. Band bei Besprechung der Förderanlagen für den Hochofenbetrieb, auf die Einzelheiten der Ausführung dieser Aufzüge wird im III. und IV. Band noch näher zurückzukommen sein.

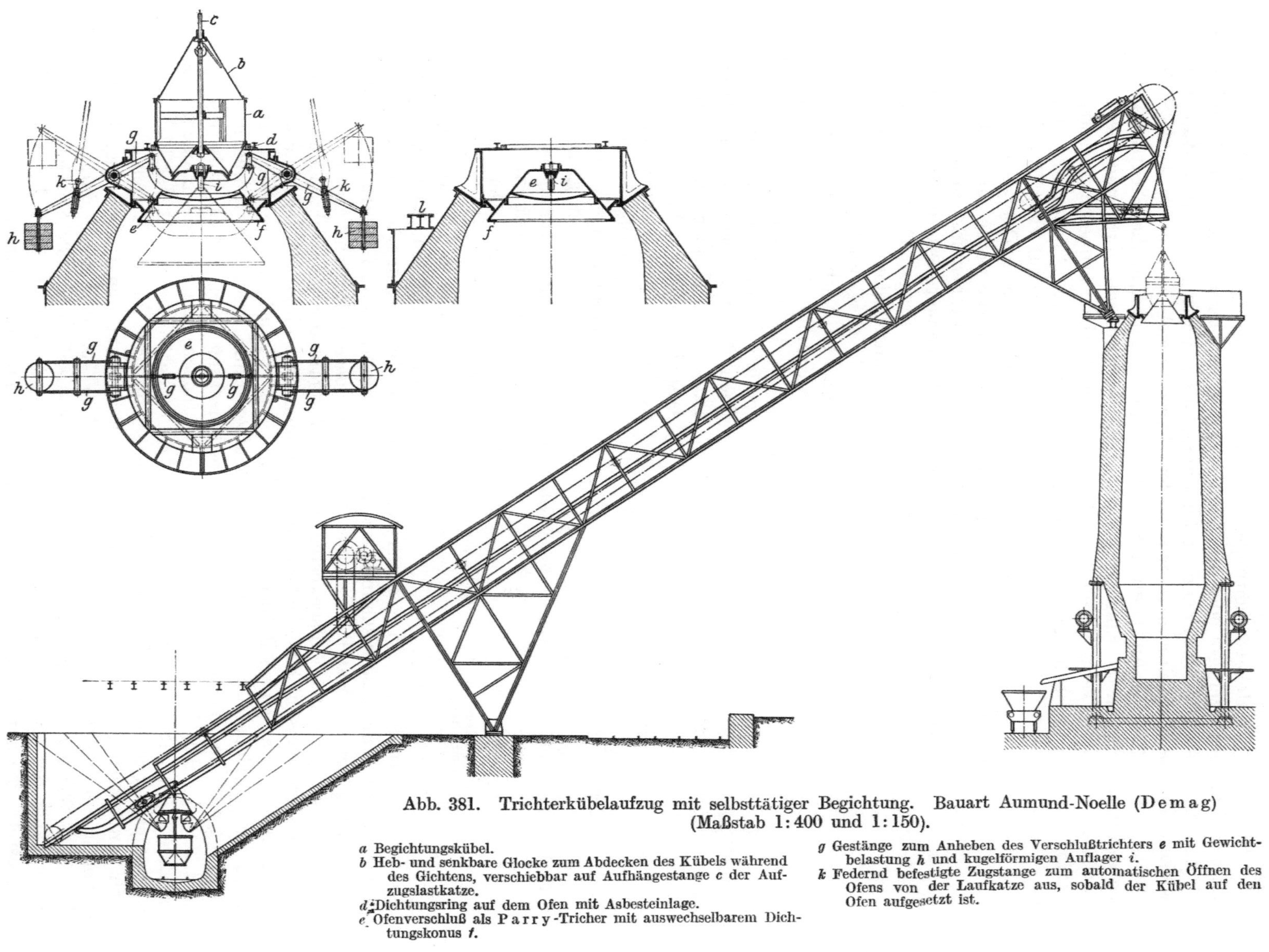

Abb. 381. Trichterkübelaufzug mit selbsttätiger Begichtung. Bauart Aumund-Noelle (Demag) (Maßstab 1:400 und 1:150).

a Begichtungskübel.
b Heb- und senkbare Glocke zum Abdecken des Kübels während des Gichtens, verschiebbar auf Aufhängestange *c* der Aufzugslastkatze.
d Dichtungsring auf dem Ofen mit Asbesteinlage.
e Ofenverschluß als Parry-Tricher mit auswechselbarem Dichtungskonus *f*.
g Gestänge zum Anheben des Verschlußtrichters *e* mit Gewichtbelastung *h* und kugelförmigen Auflager *i*.
k Federnd befestigte Zugstange zum automatischen Öffnen des Ofens von der Laufkatze aus, sobald der Kübel auf den Ofen aufgesetzt ist.

b) Laufwinden, Laufkrane und verwandte Verladeanlagen mit geradliniger Lastenbewegung.

Diese Art der Hebevorrichtungen ermöglicht in einfacher Weise ein Heben der Last und ein gleichzeitiges oder anschließendes wagerechtes Fortbewegen derselben. Trotzdem hat sie sich erst in den letzten Jahrzehnten zu der großen Bedeutung entwickelt, die sie jetzt einnimmt, wo sie dem Umsatz nach weitaus an erster Stelle steht. Die allgemeine Anwendung war erst möglich, nachdem die Elektrizität als Kraftübertragungsmittel Eingang im Hebezeugbau gefunden hatte und die Fortbewegung der Windwerke durch die billigen und im Betriebe bequemen elektrischen Schleifleitungen auf beliebige Entfernung ausführbar wurde. Vorher war man im wesentlichen auf den Handbetrieb beschränkt; denn Dampf- und Druckwasserantrieb waren für den Betrieb von Laufkranen fast unverwendbar und kommen heute überhaupt nicht mehr in Frage. Der Antrieb durch Seiltransmission wurde wohl hier und da ausgeführt, blieb aber doch immer ein Notbehelf und machte auf den Kranen sehr umständliche Triebwerke mit vielen Ausrückvorrichtungen und Wendegetrieben notwendig. Auch dieser Betrieb kommt daher heute nur noch in ganz besonderen Ausnahmefällen in Frage und wird wohl nur dort noch angewendet, wo, wie in den Reinigerhäusern der Gaswerke und ähnlichen Betrieben, der direkte Antrieb durch Elektromotor nicht zulässig erscheint wegen der durch Funkenbildung entstehenden Explosionsgefahr. Der Verbrennungsmotor wird wohl im Laufe der nächsten Zeit eine vermehrte Anwendung erfahren, nachdem er im Kraftwagenbetrieb eine so weitverbreitete Verwendung errungen hat. Zur Zeit kommt er aber nur erst ausnahmsweise zur Verwendung. Von Bedeutung sind also gegenwärtig nur der Handbetrieb und der unmittelbare elektrische Antrieb.

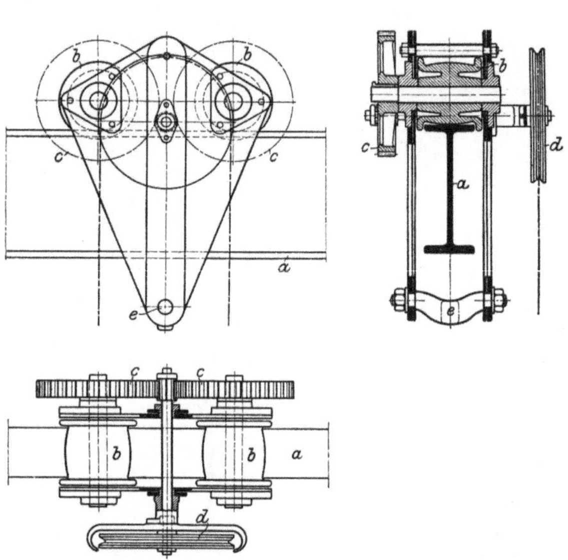

Abb. 382. Laufkatze für 10 t Last zum Einhängen von Flaschenzügen mit Fahrvorrichtung für Handbetrieb (Becker) (Maßstab 1 : 25).

a I-Träger als Fahrbahn.
b Laufrollen.
c Zahnrädervorgelege zum Antrieb beider Laufrollen.
d Kettenrad mit Handkette.
e Querbolzen zum Einhängen des Flaschenzuges.

Mit den geringsten Anlagekosten wird die Aufgabe der senkrechten und wagerechten Lastenverschiebung gelöst unter Zuhilfenahme einfacher sog. Laufkatzen, wie in Abb. 382 an einem Beispiel dargestellt. In diese Laufkatzen werden Flaschenzüge irgendwelcher Art eingehängt. Laufkatzen ohne besondere Bewegungsvorrichtung sind im allgemeinen nur bis 1000 kg Belastung zu empfehlen. Bis zu 2000 und 3000 kg Belastung kann man mit einem einfachen Handrad auskommen. Bei größeren Gewichten sind Zahnradvorgelege erforderlich. Meistens ist der Flaschenzug unmittelbar mit dem Fahrwerk zusammengebaut bzw. durch 2 Bolzen unbeweglich damit verbunden. Die Anordnung bedarf keiner weiteren Darstellung. Sie ist schon in den Abbildungen der Flaschenzüge in Abb. 352 als Beispiel dargestellt.

Abb. 383 zeigt eine Schneckenwinde als sog. Zweischienenwinde mit Gelenkkette zum Heben der Last. In Abb. 384 ist eine Winde mit Antrieb durch Elektromotor dargestellt, die auf den unteren Flanschen eines I-Trägers verfahren werden kann. Die Drahtseiltrommeln sind symmetrisch zur Winde angeordnet, um keine einseitige

Belastung der Winde zu erhalten, die bei der geringen Spurweite leicht zu einem seitlichen Kippen der Katze führen würde. Die untere Seilrolle dient bei dieser Bauart nur zum Seilausgleich, nicht als Flaschenzugrolle zur Erzielung einer Über-

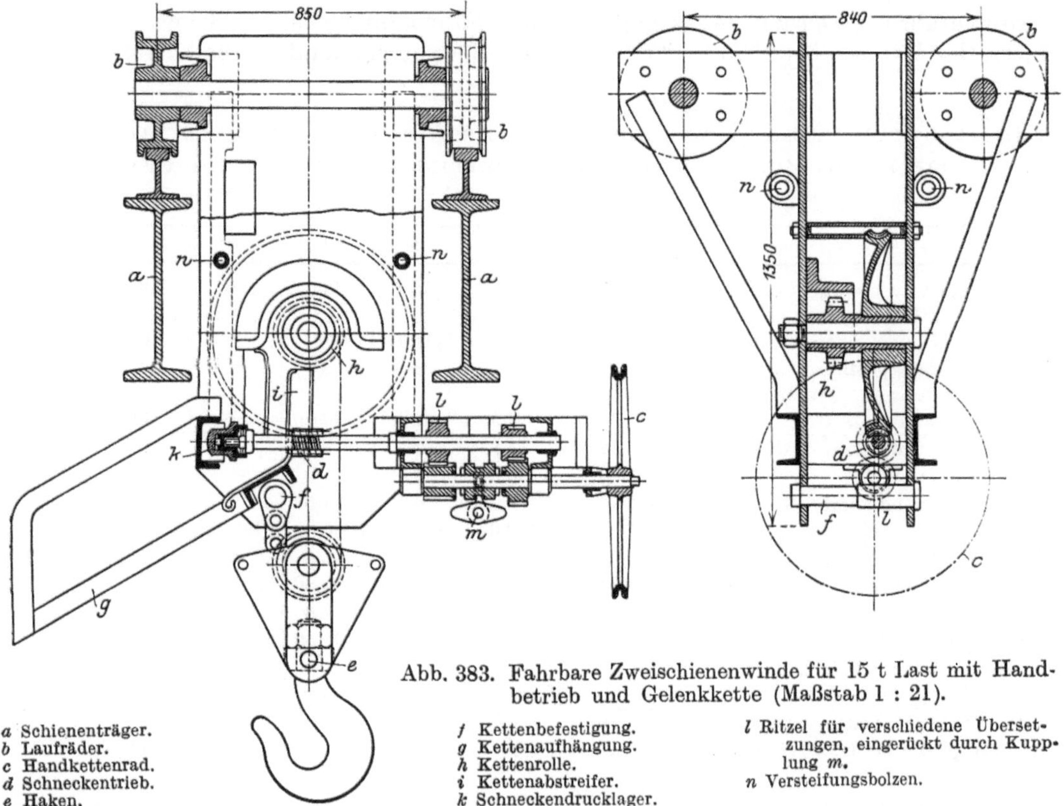

Abb. 383. Fahrbare Zweischienenwinde für 15 t Last mit Handbetrieb und Gelenkkette (Maßstab 1 : 21).

a Schienenträger.
b Laufräder.
c Handkettenrad.
d Schneckentrieb.
e Haken.
f Kettenbefestigung.
g Kettenaufhängung.
h Kettenrolle.
i Kettenabstreifer.
k Schneckendrucklager.
l Ritzel für verschiedene Übersetzungen, eingerückt durch Kupplung *m*.
n Versteifungsbolzen.

setzung. Der Windenantrieb erfolgt durch ein Stirnräderpaar und eine Schnecke mit Schneckenrad. Bei Winden von über 3000 kg Tragkraft wird des besseren Wirkungsgrades wegen vielfach reiner Stirnräderantrieb angewendet. Der Fahrantrieb

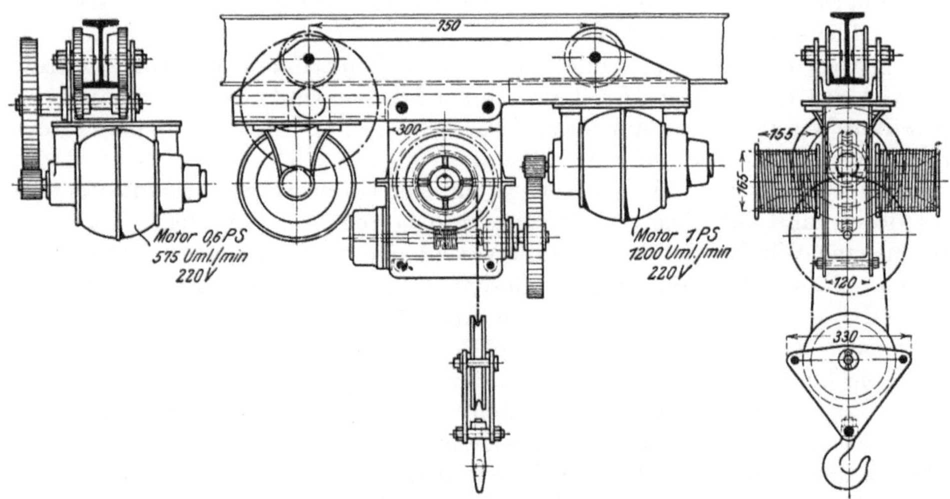

Abb. 384. Einschienenlaufkatze für 500 kg Last mit elektrischem Fahrwerk und Hubwerk mit Seiltrommeln (Maßstab 1 : 20).

erfolgt durch ein doppeltes Stirnrädervorgelege, durch das 2 gegenüberliegende Laufrollen angetrieben werden. Die Steuerapparate sind vom Fußboden aus durch Zugschnüre zu bedienen. Sie sind mit einer Feder versehen, die sie nach Loslassen der Schnur stets wieder in die Nullage zurückbringt. Die Schleifleitungen für die Stromzuführung werden zweckmäßig an der Fahrbahn befestigt. Über die Hauptdaten der Winden bis 2500 kg Tragkraft gibt die nachstehende Tabelle Aufschluß.

Bruttopreise und Gewichte von Einschienenlaufkatzen mit Seiltrommeln, für gerade Bahn mit elektrischem Hub- und Fahrwerk (Piechatzek).

Nr.		1	2	3	4	5	6	7
Tragfähigkeit kg		300	500	750	1000	1500	2000	2500
Kleinste Entfernung von Unterkante Träger bis Innenkante Haken mm		1000	1050	1100	1200	1250	1300	1350
Kleinstes Trägerprofil Nr.		16	16	16	18	18	21	21
Ganze Breite von Trommelrand zu Trommelrand mm		450	450	450	550	550	600	600
Gleichstrom 1 PS	Hubgeschwindigkeit i. d. Min. m	7,5	4,5	3	—	—	—	—
	Preis M.	1600,00	1650,00	1700,00	—	—	—	—
Gleichstrom 2 PS	Hubgeschwindigkeit i. d. Min. m	—	8,5	6	4,5	3	2,25	—
	Preis M.	—	1800,00	1850,00	2050,00	2150,00	2350,00	—
Gleichstrom 3 PS	Hubgeschwindigkeit i. d. Min. m	—	—	8,5	6,5	4,5	3,25	2,75
	Preis M.	—	—	2000,00	2200,00	2300,00	2500,00	2600,00
Gleichstrom 4 PS	Hubgeschwindigkeit i. d. Min. m	—	—	—	8,5	6	4,25	3,6
	Preis M.	—	—	—	2400,00	2500,00	2700,00	2800,00
Gleichstrom 5 PS	Hubgeschwindigkeit i. d. Min. m	—	—	—	—	—	5,25	4,5
	Preis M.	—	—	—	—	—	2900,00	3000,00
Gewicht (mit elektr. Ausrüstung für größte Leistung) etwa kg		325	400	500	625	650	800	850

Die Winden dieser Bauart werden, einerlei ob mit Schneckenradgetriebe oder mit Stirnradvorgelege, im allgemeinen nur für Lasten bis zu 5—7,5 t gebaut. Bei größeren Lasten gestaltet sich die Druckaufnahme durch die Laufrollen, die auf dem schrägen unteren Flansch des I-Trägers laufen, zu ungünstig, und der Flansch selbst erfährt zu große Biegungsbeanspruchung. Mit Rücksicht auf die leicht eintretende ungleiche Lastverteilung auf die Laufrollen sollte die Grenze von 5000 kg nur selten überschritten werden.

Bei größeren Lasten verwendet man besser Laufwinden, die auf 2 getrennten, seitlich von der Winde liegenden Laufbahnen fahrbar sind, wie bei der in Abb. 383 dargestellten Winde. Diese Anordnung der Schienen ist für stärker benutzte motorisch angetriebene Laufkrane ganz allgemein.

Bei stark benutzten Winden werden für das Hubwerk Stirnrädervorgelege verwendet, wenn man auf höheren Wirkungsgrad besonderen Wert legt. Das gilt z. B. für die meisten Winden der Krane zum Verladen von Massengütern. Oft baut man aber auch selbst Krane für größere Geschwindigkeiten mit Schneckengetriebe für das Hubwerk wegen des geräuschloseren Arbeitens und weil der etwas größere Arbeitsverbrauch meistens keine sehr große Bedeutung hat, da das Hubwerk nur verhältnismäßig kurze Zeit arbeitet. Durch den Schneckenantrieb wird auch das Festhalten der Last sehr erleichtert, wenn auch das meistens zweigängig ausgeführte Getriebe an sich nicht vollständig selbstsperrend ist.

Der Fahrantrieb erfolgt dagegen in der Regel durch Stirnräder. Eine auf 2 Laufschienen ruhende Winde für Greiferbetrieb mit reinem Stirnrädervorgelege ist schon in Abb. 309 abgebildet worden.

Die bisher dargestellten Winden sind sämtlich für gerade Fahrbahn bestimmt. Sollen Kurven durchfahren werden, so kann eine ähnliche Bauart angewendet werden; nur muß man das Laufwerk mit kleinerem Radstand ausführen.

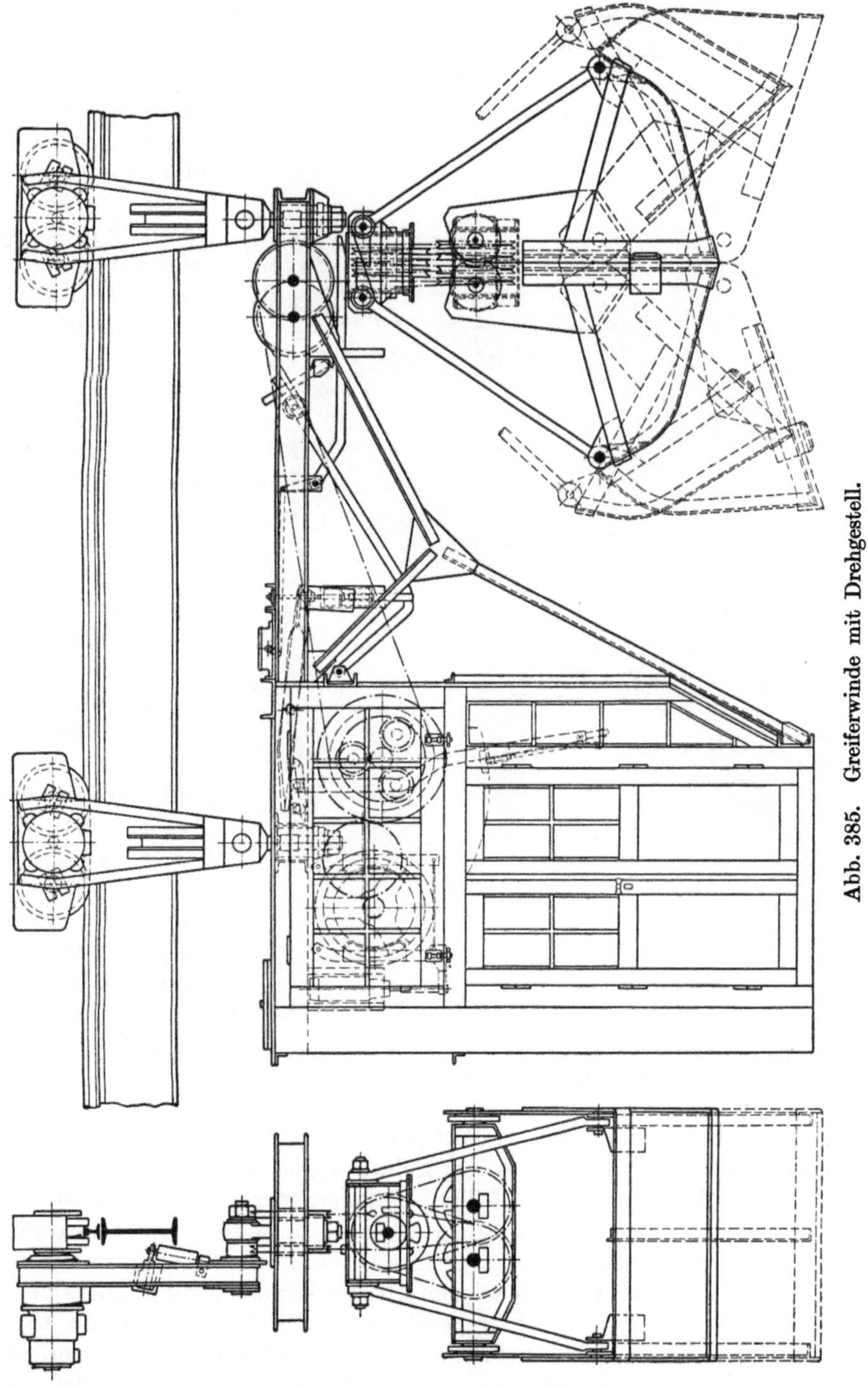

Abb. 385. Greiferwinde mit Drehgestell.

Meistens benutzt man aber Drehgestelle, wie in Fig. 385 an einer mit Greifer arbeitenden Winde dargestellt. In beiden Fällen wird als kleinster zulässiger Krümmungsradius meistens 2,5—3,5 m je nach der Größe der Last angegeben.

Die in Abb. 386 dargestellte Anordnung hat für große Fahrgeschwindigkeiten und Fahrlängen den Nachteil, daß nur verhältnismäßig kleine Laufräder angewendet werden können, da die Räder zwischen dem oberen und unteren Flansch des I-Trägers untergebracht werden müssen.

Außerdem können nur fest eingebaute Weichen verwendet werden, die in vielen Fällen nicht die nötige Anpassung an die örtlichen Verhältnisse ermöglichen. Die Weichen sind bei den I-Schienen nur dadurch möglich, daß die abgeschnittenen Schienenenden entweder auf einem Wagen zur Seite gefahren werden, wie in Abb. 387 in der Hauptfigur gezeigt, oder daß ein drehbares Schienenstück eingebaut wird, das bei geeigneter Aufhängung auch verschiedenenGleisanordnungen entsprechen kann, wie in den Nebenfiguren der Abb. 387 schematisch angegeben. Die Weichenanordnung mit drehbarer Schiene ist die einfachste, und sie ist vor allen Dingen auch am leichtesten von Hand zu bewegen. Die Bauart mit verschiebbarem Wagen ist verhältnismäßig schwerfällig. Sie wird allerdings etwas leichter, wenn die Laufkatze auf den unteren Flanschen der I-Trägerbahn fährt und nicht oben auf dem Träger, wie bei der Schiebeweiche in Abb. 387 angegeben. Auf jeden Fall ist aber die Weiche fest an den Platz gebunden und kann nicht über dem Schienengleis verschoben werden.

Abb. 386. Elektrisch betriebene Motorlaufwinde für Seilbetrieb mit Drehgestellen für Kurvenbahnen (Piechatzek).

Die erwähnten Übelstände der I-Trägerbahnen werden beseitigt durch die in den Abb. 388 und 389 dargestellten Laufwindenanordnungen. Die Anordnung nach Abb. 388 ist als gewöhnliche zweirädrige Hängebahn für kleinere Lasten von 500 bis 2000 kg geeignet. Diese Winden werden oft für Fernsteuerung eingerichtet. Dabei können mehrere Winden auf einer geschlossenen Fahrbahnschlaufe angeordnet werden, indem die Leitung für das Fahrwerk mit Blockschaltung ausgeführt wird, wie schon bei den Elektrohängebahnen beschrieben. Als Schienengleis sind gewöhnliche Doppelkopfschienen verwendet, wie sie für Hängebahnen gebräuchlich sind. Die Anordnung nach Abb. 389 ist für größere Lasten bis 5000 kg bestimmt. Das Schienengleis besteht aus Profileisen mit darauf befestigter besonderer Laufschiene. Die Winde ist mit angebautem Führerstand versehen zur direkten Steuerung. Das eigentliche Windwerk hängt mit 2 senkrechten Drehzapfen an 2 zweirädrigen Laufwerken. Bei dieser Bauart mit oben laufenden Rädern ist der Raddurchmesser natürlich nicht beschränkt. Die Winden laufen leicht, da ein Ecken der Laufräder viel weniger vorkommt als bei den Winden, die auf den unteren Flanschen einer I-Trägerbahn laufen. Die Weichen können außer in fester Anordnung auch verschieblich angeordnet werden. Diese Anordnung ist in Abb. 389 dargestellt. Der Lagerplatz ist von einer fahrbaren Brücke überspannt. Die mit dieser Brücke verbundene Schiene schließt sich an die mit dem Schuppengerüst fest verbundene Schiene an, indem sie sich mit einer sog. Auflaufzunge auf die feste Schiene auflegt.

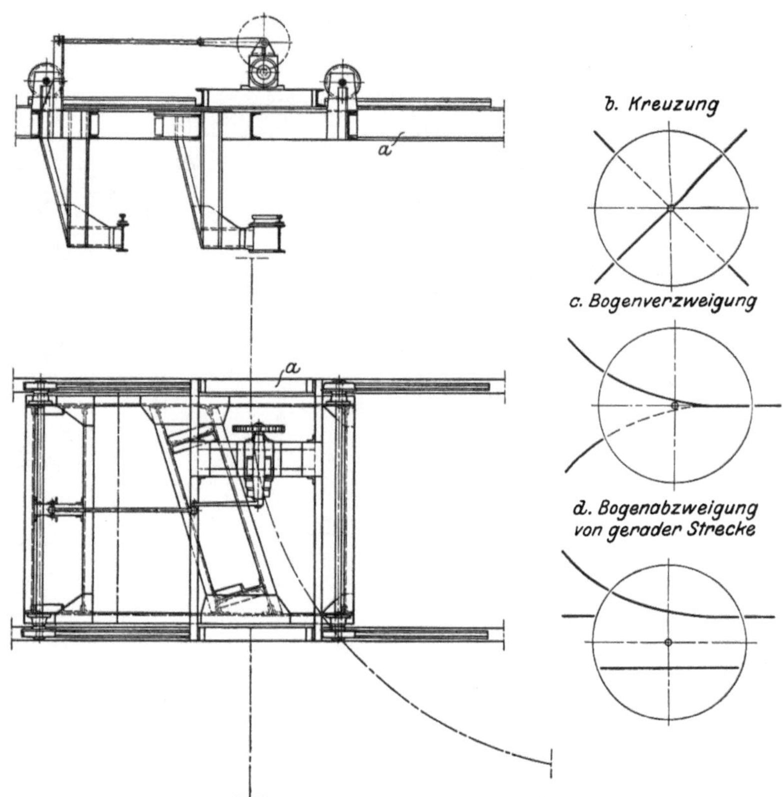

Abb. 387. Weichen verschiedener Anordnung für I-Trägerbahnen (Maßstab 1 : 60 und 1 : 150).

a Schiebeweiche mit obenfahrendem Laufwerk, in ähnlicher Weise auszubilden, wenn das Laufwerk auf den unteren Trägerflanschen fährt. *b* Drehweiche für Gleiskreuzungen. *c* Drehweiche für Bogenverzweigung. *d* Drehweiche für Bogenabzweigung von durchgehender gerader Strecke.

Diesen wesentlichen Vorteilen der zuletzt beschriebenen Windenanordnungen stehen allerdings auch einige Nachteile gegenüber. Die Schienen können nicht unmittelbar unter der Decke befestigt werden, sondern müssen an Konsolen aufgehängt werden, damit das Laufwerk über der Schiene Platz hat. Die für das Windwerk erforderliche Höhe ist daher durchweg größer als bei den vorher beschriebenen Winden. Auch hat die Winde in den Kurven und bei seitlichen Kräften durch Wind und Schrägzug größere Neigung zum Pendeln. Das verursacht mitunter Schwankungen im Traggerüst und wird oft für das Arbeiten hinderlich, wenn auch ein Herabfallen der Winde nicht leicht zu befürchten ist. Bei schweren Lasten verwendet man diese Winden daher nicht gern, so daß man die in Abb. 389 dargestellte Anordnung nur verhältnismäßig selten antrifft.

Meistens sucht man das Ziel, ein großes Lager zu bestreichen, auf anderem Wege durch Verwendung von fahrbaren Laufkranen zu erreichen, bei denen nicht nur die Bewegung der Winde, sondern auch die Bewegung des Kranes für die Lastenbewegung mitbenutzt wird. Man hat dabei außer der senkrechten Hubbewegung eine wagerechte Beweglichkeit nach 2 Richtungen und kann in dem vom Laufkran bestrichenen Raum die Last beliebig bewegen. Die Laufkrane werden im Hinblick auf ihr weites Verwendungsgebiet naturgemäß auch in den verschiedensten

Ausführungsformen gebaut, z. B. mit Handbetrieb oder mit motorischem Antrieb für einzelne oder für alle Bewegungen, mit Schneckenantrieb oder mit Räderantrieb der Winden, mit Eintrommelwinden oder mit Mehrtrommelwinden, mit einschienigen oder mit doppelschienigen Fahrbahnen für die Laufwinde, mit Kranträgern aus ein-

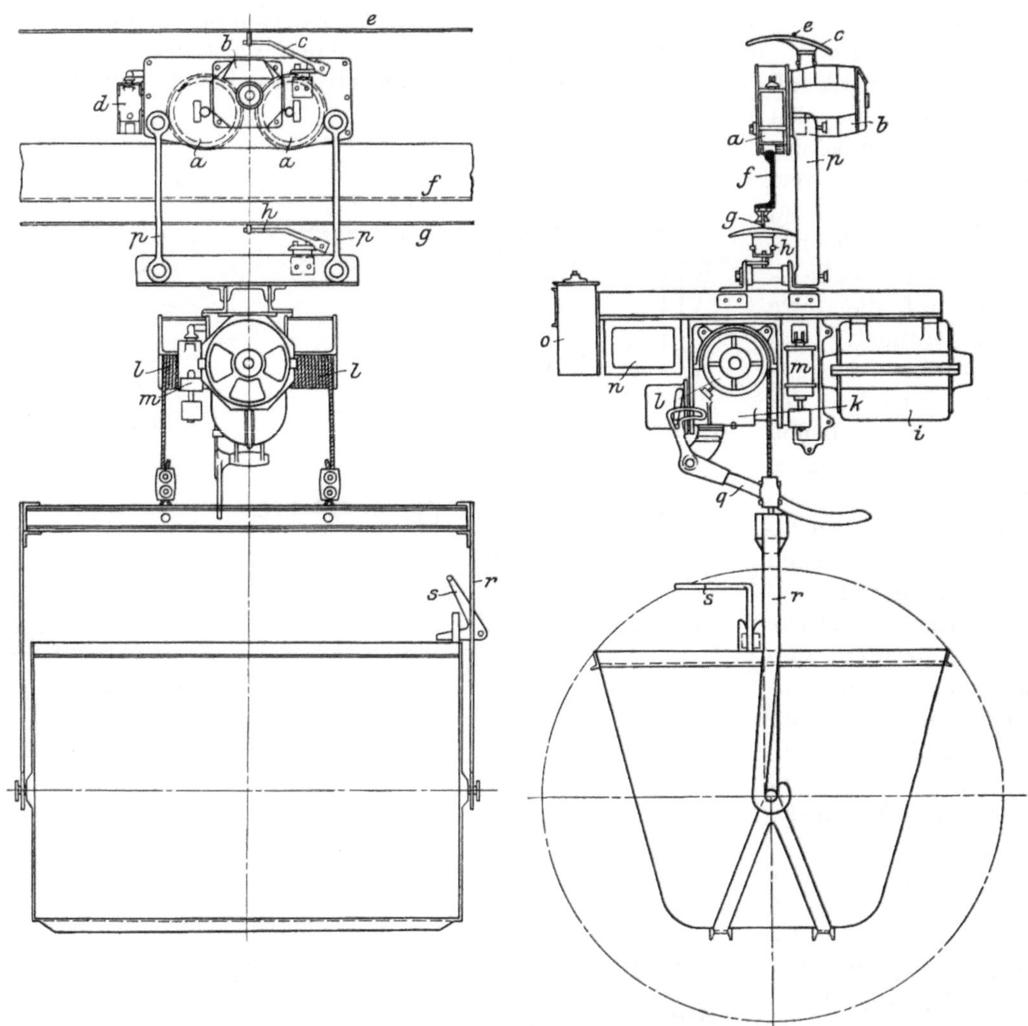

Abb. 388. Elektrische Laufwinde in Hängebahnanordnung ohne Führerbegleitung (Maßstab 1 : 30).

a Laufwerk in Hängebahnanordnung.
b Flanschmotor zum Antrieb beider Laufräder mittels Zahnräder.
c Stromabnehmer für das Fahrwerk.
d Bremsmagnet.
e Schleifleitung für das Fahrwerk.
f Fahrschiene, geerdet als Stromrückleitung.
g Schleifleitung für den Hubmotor.
h Stromabnehmer für das Hubwerk.
i Hubmotor.
k Schneckengetriebe für das Hubwerk.
l Windentrommeln für das Hubseil.
m Bremsmagnet für die Bremse des Hubwerks.
n Widerstand.
o Kontroller, an der Hubstelle von Hand gesteuert.
p Gelenkstangen zum Aufhängen des Hubwerks.
q Endausschalter.
r Wagengehänge mit Kippkübel.
s Haltehebel zum Kippen des Kübels an beliebiger Stelle der Bahn mittels Anschlag.

fachem Profileisen, aus Blechträgern oder aus Gitterträgern und mit Kranträgern von gerader oder von parabolischer Form und endlich mit den verschiedensten Hub- und Fahrgeschwindigkeiten. Da die Betrachtung der für die Einzelausbildung maßgebenden Gesichtspunkte mehr in den III. und IV. Band dieses Buches gehört, der die konstruktive Ausbildung behandelt, so genügt es, bei der einfachen, übersichtlichen Form dieser Krane hier ein paar grundlegende Formen anzugeben, um so

Abb. 389. Elektrische Laufwinde in Hängebahnanordnung für größere Lasten mit Führerbegleitung (Bleichert).

mehr, als im II. Band bei den Verladeanlagen für besondere Zwecke auch noch mehrere Ausführungsformen angeführt sind.

Abb. 390 stellt einen einfachen Handlaufkran dar mit doppelschieniger Katzenbahn und einem aus einfachem Profileisen gebildeten Gerüst. Dabei werden sowohl die Kran- als auch die Katzenbewegung und die Hubbewegung von unten

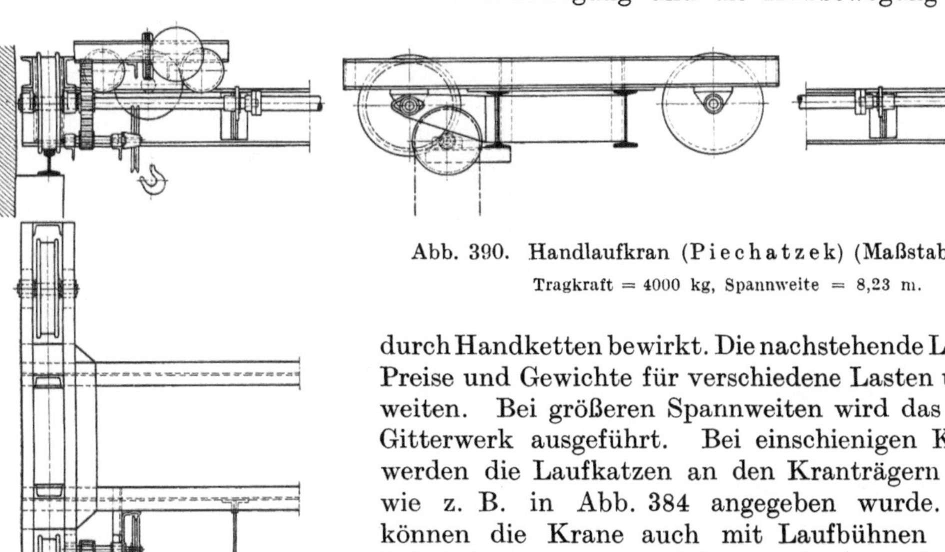

Abb. 390. Handlaufkran (Piechatzek) (Maßstab 1 : 40).
Tragkraft = 4000 kg, Spannweite = 8,23 m.

durch Handketten bewirkt. Die nachstehende Liste gibt die Preise und Gewichte für verschiedene Lasten und Spannweiten. Bei größeren Spannweiten wird das Gerüst als Gitterwerk ausgeführt. Bei einschienigen Kranträgern werden die Laufkatzen an den Kranträgern angehängt, wie z. B. in Abb. 384 angegeben wurde. Natürlich können die Krane auch mit Laufbühnen neben den Fahrbahnträgern ausgeführt werden, um die Bedienung von oben ausführen zu können, oder mit seitlichen Stützen, auf denen der Kran auf Schienen zu ebener Erde verfahren werden kann.

Mit der steigenden Verbreitung der Elektrizität in allen Betrieben werden die Laufkrane immer mehr elektrisch angetrieben und erhalten dann in der vollkommensten und weitaus am meisten angewendeten Bauart für jede Bewegung einen Motor.

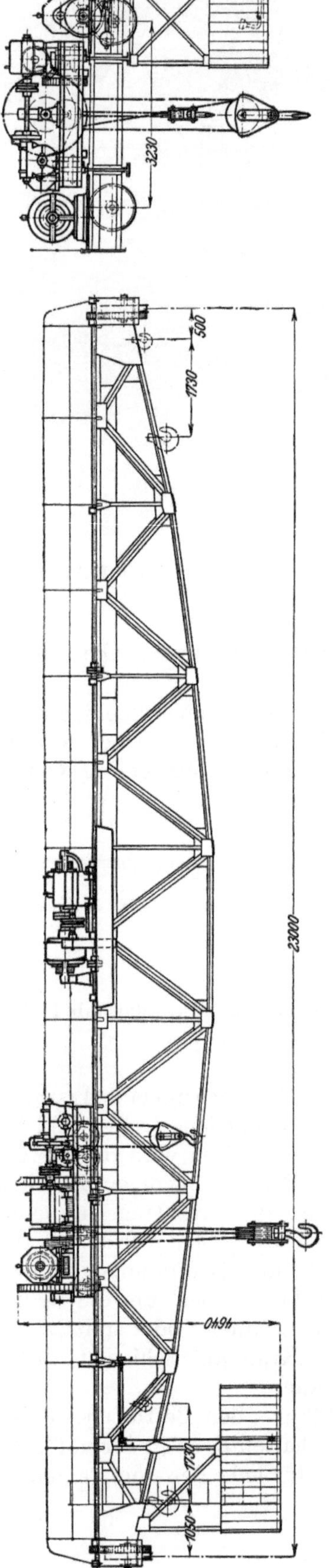

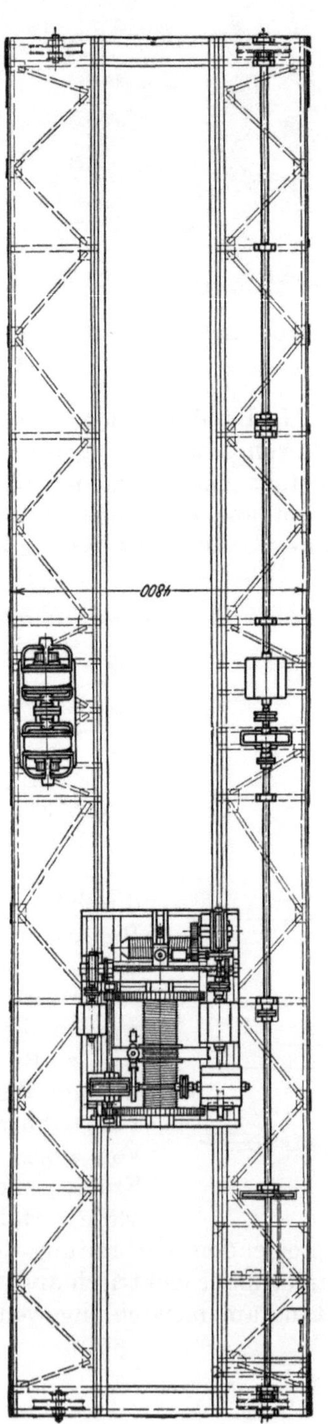

Abb. 391. 4-Motoren-Laufkran mit Hilfshubwerk (Zobel) (Maßstab 1 : 120).

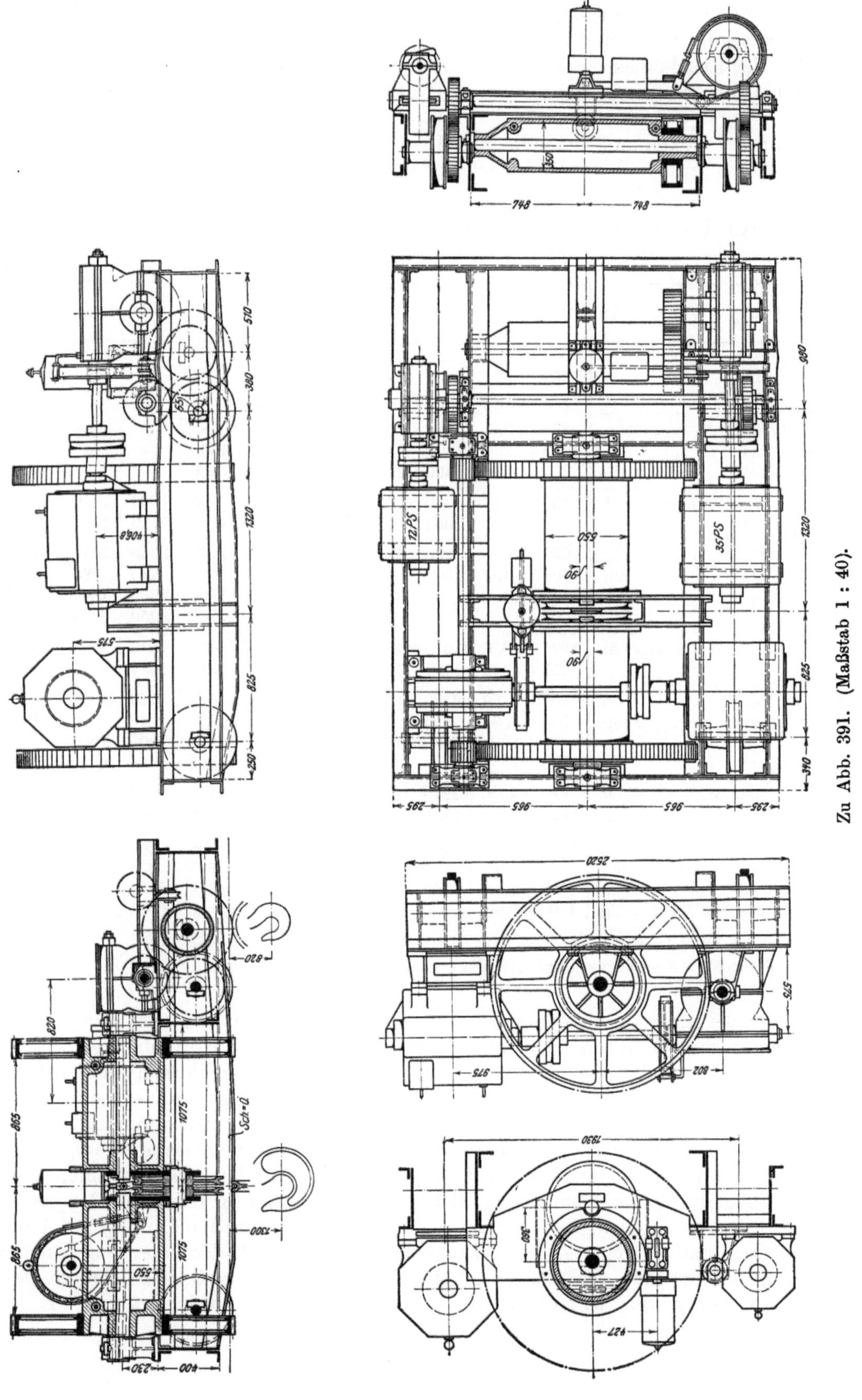

Zu Abb. 391. (Maßstab 1 : 40).

Bei großer Tragkraft von mehr als 15 t wird oft für kleinere Lasten ein sog. Hilfshubwerk auf der Lastkatze angebracht. Das Hilfshubwerk dient zum Heben kleinerer Lasten oder zum besseren Führen der mit dem Haupthubwerk gehobenen Last. Es erhält in der Regel einen besonderen Antriebsmotor, so daß der Kran in diesem Falle also mit 4 Motoren ausgerüstet ist. Die Hubseile werden meistens auf 2 getrennte Trommeln oder auf eine zweiteilige Trommel aufgewickelt, und zwar so, daß die Last beim Aufwickeln auf die Seiltrommel trotz des Wanderns des Seiles genau senkrecht gehoben wird und der Raddruck der einzelnen Räder der Lastkatze bei jeder

Bruttopreise und Hauptdaten für Handlaufkranbühnen mit zwei Hauptträgern ohne Winden (Welter).

Spannweite	Tragkraft . . . . . . kg	1000	2000	3000	4000	5000	6000	7500	10000	12500	15000
4 m	Preis ohne Walzenlager M.	308	325	380	410	478	508	555	—	—	—
	„ mit „ „	358	375	436	466	534	564	624	—	—	—
	Gewicht. . . . . . . kg	485	500	670	700	860	890	1070	—	—	—
	Bauhöhe . . . . . . mm	375	395	435	455	515	525	585	—	—	—
	Radstand . . . . . . „	1200	1200	1400	1400	1500	1500	1600	—	—	—
	Raddruck . . . . . . kg	600	990	1400	1870	2350	2780	3380	—	—	—
7 m	Preis ohne Walzenlager M.	496	545	600	670	765	820	955	1022	1140	1208
	„ mit „ „	552	601	656	726	834	889	1043	1110	1234	1302
	Gewicht. . . . . . . kg	935	1060	1290	1390	1650	1750	2210	2350	2650	2730
	Bauhöhe . . . . . . mm	460	490	560	580	640	660	720	740	795	815
	Radstand . . . . . . „	1400	1400	1500	1500	1600	1600	1800	1800	1800	1800
	Raddruck . . . . . kg	1000	1500	1950	2400	3000	3450	4100	5250	6200	7650
10 m	Preis ohne Walzenlager M.	*895	*1000	*1035	1065	1230	1295	1430	1540	1765	1865
	„ mit „ „	951	1056	1104	1134	1318	1383	1524	1634	1865	1965
	Gewicht. . . . . . . kg	1860	2160	2350	2370	2950	3110	3520	3740	4300	4440
	Bauhöhe . . . . . . mm	555	595	655	675	735	755	815	840	900	925
	Radstand . . . . . . „	1400	1400	1500	1500	1600	1600	1800	1800	2000	2000
	Raddruck . . . . . kg	1200	1750	2200	2700	3300	3750	4450	5650	6650	8100
15 m	Preis ohne Walzenlager M.	*1980	*2000	*2270	*2390	*2640	*2820	*3180	3260	3440	3560
	„ mit „ „	2049	2069	2358	2478	2734	2914	3280	3360	3540	3660
	Gewicht. . . . . . . kg	3900	4450	5300	5680	6340	6830	8080	8200	8980	9160
	Bauhöhe . . . . . . mm	700	740	805	830	895	920	985	935	1005	1055
	Radstand . . . . . . „	2000	2000	2100	2100	2200	2200	2400	2400	2600	2600
	Raddruck . . . . . kg	1800	2500	3050	3600	4200	4750	5500	6950	8100	9550

Die mit * bezeichneten Krane sind mit einfacher Versteifungsgalerie versehen.
Die Preise verstehen sich einschl. Handkette für 5 m Aufstellungshöhe.

Höhenlage der Last derselbe bleibt. Abb. 391 zeigt eine häufig verwendete Ausführungsform eines 4-Motoren-Laufkranes mit Hilfshubwerk mit parabolisch geformten Gitterträgern für mittlere und schwere Lasten. Bei dem abgebildeten Kran erfolgt die Regelung der Hubgeschwindigkeit, die meistens mit Hilfe von Vorschaltwiderständen ausgeführt wird, durch die sog. Leonhard-Schaltung. Auf dem Kran ist ein besonderer Maschinensatz, bestehend aus Motor und Dynamomaschine, aufgebaut. Der Motor wird vom Netzstrom angetrieben. Er treibt die Dynamomaschine, deren Felderregung durch verhältnismäßig kleine Widerstände so geregelt werden kann, daß sie Strom von beliebiger Spannung liefert. Dieser Strom dient zum Antrieb der Hubmotoren und bewegt sie schnell oder langsam, je nach der ihnen zugeführten Spannung. Diese Art der Regelung ist sehr genau und trotz der wiederholten Arbeitsumsetzung sehr wirtschaftlich. Allerdings wird die Anlage teurer als bei den Kranen mit einfacher Widerstandschaltung. Die Steuerung kommt meistens nur bei größeren Anlagen vor. Bei Laufkranen wird sie nur angewendet, wenn besonders häufige und genaue Geschwindigkeitseinstellung gefordert wird.

Die elektrisch angetriebenen Laufkrane sind wegen ihres häufigen Vorkommens zu ziemlich festliegenden Normalkonstruktionen ausgebildet worden, die in allen Werk-

Handstirnlaufwinden, passend für Laufkranbühnen (nach der Tafel auf S. 362) mit Hubwerk für Gelenkkette (Welter).

Tragkraft . . . . . . kg	1000	2000	3000	4000	5000	6000	7500	10000	12500	15000
Probebelastung . . . . „	1500	3000	4500	6000	7500	9000	11250	15000	15000	20000
Lastorgan	Gallsche Gelenkkette									
Preis: a) Laufwinde mit 1 Hubgeschwindigkeit f. 5 m Aufstellungshöhe M.	500,00	600,00	660,00	765,00	870,00	975,00	1105,00	1240,00	1435,00	1520,00
Preis: b) Lastkette f. 1 m größ. Aufstellungshöhe M.	13,00	14,00	16,00	20,00	26,00	26,00	30,00	37,00	40,00	48,00
Preis: c) Handketten für Hub- u. Fahrwerk f. 1 m größ. Aufstellungshöhe M.	5,60	5,60	5,60	6,20	6,20	7,00	7,00	7,00	7,00	7,00
Preis: d) Sicherheits - Schnellsenkvorrichtung . M.	60,00	60,00	65,00	65,00	70,00	70,00	70,00	75,00	75,00	75,00
Preis: e) Zweite größere Hubgeschwindigkeit durch Zahnradvorgelege M.	75,00	75,00	75,00	75,00	80,00	80,00	80,00	90,00	90,00	90,00
Preis: f) Lastketten-Aufhängevorrichtung . . . M.	40,00	45,00	52,00	60,00	70,00	80,00	90,00	110,00	120,00	130,00
Gewicht: a) Laufwinde m. Ketten f. 5 m Aufstellungsh. kg	320	400	450	530	650	870	980	1300	1500	1610
Gewicht: b) Lastkette f. 1 m größ. Aufstellungshöhe kg	5,5	7,6	10	14,3	23	23	33	38	50	64
Gewicht: c) Handketten (Hub- u. Fahrwerk) f. 1 m größ. Aufstellungshöhe kg	2	2	2	2,4	2,4	4	4	4	4	4
Laufrollen: Durchmesser . mm	185	200	200	200	250	250	305	305	305	320
Laufrollen: Schienenflacheisen . . . „	35×15	45×20	45×20	45×20	50×25	50×25	60×30	60×30	60×30	60×30
Radabstand: Spurweite . „	350	440	480	520	570	640	690	700	750	790
Radabstand: Radstand . „	420	470	490	540	600	650	800	900	950	1000
Handkettenradabstand v. Kranmitte: f. Hubw. „	360	475	525	575	625	625	675	675	825	825
Handkettenradabstand v. Kranmitte: f. Fahrwerk . „	510	625	675	725	775	775	825	825	1050	1050
Bauhöhe: üb. Laufschiene „	480	530	550	580	670	670	700	850	900	925
Bauhöhe: unter „ „	300	400	400	440	475	535	600	625	650	750
Handkettenzug: Hubwerk . kg	45	45	50	50	50	60	75	80	85	90
Handkettenzug: Fahrwerk . „	20	25	30	30	35	35	40	40	50	65
Hub bei 30 m Handketten-Abhaspelung mm	620	425	330	280	145	145	135	125	115	100
Fahrweg bei 30 m Handketten-Abhaspelung „	8100	6385	5280	4250	3400	3400	3620	3620	3620	3830

stätten vorkommen. So sind derartige normale Ausführungsformen von 3-Motoren-Laufkranen auch in die Seitenhallen der in Abb. 392 dargestellten Werkstätte eingezeichnet. Bei der geringen Spannweite sind die Lastträger als vollwandige Blechträger ausgebildet, während die seitlichen sog. Bühnenträger zum Tragen der durchweg an beiden Seiten des Kranes angeordneten Laufbühnen in Gitterwerk ausgeführt sind. In der Mittelhalle derselben Abbildung ist links ein 3-Motoren-Laufkran für schwere Lasten dargestellt, mit einem Kranträger als Gitterträger mit parallelen Gurten. Die Tafel auf S. 364 für normale Laufkranausführungen gibt für die in

Montagewerkstätten u. dgl. meistens verwendeten Geschwindigkeiten die Gewichte und Preise für verschiedene Spannweiten und Lasten. Für besondere Zwecke werden aber natürlich die Geschwindigkeiten oft auch abweichend von der in der Liste angegebenen gewählt. Insbesondere wird die Geschwindigkeit des Kranes oft bis zu 2, ja bis zu 3 m in der Sekunde gesteigert. Eine solche gesteigerte Leistung wird regelmäßig von allen in Stahlwerken benutzten Kranen gefordert, die daher als sog.

Bruttopreise und Hauptangaben für normale Laufkrane mit elektrischem Antrieb (Nagel & Kaemp).

Tragfähigkeit in Tonnen	Spannweite in m	Arbeitsgeschwindigkeit in 1 Min. und Motorleistung						Gewichte			Preise in Mark			Hilfshebevorrichtung			Kran vollst. m. Hilfsh.
		Heben		Katzenfahren		Kranfahren		Träger	Katze	Kran vollst.	Kran vollst.	Elektr. Teil	Katze vollst. m. Anl.	Tragf. in Tonnen	Hubgeschw.	Motorleist.	Preis
		m	PS	m	PS	m	PS	ca. kg	ca. kg	ca. kg					m	PS	M.
	8	10	7	30	1	90	7	5 200	2 200	7 400	8 800	4060	5 000				
	12	10	7	30	1	90	7	7 200		9 400	9 380	4120	5 060				
2	16	10	7	30	1	80	7,5	9 200		11 400	11 000	4180	5 120				
	20	10	7	30	1	70	8	11 400		13 600	11 950	4240	5 180				
	24	10	7	30	1	70	8	14 000		16 200	12 900	4300	5 240				
	8	4,5	8	30	1,5	90	9	5 700	2 600	8 300	9 850	4560	5 780				
	12	4,5	8	30	1,5	90	9	8 000		10 600	10 510	4620	5 840				
5	16	4,5	8	30	1,5	80	10	10 200		12 800	12 310	4680	5 900				
	20	4,5	8	30	1,5	70	10	12 600		15 200	13 340	4740	5 960				
	24	4,5	8	30	1,5	70	10	15 600		18 200	14 500	4800	6 020				
	8	4,2	15	30	3	80	12	6 900	3 500	10 400	12 800	5740	7 250				
	12	4,2	15	30	3	80	12	8 900		12 400	13 700	5800	7 310				
10	16	4,2	15	30	3	70	12	11 400		14 900	14 750	5860	7 370				
	20	4,2	15	30	3	60	12	14 300		17 800	15 870	5920	7 430				
	24	4,2	15	30	3	60	12	17 300		20 800	16 950	5980	7 490				
	8	2,7	24	20	4,5	60	18	10 500	6 600	17 100	17 980	6450	10 850	5	12	24	21 630
	12	2,7	24	20	4,5	60	18	13 300		19 900	19 100	6550	10 950				22 750
25	16	2,7	24	20	4,5	55	18	17 000		23 600	20 520	6650	11 050				24 170
	20	2,7	24	20	4,5	50	18	19 200		25 800	21 400	6750	11 150				25 050
	24	2,7	24	20	4,5	50	18	23 000		29 600	22 750	6850	11 250				26 400
	8	1,8	36	12	6	45	25	16 300	11 100	27 400	24 600	7800	15 000	10	6	24	29 000
	12	1,8	36	12	6	45	25	20 300		31 400	26 150	7900	15 100				30 550
50	16	1,8	36	12	6	40	26	23 800		34 900	27 400	8000	15 200				31 800
	20	1,8	36	12	6	40	26	28 500		39 600	29 000	8100	15 300				33 400
	24	1,8	36	12	6	40	26	34 100		45 200	30 850	8200	15 400				35 250
	8	1,2	40	12	8	40	33	22 100	15 000	37 100	31 250	8400	18 500	10	6	24	35 700
	12	1,2	40	12	8	40	33	28 000		43 000	33 400	8500	18 600				37 850
75	16	1,2	40	12	8	35	33	31 900		46 900	34 800	8600	18 700				39 250
	20	1,2	40	12	8	35	33	37 900		52 900	36 850	8700	18 800				41 300
	24	1,2	40	12	8	35	33	46 000		61 000	39 200	8800	18 900				43 650

Stahlwerkskrane auch oft zu einer besonderen Gruppe zusammengefaßt werden. Wegen der großen Fahrgeschwindigkeit wird dabei die Last häufig durch eine starre Führung gegen Schwingungen geschützt und wegen der hohen Temperatur und der großen Leistung von mechanischen Aufnehmevorrichtungen gefaßt und getragen. 2 Krane dieser Art wurden schon in Abb. 295 und 296 bei den Vorrichtungen zum Aufnehmen des Verladegutes dargestellt. Weitere Beispiele sind weiter hinten und im II. Band bei den besonderen Hebevorrichtungen für den Hütten- und Bergwerksbetrieb gegeben.

Auf der rechten Seite der Mittelhalle Abb. 392 ist eine neuerdings für unterteilte Hallen oft verwendete Abart der Laufkrane dargestellt, ein Laufdrehkran, bei dem die Laufkatze ein drehbares Gerüst mit Ausleger trägt. Dadurch wird es möglich, mit dem Kran Lasten von einer Halle in die andere zu befördern, wo sie dann evtl. von einem gewöhnlichen Laufkran weiterbefördert werden können. In dieser Weise kann also nicht nur die Förderung innerhalb der einzelnen Hallen in beliebiger Weise durchgeführt werden, sondern auch in einem von mehreren zusammenliegenden Hallen bedeckten beliebig großen Raum.

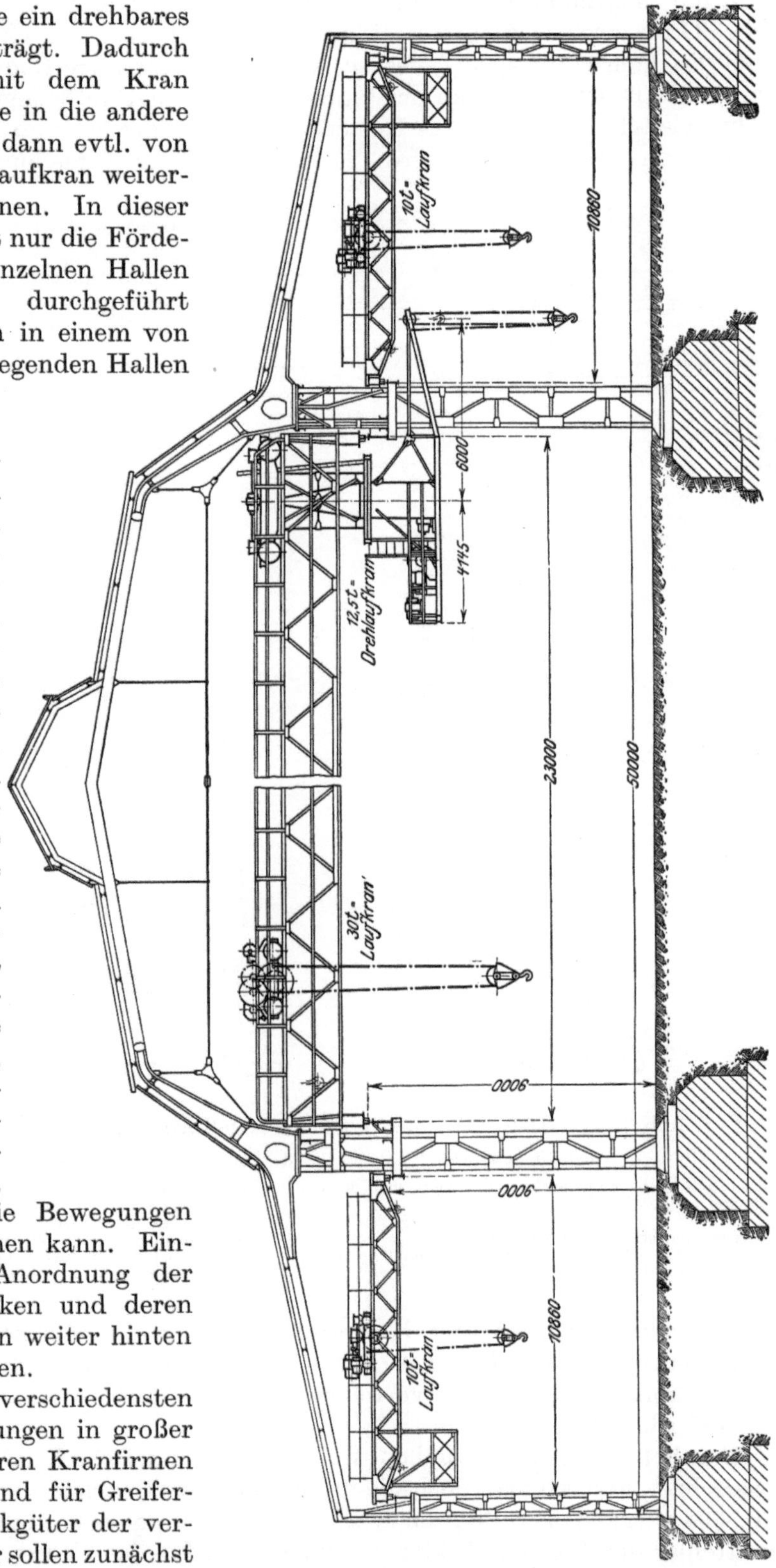

Eng an die Laufkrane schließen sich die Verladebrücken mit elektrisch angetriebener Hubwinde an. Sie unterscheiden sich von ihnen mitunter nur durch die größeren Abmessungen, meistens dadurch, daß das Gerüst von höheren Stützen getragen wird und feste oder aufklappbare Ausleger besitzt. Wenn sie für Massengütertransport verwendet werden, so ist natürlich auch die Winde entsprechend gebaut, meistens als 2-Trommel-Winde für Greiferbetrieb mit daran angebautem Führersitz, damit der Führer die Bewegungen möglichst gut übersehen kann. Einzelheiten über die Anordnung der Gerüste solcher Brücken und deren Fahrbewegung werden weiter hinten noch angegeben werden.

Abb. 392. Laufkrane verschiedener Anordnung in Maschinenbauhallen (Demag) (Maßstab 1 : 250).

Sie sind in den verschiedensten Formen und Abmessungen in großer Zahl von allen größeren Kranfirmen gebaut für Kübel- und für Greiferbetrieb sowie für Stückgüter der verschiedensten Art. Hier sollen zunächst noch einige andere laufkranähnliche Verladevorrichtungen angeführt werden, die nicht mit einfachen, elektrisch betriebenen Winden arbeiten. Dabei ist als einfachste

Form die Anordnung mit getrennter Hub- und Fahrkette zu erwähnen, wie sie in Abb. 393 für einen einfachen Bockkran dargestellt ist. Die Hubkette ist an einem Ende des Fahrbahnträgers befestigt und über das andere Ende zu einer Winde geführt. Die Fahrkette ist an der Katze befestigt und an beiden Enden um Kettenrollen geleitet, deren eine als Kettennuß ausgebildet ist und durch einen Kurbelantrieb von unten bewegt wird. Beim Fahren der Katze muß sich die Hubkette

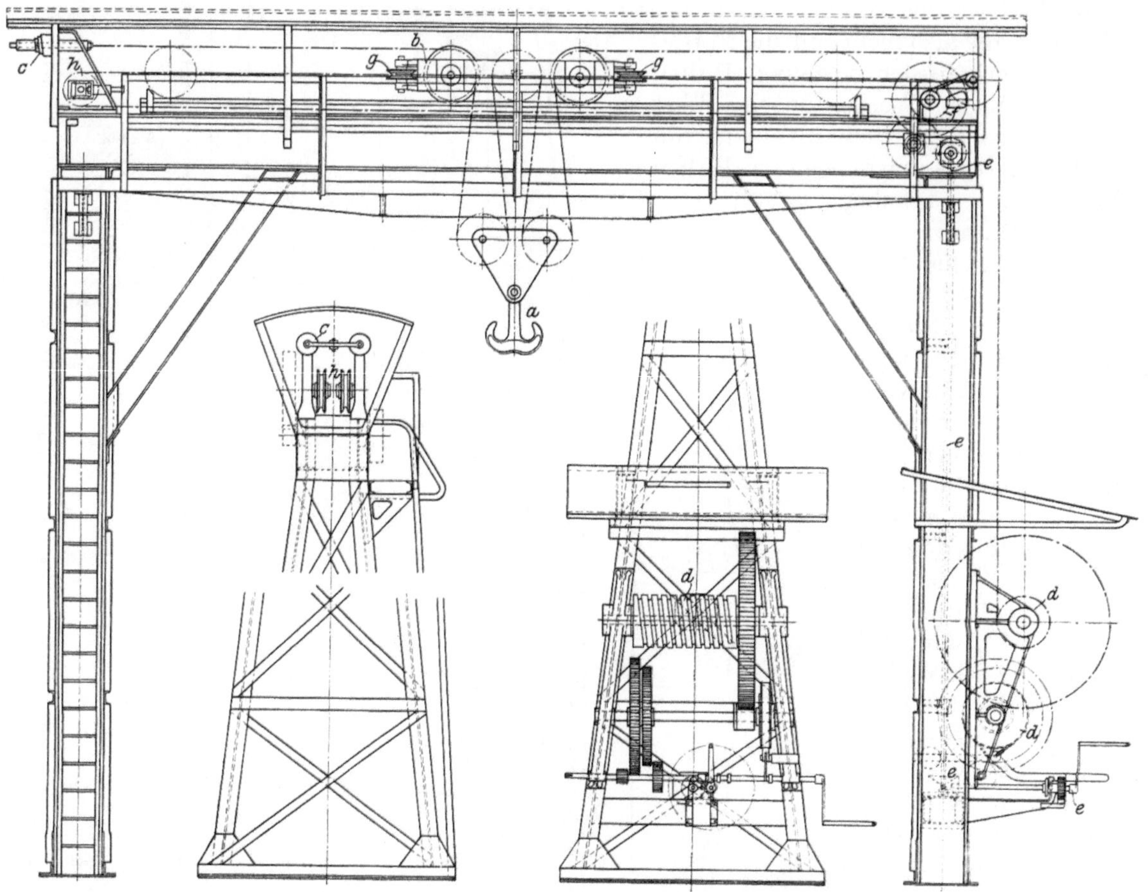

Abb. 393. Feststehender Bockkran mit Handbetrieb (Zobel) (Maßstab 1 : 70).

Tragkraft 20 t, lichte Weite des Portals 7500 mm, Höhe des Portals 6500 mm.

a Lose Rolle mit Doppelbacken und vierfacher Kettenübersetzung.
b Laufkatze.
c Federnde Befestigung der Hubkette.
d Hubwindwerk mit Handkurbelbetrieb und veränderlichem Vorgelege.
e Fahrantrieb der Laufkatze mit Handkurbel, Stirnradvorgelege und Übertragung durch Kegelradwelle bis in die Höhe der Fahrbahn.
f Antriebsrollen für die Katzenfahrkette.
g Ausgleichsrollen für die Fahrkette.
h Umführungs- und Spannrollen für die Fahrkette.

mit der vollen durch die Last bewirkten Spannung um sämtliche Rollen des Hubwerkes herumbewegen. Daher ist der Arbeitsverbrauch beim Fahren sehr groß, und die Anordnung ist nur da zu verwenden, wo ein häufiges und weites Katzenfahren nicht erforderlich ist.

Man hat in besonderen Fällen, wo eine rein elektrische Laufwinde nicht anwendbar erschien, und wo man doch die großen Reibungsverluste nach der Anordnung in Abb. 393 vermeiden wollte, die Krane mitunter so gebaut, daß man das Hubwerk unmittelbar durch einen Elektromotor betreibt, für das Fahren aber ein besonderes Windwerk mit Seil anwendet. Da aber, wenn man schon Schleifleitungen zum Betriebe des Hubwerkes anbringt, der direkte elektrische Antrieb des Fahrwerkes einfacher und billiger ist, so blieben derartige Anordnungen auf besondere Ausnahmefälle beschränkt. Die nächstliegende Lösung ist immer die, daß man Hubwerk und Fahrwerk auf der Winde anordnet, wie weiter oben schon bei den elektrischen Kranen beschrieben. Wenn diese Lösung nicht zweckmäßig erscheint, sei es, weil man schneller fahren und stoppen will, als es bei Laufkranen möglich ist, wo die Beschleunigung und Verzögerung durch die Reibung zwischen Rad und Schiene begrenzt ist, sei es, daß man Schleifleitungen aus irgendeinem Grunde vermeiden will, so betreibt man zweckmäßig das Hubwerk und das Fahrwerk von einer festen Winde aus und hat dann die Wahl zwischen einer größeren Anzahl verschiedener Anordnungen mit reinem Seilbetrieb, von denen in nachstehendem einige beschrieben werden sollen.

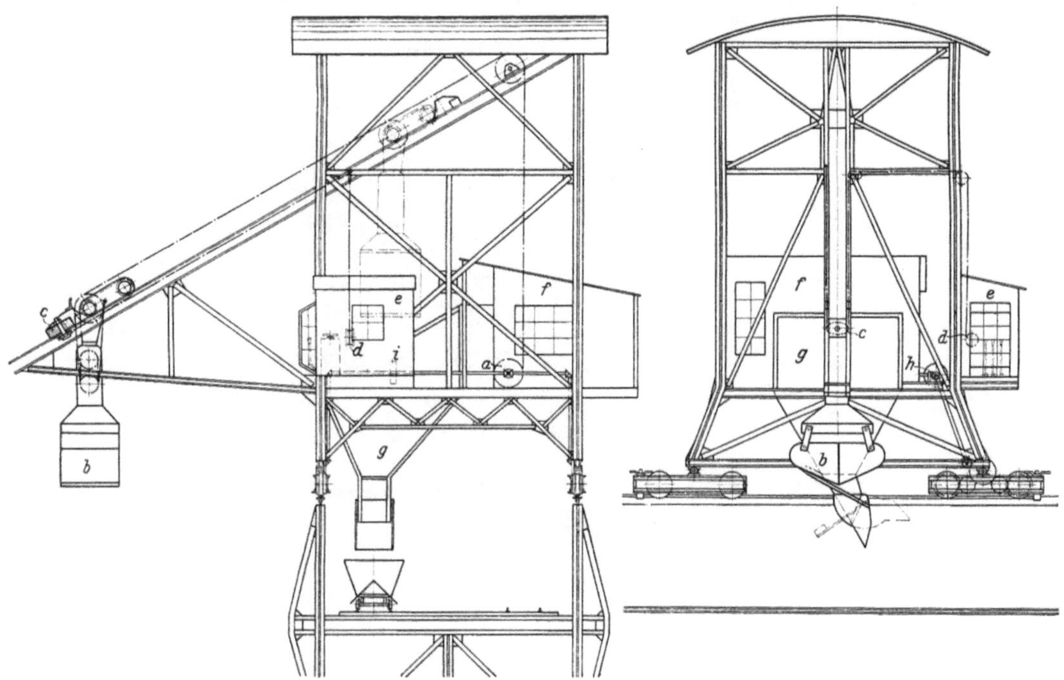

Abb. 394. Hunt-Elevator mit geradem Ausleger (Pohlig) (Maßstab 1 : 180).

a Greiferwinde.
b Greifer.
c Verstellbarer Prellbock.
d Handwinde zum Verstellen von *c*.
e Führerhaus.
f Windenhaus.
g Elevatorfüllrumpf.
h Fahrvorrichtung, von der Hubwinde betätigt.
i Bremse zum Feststellen des Elevators.

In fast allen Fällen stellt man Hubwerk und Fahrwerk zusammen und unabhängig von der Laufkatze auf, wählt aber die Anordnung so, daß unnötige Reibungsverluste beim Katzenfahren vermieden werden. Das kann je nach den vorliegenden Verhältnissen in verschiedener Weise geschehen.

Bei kleinen Ausladungen ist die einfachste und leistungsfähigste Form der Huntsche Elevator. Abb. 394 stellt einen Huntschen Elevator mit geradem Ausleger, Abb. 395 einen solchen mit parabolischem Ausleger dar. In beiden Fällen ist das Grundprinzip das gleiche und beruht darauf, daß man dem Ausleger eine solche Neigung gibt, daß die auf ihm fahrende Laufkatze sich beim Heben der Last nicht auf dem Ausleger verschiebt. Das wird erreicht, wenn die Neigung der Fahrbahn derart ist, daß die auf die Laufkatze wirkende resultierende Kraft senkrecht zur Fahrbahn steht. Vor Beginn des Lasthebens stützt sich die Laufkatze gegen einen auf dem Ausleger angebrachten verschiebbaren Prellbock, und sie bleibt auch beim Heben der Last vor diesem Prellbock so lange stehen, bis die Last an der Laufkatze

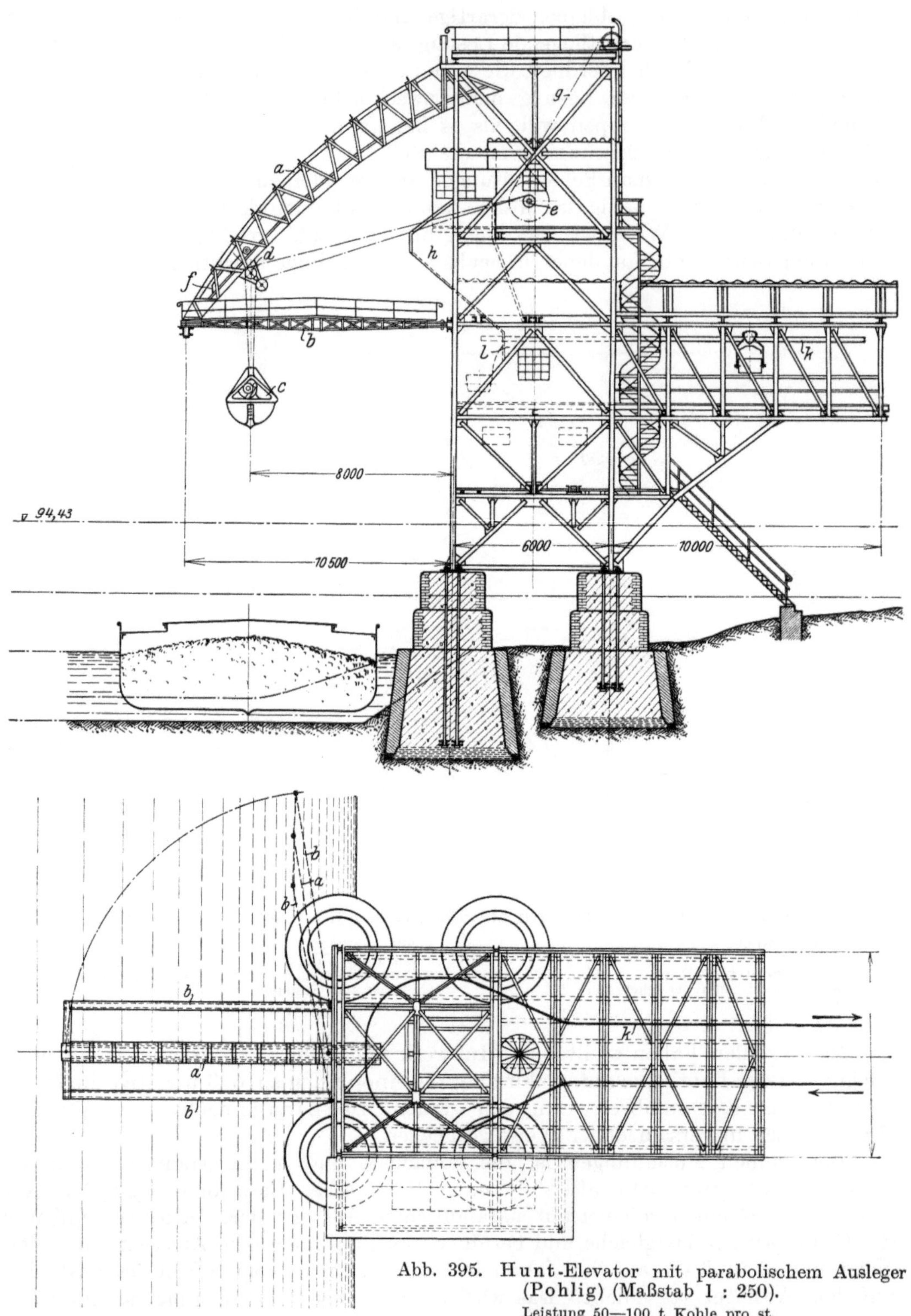

Abb. 395. Hunt-Elevator mit parabolischem Ausleger (Pohlig) (Maßstab 1 : 250).

Leistung 50—100 t Kohle pro st.

a Parabolischer Ausleger.
b Wagerechte Auslegerstreben.
c Huntscher Zweiketten-Greifer, 1,75 cbm Inhalt.
d Laufkatze.
e Winde im Brennpunkt der Auslegerparabel.
f Prellbock zum Abstützen der Laufkatze.
g Gegengewichtsseil auf spiralförmiger Trommel zum Ausgleichen des Greifergewichtes.
h Füllrumpf.
i Ausziehbarer liegender Röhrenkessel für den Antrieb von Elevator und anschließender Seilbahn.
k Hängebahnschienen an der Antriebsstelle der Seilbahn.
l Ladeschurren zum Beladen der Seilbahnwagen.

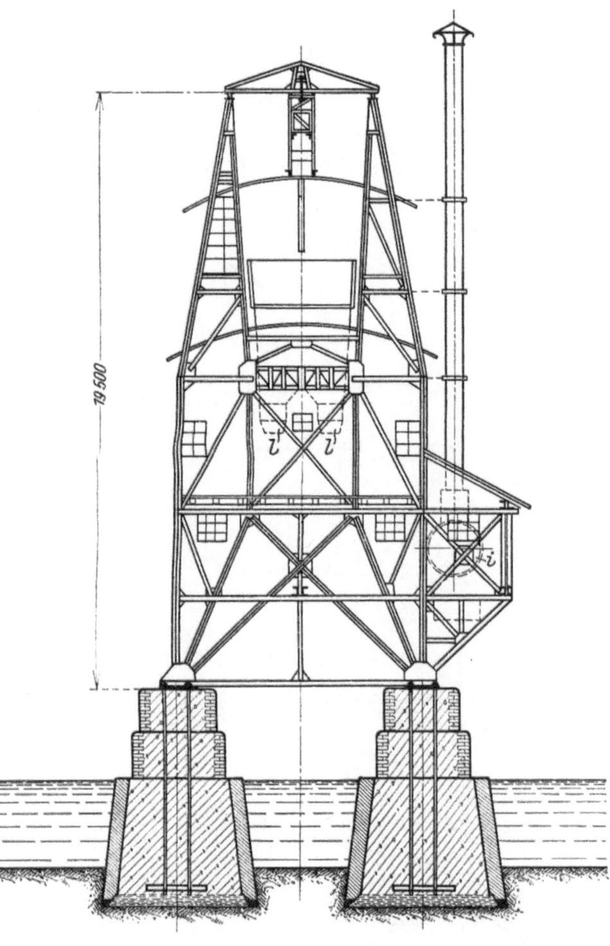

Zu Abb. 395.

angekommen ist. Erst von diesem Augenblick an wird die Last, gegen die Laufkatze gestützt, in der Richtung des Auslegers seitwärts gefahren bis in das Turmgerüst des Elevators, wo die Fördergefäße, Kübel oder Greifer, durch eine geeignete Vorrichtung in einen Füllrumpf entladen werden. Beim Nachlassen des Zugorgans zum Senken der Last bewegen sich zunächst wieder Lastkatze und Fördergefäß zusammen abwärts, bis die Laufkatze am Prellbock angekommen ist. Von hier ab wird die Last wieder in senkrechter Richtung abwärts gesenkt.

Der eben beschriebene Vorgang wird beim Elevator mit geradem Ausleger herbeigeführt, indem die Last an einer losen Rolle hängt und der Ausleger eine Neigung von 30° erhält. Dann ist die Resultierende aus der in der losen Rolle hängenden Last und dem halb so großen, in Richtung des Auslegers wirkenden Seilzug senkrecht zur Fahrbahn gerichtet.

Bei dem parabolischen Ausleger hängt die Last unmittelbar an den hier allgemein als Zugorgan verwendeten Panzerketten. Die Winde zum Aufwickeln der Kette steht im Brennpunkt der Parabel, nach der der Ausleger geformt ist. Bei dieser Anordnung ist auch hier die auf die Laufkatze wirkende resultierende Kraft in jeder Stellung der Katze senkrecht zur Fahrbahn des Auslegers gerichtet.

Der parabolische Ausleger hat den Vorteil, daß zum Arbeiten keine lose Rolle erforderlich ist. Dadurch ist die Möglichkeit gegeben, mit einem recht wirksamen Greifer, wie in Abb. 309, S. 270, dargestellt, zu arbeiten. Dieser Vorteil ist jedoch mit der Zeit immer mehr hinfällig geworden, seitdem man z. B. in dem Honeschen Greifer (Abb. 318, S. 282) eine Greiferbauart gefunden hat, die auch in einer Schlinge hängend gut arbeitet und also an dem Huntschen Elevator mit geradem Ausleger verwendet werden kann. Der gerade Ausleger hat vor der parabolischen Form den Vorteil, daß er länger ausgeführt werden kann als der letztere. Die Länge des parabolischen Auslegers ist mit etwa 9 m begrenzt, da er sonst am vorderen Ende zu steil steht, selbst wenn man ihn am vorderen Ende gerade ausführt, was mit Rücksicht auf den Einfluß des Laufkatzengewichtes zulässig ist. Außerdem ist der gerade Ausleger besser schwenkbar und aufklappbar oder einziehbar einzurichten, wie bei den Verladeanlagen im Schiffahrtsbetrieb an einem Beispiel gezeigt ist.

Das Absenken der Last erfolgt bei beiden Elevatorbauarten mit einer beliebigen, durch eine Bremse geregelten Geschwindigkeit. Die Handhabung der Maschine ist für den Führer äußerst einfach. Er braucht nur die Last zu heben und sie zu senken;

der Übergang von der einen Bewegungsrichtung in die andere erfolgt von selbst. Die Leistung solcher Elevatoren ist daher sehr groß und allgemein wesentlich größer als z. B. die der gewöhnlichen Drehkrane.

In Amerika werden häufig Fördertürme mit wagerechtem Ausleger angewendet, wie in Abb. 396 an einem schwimmenden Greiferkran dargestellt, bei dem 2 Winden verwendet werden, eine zum Heben des Fördergefäßes und eine zum

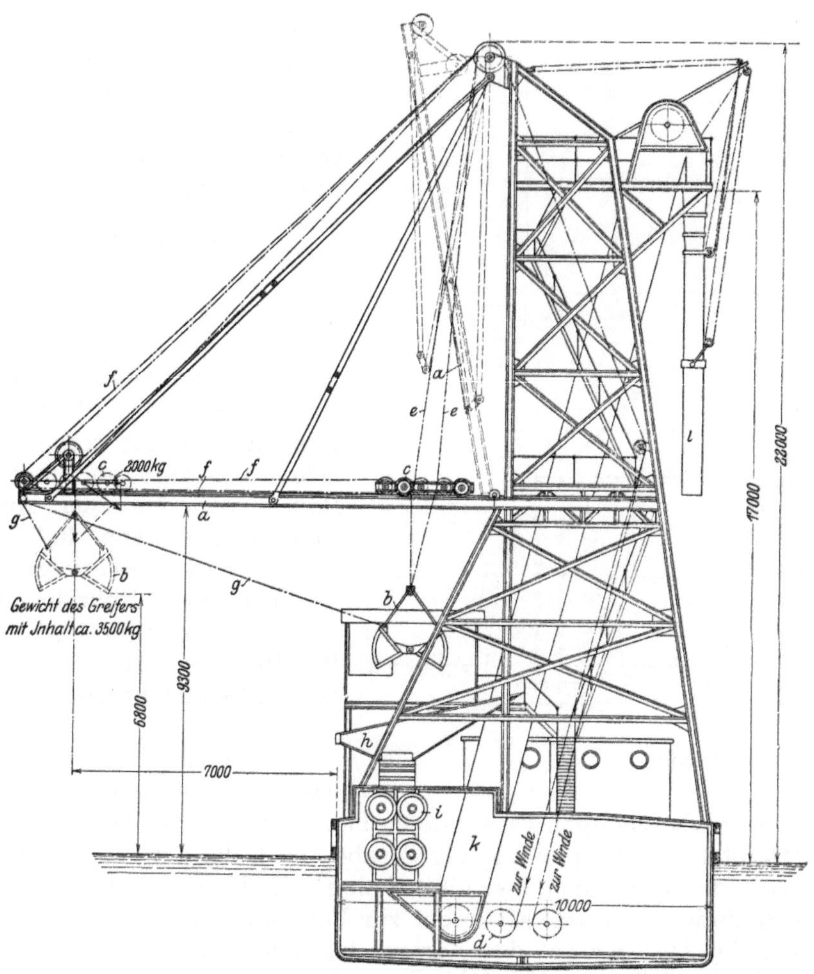

Abb. 396. Ausladeturm mit wagerechtem Ausleger mit Becherwerk für Schiffsbekohlung im Hamburger Hafen (Burgdorf) (Maßstab 1 : 200).

a Aufklappbarer Ausleger.
b Zweiseilgreifer.
c Laufkatze.
d Zweitrommelwinde für das Heben und Schließen des Greifers.
e Hubseile.
f Seil zum Katzenfahren, von besonderer Winde bewegt.
g Seil zur Verhinderung des Pendelns des Greifers.
h Füllrumpf.
i Doppelwalzenbrecher.
k Becherwerk.
l Ausziehrohr zum Überleiten der Kohlen in den Dampfer.

Hereinholen der Laufkatze. Die Anordnung ist also etwas verwandt dem Kran nach Abb. 393, indem ebenso wie dort 2 Antriebe erforderlich sind. Sie unterscheidet sich aber doch von jener vorteilhaft dadurch, daß der dort auftretende große Reibungsverlust hier nicht vorhanden ist, indem das Hubseil nicht am Auslegerende befestigt ist und beide Winden so gesteuert werden, daß eine unnötige Bewegung des Hubseiles auf den Laufkatzenrollen vermieden wird. Bei geeigneter Steuerung der Winden kann die Last in beliebiger Richtung gehoben werden. Für die Betätigung der beiden unabhängig voneinander arbeitenden Winden werden im allgemeinen 2 Maschinisten verwendet, die mit derartigen Fördertürmen sehr große Leistungen erreichen. Diese Ausladetürme arbeiten meistens mit Zweiketten- oder Zweiseilgreifern. Die Hubwinde ist daher mit 2 Trommeln ausgerüstet, wie schon früher in Abb. 303, S. 266, schematisch dargestellt. Die Mehrkosten für den zweiten Maschinisten spielen keine Rolle, wenn es sich um die Erreichung großer Leistungen bei Schiffsentladung handelt, wie im II. Bande näher begründet werden wird. Trotzdem ist die Bauart in Europa nur ganz vereinzelt ausgeführt worden. Zum Teil liegt das wohl daran, daß hier der in Amerika nicht eingeführte Hone - Greifer für den Betrieb am Hunt-Elevator mit geradem Ausleger ausgebildet wurde, und daß daher nicht das Bedürfnis für die neue Konstruktion in dem Maße vorhanden war wie in Amerika.

Von weiteren Bauarten, mit denen man die Reibungsverluste der Anordnung nach Abb. 393 zu vermeiden und damit die Anlagen für große Leistung, gleichzeitig aber auch für große Förderlängen geeignet zu machen suchte, sind zunächst die von Brown und von Temperley zu nennen. Besonders die erstere Anordnung hat in früheren Jahren große Verbreitung und viele Nachahmer gefunden. Gegenwärtig werden beide Kranarten aber wohl nicht mehr ausgeführt. Hier soll daher nur die ursprüngliche Anordnung nach Brown ganz kurz beschrieben werden.

Das als Fahrbahn für die Lastkatze dienende Brückengerüst wird so weit geneigt angeordnet, daß die Katze ohne Seilzug infolge der Schwerkraft abwärts läuft und nur in einer Richtung gezogen werden braucht. Da hierbei die Neigung der Brücke ziemlich groß wird und bei großer Länge leicht störend wirkt, so ist mitunter die Anordnung auch so ausgeführt worden, daß an der Winde ein besonderes Seil mit an einem Flaschenzug hängenden Gegengewicht befestigt wird, durch das die Neigung der Brücke zum Teil ersetzt und die Katze mit großer Geschwindigkeit auf dem Brückenträger zur Beladestelle zurückgefahren wird.

Abb. 397 stellt eine solche Brücke in der Gesamtanordnung und mit den hauptsächlichsten Einzelheiten dar. Die Seilführung ist durch das beigefügte Schema veranschaulicht. Das Zurücklaufen der Laufkatze wird durch ein Gegengewicht unterstützt, so daß man dem Brückenträger eine geringere Neigung geben kann. Das Gewicht ist aber nicht so schwer, daß es beim Anziehen des mit einer einfachen Winde betätigten Hubseiles verhindern könnte, daß die Katze in der Richtung des Hubseilzuges fortbewegt wird, bevor die Last bis zur genügenden Höhe gehoben ist. Die Katze muß daher während des Lasthebens durch eine besondere Fangvorrichtung festgehalten werden, die an der in größerem Maßstabe dargestellten Laufkatze angebracht ist. Auf der Brückenfahrbahn ist eine Haltevorrichtung a angebracht, die meistens verschiebbar ist, um die Laufkatze an verschiedenen Stellen der Brücke festhalten zu können. An der Katze ist ein Gestänge angeordnet, dessen gabelförmiges Ende b_1 beim Hochziehen der Last um den Halter a herumfaßt, wie punktiert gezeichnet, und dadurch die Katze vor einem Zurückfahren schützt. Bei dieser Stellung ist der mittlere Gelenkpunkt der Gabel $b_1 b_2$ nach unten gedrückt. Die senkrecht hängende Stange c reicht also möglichst weit nach unten. Die Achse der losen Rolle zum Anheben der Last ist etwas nach der Seite verlängert. Wenn die Last unter der Laufkatze ankommt, so wird diese Rollenachse durch 2 an der Laufkatze angebrachte Führungen so geführt, daß die verlängerte Rollenachse unter den Hebel c stößt und diesen dadurch hochdrückt, wobei er in einem Langloch durch einen Bolzen e geführt wird. Durch diese Bewegung wird auch das Gelenk der Gabel $b_1 b_2$ hochgedrückt, dadurch die vordere Gabel b_1 gesenkt und die Festhaltevorrichtung bei a gelöst. Die Katze hat nun das Bestreben, auf der Fahrbahn mit großer Geschwindigkeit zurückzulaufen, und die Last würde dabei in schräger Richtung nach unten sinken. Das wird aber verhindert durch einen Hebel d, der unten einen Haken trägt, welcher unter die verlängerte Achse der losen Rolle faßt und damit die Last in die Katze einhängt. Damit dieser Haken beim Aufwärtsgang nicht hindert, ist der bei e

drehbare Hebel d nach oben verlängert und in dem Gelenk der Gabel $b_1 b_2$ so geführt, daß, solange dieses Gelenk heruntergedrückt ist, also solange die Katze durch die Haltevorrichtung a festgehalten ist, der Haken der Haltestange d unten nach links ausgeschwenkt ist.

Nachdem die Last in die Katze fest eingehängt ist, kann sie in beliebiger Weise auf dem Brückenträger verfahren werden. Die Last bzw. der mittlerweile entleerte

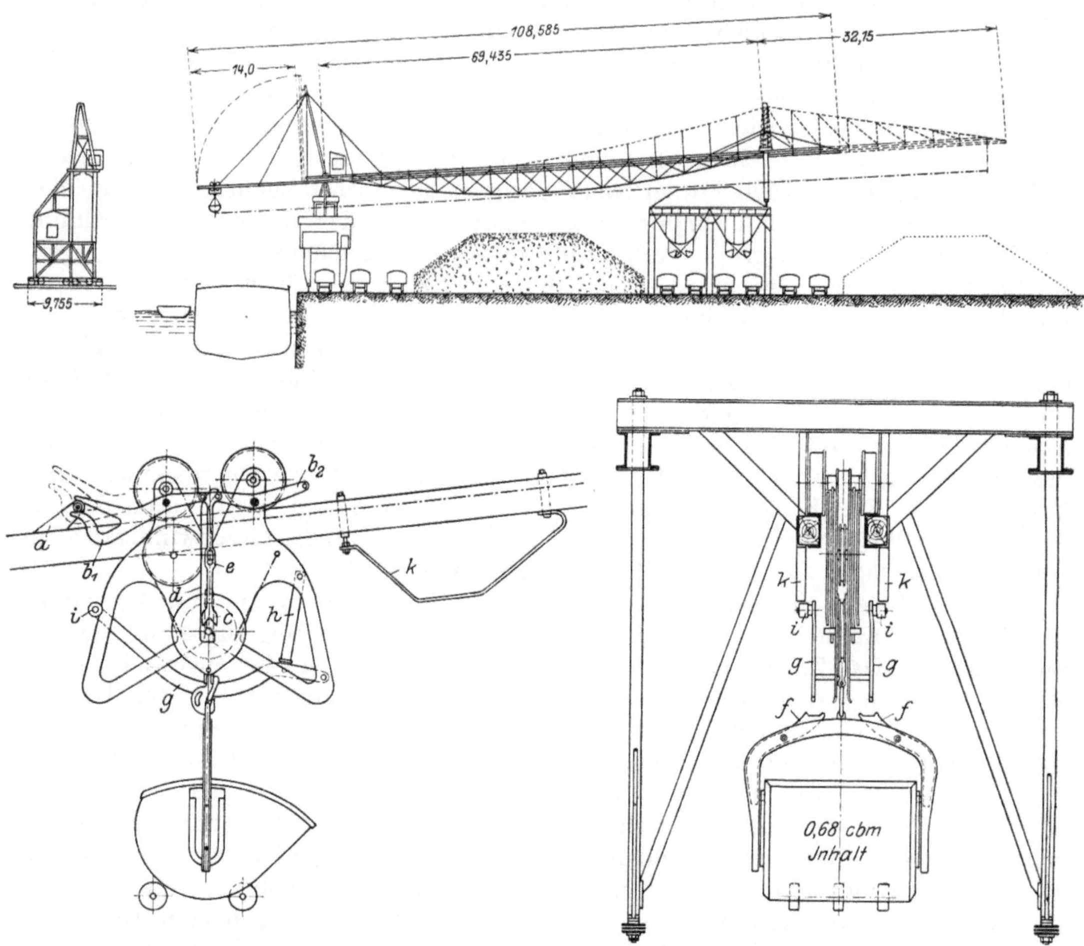

Abb. 397. Ältere Brownsche Verladebrücke mit Seilbetrieb (D. p. J. 1903 S. 267) (Maßstab 1 : 1300 und 1 : 80).

a Bügel zum Festhalten der Lastkatze während des Lasthebens.
b_1, b_2 Hebel mit Gabel zum Verbinden der Katze mit a, in der Mitte gelenkig verbunden mit der Stoßgabel c.
d Hakenhebel, drehbar um e, zum Festhalten der verlängerten Achse der losen Rolle, in Haltestellung gebracht durch Führung des oberen schrägen Endes durch zwei Rollen auf den Verbindungsbolzen von b_1, b_2 und c.
f Klinken zum Halten des beladenen Förderkübels in aufrechter Lage, ausrückbar durch Hebel g, gehalten durch Federn h und heruntergedrückt, indem sie mit den Rollen i auf Anschlag k auflaufen.

Kübel wird erst wieder gesenkt, nachdem die Laufkatze wieder an der Hubstelle angekommen ist und dabei der Hebel b_1 mit seinem oberen Gabelteil auf die Haltevorrichtung a aufgelaufen ist. Dadurch wird nämlich der an der Stange d befindliche Haken wieder zur Seite gedrückt, und nun kann die lose Rolle wieder abwärts sinken. Die Katze bleibt festgehalten, bis die Last wieder angehoben ist.

Das Entleeren des Kübels erfolgt bei diesen Ausführungen in der Regel unmittelbar unterhalb des Brückenträgers, also während der Kübel fest in der Laufkatze hängt. Bei der Brownschen Bauart sind zu diesem Zweck an der Lastkatze Bügel g angeordnet, welche mit einer Rolle i auf einen fest oder fahrbar an dem Brückenträger angeordneten Anschlag *k* auflaufen, wodurch der durch eine Feder *h* gehaltene Bügel *g* nach unten gedrückt wird. Dabei drückt er den Haltehebel *f* des Förderkübels herunter. Der Kübel wird dadurch frei und kann kippen. Der Kübel kann aber auch beladen nach unten gesenkt und hier entladen werden, indem die Lastkatze auch an der Entladestelle am Ausleger festgehalten wird, ähnlich wie es eben für die Hubstelle beschrieben wurde. Vgl. die Beschreibung eines derartigen Kübels auf S. 262.

Ähnlich arbeiteten die meisten nach dem Brownschen Vorbild ausgeführten Verladevorrichtungen. Die am vollkommensten ausgebildete und in früherer Zeit auch sehr verbreitete Einrichtung dieser Art ist die von Temperley. Diese Anordnung ist besonders in einer Ausführungsform bemerkenswert, bei der kein festes Gerüst verwendet wurde, sondern ein einfacher Träger, der an den Schiffsmasten befestigt wurde, wie im II. Band bei den Verladeanlagen im Schiffahrtsbetriebe dargestellt.

Die verhältnismäßig komplizierte Arbeitsweise der oben beschriebenen Brownschen Fangvorrichtung, die bei der Bauart von Temperley noch verwickelter ist, läßt ohne weiteres erkennen, daß diese Einrichtungen für sehr schwere Lasten im allgemeinen nicht besonders empfehlenswert sind. Dazu kommt, daß bei der erforderlichen Neigung des Brückenträgers im allgemeinen nur ein Fördern in einer Richtung möglich ist, also z. B. vom Schiff auf den Lagerplatz. Für die Förderung nach zwei Richtungen sind die Vorrichtungen nicht gut geeignet, wenngleich sie auch hierfür benutzt werden können. Es wurde deshalb für schwere Lasten schon von Brown in späterer Zeit eine andere Anordnung der Seilführung gewählt, die in Abb. 398 schematisch dargestellt ist. Für das Lastheben ist die einfache Windentrommel mit Reibungskupplung beibehalten. Für das Katzenfahren ist ein besonderes Windwerk angewendet. durch das die Lastkatze in beliebiger Weise vorwärts und rückwärts gefahren werden kann. Damit der Reibungsverlust während des Katzenfahrens gering wird, ist die Fangvorrichtung, wie sie vorhin bei Abb. 397 beschrieben wurde, auch bei dieser Bauart beibehalten. Die Last hängt also während des Katzenfahrens fest in der Laufkatze, und das an einem Ende des Brückenträgers befestigte, um die lose Rolle und um die Seilrollen der Lastkatze geführte Hubseil ist während dieser Zeit vollständig entlastet.

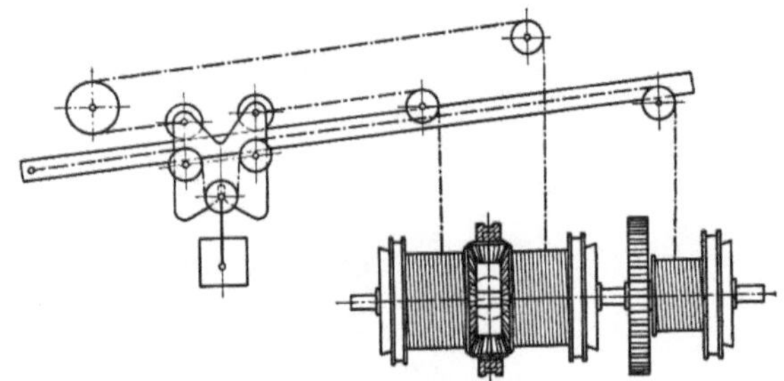

Abb. 398. Seilführung für Brownsche Verladebrücken neuerer Bauart.

Die Anwendung des besonderen Hubseiles bietet gleichzeitig eine ganz erwünschte Sicherheit gegen Versagen der Fangvorrichtung, und endlich ist es bei dieser Anordnung auch möglich, die Last in besonderen Fällen wagerecht oder in geneigter Richtung zu verfahren, ohne daß sie bis an den Brückenträger gehoben wird. Die Fangvorrichtung kann in solchen Fällen natürlich nicht benutzt werden. Mit dieser Einrichtung kann auch ohne weiteres nach beiden Richtungen gefördert werden, da die Lastkatze immer unabhängig von dem Lastheben an jeder Stelle festgehalten werden kann.

Die eben beschriebene Einrichtung bildet den Übergang zu einer großen Anzahl von neueren Seilführungen für Verladebrücken, von denen nur eine noch besonders erwähnt werden mag, die zunächst von Hunt eingeführt und dann von Pohlig weiter ausgebildet wurde. Es wird dabei eine Winde verwendet, wie in Abb. 399 dargestellt. Von den 2 Windentrommeln ist die eine fest auf die Achse aufgekeilt, die andere ist

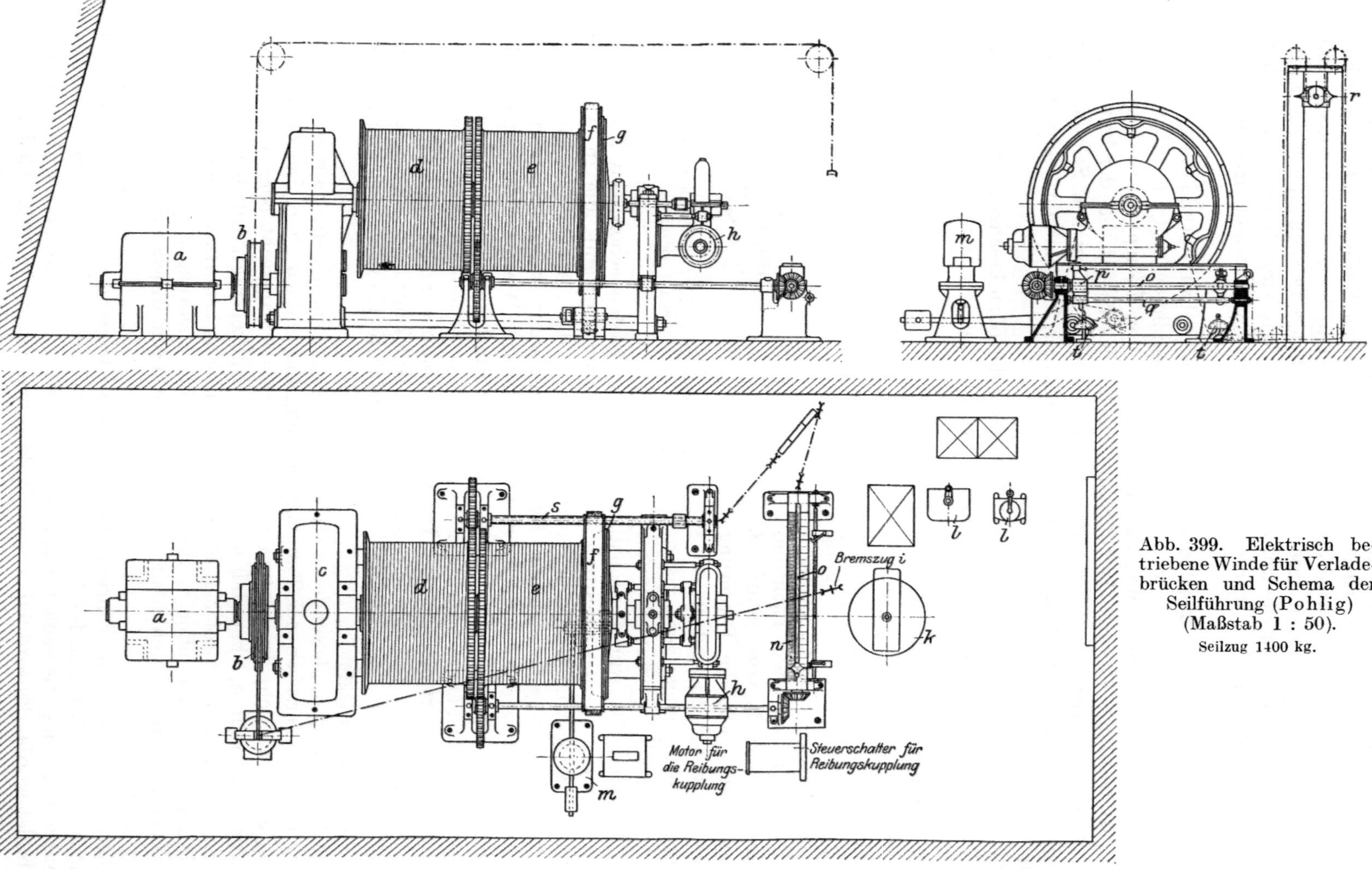

Abb. 399. Elektrisch betriebene Winde für Verladebrücken und Schema der Seilführung (Pohlig) (Maßstab 1 : 50). Seilzug 1400 kg.

a Windenmotor.
b Hubbremse.
c Gekapseltes Vorgelege.
d Hubtrommel, fest auf der Welle.
e Fahrtrommel, lose auf der Welle.
f Haltebremse für die Fahrtrommel.
g Reibungskupplung der Fahrtrommel, fest auf der Welle.
h Motor mit Schneckengetriebe zum Einrücken der Reibungskupplung.
i Zug zum Lüften der Hubbremse.
k Kontroller für den Windenmotor.
l Kontroller zum Verfahren der Brücke.
m Magnet zum Lüften der Fahrtrommelbremse.
n Streckenzeiger für die Katzenstellung.
o Schraubenspindel, angetrieben von der Fahrtrommel.
p Wandermutter.
q Führungsstange für die Wandermutter.
r Teufenzeiger für die Höhe der Last.
s Schraubenspindel mit Wandermutter dazu.
t Signalglocken für die Endstellungen der Katze.

lose auf derselben angeordnet. Sie kann durch eine Reibungskupplung mit der Achse gekuppelt oder durch eine Bremse festgehalten werden, während die andere Trommel sich bewegt. Von der ersten Trommel führt das Hubseil über eine Führungsrolle an einem Brückenende und über eine Umführungsrolle der Lastkatze zu einer losen Rolle und darauf zur Lastkatze zurück, an der es befestigt ist. Von der zweiten Trommel, der Fahrtrommel, führt ein Seil über eine Führungsrolle am entgegengesetzten Ende des Brückenträgers zur Lastkatze und ist an dieser befestigt. Wird die Fahrtrommel durch die Bremse festgehalten und nur die Hubtrommel bewegt, so wird die Last senkrecht gehoben. Wird dagegen die Bremse der Fahrtrommel gelöst und die Trommel mit der Winde gekuppelt, so wird von der einen Trommel so viel Seil abgewickelt, als von der anderen aufgewickelt wird. Die Last wird dadurch wagerecht verfahren. Der Übergang von der Hubbewegung in die Fahrbewegung kann bei dieser Einrichtung also in jeder Höhenlage der Last erfolgen. Die Steuerung ist nicht von besonderen empfindlichen und unkontrollierbaren Kupplungseinrichtungen abhängig, sondern wird von einfachen Bremsen und Reibungskupplungen der Winde eingeleitet, die der Maschinist in jedem Augenblick gut übersehen kann. Unnötiger Reibungsverlust tritt nicht auf, da die beiden Trommeln während des Lastfahrens fest miteinander gekuppelt sind und ein Durchziehen des Seiles durch die lose Rolle oder durch die Umführungsrollen der Lastkatze während der Fahrbewegung nicht erfolgt. Die Einrichtung kann in gleicher Weise für die Förderung nach beiden Richtungen benutzt werden und ist für die größten Lasten mit Sicherheit gut auszubilden.

Mehrfach ist, wie auch in Abb. 399 angegeben, die Anordnung so ausgeführt, daß das Umkuppeln der Winde von der Hubbewegung in die Fahrbewegung selbsttätig erfolgt und durch einen Teufenzeiger eingeleitet wird, der sowohl die Höhenlage der Last wie die Stellung der Laufkatze auf dem Brückenträger in jedem Augenblick für den Maschinisten erkennbar darstellt. Der Teufenzeiger wirkt in der Weise, daß durch die beiden Windentrommeln, deren Rand als Zahnrad ausgebildet ist, 2 als Schraubenmuttern ausgebildete Zahnräder gedreht werden, durch die 2 Schraubenspindeln vorwärts und rückwärts gezogen werden. Mit den Schraubenspindeln ist ein Seilzug verbunden und über entsprechende Umführungsrollen geleitet, so daß eine in die durch das Seil gebildete Schlinge eingehängte Zeigervorrichtung in senkrechter Richtung verschoben oder angezogen wird, wenn sich die Hubtrommel nur allein dreht, daß aber nur die Rolle der stillstehenden Zeigervorrichtung gedreht wird, wenn bei der Katzenfahrt beide Trommeln sich bewegen und die eine so viel Seil ausgibt, als durch die andere aufgewickelt wird. Die Bewegung der Zeigervorrichtung zeigt die Hubbewegung an. Die Katzenfahrbewegung ist ohne weiteres aus der Bewegung einer von der Fahrtrommel abhängigen Schraubenmutter zu erkennen. Wird die Last ausnahmsweise in schräger Richtung gehoben, was auch möglich ist, indem die Fahrtrommel durch die Bremse nicht vollständig festgehalten wird, so sind ebenfalls beide Bewegungsrichtungen unmittelbar abzulesen. Doch kommt diese Bewegungsart nicht sehr oft vor; meistens wird der Kübel bis unter die Brücke gezogen, weil die Last sonst zu sehr pendelt.

Durch die Bewegung des Teufenzeigers läßt sich das Lösen der Bremse und das gleichzeitige Anziehen der Reibungskupplung der Fahrtrommel und damit der Übergang von der Hubbewegung in die Fahrbewegung leicht maschinell einleiten, indem Bremse und Reibungskupplung durch Bremsmagnete oder, bei größeren Winden, durch kleine Elektromotoren betätigt werden. Diese Anordnung ist besonders zweckmäßig bei Anlagen, wie bei den in Abb. 400 dargestellten Verladebrücken für Sabang (Holländisch-Indien), die von Eingeborenen und unzuverlässigem Personal bedient werden müssen. Es kommt hinzu, daß in dem vorliegenden Fall ein besonders genaues Fahren notwendig ist, weil nicht nur durch die Lukenlage der Seeschiffe die

Hubstelle festgelegt ist, sondern es muß auch die Entladestelle, an der der Kübel gesenkt wird, aus dem Grunde genau eingehalten werden, weil die Entladung durch kleine Luken erfolgt, die nachträglich im Dach der vorhandenen Lagerschuppen angebracht wurden.

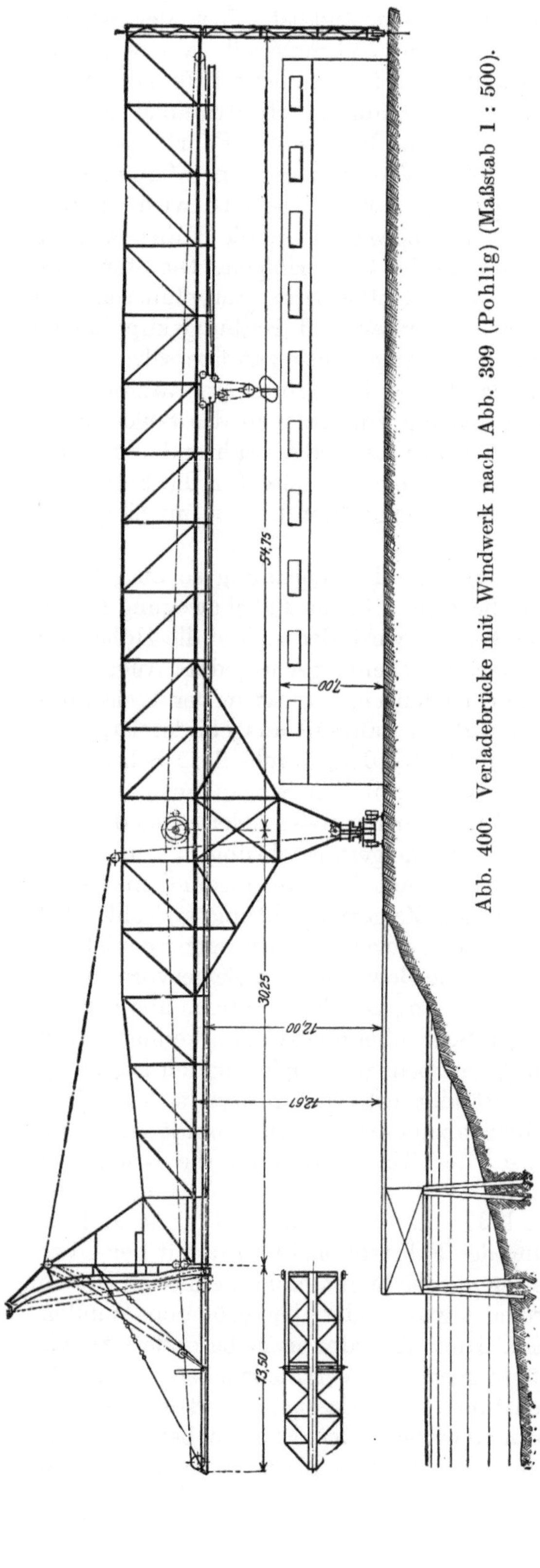

Abb. 400. Verladebrücke mit Windwerk nach Abb. 399 (Pohlig) (Maßstab 1 : 500).

Bei dem in Abb. 400a gezeichneten Schema der Seilführung hängt der Kübelhaken an einer losen Rolle. Bei einer einfachen losen Rolle wird ohne weiteres die Katzenfahrgeschwindigkeit bei gleicher Umdrehungsgeschwindigkeit der Förderwinde doppelt so groß als die Hubgeschwindigkeit. Außerdem läuft der Motor bei dem geringen Arbeitsverbrauch beim Katzenfahren natürlich schneller als beim Heben. Immerhin ist es oft erwünscht, den Unterschied zwischen Hub- und Fahrgeschwindigkeit noch größer zu machen. Das kann durch Verwendung eines mehrsträngigen Flaschenzuges unterhalb der Laufkatze oder auch in mannigfaltiger anderer Weise ausgeführt werden. Bei der in Abb. 400 gezeichneten Verladebrücke mit Seilführung nach dem Schema Abb. 400a ist das Seil von der Katze noch einmal zur losen Rolle geführt und daran befestigt. Dadurch wird eine Übersetzung von 1 : 3 zwischen Hub- und Fahrgeschwindigkeit erzielt.

In solcher Weise kann eine sehr große Fahrgeschwindigkeit erreicht werden, welche in einzelnen Fällen bis zu 6 m/sk gesteigert worden ist und größer ist, als sie mit elektrischen Winden erzielt werden kann, sei es mit oder ohne Führerbegleitung. Ein wesentlicher Vorteil der Seilverladebrücke liegt darin, daß die Anfahrbeschleunigung und Endverzögerung beliebig groß sein können, während sie bei Winden mit elektrischem Fahrwerk von der Reibung zwischen Rad und Schiene abhängen. Aus diesen Gründen sind die mit Seil betriebenen Verladebrücken hinsichtlich der verwendeten Fahrgeschwindigkeit bisher noch unerreicht. Trotzdem werden sie immer mehr von den Verladeeinrichtungen mit direktem elektrischen Antrieb verdrängt, zum Teil wegen der einfacheren Bauart und Montage der letzteren, da die Winde bei direktem Antrieb in der Werkstatt vollständig mit den Motoren zusammengebaut werden kann. Ein unbestreitbarer

Vorteil des direkten elektrischen Antriebes ist allerdings auch der, daß der Maschinist sich stets in unmittelbarer Nähe der Winde befindet und die Last in jedem Augenblick gut beobachten kann. Die Verwendung der Verladebrücken mit Seilbetrieb beschränkt sich gegenwärtig meistens auf solche Anlagen, bei denen, wie bei den Verladebrücken in Sabang, sehr große Ausladungen vorhanden sind, und bei denen daher die bewegliche Last möglichst klein gehalten werden muß, und ferner auf solche Anlagen, bei denen die Fahrbahn durch ein gespanntes Seil gebildet wird.

Solche sog. Kabelkrane sind schon verhältnismäßig lange bekannt. Eine Ausführung mit Kippkübel ist z. B. schon in der englischen Patentschrift 2296 vom Jahre 1859 beschrieben, und wahrscheinlich ist der Gedanke noch früher ausgeführt. Bei den Kabelkranen, wie z. B. in Abb. 401 dargestellt, ist direkter

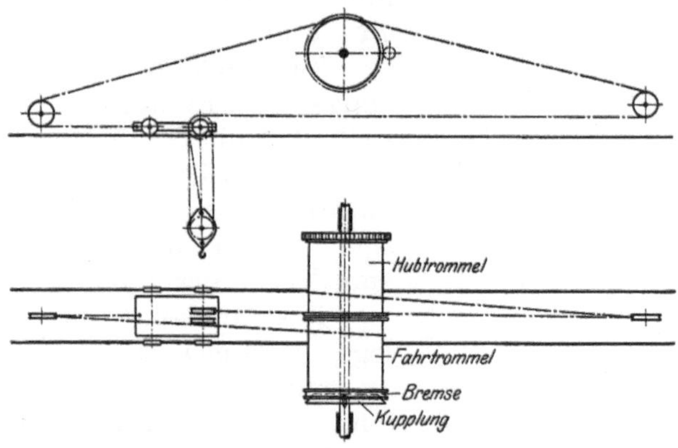

Abb. 400a. Schema der Seilführung der Verladebrücke nach Abb. 400.

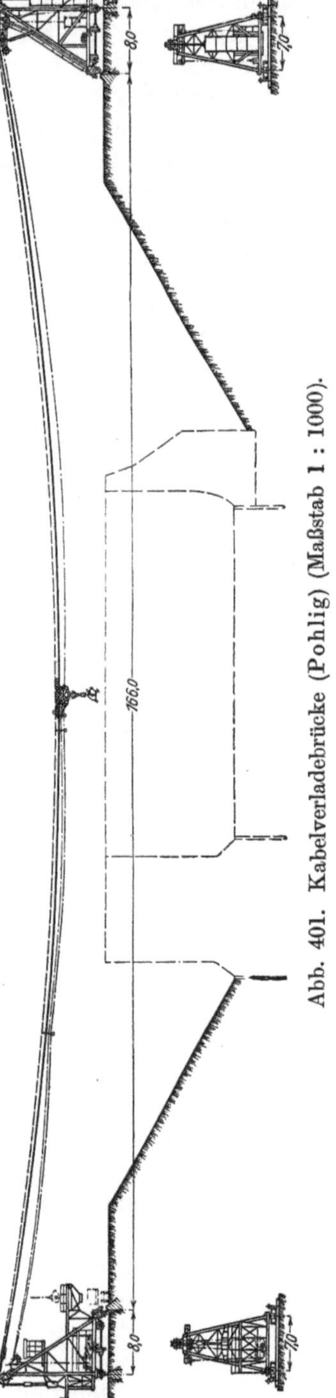

Abb. 401. Kabelverladebrücke (Pohlig) (Maßstab 1 : 1000).

elektrischer Antrieb nicht gut anwendbar, weil die Reibung zwischen Rad und Schiene bzw. Tragseil bei der wechselnden Neigung des Tragseiles eine sichere Fahrbewegung nicht ermöglicht. Die Kabelkrane können mit demselben Windwerk betrieben werden wie die Verladebrücken mit festem Gerüst. So ist z. B. die Hubseilführung bei dem Kabelkran nach Abb. 401 ähnlich wie bei der Verladebrücke nach Abb. 400. Das Fahrseil ist mit beiden Enden an der Katze befestigt und wird durch eine Trommel bewegt, die mit der Hubtrommel gekuppelt oder für sich festgehalten werden kann, wie bei der Winde nach Abb. 399 beschrieben. Das Tragseil wird an einer der beiden Stützen befestigt und an der anderen Stütze durch ein Gegengewicht gespannt.

Für Hubseil und Fahrseil werden bei großen Spannweiten kleine verschiebbare Tragrollen auf dem Tragseil angebracht, die bei der Vorwärtsbewegung der Laufkatze von dieser aufgefangen und mitgenommen werden, bei der Rückwärtsbewegung aber in bestimmten Abständen auf dem Tragseil hängen bleiben. Das kann durch ein besonderes, fest eingespanntes Seil mit Knoten von verschiedener Stärke oder durch ähnliche Einrichtungen bewirkt werden. Die Tragrollen werden von der Laufkatze der Reihe nach durch eine besondere Fangstange aufgefangen und mitgenommen, bis sie von den Knoten des Knotenseiles festgehalten werden. Aus der Abb. 402 ist die Anordnung dieser Tragrollen in Verbindung mit der Laufkatze in großen Umrissen ersichtlich.

Die Kabelkrane wurden früher auch oft für dauernde Arbeiten verwendet. In neuerer Zeit bevorzugt man in solchen Fällen, wenn nicht ganz besondere Verhältnisse vorliegen, Verladebrücken mit festem Gerüst, da sie bei mittlerer Spannweite nicht viel teurer, dafür aber leistungsfähiger sind und bei längerem Betriebe günstiger arbeiten. Dagegen werden die Kabelkrane für Bauarbeiten, so z. B. bei großen Erdanschüttungen bei Eisenbahnbauten, für die Förderarbeiten bei Schleusenbauten usw., in steigendem Maße verwendet und leisten hierfür sehr gute Dienste. Bei der geringen Dauer solcher Arbeiten haben die den Kabelkranen eigenen niedrigen Anlagekosten und ihre einfache Montage eine ausschlaggebende Bedeutung.

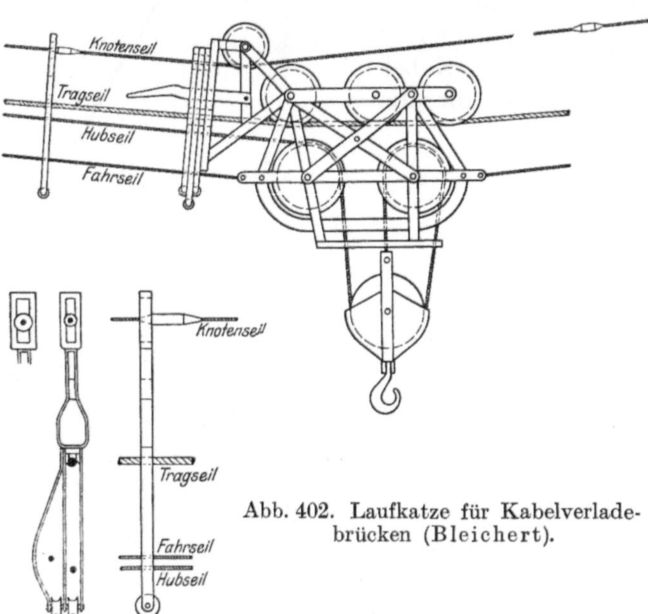

Abb. 402. Laufkatze für Kabelverladebrücken (Bleichert).

Zum Schluß seien noch einige Bemerkungen hinzugefügt über die Ausführung der fahrbaren Brückengerüste, die natürlich nur wenig abhängig sind von der Art der Winden zum Heben der Lasten.

Das Aufklappen des Auslegers wird meistens von Hand ausgeführt mit Hilfe von Seilen, die den Ausleger aber nur in der aufgeklappten Lage tragen, während er in der Arbeitslage an Gelenkstangen hängt, damit seine Neigung durchaus gesichert und nicht von der Elastizität der Seile abhängig ist.

Die Anordnung der Fahrwerke hängt stark von der Brückenlänge ab und ebenso die Art der Auflagerung des Brückenträgers auf den Stützen.

Wenn die Brücken mäßige Spannweite haben, z. B. bis zu etwa 40 m, so erfolgt der Antrieb des Gerüstes meistens von einem Motor mit Transmission zu den Fahrwerken in den beiden Stützen. Mitunter wird auch für jede Stütze ein besonderer Fahrmotor verwendet, und die Transmission dient dann nur noch zum Kraftausgleich und zur Sicherung einer gleichmäßigen Fahrgeschwindigkeit beider Stützen. Bei größeren Spannweiten, von etwa 50 m an, ist in dem Brückengerüst so viel Bewegung, daß eine durchgehende Transmission erheblichen Arbeitsaufwand und größere Unterhaltungskosten verursacht. Dann ist es zweckmäßiger, die beiden Stützen ohne starre Verbindung durch je einen Motor zu bewegen und sie elektrisch so zu steuern, daß beim Voreilen eines Motores automatisch Widerstand eingeschaltet wird. Das Brückengerüst muß dann so auf den Stützen gelagert sein, daß ein gewisses Voreilen der einen Stütze zulässig ist, d. h., das Brückengerüst muß auf den Stützen drehbar gelagert sein, um sich diagonal stellen zu können, und eine Stütze muß in Richtung des Brückenträgers nachgiebig sein, z. B. als Pendelstütze, um die diagonale Stellung des Brückenträgers bei gleichbleibendem Gleisabstand zuzulassen. Eine solche Anordnung ist z. B. in Abb. 400 dargestellt. Das Fahrwerk dieser Brücke ist so eingerichtet, daß die Brücke auf gekrümmten Gleisen fahren kann bei einem Krümmungshalbmesser von 140 m. Die Räder der Hauptstütze sind dabei so ausgebildet, wie in Abb. 94 für die in Kurven fahrenden Huntschen Wagen angegeben.

Besondere Aufmerksamkeit muß bei derartigen Verladebrücken der Sicherung gegen unbeabsichtigtes Fortbewegen durch Sturm angewendet werden. Die Bremsung der angetriebenen Laufräder durch eine Magnetbremse, die einfällt, sobald der Fahrmotor stromlos ist, genügt nicht immer, auch abgesehen von dem Umstand, daß in der Regel nur eine Seite angetrieben wird und daß die Räder an dieser Seite größtenteils entlastet sind, wenn der Wind die Brücke nach der entgegengesetzten Seite zu kippen sucht. Die Erfahrung hat sogar gezeigt, daß eine Brücke sich durch Fortschleifen der festgebremsten Räder fortbewegt hat, wenn diese Räder durch die Wirkung des Windes noch stärker als normal belastet waren. Es sind also unbedingt besondere Schienenzangen erforderlich, und diese müssen nicht von der Willkür des Maschinisten abhängig, sondern so konstruiert sein, daß sie nach Art der selbstspannenden Zangen von selbst fester angezogen werden, sobald die Brücke eine unbeabsichtigte Bewegung beginnt. Weiteres darüber wird im III. Band ausgeführt werden. Die zahlreichen, aus unbeabsichtigtem Fortrollen der Brücken entstandenen Unfälle mahnen zur größten Vorsicht in dieser Beziehung. Ein sehr sicherer, allerdings auch sehr teuerer Weg, ein unbeabsichtigtes Brückenfahren zu verhindern, der aber doch verschiedentlich ausgeführt ist, ist der, die Schienen doppelt unmittelbar nebeneinander auszuführen und sie durch Bolzen zu einer Triebstockverzahnung zu verbinden, so daß der zahnförmig ausgebildete mittlere Radkranz unbedingt festgehalten ist, sobald die Laufräder durch Einfallen einer magnetelektrischen Bremse gesperrt sind.

Allgemein kann gesagt werden, daß das Verfahren von Brücken bis zu mehr als 100 m Spannweite und mit Ausladungen bis zu 50 m durchaus keine unüberwindlichen Schwierigkeiten mehr bietet und daß man auch durchaus nicht mehr an die in der Regel verwendete Fahrgeschwindigkeit von 12—15 m/Min gebunden ist, sondern auch mit schweren Brücken mit 60 m/Min und darüber gefahren ist, so daß sie fast ebenso beweglich sind wie einfache Laufkrane.

c) Drehkrane.

Die Drehkrane sind wesentlich älter als die Laufkrane. Bezüglich einer sehr alten Ausführung aus dem Jahre 1554 sei z. B. verwiesen auf Abb. 2. Das ist wohl besonders darauf zurückzuführen, daß vor Einführung des elektrischen Antriebes die wagerechte Bewegung meistens von einer entweder vollständig feststehenden oder doch auf dem Kran fest eingebauten Antriebsmaschine abgeleitet werden mußte. Das konnte am besten durch die Drehbewegung eines Auslegers geschehen. Auch ist bei kurzen Entfernungen die wagerechte Bewegung durch Drehen des Auslegers mit dem geringsten Reibungsverlust durchzuführen.

Von den sehr mannigfaltigen Anordnungen der Drehkrane können im folgenden nur wenige Ausführungsformen Berücksichtigung finden. Preislisten sind wegen der wechselnden Abmessungen schwer allgemeingültig zu geben und können nur für die gängigsten Formen aufgestellt werden und nur für kleine oder doch normale Leistungen. Handelt es sich um große Leistungen und angestrengten Betrieb, so werden meistens besondere Ausführungen entworfen und die Preise danach berechnet.

In einzelnen Ausführungsformen schließen sich die Drehkrane eng an die eben beschriebenen Laufkrane an. So wird z. B. bei dem in Abb. 403 dargestellten Gießereidrehkran mit Handbetrieb die auf dem Ausleger fahrbare Laufkatze in derselben

Weise betätigt wie bei dem in Abb. 393 dargestellten Laufkran. Hier kommt nur die Drehbewegung des Kranes um einen oberen und einen unteren senkrechten Drehzapfen hinzu. Diese Kranform kommt im wesentlichen nur im Gießereibetriebe vor, weil dort weniger auf die Arbeitsgeschwindigkeit Wert gelegt wird, als auf die Möglichkeit, die Lasten an jedem Punkte genau und sicher absetzen und anheben zu können. In neuerer Zeit werden aber auch Krane für den Gießereibetrieb schon meistens elektrisch angetrieben und in mannigfaltigen anderen Formen ausgeführt, seitdem die vollkommene Ausbildung der elektrischen Steuerungsapparate die Möglichkeit gegeben hat, die Bewegung der Last mit genügender Genauigkeit zu steuern. Der früher für derartige Krane auch oft verwendete hydraulische Betrieb kommt gegenwärtig bei neuen Anlagen fast nicht mehr in Frage.

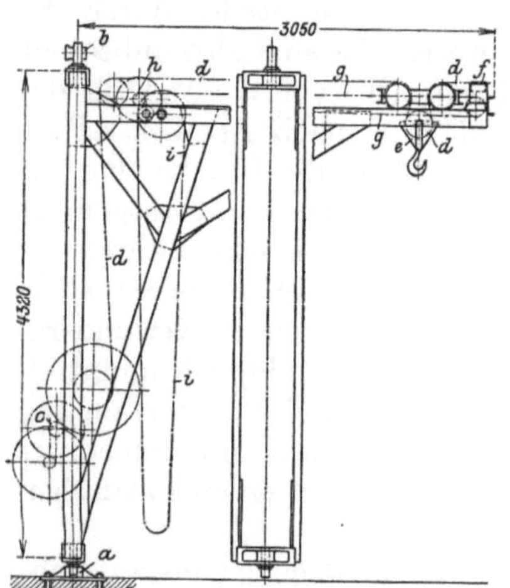

Abb. 403. Gießereidrehkran mit Handbetrieb (Maßstab 1 : 85).

a Spurlager für das Krangerüst.
b Halslager für das Krangerüst.
c Windwerk mit Handkurbel.
d Hubkette.
e Lose Rolle mit Haken.
f Befestigung der Hubkette.
g Fahrkette.
h Kettennuß zum Bewegen der Fahrkette.
i Handkette zum Katzenfahren mittels Kettenrad und Rädervorgelege.

Bei elektrischem Antrieb der Gießereidrehkrane verwendet man in der Regel 3 Motoren, also je einen für das Lastheben, das Katzenfahren und das Schwenken. Die Lastkatze wird dann ähnlich ausgebildet wie bei den normalen Laufkranen. Der Schwenkmotor greift meistens durch eine entsprechende Zahnrädertransmission mit einem auf senkrechter Welle gelagerten Ritzel in einen mit dem Kranfuß verbundenen Zahnkranz ein. Eine ähnliche Vereinigung von Drehkran und Laufkran wird auch oft bei den im Hafenbetrieb verwendeten sog. Turmdrehkranen für sehr große Lasten angewendet, von denen eine Bauart weiter hinten in Abb. 413 und verschiedene Ausführungsformen im II. Band bei den Verladeanlagen im Schiffahrtsbetriebe wiedergegeben sind und bei den Schwerlastkranen, wie auf S. 14, Abb. 10 dargestellt.

Die Mehrzahl der Drehkrane besitzt aber keine fahrbare Laufkatze; die wagerechte Lastenbewegung wird allein durch die Schwenkbewegung ausgeführt. Diese Krane sind in der einfachsten Ausführung sehr billig, und da sie sehr leicht herzustellen sind, so wurden sie, wie bereits erwähnt, schon in den ältesten Zeiten angewendet. Sie bestanden, wie z. B. die sehr bekannten primitiven hölzernen Drehkrane, die noch gegenwärtig in den Steinbrüchen der Eifel verwendet werden, vielfach nur aus einem einfachen, an einer Säule drehbaren Arm, der am Ende eine einfache Kettenumführungsrolle trägt. Die Hubkette wird durch ein besonderes Windwerk aufgewickelt, das meistens als Göpeltriebwerk mit senkrechter Drehsäule ausgebildet wurde, wobei die Säule gleichzeitig als Windentrommel dient. Ähnliche Anordnungen, wenn auch nicht in dieser rohen äußeren Form, werden aber auch in neuerer Zeit noch oft gebaut, besonders für Bauzwecke, bei denen geringe Anforderungen an die Leistungsfähigkeit gestellt werden. Allerdings geht man auch hier immer mehr dazu über, Drehkrane normaler Bauart zu verwenden, und die Verwendung einfacherer Anordnungen beschränkt sich immer mehr auf Sonderkonstruktionen für bestimmte Zwecke, so z. B. auf Materialaufzüge, bei denen man mit einem kleinen Schwenkwinkel des Auslegers auskommt.

In solchen Fällen wird oft ein einfacher, ohne weiteres Vorgelege von Hand drehbarer Arm an einem Gerüst befestigt und dient zur Führung des Hubseiles, das mit einer einfachen Bauwinde von Hand aufgewickelt wird. Eine ähnliche Anordnung wird auch oft zum Heben kleiner Lasten in Speicheranlagen verwendet.

Aber sowohl bei Bauten als bei Speichern ist mit dem Betrieb derartiger Krane eine ziemliche Gefahr verbunden, indem der Arbeiter gezwungen ist, sich bis an den Ausleger herauszubeugen, um die gehobene Last hereinzuschwenken, damit sie auf dem festen Boden abgesetzt werden kann.

Es ist daher im Verlauf der letzten Jahrzehnte eine ganze Reihe von Anordnungen entstanden, die den Zweck verfolgen, das Einschwenken der Last selbsttätig auszuführen. Abb. 404 zeigt eine dieser Bauarten in Form eines doppeltwirkenden Materialaufzuges. Das tote Gewicht der Lademulden mit Gehänge gleicht sich an beiden Ketten aus, so daß nur die Nutzlast zu heben ist. Die eine Kette wird aufgewickelt, während die andere abgewickelt wird. Für die Schwenkbewegung ist am Ausleger ein besonderer, um einen wagerechten Zapfen drehbarer Arm angeordnet, der mit einem an seinem rückwärtigen Ende angeordneten Zahnsegment in ein auf der Kransäule angeordnetes Zahnrad eingreift. Dieser Arm befindet sich im allgemeinen in wagerechter Lage. Der Kranausleger ist so gelagert, daß die Drehachse etwas schief steht und oben nach der Seite geneigt ist, auf der die Last hochgezogen werden soll. Dadurch erhält der Ausleger das Bestreben, infolge seines Eigengewichtes und des Gewichtes der Last sich so nach außen gerichtet einzustellen, daß die Last frei hochgezogen werden kann. Sobald aber das Gehänge oben ankommt, faßt es mit einem Anschlag den am Kran angeordneten drehbaren Arm und hebt diesen an, wie auf der linken Seite der Abbildung dargestellt. Dadurch wird auch das mit dem Arm verbundene Zahnkranzsegment gedreht und der Kranausleger durch Vermittlung des auf der Kranachse angeordneten Zahnrades eingeschwenkt. Die Last kann nun ohne weiteres abgenommen werden. Sobald das Fördergefäß wieder gesenkt wird, kann der Einschwenkhebel wieder in seine wagerechte Lage zurückkehren. Der Kranausleger schwenkt dann infolge seiner schiefen Lagerung zunächst wieder nach außen in seine Anfangsstellung, und dann wird die Last weitergesenkt. Diese Krane werden in großer Zahl und in verschiedenen Ausführungsformen für Bauten, in der Regel für 100—200 kg Tragkraft, gebaut und kosten in der in der Abbildung dargestellten Form etwa 250 M.

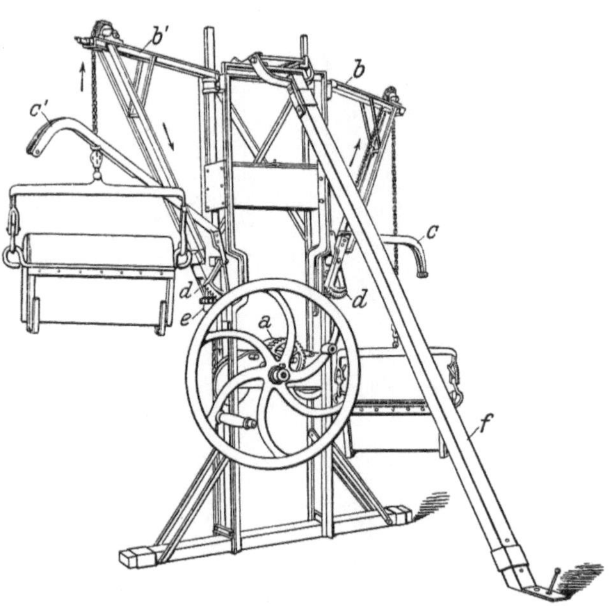

Abb. 404. Doppelt wirkender Bauaufzug mit selbsttätig drehbarem Ausleger (Welter).

a Winde mit Handkurbelrad.
b und *b'* Drehbare Ausleger in ausgeschwenkter und in eingeschwenkter Lage.
c und *c'* Schwenkarm zum Drehen des Auslegers durch das dicht unter dem Ausleger angekommene Lastgehänge, dargestellt bei ausgeschwenktem und bei eingeschwenktem Ausleger.
d Hebel mit Zahnsegment zum Drehen des Auslegers beim Heben des Schwenkarmes *c* bzw. *c'*.
e Zahnrad auf der Auslegersäule zum Drehen des Auslegers.
f Stütze zum Abstützen des Krangerüstes auf dem Bau.

Im Anschluß hieran sei noch eine andere, in neuerer Zeit sehr häufig für Bauten verwendete Kranform erwähnt. Sie besteht, wie in Abb. 405 dargestellt, aus einem hohen, festen Eisengerüst, das auf einer Schiene zu ebener Erde und an einer zweiten, in etwa 12 m Höhe angeordneten, aus breitflanschigen I-Trägern gebildeten Schiene fahrbar ist. Oben trägt das Gerüst einen drehbaren Ausleger, um die Last neben dem auszuführenden Bau anheben und auf den Baugerüsten in beliebiger Höhe absetzen zu können. Die obere Schiene schützt den Kran gegen Umfallen senkrecht zur Fahrrichtung. Der Kran greift mit 4 Führungsrädern um die Flanschen des als Schiene benutzten I-Trägers herum. Der Träger ist durch geeignete Stützen seitlich abgesteift. Gegen Umfallen in der Fahrrichtung wird der Kran durch eine eigenartige Seilverspannung geschützt. Das geschieht durch 2 Seile. Jedes dieser Seile ist an einer Seite der Fahrbahn am Ende der oberen Schiene und an der anderen Seite am Ende der unteren Schiene befestigt. Dazwischen ist das Seil im Kran über je eine Rolle in Höhe der oberen und unteren Schiene so geführt, daß der Kran nicht umkippen kann. Das eine Seil schützt gegen Umfallen nach der einen Seite, das andere gegen Umfallen nach der anderen Seite.

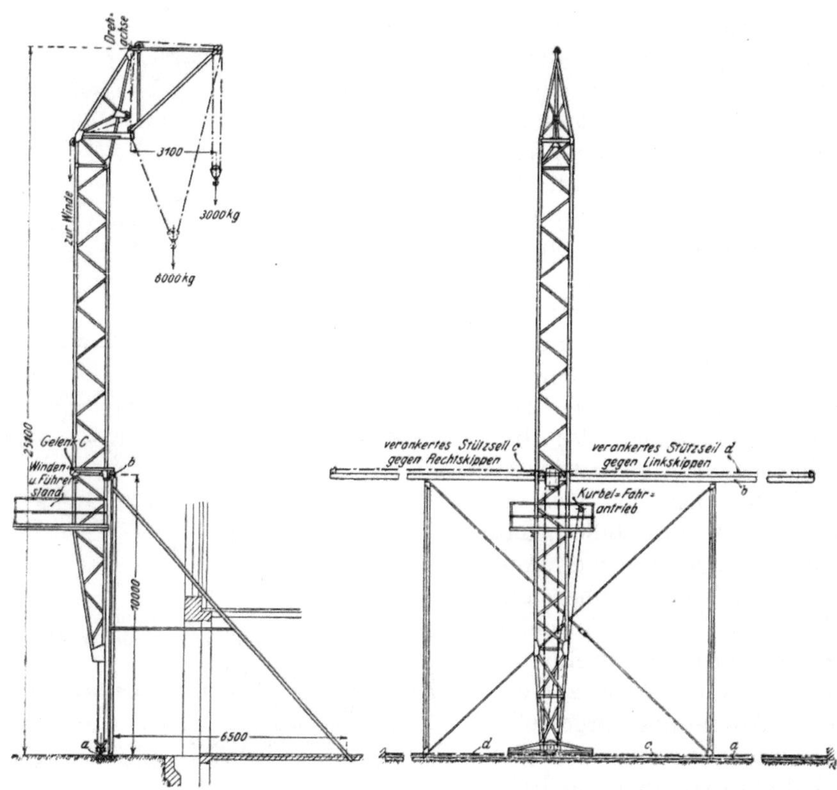

Abb. 405. Fahrbarer Baukran (Voß & Wolter) (Maßstab 1 : 270).

Tragfähigkeit 3000 kg an der Spitze des Auslegers oder 6000 kg in halber Länge des Auslegers.

a Untere Fahrschiene.
b Grey-Träger als Führungsschiene gegen Umkippen in Richtung senkrecht zur Bauflucht.
c Spannseil zur Sicherung des Kranes gegen Umkippen nach rechts in Richtung der Bauflucht.
d Spannseil zur Sicherung des Kranes gegen Umkippen nach links in Richtung der Bauflucht.

Die große Bauhöhe und die Beweglichkeit dieser Krane geben die Möglichkeit, bedeutende Kosten an Gerüstbauten sowohl wie an Förderarbeiten zu ersparen gegenüber den früher bei größeren Bauten im allgemeinen verwendeten senkrechten Aufzügen, die die Last nur an einer Stelle heben, von wo aus sie dann auf kräftigen Gerüsten an Ort und Stelle befördert werden muß.

Die Bauart des eigentlichen Drehkranes ist bei den Ausführungen nach Abb. 404 und 405 grundsätzlich gekennzeichnet durch ein feststehendes Bockgerüst zum Stützen einer drehbaren Kransäule, an der der schwenkbare Ausleger befestigt ist, an dessen vorderem Ende die Last hängt. Diese Kranbauart wird oft als Derrickkran bezeichnet. Sie wird aber, abgesehen von bestimmten Sonderzwecken, nur noch verhältnismäßig selten ausgeführt, weil der Schwenkbereich des Auslegers durch das Bockgerüst meistens eingeschränkt wird und die Preise bei großen Kranen nicht niedriger sind als die Preise von Kranen, die um 360° schwenken können.

Man kann allerdings auch einen Schwenkbereich von 360° erreichen, wenn man die Kransäule durch lange Seile hält, wie es in Abb. 406 dargestellt, eine Bauart,

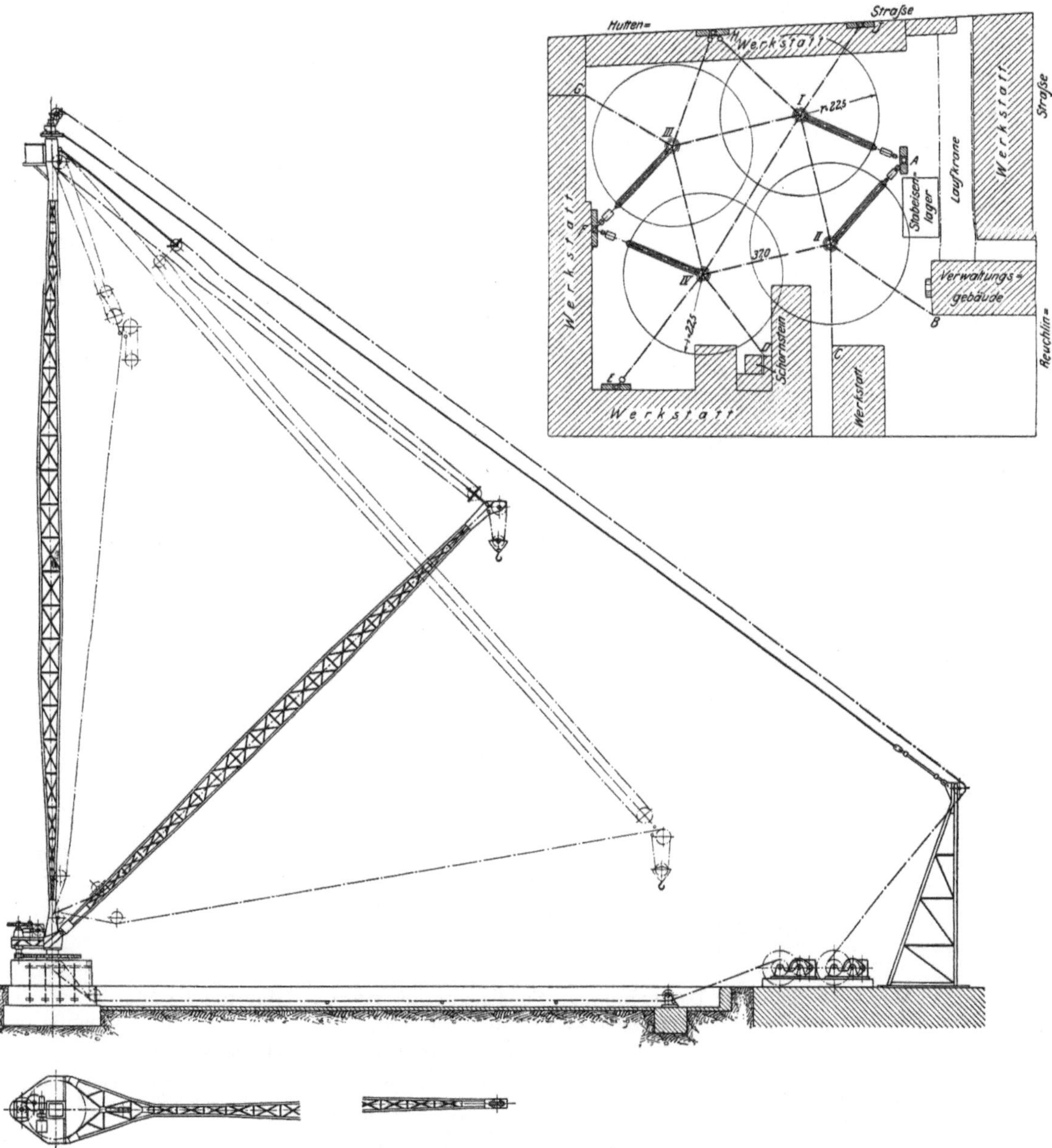

Abb. 406. Mastenkran für Lagerplatzbetrieb (Maßstab 1 : 2000 und 1 : 260).

die hin und wieder für den Betrieb auf kleinen oder größeren Lagerplätzen verwendet worden ist. Der Ausleger hängt oben an dem hohen feststehenden, aber drehbaren Mast und kann um diesen geschwenkt werden. Damit nun nicht eine Kreislinie, sondern eine Kreisfläche bestrichen wird, ist der Ausleger heb- und senkbar. Aber auch diese Bauart wird immer mehr von den normalen Drehkranen oder Verladebrücken verdrängt und wird wohl nur noch sehr selten ausgeführt, wenn besondere örtliche Verhältnisse das bedingen.

Wenn irgend angängig, verwendet man für alle Zwecke Drehkrane möglichst normaler Bauart, führt allerdings auch diese je nach dem vorliegenden Zweck mehr oder weniger vollkommen und schwer oder leicht gebaut aus. Auch bei den gewöhnlichen Drehkranen wird wieder vorwiegend die einfachste und leichteste Bauart für

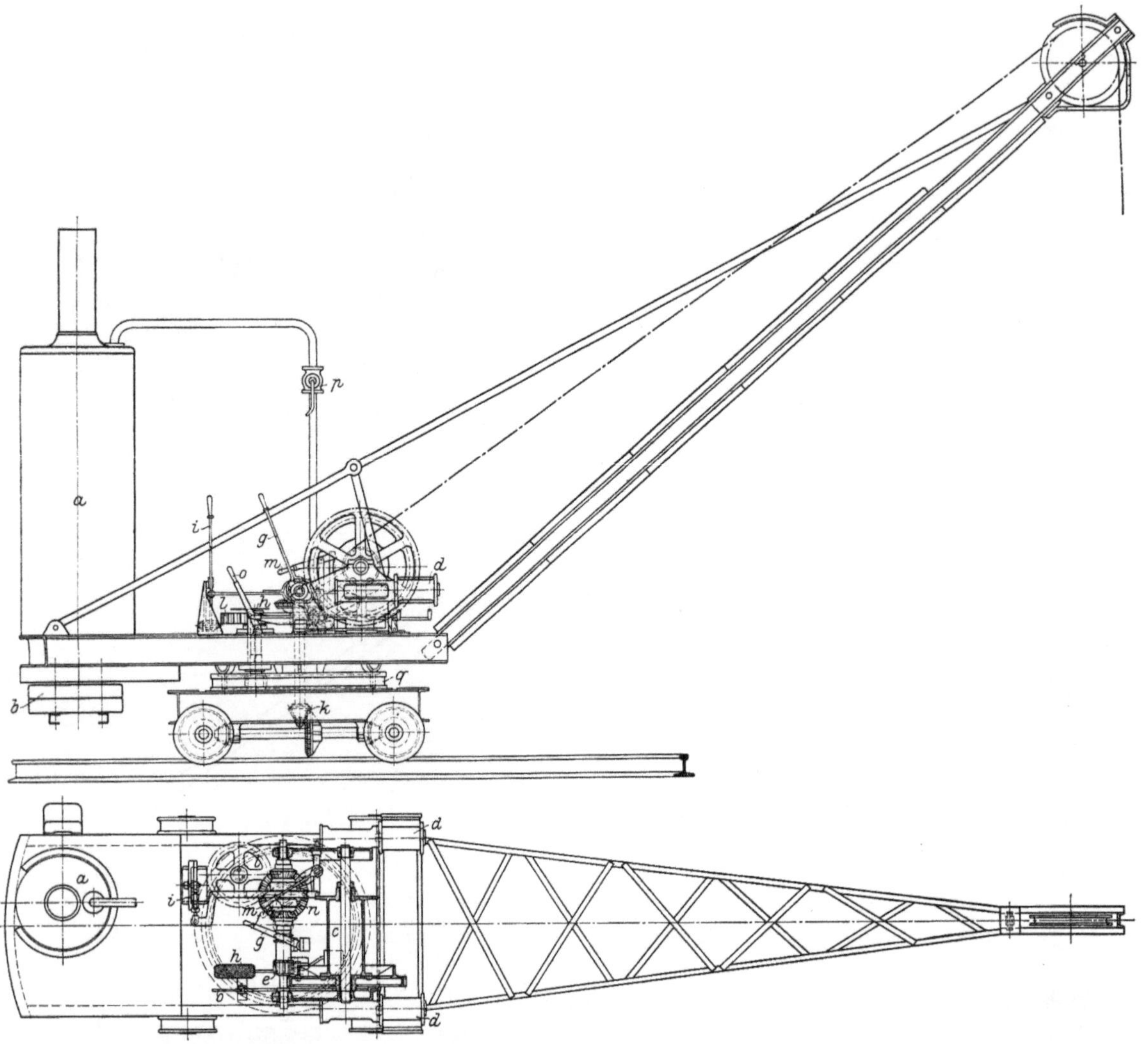

Abb. 407. Einfacher Dampfdrehkran für Bauzwecke (Menck) (Maßstab 1 : 56).
Tragkraft 1250 kg, Ausladung 6 m.

a Dampfkessel.
b Gegengewicht.
c Hubtrommel für Kette oder Seil.
d Zwillingsdampfmaschine, für eine Drehrichtung.
e Ausrückbares Ritzel für das Hubwerk.
f Reibungswendegetriebe für das Drehwerk und Fahrwerk.
g Hebel zum Ausrücken des Ritzels *e* für das Hubwerk.
h Fußhebelbandbremse für das Hubwerk.
i Handhebel mit Feststellvorrichtung für das Wendegetriebe *f* für Fahrwerk und Drehwerk.
k Fahrwerk zum Antrieb beider Laufachsen.
l Schwenkwerk.
m Hebel zum Bewegen des ausschwenkbaren Zahntriebes *n*.
n Ausschwenkbarer Zahntrieb zum Einrücken in das Fahrwerk oder Schwenkwerk.
o Entwässerungshebel.
p Dampfabsperrventil.
q Laufkranz mit Fahrkranz für den drehbaren Kranoberteil.

Bauzwecke verwendet und dann in der Regel mit Dampf betrieben. Eine solche Bauart ist in Abb. 407 dargestellt. Die äußere Form dieser Krane bietet nichts besonders Bemerkenswertes. Diese Krane werden ebenso wie die schon früher beschriebenen Löffelbagger mitunter ohne Überdachung der Maschinen geliefert. Zum Heben der Last wird ein einfacher Dampfförderhaspel benutzt mit loser, durch Reibungskupplung aus- und einrückbarer Trommel, die die Möglichkeit gibt, die

Last bei stillstehender Winde und ausgerückter Kupplung mit einer Bremse schnell zu senken. Bei ausgerückter Trommel kann die Dampfmaschine benutzt werden, um das mit einer Kupplung eingerückte Drehwerk zu betätigen, und ebenso kann auch das Fahrwerk durch eine besondere Kupplung von der Maschine aus bewegt werden. Der Richtungswechsel beim Drehwerk und Fahrwerk wird meistens durch ein Reibungswendegetriebe bewirkt.

Für ständiges Arbeiten und für größere Leistungen, insbesondere auch für das Entladen von Massengütern, werden die Krane meistens etwas schwerer gebaut. als bei den Baukranen üblich. Sie werden dann auch in der Regel mit 2 Trommeln ausgerüstet zum Arbeiten mit Zweikettengreifern oder mit Klappkübel. Eine häufig verwendete Ausführungsform eines solchen als Verschiebekran gebauten Dampfkranes wurde schon am Anfang des Buches in Abb. 5 gegeben.

Abb. 408. Eisenbahnwagendrehkran von 10 t Tragfähigkeit für Handbetrieb (Becker).

Der elektrische Betrieb hat beim Verschiebekran den Nachteil, daß er von Schleifleitungen abhängig ist, oder daß ihm der Strom durch eine Kabeltrommel zugeführt werden muß, ein Verfahren, das die Beweglichkeit noch mehr einschränkt als die Schleifleitung. Für Sonderzwecke, bei denen dieser Bewegungsbereich genügt, wird allerdings der elektrische Betrieb dem Dampfbetrieb aus den schon in den Vorbemerkungen dieses Buches angeführten Gründen vorgezogen. Im übrigen bleibt man wegen dieser Abhängigkeit bei manchen Kranen, die auf Eisenbahngleisen fahrbar sein müssen und die nicht regelmäßig benutzt werden, noch oft beim Handbetrieb. Abb. 408 und 408a zeigen einen derartigen Eisenbahnwagendrehkran, der wegen der großen Tragkraft von 10 t durch ein bewegliches Gegengewicht so ausgeglichen ist, daß die Standsicherheit gewahrt ist. Der Ausleger ist dabei zusammenlegbar, so daß der Kranwagen in einem Eisenbahnzug versandt werden kann. Das entsprechend der Auslegerneigung verstellbare Gegengewicht ruht auf einer Führung, die auch beim arbeitenden Kran den Verkehr auf den Nachbargleisen nicht hindert. Nach denselben Gesichtspunkten ist auch die Form des Auslegers ausgebildet.

Während man beim Dampfdrehkran in der Regel alle Bewegungen von einer Maschine ableitet, verwendet man beim elektrischen Antrieb auch bei einfachen Rollkranen für jede Bewegung einen besonderen Motor. Dadurch wird das mechanische Getriebe einfacher. Nur in ganz seltenen Fällen, wenn man bei sehr wenig

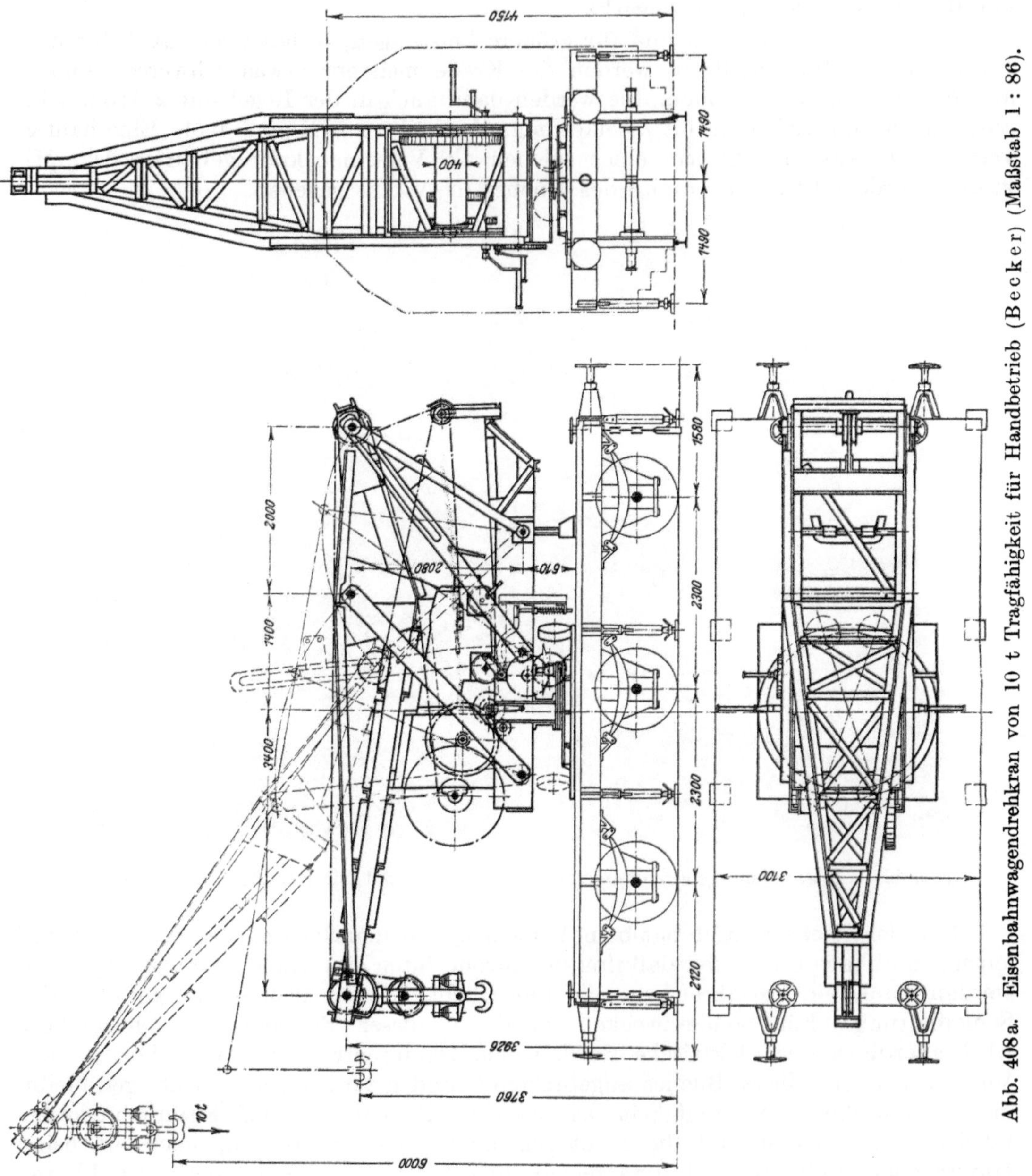

Abb. 408a. Eisenbahnwagendrehkran von 10 t Tragfähigkeit für Handbetrieb (Becker) (Maßstab 1 : 86).

benutzten Kranen unbedingt an Anlagekosten sparen will, werden die verschiedenen Bewegungen von einem Motor abgeleitet. Die Bauart des Kranwindwerkes mit besonderem Motor für jede Bewegung ist aus Abb. 411 zu entnehmen und wird in dieser Form meistens ausgeführt. Die auf S. 391 für verschiedene Stärken und Ausladungen angegebene Liste ermöglicht auch einen angenäherten Vergleich der Gewichte und Preise.

Mitunter erweist es sich als zweckmäßig, den Kran auf einer einzigen Schiene fahrbar anzuordnen in der als Velozipedkran bekannten Form, die in Abb. 409 dargestellt ist. Der Kran läuft unten auf einer einfachen Schiene, oben wird er durch 2 Führungsschienen gehalten, die in der Regel auch zur Anbringung der

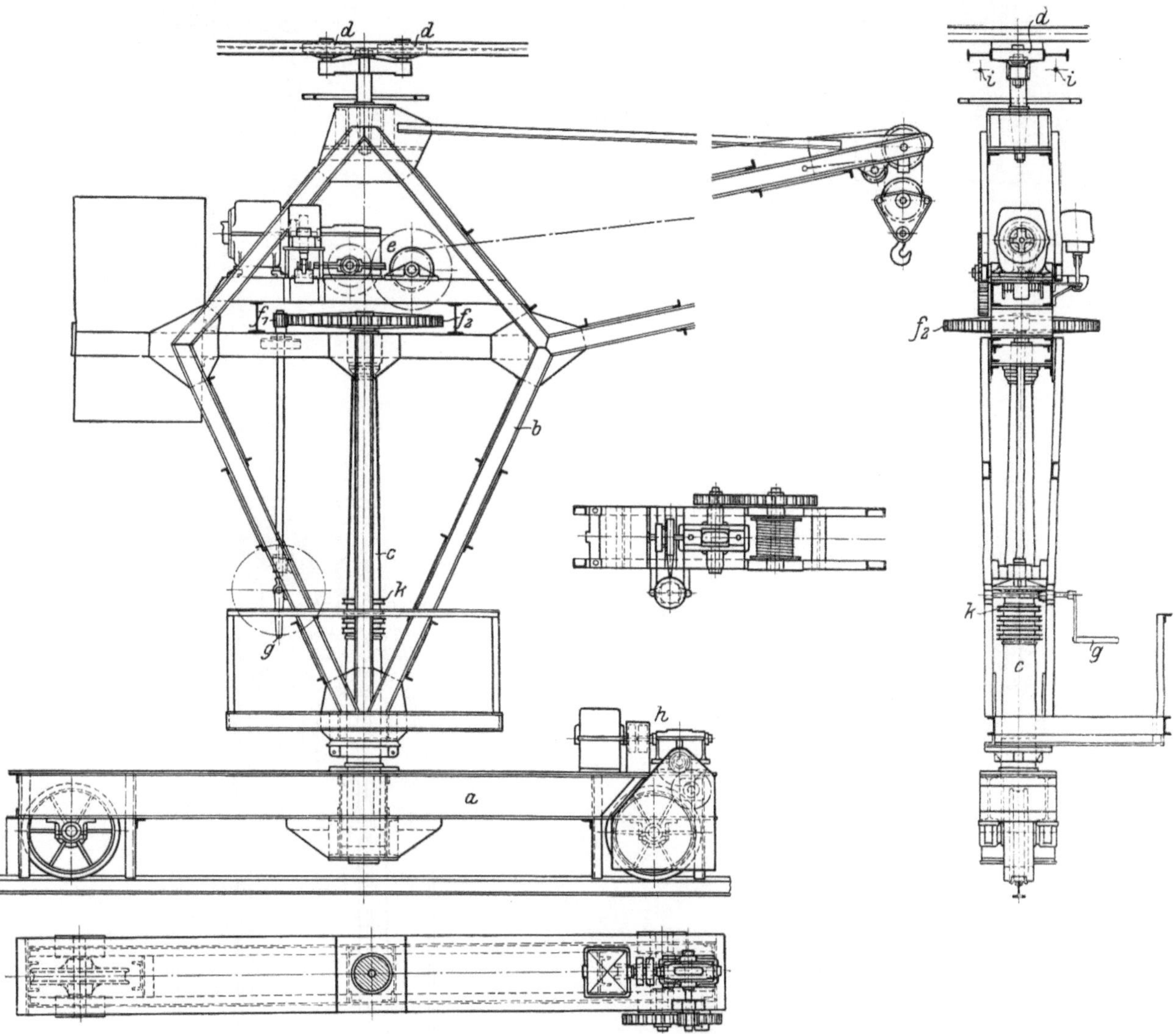

Abb. 409. Elektrisch betriebener Velozipedkran (Maßstab 1 : 57).
Tragkraft 2500 kg, Hubgeschwindigkeit 14 m/min, Ausladung 8 m, Fahrgeschwindigkeit 30 m/min.

a Unterwagen.
b Ausleger, drehbar um *c*.
c Königsäule, fest in *a*.
d Obere Führungsrollen.
e Hubwerk, fest auf *b* montiert.
f_1 f_2 Drehwerk, f_2 fest mit *c* verbunden.
g Handkurbel zum Drehwerk.
h Fahrwerk.
i Stromzuleitung.
k Schleifringe.

Schleifleitung benutzt werden. Der dargestellte Kran ist als 3-Motoren-Kran ausgebildet mit je einem besonderen Motor für das Heben, Drehen und Kranfahren. Diese Krane werden auch häufig noch als 1-Motoren-Kran ausgebildet. Doch gewinnt auch hier die Ausführung mit mehreren Motoren immer mehr die Oberhand. Die Krane bilden ein bequemes Mittel, um in Hallen mit Zwischensäulen die Last sowohl auf der einen, als auch auf der anderen Seite der Säulenreihe aufzunehmen.

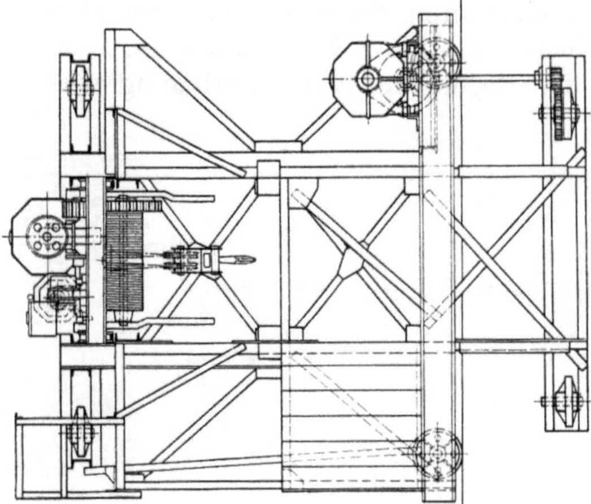

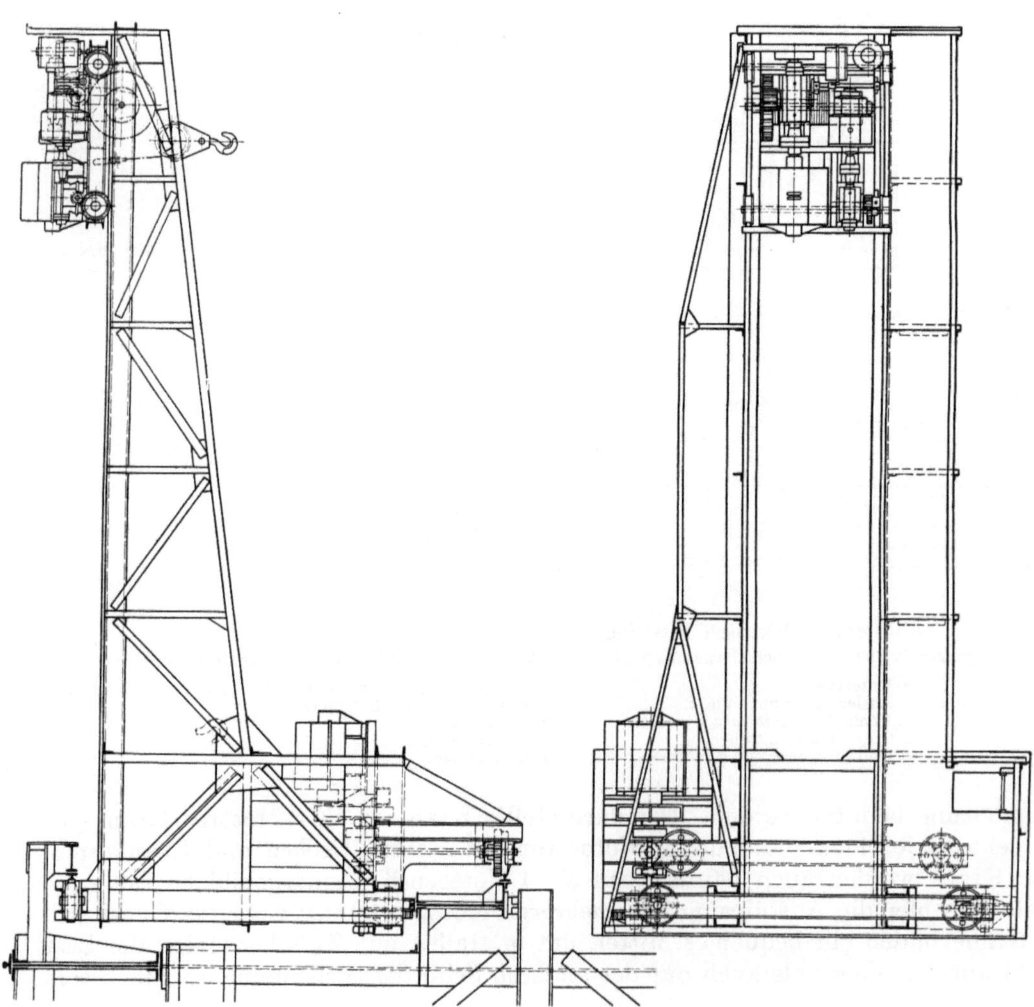

Abb. 410. Konsolkran (Tigler) (Maßstab 1 : 70).

Tragkraft 7 t, Ausladung 8 m, nutzbare Ausladung 7 m, Heben 10 m/min mit 19,3 PS Motor bei 686 Umdr./min, Kranfahren 100 m/min mit 27,3 PS Motor bei 670 Umdr./min, Katzfahren 20 m/min mit 5,2 PS Motor bei 830 Umdr./min.

In neuerer Zeit werden die Velozipedkrane zum Teil durch die in Abb. 8 und 392 dargestellte Bauart der Drehlaufkrane abgelöst. Letztere haben gegenüber dem Velozipedkran den Vorteil, daß der Raum in Fußbodenhöhe durch keinerlei Schienenanlage eingeschränkt wird. Dagegen ist der Velozipedkran natürlich wesentlich billiger, und dieser Gesichtspunkt wird in vielen Fällen auch weiterhin für seine Anwendung ausschlaggebend sein.

Auch die Konsolkrane, die auf hochgelegten Schienen laufen, wie in Abb. 410 angegeben, lassen den Fußboden von Fahrschienen frei und werden aus diesem Grunde den Velozipedkranen häufig vorgezogen, sei es in der einfachen Form mit festem Auslegergerüst, wie in Abb. 410 angegeben, oder mit drehbarem Arm, der dann ebenso wie der Drehlaufkran die Möglichkeit gibt, das Ladegut auf dem kürzesten Wege von einer Halle in die benachbarte Halle zu befördern.

Häufig wird in Hafenanlagen mit geringem Betrieb oder auch für andere bestimmte Zwecke der Kran auf einer festen Grundplatte zusammengebaut. Der drehbare Oberteil kann dann natürlich auch in derselben Weise ausgeführt werden, wie es geschieht, wenn der drehbare Kran auf einem Torgerüst aufgebaut wird. Für diese einfachsten Krane sind die Preise und Gewichte für verschiedene Größen auf S. 391 in der ersten Liste angegeben.

Schließlich ist eine besondere Liste aufgestellt für Krane, die auf einem fahrbaren Torgerüst aufgebaut sind, wie es in Hafenanlagen häufig angewendet wird und wie in Fig. 411 an einem Beispiel gezeigt.

Die Gesamtanordnung der elektrischen Krane ist bei allen Firmen fast dieselbe. Hervorzuheben wäre nur, daß in neuerer Zeit oft langsamlaufende Motoren mit etwa 300 minutl. Umdrehungen angewendet werden. Man kann dann mit einem einzigen Vorgelege von etwa 1 : 10 auskommen, das meistens in ein geschlossenes Gußgehäuse eingeschlossen wird und in Öl läuft.

Das Kranfahren wird häufig maschinell durch einen besonderen Motor bewirkt, oft aber auch von Hand ausgeführt, wenn die Krane, einmal eingestellt, längere Zeit nicht verfahren werden. Bei Halbtorkranen, bei denen die hinteren Laufräder auf einer hochgelegenen Schiene fahren, wie z. B. für einen hydraulischen Kran am Eingang dieses Buches, Abb. 7, dargestellt, wird bei elektrischem Antrieb der Strom meistens durch Schleifleitungen zugeführt, die in der Höhe der rückwärtigen Schiene vor den Schuppen angeordnet wird. Bei Volltorkranen ist dagegen eine hochliegende Schleifleitung für den Verladebetrieb hinderlich. Man ist dann darauf angewiesen, entweder eine vertieft liegende Schleifleitung anzuwenden, die in einen besonderen Kanal verlegt wird, in den der Stromabnehmer durch einen oben möglichst verdeckten Schlitz eingeführt wird, oder man verwendet ein biegsames Kabel, das auf eine Kabeltrommel aufgewickelt und an einzelnen Stellen mit Steckkontakten angeschlossen wird. Die letztere Ausführungsform kommt besonders bei Hafenanlagen für Seeschiffsentladung in Frage, da hier ein weites Verfahren der Krane nur selten erforderlich wird. Schleifleitungen sind dagegen mehr zu empfehlen beim Entladen von Flußschiffen, wo der Kran häufiger verfahren werden muß, um einmal aus einem Schiffsabteil, ein anderes Mal aus einem anderen Schiffsabteil einen Kübel aufzunehmen.

Meistens werden die Drehkrane fest auf dem fahrbaren Torgerüst angeordnet. Handelt es sich um größere Lagerplätze, so macht man sie auch auf einem Brückengerüst fahrbar. Der Torkran geht dann über in die Form der sog. Verladebrücken mit Drehkranen. Diese Anordnung kommt besonders häufig in Hafenanlagen für Massengüterumschlag zur Anwendung. Sie ist daher im II. Band bei den besonderen Verladeanlagen im Schiffahrtsbetrieb hinsichtlich ihrer Zweckmäßigkeit noch eingehender behandelt. Hier kann auf jene Ausführungen verwiesen werden. Von den mannigfachen Ausführungsbeispielen soll aber doch auch hier eine Anordnung abgebildet werden, die insbesondere das Zusammenarbeiten von Hubförderern mit den Dauerförderern erläutert. Bei der in Abb. 412 dargestellten Anlage wird die zu verladende Kohle mit einem fahrbaren Aumund-Wagenkipper in eine an der

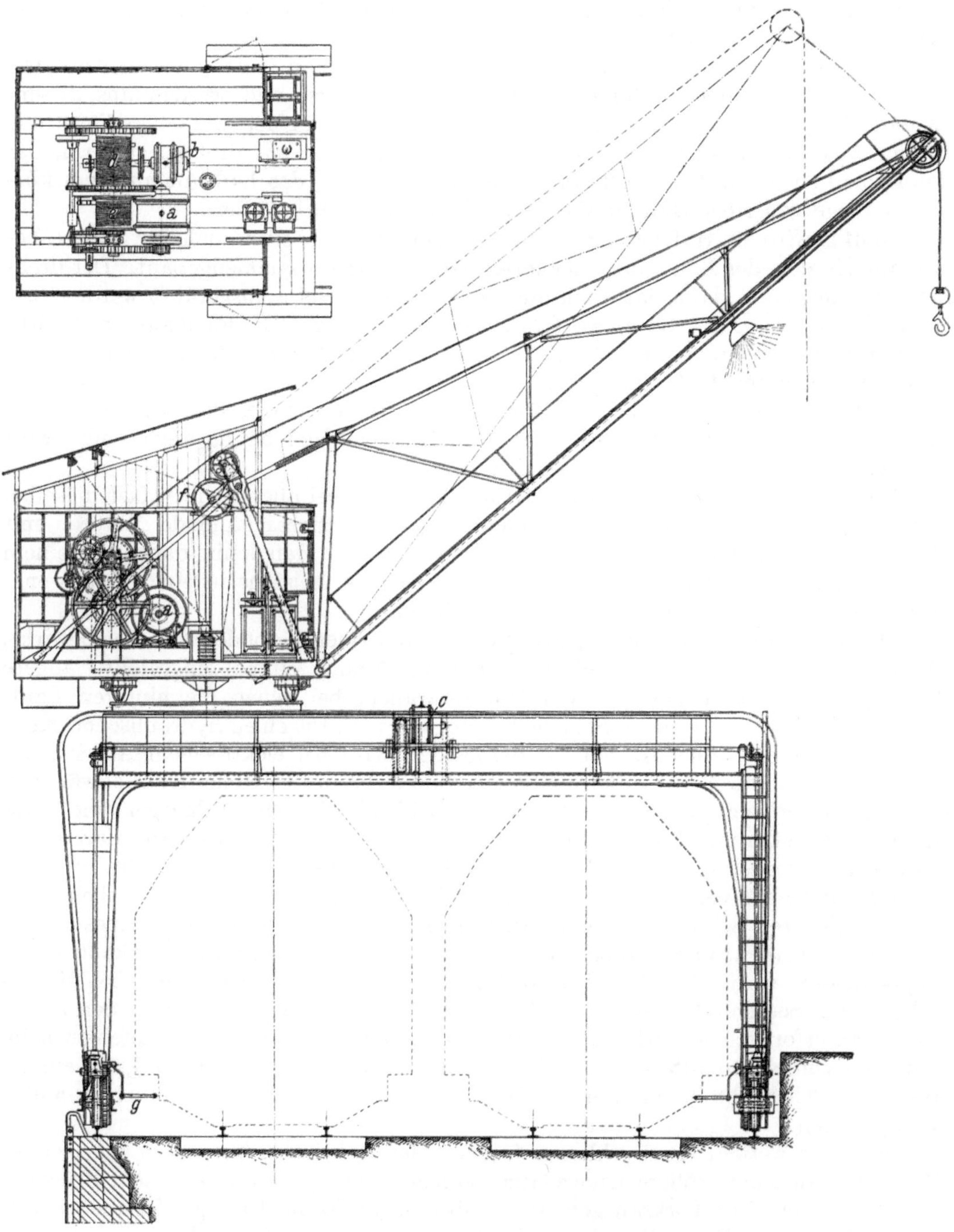

Abb. 411. Elektrisch betriebener Volltorkran (Demag) (Maßstab 1 : 100).
Tragkraft 2,5 t, Ausladung 10 m, Heben 37 m/min 30 PS, Drehen 120 m/min 6 PS, Fahren 30 m/min 6 PS.

a Hubmotor. *b* Drehmotor. *c* Fahrmotor. *d* Hubtrommel. *e* Entleertrommel (für Greiferbetrieb). *f* Handrad zum Einziehen des Auslegers. *g* Aushilfsantrieb des Fahrwerkes durch Handkurbel.

Bruttopreise und Hauptangaben elektrisch betriebener feststehender Krane für Hafenbetrieb (Nagel & Kaemp).

Tragfähigkeit in kg	Ausladung in m	Arbeitsgewindigkeiten in 1 Minute und Motorleistungen				Gewicht in kg (ohne Gegengew.)	Rauminhalt in cbm	Gegengewicht in kg	Preise in Mark brutto		Hakenhöhe in m	Hintere Ausladung in m	Maße des Fundaments in m
		Heben		Drehen					Kran komplett	Elektr. Teil			
		m	PS	m	PS								
500	4	45	7	40	1,2	6 300	11	1 000	8 500	3000	4	1,8	2,0×2,0×2,0
	8	45	7	80	1,4	6 800	12	3 500	9 000	3050	6	1,9	2,1×2,1×2,1
	12	45	7	120	1,6	7 400	13	6 000	9 500	3100	8	2,2	2,2×2,2×2,2
1 500	4	39	18	40	1,5	7 400	13	2 500	10 600	3850	4	1,9	2,2×2,2×2,2
	8	39	18	80	2,1	8 100	14	6 000	11 100	3900	6	2,2	2,3×2,3×2,3
	12	39	18	120	2,7	9 800	16	8 500	12 900	3950	8	2,4	2,5×2,5×2,5
5 000	4	24	33	40	3	11 600	18	4 000	15 250	5100	4	2,2	2,6×2,6×2,6
	8	24	33	80	5	13 400	21	10 500	16 600	5200	6	2,8	3,0×3,0×3,0
	12	24	33	120	7	14 900	24	17 500	17 600	5300	8	3,4	3,4×3,4×3,4
10 000	4	12	33	30	4	14 700	24	6 000	18 400	5650	4	3,0	3,0×3,0×3,0
	8	12	33	60	7	17 600	29	14 000	20 500	5750	6	3,6	3,5×3,5×3,5
	12	12	33	90	11	21 000	36	21 000	23 100	5850	8	4,3	4,0×4,0×4,0

Bruttopreise und Hauptangaben elektrisch angetriebener Rollkrane für Hafenbetrieb (Nagel & Kaemp).

Tragfähigkeit in kg	Ausladung in m	Arbeitsgeschwindigkeiten in 1 Minute und Motorleistungen				Gewicht in kg (ohne Gegengew.) ca.	Rauminhalt in cbm ca.	Gegengewicht in kg ca.	Preise in Mark brutto		Hakenhöhe in m	Hintere Ausladung in m	Spurweite in mm	Größter Raddruck in kg
		Heben		Drehen					Kran komplett	Elektr. Teil				
		m	PS	m	PS									
500	4	45	7	40	1,2	7 600	12	1 000	9 650	3050	4	1,8	1500	2 600
	8	45	7	80	1,4	8 200	13	3 500	10 150	3100	6	1,9	1500	3 700
	12	45	7	120	1,6	8 800	14	6 000	10 650	3150	8	2,2	1500	5 100
1 500	4	39	18	40	1,5	9 200	14	2 500	12 050	3900	4	1,9	1500	4 500
	8	39	18	80	2,1	10 000	15	6 000	12 600	3950	6	2,2	1500	7 000
	12	39	18	120	2,7	11 800	17	8 500	14 700	4000	8	2,4	2400	8 500
5 000	4	24	33	40	3	13 500	21	4 000	17 200	5250	4	2,2	2400	10 500
	8	24	33	80	5	16 100	24	10 500	19 200	5350	6	2,8	2900	14 200
	12	24	33	120	7	17 900	29	17 500	20 400	5450	8	3,4	3400	17 800
10 000	4	12	33	30	4	17 400	28	6 000	20 900	5800	4	3,0	2900	15 200
	8	12	33	60	7	21 400	36	14 000	24 000	5900	6	3,6	3400	22 800
	12	12	33	90	11	27 500	43	21 000	28 200	6000	8	4,3	4000	25 000

Bruttopreise und Hauptangaben elektrisch angetriebener Volltorkrane für Hafenbetrieb (Nagel & Kaemp).

Tragfähigkeit in kg	Ausladung in m	Arbeitsgeschwindigkeiten in 1 Minute und Motorleistungen						Gewicht in kg	Rauminhalt in cbm	Gegengewicht in kg	Preise in Mark brutto		Hakenhöhe in m	Hintere Ausladung über Portalschiene in m	Spurweite in mm	Lichte Portalhöhe in m	Größter Raddruck in kg
		Heben		Drehen		Fahren (falls elektrisch)					Kran kompl.	Elektr. Teil					
		m	PS	m	PS	m	PS										
1000	8	48	15	80	1,8	18	3,0	14 800	25	4 500	15 200	3600	12	1400	5000	5	8 400
	12	48	15	120	2	18	3,4	15 400	26	7 500	15 800	3650	14	1600	5000	5	10 000
	16	48	15	160	2,5	18	3,8	16 000	27	9 500	16 400	3700	16	1800	5000	5	11 600
2000	8	42	25	80	2,3	15	3,3	18 400	28	5 500	19 400	4550	12	1400	5000	5	12 400
	12	42	25	120	3	15	3,7	19 400	30	9 500	20 100	4600	14	1600	5000	5	15 000
	16	42	25	160	4	15	4,2	20 400	32	14 000	20 800	4650	16	1800	5000	5	17 500
5000	8	30	40	80	5	12	3,6	22 300	35	10 500	24 100	5500	12	1400	5000	5	20 000
	12	30	40	120	7	12	4,4	24 800	39	17 000	25 100	5600	14	1600	5000	5	22 000
	16	30	40	160	9	12	5,2	27 500	43	22 000	26 800	5700	16	1800	5000	5	24 000

Seite des Gleises angeordnete Grube gekippt. Der auf einem Brückengerüst fahrbare Kran entnimmt die Kohle aus dieser Grube mit einem Selbstgreifer und verteilt sie auf dem Lagerplatz. Er kann die Kohle auch mit demselben Greifer vom Platz entnehmen und in Füllbehälter entladen, die in dem Brückenträger angeordnet sind und aus denen die Kohle in eine Elektrohängebahn abgezapft wird, um mit dieser zum Ofenhause befördert zu werden. Natürlich kann die Kohle von dem Kran auch unmittelbar von der Kippergrube in die Füllbehälter der Brücke abgegeben werden, wenn sie unmittelbar verbraucht und nicht erst gelagert werden soll.

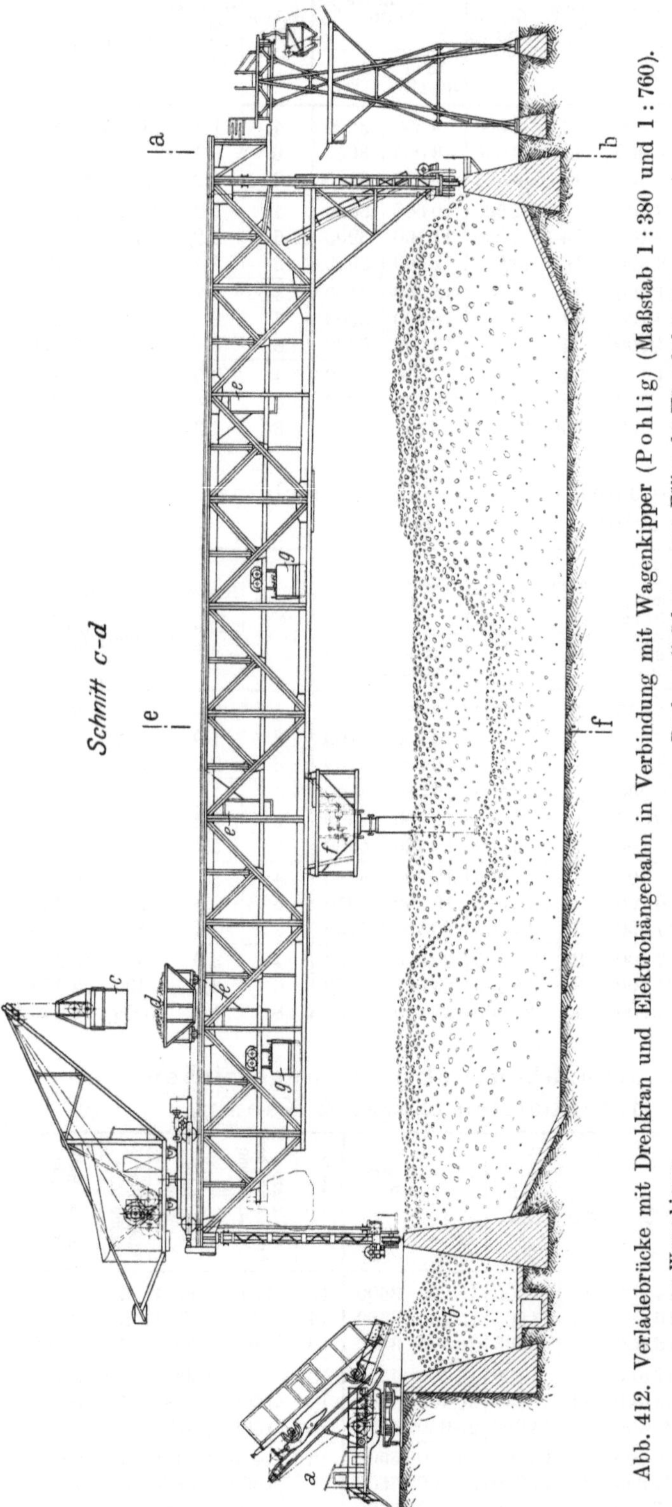

Abb. 412. Verladebrücke mit Drehkran und Elektrohängebahn in Verbindung mit Wagenkipper (Pohlig) (Maßstab 1 : 380 und 1 : 760).

a Wagenkipper.
b Kohlengrube, wird gefüllt durch Kipper *a*.
c Greifer zur Entnahme der Kohle aus *b*.
d Fahrbarer Trichter zum Füllen der Bunker *e*.
e Bunker mit Schurren zum Füllen der Hängebahnwagen *g*.
f Fahrbarer Trichter mit Ausziehrohr zum Laden auf Lagerplatz.
g Hängebahnwagen.

Bei einer Arbeitsweise, wie sie hier vorliegt, ist die Verwendung eines Drehkranes auf einem Brückengerüst zweckmäßiger als z. B. die einer Verladebrücke mit Seilwinde, weil der Kranführer das Arbeiten besser übersehen kann und weil der Drehkran meistens nur kurze Fahrwege auszuführen hat. Diese Anordnung wird auch oft für die Entladung von Schiffen benutzt. Hinsichtlich der mannigfachen Ausführungsformen für diesen Zweck sowie für die Arbeiten im Werftbetriebe muß auf die eingehenden Ausführungen im Abschnitt über die besonderen Verladevorrichtungen im Schiffahrtsbetrieb verwiesen werden.

Hier sollen als Beispiele verschiedener Bauarten nur noch zum Schluß ein paar Beispiele von Ausführungsformen

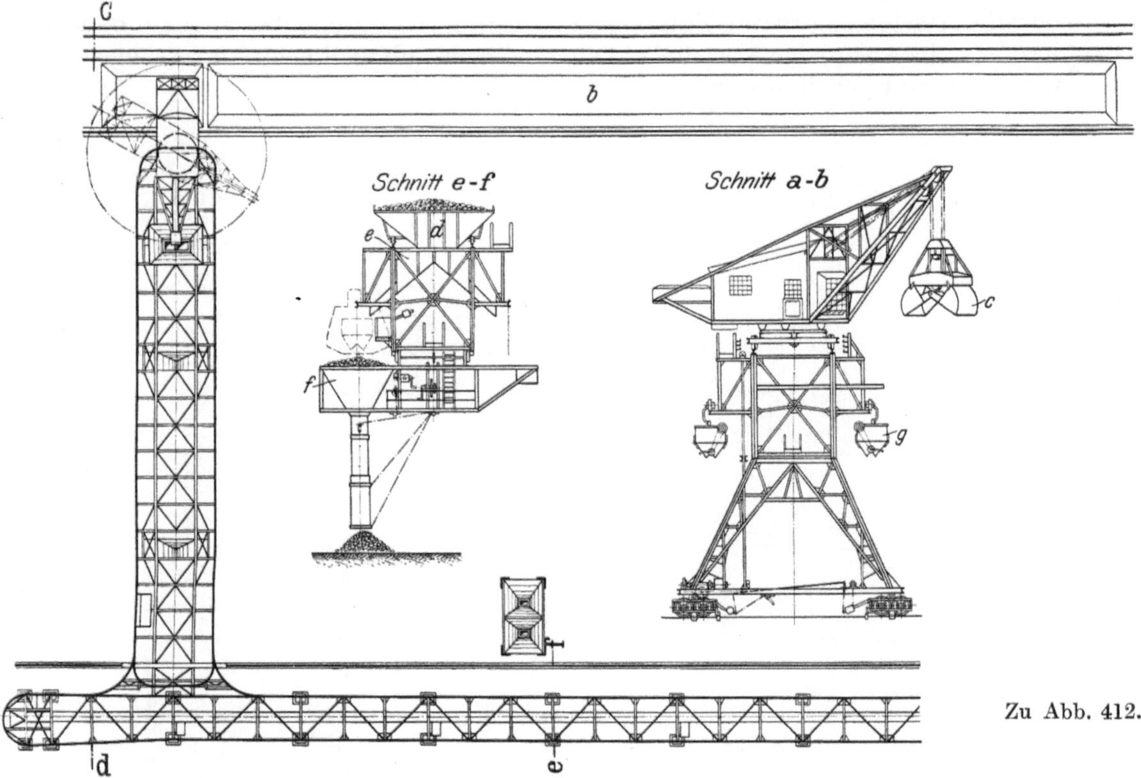

Zu Abb. 412.

von Drehkranen dargestellt werden, die zeigen, in welchem Maße gegenwärtig Drehbewegung und Laufbewegung an demselben Kran miteinander verbunden werden und wie in dieser Weise Laufkran- und Drehkrankonstruktion einander überschneiden. Das konnte auch schon bei Besprechung der Laufkrane an dem Beispiel des Drehlaufkranes gezeigt werden.

Abb. 413 zeigt einen Schwimmkran von 250 t Tragfähigkeit. Der Kran ist als Wippdrehkran ausgebildet, um die Last in einer Kreisringfläche bewegen zu können. Die Seilführungsrolle, über die das Seil zur losen Lastrolle geführt wird, ist auf einer Bahn im Ausleger verschiebbar, um die Ausladung entsprechend dem Gewicht der Last ändern zu können. Das drehbare Gerüst greift glockenförmig um die innere, fest in den

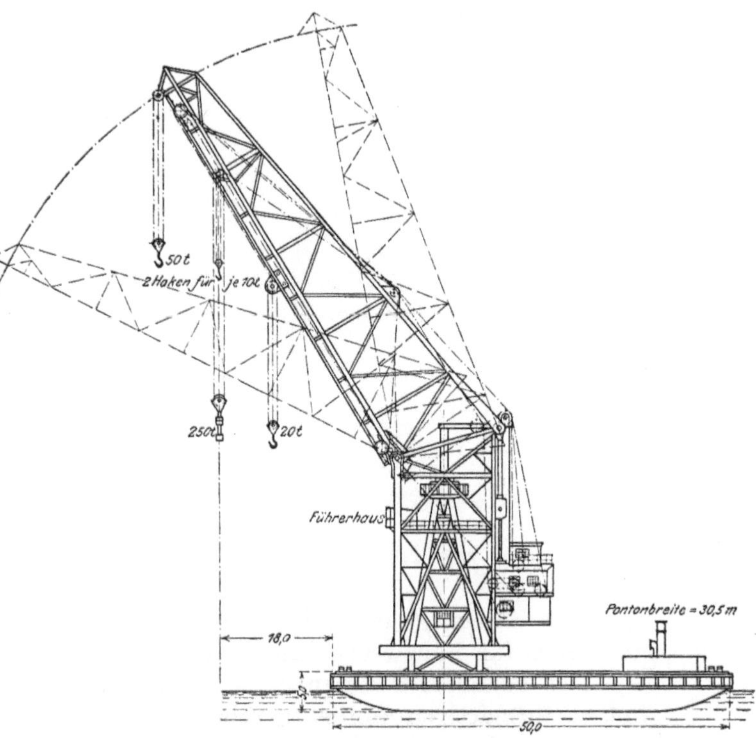

Abb. 413. Schwimmkran von 250 t Tragfähigkeit (Demag).

Schwimmkästen eingebaute Führungssäule herum, was gegenüber anderen Bauarten insofern einen gewissen Vorteil hat, als die Säule mit geringen Abmessungen sehr leicht und fest gehalten werden kann.

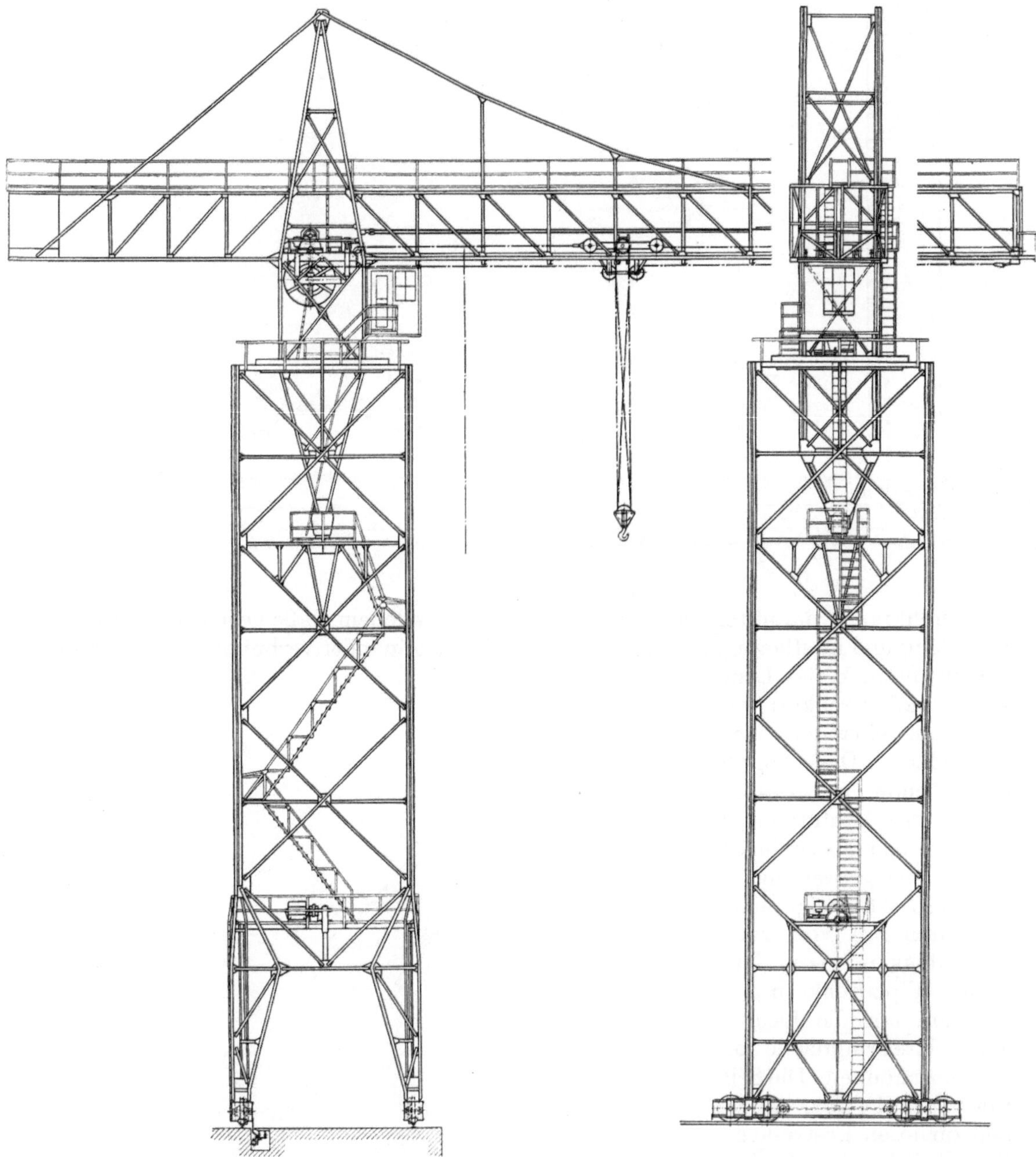

Abb. 414. Fahrbarer Turmlaufdrehkran (M. A. N.) (Maßstab 1 : 240).

Abb. 414 zeigt einen fahrbaren Turmlaufdrehkran, wie er im Werftbetriebe, aber auch für Bauzwecke häufig Verwendung findet.

Der Turmlaufdrehkran ist so benannt, weil seine drehbare Kransäule in einem hohen, turmartigen Gerüst geführt ist, und weil er gleichzeitig ein Laufkran ist, auf dessen Fahrbahn die Last mit einer Laufkatze verfahren werden kann.

Schließlich sei bei dieser Gelegenheit auch wieder verwiesen auf den schon in Abb. 10 abgebildeten Schwerlastkran von 250 t Tragkraft. Eine ähnliche Ausführungsform, bei der auch der obere Ausleger noch aufklappbar angeordnet ist, ist in Band II dargestellt.

Auch bei diesen Kranen, die man wegen ihrer großen Tragkraft wohl auch als Schwerlastkrane bezeichnet, ist eine auf dem drehbaren Ausleger verschiebbare Laufkatze vorhanden, so daß dadurch die Bezeichnung als Laufdrehkran gerechtfertigt ist. Die Bezeichnung Glockenwipplaufdrehkran ist dadurch begründet, daß die Kransäule das feste Stützgerüst glockenförmig umschließt, und daß der Ausleger mit fest verriegelter Laufkatze als sog. Wippausleger arbeiten kann, indem die Last bei geneigter Lage des Auslegers gehoben und außer durch das Drehen des Auslegers durch mehr oder minder starkes Neigen des Auslegers in radialer Richtung bewegt werden kann.

Die Bewegungsmöglichkeiten sind also denkbar mannigfaltig, und die der Abbildung beigefügten Daten über die Abmessungen, die bei der steilsten Lage des Auslegers eine Höhe von 95 m erreichen, geben ein Bild von der Bedeutung, welche die Hebezeuge als Ingenieurbauwerke erlangt haben.

V. Rückblick auf die Fördervorrichtungen für kleine und mittlere Entfernungen.

1. Wagerechte Förderung.

Bei Behandlung der einzelnen Fördervorrichtungen sind, soweit angängig, die Anlage- und Betriebskosten und die Gesamtförderkosten angegeben. Es ist aber von Interesse, diese Angaben für einige hauptsächlich in Frage kommende Leistungen und Förderlängen zahlenmäßig nebeneinander zu stellen, um in dieser Weise den Vergleich zu erleichtern und aus einer einzigen Tabelle überschläglich ersehen zu können, für welche Fördermengen und Förderlängen die einzelnen Förderarten in Frage kommen.

Eine solche vergleichende Übersicht ist verhältnismäßig einfach zu geben für die Fördervorrichtungen in wagerechter oder schwach geneigter Richtung. Auf der folgenden Tafel ist dieser Vergleich durchgeführt für Förderlängen von 15, 25, 50, 100, 200, 500, 1000 und 5000 m und für stündliche Förderleistungen von 2, 5, 10, 25, 50, 100 und 200 t. Die Tafel ist für die einzelnen Fördervorrichtungen nur so weit ausgefüllt, als eine Berücksichtigung der betreffenden Förderart überhaupt noch in Betracht kommen kann. Bei einigen Förderarten, so z. B. bei Lokomotivbetrieb auf Schmalspurgleis, Standbahnen mit Seilbetrieb, Drahtseilbahnen, kommt eine Förderung auch bei größeren Entfernungen als 5 km noch in Frage. Das ist in der Aufstellung nicht berücksichtigt, weil angenommen werden kann, daß die Förderkosten bei diesen Anlagen mit einer Entfernung von 5 km ungefähr eine untere Grenze erreicht haben, so daß bei größeren Förderlängen der für 5 km berechnete Einheitspreis für das tkm beizubehalten ist.

In der Tabelle bedeuten A die Anlagekosten in Mark, berechnet für eine Betriebsdauer von 10 Jahren auf Grund der im vorhergehenden aufgestellten Daten. Es ist also von Anlageteilen, welche einer häufigeren Erneuerung bedürfen, in den Anlagekosten der Preis dieser Teile sovielmal enthalten, als die betreffenden Teile für einen 10jährigen Betrieb bei jährlich 3000 Arbeitsstunden beschafft werden müssen. Unter Z sind die Kosten für Verzinsung und Abschreibung des Anlagekapitals angegeben unter

Zahlenmäßiger Vergleich der Gesamtförderkosten bei verschiedenen Förderungsarten.

A = Anlagekosten in M. für 10 Jahre.
Z = Verzinsung in Pf./st bei 3000 jährl. Betriebsstunden.
K = Arbeitsverbrauch in Pf./st bei 3000 jährl. Betriebsstunden.
U = Unterhaltungskosten in Pf./st bei 3000 jährl. Betriebsstunden.
S = Gesamtförderkosten in Pf./st bei 3000 jährl. Betriebsstunden.
s = Kosten pro tkm in Pf./st bei 3000 jährl. Betriebsstunden.
S_1 = Gesamtförderkosten in Pf./st bei 1000 jährl. Betriebsstunden.
s_1 = Kosten pro tkm in Pf. bei 1000 jährl. Betriebsstunden.

Bemerkung: Die Förderkosten für 1 tkm sind durch starken Druck kenntlich gemacht.

Förderlänge	Kosten in Pf.	1. Schnecke für stündliche Förderung in t						2. Kratzer für t/st						3. Gurtförderer für t/st					
in m		2	5	10	25	50	100	2	5	10	25	50	100	2	5	10	25	50	100
15	A	700	1200	1500	1800	2200				2600	3200	3800	5000			2700	3300	4200	4700
	Z	3	5	6	8	9				11	13	16	21			11	13	18	20
	K	3	5	12	28	50				4	10	18	35			6	11	13	20
	U	1	1	1	1	2				2	2	3	4			4	5	9	10
	S	7	11	19	37	61				17	25	37	66			21	28	39	50
	s	**233**	**146**	**127**	**99**	**81**				**114**	**67**	**49**	**40**			**140**	**75**	**52**	**33**
	S_1	10	17	27	45	72				30	40	55	85			34	43	59	71
	s_1	**333**	**226**	**180**	**120**	**96**				**200**	**107**	**73**	**57**			**227**	**115**	**79**	**47**
25	A	900	1500	1900	2600	3500				3100	3700	4600	6000			3100	3700	4700	5500
	Z	4	6	8	11	14				12	15	19	25			12	15	20	23
	K	4	10	18	45	82				8	18	30	57			7	12	17	25
	U	1	1	1	2	3				2	3	3	4			6	10	13	16
	S	9	17	27	58	99				22	36	52	86			25	37	50	64
	s	**180**	**136**	**108**	**93**	**79**				**88**	**58**	**42**	**34**			**100**	**59**	**40**	**26**
	S_1	13	23	36	81	115				37	53	75	119			40	58	72	91
	s_1	**260**	**184**	**144**	**130**	**92**				**148**	**85**	**59**	**48**			**160**	**87**	**58**	**36**
50	A	1400	2300	2800	4800	7000				4100	5300	6500	9000			4100	5100	6300	7700
	Z	6	9	12	20	30				17	22	27	37			17	22	27	33
	K	7	20	35	85	160				16	35	60	105			8	14	22	35
	U	1	2	2	3	5				3	4	5	6			13	17	22	30
	S	14	31	49	108	195				36	61	92	148			38	53	71	98
	s	**140**	**124**	**98**	**86**	**78**				**72**	**49**	**37**	**30**			**76**	**43**	**28**	**20**
	S_1	21	43	63	130	225				55	87	123	192			57	79	102	134
	s_1	**210**	**172**	**126**	**104**	**90**				**110**	**70**	**49**	**38**			**114**	**63**	**41**	**27**
100	A	2400	4000	5000	9200	14000				6400	7200	10300	14500			6300	7700	9500	10 700
	Z	10	17	21	38	58				27	31	41	60			27	33	39	45
	K	14	40	70	170	320				35	70	120	225			12	20	33	53
	U	2	3	4	6	10				5	5	7	10			25	35	45	60
	S	26	60	95	214	388				67	106	168	295			64	88	117	156
	s	**130**	**120**	**95**	**85**	**77**				**67**	**42**	**34**	**30**			**64**	**35**	**23**	**16**
	S_1	38	79	120	258	460				98	140	218	370			95	123	155	207
	s_1	**190**	**160**	**120**	**104**	**92**				**98**	**56**	**44**	**37**			**95**	**49**	**31**	**21**
200	A															10 300	13 000	15 800	20 000
	Z															42	53	69	80
	K															20	33	57	92
	U															50	69	**89**	**113**
	S															112	155	215	285
	s															**56**	**31**	**22**	**14**
	S_1															162	216	294	385
	s_1															**81**	**43**	**29**	**19**
500	A																		
	Z																		
	K																		
	U																		
	S																		
	s																		
	S_1																		
	s_1																		
1000	A																		
	Z																		
	K																		
	U																		
	S																		
	s																		
	S_1																		
	s_1																		
5000	A																		
	Z																		
	K																		
	U																		
	S																		
	s																		
	S_1																		
	s_1																		

Förder-länge	Kosten in Pf.	4. Stahlband für t/st						5. Eingleisiger Umlaufförderer für t/st					
in m		5	10	25	50	200	100	2	5	10	25	50	100
15	A				7000	7500	7800		2100	2100	2100	2800	
	Z				30	32	33		8	8	8	11	
	K				3	5	10		1	1	1	1	
	U				5	5	5		1	1	1	2	
	S				38	42	48		10	10	10	13	
	s				**51**	**28**	**16**		**133**	**67**	**27**	**17**	
	S_1				71	78	83		21	21	21	27	
	s_1				**95**	**52**	**28**		**333**	**167**	**67**	**36**	
25	A				9000	9500	10 000		2200	2200	2200	3000	
	Z				37	39	41		8	8	8	12	
	K				5	8	15		1	1	1	3	
	U				6	6	7		2	2	2	2	
	S				48	53	63		11	11	11	15	
	s				**38**	**21**	**13**		**88**	**44**	**18**	**12**	
	S_1				92	98	112		23	23	23	29	
	s_1				**74**	**39**	**22**		**208**	**104**	**42**	**23**	
50	A				13 700	14 300	15 000		2700	2700	2800	3500	
	Z				57	60	75		11	11	11	13	
	K				9	17	30		1	1	2	6	
	U				10	10	11		2	2	2	2	
	S				73	87	116		14	14	15	20	
	s				**29**	**17**	**12**		**56**	**28**	**12**	**8**	
	S_1				143	150	194		30	30	31	37	
	s_1				**57**	**30**	**19**		**124**	**62**	**27**	**15**	
100	A				23 000	24 000	26 000		3600	3700	4200	4400	
	Z				100	100	105		13	13	17	17	
	K				18	35	60		1	2	5	11	
	U				16	16	17		2	2	3	3	
	S				129	151	182		16	17	25	32	
	s				**26**	**15**	**9**		**32**	**17**	**10**	**6**	
	S_1				244	271	312		34	35	49	57	
	s_1				**49**	**27**	**16**		**80**	**42**	**21**	**11**	
200	A				41600	43 500	46 000		5400	5800	7000	6200	
	Z				170	180	195		21	22	29	27	
	K				36	72	120		2	3	10	22	
	U				28	29	30		4	4	5	4	
	S				234	281	345		27	29	44	53	
	s				**23**	**14**	**9**		**27**	**15**	**9**	**5**	
	S_1				409	472	555		57	60	85	90	
	s_1				**41**	**24**	**14**		**63**	**44**	**18**	**9**	
500	A												
	Z												
	K												
	U												
	S												
	s												
	S_1												
	s_1												
1000	A												
	Z												
	K												
	U												
	S												
	s												
	S_1												
	s_1												
5000	A												
	Z												
	K												
	U												
	S												
	s												
	S_1												
	s_1												

Förder-länge	Kosten in Pf.	6. Schiebkarren auf Bohlen für t/st						7. Handkippwagen für t/st					
in m		2	5	10	25	50	100	2	5	10	25	50	100
15	A	350	350	350				300	300	300	300		
	Z	2	2	2				1	1	1	1		
	K	40	40	40				40	40	40	40		
	U	1	1	1				1	1	1	1		
	S	43	43	43				42	42	42	42		
	s	**1430**	**575**	**287**				**1400**	**560**	**280**	**112**		
	S_1	44	44	44				43	43	43	43		
	s_1	**1470**	**588**	**294**				**1430**	**575**	**287**	**115**		
25	A	400	400	500				320	320	320	320		
	Z	2	2	3				1	1	1	1		
	K	40	40	50				40	40	40	40		
	U	1	1	1				1	1	1	1		
	S	43	43	54				42	42	42	42		
	s	**860**	**344**	**216**				**840**	**335**	**168**	**67**		
	S_1	44	44	56				43	43	43	43		
	s_1	**880**	**352**	**224**				**860**	**344**	**172**	**69**		
50	A	600	650	1000				420	420	420	600		
	Z	3	3	4				2	2	2	3		
	K	40	50	80				40	40	40	67		
	U	1	1	1				1	1	1	1		
	S	44	54	85				43	43	43	71		
	s	**440**	**246**	**170**				**430**	**172**	**86**	**57**		
	S_1	46	57	90				45	45	45	74		
	s_1	**460**	**228**	**180**				**450**	**180**	**90**	**59**		
100	A	1000	1400	2000				620	620	710	1200		
	Z	4	6	8				3	3	4	5		
	K	40	100	200				40	40	54	134		
	U	1	1	2				1	1	1	1		
	S	45	107	210				44	44	59	140		
	s	**225**	**214**	**210**				**220**	**88**	**59**	**56**		
	S_1	50	114	220				47	47	62	146		
	s_1	**250**	**228**	**220**				**235**	**84**	**62**	**58**		
200	A	2000	2300	4000				1020	1110	1420	2400		
	Z	8	9	17				4	5	6	10		
	K	80	160	300				40	53	108	270		
	U	2	2	3				1	1	1	2		
	S	90	171	320				45	59	115	282		
	s	**225**	**171**	**160**				**113**	**59**	**58**	**56**		
	S_1	110	183	339				50	64	123	294		
	s_1	**275**	**183**	**170**				**125**	**64**	**62**	**59**		
500	A												
	Z												
	K												
	U												
	S												
	s												
	S_1												
	s_1												
1000	A												
	Z												
	K												
	U												
	S												
	s												
	S_1												
	s_1												
5000	A												
	Z												
	K												
	U												
	S												
	s												
	S_1												
	s_1												

Förderlänge	Kosten in Pf.	8. Pferdebetrieb auf gut gepflasterten Straßen für t/st						9. Pferdebetrieb auf Feldbahngleis für t/st						10. Motorlastzug auf vorhandener Straße für t/st					11. Automatische Bahn für t/st					
in m		2	5	10	25	50	100	2	5	10	25	50	100	5	10	25	50	100	2	5	10	25	50	100
15	A																					2600	2600	2800
	Z																					11	11	12
	K																					40	40	40
	U																					2	2	2
	S																					53	53	54
	s																					**142**	**71**	**36**
	S_1																					66	66	68
	s_1																					**176**	**88**	**45**
25	A							3100	3100	3100	3100	3100										2700	2700	2900
	Z							12	12	12	12	12										11	11	12
	K							75	75	75	75	75										40	40	40
	U							2	2	2	2	2										2	2	2
	S							89	89	89	89	89										53	53	54
	s							**1780**	**710**	**360**	**142**	**71**										**85**	**43**	**22**
	S_1							104	104	104	104	104										66	66	68
	s_1							**2480**	**832**	**416**	**166**	**83**										**105**	**53**	**27**
50	A	2000	2000	2000	2000	2000		3250	3250	3250	3850	3850										2200	2900	3200
	Z	8	8	8	8	8		13	13	13	13	13										12	12	13
	K	75	75	75	75	75		75	75	75	75	75										40	40	40
	U	1	1	2	2	2		2	2	2	2	2										2	2	3
	S	85	85	85	85	85		90	90	90	90	90										54	54	56
	s	**850**	**340**	**170**	**68**	**34**		**900**	**360**	**180**	**72**	**36**										**43**	**22**	**12**
	S_1	95	95	95	95	95		105	105	105	105	105										68	68	71
	s_1	**950**	**380**	**190**	**76**	**38**		**1050**	**420**	**210**	**80**	**40**										**55**	**27**	**14**
100	A	2000	2000	2000	2000	3800		3500	3500	3500	3500	3500				31 300	58 200					3300	3300	3500
	Z	8	8	8	8	16		14	14	14	14	14				130	253					13	13	14
	K	75	75	75	75	120		75	75	75	75	75				155	220					40	40	40
	U	2	2	2	2	3		3	3	3	3	3				125	231					3	3	3
	S	85	85	85	85	139		92	92	92	92	92				410	704					56	56	57
	s	**425**	**170**	**85**	**34**	**28**		**460**	**184**	**92**	**37**	**18**				**164**	**140,5**					**23**	**11**	**5,7**
	S_1	95	95	95	95	157		108	108	108	108	108				567	984					72	72	73
	s_1	**475**	**190**	**95**	**38**	**31**		**540**	**216**	**108**	**43**	**22**				**227**	**197**					**30**	**25**	**7,3**
200	A	2000	2000	2000	3200	7000		4000	4000	4000	4000	5000				32 500	60 800					4150	4150	4350
	Z	8	8	8	13	20		17	17	17	17	21				136	254					17	17	18
	K	75	75	75	120	250		75	75	75	75	100				180	270					40	40	40
	U	2	2	2	3	5		3	3	3	3	4				130	245					3	3	3
	S	85	85	85	135	285		95	95	95	95	125				446	769					60	60	61
	s	**213**	**85**	**43**	**27**	**29**		**240**	**95**	**48**	**19**	**13**				**89,4**	**76,9**					**12**	**6**	**3**
	S_1	95	95	95	150	325		114	114	114	114	150				608	1072					79	79	82
	s_1	**238**	**95**	**48**	**30**	**33**		**290**	**114**	**57**	**25**	**15**				**121,5**	**107,2**					**16**	**8**	**4,1**
500	A	2000	2000	3500	8400	17 000		5500	5500	5500	7500	12 500				37 300	700 00							
	Z	8	8	15	34	75		23	23	23	23	23				156	292							
	K	75	75	125	310	615		75	75	75	125	250				258	423							
	U	2	2	3	6	11		4	4	4	5	8				141	266							
	S	85	85	143	350	701		102	102	102	153	251				555	981							
	s	**85**	**34**	**29**	**28**	**28**		**102**	**41**	**21**	**13**	**12**				**44,5**	**39,5**							
	S_1	95	95	160	396	786		129	129	129	188	344				741	1310							
	s_1	**95**	**38**	**32**	**31**	**31**		**129**	**52**	**26**	**15**	**14**				**59,5**	**53**							
1000	A	2000	3500	6800	16 500	33 500		8000	8000	9500	15 000	25 000			25 300	44 400	84 500							
	Z	8	15	29	71	137		36	36	59	64	100			106	185	352							
	K	75	125	250	620	1250		75	75	100	250	500			202	380	680							
	U	2	3	5	11	22		6	6	6	10	16			102	165	315							
	S	85	143	284	702	1409		117	117	145	324	616			409,5	730	1347							
	s	**43**	**29**	**28**	**28**	**28**		**59**	**24**	**15**	**13**	**12**			**41**	**29**	**27**							
	S_1	95	159	513	787	1570		152	152	191	400	741			536	951	1770							
	s_1	**48**	**32**	**31**	**31**	**31**		**76**	**31**	**19**	**16**	**15**			**53,6**	**38**	**35,5**							
5000	A													26500	40 600	104 000	201 200							
	Z													110,5	169	433	837							
	K													420	660	1400	2740							
	U													105	262	415	810							
	S													635,5	1091	2248	4587							
	s													**25,4**	**22**	**18**	**18,3**							
	S_1													768	1295	2767	5390							
	s_1													**31**	**26**	**22,1**	**21,5**							

Förder-länge	Kosten in Pf.	12. Lokomotivbetrieb auf Schmalspurgleis für t/st						13. Standbahnen mit Motorwagen für t/st				14. Standbahnen mit Seilbetrieb für t/st				15. Hängebahn mit Handbetrieb für t/st				
in m		2	5	10	25	50	100	10	25	50	100	10	25	50	100	2	5	10	25	50
15	A															350	350	350	350	350
	Z															2	2	2	2	2
	K															40	40	40	40	40
	U															1	1	1	1	1
	S															43	43	43	43	43
	s															**1430**	**587**	**287**	**115**	**59**
	S_1															45	45	45	45	45
	s_1															**1500**	**600**	**300**	**120**	**60**
25	A							3100	3100	3200	3350					450	450	450	450	550
	Z							12	12	13	13					2	2	2	2	2
	K							51	52	53	54					40	40	40	40	50
	U							2	2	2	2					1	1	1	1	1
	S							65	66	68	69					43	43	43	43	53
	s							**260**	**106**	**55**	**28**					**860**	**344**	**172**	**69**	**43**
	S_1							80	81	83	84					45	45	45	48	65
	s_1							**320**	**130**	**66**	**34**					**900**	**360**	**85**	**72**	**46**
50	A							3400	3400	3550	3950	4800	4800	5000	5300	700	700	700	750	750
	Z							14	14	14	17	20	20	21	23	3	3	3	3	5
	K							52	53	54	56	42	42	84	125	40	40	40	50	100
	U							2	2	3	3	3	3	4	4	1	1	1	1	1
	S							68	69	71	76	65	65	108	152	44	44	44	54	106
	s							**136**	**55**	**28**	**15**	**130**	**52**	**43**	**31**	**440**	**106**	**88**	**44**	**43**
	S_1							83	84	87	94	87	87	133	178	47	47	47	57	115
	s_1							**166**	**67**	**35**	**19**	**180**	**70**	**53**	**36**	**470**	**188**	**94**	**46**	**46**
100	A							4100	4100	4450	5100	5200	5300	5900	6300	1200	1200	1200	1475	2800
	Z							17	17	18	21	22	23	24	26	5	5	5	6	12
	K							53	55	59	64	42	44	87	132	40	40	40	100	200
	U							3	3	3	4	4	4	4	5	1	1	1	1	2
	S							73	75	80	89	68	71	115	163	46	46	46	107	214
	s							**73**	**30**	**16**	**8,9**	**68**	**29**	**23**	**17**	**250**	**92**	**46**	**43**	**43**
	S_1							92	94	101	114	94	97	144	194	52	52	52	114	228
	s_1							**92**	**38**	**20**	**12**	**94**	**39**	**29**	**20**	**260**	**104**	**52**	**46**	**46**
200	A							5350	5350	6000	7400	6300	6800	7500	8400	2200	2200	2400	2950	5900
	Z							22	22	25	31	26	29	32	35	9	9	10	12	25
	K							56	59	68	78	44	52	94	145	40	50	80	200	400
	U							4	4	4	5	5	5	5	6	2	2	2	2	4
	S							82	85	97	114	75	86	131	186	51	61	92	214	429
	s							**41**	**17**	**9,7**	**5,7**	**38**	**17**	**13**	**9,3**	**128**	**61**	**46**	**43**	**43**
	S_1							109	109	127	149	106	118	167	224	62	72	114	229	459
	s_1							**55**	**22**	**13**	**7,5**	**55**	**24**	**17**	**12**	**144**	**72**	**52**	**46**	**46**
500	A				13000	13000	13000	9300	10200	12800	14300	9300	10600	12300	14900					
	Z				54	54	54	38	41	53	60	39	43	52	63					
	K				110	115	120	65	75	95	120	50	68	116	174					
	U				9	9	9	6	7	9	10	6	7	8	10					
	S				163	178	183	109	123	157	190	95	118	176	247					
	s				**13**	**7,1**	**3,7**	**22**	**10**	**6,4**	**3,8**	**19**	**9,5**	**7,8**	**4,9**					
	S_1				227	242	247	153	173	222	263	139	170	237	322					
	s_1				**18**	**9,7**	**5,0**	**31**	**14**	**9**	**5,3**	**28**	**14**	**9,5**	**6,5**					
1000	A				16000	16000	16500					14400	17000	20400	25500					
	Z				70	70	72					60	75	84	105					
	K				120	130	150					58	93	150	250					
	U				11	11	11					10	11	13	16					
	S				201	211	233					128	179	247	371					
	s				**8**	**4,2**	**2,3**					**12,8**	**7,2**	**5**	**3,7**					
	S_1				271	282	305					202	264	359	497					
	s_1				**10,8**	**5,6**	**3,0**					**20**	**10**	**7,2**	**5**					
5000	A				43000	46500	55000					57500	66000	85500	107200					
	Z				180	190	240					236	275	355	450					
	K				210	245	335					112	305	430	770					
	U				29	31	36					39	44	56	72					
	S				419	466	611					387	624	841	1292					
	s				**3,4**	**1,9**	**1,2**					**7,6**	**5,0**	**3,4**	**2,6**					
	S_1				639	726	891					675	955	1265	1820					
	s_1				**5,2**	**2,9**	**1,8**					**13,5**	**7,7**	**5,5**	**3,6**					

Förderlänge	Kosten in Pf.	16. Hängebahnen mit Seilbetrieb für t/st					17. Elektrohängebahnen für t/st						18. Seilschwebebahnen für t/st				
in m		5	10	25	50	100	2	5	10	25	50	100	5	10	25	50	100
15	A						1300	1300	1300	1300	1300	1300					
	Z						5	5	5	5	5	5					
	K						51	51	51	51	92	93					
	U						1	1	1	1	1	1					
	S						57	57	57	57	98	99					
	s						1900	760	380	152	131	66					
	S_1						63	63	63	63	104	105					
	s_1						2100	840	420	168	139	70					
25	A						1500	1500	1500	1500	1500	2100					
	Z						6	6	6	6	6	9					
	K						51	51	52	52	92	95					
	U						1	1	1	1	1	2					
	S						58	58	59	59	99	106					
	s						1160	464	236	95	80	43					
	S_1						66	66	67	67	107	116					
	s_1						1320	528	268	107	86	47					
50	A	5300	5300	5300	5800	6300	1900	1900	1900	1900	2200	4000					
	Z	22	22	22	24	26	8	8	8	8	9	17					
	K	42	42	43	83	124	51	52	53	54	94	97					
	U	4	4	4	4	4	1	1	1	1	2	3					
	S	68	68	69	111	154	60	61	62	63	105	117					
	s	272	136	56	45	31	600	244	124	51	42	23					
	S_1	94	94	95	139	185	69	70	71	72	116	136					
	s_1	376	198	76	56	37	690	280	142	58	47	28					
100	A	5800	5800	5800	6600	7500	3000	3000	3000	3500	5900	9000					
	Z	24	24	24	28	32	12	12	12	14	24	37					
	K	42	43	46	88	133	51	52	53	54	97	104					
	U	4	4	4	5	5	2	2	2	3	4	6					
	S	70	71	74	111	170	65	66	67	71	125	147					
	s	140	71	30	23	17	325	132	67	29	25	15					
	S_1	98	99	102	143	207	80	81	82	87	155	187					
	s_1	196	99	41	29	21	400	162	82	35	31	19					
200	A	7100	7100	7600	8900	10 600	5000	5000	5000	9200	12 600	18 300	9000	10 500	13 000	19 000	22 000
	Z	30	30	33	36	43	21	21	21	38	52	80	38	44	54	79	88
	K	43	44	48	91	140	52	53	54	57	104	118	80	80	85	130	170
	U	5	5	5	6	7	4	4	4	6	8	12	6	7	9	13	14
	S	78	79	86	133	190	77	78	79	101	164	210	124	131	148	222	272
	s	78	40	18	14	10	193	78	40	21	17	11	124	66	38	23	14
	S_1	115	116	124	175	239	132	133	134	145	228	303	168	182	241	318	397
	s_1	116	58	25	18	12	330	133	67	29	23	16	168	91	43	32	20
500	A	11 000	11 300	12 800	15 400	20 000	11 000	11 000	15 000	26 300	33 000	45 000	12 500	14 000	17 500	24 000	30 000
	Z	46	47	53	65	80	45	45	62	92	132	190	54	58	75	96	120
	K	46	50	60	108	170	53	55	57	67	125	160	82	84	90	140	190
	U	7	8	9	10	13	7	7	10	17	22	30	6	10	12	16	20
	S	99	105	122	183	263	105	107	129	176	279	380	144	152	177	252	330
	s	40	21	10	7,3	5,1	105	43	26	14	12	7,6	53	31	14	11	6,6
	S_1	153	160	187	280	363	159	161	205	306	439	590	207	224	267	372	480
	s_1	62	32	15	11	7,3	159	65	41	25	18	12	83	45	22	15	9,6
1000	A	17 300	18 600	21 200	26 400	35 400							18 000	20 000	25 000	32 500	43 000
	Z	76	79	82	92	146							78	80	100	130	180
	K	48	60	80	134	220							86	90	95	160	230
	U	12	12	13	17	24							12	13	16	21	28
	S	136	151	175	243	390							176	138	211	311	438
	s	28	16	7	4,9	3,9							35	19	8,5	6,2	4,4
	S_1	222	245	279	273	460							268	285	336	471	638
	s_1	45	25	12	7,5	4,6							54	29	14	9,5	6,4
5000	A												61 500	66 500	82 500	103 000	150 000
	Z												250	260	340	430	630
	K												130	140	150	330	530
	U												41	44	56	68	100
	S												421	444	546	828	1260
	s												17	8,9	4,4	3,4	2,6
	S_1												709	774	938	1301	1950
	s_1												29	16	7,5	5,2	3,9

Annahme einer Tilgung des Anlagekapitals in 10 Jahren bei 3000 jährlichen Betriebsstunden. Unter K ist der Arbeitsverbrauch einschl. Arbeiterlohn in Pfennigen für die Stunde für die angegebenen Leistungen angeführt. Unter U sind die Unterhaltungskosten aufgeführt, ebenfalls in Pfennigen für die Stunde bei 3000 jährlichen Betriebsstunden. Hiernach bedeuten die Zahlen unter S die Gesamtförderkosten in Pfennigen für die angegebenen Leistungen und Förderlängen bei 3000 jährlichen Betriebsstunden, während unter s dieselben Zahlen für 1 tkm angegeben sind. Um aber auch einen Anhalt dafür zu geben, wie sich die Kosten bei geringerer Beanspruchung der Förderanlage stellen, sind unter S_1 die Gesamtförderkosten für die angegebenen Leistungen in Pf./st bei 1000 jährlichen Betriebsstunden angegeben, und unter s_1 dieselben Zahlen für 1 tkm Förderung. Dabei ist bei kürzerer Benutzungsdauer entsprechend den früheren Annahmen mit einer geringeren Abschreibung gerechnet, in diesem Falle bei 1000 jährlichen Betriebsstunden mit einer Abschreibung in 15 Jahren. Dagegen sind Arbeitsverbrauch und Unterhaltung, die sich auf eine Betriebsstunde beziehen, unverändert geblieben. Die Verzinsung des jeweiligen Buchwertes des Anlagekapitals ist mit 5 vH berechnet, d. h. mit durchschnittlich 2,5 vH des gesamten Anlagekapitals bei Vernachlässigung der Zinseszinsen in derselben Weise, wie es bei den früheren Berechnungen angenommen ist und wie es den Schaulinien Abb. 11 auf S. 16, die Abschreibung und Verzinsung betreffend, zugrunde gelegt ist.

Der in der Tafel gegebene Vergleich der Förderkosten bei Anwendung der verschiedenen Förderarten wird demjenigen nicht viel Neues bieten, der mit dem Entwurf und dem Betrieb der Förderanlagen aus der Praxis eingehend vertraut ist, da die Ergebnisse naturgemäß mit den in der Praxis vertretenen Urteilen ziemlich übereinstimmen. Dagegen wird dem weniger mit der Sache vertrauten Ingenieur eine leichtere Übersicht ermöglicht. Aber auch für den Fachmann wird es wohl von Interesse sein, die einfachen Zahlen für die gesamten Förderkosten bei bestimmter Leistung und Förderlänge ohne weiteres aus der Tafel entnehmen zu können, Zahlen, die er sonst in jedem Einzelfall mit ziemlichem Zeitaufwand berechnen müßte. Es sei dazu noch bemerkt, daß bei allen Förderarten die Förderung von Kohle angenommen ist. Bei der Förderung anderer Güter, wie Getreide, Erz u. dgl., tritt eine gewisse Verschiebung ein, die entsprechend zu berücksichtigen ist. Im einzelnen ist bezüglich der verschiedenen Förderarten hauptsächlich das Folgende zu bemerken:

a) Schneckenförderung.

Die berechneten Förderkosten pro tkm zeigen durchweg sehr hohe Zahlen und lassen erkennen, daß die Schnecke im Vergleich zu den anderen Fördervorrichtungen, insbesondere im Vergleich mit dem für gleiche Zwecke in Frage kommenden Kratzerförderer und dem Gurtförderer, nur günstige Ergebnisse liefert bei geringen Leistungen von etwa 2—10 t/st und bei nicht zu großen Entfernungen. Die Kosten pro tkm ermäßigen sich bei größeren Längen verhältnismäßig wenig, weil der Arbeitsverbrauch einen großen Teil der Gesamtkosten ausmacht. Bei großen Förderlängen und Leistungen läßt der große Arbeitsverbrauch diese Förderungsart als ungünstig erscheinen. Für 2—5 t ist allerdings auch bei größerer Entfernung der Schneckenbetrieb infolge der geringen Anlagekosten noch eine verhältnismäßig günstige Förderungsart. Dann sind mehrere voneinander unabhängig angetriebene Schnecken hintereinander anzuordnen.

b) Der Kratzerförderer.

Bei dem Vergleich ist angenommen, daß die Kette von Rollen getragen wird, um nicht zu großen Arbeitsverbrauch zu erhalten. Trotzdem zeigen die Zahlen, daß bei großen Leistungen der für ähnliche Verhältnisse anwendbare Gurtförderer und besonders das Stahlförderband infolge des geringen Arbeitsverbrauches günstiger arbeiten. Bei größeren Förderlängen von 100 m an ergibt der Gurtförderer auch schon bei einer stündlichen Leistung von 10 t niedrigere Betriebszahlen als der Kratzerförderer. Dieser kommt also im wesentlichen für mittlere Leistungen von 10 bis 15 t und für Förderlängen von 15—25 m in Betracht. Für solche Verhältnisse wird er denn auch am meisten angewandt. Dabei kommt ihm ebenso wie dem Schneckenförderer der Umstand zustatten, daß das Entladen des Fördergutes an verschiedenen Stellen sehr leicht durch Anbringung von Öffnungen im Boden der Förderrinne durchzuführen ist. Bei Förderung ohne Rinnenboden und mit gleitender Kette wird der Arbeitsverbrauch wesentlich größer, und die wirtschaftliche Förderlänge und die wirtschaftlichen Leistungen werden noch weiter eingeschränkt.

c) Der Gurtförderer.

Er ist, wie schon erwähnt, den Förderschnecken und Kratzern bei großen Leistungen und Längen überlegen infolge des geringen Arbeitsverbrauches. Dagegen lassen die etwas höheren Anlagekosten, besonders aber die hohen Unterhaltungskosten infolge der schnellen Abnutzung des Gurtes ihn bei geringer Leistung und kleiner Förderlänge weniger vorteilhaft erscheinen, wenngleich auch hier die Förderkosten nicht wesentlich höher sind als die der Kratzerrinnen. Bei den verhältnismäßig geringen Unterschieden in den Gesamtförderkosten werden aber oft andere Gesichtspunkte für die Wahl der einen oder der anderen Förderart mehr ausschlaggebend sein, als die hier zahlenmäßig festzulegenden Förderkosten. So ist z. B. bei der großen Fördergeschwindigkeit des Fördergutes die Staubbildung bei Feinkohlenförderung ziemlich lästig, und bei großstückigem Fördergut muß der Gurt ziemlich breit sein. Hierdurch werden die Anlagekosten für kleine Leistungen verhältnismäßig stark erhöht. Die Möglichkeit, das Fördergut mit dem Abwurfwagen ohne Schwierigkeit an beliebiger Stelle abzuwerfen, und der geräuschlose Betrieb sprechen andererseits in vielen Fällen für die Verwendung des Gurtförderers, dessen Anwendungsgebiet sich im Laufe der letzten Jahrzehnte zweifellos mit Recht sehr vergrößert hat.

d) Der Plattenbandförderer.

Bei Aufstellung der Anlagekosten für die Plattenbandförderer ist die Förderung von großstückigem Fördergut vorgesehen, da bei feinstückigem Fördergut zweckmäßig der Gurtförderer Verwendung findet, wenigstens für kleinere Förderlängen. Bei großen Förderlängen erweist sich der Plattenbandförderer auch bei kleinstückigem Material als ebenso günstig infolge des außerordentlich geringen Kraftverbrauches. Dabei sind allerdings Mindestleistungen von etwa 50 t/st vorausgesetzt.

In Parallele mit dem Plattenbandförderer zu stellen ist nicht nur für geneigte Förderrichtung, sondern auch für reine Horizontalförderung die Förderkette mit drehbaren Bechern, das Pendelbecherwerk. Es wird an Stelle des einfachen Plattenbandförderers mit festen Platten hin und wieder angewendet, wenn das Fördergut an verschiedenen Stellen auf der Strecke entladen werden soll. Das kann beim Plattenbandförderer nur durch Abstreicher geschehen, die aber im Betriebe nicht sehr bequem sind, da die Laufrollen durch das seitlich vom Band abgestrichene Fördergut leicht stark verschmutzt werden und ein Schutz hiergegen verhältnismäßig umständlich bzw. mit großen Kosten verbunden ist. Bei dem Pendelbecherwerk kann das Entladen dagegen durch einen verschiebbaren Entladefrosch in der einfachsten Weise an beliebiger Stelle ausgeführt werden. Allgemein ist zu bemerken, daß sowohl die Schnecken als auch die Kratzer, die Gurtbänder und die Plattenbandförderer nur für verhältnismäßig geringe Förderlängen bis zu etwa 200 m mit Vorteil zu verwenden sind. Das ergibt sich aus der zahlenmäßigen Gegenüberstellung schon daraus, daß die Mindestförderkosten pro tkm gegenüber den später zu behandelnden Förderarten verhältnismäßig hoch sind. Sie betragen für die Schneckenförderung 77 Pf./tkm, bei dem Kratzer 30 Pf./tkm, bei dem Gurtförderer 14 Pf./tkm und beim Plattenband 9 Pf./tkm.

e) Der eingleisige Umlaufförderer.

Diese Förderart kann hinsichtlich ihres automatischen Betriebes den bisher behandelten Dauerförderern vollkommen gleichgestellt werden. Sie ist aber insofern schon den Bahnförderern verwandt, als die Fördergefäße nicht über die ganze Länge des Förderweges ausgedehnt sind, sondern nur aus einzelnen Wagen bestehen.

Dementsprechend werden auch die Anlagekosten und damit die Gesamtbetriebskosten außerordentlich gering. Sie stellen sich bei Längen bis zu etwa 200 m und bei Leistungen bis zu etwa 50 t durchschnittlich weniger als halb so hoch, wie bei den bisher behandelten Förderarten. Der eingleisige Umlaufförderer ergibt bei diesen Entfernungen und Leistungen überhaupt von allen bekannten Bauarten die billigste Förderung.

f) Die Schiebkarrenförderung.

Bei Aufstellung der Zahlen ist ebenso wie in den Schaulinien auf S. 80 angenommen, daß ein Arbeiter auch bei der kleinsten Förderleistung für mindestens eine Stunde bezahlt werden muß. Dieselbe Annahme ist auch bei allen folgenden Förderarten zugrunde gelegt. Es ist das für kleine Leistungen und Entfernungen zwar verhältnismäßig ungünstig, wird aber den wirklichen Verhältnissen wohl näherkommen, als wenn die Bezahlung des Arbeiters nur für die Zeit angenommen wäre, in der er auch bei geringerer Beschäftigung als eine Stunde Dauer voll ausgenutzt würde. Es ist nämlich zu berücksichtigen, daß bei kleinen Arbeitsleistungen die Pausen bei Beginn und Beendigung der Arbeit verhältnismäßig viel ausmachen, und daß die Ausnutzung der Arbeitskraft bei kleinen Förderleistungen im allgemeinen zweifellos geringer ist als bei dauernder Beschäftigung. Im übrigen ist hier wie auch weiterhin allgemein die Bezahlung eines Arbeiters für die Stunde mit 40 Pf. angenommen. Die Leistung eines Arbeiters bei der Schiebkarrenförderung ist mit 200 kg auf 1000 m Entfernung (Hin- und Rückweg), also mit 200 mt/st angenommen. Im übrigen sei auf die Ausführungen zu den Schaulinien Abb. 66—68 verwiesen. Die Zahlentafel zeigt, daß die Förderung mit Schiebkarren teurer ist als alle anderen Förderungsarten. Er kann daher nur in Frage kommen bei vorübergehenden Arbeiten mit häufigem Platzwechsel, Arbeiten, bei denen z. B. das Verlegen von Schienengleisen für Handkippwagen sich schon als zu umständlich erweist. Die hohen Förderkosten werden verursacht durch die geringe Leistung des Arbeiters, die dadurch bedingt ist, daß er bei dieser Förderung außer der Leistung für die Fortbewegung des Fördergutes auch eine wesentliche Kraft aufzuwenden hat, um beim Schieben der Karre einen Teil der Last zu tragen.

g) Handkippwagen auf Feldbahngleis.

Hinsichtlich der Leistungsfähigkeit des Arbeiters ist diese Förderungsart günstiger als die Schiebkarrenförderung. Ein Arbeiter kann etwa 500 kg auf 1500 m in der Stunde schieben, also 750 mt/st leisten. Das ist nahezu das Vierfache der Leistungsfähigkeit bei der Schiebkarrenförderung. Die Anlagekosten und Gesamtförderkosten sind in Übereinstimmung mit den Schaulinien Abb. 70—72 angenommen.

Aus der Tafel S. 397 ergibt sich, daß diese Förderungsart für kleine Leistungen und Förderlängen, z. B. 25 t/st auf 25 m Entfernung, verhältnismäßig billig ist, besonders bei niedriger jährlicher Benutzungsdauer. In solchen Fällen sind die Förderkosten oft niedriger als bei der unter 1 bis 4 behandelten rein mechanischen Förderung. Diese mechanischen Förderarten können daher in manchen Fällen nur gerechtfertigt werden durch die Rücksicht auf vollständige Unabhängigkeit von den Arbeitern. Die günstigen Zahlen für die Förderkosten mit Handkippwagen unter den eben angegebenen Verhältnissen werden an einzelnen Stellen nur erreicht und übertroffen bei Anwendung von Hängebahnen mit Handbetrieb, bei denen die Leistungsfähigkeit eines Arbeiters noch etwas größer ist. Allerdings kommt in neuester Zeit auch der eingleisige Umlaufförderer nach Ziffer 5 für verhältnismäßig kleine Leistungen als wirtschaftlich in Betracht.

h) Pferdebetrieb auf vorhandener Straße.

Dieser Betrieb ist ebenso wie der unter 8 erwähnte Pferdebetrieb auf Feldbahngleisen im wesentlichen nur der Vollständigkeit halber hier aufgeführt. Er gestaltet sich meistens teurer als andere unter denselben Verhältnissen anwendbare Förderarten. Der Pferdebetrieb auf vorhandener Straße ist daher durchweg nur für vorübergehende Arbeiten geeignet, und er wird auch in Wirklichkeit nur für solche Arbeiten angewendet. In Übereinstimmung mit den Schaulinien Abb. 73—75 ist angenommen, daß neben einem Fuhrmann ein Pferd mindestens eine Stunde lang zu bezahlen ist. Als stündliche Leistung sind angenommen 2000 kg Nutzlast auf 1500 m Entfernung = 3000 mt/st.

i) Pferdebetrieb auf Feldbahngleis.

Die Anschaffungs- und Unterhaltungskosten für ein Pferd sind hier dieselben wie unter 7. Vgl. die Schaulinien Abb. 76—78 und die Ausführungen dazu auf S. 85 und 86. Die Leistung ist größer und mit 5000 kg Nutzlast bei 1500 m Entfernung, also mit 7500 mt/st, angenommen. Auch dieser Betrieb kommt im wesentlichen nur für vorübergehende Arbeiten in Betracht.

k) Motorlastzug auf vorhandener Straße.

Die Schaulinien, Abb. 80—82, sind, wie dort erklärt, aufgestellt nach den Angaben und Erfahrungen einer erstklassigen Firma aus diesem Gebiet. Vergleicht man die Kosten pro tkm mit den für den Pferdebetrieb auf vorhandener Straße berechneten, so sieht man, daß der Pferdebetrieb bei Entfernungen bis zu 500 m noch wesentlich günstiger ist. Bei 1000 m Entfernungen und für große Leistungen sind beide Betriebsarten etwa einander gleich, und bei noch größerer Entfernung und großen Leistungen wird der Motorwagenbetrieb sich als günstiger erweisen als der Pferdebetrieb auf vorhandener Straße. Immerhin gehen die Förderkosten pro tkm nur äußerst auf 18 Pf. herunter. Diese Kosten erscheinen hoch, wenn es sich um eine dauernde und regelmäßige Förderung handelt. Dann sind Schienen und Seilbahnen vorzuziehen. Der Motorwagenbetrieb kommt aber vorwiegend für Verhältnisse in Frage, bei denen die Förderung unregelmäßig ist und wo sonst nur der Pferdebetrieb auf vorhandener Straße in Betracht kommt. Da er sich diesem gegenüber günstiger stellt, so hat er im Verlauf der letzten Jahre eine große Ausdehnung angenommen, allerdings zuungunsten der Straßenunterhaltungskosten, die nicht berücksichtigt sind, eigentlich aber nicht vernachlässigt werden dürfen und mit der Zeit wohl zu besonderen Ausgaben führen dürften.

l) Hunts automatische Bahn.

Diese Förderungsart ist die billigste von allen bisher bekannten Förderarten bei Entfernungen von etwa 50—200 m. Erst in neuester Zeit ist durch den eingleisigen Umlaufförderer eine ähnlich billige Fördermöglichkeit gegeben, vorwiegend allerdings für geringere Leistungen. Die Gesamtunkosten gehen bei der automatischen Bahn herunter bis auf 3 Pf./tkm. Eine solch niedrige Zahl wird sonst nur bei größeren Entfernungen erreicht. In Übereinstimmung mit den Schaulinien Abb. 101 und 102, S. 102, ist angenommen, daß 1 Arbeiter bei 40 Pf. Stundenlohn und bei mindestens 1 Stunde Beschäftigungszeit die ganze Förderung auf die angegebene Entfernung bewirkt bis zu einer Leistung von 100 t/st. Den außerordentlich niedrigen Förderkosten steht bei diesen Bahnen allerdings der Nachteil gegenüber, daß für die Gleisanlage ein Gefälle von durchschnittlich 3 vH erforderlich ist. Durch diese Bedingung wird die Verbreitung dieser Förderungsart sehr beeinträchtigt. In neuerer Zeit wendet man aus diesem Grunde in vielen Fällen Standbahnen mit Motorwagenbetrieb an, wo auch eine automatische Bahn möglich wäre. Der Betrieb mit Motorwagen ergibt wohl etwas höhere Förderkosten, ist dafür aber unter allen Verhältnissen anwendbar.

m) Lokomotivbetrieb auf Schmalspurgleis.

Diese Förderart wird je nach den in Frage kommenden Leistungen sehr verschieden durchgeführt werden können. Um einen ungefähren Anhalt zu geben, ist in der Tafel in Übereinstimmung mit den in Abb. 89—91 auf S. 92 gegebenen Schaulinien ein Gleis mit 800 mm Spurweite angenommen, auf welchem 1 Lokomotive von 50 PS bis zu 20 Kippwagen von je 4 t Inhalt mit 4 m/sk bewegen kann. Das übrige ergibt sich aus den Schaulinien und den dabei angeführten Erläuterungen. Aus der Tafel ergibt sich, daß die Förderkosten verhältnismäßig niedrig sind für Entfernungen von 1000 m aufwärts und für stündliche Leistungen von 25 t an. Sie sind bei großen Leistungen von 100 t die niedrigsten von allen Förderarten. Auch hat der Lokomotivbetrieb in den meisten Fällen den Vorteil, daß eine beliebige Verzweigung der Förderstrecke möglich ist. Die Mindestkosten bei 3000 jährlichen Betriebsstunden und 5000 m Entfernungen sind mit 1,2 Pf./tkm berechnet, erreichen also trotz Abschreibung in 10 Jahren einen verhältnismäßig niedrigen Stand, den die Staatsbahn mit Rücksicht auf die Abfertigungsgebühr auch in der Vorkriegszeit nur bei Ausnahmetarifen und bei größeren Entfernungen erreichte. Allerdings ist, wie auch schon auf S. 93 hervorgehoben, der Geländeerwerb dabei nicht berücksichtigt.

n) Standbahnen mit Motorwagenbetrieb.

Dieser Betrieb ist, wie schon unter 10 erwähnt, verhältnismäßig günstig und kommt in Frage für Entfernungen bis 500 m, d. h. für Entfernungen, für die noch nicht Doppelgleis erforderlich ist, um die betrachteten Leistungen zu bewältigen. In solchen Fällen ist dann der Lokomotivbetrieb mit zugweiser Förderung im allgemeinen vorzuziehen. Die Standbahn mit Motorwagenbetrieb liefert besonders bei großen Leistungen günstigere Ergebnisse als die Standbahn mit Seilbetrieb und auch günstigere als alle Schwebebahnen, die Elektrohängebahn eingeschlossen. Wo also die Kosten für die Unterstützung des Gleises und andere Umstände nicht die Entscheidung zugunsten einer Schwebebahn bedingen, ist die Standbahn mit Motorwagenbetrieb in erster Linie in Erwägung zu ziehen. Insbesondere wird sie überall da mit Vorteil angewendet, wo die Gleise zu ebener Erde oder auf vorhandenen Hochbehältern oder auch sonst auf vorhandenen festen Unterbauten ohne zu große Kosten verlegt werden können. In der Tafel ist für die sämtlichen angegebenen Leistungen und Förderlängen angenommen, daß ein Maschinist bei 50 Pf. Stundenlohn für die Förderung genügt. Die Fördergeschwindigkeit ist mit 3 m/sk angenommen. Im übrigen sei auf die Bemerkungen zu den Schaulinien Abb. 95—97, S. 96, verwiesen.

o) Standbahnen mit Seilbetrieb.

Die Gesamtkosten dieses Betriebes sind bei kleineren Entfernungen und Leistungen von etwa 25 t/st günstiger als bei Lokomotivbetrieb. Bei größeren Entfernungen und Leistungen kehrt sich das Verhältnis aber um. Als Arbeitsverbrauch ist in Übereinstimmung mit den Schaulinien Abb. 157—159 auf S. 150 angenommen, daß bei Förderung bis 20 t/st 1 Arbeiter zum Füllen der Wagen und zur Bedienung in der Antriebsstelle genügt, von 20—50 t sind 2 Arbeiter angenommen und bis 100 t 3 Arbeiter mit je 40 Pf. Stundenlohn. Die anderen Annahmen sind bei den erwähnten Schaulinien erläutert. Hinsichtlich der Förderkosten ist dieser Betrieb an keiner Stelle unbedingt überragend, aber doch sehr wettbewerbsfähig und manchen Betrieben, die für den gleichen Zweck in Frage kommen können, überlegen. Die Entscheidung zur Anwendung dieses Fördermittels wird daher meistens durch die vorliegenden besonderen Umstände herbeigeführt.

p) Hängebahn mit Handbetrieb.

Diese Förderungsart ergibt ähnlich wie die Förderung mit Kippwagen auf Schienengleisen günstige Ergebnisse bei kleinen und mittleren Leistungen und Entfernungen. Sie ist in der Anlage etwas teurer als die Standbahn, hat aber den Vorteil, daß der Boden vom Schienengleis frei ist. Ferner ist sie wegen des geringen Arbeitsverbrauches auch für größere Leistungen der Standbahn mit Handbetrieb vorzuziehen. Es ist angenommen, daß 1 Arbeiter 700 kg Nutzlast bei 1500 m Entfernung schieben kann, also 1050 mt/st leistet. Die Schaulinien für diese Förderungsart sind in Abb. 110—112, S. 108 und 109, gegeben.

q) Hängebahn mit Seilbetrieb.

Auch hierbei sind die Anlagekosten durchweg etwas, wenn auch nur ganz unbedeutend höher als bei Verwendung von Standbahnen mit Seilbetrieb. Infolge des geringeren Kraftverbrauches sind bei großen Entfernungen von etwa 1000 m die Gesamtförderkosten nicht höher als bei Standbahnen mit Seilbetrieb, zum Teil sogar etwas niedriger. Da aber auch bei geringeren Entfernungen die Förderkosten nicht wesentlich höher sind als die der Standbahnen mit Seilbetrieb, so wird man auch in solchen Fällen oft der Hängebahn den Vorzug geben mit Rücksicht darauf, daß der Boden frei bleibt und daß die Schienen nicht durch herabfallendes Fördergut verschmutzt werden können. Bezüglich weiterer Einzelheiten vergleche man die Bemerkungen zu den Schaulinien Abb. 162—164, S. 155.

r) Elektrohängebahn.

Der Betrieb mit diesen Bahnen ist verhältnismäßig teuer, z. B. bei allen Leistungen und Förderlängen teurer als mit Standbahnen und bei Entfernungen über 200 m auch teurer als mit Hängebahnen mit Seilbetrieb. Besonders die letztere wird im allgemeinen dann vorzuziehen sein, wenn es sich nur um einen einzigen Förderweg handelt oder doch nur um eine geringe Verzweigung der Bahn. Dagegen hat die Elektrohängebahn in vielen Fällen den unschätzbaren Vorteil, daß mit ihr eine beliebige Verzweigung der Förderwege ermöglicht wird. Man kann an jeder Stelle ohne weiteres durch einfaches Umlegen der Weichen von einem Förderweg auf den anderen übergehen. Vor der Standbahn mit Motorwagenbetrieb hat die Elektrohängebahn den Vorteil, daß der Boden frei bleibt und die Schienen nicht verschmutzt werden können. Sie ist daher trotz der etwas höheren Anlage- und Gesamtförder-

kosten in vielen Fällen eine sehr zweckmäßige Förderungsart, wenn auch die Förderkosten nur äußerst auf 7,6 Pf./tkm heruntergehen. Die Schaulinien sind in Abb. 122 bis 124, S. 117 und 118, angegeben.

s) Seilschwebebahn.

Diese Bahn erfordert bei ebenem Gelände höhere Anlagekosten als die Standbahn und auch höhere als die Hängebahn mit Seilbetrieb, besonders bei kleinen und mittleren Entfernungen. Sie kommt daher im wesentlichen nur in Frage, wenn infolge Unebenheit des Geländes die Anlage von Standbahnen größere Erdarbeiten erfordert. In solchem Gelände ist dann auch die einfache Stützung der Hängebahn mit Seilbetrieb, bei der die Stützen in geringem Abstand voneinander stehen, nicht mehr möglich. Auch durch andere Umstände kann die Seilschwebebahn als günstig erscheinen, so z. B., wenn für den Verkehr von mit Getreide beladenen Wagen unterhalb der Bahn eine größere Höhenlage der Bahn gefordert werden muß. Die Stützen können in großen Abständen angeordnet werden. Der Abstand beträgt bei ebenem Gelände in der Regel 70—100 m und ist in besonderen Fällen beim Überschreiten größerer Täler schon bis zu 1400 m vergrößert worden. Aus diesem Grunde ist ein Geländeerwerb für diese Bahn nur in geringem Maße erforderlich, und auch das Überschreiten fremder Grundstücke und im Wege befindlicher Hindernisse ist verhältnismäßig leicht durchzuführen. Diese Gesichtspunkte, die für diese Bahnart besonders ausschlaggebend sind, sind auch für die Beurteilung der Anlagekosten von Bedeutung. Sie konnten aber trotzdem ihrer Mannigfaltigkeit wegen bei Aufstellung der Schaulinien Abb. 189—191, S. 172 und 173, und in der Tabelle S. 400 nicht berücksichtigt werden. Aus diesem Grunde ist der Vergleich dieser Förderungsart mit den übrigen Förderarten für die Beurteilung der Seilschwebebahn verhältnismäßig ungünstig. Immerhin gehen die Förderkosten bis auf 2,6 Pf./tkm herunter und erreichen damit eine Zahl, die bedeutend tiefer liegt, als sie den Vorkriegs-Normaltarifen für die Eisenbahn entspricht, wenigstens mit Rücksicht auf die bei kleineren Entfernungen verhältnismäßig sehr bedeutenden Abfertigungsgebühren.

t) Vergleich der betrachteten Förderverfahren mit der Beförderung auf der Bahn oder auf Kanälen.

Auch hier sollen, wie bei allen Vergleichsrechnungen, die Vorkriegsverhältnisse betrachtet werden, da die Tarife zur Zeit noch nicht als vollständig stabilisiert angesehen werden können. Diese Gegenüberstellung genügt auch vollständig für Herstellung einer Vergleichsmöglichkeit. Auch würde bei Einsetzung der zur Zeit geltenden Tarife höchstens eine gewisse Verschiebung zugunsten der in diesem Buche beschriebenen Fördervorrichtungen eintreten.

Die Kosten der Beförderung auf Kanälen betragen nach Sympher, „Die wirtschaftliche Bedeutung des Rhein-Elbe-Kanals" einschl. Kanalabgaben, aber ohne Eisenbahnanschlußfrachten, 20 Pf./tkm bei rund 7 km Entfernung, 14 Pf./tkm bei rund 10 km, 7,5 Pf./tkm bei rund 20 km, 3,5 Pf./tkm bei rund 50 km Entfernung.

Die Förderkosten auf der Staatsbahn setzen sich zusammen aus Streckenfracht und Abfertigungsgebühr. Die erstere ist von der Entfernung abhängig. Die letztere ist nur abhängig vom Gewicht und ist anzusehen als gewisse Grundgebühr für die Kosten auf den Stationen. Bei Benutzung von Wagen mit großem Ladegewicht und kurzen Entfernungen werden wohl einige Ermäßigungen gewährt, die hier aber nicht berücksichtigt werden brauchen, da sie für die vergleichende Beurteilung nicht von wesentlicher Bedeutung sind. Dabei wird Beförderung von einer Station zur anderen vorausgesetzt; bei Beförderung innerhalb des Gebietes ein und derselben Station findet eine andere Berechnung statt. Dieser Fall kommt aber wohl weniger in Frage, da bei Verwendung gewöhnlicher O-Wagen dann die Abladekosten so hoch werden, daß diese Förderart schon dadurch gegenüber den anderen eben beschriebenen (Schmalspurbahn mit Lokomotiv- oder Seilbetrieb, Hängebahn oder Drahtseilbahn) im Nachteil ist, bei denen besondere Kosten für das Entladen nicht aufzuwenden sind. Auch beim Versand von einer Station zur anderen sind bei kurzen Entfernungen die Entladekosten bei Verfrachtung auf der Staatsbahn noch verhältnismäßig bedeutend. Das soll aber nicht weiter berücksichtigt werden, besonders auch aus dem Grunde, weil diese Mehrkosten durch die in einzelnen Fällen gewährte Ermäßigung der Abfertigungsgebühren unter Umständen ausgeglichen werden.

Berücksichtigt man Streckenfracht und Abfertigungsgebühr, so betragen die Förderkosten nach dem Rohstofftarif der Vorkriegszeit etwa 14 Pf./tkm bei 5 km Entfernung, 8,5 Pf./tkm bei 10 km, 6 Pf./tkm bei 20 km, 3,5 Pf./tkm bei 50 km und 2,9 Pf./tkm bei 100 km Entfernung. Der Rohstofftarif wird nur etwas unterschritten von dem Tarif für Wegebaumaterial und dem Ausnahmetarif für besondere Strecken und Waren.

Aus der vorstehenden Aufstellung geht hervor, daß für die in diesem Buche in Betracht gezogenen Entfernungen bis 5 km sowohl die Kanalfracht als auch die Staatsbahnförderung vergleichsweise viel zu teuer ist und weit über den Kosten anderer Fördermöglichkeiten liegt, die bei dauernder Förderung in Frage kommen. Zu berücksichtigen ist ja allerdings, daß besonders die Staatsbahn auch die Möglichkeit gibt, vorübergehende kleinere Förderarbeiten zu den angegebenen Kosten auszuführen, und daß solche Förderung verglichen werden müßte mit dem Pferdebetrieb auf gut gepflasterten Straßen, dessen untere Kostengrenze bei 28 Pf./tkm liegt, oder mit dem Kraftwagenbetrieb, dessen untere Grenze bei 18 Pf./tkm. liegt, also unter Berücksichtigung der einfacheren Entladung mit den Kosten der Staatsbahn wohl wettbewerbsfähig ist. Diese Höhe der Kosten erreicht die Staatsbahn, wenn man von dem Entladen absieht, etwa bei reichlich 2,5 km Entfernung, während sie bei 5 km mit rund 14 Pf. schon billiger ist. Die für regelmäßige Förderung in Frage kommenden Mindestkosten von im günstigsten Fall 2,6 Pf. bei regelmäßigem Tagesbetrieb bei Drahtseilbahnen erreicht der Staatsbahnbetrieb aber erst bei mehr als 100 km Entfernung, so daß bis zu diesen Entfernungen ein solcher Betrieb sich günstiger stellt als die Benutzung der Staatsbahn. Die niedrigsten Sätze des Lokomotivbetriebes auf Schmalspurbahnen werden von der Staatsbahn überhaupt nicht erreicht. Dabei kommen allerdings noch einige Kosten für Grunderwerb bzw. Streckenpacht hinzu. Andererseits können die Zahlen für die Drahtseilbahnen mitunter sich noch dadurch niedriger stellen, daß Tag- und Nachtbetrieb eingerichtet wird, und daß die Drahtseilbahn sowohl auf dem Hinwege als auch auf dem Rückwege für die Förderung ausgenutzt wird. Wenn trotzdem im allgemeinen schon bei Entfernungen von etwa 50 km auch bei regelmäßigen Förderungen die Staatsbahnbenutzung dem Betrieb mit Schmalspurbahn und Drahtseilbahn vorgezogen wird, so wird das für die meisten Unternehmungen damit zu rechtfertigen sein, daß der Unterschied hier noch nicht so sehr groß ist, und daß die Benutzung der Staatsbahn die Aufwendung besonderer Kapitalien seitens des Privatunternehmers nicht erforderlich macht.

2. Senkrechte Förderung.

Die vorwiegend senkrechte Förderung läßt sich nicht in dem Maße durch Zahlen vergleichen wie die wagerechte oder die schwach geneigte Förderung. Immerhin kann man aus den bei Besprechung dieser Förderung gegebenen Anhaltspunkten entnehmen, daß die Dauerförderer hinsichtlich des Arbeitsverbrauches allgemein günstiger arbeiten als die Hubförderer. Das erklärt sich schon daraus, daß bei den ständig umlaufenden Dauerförderern die toten Lasten im auf- und abgehenden Förderstrang vollständig ausgeglichen sind, was sich bei Hubförderern im allgemeinen nicht durchführen läßt. Entnimmt man z. B. aus den Arbeitsverbrauchsdiagrammen für Gurtbecherwerke und Kettenbecherwerke, Abb. 243 und 246, S. 213 und 214, den Arbeitsverbrauch für eine Leistung von 50 t/st, so ergibt sich für 10 m Hubhöhe beim Gurtbecherwerk ein Arbeitsverbrauch von 20 Pf./st = 0,4 Pf./t, beim langsam laufenden Kettenbecherwerk 30 Pf./st = 0,6 Pf./t. Dasselbe ist auch ungefähr für das Pendelbecherwerk zutreffend. Bei 80 t stündlicher Leistung und 10 m Hubhöhe stellt sich bei demselben Becherwerk der Arbeitsverbrauch auf 0,5 Pf./t.

Demgegenüber ist aus der Tafel auf S. 297 für die Hubförderer zu entnehmen, daß bei derselben Hubhöhe und für dieselbe stündliche Leistung der Arbeitsverbrauch für die Tonne Nutzlast auf 0,6 Pf./t bei Kübelbetrieb, dagegen auf durchschnittlich 1,2 Pf./t bei Greiferbetrieb angenommen werden kann. Bei Kübelbetrieb ist zwar der Arbeitsverbrauch nicht wesentlich größer, als oben für die Becherwerke angegeben wurde. Dafür muß aber das Fördergut von Hand eingeschaufelt werden, was wesentliche Kosten verursacht. Beim Greiferbetrieb ist dagegen der Arbeitsverbrauch infolge des größeren Greifergewichtes mehr als doppelt so groß.

Im übrigen hat der Arbeitsverbrauch, wie mehrfach hervorgehoben wurde, bei den verhältnismäßig geringen Hubhöhen und dem geringfügigen Unterschied nur einen untergeordneten Einfluß auf die gesamten Förderkosten. Diese werden vielmehr vorwiegend durch die Abschreibung und Verzinsung der Anlagekosten bedingt. Aber auch in dieser Beziehung sind die stetig arbeitenden Dauerförderer durchweg günstiger zu beurteilen als die Hubförderer. Aus den Schaulinien für die Anlagekosten der Gurtbecherwerke und Kettenbecherwerke, Abb. 244 und 247, S. 213 und 214, ist z. B. zu entnehmen, daß für 50 t Stundenleistung und 10 m Hubhöhe die Gurtbecherwerke rund 3300 M., die Kettenbecherwerke rund 4700 M. Anlagekosten erfordern. Bei derselben Leistung und 20 m Hubhöhe erfordern die Gurtbecherwerke etwa 5700 M., die schrägen Kettenbecherwerke etwa 8300 M. Anlagekosten. Die Hubförderer erfordern aber, wie aus den angeführten Beispielen zu entnehmen ist, durchweg wesentlich höhere Anschaffungskosten. Dazu kommt noch, daß die Hubförderer immer einen Führer oder Maschinisten für die Bedienung erfordern, der bei den Dauerförderern gewöhnlich entbehrt werden kann.

Man hat sich daher auch schon ziemlich allgemein daran gewöhnt, die Dauerförderer den Hubförderern dann vorzuziehen, wenn die Zuführung des Fördergutes zum Förderer keine weiteren Kosten verursacht, wie z. B. bei Zuführung des Fördergutes durch wagerechte Dauerförderer und beim Entladen von Getreide, das den Becherwerken von selbst zufließt.

Muß dagegen das Ladegut dem Becherwerk von Hand zugeschaufelt werden, wie z. B. beim Entladen von Kohle aus Schiffen oder von größeren Lagerplätzen, so haben die mit Becherwerken mehrfach unternommenen Versuche den Betrieb mit Hubförderern, besonders mit Greifern, doch meistens als günstiger erscheinen lassen. So wurden für das Zuschaufeln der Kohle zum Becherwerk mehrfach bis zu 12 bis 14 Pf./t bezahlt. Dahingegen erfordert die Greiferbedienung bei 50 t Stundenleistung nach der Tafel auf S. 297 nur 4—8 Pf. an Arbeiterkosten. Dazu kommen allerdings noch 50 Pf. Stundenlohn für den Maschinisten = 1 Pf./t und an größerem Kraftverbrauch etwa 6 Pf./t. Die Gesamtbetriebskosten für das Aufgreifen mittels Selbstgreifer sind demnach zusammen mit etwa 13 Pf./t einzusetzen. Die Betriebskosten sind also in beiden Fällen ungefähr dieselben, und die geringeren Anlagekosten des Becherwerkes müßten eigentlich die Entscheidung zu dessen Gunsten herbeiführen. Als nachteilig für das Becherwerk kommt aber in Betracht, daß es bei senkrechter Lage und dadurch bedingter großer Geschwindigkeit wohl für Feinkohle, aber nicht gut für Stückkohle geeignet ist, ferner, daß man nicht so unabhängig ist von den Arbeitern, und daß der Greiferkran zwischendurch auch zum Entladen anderer Güter mitbenutzt werden kann. Für das ausschließliche Entladen von Feinkohle erscheint immerhin das Becherwerk günstiger als der Greifer. Aber auch hier wird es wenig angewendet. Das findet seine Erklärung hauptsächlich darin, daß die Leistungsfähigkeit der Becherwerke in solchen Fällen, wo ihnen das Material zugeschaufelt werden muß, zu gering ist, da nicht eine genügende Anzahl Arbeiter Platz hat, um eine große Menge Fördergut an einen Punkt heranzuschaufeln. Die Grenze ist hier in der Regel schon bei 4—6 Arbeitern gegeben, die höchstens 20—30 t Fördergut in der Stunde bewegen können. Dagegen können mehrere Kübel zu gleicher Zeit an verschiedenen Stellen gefüllt werden, und der Greifer ermöglicht an sich eine größere Leistung. Die größeren Anlagekosten des Hubförderers können also auch besser ausgenutzt werden. Die Becherwerke kommen daher in solchen Fällen, wo das Fördergut herangeschaufelt werden muß, im allgemeinen nur für kleine Leistungen in Frage und bieten auch hier eigentlich keine Vorteile. Das ist dagegen in hohem Maße der Fall, wenn das Heranbringen des Fördergutes keine Schwierigkeiten bereitet, besonders wenn es von selbst dem Becherwerk zufließt.

Dieselben Vorteile, die allgemein die Dauerförderung vor der Hubförderung hat, traten auch schon beim Vergleich der Eimerkettenbagger mit den Löffelbaggern in die Erscheinung. Sie kommen unmittelbar in den Gesamtförderkosten zum Ausdruck, die auf S. 223 und S. 294 für bestimmte Beispiele als Anhalt angegeben sind. Danach stellen sich für 220 cbm Stundenleistung die Gesamtkosten auf 5,5 Pf./cbm bei den Eimerkettenbaggern gegenüber 7 Pf./cbm beim Löffelbagger.

In gleicher Weise erscheinen auch für die Personenbeförderung die Paternoster- und die Umlaufaufzüge in Anlage und Betriebskosten günstiger als gleich leistungsfähige Hubaufzüge. Sie erfordern keine Bedienung und sind hinsichtlich der Zahl der zu befördernden Personen im Verhältnis zum Anlagekapital unzweifelhaft leistungsfähiger als die Hubaufzüge. Sie bilden daher für Geschäftshäuser, Fabriken u. dgl. ein sehr bequemes Beförderungsmittel, das nur durch polizeiliche Verbote, die lange Zeit die Paternosteraufzüge unmöglich machten, so lange zurückgedrängt worden ist, in neuerer Zeit sich aber steigender Beliebtheit erfreut. Für große Hubhöhen hatten sie bisher allerdings gegenüber den Hubaufzügen den Nachteil der geringen Fahrgeschwindigkeit, so daß sie für hohe Gebäude, wo mehr gelegentliche Besucher mit beschränkter Zeit zu befördern sind, wie insbesondere in den hohen amerikanischen Geschäftshäusern, nicht angewendet werden. Für 3- bis 4stöckige Gebäude hat dieser Gesichtspunkt aber nicht so große Bedeutung, da die Beförderung mit Paternosteraufzug für jede Etage nur etwa 15—20 Sekunden erfordert, für 3—4 Etagen also 1—$1^1/_2$ Minuten. Hierfür braucht der Hubaufzug allerdings nur etwa den vierten Teil. Voraussetzung ist dabei aber eine ständige Bedienung, da sonst mit dem Warten vor Beginn der Fahrt oft mehr Zeit verloren geht. Da jetzt die durchschnittliche Fahrgeschwindigkeit der Umlaufaufzüge durch Beschleunigung zwischen den Stockwerken auf das 2,5 bis 3fache der bisherigen Geschwindigkeit gesteigert werden kann und damit die bisher gebräuchlichen Geschwindigkeiten der Hubaufzüge nahezu erreicht werden, so ist in Zukunft wohl noch mit einer bedeutend häufigeren Verwendung dieses Fördermittels zu rechnen. Ganz besonders eignet sich der Umlaufaufzug für Fabrikgebäude und große Bureaus, da der Hubaufzug nicht so viele Personen in kurzer Zeit bei Geschäftsbeginn und Geschäftsschluß befördern kann. (Vgl. S. 246.)

Durchweg ist im Laufe der letzten Jahrzehnte ein berechtigtes Bestreben nach Verwendung von Dauerförderern gegenüber den Hubförderern bemerkbar. Als allgemeine Richtlinie kann wohl empfohlen werden, daß man zunächst zu überlegen hat, ob die Verwendung von Dauerförderern nicht etwa durch die Art des Förder gutes und die räumlichen und besonderen Verhältnisse unmöglich wird oder unvorteilhaft erscheint, und daß man erst dann zur Verwendung von Hubförderern übergehen soll.

Literaturübersicht,

enthaltend Veröffentlichungen seit dem Jahre 1894.

A. Veröffentlichungen in Buchform.

Andrée, W. L.: „Die Statik des Kranbaues.“ 1922.

Andrée, W. L.: „Statik der Schwerlastkrane.“ 1919.

AEG: „Elektrisch betriebene Hauptschachtförderung.“ 1914.

Bansen: Die Bergwerkmaschinen, III. Bd.: „Schachtfördermaschinen“ von Teiwes & Förster. 1913. — Die Bergwerkmaschinen, IV. Bd.: „Schachtförderung“ von Bansen & Teiwes. 1913. — Die Bergwerkmaschinen, VI. Bd.: „Die Streckenförderung.“ Hrsg. v. H. Bansen. 2. Aufl. 1921. — Förster: „Die elektrischen Fördermaschinen.“

Benoit, G.: „Die Drahtseilfrage.“ 1915.

Bessel, C.: „Hebemaschinen“ (Tafeln). 2. Aufl. 1913.

Bethmann: „Hebezeuge (Elemente der Hebezeuge, Flaschenzüge, Winden und Krane).“ 7. Aufl. 1923.

Bethmann, H.: „Der Aufzugbau.“ 1913.

Böttcher, A.: „Krane.“ 2 Bände. 1906.

Braun, E.: „Die Seilförderung auf söhliger und geneigter Schienenbahn.“ 1908.

Buhle, M.: „Transport und Lagerungseinrichtungen für Kohlen.“ 1899.

Buhle, M.: „Technische Hilfsmittel zur Beförderung und Lagerung von Sammelkörpern (Massengüter).“ 3 Bände. 1901/1906.

Buhle, M.: „Massentransport.“ 1908.

Bülz, Friedr.: „Hebezeuge.“ 1921.

Dub, R.: „Kranbau.“ 2. Aufl. 1922.

Dütting, F.: „Über die Verwendung von Selbstentladern im öffentlichen Verkehr.“ Fortschr. d. Technik, 1918, Heft 3.

Ernst, A.: „Die Hebezeuge.“ 2 Bände und 1 Tafelband. 4. Aufl. 1904.

Findeis, R.: „Rechnerische Grundlagen des Baues von Drahtseilbahnen.“ 1923.

Gehrke: „Die Abbauförderung.“

Genzmer: „Die elektrische Druckknopfsteuerung für Aufzüge.“ 1906.

Haase, A.: „Die modernen Lösch- und Ladeeinrichtungen und ihre Bedeutung für den Seeschiffahrtsbetrieb.“ 1913.

Haberstolz, P.: „Die Hebemaschinen.“ 1923.

Handbuch der Ingenieurwissenschaften Bd. IV.

Hanffstengel, G. von: „Die Förderung von Massengütern.“ 2 Bände. 3. bzw. 2. Aufl. 1921.

Hanffstengel, G. von: „Billig Verladen und Fördern.“ 2. Aufl. 1919.

Heise-Herbst: „Leitfaden der Bergbaukunde.“ 1913.

Herzog, S.: „Elektrisch betriebene Krane und Aufzüge.“ 1905.

Hill, C. W.: „Electric Crane Construction.“ 1911.

Kammerer, O.: „Die Technik der Lastenförderung einst und jetzt.“ 1907.

Klein, L.: „Vorträge über Hebezeuge.“ 2. Aufl. 1922.

Krause, K.: „Anlasser und Regler für elektrische Motoren und Generatoren.“ 1902.

Lilge: „Hochofenbegichtungsanlagen.“ 1913.

Liwehr, A. E.: „Aufbereitung von Kohle und Erzen.“ I. Bd. 1917.

Maschinenfabrik Augsburg-Nürnberg: „M.-A.-N.-Krane.“ (Selbstverlag.) 1922.

Maschinenfabrik, Deutsche, Duisburg: „Der Hafen.“ (Selbstverlag.) 1922.

Michenfelder, C.: „Neuere Transport- und Hebevorrichtungen“ (mit Atlas). 1906.

Michenfelder, C.: „Krane und Transportanlagen für Hütten, Hafen und Werkstattbetriebe.“ 1913.

Michenfelder, C.: „Materialbewegung in chemisch-technischen Betrieben.“ 1915.

Möhrle, Th.: „Fördermittel bei der Schachtförderung.“ 1911.

Mosler, H.: „Konstruktion und Berechnung von Selbstanlassern für elektrische Aufzüge mit Druckknopfsteuerung.“ 1904.

Müller: „Transportanlagen.“

Niethammer, F.: „Generatoren, Motoren und Steuerapparate für elektrisch betriebene Hebe- und Transportmaschinen.“ 1900.

Panzerbieter, W.: „Ascheentfernung aus Schiffen.“ 1912.

Paulmann, M. u. R. Blaum: „Die Naßbagger und die Baggereihilfsgeräte.“ 2. Aufl. 1923.

Pickersgill, W.: „Lasthebemaschinen“ (mit Tafelband). 1905.

Pohlhausen, A.: „Flaschenzüge, Winden, Krane und Aufzüge.“ (mit Tafelband) 1904.

Schiemann, M.: „Gleislose Bahnen mit elektrischer Stromzuführung.“ 1923.

Schmidt, F.: „Die Schachtfördermaschinen“. 1923.

Schreiber, F.: „Aufbereitung, Brikettierung und Verkokung der Steinkohle.“ 1914.

Schwaiger, A.: „Elektrische Förderanlagen.“ (Göschen 678.)

Schwehm: „Elektrisch betriebene Aufzüge." 1903.
Seidl, K.: „Das Spülversatzverfahren in Oberschlesien." 1912.
Siemens-Schuckert-Werke: „Elektrische Kranausrüstungen der Siemens-Schuckert-Werke. 1913.
Stephan, P.: „Die Luftseilbahnen." 2. Aufl. 1914.
Vageler, P.: „Schwimmaufbereitung der Erze." 1921.
Walker, E.: „Elektrische Aufzüge." 1901.
Wettich, H.: „Hebezeuge." 1907.
Zimmer: „The mechanical handling of material." 3. Aufl. 1922.
Zizmann: „Krane."

B. Kleinere selbständige Schriften, Dissertationen und Forschungsarbeiten.

Becker, L.: „Betrachtungen über die Verluste bei Ilgner-Förderanlagen und Bestimmung der wirtschaftlichen Schlüpfung ihrer Anlaßmotore (Dissert.). 1907.
Benoit, G.: „Betrachtungen über die Hebe- und Fördertechnik" (Festrede). 1911.
Bergmann, A.: „Untersuchungen an Lamellen-Senksperrbremsen" (Dissert.).
Bertschinger, H.: „Die Wirtschaftlichkeit von Schiffshebewerken" (Dissert.). 1908.
Bock, E.: „Die Bruchgefahr der Drahtseile" (Dissert.). 1902.
Bülz, F.: „Beitrag zur Kenntnis der Spurkranzreibung" (Dissert.). 1913.
Brandt, P.: „Die rotierende Kurbelschleife und die Schleppkurbel als Antrieb für Propeller-Rinnen" (Dissert.). 1908.
Christfreund, H.: „Beschleunigung des Laufes von Gütersendungen auf der Eisenbahn durch Einführung abhebbarer Wagenkästen" (Dissert.). 1922.
Chrzanowski, W. von: „Geschwindigkeitsregelung der Dampffördermaschinen" (Dissert.). 1910.
Claus, C.: „Der Umschlagverkehr in Baumaterialien auf den Berliner Wasserstraßen und die Zweckmäßigkeit mechanischer Entladevorrichtungen für den Ziegeltransport" (Dissert.). 1909.
David, L.: „Über die wirtschaftliche Bewertung einiger Antriebsanordnungen bei Brückenkranen" (Dissert.). 1913.
Dihlmann, W.: „Die wirtschaftliche Bemessung des Geschwindigkeitsdiagramms für Haspel mittlerer Größe" (Dissert.). 1921.
Euler, K.: „Untersuchung eines Zugmagneten für Gleichstrom" (Dissert.). 1911.
Fromm, H.: „Beförderungsanlagen in Siemens-Martin-Stahlwerken" (Dissert.). 1919.
Giese, K.: „Vergleich der Kosten von Dampf- und elektrischen Kranen" (Dissert.). 1916.
Gläsel, F.: „Das Seil als Triebkraftvermittler im Eisenbahnwesen" (Dissert.). 1916.
Haasler, W.: „Lokomotiv-Bekohlungsanlagen" (Dissert.). 1917.
Heilandt, A.: „Vergleich der Seilsicherheiten bei Fördermaschinen und bei Personenaufzügen" (Dissert.). 1915.
Landsberg, F.: „Sachliche Förderkosten des Eisenbahnbetriebes" (Dissert.). 1916.
Mades, R.: „Untersuchungen an Fangvorrichtungen im Betriebe befindlicher Aufzüge" (Dissert.). 1914.
Mast, P.: „Untersuchungen über die Anordnung von Sandtransportbahnen der Steinkohlenbergwerke" (Dissert.). 1913.
Mohr, K.: „Die Reibungsziffern für Treibriemen und Stahlbänder bei kleinen Gleitgeschwindigkeiten" (Dissert.). 1921.
Moldenhauer, E.: „Wirtschaftliche Schachtförderung aus großen Teufen" (Dissert.). 1911.
Müller, C.: „Beitrag zur Klärung des Entleerungsvorganges bei schnellaufenden Becherwerken" (Dissert.). 1918.
Müller, P.: „Gegenstrom und Kurzschlußbremsung bei Reihenschluß-Kommutator-Motoren" (Diss.). 1911.
Oppenheimer, E.: „Betrachtungen über Ausnutzung und Wirkungsgrad elektrischer Förderanlagen" (Dissert.). 1913.
Orenstein, H.: „Über die Wirtschaftlichkeit moderner Selbstentladevorrichtungen im Eisenbahntransportwesen" (Dissert.). 1918.
Pape, M.: „Über Fahrwiderstände bei Laufkranen" (Dissert.). 1910.
Peter, A.: „Über die Bauart und Berechnung der Schaukelbecherwerke" (Dissert.). 1916.
Pfahl, W.: „Kraftverteilung und Greifen bei Selbstgreifern" (Dissert.). 1912.
Pfleiderer, C.: „Dynamische Vorgänge beim Anlaufen von Maschinen mit besonderer Berücksichtigung von Hebemaschinen" (Dissert.). 1906.
Risch, C.: „Größere Umladeanlagen für den Frachtstückgutverkehr" (Dissert.). 1916.
Rodatz, G.: „Die Frage des Spülversatzes für Kalibergwerke" (Dissert.). 1913.
Roemmelt, J.: „Beiträge zur Berechnung magnetisch betätigter Kupplungen und Bremsen" (Dissert.). 1907.
Sanio, P.: „Über die Wirtschaftlichkeit moderner Trockenbagger und verwandter Bodenförderanlagen" (Dissert.). 1911.
Schellewald, M.: „Dynamik, Regelung und Dampfverbrauch der Dampffördermaschine" (Dissert.). 1917.
Schürmann, E.: „Über Schwerlastdrehkrane im Werft- und Hafenverkehr" (Dissert.). 1904.
Spackeler, G.: „Wirkung und Ausführung der Unterseile" (Dissert.). 1918.
Speer, O.: „Die Sicherheit der Förderseile" (Dissert.). 1912.
Spiro, E.: „Der wirtschaftliche Einfluß der gebräuchlichsten Hebemaschinen auf die Lokomotiv-Ausbesserungs-Werkstätten" (Dissert.). 1914.
Steuernagel, K.: „Umladen von Stückgütern im Eisenbahnfrachtverkehr" (Dissert.). 1921.

Trefler, G.: „Beiträge zur Berechnung von elektrisch betriebenen Schachtfördermaschinen mit Seilgewichtsausgleich" (Dissert.). 1920.
Voigt, H.: „Mechanische Lokomotiv-Bekohlung" (Dissert.). 1916.
Weber, G.: „Versuche mit Fangvorrichtungen an Aufzügen" (Dissert.). 1922.
Winkel, A.: „Über den Einfluß der Fördermittel auf die Herstellungskosten elektrischer Schachtfördermaschinen" (Dissert.). 1917.
Woernle, R.: „Zur Beurteilung der Drahtseilschwebebahnen für Personenbeförderung" (Habilitationsschrift). 1913.
Wolf, H.: „Die Materialbewegung im Eisenhüttenbetrieb" (Dissert.). 1911.
Forschungsarbeiten Heft 10. 1903. (Klein, L.) Reibungsziffern für Holz und Eisen.
Forschungsarbeiten Heft 20. 1904. (Stahl, K.) Untersuchung des Auslaufweges elektrischer Aufzüge.
Forschungsarbeiten Heft 85. 1910. (Ruths) Versuche zur Bestimmung der Widerstände von Förderanlagen.
Forschungsarbeiten Heft 110 und 111. 1911. Untersuchungen an elektrischen und mit Dampf betriebenen Fördermaschinen.
Forschungsarbeiten Heft 145. 1914. (v. Hanffstengel.) Kraftverbrauch von Fördermitteln.

C. Aufsätze in Zeitschriften (seit 1904).

Bearbeitet sind die Zeitschriften: Zeitschrift des Vereins deutscher Ingenieure (Z. V. d. I.). — Stahl und Eisen (St. u. E.). — Glückauf. — Journal für Gasbeleuchtung und Wasserversorgung (Gasjournal). — Elektrische Kraftbetriebe und Bahnen (El. K. u. B.). — Elektrotechnische Zeitschrift (E. T. Z.). — Dinglers polytechnisches Journal (D. p. J.). — Organ für die Fortschritte des Eisenbahnwesens (Organ). — Fördertechnik. — Zeitschr. d. österr. Arch. u. Ing. Vereins. — Maschinenbau. — Génie civil. — Engineering. — Engineering News.

Die Abhandlungen sind in folgende Gruppen getrennt:

I. Behälter und Behälterverschlüsse.
II. Bahnförderer.
III. Dauerförderer.
IV. Förderung im Wasser- oder Luftstrom.
V. Hubförderer.
VI. Aufsätze verschiedenen Inhalts.

I. Behälter und Behälterverschlüsse.

Z. V. d. I.

Getreidespeicher, Buhle 1904 S. 221, 259, 342.
Kohlenlagerhaus in Frenchmans Bay 1904 S. 615.
Schwimmender Kohlenspeicher, Kaemerer 1906 S. 126.
Kohlenspeicher in der Narraganset-Bai 1906 S. 267.
Kohlenbehälter auf dem Bahnhof Köln-Eifeltor. 1907 S. 294.
Erz- und Koksbehälter für Hochofenanlagen. 1907 S. 1056.
Kohlenhochbehälter amerikanischer Eisenbahnen, Buhle 1908 S. 204, 253.
Kohlenspeicher aus Eisenbeton, Buhle 1908 S. 726.
Fahrbare Schütttrümpfe, Buhle 1908 S. 726.
Hängende Kohlenbunker 1908 S. 9 47.
Getreidespeicher mit eisernen Zellen, Lufft 1908 S. 1255.
Kohlenbunkeranlagen. 1909 S. 361.
Kohlenbunker, Brix 1909 S. 415.
Getreidespeicher aus Eisenbeton der Pennsylvania-Bahn. 1909 S. 887.
Rohkohlensilo der Brikettfabrik auf Grube Marie I. 1909 S. 1136.
Füllrumpf und Erzbunker des Hochofenwerk Lübeck. 1909 S. 1518.
Kohlenschuppen für das Kraftwerk des Carlswerkes. 1909 S. 1538.
Erztasche mit Klappenverschluß, Züblin 1909 S. 1927.
Erzfüllrumpf in Düdelingen. 1910 S. 430.
Siloanlagen in Rosario. 1910 S. 450.
Kohlensilo aus Eisenbeton. 1911 S. 47.
Verschiedene Silobauten für Lagerung von Erz. 1911 S. 330, 422.
Siloanlagen in Rosario, Lufft 1912 S. 737, 794.
Eiserne Kohlenbunker. 1912 S. 1437.
Hochofenwerk Lübeck, Groeck 1913 S. 1929.
Umbau des Hochofenwerkes der Guten Hoffnungshütte, Groeck 1914 S. 1633.
Deutsches Eisenbahnwesen in der Baltischen Ausstellung Malmö 1914, Anger 1915 S. 1038.
Behälter-Auslaufversuche und neuartliche Bauweisen von Verschlüssen für körnige und stückige Massengüter, Buhle 1916 S. 141, 181, 227.

St. u. E.

Erzvorratstaschen. 1904 S. 1096.
Mechanische Beschickung von Erztaschen, Schütt 1909 S. 504, 546.
In Eisenbeton ausgeführter Erz- und Kalksteinsilo, Elwitz 1912 S. 1367.
50 000-t-Erzdock, Elwitz 1912 S. 1875.
Amerikanische Erzdocks. 1912 S. 2140.
Bewegung des Fördergutes im Füllrumpf, Wettich 1915 S. 521.

Glückauf.

Verschlußkonstruktion beim Selbstentlader von Mallinard Faza. 1906 S. 1326.
Bergewagenkipper. 1914 S. 5.
Eigenartige Form von Förderkörben. 1914 S. 267.
Bergewagenkipper. 1915 S. 17.
Schüttgutbehälter und ihre Verschlüsse, Buhle 1915 S. 629.
Gesichtspunkte für die Gestaltung und Bemessung der Förderwagen im deutschen Steinkohlenbergbau, Roelen 1917 S. 15.
Doppelschieber für schräge Koksrampen Herrmanns 1918 S. 61.

Gasjournal.

Kohlenspeicher der Berliner Gaswerke in Tegel. 1908 S. 1065.
Über Kohlenlagerung, Jaeckel 1919 S. 41.
Kohlensilobauten in Eisenbeton. 1921 S. 509.

El. K. u. B.

Gebäudelager für schüttbare Brennstoffe, Buhle 1906 S. 606, 628.

D. p. J.

Lagergebäude und Behälter für Kohle, Buhle Bd. 325 S. 711, 740, 755. 1910.
Die Art des Abschlusses von Füllrumpfausläufen, H. Dietrich 1916 S. 185, 204, 218, 231.

Organ.

Selbstentlader aus Stahl. 1918 S. 177.
Gedeckter Güterwagen für Selbstentladung. 1921 S. 190.
Sicherheitsklinken für Bodenklappen von Selbstentladern. 1921 S. 190.

Fördertechnik.

Über Silos und die Beanspruchung der Silowände, Lufft 1910 S. 229.
Getreidesilo in Castellamare di Stabia, Lufft 1911 S. 41.
Neuer Mühlensilo, Buhle 1911 S. 152.
Eine Neukonstruktion von Fördergerüsten, Andrée 1919 S. 71.
Der Entleerungsvorgang in Silozellen, Lufft 1919 S. 78, 105.
Die Bewirtschaftung von Speichern insbesondere für Materialien, die leicht fest werden, Stephan 1919 S. 97.
Fördergefäße für Krane, Riedig 1922 S. 128.
Die Reinigung der Förderwagen in Bergwerksbetrieben, Wintermeyer 1922 S. 195.

Génie civil.

Estacade à combustibles de la gare de Tourcoing, Bd. 53 S. 73. 1908.
Les dispositifs de fermeture des trémis de silos. 1915 S. 136.

Engineering.

Coal storage bunker and band conveyor for the baregoed and new tredegar collieries. Bd.81 S. 117. 1906.
Coal bunkers L. C. C. tramway power-station at Greenwich. Bd. 81 S. 409. 1906.
Automatic coal scales. 1920 I S. 755.

Engineering News.

A large reinforced-concrete coal pocket at Charlestown, Mass. Bd. 60 S. 229. 1908.
Reinforced-concrete grain bins for the storage Annex at Superior Wis.; Great Northern Ry, Robbins Bd. 64 S. 116. 1910.
Partial failure of a tile and concrete grain bin, Fort William, Ont. Bd. 65 S. 76. 1911.
The grain elevator of the grand trunk pacific Ry at Fort William. Bd. 65 S. 221. 1911.
Portable conveyors and elevators for handling freight. Bd. 66 S. 368. 1911.
Reinforced-concrete ore docks. Bd. 69 S. 8. 1913.
Concrete coal bunker. 1917 II S. 1161.
All-steel aggregate bins deliver measured batches to trucks. 1922 II S. 863.

II. Bahnförderer.

S. auch „Besondere Hebe- und Förderanlagen im Eisenbahnbetrieb“, Band II.

Z. V. d. I.

Hängebahn in amerikanischen Werkstätten. 1904 S. 659, 851.
Elektrohängebahnen, Dieterich 1904 S. 1719, 1770.
Elektrisch betriebene, fahrbare Kabelbahn, Landmann 1905 S. 1196.
Kohlentransportanlage in Chicago. 1906 S. 1204.
Drahtseilbahn in den nordargentinischen Kordillieren, Dieterich 1906 S. 1769, 1826, 1867.
Kabelbahnen in amerikanischen Großstädten. 1906 S. 1844; 1908 S. 1658.
Elektrohängebahn mit Drehstromantrieb, Ceretti und Tanfani 1907 S. 428.
Transportanlagen der Nickelerzgruben in Neukaledonien, Dieterich 1907 S. 1805, 1858.
87 km Drahtseilbahn. 1908 S. 1053.
Kohlen- und Papierballen-Förderanlagen (Papyrus), Brix 1909 S. 420.
Ausnutzung der Kraft zu Tal fördernder Seilbahnen, Boye 1909 S. 588.
Hängebahn (Bauart Barry). 1909 S. 885.
Der Seilaufzug am Wetterhorn, Krause-Wichmann 1909 S. 954.
Erzverladeanlagen am Oberen See. 1909 S. 1005.
Drahtseilbahn im Anschluß an die Usambarabahn. 1909 S. 1598.

Seilbahn für den Schleusenbau am Panamakanal. 1909 S. 1822.
Schwebebahn auf den Mont Blanc. 1910 S. 489.
Verladeanlage der Radzionkaugrube, Buhle 1910 S. 748.
Kabelluftbahnen, Koll 1910 S. 762.
Drahtseilbahn im Anschluß an die Usambarabahn. 1910 S. 906.
Drahtseilbahn von Savona nach San Guiseppe. 1910 S. 995.
Drahtseilbahnen für große Leistung, Ellingen 1910 S. 1327.
Drahtseilbahn für Holzbeförderung. 1910 S. 1419.
Drahtseilbahn der Witkowitzer Steinkohlengruben. 1910 S. 1553.
Schwebebahnen (Ausstellung Brüssel), Aumund 1910 S. 1923.
Elektrohängebahnwagen im Hamburger Freihafen-Lagerhaus, Eilert 1910 S. 2137.
Fahrbare Kabelkrane beim Bau der neuen Ostseeschleusen des Kaiser-Wilhelm-Kanales, Pietrkowski 1911 S. 232.
Drahtseilbahnen zur Beförderung von Holz, Wettich 1911 S. 516.
Schwebebahn auf das Vigiljoch. 1911 S. 613; 1912 S. 1602.
Seilbahn auf den Niesen. 1911 S. 702.
Elektrohängebahnwagen der Guilleaume-Werke A.-G. 1911 S. 1055.
Drahtseilbahn für Personenbeförderung, gebaut von Bellani & Benazzoli. 1911 S. 1249.
Hängebahnen auf Güterbahnhöfen. 1911 S. 2029.
Förderanlage zur Beschickung eines Brikettlagerplatzes, Maus 1912 S. 608.
Drahtseilbahnen, v. Hanffstengel 1912 S. 634, 674.
Personenwagen der Seilbahn Wildbad-Sonnenberg, Widmaier 1912 S. 909.
Vierrädrige Laufwerke bei Drahtseilbahnen, Pietrkowski 1912 S. 1174.
Eine neue Personenschwebebahn bei Bozen. 1912 S. 2118.
Seilschwebefähre der Zuckerfabrik Panggoongredjo auf Java. 1912 S. 1558.
Bleichertsche Elektrohängebahnen auf der Deutschlandgrube. 1913 S. 75.
Kabelkrane für den Bau der Schleuse I des Rhein-Herne-Kanales in Duisburg, Hermanns 1913 S. 117.
Kohlenförderer und Stapelanlagen der Soc. Anon. les. 1913 S. 568.
Transports de Savone, Albert Pietrkowski 1913 S. 729.
Schwebebahn Laura Vigiljoch, G. Fühles 1913 S. 729 u. 817.
Greiferlaufkatze zur Kohlenförderung. 1913 S. 1200.
Schwebebahnen für den Fernverkehr von Personen und Gütern, Buhle 1913 S. 1783, 1826, 1864.
Stand der Gepäckförderung, Fr. Landsberg 1914 S. 1091.
Treidellokomotiven für den Panamakanal. 1914 S. 980.
Seilbahnlaufwerk mit Kupplung durch Eigen- und Schlaggewicht, Heinold 1915 S. 1049.
Zugdeckungseinrichtungen und Steuerungen für Elektrohängebahnen, Kirchhoff 1916 S. 124, 167, 217.
Elektrische Zugwagen für Lastförderung, Berlot 1917 S. 365.
Dampftreidelbahn im Eisernen Tor. 1917 S. 680.
Neue Motorfahrzeuge für Heereszwecke. 1919 S. 59.
Heißdampflastwagen, Kaemerer 1919 S. 150.
Schwebefähre von 400 m Spannweite in Bordeaux. 1919 S. 493.
Seil- und Kettenförderungen mit Spannungsausgleich als statisch bestimmte Gebilde, Ohnesorge 1919 S. 549.
Güterbeförderung auf Straßenbahnen, Winkler 1919 S. 607.
Versuche mit Motorlokomotiven im Treidelbetriebe, Orenstein 1919 S. 1245.
Die Erfahrungen mit dem Umbau von Kraftwagen in Schienenfahrzeuge. 1920 S. 119.
Eine Förderanlage von hoher Wirtschaftlichkeit. 1920 S. 949.
Elektrische Einheitslastkraftwagen. 1921 S. 181.
Elektrische Treidelei in Frankreich. 1921 S. 253.
Selbstentladewagen Bauart Ziehl. 1921 S. 501.
Förderbahn mit hölzernen Schienen. 1921 S. 1238.
Der Stand des deutschen Lastkraftwagenbaues, Aders 1922 S. 385, 443.
Der Einachsschlepper,Trautvetter 1923 S. 16.

St. u. E.

Elektrische Beförderungseinrichtungen für leichte Gegenstände, Frahm 1904 S. 1248.
Seilbahn und Eisenbahn, Pohlig 1905 S. 257.
Schwebetransporte in Berg- und Hüttenbetrieben, Dieterich 1906 S. 380, 469, 533.
Großdrahtseilbahnen, Ellingen 1907 S. 1140.
Hängebahnen, Buhle 1908 S. 299.
Seilförderung im Carlstollen bei Diedenhofen, Schwartzkopf 1908 S. 1385.
Klemmapparate der Drahtseilbahnen, Pietrkowski 1908 S. 1695.
Elektrohängebahnen in Gießereien, Schmidt 1909 S. 1377.
Hängebahnanlage in einer Gießerei, Schott 1911 S. 129.
Schubvorrichtung für Hängebahnen mit zahlreichen Seitenstrecken. 1913 S. 606/608.
Neuere Elektrohängebahnen im Gießereibetrieb, Wettich 1914 S. 345/346.
Über die Verwendung von Selbstentladern für Lastenentleerung bei der Beförderung von Massengütern. 1915 S. 1056.
Offene Güterwagen mit Selbstentladeeinrichtung, W. Jösch 1916 S. 1202/1208.
Eine neuartige Werktransportanlage. 1920 S. 28.
Blockierung und Fernsteuerung für Elektrohängebahnen, Schwarz 1922 S. 940.

Glückauf.

Neuere Drahtseilbahnen, Dieterich 1904 S. 883, 914.
Transport des Spülversatzes für die oberschlesischen Gruben, Arbenz 1906 S. 616.

Die Drahtseilbahnen der Zechen Courl und Scharnhorst, Schulte 1907 S. 875.
Drahtseilbahn Oettingen - Differdingen, Pietrkowski 1907 S. 1671.
Fortschritte im Bau von Großdrahtseilbahnen. 1908 S. 271.
Die neuen Transportanlagen der Gewerkschaft-Großherzog von Sachsen. 1908 S. 777.
Über Elektrohängebahnen, Freyberg 1909 S. 1221.
Elektrisch angetriebener fahrbarer Kipper. 1910 S. 173.
Eine neue Drahtseilbahn, Heckel 1910 S. 1414.
Selbsttätiger Kreiselkipper. 1911 S. 432.
Ein neuer Seitenkipper für Förderwagen. 1911 S. 839.
Erzverladeanlagen auf der Insel Elba, Wettich 1911 S. 1177.
Erzverladeanlagen an der Seeküste mittels Drahtseilbahn, Pietrkowski 1911 S. 1328.
Mitnehmer für Seilbahnbetriebe. 1912 S. 236.
Fahrbare Kippvorrichtung für Förderwagen. 1912 S. 1513.
Selbsttätiger Kreiselkipper. 1912 S. 1685.
Neuer Bergekippwagen. 1912 S. 2043.
Die ober- und unterirdische Seilbahn der Deutsch-Luxemburgischen Bergwerks- und Hütten-A.-G. in Dortmund, Rath 1913 S. 725, 765.
Förderwagenkipper. 1913 S. 2072.
Beschickung von Koksöfen mit kleinen, elektrisch betriebenen Fülltrichterwagen, Dobbelstein 1915 S. 989.
Mit Druckkraft betriebener kleiner Fülltrichterwagen für die Koksofenbeschickung, Grahn 1917 S. 862.
Baggermaschinen für Braunkohlengewinnung, Hermanns 1917 S. 887, 982.
Die Kabelluftbahnen auf den Möller- und Rheinbabenschächten der königlichen Berginspektion 2 zu Gladbeck i. W., Pilz 1918 S. 385, 401.
Die Kriegskohlenzentrale in Konstantinopel und der Braunkohlenbergbau in Westanatolien, Stoevesand 1919 S. 693.
Das Verhalten einer bei Förderbahnen benutzten Seilklemme bei großen Seilspannungen, v. Sanden 1920 S. 309.
Die Zugspannungen an Seil- und Kettenbahnen mit mehreren Treibrillen und ihre Regelung durch den Ausgleicher von Ohnesorge, Goetze 1921 S. 385.
Die Organisation des Großmassenverkehrs und Verwendung von Güterwagen hoher Tragfähigkeit mit Selbstentladevorrichtung, Laubenheimer 1921 S. 1005.

Gasjournal.

Entleerungsvorrichtung für Hängebahnwagen. 1905 S. 1073.
Kokstransportanlage mittels Elektrohängebahn, Jäckel 1911 S. 743.
Mitteilungen über Elektrohängebahnen, Schmied 1911 S. 1245.
Deutsche Ausstellung „Das Gas“, München 1914, Schilling 1915 S. 701.

El. K. u. B.

Drahtseilbahnen, Jordan 1904 S. 405.
Elektrische Bahn auf die Zugspitze, Müller 1905 S. 285.
Hängende elektrische Fähre zwischen Widnes und Runcorn 1905 S. 525.
Die Duluth-Schwebefähre, Swain 1906 S. 49.
Elektrohängebahnen, Claus 1908 S. 703.
Selbsttätige Streckenblockung für Hängebahnen, Kohlfürst 1910 S. 426.
Kohlentransportanlage mittels Elektrohängebahn Jäckel 1911 S. 475.
Seilbergschwebebahn für Personenförderung, Mack 1912 S. 47.
Elektrohängebahnen für mittlere und kleinere Gaswerke, Schmied 1912 S. 134.
Eine Drahtseilbahnanlage in der Provinz Biscaya, Spanien, Bleichert 1912 S. 352.
Die Niesenbahn, Zehnder-Spörry 1912 S. 403, 427.
Personenschwebebahn in Bozen. 1912 S. 705.
Elektrische Eisenerztransportanlage der Rombacher Hütte, Schroedter 1912 S. 733, 753.
Seilschwebebahnen für Personenbeförderung, Wintermeyer 1913 S. 484.
Elektrisch betriebene Gefällebahn, Hermanns 1913 S. 697.
Drahtseilbahnstützen aus Eisenbeton. 1913 S. 698.
Elektrische Treidelei am Panamakanal, Schimpf 1915 S. 293.
Elektrohängebahnanlagen für die Bedienung elektrischer Kraftwerke System Bleichert, Dieterich 1916 S. 1, 13.
Selbstentladung im Kleinbahngüterverkehr, Simeon 1917 S. 157, 165.
Tagesförderung und Verladung 1917 S. 169.
Beförderung von Holz mit Elektrizität. 1914 S. 96.
Drahtseilbahnen mit elektrischem Antrieb, Thieme 1916 S. 129, 140, 149.
Drahtseilbahnen mit elektrischem Antrieb. 1917 S. 25.
Tagesförderung und Verladung. 1917 S. 169.
Über Blockierung und Fernsteuerung für Elektrohängebahnen, Dörr 1918 S. 45.
Die Entwicklung des Elektrowagens bei den Hansa-Lloyd-Werken A.-G. Bremen. 1921 S. 13.
Über den Fortgang der Arbeiten zur Elektrisierung der österr. Staatsbahnen, Ditter 1921 S. 97.
Gleislose Bahnen im Ausland. 1921 S. 250.
Gleislose Bahnen statt Schienenbahnen, Schiemann 1921 S. 249.

ETZ.

Die Drahtseilbahn nach Hohensyburg, Armknecht 1904 S. 378, 402.
Bleichertsche Elektrohängebahnen, Dieterich 1904 S. 953.
Entwurf einer Schwebebahn für Berlin. 1905 S. 988.
Elektrisch betriebene Brückenfähren. 1905 S. 1037.
Seilbahnaufzug-Wetterhorn. 1906 S. 349.
Schnellbeförderung von Briefen, Postpaketen mittels elektrischer Tunnelbahnen. 1906 S. 1051.

Elektrisch betriebene Brückenfähre bei Newport. 1907 S. 612.
Einschienenhängebahn mit elektrischem Antriebe. 1907 S. 1133.
Elektrisch betriebene Schwebebahnen für Massenförderungen im Inneren industrieller Betriebe, v. Hanffstengel 1908 S. 1229.
Elektrohängebahnen, Streckenblockierung. 1909 S. 1107.
Elektrisch betriebene Schwebefähre bei Osten. 1910 S. 459.
Seilschwebebahnen und Bergriesen, Buhle 1911 S. 1280.
Motorlaufwinden, Thieme 1912 S. 564.
Einteilung der Fernsteuerungen für Elektrohängebahn, Wintermeyer 1916 S. 73, 90.
Seilschwebebahn über dem Niagara. 1917 S. 111.

D. p. J.

Elektrische Hängebahnen, Dieterich Bd. 319 S. 119. 1904.
Drahtseilbahnen, Stephan Bd. 319 S. 420, 468, 502, 533, 680, 695, 706, 725. 1904.
Anlage und Betrieb von Fabrikbahnen, Martens Bd. 321 S. 9, 59, 70, 92, 103. 1906.
Generelles Projekt der Zugspitzbahn, Martens Bd. 322 S. 388. 1907.
Die Erwärmung der Bremswerke bei Bremsseilbahnen, Klapper Bd. 323 S. 501, 517. 1908.
Industrielokomotive, Erb Bd. 323 S. 740. 1908.
Neuerungen an Luftseilbahnen, Stephan Bd. 324 S. 321, 336. 1909.
Barry-Transporter. Bd. 324 S. 346. 1909.
Neuerungen auf Luftseilbahnen, Stephan Bd. 324 S. 653. 1909.
Kettenlinienaufhängung. Bd. 324 S. 701. 1909.
Luftseilbahn zum Transport von Versatzmaterial, Stephan Bd. 325 S. 65. 1910.
Kabelluftbahn, Koll Bd. 325 S. 145, 161. 1910.
Luftseilbahn zur Holzbeförderung in Ostafrika, Stephan Bd. 325 S. 289, 304. 1910.
Verbilligung des Materialtransportes durch Seil- und elektrische Schwebebahnen, v. Hanffstengel Bd. 325 S. 464, 481, 497. 1910.
Elektrohängebahn für Licht- und Kraftwerk, Falkenstein Bd. 325 S. 591. 1910.
Die Transportanlagen der Mines de Houilles, Belgien, Wettich Bd. 325 S. 776. 1910.
Drahtseilbahn an der Goldküste, Hermanns Bd. 327 S. 51, 71. 1912.
Erzverladeanlagen auf der Insel Elba, Bleichert Bd. 327 S. 261. 1912.
Drahtseilbahn von ungewöhnlichen Abmessungen, Bleichert Bd. 327 S. 329. 1912.
Die Seilschwebebahn Lana-Vigiljoch. Bd. 327 S. 637. 1912.
Seilschwebefähre, Bleichert Bd. 327 S. 652. 1912.
Drahtseilbahn, Bleichert Bd. 327 S. 747. 1912.
Elektrohängebahn, Bleichert Bd. 328 S. 712. 1913.
Moderne Transportmittel in amerikanischen Werkstätten, Friedmann 1915 S. 321.
Drahtseilschwebebahnen für Förderwerke in Zuckerfabriken, H. Dietrich 1917 S. 51, 70.

Selbstentladewagen Bauart Malcher für Massengüter und für den allgemeinen Verkehr in offenen Güterwagen der Eisenbahnen. 1919 S. 8.
Die Bauart der neuen Großgüterwagen. 1923 S. 81.

Organ.

Die neue Vesuvbahn. 1904 S. 277.
Neuere Massentransportanlagen, Buhle 1908 S. 313.
Vierrädriges Laufwerk für Drahtseilbahnen, Pohlig 1908 S. 443.
Neuerung an Fördervorrichtungen in Werkstätten, Krohn 1909 S. 34.
Mitnehmer für Förderwagen bei Kettenbetrieb. 1909 S. 305.
Wetterhorn-Seilbahn. 1909 S. 415.
Die Seilebenen bei Ashley, Pennsylvania. 1909 S. 434.
Werkstättenwagen mit elektrischem Antriebe. 1910 S. 93.
Elektrische Hängebahn für den Güterschuppen auf Bahnhof Bergen. 1910 S. 93.
Seilklemme für Seilbahnen. 1910 S. 170.
Elektrische Hängebahnen für Massengutförderung, Schenck 1911 S. 183.
Niesen-Bahn. 1911 S. 338.
Kabelbahn über den Surinamfluß, Bleichert 1912 S. 67.
Drahtseilbahnanlage. 1912 S. 152.
Gepäck-Hängebahn auf Bahnhof Victoria in Manchester. 1912 S. 229.
Hängebahnen in Güterschuppen. 1912 S. 425.
Selbsttätige Bremse für Drahtseilbahnwagen. 1913 S. 129.
Güterförderung auf Hängebahnen in Schuppen. 1913 S. 203.
Hängebahn zum Bedienen von Kohlenlagern, Bleichert 1913 S. 238.
Bergseilschwebebahnen, Buhle 1913 S. 266.
Seilschwebebahn nach Kohlern bei Bozen, Wettich 1913 S. 341.
Der theoretische Längenschnitt von Drahtseilbahnen mit Doppelbetrieb, v. Reckenschuß 1913 S. 393, 410, 431, 449.
Verladeanlage der Wetfjord-Iron Ore Co., Bleichert 1914 S. 231.
Elektrisch betriebene Kippwagen. 1914 S. 306.
Seilführung für Seilförderer. 1916 S. 18.
Eisenbahnwesen der Baltischen Ausstellung Malmö 1914. 1916 S. 115.
Elektrische Verhol-Lokomotiven der Schleusen am Panamakanal, Spill 1917 S. 369.
Vereinigte Reibung- und Zahnbahn von Poter, Abt 1917 S. 394.
Stützen für Drahtseilbahnen aus Beton und Eisenbeton. 1914 S. 47.
Seilschwebebahn der Aiguille du Midi, Dalinier 1914 S. 254.
Die zu beseitigende Gegengewichtskabelbahn in Providence, Rhode Island. 1914 S. 393.
Seilförderer für Stückgut. 1921 S. 170.
Hängebahn der „Clevland Crane and Engineering" Gesellschaft. 1922 S. 91.

Fördertechnik.

Seilbahnen im Dienste des Eisenbahnbaues, Pietrkowski 1909 S. 5.

Ausnutzung zu Tal fördernder Seilbahnen und damit zusammenhängende Regulierungsfragen, Boye 1909 S. 77.

Die Elektrohängebahn der Naval Briquette Factory in Tokuyama, Wettich 1909 S. 119.

Gleisbahnen mit endlosem Förderstrang, Heitmann 1909 S. 123.

Luftseilbahnen für Personenbeförderung, Stephan 1911 S. 225, 429.

Hängebahnen aus Stahlblech gepreßt, mit Laufkatzen fahrend. 1912, S. 59.

Zur Beurteilung der Drahtseilschwebebahnen für Personenbeförderung, Woernle 1913 S. 25, 53.

Geschichtliche Entwicklung der Drahtseilschwebebahnen zur Beförderung von Personen, Wettich 1914 S. 6, 15, 40.

Verschleiß der Tragseile von Drahtseilbahnen. 1914 S. 61.

Ein als Brücke dienender Kabelkran. 1914 S. 90, 101.

Kritik über Konstruktion und Verhalten von Personenseilschwebebahnen. 1914 S. 84, 121, 148, 217, 232, 239.

Seilschwebebahnen für Beförderung von Reisenden im Gebirge. 1914 S. 238.

Elektroschwebebahnen für Lastenförderung, Kirchhoff 1915 S. 81, 113.

Neuer Seitenkipper für Förderwagen. 1915 S. 85.

Beitrag zur Berechnung von Drahtseilbahnen. 1916 S. 169.

Seilbahnen zum Aufschütten von Halden. 1916 S. 84, 97.

Leistungsfähigkeit und Wirtschaftlichkeit von Elektrohängebahnen (Sonderkonstruktion), Steuer 1917 S. 25.

Schwebebahnen zur Beförderung Verwundeter. 1919 S. 41.

Die Entwicklung des Lastkraftwagenverkehrs, Jacoby 1919 S. 81.

Straßengüterzüge mit Kraftbetrieb, Wintermeyer 1919 S. 113.

Moderne Elektrohängebahnen, Speck 1919 S. 120.

Güterverkehr auf Straßenbahnen, Trautvetter 1919 S. 129.

Lastkraftwagen als Zugmaschine, Stein 1919 S. 147.

Erfahrungen bei der Seiluntersuchung, Grempe 1919 S. 153.

Warme und kalte Motoren, Stein 1919 S. 195.

Über Seilreibungswinden bei großen Seillängen, Böttcher 1919 S. 211.

Elektrohängebahnen mit Drehstrom-Fernsteuerung, Speck 1919 S. 217.

Die Güterbeförderung in Chikago mittels Elektromobils, 1920 S. 11.

Die Straßen- und Gleiskarre Bauart Schövling, Lehrmann 1920 S. 23.

Über Mehrscheibenantriebe mit Umschlingung durch dasselbe Seil, Ohnesorge 1920 S. 52, 62.

Das Elektromobil im Dienste der Güterbeförderung Hamader 1920 S. 79.

Der Gütertransport im Hochgebirge, Hamader 1920 S. 101.

Wie sollen mit Rücksicht auf die Lebensdauer der Seile die Drahtseilbahnwagen beschaffen sein? Schröder 1920 S. 110, 118.

Die Elektrohängebahn, Wintermeyer 1920 S. 133, 144, 157.

Bedeutung und Bauart des Lastautomobils, Löw 1920 S. 143.

Dampfstraßenzugmaschine. 1920 S. 178.

Stückgüter und Gepäckbeförderung mittels Elektrokarrens, Walter 1920 S. 183.

Die Drahtseilbahn am Hohneck, Wernekke 1921 S. 71.

Die amerikanische Betriebsführung und Organisation im Elektrolastmobilverkehr, Hamader 1921 S. 81.

Eine südamerikanische Drahtseilbahn, Wernekke 1921 S. 95.

Die Güterbeförderung durch die elektrische Bahn und durch den elektrischen Lastkraftwagen, Wintermeyer 1921 S. 96, 112.

Der dampfbetriebene Lastkraftwagen in England, Wintermeyer 1921 S. 143.

Der Elektrokarren zum Lastentransport zwischen Schiff und Speicherraum. 1921 S. 333.

Der Lastkraftwagen und seine vielseitige Verwendung unter besonderer Berücksichtigung der auf der D. A. A. ausgestellt gewesenen Bauarten, Redtmann 1922 S. 8, 27.

Die Verwendung schienenloser Drehstrombahnen in der Wald- und Holzindustrie, Kürzel-Rüntscheiner 1922 S. 21.

Der motorische Zug bei den Armeen Österreich-Ungarns, Kürzel-Rüntscheiner 1922, S. 159, 174.

Der Lastkraftwagen und seine Verwendung, Ginek 1922 S. 209.

Der elektrische Kleinlastkraftwagen deutscher Bauart, Wintermeyer 1922 S. 223.

Ein neuzeitlicher Schrägbahnaufzug, Stephan 1922 S. 227.

Zwei bemerkenswerte Drahtseilbahnen, Wernekke 1922 S. 248.

Neue Wege im Lastkraftverkehr, Fladrich 1922 S. 285, 313.

Zahnradbahnen, Wernekke 1923 S. 13.

Neuzeitliche Hilfsmittel zum Materialtransport bei Tiefbauten im Hochgebirge, Rieding 1923, S. 30.

Holztransporte im Gebirge. 1923 S. 49.

Das elektrische Pferd, Wittfeld 1923 S. 82.

Der Lastkraftwagen in der Güterförderung, Boethke 1923 S. 133.

Eine Neuerung im Hängebahnwesen, Geipel 1923 S. 169.

Neuland für Lastautos, Kirchner 1923 S. 174.

Z. oestr. Ing. u. Arch.-Ver.

Exportausstellung in Philadelphia 1899, Knoller, Sturzwagen 1900 S. 369.

Eisenbahnfahrbetriebsmittel der Industrie- und Gewerbeausstellung Düsseldorf 1902, Braun 1902 S. 893.

Bleichertsche Drahtseilbahnen. 1902 S. 613.

Erste geplante Schwebefähre in Deutschland. 1909 S. 469.
Serrabahn in Brasilien. 1911 S. 219.
Neue Personenschwebebahn auf dem Kohlererberg bei Bozen, Soulavy 1913 S. 17.
Seilbahn für den Kohlentransport von Savona nach San Giuseppe Marinig. 1913 S. 393.
Drahtseilbahnstützen auf Beton und Eisenbeton. 1913 S. 825.
Elektrische Drahtseilbahn Siders-Montana-Vermala, Zehnder-Spörry 1916 S. 169, 189.
Lastwagen mit Selbstladevorrichtung. 1917 S. 468.
Drahtseilbahnen neuester Zeit, Flat 1921 S. 118.
Schrägaufzug für das Spullerseewerk, Findeis 1922 S. 143.

Maschinenbau.

Das Gießereitransportwesen. 1923/24 S. B 1.
Untersuchung der Wirtschaftlichkeit von Hubtransportwagen. 1923/24 S. B 7.

Génie civil.

Chemin de fer funiculaire de Vésuve, Couchepin Bd. 44 S. 309. 1904.
Le funiculaire de la Bourboule, Dumas Bd. 45 S. 321. 1904.
Le funiculaire électr. de Nancy, Bernardet Bd. 48 S. 281. 1906.
Transporteurs aériens de la mine Silver cup. Bd. 48 S. 292. 1906.
Transporteur aérien à chariot électr. automoteur. Bd. 50 S. 142. 1906.
Transporteur aérien de 35 kilomètres entre Chilecito et Upulungos. Bd. 50 S. 345. 1907.
Wagonnet à traction funiculaire, déchargeant et classant automatiquement le mineral. Bd. 52 S. 310. 1908.
Transporteurs monorails suspendus pour usines et chantiers. Bd. 52 S. 404. 1908.
Le funiculaire électr. de Pau. Bd. 53 S. 177. 1908.
Le funiculaire électr. de Heildelberg. Bd. 53 S. 441. 1908.
Le funiculaire du Wetterhorn à Grindelvald. Bd. 54 S. 249. 1909.
Le transbordeur funiculaire à voyageurs du Mont Ulia, Espitallier Bd. 55 S. 105. 1909.
Voies „passe partout" pour les transporteurs aériens des ateliers. Bd. 55 S. 244. 1909.
Transporteurs aériens des chantiers de l'Erie Railroad. Bd. 55 S. 269. 1909.
Transporteur mobile à cable à support oscillant. Bd. 55 S. 373. 1909.
Le funiculaire de l'île de Capri. Bd. 56 S. 219. 1910.
Transporteur funiculaire pour voyageurs système Bellani et Benazzoli. Bd. 59 S. 438. 1911.
Transporteur électr. sur voie aérienne pour déchargement des charbons. Bd. 60 S. 232. 1912.
Transporteur électr. aérien sur rails, système Carr. Bd. 60 S. 455. 1912.
Le funiculaire aérien de l'Aiguille du midi, Dalimier Bd. 62 S. 61. 1912.
Transporteur à cables de la sucrerie Panggoondregjo, près Kepa Ndjan à Java. Bd. 62 S. 391. 1913.
Le funiculaire aérien à voyageurs de Lana au Vigiljoch. Bd. 63 S. 101. 1913.
Transport d'une locomotive par funiculaire aérien, au Carrage d'Elephant Butte New-Mexico (É. U.). Bd. 63 S. 135. 1913.
Funiculaire aérien á voyageurs du Pain de Sucre à Rio de Janeiro, Dantin Bd. 63 S. 253. 1913.
Le funiculaire à voyageurs du Mont Kohlerer près de Bozen, Caumont Bd. 63 S. 345. 1913.
Le transbordeur funiculaire à voyageurs du Niagara 1916 II S. 97.
Chariot à bras à plâte-forme mobile. 1919 II S. 279.
Transporteur funiculaire de retournements. 1919 II S. 417.
Les transporteurs aériens à cables. 1921 S. 385.
Chariot élévateur, système Brandt. 1921 II S. 216.
Transporteurs aériens à cables. 1922 II S. 486, 511, 532.
Le pont à transbordeur à Buenos Ayres. 1923 S. 245.
Locomoteur à essence pour la maneuvre des wagons. 1923 S. 446.

Engineering.

Poole's electric cableway over the Zambesi river. Bd. 77 S. 570, 572. 1904.
White's aerial wire ropeway. Bd. 78 S. 503, 508. 1904.
Electric telpherage installation at cement works. Bd. 82 S. 41, 44, 48. 1906.
Aerial wire ropeway for conveying coal. Bd. 84 S. 552. 1907.
Wire ropeway in the North-Argentine Cordilleras. Bd. 85 S. 361, 374, 425, 440. 1908.
Aerial ropeway at Montevideo. Bd. 88 S. 722, 726. 1909.
Aerial ropeway at Abertillery, South Wales. Bd. 89 S. 506, 508. 1910.
Aerial ropeway at Steetley Quarries. Bd. 90 S. 745, 746. 1910.
Wire ropeway plant at the Orconera Iron-mines, Spain. Bd. 92 S. 553. 1911.
Aerial ropeway at Bayton colliery. Bd. 95 S. 670. 1913.
5-ton side-tipping trailer. 1914 II S. 79.
Re-fueling warships at sea. 1915 I S. 118.
U-frame jacktruck and elevator. 1918 I S. 160.
The present position of mechanical road traction. 1919 II S. 714.
$4^1/_2$ cubic yard side-tipping wagon. 1922 I S. 363.
Transporter bridge, Buenos-Aires. 1922 II S. 193, 287.

Engineering News.

A single-rail conveying system at the Baker chocolateworks, Milton Bd. 52 S. 137. 1904.
Formulas for the design of cableways, Durham Bd. 59 S. 411. 1908.
The Wetterhorn cableway incline. Bd. 62 S. 87. 1909.
Passenger cableway carrier at Mt. Ulia, Spain. Bd. 62 S. 88. 1909.
The new high-speed cableways on the Panama-canal. Bd. 66 S. 316. 1911.
An aerial cableway for handling coal from mine to colliery, Benthaus Bd. 66 S. 387. 1911.
Aerial tramway and cable inclines for passenger traffic in Colorado. Bd. 66 S. 508. 1911.

An African freight cableway, Tupper Bd. 67 S. 374. 1912.
A stiff cableway carriage. Bd. 68 S. 819. 1912.
A new austrian passenger cableway. Bd. 68 S. 985. 1912.
A cableway for railway lumber cars, Cooke Bd. 70 S. 939. 1913.
Multiple-body electric dump cars. 1914 I S. 247.
Moving a 16-ton locomotive by cableway. 1914 I S. 721.
A fixed cableway used with transfer platform. 1914 I S. 1423.
Scoop car for handling railway slides. 1914 II S. 117.
A wind wreckened gantry crane. 1914 II S. 318.
A home made 6-yard dump car. 1917 II S. 1076.
French quarries inspected by U. S. engineers. 1918 I S. 421.
Light railway. 1918 I S. 508.
Trucks on concrete roadways distribute supplies at railway shop. 1918 I S. 1039.
Mobile crane on electric tractor. 1918 II S. 738.
Gravity freight yard. 1920 I S. 81.
Improvised cableway for light bridge erection. 1920 I S. 105.
Car loading hopper for draglines and grab buckets. 1920 I S. 979.
Concreting train with cableway and dragline bucket 1920 II S. 1230.
Better freight handling methods by mechanical equipment. 1921 I S. 151.
Trailers in municipal service. 1921 I S. 374.
How Maryland enforces its motor vehicle law. 1921 I S. 667.
Cable haulage for dump cars. 1921 I S. 737.
Improvements required in road building plant. 1921 I S. 949.
Motor truck transport of freight by European railroads. 1921 I S. 954.
Bucket and trolley form simple means for shaft sinking. 1921 I S. 962.
A home-made fort brake for muck cars. 1921 I S. 1134.
Steam trucks in Great Britain. 1921 II S. 9.
Automatic single rope cableway. 1921 II S. 67.
Valve closing trucks. 1921 II S. 95.
Cableway over siding unloads cars. 1921 II S. 225.
Heavy duty cableway carriage. 1922 I S. 319.
Electric industrial crane truck. 1922 I S. 1059.
High stockpiles built up with heavy trucks. 1922 II S. 139.
Truck for road building service. 1922 II S. 253.
Aerial tramways serve mixing plant. 1922 II S. 604.
Transfer of whole town 11 miles by truck and trailer. 1922 II S. 623.
Cableway erecting removable bridge. 1922 II S. 963.
Road show Chicago. 1923 I S. 184.
House moved by motor truck. 1923 I S. 1053.
Moving platforms, an untried form of rapid transit. 1923 II S. 922.

III. Dauerförderer.

S. auch „Besondere Hebe- und Förderanlagen im Schiffahrtsbetrieb". Band II. — „Besondere Hebe- und Förderanlagen im Eisenbahnbetrieb." Band II. — „Besondere Förderanlagen im Berg- und Hüttenwesen" Band II und „Aufsätze verschiedenen Inhalts."

Z. V. d. I.

Getreidespeicher, Transporteinrichtungen, Buhle 1904 S. 342.
Kohlenförderung für 60 t/st des Bercy-Kraftwerkes, Pariser Stadtbahn 1904 S. 1927.
Beschickanlage im Kraftwerk der Neuyorker Untergrundbahn. 1905 S. 344.
Einrichtung einer Zementfabrik in Amerika. 1905 S. 382.
Maschine zum Ausgraben schmaler Gräben, Eichel 1906 S. 56.
Fahrbarer Bagger mit elektrischem Antrieb. 1906 S. 229.
Bandförderanlage für Stückgüter, Buhle 1906 S. 667.
Neuerungen im amerikanischen Transportmaschinenbau, v. Hanffstengel 1906 S. 1345, 1408, 1622.
Transporteinrichtungen in der Zement-, Kalk-, Phosphor- und Kaliindustrie, Naske 1906 S. 1586, 1669.
Kohlenbeförderung im Kraftwerk Wertheim. 1907 S. 290.
Gefahrfrage, Schutzmittel, Anlage- und Betriebskosten, Neuerungen an Paternosterfahrstühlen, Ernst 1907 S. 410, 445, 558, 624, 1487.
Kohlentransportanlage für das elektrische Kraftwerk Simmering. 1907 S. 761.
Neuere Fördermittel und Lageranlagen für Kalisalz (Schnecke, Bänder), Buhle 1907 S. 1901.
Raumbewegliche Förderer, v. Hanffstengel 1908 S. 121.
Einschienenförderer von Bleichert, v. Hanffstengel 1908 S. 313.
Baggermaschine zum Vortrieb des Richtstollens beim Tunnelbau. 1908 S. 1269.
Eimerkettenbagger, Richter 1908 S. 1702, 1765.
Neuere Kesselbekohlungsanlage, Brix 1909 S. 361.
Elektrisch betriebener Bagger, Richter 1909 S. 940.
Aschenförderanlage. 1909 S. 1086.
Wagerechtes Förderrad. 1909 S. 1693.
Bekohlanlage mit Becherwerk, Guillery 1909 S. 1719.
Aschenförderanlage mit Kratzerförderer. 1909 S. 1942.
Pneumatische Förderanlage für Grünmalz. 1910 S. 273.
Elektrisch betriebene Bagger, Richter 1910 S. 577, 757, 797.
Neuere Baggerkonstruktionen. 1910 S. 657.
Kohlen- und Ascheförderanlage im Kraftwerk der Hudson- und Manhattan-Bahn. 1910 S. 942.
Dampfkessel-Bekohlungsanlage mit Gummigurten. 1910 S. 1134.
Kosten der Bodenbewegung bei Trockeneimerbagger, Contag 1910 S. 1581.

St. u. E.

Glückauf.

Erfahrungen mit Ersatzstoffriemen und -förderbändern im rheinisch-westfälischen Steinkohlenbergbau während des Krieges, Türk und Schultze 1920 S. 275.

Technische Neuerungen im Betriebe der rheinischen Braunkohlengruben, Grünewald 1923 S. 429, 485.

Gasjournal.

Das neue Gaswerk Darmstadt. 1904 S. 953, 982.

Die Boussesche Transportvorrichtung. 1904 S. 1025.

Kohlenförderanlage auf dem Gaswerk Nürnberg. 1904 S. 1118.

Koksförderrinne Bauart Bamag-Marshall. 1905 S. 205.

Einrichtung zur Förderung und Verarbeitung des Koks in Gasanstalten. 1905 S. 241.

Koks-Lösch- und Transporteinrichtung, Eitle 1905 S. 767.

Die Brouwersche Rinne. 1905 S. 1071.

Die Entwicklung des Baues der Kokslöschrinne. 1909 S. 511.

Eine neue Kokförderanlage, Buhle 1910 S. 713.

Das neue Gaswerk Regensburg, Friedrich 1911 S. 49.

Gaswerke in London, Edinburgh und Glasgow. 1911 S. 1, 73, 101, 122.

Eine neue Kokslösch- und Transportrinne, Eitle 1911 S. 796.

Gurtförderer oder Gliederbandförderer, Hermanns 1919 S. 60.

Maschineller Grabenausheber. 1922 S. 659.

Bekämpfung der Frostgefahr bei Transportanlagen, Rodde 1923 S. 68.

El. K. u. B.

Einige Elemente zur Beförderung und Lagerung von Massengütern, Buhle 1904 S. 141, 160.

Drahttransportvorrichtung mit elektrischem Antriebe. 1905 S. 225.

Elektrisch betriebene Transporteinrichtung mit endlosem Bande, Eichel 1906 S. 6.

Einige Elemente zur Beförderung und Lagerung von Massengütern, Buhle 1906 S. 429, 535.

Eimerbagger für ungarische Zementfabrik. 1911 S. 459

Der Arbeitsverbrauch der elektrischen Trockenbagger, Sanio 1912 S. 41.

Elektrisch betriebener Eimerkettenschwimmbagger, Sanio 1913 S. 189.

Elektrische Kratzeimerbagger in Tongruben. 1914 S. 137.

Die elektrische Ausrüstung von Eimerketten bei Goldbaggern. 1914 S. 606.

Kratzeimerbagger mit elektrischem Antrieb. 1915 S. 114.

Elektrisch betriebener Kratzeimerbagger beim Bau eines Kanals. 1916 S. 245.

Tagesförderung und Verladung. 1917 S. 169.

Über Blockierung und Fernsteuerung für Elektrohängebahnen, Dörr 1918 S. 45.

Eimerbagger zum Wegfüllen von Steinsalz unter Tage. 1922 S. 5.

ETZ.

Seedampfbagger ‚Thor', Meiners 1906 S. 1184.

Paternosteraufzüge. 1907 S. 632.

Bekohlungsanlagen, Hagemann 1914 S. 570.

Kalkstickstoffwerke in Odda (Schwingförderrinne), Perlewitz 1915 S. 645.

Schwingförderrinne. 1915 S. 647.

Über elektrische Eimerbagger und Abraumbetrieb, Hermanns 1917 S. 503.

D. p. J.

Mühle und Elevator „Rio la Plata" in Buenos Aires, Lufft Bd. 319 S. 625, 641. 1904.

Goldbagger für Pagocat auf Celebes, Kerdjik Bd. 321 S. 465. 1906.

Die Universalrundlaufmaschine (System von Pittler), ihre Anwendungen, Dominik Bd. 322 S. 241, 258. 1907.

Die Entwicklung der Treppenaufzüge, Wintermeyer Bd. 322 S. 595. 1907.

Transportbänder, Heitmann Bd. 323, S. 165, 247. 1908.

Rotierende Kurbelschleife und die Schleppkurbel als Antrieb für Propellerrinnen, Brandt Bd. 323 S. 192, 212, 228, 244. 1908.

Transportschnecken, Heitmann Bd. 324 S. 69. 1909.

Beförderung von Fässern, Säcken und Kisten, Guillery Bd. 324 S. 373. 1909.

Bekohlanlage mit Becherwerk. Bd. 325 S. 28. 1910.

Der Transportgurt. Hermanns Bd. 325 S. 49, 68, 85. 1910.

Über Fördergurte aus eisernen Gliederstücken, Buhle Bd. 325 S. 52. 1910.

Schüttelrutschenbetrieb Bd. 325 S. 620. 1910.

Gurtförderung für kontinuierliche Förderung von Stückgütern, Lehrmann Bd. 326 S. 118. 1911.

Der größte Trockenbagger der Welt, Hermanns Bd. 326 S. 283. 1911.

Ein Bagger von ganz bemerkenswerter Größe. Bd. 326 S. 557. 1911.

Moderne Transport- und Verladeeinrichtungen für Kalisalze, Schorrig Bd. 327 S. 219. 1912.

Neue Conveyor-Anlagen, Lehrmann Bd. 328 S. 33, 52, 69. 1913.

Konstruktion von Ketten und Kettenrädern. 1914 S. 25.

Neuere Conveyor-Anlagen, Lehrmann 1914 S. 368, 388.

Spülförderung von R. Wüster. 1916 S. 239.

Elektrisch betriebene Saugförderanlage. 1917 S. 128.

Das Stahlförderband System Sandviken. 1920 S. 217.

Grabenbagger mit Raupenkettenantrieb. 1920 S. 240.

Binderkonstruktion für ein Kohlenschuppendach von besonderer Bauart. 1922 S. 130.

Organ.

Das Förderband bei der Eisenbahn. 1910 S. 93.

Kettenbahn für Güterschuppen. 1910 S. 112.

Bewegliche Treppen, Bahnhof Earl's Court London. 1912 S. 229.

Förderkette mit Bogen- und Schraubenführung, Schenck 1912 S. 247.

Bewegliche Treppe von Hocquart. 1912 S. 320.

Förderketten. 1917 S. 352.
Anlage zum Verladen von Eisenerz in Bilbao. 1918 S. 193.

Fördertechnik.

Lagerung längerer Förderschnecken oder Schneckenbänder, Wille 1909 S. 35.
Die Entwicklung des Becherförderers, Hermanns 1909 S. 141.
Füllvorrichtungen für Becherwerke, Wille 1909 S. 173, 201, 237, 271.
Sicherheitsvorrichtungen gegen das seitliche Ablaufen der Förderbänder von den Tragrollen, Wille 1910 S. 25.
Einiges über die Förderung mittels Becherwerken, Hermanns 1910 S. 89, 118.
Entladevorrichtungen für Becherwerke, Wille 1910 S. 168.
Über Transportschnecken. 1912 S. 20.
Förderrinnen, Lindner 1912 S. 31, 73.
Schaukeltransporteur, Maus 1912 S. 207.
Kontinuierlich und schnell fördernde Transporteinrichtungen für die Bewegung von Schwergütern, Hinze 1913 S. 166, 181, 207.
Untersuchung zur Ermittlung der günstigsten Förderrinnenkonstruktion für den Grubenbetrieb, Liwehr 1914 S. 173, 1915 S. 9, 33, 49, 73, 89, 107, 121.
Förderanlagen im Postverkehr. 1914 S. 257, 266.
Entladevorgang des Becherwerkes. 1915 S. 65.
Grundsätze für die Einrichtung und die Konstruktion von Förderanlagen im Geschäftsverkehr, Kasten 1916 S. 1, 9.
Hängebahnen in Chlorkaliumfabriken und auf Kaliwerken, Hermanns 1916 S. 81.
Fangvorrichtungen für endlose Förderer, Wille 1917 S. 49.
Fahrbare Verlader für Massengüter. 1918 S. 85.
Aufhängevorrichtungen für Schüttelrutschen. 1918 S. 115.
Ersatz der gewöhnlichen Abbauförderstrecken durch Schüttelrutschenbetrieb. 1918 S. 128.
Selbsttätige Ausschaltvorrichtungen des Antriebes von Becherelevatoren, Wille 1919 S. 46.
Schaukeltransporteure und Becherwerke, Blau 1919 S. 31.
Förderbänder in Glasfabriken, Stephan 1919 S. 43.
Das Holzgliederschuppenband, Gante 1919 S. 55.
Gurtförderer mit ungeteiltem Stahlband, Michelsohn 1919 S. 84.
Das Holzgliederförderband, Gante 1920 S. 41.
Das Holzgliederförderband „System Killewald". 1920 S. 56.
Stahlförderband System Sandviken, Michelsohn 1920 S. 104.
Metallförderbänder mit breiter Gelenkauflage. 1921 S. 11.
Russische Maschinentorfanlagen, Naumann 1921 S. 50.
Über maschinelle Schlammförderanlagen, Buhle 1921 S. 55.
Der Bau von Eimerketten-Trockenbaggern von Friedr. Krupp A.-G., Wintermeyer 1921 S. 335.
Die Förderrinne bei geneigter Förderung, Stephan 1921 S. 199.
Neuerungen an Löffelbaggern, Simon 1921 S. 235.
Der Bagger im modernen Betriebe, Hawe 1921 S. 291.
Der elektrische Schüttelrutschenantrieb, Wintermeyer 1921 S. 310.
Die Neuerungen auf dem Gebiete der Untertagebagger und der mechanischen Schaufeln, Hildebrand 1922 S. 49.
Der Abtransport von Erdmassen beim Kanalbau, Riedig 1922 S. 244.
Ortsveränderliche Transportanlage für Massengüter, Miehe 1922 S. 299.
Kabelbagger, Riedig 1922 S. 322.
Die Schüttelrutschenförderung und das Beschleunigungsverfahren von Marais, Ohnesorge 1923 S. 37.
Kieler Getreidesilos. 1923 S. 71.

Z. östr. Ing. u. Arch.-Ver.

Boussesches Becherwerk. 1904 S. 415.
Schaufelbecherwerk der Link Belt Engineering Co. 1907 S. 13.
Über einige Neuerungen im Massentransport, Buhle 1908 S. 689.
Moderne Baumethoden und neueste Fortschritte maschineller Bauarbeit, Bondy 1917 S. 365.
Neuer Bagger für die Ziegelindustrie. 1921 S. 123.

Maschinenbau.

Seil-Torfsodenförderer. 1922 S. 356 (130).
Torfzubringer und Torfablegevorrichtungen. 1922 S. 639 (229).
Maschinelles Stapeln. 1922/23 S. B 223.

Génie civil.

Elévateur-transporteur électrique, Costa Bd. 45 S. 97. 1904.
Convoyeur aérien à deux courroies. Bd. 45 S. 349. 1904.
Balance automatique pour transporteurs système Balke-Denison. Bd. 50 S. 237. 1907.
Nouveau système de transporteur horizontal pour matières pulvérulentes. Bd. 50 S. 269. 1907.
Moteur à mouvement de rotation continu, système Pittler. Bd. 51 S. 409. 1907.
Chaîne Galle, système Gilbert Little, pour norias et transporteurs. Bd. 53 S. 276. 1908.
Transporteur à courroie pour le chargement des navires à Hull. Bd. 54 S. 285. 1909.
Excavateurs, système Orenstein et Koppel employés aux travaux du port de Séville. Bd. 56 S. 65. 1909.
Engrenage excentré pour la commande des transporteurs à tourtaeux polygonaux. Bd. 56 S. 117. 1909.
Excavateur à commande électr. Bd. 56 S. 126. 1909.
Transporteur et élévateurs mobiles. Bd. 60 S. 353. 1912.
Excavateur de faible encombrement pour mines et terrassements. 1915 II S. 145.
Machine pour creuser les tranchées. 1916 II S. 158.
Excavateur américain pour le creusement des tranchées. 1918 S. 104.
Beune preneuse continue pour la manutention des matières pondéreuses. 1919 S. 174.

Les installations mécaniques de l'usine électrique de Coventry. 1919 II S. 235.
Chargeurs radiaux pour la manutention des matières pondéreuses. 1922 S. 67.
Pelle mécanique rotative. 1922 S. 477.
Transporteurs continus et élévateurs à godets. 1922 II S. 469.
Nouvelle pelle mécanique sur chariot à chenilles. 1923 S. 39.
Le transporteur de cendres Usco. 1923 II S. 547.

Engineering.

Automatic hoist. Bd. 79 S. 246, 248. 1905.
Tile-drain trench-digger. 1914 I S. 708.
Self-propelled low clearence shovelling machine. 1915 II S. 35.
Barge-discharging elevator. 1915 II S. 68.
The Donald portable ship elevator conveyor. 1916 II S. 503.
Universal gravity bucket conveyor. 1917 I S. 25.
Internal combustion farm drainage machines. 1917 II S. 237.
Handling materials with skip-hoists. 1917 II S. 434.
Self propelled low-clearencing shovelling machine. 1918 II S. 32.
Gravity conveyor. 1918 II S. 165.
1,500-ton twin-screw hopper dredger. 1918 II S. 640.
Portable grain elevator. 1919 II S. 145.
Conveyor installation at a margarine factory. 1919 II S. 781, 855.
Excavator for trench digging. 1920 I S. 828.
The roe cable conveyor. 1920 II S. 665.
Portable Belt conveyor. 1920 II S. 680.
Conveying and elevating machinery. 1921 II S. 866.
Portable automatic loading machines. 1922 II S. 208.
100-ton tar macadam drying and mixing plant. 1923 I S. 364, 708.
The first steam dredger on the river Clyde. 1923 II S. 61.
Coal-measuring machinery. 1923 II S. 259.
Vertical boom trench digger. 1923 II S. 397.

Engineering News.

The ridgway „two belt" conveyor. Bd. 51 S. 578. 1904.
A steel belt or arron conveyor. Bd. 52 S. 254. 1904.
A moving platform elevator for teams at Cleveland, Ohio. Bd. 53 S. 443. 1905.
A belt conveyor plant for handling concrete. Bd. 55 S. 380. 1906.
Mail conveying apparatus at the new Chicago post office building. Bd. 55 S. 383. 1906.
An extensible belt conveyor. Bd. 55 S. 703. 1906.
A wooden-apron conveyor carrying miscellaneous freight from wharf to warehouse. Bd. 64 S. 509. 1910.
Conveyor for a stone crushing plant. Bd. 65 S. 31. 1911.
A new construction of troughing pulleys for belt conveyors. Bd. 66 S. 638. 1911.
A machine for economical handling of coal and broken stone. Bd. 67 S. 402. 1912.
Foreign ladder dredgers. 1914 I S. 125.
A light portable wagon loader. 1914 II S. 987.
A dragline excavator with wagon loader. 1915 I S. 77.
Electric suction dredge. 1915 I S. 221.
Sand and gravel digger. 1917 II S. 509.
Portable belt conveyor. 1917 II S. 807.
Power loader. 1917 II S. 1030.
Home made suction dredge. 1917 II S. 1147.
Template excavators. 1918 I S. 263.
Machine trenches 220 feet an hour in shale. 1918 I S. 310.
Special belt conveyor. 1918 I S. 477.
Large sand digger. 1918 I S. 602.
How freight-handling machinery is being used abroad. 1918 I S. 713.
Self feeding bucket loader. 1918 II S. 1197.
Chain conveyor. 1920 I S. 936.
First modern grain elevator in Australia. 1920 II S. 114.
Stocking stone with conveyor loader. 1920 II S. 231.
Portable bucket elevator for sewer cleaning. 1920 II S. 493.
Conveyors speed delivery of sacked coffee to ships. 1920 II S. 757.
Mechanical mixer loader. 1921 I S. 170.
Snow loading machine. 1921 I S. 176.
Specialized use of mechanical equipment features road job. 1921 I S. 205.
Efficient plant for handling concrete on dam. 1921 I S. 752.
Portable belt conveyors. 1921 I S. 827.
Wagon loader mounted on creepers. 1921 II S. 257.
Portable conveyor. 1921 II S. 267.
Belt conveyor used in placing concrete. 1921 II S. 420.
Telescoping conveyor. 1922 I S. 151.
Railway ditching machine. 1922 I S. 340.
Field stone crushing plant. 1922 I S. 1029.
Sand screening plant. 1922 I S. 1035.
Many special features in latest type of loader. 1922 II S. 496.
Light weight trench excavator. 1922 II S. 497.
Placing concrete by several methods. 1922 II S. 526.
Power driven elevating loader. 1922 II S. 584.
Big sand dredge has Diesel-electric power equipment. 1922 II S. 722.
Steel shield pulled by excavator keeps trench from caving. 1922 II S. 804.
Motor truck mounting widers loader's operating range. 1922 II S. 817.
Portable conveyors handle all materials on concrete road job. 1922 II S. 894.
Scraper-plate wagon-loader. 1922 II S. 997.
Portable incline and steam shovel. 1923 I S. 358.
American conveyors store coal. 1923 I S. 371.
Elevating loader on tractor. 1923 I S. 417.
Trench excavator in new model. 1923 I S. 770.
Mechanical loader for handling snow. 1923 II S. 494.
Trench excavators. 1923 II S. 1036.
Improvements in creeper loader. 1923 II S. 1037.

IV. Förderung im Wasser- oder Luftstrom.

Z. V. d. I.

Pneumatische Getreideelevatoren. 1909 S. 354.
Pneumatische Getreideförderanlage in der Mühle von Conquaret, Naske 1910 S. 2202.
Pneumatische Förderanlagen im Müllereibetrieb, Naske 1910 S. 2204.
Mammutbagger zur Förderung von Schlamm, Pöhl 1910 S. 2189.
Saugförderanlagen, Bauart Darley. 1911 S. 1623.
Neue Saugluftgetreideheber, Buhle 1913 S. 362, 407.
Saugluftförderanlage für Schwerfrucht. 1913 S. 194.
Kohlenförderung mit Saugluft. 1913 S. 474.

St. u. E.

Saugluftförderanlage für feinkörnige Braunkohle. 1916 S. 902.

Glückauf.

Pneumatische Schlammförderanlage. 1911 S. 293.
Pneumatische Förderanlage für Kohle. 1913 S. 1946.
Spülförderung. 1916 S. 147.
Luft als Fördermittel im Dampfkessel-Ofenbetriebe. 1916 S. 484, 514, 531.

ETZ.

Aschenförderung durch Saugluft. 1916 S. 250.

D. p. J.

Aschenförderung mit Luft- und Wasserstrom. Bd. 324 S. 625, 657. 1909.
Schwimmende pneumatische Getreideelevatoren. 1914 S. 160.

Organ.

Fahrbarer Saugheber für Getreide. 1919 S. 270.

Fördertechnik.

Pneumatische Getreidefördernalage an der Magistratsstrecke zu Magdeburg. 1913 S. 12, 34.
Luftförderung von Kohlen. 1915 S. 142.
Kraftbedarf der Getreideluftförderer. 1919 S. 117.

Maschinenbau.

Elfa-Abladungen. 1922/23 S. B 206.

Génie civil.

Le transport pneumatique des matières en grains. 1916 S. 15.

Engineering.

Floating pneumatic grain elevators. 1917 I S. 121.
Pneumatic grain discharging and sackhandling plant. 1921 II S. 312, 370.
Floating pneumatic grain discharging plant. 1923 I S. 608.

Engineering News.

The hydraulic dredge „Niagara". 1914 II S. 438.
Measuring velocity of discharge from hydraulic dredge pipes. 1920 II S. 62.
Special impellers for pumps in dredging stumpy ground. 1920 II S. 166.
Pipe line velocities necessary to transport gravel. 1920 II S. 988.
Groundwater pumping and hydraulic excavation for Beach hotel foundation. 1921 I S. 52.
Railway ashpit cleaned by steam jets from the locomotives. 1921 II S. 476.

V. Hubförderer.

S. auch: „Besondere Hebe- und Förderanlagen im Schiffahrtsbetrieb" Band II, „Besondere Hebe- und Förderanlagen im Eisenbahnbetrieb" Band II. „Besondere Hebe- und Förderanlagen für die Kohlen- und Eisenindustrie" Band II und „Aufsätze verschiedenen Inhalts".

Z. V. d. I.

Drucklufthebezeuge in Amerika. 1904 S. 190.
Fahrbarer Dampfdrehkran mit veränderlicher Ausladung für 3 t, Pickersgill 1904 S. 268.
Stiglerscher Fahrstuhl mit Aufzugsmaschine. 1904 S. 371.
Kohlenstation in Frenchman's Bay. 1904 S. 614.
Elektr. Bockkran für 15 t und Hochbahnkran für 3 t, Stuckenholz 1904 S. 667.
Hof- und Werkstattkrane in amerikanischen Werkstätten. 1904 S. 851, 935.
Nachspannvorrichtung für die Prüfung von Hanfseilen. 1904 S. 1071.
Laufkran für den Zusammenbau der Williamsburg-Brücke. 1904 S. 1310.
Löffelbagger, Fröhlich 1904 S. 1368.
Ausleger-Laufkran, Benrath 1904 S. 1548.
Spezialhaken für Blechtransport. 1904 S. 1628.
Schema des Kohlenaufzuges im Isartalkraftwerk. 1905 S. 37.
Hulett-Entladevorrichtung. 1905 S. 95.
Laufdrehkrane mit und ohne Ausleger, Bockverladekran, A. Müller 1905 S. 201.
Untersuchung des Auslaufweges elektr. Aufzüge, Stahl 1905 S. 541.
Kranlokomotive von Borsig. 1905 S. 751.
Schaltungsschema des Lastenaufzuges in der techn. Hochschule Dresden mit Druckknopfsteuerung, Patent Klein. 1905 S. 857.
Kranlokomotive mit elektr. Antrieb. 1905 S. 915.
Hellingdrehkrane. 1905 S. 935.
Elektr. Aufzugssteuerung, Pollok 1905 S. 1125.
Neuere ausgeführte Krane und Hebevorrichtungen, Lolling 1905 S. 1530.
Elektrisch betriebener 30-t-Laufkran, Stamm 1905 S. 1832.
Verladebrücken in Emden. 1906 S. 175.
Kohlenstation in der Narraganset-Bai. 1906 S. 267.
Vergleich zwischen Aufzügen und beweglichen Treppen. 1906 S. 307.
Hydraulischer und elektr. Aufzug für amerikanische Wolkenkratzer. 1906 S. 365.
Sicherheitsvorrichtungen für Aufzüge, Cruikshank 1906 S. 1165.
Neuerungen im amerikanischen Transportmaschinenbau. 1906 S. 1408, 1622.

Die Mastenkrananlage der BAMAG. 1906 S. 1462.
Fahr- und drehbarer Auslegekran für 5—15 t Tragkraft, Duisburger Maschinenfabrik A.-G. 1906 S. 1597.
Verladebrücken im Hafen der Gutehoffnungshütte, Walsum. 1906 S. 1804.
Kritik der Bremssysteme bei elektr. Hebezeugen, Jordan 1906 S. 2011, 2056, 2097.
Elektr. betrieb. Drehkrane. 1907 S. 309.
Baukran der Quebec-Brücke (Klaue und Greifer). 1907 S. 462.
Die Beanspruchung von Drahtseilen, Isaachsen 1907 S. 652.
Aufstellkran für die Straßenbrücke zwischen Ruhrort und Homberg. 1907 S. 938.
Hydraulische Aufzüge in dem Riesengebäude der Metropolitan Life Insurance Co. New York. 1907 S. 1041.
Hochbaumastenkrane, Köhler 1907 S. 1189.
Die Entwicklung und Bedeutung der Dampfschaufeln, Richter 1907 S. 1684.
Bau einer Talsperre bei Laws mit Seilbahnen. 1907 S. 1761.
Freistehender Drehkran für 6 t bei 11 m Ausladung. 1908 S. 362.
Hölzerne und eiserne Kranwagen im Brückenbau. 1908 S. 533.
Fahrstuhl und bewegliche Treppen auf der Pariser Untergrundbahn. 1908 S. 787.
Verladevorrichtung für Kohlen. 1908 S. 831.
Kohlenförderanlage für das Kraftwerk Rummelsburg. 1908 S. 1158.
Kranarten für Sonderzwecke, Michenfelder 1908 S. 1461, 1511, 1553, 1594, 1659, 1860.
Verladeanlage am Rheinhafen Schwelgern. 1908 S. 1491.
Drehscheiben-Baggerkran, 33 m Ausleger, 3 cbm Baggergefäß. 1908 S. 1535.
Dahmsche Schienenabladevorrichtung. 1908 S.1739.
Moderne Verladekrane, v. Hanffstengel 1908 S. 1755, 1797.
Dampfschaufel und Greifbagger beim Panamakanal. 1909 S. 170.
Montagekran der Humboldthafenbrücke in Berlin. 1909 S. 180.
Krane für den Bau des Panamakanals, Bertschinger 1909 S. 219, 1998.
Ausbalancierte Seilbahnkrane. 1909 S. 375.
Rundholzverladeanlage, Buhle 1909 S. 786.
Montage eines Laufkranes durch sein eigenes Hubwerk. 1909 S. 799.
Halbportalkrane, Guillery 1909 S. 884.
Großer elektr. Schaufelbagger. 1909 S. 1430.
Elektr. betrieb. Drehscheiben-Auslegerkran, 80 t 24 m, Michenfelder 1909 S. 1865.
Eimerleiterwinde beim Bagger „Bremen". 1909 S. 1914.
Feststehender Standdrehkran in Togo. 1910 S. 21.
Transportanlage der Burbacher Hütte, Michenfelder 1910 S. 373.
Verladebrücken mit veränderlicher Spannweite, Michenfelder 1910 S. 486.
Elektr. betrieb. Bagger, Richter 1910 S. 577, 757, 797, 909.
Turmdrehkrane für 160 t bei 28 m Ausladung. 1910 S. 654.
Hebezeuge und Förderanlagen der Weltausstellung in Brüssel, Aumund 1910 S. 1341, 2166.
Kosten der Bodenbewegung bei Löffelbaggern, Contag 1910 S. 1472, 1579.
Karrenaufzug für verstellbare schiefe Laderampen. 1910 S. 2035.
Hydraulische Hakenwinde in Hamburg. 1910 S. 2176.
Kabelhochbahnkrane, Buhle 1910 S. 2214.
Hebezeuge auf der Brüsseler Weltausstellung, Aumund 1911 S. 281, 333, 374, 415.
Magnetkrane, Michenfelder 1911 S. 800, 854.
Verladebrücke mit Selbstgreifer, Richter 1911 S. 1056, 1118.
Fahrbarer Bockkran für 150 t mit doppelseitigem Ausleger, Demag 1911 S. 1783.
Druckknopfsteuerung für einen Personenaufzug, Stigler 1911 S. 1935.
Versuche über Spannungsverteilung in Kranhaken, Preuß 1911 S. 2173.
Die Rohrpostmaschinenstation in der Turmstraße in Berlin, Kasten 1912 S. 139.
Versuche mit Selbstgreifern, Kammerer 1912 S. 617.
Halbportalkran von 23 m Spannweite, Widmayer 1912 S. 900.
Die Kohlenverladevorrichtung im Rheinhafen zu Straßburg, Widmayer 1912 S. 911.
Der Kraftbedarf von elektr. und hydraulischen Hebezeugen, Eilert 1912 S. 1061.
Der Elbtunnel in Hamburg und sein Bau, Stockhausen 1912 S. 1301.
Hulettgreifer für 17 t. 1912 S. 1602.
Neuere Kranarten für Sonderzwecke, Michenfelder 1912 S. 1645.
Versuche mit Selbstgreifern, Pfahl 1912 S. 2005, 2055, 2102.
Neuer Riesenkran für die Schichauwerft. 1913 S. 830.
2 neue Derrickkrane, Demag. 1913 S. 993.
Kohlen- und Zuckertransportanlage, Demag. 1913 S. 1159.
Kräfteverteilung bei Selbstgreifern, Pfahl 1913 S. 1182.
Ein großer Hubmagnet. 1913 S. 1320.
Neuer Schwimmkran der Kaiserl. Werft Wilhelmshaven, Demag 1913 S. 1602.
Neueste Fortschritte deutscher Helling-Förderanlagen, Lienau 1913 S. 1689.
Konsolkran mit Schwenkausleger, Demag 1913 S. 2044.
Berechnung des Schwenkwiderstandes der Drehkrane mit Rollenlagern, Fürgen 1914 S. 38, 358.
Turmkrane für Bauausführungen, Wintermeyer 1914 S. 211.
Neuartige Erzschaufel, Nagel & Kaemp. 1914 S. 353.
Benzolelektrische Drehkran-Lokomotive, Lauchhammer 1914 S. 434.
Turmkrane für Bauausführungen, Dahlheim 1914 S. 585.

Untersuchungen an Fangvorrichtungen im Betriebe befindlicher Aufzüge, R. Mades, Pape 1914 S. 827, 1610.
Amerikanische Personenaufzüge für große Hubhöhen und hohe Fahrgeschwindigkeiten, Freisler 1914 S. 1250.
Versuchsergebnisse an einer Laufwinde von 50 t Tragkraft, Oerlikon 1914 S. 1309.
Verladebrücken neuerer Bauart, Feigl 1915 S. 149, 199.
Beanspruchung und Lebensdauer von Drahtseilen für Aufzüge, Wahrenberger 1915 S. 605.
Dampfschaufel von 4,6 cbm Inhalt. 1915 S. 826.
Neuzeitliche Selbstgreiferkonstruktionen, Wintermeyer 1915 S. 976.
Seilbahnkrane neuerer Bauart, Heinold 1916 S. 501, 551.
Einketten- und Einseilgreifer, Boje 1917 S. 505.
Fahrbarer Stapelelevator für elektrischen Antrieb, Dahlheim 1917 S. 581.
Ein 50-t-Lokomotiv-Auslegerkran. 1917 S. 805.
Die Umschlageplätze der Zentral-Einkaufsgesellschaft für die Beförderung von rumänischem Getreide, Herzfeld 1919 S. 166, 187.
Ein Dockkran mit neuartigem Längs- und Querfahrwerk, Sykora 1919 S. 9.
Der neue 250-t-Hammerwippkran der Werft von Blohm & Voß in Hamburg. 1919 S. 349.
Verwendbarkeit von Löffelbaggern. 1919 S. 445.
Neuerungen im elektrischen Antrieb von Hebezeugen, Meyer 1919 S. 617.
Der Fabrikneubau der Mühlenbauanstalt und Maschinenfabrik vorm. Gebrüder Seck in Sporlitz bei Dresden, Luther 1919 S. 800.
Greifer für 23 cbm Fassung. 1919 S. 967.
Kabelkrane für Massenförderung. 1920 S. 47.
Entleervorrichtungen an Baggerlöffeln, Simon 1921 S. 463.
Motorgreifer. 1922 S. 655.
Wirtschaftlicher Betrieb der Baumaschinen, Merkl 1922 S. 741.
Kanalbau mit Bagger und Verladebrücke. 1922 S.900.
Normale Dampfdrehkrane, Keßner-Benedict 1922 S. 965.
Hydraulische Hebewinde für Kraftwagen. 1922 S. 1105.
Klärteichbagger. 1923 S. 717.
Der hydraulische Hebebock Perpetuum. 1923 S. 718.
Die Entstehung von Schlamm und seine Förderung durch den Mammutbagger, Steen 1923 S. 804.
Hölzerne Derrickkrane, Schmidt-Tychsen 1923 S. 888.
Verwendung von Einseilgreifern, Diekmann 1923 S. 1071.

St. u. E.

Elektr. betrieb. Speziallaufkran, Doudelinger 1904 S. 16.
Dampfschaufel, Macco 1904 S. 73.
Nahtlose Ketten, Klatte 1904 S. 1307, 1363.
Größte Vorratsanlage für Kohlen in Amerika. 1905 S. 183.
Verlademagnete, Janssen 1906 S. 35.
Handhebezeuge und Sicherheitsvorrichtung. 1906 S. 113.
Laufkran mit Elektromagnet zum Verladen von Stabeisen, M. A. N. 1906 S. 401.
Lasthebemagnete, Hertel 1908 S. 469, 640.
Wie sollen Seil und Kettentriebe mit Rücksicht auf die Haltbarkeit des Zugorgans konstruiert sein? Heckel 1908 S. 828.
Untersuchung der Biegbarkeit von Drähten, Schuchart 1908 S. 945, 988.
Untersuchung der Bruchenden eines im Betriebe gerissenen Drahtes, Heyn 1908 S. 1240.
Rißbildungen an Gehängebalken von Stahlgießpfannen, Canaris 1912 S. 611.
Neue Umladevorrichtung, Pohlig 1913 S. 749.
Neue Hängebahnweiche. 1913 S. 786.
Verwendung und neuere Anordnung der Zweischienenhängebahn, E. Leber 1913 S. 849/904.
Neuere Selbstgreiferbauart. 1914 S. 1009.
Magnet und Muldentransportkran. 1914 S. 1410.
Neuere Selbstgreifer, Dr. Borchers 1914 S. 624/28.
Sicherheitsvorkehrungen bei Hochofenschrägaufzügen, R. Brennecke 1915 S. 1169, 1220.
Löffelbagger zum Verladen von Massengütern, Hermanns 1918 S. 136.
Magnetverwendung in Eisenhüttenwerken, Blau 1919 S. 931.
Die Verschiebung und Hebung bestehender Bauwerke, Bösenberg 1919 S. 1245.
Elektromagnetische Selbstgreifer. 1921 S. 929.
Kontinuierlicher Greifer, Schwarz 1921 S. 1865.
Magnetschrottgreifer. 1922 S. 1180.

Glückauf.

Mechanische Einrichtung zur Verladung von Kohlen und Erzen im Hafen der Gutehoffnungshütte zu Walsum. 1906 S. 781.
Löffelbagger. 1907 S. 1363.
Löffelbagger, Baum 1908 S. 260.
Löffelbagger f. Braunkohlengewinnung. 1911 S. 111.
Hebevorrichtung für elektr. Grubenlokomotiven. 1911 S. 169.
Prüfung von Kübelbügeln. 1911 S. 318.
Neuere Selbstgreifer mit großer Öffnungsweite. 1911 S. 1992.
Untersuchung eines gebrochenen Kübelbügels. 1911 S. 2001.
Der heutige Stand im Bau von Löffelbaggern. 1913 S. 612.
Kabelkran im Tagebau von Bergwerkbetrieben, Wintermeyer 1914 S. 989.
Fortschritte im Bau von Sicherheits- und Regelvorrichtungen für Dampffördermaschinen, Wintermeyer 1914 S. 137, 158.
Kabelluftbahnen auf den Möller-und-Rheinbabenschächten der kgl. Berginspektion zu Gladbach/W. A. Pilz 1918 S. 385, 401.
Möglichkeiten zur Verkürzung der Seilfahrt in tiefen Schächten, Herbst 1922 S. 157.

Gasjournal.

Wirtschaftliche Ergebnisse einer Verladeanlage. 1910 S. 1195.
Die deutsche Ausstellung „Das Gas", München 1914, Ludwig 1915 S. 177, 193.
Elektrohängebahnen in mittleren und kleineren Gaswerken, Dietrich 1916 S. 23, 33.

El. K. u. B.

Druckknopfsteuerungen. 1904 S. 169.
Elektr. Transporteinrichtungen, Eichel 1905 S. 12, 29.
Krane für Fabrikhöfe. 1905 S. 149.
Kohlenverladeanlage in Offenbach. 1905 S. 500.
158 m hoher Bergaufzug auf die Hammetschwand. 1905 S. 503.
Hebemagnete. 1905 S. 598.
Elektr. Aufzugssteuerungen der Firma Kühnscherf, Klein 1906 S. 1, 173, 195.
Seilaufzug am Wetterhorn. 1906 S. 106.
Elektr. betrieb. Füll- und Entleerapparat für horizontale Retorten, Herzog 1906 S. 193.
Fahrbarer eiserner Mastenkran zur Beförderung von Baumaterialien, Schumilow 1906 S. 280.
Laufkran mit Elektromagneten zum Verladen von Stabeisen. 1906 S. 321.
Vergleichende Versuche an Aufzugsanlagen, Kammerer 1906 S. 329, 369.
Hulettentlader für schüttbare Brennstoffe, Buhle 1906 S. 606, 628.
Drehverladekran mit elektr. Antrieb. 1907 S. 297.
Hulettselbstgreifer, Perkins 1907 S. 381.
Elektr. betrieb. Spille, AEG. 1907 S. 451.
Fahrbare Hebevorrichtungen auf den elektr. Bahnen in Amerika, Eichel 1907 S. 481.
Elektr. Druckknopfsteuerungen der Firma Kühnscherf, Klein 1907 S. 620, 645.
Das elastische Triebwerk, Richter 1907 S. 631, 692.
Turmdrehkran mit elektr. Antrieb. 1908 S. 302.
Verladebrücke mit elektr. Antrieb, Janssen 1908 S. 497.
Amerikanische Erz- und Kohlenverladevorrichtungen, Eichel 1908 S. 537.
Neue Verladeanlage der Gewerkschaft deutscher Kaiser. 1909 S. 33.
Arbeitsverbrauch eines hydraulisch und eines elektrisch betrieb. Personenaufzuges, Mühlmann 1909 S. 122, 146.
Doppelantrieb für Krane zur Erzielung veränderlich. Arbeitsgeschwindigkeiten, Buhle 1909 S. 128.
Antrieb gewöhnlich. Hebezeuge aller Art. 1909 S. 236.
Der Wetterhornaufzug, I. Sektion. 1909 S. 391.
Eine Industriekranlokomotive. 1909 S. 453.
Feststehende Drehkrane, Schumilow 1909 S. 469.
Bewegliche Drehkrane. 1910 S. 36.
Elektr. Spills. 1910 S. 157.
Hebezeuge der Reparaturwerkstätte Baltimore and Annapolis electr. Railway. 1910 S. 157.
Aufzüge in amerikanischen Wolkenkratzern. 1910 S. 336.
Elektr. Gießereilaufkran, Franzilet 1910 S. 352.
Elektr. Hubmagnete. 1910 S. 419.
Gießereikran. 1910 S. 460.
Lasthebemagnete. 1910 S. 628.
Elektr. betrieb. Löffelbagger, Hermanns 1910 S. 712.
Senkbremsschaltungen für Krane und Hebezeuge, Wintermeyer 1911 S. 21.
Elektr. Hubmagnete. 1911 S. 259.
Amerikanischer Löffelbaggertypus der The Automatic Shovel Comp. 1912 S. 173.
Erstes deutsches elektr. Hebezeug. 1913 S. 355.
Beiträge zur Berechnung der Zugkraft von Elektromagneten, Kalisch 1913 S. 692.
Fahrbarer Kran, Hermanns 1914 S. 438.
Elektrische Kratzeimerbagger in Tongruben, Dr. Sanio 1915 S. 137.
Elektrische Betriebe im rumänischen Petroleumgebiet, Steiner 1915 S. 284.
Kratzeimerbagger mit elektr. Antrieb. 1915 S. 114.
M. A. N. Motorgreifer. 1916 S. 58.
Elektr. betriebener Kratzeimerbagger beim Bau eines Kanals. 1916 S. 245.
Die Magnetverwendung im Eisenhütten- und Verladebetrieb, Blau 1916 S. 289.
Dampf- oder elektrische Krane, Giese 1916 S. 305, 317.
Ein Vergleich des Wechselstrom- und Gleichstrombetriebes bei Schaufelbaggern. 1916 S. 311.
Verschiebewagen für Wagenkästen, W. Mattersdorff 1918 S. 284.
Ausbildung der Hebestände für Wagen in Straßenbahnwerkstätten, Bieber 1918 S. 153, 161.
350-t-Hammerkran, Hermanns 1921 S. 44.
Über Kohlengreifer. 1921 S. 104.
Ein neuartiges Kleinhebezeug. 1922 S. 32.
Magnetschrottgreifer. 1923 S. 176.

ETZ.

Elektr. betrieb. Baukran. 1904 S. 282.
Elektr. betrieb. Krane im Deutzer Hafen, Perlewitz 1905 S. 743.
Bremseinrichtung für elektr. Aufzüge. 1905 S. 797.
Nebenschlußmotoren für Hebezeuge. 1905 S. 868.
Personenaufzüge im Kaufhause Oberpollinger. 1905 S. 987.
Hammetschwand-Aufzug am Bürgenstock. 1906 S. 15.
Laufkran im Hafen von Natal. 1906 S. 83.
Elektr. Aufzug Bauart Mabbs. 1906 S. 248.
Kranmotor mit elektromagnetischer Bremse. 1906 S. 275.
Energieverbrauch elektr. Aufzüge. 1906 S. 297.
Elektr. Aufzug mit hoher Fahrgeschwindigkeit. 1906 S. 553.
Kranmotoren und Schalter. 1906 S. 1121.
Elektr. betrieb. Krane, Hundt 1907 S. 97.
Amerikanische Aufzugsausrüstung. 1907 S. 171.
Aufzüge mit gemischter elektr. und hydraulischer Triebkraft. 1907 S. 468.
Elektr. Personenaufzüge der Londoner Untergrundbahn. 1907 S. 930.
Elektr. betrieb. Flaschenzüge. 1908 S. 391.
Die Umgestaltung der Hebemaschinen durch die Elektrizität, Kammerer 1908 S. 423, 454, 476, 499.
Druckknopfsteuerung für elektr. Aufzüge. 1909 S. 283.
Elektromagnetische Verladekrane, Michenfelder 1909 S. 509, 542.
Elektr. betrieb. Hebeböcke. 1909 S. 616.
Velozipedkran. 1909 S. 784.
Magnetkran für Roheisenmasseln, Michenfelder 1910 S. 293.
Hebemagnete zum Arbeiten unt. Wasser. 1910 S. 615.
Berechnung von Wechselstromhubmagneten, Liske 1910 S. 985, 1020.

Schiffhellinganlage mit elektr. Hebezeugen für Japan. 1911 S. 1193.
Transportanlagen auf amerikanischen Hüttenwerken, Simon 1912 S. 16.
Die Berechnung von Lasthebemagneten, Pfiffner 1912 S. 29, 57.
Akkumulator-Kranwagen. 1912 S. 249.
Eine neue Senkbremsschaltung, Keller 1912 S. 343.
Pufferbatterien für elektr. betrieb. Aufzüge und Krane, Ketzler 1912 S. 366.
Elektr. Hebezeuge, Michenfelder 1912 S. 417.
Elektr. Kransteuerungen, Loder 1913 S. 557.
Der Wirkungsgrad von Elektromagneten, Schüler 1913 S. 611, 652.
Methode zur Ermittlung der Senkregulierwiderstände bei Hubwerken mit elektr. Senkbremsung, Schwarz 1914 S. 116.
Neuerungen im Bau elektrischer Aufzüge, Feld 1914 S. 129.
Elektr. Hebe- und Transportanlagen. 1914 S. 350.
Paternoster-Aufzug. 1914 S. 1096.
Antrieb von Speisenaufzügen. 1915 S. 180.
Lasthebemagnete, Hermanns 1915 S. 542.
Elektrische Aufzüge, Marryat 1916 S. 185.
Neue Senkschaltung für Gleichstrom-Hauptstrommotoren, Rik 1916 S. 257, 491.
Sicherheitsvorrichtung für elektr. betriebene Bremsen, Rik 1916 S. 446.
Abänderung der Polizeiverordnung über Einrichtung und Betrieb von Aufzügen. 1916 S. 657.
Elektr. Eimerbagger und Abraumbetrieb, Hermanns 1917 S. 503, 551.
Entwicklung des elektr. betriebenen Flaschenzuges, Wintermeyer 1918 S. 3.
Elektr. Verladevorrichtung einer engl. Geschoßfabrik. 1918 S. 59.
Elektr. betriebener Laufkran. 1918 S. 348, 469.
Führerstandslaufwinde von 1000 kg Tragkraft. 1918 S. 459.
Versuche mit einem Topfmagnet nach Bateheller. 1916 S. 122.
Vergleich der Kosten von Dampf- und elektrischen Kranen, Giese 1916 S. 609.
Die Lasthebemagnete, Russ 1917 S. 190, 205.
Neue Magnet-Schlagwerkskrane, Hermanns 1918 S. 21.
Winde für einen elektrisch betriebenen Personenaufzug. 1919 S. 95.
Winde für einen elektrisch betriebenen Aufzug von 350 kg Tragkraft. 1919 S. 216.
Blockabstreifkran. 1919 S. 241.
Elektrischer Drehkran. 1919 S. 299.
Winde für einen elektrisch betriebenen Warenaufzug. 1919 S. 304.
Neuerungen an elektrischen Greiferkranen. 1919 S. 337.
Neuartige Elektroflaschenzüge. 1919 S. 377.
Die neuzeitliche Entwicklung des elektrisch betriebenen Selbstgreifers, Wintermeyer 1919 S. 600, 610.
Neuere Elektroflaschenzüge. 1921 S. 290.
Aufzuganlagen mit Fernsteuerung. 1921 S. 499.
Motorgreifer. 1921 S. 550.
Lasthebemagnete. 1921 S. 1429.

D. p. J.

Portalkran im Stettiner Hafen, Rupprecht Bd. 319 S. 8. 1904.
Berechnung der Lasthaken und die sich daraus ergebenden Hakenformen, Griffel Bd. 319 S. 129, 146, 160, 177. 1904.
Einige allgemeine Betrachtungen über Krane, Rieche Bd. 319 S. 742, 757, 775, 792. 1904.
Über die Bestimmung der variablen Stabkräfte von Fachwerken mit beweglichen Lasten, Böttcher Bd. 320 S. 678, 696. 1905.
Über die Formänderung von Drahtseilen, Hirschland Bd. 321 S. 209, 234, 250, 264, 279. 1906.
Geschwindigkeit des Treibkolbens bei hydraulischen Hebemaschinen, Kull Bd. 322 S. 287. 1906.
Neuere Hebezeuge, v. Hanffstengel Bd. 321 S. 417, 433, 673, 688 1906; Bd. 322 S. 148. 1907.
Turmdrehkrane, Schrader Bd. 321 S. 502, 513. 1906.
Neues Verfahren zur graphischen Bestimmung der Stabkräfte in Fachwerklaufkranbrücken, Baumann Bd. 321 S. 544, 562. 1906.
Ermittlung der Maximalbiegungsmomente an den statisch bestimmten Laufkranträgern, v. Mises Bd. 321 S. 593. 1906.
Die gemeine Parabel als Hilfsmittel bei Bestimmung von Maximalmomenten, Andrée Bd. 321 S. 657. 1906.
Untersuchung der Eingriffsverhältnisse des Schnekkentriebes, Kull Bd. 321 S. 721. 1906.
Vereinfachte Spannungsermittlung der Kranlaufschiene, Andrée Bd. 322 S. 49. 1907.
Elektr. Vollportalkran mit Selbstgreifer, Drews Bd. 322 S. 65, 86. 1907.
Selbstgreifer für Krane u. dgl., Wintermeyer Bd. 322 S. 145, 166. 1907.
Die Schienenverladevorrichtung von Dahm, Jahn Bd. 322 S. 151. 1907.
Der Spannungszustand einfach geschlungener Drahtseile, Berg Bd. 322 S. 289, 307. 1907.
Die Obergurtkrümmung eines Kranauslegers, Andree Bd. 322 S. 395. 1907.
Stromverbrauch an Portalkranen, Koll Bd. 322 S. 433, 451. 1907.
Entwicklung und gegenwärtiger Stand der modernen Hebezeugtechnik, Drews Bd. 323 S. 1, 16, 32, 49, 64, 83, 99, 115, 133, 145, 168, 176, 197, 263, 275, 297, 309, 320, 337, 355, 401, 417, 436. 1908.
Lamellensenksperrbremsen, Pickersgill Bd. 323 S. 81, 96, 118. 1908.
Amerikanische und englische Dampfschaufeln, Vogt & Maienthau Bd. 323 S. 374, 387. 1908.
Entwicklung der Kettenzüge, Kammerer Bd. 323 S. 481. 1908.
Erwärmung von Motoren bei aussetzendem Betrieb, Brinckmann Bd. 323 S. 433, 453, 473, 487, 506, 523, 539. 1908.
Die Hebezeuge auf der deutschen Schiffbau-Ausstellung in Berlin, Drews Bd. 323 S. 544, 560, 582, 596. 1908.
Moderne Aufzüge, Drews Bd. 323 S. 625, 641, 656. 1908
Deutsche Verladevorrichtungen für Kohlen und Erz, Drews Bd. 324 S. 1, 17, 33, 55. 1909.

Schaufelbagger deutscher Bauart, Buhle Bd. 324 S. 86, 100. 1909.
Beitrag zur Kinematik der Krane mit einziehbarem Ausleger, Schaefer Bd. 324 S. 113, 349. 1909.
Verzahnung von Kettenrollen, Panninger Bd. 324 S. 215. 1909.
Schienentransportanlage, Michenfelder Bd. 324 S. 297. 1909.
Störende Bewegung der Last bei Hebezeugen, Schäfer Bd. 324 S. 309. 1909.
Aufzugswinde von Barlow. Bd. 324 S. 347. 1909
Neuere Patente aus dem Hebemaschinenbau, Schultheiß Bd. 324 S. 420, 439, 454, 533. 1909.
Auf Stützgerüste drehbar gelagerte Verladebrücke, Schultheiß Bd. 324 S. 522. 1909.
Fortschritte und Neuerungen im Kran- und Windenbau, Drews Bd. 324 S. 673, 689, 705, 722, 744, 775. 1909.
Spiralseile, Stephan Bd. 324 S. 753, 785, 801. 1909.
Die neuen Hafenanlagen der Stadt Neuß, Drews Bd. 325 S. 97, 113. 1910.
Berechnung der Zahnradteilung mit Rücksicht auf Abnutzung, Schäfer Bd. 325 S. 129. 1910.
Über Fahrwiderstände an Laufkranen, Pape Bd. 325 S. 147, 169, 177, 196, 216, 319. 1910.
Neuere Patente aus dem Hebemaschinenbau, Schultheiß Bd. 325 S. 202, 232, 407, 584, 805. 1910.
Die Steifigkeit der Drahtseile. Bd. 325 S. 207. 1910.
Elektr. betrieb. Lagerplatzmagnetkran, Drews Bd. 325 S. 209. 1910.
Verlade- und Transportanlagen für Massengüter, Drews Bd. 325 S. 449, 522, 536. 1910.
Ermittlung des Verhaltens der Hubmotore elektr. Krane bei verschiedenen Belastungen, Erzgräber Bd. 325 S. 536. 1910.
Gerüstsparende Baukrane, Wintermeyer Bd. 325 S. 577, 596. 1910.
Deutsche Löffelbagger, Hermanns Bd. 325 S. 609, 647. 1910.
Magnetkrane. Bd. 326 S. 141. 1911.
Neuere Patente aus dem Hebemaschinenbau, Schultheiß Bd. 326 S. 155. 1911.
Lamellensenksperrbremsen, Bergmann Bd. 326 S. 193, 230, 250, 262, 280, 295, 312, 327. 1911.
Die Beanspruchung der Laufkrantransmissionen, Schäfer Bd. 326 S. 225. 1911.
Kohlenkran. Bd. 326 S. 382. 1911.
Portaldrehkran, Demag Bd. 326 S. 635. 1911.
Ausgleich belasteter in senkrechter Ebene schwingender Kranausleger, Proetel Bd. 326 S. 694, 714, 730, 744. 1911.
Die grundlegenden Elemente der Aufzüge mit Druckknopfsteuerung, Linker Bd. 326 S. 696, 710. 1911.
Die AEG-Verbundkontroller für Hafenkrane. Bd. 326 S. 748. 1911.
Erhöhung der Sicherheit und Leistung moderner Hebezeuge, Behrend Bd. 327 S. 369. 1912.
Neue Bauart eines Selbstgreifers. Bd. 327 S. 541. 1912.
Laufdrehkrane, Demag Bd. 327 S. 374. 1912.
Fangvorrichtungen bei Aufzügen, Speiser Bd. 328 S. 220. 1913.
Versuche mit Selbstgreifern, Pfahl Bd. 328 S. 265. 1913.
Der moderne Flaschenzug in Werkstattbetrieben, Wintermeyer Bd. 328 S. 385, 419. 1913.
Die neue Hellinganlage und der neue Kran auf der Werft von Blohm & Voß. Bd. 328 S. 743. 1913.
Neue Art Kipperkran, Steuer 1914 S. 250.
Barnards selbstentladender Greifer, Steuer 1914, S. 396.
Über Lasthebemagnete, Loebe 1915 S. 176.
Elektrische Spille, E. Gerhard 1916 S. 388.
Lasthebemagnet, R. Müller 1917 S. 246.
Elektrisch betriebene Selbstgreifer. 1920 S. 32.
Demag-Umladekran für Verschiebebahnhöfe. 1920 S. 259.
Temperaturschutzpatrone für Lasthebemagnete. 1921 S. 228.
Magnetschrottgreifer. 1923 S. 17.

Organ.

Der Hammetschwandaufzug am Bürgenstock. 1906 S. 86.
Schienenabladevorrichtung von Dahm. 1907 S. 190.
Neuere fahrbare Krane. 1910 S. 185.
Elektrisch betriebener in Güterzüge einstellbarer Drehkran als Greiferkran, Borghaus 1914 S. 57.
Kranwagen der Straßenbahn in Buffalo 1914 S. 219.
Fristmäßige Prüfungen größerer Krane, Weber 1917 S. 21.
Elektrisch betriebener fahrbarer Drehkran mit Greifer 1918 S. 289.
Greiferkrane zum Bekohlen und Besanden von Lokomotiven und zum Verladen von Asche und Schlacke, de Haas 1918 S. 197.
Selbsttätige Aufzüge mit Kippgefäßen 1918 S. 356.
Hebekrane für Eisenbahnfahrzeuge, Wülfrath 1919 S. 1.
Selbsttätiger Greifer. 1920 S. 46.
Laufkran aus bewehrtem Grobmörtel. 1920 S. 47.
Schrägaufzug für Eisenbahnfahrzeuge, Mayer 1920 S. 116.
Fahrbarer Drehkran. 1920 S. 148.
Vorrichten zum Verladen von Schwellen. 1920 S. 229.
Laufkran mit Lastmagneten für die Beförderung langer Walzeisen. 1921 S. 52.
Hebekran für Lokomotiven. 1922 S. 91.
Lokomotivkrane der Schightalbahn. 1922 S. 137.
Lokomotiv-Drehkran. 1922 S. 213.
Brückenkran zum Verladen schwerer Güter. 1923 S. 102.

Fördertechnik.

Eine auf Mauerwerk oder Beton verlagerte Kranlaufschiene, Andrée 1909 S. 2.
Über Kugellager an Kranen und Hebezeugen, Bauschlicher 1909 S. 70, 90.
Beitrag zur Berechnung genieteter Träger, Andrée 1909 S. 169, 197.
Preßlufthebezeuge der Preßluft-Gesellschaft m. b. H. Düsseldorf. 1910 S. 49.
Einrichtung an Schwerlastkranen mit Wippausleger zur Erzielung eines wagerechten Lastweges beim Einziehen d. Anlegers, Wintermeyer 1910 S. 55.
Neues Verfahren zum Regeln der Senkgeschwindigkeit von Lasten, E. Becker 1910 S. 97.

Kabelkrane, Riedig 1922 S. 195.
Ein neuzeitlicher Schrägbahnaufzug. 1922 S. 227.
Verladebrücken, Riedig 1922 S. 307.
Wechselvorgelege bei Laufkranen, Freudenthahl 1923 S. 5.
Die Berechnung der Fundamente bei freistehenden Drehkranen, Gubatz 1923 S. 61, 73.
Normale Dampfdrehkrane und ihre Verwendung, Benedict 1923 S. 109.
Uferdrehkran mit Wippausleger, Riedig 1923 S. 128.
Zur Berechnung der Tragseile von Kabelkranen, Hirschhaut 1923 S. 162.

Z. östr. Ing. u. Arch.-Ver.

Turmdrehkran der Firma Karl Flohr, Berlin. 1907 S. 12.
Über den Antrieb von Kreiselwippern, Löscher 1911 S. 39, 57.
Billige elektr. Borkkräne für Eisenbahnstationen, v. Littrow 1911 S. 87.
Berechnung der Eisenkonstruktion eines Motorwagen-Kreiselkippers, Löscher 1911 S. 439, 454.
Neuere Entwicklung des Schaufelbaggers, Hermanns 1913 S. 213.
Dampfkran von 40 t für East London Südafrika 1914 S. 451.
Der Löffelbagger und seine Anwendung. 1918 S. 157.
Werkstättenkrane für Großmaschinenbau, Schwarz 1921 S. 116, 201.
Transportkran, Fischer 1921 S. 123; 1922 S. 56.
Doppelkrane für Häfen, Krahnen 1923 S. 241.

Maschinenbau.

Brikettierung von Abfallbrennstoffen. 1922 S. 180 [518].
Motorgreifer. 1922 S. 230 [88].
Montagewerkzeuge, -geräte und -maschinen. 1922 S. 240 [534].
Die Verbindung von Seil und Förderkorb im Bergbaubetrieb. 1922 S. 346 [120].
Magnetschrottgreifer. 1922 S. 643 [219].
Formenschöne Gestaltung im Maschinenbau. 1922 bis 1923 S. G 14.
Entwicklung und Gestaltung von Kleinhebezeugen. 1922/23 S. G 165.
Lastaufnahmemittel der Krane. 1922/23 S. G 197; 1923/24 S. G 1.
Neuartige Sicherheitswinden. 1922/23 S. B 226.
Verlademaschinen für Stückgut. 1923/24 S. G 2.

Génie civil.

Ascenseurs du central London railway. Bd. 44 S. 250. 1904.
Monte-charge à air comprimé. Bd. 45 S. 61. 1904.
Les nouveaux grands ponts sur L'east River, Richou. Bd. 45, S. 209, 225. 1904.
Les nouvelles usines cail à Denain, Dantin Bd. 45 S. 337, 355. 1904.
Pont roulant électr. de 100 tonnes. Bd. 47 S. 24. 1905.
Pont roulant électr. de 30 tonnes (L'exposition de Liège). Bd. 47 S. 296. 1905.
Appareil de sûreté pour la fermeture automatique des cages d'ascenseurs. Bd. 47 S. 331. 1905.
Les appareils de levage à l'exposition de Liège, Ramakers Bd. 47 S. 337. 1905.
L'ascenseur électr. du Bürgenstock, Chignaterie Bd. 47 S. 401. 1905.
Vérin hydraulique, système H. de Fries. Bd. 48 S. 12. 1905.
Pont roulant électr. de 30 tonnes de la compagnie internat. d'électricité de Liège, Hörn Bd. 48, S. 210. 1906.
Excavation de la place Saint-Michel au moyen d'un transporteur de Temperley. Bd. 48 S. 418. 1906.
Excavateur à vapeur Allis Chalmers. Bd. 49 S. 301. 1906.
Grues dans les usines de la Bamag. Bd. 50 S. 446. 1907.
Types récents de bennes-griffes pour la manutention des matières poudreuses. Bd. 54 S. 57. 1907.
Grue roulante. Bd. 52 S. 5. 1907.
Grue montée sur plate-forme tournante pour chantiers de construction. Bd. 52 S. 221. 1908.
Pelle d'excavateur-grue à attache rigide. Bd. 54 S. 301. 1909.
Dispositif de sécurité pour treuils système Cotechini. Bd. 54 S. 315. 1909.
Crochet de levage à griffes, pour la manutention des poteaux en bois et des rondins. Bd. 55 S. 212. 1909.
Système de sécurité applicable aux appareils de levage. Bd. 55 S. 318. 1909.
Grues de quai à volée basculante et à équilibrage automatique de la charge. Bd. 56 S. 448. 1910.
Transporteur aérien des carrières de granit de Demitz-Thumitz. Bd. 58 S. 298. 1911.
Les appareils de levage à électro-aimants puissants. Bd. 59 S. 237. 1911.
Derriks conjugués pour le montage de charpentes. Bd. 60 S. 267. 1912.
Treuils électr. automateurs des ateliers d'Oerlikon. Bd. 61 S. 165. 1912.
Treuils électr. pour appareils de levage, système Wilhelmi. Bd. 62 S. 78. 1912.
Frein automatique à air comprimé, système Jordan. Bd. 62 S. 135. 1912.
Bennes preneuses pour la manutention des matières poudreuses. Bd. 62 S. 288, 310, 348, 363. 1913.
Grue de manutention rapide, système Williams. Bd. 63 S. 236. 1913.
Benne-griffes automatiques de la Société coopérative des ouvriers charbonniers du port du Havre. Bd. 63 S. 437. 1913.
Nouvelle benne automatique de la société coopérative des ouvriers charbonniers du port du Havre. Bd. 64 S. 238. 1914.
Pelle à vapeur pour l'exécution rapide des terrassements. 1915 S. 17.
Machine à creuser les tranchées. 1915 S. 138.
Rupture, pendants les essais, d'une grue flottante. 1915 S. 182.
Grue Derrick à vapeur du port de Valparaiso. 1915 S. 223.
Réparation d'une grue flottante de 250 tonnes. 1915 II S. 24.
Grue titan de 40 tonnes. 1916 II S. 207.
Les électro-aimants de levage. 1917 S. 252.
Nouvelle grue à vapeur de 55 tonnes. 1917 II S. 232.

L'emploi des électro-aimands. 1918 S. 153.
Les grues électriques des chantiers navals d'Hackensack-River. 1918 II S. 354.
Nouveaus Derricks de 3 tonnes. 1919 S. 188.
Les appareils de levage. 1919 S. 263.
Grue à volée équilibrée. 1919 S. 363.
Les dragues flottantes à pelle américaines. 1919 II S. 93.
Cuiller de drague de 23 mètres cubes. 1919 II S. 355.
Grue flottante de 250 tonnes. 1919 II S. 389.
Grue montée sur tanc dans les régions devastécs. 1919 II S. 439.
Pont roulant électrique pour le transport de profilés. 1920 S. 314.
Grue flottante ,,Mammoth" de 200 tonnes. 1920 II S. 365.
Grue de 350 tonnes des chautiers navales de Philadelphie 1920 II S. 498.
Les excavateurs mécaniques. 1921 S. 184.
Les ponts roulants électriques des ateliers de réparations de locomotives à Sotteville-lès-Rouen. 1921 II S. 281.
Transporteurs automoteurs à monorail. 1922 S. 571.
Grue à vapeur de 15 tonnes. 1922 II S. 445.
Grue pivotante et basculante de 60 tonnes. 1923 S. 341.
Les pelles à vapeurs du port de Takoradi. 1923 S. 589.
Grue Derrick des établissements Stork. 1923 S. 613.

Engineering.

Electric travelling hoist. Bd. 77 S. 307. 1904.
Crane navy. Bd. 77 S. 816. 1904.
The ,,Atlantic" steam shovel St. Louis exhibition. Bd. 78 S. 676, 679. 1904.
Electric travelling crane at the St. Louis exhibition. Bd. 78 S. 710, 713. 1904.
60 ton electric travelling crane at the St. Louis exhibition. Bd. 78 S. 849, 857. 1904.
The Lacy-Hulbert electr. chain blocks. Bd. 78 S. 869. 1904.
Electric crane at the electr. generating station at Deptford. Bd. 79 S. 49, 52. 1905.
3 ton electric travelling hoist. Bd. 79 S. 166. 1905.
Electrically-driven portable hoist. Bd. 79 S. 601, 602. 1905.
10 ton overhead travelling crane. Bd. 80 S. 41. 1905.
Automatic safety device for lift doors. Bd. 80 S. 125. 1905.
Conveyor for cable way. Bd. 80 S. 140. 1905.
Electric travelling cranes for the Wallsend slipway Comp. Bd. 80 S. 284, 293. 1905.
Worm contact, Bruce Bd. 81 S. 132. 1906.
Granite-quarrying in Aberdeenshire, Simpson Bd. 84 S. 180, 188, 217. 1907.
Electrically-driven transporter. Bd. 85 S. 43. 1908.
The Skoda works Pilsen. Bd. 85 S. 298. 1908.
5 ton electric overhead travelling jib-crane. Bd. 85 S. 365. 1908.
Steam crane excavator. Bd. 86 S. 14. 1908.
Barlow's lift gear. Bd. 87 S. 383. 1909.
4-motor overhead travelling crane. Bd. 88 S. 414. 1909.
Electrically operated lift-gear. Bd. 89 S. 823; Bd. 90 S. 489. 1910.
3 ton electric winch. Bd. 92 S. 537. 1911.
Fords grab with wire-rope suspension. Bd. 92 S. 777. 1911.
Jib arrester for cranes. Bd. 94 S. 27. 1912.
Monkey winch for stump grubbing and timber haulage. Bd. 94 S. 104. 1912.
Automatic turn-over skip. Bd. 95 S. 715. 1912.
The durability of wire ropes. Bd. 94 S. 190. 1913.
Oil-motor driven cargo winch. Bd. 96 S. 21. 1913.
The Witton-Kramer lifting magnet. Bd. 96 S. 537. 1913.
5 ton travelling gantry cranes. Bd. 96 S. 713. 1913.
The strength of wire ropes. Bd. 96 S. 862. 1913.
100 ton steam travelling crane. 1914 I S. 26.
Balanced luffing-gear cranes. 1914 I S. 150.
60 ton floating crane. 1914 I S. 218.
The railway-track scale testing equipment. 1914 I S. 250.
60 ton block setting floating sheers. 1914 I S. 485.
Electrically-driven travelling crane. 1914 I S. 517.
Barnad's self-discharging grab. 1914 I S. 524.
The Friedr. Krupp Grusonwerk. 1914 I S. 546.
76 ton steam-shovel. 1914 I S. 775.
Luffing-jib on 100 ton sheerlegs. 1914 I S. 820.
Horizontal luffing-crane with balanced jib. 1914 I S. 874.
The dipper-dredgers on the Panama-canal. 1914 II S. 303.
Foundry cranes and power agencies. 1914 II S. 495, 661, 720.
Drag-line bucket excavator. 1914 II S. 588.
The floating crane failure at the Panama canal. 1915 I S. 255.
250 ton floating cranes for the Panama canal. 1915 I S. 647.
10 ton crane with toplis horizontal luffing-gear. 1915 II S. 307.
The Brownhoist shnable drag-line bucket. 1915 II S. 418.
Shipyard cranes of the Rotterdam Dockyard Company. 1916 I S. 435.
40 ton titan block-setting crane. 1916 II S. 74.
Pile drawing. 1916 II S. 198.
The ,,Peters" high-purchase grab. 1917 I S. 149.
Oldham-road goods station, Manchester. 1917 I S. 169.
Shell-handling equipment for a national factory. 1917 II S. 10.
Slewing jib crane at shipping shed. 1917 II S. 60.
Floating steam cranes. 1917 II S. 280.
32 ton electric travelling crane. 1917 II S. 326.
Dipper dredgers on the Panama canal. 1917 II S.531.
$3^1/_2$ ton locomotive steam crane. 1918 I S. 634.
75 ton floating crane. 1918 II S. 518.
90 ton steam crane excavator. 1918 II S. 657.
The bowtell patent luffing crane. 1918 II S. 706.
Barnards self discharging grab. 1919 I S. 200.
4 ton ,,toplis" luffing crane. 1919 I S. 209.
Revolving double-cantilever Temperley transporter 1919 II S. 189.
Grab dredging plant. 1920 I S. 572.
200 ton steam floating crane. 1920 I S. 851.

Steam-navies. 1920 II S. 33.
Recent excavator practice. 1920 II S. 111.
135 ft. wooden Derrick crane. 1920 II S. 207.
25 ton electric crane with toplis luffing gear. 1920 II S. 503.
60 ton electr. overhead travelling forge crane. 1920 II S. 573.
150 ton floating crane. 1920 II S. 703.
Electrically operated excavator. 1920 II S. 740.
The „Mos" telescoping mast crane. 1920 II S. 740.
The clayden automatic grab for loading refuse 1921 I S. 74.
Portable petrol-driven crane. 1921 I S. 516.
15 cwt. electric run about crane. 1921 II S. 564.
Grab ditching machine. 1921 II S. 722.
Floating crane for coaling vessels. 1921 II S. 784·
The petrol-electric shovel. 1922 I S. 463.
3 ton „toplis" horizontal luffing steam crane. 1922 I S. 619.
150 ton self propelled floating crane. 1922 II S. 268.
10 ton electric overhead travelling crane. 1922 II S. 553.
$3^1/_2$ cubic yard steam shovel. 1923 I S. 300.
15 cwt. trailer crane. 1923 I S. 331.
70 ton portable steam Derrick crane. 1923 I S. 425.
20 cwt. electric runabout crane. 1923 I S. 552.
Navy crane ship. 1923 I S. 785.
Crane construction. 1923 I S. 816.
35 ton electric coaling jib crane. 1923 I S. 821.
20 ton revolving wharf crane. 1923 II S. 79.
50 ton steam Derrick crane. 1923 II S. 109.
The development of the single-bucket excavator. 1923 II S. 474.
250 ton dragline excavator. 1923 II S. 763.

Engineering News.

Some notes on a recent elevator accident, Pratt Bd. 51 S. 124. 1904.
A 50 ton stiff ley Derrick. Bd. 51 S. 430. 1904.
Balanced cable cranes for handling excavated material at Devonport, England and Zambesi falls, South Africa. Bd. 51 S. 452. 1904.
Some recent elevator accidents, van Winkle Bd. 51 S. 169. 1904.
The 40 ton Guy Derrick at the new Wanamaker store, Philadelphia. Bd. 52 S. 228. 1904.
A Derrick with ball and socket foot block bearing. Bd. 52 S. 252. 1904.
Ditching dredge at council bluffs. Bd. 52 S. 382. 1904.
The use and abuse of wire rope, Moore Bd. 53 S. 65. 1905.
A new design of clam-shell and orange-peel dredge bucket. Bd. 53 S. 111. 1905.
Elevator safety, Brown Bd. 53 S. 113. 1905.
A new clam-shell dredge-bucket. Bd. 53 S. 170. 1905.
Tests of the plunger elevator plant in the Trinity building, New York. Bd. 54, S. 635. 1905.
Some new features in steam shovel design. Bd. 54 S. 686. 1905.
A cable incline railway with endless cable. Bd. 56 S. 32. 1906.
The coast of steam shovel work in railway betterment, Neely Bd. 56 S. 143. 1906.
Larg Derricks for the erection of steel buildings. Bd. 65 S. 250. 1906.
Electric shovels for railway and mining excavation. Bd. 56 S. 63. 1907.
A powerful dredge equipped with a cable storage drum. Bd. 57 S. 145. 1907.
Balanced cable crane of 180 ft. span for hoisting and conveying rock from Bergen hill excavation. Bd. 57 S. 205. 1907.
Steam shovels and steam shovel work in railway-construction. Bd. 57 S. 391. 1907.
Grades for steam shovel work, Patterson Bd. 58 S. 67. 1907.
Special Derricks and buckets for the construction of a reineforced-concrete warehouse at Chicago. Bd. 58 S. 81. 1907.
Long boom Derrick in use on new plant for Jones and Langhlin steel Co. Bd. 58 S. 101. 1907.
A new line of lifting magnets for use with cranes. Bd. 58 S. 336. 1907.
Report of the Transvaal commission on the use of winding ropes, safety, catches and appliances in mine shafts. Bd. 58 S. 462, 492, 509, 548, 604. 1907.
A reversible hoist for elevators and Derricks on construction works. Bd. 60 S. 7. 1908.
An electric travelling hoist with grab bucket. Bd. 60 S. 175. 1908.
Revolving steam shovels for small pieces of work. Bd. 60 S. 256. 1908.
A new scraper excavator. Bd. 60 S. 483. 1908.
A large dipper dredge with steel spuds. Bd. 61 S. 426. 1909.
A scip for cableways with automatic door for dumping. Bd. 61 S. 437. 1909.
Traveling cranes equipped with scales. Bd. 61 S. 651. 1909.
Derrick cars and bridge erection, Prior Bd. 61 S. 677. 1909.
Steam shovel records on the Culebra cut on the Panama canal. Bd. 62 S. 26. 1909.
15 ton electrically operated steel traveller with a 100 ft. overhanging jib. Bd. 62 S. 29. 1909.
A new singel-rope grab bucket. Bd. 62 S. 101. 1909.
Concrete depositing buckets with controlable discharge. Bd. 62 S. 258. 1909.
The traveler for erecting the Lethbridge viaduct over the Belly river. Bd. 62 S. 325. 1909.
A controlable discharge bucket. Bd. 63 S. 261. 1910.
A dipper dredge for a railway embankment. Bd. 64 S. 490. 1910.
A scraper-bucket excavator. Bd. 64 S. 655. 1910.
A Derrick with inclined mast, Swensson Bd. 65 S. 131. 1911.
A multiple-spool Hoist for foundation work. Bd. 65 S. 133. 1911.
A swinging hand Derrick for construction work. Bd. 65 S. 230. 1911.
Some new excavating machines. Bd. 65 S. 318. 1911.
A drag-line excavator operated by a traction engine. Bd. 65 S. 413. 1911.
A new tipping device for steam shovel dippers. Bd. 65 S. 727. 1911.

Large guyed Derricks for erecting structural steel work. Bd. 66 S. 37. 1911.
A convenient stone and sand-handling plant at Cleveland Ohio. Bd. 66 S. 86. 1911.
A special Derrick-ear for setting girder spans. Bd. 66 S. 116. 1911.
A steam shovel attachment for Derricks. Bd. 66 S. 385. 1911.
A new drag line scraper-bucket. Bd. 66 S. 438. 1911.
An electric motor truck crane. Bd. 66 S. 675. 1911.
The Mc Veigh-Dougherty-Derrick. Bd. 66 S. 735. 1911.
130 ton steam shovel for rock work. Bd. 67 S. 150. 1912.
An electric-hoist traveller for placing the concrete floor of a viaduct, Kurtz Bd. 67 S. 154. 1912.
Steam shovel dipper trips used on the Panama canal. Bd. 67 S. 157. 1912.
Electric hoist for foundation work. Bd. 68 S. 57. 1912.
Operations of dipper and bucket dredges owned by the U. S. government. Bd. 68 S. 440. 1912.
Dredge operated by oil engines. Bd. 68 S. 468. 1912.
Costs of leveling ground with an electric dray scraper, Bennett Bd. 68 S. 699. 1912.
English tower cranes for building construction. Bd. 68 S. 1033. 1912.
A quadrant crane for motor trucks. Bd. 68 S. 1098. 1912.
A warehouse telpherage system. Bd. 69 S. 40. 1913.
Steel frame and travelling crane for building erection Bd. 69 S. 265. 1913.
Slings and hitches for handling machinery. Bd. 69 S. 768. 1913.
A Derrick of which the boom broke. Bd. 69 S. 1327. 1913.
A large-capacity building Derrick. Bd. 70 S. 166. 1913.
A motor-operated clam-shell bucket. Bd. 70 S. 168. 1913.
Derrick cars for bridge erection. Bd. 70 S. 169. 1913.
Large clamshell dredge „Vulcan" California. Bd. 70 S. 456. 1913.
Building with travelling tower cranes. Bd. 70 S. 814. 1913.
Steel guyed Derricks for building erection. Bd. 70 S. 1023. 1913.
A cable way with side swinging towers. Bd. 70 S. 1034. 1913.
Excavating methods and equipment. 1914 I S. 389.
New 15 cu. yd. dipper dredges. 1914 I S. 543.
Large steam shovels fov stripping coal seams. 1914 I S. 723.
Travelling excavator with grab bucket. 1914 I S. 1065.
Steam shovel with 25 ft. boom. 1914 I S. 1147.
A Guy-Derrick with interchangable parts. 1914 I S. 1192.
Travelling car-tipple. 1914 II S. 455.
Oil engine excavator. 1914 II S. 837.
Small „single-line" steam shovel. 1915 I S. 96.
Derrick mounted on travelling cranes. 1915 I S. 127.
Oil engine dipper dredge. 1915 I S. 173.
Steam electric tunnel crane. 1915 I S. 416.
Dredging „Sudd" on the River Nile. 1915 I S. 512.
A new revolving steam-shovel. 1915 I S. 541.
The Panama crane contract. 1915 I S. 913.
Failure of Panama crane „Ajax". 1915 I S. 918.
A builders mast crane. 1915 I S. 938.
The failure of the great German crane of the Panama canal. 1915 I S. 947.
New 150 ton revolving floating crane. 1915 I S. 1164.
A very large dragline excavator. 1915 I S. 1231.
Home made 5-ton track crane. 1917 I S. 368.
Traveler with grab bucket excavator. 1917 I S. 509.
Steam shovel. 1917 I S. 558.
Dragline eléminates haulage equipment on railway works. 1917 I S. 655.
Dragline make heavy railway cut through cleveland. 1917 II S. 78.
Traveling tower derricks. 1917 II S. 137.
New traveling crane. 1917 II S. 950.
Steam shovels and dump cars handle 5 foot lift. 1917 II S. 1003.
Locomotive crane. 1917 II S. 1051.
Mechanical loading. 1917 II S. 1113.
Wrecking cranes. 1917 II S. 1203.
Truck hauls trailers to Derrick which dumps them. 1918 I S. 51.
Traveling towers place 92 000 yards of concrete. 1918, I S. 73.
Useful sweep boat and drag-line dredge. 1918 I S. 92.
Drag-line bucket. 1918 I S. 677.
Derricks of Pillar-crane type. 1918 I S. 1129.
400 tower Derricks for 50 ways. 1918 II S. 77.
Shovel on road jib dumps concrete mixed at quarry plant. 1918 II S. 288.
Derrick car places deck slabs of concrete bridges. 1918 II S. 307.
Excavator may serve as backfiller and locomotive crane. 1918 II S. 650.
Steel Derrick with 132-foot boom. 1918 II S. 678.
Snow removed by various methods. 1918 II S. 857.
Some heavy fitting-out cranes. 1918 II S. 885. 937.
Long handled steam shovel. 1918 II S. 1001.
Dragline excavator. 1919 II S. 146.
Clamshell bucket digs 30 cubic yards per dip. 1919 II S. 279.
Track laying tractor crane. 1919 II S. 396.
Asphalt blocks handling at Army Base. 1919 II S. 438.
Stacking elevator simplifies freight handling. 1919 II, S. 855.
Dragline-excavator. 1920 I S. 53.
Railway fill made with stiffley Derrick dragline. 1920 I S. 151.
Largest Derrick built to erect great Hammerhead crane. 1920 I S. 172.
Batch box loading plant. 1920 I S. 432.
Swivel automatic dump bucket for paving mixer. 1920 I S. 550.
Convertible excavator and crane. 1920 I S. 936.
A new excavator. 1920 I S. 936.
Mare Island pontoon crane of 150 ton. 1920 I S. 1245.

Deep pit rock excavation by Dragline machines. 1920 II S. 196.

Laying 30 inches cast iron pipe with steam shovel. 1920 II S. 645.

Closed-drain excavation done by dragline. 1921 I S. 523.

Clam-shell dredges of large size. 1921 I S. 979.

New crawling tread crane. 1921 I S. 1015.

Erie steam shovel with continuous-tread. 1921 I S. 1099.

What can happen to a steam shovel. 1921 II S. 96.

Dragline drives 54 piles in one swift of 10 hours. 1921 II S. 120.

Excavating the foundation for Hetch Hetchy dam. 1921 II S. 222.

A new backfiller. 1921 II S. 257.

„Steam Hoe“ for trench excavation. 1921 II S. 257.

New 7 ton road-type crane. 1921 II S. 257.

Railroad ash-handling. 1921 II S. 310.

New clamshell bucket. 1921 II S. 545.

5 ton bucket. 1921 II S. 709.

Steam shovel digs for dragline in hard, stiff material. 1921 II S. 743.

Multiple batch charging plant for truck haulage. 1922 I S. 74.

Comparison of electric and steam draglines. 1922 I S. 96.

Steel materials bins equipped with measuring hoppers. 1922 I S. 299.

Adept loader for snow removal. 1922 I S. 547.

Jack-knife crane. 1922 I S. 647.

A $^3/_4$-yd. universal shovel. 1922 II S. 167.

Dragline excavator handles earth. 1922 II S. 196.

Crowding shovel eliminated in gas-operated shovel. 1922 II S. 207.

Power shovel with horizontal boom and trolley. 1922 II S. 496.

A $1^1/_2$-yd. dredge for drainage contractors' use. 1922 II S. 497.

Combination crane and shovel. 1922 II S. 497.

Gas-electric shovel. 1922 II S. 525.

Double drum hoist with gasoline engine. 1922 II S. 584.

Improvements made in $^3/_4$-yd. revolving shovel. 1922 II S. 585.

Electric caisson hoist unic. 1922 II S. 632.

New dragline has 60-ft. boom and $2^1/_2$-yd. bucket. 1922 II S. 766.

Convertible $1^3/_4$-yd. revolving shovel has new features. 1922 II S. 817.

Excavating under water with dragline equipment. 1923 I S. 267.

Trench hoe attachment for locomotive crane. 1923 I S. 281.

American power shovel in India. 1923 I S. 327.

Use of dragline excavators in widening cuts. 1923 I S. 432.

Renewing a long slip-switch by wrecking cranes 1923 I S. 457.

Steam shovel refitted for compressed air. 1923 I S. 549.

Variable weight grab bucket. 1923 I S. 561.

Light weight bucket increases locomotive crane capacity. 1923 I S. 853.

Improvements made in revolving type railroad ditcher shovel. 1923 I S. 941.

Flexible propelling gear of large navy yard crane. 1923 I S. 1005.

Lifting a 57 ton bridge. 1923 II S. 387.

VI. Aufsätze verschiedenen Inhalts.

Z. V. d. I.

Schwebefähre über die Loire bei Nantes. 1904 S. 502.

Windwerk zur Bedienung von Schützen (Glomens bei Kykkelsrud). 1904 S. 585.

Straßenwagen zum Transport von Kabeltrommeln. 1905 S. 67.

Kohlentransportanlage im Kraftwerk Barmbeck, Rupprecht 1905 S. 1464.

Transportanlage des Speditionsgeschäfts J. Bachmann, Bremen; Greifer, Förderbänder für Getreide und Stückgüter und Elevatoren, Buhle 1906 S. 21.

Maschinelle Einrichtung der Mündungsanlage der neuen Stammsiele in Hamburg, Merkel 1906 S. 164.

Neuere Kohlenförderanlagen, Asher 1906 S. 583.

Kohlenversorgung des Krafthauses der Edison Electr. Illuminating Co. in New York; Greifer, Bahnbeförderung, v. Hanffstengel 1907 S. 1718.

Kohlentransportanlage in amerikanischen Kraftwerken, Köster 1908 S. 941, 988.

Doppelhebevorrichtung zum Abheben von Wagenkasten. 1908 S. 1682.

Verladevorrichtungen in der Zement-, Kalk- und Kali-Industrie. 1910 S. 175.

Schützenwinden am Wehr in den St.-Andrews-Stromschnellen. 1910 S. 422.

Hebezeuge und Förderanlagen auf der Weltausstellung in Brüssel, Aumund 1910 S. 1341, 2166.

Elektrische Einrichtungen an fahrbaren Verladebrücken, Pollok 1910 S. 1669, 1828.

Ersatz des Handbetriebes durch die Maschine im Bergbau, Kammerer 1910 S. 1883, 1975, 2015.

Kohlen- und Aschebeförderung der Fernheizanlage auf dem Hauptbahnhofe München, Angerer 1911 S. 48.

Kohlenförderanlage des Märkischen Elektrizitätswerkes, Klingenberg 1911 S. 2121, 2164.

Förderanlagen des Schlachthofes in Dresden, Buhle 1912 S. 345, 390.

Die neuen Verlade- und Speichereinrichtungen der Holland-Amerika-Linie, Demag 1912 S. 871.

Förderanlagen für Gießereien, E. Müller 1912 S. 1147.

Kesselbekohlungsanlage der Zeche Zollern II, Pietrkowski 1912 S. 1164.

Zeichnerische Diagrammermittlung für Fördermaschinen mit Antrieb durch Reihenschlußmotoren, G. Trefler u. F. Nettel 1913 S. 935, 977.

Vorspannung und Achsdruck bei Riemen- und Seiltrieben, Duffing 1913 S. 967.
Eine selbsttätige Aufbereitanlage für Modellsand und -masse. 1913 S. 1062.
Neue Halle der A. E. G. für die Herstellung großer elektrischer Maschinen. 1913 S. 1199.
Entwicklung und Stand der Technik landwirtschaftlicher Maschinen, Fischer 1913 S. 1263.
Drahtseilbahn Engelberg-Gerschinalp und die neue Bobschlittenbahn, Hunziker 1913 S. 1988.
Beitrag zur Kenntnis der Spurkranzreibung bei Laufkranen, Buhle 1914 S. 1113.
Kleinste Rollendurchmesser für Drahtseile, Blasius 1914 S. 663, 985.
Druckluftbremse für das Fahrwerk eines Drehkrans, Dr. Jordan 1916 S. 661.
Untersuchung von Drahtseilen, Wahn 1916 S. 471 bis 511.
Hervorragende Anpassungsfähigkeit des elektr. Antriebmotores an jeweilige Betriebsverhältnisse, Wintermeyer 1916 S. 668, 680.
Verwendung von kleinen Motorschleppern für Bauzwecke. 1919 S. 619.
Drei 3-t-Kardanlastkraftwagen von H. Büssing in Braunschweig, Heller 1919 S. 1161.
Eine ungewöhnliche Fördervorrichtung. 1920 S. 358.
Absturzsicherheit und Leistungserhöhung bei Aufzügen und Schachtanlagen, Jordan 1920 S. 697.
Fördergerüste aus Eisenbeton. 1922 S. 1143.
Saugbagger mit Schneidwerk und Pfahlverankerung für die Unterhaltung der Elbfahrwasser, Thele 1923 S. 322.
Ein neuer Geschwindigkeitsmesser für Fördermaschinen, Heilmann 1923 S. 411.
Drehstrommotoren mit Selbstanlauf, Weddige 1924 S. 173.
Materialbewegung in Glashütten, Michenfelder 1924 S. 515.
Hydrotorf, Klasson 1924 S. 601.
Wirtschaftlichkeit von Hausrohrpostanlagen, Fritz 1924 S. 681.
Die Erdbewegung und ihre Maschinen (Sammelheft) 1924 S. 690.

St. u. E.

Neuere Verladevorrichtungen; Selbstgreifer, Vorratsbehälter, Verteilungswagen, Wagenkipper, Johannsen 1905 S. 15, 91.
Kohlenlastautomobil NAG. 1907 S. 1595.
Mechanischer Massentransport in der Gießerei, Hermanns 1910 S. 575, 707.
Sandbeförderungs- und Aufbereitungsanlage. 1913 S. 602.
Elektrisch betriebene Beizeinrichtung. 1914 S. 1385.
Neues Verfahren zur Erhöhung der Zitronensäurelöslichkeit der Phosphorsäure im Thomaswerk Jung. 1914 S. 1594.
Massentransport und Massenumschlag nach dem Kriege, Borchers 1918 S. 529.
Elektrisch betriebene Heizeinrichtung. 1914 S. 1385.
Massentransport und Massenumschlag nach dem Kriege, Borchers 1918 S. 529.
Sandaufbereitung und -beförderung in einer amerikanischen Röhren-Großgießerei, Irresberger 1919 S. 602.
Bruch von Gießpfannengehängen, Senssenbrenner 1919 S. 963, 1133.
Transportmittel im Eisenhüttenwesen und ihre Bedeutung hinsichtlich der Gestehungskosten des Roheisens. 1919 S. 1210.
Brüche an Gießpfannengehängen. 1920 S. 1136, 1711.
Schäden an Förderseilen. 1923 S. 1205.

Glückauf.

Die 30-t-Entlade-Anlage für Massengüter im städtischen Hafen zu Breslau. 1905 S. 1596.
Kohlentransportanlage der königl. Grube Heinitz. 1907 S. 8.
Förderanlage für Spülversatzmaterial auf Zeche Herkules. 1907 S. 1001.
Verladeeinrichtung für Kohlen. 1908 S. 643.
Kohlenlagerplatz auf Rheinelbe III. Rentabilität der Förderanlagen, Schulte 1908 S. 1485.
Erzhütte Cananea (Aufbereitungsmaschinen). 1911 S. 146.
Signallampenanlage bei Streckenförderung unter Tage. 1914 S. 103.
Sicherheitsfaktor der Schachtförderseile, Baumann 1915 S. 257.
Tragkraftüberschuß der Schachtförderseile. 1915 S. 805.
Schmiedevorrichtung für Förderwagen. 1915 S. 1261.
Förderkorbbeschickung. 1916 S. 294.
Über Schachtsignalanlagen Philippi. 1918 S. 645.
Fernsprechanlagen beim Betrieb elektr. Grubenbetrieb G. 1918 S. 441.
Gewicht der Schachtförderseile, bezogen auf den tragenden Drahtquerschnitt, Baumann 1916 S. 340.
Stauchungen als Ursachen der Förderseilschäden, Weber 1919 S. 297, 313.
Sollen Förderseile auf Biegung berechnet werden? Speer 1919 S. 849, 869.
Praktische Winke für die Wahl zweckmäßiger Förderseilmacharten, Herbst 1922 S. 867.
Schäden an Förderseilen, Herbst 1923 S. 261, 285.

El. K. u. B.

Gurtförderkran mit Greiferanlage, Buhle 1906 S. 619.
Das Kraftwerk Pennsylvania, F. Köster 1907 S. 41, 61.
Moderne Kohlentransporteinrichtungen, Perkins 1908 S. 725.
Die Abraumbeförderung in Braunkohlenbergwerken, Passauer 1909 S. 370.
Elektr. betrieb. Verladebrücken MAN. 1909 S. 455.
Die Jehlumkraftanlage, Löffelbagger, Saugbagger. 1909 S. 661.
Transportanlagen und Hebezeuge mit elektr. Antriebe, Hermanns 1910 S. 613.
Transportanlagen der Zentrale Reisholz, Pietrkowski 1910 S. 622, 637.
Verladeanlagen. 1912 S. 92.
Elektr. Ausrüstungen auf Hebe- und Transportmaschinen, Vogel 1912 S. 101.
Elektr. in der keramischen Industrie, Porsch 1913 S. 139.

Elektrizität aus Kehricht, Tillmetz 1913 S. 152, 169.
Bemessung von Anlagen zur Förderung, Speicherung und Abgabe von Stoffen, Landsberg 1913 S. 259.
Elektr. Kranausrüstungen der Siemens-Schuckert-Werke nach 25 jähriger Entwicklung. 1913 S. 355.
Dampf- oder elektr. Krane? Giese 1916 S. 305, 317.
Anlage für Kranschleifleitungen. 1917 S. 291.
Eine neue Steuerung für Fördermaschinen, welche durch Drehstromkommutatormotoren angetrieben werden, Lohmann 1914 S. 81.
Verschiebewagen für Wagenkästen, Mattersdorf 1918 S. 284.
Aus dem amerikanischen Verkehrswesen. 1920 S. 282.

ETZ.

Kohlen- und Aschefórderanlage der Untergrundbahnkraftwerke New York, Freund 1906 S. 789.
Elektrische Grille, Herrmann 1907 S. 51.
Elektrische Schiebebühne und Drehscheibe. 1907 S. 150.
Elektr. angetrieb. Drehscheibe. 1907 S. 425.
Fahrbare Kabelwinde, Schultz 1907 S. 1141.
Das neue Elektrizitätswerk der Stadt Brüssel, Oschinsky 1909 S. 10, 27.
Drehscheibe mit elektr. Antriebe. 1909 S. 755.
Elektr. betrieb. Bagger. 1910 S. 897.
Elektr. Abraumlokomotiven und Bagger, Hildebrand 1910 S. 1135, 1163.
Elektr. betrieb. Beschickungs- und Räummaschine für Zinköfen, Höbener 1910 S. 1179.
Elektr. betrieb. Kohlenabbauvorrichtung. 1911 S. 249.
Elektr. betrieb. Spille. 1911 S. 1241.
Elektrotechnik und Moorkultur, Teichmüller 1912 S. 1255, 1297, 1315, 1344.
Kohlenförderer und -stapelanlage der Société Anonyme Les Transports de Savone, Pietrkowski 1912 S. 1326.
Postgutbeförderung in einem Neuyorker Postgebäude. 1913 S. 46.
Elektr. Hebe- und Transportanlagen, Überblick. Michenfelder 1913 S. 371.
Elektromobiler Kohlentransport. 1913 S. 1181.
Die Lasthebemagnete, Russ 1917 S. 190, 205, 291.

D. p. J.

Moderne Lade- und Transporteinrichtungen für Erze, Kohle, Koks, v. Hanffstengel Bd. 319 S. 170, 183, 199. 1904.
Feuerungen mit mechanischer Beschickung, Herre Bd. 320 S. 4, 21, 36, 60. 1905.
Hebezeuge und Fördereinrichtungen auf der Weltausstellung St. Louis, v. Hanffstengel Bd. 320 S. 121, 148. 1905.
Hebezeuge auf der Weltausstellung in Lüttich, Drews Bd. 321 S. 3, 17, 35, 73, 100, 135, 160, 177, 212, 225, 241, 259. 1906.
Neuerungen im Bau von Transportanlagen, v. Hanffstengel Bd. 321 S. 273, 289, 305, 321, 327, 353, 371, 385, 405, 448, 609, 625, 640. 1906.
Beitrag zur Frage der selbsttätigen Sandaufbereitungsanlagen, Buhle Bd. 323 S. 449. 1908.
Neuerungen in der Ziegelindustrie, Benfey Bd. 323 S. 568, 584, 602. 1908.
Transporteinrichtungen in der Zuckerindustrie, Stift Bd. 323 S. 680. 1908.
Die gebräuchlichsten Ausführungsformen moderner amerikanischer Lade- und Löschvorrichtungen für Kohlen und Erz, Drews Bd. 323 S. 769, 789, 801. 1908.
Neuerungen in der Ziegelindustrie, Benfey Bd. 324 S. 184, 199, 217. 1909.
Amerikanische und moderne deutsche Kesselhaus-Bekohlungsanlagen, Petersen Bd. 324 S. 465, 481, 503. 1909.
Rationelle Fabrikation von Hebezeugen, Schäfer Bd. 324 S. 545. 1909.
Motorlastzüge und Lastenförderung mit Motorfahrzeugen. Bd. 324, S. 659, 695, 761, 793, 810. 1909.
Versuche an Kohlenkippern. Bd. 325 S. 13. 1910.
Mechanische Kohlentransport-Lagerungs- und Umschlag-Einrichtungen, Hermanns Bd. 325 S. 227. 245, 262. 1910.
Neuerungen in der Ziegelindustrie, Benfey Bd. 325 S. 393, 411, 427. 1910.
Ton-, Zement- und Kalkindustrie-Ausstellung, Benfey Bd. 325 S. 472, 506. 1910.
Die neue Förderanlage auf dem Gaswerk Moosbach Bd. 325 S. 493. 1910.
Die Schaufel als Maschine, Petersen Bd. 325 S. 561. 1910.
Die Hebemaschinen auf der Weltausstellung in Brüssel, Drews Bd. 325 S. 625, 721, 801. 1910; Bd. 326 S. 4, 49, 69, 81, 129, 218, 241, 266. 1911.
Elektr. betrieb. Bagger und Verladevorrichtungen. Bd. 326, S. 45. 1911.
Elektr. betrieb. Verladevorrichtungen im Hafen Rothesay am Clyde, Versuchsergebnisse. Bd. 326 S. 221. 1911.
Trockenbagger neuer Konstruktion. Bd. 326 S. 780. 1911.
Das Einziehen von Fernsprechkabeln und die dazu benutzten Windenkasten. Bd. 327 S. 401, 424. 1912.
Neuerungen in der Ziegelindustrie, Benfey Bd. 327 S. 676, 697, 713. 1912.
Spänetransport und Entstaubungsanlage. Bd. 327 S. 797. 1912.
Versuche über Kraftverbrauch von Fördermitteln, Schmolke Bd. 328 S. 331. 1913.
Versuche über den Wirkungsgrad von Seilen, Schmolke 1914 S. 52.
Fortschritte im Bau von Gleisrückmaschinen, Schwahn 1914 S. 102.
Berechnung von elektromagnetischen Leistungsbremsen. 1914 S. 334.
Graphisches Schnellverfahren zur Berechnung von Kranträgern, Zimmermann 1914 S. 333.
Über Kräfteberechnung im Riementrieb, Dr. W. Strel 1918 S. 161.
Zur Theorie des Riementriebes, Duffing 1918 S. 211, 242.
Entlader und fahrbare Verlader für Massengut. 1919 S. 192.

Beitrag zur Berechnung von Klotzbremsen, Bengel 1920 S. 3.
Ausblick auf die Fördertechnik, Kammerer 1920 S. 147.
Normung von Hebezeugen. 1921 S. 61.

Fördertechnik.

Neue Fördermethode von Massengütern. 1910 S. 48.
Krane und Aufzüge auf der Weltausstellung in Brüssel. 1910 S. 210.
Mechanische Massengutförderung in ihrer wirtschaftlichen Bedeutung, Hermanns 1910 S. 253.
Einige besondere Formen von Transportanlagen für Brauereien, Wittich 1910 S. 277.
Die Massentransportvorrichtungen auf der Brüsseler Weltausstellung, Stephan 1911 S. 1.
Bemerkenswerter Bagger für eine ungarische Zementfabrik, Bleichert 1911 S. 95.
Graphische Lösungen zur Auffindung der billigsten Transportanlage, Giraud 1911 S. 205.
Moderne Kesselbekohlungsanlage, Eichholtz 1911 S. 256.
Über die Wahl eines Kranes, Herberts 1912 S. 177.
Hebe- und Transportmittel auf der internationalen Baufachausstellung Leipzig, Kußler 1913 S. 123, 235.
Entwicklung der Außenhandelsbeziehungen der fördertechnischen Industrie, Seidel 1914 S. 13.
Theorie des Spurkranzes, Schubert 1914 S. 108; 1915 S. 19.
Einiges über das Anheben der Last, Jung 1914 S. 138.
Neueste Ausfuhrfrage der fördertechn. Industrie, Seidel 1915 S. 104.
Verwendung des Einphasen-Kommutatormotors Schaltung Déri zum Antrieb von Hebezeugen, Büthe 1916 S. 42, 49.
Statik im Kranbau, Andrée 1916 S. 85.
Freifall-Sicherheitsbremse, Elink Schuurmann 1916 S. 105.
Aufgaben für die Fördertechnik in Bulgarien. 1916 S. 115.
Festigkeitsuntersuchungen für die Fördertechnik. 1916 S. 125.
Beitrag zur Geschichte des Selbstgreifers, Pietrkowski 1916 S. 140.
Drahtseil und Welthandel, Schmidt 1917 S. 29, 37, 52.
Skizzenmäßige zeichnerische Darstellung von Hebemaschinen, Wintermeyer 1918 S. 27, 33.
Das Herabfallen schwebender Lasten. 1918 S. 85.
Vorrichtungen gegen das Entmischen des Getreides beim Auslaufen, Fr. Wille 1918 S. 111, 131.
Berechnung des Durchhanges von Seilschwebebahnen, Klein 1919 S. 199.
Neuere elektrische Antriebe für Fördermaschinen, Wolf 1919 S. 214.
Zwei Ursachen für das Lockerwerden von Nietanschlüssen bei Lauf- und Drehkranen, Schröder 1920 S. 19.
Der Wirkungsgrad an Lasthebemaschinen beim Senken der Last, Feigl 1920 S. 61, 70.
Einfluß des Trägheitsmomentes der Radgestelle von Drahtseilbahnwagen auf die Beanspruchung der Tragseile, Schröder 1920 S. 95, 102.
Güterbeförderung auf der Straße mit Lastbetrieb, Wernekke 1920 S. 152, 164.
Über maschinelle Schlammförderanlagen, Buhle 1921 S. 72, 82, 122.
Die Aufgabe des Fördergutes bei pneumatischem Transport, Klug 1921 S. 303.
Die Signalanlagen für die Förderung in Bergwerksbetrieben, Wintermeyer 1922, S. 5.
Eine eigenartige Fördereinrichtung, Wernekke 1922 S. 42.
Ausnutzung von Torfmooren unter Verwendung einiger eigenartiger fördertechnischer Einrichtungen, Wittfeld 1922 S. 147.
Der Einfluß der Betriebsmittel auf die Größe des Fördermotors bei direkt angetriebenen Treibscheibenförderanlagen mit Seilausgleich und Schaulinien zur Bestimmung der zweckmäßigsten Betriebsverhältnisse und der Motorgröße, Treffler 1922 S. 263.
Die B.B.C.-Steuerung für Laufkrane mit Einphasen-Kommutatormotor, Altschul 1923 S. 103.

Organ.

Fristmäßige Prüfung größerer Krane, Weber 1917 S. 21.

Z. östr. Ing. u. Arch.-Ver.

Städtische Schlachthöfe und deren maschinelle Einrichtungen, Witz 1900 S. 417.
Drahtseile, Hrabak-Werner 1902 S. 29.
Beiträge zur Theorie der Drahtseile, Bernsdorf 1904 S. 409, 433; 1905 S. 685.
Verankerung von Konsolträgern, Umlauf 1916 S. 36.
Lasthebe- und Fördermaschinen mit Gleichstrombetrieb und Drehstrombetrieb, Blau 1920 S. 41, 212.
Neuere Fördertechnik, Ruschowy 1921 S. 111, 197.

Maschinenbau.

Bedeutung des Geschwindigkeits- und Arbeitsausgleichs bei Hebe- und Förderanlagen, Aumund 1922/23 S. G 205.
Transporttechnische Ausstattung großer Werk- und Lagerplätze. 1922/23 S. B 218.

Génie civil.

Installation récentes de grands magasins à blé, Bidault des Chaumes Bd. 44 S. 325. 1904.
Appareils de manutention des carcasses pour les abattoirs, Bd. 44 S. 385. 1904.
Nouveau système de transmission pneumatique pour lettres et petits colis. Bd. 45 S. 186. 1904.
Le canal de Panama, Dumas Bd. 47 S. 1, 19, 36. 1905.
Le transport des correspondences à très grande vitesse par chariots électr. automateurs, Bidault des Chaumes Bd. 48 S. 37. 1905.
Le nouveau collecteur et la station d'épuration des eaux d'égouts de Hamburg. Bd. 48. S. 341 1906.
Excavateur pour tranchées très étroites. Bd. 48 S. 403. 1906.

L'usine électr. de la société d'électricité de Paris à Saint Denis, Boëto Bd. 50 S. 33, 49. 1906.

Elévateur mécanique pour l'empillage des madriers sur les chantiers. Bd. 50 S. 219. 1907.

La manutention mécanique dans les journeaux et dans les papeteries, Dautin Bd. 51 S. 257. 1907.

Appareils de manutention pour les abattoirs. Bd. 56 S. 389. 1910.

Installation d'un magazin à sels de potasse système Luther. Bd. 56 S. 513. 1910.

Appareils pour le chargement et le décrassage mécanique des cornues à Zinc système, O. Saeger Bd. 57 S. 219. 1910.

Le dragage de l'or en Guyane-française, Delvaux Bd. 58 S. 281. 1911.

Manutention du béton par la gravité sur les chantiers de construction. Bd. 58 S. 540. 1911.

Appareils de manutention des cendres. Bd. 60 S. 270. 1912.

Le dragage des sables aurifères en Californie. Bd. 60 S. 313. 1912.

Culbuteur automatique pour bennes d'extraction. Bd. 62 S. 439. 1913.

Machine à couler les gueuse de fonte. Bd. 62 S. 455. 1913.

Installation du chantier de construction d'une fosse à charbon à Nashua. Bd. 62 S. 474. 1913.

Manivelle de sûreté pour crics à crémaillière, Mamy Bd. 63 S. 526. 1913.

Transporteur par gravité système Mathews. Bd. 63 S. 534. 1913.

Transporteurs électr. tubulaires pour petits colis Bd. 64 S. 171. 1913.

La mise en place du béton par gravité. 1919 S. 19.

Pont roulant d'usines en béton armé. 1919 S. 187.

Engineering.

Coal-conveying plant at the metropolitain electric supply Co.'s works. Bd. 80 S. 46, 50. 1905.

The Robinson gold-dredger. Bd. 81 S. 685, 687. 1906.

The manufacture of calcium carbide. Bd. 87 S. 405, 443, 477, 522, 546, 552, 617, 721, 777. 1909.

60 ton floating shears for South America. Bd. 87 S. 569. 1909.

The suction dredger ,,Leviathan". Bd. 87, S. 570. 1909.

Coal conveyor at the Brussels exhibition. Bd. 90 S. 600. 1910.

The Midland railway power-station at Derby. Bd. 91 S. 255. 1911.

Electric power on the North-East coast. Bd. 91 S. 747, 749, 760. 1911.

Travelling gantries for bridge erection in India. Bd. 95 S. 494. 1913.

The Beaver bridge; gantry traveller used in erection. Bd. 95 S. 557. 1913.

The Jandus winch for arc-lamps. Bd. 95 S. 852. 1913.

Electric induction transport system for mails. Bd. 96 S. 501. 1913.

The Panama canal. 1915 II S. 76, 357.

Hydro-electric developments in Ontario. 1921 I S. 128.

The royal Albert dock. 1921 II S. 2.

Transporting appliances for a printing work. 1922 II S. 234.

Engineering News.

Cable haulage for transporting marl to the mills of the Brouson portland cement Co. Bd. 51 S. 56. 1904.

A combined gravel digging and screening machine. Bd. 51 S. 444. 1904.

Machine for loading wheelbarrows or cars. Bd. 51 S. 592. 1904.

A cable power scraper for earth excavation, Newton Bd. 52 S. 349. 1904.

Cost of ditching cutsand widening embankments. Bd. 52 S. 375. 1904.

Travellers for erecting steel bridges. Bd. 52 S. 377. 1904.

A novel trench excavating machine. Bd. 52 S. 508. 1904.

Methods and cost of blasting and handling boulders, Hauer Bd 53 S. 3. 1905.

A new style of scraper excavator. Bd. 53 S. 217. 1905.

Portable elevator for loading from stock piles of stone or sand. Bd. 53 S. 224. 1905.

Mold traveller and locomotive crane. Bd. 53 S. 234. 1905.

Dredges for working gold-bearing gravels. Bd. 53 S. 441. 1905.

The handling of material for filling grant park, Chicago. Bd. 54 S. 196. 1905.

Electric generating station at Yonkers; coal-handling plant. Bd. 54 S. 505. 1905.

Au automatic electric bucket water hoist at an anthracite coal mine. Bd. 54 S. 582. 1905.

A power scraper for grading and excavation Bd. 55 S. 119. 1906.

A new trenching machine. Bd. 55 S. 442. 1906.

Structural details of long Island power station; coal-handling plant. Bd. 55 S. 591. 1906.

Bucket dredges and dredging for gold in Australia, Marks Bd. 56 S. 160. 1906.

A large stone crushing plant at Gary. Ill. Bd. 56 S. 367. 1906.

A new american gold dredge. Bd. 56 S. 450. 1906.

Contractors plant and methods on the construction of the Pittsburg filtration plant, Swan Bd. 56 S. 566. 1906.

Scraper excavators. Bd. 57 S. 324. 1907.

The McCall ferry hydro-electric power plant on the Susquehanna river. Bd. 58 S. 267. 1907.

A stripping excavator with a conveyor to form the waste bank. Bd. 58 S. 277. 1907.

A traction engine with Derrick and shovel attachment. Bd. 58 S. 311. 1907.

A new trench excavating machine. Bd. 59 S. 170. 1908.

A traveller for viaduct erection, Jewel Bd. 60 S. 375. 1908.

A design for a portland cement plant with a car system for transporting material. Bd. 60 S. 546. 1908.

A scraper excavator for trench work. Bd. 62 S. 137. 1909.

An electrocally-operated quarry and plant for production of broken stone at Gary. Bd. 62 S. 421. 1909.

Erection appliances for the Belly river viaduct at Lethbridge, Alberta Bd. 63 S. 209. 1910.

A coal and ash handling plant with underground transportation. Bd. 64 S. 94. 1910.

The erection of the Missouri river bridge for the pacific extension; Travellers for erection. Bd. 64 S. 196. 1910.

Working costs of gold dredging in California. Bd. 64 S. 468. 1910.

Conveying and depositing concrete by gravity chutes. Bd. 64 S. 634. 1910.

A revolving steam shovel for sewer trench digging. Bd. 65 S. 37. 1911.

The construction plant for Gatun locks and Gatun Dam, Schildhauer und Lee Bd. 65 S. 183. 1911.

Excavating machinery for ditching and trenching, Tratman Bd 65 S. 215. 1911.

A dumping chute for unloading coal and broken stone Bd. 65 S. 765. 1911.

Ore dock at Cleveland O., Handling plant. Bd. 67 S. 320. 1912.

Traction loading and unloading machines for handling loose materials. Bd. 67 S. 1176. 1912.

A shoveling machine for loading and handling loose material. Bd. 68 S. 444. 1912.

Stone crushing and screening, Fairmont III, Casparis Bd. 69 S. 112. 1913.

Construction of the Kachess dam, Washington excavating plants Bd. 69 S. 989. 1913.

An economical sand and gravel plant. Bd. 69 S. 1066. 1913.

Excavation for the Arrowrock dam, Idaho, Paul Bd. 70 S. 93. 1913.

Electric carrier railways for rapid transfer of mail and express. Bd. 70 S. 637, 702. 1913.

Sack-filling machine. 1914 I S. 684.

Build 110 inch plate mill in six months. 1918 I S. 20.

Garbage-reduction works of New York. 1918 I S. 555.

Every step mechanical in materials supply for Michigan road. 1918 II S. 465.

Canada rushing huge Niagara development. 1918 II S. 801.

Freight handling at the Brooklyn Army base. 1919 II S. 555.

Concreting procedure on Miami flood control dams. 1919 II S. 641.

Chart records of éxcavating machine operations. 1920 II S. 176.

Development of local materials aids road contractor. 1920 II S. 831.

Concrete bricks made without forms. 1921 I S. 148.

Million and a quarter yard concrete job carried on rapidly at Wilson dam. 1921 I S. 536.

Concrete chuting plants. 1921 II S. 280.

„Goodroads show", Chicago. 1922 I S. 166.

Mechanical equippment for Detroit water main extension. 1922 I S. 767.

Earth moving methods and costs. 1923 II S. 186.

Sachverzeichnis.

Hebe- und Förderanlagen. Ein Lehrbuch für Studierende und Ingenieure. Von Professor Dr.-Ing. e. h. **H. Aumund.**

Band II: Anordnung und Verwendung für Sonderzwecke. Ergänzung zu Band I. Mit etwa 350 Abbildungen im Text. Erscheint Anfang 1926

Band III: Kräftelehre einschließlich der Mechanik und Statik der Hebezeuge und Förderanlagen. In Vorbereitung

Band IV: Maschinenelemente der Hebezeuge. In Vorbereitung

Die Förderung von Massengütern. Von Professor Dipl.-Ing. **G. v. Hanffstengel,** Charlottenburg.

Erster Band: Bau und Berechnung der stetig arbeitenden Förderer. Dritte, umgearbeitete und vermehrte Auflage. Mit 531 Textfiguren. Unveränderter Neudruck. (314 S.) 1922. Gebunden 11 Reichsmark

Zweiter (Schluß-) Band: Förderer für Einzellasten. 1. Teil. Dritte Auflage. In Vorbereitung

---

Billig Verladen und Fördern. Eine Zusammenstellung der maßgebenden Gesichtspunkte für die Schaffung von Neuanlagen nebst Beschreibung und Beurteilung der bestehenden Verlade- und Fördermittel unter besonderer Berücksichtigung ihrer Wirtschaftlichkeit. Von Professor Dipl.-Ing. **Georg von Hanffstengel,** Charlottenburg. Dritte Auflage. Mit etwa 120 Textfiguren. Erscheint im Februar 1926

Kran- und Transportanlagen für Hütten-, Hafen-, Werft- und Werkstattbetriebe unter besonderer Berücksichtigung ihrer Wirtschaftlichkeit. Von **C. Michenfelder,** Direktor der Ingenieur-Akademie Wismar. Zweite, stark erweiterte Auflage. Mit etwa 700 Textabbildungen. Erscheint Anfang 1926

Die Drahtseilbahnen (Schwebebahnen). Ihr Aufbau und ihre Verwendung. Von Reg.-Baumeister Professor Dipl.-Ing. **P. Stephan.** Vierte, verbesserte und vermehrte Auflage. Mit etwa 550 Textabbildungen und 3 Tafeln. In Vorbereitung

---

Die Drahtseile als Schachtförderseile. Von Dr.-Ing. **Alfred Wyszomirski.** Mit 30 Textabbildungen. (98 S.) 1920. 3 Reichsmark

---

Die Bergwerksmaschinen. Eine Sammlung von Handbüchern für Betriebsbeamte. Unter Mitwirkung zahlreicher Fachgenossen herausgegeben von Diplom-Bergingenieur **Hans Bansen** (Tarnowitz).

Dritter Band: Die Schachtfördermaschinen. Zweite, vermehrte und verbesserte Auflage, bearbeitet von **Fritz Schmidt** und **Ernst Förster.** I. Teil: Die Grundlagen des Fördermaschinenwesens von Privatdozent Dr. **Fritz Schmidt** (Berlin). Mit 178 Abbildungen im Text. (217 S.) 1923. 8.40 Reichsmark

II. Teil: Die Dampffördermaschinen. Bearbeitet von Dr. **Fritz Schmidt.** In Vorbereitung

III. Teil: Die elektrischen Fördermaschinen. Von Prof. Dr.-Ing. **Ernst Förster** (Magdeburg). Mit 81 Abbildungen im Text und auf einer Tafel. (161 S.) 1923. 6 Reichsmark

Berechnung elektrischer Förderanlagen. Von Dipl.-Ing. **E. G. Weyhausen** und Dipl.-Ing. **P. Mettgenberg.** Mit 39 Textfiguren. (94 S.) 1920. 3 Reichsmark

Das Kleinförderwesen bei Verwendung von Elektrokarren. (Allgemeine Elektrizitäts-Gesellschaft.) Mit 39 Abbildungen. (34 S.) 1925. 2.40 Reichsmark

Eisenbahnausrüstung der Häfen. Von Geheimer Baurat Professor **W. Cauer,** Berlin. (Erweiterter Sonderabdruck aus der „Verkehrstechnischen Woche".) Mit 51 Textfiguren. (48 S.) 1921. 2.30 Reichsmark

Die Bagger und die Baggereihilfsgeräte. Ihre Berechnung und ihr Bau. Von **M. Paulmann,** Regierungs- und Baurat in Emden und **R. Blaum,** Regierungsbaumeister, Direktor der Atlas-Werke, A.-G., Bremen.

I. Band: Die Naßbagger und die dazu gehörenden Hilfsgeräte. Bearbeitet von **M. Paulmann** und **R. Blaum.** Zweite, vermehrte Auflage. Mit 598 Textfiguren und 10 Tafeln. 1923. Gebunden 21 Reichsmark

Der Baggerbau hat sich mit dem zunehmenden Ausbau der Seehäfen und Binnenwasserstraßen in den letzten 30 Jahren bedeutend entwickelt. Mit dem Anwachsen der Baggerarbeiten steigerten sich auch die Anforderungen an die Leistung der Geräte. Dabei sind ältere Baggerformen, wie die von Hand oder mit tierischer Kraft (Pferdebagger) angetriebenen, vollkommen verschwunden, da durch den Bau geeigneter kleiner Antriebsmotoren der Betrieb wirtschaftlicher gestaltet wurde. Andere Bauarten sind durch bessere überholt und werden als Naßbagger nicht mehr gebaut.

Die „Naßbagger", deren erste Auflage im Jahre 1912 erschienen ist, erscheinen in dieser neuen Auflage als erster Band eines Werkes, das den gesamten Baggerbau behandelt. Der zweite Band wird sich mit den „Trockenbaggern" beschäftigen.

Bei der Neubearbeitung des Buches sind die seit Erscheinen der ersten Auflage in Gebrauch gekommenen beachtenswerten Geräte mitbesprochen und in die Zahlentafeln aufgenommen worden. Neu hinzugekommen in der zweiten Auflage ist ferner ein Quellenverzeichnis, in dem besonders die ausländische Literatur und Sonderbauarten für außereuropäische Länder berücksichtigt sind.

See- und Seehafenbau. Von Professor **H. Proetel,** Aachen. Mit 292 Textabbildungen. (Handbibliothek für Bauingenieure, III. Teil: Wasserbau, 2. Band.) (231 S.) 1921. Geb. 7.50 Reichsmark

Enthält folgenden Teil:

Ausstattung der Häfen, A. Allgemeine Ausrüstung der Kaiflächen. B. Schuppen. C. Speicher. 1. Bodenspeicher. 2. Silospeicher. D. Krane. E. Lösch-, Lade- und Fördervorrichtungen für Massengüter. 1. Kohlenverladung. 2. Entladevorrichtungen für Kohle und Erz. 3. Aus- und Einladen von Getreide.

Taschenbuch für den Maschinenbau. Bearbeitet von Fachleuten, herausgegeben von Professor **Heinrich Dubbel,** Ingenieur in Berlin. Vierte, **erweiterte und verbesserte Auflage.** Mit 2786 Textfiguren. In zwei Bänden. (1739 S.) 1924. Gebunden 18 Reichsmark

Enthält folgenden Teil:

Werkstattförderwesen. Bearbeitet von Dipl.-Ing. R. Hänchen. I. Die Förderarbeiten im Werkstättenbetriebe. II. Die Werkstattförderer. III. Das Werkstattfördersystem. IV. Organisation des Werkstattförderwesens.

Freytags Hilfsbuch für den Maschinenbau für Maschineningenieure sowie für den Unterricht an Technischen Lehranstalten. Siebente, vollständig neubearbeitete Auflage. Unter Mitarbeit von Fachleuten herausgegeben von Professor **P. Gerlach.** Mit 2484 in den Text gedruckten Abbildungen, 1 farbigen Tafel und 3 Konstruktionstafeln. (1502 S.) 1924.

Gebunden 17.40 Reichsmark

Aus dem 15. Kapitel:

Lasthebemaschinen. Hebezeugteile — Mechanik der Triebwerksteile — Mechanik der Fahr- und Schwenkantriebe — Winden und Katzen für Handbetrieb — Flaschenzüge — Dynamik elektrischer Krantriebwerke — Elektrischer Antrieb der Lasthebemaschinen — Gleichstrom — Drehstrom — Reibungsbremsen für elektrisch betriebene Hebezeuge — Elektrisch betriebene Winden und Katzen — Krane — Förderung von Schüttgut — Lastmagnete — Verladeanlagen — Aufzüge.

Taschenbuch für den Fabrikbetrieb. Bearbeitet von zahlreichen Fachleuten, herausgegeben von Professor **H. Dubbel,** Ingenieur, Berlin. Mit 933 Textfiguren und 8 Tafeln. (890 S.) 1923. Gebunden 12 Reichsmark

Enthält folgenden Teil:

Hebe- und Fördermittel. Bearbeitet von Dipl.-Ing. R. Hänchen. Literatur. Allgemeines. Arbeitsweise und Einteilung der Hebe- und Fördermittel-Antriebsarten. I. Aussetzend arbeitende Förderer. Mittel für wagerechte und schwach geneigte Förderung (Gleislose Fördermittel; Standbahnen; Hängebahnen). Mittel für senkrechte Förderung (Kleinhubige Hebemittel [Zahnstangenwinden — Schraubenwinden — Hebeböcke — Druckwasserhebezeuge — Drucklufthebezeuge] Flaschenzüge, ortfeste Winden (Handwinden, motorische Winden, Greiferwindwerke, Winden für Seilverschiebeanlagen) Aufzüge (Handaufzüge, Transmissionsaufzüge, Druckwasseraufzüge, elektrische Aufzüge) Mittel für wagerechte und senkrechte, sowie stark geneigte Förderung (Laufwinden und Krane [Einzelteile der Winden und Krane — Lastaufnahmemittel — Elektrische Ausrüstung — Laufkatzen und Laufwinden — Krane]; Hunt-Elevator; Schrägaufzüge; Eisenbahnwagen-Kipper). II. Stetig arbeitende Förderer oder Dauerförderer. Mittel für wagerechte und schwach geneigte Förderung (Katzenförderer; Förderinnen [Schubrinnen — Schwingförderinnen]; Förderschnecken; Förderrohre; Bandförderer — Förderer mit biegsamem Band — Gliederbandförderer]). Mittel für senkrechte und stark geneigte Förderung (Senkrecht- und Schrägbecherwerke [Elevatoren für Schüttgutförderung]; Elevatoren für Stückgüter; Elevatoren für Personenförderung (Paternosteraufzüge). Mittel für wagerechte, senkrechte und geneigte Förderung, sowie Förderung in ebenen oder in Raumkurven (Pendel- oder Schaukelbecherwerke; raumbewegliche Becherwerke; Schaukelförderer; Schwerkraftförderer; Wasserstrahlförderer; Luftförderer [pneumatische Förderer]). Stand- und Hängebahnen mit Zugmittel und Drahtseilbahnen (Standbahnen mit Ketten- oder Seilbetrieb; Hängebahnen mit Seilbetrieb; Drahtseilbahnen [Seilschwebebahnen]).

Die Pumpen. Ein Leitfaden für Höhere Maschinenbauschulen und zum Selbstunterricht. Von Professor Dipl.-Ing. **H. Matthiessen,** Kiel, und Dipl.-Ing. **E. Fuchslocher,** Kiel. Mit 137 Textabbildungen. (89 S.) 1923. 1.60 Reichsmark

---

Kreiselpumpen. Von Professor Dr.-Ing. **C. Pfleiderer,** Braunschweig. Mit 355 Abbildungen. (403 S.) 1924. Gebunden 22.50 Reichsmark

---

Kreiselpumpen. Eine Einführung in Wesen, Bau und Berechnung von Kreisel- oder Zentrifugalpumpen. Von Dipl.-Ing. **L. Quantz,** Stettin. Zweite, erweiterte und verbesserte Auflage. Mit 132 Textabbildungen. (120 S.) 1925. 4.80 Reichsmark

---

Die Kolbenpumpen einschließlich der Flügel- und Rotationspumpen. Von Professor a. D. **H. Berg,** Stuttgart. Zweite, vermehrte und verbesserte Auflage. Mit 536 Textfiguren und 13 Tafeln. (436 S.) 1921. Gebunden 16 Reichsmark

---

Die Zentrifugalpumpen mit besonderer Berücksichtigung der Schaufelschnitte. Von Dipl.-Ing. **Fritz Neumann.** Zweite, verbesserte und vermehrte Auflage. Mit 221 Textfiguren und 7 lithographischen Tafeln. Unveränderter Neudruck. (260 S.) 1922. Gebunden 10 Reichsmark

---

Die selbsttätigen Pumpenventile in den letzten 50 Jahren. Von Dipl.-Ing. **R. Stückle,** a. o. Professor und Oberingenieur am Ingenieur-Laboratorium der Techn. Hochschule Stuttgart. Mit 183 Textabbildungen und 8 Tafeln. (300 S.) 1925.
25.80 Reichsmark; gebunden 27.30 Reichsmark

Kolben- und Turbo-Kompressoren. Theorie und Konstruktion. Von Professor **P. Ostertag,** Diplom-Ingenieur, Winterthur. Dritte, verbesserte Auflage. Mit 358 Textabbildungen. (308 S.) 1923. Gebunden 20 Reichsmark

---

Dynamik der Leistungsregelung von Kolbenkompressoren und -pumpen (einschl. Selbstregelung und Parallelbetrieb). Von Dr.-Ing. **Leo Walther** in Nürnberg. Mit 44 Textabbildungen, 23 Diagrammen und 85 Zahlenbeispielen. (156 S.) 1921. 4.60 Reichmark